Third Edition

실험과 함께하는

건설재료학

MATERIALS FOR CIVIL AND CONSTRUCTION ENGINEERS

Michael S. Mamlouk ▪ John P. Zaniewski

이형준 ▪ 김형기 ▪ 강수태
홍기남 ▪ 김용주 ▪ 이재준 공역

PEARSON

도서출판 동화기술

Materials for Civil and Construction Engineers

Michael S. Mamlouk · John P. Zaniewski

Authorized translation from the English language edition, entitled Materials for Civil and Construction Engineers, 3rd edition, ISBN:9780136110583 by MAMLOUK, MICHAEL S.; ZANIEWSKI, JOHN P., published by Pearson Education, Inc., publishing as Prentice Hall

저자 머리말

토목공학 및 건축공학의 기본적인 역할은 사회기반시설물(infrastructure)을 건설하고, 유지관리를 하는 것이다. 사회기반시설물에는 건물, 정수처리장과 상수 관망 시스템, 하수처리장, 댐, 도로, 공항, 교량 및 포장 등이 포함된다. 토목 및 건축 기술자의 일부는 프로젝트의 계획과정(planning process)에 참여하지만, 대부분의 기술자들은 시설물의 설계(design), 시공(construction) 및 유지관리(maintenance)에 관심을 가지고 있다. 이와 같은 역할을 하는데 있어 필요한 공통분모는 재료의 거동(behavior)과 성능(performance)을 이해하는 것을 필요로 한다는 것이다. 모든 토목 및 건축 기술자가 재료분야에 전문가일 필요는 없지만, 설계, 시공 및 유지관리 업무를 수행하는 토목 및 건설 기술자 모두에게는 재료 선정 과정과 재료의 거동을 이해하는 것이 근본적인 요구조건이다.

사회기반시설물의 건설에 사용되는 재료에 대한 요구조건은 다른 공학 분야에 사용되는 재료의 요구조건과 다르다. 흔히 사회기반시설물에서는 대량의 재료를 필요로 한다. 일반적으로 건설분야에 사용되는 재료들은 상대적으로 낮은 단가를 갖는다. 많은 경우에 있어, 건설분야 시설물들은 불리한 조건을 갖는 현장에서 제조되거나 제작된다. 결과적으로 많은 기반시설물들은 주변 환경의 유해한 영향에 직접적으로 노출되고 있다.

공학분야 재료들은 지난 수십 년간 대단히 발전해왔다. 결과적으로 많은 전통적인 재료들이 더 효율성이 좋은 재료로 대체되거나 그들의 성능을 향상시키는 개선이 이루어지고 있다. 토목 및 건축 기술자들은 이와 같은 재료의 발전을 감지하게 되었고, 저비용 고효율 재료를 선정하거나 특정한 응용을 위해 적절한 개량제(modifier)를 손쉽게 사용하게 되었다.

본 교재는 ① 재료공학에 대한 일반적인 소개, ③ 토목 및 건축분야에 사용되는 재료의 특성, ② 재료의 성능을 평가하는 실험 방법 등 3가지로 구성되어 있다.

재료공학에 대한 일반적인 소개에서는 재료의 기본적인 역학적(기계적) 성질, 환경의 영향, 기본적인 재료의 분류 등을 기술하였다. 추가로, 건설기술자의 책임 중의 하나는 건설 공정에서 재료의 검사와 품질관리이다. 이를 위해서는 재료의 변동성과 실험 절차를 이해하는 것을 필요로 한다. 재료의 거동에 대한 이해를 돕고, 공학적 응답과 분자구조를 결부시키기 위해 재료의 원자구조에 대하여 기술하였다.

본 교재의 많은 부분을 차지하는 두 번째 부분에서는 건설공학 분야에서 사용되고 있는 강재(steel), 알루미늄, 콘크리트, 조적조(masonry), 아스팔트, 목재 및 복합재료와 같은 중요한 재료의 특성에 대해 기술하였다. 콘크리트와 아스팔트에 대해 논의하기 위해서는 골재(aggregate)에 관한 기본적인 지식을 필요로 하기 때문에 골재에 관한 내용을 하나의 장에서 기술하였다. 더욱이, 복합재료가 기술자들 사이에서 널리 채택되고, 전통적인 재료를 많이 대체하고 있기 때문에 이에 대해서도 하나의 장을 구성하여 기술하였다.

각각의 재료에 대해 다음과 같은 내용에 관해 기술하였다.

- 재료의 기본적인 구조
- 재료의 제조(생산) 과정
- 재료의 역학적 거동과 기타 성질
- 환경적 영향
- 건설(시공)시의 고려사항
- 각 장에서 기술하고 있는 재료와 관련된 특별한 주제

마지막으로, 각 장에는 재료 특성을 평가하기 위해 사용되는 다양한 시험방법과 절차에 관한 개요를 기술하였다. 그러나 시험절차에 관한 자세한 내용은 미국재료시험협회(ASTM)와 미국도로교통협회(AASHTO)와 같은 표준 기관에 있다. 이에 관한 내용은 대학 도서관에서 이용할 수 있다. 학생들에게는 이들 활용할 것을 권장한다. 또한, 대부분의 장에는 예제가 포함되어 있으며, 각 장의 마지막에는 질의(question)와 문제(problem)를 수록하였다. 이 질문과 문제를 풀이하는 것은 주제를 더 많이 이해하도록 유도할 것이다.

각각의 재료에 대해 이용 가능한 정보는 방대하다. 한 권의 입문 교재에 이들 재료에 관한 내용을 빠짐없이 서술하는 것은 가능하지 않거나 바람직하지 않다. 본 교재가 입문 단계에 관한 내용에 한정되는 대신에 현재 실행되고 있는 내용에 집중하였고, 토목 및 건축기술자에 필요한 일반적인 교육과 관련된 내용을 발췌하였다.

본 교재의 내용은 한 학기에 강의가 이루어지도록 되어 있다. 강의를 하는 사람은 학과의 특수한 교육과정에 따라 주제의 주안점을 바꿀 수 있다. 뿐만 아니라 강좌에 실험이 보통 포함되므로 다수의 실험방법을 서술하였다. 본 교재에 서술된 실험의 수는 이용 가능한 실험 기구를 사용하여 유연성을 제공할 수 있도록 보통 한 학기에 요구되는 것보다 많이 소개하고 있다. 학생들이 강의내용을 실험을 통해 가장 큰 학습효과를 얻도록 실험을 편성해야 한다.

본 교재의 제1판은 많은 대학교와 전문대학에 제공되었고, 제2판에서는 몇 가지 중요한 추가와 함께 더 많이 개선하였고 개정하였다. 강재를 기술한 장은 열처리, 상태도, 용접에 관한 열처리의 효과 등을 서술한 내용을 개선하기 위해 여러 번의 수정이 이루어졌다. 또한, 스테인리스강에 내용을 추가하였고, 강의 구조적 이용에 관한 내용을 포함하였다. 시멘트와 콘크리트와 관련된 장에서는 수화조절제(hydration control admixture), 세척수의 재사용(recycled wash water), 실리카흄, 자기충전 콘크리트(self-consolidating concrete) 및 유동화 채움재(flowable fill)에 관한 내용을 늘려왔다. 제1판이 출판되었을 때 수퍼패이브 배합설계법(Superpave mix design method)이 산업계에 막 소개되었다. 현장에서 많이 적용되고, 도로포장 요구조건을 더 만족하도록 수정이 꾸준히 이루어져 지금은 이 배합설계법이 안정된 설계법이다. 이와 같은 발전은 아스팔트 결합재의 성능등급과 수퍼패이브 배합설계법에 관해 기존의 방법과 절차를 수용하도록 본 교재의 아스팔트 편을 완전히 개정할 필요가 있었다. 목재 편에서는 지난 몇 년 동안에 이용이 가능하게 된 최근의 기성 목제품(manufactured wood products)에 관한 내용을 포함하도록 개정하였다. 또한, 섬유보강 폴리머 복합재료(fiber-reinforced polymer composites)가 오래된 구조물이나 부분 손상을 입은 구조물을 보강(retrofit)하기 위해 보편적으로 사용되고 있기 때문에, 이에 관한 여러 가지 사례를 복합재료 편에 추가하였다. 실험부분은 포틀랜드 시멘트 콘크리트(PCC)의 배합에 사용되는 골재의 건조단위중량에 관한 실험을 추가하였고, 아스팔트 콘크리트의 크리프 시험은 이용이 없기 때문에 삭제하였다.

기술적인 내용의 개정에 추가하여, 개념과 장비(기구)를 표현하기 위해 100개 이상의 새로운 그림을 사용하였다. 학기 중에 교수가 할당을 다르게 할 수 있도록 다수의 예제와 과제물을 각 장에 추가하여 왔다.

본 개정판의 새로운 내용

제3판은 기존의 제1판 및 제2판의 구성요소를 유지하면서 아래의 내용을 개정 및 보완하였다.

- 1장 : 지속가능한 설계에 대한 논의, 건축물 평가시스템인 LEED의 소개
- 2장 : 일부 주제에 대해 표현의 명료성을 높이기 위해 수정
- 3장 : 수정 및 개정
  - 평로(open hearth furnace)가 강의 제조에 더 이상 사용되지 않기 때문에 이에 대한 내용을 삭제
  - 산업계에서 냉간성형강(cold-formed steel)의 사용이 증가하는 것을 반영하여, 이에 대한 절을 추가. 냉간성형강이 재료의 강도를 증가시키기 위해 변형률 강화를 이용하는 실제 예제를 포함
  - 보강용 강재의 기준에 관한 내용을 추가
- 4장 : 구조물의 거동에서 강과 알루미늄의 탄성계수의 차이에 의한 영향을 강조하기 위해서 예제를 추가
- 5장 : 수정 및 개정
  - 골재 크기에 관한 용어를 통합하고, 장의 앞으로 이동
  - Superpave에서 요구되는 컨센서스 골재 성질을 정의하고, 실험방법을 서술함
  - 스프레드시트 프로그램을 이용하여 입도분포도(grading chart)를 작성하는 로버스트법(robust method)을 예제에서 제시함
- 6장 : 내용과 정확성에 대해 세심하게 검토하였고, 미세하게 변경되었으나 본 장의 분량은 변하지 않았음
- 7장 : PCC 배합설계에서 공칭 최대 골대치수와 최대 적절한 사용량을 명확히 함.
- 8장 : 기술적인 내용을 수정. 현재의 관행을 따르도록 콘크리트 조적조 객체와 모리타르에 관한 내용을 개정
- 9장 : 산업계의 가장 최근 변화를 반영하여 완전 개정
  - Hveem 배합설계법을 삭제. 지방 및 외국에서 아직 사용되고 있기 때문에 Marshall 방법은 유지
  - 부피와 최대 이론적 비중을 정하는 방법을 보완
  - 폴리머 개질 아스팔트와 아스팔트 콘크리트의 재사용에 관한 내용을 더 충분하게 서술함.

- 중온형 아스팔트 혼합물(warm mix asphalt)에 관한 내용을 새로 추가
- 아스팔트 콘크리트의 제조와 시공에 관한 내용을 더 충분하게 서설함.

- 10장 : 산업계의 현실을 반영하기 위해 내용을 개정. 특히 섬유포화점(FSP)과 함수량에 따른 수축과 팽창에 관한 내용을 개정
- 11장 : 기술적인 내용과 산업계의 현재 실정을 개정
- 구조부재에 관한 휨시험을 포함하도록 목재의 시험에 관한 내용을 개정
- 기술적인 내용의 개정에 추가하여, 개념과 장비(기구)를 표현하기 많은 새로운 그림을 사용함. 예제와 과제물을 개정하거나 학기 중에 교수가 할당을 다르게 할 수 있도록 다수의 새로운 예제와 과제물을 각 장에 추가

Pearson 출판사는 학습을 용이하게 하기 위해 세계 각국에 다양한 도서를 제공하고 있다. 미국 이외의 국가에서는 본 교재의 내용과 연관이 있는 일부 제품과 서비스를 저작권 또는 사용권한 제한으로 인해 이용하지 못할 수도 있다. 문의 사항이 있으면 www.pearsonhighered.com/international에 방문하여 지역사무실과 접촉할 수 있다.

감사의 글 (Acknowledgments)

The authors would like to acknowledge the contributions of many people who assisted with the development of this new edition. First, the authors wish to thank the reviewers and recognize the fact that most of their suggestions have been incorporated into the third edition: Ghassan Chehab, The Pennsylvania State University; Jie Han, The University of Kansas; Ken Stier, Illinois State University; Linbing Wang, Virginia Tech; and Jose Weissmann, University of Texas at San Antonio. The authors sought and received technical input from experts for several of the chapters; we sincerely appreciate their efforts. In particular, Mr. Steven Kosmatka of the Portland Cement Association, Ms. Maribeth Rizzuto of the Steel Framing Alliance, Mr. Jason Thompson of the National Concrete Masonry Association, Mr. Jeff Linville of the American Institute of Timber Construction, Mr. Mark Skidmore of West Virginia University, and Dr. Mofreh Saleh of the University of Canterbury provided much useful information and comments on various chapters. The photos provided by Mr. Chris Eagon of Axim Italcementi Group and Dave Kretschmann of the Forest Products Laboratory are appreciated. Appreciation also goes to Dr. Javed Bari of the Arizona Department of Transportation for his contribution in preparing the slides and to Mr. Mena Souliman of Arizona University for his contribution in the preparation of the solution manual.

저자 (Authors)

The Michael S. Mamlouk is a Professor of Civil and Environmental Engineering at Arizona State University. He has many years of experience in teaching courses of civil engineering materials and other related subjects at both the undergraduate and graduate levels. Dr. Mamlouk has directed many research projects and is the author of numerous publications in the fields of pavement and materials. He is a fellow of the American Society of Civil Engineers and a member of several other professional societies.

John P. Zaniewski is the Asphalt Technology Professor in the Civil and Environmental Engineering Department of West Virginia University. Dr. Zaniewski earned teaching awards at both WVU and Arizona State University. In addition to materials, Dr. Zaniewski teaches graduate and undergraduate courses in pavement materials, design and management, and construction engineering and management. Dr. Zaniewski has been the principal investigator on numerous research projects for state, federal, and international sponsors. He is a member of several professional societies and has been a registered engineer in three states. He is the director of the WV Local Technology Assistance Program and has been actively involved in adult education related to highways.

역자 머리말

지금까지 토목과 건축 분야의 건설기술은 꾸준히 발전하여 오고 있다. 이러한 건설기술의 발전은 구조해석을 설계법의 발전, 시공 기술의 발전과 더불어 건설재료의 눈부신 발전이 있었기에 가능한 것이다. 최근에는 토목 및 건축 구조물이 대형화, 초고층화, 경량화, 다양화 및 고품질화 되고 있는데, 이것은 이를 뒷받침할 수 있는 새로운 건설재료의 개발 또는 지금까지 사용되어 왔던 재료의 성능을 개선하려는 노력을 필요로 하고 있다.

다양한 건설공사의 계획, 설계, 시공 및 유지관리 업무를 주로 하는 토목공학 및 건축공학을 전공한 건설기술자들은 각각의 위치에서 자신의 역할을 충분히 발휘하기 위해서는 건설공사에 사용되는 건설재료에 관한 기본적인 지식을 필요로 한다. 본 번역서는 토목공학 및 건축공학을 전공하는 학생들로 하여금 건설재료에 대한 지식을 제공하도록 구성되어 있으며, 다양한 실험방법 등을 소개하여 건설현장 실무용으로도 사용할 수 있도록 구성하였다.

원 저서 "Materials for Civil and Construction Engineers"는 건설기술자를 위한 건설재료에 관한 내용을 다루고 있는 것으로, ① 재료공학에 대한 일반적인 소개, ② 토목 및 건축분야에 사용되는 재료의 특성, ③ 재료의 성능을 평가하는 실험 방법 등 3가지로 구성되어 있다. 원저는 재료공학의 기본 지식뿐만 아니라 최근의 미국을 중심으로 산업계의 동향, 건설현장에서의 상황 등을 반영하여 저술된 것으로 현재 건설재료에 대한 세계적 동향을 이해하는데 도움을 줄 것으로 생각된다. 원 저서에 소개된 다양한 시험법은 ASTM을 비롯한 미국의 기준을 바탕으로 서술되고 있기에, 이와 관련된 내용은 국내의 한국산업규격(KS)에 규정되어 있는 내용으로 보완하여 기술하려고 노력하였다. 본 역서에서는 가능하면 SI 단위계로 표현하고자 하였으며, 부득이한 경우에는 파운드(pound)와 인치(in.) 단위를 사용하여 기술하였다.

이 역서는 토목공학 및 건축공학을 전공하는 학부생, 실무에 종사하고 있는 기술자들로 하여금 건설재료에 대한 지식을 넓히기 위해 사용할 수 있을 것으로 기대하며, 부족한 부분은 독자 여러분의 관심과 조언을 반영하여 수정・보완하고자 하니 많은 성원이 있기를 바랍니다.

이 역서를 출간하는데 도움을 주신 도서출판 동화기술 정우용 회장님, 서철종 상무님 및 편집부 금선희 대리님께 깊은 감사를 드립니다.

차례

CHAPTER 4 알루미늄

CHAPTER 5 골재

CHAPTER 6 포틀랜드 시멘트, 배합수, 혼화제

CHAPTER 7 포틀랜드 시멘트 콘크리트

CHAPTER 8 조적조

CHAPTER 9 아스팔트 바인더와 아스팔트 혼합물

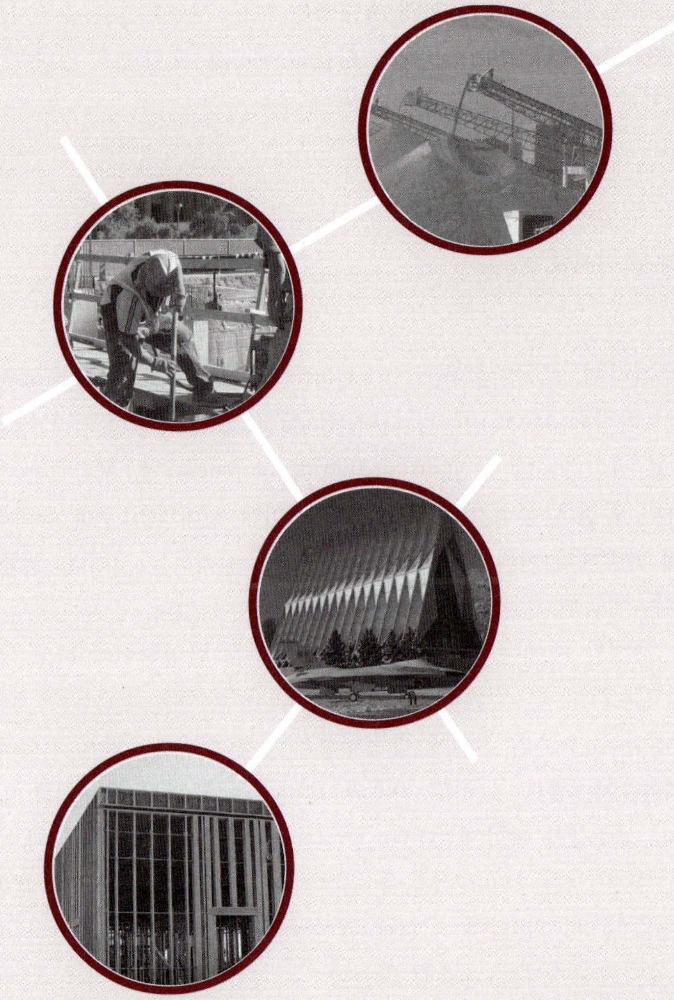

CHAPTER 01

재료의 공학적 개념

건설 기술자(materials engineer)는 건설공사에 사용되는 재료의 채택, 규격 및 품질관리에 대한 책임이 있다. 건설재료들은 시방서의 요구조건 또는 재료특성을 충족시켜야 한다[Ashby and Johns 2005]. 이들 요구조건에는 다음의 내용을 포함하고 있다.

- 경제적인 요소
- 역학적 성질
- 비 역학적 성질
- 생산(제작)/시공시의 고려사항
- 미적인 특성

위에 열거한 요소에 추가하여, 토목기술자(civil engineer)들은 환경의 질에 관심을 가져야 한다. 1997년 미국토목학회(ASCE)의 윤리규정(Code of Ethics)은 윤리적 쟁점으로 "환경이 파괴되지 않고 지속가능한 발전(sustainable development)"을 포함하는 것으로 개정되었다. 지속가능한 발전은 우리가 수행한 건설이 미래 세대의 요구를 충족하기 위해 미래 세대의 능력에 민감해야 한다는 사실을 기본적으로 인식하는 것이다. 설계 및 건설에 채택된 재료와 지속가능한 발전 사이에는 밀접한 연관이 있다.

특정한 분야에 재료를 채택할 때에는 기술자는 다양한 기준을 반영하여야 하고, 절충안을 만들어야 한다.

토목 또는 건설기술자들은 구조물의 건설에 광범위하게 사용되는 재료와는 친숙하다. 강재, 골재, 콘크리트, 벽돌, 아스팔트, 그리고 목재와 같은 재료가 주로 사용되고 있고, 알루미늄, 유리, 플라스틱, 섬유강화 복합재료(fiber-reinforced composites) 등은 다소 제한된 범위에서 사용된다. 흙은 모든 토목구조물을 근본적으로 지지하는 재료로 제공되기 때문에 건설재료로 가장 널리 사용되며, 이것에 관한 내용은 지반공학기술자가 다룬다. 따라서 흙의 특성은 본 교재에서는 다루지 않는다.

최근 들어 건설재료 분야에서 기술의 진보는 품질이 더 향상되고, 더 경제적이며, 더 안전한 건설재료의 개발이 있게 하고 있다. 이와 같은 재료들을 고성능 재료(high- performance materials)라 일반적으로 부른다. 물질의 분자구조를 더 많이 알게 되고, 과학자나 기술자들의 지속적인 연구개발의 노력에 의해 폴리머(polymers), 접착제(adhesives), 합성재료(composite), 토목섬유(geotextiles), 코팅제, 냉강성형 금속(cold formed metal), 그리고 다양한 인공섬유 제품들이 전통적인 건설재료들과 경쟁을 하고 있다. 또한, 기존에 있는 재료에 대해서는 품질을 향상시키고, 더 경제적이며, 성능을 개선하기 위해 분자구조를 변화시키거나 혼화재료를 첨가하여 재료를 개량하는 노력이 이루어지고 있다. 예들 들면, 고성능 유동화제(superplasticizer)는 콘크리트 산업에서 고강도 콘크리트의 생산이 가능하게 하는데 있어 획기적인 진전을 가져왔다. 탄성고무(elastometric material)로 만든 연결부(joints)는 지진발생 지역에 있는 고층 건물의 안전성을 향상시키고 있다. 인공 경량골재는 콘크리트 구조물의 중량을 줄여 부재의 단면을 작게 하는 것을 가능하게 하였고, 폴리머를 아스팔트와 혼합함으로써 차량하중과 가혹한 환경조건에서도 도로포장이 오래 견디도록 하고 있다.

최근 30년간 섬유복합재료 분야는 급격한 발전이 이루어지고 있다. 최근 많은 토목구조물 건설에 섬유보강 폴리머 복합재료(fiber-reinforced polymer composites)를 사용하고 있다. 이 진보된 복합재료들은 높은 강도/중량 비를 갖고, 철근 부식과 같은 단점을 극복하는 능력이 있기 때문에 전통적인 재료들과 경쟁을 하고 있다. 예를 들면, 섬유보강콘크리트(fiber-reinforced concrete)는 기존의 포틀랜드 시멘트 콘크리트에 비해 더 큰 인성(toughness)을 가지고 있다. 복합재료(composites)는 철근콘크리트 구조물에서 보강철근을 대체할 수 있다. 사실, 복합재료의 사용은 과거에는 건설될 수 없었던 구조물의 건설이 가능하게 한다.

건설재료의 특징과 거동(behavior)은 공학의 다른 어느 분야에 사용되는 재료와 마찬가지로 복잡하다. 토목구조물 건설에 사용되는 재료의 많은 양 때문에, 다른 공학에서 사용되는 재료만큼 고도로 정제되지 않은, 지역적으로 이용 가능한 재료를 가끔 사용하게 된다. 이와 같은 이유로 건설재료들은 성질과 특성에 있어 가끔 큰 변동성을 갖는다.

본 장에서는 건설구조물에 적용하는데 있어 재료의 특성이 그들의 채택과 성능에 영향을 주는 양상에 대해 설명하고자 한다. 재료의 거동을 이해하는데 필요한 기계적 성질의 종류와 개념에 대해 설명하고자 한다. 또한 재료의 특성이 일정치 않은 본질을 설명하여, 기술자가 정밀도와 정확도, 표본추출(sampling), 품질 보증 및 품질 관리의 개념을 이해하도록 하였다. 마지막으로, 재료의 응답(response)을 측정하는데 사용되는 측정기구들에 대해 기술하였다.

1.1 경제적 요인

건설재료를 채택하는 과정에서 경제성은 재료만의 비용보다 더 많은 요인에 의해 영향을 받는다. 건설재료를 선택할 때 고려해야 하는 요인들은 다음과 같다.

- 이용 가능성과 원재료의 비용
- 생산(제작)비용
- 운반

- 설치 또는 타설(placing)
- 유지관리

건설구조물에 사용되는 재료들은 시간이 흐르면서 변해오고 있다. 초기에는 구조물들이 석재와 목재로 건설되었다. 이와 같은 재료들은 기성 제품으로 공급되었고, 도구를 이용하여 자르고 모양을 내서 사용하였다. 그 후에는 철광석을 제련할 수 있게 됨으로써 주철이 사용되었다. 산업혁명이 일어난 후 품질이 우수한 강재가 대규모 구조물에서 필요한 양 만큼 생산되었다. 이에 추가하여 1800년대 중반에 개발된 포틀랜드 시멘트가 내구성이 좋고 값이 싼 재료로 광범위한 분야에 적용되었다.

미국에서는 효율적인 운송체계 때문에 지역적인 이용 가능성(availability)은 재료의 선택에서 큰 문제가 되지 않았다. 그러나 운반은 현장에서 재료의 비용을 상당히 증가시킬 수 있다. 예를 들면, 미국의 많은 지역에서는 콘크리트와 아스팔트용 양질의 골재가 공급부족 상태에 있다. 텍사스 휴스턴시의 경우 가장 가까운 골재 채취 장소는 시내로부터 150 km 정도 떨어져 있다. 이와 같은 운반거리는 시내에서의 골재 비용을 약 2배로 증가시키며, 따라서 강재에 비해 콘크리트의 사용을 불리하게 한다.

건설공사에 채택된 재료의 종류는 공사의 용이함, 공사의 비용과 기간에 큰 영향을 미친다. 예를 들면, 철골조 건물은 구조부재를 공장에서 제작하여 현장으로 운반 한 후, 크레인으로 인양하여 볼트나 용접으로 연결하여 일체화시킨다. 이에 비해 철근콘크리트 건물은 거푸집의 설치, 철근의 배치, 콘크리트의 배합, 타설, 양생, 그리고 거푸집을 제거함으로써 건설이 이루어진다. 콘크리트 구조물의 건설이 강구조물의 건설에 비해 더 복잡하고, 시간이 더 많이 소요된다. 이와 같은 단점을 극복하기 위해 프리캐스트 콘크리트가, 특히 교량의 건설에서, 일반적으로 사용되고 있다.

모든 재료는 시간의 경과와 사용에 따라 노후화(deterioration)가 일어난다. 이 노후화는 유지관리 비용과 구조물의 사용 수명에 영향을 미친다. 노후화의 진행률은 재료에 따라 다르다. 따라서 경제적인 재료를 선택할 때는 구조물의 초기 건설비용에 추가하여 생애주기비용(life cycle cost)을 평가하여 분석하여야 한다.

1.2 역학적(기계적) 성질

재료의 역학적 성질은 외적 하중에 대한 재료의 응답(response)을 나타낸 것이다. 모든 재료는 하중에 대한 응답으로 변형이 발생한다. 그러나 재료의 응답은 재료의 성질,

하중의 형태, 요소의 기하학적 조건에 따라 다르게 나타난다. 하중이 작용하는 상태에서 재료의 파괴여부는 파괴규준(failure criterion)에 따라 다르다. 구조물의 붕괴를 유발하는 구조 부재의 급작스런 파괴(catastrophic failure)는 명백한 재료파괴이다. 어떤 경우에는 파괴는 미미하지만, 결과적으로 심각한 결과를 초래하는 경우가 있다. 예를 들면, 도로 포장은 차량하중에 의해 발생하는 응력수준이 재료의 허용범위이내에 있다고 해도 표면에서의 과도한 조도(roughness)에 의해 파괴될 수 있다. 건물에서는 풍하중이나 다른 활하중에 의해 과도한 진동이 발생하면, 구조적으로는 건전하다고 할지라도, 폐쇄될 수 있다. 이와 같은 것은 기능적 파괴(functional failure)의 예이다.

1.2.1 재하조건

구조물을 설계할 때 고려하는 항목들 중의 하나는 사용기간 동안에 구조물이 받는 하중의 형태이다. 하중의 형태는 기본적으로 정적하중(static load)과 동적하중(dynamic load)이 있다. 각 하중은 재료에 영향을 다르게 미치고, 때로는 하중간의 상호작용이 중요하다. 구조물을 설계할 때 건설기술자(구조기술자)는 두 가지 모두를 고려한다.

정적하중은 일정시간 기간 동안 구조물에 지속적으로 작용하는 하중을 의미한다. 일반적으로 정적하중은 구조물에 충격이나 진동을 일으키지 않고 느리게 작용한다. 하중이 작용한 이후에는 그 위치에 그대로 작용하거나 느리게 이동을 한다. 작용한 후 그대로 계속하여 유지되는 하중을 지속하중(고정하중)이라 한다. 건설구조물에 사용된 재료들은 구조물의 자중과 구조물에 놓여 있는 장비에 의한 많은 하중을 지탱하고 있다.

구조물에 충격이나 진동을 발생시키는 하중을 동적하중이라 한다. 동적하중은 그림 1.1 [Richart et al. 1970]에 나타낸바와 같이 주기하중(periodic load), 임의하중(random load), 일시적인 하중(transient load)으로 구분한다. 주기하중은 조화하중(harmonic load)과 사인형 하중(sinusoidal load)과 같이 시간에 따라 반복적으로 작용하는 하중이다. 예를 들면, 건물에 설치된 기계가 회전을 하면 진동하중을 발생시킨다. 임의 하중은 지진하중과 같이 반복적인 형태로 나타나지 않는 하중이다. 일시적인 하중은 펄스하중(pulse load)이라고도 하며, 일시적 하중은 짧은 시간 동안에 작용하고 그 이후에는 시스템이 정지 상태로 되돌아올 때까지 진동은 감소한다. 예들 들면, 교량은 트럭에 의한 일시적 하중에 견디도록 설계되어야 한다.

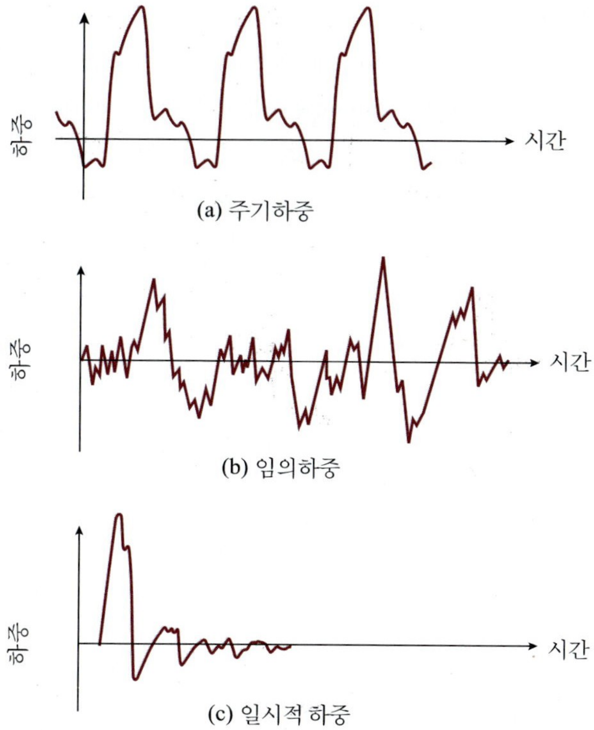

그림 1.1 동적 하중의 종류

1.2.2 응력 - 변형률 관계

재료는 하중이나 힘의 작용에 대한 응답으로 변형이 발생한다. 1678년 Robert Hooke는 부재에 작용하는 하중의 크기와 그로 인한 변형의 크기 사이에는 선형관계(linear relationship)가 있다는 것을 처음으로 밝혀냈다. 변형의 크기는 재료의 성질과 부재의 크기에 비례한다. 부재의 크기에 따른 영향은 정규화(normalization) 할 수 있다. 힘은 단면적으로 나누어 힘이 작용하는 면적의 영향을 정규화 한다. 단위 면적당 작용하는 힘을 응력(stress, σ)이라 정의한다. 변형의 크기를 원래의 길이로 나눈 것, 즉 단위 길이당 변형을 변형률(strain, ϵ)로 정의한다. 재료에 관한 많은 유용한 정보는 재료의 응력 - 변형률 곡선에 의해 결정될 수 있다.

그림 1.2는 다양한 재료들의 전형적인 일축 인장 또는 압축 응력 - 변형률 곡선을 보여주고 있다. 그림 1.2(a)는 재료가 파괴될 때까지 선형의 응력 - 변형률 곡선을 갖는 것으로, 인장응력상태에서 이와 같은 거동을 보이는 대표적인 재료는 유리와 백악(분필)이다. 그림 1.2(b)는 인장력을 받는 강재의 응력 - 변형률을 나타낸 것으로, 특정한 점(비례

한도)까지는 선형관계를 보이고 그 이후에는 응력의 증가가 없어도 변형이 증가한다. 인장력을 받는 알루미늄 합금의 응력-변형률 관계는 그림 1.2(c)에 나타낸 바와 같이 비례한계까지는 선형의 관계를 나타내고 그 이후에는 비선형의 관계를 나타낸다. 그림 1.2(d)는 전체 응력 범위에서 비선형 응력-변형률 관계를 나타낸다. 콘크리트의 응력-변형률 관계는 초기 부분에서는 거의 선형의 관계를 나타내지만, 전체적으로 비선형 응력-변형률 관계를 갖는다. 인장력을 받는 연질고무(soft rubber)의 응력-변형률 관계는 대부분의 재료와 다르게 나타난다. 그림 1.2(e)에 나타낸 것처럼 응력-변형률 관계는 거의 반향곡선(reverse curve)의 형태를 갖는다.

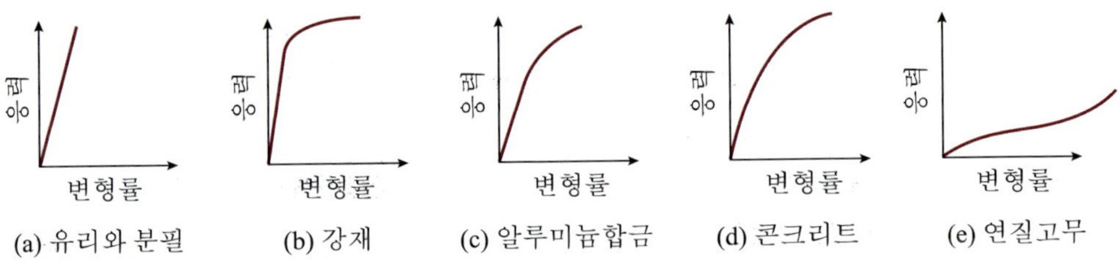

그림 1.2 일축응력상태에서 재료의 응력-변형률 관계

1.2.3 탄성거동

탄성거동(elastic behavior)은 하중이 작용하면 변형이 생기고, 하중이 제거되면 원래의 형태로 되돌아오는 것을 말한다. 대부분의 금속 재료를 포함하여 많은 재료들은 적어도 낮은 응력수준에서는 탄성거동을 한다. 2장에서 설명하겠지만 탄성변형에서는 물질의 원자배열을 변화시키지는 않고, 원자들 간의 결합이 늘어지게(stretch) 된다. 하중이 제거되면 원자들의 결합이 원래 위치로 되돌아온다.

Young은 다양한 탄성 재료는 응력-변형률 관계에서 다양한 비례한계를 갖는다는 것을 알아냈다. 균등질(homogeneous)이고 등방성(isotropic)인 선형탄성 재료에서 축방향 하중을 받는 부재에서 수직응력(normal stress)과 수직변형률(normal strain) 사이의 비례상수를 탄성계수 E(modulus of elasticity) 또는 Young 계수(Young's modulus)라 한다. 탄성계수 E는 다음과 같다.

$$E = \frac{\sigma}{\epsilon} \tag{1.1}$$

여기서, σ : 수직응력
ϵ : 수직변형률

일축 인장실험을 하면 응력방향으로 시험체의 길이가 늘어나고, 그 직각 방향의 단면은 감소한다. 일축 압축실험에서는 그 반대의 현상이 일어난다. 축방향 변형률 ϵ_a 와 직각방향(횡방향) 변형율 ϵ_l 의 비를 푸아송 비(Possion's ratio)라 한다.

$$\nu = \frac{-\epsilon_l}{\epsilon_a} \tag{1.2}$$

축방향 변형률과 횡방향 변형률은 항상 다른 부호를 갖기 때문에 식 (1.2)에서 음의 부호(−)를 붙인다. 푸아송 비는 이론적으로 0.0～0.5 사이이다. 0.0인 경우는 압축성 재료(compressible material)로 축방향 변형률과 횡방향 변형률은 서로 영향을 미치지 않으며, 0.5인 경우는 하중을 받아도 체적변화가 일어나지 않는다. 대부분의 고체는 0.10에서 0.45사이의 푸아송 비를 갖는다.

탄성계수와 푸아송 비는 비록 일축 응력상태에서 정의되지만, 3차원의 응력−변형률 관계를 나타내는 데 있어서 또한 중요하다. 균등질이고 등방성인 정육면체 요소가 그림 1.3에서와 같이 3면에서 수직응력 σ_x, σ_y, σ_z를 받을 때, 이에 대응되는 수직변형률 ϵ_x, ϵ_y, ϵ_z은 Hooke의 법칙에 의해 다음과 같이 계산할 수 있다.

$$\begin{aligned}
\epsilon_x &= \frac{\sigma_x - \nu(\sigma_y + \sigma_z)}{E} \\
\epsilon_y &= \frac{\sigma_y - \nu(\sigma_z + \sigma_x)}{E} \\
\epsilon_z &= \frac{\sigma_z - \nu(\sigma_x + \sigma_y)}{E}
\end{aligned} \tag{1.3}$$

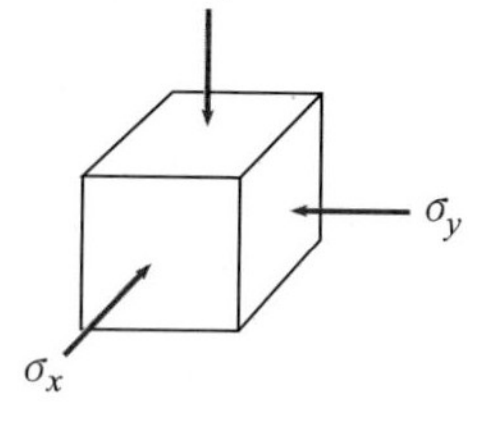

그림 1.3 수직응력을 받는 정육면체 요소

예제 1.1

50 mm × 50 mm × 50 mm의 크기를 갖는 정육면체의 합금이 90 MPa의 압력을 받는 압력실(chamber)에 놓여 있다. 탄성거동 범위 안에 있다고 가정할 때 정육면체의 각 변의 길이는 얼

마인가? 이 재료의 탄성계수(E)는 100 GPa이고, 푸아송 비는 0.28이다.

풀이

$$\epsilon_x = [\sigma_x - \nu(\sigma_y + \sigma_z)]/E = [-90 - 0.28 \times (-90-90)]/100{,}000 = -0.000396\,\mathrm{m/m}$$

$$\epsilon_y = \epsilon_z = -0.000396\,\mathrm{m/m}$$

$$\Delta x = \Delta y = \Delta z = -0.000396 \times 50 = -0.0198\,\mathrm{mm}$$

$$L' = 50 - 0.0198 = 49.9802\,\mathrm{mm}$$

선형성(직선성, linearity)과 탄성(elasticity)을 혼돈하지 말아야 한다. 선형 재료의 응력－변형률 관계는 직선이다. 탄성 재료는 하중이 작용하면 즉시 변형이 발생하고, 하중이 제거되면 원래의 형태로 되돌아온다. 예를 들면, 그림 4.1(a)는 선형 탄성거동을 나타내고, 그림 4.1(b)는 비선형 탄성거동을 나타낸다.

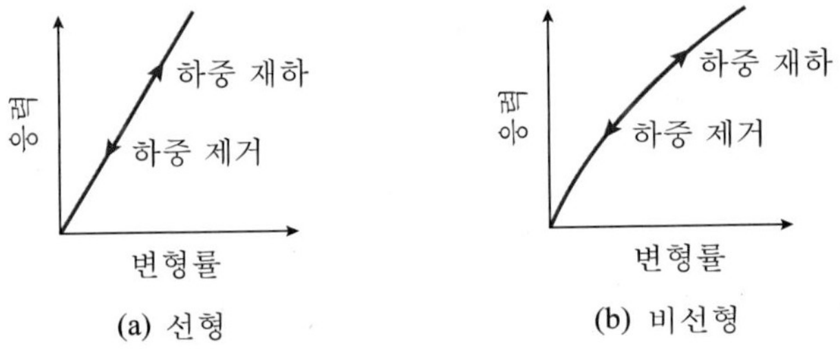

그림 1.4 탄성거동

콘크리트와 흙과 같이 선형 거동을 조금도 보이지 않는 재료의 Young 계수 또는 탄성계수를 결정하는 것은 어려운 일이다. 이와 같은 재료의 탄성계수를 결정하는 방법은 여러 가지가 있다. 그림 1.5는 4가지 방법, 즉 초기접선탄성계수(initial tangent modulus), 접선탄성계수(tangent modulus), 할선탄성계수(secant modulus), 그리고 현탄성계수(chord modulus)를 보여주고 있다. 초기접선탄성계수는 응력－변형률 곡선의 원점에서의 접선기울기이고, 접선탄성계수는 응력－변형률 곡선의 임의 점에서의 접선기울기이다. 할선탄성계수는 응력－변형률 곡선에서 원점과 임의 점 사이의 할선기울기이다. 현탄성계수는 응력－변형률 곡선에서 임의의 두 점 사이를 잇는 직선의 기울기이다. 일반적으로 사용하는 비선형 재료의 탄성계수는 응력 또는 변형률의 수준에 따라 다르다. 따라서 접선탄성계수, 할선탄성계수 및 현탄성계수를 결정할 때에는 응력 또는 변형률 수준이 규정되어야 한다.

표 1.1은 여러 재료의 상온에서의 대표적인 탄성계수와 푸아송 비를 나타낸다. 어떤 재료는 특정한 값보다는 일정 범위의 탄성계수를 갖는다는 것에 주의해야 한다. 콘크리

트에서는 배합비와 양생수준, 목재에서는 나뭇결에 대한 하중의 방향과 같은 여러 가지 요인들에 의해 탄성계수는 영향을 받는다.

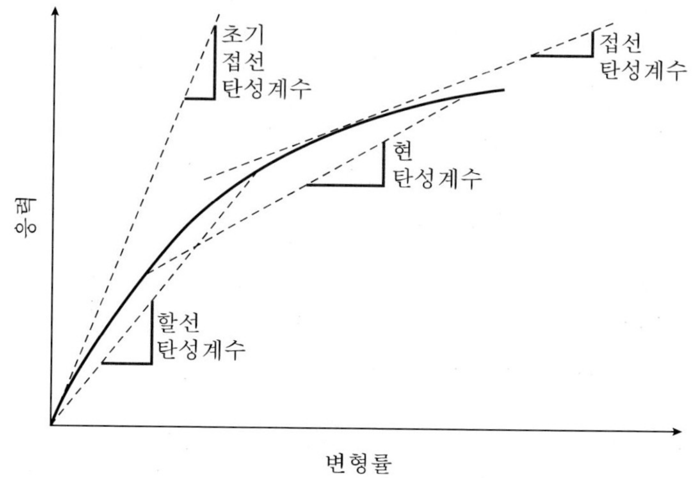

그림 1.5 근사적인 탄성계수 결정 방법

표 1.1 재료의 대표적인 탄성계수와 푸아송 비(상온)

재 료	탄성계수 GPa (psi × 10^6)	푸아송 비
알루미늄(Aluminum)	69～75 (10～11)	0.33
벽돌(Brick)	10～17 (1.5～2.5)	0.23～0.40
주철(Cast iron)	75～169 (11～23)	0.17
콘크리트	14～40 (2～6)	0.11～0.21
구리(Copper)	110 (16)	0.35
에폭시(Epoxy)	3～140 (0.4～20)	0.35～0.43
유리(Glass)	62～72 (9～10)	0.25
석회석(Limestone)	58 (8.4)	0.2～0.3
연질고무(Soft rubber)	0.001～0.014 (0.00015～0.002)	0.49
강재(Steel)	200 (29)	0.27
텅스텐(Tungsten)	407 (59)	0.28
목재(Wood)	6～15 (0.9～2.2)	0.29～0.45

1.2.4 탄소성거동

어떤 재료들은 응력이 증가하면 특정한 점까지는 변형률이 비례하여 증가하고, 그 이후에는 약간의 응력 증가와 함께 변형률이 증가한다. 이와 같은 재료는 처음에는 선형탄성거동(linear elastic behavior)을 보이고, 이후에는 소성거동(plastic behavior)을 나타낸다. 탄성거동에서 소성거동으로 바뀔 때의 응력수준을 탄성한계(elastic limit)라 한다. 시험체에 작용하는 하중이 제거되면, 그림 1.6(a)에서 보는 것처럼 변형의 일부는 회복되고 일부는 남는다. 2장에서 설명한 것처럼, 소성거동은 영구변형(permanent deformation)이 남는다. 따라서 하중이 제거되었을 때 원래의 형태로 되돌아오지 않는다. 하중이 작용했을 때 원자의 결합이 늘어날 때까지는 탄성거동을 하며, 그 이후 원자들 간에 상대적인 미끄러짐(slip)이 실질적으로 일어난다. 하중이 제거되면 원자들 간의 미끄러짐은 회복되지 않고, 단지 원자들 간의 결합이 늘어난 것만 회복된다[Callister, 2006].

탄성과 소성 거동 모두를 나타내는 재료의 거동을 표현하기 위해 여러 가지 모델이 사용된다. 그림 1.6(b)는 탄성 – 완전소성거동(elastic-perfectly plastic response)을 나타낸 것으로 특정 응력까지는 선형탄성거동을 하고 그 이후에는 완전소성거동을 한다. 이와 같은 재료는 소성거동을 하는 단계에서 하중이 제거되면, 선형탄성거동과 같은 방법으로 탄성변형은 회복되고 소성변형은 영구변형으로 남는다. 하중이 다시 가해지면 하중이 제거될 때의 응력 수준까지는 선형탄성거동을 하고 그 이후에는 소성거동을 한다[Popov, 1968].

그림 1.6(c)는 탄소성거동(elastoplastic response)을 나타낸 것으로 초기 부분에서는 선형탄성거동을 하고 그 이후에는 탄성과 소성이 결합된 거동을 한다. 소성변형이 발생한 이후에 하중이 제거되면, 응력 – 변형률 관계는 초기 탄성 부분과 평행한 직선이 된

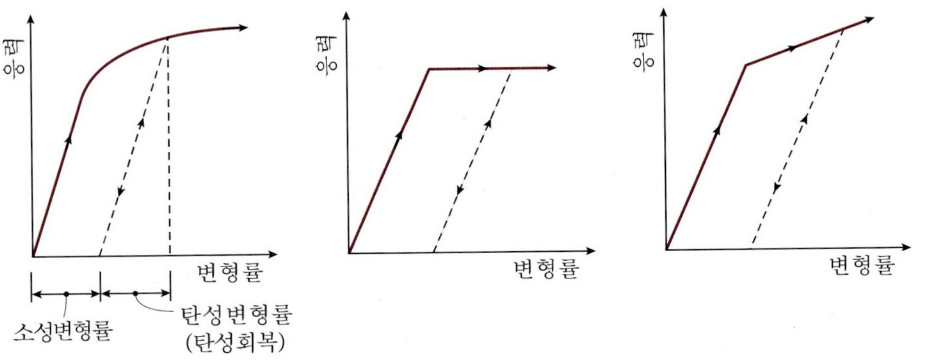

(a) 하중의 가력과 제거 (b) 탄성 – 완전소성 (c) 탄성 – 변형률 강화를 갖는 소성

그림 1.6 소성재료의 응력 - 변형률 거동

다. 따라서 변형의 일부는 회복되고 나머지는 영구변형으로 남는다. 하중을 다시 작용시키면 전에 하중이 가해졌을 때의 응력 수준까지는 다시 선형탄성거동을 한다. 이 응력수준을 넘어서부터는 원래의 응력－변형률 곡선을 따른다. 따라서 소성거동이 발생하기 위해서는 실질적으로 응력의 증가가 요구된다. 이것을 변형률 강화(strain hardening 또는 work hardening)라 한다. 변형률 강화는 영구변형의 발생 없이 작용할 수 있는 응력을 더 크게 허용하기 때문에, 어떤 경우에는 도움이 된다. 철골조에 사용되는 냉간성형강(cold formed steel)을 생산할 때, 제조공정에 사용되는 잔류변형은 부재의 항복강도를 원래 강의 항복강도보다 2배로 증가시킬 수 있다.

어떤 재료는 변형률 연화현상(strain softening)을 나타낸다. 이것은 재료가 약해지면서 소성변형이 발생한다. 포틀랜드 시멘트 콘크리트가 이와 같은 재료의 좋은 예이다. 이 경우 소성변형은 골재와 시멘트 풀(cement paste)간의 계면에 발생하는 미세균열(microcrack)로 인하여 발생한다.

예제 1.2

변형률 강화를 갖는 탄소성 재료가 그림 1.6(c)와 같은 응력－변형률 관계를 갖는다. 탄성계수(E)는 175 GPa(25 × 10^6 psi)이고, 항복강도(f_y)는 490 MPa(70 ksi)이며, 변형률 강화 부분의 기울기(E_2)는 21 GPa(3 × 10^6 psi)이다.

(a) 응력 560 MPa(80 ksi)에 대응되는 변형률을 계산하시오.

(b) 응력 560 MPa(80 ksi)이 제거되었을 때, 잔류변형률을 계산하시오.

풀이

(a) $\epsilon = 490/(175\times10^3) + (560-490)/(21\times10^3) = 0.0028 + 0.0033 = 0.0061\,\mathrm{mm/mm}$

$\epsilon = 70{,}000/(25\times10^6) + (80{,}000-70{,}000)/(3\times10^6) = 0.0028 + 0.0033 = 0.0061\,\mathrm{in./in.}$

(b) $\epsilon_{permanent} = 0.0061 - 560/(175\times10^3) = 0.0061 - 0.0032 = 0.0029\,\mathrm{mm/mm}$

$\epsilon_{permanent} = 0.0061 - 80{,}000/(25\times10^6) = 0.0061 - 0.0032 = 0.0029\,\mathrm{in./in.}$

콘크리트처럼 파괴가 일어나기 전에 소성변형이 없는 재료를 취성재료(brittle material)라 하고, 연강(mild steel)과 같이 상당한 정도의 소성변형을 나타내는 재료를 연성재료(ductile material)라 한다. 일반적으로 연성재료가 건설재료로 적합하다. 취성재료에서 파괴가 발생하면 구조물은 급작스런 형태(catastrophic manner)로 붕괴될 수 있다. 이와 반대로 연성재료로 된 구조물이 초과하중(overloading)을 받으면 구조물은 비틀어짐(distortion)이 발생하지만 반드시 붕괴가 일어나지는 않는다. 그러므로 연성재료를 사용하는 것은 안전율(margin of safety)이 확보된 설계가 가능하도록 한다.

그림 1.7(a)는 탄소성 재료의 응력－변형률 거동에 대한 3가지 개념을 설명하고 있다.

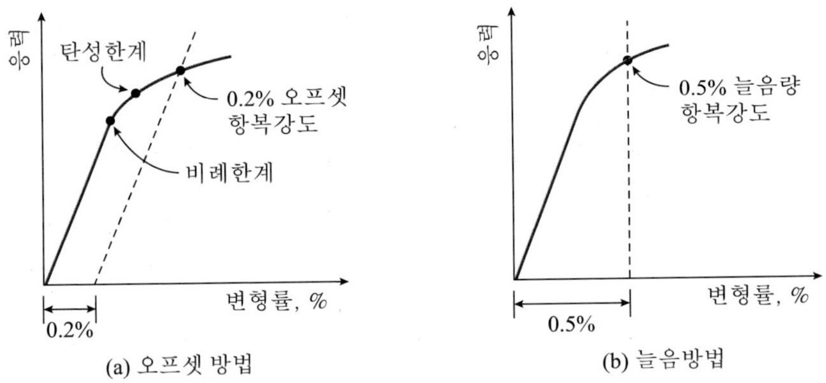

그림 1.7 항복응력을 결정하는 방법

이 그림에서 가장 아래에 있는 점을 비례한계(proportional limit)라 하며, 선형거동에서 비선형 거동으로 변하는 전이점(transition point)으로 정의된다. 두 번째 점은 탄성한계(elastic limit)라 하며, 탄성거동에서 소성거동으로 변하는 전이점으로 정의된다. 그러나 대부분의 재료들은 탄성거동과 소성거동 사이에 뚜렷한 구분이 나타나지 않는다. 오히려 두 거동 간의 전이점을 감지할 수 없을 만큼 점차적으로 변하기 때문에 정확한 전이점을 결정하는 것은 어렵다[Polowski and Ripling, 2005]. 이와 같은 이유 때문에 오프셋방법(offset method)과 늘음방법(extension method)과 같은 임의의 방법이 탄성한계를 결정하는데 사용되며, 이로부터 항복응력(yield stress) 또는 항복강도(yield strength)를 결정한다. 오프셋방법은 그림 1.7(a)에서처럼 응력－변형률 곡선의 변형률 축(가로축)의 특정한 오프셋 값에서 초기접선탄성계수와 같은 기울기를 갖는 직선을 그어 응력－변형률 곡선과 만나는 점이 재료의 오프셋 항복강도(offset yield strength)이다. 표 1.2에 나타낸 것처럼 재료마다 offset 값을 다르게 사용하고 있다. 늘음 항복강도(extension yield strength)는 응력－변형률 곡선의 가로축의 특정한 변형률에서 수직선을 그어 응

표 1.2 항복응력을 결정할 때 사용되는 대표적인 오프셋 값

재 료	응력 상태	오프셋(%)	변형률
강재(Steel)	인장	0.20	0.0020
목재(Wood)	압축(나뭇결과 평행)	0.05	0.0005
회주철(Gray cast iron)	인장	0.05	0.0005
콘크리트	압축	0.02	0.0002
알루미늄 합금(Aluminum alloys)	인장	0.20	0.0020
황동과 청동(Brass and bronze)	인장	0.35	0.0035

력－변형률 곡선과 만나는 점으로 정의한다. 그림 1.7(b)는 0.5% 늘음량에 대응되는 항복응력을 보여주고 있다.

예제 1.3

항복강도가 150 MPa인 알루미늄 합금으로 만든 길이(L) 100 mm, 지름(D) 10 mm인 막대가 인장하중 5.85 kN을 받고 있다. 막대 길이가 100.1 mm, 지름이 9.9967 mm로 변했을 때 탄성계수와 푸아송 비를 계산하시오.

풀이

응력 계산

$\sigma = P/A = 5.85\times 10^3/(\pi\times 5)^2 = 74.5\,\mathrm{N/mm^2} = 74.5\,\mathrm{MPa}$

하중에 의해 발생하는 응력이 항복강도보다 작기 때문에 탄성거동을 한다.

종방향 변형률과 탄성계수 계산

$\epsilon_a = \Delta L/L = (100.1-100)/100 = 0.001$

$E = \sigma/\epsilon_a = 74.5/0.001 = 74{,}500\,\mathrm{MPa} = 74.5\,\mathrm{GPa}$

횡방향 변형률과 푸아송 비 계산

$\epsilon_l = \Delta D/D = (9.9967-10)/10 = -0.00033$

$\nu = -\epsilon_l/\epsilon_a = 0.00033/0.001 = 0.33$

1.2.5 점탄성거동

앞에서 설명한 내용들은 하중이 작용하면 변형이 즉시 발생한다는 가정을 한 것이다. 이것은 선형탄성재료에 대한 가정이다. 그러나 모든 조건에서 이와 같은 성질을 갖는 재료는 없다. 어떤 경우에는 점성(viscous)과 탄성 거동을 모두 나타내는데, 이를 점탄성(viscoelastic)이라 한다. 건설재료로 사용되는 대표적인 점탄성 재료는 아스팔트(asphalt)와 플라스틱(plastic)이다.

1) 시간 의존적 응답

점탄성 재료는 하중의 작용에 대해 지연된 응답(delayed response)을 나타낸다. 그림 1.8(a)는 아스팔트 콘크리트와 같은 점탄성 재료에 시간에 따라 사인형 축하중(axial load)이 작용하는 경우를 보여주고 있다. 그림 1.8(b)는 이에 대해 시간에 따른 변형을 보여주고 있는데, 변형은 하중에 뒤떨어져 발생하고 있다. 즉, 최대 변형은 최대 하중이 작용한 후 시차를 두고 발생한다. 변형이 지연된 지연시간(time lag)은 재료의 특성과

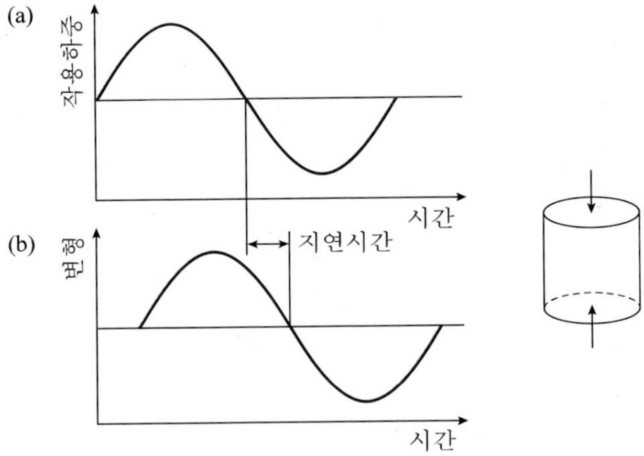

그림 1.8 점탄성 재료의 하중 - 변형 반응

온도에 따라 다르다.

점탄성 재료의 응답의 지연은 그림 1.9에 나타낸 것과 같이 어린이 손에 있는 스프링 슬링키 장난감(Slinky® toy)의 움직임으로 묘사될 수 있다. 어린이가 손을 위 아래로 움직이면 슬링키에는 압축과 팽창의 파동이 발생된다. 그러나 슬링키에 생성된 파동은 어

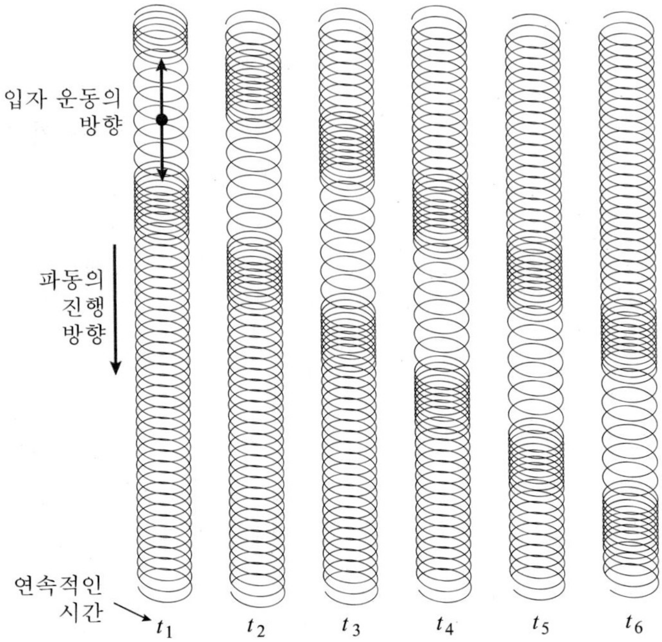

그림 1.9 Slinky®에서 압축과 팽창 파동의 지연

린이의 손의 움직임과 동시에 정확하게 일어나지는 않는다. 예를 들면, 어린이가 위로 손을 이동했을 때 동시에 압축파동이 슬링키의 한 부분에서 확산되고, 그 반대의 경우도 마찬가지이다. 이것은 행동에 대한 상대적인 반응의 지연 때문에 발생한다. 아스팔트와 같은 대표적인 점탄성 건설재료는, 비록 슬링키 만큼 유연성이 있는 것은 아니지만 지연 거동을 나타낸다.

크리프(creep)와 점성 흐름(viscous flow)과 같은 시간의존적 변형(time depend deformation)과 관련된 여러 가지 메커니즘이 있다. 이 용어들 사이에는 뚜렷한 구별이 없다. 크리프는 장기 변형(long-term deformation)과 일반적으로 관련이 있으며, 이것은 금속, 이온결합과 공유결합으로 된 결정체(crystal), 그리고 비정질 물질(amorphous material)에서 발생한다. 반대로 점성 흐름은 비정질 물질과 오로지 관련이 있으며 단기적인 하중 지속(short-term load duration)에 의해 발생한다. 예들 들면, 대부분 공유결합 결정으로 이루어진 물질인 콘크리트는 수십 년의 기간에 걸쳐 크리프가 발생할 수 있다. 비정질 결합재(amorphous-binder material)인 아스팔트 콘크리트 포장에서는 단지 순간적인 하중 지속을 갖는 차량하중으로 인해 발생하는 점성 흐름의 누적된 영향으로 바퀴자국(rut)이 발생한다.

금속재료(metal)에서의 크리프는 상승된 온도와 관련이 있다. 강재(steel)에서의 크리프는 용융점(절대온도)의 30%보다 높은 온도에서 발생할 수 있다. 이것은 보일러와 핵반응 저장용기(nuclear reactor containment vessel)의 설계에서는 관심사가 될 수 있다. 크리프는 목재나 합성부재로 구조물을 설계할 때에도 또한 고려되어야 한다. 잠시 동안(for a few days) 하중을 받는 목재 부재는 영구하중(permanent load)을 받도록 설계된 부재보다 더 큰 하중을 받도록 설계할 수 있다. 다른 한편으로는, 콘크리트에서의 크리프는 시멘트 풀과 골재 입자의 계면에서의 미세균열과 연관이 있다[Mehta and Monteiro 1993].

점성 흐름 모델은 Hooke의 법칙과 사실상 비슷하다. 선형 점성재료에서는 변형의 발생률(rate of deformation)은 응력 수준과 비례한다. 이 재료는 압축성이 없고, 하중이 제거되었을 때 변형이 회복되지 않는다. 이와 같은 특성을 갖는 물질은 뉴턴 유체(Newtonian fluid)이다.

그림 1.10(a)는 아스팔트 콘크리트 실험체에 일정한 압축응력을 작용시킨 대표적인 크리프 시험의 예이다. 이 경우 하중이 작용하는 순간에 탄성변형률이 발생되고, 시간의존적 변형률 또는 크리프가 뒤이어 발생한다. 실험체에서 하중을 제거하면 변형률의 일부가 즉시 회복되고(recover), 나머지 변형률의 전부 또는 일부가 일정 시간의 기간에 걸쳐서 회복된다. 시간의존적 재료에서 또 다른 대표적인 현상으로는 릴랙세이션(relaxation) 또는 시간에 따른 응력의 소산(dissipation of stress)이 있다. 예를 들어, 아

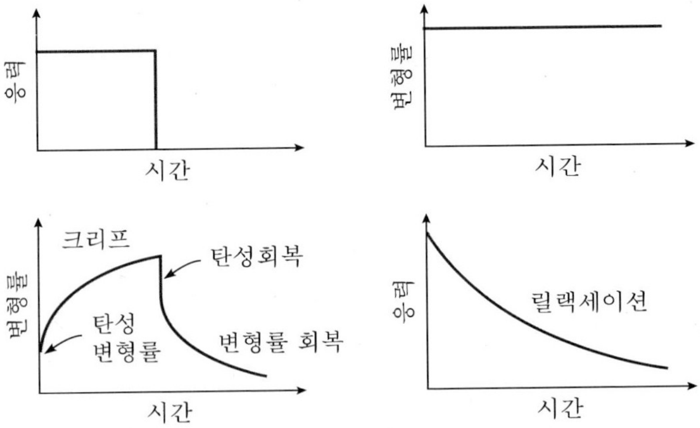

(a) 크리프 (b) 릴랙세이션

그림 1.10 시간의존적 재료의 거동

스팔트 콘크리트 실험체에 하중을 가하여 변형률이 일정한 상태로 유지한다면, 처음에는 실험체에 큰 응력이 발생하고 시간이 지나면 릴랙세이션에 의해 그림 10(b)에 보이는 것처럼 점차적으로 응력이 소멸된다. 릴랙세이션은 프리스트레스트 콘크리트(prestressed concrete)의 설계에서 PS강재를 선택할 때 중요한 고려 사항이다.

점탄성 재료에서 응력, 변형률 및 시간이 어떻게 밀접한 연관이 있는지를 묘사하는 것에는 두 가지 접근방법이 있다. 하나는 실험을 통해 얻은 재료의 거동을 기초로 하여 이들 매개변수 사이의 수학적 관계를 가정하는 것이다. 또 다른 접근방법은 유변학적 모델(rheological model)을 형성하기 위해 이산 레올러지 요소(discrete rheological elements)를 결합하는 것을 토대로 하는 것이다.

1) 유변학적 모델

유변학적 모델은 재료의 시간의존적 거동을 수학적으로 묘사하기 위해 사용된다. 재료의 변형을, 특히 폴리머 재료, 나타내는 방법에는 여러 가지가 있다. 이와 같은 재료의 거동은 단순 탄성, 점성 등과 같이 묘사될 수 없으나, 단순한 물리적 구성요소(simple physical element)의 결합으로 모델링될 수 있다. 단순한 물리적 구성요소는 쉽게 마음에 떠오르게 하는 특징을 가지고 있다. 유변학(rheology)은 3개의 기본 요소를 사용하고, 재료의 복잡한 거동을 정의하는 모델을 형성하기 위해 이들을 직렬 또는 병렬로 결합한다. 3개의 레올러지 요소(rheological element)는 그림 1.11에 나타낸 것처럼 Hookean, Newtonian, 그리고 St.Venant's이 있다.

Hookean 요소는 그림 1.11(a)에 나타낸 것과 같이 선형 스프링(linear spring)의 특성을 갖는다. 힘 F는 변형 δ에 비례(비례상수 M)한다.

$$F = M\delta \tag{1.4}$$

이 식은 완전 선형탄성 재료를 의미한다. 하중에 대한 응답은 즉시 발생하고 하중이 제거되면 변형은 전부 회복된다. 그러므로 Hookean 요소는 완전 선형탄성 재료를 묘사한다.

Newtonian 요소는 완전 점성재료를 모델링하고, 그림 1.11(b)에 나타낸 것과 같이 완충장치(dashpot) 또는 충격 흡수장치(shock absorber)처럼 모델링된다. 하중 수준에 따른 변형은 하중이 가해진 시간의 크기에 비례한다. 그러므로 하중의 크기가 일정한 경우 변형의 발생률(rate of deformation)은 일정(상수 β)하다.

$$F = \beta\dot{\delta} \tag{1.5}$$

δ 위의 점(dot)은 시간에 따른 변형의 발생률로 정의를 내린다. 일정한 하중 F가 작용할 때 시간 $t=0$에서 $\delta=0$이면, 시간 t에서의 변형은 다음과 같다.

$$\delta = \frac{Ft}{\beta} \tag{1.6}$$

하중이 제거되면 실험체는 변형된 상태로 남아 있고, 변형의 어떠한 부분도 회복되지 않는다.

St.Venant 요소는 그림 1.11(c)에 나타낸 것과 같이 마찰력에 의해 이동이 저항되는 미끄러지는 블록의 특징을 갖는다. 임계하중(critical force) F_O보다 작은 하중 F이 작용하면 이동이 없다. 하중이 정적 마찰력(static friction)을 이겨낼 만큼 증가하면 블록은 미끄러지고, 하중이 작용하는 동안에는 미끄러짐이 계속된다. 이동을 일으키기에 충분한 어떤 지속하중(sustained force)은 블록의 이동 속도를 가속시키기 때문에 이 요소는 비현실적이다. 그러므로 St.Venant 요소는 다른 기본 요소와 결합하여 항상 사용된다.

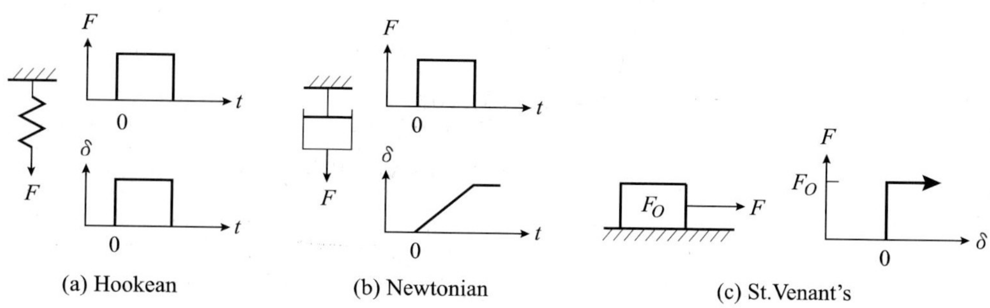

그림 1.11 유변학에 사용되는 기본 요소

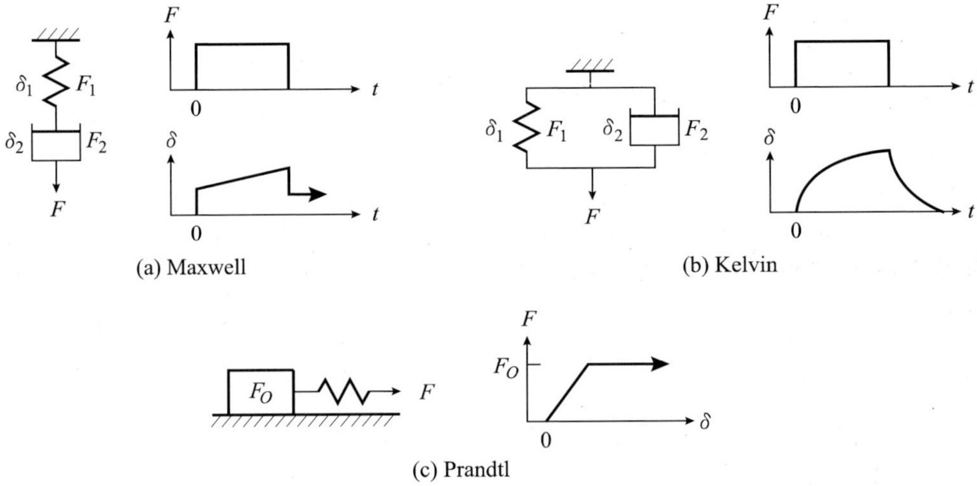

그림 1.12 2-요소 유변학적 모델

재료의 반응을 모델링하기 위해 기본 요소는 일반적으로 직렬 또는 병렬로 결합된다. 그림 1.12는 2-요소 모델인 Maxwell 모델, Kelvin 모델 및 Prandtl 모델을 보여주고 있다. Maxwell 모델과 Kelvin 모델은 스프링 요소와 완충장치 요소(dashpot)로 구성되며, 이들은 각각 직렬과 병렬로 연결된다. Prandtl 모델은 스프링 요소와 St.Venant 요소를 직렬로 연결하여 구성된다.

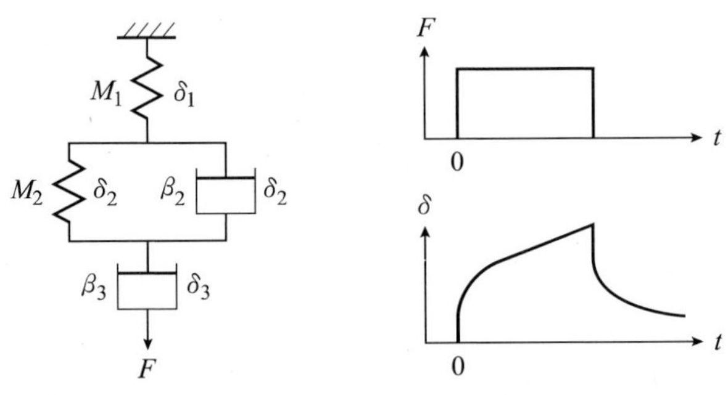

그림 1.13 점탄성 재료에 대한 Burgers model

Maxwell 모델과 Kelvin 모델은 아스팔트 콘크리트와 같은 일부 건설재료의 거동을 충분히 묘사하지는 못한다. 그러나 Maxwell 모델과 Kelvin 모델을 함께 직렬로 연결할 수 있으며, 이것이 Burgers 모델이며 아스팔트 콘크리트의 거동을 극단적으로 단순하게 묘사하는데 사용될 수 있다. 그림 1.13에 보여준 것처럼 Burgers 모델은 일반적으로 스프링 요소, Kelvin 모델 및 완충장치 요소(dashpot)가 직렬로 연결된다.

어떤 재료들에서는 거동을 표현하기 위해 더 복잡한 유변학적 모델이 요구되기도 한다. 이런 경우에는 일반화된 Maxwell 모델(generalized Maxwell model)을 형성하기 위해 몇 개의 Maxwell 모델을 병렬로 결합할 수도 있고, 일반화된 Kelvin 모델(generalized Kelvin 모델)을 형성하기 위해 몇 개의 Kelvin 모델을 직렬로 결합할 수도 있다.

유변학적 모델은 각 모델과 연관된 재료상수(material parameter)를 수량화하는 것이 요구된다. 재료상수를 결정할 수 있는 변형-시간 곡선을 얻기 위해 크리프 실험과 같은 실험실 시험을 이용할 수 있다.

유변학적 모델은 재료의 시간의존적 응답을 묘사하는데 있어서는 유용하지만, 이것은 단지 일축 상태의 응답(uniaxial response)만을 표현할 수 있다. 재료의 3차원 거동과 푸아송의 효과는 이들 모델로는 표현할 수 없다.

1.2.6 온도와 시간의 영향

모든 재료들의 역학적 거동은 온도에 의해 영향을 받는다. 어떤 재료는 다른 요인보다 온도에 민감하다. 예를 들면, 플라스틱이나 아스팔트와 같은 점탄성 재료는, 비록 단지 몇 도의 온도 변화가 있을지라도, 온도에 의해 큰 영향을 받는다. 금속이나 콘크리트와 같은 재료는 온도에 의해 영향을 적게 받는다. 특히 상온에서 그렇다.

강재와 같은 철금속(ferrous metal)은 온도가 전이온도(transition temperature)보다 아래로 떨어지면 연성거동(ductile behavior)에서 취성거동(brittle behavior)으로 변한다는 것이 증명되었다. 연성거동에서 취성거동으로의 변화는 재료의 인성(toughness)을 크게 감소시킨다. 다양한 온도에서 얻은 응력-변형률 곡선을 평가하는 것으로 인성을 결정할 수 있지만, 시험체가 파괴(fracture)되는데 요구되는 에너지를 측정하는 충격시험(impact test)으로부터 재료의 인성을 평가하는 것이 더 일반적이다. 그림 1.14는 연철(mild steel)에서 온도에 따라 파괴에 요구되는 에너지(에너지 흡수능력)를 나타낸 것이다[Flinn and Trojan 1994]. 그림 1.14의 실험결과는 결함(V notch)을 갖는 봉 공시체(bar specimen)에 충격을 가하는 시험[ASTM E23]으로부터 얻었다. 제2차 세계대전 때 많은 Liberty ship(미국이 대량 건조한 수송선)이 침몰하였다. 배에 사용된 강재는 상온에서는 규격(사양)을 충족했지만 북대서양(North Atlantic)의 찬 물에서 취성으로 변했기 때문이다.

점탄성 재료와 같은 일부 재료는 온도뿐 아니라 하중의 지속기간(load duration)에 영향을 받는다. 하중이 작용하는 기간이 길면 변형의 양이 더 크다. 사실, 하중 지속시간을 증가시키는 것과 온도를 증가시키는 것은 물질에서 같은 반응을 초래한다. 그러므로 온

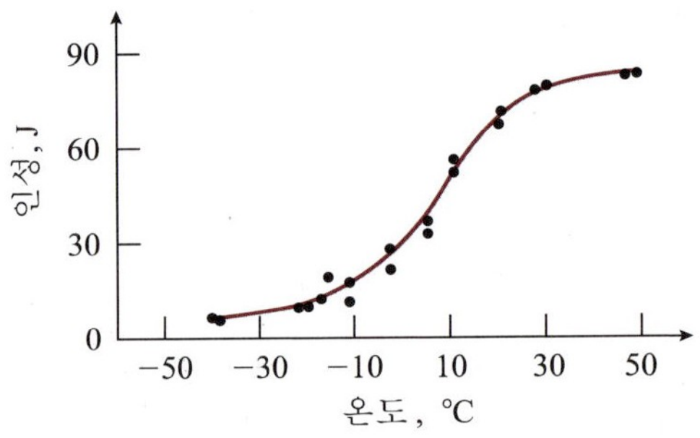

그림 1.14 충격시험에서 얻은 강재의 파괴 인성

도와 시간은 상호 교환해 사용할 수 있다. 이 개념은 일부 실험에서는 매우 유용하다. 예들 들어, 아스팔트 콘크리트에 대해 크리프 시험을 할 때 재료의 온도를 증가시킴으로 해서 하중 지속시간을 짧게 하여 실험을 수행할 수 있다. 그 다음에 낮은 온도에서의 결과로 보정하기 위해 시간－온도 환산인자(time-temperature shift factor)를 사용한다.

점탄성 재료는 하중의 지속시간뿐만 아니라 하중이 작용하는 속도(rate of load application)에 의해 영향을 받는다. 하중이 빠른 속도로 작용하면 느린 속도로 작용할 때 보다 재료의 강성이 더 크게(stiffer) 된다. 예를 들면, 무거운 트럭이 아스팔트 포장 도로를 빠른 속도로 지나가면 포장에서 영구변형이 관찰되지 않는다. 그러나 뜨거운 날씨에 같은 트럭이 아스팔트 포장도로에 주차되어 있다면 포장 표면에서 약간의 영구변형이 관찰될 수 있다.

1.2.7 일과 에너지

재료실험을 할 때 재료시험기는 시험체를 움직이거나 변형시키기 위해 실제로 힘(force)을 발생시킨다. 일(work)은 힘과 거리를 곱해서 얻기 때문에, 힘－변위 곡선(force-displacement curve)의 아래 부분의 면적은 시험체에 대해 한 일이다. 응력(stress)은 힘을 단면적으로 나눈 값이고, 변형률(strain)은 변형을 시험체 길이로 나눈 값이 되므로, 힘－변위 곡선을 응력－변형률 곡선으로 변환할 수 있다. 그러나 응력－변형률 곡선의 아래 부분의 면적은 더 이상 일의 단위가 아니다. 응력－변형률 곡선의 단위를 조작(manipulate)하는 것에 의해, 응력－변형률 곡선의 아래 부분의 면적은 재료가 변형되거나 파괴되는데 요구되는 단위 체적당의 일과 같다는 사실을 알 수 있다. 재료가 변형되거나 파괴되는데 요구되는 에너지를 우리에게 알려주기 때문에, 이것은 매우 유용한 개념이다. 이와 같은 자료는 에너지가 흡수되어야 하는 곳에 사용할 재료를 선택할 때 이용된다. 그림 1.15(a)에 나타낸 바와 같이 응력－변형률 곡선에서 탄성 비례구간의 아래 부분 면적은 탄력성(회복력)계수(modulus of resilience)이다. 시험체가 파괴되는데 요구되는 에너지의 양은 그림 1.15(b)에 나타낸 것과 같이 재료에 대한 인성의 척도이다. 그림 1.15(c)에 보인 것처럼 고강도재료(high-strength material)가 반드시 인성이 큰 재료(tough material)는 아니다. 예로, 3장에서 설명한 것처럼, 강재에서 탄소함유량이 증가하면 강재의 항복강도는 증가하지만 연성은 감소한다. 그러므로 강도가 증가하면 인성은 감소한다.

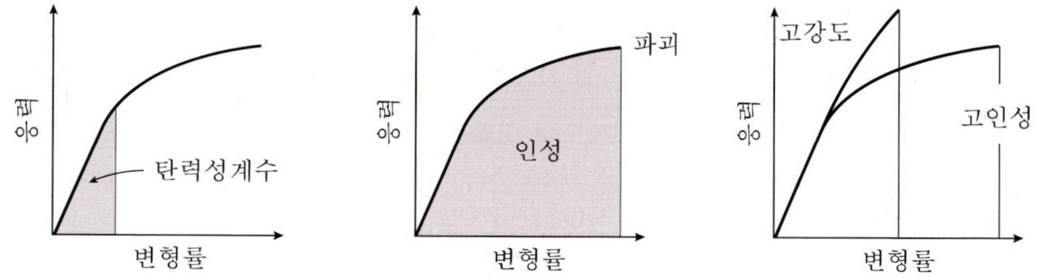

(a) 탄력성계수 (modulus of resilience)　(b) 인성 (toughness)　(c) 고강도(high-strength) 및 고인성(high-toughness) 재료

그림 1.15 응력 - 변형률 곡선의 아래 부분 면적

1.2.8 파괴와 안전

부재나 구조물이 설계된 기능을 수행하는 것이 중지되었을 때 파괴(failure)가 일어난다. 구조물의 파괴는 피로파괴(fracture fatigue), 항복(general yielding), 좌굴(buckling) 및 과도한 변형(excessive deformation)과 같이 여러 가지 형태로 일어날 수 있다. 취성재료는 정적응력(static stress)이 재료의 강도에 도달했을 때 전형적으로 급작스럽게 파괴된다. 여기서, 강도는 재료가 견딜 수 있는 최대 응력으로 정의된다. 반대로 연성재료는 과도한 소성변형에 의해 파괴가 일어날 수 있다.

교량과 같은 많은 구조물들은 재료의 강도보다 작은 응력을 발생시키는 반복하중(repeated loading)을 받는다. 재료의 강도보다 훨씬 작은 응력이 반복적으로 작용하면 피로파괴를 일으킬 수 있다. 피로파괴에 견디는 하중의 반복횟수는 강도에 대한 응력 수준(stress level)에 따라 다르다. 그림 1.16에 보여준 것처럼 응력수준이 작아질수록 피로파괴를 일으키는 반복횟수가 증가한다. 금속재료는 뚜렷한 피로한도(endurance limit) 또는 피로한계(fatigue limit)를 가지고 있으며, 응력수준이 피로한도 이하인 경우에는 피로파괴가 일어나지 않는다. 강재의 피로한계는 일반적으로 극한강도(ultimate strength)

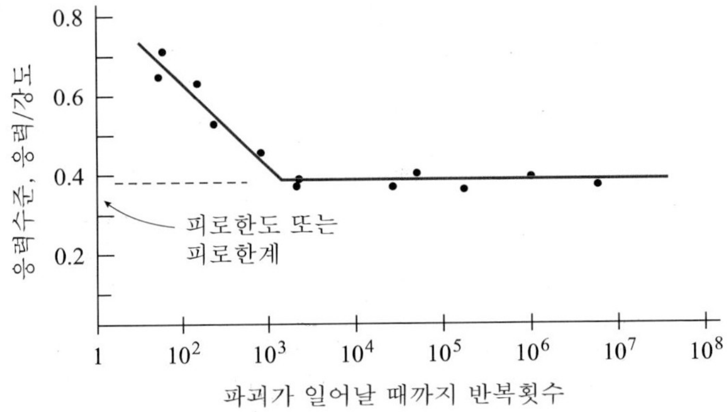

그림 1.16 반복하중 하에서 피로한도의 예

의 1/4에서 1/2 범위이다[Flinn and Trojan 1994]. 피로에 의해 파괴가 일어나는 또 다른 구조물의 예는 도로포장이다. 차량하중에 의해 발생하는 응력은 재료의 강도보다 매우 작지만 반복하중은 결국에는 도로포장 표층의 구조적 일체성(structural integrity)의 손실을 유발하여 그림 1.17에 보인 것처럼 피로균열(fatigue crack)을 발생시킨다.

파괴의 다른 형태(mode)는 항복(general yielding)이다. 이 파괴는 연성재료에서 발생하며, 재료의 항복이 구조물 전체로 퍼져 붕괴(total collapse)를 초래한다.

축방향 압축력을 받는 장주(long member)와 세장 기둥(slender member)은 좌굴에 의해 파괴될 수 있다. 부재가 축방향 압축력을 견딜 수 있을 지라도 작은 횡방향 하중이 작용하면 처짐을 발생시키고 결국에는 파괴가 일어나게 된다.

때로는 부재의 기능에 따라 과도한 변형(탄성 또는 소성)을 파괴로 정의할 수 있다. 예를 들면, 건물 바닥(floor)의 과도한 처짐은 사람들로 하여금 불편하게 하고, 극단적

그림 1.17 차량하중의 반복작용에 의한 아스팔트 포장의 피로파괴

경우에는 구조적으로는 건전할 지라도 건물을 사용하지 못하게 만든다.

파괴의 위험을 최소화하기 위해 구조물은 예상되는 최대하중보다 더 큰 하중을 견디도록 설계된다. 안전율 FS (factor of safety)는 파괴를 일으키는 응력과 설계시의 허용응력(allowable stress)[최대 예상 응력]의 비로 정의된다.

$$FS = \frac{\sigma_{failure}}{\sigma_{allowable}} \tag{1.7}$$

여기서, $\sigma_{failure}$: 재료의 파괴응력(failure stress)

$\sigma_{allowable}$: 설계시의 허용응력(allowable stress)

일반적으로 안전율이 커지면 부재의 단면이 커지고, 결국에는 비용이 많이 든다. 안전율의 적정한 값은 구조물에 따라 다르고, 아래와 같은 몇 가지 요인에 의존하게 된다.

- 예측할 수 없는 파괴에 따른 비용 : 생명, 재산, 시간
- 재료성질의 변동성(variability in material properties)
- 구조물에 작용하는 하중 산정의 정확도(예 : 지진하중)
- 구조물의 잘못된 사용(예 : 트러스지붕에 물건을 부적절하게 매다는 것)
- 설계할 때 재료의 적절한 응답을 반영하는 정확도(예 : 재료가 비록 완전 탄성이 아니지만 탄성 거동으로 가정하는 것)

1.3 비역학적 성질

재료의 비역학적 성질은 하중에 의한 응답보다는 재료의 선택, 이용 및 성능에 영향을 미치는 재료의 특성과 관련이 있다. 건설기술자가 가장 큰 관심을 갖는 밀도(density), 열 특성(thermal properties) 및 표면특성(surface characteristics) 외에도 기술자가 관심을 갖는 것에는 여러 가지가 있다.

1.3.1 밀도와 단위중량

많은 구조물에서 구조물에 사용한 재료의 무게(고정하중)가 설계하중에서 차지하는

비중이 상당히 크다. 재료의 무게를 줄일 수 있다면 부재의 크기를 또한 줄일 수 있다. 그러므로 재료의 무게는 구조물의 설계에서 중요한 고려사항이다. 이 외에, 아스팔트와 콘크리트의 배합설계에서 골재와 결합재(binder)의 무게-부피 관계는 배합비(mix proportion)를 결정할 때 사용되고 있다.

물질의 질량, 무게, 부피의 관계를 나타내는 것에는 일반적으로 3개의 항목이 있다. 밀도(density)는 단위 부피당 질량(mass)이고, 단위중량(unit weight)은 단위부피당 무게(weight)이다. 단위중량은 다음과 같이 나타낼 수 있다.

$$\gamma = \rho g \tag{1.8}$$

여기서, γ : 단위중량
ρ : 밀도
g : 중력가속도

비중(specific gravity)은 어떤 물질의 질량과 그와 같은 부피를 갖는 특정 온도(4℃)인 물의 질량과의 비이다. 4℃(39.2°F)에서 물의 밀도는 1 Mg/m^3(62.4lb/ft^3)이다. 비중의 정의에 따라, 어떤 물질의 비중은 물질의 밀도를 물의 밀도로 나눈 값과 같다. 미터법(metric system)에서 물의 밀도는 1이므로 물질의 밀도와 비중의 값은 같다. 이 같은 사실은 밀도와 비중이 호환적인 것으로 문헌들에서 종종 사용되었다.

금속재료와 같은 고체 물질에서는 단위중량, 밀도 및 비중이 명확한 값을 갖는다. 목재나 골재와 같은 물질에서는 물질에 있는 공극(void) 때문에 밀도와 비중에 대해 여러 가지의 다른 정의가 필요하다. 그림 1.18(a)와 (b)에 나타낸 것처럼, 골재의 용적(bulk volume aggregate)은 물질의 다짐상태(compaction state)에 따라 다를 것이다. 더욱이 물질의 밀도는 개개 입자의 부피를 어떻게 측정할 것인가에 따라 변할 것이다. 물질의 부피는 그림 1.18(c), (d), (e)에 각각 나타낸 것과 같이 개개 입자의 경계로 둘러싸인 부분의 전체 부피, 물이 접근할 수 없는 부분의 부피와 고체의 부피와 같이 여러 종류로 정의하여 사용된다.

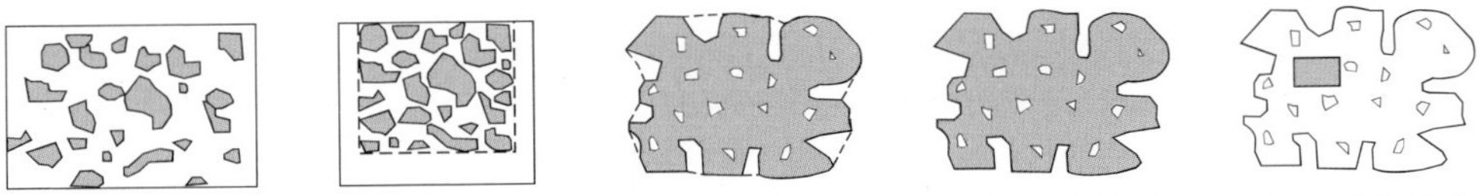

(a) 느슨한 경우 (loose)　(b) 다짐을 한 경우 (compaction)　(c) 전체 입자 부피 (total particle volume)　(d) 물이 접근할 수 없는 체적　(e) 고체의 부피

그림 1.18 밀도를 계산할 때 사용되는 부피의 정의

1.3.2 온도팽창

사실상 모든 물질들은 온도가 올라가면 팽창하고, 온도가 내려가면 수축한다. 단위 온도가 올라갈 때 단위길이당 팽창한 양을 열팽창계수(coefficient of thermal expansion)라 한다.

$$\alpha_L = \frac{\delta L/\delta T}{L} \tag{1.9}$$

$$\alpha_V = \frac{\delta V/\delta T}{V} \tag{1.10}$$

여기서, α_L : 열팽창계수 또는 선팽창계수(linear coefficient of thermal expansion)
α_V : 체적팽창계수(volumetric coefficient of thermal expansion)
δL : 시험체의 변화된 길이
δT : 온도 변화
L : 시험체의 원래 길이
δV : 시험체의 변화된 체적
V : 시험체의 원래 체적

등방성재료에서 체적팽창계수는 선팽창계수의 3배이다($\alpha_V = 3\alpha_L$).

열팽창계수는 구조물의 설계에서 매우 중요한 고려사항이다. 일반적으로 구조물은 많은 재료로 합성되어 있고, 함께 구속되어 있다. 만약 열팽창계수가 다르면 각 재료들은 다른 변형률을 가질 것이다. 열팽창계수가 작은 재료는 다른 재료의 변형을 억제할 것이다. 이와 같은 구속 효과는 재료에 직접적으로 파괴를 유발할 수 있는 응력을 발생시킬 수 있다.

구조물에서는 온도경사(구배, thermal gradient)에 의해 또한 응력이 발생할 수 있다. 구조물의 외부에서는 온도가 변하고 내부에서는 온도가 일정하게 유지될 때, 온도경사가 발생한다. 구조물이 변형에 대해 구속되어 있을 때 재료에는 응력이 발생한다. 이와 같은 메커니즘은 건물에서 벽돌외벽의 파괴를 유발하고, 경우에 따라서는 구조물의 붕괴를 발생시킨다. 또한, 콘크리트 포장은 움직임이 제한되어 있기 때문에 겨울에 온도가 내려가 균열이 발생하고, 여름에는 온도의 상승으로 인해 부풀어 오름(blow up)이 발생한다. 이런 까닭에 빌딩, 교량, 콘크리트 포장 및 다양한 구조물에서 온도의 영향을 수용하기 위해 조인트(joint)가 설치된다.

예제 1.4

탄성계수 207 GPa, 선팽창계수(α_L) 0.000009 m/m/℃, 길이(L) 3 m, 지름(D) 25 mm인 강봉(steel bar)의 양 끝이 고정되어 있고, 주위 온도가 40℃이다. 주위 온도가 15℃ 내려갔을 때, 온도변화에 의해 발생하는 내부 응력은 얼마인가? 이 응력은 인장인가 압축인가? 그 이유는?

풀이

강봉의 한쪽 끝이 고정되고 다른 쪽은 구속되어 있지 않다면, 강봉은 수축이 일어나고 응력은 발생되지 않는다. 이 경우 길이의 변화는 식 (1.9)에 따라 다음과 같이 계산할 수 있다.

$\delta L = \alpha_L \times \delta T \times L = 0.000009 \times (-25) \times 3 = -0.000675\,\mathrm{m}$

$\epsilon = \delta L / L = -0.000675/3 = -0.000225\,\mathrm{m/m}$

강봉의 양 끝이 고정되어 있기 때문에 길이의 변화는 일어나지 않는다. 그러므로 강봉에는 인장응력이 발생할 것이다.

$\sigma = \epsilon E = 0.000225 \times 207{,}000 = 46.575\,\mathrm{MPa}$

응력은 인장이다. 구속이 없다면 온도 15℃에서는 강봉의 길이가 2.999325 m이고, 응력은 0이다. 구속이 되어 강봉의 길이가 3 m로 되기 위해서는 인장력이 요구된다.

1.3.3 표면특성

건설기술자가 관심을 갖고 있는 재료의 표면특성에는 부식과 성능저하(corrosion and degradation), 마모 저항성(resist to abrasion and wear) 및 표면조직(surface texture)이 포함된다.

1) 부식과 성능저하

거의 모든 재료들은 사용기간 동안에 노후화(deteriorate)된다. 재료의 노후화 원인이 되는 메커니즘들은 재료의 특성과 주변 환경에 따라 다르다. 금속재료, 세라믹과 같은 결정질 재료들은 물질의 손실을 동반하는 부식의 과정이나 용해(dissolution) 또는 비금속의 산화물과 피막(scale and film)의 형성에 의해 노후화가 일어난다. 아스팔트와 같은 고분자 재료(polymers)는 용제(solvent)와 자외선 복사(ultraviolet radiation)의 영향을 포함한 재료의 성능저하(degradation)에 의해 노후화된다.

주위의 환경적 요인으로 인해 발생하는 성능저하로부터 재료를 보호하는 것은 설계에 있어서, 특히 노후화 및 성능저하와 구조물의 유지관리 비용의 관계를 고려할 때, 중요한 관심 사항이다. 재료의 선택은 재료가 주변 환경에 따라 어떻게 반응을 하는지와 성능저하를 방지하기 위한 비용 모두를 고려해야 한다.

2) 마모저항성

대부분의 토목구조물들은 고정된 상태(static)로 놓여 있기 때문에, 마모저항성은 공학의 다른 분야에 비해 덜 중요하다. 예를 들면, 기계기술자들은 기계를 설계할 때 부품의 마모에 관심을 가져야 한다. 이것은 토목공학 분야에서 마모저항성을 전적으로 무시할 수 있다는 것을 의미하지는 않는다. 도로포장은 제동이나 회전 시 적절한 미끄럼 저항(skid resistance)을 제공하기 위해 자동차 타이어로 인한 연마와 마모에 저항하도록 설계되어야 한다. 그러므로 마모저항성은 도로포장에 사용되는 골재에서는 중요한 성질이다.

3) 표면조직

어떤 재료와 구조물에서는 표면조직이 토목기술자에 있어서 중요한 것 중의 하나이다. 예를 들면, 포틀랜드 시멘트 콘크리트를 배합(mix)하고 타설(placing)하는 동안에 작업성(workability)을 향상시키기 위해서는 골재입자의 표면이 매끄러울(smooth) 필요가 있다. 반대로 하중작용에 의한 변형에 저항하는 안정적인 포장 표층을 제공하기 위해서 아스팔트 콘크리트 혼합물에서는 골재입자의 표면이 거친(rough) 것이 요구된다. 또한, 도로표면이 젖어 있을 때 적절한 마찰력을 제공하고 바퀴의 미끄러짐(skidding)을 방지하기 위해 도로포장 표층의 표면조직은 일정 수준 이상이 되도록 요구된다.

1.4 생산과 시공

특정한 부분에 어떤 재료를 적용하는 것이 적합할 지라도, 생산(제작)과 시공에 대한 고려사항이 재료의 선택을 제약할 수 있다. 생산할 때의 고려사항은 시방서(specifications) 기준을 만족하고, 요구되는 형상을 만족하는 재료의 이용가능성(availability)과 재료의 제조 능력을 포함한다. 시공할 때의 고려사항은 현장에서 구조물을 조립하고 가설(erect)하는 역량과 관련된 모든 요소들을 포함한다. 잘 훈련된 인력의 이용 가능여부는 중요한 요소 중 하나이다. 예를 들면, 어떤 도시에서는 고강도콘크리트(high-strength concrete)를 고층 건물(skyscraper)에 사용하는데 반하여 다른 도시에서는 강재를 재료로 선택한다. 의심할 여지없이 콘크리트나 강재는 고층빌딩의 건설에 사용될 수 있다. 지역의 기술자가 어느 한 재료를 가지고 설계하는데 편하고 자신을 갖고 있고, 건설사가 잘 훈련된 인력과 특화된 장비에 대해 책임을 가질 때, 어느 한 재료에 대해 지역적 선호(regional preference)가 나타난다.

1.5 미적 특성

재료의 미적 특성은 재료의 외관에 의존한다. 일반적으로 미적 특성에 대한 것은 건축가(architect)의 책임이다. 그러나 건설기술자는 시설물의 미적 특성이 구조적 요구조건과 조화되도록 건축가와 같이 작업할 책임이 있다. 많은 공공 시설물을 건설할 때 예산의 일부는 예술적인 부분에 관한 비용으로 전형적으로 쓰인다. 건설기술자와 건축가 사이의 협력이 많이 권장되고, 그 결과는 구조물의 가치를 증대시킬 수 있다(그림 1.19 참조).

많은 경우에 있어, 예술적인 설계와 기술적인 설계의 기술의 융합은 시설물을 사회 공동체가 받아들일 수 있도록 만든다. 사실 정책적 관점을 다루는 것은 기술적인 설계 문제점을 다루는 것 보다 가끔 더 어렵다. 그러므로 기술자는 재료를 선택할 때나 공공 시설물을 설계할 때 기술적인 요구조건 이외에 고려해야 할 요소들이 많이 있다는 사실을 알아야 한다.

그림 1.19 시설물에 대한 예술가와 기술자의 협력의 예 (Air force Academy, Colorado Springs, Colorado)

1.6 지속가능한(친환경적) 설계

지속가능한(또는 친환경) 설계는 자연적인 물체(physical objects), 개발된 환경(built environment) 및 경제적, 사회적, 그리고 생태 지속 가능성(ecological sustainability)의 원칙을 따르는 용역(services) 설계의 철학이다. 즉, 토목 및 건설 기술자는 사회의 현재와 미래의 요구에 민감한 설계와 시공이 되도록 관심을 가져야 한다. 토목공사(civil engineering project)에 사용되는 재료들은 프로젝트의 지속가능성을 결정하는데 있어서 기초적인 고려사항이다. 친환경 설계가 철학이지만, 개념의 완성은 직접적이고 계량이 가능한 조치를 요구한다. 이와 같은 목적을 위해, 미국녹색건축위원회(USGBC ; U.S. Green Building Council)는 건축물 평가시스템인 LEED (Leadership in Energy and Environmental Design)를 개발하였다[LEED, 2008].

LEED 평가시스템은 프로젝트의 지속가능성을 평가하는데 이용된다. 프로젝트의 누적된 평가를 토대로 인증(Certified), 실버(Silver), 골드(Gold) 또는 플래티넘(Platinum)의 등급을 부여한다. 신축 건물(new construction)과 대대적인 개선(major renovation) 사업에 대한 평가영역은 다음과 같다.

- 지속가능한 부지(sustainable sites)
- 물의 효율적 이용(water efficiency)
- 에너지와 대기(energy and atmosphere)
- 재료와 자원(materials and resources)
- 실내 환경의 질(indoor environmental quality)
- 설계의 창의성, 혁신(innovation in design)
- 지역우선순위(regional priority)

본 교재의 내용과 LEED의 "재료와 자원" 영역 사이에는 밀접한 연관성이 있다. "재료와 자원" 영역에서 고려하는 항목은 다음과 같다.

- 재활용품의 저장 및 수집(storage and collection of recyclables)
- 건물의 재이용(building reuse-maintain existing walls, floors and roofs, interior walls and nonstructural elements)
- 건설폐기물 처리(construction waste management)
- 자재(재료) 재이용(materials reuse)
- 재활용품 사용량(recycled content)
- 급속 재생 가능한 재료(rapidly renewable materials)

- 인증된 목재(certified wood)

건물주가 LEED 인증제도의 특정한 등급을 받기를 원한다면, 기술자는 건물의 기능적 요구조건을 만족하고 LEED 평가에 요구되는 재료를 선택해야 할 책임이 있다. 예를 들면, 지역의 재료(자재)를 선택하는 것이 LEED 평가를 높게 받게 되고, 시설물의 비용에 미치는 영향은 작거나 없을 것이다.

재료와 자원에 대한 직접적인 제약 외에 재료의 선택에 영향을 주는 LEED 인증의 다른 영역이 있다. 접착제를 사용하여 제작된 구조적 목제품(engineered wood products)을 선택하는 것은 휘발성 유기 화합물(VOC ; volatile organic compound)의 가스발생을 낮게 하는 것으로 평가되고, 실내 환경의 질과 관련된 LEED 점수를 향상시킨다. 주차장에 다공질의 포장표면을 선택하는 것은 용지개발(site development)영역에서 LEED 점수를 향상시킨다.

1.7 재료 변동성

공학재료(engineering material)는 근본적으로 변동이 심하다는 것을 이해하는 것이 꼭 필요하다. 예를 들어, 강재(steel)의 특성은 화학 조성과 제조방법에 따라 다르다. 콘크리트의 특성은 시멘트의 종류와 사용량, 골재의 종류, 공기량, 슬럼프 값(slump), 양생방법(curing method) 등에 따라 변한다. 아스팔트의 특성은 결합재의 종류와 양, 골재의 성질과 입도(gradation), 다짐의 정도, 재령(age)에 따라 다르다. 목재의 특성은 나무의 종류, 절단 방법 및 수분 함유량에 따라 다르다. 어떤 재료들은 재료 물성(nature material)과 제조방법에 따라 다른 재료에 비해 더 균등질(homogeneous) 특성을 갖는다. 예를 들면, 한 종류 강재의 항복강도의 변동성은 한 배치(batch)에서 만들어진 콘크리트의 압축강도의 변동성보다 더 작다. 그러므로 변동성은 건설재료의 품질을 규정하는데 있어서 중요한 요소이다.

특정한 로트(lot)에서 재료를 실험했을 때 관찰된 변동성은 재료의 본질적인 변동(inherent variability), 표본추출 방법(sampling method)에 의해 발생하는 변동, 실험을 수행하는 방법(testing method)과 관련된 변동 등과 같은 3가지 변동의 누적된 효과를 포함하고 있다. 재료가 본질적으로 변동성을 갖고 있는 것처럼, 표본추출 과정과 시험방법에 따라 변동이 심한 결과를 가져온다. 때때로, 통계학자들은 표본추출과 시험의 오차(error)와 관련된 변동성이라 부른다. 그러나 이것은 표본추출 또는 시험이 부정확하게 수행되었다는 것을 의미하지는 않는다. 부적절한 과정으로 판정이 되면, 이것은 실수(blunder)라 부른다. 표본추출과 시험 프로그램의 목표는 재료의 진정한 통계적 특성을 확인할 수 있도록 표본추출과 시험에 의한 변동성을 최소화하는 것이다.

정밀도(precision)와 정확도(accuracy)의 개념은 변동성을 이해하는데 있어 기본이다. 정밀도는 조심스럽게 통제된 상태에서 반복 측정한 값의 변동성과 관련이 있고, 정확도는 참 값(true value)에 대한 결과의 일치성 또는 편향의 부재(absence of bias)이다. 편향(bias)은 참 값으로부터 어느 한 방향으로 벗어나는 통계의 추세이다. 달리 말하면, 편향은 시험 값과 참 값 사이의 정(계통)오차(systematic error)이다. 정밀도와 정확도의 간단한 유사점은 그림 1.20에 나타낸 것과 같다. 그림 1.20(a)와 같이 모든 총알이 중심으로부터 떨어진 곳에 집중되면, 이것은 정밀도는 양호하고 정확도가 불량하다는 것(biased)을 나타낸다. 그림 1.20(b)와 같이 총알이 중심 주변에 흩어져 있으면, 이것은 정밀도는 불량하고 정확도가 양호하다는 것을 나타낸다. 마지막으로, 그림 1.20(c)에 나타낸 것과 같이 모든 총알이 중심 가까운 곳에 집중되면, 양호한 정밀도와 양호한 정확도를 갖고 있다는 것을 나타낸다[Burati and Hughes 1990]. 미국재료시험협회(ASTM ; American Society of Testing Materials)나 미국도로교통협회(AASHTO ; American Association of State Highway and Transportation Officials)의 시험방법과 같이 표준화된 많은 시험방법은 정밀도(precision)와 편향 상태(bias statements)를 내포하고 있다. 이들 시험방법에서는 채택 가능한 실험 결과에 대한 변동성의 한계를 제공하고 있다. 실험실은 실험능력이 있다는 것을 증명하는 것이 일반적으로 요구되며, AMRL (American Material Reference Laboratory)에 의해 공인받을 수 있다.

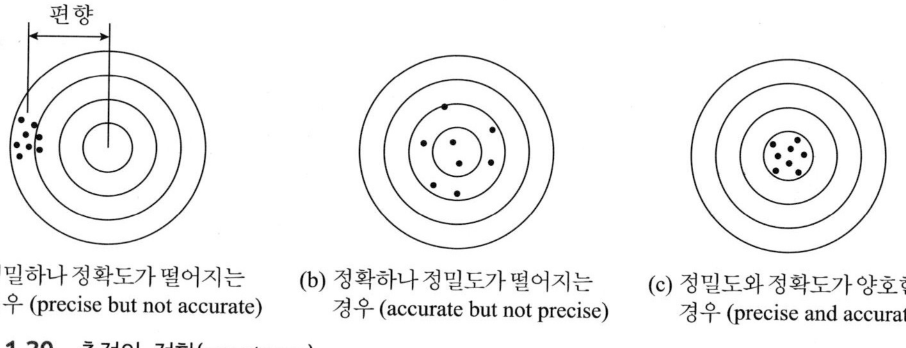

(a) 정밀하나 정확도가 떨어지는 경우 (precise but not accurate)
(b) 정확하나 정밀도가 떨어지는 경우 (accurate but not precise)
(c) 정밀도와 정확도가 양호한 경우 (precise and accurate)

그림 1.20 측정의 정확(exactness)

1.7.1 표본추출

일반적으로 전수시험을 하는 것은 비현실적이거나 가능하지 않기 때문에 표본(sample)을 로트(lot) 또는 모집단(population)으로부터 취한다. 충분한 표본을 가지고 시험을 수행하면 전체 로트의 특성을 추정하는 것이 가능하다. 표본이 타당하기 위해서는 무작위(randomly)로 선정되어야 한다. 무작위 추출(random sampling)은 모집단의 모든 요소가 같은 선택 기회를 갖는 것이 요구된다. 표본추출에서 또 다른 중요한 개념은 표본이 전체 로트의 대표성을 가져야 한다. 예를 들어, 골재의 저장더미에서 표본추출을 할 때, 골재 더미의 위치에 따라 골재 입자의 크기가 다를 수 있기 때문에 골재 더미의 상부, 중간 및 하부에서 표본을 취하고, 이들을 섞는 것은 중요하다. 모집단의 특성은 재료 성질의 변동성과 평가에 요구되는 신뢰수준(confidence level)에 의존하므로, 표본의 크기(sample size)를 정할 필요가 있다.

통계의 매개변수(statistical parameter)는 재료의 성질로 묘사된다. 평균(mean)과 표준편차(standard deviation)는 통계에서 통상적으로 사용되는 변수이다. 산술평균(arithmetic mean)은 모든 표본의 시험값들의 단순한 평균(average)이다. 이것은 모집단의 중심 집중 경향(central tendency)의 척도이다. 표준편차는 결과들의 분산(dispersion)의 척도이다. 평균 $\overline{x}$와 표준편차 s는 다음과 같다.

$$\overline{x} = \frac{\sum_{i=1}^{n} x_i}{n} \tag{1.11}$$

$$s = \left(\frac{\sum_{i=1}^{n} (x_i - \overline{x})^2}{n-1} \right)^{1/2} \tag{1.12}$$

여기서, n : 표본의 크기

무작위 표본(random samples)의 평균과 표준편차는 각각 모집단의 평균과 표준편차의 추정치이다. 표준편차는 정밀도 척도의 반대이다. 즉, 작은 표준편차는 양호한 정밀도를 나타낸다.

1.7.2 정규분포

정규분포는 그림 1.21에 나타낸 것과 같이 평균값을 중심으로 대칭의 분포를 갖는다.

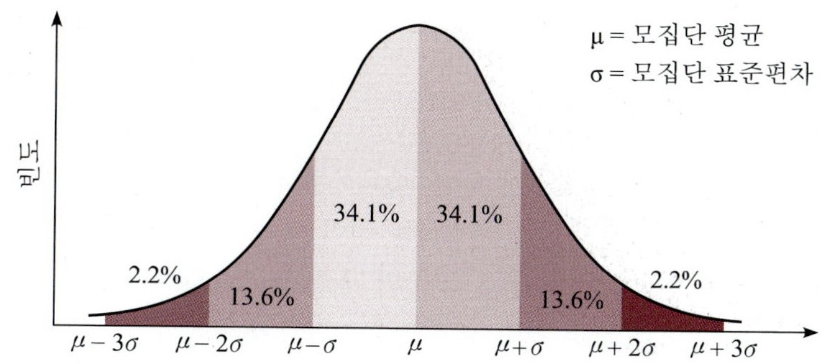

그림 1.21 정규분포(Normal distribution)

정규분포는 재료의 성질을 포함하여 자연현상, 연구활동, 산업현장에서 일어나는 많은 모집단을 묘사한다. 임의 두 변수 사이의 곡선 아래 부분의 면적은 사건이 발생할 확률을 나타낸다. 예를 들면, 평균에서 표준편차의 ±1배 만큼 떨어진 변수를 갖는 사건의 발생확률은 68.3%이고, 평균에서 표준편차의 ±2배 만큼 떨어진 변수를 갖는 사건의 발생확률은 95.5%이며, 평균에서 표준편차의 ±3배 만큼 떨어진 변수를 갖는 사건의 발생확률은 99.7%이다. 재료시험기사가 20개의 콘크리트 공시체를 시험하여 평균값 22 MPa, 표준편차 3 MPa을 얻었다면, 이 통계자료는 모집단의 참 평균값이 $22 \pm (2 \times 3)$ 또는 16～28 MPa 범위의 값을 가질 확률이 95.5%임을 의미한다.

1.7.3 관리도

관리도는 제조공장과 건설현장에서 공정이 잘 관리되는지를 확인하기 위해 이용되고 있다. 관리도는 관리하에 있는 공정이 제대로 유지되고 있는지 그렇지 않는지를 알아차리는데 있어 중요하다. 관리도는 시공사나 재료 공급자가 공정에서 발생가능한 문제점을 파악했을 때 이를 확인하기 위한 시각적 경고 메커니즘(visual warning mechanism)을 단지 제공한다. 관리도는 다음과 같은 많은 장점을 가지고 있다[Burati and Hughes 1990].

- 조기에 문제를 발견(detect trouble early)
- 변동성을 줄임(decrease variability)
- 공정의 능력을 설정(establish process capability)
- 검사 빈도를 줄임(decrease inspection frequency)
- 대체 규격 한계에 대한 근거 제공(provide a basis for altering specification limit)
- 품질관리에 대한 영구적인 기록 제공(provide a permanent record of quality)

- 승인에 대한 근거 제공(provide basis for acceptance)
- 품질관리의 중요성에 대한 인식 주입(instil quality awareness)

관리도의 종류는 여러 가지가 있다, 그 중 가장 단순한 것은 개별 측정값을 발생 순서대로 플롯트(plot)한 것이다. 그림 1.22는 레미콘 공장에서 측정된 콘크리트 공시체의 압축강도에 대한 관리도이다. 관리도는 시험결과가 규격의 요구조건을 벗어났을 때 운영자가 확인할 수 있도록 하기 위해 규격허용(관리)한계(specification tolerance limit)를 또한 보여주고 있다. 관리도의 이와 같은 형태는 유용하지만, 관리도의 표본 크기에 의거한다. 그러므로 표본 내에서의 변동성은 고려하지 못한다.

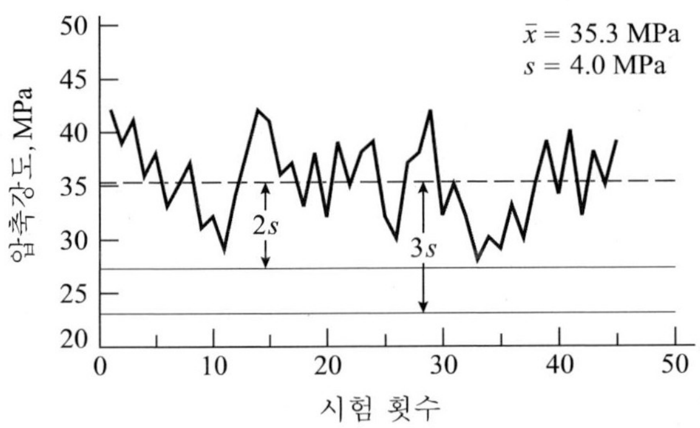

그림 1.22 콘크리트 공시체의 압축강도에 대한 관리도

시험 결과의 평균값(mean)과 범위(range)를 발생 순서로 플롯트 하는 평균값 관리도($\bar{x}$-chart)와 범위관리도(R-chart)와 같은 통계적 관리도가 개발되었다. 그림 1.23(a)는 압축강도의 3회 연속 시험값의 이동 평균(moving average)대한 관리도를 보여준다. 예들 들면, 첫 번째 점은 처음 3개 시험값의 평균이고, 두 번째 점은 2번째에서 4번째 시험값의 평균이다. 그림 1.23(b)는 압축강도의 3회 연속 시험값의 이동 범위(moving range)대한 관리도를 보여준다. 통계적 관리도를 이용하는데 있어 중요한 요소는 특정한 공정에 대해 설정된 관리한계(control limit)를 적절하게 지정하는 것이다. 이 관리한계는 허용한계(tolerance limit)나 규격한계(specification limit)와 같은 것은 아니고, 확률함수(probability function)를 이용하여 설정할 수 있다. 예들 들면, 정규분포에 대해, 평균값 관리도는 측정값 모두가 근본적으로 평균값으로부터 $\pm 3\sigma$ 이내에 존재한다는 사실에 의거한다. 그러므로 관리한계는 평균값에서 $\pm 3\sigma$ 사이로 설정될 수 있다. 잠재적인 문제점을 인지할 수 있는 경고한계(warning limit)는 평균값에서 $\pm 2\sigma$ 범위로 가끔 설정된다.

통계적 관리도에서 평균값이나 범위의 추세를 관찰하는 것은 문제점을 제거하고 변동성을 줄이는데 도움이 될 수 있다. 그림 1.24는 통계적 관리도에서 평균값과 범위의 발생 가능한 경향을 보여주고 있다[Burati and Hughes 1990]. 그림 1.24(a)는 평균값이 갑작스럽게 이동하여 유지되는 경우를 나타낸 것으로, 이것은 프로젝트가 수행되는 동안에 재료 공급자가 갑자기 변경되었을 때 나타날 수 있다. 그림 1.24(b)에 나타낸 것처럼 평균값이 점차적으로 변하는 것은 기계의 마모에 의해 초래되는 점진적인 변화를 나타낼 수 있다. 그림 1.24(c)에 나타낸 것처럼 평균값이 불규칙하게 변하는 것은, 실제는 불필요 하지만, 운영자가 공정의 설정을 계속적으로 조정하고 있다는 것을 나타낸다. 그림 1.24(d)는 범위가 갑작스럽게 변하는 경우를 나타낸 것으로 이것은 또한 프로젝트가 수행되는 동안에 재료 공급자가 갑자기 변경되었을 때 나타날 수 있다. 그림 1.24(e)는 범위가 점차적으로 증가하는 것으로, 기계의 마모를 나타내기도 한다. 마지막으로, 그림 1.24(f)에 나타낸 것처럼 평균값과 범위 모두가 불규칙하게 변하는 것은 공정에 결함이 있다는 것을 나타낸다.

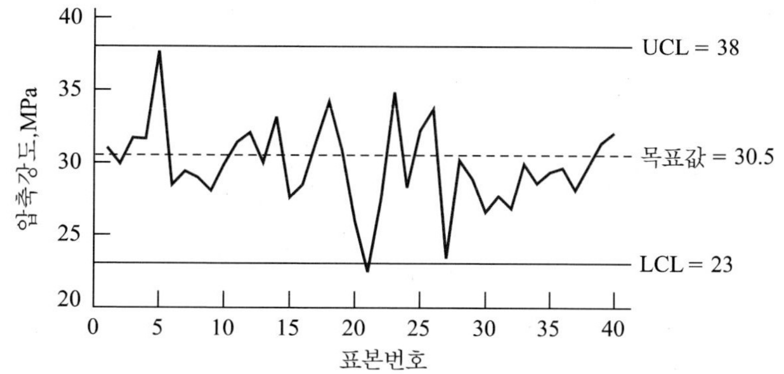

(a) 평균값 관리도($\bar{x}$-chart)

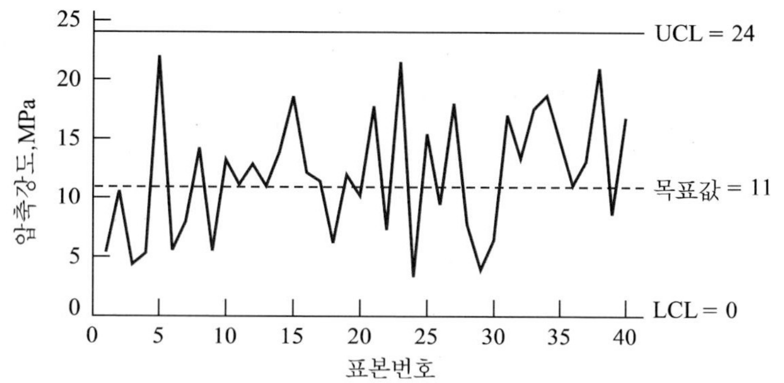

(b) 범위관리도(R-chart)

UCL : 관리상한선(upper control limit) LCL : 관리하한선(lower control limit)

그림 1.23 통계적 관리도

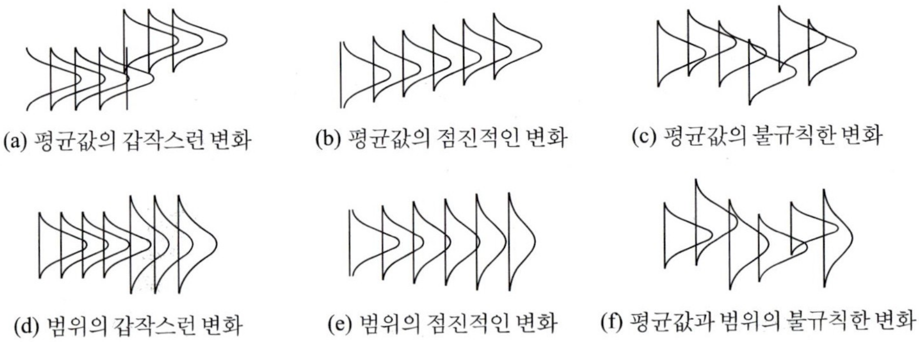

그림 1.24 통계적 관리도에서 평균값과 범위의 가능한 경향(trend)

1.7.4 실험오차

실험실에서 공시체를 갖고 시험을 할 때, 기계적 오류(machine error)나 인적 과오(human error)에 의해 부정확(inaccuracy)이 발생할 수 있다. 그림 1.25는 재료의 성질을 대표하지 않는 toe region(AC)이 존재하는 응력-변형률 곡선을 보여준다. 이 toe region은 공시체의 느슨함과 정열이나 배치에 의해 발생하는 인위적인 결과(artifact)에 의해 나타난다. 탄성계수, 변형률과 오프셋 항복점과 같은 매개변수의 정확한 값을 얻기 위해서는, 변형률 축(x-축)에서 보정된 0점이 주어지도록 이 인위적인 결과는 보상되어야 한다. 곡선의 직선부분을 변형률 축으로 연장하여 만나는 점(B)을 찾음으로써 보정이 이루어진다. 이 경우 B점이 보정된 변형률이 0인 점이고, 모든 변형률은 이 점에서부터 측정되어야 한다. 어떠한 직선 부분도 나타내지 않는 재료의 경우에는, 변곡점에서 최대기울기를 갖는 접선을 그린 후 이를 변형률 축과 만나는 점까지 연장함으로써 앞의 방법과 유사한 보정이 이루어질 수 있다.

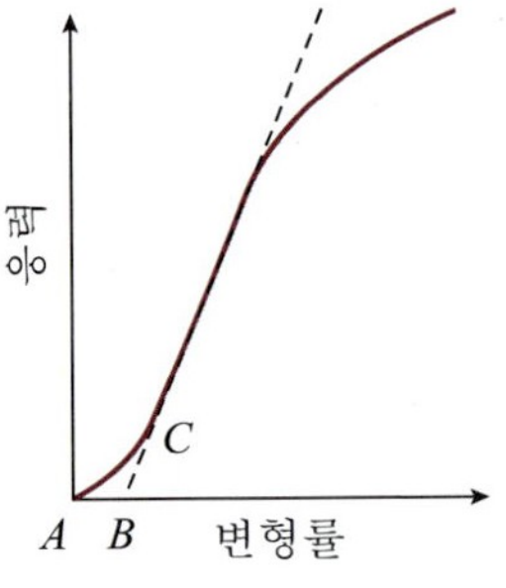

그림 1.25 응력-변형률 곡선에서 toe region의 보정

1.8 실험실 측정기구

실험실 시험은 재료의 성질을 측정하기 위해 수행한다. 때때로 의문점이 있는 재료로 공시체를 제작하고, 하중의 작용 또는 어떤 환경조건에서의 반응을 측정하기 위해 실험실에서 시험한다. 시험들은 시간, 변형 또는 힘과 같은 어떤 매개변수를 측정하는 것이 요구된다. 매개변수의 일부는 직접적으로 측정되고, 또 다른 일부는 서로 연관된 매개변수를 통해 간접적으로 측정된다. 길이와 변형(deformation)은 자(ruler), 다이얼 게이지(dial gauge), 캘리퍼스(calipers)와 같은 간단한 기구를 사용하여 직접적으로 측정할 수 있다. 다른 경우로는 전기전압(electric voltage)을 측정하고 이를 변형(deformation), 힘(force), 응력(stress) 또는 변형률(strain)과 연관시킴으로써 간접측정이 이루어진다. 이와 같은 기구의 예로는 LVDT (linear variable differential transformer), 변형률 게이지(strain gauge)와 로드셀(load cell)과 같은 것들이 있다. 레이저와 광학 장비(optical device)를 이용하여 비접촉식으로 변형을 측정하는 기구들을 또한 이용할 수 있다. 전자측정기구(electronic measuring devices)들은 도표기록기(chart recorder), 디지털 판독기(digital readout device) 또는 컴퓨터에 쉽게 연결할 수 있으며, 측정결과는 이들 기기를 통해 쉽게 나타낼 수 있고, 처리할 수 있다.

각각의 기구들은 기구의 눈금(devices's scale)에서 판독할 수 있는 가장 작은 값인 민감도(sensitivity)를 갖고 있다. 민감도를 정확도나 정밀도와 혼돈하지 말아야 한다. 민감도를 증가시키기 위해 게이지의 눈금을 확대할 수는 있다. 그러나 마모, 마찰, 노이즈(noise), 드리프트(drift)와 다른 요소들은 정확도와 정밀도를 제한하는 오차를 유발시킬 수 있다.

측정의 정확도는 측정기기의 민감도를 넘어설 수는 없다. 예를 들어, 시간을 측정하기 위해 0.01초의 민감도를 갖는 스톱워치를 사용한다면 기록할 수 있는 가장 작은 시간 간격은 또한 0.01초이다. 측정 기기와 민감도에 관한 선택은 측정값에 요구되는 정확도에 따라 다르게 된다. 다른 한편으로는, 요구되는 정확도는 측정값의 중요성과 용도에 따라 다르다. 예를 들어, 한 도시에서 다른 도시로의 여행거리를 나타날 때에는 1km 또는 10 km 이내의 정확도는 의미 있는 값일 것이다. 반대로 컴퓨터 마이크로 칩을 제조하는 경우에는 백만분의 1 m 또는 그 이상의 정확도가 요구될 것이다. 공학적인 시험에서 측정의 정확도는 측정값의 타당한 용도가 보장되도록 하는 동시에 시험하는 동안에 불필요한 노력과 비용을 피하기 위해 사전에 결정되어야 한다. ASTM과 AASHTO의 표준시험법과 같이 많은 표준시험법은 실험에 사용하는 측정기기의 민감도를 명시하고 있다. 어떤 경우라도, 다양한 측정기기에 대한 교정(calibration), 설치, 사용법과 측정결과의 해석이 적절히 보장되도록 주의를 기울여야 한다.

다이얼 게이지, LVDT, 변형률 게이지, 푸루빙 링(proving ring)과 로드셀 등과 같이 재료시험을 하는데 공통적으로 사용되는 측정기기에 대해 간략하게 기술하면 다음과 같다.

1.8.1 다이얼 게이지

다이얼 게이지는 시험을 하는 동안에 변형을 측정하기 위해 사용된다. 다이얼 게이지는 두 지점에 부착되며, 상대적인 이동을 거리를 측정한다. 대부분의 다이얼 게이지는 그림 1.26에 나타낸 것처럼 2개의 다른 바늘을 갖고, 2개의 스케일(scale)을 갖는다. 큰 스케일의 가장 작은 눈금은 기기의 민감도를 나타내며, 일반적으로 게이지의 앞면에 표시되어 있다. 작은 바늘의 한 눈금은 큰 바늘이 한 바퀴 회전한 것 같다. 작은 바늘의 전체 범위는 다이얼 게이지의 측정 범위를 나타낸다. 건설재료에 대한 시험에서 자주 사용되는 다이얼 게이지는 0.002～0.1 mm 범위의 민감도를 갖고 있다. 그림 1.26에 나타낸 다이얼 게이지는 0.001 in.의 민감도와 1 in.의 측정범위를 갖고 있다. 다이얼게이지는 현재의 바늘 위치에서 큰 스케일을 돌려서 0점을 다시 설정할 수 있다.

특정한 표점거리(gauge length)의 변형이나 두 점 사이의 상대적인 이동(movement)을 측정하기 위해 다이얼 게이지를 다양한 형태를 갖는 틀이나 홀더(holder)에 부착하여 사용할 수 있다. 예를 들면, 그림 1.27에 보여준 인장변위계(extensometer)는 금속 봉(bar)에 대한 인장시험을 할 때 시편의 표점거리의 변형을 측정하는데 사용된다.

그림 1.26 다이얼 게이지

그림 1.27 다이얼 게이지로 된 인장변위계

1.8.2 LVDT

LVDT (linear variable differential transformer(transducer))는 시험에서 공시체(specimen)의 작은 이동(movement)이나 변형을 측정하기 위해 일반적으로 사용하는 전기기기(electronic device)이다. LVDT는 비자성의 외곽 틀(nonmagnetic shell)과 자성의 심부(magnetic core)로 구성되어 있다. 그림 1.28에 설명한 것처럼 외곽 틀은 1개의 1차 코일과 2개의 2차 코일을 포함하고 있다. LVDT에서는 전기전압이 입력(input)이고, 출력 전압(output voltage)을 얻는다. 심부가 외곽 틀의 중앙인 " 0 "의 위치에 있으면, 출력전압은 0이다. 심부가 어느 한 방향으로 약간 이동하면 출력전압이 얻어진다. 심부가 반대의 방향에 위치하면 출력전압은 반대의 부호를 나타낸다. 심부의 위치와 출력 전압 간의 관계는 제조사에서 정한 특정한 범위 안에서는 직선(linear)의 관계를 갖는다. 이 관계를 알고 있다면, 전압계나 판독장치를 사용하여 출력전압을 측정함으로써 변위(displacement)를 결정할 수 있다. LVDT는 정적(static) 및 동적(dynamic) 변위를 모두 측정할 수 있다.

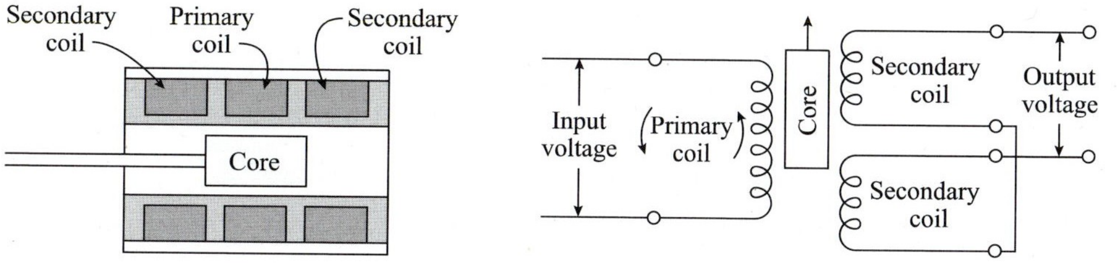

그림 1.28 LVDT 회로도

LVDT는 광범위한 민감도와 측정범위를 갖는다. 상업적으로 이용 가능한 LVDT의 민감도의 범위는 여자전압(volt of excitation)당 변위에 대해 0.003 ~ 0.25 V/m(0.08 ~ 6.3 V/in.)이다. 1차 코일에 공급되는 정상적인 여자(normal excitation)는 50 Hz에서 10 kHz 범위의 주파수 내에서는 3 V이다. 만약 3 V를 사용하다면, 가장 민감한 LVDT는 18.9 mV/mm의 출력을 제공한다[Dally and Riley 1991]. 일반적으로, 매우 민감한 LVDT는 작은 측정범위를 갖고, 측정범위가 큰 LVDT는 덜 민감하다. 필요한 민감도와 측정범위는 측정이 요구되는 변위의 정확도와 크기에 따라 다르다.

LVDT는 사용하기 전에 출력전압과 변위의 관계를 결정하기 위해 보정을 하여야 한다. 그림 1.29에서 보여준 것과 같이 마이크로메타(micrometer), 전압계 및 홀더로 구성된 보정장치(calibration device)가 LVDT를 보정하기 위해 사용된다.

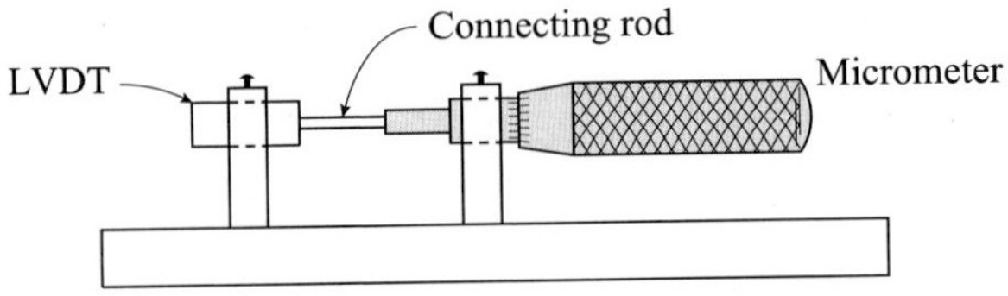

그림 1.29 LVDT 보정 장치

LVDT의 외곽 틀과 심부는 스프링(spring-loaded)과 분리되었거나 결합되어 있다(그림 1.30). 전자의 형태가 사용됐을 때에는, 비자성의 나사형 연결봉(nonmagnetic threaded connecting rod)이 측정대상에 LVDT를 접촉하기 위해 사용되는 심부에 연결되어 있다. 어떤 형태이던 간에, 두 점 사이의 상대적인 움직임을 측정하기 위해서는 심부는 한 점에 고정되고 외곽 틀은 다른 점에 고정된다. 두 점 사이에 거리가 변하면 심부의 위치가 외곽 틀에 비해 상대적으로 변하게 되고, 이에 비례하여 출력전압이 변하게 된다. 그림 1.31은 금속 봉(bar)에 대한 인장시험을 할 때 변형을 측정하기 위해 사용할 수 있는 LVDT로 구성된 인장변위계(extensometer)를 보여주고 있다.

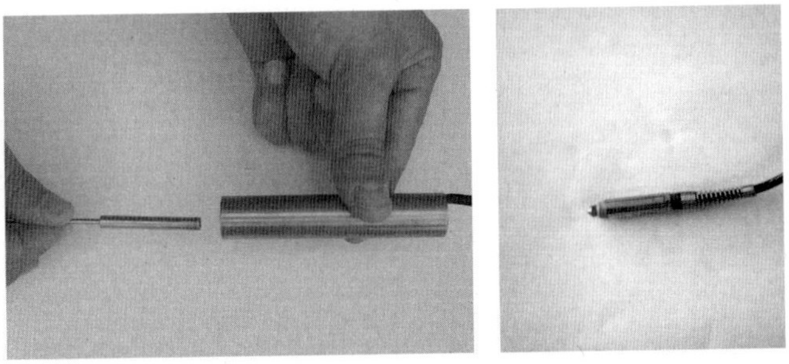

그림 1.30 LVDT의 종류 (좌) non-spring loaded (심부와 연결봉은 외곽 틀에서 분리됨)
(우) spring loaded (심부와 연결봉은 외곽 틀 내부에 있음)

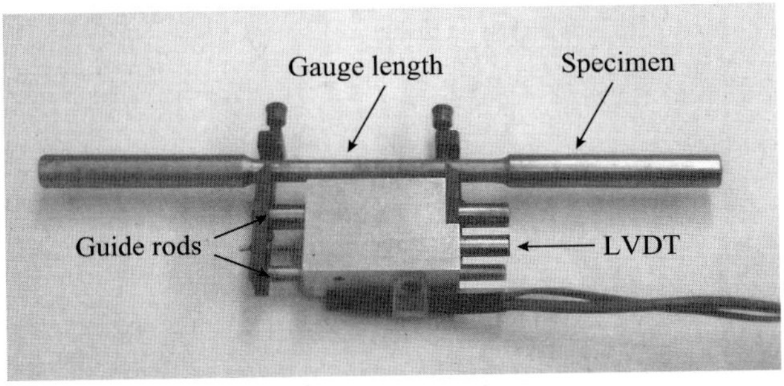

그림 1.31 LVDT로 구성된 인장변위계

1.8.3 변형률 게이지

변형률 게이지(strain gauge)는 특정한 표적거리(gauge length)의 미세한 변형을 측정하는데 사용된다. 변형률 게이지에는 여러 가지 유형이 있으나, 가장 많이 사용되고 있는 유형은 전기적 변형률 게이지(electrical strain gauge)이다. 이것은 그림 1.32에 보여준 것처럼 금속박편(foil)이나 전선(wire)을 플라스틱이나 종이로 된 얇은 저판(base)에 부착하여 만든다. 전류는 게이지의 금속박편이나 전선을 통해 흐른다. 게이지가 늘어나면, 게이지의 전기저항이 비례하여 변한다. 변형률 게이지는 변형률을 측정하고자 하는 표면에 접착제를 이용하여 부착시킨다. 표면에 변형이 발생하면, 변형률 게이지에 또한 변형이 일어나고, 그 결과로 인해 변형률 게이지의 저항이 변한다. 저항의 변화량은 매우 작기 때문에 일반적인 저항계(ohmmeter)는 사용할 수 없다. 그러므로 저항의 변화를 측정하기 위해 휘트스톤 브리지(Wheatstone bridge)와 같은 특수한 전기회로가 사용된다[Dally and Riley 1991].

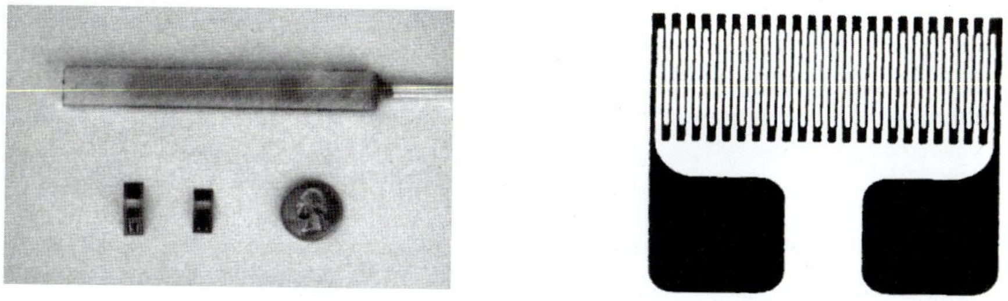

(a) 다양한 형태의 변형률 게이지 (b) 대표적인 금속박편 변형률 게이지(foil strain gauge)

그림 1.32 변형률 게이지

변형률 게이지는 다양한 크기로 생산되지만, 가장 사용하기 좋은 변형률 게이지는 5~15 mm(1/4~1/2 in.)의 표적거리(gauge length)를 갖는다. 또한, 이보다 더 큰 변형률 게이지가 생산되고 있으며, 경우에 따라 사용할 수 있다.

전선 게이지(wire gauge)는 일정한 길이를 갖는 한 가닥의 매우 가는 전선(지름 약 0.025 mm)이 일정한 패턴을 갖는 환상회로(loop)로 되어 있다. 금속박편 게이지(foil gauge)는 매우 얇은 금속박판(두께 약 0.0025 mm)을 일정한 패턴으로 아로새겨 만든다. 금속 박판이나 전선은 모양, 크기 및 형태가 매우 다양하게 제조되고, 플라스틱이나 종이로 된 저판(base)에 부착된다. 변형률 게이지를 실험체에 부착하면, 실험체는 금속 박판이나 전선과 견고하게 접합된다. 금속박판-플라스틱 게이지(foil-plastic gauge)가 전선 게이지보다 더 흔히 사용된다.

변형률 게이지를 사용할 때, 게이지가 실험체에 단단하게 부착되게 하는 것은 매우 중요하다. 게이지를 부착할 실험체의 표면을 깨끗하게 처리하여야 하고, 접착제는 적절하게 발라 경화시켜야 한다. 접착제는 시험 중인 실험체의 재료에 적합해야 한다.

1.8.4 비접촉식 변형측정 기법

변형을 측정하는 전통적인 기술은 LVDT와 변형률 게이지를 사용하는 것이다. 이 2가지 모두는 특정한 시험체 형태, 시험시의 온도, 재하속도(rate of loading)와 변형의 범위에 대해 특화될 필요가 있다. 이와 같은 변수들은 저마다 특정한 인장변위계를 사용하는데 있어 한계에 부닥치게 하고 있다. 따라서 비접촉식으로 변형을 측정하는 기술의 사용이 여러 가지 상황에서 선호되고 있다. 레이저 도플러 속도계(LDV ; Laser Doppler Velocimeter)와 레이저 인장변위계(laser extensometer), 디지털 레이저반점 기법(digital laser speckle technique), 고속 카메라의 회전 드럼(rotating drum of high speed camera), 회절격자 기법(diffraction-grating technique), 이미지 상관기법(image correlation technique)과 같은 방법들이 비접촉식으로 변형을 측정하는 기법으로 현재 사용되고 있다. 그림 1.33은 알루미늄의 응력－변형률 관계를 구하기 위해 레이저 인장변위계를 사용하여 시험하는 모습을 보여주고 있다. 시험체에 레이저 빔을 쏘아 시험체 표면으로부터의 반사를 수신한 후, 표적거리에서의 변화량을 결정하기 위한 처리가 이루어진다.

그림 1.33 비접촉식 레이저 인장변위계(laser extensometer)

1.8.5 푸루빙 링

푸루빙 링(proving ring)은 하중을 측정하기 위해 많은 실험실 시험에서 사용되고 있다. 그림 1.34에 나타낸 것과 같이 푸루빙 링은 강재 링(steel ring)과 부착된 다이얼 게이지로 구성된다. 푸루빙 링에 하중이 작용하면 링에는 변형이 발생하고, 다이얼 게이지로 이를 측정한다. 하중과 다이얼 게이지 판독 값과의 관계를 안다면, 작용하는 하중을 측정하기 위해 푸루빙 링을 사용할 수 있다. 그러므로 직선식이나 도표의 형태로 보정관계가 구비되어 있는 푸루빙 링은 푸루빙 링의 변형을 측정하는 것을 기반으로 힘의 크기를 결정하는 것이 가능하게 한다. 손상을 방지하기 위해 제조사가 규정하고 용량보다 더 큰 힘을 푸루빙 링에 가하지 않는 것이 중요하다. 더욱이, 타당한 측정값을 보증하기 위해서는 푸루빙 링을 정기적으로 교정(calibration)을 하는 것이 바람직하다.

그림 1.34 푸루빙 링(Courtesy of Humboldt Mfg. Co.)

1.8.6 로드셀

로드셀(load cell)은 많은 실험실 시험에서 사용되는 전자 힘 측정기구(electronic force-measuring device)이다. 로드셀 내부에 있는 요소에 변형률 게이지가 부착되어 있으며, 이 요소는 축방향 하중(axial loading)이나 굽힘(bending)을 받는다. 로드셀에서는 전기 전압이 입력이 되고, 출력 전압이 얻어진다. 힘과 출력 전압 사이의 관계를 알고 있다면, 힘은 출력 전압을 측정함으로써 쉽게 결정될 수 있다.

로드셀은 다양한 형태와 용량으로 만들어진다. 그림 1.35(a)는 인장 시편(tension specimen)의 중앙부에 4개의 변형률 게이지를 부착하여 만든 인장로드셀(tensile load cell)을 보여주고 있다. 그림 1.35(b)는 S-형 로드셀을 나타낸 것으로, 변형률 게이지는 중앙 부분에 부착되고 로드셀의 윗면과 아랫면에 작용하는 힘을 측정할 수 있도록 되어 있다. 그림 1.35(d)는 로드셀에 작용하는 압력의 크기를 측정할 수 있도록 다이어프램 변형률 게이지(diaphragm strain gauge)를 로드셀 격벽 내부 표면에 부착시킨 것을 보여주고 있다.

로드셀은 고정하중(dead load)이나 하중 시험기(loading machine)를 이용하여 정기적으로 교정되어야 한다. 로드셀에는 초과하중(overload)이 작용하지 않도록 주의해야 한다. 로드셀에 작용하는 하중이 제조사에 의해 권장된 용량을 초과하면 영구변형이 발생할 수 있고, 로드셀을 못 쓰게 된다.

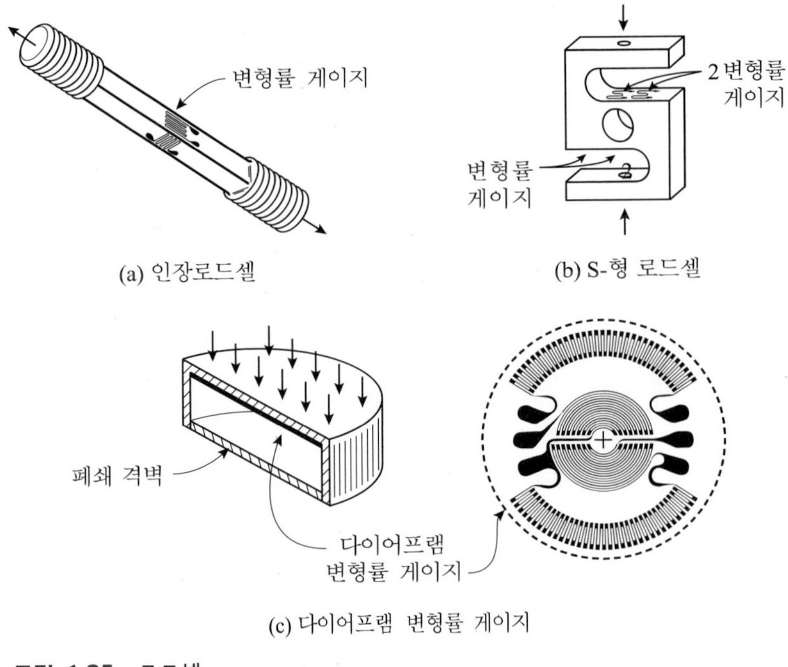

그림 1.35 로드셀

요약

토목 및 건축 기술자는 프로젝트에 요구되는 역학적 성질을 갖는 건설재료를 선택해야 하는 문제를 맞이하게 된다. 더욱이 재료의 선택과정은 하중을 지탱하는 재료의 능력 이외에 다른 요인들을 비교 고찰해야 한다. 재료를 선택할 때에는 경제성, 생산성, 시공성, 유지관리 및 미적인 특성을 모두 고려하여야 한다.

최근에는 공학의 모든 분야에서 새로운 고성능 재료(high-performance material)의 사용이 굉장히 증가하고 있다. 예를 들면, 자동차산업에서는 더 성능이 좋고, 경제적이고 안전한 것을 얻으려는 제조사들의 노력으로 인해 세라믹과 플라스틱의 적용이 증가하고 있다. 마찬가지로, 토목 및 건축 기술자들은 품질이 우수하고 성능이 좋은 재료를 꾸준히 찾고 있다. 고성능 복합재료(advanced composite material), 토목섬유(geotextiles)와 다양한 합성제품은 전통적인 건설재료와 어렵지 않게 경쟁하고 있다. 강재, 콘크리트, 목재 및 아스팔트와 같은 전통적인 건설재료는 당분간 사용이 계속되지만, 그들의 성능을 향상시키기 위해 조절제(modifier)를 사용하거나 재료의 분자구조를 변화시키는 것에 의해 재료를 개량하는 노력은 계속될 것이다. 이와 같은 개량의 예로는 섬유보강콘크리트(fiber-reinforced concrete), 폴리머 콘크리트(polymer-modified concrete), 개질아스팔트(polymer-modified asphalt), 저온에 민감한 아스팔트 결합재(low temperature susceptible asphalt binder), 초조강 콘크리트(high-early strength concrete), 고성능유동화제(superplasticizer), 에폭시 도막 철근(epoxy-coated steel reinforcement), 복합재료 보강재(synthetic bar reinforcement), 초속경시멘트(rapid-set concrete patching compound), 보강토 재료(prefabricated drainage geocomposite), 경량골재(lightweight aggregate), 건축 내화재료(fire-resistant building material), 내진 조인트(earthquake resistant joint) 등이 있다. 토목기술자는 재료비를 절약하고, 에너지를 줄이고, 환경을 개선하기 위한 노력으로 오래된 재료를 또한 재사용하고 있다.

질의와 문제

1.1 정적하중(static load)이 작용하는 예와 동적하중(dynamic load)이 작용하는 예를 각각 3 가지씩 설명하시오.

1.2 재료가 다음 그림과 같은 응력－변형률 거동을 갖고 있다. 파괴 시 재료 강도는 얼마인가? 이 재료의 인성(toughness)은 얼마인가?

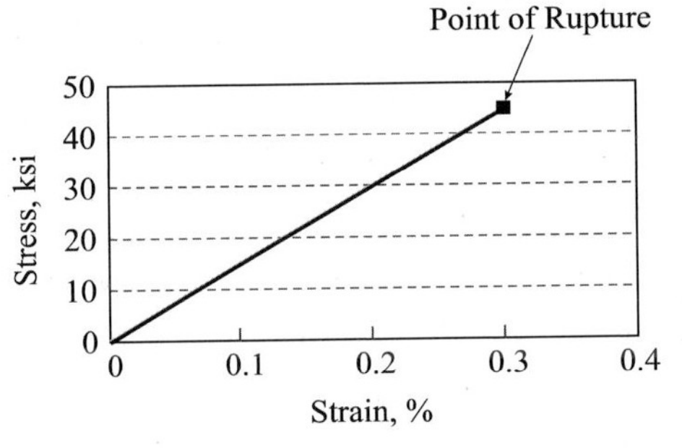

1.3 단면적이 0.6 in. × 0.6 in., 표적거리(gage length)가 2 in.인 금속 막대에 인장하중이 50,000 lb 작용하고 있다. 이 하중 이내에서는 탄성거동을 하며, 표적거리가 2.007 in.로 증가하였고, 단면적은 0.599 in × 0.599 in.로 감소하였다. 이 금속의 탄성계수(E)와 푸아송 비(ν)를 계산하시오.

1.4 지름이 16 mm, 표적거리(gage length)가 50 mm인 금속 원형강봉에 인장하중이 190 kN 작용하고 있다. 이 하중 이내에서는 탄성거동을 하며, 표적거리가 50.1349 mm로 증가하였고, 지름은 15.99 mm로 감소하였다. 이 금속의 탄성계수(E)와 푸아송 비(ν)를 계산하시오.

1.5 지름(D)이 6.0 in., 길이(L)가 12.0 in.인 실린더가 압축력 150 kips를 받고 있다. 이 재료의 탄성계수(E)는 8,000 ksi, 푸아송 비(ν)는 0.35이다. 이 재료가 탄성거동을 한다고 가정할 때, 하중이 작용한 후 공시체의 지름과 길이를 계산하시오.

1.6 지름이 0.5in.인 금속 강봉이 인장하중 2,000 lb를 받고 있다. 하중이 작용한 후 이 강봉의 지름을 계산하시오. 이 재료의 탄성계수(E)는 10,000,000 psi, 푸아송 비(ν)는 0.33, 항복강도(σy)는 21,000 psi이다.

1.7 크기가 30 mm × 60 mm × 90 mm인 알루미늄 사각 블록이 압력이 100 MPa인 챔버(chamber)안에 놓여 있다. 탄성계수(E)가 70 GPa, 푸아송 비(ν)가 0.333이고, 선형탄성

거동을 한다고 가정할 때, 이 블록의 가장 긴 변의 길이는 얼마로 감소하는가? 이 블록의 체적은 얼마나 감소하는가?

1.8 크기가 4 in. × 4 in. × 4 in.인 플라스틱 정육면체가 압력이 15,000 psi인 챔버(chamber)안에 놓여 있다. 탄성계수(E)가 1,000 ksi, 푸아송 비(ν)가 0.49이고, 선형탄성 거동을 한다고 가정할 때, 이 정육면체의 각 변의 길이는 얼마로 감소하는가? 이 블록의 체적은 얼마나 감소하는가?

1.9 어떤 재료가 다음식과 같은 응력－변형률 관계를 가지고 있다.

$\epsilon = 0.3 \times 10^{-16} \times \sigma^3$

여기서, 응력의 단위는 psi이다. 응력수준 50,000 psi에서 할선탄성계수와 접선탄성계수를 구하시오.

1.10 아래의 두 가지 재료에 대해 하중의 재하(loading)와 제거(unloading) 상태의 응력－변형률 관계를 그림으로 나타내시오.

① 비선형 탄성재료(nonlinear elastic material)

② 변형률 강화를 갖는 탄소성 재료(elastoplastic material with strain hardening)

1.11 다음 그림에 나타낸 사각 블록이 탄성범위 안에서 인장력을 받고 있다. a의 길이 증가량은 2×10^{-3} in., b의 길이 수축량은 3.25×10^{-4} in.이다. a와 b의 원래 길이가 각각 2 in., 1 in.일 때, 이 공시체 재료의 푸아송 비(ν)는 얼마인가?

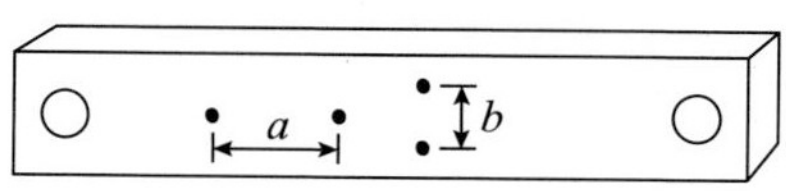

1.12 문제 1.11의 그림에 나타낸 사각 블록이 탄성범위 안에서 인장력을 받고 있다. a의 길이 증가량은 0.5 mm이고, 재료의 푸아송 비(ν)는 0.33이다. a와 b의 원래 길이가 각각 50 mm, 25 mm일 때, b의 길이 변화량은 얼마인가? 이 길이 변화는 신장인가 수축인가?

1.13 길이(L) 380mm, 지름(D) 10 mm인 원형 봉이 인장력을 받고 있다. 하중이 24.5 kN 작용했을 때 소성변형이 발생하지 않거나 길이의 증가량이 0.9 mm보다 크지 않았다. 다음의 표에 나타낸 4가지 재료 중에서 가능한 재료 후보는 무엇인가? 정답이 정당함을 증명하라.

재료	탄성계수(GPa)	항복강도(MPa)	인장강도(MPa)
구리(Copper)	110	248	289
알루미늄 합금(Aluminum alloy)	70	255	420
강재(Steel)	207	448	551
황동 합금(Brass alloy)	101	345	420

1.14 알루미늄 합금 시편에 대해 인장시험을 수행하여 다음 그림과 같은 응력 – 변형률 관계를 얻었다. 다음을 결정하시오.

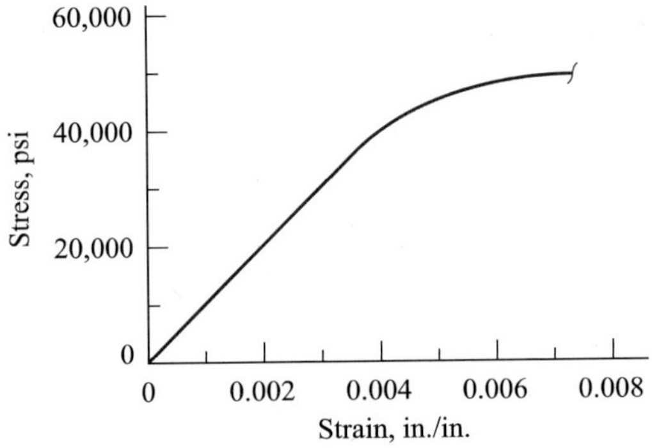

① 선형구간 내에서 탄성계수(Young 계수)
② 응력 45,000 psi에서 접선탄성계수
③ 0.002 변형률 offset 항복응력
④ ③에서 계산한 항복응력을 파괴응력으로 간주한다면, 안전계수(safety factor)를 1.5로 할 때 이 재료에 작용시킬 수 있는 최대 허용응력(maximum working stress)은 얼마인가?

1.15 금속 시편에 대해 파괴가 일어날 때까지 인장시험을 수행하여 다음 그림과 같은 응력 – 변형률 관계를 얻었다. 아래의 항목을 도해적으로 결정하시오(단위와 모든 과정을 나타내시오).

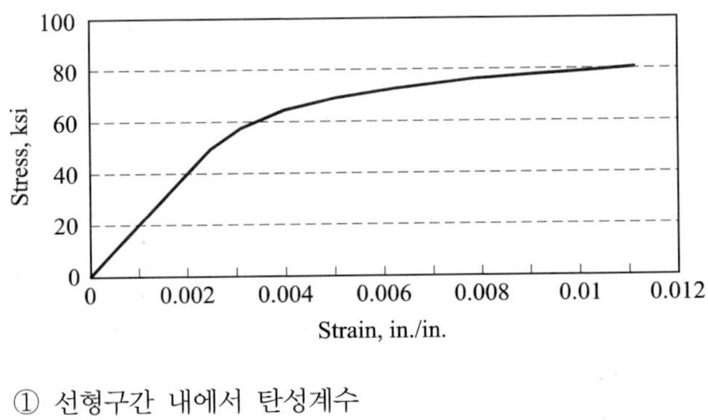

① 선형구간 내에서 탄성계수
② 0.002 in./in.의 offset 변형률에서의 항복응력
③ 0.005 in./in.의 늘음 변형률(extension strain)에서의 항복응력
④ 응력 45,000 psi에서 접선탄성계수
⑤ 응력 62 ksi에서의 할선탄성계수
⑥ 응력 65 ksi에서의 접선탄성계수

1.16 문제 1.15를 이용하여 다음의 내용을 도해적으로 결정하시오.

① 탄력성 계수(modulus of resilience)

② 인성(toughness)

Hint
인성(u_t)은 응력－변형률 곡선의 아랫부분의 면적을 계산함으로써 결정할 수 있다. $$u_t = \int_0^{\epsilon_f} \sigma \, d\epsilon$$ 여기서, ϵ_f는 파괴시의 변형률이다. 앞의 적분은 사다리꼴 적분기법(trapezoidal integration technique)을 이용하여 수치적으로 가깝게 할 수 있다. $$u_t = \sum_{i=1}^{n} u_i = \sum_{i=1}^{n} \frac{1}{2}(\sigma_i + \sigma_{i-1})(\epsilon_i + \epsilon_{i-1})$$

③ 공시체에 응력이 40 ksi 발생하도록 하중이 작용되었을 때 횡방향 변형률이 －0.00057 in./in.로 측정되었다. 이 금속의 푸아송 비(ν)는 얼마인가?

④ 공시체에 응력이 70 ksi 발생하도록 하중을 작용하였다가 제거했을 때, 영구변형률(permanent strain)은 얼마인가?

1.17 금속 A와 B에 대해 파괴가 일어날 때까지 인장시험을 수행하여 다음 그림과 같은 응력－변형률 관계를 얻었다. 두 금속에 대한 아래의 항목을 결정하시오(계산과정과 단위를 보이시오).

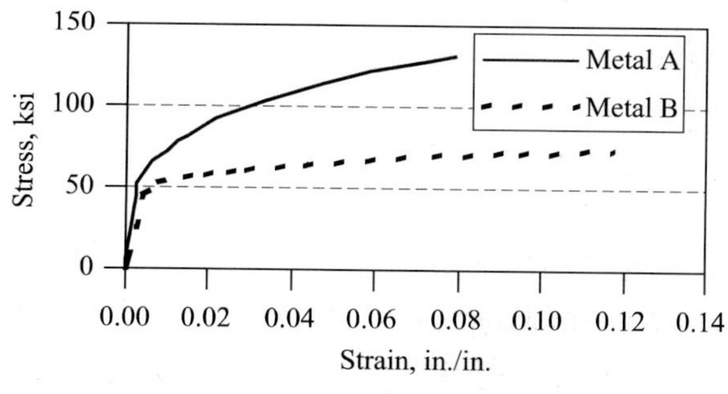

① 비례한계(proportional limit)

② 0.002in./in.의 offset 변형률에서의 항복응력

③ 극한강도(ultimate strength)

④ 탄력성 계수(modulus of resilience)

⑤ 인성(toughness)

⑥ 어느 금속이 연성이 더 큰가? 그 이유는?

1.18 어떤 합금의 항복강도가 41 ksi, 인장강도가 57 ksi, 그리고 탄성계수가 16×10^6 psi이다. 이 합금으로 만든 지름(D)이 0.5 in., 길이(L)가 10 in.인 원통형 공시체(cylindrical specimen)가 인장력을 받고 있으며, 늘음량(elongation)이 0.3 in.로 측정되었다. 주어진 정보를 토대로 이와 같은 길이의 변화를 일으키는데 필요한 하중 크기의 계산이 가능한가? 가능하면, 하중을 계산하시오. 그렇지 않다면, 그 이유를 설명하시오.

1.19 황동합금의 항복강도가 280 MPa, 인장강도가 390 MPa, 그리고 탄성계수가 105 GPa이다. 이 합금으로 만든 지름(D)이 12.7 mm, 길이(L)가 250 mm 원통형 공시체(cylindrical specimen)가 인장력을 받고 있으며, 늘음량(elongation)이 7.6 mm로 측정되었다. 주어진 정보를 토대로 이와 같은 길이의 변화를 일으키는데 필요한 하중 크기의 계산이 가능한가? 가능하면, 하중을 계산하시오. 그렇지 않다면, 그 이유를 설명하시오.

1.20 다음 그림은 (i) 탄성－완전 소성, (ii) 변형률 강화를 갖는 탄소성으로 이상화한 응력－변형률 관계를 보여준다. 각각의 경우에 다음의 변형률에서의 응력은 얼마인가?

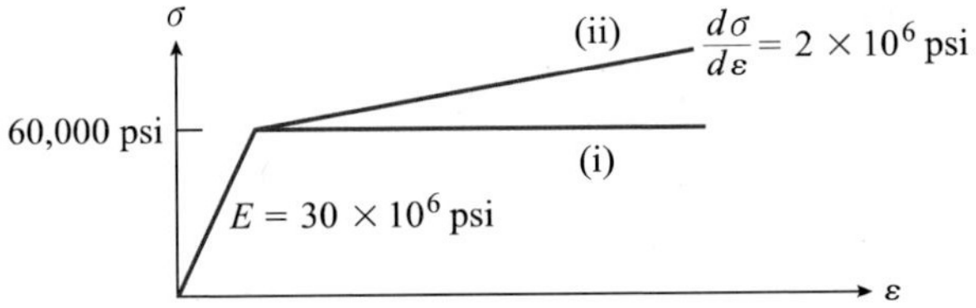

① 변형률 0.001
② 변형률 0.004

1.21 변형률 강화 현상을 갖는 탄소성 재료가 다음 그림과 같은 응력－변형률 관계를 갖고 있다. 항복점에서 응력은 600 MPa, 변형률은 0.003 m/m이다.

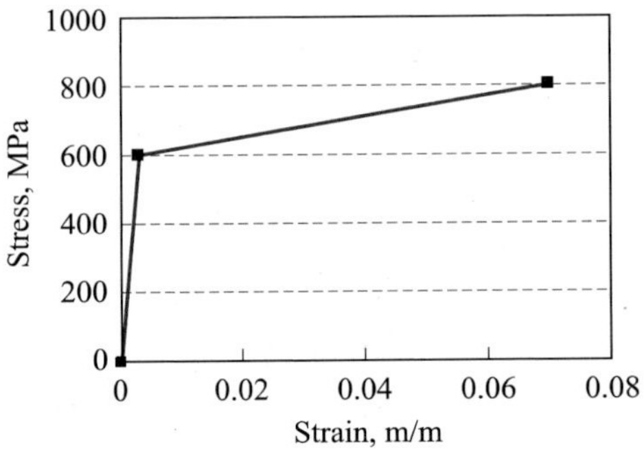

① 이 재료로 만든 막대기(bar)가 650 MPa의 응력을 받은 후 해방(release)되었을 때, 영구 변형률은 얼마인가?
② ①에서 보여준 변형률 강화현상에 의해 늘어난 항복강도의 증가량(%)은 얼마인가?
③ 변형률 강화가 일어난 후, 이 재료가 625 MPa의 응력을 받았다면 얼마의 변형률이 얻어지는가? 이 변형률은 탄성변형률, 영구변형률, 또는 양쪽의 조합인가?

1.22 다음의 재료 거동을 정의하고, 각각에 대해 하나의 예를 드시오. 그림으로 해답을 보완하시오.

① 탄성　　② 소성
③ 점탄성　　④ 변형률 0.004

1.23 지름(D)이 4 in., 높이(H)가 6 in.인 아스팔트 콘크리트 원통형 공시체(cylindrical specimen)가 1시간 동안 150 lb의 정적 압축력 받은 후, 하중이 제거되었다. 시험은 100°F의 온도에서 수행되었다. 하중이 작용하는 동안과 하중이 제거된 상태에서 총 2시간 동안, 다른 시간 간격으로 공시체의 높이를 측정하였다. 측정결과는 다음 표와 같다.

시간(분)	공시체 높이(in.)	시간(분)	공시체 높이(in.)
0	6.0000	60.01	5.9722
0.01	5.9916	62	5.9807
2	5.9870	62	5.9841
5	5.9833	65	5.9879
10	5.9796	70	5.9926
20	5.9753	80	5.9942
30	5.9725	90	5.9954
40	5.9708	100	5.9959
50	5.9696	110	5.9964
60	5.9688	120	

① 스프레드시트 프로그램(spreadsheet program)을 이용하여 2개의 분리된 그래프에 응력-시간, 변형률-시간의 관계를 나타내시오.

② 탄성변형률은 얼마인가?

③ 실험이 종료된 후 영구 변형률은 얼마인가?

④ 정적 하중이 작용하는 동안에 공시체의 높이가 변하는 현상을 무엇이라 부르는가? 하중이 제거된 동안에 상공시체의 높이가 변하는 현상을 무엇이라 부르는가?

1.24 Maxwell 모델을 그림으로 나타내고, 모든 요소에 명칭을 붙이시오. 이 모델이 시간 t 기간 동안에 정적하중을 받은 후 해방되었을 때, 변위-시간의 관계를 그래프로 그리시오. 이 모델이 왜 이와 같은 방법으로 반응하는지 설명하시오.

1.25 탄력성 계수(modulus of resilience)와 인성(toughness) 사이의 차이점은 무엇인가? 그래프를 이용하여 설명하시오.

1.26 재료의 4가지 파괴 모드(failure mode)에 대해 설명하시오. 각 모드의 대표적인 예를 기술하시오.

1.27 지름(D)이 10 mm인 금속 봉이 인장하중을 반복적으로 받고 있다. 이 재료의 인장강도가 290 MPa이고, 피로파괴거동은 그림 1.16과 같다. 이 봉이 파괴되기 전까지 받을 수 있는 인장하중의 반복횟수는 얼마인가?

① 하중의 크기가 5 kN일 때

② 하중의 크기가 11 kN일 때

1.28 안전계수란 무엇인가? 이 값은 무엇을 토대로 선정되는가?

1.29 건설재료로 광범위하게 사용되는 3가지 재료의 비중의 대표적인 값을 설명하시오.

1.30 온도팽창계수를 정의하시오. 선(열)팽창계수와 체적팽창계수의 관계를 무엇인가?

1.31 길이 200 mm, 지름 20 mm이고, 선팽창계수가 12.5×10^{-6} m/m/℃인 움직임이 구속되지 않은 강봉이 온도 15℃ 상태로 놓여 있다. 강봉이 온도 115℃까지 골고루 가열되었을 때, 이 강봉의 길이와 지름을 계산하시오. 온도 115℃에서 강봉에는 응력이 있는가?

1.32 문제 1.31에서 온도 15℃인 금속 봉이 움직일 수 없는 2개의 벽에 꼭 맞게 맞춰져 있다면, 강봉이 온도 115℃까지 골고루 가열되었을 때, 이 강봉의 길이는 얼마인가?
강의 탄성계수가 207 GPa이면 강봉에 발생되는 응력은 얼마인가? 이 응력은 인장인가 압축인가?

1.33 단면이 10 mm × 50 mm이고, 길이가 4 m인 강판(steel plate)이 햇빛 아래 마찰이 없는 표면에 놓여 있다. 판의 온도가 40℃로 측정되었다. 판을 차가운 방으로 옮겨 마찰이 없는 표면에 놓았다. 여러 시간이 흐른 후 판의 온도가 5℃로 측정되었다. 강의 탄성계수는 200,000 MPa이고, 열팽창계수는 1.1×10^{-5} m/m/℃이다.
① 길이의 수축량은 얼마인가?
② 강판의 길이를 원래 길이인 4 m로 되돌리기 위해 필요한 인장하중은 얼마인가?
③ 이 하중 하에서 종방향 변형률은 얼마인가?

1.34 콘크리트와 같은 재료가 길이 50 in. 막대기 모양으로 타설되었고, 축방향으로의 움직임에 대해 양 끝이 완전히 구속되었다. 콘크리트는 처음 타설되어 온도 100°F에서 양생되었고, 최종적으로 온도 0°F로 차게 하였다. 콘크리트의 탄성계수를 5,000,000 psi, 열팽창계수를 5×10^{-6} in./in./°F로 가정할 때, 균열을 방지하게 위해 요구되는 인장강도를 계산하시오.

1.35 구조물에 사용되는 재료를 선택하는데 있어서 부식의 중요성이 강조되는 2가지의 예를 설명하시오.

1.36 건설재료의 변동성(variability)을 간단히 논의하라. 재료시험을 실시했을 때 정확도(accuracy)와 정밀도(precision)의 항목을 정의하시오.

1.37 재료의 성질을 평가하기 위해 표본을 채취하고, 시험을 한다. 표본을 채취할 때 만족되어야 할 두 개의 중요한 요소는 무엇인가? 이와 같은 요소는 어떻게 하면 만족되는지 설명하시오.

1.38 계약서는 콘크리트의 평균 압축강도가 32.4 MPa, 표준편차가 2.8 MPa가 되도록 요구하고 있다. 16개의 공시체를 시험하여 30.3 MPa의 평균 압축강도를 얻었다면, 계약자의 배상청구(claim)를 인정하겠는가? 왜? [Hint : statistical t-test 이용]

1.39 계약서는 콘크리트의 평균 압축강도가 5,000 psi, 표준편차가 400 psi가 되도록 요구하고 있다. 20개의 공시체를 시험하여 4,800 psi의 평균 압축강도를 얻었다면, 계약자의 배상청구(claim)를 인정하겠는가? 왜? [Hint : statistical t-test 이용]

1.40 레미콘 공장에서 배합의 어떤 문제점을 찾고, 압축강도가 하한 규격한계(lower specification limit)보다 크다는 것을 보증하기 위해 원통형 공시체를 준비하여 주기적으로 시험을 했다. 최소 목표 값은 35 MPa로 설정되어 있고, 아래 표와 같은 압축강도가 수집되었다.

공시체 No.	압축강도(MPa)	공시체 No.	압축강도(MPa)
1	39.2	11	46.9
2	36.0	12	38.1
3	44.5	13	36.9
4	36.3	14	46.9
5	36.3	15	36.4
6	36.7	16	42.1
7	41.7	17	37.2
8	41.1	18	39.6
9	43.1	19	46.2
10	36.1	20	36.6

① 자료의 평균값, 표준편차 및 변동계수(coefficient of variation)를 계산하시오.

② 스프레드시트 프로그램(spreadsheet program)을 이용하여, 목표 값과 하한 규격한계를 보여주는 이 자료들에 대한 관리도를 작성하시오. 이 공장의 생산품이 규격의 요구조건을 만족시키는가? 그렇지 않다면, 가능한 이유에 대해 의견을 말하시오. 데이터의 산란(data scatter)에 대한 의견을 말하시오.

1.41 아스팔트 포장 표층을 시공하는 동안에, 아스팔트 함량이 규격한계 내에 있는지를 확인하기 위해 혼합물의 아스팔트 함량을 측정하기 위한 표본을 매일 2개씩 채취하였다. 목표값은 5.5%로 설정되었었고, 허용오차는 ± 0.4%이다. 다음 표와 같이 아스팔트 함량이 수집되었다.

날짜	아스팔트 함량(%)	날짜	아스팔트 함량(%)
Oct. 15	5.7	Oct. 20	5.3
Oct. 15	5.8	Oct. 20	5.6
Oct. 16	5.3	Oct. 21	5.8
Oct. 16	5.4	Oct. 21	5.1
Oct. 17	5.7	Oct. 22	5.8
Oct. 17	5.7	Oct. 22	5.9
Oct. 18	5.6	Oct. 23	5.1
Oct. 18	5.8	Oct. 23	6.2
Oct. 19	5.4	Oct. 24	5.2
Oct. 19	5.5	Oct. 24	4.8

① 자료의 평균값, 표준편차 및 변동계수(coefficient of variation)를 계산하시오
② 스프레드시트 프로그램(spreadsheet program)을 이용하여, 목표 값과 하한 규격한계를 보여주는 이 자료들에 대한 관리도를 작성하시오. 아스팔트 함량 데이터가 규격한계 내에 있는가? 자료의 추세와 가능한 이유에 대해 의견을 말하시오.

1.42 LVDT(linear variable differential transformer)가 실험실 실험에서 사용되고 있다. 이것의 역할은 무엇인가? LVDT의 주요 구성부품을 나타내는 개요도에 대해 설명하고, 이것의 사용 이면에 있는 원리에 대해 논의하시오.

1.43 아래 측정기구의 이면에 있는 개념을 간단히 논의하시오.
① LVDT
② 변형률 게이지(strain gauge)
③ 푸루빙 링(proving ring)
④ 로드 셀(load cell)

1.44 다음 그림에 나타낸 다이얼 게이지를 참고로 하여, 아래의 사항을 결정하시오.

① 정확도(accuracy)
② 민감도(sensitivity)
③ 범위(range). 단, 큰 바늘이 한 바퀴 회전할 때마다 작은 바늘은 한 칸 움직이는 것을 나타낸다.
④ 전술한 항목 중에서 어느 것이 교정(calibration)을 통해 향상될 수 있는가?
⑤ 측정기구에 대해, 아래의 두 문장 중에서 어느 것이 항상 옳은가?
(i) 정확도는 민감도를 상회할 수 없다.
(ii) 민감도는 정확도를 상회할 수 없다.

1.45 측정값은 그들의 변동성과 의도된 용도에 따라 1000, 100, 10, 1, 0.1, 0.01, 0.001 등에 가깝게 기록되어야 한다. 최선의 판단을 한다면, 아래의 측정값들은 어떻게 기록되어야 하는가?
① 인장시험을 하는 동안에 강재 시험체의 변형(in.)
② 강재의 인장강도(psi)
③ 알루미늄의 탄성계수(MPa)
④ 체가름시험(sieve analysis test)에서 골재의 중량(g)
⑤ 포틀랜드 시멘트 콘크리트의 압축강도(psi)
⑥ 콘크리트 블록(concrete masonry unit)의 함수량(moisture content)(%)
⑦ 아스팔트혼합물(hot-mixed asphalt)에서 아스팔트 함량(%)
⑧ 목재의 비중
⑨ 뉴욕시와 LA시 사이의 거리(miles)
⑩ 컴퓨터 마이크로칩의 크기(dimensions)

1.46 LVDT를 교정하면서 아래 표와 같은 데이터를 얻었다. 스프레드시트 프로그램(spreadsheet program)을 이용하여, 마이크로미터의 판독 값과 전압과의 관계를 그래프로 나타내시오. LVDT의 선형 범위(linear range)는 얼마인가? 선형 범위 내에서 데이터의 최적선(best fit line)을 얻는 것으로 LVDT의 보정계수(calibration factor)를 결정하시오.

마이크로미터 판독값(mm)	전압(V)	마이크로미터 판독값(mm)	전압(V)
−2.997	−10.12	0.305	0.985
−2.743	−10.12	0.559	1.99
−2.489	−10.121	0.813	3.023
−2.235	−9.134	1.067	4.035
−1.981	−8.131	1.321	5.071
−1.727	−7.111	1.575	6.098
−1.473	−6.1	1.829	7.115
−1.219	−5.108	2.083	8.143
−0.965	−4.089	2.337	9.144
−0.711	−3.097	2.591	10.157
−0.457	−2.059	2.845	10.156
−0.203	−1.053	3.099	10.156
0	0		

1.47 LVDT를 교정하면서 다음 표와 같은 데이터를 얻었다. 스프레드시트 프로그램(spreadsheet program)을 이용하여, 마이크로미터의 판독 값과 전압과의 관계를 그래프로 나타내시오. LVDT의 선형 범위(linear range)는 얼마인가? 선형 범위 내에서 데이터의 최적선(best fit line)을 얻는 것으로 LVDT의 보정계수(calibration factor)를 결정하시오.

마이크로미터 판독값(in.)	전압(V)	마이크로미터 판독값(in.)	전압(V)
−0.52051	−0.671	0.0398	0.055
−0.50085	−0.671	0.1381	0.200
−0.4517	−0.671	0.2364	0.345
−0.3534	−0.626	0.3347	0.491
−0.2551	−0.380	0.433	0.491
−0.1568	−0.235	0.5313	0.491
−0.0585	−0.090		

1.48 인터넷을 이용하여, 신축 건물(new construction)에 대한 LEED 평가시스템을 조사하시오. LEED 인증을 위한 선행 요구조건(prerequisite requirements)은 무엇인가? 목재에 대한 LEED 인증의 요구조건은 무엇인가? 가장 큰 점수를 부여하는 LEED 평가 영역은 무엇인가?

참고문헌

Ashby, M. F. and D. R. H. Jones. Engineering Materials 1, Third Edition: An Introduction to Properties, Applications and Design. 3rd ed. Butterworth-Heinemann, 2005.

Burati, J. L. and C. S. Hughes. Highway Materials Engineering, Module I: Materials Control and Acceptance-Quality Assurance. Publication No. FHWA-HI-90-004, Washington, DC: Federal Highway Administration, 1990.

Callister, W. D., Jr. Material Science and Engineering-An Introduction. 6th ed. New York: John Wiely and Sons, 2006.

Dally, J. W. and W. F. Riley. Experimental Stress Analysis. 3rd ed. New York: McGraw-Hill, 1991

Flinn, R. A. and P. K. Trojan. Engineering Materials and Their Applications. 4th ed. New York: John Wiely and Sons, 1994.

LEED 209 for New Construction and Major Renovation Rating System, US Green Building Council, http://www.usgbc.org/ShowFile.aspx?DocumentID=5546, 2008

Mehta, P. K. and P. J. M. Monteiro. Concrete Structure, Properties, and Materials. 3rd ed. Upper Saddle River, NJ: Prentice Hall, 1993.

Polowski, N. H. and E. J. Ripling. Strength and Structure of Engineering Materials. New York: McGraw-Hill Professional, 2005

Popov, E. P. Introduction to Mechanics of Solids. Upper Saddle River, NJ: Prentice Hall, 1968.

Richart, F. E., Jr., J. R. Hall, Jr., and R. D. Woods. Vibrations of Soils and Foundations. Upper Saddle River, NJ: Prentice Hall, 1970.

CHAPTER 02
물질의 본질

물질의 성질(behavior)은 모든 물질의 구성요소인 원자의 결정구조(structure)와 결합(bonding)에 의해, 상당한 정도로, 결정된다. 분자수준에서 물질의 결정구조와 결합에 관한 지식은 우리들로 하여금 그들의 성질을 이해할 수 있게 한다. 이 장에서는 물질의 성질을 이해하는데 필수적인 개념에 대한 광범위한 개요를 기술하고자 한다. 물질에서 결합의 기본적인 유형(type)들을 살펴보고, 그 후 결합의 유형을 토대로 금속성, 세라믹 또는 비결정질(amorphous)로 물질을 분류하였다. 또한, 분류된 각 물질의 일반적인 본질을 기술하였다.

2.1 물질의 기본개념

원자(atom)는 모든 물질의 기본 구성요소이다. 본 교재의 목적에 따라, 원자는 3개의 원자 구성 입자(subatomic particles), 즉 양성자(proton), 중성자(neutron) 및 전자(electron)로 이루어진 것으로 간주할 것이다. 양성자와 중성자는 원자의 중심에 있고, 반면에 전자는 원자핵(nucleus) 주위를 궤도(path)나 전자껍질(shell)을 따라 돈다. 원자번호(atomic number)는 원자의 핵에 있는 양성자의 수이다. 원자의 원자질량(atomic mass)은 원자의 중심에 있는 양성자의 수와 중성자의 수를 합한 것이다. 원소(element)는 한 개의 원자 또는 같은 원자번호를 갖는 원자의 그룹이다. 동위원소(isotopes)는 원자핵에서 다른 수의 중성자를 갖는 원소이다.

2.1.1 전자배치

원자에 있는 전자의 성질은, 상당한 정도로 원소(element)의 특성을 지배한다. 전기적으로 중성 원자(neutral atom) 또는 완전한 원자(complete atom)는 같은 전자수와 양성자수를 갖는다. 그러나 원자는 안정적인 배열에 도달하기 위해 전자를 방면하거나 끌어당긴다. 전자는 원자핵 주위를 궤도경로(orbital path)을 따라 돈다. 전자와 원자핵 사이의 거리는 고정되어 있지 않다. 이것은 그림 2.1에 보여준 것처럼

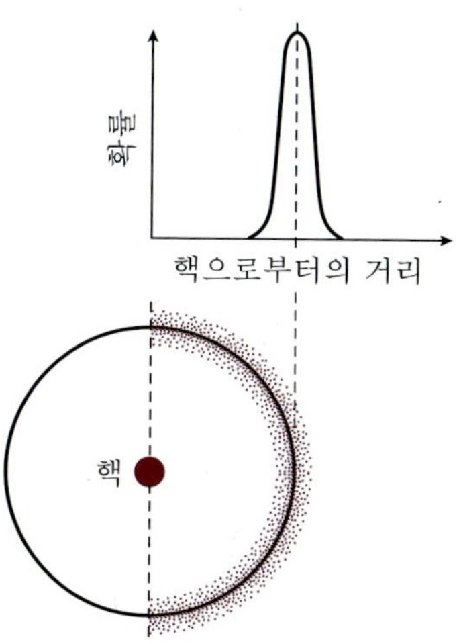

그림 2.1 전자의 궤도경로

표 2.1 전자껍질과 오비탈에 있는 유효한 전자상태의 수

주양자 수	전자껍질	오비탈	에너지 준위	전자 수	
				전자껍질 당	오비탈 당
1	K	s	1	2	2
2	L	s	1	2	8
		p	3	6	
3	M	s	1	2	18
		p	3	6	
		d	5	10	
4	N	s	1	2	32
		p	3	6	
		d	5	10	
		f	7	14	

무작위 변수의 분포로 더 잘 설명된다.

궤도경로(오비탈)나 전자껍질(shell) 각각은 단지 일정 수의 전자만을 붙잡아 둘 수 있다. 쉘에 있는 전자의 최대 개수는 $2n^2$과 같으며, n은 주양자수(number of principal quantum)이다. 전자의 궤도경로는 4개의 매개변수, 즉 주양자수 또는 전자껍질(shell designation), 오비탈(subshell designation), 오비탈의 에너지 준위(energy state)의 번호 및 전자의 스핀(spin)으로 정의된다. 전자껍질과 오비탈에 각각 있을 수 있는 전자는 표 2.1에 나타냈다.

전자의 에너지 수준은 그림 2.2에 보여준 것처럼 전자껍질과 오비탈의 위치에 따라 다르다. 전자는 가장 낮은 에너지 위치를 우선적으로 채우려고 항상 시도한다. 그림 2.2

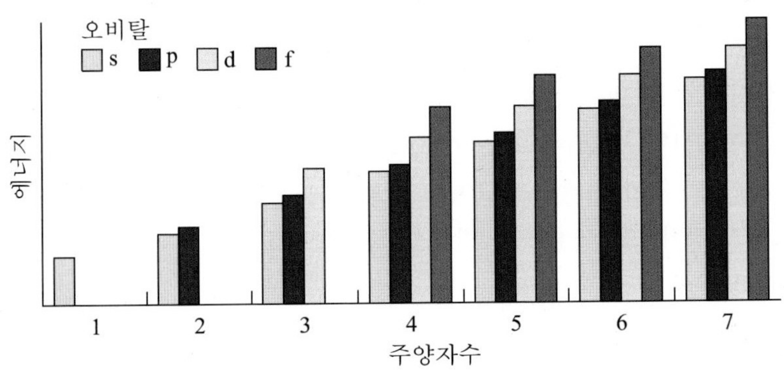

그림 2.2 다양한 전자껍질과 오비탈에서 전자의 에너지 수준

표 2.2 전자배치의 예

원 소	원자 번호	전자배치
수소(Hydrogen), H	1	$1s^1$
헬륨(Helium), He	2	$1s^2$
탄소(Carbon), C	6	$1s^2 2s^2 2p^2$
네온(Neon), Ne	10	$1s^2 2s^2 2p^6$
나트륨(Sodium), Na	11	$1s^2 2s^2 2p^6 3s^1$
알루미늄(Aluminum), Al	13	$1s^2 2s^2 2p^6 3s^2 3p^1$
규소(Silicon), Si	14	$1s^2 2s^2 2p^6 3s^2 3p^2$
황(Sulfur), S	16	$1s^2 2s^2 2p^6 3s^2 3p^4$
아르곤(Argon), Ar	18	$1s^2 2s^2 2p^6 3s^2 3p^6$
칼슘(Calcium), Ca	20	$1s^2 2s^2 2p^6 3s^2 3p^6 4s^2$
크롬(Chromium), Cr	24	$1s^2 2s^2 2p^6 3s^2 3p^6 3d^5 4s^1$
철(Iron), Fe	26	$1s^2 2s^2 2p^6 3s^2 3p^6 3d^6 4s^2$
구리(Copper), Cu	29	$1s^2 2s^2 2p^6 3s^2 3p^6 3d^{10} 4s^1$

에 보여준 것처럼, 정해진 오비탈에 대해선 주양자수가 클수록 에너지 수준이 크다. 예를 들어 오비탈 1s의 에너지는 오비탈 2s보다 작다. 같은 전자껍질 안에서는 오비탈의 위치에 따라 에너지 수준이 증가한다. 오비탈 f가 오비탈 d, 기타 등보다 더 높은 에너지를 갖는다. 전자껍질들 사이에는 에너지가 부분적으로 중복된다. 오비탈 4s가 오비탈 3d보다 낮은 에너지 상태이다. 전자배치(electron configuration) 또는 원자의 구조는 전자가 전자껍질과 오비탈에 위치하고 있는 방식을 기술한다. 전자의 전자껍질 위치를 나열하는 규약은 양자수를 나열하고, 뒤이어 오비탈을 나열하며, 이어서 오비탈에 있는 전자수를 위첨자로 나타낸다. 이와 같은 과정을 전자가 포함된 개개의 오비탈에 대해 반복한다. 표 2.2는 일부 예를 보여주고 있다.

전자껍질의 가장 바깥쪽에 채워진 전자는 원자가 전자(valence electron)이다. 이것은 원자들 사이의 1차 결합(primary bond)에 참여하는 원자이다. s와 p 오비탈을 채우는데 필요한 8개의 전자가 특별히 중요하다. 만약 이들 오비탈이 완전하게 채워져 있다면, 원자는 매우 안정적이고 사실상 무 반응성이다. 불활성 가스인 네온과 아르곤이 이 경우에 해당된다. 많은 경우에 원자들은 이와 같은 오비탈을 완전한 것으로 만들고 안정적인 배치에 도달하도록 전자들을 방출하고, 끌어당기거나 공유한다. 그림 2.2로부터 예상할 수 있듯이 칼슘과 크롬은 3d 오비탈은 불충분하거나 비어 있는데 반해 4s 오비탈이 전자로 채워진 원자의 예이다. 구리는 에너지 법칙에 예외가 있다는 것을 설명하고 있다. 구리는 4s 오비탈에 2개의 전자가 있고, 나머지 9개의 전자가 3d 오비탈에 있을 것이라고 예상된다. 그러나 구리는 3d 오비탈에 10개의 전자가 있고, 4s 오비탈에는 단지 1개의 전자를 가지고 있다. 이와 비슷한 불일치(disparity)는 크롬에도 존재한다. 철은 4s 오비탈에 2개의 전자를 가지고 있다. 그러므로 안정적인 전자배치를 위해 필요한 것 이상으로 2개의 전자를 더 가지고 있다는 것에 주의해야 한다. 이 두 개의 전자는 철 분자를 구성하기 위해 미리 방출된다. 알루미늄은 3개의 전자를 초과로 갖고 있으므로 또한 예외이다.

2.1.2 결합

2개의 전자가 결합(bond)될 때 인력(attractive force)과 반발력(repulsive force)이 모두 발생된다. 이 두 힘의 효과는 그림 2.3에 나타낸 것처럼 합해지며, 원자들이 상호작용을 할 수 있을 만큼 일단 충분히 가까워지면, 그들은 인력과 반발력이 평형을 이루는 지점에 도달하게 되고, 평형상태에 도달한다. 원자들이 더 가깝게 결합되기 위해서(압축력)나 분리되기 위해서(인장력)는 에너지가 요구된다. 순 힘(net force)이 0인 거리는 최소 에너지 수준과 대응되며, 이를 평형거리(equilibrium spacing)라 한다. 최소 에너지는

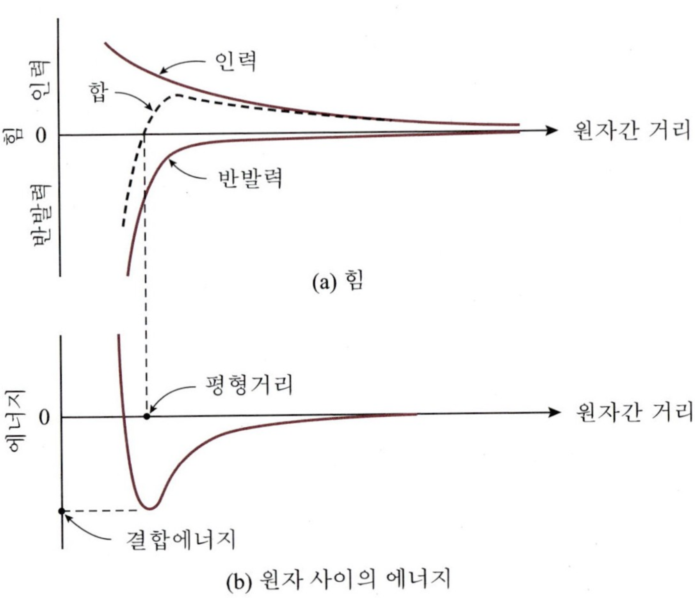

그림 2.3 인발과 반발(© Pearson Education, Inc. Used by permission)

(−) 부호로 표현된다. 가장 큰 음의 값은 결합에너지로 정의된다. 결합에너지는 인력과 반발력에 관한 식으로부터 계산할 수 있다. 결합강도를 토대로 물질의 이론적 강도를 산정할 수 있다. 그러나 이 이론적 강도는 분자구조에 있는 결함으로 인해 실제 강도를 심하게 과대평가한다[Van Vlavk 1964, 1089].

결합에너지는 원자들을 결합시키는 분자 메커니즘에 따라 다르다. 2가지의 기본적인 결합의 유형, 즉 1차 결합과 2차 결합이 있다. 1차 결합은 비활성 가스와 비슷한 안정적이고 무 반응성 전자구조를 얻을 수 있도록 원자들이 그들의 바깥쪽 전자껍질에 있는 전자수를 변화시키기 위해 상호작용을 할 때 형성된다. 2차 결합은 분자에서 원자의 물리적 배열이 불균형 전하(imbalanced electrical charge)로, 즉 한쪽이 (+)이고 다른 쪽은 (−)로 귀착될 때 형성된다. 그런 후 분자들은 정전기력(electrostatic force)을 통해 결합된다.

1) 1차 결합

원자가 전자가 다른 전자와 상호작용을 하는 방식에 기초하여 1차 결합은 3가지 종류로 정의된다.

- 이온결합 : 전자가 하나의 기본 원자에서 다른 원자로 이동(그림 2.4)
- 공유결합 : 특정한 원자들 간에 전자들을 공유(그림 2.5)
- 금속결합 : 여러 개의 원자들 가운데 전자의 질량을 공유(그림 2.6)

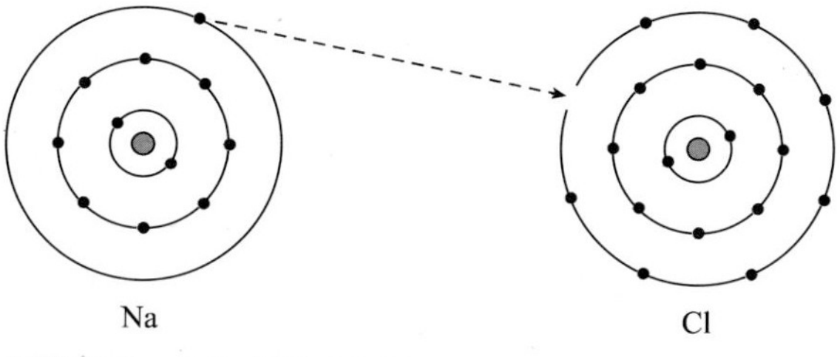

그림 2.4 이온 결합 (© Pearson Education, Inc. Used by permission)

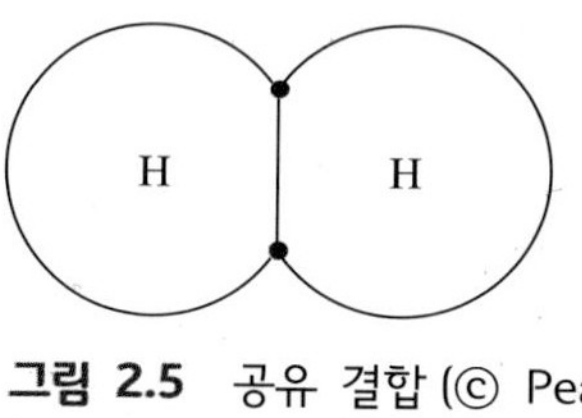

그림 2.5 공유 결합 (© Pearson Education, Inc. Used by permission)

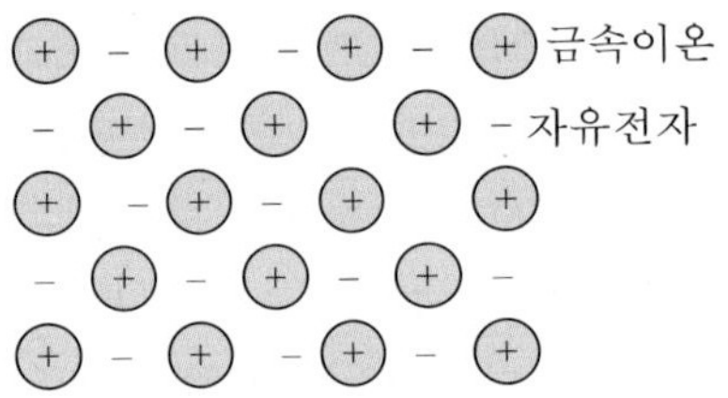

그림 2.6 금속 결합(© Pearson Education, Inc. Used by permission)

이온결합은 하나의 원자가 전자를 받아들이는 다른 원자에게 전자를 방출한 결과로 이루어진다. 원소 개개는 바깥쪽 s와 p 오비탈의 안정적인 전자배치에 도달한다. 모든 원자는 전하를 갖고 있으므로 이온이다. 원자가 전자를 방출할 때 원자는 양이온(+)이 되고, 원자가 전자를 받아들이면 음이온(−)이 된다. 양전하를 갖는 이온이 양이온(cation)이고, 음전하를 갖는 이온이 음이온(anion)이다. 이온결합은 음전하 원자와 양전하 원자 사이의 정전기적 인력의 결과로서 이루어진다. 이와 같은 결합은 전자의 이동에 기초하기 때문에 방향성을 갖고 있지는 않는다.

공유결합은 두 개의 비슷한 원자가 바깥쪽 오비탈에 있는 전자를 공유할 때 일어난다. 원자의 원자 오비탈(atomic orbit)이 중첩되고, 어떤 원자에 있는 전자는 파트너 원자에 있는 전자와 서로 주고받을 수 있다. 공유전자를 두 개 원자 중 하나에 속한 것으로 간주하면, 그 원자는 채워진 s 및 p 오비탈을 갖게 되고 안정적인 원자가 된다. 공유결합이 형성되기 위해서는 원자의 오비탈이 중첩되어야 하기 때문에, 이 결합은 큰 방향성을 갖는다. 다이아몬드와 같은 물질들은 공유결합이 매우 강하다. 폴리머의 탄소사슬 구조(carbon chain structure)는 공유결합으로 또한 형성되며, 그러나 이 같은 요소들은 넓은 범위의 결합에너지를 나타낸다. 결합의 횟수는 원자가 전자(valence electron)의 수에 따라 다르다. 원자가 전자각(valence shell)에 N개의 전자를 갖는 원자는 오로지 8N개의 이웃들과 전자를 공유함으로써 결합할 수 있다. 전자수 N이 7과 같을 때에는 원자는 한 쌍이 되어 결합한다. 황과 같이 N이 6과 같을 때에는 원자가 2개의 이웃들과 결합할 수 있으므로 긴 사슬이 형성될 수 있다. N이 5일 때에는 층 구조(layered structure)가 발생할 수 있다. 4개의 공유전자가 있으면 3차원 공유결합(예를 들어, 다이아몬드에서 탄소의 구조)이 생길 수 있다[Jastrzebski 1987]. 포틀랜드 시멘트에서 규산칼슘(calcium-silicate) 사슬은 공유결합을 기반으로 형성된다.

대부분의 원자 상호간 결합은 일부분의 이온결합과 일부분의 공유결합으로 되어 있고, 순수한 이온결합 또는 공유결합을 갖는 원자 상호간 결합은 거의 없다. 일반적으로 결합의 개개의 형태는 주기율표에 있는 원소의 상대적인 위치에 따라 다르다. 더 멀리 떨어져 있을수록 이온결합이 더 많이 형성된다. 이온 및 공유 결합에서 전자는 특정한 원자에 고정되므로, 이와 같은 재료는 온도와 전기를 차단하는데 양호한 성질을 갖는다.

금속결합(metallic bond)은 금속원자가 바깥쪽 s 오비탈에 있는 전자를 느슨하게 끌어당기는 결과로 인해 형성된다. 비슷한 금속원자가 상호 작용할 때, 바깥쪽의 전자들은 방출되고 원자들 사이를 떠다니는 것이 자유롭다. 그러므로 원자들은 자유전자(free electron)에 의해 전기적으로 평형을 이룬 이온이 된다. 다시 말하면, 자유전자는 본래의 원자와 관계를 스스로 끊고, 다른 원자에도 들러붙지 않는다. 금속결합은 방향성을 갖지 않고, 이온들의 간격은 원자들의 물리적 특성에 따라 다르다. 원자들은 박스에 흔들어 채워진 대리석 조각처럼 단순하고, 높은 밀도를 갖는 구조로 채우는 경향이 있다. 금속결합에서 전자들의 쉬운 이동은 금속이 높은 전기전도도 및 열전도도를 갖도록 한다.

2) 2차 결합

2차 결합은 1차 결합에 비해 많이 약하지만, 고분자 재료(polymer material)들 사이에 고리를 형성하는데 있어서 매우 중요하다. 이 결합은 비전하 원자(uncharged atom)들 사이에서 쌍극자 인력(dipole attraction)의 결과로 인해 일어난다. 전자들이 핵 주위를 돌아다닐 때, 어느 순간에 전하가 핵에 비해 대칭성이 없는 방식으로 분포된다. 그러므로 어느 순간에 원자의 한 쪽은 음(－)전하를 갖고 다른 쪽은 양(＋)전하를 갖는다. 2차 결합은 원자의 쌍극자(dipole)의 정전기 인력(electrostatic attraction)의 결과로서 일어난다. 이와 같은 쌍극자의 상호 작용은 유도 쌍극자(induced dipole) 또는 영구적인 쌍극자를 갖는 극성분자(polar molecule) 사이에서 일어난다. 상호 작용의 두 가지 형태는 반데르발스 힘(van der Waals force)으로 분류된다. 그러나 수소는 오직 한 개의 양성자와 한 개의 전자를 가지고 있다. 그러므로 수소는 다른 원자들과 결합되었을 때 극성분자를 형성하려는 경향이 있다. 수소결합에 의해 형성된 정전기적 결합(electrostatic bond)은 일반적으로 반데르발스 힘보다 더 강하다. 따라서 그림 2.7에 나타낸 수소결합은 2차 결합의 특수한 형태이다.

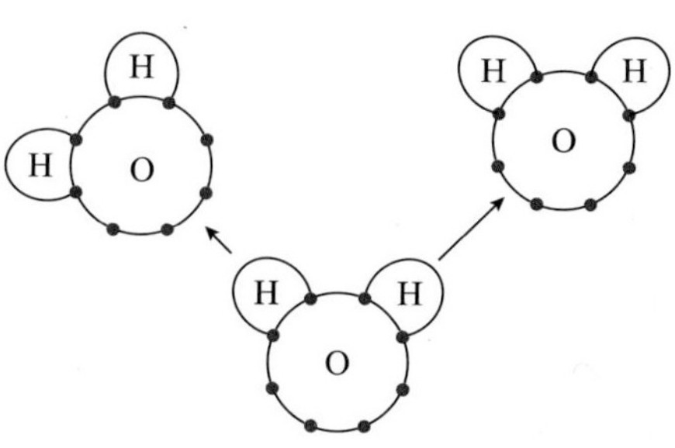

그림 2.7 2차 결합 : 수소결합(© Pearson Education, Inc. Used by permission)

2.1.3 결합 형태에 의한 물질의 분류

물질의 원자가 형성하는 현저한 결합의 형태를 기반으로 하여, 물질들은 금속(metal), 무기물 물질(inorganic solid), 유기물 물질(organic solid)로 일반적으로 분류된다. 이 물질들은 금속결합, 공유결합과 이온결합, 공유결합을 각각 지배적으로 갖고 있다. 이 같은 결합 형태를 갖고 있는 각 물질은 뚜렷하게 다른 특성을 갖는다. 금속과 무기질 물질은 일반적으로 결정질 구조(crystalline structure), 즉 원자의 반복된 패턴 또는 배치를 갖고 있다. 반면에 유기질 물질은 임의의 분자구조를 갖고 있다. 건설재료로 사용되고 있는 우수한 재료들은 다음과 같다.

- 금속 물질
  - 강재(steel)
  - 철(iron)
  - 알루미늄(aluminum)
- 무기질 물질
  - 포틀랜드 시멘트 콘크리트(Portland cement concrete)
  - 벽돌 및 콘크리트 블록(brick and cinder block)
  - 유리(glass)
  - 골재(aggregate), 쇄석(rock products)
- 유기질 물질
  - 아스팔트(asphalt)
  - 합성수지(plastic)
  - 목재(wood)

2.2 금속 물질

금속의 화학적 정의는 1개, 2개 또는 3개의 원자가 전자를 갖는 원소이다. 이와 같은 원소들이 금속결합을 통해 덩어리로 결합된다. 금속은 금속결합의 본질에 따라 매우 규칙적이고 명확한 구조를 가지고 있다. 금속결합은 방향성이 없기 때문에 원자들이 밀집한 배열로 채워지는 것이 자유롭다. 금속에서 원자들의 규칙적인 3차원 기하학적 패턴을 단위격자(unit cell)라 부른다. 단위격자의 반복적인 접합은 물질의 공간격자를 형성한다. 그러나 물질의 한 덩어리에서 완전한 결정구조는 면밀하게 조절된 상태에 의해 얻어질 수 있다. 일반적으로 금속 고체는 용융된 물질의 덩어리를 냉각시키는 것으로 제조된다. 물질을 냉각시키면 원자들은 진동(vibrating)을 한다. 이것은 1개의 원자로 하여금

2개 원자의 공간을 채우게 할 수 있으며, 격자구조에서 결함(defect)이 발생하게 한다. 게다가 냉각과정 동안에 결정체는 여러 개의 핵으로부터 동시에 성장한다. 물질을 냉각하는 것이 계속되면, 이 결정체들은 입자들 간의 경계를 형성하는 것과 함께 성장한다. 이 과정은 물질의 거동이나 특성에 중요하게 영향을 주는 결정구조에서의 결함이나 미끄럼면(slip plane)이 생기게 한다. 그 밖에 순수한 원소의 금속은 공학적 응용에 거의 사용되지 않는다. 고도로 제련된 물질일 지라도 제련과정에서 제거되지 않은 불순물을 포함하고 있다. 게다가 대부분의 금속은 순수한 상태에서는 바람직한 성질을 갖고 있지 않다. 예를 들어, 구조용 용도(structural applications)로 사용되는 철이나 알루미늄은 금속에 특별한 특성을 제공하는 합금 원소를 가지고 있다. 결과적으로 분자수준에서 금속의 본질을 이해하기 위해서는 금속의 기본 구조, 냉각속도의 영향, 불순물의 영향 및 합금 요소에 대한 고찰을 필요로 한다.

2.2.1 격자구조

금속이 용융단계에서 냉각되면, 원자의 크기와 원자가 전자에 따라 원자들은 일정한 구조로 배열된다. 확실한 특성은 그림 2.8에 나타낸 것과 같이 평행한 선의 교차에 의해 형성된 점의 3차원 배열에서 뚜렷하게 나타난다. 이 배열에서, 어느 특정한 점에 이웃한 점들의 배열은 내부의 어느 다른 점 주변의 배열과 일치한다. 이와 같은 성질은 3개의 단위 벡터(unit vector) $\boldsymbol{a}$, $\boldsymbol{b}$, $\boldsymbol{c}$에 의해 수학적으로 설명할 수 있다. 기준 점에 대한 상대적인 임의 점의 위치 $\boldsymbol{r}'$는 벡터 운동의 정수의 항으로 정의될 수 있다.

$$\boldsymbol{r}' = \boldsymbol{r} + n_1\boldsymbol{a} + n_2\boldsymbol{b} + n_3\boldsymbol{c} \tag{2.1}$$

n_1, n_2 및 n_3에 증분 정수(incremental integer)를 적용하여 식 (2.1)을 연속적으로 반복하면 그림 2.8에 보여준 것과 같은 평행사변형이 형성된다. 여기서 $\boldsymbol{r}$은 기준점에 상대적인 원점의 위치 벡터이다. 축 사이의 각이 90°일 필요가 없다는 것을 주의해야 한다. 이와 같은 선들의 네트워크를 공간격자(space lattice)라 한다. 벡터 $\boldsymbol{a}$, $\boldsymbol{b}$ 및 $\boldsymbol{c}$에 의해 묘사될 수 있는 3차원에서는 14개의 가능한 공간격자가 있다. 그러나 보통의 공업용 금속(engineering metal)의 공간격자는 그림 2.9에 보여준 것처럼 2개의 입방구조(cubic structure)와

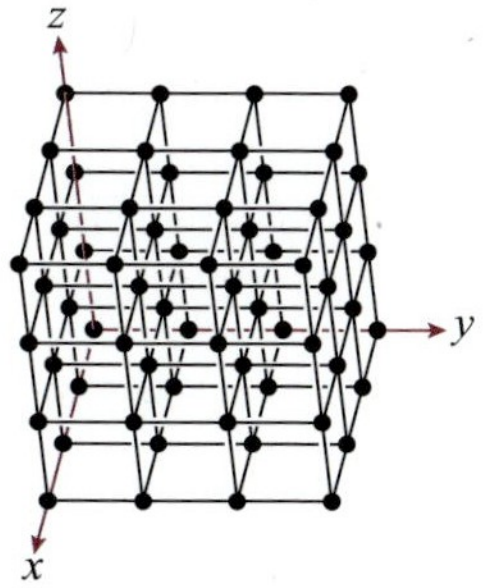

그림 2.8 결정격자의 평행사변형 구조

(© Pearson Education, Inc. Used by permission)

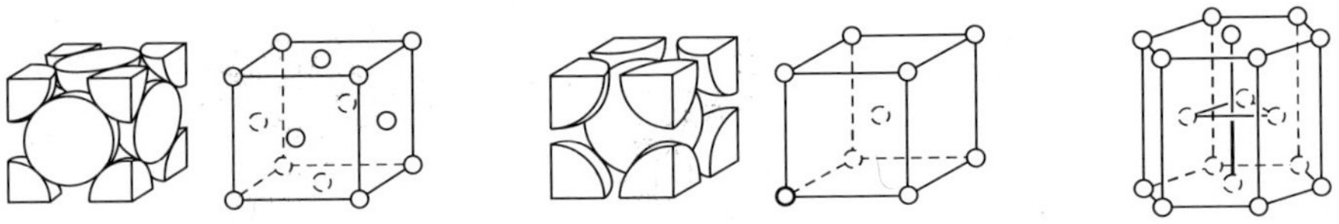

(a) 면심입방(FCC) (b) 체심입방(FCC) (c) 육방밀집(HCP)

그림 2.9 금속의 일반적인 격자구조

1개의 육방구조(hexagonal structure)로 묘사될 수 있다.

단순 입방격자구조는 축의 각이 90°이고, 벡터 길이가 같은 육면체의 각 모서리에 1개의 원자를 갖는 것이다. 그러나 이것은 일부 금속에서는 존재하지만 공통적인 구조는 아니다. 입방구조에는 2개의 중요한 변종, 즉 면심입방구조와 체심입방구조가 있다. 면심입방구조(FCC ; face center cubic structure)는 그림 2.9(a)에 보여준 것처럼 육면체의 각 모서리와 각 면의 중앙에 1개의 원자를 갖고 있다. 체심입방구조(BCC ; body center cubic structure)는 그림 2.9(b)에 보여준 것처럼 육면체의 각 모서리와 육면체의 중심에 1개의 원자를 갖고 있다.

금속의 세 번째 일반적인 격자구조는 육방밀집구조(HCP ; hexagonal close pack structure)이다. 그림 2.9(c)에 나타내 것과 같이, 육방밀집구조는 하부와 상부 층을 갖고 있고, 육각형의 각 모서리와 상·하부 면의 중앙에 1개의 원자를 갖고 있으며, 추가로 중심면(center plane)에 3개의 원자를 갖고 있다. 중심면에 있는 원자들은 이웃에 있는 모든 원자들로부터 같은 거리에 있다. 표 2.3에 일부 금속의 결정구조와 원자반지름을 나타냈다.

표 2.3 금속의 격자구조

금속	결정구조	원자반지름(nm)	금속	결정구조	원자반지름(nm)
알루미늄(Aluminum)	FCC	0.1413	몰리브덴(Molybdenum)	BCC	0.1363
카드뮴(Cadmium)	HCP	0.1490	니켈(Nickel)	FCC	0.1246
크롬(Chromium)	BCC	0.1249	백금(Platinum)	FCC	0.1387
코발트(Cobalt)	HCP	0.1253	은(Silver)	FCC	0.1445
구리(Copper)	FCC	0.1278	탄탈룸(Tantalum)	BCC	0.1430
금(Gold)	FCC	0.1442	티타늄(Titanium)	HCP	0.1445
철(Iron)	BCC	0.1241	텅스텐(Tungsten)	BCC	0.1371
납(Lead)	FCC	0.1750	아연(Zinc)	HCP	0.1332

결정구조의 중요한 특성 2가지는 배위수(coordination number)와 원자 충전율(APF ; atomic packing factor)이다. 배위수는 가장 가까운 이웃의 전자 개수이다. 배위수는 면심입방구조와 육방밀집구조에서는 12이고, 체심입방구조에서는 8이다. 이것은 그림 2.9에서 확인할 수 있다. 원자 충전율(APF)은 결정구조에서 원자에 의해 채워진 단위격자 체적의 일부분을 의미한다.

$$\mathrm{APF} = \frac{\text{단위격자에 있는 원자의 체적}}{\text{단위격자의 총 체적}} \tag{2.2}$$

원자 충전율을 계산하기 위해서는 표 2.3에 주어진 원자의 반지름을 이용하여 각 단위격자와 연결된 등가 원자수(equivalent number of atoms)가 결정되어야 한다. 격자와 연결된 등가 원자수는 물질의 큰 블록에 있는 원자의 수를 블록에 있는 단위격자의 수로 나눈 값이다. 그림 2.9에서 원자의 일부를 적절하게 고려하는 것으로써 각 단위격자에 있는 전체 원자들의 수를 계산할 수 있다. 면심입방구조는 8개의 모서리 원자를 갖고 있으며, 이들 각각은 7개의 다른 단위격자와 공유한다. 그러므로 모든 모서리 원자들은 단위격자의 원자집계에서 1개의 원자로 기여한다. 면심에 있는 원자들은 단지 하나의 다른 단위격자와 공유된다. 따라서 면심에 있는 원자들은 각각 1/2개의 원자로 기여한다. 6개의 면이 있기 때문에 면심에 있는 원자의 수는 원자 집계에서 3개를 더한다. 면심 원자와 모서리 원자들을 합하면 면심입방구조 단위격자에서는 총 4개의 등가 원자수가 얻어진다. 체심입방구조는 단지 2개의 등가 원자수를 갖는다. 육방밀집구조는 6개의 등가 원자수를 갖는다. 12개 모서리 원자 각각은 6개의 단위격자와 공유되고, 면심 원자들은 2개의 단위격자와 공유되며, 중심면에 있는 3개의 원자는 어느 다른 단위격자와 공유되지 않는다. 그러므로 12/6 + 2/2 + 3 = 6이다.

단위격자에 있는 원자들의 체적은 원자 한 개의 체적에 등가 원자수를 곱하여 계산할 수 있다. 구(sphere)의 체적은 $V = (4/3)\pi r^3$이고, 여기서 r은 반지름이다. 단위격자의 체적은 원자의 반지름을 알고 원자들이 서로 접촉하고 있다는 사실로부터 결정할 수 있다.

예제 2.1

면심입방 격자구조(그림 예제 2.1)의 원자 충전율이 0.74임을 보여라.

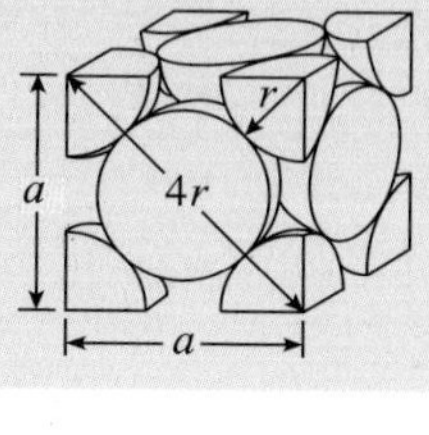

그림 예제 2.1

풀이

각 단위격자에 있는 전체 등가 원자수 = 4

구의 체적 $= \left(\dfrac{4}{3}\right)\pi r^3$

단위격자에 있는 원자들의 체적 $= 4 \times \left(\dfrac{4}{3}\right)\pi r^3 = \left(\dfrac{16}{3}\right)\pi r^3$

면심입방구조의 단위격자 면의 대각선 길이 $= 4r$

단위격자의 각 변의 길이 $a = 2\sqrt{2}\,r$

단위격자의 체적 $a^3 = (2\sqrt{2}\,r)^3$

$$\text{APF} = \frac{\text{단위격자에 있는 원자의 체적}}{\text{단위격자의 총 체적}} = \frac{\left(\dfrac{16}{3}\right)\pi r^3}{(2\sqrt{2}\,r)^3} = 0.74$$

체심입방구조와 육방밀집구조에서도 비슷한 기하학 형상을 고려하면 이들에서의 원자 충전율은 0.68과 0.74로 각각 계산된다.

금속의 이론적 밀도는 격자구조 형태의 함수이고, 아래와 같이 계산할 수 있다.

$$\rho = \frac{nA}{V_c N_A} \tag{2.3}$$

여기서, ρ : 물질의 밀도

n : 단위격자에 있는 등가 원자수

A : 원소의 원자 질량(grams/mole)

V_c : 단위격자의 체적

N_A : 아보가드로 수(6.023×10^{23} atoms/mole)

예제 2.2

알루미늄은 면심입방 결정구조이고, 밀도(ρ) 2.70 Mg/m^3, 원자질량(A) 26.98 g/mole이다. 알루미늄 원자의 반지름을 계산하시오. 면심입방 격자구조의 APF는 0.74이다.

풀이

$$\rho = \frac{nA}{V_c N_A}$$

면심입방 격자구조는 $n = 4$이므로

$$V_c = \frac{nA}{\rho N_A} = \frac{4 \times 26.98}{2.70 \times 10^6 \times 6.023 \times 10^{23}} = 6.636 \times 10^{-29}\,\text{m}^3$$

$$\text{APF} = 0.74 = \frac{4 \times \left(\dfrac{4}{3}\right)\pi r^3}{6.636 \times 10^{-29}}$$

$$r^3 = 0.293 \times 10^{-29}$$
$$\therefore\ r = 0.143 \times 10^{-9}\,\mathrm{m} = 0.143\,\mathrm{nm}$$

격자구조의 형태에 관한 지식은 금속의 역학적 거동을 결정할 때에 중요하다. 탄성거동 아래서는 원자의 결합은 늘어나게 되며, 그러나 하중이 제거되면 원자들은 원래의 자리로 되돌아간다. 반면에 정의에 따르면 소성변형은 물질의 영구적인 일그러짐(distortion)이므로, 소성변형은 금속의 원자배열의 변화와 관련이 있는 것이 틀림없다. 소성변형은 전단응력의 작용에 의해 원자들의 면이 서로 미끄러진 결과로 인해 발생한다. 물론, 미끄러짐(slip)은 일그러짐이 가장 쉽게 일어날 수 있는 면에 발생할 것이다. 다양한 금속들의 기본적인 결합 메커니즘은 비슷하기 때문에, 재료에 있어서 이론적인 강도의 차이는 상이한 격자구조의 결과로서 생기는 미끄럼면의 수와 방향의 차이에 기인한다.

2.2.2 격자결함

세심하게 제어된 상태라 할지라도 완벽한 결정구조로 성장하는 것은 매우 어렵다. 일반적으로 순수한 결정구조는 지름이 근사적으로 1μ(micron)로 한정된다. 이와 같은 순수한 물질은 결합특성을 기초로 계산한 최대의 이론적인 값들에 근접한 강도와 탄성계수를 갖는다. 그러나 모든 실제 물질의 강도와 변형은 결함에 의해 제한된다. 결정구조에서 결함을 발생시키는 원인은 여러 가지가 있으며, 결함 원인들은 다음과 같이 분류될 수 있다.

- 점결함(point defect) 또는 원자의 실종(missing atom)
- 선결함(line defect) 또는 실종원자의 열(row), 통상적으로 모서리 어긋나기, 칼날전위(edge dislocation)라 부름
- 면적결함(area defect) 또는 결정입계(grain boundary)
- 체적결함(volume defect) 또는 물질에서의 공동(cavity)

점결함의 경우에는 원자들이 액체에서 고체로 전이할 때 원자들이 진동을 하기 때문에 한 개의 원자가 격자구조에서 실종될 수 있다. 결과적으로 격자구조에서 2개의 원자가 있어야 할 면적에 1개의 원자가 진동을 하게 된다. 결정구조에서 원자가 빠진 빈자리(vacancy)는 물질의 성질에 영향을 거의 미치지 않는다. 제조된 재료의 거동과 이론적인 재료의 거동간의 차이를 고찰할 때에는 선결함에 대한 이해가 중요하게 된다. 대표적인 선결함은 그림 2.10에 나타낸 것과 같다. 여기서 실종 원자의 열은 뒤로 연장된다[Van

Vlack 1989; Guy and Hren 1974]. 전위(dislocation) 위쪽의 원자들은 압축상태이고, 전위(dislocation) 아래쪽의 원자들은 인장상태이다. 결과적으로 원자들은 그들 본래의 간격을 갖고 있지 않으므로 그림 2.2에 보여준 것처럼 이 같은 원자들의 결합은 최소 에너지의 점에서 일어나지 않는다. 그러므로 이 위치에 전단응력이 작용되면 그림 2.11에 나타낸 것처럼 원자들은 위치 (a)에서 (b), (c)로 점진적인 패턴으로 미끄러지려는 경향이 있다[Fiinn and Trojan 1986; Budinski and Budinski 2010]. 체적결함은 제조된 물질에서의 흠(flaw)이며, 이것에 관해서는 앞으로 논의하지 않는다. 면적결함에 대해서는 다음에 기술하기로 한다.

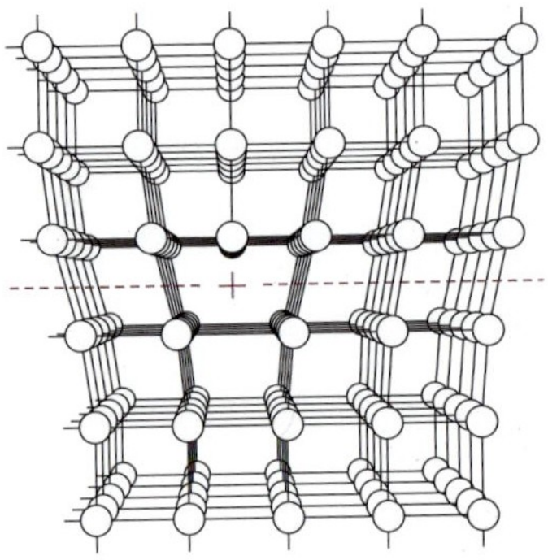

그림 2.10 선결함에서 원자의 충전(© Pearson Education, Inc. Used by permission)

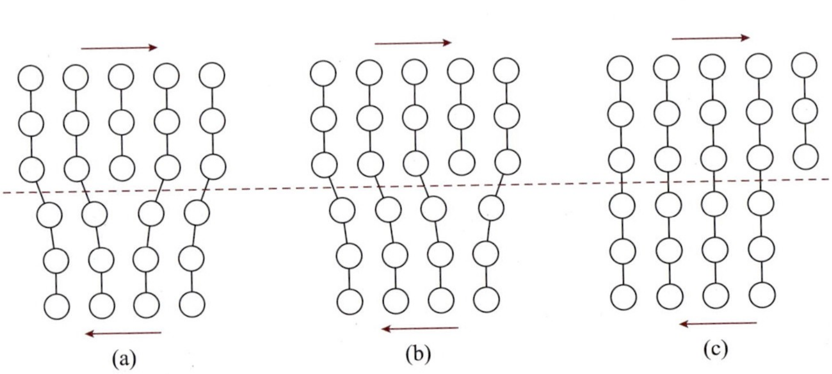

그림 2.11 미끄러짐 면을 따라 원자의 이동을 포함하는 소성변형

2.2.3 입자구조

금속의 구조는 단위격자 또는 반복된 결정질 구조(repeated crystalline structure)로 묘사되어 왔다. 그러나 재료의 거동에 있어 동등하게 중요한 것은 물질에서의 결정입자

(grains)의 크기와 배열이다. 물질의 입자구조(grain structure) 또는 미세구조(microscopic structure)는 원자구조와 구별되어야 한다. 예를 들어, 그림 2.12는 저탄소강(low-carbon steel)에 대한 광학 현미경 사진이다. 이 현미경 사진은 주사 전자 현미경(SEM ; scanning electron microscope)을 500배로 확대하여 얻었다. 이 현미경 배율은 10,000,000 정도로 확대한 그림 2.9의 원자 규모와 많이 다르다는 것을 주의해야 한다.

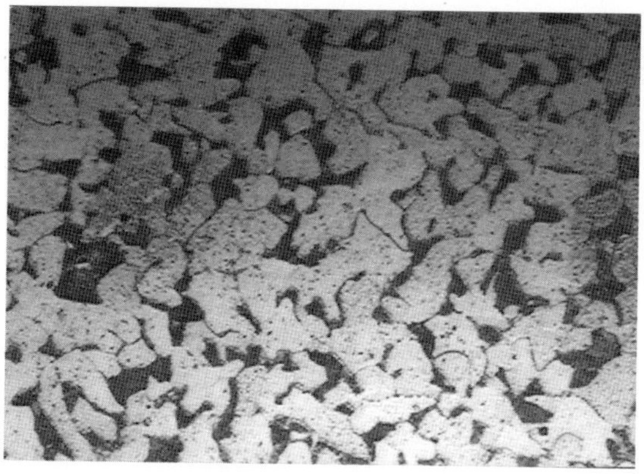

그림 2.12 저탄소강의 광학현미경 사진(확대 : 500배)

금속의 제조공정은 물질이 액체가 되도록 열을 가하고, 원재료로부터 불순물을 제거하며, 합금제(alloying agent)를 첨가한다. 합금(alloy)은 기주금속(host metal)에 1개 또는 그 이상의 성분을 단순하게 첨가하는 것이다. 대량 생산되어 사용되고 있는 대부분의 금속은 복합의 합금성분을 갖고 있다. 물질이 액체 상태에서 냉각되면 결정이 형성된다. 정상적인 냉각상태에서는 다수의 핵이 형성될 것이고, 다수의 결정체(crystal)가 생성된다. 이 결정체들이 성장하면서 그들은 결국 서로 접촉을 하고 경계를 형성한다. 재료의 입자크기는 기본적으로 냉각속도에 따라 다르다. 냉각속도가 빠르면 다수의 핵이 형성되고, 광범위한 경계를 갖는 작은 입자가 된다.

입자경계(결정입계, grain boundary)는 그림 2.13에 나타낸 것과 같이 일관성 있는 경계(coherent), 일관성 있는 변형 경계(coherent strain), semicoherent 및 일관성 없는 경계(incoherent)의 4개의 형태가 있다. coherent 경계에서는 두 개 입자의 격자는 완벽하게 정렬되어 있고, 물리적인 경계가 없다. coherent strain 경계는 경계의 양쪽에서 원자의 간격이 다르다. 이것은 합금제의 영향일 수 있다. 선 전이(line dislocation)를 가질 때에는 원자의 간격 차이 때문에 경계의 양쪽에 있는 원자의 간격이 늘어질 것이다. semicoherent 경계는 경계의 양쪽에서 다른 원자의 수를 갖는다. 그러므로 경계 모두가 일치할 수 없다. 다시 말해, 이것은 경계의 양쪽에서 늘어남(strain)이 발생하는 선 전이와 비

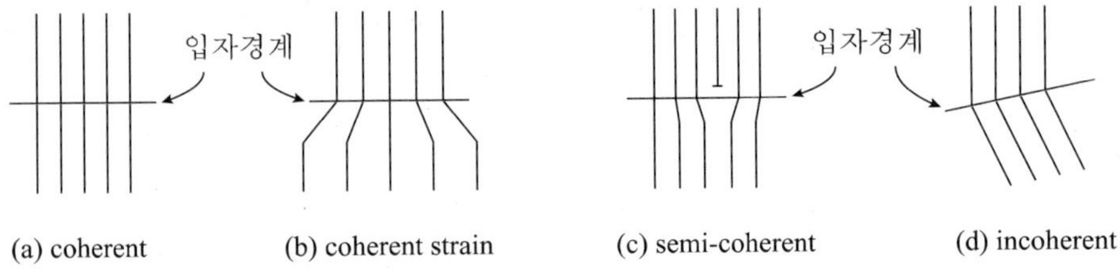

그림 2.13 입자경계의 종류

슷하다. Incoherent 경계는 경계의 양쪽에서 다른 결정의 방향을 가지므로 원자들은 본래의 형태와 일치되지는 않는다.

입자경계는 물질의 거동에 중요한 영향을 미친다. 입자경계를 가로지르는 결합이 순수 결정구조의 강도를 갖지는 않을지라도, 입자경계는 입자경계로부터 멀리 떨어진 원자보다 높은 에너지 상태에 있다. 결과적으로, 결정구조에서 미끄럼면을 따라 미끄러짐이 일어나면, 입자경계를 가로지르는 것에 의해 방해를 받으며 입자경계를 따라 방향이 변경될 수 있다. 이것은 미끄러짐 경로의 길이를 증가시키므로 물질을 변형시키거나 파괴시키기 위해 더 많은 에너지가 요구된다. 그러므로 입자 크기를 줄이는 것은 물질의 강도를 증가시킨다.

금속의 입자구조는 또한 소성변형에 의해 영향을 받는다. 원하는 형상을 만들기 위한 제조방법들에 소성변형이 자주 포함된다. 예를 들어, 철선(wire)은 원하는 철선 지름이 되도록 제철공장에서 만들어진 재료의 치수를 줄이기 위해 연속적으로 더 작은 다이스(dies)를 통해 힘을 가하는 것으로 만들어진다.

입자구조를 개량하기 위해 열처리가 이용된다. 풀림(annealing)과 담금질(hardening)의 2가지 기본적인 열처리방법이 있다. 2가지 방법 모두 재료를 기존에 존재하는 입자경계가 파괴될 수 있는 온도까지 가열하고, 냉각하여 입자경계를 다시 형성하는 과정을 포함하고 있다. 두 공정사이의 차이점은 재료가 가열되는 온도, 상승된 온도를 유지하는 시간 및 냉각속도가 다르다. 담금질에서는 액체에 재료를 담그는 것으로 급속냉각이 이루어진다. 풀림에서는 재료를 서서히 냉각시킨다. 가장 느린 냉각속도는 재료를 용광로에 그냥 내버려두어 온도가 점차적으로 내려가게 하는 것으로 얻어질 수 있다. 이것은 용광로의 가동을 정지시켜야 하므로 고비용의 공정이다. 좀 더 보편적인 것으로는 공기중에서 재료를 냉각시키는 것이다. 강재와 알루미늄에 대한 열처리는 3장과 4장에서 각각 다룬다.

입자의 크기는 냉각속도에 영향을 받는다. 급속냉각은 입자의 성장이 이루어질 수 있는 시간을 제한하기 때문에 입자의 크기가 작고, 반면에 느린 냉각속도는 입자 크기를 크게 한다.

2.2.4 합금

대부분 금속 성분들의 공학적 특성은 순수한 형태로 사용하는데 부적절하다. 대부분의 경우, 재료의 성질은 합금제의 첨가로 인해 상당하게 개선될 수 있다. 합금제(alloying agent)는 금속의 결정구조에 용해되거나 혼합되는 단순한 원소 또는 화학제품이다. 기본적으로 철과 탄소로 구성된 강(steel)은 아마도 가장 흔히 있는 합금이다. 합금제를 결정구조에 적합하게 맞추는 것은 매우 중요하다. 합금 원자들은 원자 사이의 공극에 꼭 들어맞거나(격자간 원자), 격자구조에서 원자를 대체(치환 원자)할 수 있다.

금속들은 조밀구조를 갖고 있기 때문에 격자간 원자(interstitial atom)의 반지름은 기주 원자(host atom)의 반지름의 0.6배보다 작아야 한다[Derucher et. al. 1998]. 또한 격자간 원자들의 용해도 한계(solubility limit)는 6%보다 작아, 상대적으로 낮다. 격자간 원자는 격자구조의 공극의 크기보다 더 클 수 있다. 그러나 이것은 격자구조의 변형을 일으키고, 이로 인해 용해도가 제약될 수 있다.

만약, 2가지 금속 성분의 특성이 충분히 유사하면 금속들은 완전한 혼화성(miscibility)을 가질 수 있다. 즉, 용해도의 한계가 없으며, 원소들의 원자는 완전하게 교환될 수 있다. 유사성 기준(similarity criteria)은 Hume-Rothery 법칙에 의해 정의된다[Shackelford 2008]. 이 법칙에 따르면, 합금 원자들은 아래의 특성을 가져야 한다.

- 원자 반지름에서 차이는 15%보다 작음
- 동일한 결정구조
- 유사한 음전기(전자를 끌어당기는 원자의 능력)
- 동일한 원자가

Hume-Rothery 법칙의 위반은 원자들의 용해도를 감소시킨다. 너무 크거나 너무 작은 원자들은 격자구조에서 변형을 일으킨다.

결정구조에서 합금 원자의 배열은 무작위로 되든가 순서대로 될 수 있다. 무작위 배열에서는 합금 원자들의 배치에 패턴이 없다. 합금 원자가 격자구조의 특정 위치에 대해 선호도를 갖고 있다면 정열 배열이 발생할 수 있다. 예를 들어, 면심입방 구조인 금-구리 합금에서 구리는 면의 위치를 더 선호하여 채우고, 금은 모서리 위치를 더 선호하여 채운다.

때때로 한 가지 합금제보다 더 많은 수의 합금제가 금속의 특성을 개선하기 위해 사용된다. 강은 복합성분 합금제의 좋은 예이다. 정의에 따르면, 강(steel)은 탄소를 갖고 있는 철이다. 그러나 강은 크롬, 구리, 니켈 및 인과 같은 다른 합금 성분을 종종 포함하고 있다.

2.2.5 상태도

합금 금속을 생산하기 위해서 각 성분들을 용융상태가 되도록 가열하여 혼합한 후 냉각한다. 액체와 고체 사이에 물질의 전이가 일어나는 온도는 성분들의 함유량의 함수이다. 물질의 액체와 고체 상태를 상(phase)이라 부르며, 상태도(phase diagram)는 성분의 함유량과 전이온도의 관계를 나타낸 것이다.

1) 용해성(가용성) 물질

상태도의 가장 단순한 형태는 액체상과 고체상 모두에서 완전 용해성인 2가지 성분에 관한 것이다. 고용체(solid solution)는 합금 성분이 고체상태의 물질 결정에 균일하게 분산되어 남아 있을 때 발생한다. 2가지 완전 용해성 성분에 대한 2성분 상태도는 그림 2.14(a)와 같다. 그림에서 온도는 세로축에 나타내고, 각 성분의 중량비는 가로축에 나타낸다. 이 경우에는 위쪽 가로축에는 성분 A, 아래쪽 가로축에는 성분 B를 나타냈다. 성분 A의 함유량이 왼쪽 끝에서 100%로 시작하여 오른쪽 끝에서 0%로 감소하는 동안에 성분 B의 함유량은 축을 따라 선형적으로 증가한다. 이것은 2성분 상태도이므로 성분 A와 B의 함유량의 합은 100%이다. 그림 2.14(a)에서 보면, 3개의 영역이 있다. 이 상태도에서 위쪽 영역과 아래쪽 영역은 각각 액체와 고체의 단일 상(single phase)을 갖고

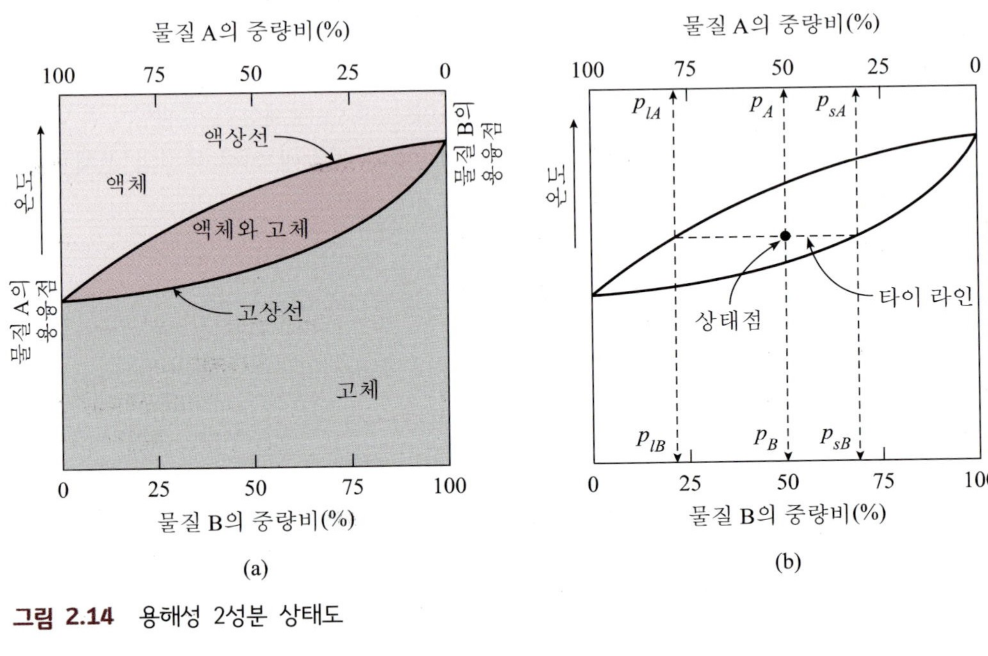

그림 2.14 용해성 2성분 상태도

있다. 2개의 단일 상 사이에는 액체와 고체 상태가 모두 존재하는 2상 영역(2-phase area)이 있다. 액체와 2상 영역 사이의 선이 액상선(liquidus)이고, 2상 영역과 고체 사이의 선이 고상선(solidus)이다. A와 B 성분으로 구성된 혼합물에서, 액상선은 냉각 시 고체 결정이 처음으로 형성될 때의 온도로 정의되고, 고상선은 모든 물질이 결정으로 되었을 때의 온도로 정의된다. 순수한 성분에서는 액체와 고체 사이의 전이는 한 점의 온도에서 발생한다는 것에 주의해야 한다. 이것은 그림 2.14(a)에서 보는 것처럼 상태도의 왼쪽 및 오른쪽에서 액상선 및 고상선이 수렴하는 형태를 갖는다는 것을 의미한다. 그림 2.14(a)의 왼쪽 및 오른쪽 끝은 각각 순수한 성분 A와 B의 용융점을 나타낸다.

그림 2.14(b)에 나타낸 것처럼 특정한 온도에서 성분들의 특정한 조성비를 상태점(state point)으로 정의한다. 상태점이 액상선 위쪽에 있으면, 모든 물질은 액체이고, 액체의 조성비는 물질의 총 구성비와 동일하다. 마찬가지로 상태점이 고상선 아래에 있으면, 모든 물질은 고체이고, 고체의 조성비는 물질의 총 구성비와 같다. 고상선과 액상선 사이의 2상 영역에서는 액체상(liquid phase) 또는 고체상(solid phase)으로 있는 물질의 비율은 온도에 따라 다르다. 또한 이 영역에서는 액체상과 고체상의 구성비도 온도에 따라 변한다. 액체와 고체의 구성비는 지렛대 원리(lever rule)를 이용하여 상태도로부터 직접 결정할 수 있다. 먼저, 그림 2.14(b)에 보여준 것처럼, 상태점을 통과하는 수평선을 액상선과 고상선까지 연결하여 타이라인(tie line)을 설정한다. 타이라인과 액상선이 만나는 점에서 수직으로 투영한 값이 액체상에 대한 각 성분의 구성비이다. 타이라인과 고상선이 만나는 점에서 수직으로 투영한 값이 고체상에 대한 각 성분의 구성비이다. 예를 들어, 그림 2.14(b)에서 합금은 성분 A와 성분 B가 각각 50%로 구성되어 있다. 지정된 상태점에 대하여 액체상 물질의 79%는 성분 A이고, 21%는 성분 B이다. 고체상 물질의 31%는 성분 A이고, 69%는 성분 B이다. 또한 액체상과 고체상으로 있는 물질의 비율은 상태도로부터 결정할 수 있다. 질량평형의 원칙에 의해 물질의 전체 질량은 각 상의 질량의 합과 같다. 즉,

$$m_t = m_l + m_s \tag{2.4}$$

여기서, m_t : 물질 전체의 질량

m_l : 액체상 물질의 질량

m_s : 고체상 물질의 질량

질량평형의 원칙은 물질의 각 구성 요소에 대해 또한 적용할 수 있다. 즉,

$$p_B m_t = p_{lB} m_l + p_{sB} m_s \tag{2.5}$$

여기서, p_{lB} : 액체상 물질에서 성분 B의 비율(%)

p_{sB} : 고체상 물질에서 성분 B의 비율(%)

p_B : 전체 물질에서 성분 B의 비율(%)

이 두 식으로부터 액체상과 고체상으로 있는 물질의 양은 다음과 같이 각각 계산할 수 있다.

$$p_B m_t = p_{lB} m_l + p_{sB}(m_t - m_l)$$

$$p_B m_t = p_{lB} m_l + p_{sB} m_t - p_{sB} m_l$$

$$p_B m_t - p_{sB} m_t = p_{lB} m_l - p_{sB} m_l$$

$$m_l = \frac{p_B - p_{sB}}{p_{lB} - p_{sB}} m_t$$

$$m_s = m_t - m_l \tag{2.6}$$

예제 2.3

용해성 성분 A와 B로 이루어진 합금이 그림 2.14와 같은 상태도를 갖고 있다. 주어진 온도에서 액체상과 고체상을 함께 갖고 있는 합금의 각각의 질량을 결정하시오. 단, 합금의 총 질량은 100g이고, 성분 B는 합금의 전체의 40%이고, 액체상의 20%는 성분 B이고, 고체상의 70%는 성분 B이다.

풀이

m_t = 100g, p_B = 40%, p_{lB} = 20%, p_{sB} = 70%

식 (2.4)와 식 (2.5)로부터 $m_l + m_s = 100$

$20\,m_l + 70\,m_s = 40 \times 100$

이 두 식을 연립하여 풀면 액체상 합금의 질량 m_l = 60 g

고체상 합금의 질량 m_s = 40 g

2) 불용성 물질

지금까지는 2가지의 완전 용해성 물질에 대한 내용을 설명하였다. 혼합되지 않는 물질, 즉 성분들이 비슷하지 않아 고체상에서 이들의 용해도를 거의 무시해도 좋은 성분의 상태도를 이해하는 것은 똑같이 중요하다. 그림 2.15는 이 같은 경우의 상태도를 보여주고 있다. 액상선이 오른쪽 및 왼쪽 축과 만나는 점은 각 성분들의 용융점이다. 각 성분들이 함께 혼합되면, 혼합물의 액상선은 V자 형태로 형성된다. V자의 꼭지점은 2가지

상이 형성되지 않고 액체에서 고체로 변하는 성분들의 조합으로 정의된다. 이 점을 공융온도(eutectic temperature)와 성분들의 공정 조성비(eutectic composition)로 정의한다. 고상선은 수평이며, 공융온도를 지나간다. 그래프 상에 2개의 상을 갖는 부분이 2곳 있다. 공정 조성비의 왼쪽 부분은 고체 성분 A를 갖고, 액체상은 성분 A와 B의 혼합물이다(공정 조성비의 오른쪽 부분은 반대의 경우이다).

공융온도에서 갑작스런 상변환(phase transformation)은 물질이 냉각될 때 입자들이 성장 할 시간을 갖지 못한다는 것을 의미한다. 그러므로 공정물질(eutectic material)은 미세한 입자구조를 갖는다.

물질이 공융온도 이외의 온도까지 냉각될 때, 온도가 액상선 아래로 떨어지면 성분 중의 하나는 고체가 된다. 결과적으로 2상 영역에서 물질이 냉각될 때 액체에서 이 성분의 양은 연속적으로 감소한다. 사실, 온도가 내려갈 때 액체의 구성비는 액상선을 따라간다. 공융온도에 도달할 때, 액체의 나머지 부분은 고체가 되고 미세한 입자구조를 갖는다. 그림 2.15에서처럼, 성분 A 20%, 성분 B 80%의 조성비로 시작할 때 온도가 T까지 내려가면 액체에는 성분 A 45%, 성분 B 55%가 포함될 것이다. 액체상과 고체상에서 각 성분의 양은 질량 평형[식 (2.4)와 식 (2.5)]에 의해 결정할 수 있다. 온도 T에서 이것은 액체 44.4%와 고체 55.6% 가 생기게 하고, 고체 모두는 성분 B일 것이다. 이와 유사하게, 공융온도에서 고체의 구성비는 고체 B성분 66.7%와 공정 혼합물 33.3%로 계산될 수 있다. 이 물질들은 고체 상태에서 불용성이므로 공정 혼합물은 미세결정 A와 B의 잘 섞인 혼합물로 구성되어 있다.

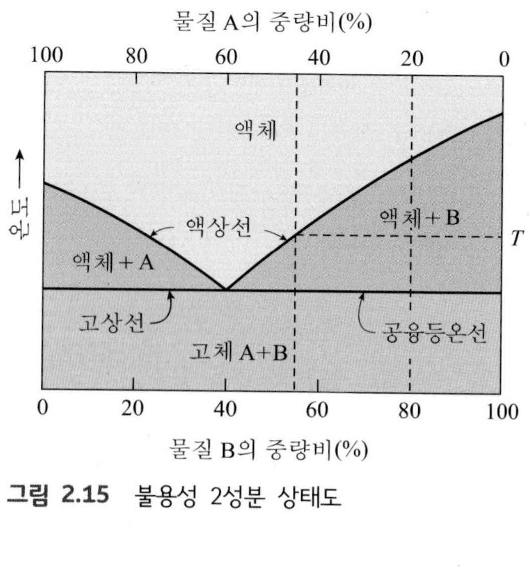

그림 2.15 불용성 2성분 상태도

3) 부분 용해성 물질

순수한 용해성 물질과 불용성 물질과의 사이에 있는 물질이 부분 용해성 물질이다. 다르게 말하면, 성분 A와 B 사이에는 용해도 한계가 있다. 성분 B의 함유량이 용해도 한계보다 작거나 같으면, 냉각할 때 B 원자 모두는 성분 A와 용해될 것이다. 성분 B의 함유량이 용해도 한계보다 많으면 용해되는 양을 초과하는 원자들은 성분 B의 분산된 입자를 형성할 것이다. 이 결과를 그림 2.16의 상태도에서 보여주고 있다. 이 상태도와 그림 2.15에서 보여준 상태도 간의 유일한 차이점은 그래프의 양쪽 측면에 고용체 영역(solid solution region)이 존재한다는 것에 주의해야 한다. 2상 영역에서의 구성비에 대한 분석은 그림 2.15에 대해 설명한 것과 같다.

4) 공석반응

지금까지 상태도는 물질의 액체상과 고체상 사이의 전이를 기술하는데 사용되어 왔다. 그러나 어떤 원소(예를 들어, 철)의 격자구조는 고체의 온도의 함수이다. 격자변환(lattice transformation)의 결과로서 고체물질의 미세구조는 그림 2.17에 보여준 상태도처럼 온도함수에 따라 변한다. 이와 같은 상황이 일어날 때 상태도에서 공석반응(eutectoid reaction)이 발생한다. 이것은 공정반응(eutectic reaction)과 유사한 특성을 갖고 있으나, 이것은 물질의 액체－고체 변환보다는 격자구조의 변환이다. 물질의 성분 분석 방법은 공정물질에 대해 기술하였던 것과 같다. 공융온도에서 상변화가 일어나는 것처럼 공석온도(eutictoid temperature)에서의 격자구조의 변환은 미세한 입자의 물질이 되도록 한다.

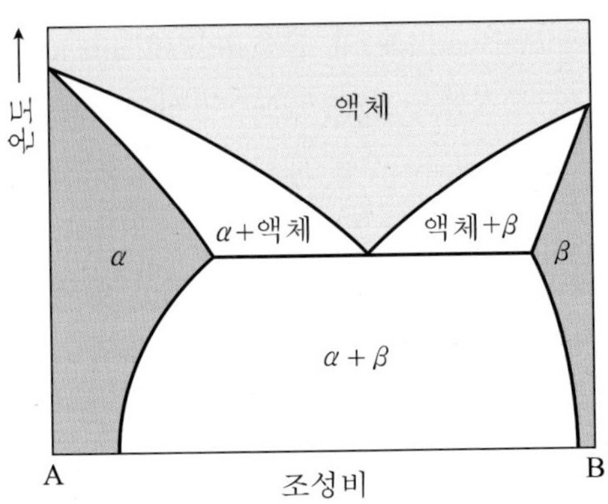

그림 2.16 부분 용해성 물질의 2성분 상태도

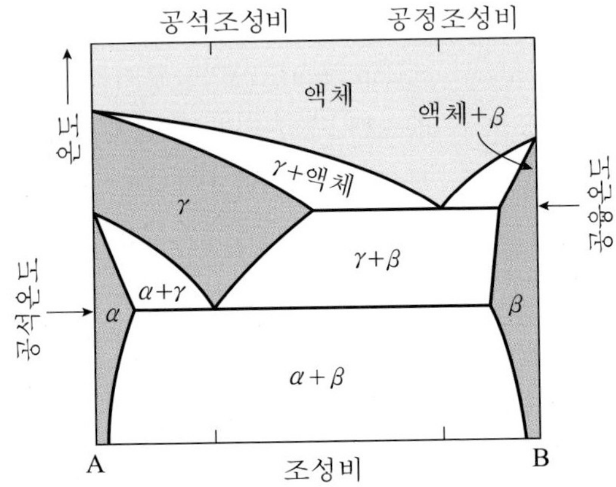

그림 2.17 공석반응에 대한 상태도

5) 복합 영향

격자구조, 입자 크기, 열처리 및 합금에 관한 주제들은 밀접하게 연관되어 있다. 금속의 거동은 이 요소의 조합에 의해 영향을 받는다. 의심할 여지없이 금속의 성질은 요소의 조성비, 정제와 생산 공정, 금속에 사용된 합금의 종류와 정도에 따라 다르다. 이 주제들은 본 교재에서 자세히 다루기에는 너무 복잡하다. 이 분야에 종사하는 기술자들이 물질의 특성, 합금과 열처리의 효과에 대해 연구하기 위해 상당히 노력하고 있다. 토목기술자들에 있어서 강(steel)은 중요하기 때문에 강에 대한 상태도와 열처리에 관한 사항은 3장에서 다룬다.

2.3 무기질 물질

무기질 물질에는 비금속 원소들의 혼합물 또는 금속과 비금속 원소들의 혼합물 모두가 포함된다. 이 같은 종류의 물질을 때로는 세라믹 물질(ceramic materials)로도 부른다. 정의에 따르면 무기질 원소들은 5개, 6개 및 7개의 원자가 전자를 가지고 있다. 무기질 물질은 이온결합(ionic bond)과 공유결합(covalent bond)의 조합에 의해 형성된다. 일반적인 의미에서 세라믹은 유리, 도기, 무기질 시멘트 및 다양한 산화물을 포함하여 광범위한 물질을 포함한다. 벽돌과 도기를 포함한 내화점토 제품(fired clay products)은 인간이 만들어 낸 가장 오래된 세라믹 제품의 일부이다. 사용되고 있는 양의 관점에서 보면 포틀랜드 시멘트가 제조된 세라믹 재료로 가장 널리 사용되고 있다. 1980년대에 아주 특별한 강도와 온도 성질을 갖는 고내구성 제품에 대한 연구가 진행되어 지르코니아(zirconia), 산화알루미늄, 탄화규소(silicon carbide)와 질산규소(silicon nitrate)와 같은 진보된 세라믹의 개발이 시작되었다. 이 물질들은 높은 강도, 강성(stiffness)과 마모 저항성을 갖고 있으며, 내식성(corrosion resistant)을 갖는 재료이다. 고성능(high-performance) 또는 공업용(engineered) 세라믹은 기계와 도구의 설계에 많이 응용되고 있다. 고성능 세라믹의 유용성은 급속히 성장하고 있지만, 정교한 세라믹의 비용과 구조물을 설계할 때 필요한 파괴 인성(fracture toughness)의 부족으로 인해 토목과 건축 분야에서 이 재료들의 응용은 일반적으로 제약이 되고 있다.

무기질(세라믹) 재료는 아래와 같이 5가지 종류로 분류되고 있다[Ashby and Jones 1986].

- 유리 – 이산화규소(silica)를 기반으로 한다.
- 자기질 세라믹(vitreous ceramic) – 도기, 벽돌 등에 사용되는 점토 제품
- 고성능 세라믹(high performance ceramic) – 특수한 목적으로 응용되는 고도로 정제된 무기질 고체. 다른 재료로는 얻을 수 없는 특성이 고비용을 보상한다.
- 시멘트와 콘크리트 – 건설 분야에서 널리 이용되고 있는 다상 재료(multiphase material)
- 암석과 광물질

무기질 재료는 원자 결합의 지배적인 형태에 따라 또한 분류될 수 있다. 금속원소와 비금속원소의 조합으로 구성된 물질은 이온결합이 지배적이다. 2개의 비금속 원소로 구성된 물질은 공유결합이 지배적이다. 결합의 형태는 화합물의 결정구조를 보여준다. 금속을 갖고 있는 무기질 물질은 다소 복잡하지만 잘 정제된 단위격자 구조를 갖는다. 이 구조는 결정이 형성되는 동안에 반복된다.

단순한 이온 결합 혼합물에서 비금속 원소는 그림 2.18에 나타낸 것과 같이 면심입방구조 또는 육방밀집구조를 형성하려고 한다. 팔면체 구멍(octahedral hole)은 면심입방구조 단위격자의 모든 면심 원자를 연결하여 형성된 팔면체(octahedron)의 중앙에 위치한다. 사면체 구멍(tetrahedral hole)은 모서리 원자와 이웃한 면심 원자를 연결하여 형성된 사면체(tetrahedron)의 중앙에 위치한다. 면심입방구조에서는 1개의 팔면체 구멍과 6개의 사면체 구멍이 있다. 원자의 수와 육방밀집구조에서 원자가 구멍에 들어가게 하는 방법은 금속 원소와 비금속 원소에 있는 원자가 전자의 수에 의해 결정된다. 원자들은 유사한 이온끼리는 가장 근접한 이웃이 되지 않는다는 제약과 함께 밀도가 최대로 되도록 채워진다[Ashby and Jones 1986].

단순한 공유결합은 내구성이 크고 강한 물질을 형성한다. 다이아몬드는 근본적으로 높은 강도를 갖는 뚜렷한 예이다. 다이아몬드는 절삭도구와 같이 마모저항성을 필요로 하는 산업분야에 널리 사용되고 있다. 그러나 토목공학 분야에서 사용되는 공유결합이

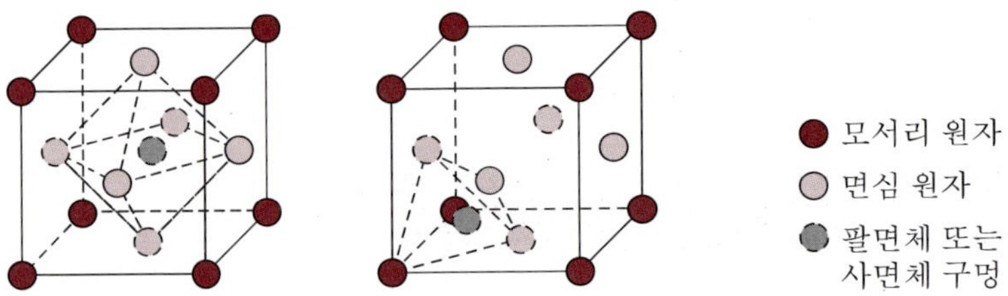

(a) 팔면체 구멍 (b) 사면체 구멍

그림 2.18 단순이온결합으로 된 세라믹 물질의 격자구조

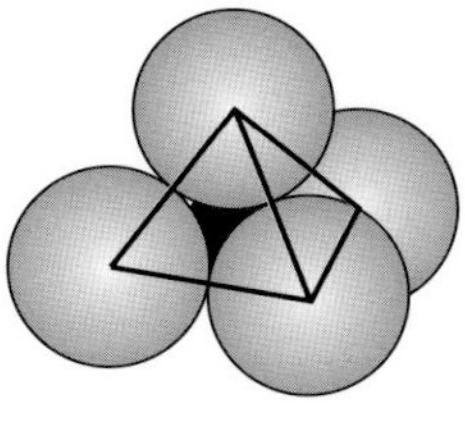

그림 2.19 규산염 사면체

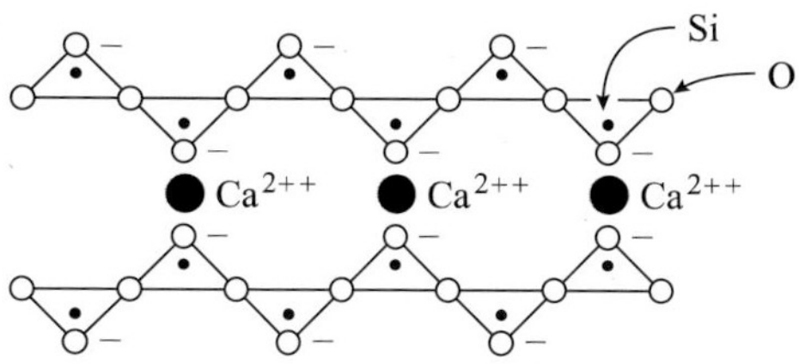

그림 2.20 단순한 무기질 물질의 구조(규산칼슘)

지배적인 물질 중에서 가장 중요한 것은 포틀랜드 시멘트 콘크리트의 규산염 혼합물이다. 4개의 산소원자와 결합한 규소 원자는 모든 규산염에 대해 기본적인 토대인 안정적인 사면체(그림 2.19)를 형성한다. 금속 산화물 MO와 결합되고 $MOSiO_2$의 비율이 2 또는 그 이상이 되도록 결합되었을 때, 그 결과로 인해 규산염은 분리된 SiO_4 모노머와 MO 분자의 결합에 의해 구성된다. 그림 2.20은 규산칼슘(calcium silicate)의 결정구조를 보여주고 있다. 포틀랜드 시멘트의 일차 반응의 혼합물은 규산삼칼슘(tricalcium silicate)과 규산이칼슘(dicalcium silicate)이다. 이들 각각은 규산염 분자당 2개 또는 그 이상의 금속 산화물 CaO를 갖고 있다. 금속 산화물과 규산염 사이에는 이온결합이 형성된다.

세라믹은 금속의 파괴 인성의 약 1/5을 단지 갖고 있다. 이온결합과 공유결합의 본질에 따라, 세라믹 혼합물은 금속의 경우와 같이 소성변형을 갖기 보다는 취성의 형태로 파괴되는 경향이 있다. 금속과 같이 세라믹 혼합물은 혼합물을 제조하는 동안에 다수의 핵이 다수의 결정을 형성하는 결과로 인해 뚜렷한 입자를 형성한다. 게다가 세라믹 물질은 제조 공정에 의해 내부에 균열과 흠을 갖는 경향이 있다. 응력집중(stress concentration)은 물질의 더 낮은 강도와 인성을 갖는 균열, 흠 또는 입자의 경계에서 발생한다. 결과적으로 세라믹 물질은 인장강도가 부족하며, 이것을 구조용으로 응용할 경우에는 보강되어야 한다.

유리는 무기질 물질의 특별한 종류로 결정질 구조를 생성하지 않는다. 상업용 유리는 이산화규소(silica)를 토대로 만들어 진다. 유리에서 실리카 사면체는 모서리에서 연결되고, 그 결과로 인해 무작위 또는 무정형 구조가 된다. 유리는 순수한 규소로 만들 수 있으며, 이것은 높은 연화점(softening point)과 낮은 열팽창을 갖는다. 그러나 높은 연화점 때문에 순수한 규소(실리카) 유리는 모양을 만드는 것이 어렵다. 의도한 모양으로 유리를 가공할 수 있는 능력을 향상시키기 위해 규산염의 교차결합(cross-linking)을 감소시키는 산화철을 첨가한다. 유리는 무정형 구조를 갖고 있지만 상온에서는 매우 안정적인 혼합물이다. 유럽의 교회에서 유리창에 자주 응용된 사례에도 불구하고 지속적으로 생산이 되지는 않고 있다.

2.4 유기질 물질

모든 유기질 물질은 탄소 원자와 공유결합을 갖는 기다란 분자로 구성되어 있다. 이 분자들은 다양한 유리기(자유기) 성분(radical component)과 결합된 탄소와 수소의 사슬 구조이다. 유리기 성분은 수소 원자, 탄화수소 또는 다른 원자가 될 수 있다. 이 기다란 분자들은 2차 결합에 의해 함께 결합되어 있고, 많은 경우에 있어 분자들은 공유결합을 갖는 교차결합으로 또한 되어 있다. 공학 분야에 사용되는 유기질 물질은 다양하며, 아래와 같이 분류할 수 있다[Ashby and Jones 1986].

① 열가소성수지(thermoplastic)

교차결합이 아닌 직선의 탄소 사슬로 특징되어지며, 낮은 온도에서 2차 결합이 사슬을 접착하고 있다. 열이 가해지면 2차 결합이 녹고 열가소성수지는 점성 물질이 된다. 아스팔트는 천연의 열가소성수지이다. 이것은 석유를 정제하는 것에서 근본적으로 얻어진다. 이외에도 여러 공학 분야에 응용되는 제조된 열가소성수지는 많이 있다. 폴리에틸렌(polyethylene), 폴리프로필렌(polypropylene), 폴리테트라플루오로에틸렌(polytetrafluorethylene), 폴리스티렌(polystyrene)과 폴리염화비닐(PVC, polyvinyl chloride) 등이 여기에 포함된다. 폴리에틸렌과 폴리프로필렌은 관, 병 및 전기 절연 제품에 사용된다. 폴리테트라플루오로에틸렌은 테프론(Teflon®)으로 널리 알려져 있다. 테프론은 취사도구에 응용될 뿐만 아니라 매우 낮은 마찰력과 양호한 점착특성 때문에 받침(bearing)이나 밀봉제(seal)로 널이 사용되고 있다. 폴리테트라플루오로에틸렌은 탄소－플루오르(fluorine) 사슬이다. 폴리스티렌은 성형물건으로 사용되고 있다. 포장재나 절연재를 만들기 위해 이산화탄소로 거품이 일게 한다. 폴리염화비닐은 차수막(low-pressure waterline)으로 사용된다.

② 열경화성수지(thermoset)

수지(resin)와 화학적으로 경화반응을 하는 경화제(hardener)로 만들어진다. 고체의 형성은 열이 가해져도 부드럽게 되지 않는 안정적인 화합물이 되도록 탄소사슬이 교차결합으로 되어 있다. 열경화성수지에는 에폭시(epoxy), 폴리에스테르(polyester)와 페놀수지(phenol-formaldehyde) 등과 같은 포괄적인 3가지 종류가 있다. 에폭시는 접착제와 플라스틱 복합재료에서 매트릭스 재료(matrix material)로 사용된다. 폴리에스테르는 유리섬유의 보강에 사용되는 섬유이다. 페놀수지는 Bakelite®와 Formica®처럼 취성적인 합성수지(플라스틱)이다.

③ **탄성중합체 또는 고무(elastomer or rubber)**

제한적인 교차결합을 갖는 선형적인 중합체(polymers)의 특징을 갖는다. 상온에서 2차 결합이 녹는다. 교차결합은 하중이 제거되었을 때 물질이 원래의 모양으로 되돌아가는 것이 가능하게 한다. 탄성중합체에는 폴리아이소프렌(polyisoprene, 천연고무), 폴리부타디엔(polybutadiene, 합성고무), 폴리클로로프렌(polychloroprene, Neoprene) 등 3가지 종류가 있다.

④ **천연물질(Natural material)**

모든 식물에서 생성되는 특징이 있다. 관심이 있는 물질은 나무이다. 이것은 섬유소(cellulose), 목질소(lignin), 단백질로 구성되어 있다.

천연의 고분자 이외에, 원유를 정제하고 처리하는 과정에서 생산되는 유기질 물질이 널리 응용되고 있다. 일반적으로 이들 제품은 합성수지(plastic)로 분류되며, 이 물질의 성질은 매우 다양하다. 역학적 성질은 고분자 사슬(polymer chain)의 길이, 교차결합의 정도, 유리기 성분의 종류에 따라 다르다. 물질의 성질을 바꾸기 위해 생산과정에서 이들 요소 모두는 조절될 수 있고 대체될 수도 있다.

2.4.1 중합체의 생성, 구조 및 교차결합

고분자 사슬(polymerchain)의 물리적 구조는 합성수지(플라스틱)의 역학적 반응에 큰 영향을 준다. 단어 "polymer"는 문자 그대로 다수의 "mer"단위가 있다는 것을 의미한다. "mer"는 고분자를 형성하기 위해 함께 연결될 수 있는 기본적인 분자이다. 그림 2.21은 간단한 에틸렌 분자와 고분자 화합물의 구조를 보여준다. 정사각형은 탄소 원자이고 원은 수소 원자이다. 고분자를 형성하기 위해서는 이중결합(double bond)을 파괴하는 것, 단위체(monomer)를 활성화하는 것, 그리고 긴 사슬을 형성하기 위해 다른 것들과 결합을 허용하는 것 등을 필요로 한다. 사슬의 끝은 다른 사슬과 연결되거나 "OH"와 같은 종결 분자(terminator molecule)와 연결되어 있다. 유용한 역학적 성질을 갖는 사슬은 최소한 500개의 단위체를 필요로 한다. 사슬에서 단위체의 수는 중합반응(polymerization)의 정도를 나타낸다. 대량 생산되어 공업용으로 사용되는 고분자는 10^3 ~ 10^5의 중합반응 정도를 갖는다.

선형 사슬 고분자의 복잡성은 그림 2.21에서 보여주는 것처럼 수소 원자가 측면 그룹(side group)이나 유리기로 치환되는 것에 의해 증가된다. 유리기나 측면 그룹은 사슬의 한쪽 측면에 배열(아이소택틱, isotactic), 사슬의 엇갈린 측면에 대칭적으로 배열(신디오

택틱, syndiotactic) 또는 무작위 방식으로 배열(혼성배열, atactic)될 수 있다. 유리기는 단순한 분자에서 복잡한 분자까지 모두 될 수 있다. 예를 들어, 폴리염화비닐은 "CL"유리기를 갖고, 폴리프로필렌은 "CH_3"유리기를 가지며, 폴리스티이렌은 "C_6H_5"유리기를 갖는다. 무더기를 이루는 고분자 사슬의 능력은 측면 사슬의 배열에 의해 결정된다. 단순한 사슬은 질서 정연한 배열로 접어 포갤 수 있다. 반면에 복잡한 측면 사슬은 무더기가 되는 것을 방지하고, 이들 물질의 무정형 형태를 유발한다.

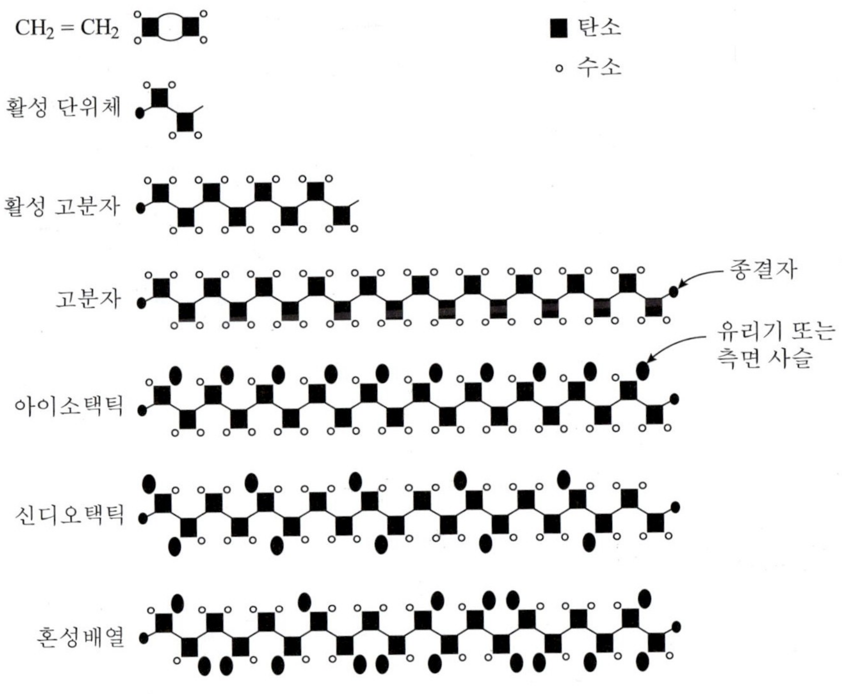

그림 2.21 고분자 구조

수소 원자 2개가 다른 유리기로 치환될 때 좀 더 복잡한 선형 고분자들이 형성된다. 폴리메타크릴산 메틸(polymethylmethacrylate, Plexiglas®)은 유리기로 "CH_3"와 "$COOCH_3$"를 갖는다. 유리기의 복잡성과 수소 원자의 치환이 증가할수록 규칙적인 형태로 형성되는 것이 더 어렵게 된다.

선형 고분자로 형성된 열가소성수지의 분자구조는 무정형 구조(amorphous structure)와 결정구조(crystal structure)가 혼합되어 있다. 측면 그룹이 거의 없을 때에는 규칙 구조(ordered structure)가 생성된다[그림 2.22(a)]. 측면 그룹의 수가 증가할수록 구조는 점점 더 임의대로 되고 교차결합이 발달된다. 이 같은 구조를 그림 2.22(b)에서 보여주고 있다. 열경화성수지는 다기능성 단위체의 축합반응(condensation reaction)에 의해 생성된다. 축합반응은 본질적으로 2개의 사슬을 함께 결합한다. 사슬이 다기능성 결정으로부터 형성되기 때문에 이들은 광대한 교차결합으로 이루어진 무정형 구조를 갖는다. 탄성중합체는 한정된 수의 교차 결합을 갖는 선형 사슬로 형성되어 있다.

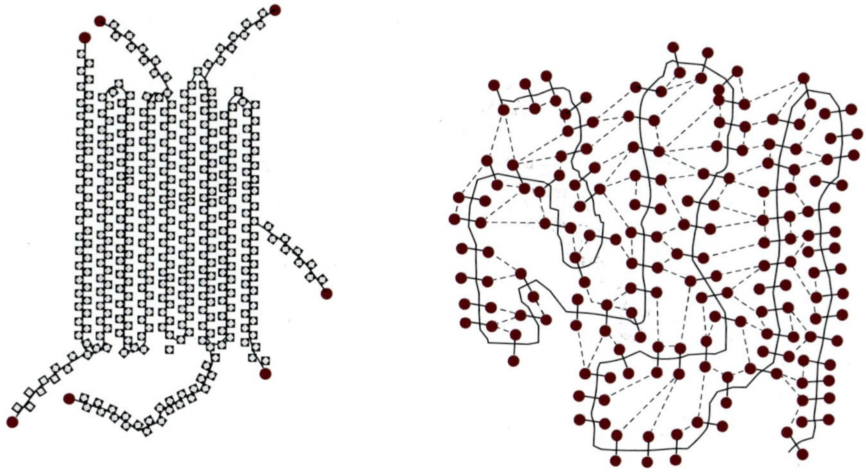

(a) 선형 고분자의 규칙 구조

(b) 선형 다변형의 교차 결합구조

그림 2.22 고분자 사슬구조

2.4.2 용융점과 유리전이온도

온도에 따른 고분자의 반응은 물질이 결정화된 정도에 따라 다르다. 고도로 규칙적인 고분자는 탄성거동과 점성거동 사이에 상당히 뚜렷한 전이(transition)를 갖는다. 결정화의 비율이 감소하면 용융점이 잘 정의되지 않는다. 그러나 이 고분자가 유리상(glass phase)으로 전이되는 점은 잘 정의된다. 온도가 상승하면 분자의 운동이 분자들 간의 분리를 강제로 일으킨다. 그 결과인해 부피는 움직임이 없는 분자로 빈틈없이 채우기 위해 필요로 하는 부피보다 더 크게 된다. 이 과도한 부피를 자유부피(free volume)라 부른다. 물질이 냉각되면 분자의 운동이 감소하게 되고 점성이 증가하고, 온도가 충분히 낮아지면 분자들이 재배열되는 것이 더 이상 자유롭지 못하다. 따라서 그들의 위치는 고정되고 자유부피는 "0"으로 된다. 이때의 온도가 유리전이온도(glass transition temperature)이다. 유리전이온도보다 낮은 온도에서는 2차 결합에 의해 물질이 무정형 고체로 결합되고, 이 온도보다 높은 온도에서는 물질이 탄성 형태로 거동을 한다. 그림 2.23은 용융점(T_m, melting temperature)과 유리전이온도(T_g)의 개념을 설명하고 있다. Plexiglas의 유리전이온도는 100℃이고, 상온에서는 취성적인 고체이다. T_g 보다 높은 온도에서 이것은 가죽 비슷하게 되고, 그 다음에는 고무같이 된다. 천연고무의 T_g 는 –70℃이며, 이것은 모든 대기온도에서는 유연성이 있으나, 액화질소 같은 것으로 냉동하였을 때에는 취성을 갖는 고체가 된다.

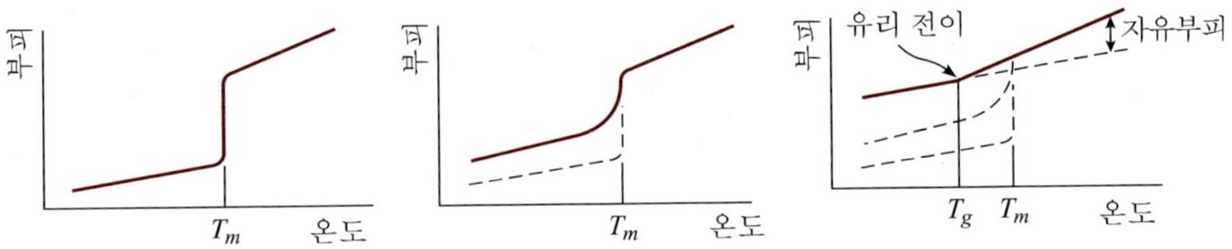

(a) 완전 결정화 (b) 불완전한 결정화 (c) 유리 형성

그림 2.23 용융점과 유리전이온도

2.4.3 역학적 성질

고분자 물질의 역학적 거동은 분자 방향(orientation of molecule)의 정도와 공유결합에 의한 교차결합의 양과 직접적으로 관련이 있다. 고분자 물질의 탄성계수는 결합 강성(stiffness of bond)의 평균값이다. 탄성계수는 공유결합의 부피율(volume fraction)로부터 다음과 같이 산정할 수 있다[Ashby and Jones 1986].

$$\epsilon = f\frac{\sigma}{E_1} + (1-f)\frac{\sigma}{E_2} \tag{2.7}$$

여기서, ϵ : 물질의 변형률

σ : 물질의 응력

f : 공유결합률(fraction of covalent bond)

E_1 : 공유결합의 강성(stiffness), 다이아몬드의 경우 약 1,000 GPa

E_2 : 2차 결합의 강성(stiffness), 파라핀 왁스의 경우 약 1 GPa

식 (2.7)을 토대로, 유리전이온도보다 낮은 온도에서 다양한 고분자의 예상되는 탄성계수를 그림 2.24에 나타낸 것처럼 계산할 수 있다.

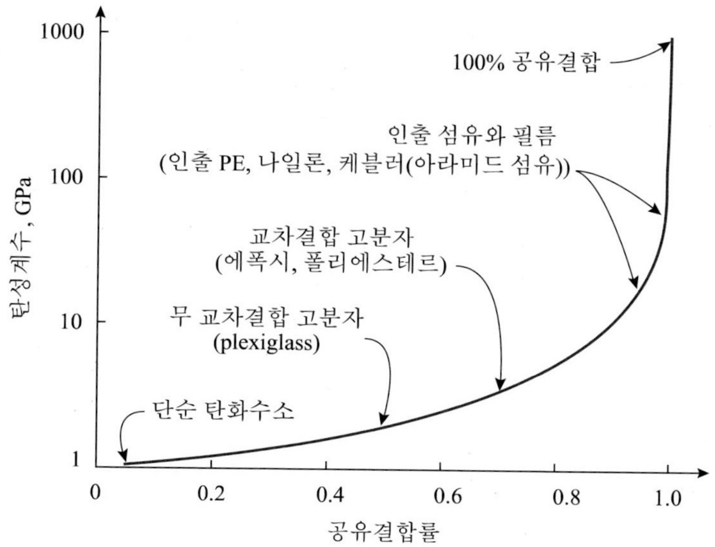

그림 2.24 고분자 물질의 탄성계수

요약

공학분야에 응용되고 있는 중요한 재료의 거동은 재료의 미시적 및 거시적 구조와 직접적으로 관련이 있다. 현 시점에서 이들 재료에 대한 우리의 이해가 불완전하지만, 재료 거동의 많은 부분은 원자 수준에서 물질의 결합과 배열에 의해 발휘된다. 본 장에서는 이들 주제에 대해 다양한 개요를 단지 제공하고 있다. 더 많은 지식을 위해서는 이들 주제를 좀 더 심도 있게 다루고 있는 문헌을 참고할 필요가 있다.

질의와 문제

2.1 미시적 및 거시적 수준에서 탄성거동과 소성거동을 정의하시오.

2.2 원자의 각 부분을 설명하시오. 양성자, 전자, 원자 번호 및 원자 질량을 정의하시오

2.3 원자가 전자란 무엇인가? 왜 이것이 중요한가?

2.4 전자껍질과 오비탈에 전자가 채워지는 순서를 설명하시오.

2.5 결합의 다양한 형태를 설명하시오.

2.6 왜 원자들은 특정한 분리를 유지하는가?

2.7 물질은 일반적으로 지배적인 결합의 형태에 따라 3개의 범주로 분류된다. 3개의 범주는 무엇이고, 각 범주에서 지배적인 결합의 형태는 무엇인가? 건설재료로 사용되는 각 범주의 일반적인 재료의 예를 2가지씩 제시하시오.

2.8 원자 충전율(APF)이란 무엇인가? 이것을 계산하기 위해서 필요한 정보는 무엇인가?

2.9 면심입방(FCC), 체심입방(BCC) 및 육방밀집(HCP) 격자구조를 설명하시오.

2.10 면심입방 결정구조에서 단위격자의 모서리 길이가 a이고 원자의 반지름이 r일 때, $a = 2\sqrt{2}r$의 관계가 성립함을 보여라.

2.11 다음 그림에 나타낸 BCC 격자구조를 참고로 하여, 다음을 답하시오.

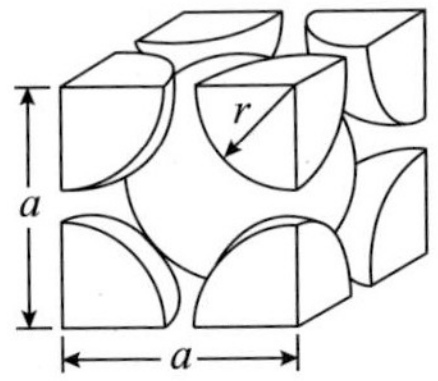

① 단위격자에 존재하는 등가 원자수를 결정하시오.
② a와 r의 관계를 구하시오.
③ BCC 격자구조의 원자 충전율을 계산하시오.

2.12 철의 단위격자의 체적(m^3)을 계산하시오. 철은 체심입방 결정구조이고, 원자 반지름은 0.124 nm이다.

2.13 알루미늄은 FCC 결정구조이고, 원자 반지름이 0.143 nm일 때, 알루미늄의 단위격자의 체적(m^3)을 계산하시오.

2.14 표 2.3에 있는 이용 가능한 정보를 이용하여, 구리의 단위격자의 체적(m^3)을 계산하시오.

2.15 철의 밀도를 계산하시오. 철은 BCC 결정구조이고, 원자 반지름은 0.124 nm, 원자질량은 55.9 g/몰이다.

2.16 알루미늄의 밀도를 계산하시오. 단, 알루미늄은 FCC 결정구조이고, 원자 반지름은 0.143 nm, 원자질량은 26.9 8g/몰이다.

2.17 구리 원자의 반지름을 계산하시오. 단, 구리는 FCC 결정구조이고, 밀도는 8.89 g/cm^3, 원자질량은 63.55 g/몰이다.

2.18 칼슘은 FCC 결정구조를 갖고 있으며, 밀도는 1.55 Mg/m^3, 원자질량은 40.08 g/몰이다.
① 칼슘의 단위격자의 체적(m^3)을 계산하시오.
② 칼슘 원자의 반지름을 계산하시오.

2.19 결정구조에서 결합의 종류는 어떤 것들이 있는가?

2.20 결정구조에서 결정입자(grain)가 왜 생성되는가?

2.21 원자의 미끄러짐(slipping)에 대해 설명하고, 이것이 물질의 변형에 미치는 영향을 설명하시오.

2.22 용해성 2성분 상태도를 그림(축, 곡선 및 영역에 명칭을 표기)으로 나타내시오. 각 원소의 용융점을 나타내시오.

2.23 공정 조성비(eutectic composition)란 무엇인가? 이것이 왜 중요한가?

2.24 그림 2.14에 보여준 것과 유사한 상태도를 갖는 2가지 용해성 성분 A와 B의 합금이 있다. 주어진 온도에서 액체상과 고체상에 있는 합금의 질량을 계산하시오. 단, 합금의 총 질량은 100 g이고, 합금의 65%는 성분 B, 액체상의 30%는 성분 B, 고체상의 80%는 성분 B이다.

2.25 그림 2.14에 보여준 것과 유사한 상태도를 갖는 2가지 용해성 성분 A와 B의 합금이 있다. 주어진 온도에서 액체상과 고체상에 있는 합금의 질량을 계산하시오. 단, 합금의 총

질량은 100 g이고, 합금의 45%는 성분 B, 액체상의 17%는 성분 B, 고체상의 65%는 성분 B이다.

2.26 다음 그림에 나타낸 상태도를 갖는 2가지 용해성 성분 A와 B의 합금이 있다. 주어진 온도에서 액체상과 고체상에 있는 합금의 질량을 계산하시오. 단, 합금의 총 질량은 100g이고, 합금의 60%는 성분 B, 액체상의 25%는 성분 B, 고체상의 70%는 성분 B이다.

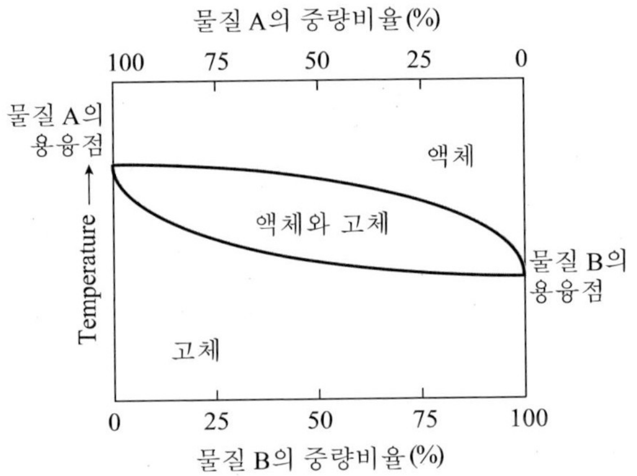

2.27 문제 2.26의 그림에 나타낸 상태도를 갖는 2가지 용해성 성분 A와 B의 합금이 있다. 주어진 온도에서 액체상과 고체상에 있는 합금의 질량을 계산하시오. 단, 합금의 총 질량은 100 g이고, 합금의 40%는 성분 B, 액체상의 20%는 성분 B, 고체상의 50%는 성분 B이다.

2.28 다음 그림은 H_2O-NaCl 상태도의 일부를 보여주고 있다.

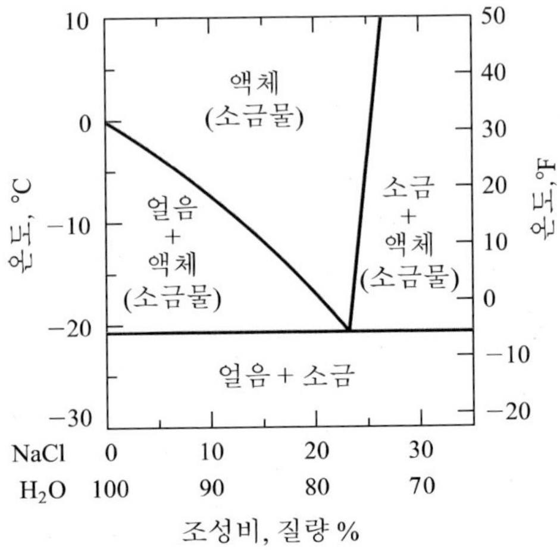

① 그림을 이용하여, 얼음 위에 소금을 뿌리는 것이 어떻게 얼음을 녹게 하는지를 간단하게 설명하시오. 설명을 할 때 수치적인 예를 보이시오.
② 소금의 조성비가 10%일 때, 얼음이 녹기 시작하는 온도는 얼마인가?

③ 얼음과 소금의 혼합물의 공융온도는 얼마인가?

2.29 무기질(세라믹) 물질의 5가지 분류는 무엇인가?

2.30 건설 구조물에 사용되는 일반적인 세라믹 물질 2가지의 예를 드시오. 이것은 유기질 고체인가 무기질 고체인가?

2.31 공학분야에 응용되고 있는 유기질 물질의 4가지 종류는 무엇인가? 각각을 정의하고 예를 제시하시오.

참고문헌

Ashby M. F. and D. R. H. Jones. Engineering Materials 2, an Introduction to Microstructures, Processing and Design. International Series on Materials Science and Technology, Vol. 39. Oxford: Pergamon Press, 1986.

Budinski, K. G. and M. K. Budinski. Engineering Materials, Properties and Selection. 9th ed. Upper Saddle River, NJ: Prentice Hall, 2010.

Callister, W. D., Jr. Materials Science and Engineering—an Introduction. 7th ed.New York: John Wiley and Sons, 2006.

Derucher, K. N., G. P. Korfiatis, and A. S. Ezeldin. Materials for Civil & Highway Engineers. 4th ed. Upper Saddle River, NJ: Prentice Hall, 1998.

Flinn, R. A., and P. K. Trojan. Engineering Materials and their Applications. 3d ed. Boston, MA: Houghton Mifflin, 1986.

Guy, A. G. and J. J. Hren. Elements of Physical Metallurgy. 3d ed. Reading, MA: Addison-Wesley, 1974.

Jackson, N. and R. K. Dhir, eds. Structural Engineering Materials. 4th ed. New York: Hemisphere, 1988.

Jastrzebski, Z. D. The Nature and Properties of Engineering Materials. 3d ed. New York: John Wiley & Sons, 1987.

Shackelford, J. F. Introduction to Materials Science for Engineers. 7th ed. Upper Saddle River, NJ: Prentice Hall, 2008.

Van Vlack, L. H. Elements of Materials Science. 2d ed. Reading, MA: Addison-Wesley, 1964.

Van Vlack, L. H. Elements of Materials Science and Engineering. 6th ed. Reading, MA: Addison-Wesley, 1989.

CHAPTER 03
강(STEEL)

철의 사용은 숯불을 이용한 원시적인 용광로를 사용하여 광석을 가열했던 기원전 약 1500년 전으로 거슬러 올라간다. 용광로가 18세기에 개발될 때까지, 비철금속은 비교적 소규모로 생산되었다. 철의 생산물은 18세기 후반과 19세기 초반에 사용되었다. 1800년대 중반에 베세머 전환로(bessemer converter)가 발명되었을 때, 강의 제조가 시작되었다. 19세기 후반에 연속주조(continuous casting)방법과 순산소로(BOF ; basic oxygen furnace)의 개발로 인해 철강 기술이 재빠르게 향상되었다. 최근에는 컴퓨터 제어 제조방식에 의해 효율성이 증가되어 철 생산 비용이 줄어들었다.

철강 구조 산업을 구성하는 네 가지 요소는 다음과 같다[AISC 2008].

- 열연 구조 형강(hot-rolled structural shapes) 및 중공 섹션을 포함한 구조용 강재의 생산자
- 창고의 역할을 하고 구조 재료의 일부 전처리를 할 수 있는 서비스 센터
- 건설에 필요한 강재를 보유한 구조용 강재 가공 업체
- 프로젝트 장소에 철강 프레임을 건설할 시공자

건설 엔지니어는 ① 프로젝트에 필요한 제품을 수급하기 위한 서비스 센터, ② 세부 설계 디자인과 제품 제조를 위한 제작자, ③ 현장 시공자 등과 같은 전문가와 긴밀한 관계를 갖는다. 현재, 강 및 강합금은 건설의 여러 분야에 사용되고 있다. 또한, 탄소함량이 낮은 연철(wrought iron)은 작은 파이프의 규모뿐만 아니라 일반적인 대장일(blacksmith work)에도 여전히 사용 된다. 탄소함량이 높은 주철(cast iron)은 인장하중 및 동적하중을 받지 않는 파이프 및 기계 부품에 사용된다.

건축물에 사용되는 강 제품은 다음과 같이 분류될 수 있다.

- 연속적인 주조와 열간 압연으로 인한 대형 구조재, 강판(plates) 및 박강판(sheet steel)으로 생산된 구조용 강재(그림 3.1의 수직 기둥)
- 냉각 압연에 의해 뽑아내는 얇은 형상의 냉간성형강(cold-formed steel, 그림 3.1의 트러스와 데크)
- 접합부에 사용되는 볼트, 너트, 와셔, 구조의 연결 부위인 긴결재(fastening products)
- 철근콘크리트에 사용되는 철근(reinforcing steel)
- 고정단이나 이동단에 사용되는 여러 가지 소형제품

건설 엔지니어에게 있어 새로운 성질의 강을 만들 일은 거의 없다. 오히려 공급 업체에서 생산하는 기존의 제품을 선택해야 한다. 구조적인 요소의 형태도 대량 생산으로 쉽게 이용할 수 있게 제한이 된다. 특정 형상의 제품을 주문 생산할 수 있지만, 소량의 부

그림 3.1 강구조의 트러스와 기둥이 건물을 지지하는 모습

재를 새롭게 제조하는 것은 비용적 측면에서 불가능 하다. 따라서 교량을 제외한 건설 공사의 대부분은, 표준 규격의 재료 및 구조 형태를 응용하여 설계된다. 교량의 구조 대부분은 열연강판 또는 강관(hollow section)보다 일반 강판(plate steel)으로 제조된다는 점에서 특별한 경우이다[AISC 2008].

건설 엔지니어들은 강 제품 생산에 책임을 지지는 않는다. 하지만, 강 제품이 어떻게 제조되어 가공되는지, 하중 및 환경 조건에 어떻게 반응하는지 이해하는 것은 매우 중요하다. 이번 장에서는 제강, 철－탄소 평형도, 열처리, 강 합금, 구조용 강재, 강재 긴결재, 및 철근에 대해 설명한다. 또한 강철의 기계적 특성을 평가하기 위해 사용되는 일반적인 테스트방법, 그리고 강의 용접과 부식에 대해서도 소개된다.

그림 3.2 철근은 철근콘크리트 벽에 사용된다.

3.1 강의 생산

강 생산의 전반적인 과정은 그림 3.3에서 보여준다. 이 과정은 다음의 세 단계로 구성되어있다.

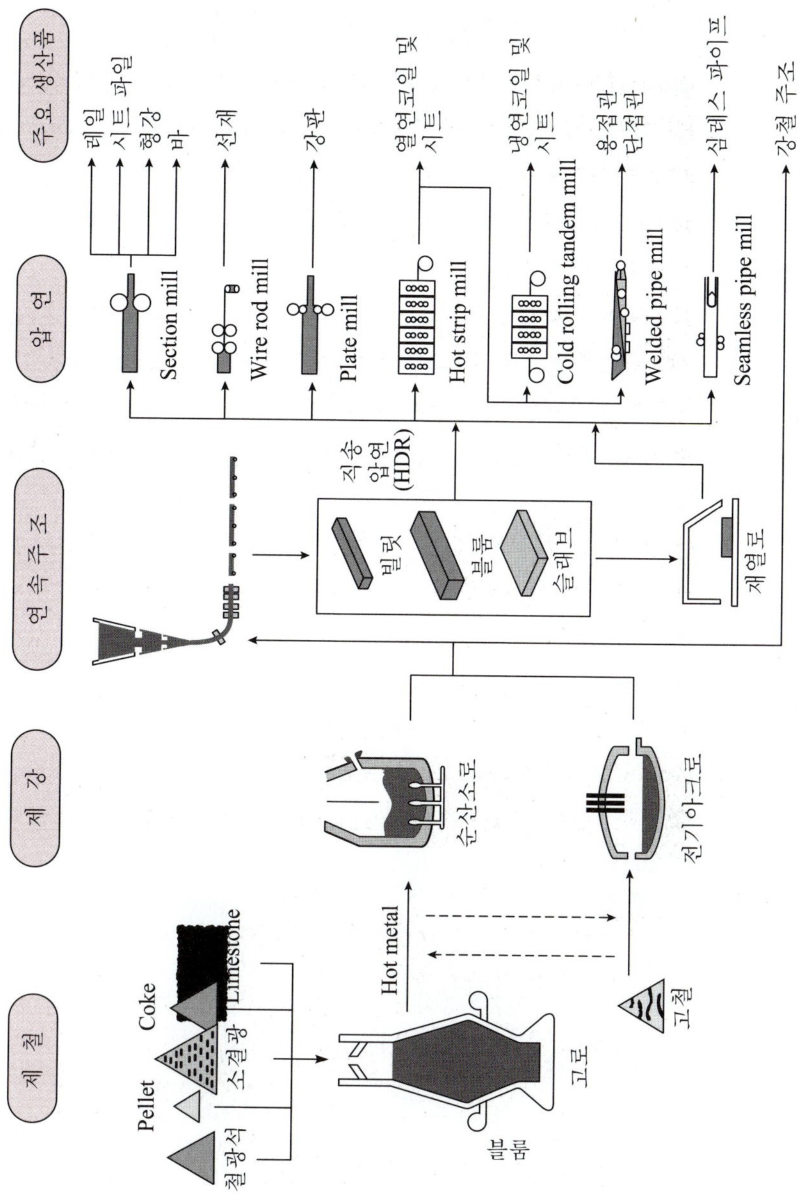

그림 3.3 가공되지 않은 재료를 다른 강의 형태로 전환

- 철광석을 선철(pig iron)로 환원
- 선철 및 재활용된 강철의 부스러기를 강철로 정제
- 강을 제품으로 성형

선철을 생산하는데 사용되는 재료는 석탄, 석회석, 철광석이다. 코크스로 건류된 석탄은 철광석에 산화철을 환원(reduction)시키기 위해 사용된다. 석회암(limestone)은 불순물을 제거하는데 사용된다. 환원에 앞서, 광석의 파쇄와 담근질에 의해 광석의 철의 농도는 증가한다. 철은 자기로 잔여분으로부터 추출을 하고, 추출된 물질은 달궈지거나 작은 알갱이로 형성된다. 처리 된 광석은 약 65%의 철을 포함한다.

선철에 광석의 환원은 용광로에서 이루어진다. 광석은 탄소를 포함하여 가열이 된다. 광석 내의 산소는 탄소와 반응하여 가스를 생성한다. 플럭스(용제 혹은 융제, Flux)는 불순물 제거를 위해 사용된다. 탄소가 혼합된 과정에서 용융된 선철은 용광로 바닥에 가라앉고, 불순물 및 슬래그는 용융된 선철 위에 떠있게 된다.

불순물 농도가 높은 탄소는 고품질의 철강을 생산하기 위해 제거되어야 한다. 비슷한 정련(refining) 과정을 통하여, 고철을 재활용 할 수 있다. 선철에서 강으로 정련될 때 사용되는 두 가지 유형의 용광로는 다음과 같다.

- 순산소로(basic oxygen furnace)
- 전기 아크로(electric arc furnace)

보통 산소 전로에서는 산소와 탄소를 반응시켜 가스를 형성하여 과량의 탄소를 제거한다. 공기분사용 노즐(air lance)은 용융 물질 내에 산소를 순환시킨다. 모든 불순물이 제거될 때까지 과정이 계속되고, 원하는 탄소 함량이 얻어진다.

전기로는 탄소계 전극(electrode)사이의 전기 아크를 이용해 강을 녹이거나 정련한다. 이 시설들은 상당히 많은 양의 에너지를 필요로 하며, 고철을 재활용하는데 주로 사용된다. 전기로는 제한된 범위의 제품을 생산하는 공장에서 사용한다. 이 과정에서 주철은 레이들(ladle)을 이용해 옮겨진다. 합금 원소 및 추가 재료는 용광로와 레이들을 이용해 더할 수 있다.

철강 제조 공정 중에, 산소가 액체상의 금속에 용해될 수 있다. 강이 고화(solidification) 할 때, 산소는 강 속에서 강의 치밀한 구조 형성반응을 방해하는 일산화탄소와 결합할 수 있다. 알루미늄, 규소, 철, 망간과 같은 탈산제(dioxidizing agents)는 일산화탄소의 형성을 제거할 수 있다. 완전히 환원된 강은 킬드강(killed steel)으로 불린다. 킬드강은 일반적으로 다음과 같은 강을 포함한다.

- 탄소 함유량이 0.25% 이상인 강

- 모든 단조 강 제품
- 0.15%와 0.25%의 탄소 함량의 구조강
- 일부 저탄소의 특수강

정련 과정과 상관없이 요구된 화학적 조성을 갖도록 제조된 용융 강은, 주괴(ingots, 철강의 큰 덩어리) 또는 원하는 형상의 제품으로 연속적으로 주조된다. 점차적으로 열간압연(hot rolling)을 활용한 연속주조가 표준 제조 방법화 되어가는 추세이다. 기존의 주괴를 활용한 강 제품 제조의 경우 최종 제품 성형을 위한 재가열이 필요하기 때문에, 열간압연 연속주조에 비해 에너지효율이 낮다. 냉간성형강(cold-formed steel)은 열간 압연으로 생산된 얇은 강판이나 코일을 프레스 브레이크 방식(press-braking)을 통해 성형하거나, 더 일반적으로는 전조(roll-forming)식 다이스(dies, 성형 틀)를 이용해 제조한다. 열간 압연과 달리 형상을 제조하는데 어떠한 열도 필요가 없기 때문에 냉간성형강이라 한다. 냉간성형강 제품은 얇고, 가볍고, 생산이 쉬울 뿐 아니라 전반적으로 열간 압연보다 가격이 싸다[Elhajj, 2001].

3.2 철-탄소 상태도

철광석에서 강으로 정제할 때, 원하는 특성의 강을 제조하기 위해서는 사용된 탄소의 양은 조절되어야 한다. 강의 특성과 탄소 함량 사이에 밀접한 관계에 대한 근거는 철-탄소 상태도(iron-carbon phase diagram)를 조사하면 이해할 수 있다.

그림 3.4는 일반적으로 받아들여지는 철-탄소의 상태도를 나타낸다. 이 그림의 독특한 특징 중 하나는 가로 좌표의 정도가 100%가 아닌 6.7%로 되어 있다. 이것은 편의상의 문제이다. 철의 함유량이 높은 재료에서, 각각의 탄소 원자는 탄화철(iron carbide, 혹은 시멘타이트 cementite; Fe_3C)의 형태, 즉 세 개의 철 원자와 결합한다. 이 때 탄화철 내 탄소의 무게 함량이 6.7% 이다. 따라서, 상태도에서 탄화철 내 탄소 함량이 6.7%라는 것은, 이 물질이 100% 순수한 탄화철이란 것을 의미한다. 완전한 철-탄소 상태도라면 탄소의 함량은 100%까지 연장되어야 한다. 그러나 그림 3.4에서 보여주는 범위는 현실적인 한계이다[Callister, 2006]. 사실, 구조강의 탄소량은 최대 0.3% 수준이므로, 상태도 상에서의 매우 작은 범위도 건설 엔지니어들에게 있어서 중요한 의미를 갖는다.

그림 3.4의 왼쪽 부분은 순수한 철은 온도가 증가함에 따라 두 가지의 변형을 보여준다. 912℃ 이하의 순철은 페라이트(ferrite)라고 불리는 BCC 결정체 구조를 갖는다. 91

2℃에서 페라이트는 오스테나이트(austenite)라는 FCC의 구조로 변화한다. 1394℃에서는 철이 BCC 구조로 변환하는 변화가 발생한다. 1539℃에서는 철이 녹아 액체상태가 된다. 온도가 높고 낮은 페라이트는 δ-와 α-페라이트로 구분이 된다. δ-페라이트는 매우 높은 온도에서 발생하기 때문에, 이 책에서는 중요한 의미가 없다.

탄소는 400℃와 912℃ 사이에 온도에서 α-페라이트를 형성하도록 한다. 그러나 용해도는 727℃에서 0.022%로 그 한계점이 매우 낮다. 727℃보다 낮은 온도와 용해도의 한계점에서의 오른쪽은 α-페라이트와 탄화철이 같이 존재한다. 727℃와 1148℃에서 오스테나이트 내에서의 탄소 용해도는 0.77%에서 2.11%로 증가한다. 오스테나이트는 결정질 구조를 가지고 있어서 탄소 용해도가 페라이트보다 더 크다.

0.77%의 탄소와 727℃에서 온도나 탄소 함량이 변화할 때 '공석반응(eutectoid reaction)'이라고 불리는 고체 상변화가 일어난다. 온도가 727℃보다 높은 환경에서 탄소량이 0.77%일 때, 탄소는 오스테나이트의 FCC구조의 사이로 녹아든다. 온도가 727℃보다 아래로 원자들이 여유 있게 평형 상태에 도달할 수 있도록 충분히 천천히 낮아졌을 때, 페라이트와 탄화철의 두 가지 상의 물질이 만들어진다. α-페라이트는 탄소 0.022%

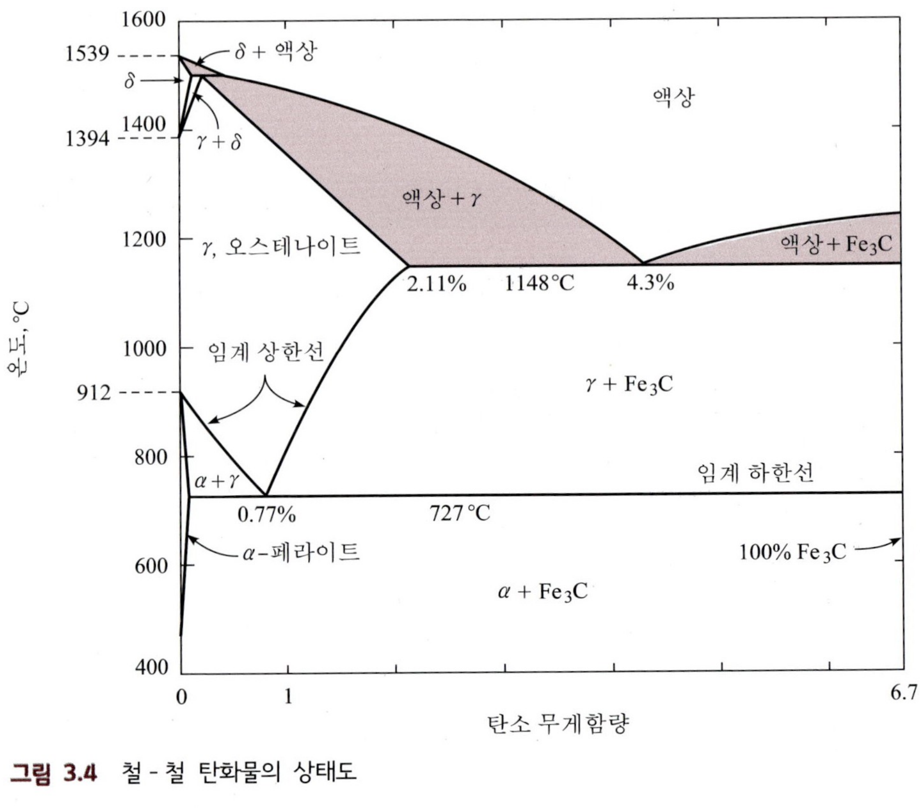

그림 3.4 철-철 탄화물의 상태도

가 녹아있고, 탄화철에는 6.7%가 함유되어 있다. 페라이트와 탄화철은 얇은 판의 구조(층상구조, lamellae structure)를 형상하게 된다. 이런 공석 물질을 펄라이트(Pearlite)라고 부른다.

탄소함량이 공석 상태(eutectoid composition)의 탄소량인 0.77%보다 적을 때, 아공석 합금(hypoeutectoid alloy)이 형성된다. 예를 들어, 탄소 함량이 0.25%라고 하자. 약 860℃보다 높은 온도환경에서, 고체의 오스테나이트 내에 탄소가 용해되어 있다. 오스테나이트는 강이 액체에서 고체로 냉각될 때 형성되는 균일한 알갱이들로 구성되어 있다. 상평형 온도(equibrium temperature)가 860℃에서 727℃까지 낮아질 때, α 페라이트가 오스테나이트의 입자결정 주변에 형성되어간다. 이것이 초석 페라이트(proeutectoid ferrite)이다. 727℃보다 약간 높은 온도환경에서, 페라이트는 0.022%의 탄소가 녹아있을 것이고, 오스테나이트는 0.77%의 탄소를 함유하고 있을 것이다. 온도가 727℃ 이하로 떨어지면, 오스티나이트는 펄라이트로 변환한다. 결과적 구조는 α 페라이트의 골격(skeleton)에 둘러싸여 펄라이트 입자로 구성되어 있다.

탄소 함유량이 공석상태인 0.77%보다 많은 경우, 과공석 합금(hypereutectoid alloy)이 형성된다. 탄화철은 727℃ 이상의 온도에서 오스티나이트 입자의 경계에 형성된다. 그 결과 미세입자는 탄화철 골격의 둘러싸여 pearlite 입자로 구성되어 있다.

지렛대 원리(level rule)를 이용한 상태도의 분석은 강의 성분과 성질을 결정하기 위해 사용될 수 있다.

예제 3.1

공석 등온선(eutectoid isotherm) 바로 위와 아래에서, 철과 0.25%의 탄소로 구성된 강의 상(Phase)의 양과 조성을 계산하시오.

풀이

727℃보다 높은 온도에서, 모든 오스테나이트는 0.77%의 탄소 함량을 가질 것이며, 펄라이트로 변형될 것이다. 페라이트는 원래의 페라이트로 유지될 것이다. 비율은 지렛대 원리를 이용하여 구할 수 있다.

초기의 α : 0.022% C

$$\text{Percent primary } \alpha = \left[\frac{0.77-0.25}{0.77-0.022}\right]\times 100 = 69.5\%$$

$$\text{Percent pearlite} = \left[\frac{0.25-0.022}{0.77-0.022}\right] = 30.55$$

단 727℃ 이하의 온도에서는 페라이트와 탄화철이다.

페라이트는 0.022%의 탄소량을 가지고 있을 것이다. 그러므로

$$\text{Percent primary } \alpha : (0.022\%\ C) = \left[\frac{6.67-0.25}{6.67-0.022}\right]\times 100 = 96.6\%$$

$$\text{Percent pearlite} = \left[\frac{0.25-0.022}{6.67-0.022}\right] = 3.4\%$$

그림 3.5는 0.18%의 탄소 함량을 갖고 있는 열간압연 강판을 50배 광학 현미경 사진을 나타낸다. 밝게 나타나 있는 것이 한 것은 초석 페라이트이고, 어둡게 나타난 한 것은 펄라이트이다. 압연 공정에 의한 줄무늬 구조(band structure)를 확인할 수 있다. 그림 3.6은 그림 3.5와 동일한 재료를 보여준다. 400배 사진에서 페라이트 및 펄라이트 내의 탄화철이 반복된 층을 이루고 있는 것을 볼 수 있다.

강의 성질은 페라이트와 탄화철의 상대적인 비율에 크게 의존하고 있다. 페라이트는 상대적으로 낮은 강도를 가지고 있지만 연성(ductility)은 매우 크다. 탄화철은 높은 강도를 가지고 있지만 연성이 없다. 따라서 이 두 가지 물질의 비율에 따라 강의 성질은 변화한다. 탄소량의 증가는 강도와 경도의 증가를 가져오지만, 인성은 떨어진다. 그러나 강의 탄성 계수는 탄소 함량을 변화시켜도 변화하지 않는다.

위에 나타난 반응은 재료가 평행 상태에 도달하도록 온도가 감소할 경우(서냉 시) 발생하는 것이다. 그러나 급속 냉각은 미세구조를 변형시킨다. 적당한 냉각 속도는 초석상(proeutectoid phase)이 없어 미세조직이 가장 치밀한 베이나이트(bainite)를 생산한다. 빠른 담금질(rapid quenching)은 마르텐사이트(martensite)를 생성하는데, 이 구조는 철에 탄소가 과포화 되어있고, 4각형의 격자 구조로 되어있다. 시간–온도 상변화도(time-temperature transfomation diagram)는 열처리된 강의 구조와 특성을 예측하는데 사용된다.

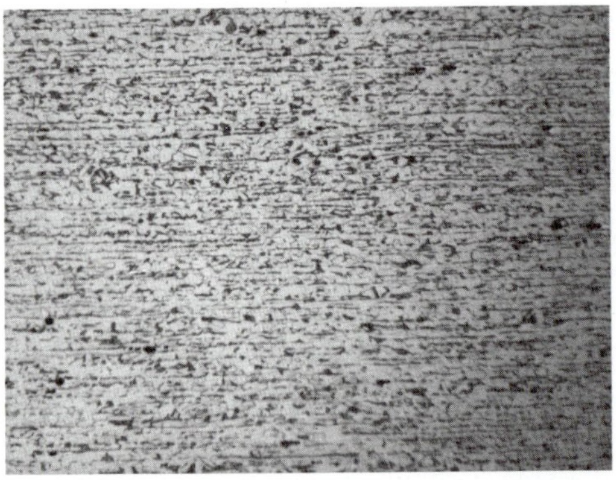

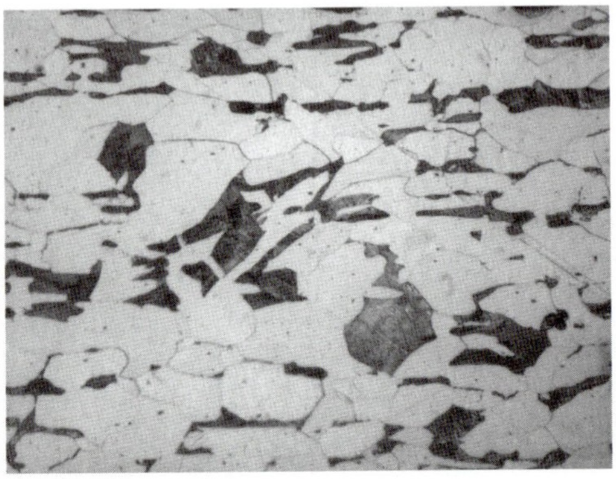

그림 3.5 (좌) 압연 공정된 강판을 광학현미경으로 확대한 사진(배율 : 50 ×)

그림 3.6 (우) 압연 공정된 강판을 광학현미경으로 확대한 사진(배율 : 400 ×)

3.3 강의 열처리

강의 성질은 다양한 열처리를 통해 변화시킬 수 있다. 예를 들어, 강에 열처리를 하여 단단하게 하거나 부드럽게 할 수 있다. 강의 열처리 결과는 합금 조성과 관련이 되어있다. 일반적으로 강에 적용되는 열처리에는 어닐링(annealing, 풀림), 노멀라이징(normallizing, 불림), 하드닝(hardening, 담금질), 템퍼링(tempering, 뜨임) 등이 있다. 기본적인 과정은 강에 특정한 온도로 가열하고, 특정한 시간에 정해진 온도를 유지시킨 후, 정해진 속도로 재료를 냉각하는 것이다. 열처리에 종류마다 사용되는 온도는 그림 3.7에서 보여준다.

3.3.1 어닐링(annealing, 풀림/소둔)

어닐링의 목적은 금속결정의 정련, 강의 연화, 내부 응력의 제거, 가스 제거, 연성 및 인성의 증가, 전기 및 자기적인 특성의 변화 등이다. 원하는 열처리 결과 얻기 위하여 4가지 유형의 어닐링이 수행될 수 있다.

풀 어닐링(full annealing, 완전 풀림)을 위해서는 오스테나이트 온도선보다 약 50℃ 정도 높은 온도에서 강이 탄소함량에 따라 오스테나이트 상 혹은 오스테나이트－시멘타이트 상으로 완전히 변태(transformation, 상변화)할 때까지 온도를 유지하여야 한다.

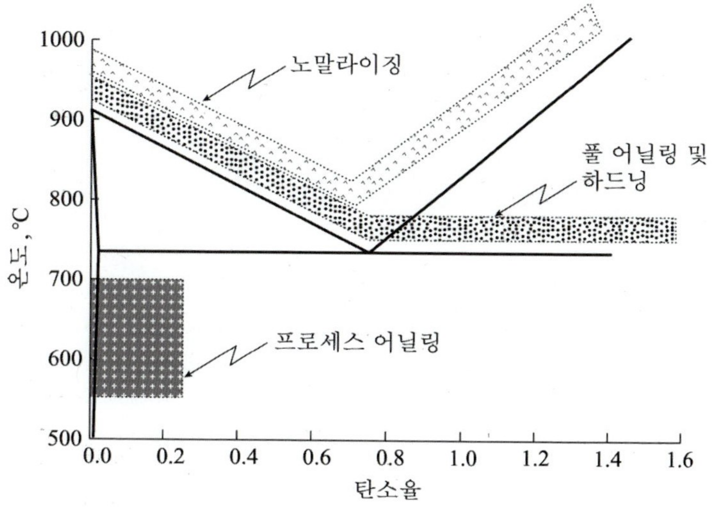

그림 3.7 열처리 온도(노말라이징, 풀 어닐링 및 하드닝, 프로세스 어닐링)

강재는 노 안에서 680℃가 될 때까지 시간당 약 20℃의 속도로 냉각되며, 이후 실온에서 자연적으로 냉각을 한다. 느린 냉각 속도로 인해, 결정 구조는 탄소 함량에 따라 페라이트나 시멘타이트를 포함한 거친 펄라이트 조직이 된다. 느린 속도의 냉각으로 인해 열처리강은 부드럽고 연성을 갖는다.

프로세스 어닐링(process annealing, 중간풀림/공정풀림)은 탄소함량 0.25% 이하의 저탄소강에서 가공경화(work-hardened)된 부분을 보완해준다. 강은 약 700℃까지 가열이 된 후, 페라이트 상이 재결정화(recrystallization) 할 때 까지 충분히 온도를 유지한다. 727℃ 이하의 온도로 유지함으로써, 풀 어닐링에서 발생할 수 있는 페라이트와 오스테나이트상 간의 상변화가 일어나지 않도록 할 수 있다. 따라서, 유일하게 변화하는 것은 결정의 크기, 형태, 그리고 미세 구조의 분포이다.

응력 제거 어닐링(stress relief annealing, 내부응력 제거풀림)은 주조, 용접, 그리고 냉간가공 시 발생된 내부잔여응력을 줄여줄 때 사용된다. 강은 600℃에서 650℃ 정도로 가열되어 약 한 시간 정도 온도를 유지하고, 그 다음 대기 중에서 천천히 냉각된다.

구상화 처리(spheroidization)는 탄소함량 0.6% 이상의 고탄소강의 일반가공 및 냉간가공을 용이하기 하기 위해 사용되는 어닐링 과정이다. 또한 강의 마모 저항을 향상시킨다. 시멘타이트는 페라이트 결정 내에서 구상 입자(globules/spheroids)를 형성하게 된다.

3.3.2 노멀라이징(normallizing, 불림)

노멀라이징은 처리온도와 냉각 속도에서 약간의 차이 말고는 어닐링과 유사한 공정이다. 강은 오스테나이트 선보다 60℃(110°F) 높은 온도에서 가열된 후 자연적 대류에 의해 냉각되어 노멀라이징 된다. 이후 강은 공기 중에서 냉각된다. 노멀라이징을 통해 강은 세밀한 미세 조직을 생성한다. 그러나 풀 어닐링을 할 때보다 냉각 속도가 빠르므로, 두께가 다양한 형태의 강재는 노멀라이징된 부분의 균일성이 떨어진다. 구조용 강판은 두께가 균일하므로, 노멀라이징에 의해 높은 파괴인성을 효과적으로 얻을 수 있다.

3.3.3 하드닝(hardening, 담금질/소입)

강을 하드닝하기 위해 먼저 강을 변태영역(transformation range) 이상의 온도로 가열한 후 온도를 유지하여 오스테나이트가 형성될 수 있도록 한다. 그 후 강은 물, 브라인(brain, 전해질 수용액), 오일에 담가 급랭(퀀칭, quenching)된다. 급랭을 통해 철이 페라이트 FCG 구조로 변태되는 것을 막고 마르텐사이트(martensite)의 BCG 구조로 고정되도록 한다. 급랭에 의해 강의 면이 경화될 때, 재료의 표면조직은 내부조직보다 불안정해지고 비균질해 진다. 급랭에 의해 경화된 강에는 변형이 생긴다. 이 변형으로 인해 때때로 즉시 균열이 발생하거나 혹은 조직이 날카로운 조각으로 바뀐다. 따라서 하드닝 이후에는 반드시 템퍼링이 필요하다.

3.3.4 템퍼링(tempering, 뜨임)

강의 하드닝에 의해 마르텐사이트가 과도하게 생성되면 강의 취성이 커지게 된다. 템퍼링은 이러한 강의 연성 및 인성을 향상시키기 위해 진행된다. 마르텐사이트는 약간의 불안정한 구조를 갖는다. 가열을 통해 마르텐사이트로부터 탄소원자가 분산되며, 이는 탄화물(carbide) 석출 및 페라이트와 시멘타이트의 형성을 유발한다. 하드닝을 통해 급랭한 후, 강을 약 40℃로 정도의 온도에서 냉각시킨 후, 즉시 기름이나 질산염으로 재가열한다. 강은 두 시간 정도 높은 온도로 유지된 후 공기 중에 냉각된다.

3.3.5 열처리의 예

경제적인 고강도 저합금 강재를 만들기 위해, A913같은 여러 새로운 철강 제품에 대한 규격을 개발하고 있다. 이 강은 344~517 MPa(50,000~75,000 psi) 범위의 항복강도를 갖는다. A913 강의 우수한 특성은 퀀칭 자기 템퍼링(quech self-tempering)에 의해 얻어진다. 성형을 위해 일반적으로 850℃ 정도의 온도에서 열간 압연을 한 후, 강한 수냉 분사(water-cooling spray)를 표면에 적용한다. 냉각은 재료의 중심에 영향을 끼치기 전에 중단된다. 짧은 냉각 후, 600℃(1100°F)에서 자기 템퍼링 처리를 한다[Bouchard and Axmann, 2000].

3.4 합금강(steel alloy)

합금강은 강의 성질을 바꾸기 위해 사용될 수 있다. 250,000종 이상의 합금강이 생산된다고 추정된다. 이들 중, 건설공학에 사용되는 것을 약 200종 정도이다. 수많은 합금강의 종류에 따른 특성을 일일이 분석하기보다, 합금강의 전반적인 특성에 대해 분류해 보았다. 합금강에 첨가되는 재료는 다음의 특성 중 하나 이상을 향상시키기 위해 사용된다.

- 경화능(hardenability)
- 내식(corrosion resistance)
- 절삭성(machinability)
- 연성(ductility)
- 내구성(durability)

일반적인 합금강용 첨가물질의 종류, 첨가량 범위, 그리고 첨가로 인한 효과가 표 3.1에 요약되어 있다.

표 3.1 일반적인 합금강의 첨가물질

	일반적 혼입량	주 요 효 과
알루미늄	< 2	질화처리(aids nitriding) / 입자포말(grain froth) 제한 / 강재 용융 중 산소제거
황(Sulfur)	< 0.05	절삭성 증진, 용접성 및 인성 저감
크롬(Chromium)	0.3 ~ 4	내부식성(내후성) 및 산화저항성 증가 / 가공성 증진 / 고온 강도 증가 / 탄소와 결합 시 강성 및 마모저항성 향상
니켈(Nickel)	0.3 ~ 5	
구리(Cupper)	0.2 ~ 0.5	강한 산화막 형성으로 인한 공기 중 부식 저항성 증진
망간(Manganese)	0.3 ~ 2	경화능 증진, 오스테나이트 구조 생성 용이, 황과 함께 사용 시 황 단독 사용에 따른 단점 제거
규소(Silicon)	0.2 ~ 2.5	제강공정 중 산소제거, 강성 증진, 경화능 증진
몰리브덴(Molybdenum)	0.1 ~ 0.5	조직입자 개선, 경화능 증진, 고온 강도 증가
바나듐(Vanadium)	0.1 ~ 0.3	조직입자 개선, 경화능 증진, 탄소와 결합 시 내마모성 조성 생성

탄소 및 기타 첨가물질의 함량 변화, 그리고 추가적인 열처리로 인해, 강은 여러 가지 특성으로 생산될 수 있다. 이들은 다음과 같이 분류된다.

저 합금강	고 합금강
• 저탄소강, 일반강, 고강도-저합금강 • 중탄소강, 일반강, 열 처리강 • 고탄소강, 일반강, 공구강	• 공구강 • 스테인리스(stainless)강

건설에 사용된 강은 대개 저탄소강이나 중탄소강이다. 스테인리스강은 콘크리트 포장의 다월 바(dowel bar)나 수영장에 사용된 강재 같이 부식되기 쉬운 곳에 사용되어 왔다. 북미 특수강 산업(SSINA ; Specialty Steel Industry of North America)에서는 강의 내후성이 설계에 중요한 영향을 미치는 곳에 스테인리스강을 사용하도록 권고하고 있다[SSINA, 1999].

합금용 첨가물질의 사용 및 제어는 더 나은 성능을 가진 강의 개발에 있어서 가장 중요한 요소이다. 1900년대에 출판된 건축물과 교량건설을 위한 철강 관련 규격에서는, 어떠한 화학적 요구 사항도 포함하지 않았다. 1991년 미국재료시험협회(ASTM ; American Society for Testing Materials)에서는 탄소 이외에 10종류의 합금용 첨가물질에 대한 표준규격을 제시했다[Hassett, 2003].

3.5 구조용 강재(structural steel)

구조용 강재는 열간 압연된 구조 형상이나, 판, 강관 등의 형태로 사용된다. 구조용 강재는 보, 기둥, 프레임, 트러스, 교량 거더, 다른 구조 부분에서 여러 가지 형태로 사용되었다(그림 3.8 참조).

3.5.1 구조용 강재의 등급

강재는 다양한 분야에서 여러 목적으로 사용되므로, 강재의 여러 등급 및 유형을 분류하기 위한 시스템이 존재한다. 실제로 산업이 활성화된 모든 국가는 강재에 대한 표준규격(specification)을 가지고 있다. 미국에서는, 예를 들면 미국 자동차기술학회(ASE ; Society of Automotive Engineers), 미국철강학회(AISI ; American Iron and Steel Institude), 미국재료시험협회(ASTM ; American Society for Testing Materials) 등과 같은 여러 조직에서는 자체적인 강재 규격을 작성하였다. 가장 널리 사용되는 시스템은 화학 조성에 기초한 SAE와 AISI의 규격이다[Key-to-Steel, 2005].

그러나 미국에서는 토목과 건축에 사용되어진 강 및 강재에 대한 규격은 대부분 독점적으로 ASTM의 표준규격을 활용했다[Carter, 2004]. ASTM 규격 상의 표준명칭의 경우, 철금속 재료는 일반적으로 알파벳 A를 붙여 임의의 숫자와 함께 구성되어 있다. 예를 들어, ASTM A7은 1990년에 쓰인 구조용 강재 규격이고, ASTM A992는 1999년에 나온 것이다[Carter, 2004]. 규격의 숫자는 특별한 의미를 담고 있지는 않다. 그러나 경우에 따라 이름에 들어가는 알파벳과 번호는 화학 성분과 기계적 특성을 나타내기도 한다. ASTM과 SAE는 화학 조성에 기초하여, 통합 넘버링 시스템(UNS ; Unified Numbering System : ASTM E527)을 개발하였다. 이 시스템은 합금의 대략적인 특성을 지정하기 위한 문자와 종류 구분을 위한 다섯 자리 숫자로 구성되어 있다.[1)]

여러 종류 및 등급의 구조용 강이 생산된다. 표 3.2는 ASTM의 구조용 강재의 명칭과 성능, 화학조성을 요약한 것이다. 특히 주목해야 할 것은 특정 강의 경우 제품의 형상에 따라 명칭이 결정되는 경우도 있다는 것이다.

그림 3.8 구조용 냉간성형 강은 건축물의 구조적 지지를 위한 기둥, 보 및 바닥 등에 사용되었다.

1) 역자 주 : 국내에서는 KS 규격이 사용되고 있으며, 철금속 및 비철금속을 포함하는 모든 금속재료는 일반적으로 알파벳 D에 임의의 숫자를 붙여 규격으로 사용한다. 그 중에서도 KS D의 여러 규격 중 구조용 강재 규격의 경우 두 종류의 알파벳 뒤에 숫자 및 추가적인 알파벳을 사용한다. 예를 들어, KS D 3515 '용접 구조용 압연강재'의 경우, 이 규격 내 여러 종류의 압연강재가 존재 하는데, 이들의 명칭은 SM 400A, SM 520B 등으로 정의된다. 여기서, 맨 앞의 알파벳 S는 강재(steel)를 의미하며, 그 다음의 알파벳은 제품의 형상이나 용도 및 강종을 의미한다. 그 후의 숫자는 강종의 최저인장강도 내지는 재료의 종류를 의미하며 마지막의 알파벳은 충격흡수 에너지에 대한 강재의 품질을 의미한다.

표 3.2 ASTM의 구조용 강재의 명칭과 성능, 화학조성

			F_y [1]	F_u [1]	최소 신장률(%)	C	Cu [5]	Mn	P	S	Ni	Cr	Si	Mo	V
탄소강	A36		36	58~80	23	0.26	0.2	0.8~1.2 [6]	0.04	0.05					
	A53 Gr, B		35	660		0.25	0.4	0.95	0.05	0.045	0.4	0.4		0.15	0.08
	A500	Gr, B	42	58	23	0.3	0.18		0.045	0.045					
			46	58											
		Gr, C	46	62	21	0.27	0.18	1.4	0.045	0.045					
			50	62											
	A501		36	58	23	0.3	0.18		0.45	0.45					
	A529	Gr, 50	50	65~100	19	0.27	0.2	1.35	0.04	0.05					
		Gr, 55	55	70~100											
고강도 저합금강	A572	Gr, 42	42	60	24	0.21	-	1.35	0.4	0.05			0.15~0.4		
		Gr, 50	50	65	21	0.23	-	1.35	0.4	0.05			0.15~0.4		
		Gr, 55	55	70		0.25	-	1.35	0.4	0.05			0.15~0.5		
		Gr, 60	60	75	18	0.26	-	1.35	0.4	0.05			0.4		
		Gr, 65	65	80	17	0.23	-	1.65	0.4	0.05			0.4		
	A618	Gr, I & II	50	70	22	0.2	0.2	1.35	0.4	0.05					
		Gr, III	46	67	22	0.23	-	1.35	0.4	0.05			0.3		
	A913	50	50	65	21	0.12	0.45	1.6	0.04	0.03	0.25	0.25	0.4	0.07	0.06
		65	65	80	17	0.16	0.35	1.6	0.03	0.03	0.25	0.25	0.4	0.07	0.06
	A992 [4]		50~65	65	18	0.23	0.6	0.5~1.5	0.4	0.5			0.4	0.15	0.11
내후성 고강도 저합금	A242	50	50	70	21	0.15	0.2	1	0.15	0.05					
	A588		50	70	21	21	0.19	0.25~0.4	0.8~1.25	0.04	0.05	0.4	0.4~0.65		0.02~0.1

참고: ASTM과 KS 규격이 다르지만, ASTM에 대응하는 유사 KS 규격은 다음과 같다.

A36 – KS D3503 SS330

A53 Gr.B – KS D 3562

A500 Gr.B 및 Gr. C / A501 - KS D3566

A572 Gr.50 – KS D3503 SS490

과거 1900년대 미국에서는 오직 A7과 A9 강재만이 각각 교량과 건축물에 사용되었다. 사실, 이들의 재료에 대한 사양은 매우 비슷했기 때문에, 1938년 단일 규격인 A7로 결합했다. A7과 A9의 규격은 인장강도 및 항복강도에 대한 기준만 포함하고 있었으며, 어떤 화학적 기준도 포함하지 않았다. 화학적 구성 중 특히 탄소 함량에 대한 기준은 용접이 구조체 연결을 위해 사용되기 시작한 1950년대에 이슈가 되었다. 1964년에 AISC는 구조용 강재의 등급을 다섯 가지로 설정하였다. 1999년 AISC의 강구조 건축물의 하중저항계수 설계법(load and resistance factor design)에서는 15가지 종류의 ASTM 강재 규격을 사용하였다.

3.5.2 형강

그림 3.9는 일반적으로 구조적 용도에 사용되는 형강의 구조적 단면 형상을 나타낸다. 이 모양은 서로 다른 크기에서 생산되고, 문자 W, HP, M, S, C, MC, 및 L 등으로 분류된다.[2)]

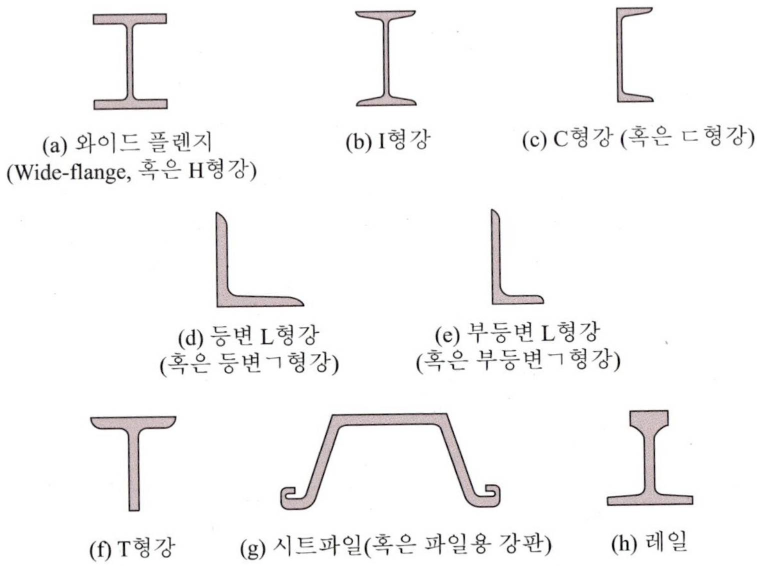

그림 3.9 형강은 여러 가지 구조적 목적으로 사용된다.

2) 역자주 : 우리나라의 경우 C형강과 L형강은 ㄷ형강 및 ㄱ형강으로도 불린다.

우리나라에서 H형강이라고 통틀어 부르는 것을 미국에서는 W형, HP형, 그리고 M형으로 나누어 부른다. W형은 평행 대칭 와이드 플랜지(wide-flange)이다. HP형이란 이와 플랜지의 폭이 넓은 평행 플랜지이고, 웹의 공칭 두께는 동일하고 깊이와 폭이 본질적으로 동일하다. I형강(미국에서는 S형이라 칭함)은 플렌지의 두께가 16.67%의 경사를 이루어 안쪽에서 외부로 점차 줄어드는 변단면형상을 갖는다. M형이라고 하는 H형강은 W형, S형, 그리고 HP형으로 분류 될 수 없는 이중 대칭 형상이다. C형강(또는 ㄷ형강)의 내부 플랜지에는 약 16.67%의 기울기가 있다. C형강 중 MC형이라고 하는 것은 일반 C형과 같이 분류 될 수 없는 것을 말한다. L형강(또는 ㄱ형강 및 각형강)에는 등변 및 부등변형이 있다. 그 밖에도 T형, 시트파일형, 레일형 등이 있다.

여러 형강 치수는 각 형태를 나타내는 문자와, × 에 의해 구분된 수치에 의해 결정된다. 이때 단면의 수치를 나타낸다. 예를 들어, H형강의 단면 표시법은 (단면의 춤) × (플랜지의 폭) × (웨브의 두께) × (플랜지의 두께)로 표시하며, 이때의 단위는 mm이다. 미국의 경우 단위는 in.이다.

W형이라고 부르는 형강은 주로 보와 기둥으로 사용되고, HP형은 구조물 지지말뚝으로 사용되며, I형강은 보 혹은 거더로 이용된다. 합성단면은 용접에 의해 다른 형상의 형강이 결합되어 형성된다. 시트파일형 강판은 서로 연결되어 옹벽 등에 사용된다.

3.5.3 구조용 특수강재

강을 정련할 수 있는 기술이 향상됨에 따라, 실제 건설 프로젝트에 사용할 수 있는 경제적인 특수강재를 제조할 수 있게 되었다. 미연방 교통도로국(FHWA ; Federal Highway Administration), 미 해군 및 AISI는 고성능 강재(HPS ; high-performance steels)의 실용화에 선도적인 역할을 수행했다. 고성능 강재란 사용기간 동안 안전하고 내구성이 우수한 구조물을 효율적인 비용으로 건설하기 위한 최적의 성능을 가지고 있는 강재를 의미한다[Lane et al., 1998].[3] 이들 강재는 처음 환경에 노출되었을 때 표면에 부식방지막을 형성한다. 이 표면 부식막은 부식의 진전을 막기 때문에 유지 보수에 대한 필요성을 감소시킨다. 고성능 강재는 기존에 교량 건설에 사용되는 강재보다 더 강한 인장 특성을 가지고 있기 때문에 더 적은 양으로도 교량 설계를 할 수 있다. 물량 감

3) 역자주 : 우리나라에서는 교량용 고성능강재(HSB ; high-performance steels for Bridge)란 이름으로 규정되어 있으며 HSB 500과 HSB 600의 제품이 있다. 그 밖에도 건축용 고성능 열간압연 강재(HSA ; High-performance rolled Steel for building structures)란 이름의 제품도 개발되었으며 HSA800 등의 제품이 개발되었다. 미국에는 HPS 50W 및 HPS 70W 등의 제품이 있다.

소에 의한 가격적 이득은 재료 자체 가격의 증가로 인해 약간 상쇄되지만, 전체 건설비용의 감소는 여전히 발생한다. HPS 70W 강재의 경우 항복강도 약 500 MPa(약 70,000 psi), 인장강도 600~760 MPa(85,000~110,000 psi), 및 19%의 신장률(elongation)을 갖고 있다. 또한 HPS는 충격 시험을 통화해야 한다. 표 3.3에 나타낸 바와 같이 HPS 70W는 여러 종류의 합금 첨가물을 혼입하여 제조된다[ISG Plate, 2003]. 표 3.2와 표 3.3의 화학성분 규정을 비교를 통해 HPS 70W가 일반강재에 비해 화학성분 종규가 광범위 하고, 탄소 함량이 낮으며, 강재 성능감소에 유해한 영향을 미칠 수 있는 인 및 황에 대해 더 엄격하게 규정하고 있음을 알 수 있다. 낮은 탄소 함량은 강재의 용접성을 향상시킨다.

업계는 고성능 강재를 사용한 설계의 이점을 인지하고 있다. 고성능 강재를 적용한 첫 교량은 1997년부터 사용되었다. 2002년 4월, 고성능 강재를 이미 사용되었거나 사용을 검토 중에 있는 교량은 미국에서 약 150개 이상이다[FHWA, 2002].

강구조의 외관 및 내구성을 향상시키기 위해 스테인리스강을 사용하기도 한다. 스테인리스강의 높은 내구성에 대해서는 오래 전부터 알려져 있지만, 재료의 비용이 높기 때문에 구조적인 사용이 어렵다. 스테인리스강의 내후성(부식저항능력)은 높은 크롬 함량에 기인한다. 일적인 구조용 강은 0.3~0.4%의 크롬을 함유하고 있는 반면, 스테인리스강의 크롬 함량은 10% 이상이다. 미국의 AISI 등급에서는 구조용 스테인리스강을 5등급으로 나눈다[SSINA, 1999].

- 304 : 가장 쉽게 사용 가능한 스테인리스강으로, 18% 크롬, 8%의 니켈을 함유한다. 내식성과 가공성이 우수하다.
- 316 : 304와 유사하나, 내식성 증가를 위해 3~4%의 몰리브덴을 추가한다. 일반적으로 부식성 환경 및 해안에 사용된다.

표 3.3 HPS 70W의 화학성분 요구조건

성분	구성	성분	구성
탄소	최대 0.11	니켈	0.25~0.40
망간	0.10~1.35	크롬	0.45~0.70
인	최대 0.020	몰리브덴	0.02~0.08
황	최대 0.006	바나듐	0.04~0.08
실리콘	0.30~0.50	알루미늄	0.01~0.04
납	0.25~0.40	질소	최대 0.015

※ 모든 HPS 70강은 황화물 형상조절을 위해 칼슘처리 되어야 함.

- 409 : 크롬 합금, 11~12% 크롬. 주로 내장용으로 사용된다.
- 410~3 : 용접이 1.25 in.보다 큰 경우 사용하는 합금
- 2205 : 오스테나이트와 페라이트 이중 구조. 우수한 내식성과 함께 일반등급의 약 2배 정도의 항복 강도

화학 및 인장 특성의 등급은 표 3.4에 요약되어 있다.

표 3.4 구조용 스테인리스강의 성질

AISI Type		304	316	409	410	2205
F_y (MPa) [1]		218.4	207.9	243.6	1246	552.9
F_U (MPa) [1]		512.4	552.9	457.1	1547	770
연신율(%) [2]		70	40	25	45	35
화학성분 (최대 중량비, %)	C	0.08	0.08	0.08	0.15	0.02
	Cr	18~20	16~8	11.13	12.5	22.4
	Mn	2	2	1	1	0.7
	Mo					3.3
	N					0.16
	Ni	8~10.5				5.8
	P	0.045	0.045	0.045	0.04	0.25
	S	0.03	0.03	0.045	0.03	0.001
	Si	1	0.75	1		0.4
	Ti			0.75		

※ [1] 최소값
[2] 연산율은 파괴 시 소성변형율의 퍼센트, 최소값

3.6 냉간성형강(cold-formed steel)

냉간성형강은 바닥, 벽 및 지붕의 골조(structural framing)뿐만 아니라 내장 칸막이와 외장 커튼월(curtain wall)에도 사용한다. 냉간성형 철골부재의 두께는 0.455 mm (0.0179 in.)에서 3.000 mm(0.1180 in.)까지의 범위이다. 냉간성형강은 이전에 경량형강 (light gauge steel)으로 알려져 있었다. 그러나 미국에서는 2000년 표준명명법 적용에 따라 경량형강이라는 명칭은 폐기되었다.[4)]

강골조에 사용되는 냉간성형강을 만들기 위해서는, 먼저 고철을 전기 아크로 또는 보통 산소로를 사용해 주조 슬래브(cast slab)의 형태로 만들어야 한다. 주조슬래브는 원하는 두께와 강도를 갖기 위해 일련의 롤러가 설치된 기계를 통과한다. 기계를 통과한 얇은 판은 용융 아연 도금 과정(hot-dipped galvanizing process)을 거친 후 약 13 tons 무게를 갖는 코일로 성형된다.

철골 부재를 제조하는 기본적인 방법에는 롤 성형(roll-forming)이 있다. 그림 3.10에 나타난 것과 같이, 코일은 롤 성형기에 들어가 스터드, 장선, 각형강 등의 여러 냉간성형강 부재로 성형된다. 다른 부재들과 연결이 용이하도록 부재 웨브에 구멍을 내기도 한다. 냉간성형강으로 제조된 모든 건설재료의 제조는 미국 철강협회 규정 중 냉간성형강 골조 설계기준(NASPEC) 및 ASTM의 기준에 부합해야 한다.[5)]

그림 3.10 냉간성형강 부재의 롤 성형

4) 역자주 : 우리나라에 에서는 경량형강이라는 명칭을 여전히 사용하고 있다.

5) 역자주 : 우리나라의 경우 KS D 3530 및 D 3854 등을 통해 경량형강 규격이 제정되어 있으며, 강구조학회에서 제시하는 '냉간성형강 구조설계기준'이 존재한다.

3.6.1 냉간성형강의 등급 부분

구조용과 비구조용 냉간성형강은 ASTM의 A1003/A1003M에 따라 강판으로 제조하지만, 표 3.5에 나와 있는 재료 종류 및 등급으로 제한이 된다. 냉간성형 과정 중 부분적인 가공경화(strain hardening) [6]에 의해 곡면부에서 큰 변형이 발생할 수도 있다. 강의 소성변형은 곡면부에서 가공경화를 발생시키는데 이는 항복 강도, 인장강도, 경도는 증가되었지만 연성은 감소했기 때문이다. 가공경화는 항복강도와 인장강도를 각각 100%와 40%씩 증가시킬 수 있다[Karren and winter, 1963].

표 3.5 냉간성형강의 구조 등급

형태	구조 등급[1]	US 명칭	Metric 명칭
고연성강	33(230) 50(340)	ST33H ST50H	ST230H ST340H
저연성강	33(230) 50(340)	ST33L ST50L	ST230L ST340L
비구조형강	33(230)	NS33	NS230

※ 미국 냉간성형강 제품의 구조등급, 국내의 경우 KS D 3530 및 D 3854 등급 참조
[1] 항복강도, ksi(kPa)

3.6.2 냉간성형 형강

냉간성형을 통해 다양한 형태의 강재를 만들 수 있고, 제조자는 특정한 방식을 통해 다양한 생산품을 개발할 수 있다. 그림 3.11은 일반적인 냉간성형 형강의 형태를 나타낸다. 그림 3.12는 얇은 판으로 성형된 형상을 보여주고, 벽이나 지붕에 쓰이는 성형강판(profiled sheet), 그리고 하중지지용 데크 패널(deck panel)에 사용되는 것을 보여준다.

미국의 강골조 연맹(SFA ; Steel Framing Alliance)이나 강스터드 제조협회(SSMA ; Steel Stud Manufactureres Association)와 같은 조직에서는 산업현장에서의 편이를 위해 형상을 고려한 명명기준을 정하였다. 우리나라에서는 KS 규격에서도 이와 유사한 명명기준을 사용한다. 명명 시 사용되는 영문자는 다음과 같은 의미를 갖는다.

6) 역자주 : 재결정 온도 이하에서 금속을 소성가공할 때 소재의 허용 경도와 허용 강도가 증가된다.

- S = 보강 스터드나 장선 프레임
- T = 트랙형
- U = 냉간 압연 방식
- F = 띠장
- L = 앵글 또는 'L'자 헤더

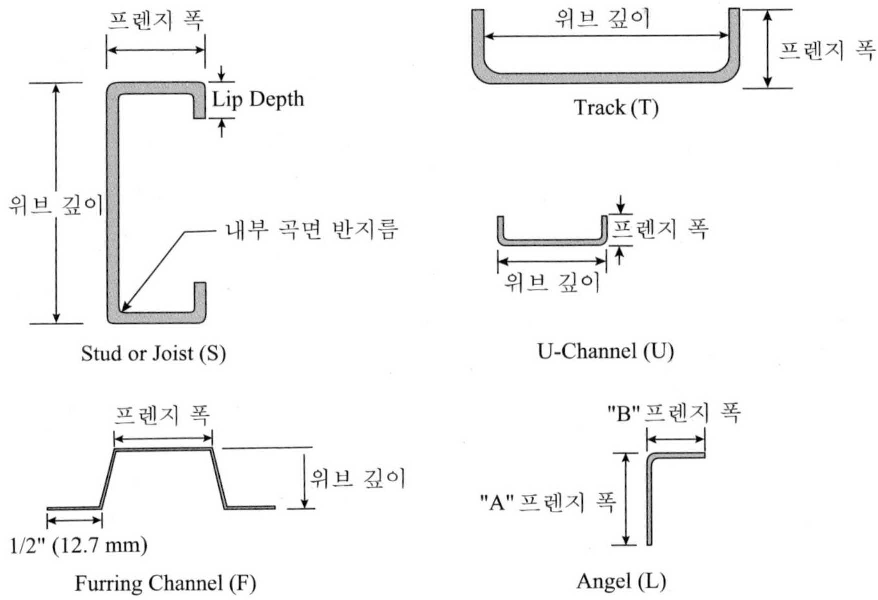

그림 3.11 일반적인 냉간성형 강판의 형상

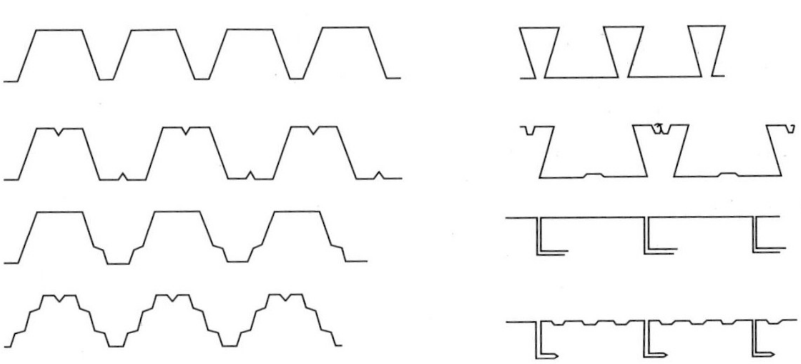

그림 3.12 일반적인 패널 및 데크 형상

3.6.3 냉간성형강 구조설계 시 고려사항

냉간성형강을 활용한 구조설계의 경우, 상대적으로 두께가 두꺼운 열간압연강을 활용한 구조설계에 비해 여러 가지 측면에서 주의가 요구된다. 냉간성형 과정에서 강재의 항복강도 자체는 증가함에도 불구하고, 냉간성형 강재는 두께가 얇기 때문에 좌굴의 위험성이 크다. 보수적인 관점에서는 냉간성형에 의한 강도증가를 무시하는 것이 좋다. 하지만, 이 경우는 냉간성형에 의한 강도증가를 고려한 구조설계에 비해 요구물량이 늘어나므로 건설비용이 증가하게 된다.

부식은 급격한 단면의 손실을 가져온다. 모든 냉간성형 강재는 적재, 운반, 시공을 포함한 사용 전 과정에서 부식을 막을 수 있도록 표면이 코팅된다. 용융 아연 도금은 이러한 관점에서 가장 많이 사용되는 코팅방법이다. 구조 및 비구조 골조부재는 금속코팅에 대한 규정을 가지고 있다.

참고로, 냉간성형강의 경우 구리와 같이 종류가 다른 금속과 접촉할 경우 갈바닉 부식(galvanic corrosion, 이종금속접촉부식)[7]이 발생할 수 있으므로 이에 대한 특별한 주의가 필요하다. 여러 국가에서는 냉간성형강 골조의 설계, 제작, 사용 등에 대해 규격을 가지고 있다.

3.7 체결용 부품(fastening product, 긴결재)

체결용 부품의 종류는 다음과 같다[Cater, 2004].

- 일반적인 볼트
- 트위스트 오프 형 장력제어 볼트
  [twist-off-type tension control bolt, 일명 TC볼트 / 토크쉬어볼트(torque shear bolt, TS볼트)라고도 불림]
- 너트
- 와셔
- 압축와셔형 직접인장 지시계(compressible-washer-type direct tension indicators)
- 앵커 로드(anchor rod, 고정수나사)

7) 역자주 : 서로 다른 금속이 접촉할 경우 부식 속도가 빨라지는 현상

- 전산 볼트(threaded rods)
- 단조된 강구조용 철물

표 3.6에는 체결용 부품으로 사용할 수 있는 강종의 ASTM 규격을 요약한 것이다 [Cater, 2004]. 고장력 볼트는 약 700 MPa(약 100,000 psi) 이상의 인장강도를 갖는다. 일반적인 볼트는 약 400 MPa(60,000 psi)의 인장강도를 갖는다. 앵커로드 제조에 주로 사용되는 재료인 ASTM F1554 Grade 36 강종은 250 MPa(36,000 psi)의 항복 응력과 400 ~ 550 MPa(58,000 ~ 80,000 psi) 정도의 극한강도를 가지고 있다[역자주 : ASTM F1554에 대응하는 우리나라 규격은 KS B1016이다]. 250 MPa(36,000 psi)의 항복응력을 나타내는 ASTM A36 강종은 전산볼트에 주로 사용된다. 너트, 와셔, 직접인장지시계 등에 사용되는 재료는 별도의 강도규정이 없다.

구조의 체결은 리벳 체결, 볼트 체결 또는 용접에 의해 이루어진다. 리벳 연결은 과거에 널리 이용되었지만, 현대에는 사용하지 않는다. 볼트체결의 경우, 밀착접합, 초기긴장력(pretension), 마찰 등을 부여할 수 있다[Miller, 2001]. 밀착접합부(snug-tightened joint, 밀착조임 접합부)는 동력을 사용한 임팩트 렌치(impact wrench), 혹은 인력을 요하는 일반 스퍼드 렌치(spud wrench)를 사용해 조임이 완료된다. 초기긴장력 부여 접합부(pretensioned joint, 프리텐션 접합부)의 경우, 접합되는 부재의 압축응력에 대응하는 강한 인장응력이 볼트에 걸리게 된다. 볼트에 충분한 인장력(역자주 : 표준볼트장력)이 발생했는지 확인하기 위해서는

① 너트회전법(turn-of-nut method)
② 토크관리법(torque control method, calibrated wrench method)
③ 장력제어 볼트(특수고력볼트)의 사용
④ 직접인장 지시계

의 네 가지 방법이 적용된다. 마찰접합부의 경우, 볼트에 초기긴장력이 부여되는 것 뿐 아니라 접합면에서도 마찰응력이 전달된다. 하지만, 마찰면에서 슬립이 발생하면 볼트에 추가적인 전단이 발생할 수 있다. 따라서 이 경우 고장력 볼트가 사용된다.

표 3.6 강구조 체결용 부품에 적용할 수 있는 ASTM 규격

ASTM 호칭		F_y 항복응력 (ksi)	F_u 인장응력 (ksi)	직경의 범위 (mm)	고장력볼트	일반볼트	너트	와셔	직접인장지시계	앵커로드			
										전산볼트	후크형	헤드형	
A325			105	25.4~38.1	■								
		-	120	12.7~38.1	■								
A490		-	150	12.7~38.1	■								
F1852		-	105	28.575	■								
		-	120	12.7~25.4	■								
A194 Gr. 2H		-	-	6.35~101.6			▒						
A563		-	-	6.35~101.6			■						
F436b		-	-	6.35~101.6				■					
F959		-	-	12.7~38.1					■				
A36		36	58~80	254						■	▒		
A193 Gr. B7		-	100	101.6~177.8						▒	▒		▒
		-	115	63.5~101.6						▒	▒		▒
		-	125	63.5						▒	▒		▒
A307	Gr. A	-	60	63.5~101.6		■						▒	
	Gr. C	-	58~80	63.5~101.6						▒	▒		▒
A354 Gr. BD		-	140	63.5						▒	▒	▒	▒
			150	6.35~63.5						▒	▒	▒	▒
A449		-	90	38.1~76.2	c					▒	▒	▒	▒
			105	28.575~38.1	c					▒	▒	▒	▒
			120	6.35~25.4	c					▒	▒	▒	▒
A572	Gr. 42	42	60	152.4						▒	▒		▒
	Gr. 50	50	65	101.6						▒	▒		▒
	Gr. 55	55	70	50.8						▒	▒		▒
	Gr. 60	60	75	31.75						▒	▒		▒
	Gr. 65	65	80	31.75						▒	▒		▒
A588		42	63	127~203.2						▒	▒		▒
		46	67	101.6~127						▒	▒		▒
		50	70	101.6						▒	▒		▒
A687		105	최대 150	15.875~76.2						▒	▒		▒
F1554	Gr. 36	36	58~80	63.5~101.6							■	■	■
	Gr. 55	55	75~95	63.5~101.6							▒	▒	▒
	Gr. 105	105	125~150	63.5~76.2							▒	▒	▒

■ = 용도에 정확히 맞는 강종

▒ = 사용은 가능하나 용도에 정확히 맞지 않으므로 생산자에게 문의

(흰색) = 적용이 어려움

\- 이 값들은 규격에 명시되지 않은 것임

a 값의 범위가 규정되지 않은 한 최소값

b 특수 와셔

c LRFD에서는 ASTM A449볼트의 사용에 한계가 있음

3.8 콘크리트 구조용 강재

콘크리트는 그 자체의 인장강도가 낮기 때문에, 인장 및 휨응력을 받는 콘크리트 구조를 만들기 위해서는 부재의 보강이 필요하다. 이때, 일반 보강 및 프리스트레스형 보강이 가능하다. 일반 철근콘크리트 구조물의 경우, 철근의 응력이 구조물에 가해지는 하중에 따라 변동된다. 이 때 사용되는 강재에는 특별한 요구사항이 존재하지 않는다. 한편, 프리스트레스 콘크리트 구조물의 경우, 강재는 연속적인 인장력을 받는다. 따라서 이 때 임의의 응력완화(릴렉세이션, relexation)에 의해 강재의 보강효과를 감소시킬 수 있다. 따라서 이 경우 특별한 강종의 선택이 필요하다.

3.8.1 일반 콘크리트용 강재

보강용 강재(reinforcing steel, rebar)에는 원형철근(plain bar, SS로 표기), 이형철근(deformed bar, SD로 표기), 그리고 콘크리트용 철망(wire mesh, 와이어 메시) 세 가지 종류가 있다. 원형 철근에는 표면의 변형 없다. 원형철근은 콘크리트와 결합력이 약하기 때문에, 인장이나 휨이 작용되는 부재에는 사용하지 않는다. 이형 철근은 그림 3.13과 같이 표면에 돌기(변형)를 가지고 있다. 따라서 철근과 콘크리트 사이에 결합력이 우수하다(인발강도가 강하다). 철근의 돌기는 슬립을 방지하기 때문에 콘크리트와 철근이 동일 거동을 하게 된다. 철망은 철선이 직각으로 직조된 평평한 시트이다. 일반 용접철망은 철선이 용접된 교차점에서 콘크리트에 고정되는 반면, 변형 용접철망은 철선의 돌기와 용접된 교차점 모두에서 콘크리트에 고정되도록 개발되었다.

이형 철근은 콘크리트 보, 슬래브, 기둥, 벽, 기초, 포장도로와 같은 콘크리트 구조뿐 아니라 조적식 구조에서도 사용된다. 철망은 온도 및 수축응력을 받는 콘크리트 슬래브 및 포장에 사용된다. 용접된 철망은 철근을 일일이 배근하는 것에 비해 시공 측면에서 경제적이다.

표 3.7은 철근의 표준규격을 나타낸다. 철근은 이하 네 종류의 강으로 만들어진다.

① ASTM A615(carbon-steel, 탄소강) ② A616(rail-steel, 레일강/궤조강)
③ A617(axle-steel, 엑슬강/차축강) ④ A706(low-alloy steel, 저합금강)

이에 대해서는 표 3.8에 나타나있다. 일반적으로 탄소강이 가장 널리 사용된다. A706 강철은 강구조에 용접이 필요한 철근에 사용된다. 철근은 네 등급으로 생산된다.

그림 3.13 프리캐스트 콘크리트(precast concrete, PCC) 기둥을 보강하기 위해 사용된 철근

표 3.7 ASTM A615에 따른 철근의 표준 크기

호칭**	공칭 질량 (kg/m)	공칭치수***			마디 및 리브의 치수(mm)		
		지름 (mm)	단면적 (mm^2)	둘레 (mm)	마디간격의 평균최대치	마디높이의 평균최소	양쪽 리브의 합계 최대치
10 [3]	0.560	9.5	71	29.9	6.7	0.38	3.6
13 [4]	0.994	12.7	129	39.9	8.9	0.51	4.9
16 [5]	1.552	15.2	199	49.9	11.1	0.71	6.1
19 [6]	2.235	19.1	284	59.8	13.3	0.97	7.3
22 [7]	3.042	22.2	387	69.8	15.5	1.12	8.5
25 [8]	3.973	25.4	510	79.8	17.8	1.27	9.7
29 [9]	5.059	28.7	645	90.0	20.1	1.42	10.8
32 [10]	6.404	32.3	819	101.3	22.6	163	12.4
36 [11]	7.907	35.8	1006	112.5	25.1	1.80	13.7
43 [14]	11.38	43.0	1452	135.1	30.1	2.16	16.5
57 [18]	20.24	57.3	2581	180.1	40.1	2.59	21.9

* 저작권 ASTM, 허가 인쇄

** 바 번호는 공칭지름 mm의 수를 대략 – 우리나라도 동일[바 번호는 막대 공칭 지름의 1/8 in. 값에 기초]

*** 변형된 바의 공칭 치수는 변형된 막대로 미터당 같은 무게를 갖는 일반 둥근 막대와 동일

표 3.8 ASTM에 따른 철근의 종류와 특성(somayaji, 2011) (피어슨 교육의 허가에 의해 자판, Inc)

ASTM 철강	유형	등급		최소 인장강도 MPa(ksi)	최소 항복강도* MPa(ksi)	치수범위 (US No.)
		US	Metric			
A615	빌렛강 (원형/이형철근)	40	280	483 [70]	276 [40]	3~6
		60	420	620 [90]	414 [60]	3~18
		75	520	689 [100]	517 [75]	11~18
A616	레일강(궤조강) (원형/이형철근)	60	420	620 [90]	474 [60]	3~11
A617	엑슬강(차축강) (원형/이형철근)	40	280	483 [70]	276 [40]	3~11
		60	420	620 [90]	414 [60]	3~11
A706	저합금강 (이형철근)	60	420	552 [80]	141~538 [60~78]	3~18

* 강은 명확한 항복점이 없는 경우, 등급 40, 50, 60의 항복강도는 0.005 m/m(0.5% 연장)의 변형에 대응하는 응력, A615, A616, A617 강제의 등급 75는 0.0035 m/m(0.35% 연장)이다. A706 강제의 등급점은 0.0035 m/m 응력에 의해 결정된다.

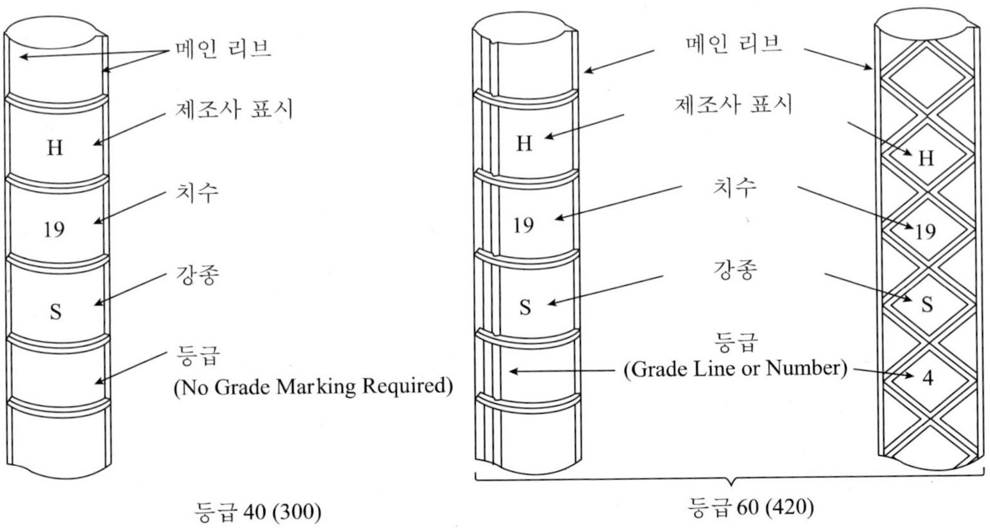

그림 3.14 ASTM에 따른 철근 식별코드

현장에서 철근의 종류에 대한 식별을 위해서 표시기호를 생산할 때 철근에 압연한다(역자주 : 철근규격확인법). 미국의 경우 그림 3.14와 같이 4개의 표시기호가 있다.

1. 제조업체 문자 코드
2. 철근의 공칭직경에 대한 수치 코드
3. 강재의 종류(Type of steel)에 대한 문자 코드(S와 W 둘 다 표시된 바는 강재의 각 유형에 대한 모든 요구 조건을 충족시키는 것이다)
   a. 탄소강 – ASTM A615에 대한 S
   b. 레일강 – ASTM A616에 대한 I
   c. 차축강 – ASTM A617에 대한 A
   d. 저합금강 – ASTM A706에 대한 W
4. 강재의 등급
   a. 40 또는 300 등급 – 명칭 없음
   b. 60 또는 420 등급 – 메인리브 사이의 등급선 한 줄 내지는 숫자 4
   c. 75 또는 520 등급 – 메인리브 사이의 등급선 두 줄 내지는 숫자 5

국내의 경우 철근 표기법은 KS D 3504에 규정되어 있으며 대략적인 내용은 다음과 같다(역자주).

0. 강종구분(용접여부) : 용접용인 경우 Dot 추가
1. 원산지 표기 : K – 국산
2. 제조업체 문자 코드
3. 공칭규격(지름) : mm 값
4. 강종구분(공칭인장강도)
   - SD300일 때 표기 없음
   - SD350일 때 숫자 3 또는 *
   - SD400일 때 숫자 4 또는 **
   - SD500일 때 숫자 5 또는 ***
   - SD600일 때 숫자 6 또는 ****

그 밖에 제품 Tag의 색에 따라 강종을 구분할 수 있음
   - SD300일 때 녹색
   - SD350일 때 적색
   - SD400일 때 황색
   - SD500일 때 검정
   - SD600일 때 회색

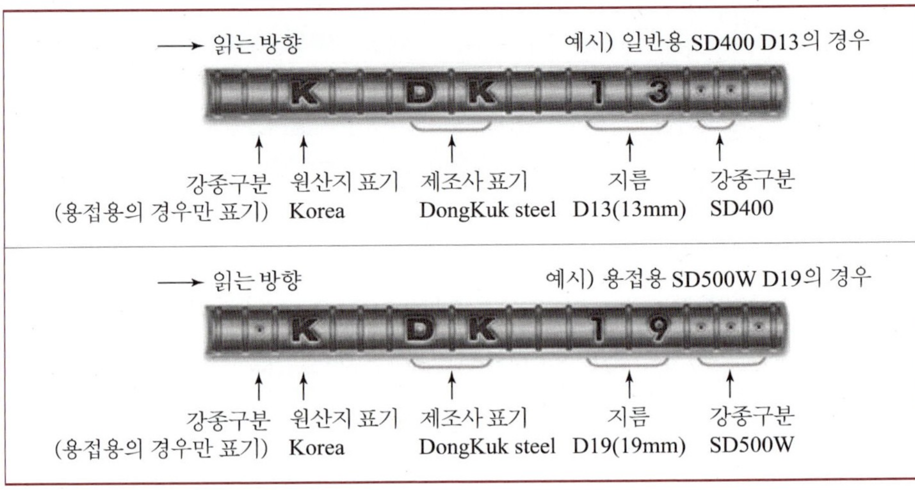

3.8.2 프리스트레스트 콘크리트용 강재

프리스트레스트 콘크리트는 특수 강선(일명 PC강선), 강연선(strand, 스트랜드 – 강선을 꼬아 만든 선), 케이블, 강봉 등이 사용된다. 프리스트레스트 콘크리트용 강재는 높은 강도와 작은 릴렉세이션(relaxation, 응력완화) 등의 특성이 요구된다. 따라서 고탄소강 및 고강도 합금강이 주로 사용된다. 프리스트레스트 콘크리트 보강의 특성은 ASTM A416 및 AASSHTO M203 기준에 제시되어있다(이에 대응하는 우리나라 기준은 KS D7002이다). 이들 기준에는 코팅되지 않은 강선을 7개 까지 꼬아 만든 강연선에 대한 정의가 포함되어 있다. 이 기준에서는 ① 일반 릴렉세이션 강재(응력이완 강재) 및 ② 저 릴렉세이션 강재 두 가지 종류의 강재를 사용하도록 하고 있다. 여기서 릴렉세이션이란, 변형이 일정한 경우 시간이 지남에 따라 내부의 응력이 감소하는 비율을 말한다. 미국의 경우 일반 릴렉세이션 강재 및 저 릴렉세이션 강재의 기준에는 Grade 250 또는 Grade 270이 있으며 각각 1725 MPa(250 ksi)와 1860 MPa(270 ksi)의 극한강도를 갖는다. 시방서의 경우는 강재의 기계적 특성만을 기준으로 정하고 있으며 화학적인 조성은 고려하지 않았다. 스트랜딩(stranding, 강연선으로 제조) 후, 저 릴렉세이션 강선은 요구되는 기계적 특성을 발현시키기 위해 연속적인 열-기계적 처리를 한다. 표 3.9는 PC 강연선 중 7연선의 성능 기준이다.

표 3.9 PC 7연선의 성능기준

	stress relieved(응력 제거)		low relaxation(저릴렉세이션)	
특성	Grade 250	Grade 270	Grade 250	Grade 270
파단강도*, MPa (kis)	1725(250)	1860(270)	1725(250)	1860(270)
항복 강도(1% 신장시)	파단 강도의 85%		파단 강도의 90%	
연신율(최소 %)	3.5		3.5	
릴렉세이션**(최대 %)				
하중 = 파단 강도 70%	-		2.5	
하중 = 파단 강도 80%	-		3.5	

* 파단 강도는 하나 이상의 강선를 파괴하는데 필요한 최대 응력
** 릴렉세이션 값은 일정한 변형이 장시간동안 유지됐을 때 응력의 감소량
[조건 : 20±2℃(68±3°F)의 온도에서 1000시간]

3.9 강재의 기계적 시험

강철의 기계적 특성을 평가하기 위해서는 많은 종류의 시험이 요구된다. 이 장에서는 강재 제품의 기준에서 정해진 성능을 측정 평가하기 위해 사용되는 몇 가지 실험 테스트를 다루고 있다. 실험용 시편은 시험 목적 및 용도에 따라 막대형, 튜브형 선형, 판형, 노치형 등 여러 형태로 제작된다.

굽힘, 성형, 용접, 가열처리 등을 포함한 제조방법은 재료의 성질에 영향을 미칠 수 있다. 따라서 기계적 테스트는 제품의 각 제조 단계에서 수행된다. 원료를 가공하기 전에 시험을 통해 나타난 성능이 완제품에서 나타나지 않는 경우도 있다. 또한, 부적당한 가공, 시편의 결함 등으로 인해 결과가 잘못되는 경우도 있다[ASTM A370].

3.9.1 인장 시험(tension test)

강재의 인장 시험(ASTM E8, 우리나라는 KS B 0802)은 항복강도, 항복점, 극한(인장)강도, 연신율, 단면 감소를 측정하기 위해 수행된다. 전형적으로 시험은 10~35℃(50~95°F) 범위의 온도에서 수행된다.

그림 3.15 봉형, 판형 단면의 인장 시험 시편

시편은 제품의 원래 형태, 혹은 추가적으로 가공된 형태의 것을 사용할 수 있다. 일반적으로 길이변화 표점거리를 설치한 곳에서 파단이 일어나도록 유도하기 위해 중앙부의 단면적이 얇은 형태의 시편이 선호된다. 경우에 따라 판형, 박판형, 봉형, 선형, 튜브형의 시편을 사용할 수 있다. 12.5 mm(1/2 in.) 직경의 원형 시편이 주로 사용된다. 연신율이 측정되는 구간의 폭은 일반적으로 둥근 막대 시편 직경의 4배이다(역자주 : 국내의 경우 강재의 인장실험용 시편은 KS B 0801에 규정되어 있다).

물림(gripping) 장치는 다양한 형상의 시편을 물기 위해 사용된다. 시편의 형상에 상관없이 시편의 중심축은 인장시험기 중앙의 중심축과 동일해야 하며, 시편에서 인장응력이 발생하는 범위는 연신율이 측정되는 범위 내에 있어야 한다. 다이얼 표점거리를 부착한 변형계(그림 1.27) 또는 LVDT (linear variable differential transformer, 그림 1.31)는 시편 전체 범위에서의 변형을 측정하기 위해 사용된다. 실험 중 시편에 지정된 수준의 축 방향 하중이 꾸준히 가해진다. 그림 3.16은 원형 강재 시편의 인장 시험에서 LVDT를 사용해 변형을 측정하는 장면이다.

1장에서 논의된 바와 같이, 연강(Mild steel)은 재료 고유의 응력－변형률 관계를 가지고 있다(그림 3.17). 여기에 선형 탄성 관계가 끝나는 점을 비례한계(proportional limit)하고 한다. 비례한계를 넘어 응력이 증가하게 되면, 강재는 항복(yield)하게 된다. 여기서 항복이란 응력의 증가 없이 변형이 발생하게 되는 것을 의미한다. 인장력이 항복점(yield point)을 지나 증가하게 되면 응력과 변형률은 비선형적 관계(nonlinear relationship)가 되며, 이 관계는 파단점(point of failure)까지 이어진다.

참고로 피크 후 응력의 감소는 강도(strength)의 감소를 의미하는 것은 아니다. 사실 실제 응력은 파단할 때까지 계속 증가된다. 응력이 감소한다고 판단되는 이유는 네킹(necking, 역자주 : 재료의 인장에 의해 소성변형이 발생하게 될 때 단면이 국부적으로

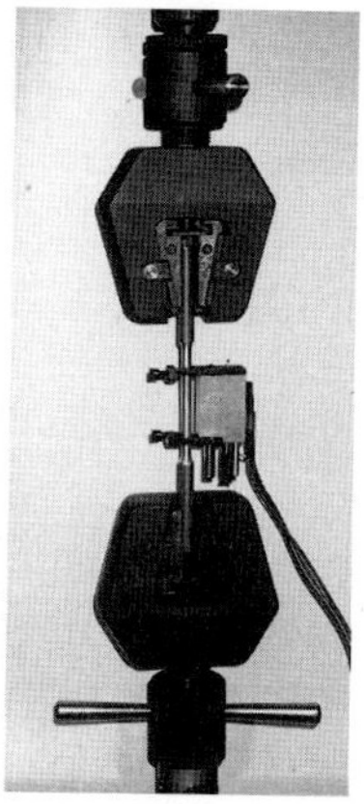

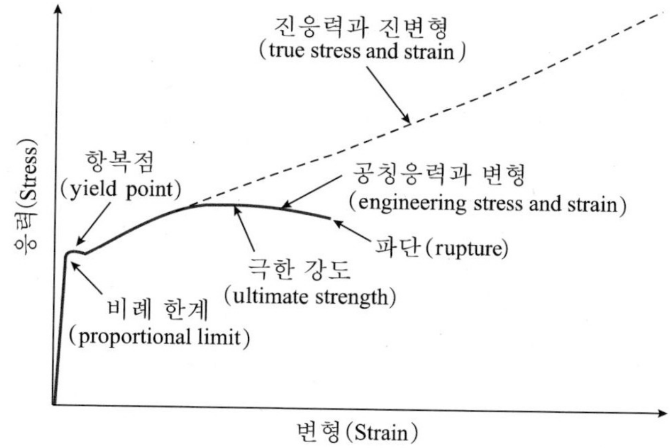

그림 3.16 (좌) 원형 강재 시편의 인장실험(물림장치 및 LVDT)
그림 3.17 (우) 연강의 전형적인 응력 - 변형률 관계

수축하여 잘록해지는 현상)에 의한 단면의 변형 때문이다. 전통적으로 공학분야에서는 시편의 초기단면적으로 강도를 나누어 응력을 계산한다. 만약 응력과 변형률 관계를 구할 때, 응력을 시편의 실제 단면적으로 나누어 계산할 경우 진응력－변형률(true stress-strain) 관계를 구할 수 있다(그림 3.17의 점선). 이것은 일반적인 공학적 응력－변형률(공칭응력－변형률) 관계와 다르다(그림 3.17의 실선).

그림 3.17에서 알 수 있듯이, 네킹으로 인한 단면적 감소를 고려한 진응력은 공칭응력보다 크다. 또한, 네킹이 발생하는 구간의 길이증가는 그렇지 않은 구간보다 훨씬 더 크기 때문에, 진변형률(true strain)은 공칭 변형률(engineering strain)보다 더 크다. 변형은 시편에 불균일하게 분포되어 있기 때문에, 네킹이 발생한 부분에서 시편의 최대 변형(단면적 감소 및 길이 증가)이 일어난다. 진변형률이란 시편의 극소부분에서 발생한 최대의 변형으로 정의된다. 따라서 네킹이 발생한 부분에서 진변형률이 크게 발생한다는 것을 의미한다. 참고로, 매우 크기가 작은 변형률 측정용 표점거리를 사용하여 진변형률을 측정하게 되는데, 이는 네킹에서 발생하는 변형이야 말로 재료의 실제 특성이기 때문이다. 그러나 여러 실질적인 재료의 손쉬운 활용을 위해서는 진응력과 진변형률보다 공칭응력과 공칭변형률을 사용한다.

강재의 응력－변형률 관계는 탄소 함량에 의해 크게 영향을 받는다. 강재에서 탄소 함량이 증가하면 항복응력이 증가하고 연성이 감소한다. 그림 3.18은 탄소 함량이 0.16～0.90%인 열간압연 강재의 인장응력－변형률 관계를 나타낸다. 탄소 함량을 0.19%에서 0.90%까지 증가시키게 되면 항복응력이 280 MPa(40 ksi)에서 620 MPa(90 ksi)까지 증가하게 된다. 또한, 이 범위에서의 탄소 함량 증가는 파단 변형률을 약 0.27 m/m에서

0.09 m/m까지 감소시킨다. 그러나 탄소함량이 증가해도 탄성 계수는 변하지 않는다.

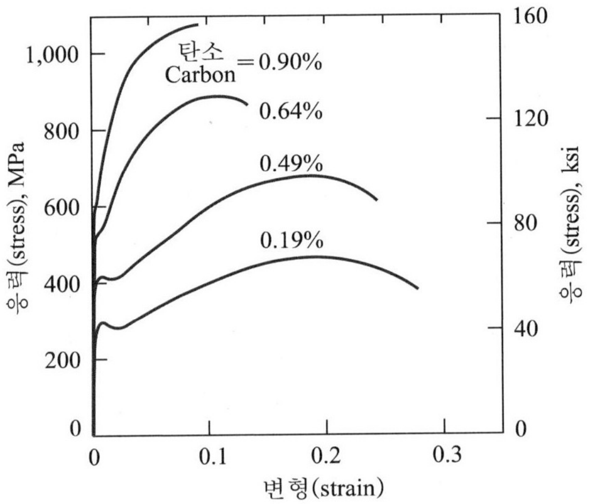

그림 3.18 탄소 함량에 따른 열간압연 강철 막대의 인장응력 - 변형률

예제 3.2

10 mm × 40 mm 직사각형 단면에 100 mm 길이의 강합금 막대에 89 KN의 인장하중을 가했더니, 0.1 mm 만큼 길이가 늘어났다. 이러한 인장이 전적으로 탄성영역에서 발생한 경우, 강합금의 탄성 계수를 계산하라.

풀이

$$\sigma = \frac{89000}{0.01 \times 0.04} = 0.225 \times 10^9\,\text{Pa} = 0.2225\,\text{GPa}$$

$$\epsilon = \frac{0.1}{100} = 0.001\,\text{mm/mm}$$

$$E = \frac{\sigma}{\epsilon} = \frac{0.2225}{0.001} = 222.5\,\text{GPa}$$

예제 3.3

강재 시편을 이용해 인장 시험을 하였다. 너비 1 in.에 두께 0.5 in.인 시편을 사용하였다. 시험기의 하중 다이얼을 확인한 결과, 36 kip(kilo Pound)의 하중에서 항복이, 48 kip 하중에서 파단이 발생하였다.

a. 항복점 및 파단점에서의 인장 응력을 계산하라.
b. 인장이 발생하는 시편의 길이가 4 in.일 할 경우, 시편에 항복 응력의 50%를 가했을 때 시편이 늘어간 길이를 계산하라.

풀이

a. 항복응력$(\sigma_y) = 36/(1 \times 0.5) = 72\,\text{ksi}$

파괴응력$(\sigma_f) = 48/(1 \times 0.5) = 96\,\text{ksi}$

b. Assume $E = 30 \times 10^6\,\text{psi}$

$\epsilon = (1/2)\sigma_y/E = (1/2) \times 72 \times 10^3/(30 \times 10^6) = 0.0012\,\text{in./in.}$

$\Delta L = L\epsilon = 4 \times 0.0012 = 0.0048\,\text{in.}$

최종 시편 길이 $= 4 + 0.0048 = 4.0048\,\text{in.}$

강은 일반적으로 균질(homogeneous)하고 등방성(isotropic)인 물질로 간주된다. 그러나 구조 부재 제조 시, 최종 제품은 냉간 압연에 의해 성형되는 경우도 있다. 이 경우, 강재는 소성변형이 발생하게 되며 그 변형 정도는 부재의 부위에 따라 다르다. 1장에서 설명한 바와 같이, 소성 변형은 항복 강도의 증가와 연성의 감소를 유발한다. 그림 3.19는 강재가 압연된 방향에 따라 시편의 물리적 성능이 어떻게 달라질 수 있는지에 대해 나타내고 있다[Hassett, 2003]. 따라서 강재의 기계적 특성을 평가할 때는 시편을 어떻게 준비하였는지에 대해 정확히 제시할 필요가 있다.

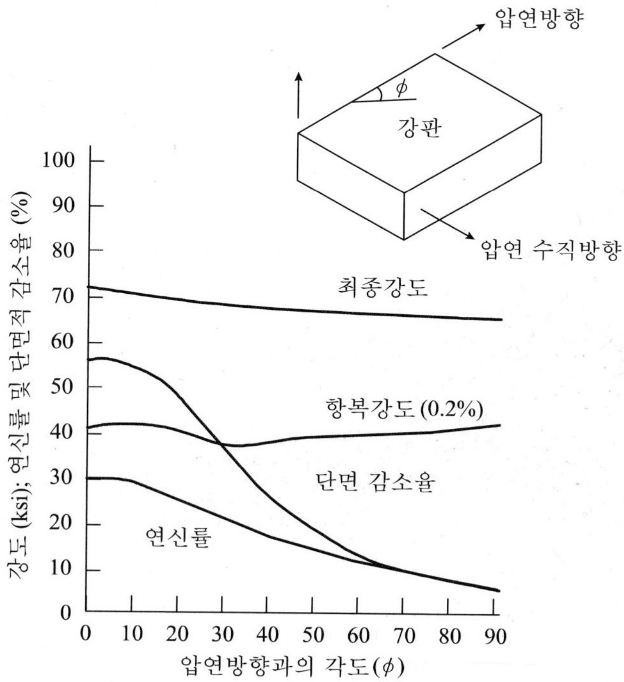

그림 3.19 강재 시편 방향과 인장 시 물리적 특성의 영향성

3.9.2 비틀림 시험

재료의 비틀림 시험(ASTM E143)은 구조 부재의 전단탄성계수(shear modulus)를 측정하기 위해 사용된다(역자 주 : 국내에는 이와 정확히 부합하는 규격이 없다. 강재에 대한 유사규격은 KS B ISO 7800의 '금속 재료-선재-단순 비틀림 시험' 규격이 있다). 전단탄성계수는 회전축과 나선형 압축 스프링과 같은 비틀림이 발생하는 부재의 설계에 사용된다. 이 실험에서는 원통형 혹은 튜브형 시편에 점진적 및 연속적으로 비틀림 하중을 가하게 된다(그림 3.20). 시험을 통해 토크(torque, 비틀림힘)의 양과 비틀림에 해당되는 각도가 측정된다. 그림 3.21은 전단응력-변형률 곡선을 보여준다. 전단탄성계수란, 비례한도 아래 최대 전단응력을 그에 대응하는 전단변형률로 나눈 값으로서, 그림 3.21의 R[프리토크(pretorque) 응력]과 P(비례 한도) 간의 직선 기울기를 나타낸다. 원형 단면을 가진 시편에서, 최대 전단 응력($\tau_{\max}$), 전단 변형(γ), 전단탄성계수(G)는 다음의 식에 의해 계산된다.

$$\tau_{\max} = \frac{Tr}{J} \tag{3.1}$$

$$\gamma = \frac{\theta r}{L} \tag{3.2}$$

$$G = \frac{\tau_{\max}}{\gamma} = \frac{TL}{J\theta} \tag{3.3}$$

여기서, T : 토크(torque)
r : 반지름(radius)
J : 그 중심에 대한 시편의 극관성 모멘트(polar moment of inertia), 고체 원형 단면의 $\pi r^4/2$
θ : 라디안, 비틀림 각도(angle of twist in radians)
L : 표점거리(gauge length, 시편의 변형을 측정하는 길이)

그림 3.20 비틀림 시험 장치(Instron® 제공)

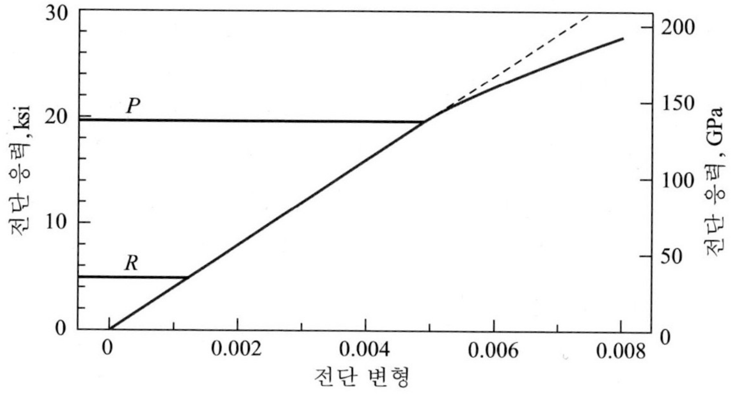

그림 3.21 강재의 일반적인 전단응력 - 변형도
(Reprinted, with permission, from ASTM E143, 그림 1, copyright ASTM international, 100 Barr Harbor Drive, West Conshohocken, PA 19428.)

본 시험법은 재료에 하중을 단기간에 가해서 발생한 변형률과 비교했을 때 크리프가 무시할 수 있을 정도로 작은 경우에 사용하도록 한정되어 있다. 시편의 표면에는 결함이 없어야 하며, 표점거리에 시편 반지름의 두 배에서 네 배를 더한 거리만큼은 시편의 단면적이 동일해야 한다. 변형을 측정하게 될 표점거리는 시편 반지름의 최소 네 배 이상이어야 한다. 시험 중, 토크(비틀림힘)는 다이얼 표점거리나 시험기에 부착된 장치로부터 얻을 수 있다. 비틀림 각도는 표점거리의 두 끝에 Torsiometer(회전각을 측정하는 계측기)를 고정시켜 측정한다. 그림 3.21의 전단응력 - 변형률의 직선 부분의 기울기를 추정하기 위해 실험 데이터에 대한 곡선접합(curve fitting)이 사용된다[ASTM E143].

예제 3.4

고강도 강철로 제조된 1 m 길이와 20 mm 반지름의 강봉이 있다. 이 강봉은 비례한계 보다 낮은 전단응력을 발생시키는 토크 T를 받고 있다. 재료의 전단탄성계수 G가 90 GPa일 경우, 한쪽의 단면이 다른 단면에 대해 35도 회전하였다면, 강봉에 가해진 토크의 양은?

풀이

$$J = \pi r^4/2 = \pi(0.02)^4/2 = 0.2513 \times 10^{-6}\,\mathrm{m}^4$$
$$\theta = 45(\pi/180) = \pi/4$$
$$T = GJ\theta/L = (90 \times 10^9) \times (0.2513 \times 10^{-6}) \times (\pi/4)/1$$
$$= 17.8 \times 10^3\,\mathrm{N \cdot m} = 17.8\,\mathrm{kN \cdot m}$$

3.9.3 샤르피 V-노치 충격 시험(Charpy V notch impact test)

샤르피 V-노치 충격 시험(ASTM E23, 우리나라의 경우 KS B0810)은 재료의 인성이나 V-노치 시험편을 파괴하는데 요구되는 에너지를 측정하는데 사용된다. 본 시험은 인장 부재에 사용되는 구조용 강재의 성능을 측정하기 위한 것이다.

표준 시편은 그림 3.22와 같이 중간에 V-노치를 한 55 × 10 × 10 mm(2.165 × 0.394 × 0.394 in.) 크기이다. 시험 전, 시편은 지정된 온도가 될 때까지 액체에서 최소한 5분 혹은 기체 매질에서 30분간 두어야 한다. 시편은 샤르피 V-노치 충격 시험 장치(그림 3.23)의 중심에 놓이도록 한다. 기계의 스윙 암(swinging arm) 끝에 달린 해머는 시편의 V-노치 반대편 면에 충격을 가한다. 헤드(striking head, 혹은 해머)는 일정 높이에서 떨

그림 3.22 샤르피 V-노치 시편

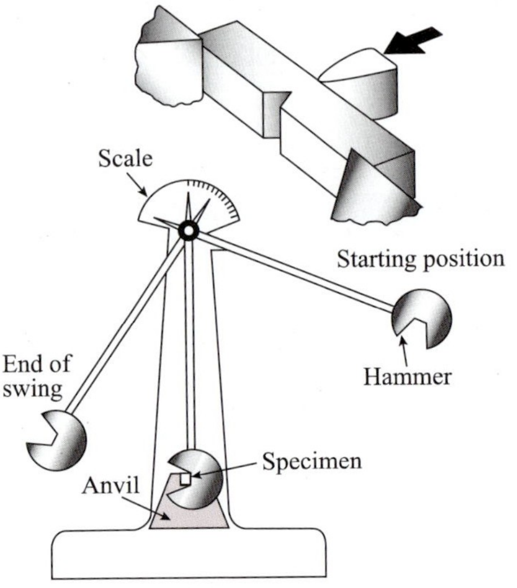

(a) 개략도(schematic)

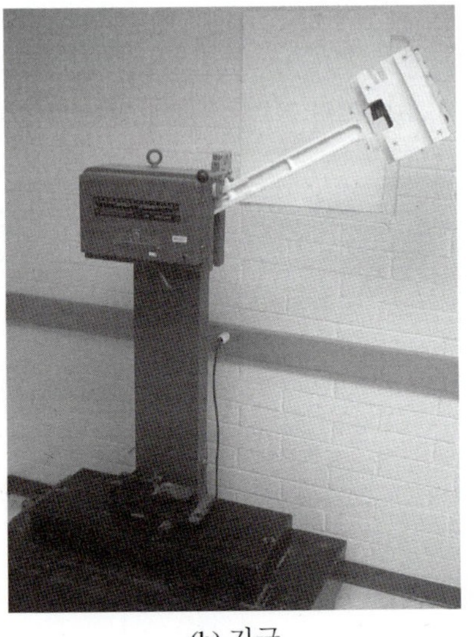

(b) 기구

그림 3.23 샤르피 V-노치 충격 시험기

어뜨린다. 시편이 파괴됨을 통해 해머가 가지고 있던 운동에너지의 일부가 흡수되며, 이로 인해 시편 파괴 후 헤드의 이동거리가 줄어들게 된다. 시편에 충격을 가한 후 도달한 헤드의 거리를 측정함으로서, 시편을 파괴하는데 필요한 에너지를 계산할 수 있다. 이 에너지는 기계에 부착된 게이지에 적힌 m · N(ft · lb) 단위의 값으로 나타난다.

충격 실험 후 시편의 가로 변형량(횡팽창)은 일반적으로 다이얼 표점거리를 이용하여 측정한다. 가로 변형량은 충격으로 인한 소성 변형의 척도이다. 더 큰 인성(toughness)을 가진 강재일수록, 가로변형량(횡팽창)은 더 커진다.

1장의 그림 1.14는 다양한 온도 하에서 구조용 강재 시편을 파괴하는데 필요한 일반적인 에너지(인성)를 보여준다. 그림은 온도가 높을수록 시편의 파괴에 필요한 에너지가 크다는 것을 보여준다. 온도가 감소할 때, 재료의 특성이 연성적(ductile)에서 취성적(brittle)으로 바뀌는 것을 나타낸다.

그림 3.24를 보면, 일반적으로 파단면은 가장자리에서 무딘 전단면(dull shear area), 중심부에서 매끄러운 벽개면(cleavage area, 역자주 : 오목하게 쪼개진 면)으로 구성되어 있다. 온도가 낮아질 경우, 강재의 인성 감소로 인해 벽계면의 면적이 증가하고 전단면의 면적은 감소한다.

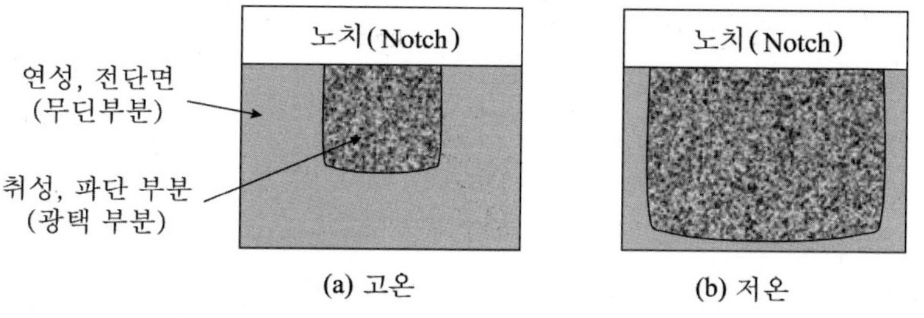

그림 3.24 샤르피 V-노치 시편의 파단 면

예제 3.5

어떤 강재 시편의 샤르피 V-노치(Charpy V Notch, CVN) 실험 결과, 다음과 같은 결과를 얻었다. 인성－온도 관계를 나타내고 연성과 취성 간의 온도 변화 영역을 결정하여라.

온도(℉)	인성(ft · lb)
－40	5
30	7
100	28
170	66
240	79
310	80

풀이

그림 SP3.5는 인성-온도 관계도이다. 그림을 보면 연성과 취성 간의 온도 변화 영역은 30~240°F인 것으로 볼 수 있다.

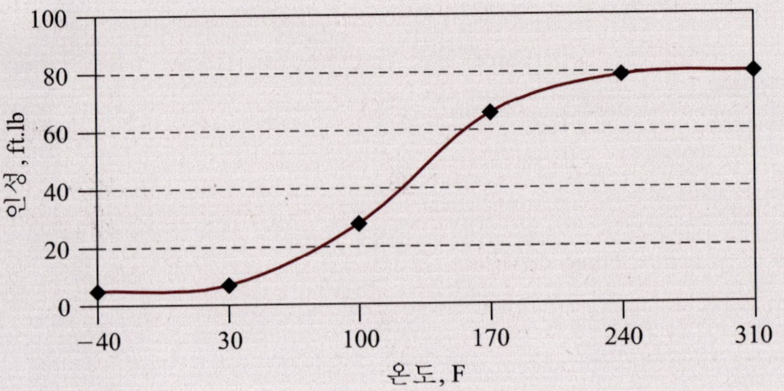

예제그림 3.5

3.9.4 굽힘 시험(bending test, 휨 시험)

강재는 여러 가지 목적으로 인해 원하는 형상으로 굽혀진다. 굽힘에 의해 발생하는 연성은 표준 굽힘 시험(ASTM E290, 우리나라의 경우 KS B0804)을 통해 평가할 수 있다. 강재와 용접부의 굽힘 시험을 활용해 굽힘 중 발생 할 수 있는 균열에 대한 저항성을 평가하게 된다. 시험을 통해 시편은 지정된 각도와 지정된 곡률 내경(inside radius of curvature)으로 굽혀진다. 시편이 완전히 파괴되지 않을 경우, 파괴가 발생했다고 판정하는 기준은 굽힘에 의해 인장을 받는 면에서 발견된 균열의 수와 크기이다.

일반적인 굽힘 시험의 경우, 시편의 중간지점에 시편의 횡 방향으로 하중을 가하게 된다. 그림 3.25에 나타난 바와 같이 주로 세 종류의 방법이 사용된다. 그림 3.25(a)에와 같이 시편의 한쪽 끝이 고정된 상태로 자유단에 힘을 가함으로써 중간 반력점에서 굽힘을 유도하기도 한다. 또한 그림 3.25(b)와 같이, 한쪽 끝에 고정된 상태에서 중간 지점의 회전 장치에 의해 굽힘을 유도할 때도 있다. 마지막으로 그림 3.25(c)와 같이 양단지지 시편의 중앙에 하중을 가하여 굽히는 경우도 있다.

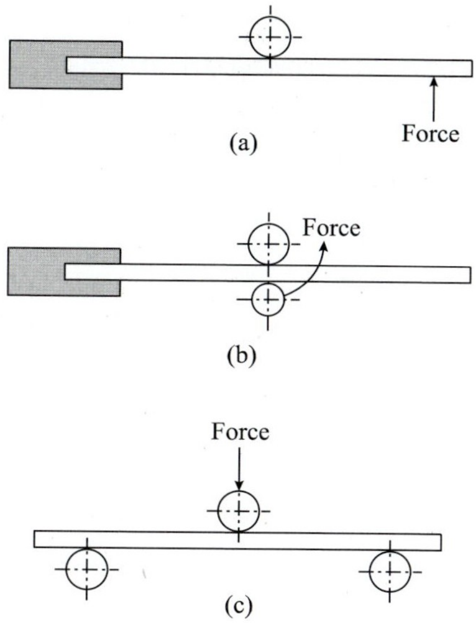

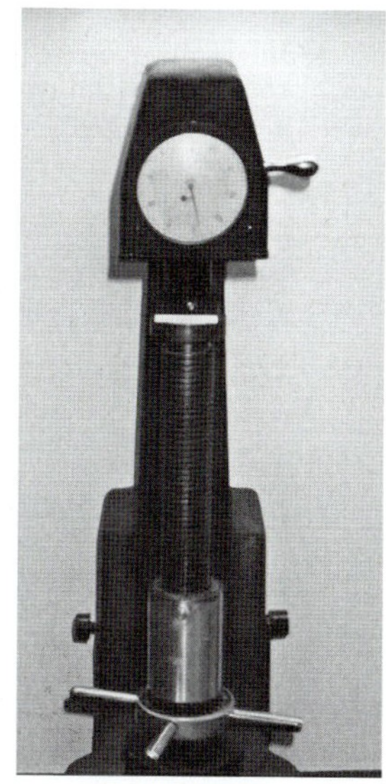

그림 3.25 (좌) Semi-guided 휨 시험에 대한 개략도(ASTM E290).
(Copy-right ASTM. Reprinted with permission)
그림 3.26 (우) 로크웰(Rockwell) 경도 시험기

3.9.5 경도 시험(hardness test)

경도는 작은 흠집이나 함몰과 같은 국부적인 소성 변형(localized plastic deformation)에 대한 저항을 측정하는 것이다. 경도를 측정하기 위해서는 여러 종류의 장치와 도구가 필요하다. 재료의 경도를 측정하기 위한 방법은 여러 가지가 있다. 일반적으로 압자(압입체, indenter 혹은 penetrator)를 이용해 지정된 하중과 속도로 재료의 표면에 힘을 가한다. 이로 인한 압입의 깊이와 크기는 경도 지수(hardness index number)와 관련이 있다. 경도지수의 숫자가 크다는 것은 재료가 상대적으로 경질(역자주 : 재료가 함몰 등의 국부적 소성변형에 대해 저항성이 크다는 것)임을 의미한다. 경도 측정은 시험조건 및 방법에 따라 상대적이다. 상관관계도와 표를 이용해, 다른 종류의 시험을 통해 얻어진 경도 측정값과 비교할 수 있으며 이를 통해 재료의 인장강도를 대략적으로 추정할 수 있다[ASTM A370].

일반적으로 강철 및 다른 금속의 경도를 측정하는데 가장 많이 사용되는 방법 중 하나는 로크웰(Rockwell) 경도 시험이다(ASTM E18, 우리나라의 경우 KS B 0806). 정해진 조건 하에서 다이아몬드 원뿔(cone) 및 강구(steel ball)형 압자의 침하깊이를 측정하게 된다(그림 3.26). 시험 초반에 10 kg의 초기하중(초하중)을 적용하고, 이후 추가적인

하중을 가한다. 초기하중(초하중)과 전체하중(시험하중)에 의해 발생하는 각각의 침하깊이 차이는 로크웰 경도 값과 비례하는데, 이 값은 장비에 장착된 다이얼 및 디지털 표점거리 혹은 기타 장치 등에 표시된다. 일반적으로 경도 값은 'B'와 'C'의 두 가지 종류(scale)가 있다. 여기서 B값(Scale B)은 1.588 mm(1/16 in.) 강구형 압자에 100 kg의 시험하중을 사용하여 얻어진 값이고, C값(Scale C)은 120°각의 다이아몬드 원뿔형 압자와 150 kg의 시험하중을 사용하여 얻어진 값이다.

매우 얇은 강재 박판 시편이나 얇은 표면막을 위해서는 로크웰 표면경도 시험(Rockwell surfacial hardness test)이 사용된다. 시험 순서는 로크웰 경도시험과 유사하지만, 초하중과 시험하중이 작다. 로크웰 경도 지수는 기호 'HR' 앞의 숫자로 표현되는데, 압자 혹은 시험하중이 다른 경우 다른 종류의 기호를 쓴다. 예를 들어, '68 HRC'은 로크웰 C 경도값(Rockwell C scale)이 68이라는 것을 의미한다.

경도 시험은 간단, 저렴한 비파괴(nondestructive) 시험법이며 특별한 시편을 필요로 하지 않는다. 또한 경도값로부터 인장강도 및 여러 기계적 특성이 추정될 수 있다. 따라서 경도 시험은 매우 일반적이며 다른 기계적 시험보다 더 자주 수행된다.

3.9.6 초음파 시험(ultrasonic testing)

초음파 시험은 재료의 결함을 검출하기 위한 비파괴 시험법(nondestructive method)이다. 이 방법은 용접부를 평가하는데 특히 유용하게 쓰인다. 그림 3.27에 나타난 것 같이, 용접부분에 전파된 초음파는 내부의 불연속부(discontinuity)를 만날 경우 반사되어 돌아온다. 센서는 이 반사파의 에너지를 포착하고 그 결과는 오실로스코프(oscilloscope) 상에 표시된다. 이 방법은 불완전한 용접, 박리, 균열과 같은 결함을 검출하는데 매우 민감하다[Hassett, 2003].

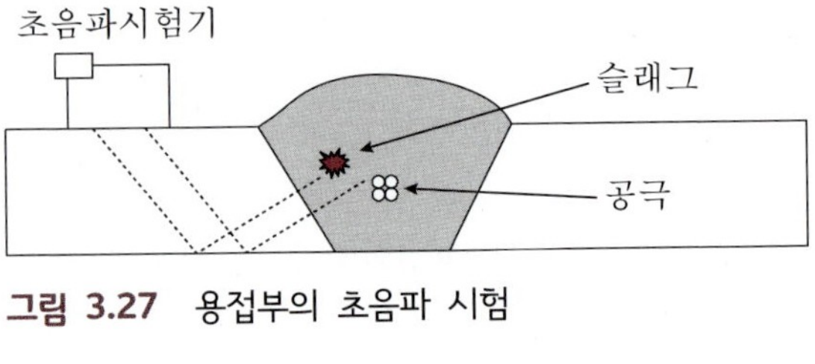

그림 3.27 용접부의 초음파 시험

3.10 용접(welding)

용접은 강재 교량, 강골조 및 강재 트러스와 같은 여러 강구조물의 건설 및 수리를 위해 사용된다. 용접은 금속에 열을 가해 녹여서 두 개의 금속 부분을 결합하는 기술이다. 용가재(충전재, filler metal, 역자주 : 용접작업에서 모재를 용접하기 위해 용접부에 녹여 첨가하는 금속)는 효과적인 용접과정을 위해 사용될 수 있다. 용접 재료의 화학적 특성은 용접되는 재료(모재)와 성능특성이 맞도록 신중하게 선택되어야 한다. 다양한 용접 방법이 있지만, 일반적으로 사용되는 방법은 아크 용접(arc welding)과 가스 용접(gas welding)이다. 다른 유형의 용접은 Flux-cored arc welding(FCAW), Self-shielded flux arc welding 및 일렉트로 슬래그 용접(electroslag welding) 등이 있다[Frank and Smith, 1990].

아크 용접은 접지 모재(grounded base metal)와 용접봉(electrode) 사이에 발생하는 아크를 이용해 두 재료의 온도를 녹는점 까지 가열하게 된다. 이로 인해 만들어진 융착금속(weld metal)은 모재, 전극 및 플럭스(flux, 융제 혹은 피복재)의 화학성분에 따라 변화 그 구성이 달라지는 주조 조직(cast structure)이다. 피복 아크 용접(shielded metal arc welding 혹은 stick welding)은 아크 용접의 가장 일반적인 형태이다. 이 방법은 교량 건설에 사용되는 용접방법으로 제한된다. 이때 플럭스로 덮여진 용극(consumable electrode, 소모전극)이 사용된다. 용융된 플럭스는 가스 및 슬래그를 형성시켜 아크 주변에 차폐 분위기(shielding atmosphere)를 형성하여 용융된 금속의 산화를 방지하기 한다. 또한 플럭스는 용접지(weld pool, 용탕)에서 불순물을 표면에 떠오르게 하여 용융된 금속을 보호하기도 한다. 그림 3.28과 같이, 응고된 플럭스는 슬래그를 형성하여 응고된 금속부를 덮어 보호한다. 서브머지드아크용접(submerged arc welding)은 자동 및 반자동 아크 용접 공정이다. 이 공정에서는 피복되지 않은 용접봉이 사용되며 입상의 플럭스(granular flux)가 별도로 외부에서 공급된다. 아크는 용융된 플럭스(molten flux)에서 발생하는데, 이로 인해 용접지는 대기로부터 완전히 차폐다. 용융된 플럭스에 아크 열이 집중되기 때문에, 모재의 용융깊이가 깊다.

가스 용접(gas welding 혹은 mig welding)의 경우 플럭스를 사용하지 않는다. 그 대신 용접지를 보호(차폐)하고 원하는 아크 특성을 얻기 위해 외부에서 차폐 가스를 공급한다(그림 3.29). 이 용접방법은 슬래그가 잘 형성되지 않기 때문에 일반적으로 소규모 용접에 사용된다.

용접 공정에서 중 불균일한 가열로 인해 변형이 발생할 수 있으므로 이에 대한 특별한 주의가 필요하다. 용융 된 금속이 냉각될 때 수축으로 인한 변형이 발생하게 되는데,

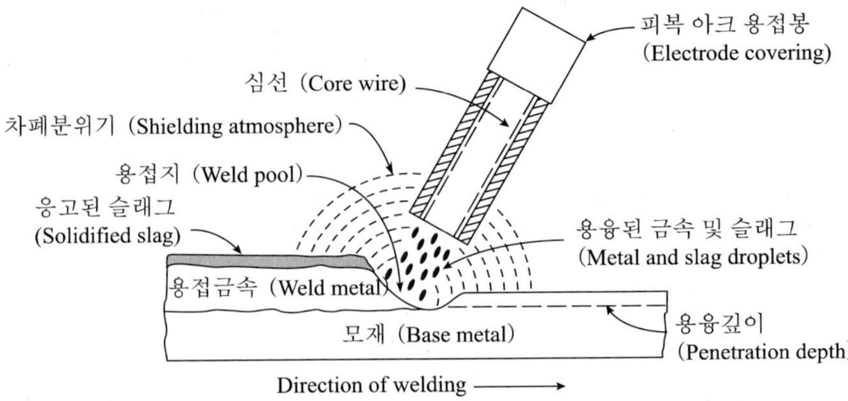

그림 3.28 아크 용접의 개략도

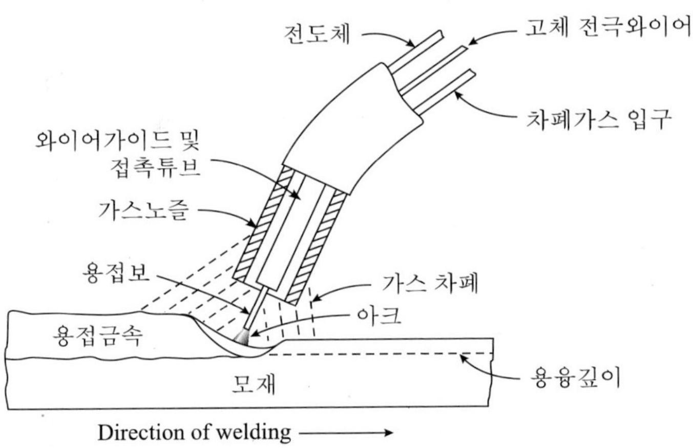

그림 3.29 가스 용접의 개략도

이는 구조 내에 잔류 응력을 유발시킨다. 이 잔류 응력은 용접 영역 외부의 균열 발생 원인이 된다. 용접에 의한 변형을 제어하기 위해서는 우선 적절한 공정순서를 따라하는 것이 필요하며, 추가적으로 용접 전 사전변형(predeforming) 기법을 사용할 수 있다. 마지막으로, 용접공과 관리자는 용접 시 발생하는 극심한 자외선 방사로부터 눈과 피부를 보호하기 위해 특별히 주의해야 한다[Frank and Smith, 1990]. 강재의 용접 용이성은 강재의 경도에 크게 영향을 받는다. 일반적으로, 강도가 큰 강재일수록 용접하기가 더 어렵다.

Winterton은 강재의 탄소당량(carbon equivalent)[8)]을 예측하기 위해 탄소당량식

8) 역자주 : CE 혹은 C_{eq}, 강재의 기계적 성질이나 용접성은 성분을 구성하는 원소의 종류나 양에 따라 좌우되는데, 그들 원소의 영향을 강재의 기본적인 첨가 원소인 탄소의 양으로 환산한 것

(carbon equivalent formula)을 활용하는 개념을 개발하였다. 또한 이와 연관된 영역도(zone chart)를 제시하였는데, 이는 용접된 강재로부터의 수소생성을 제어하기 위한 예열과정의 필요성을 결정하기 위한 것이다. 탄소당량(CE)을 구하기 위한 여러 종류의 식이 있으며 구조용 강재를 위한 식은 다음과 같다.

$$CE = C + \frac{(Mn + Si)}{6} + \frac{(Cr + Mo + V)}{5} + \frac{(Ni + Cu)}{15} \tag{3.4}$$

그림 3.30은 탄소 및 탄소 당량의 조합에 대한 영역도이다. 이 영역들은 예열 조건을 결정하기 위한 기준이 된다[Hassett, 2003].

- Zone 1 : 균열이 발생할 가능성은 거의 없지만, 수소의 농도가 높거나 구속이 강한 조건에서는 균열이 생길 수도 있다. 예열을 결정하기 위해 수소제어가 필요하다.
- Zone 2 : 예열 없이 싱글패스 필릿용접(single-pass fillet welding, 역자주 : 행 방향을 따라서 1회만 용접, 여기서 필릿은 모살이라고도 함)을 위한 에너지 투입을 최소화하기 위해 경도제어 혹은 경도선택 등이 필요하다.
- Zone 3 : 수소 제어가 필요하다.

경도 및 수소 제어는 용접 전 용접 영역을 예열하기 위해 사용되는 에너지의 정도에 영향을 크게 미친다. 금속 예열 및 저수소계 용접봉(low hydrogen electrode)의 사용은 수소취화(hydrogen embrittlement, 역자주 : 강재 내부에 흡수된 수소에 의해서 강재의 연성과 인성이 저하되는 현상, 즉 수소의 흡수에 의해 금속재료가 취화하는 현상)를 막기 위한 최고의 수단이다. 수소취화는 금속이 용접 중 용해될 때 발생하며, 이 때 용해된 금속 내로 수소가 용해될 뿐 아니라 인접한 모재 내로 확산된다.

용접 시 용접부에 인접한 모재는 금속의 특성이 바뀔 수 있을 온도까지 가열된다. 이러한 영향을 받는 부분을 열영향부(HAZ ; Heat-Affected Zone)라 부른다(그림 3.31). 예열 및 냉각 공정이 적절하지 못한 경우 HAZ에 결함이 발생할 확률이 높다.

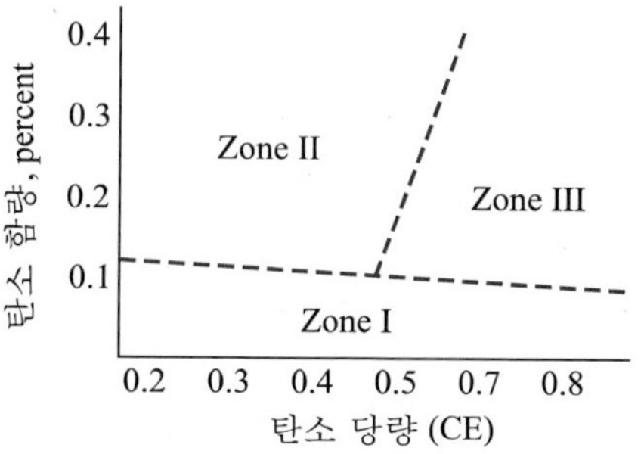

그림 3.30 강재 용접에 대한 영역도 구분

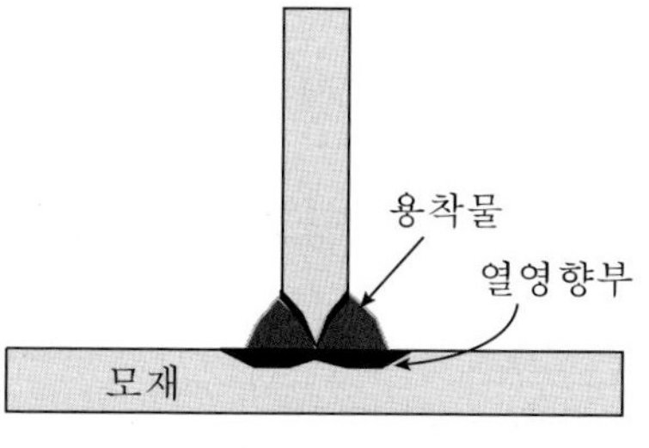

그림 3.31 용접 시 열영향부의 발생

3.11 강재 부식(steel corrosion)

부식은 주변환경과 금속 간의 전기화학적 반응에 의한 재료의 파괴로 정의된다. 더 간단하게 표현하면, 금속의 부식은 녹에 의해 검출될 수 있는 파괴로 정의될 수 있다. 금속 구조물의 부식에 의해 심각한 문제가 발생할 수 있다. 예를 들어, 강재 교량의 부식은 지지력의 감소, 고비용의 강재 교체, 그리고 구조의 붕괴 등의 원인이 될 수 있다. 그 밖에도 강관, 트러스 구조, 철골 및 다른 강재 구조물 역시 부식될 수 있다. 미국의 경우 사회기반시설의 부식으로 인한 사회적 비용이 매년 각 226만 달러 이상 발생한다고 추정된다[corrosion sots web site, 2009]. 이 사회기반시설에는 ① 도로 교량, ② 가스 및 액체를 전송하기 위한 파이프라인, ③ 수로 및 항구, ④ 위험물 저장고, ⑤ 공항, ⑥ 철도 등이 포함된다.

위에서 말한 것 같이 부식은 전기 화학적 과정이다. 즉, 또 다른 하나의 물질로부터 전자가 전달되어 발생하는 화학 반응이다. 강재의 경우에, 철과 산소 사이에서 전자가 전달되는데, 이를 산화 환원(oxidation reduction)이라고 한다. 부식을 위해서는 다음의 같은 네 가지 요소가 필요하다.

① 양극(anode) : 부식이 발생하는 전극
② 음극(cathode) : 부식 전지(corrosion cell)를 형성하기 위해 필요한 반대쪽 전극
③ 도체(conductor) : 전자가 흐를 수 있는 금속 통로
④ 전해질(electrolyte) : 전자가 흐를 수 있는 액체

이질재료(Heterogeneous material)인 강은 양극 및 음극의 역할을 할 수 있다. 또한 강은 전기 전도체이기도 하다. 따라서, 강은 부식에 필요한 네 가지 요소 중 세 가지 역할을 하게 되며, 수분은 일반적으로 네 번째 요소(전해질)의 역할을 하게 된다.

실제 부식 중 발생하는 전기화학적 반응은 매우 복잡하다. 그러나 화학적으로 중성 환경에서 대기에 노출된 강의 부식반응은 기본적으로 양극에서의 용해(dissolution)와 음극에서의 산소 환원(reduction of oxygen)으로 구성된다.

강의 표면에 묻은 오염물은 부식 반응의 속도와 종류에 영향을 미친다. 해양 환경에서 존재하는 소금은 콘크리트 내의 철근 및 강재 교량의 부식을 가속화하는 가장 일반적인 물질이다.

환경 역시 부식 속도에 영향을 미치는 중요한 원인이다. 전해질 용액이 될 수 있는 수분은 부식 반응이 발생하기 위한 요소 중 하나이므로, 강재가 수분과 접촉하는 시간은 부식 속도에 큰 영향을 미치게 된다. 또한 산화물이나 황에 의해 오염된 공기 역시 부식

을 가속화한다. 따라서 산성비가 내리는 지역, 혹은 석탄 발전소와 기타 화학 공장이 있는 지역은에서는 부식이 빨리 일어날 수 있다.

3.11.1 부식 저항법(methods for corrosion resistance)

강은 부식에 필요한 네 가지 요소 중 세 가지의 역할을 하기 때문에, 강과 수분의 접촉을 막기 위한 보호 코팅(피복)은 부식을 막기 위한 효과적인 방법이 될 수 있다. 강재의 피복을 통해 부식을 막는 메커니즘에는 다음의 세 가지 종류가 있다[Hare, 1987].

① **배리어 코팅(barrier coating, 피복)**

강과 수분과의 접촉에서 막기 위해 사용된다. 이 코팅은 낮은 수분/산소 투과성을 갖는다.

② **방청 프라이머 코팅(Inhabitive primer coating, 방청도료)**

부동태 도료(passivating pigment)를 포함하는 피복이다. 강재 표면의 부동태 피막(passivating film)을 뚫고 들어오는 수분을 막기 위해 사용되는 저용해성 도료(low-solubility pigment)이다.

③ **희생 프라이머(sacrificial primer, 혹은 음극 보호 cathodic protection)**

아연 코팅 등을 포함하는 피복이다. 아연은 Galvanic series[9] 중에서 철보다 위에 있기 때문에, 아연은 전자를 쉽게 포기하므로 양극이 된다. 이로 인해 아연은 강 대신 부식되므로 강을 부식으로부터 보호하게 된다. 효과적인 부식 방지를 위해 강과 희생 프라이머는 가깝게 접촉되어 있어야 한다.

음극 보호는 코팅이 아닌 다른 형태로도 가능하다. 예를 들어, 보일러나 지하에 매설된 탱크와 파이프, 해양용 장비 등의 금속 구조물의 경우, 특정 환경에서 반응성이 우수한 마그네슘 또는 아연과 같은 금속과 전기적으로 연결된다. 반응성 금속(혹은 희생 양극 sacrificial anode)이 산화하여 강에 전자를 제공하는 메커니즘을 통해 강재 구조물의 부식을 막을 수 있다. 그림 3.32는 마그네슘 희생 양극이 전기적으로 연결된 지하 강재 탱크를 나타낸다[Fontana and Green, 1978].

9) 역자주 : 금속의 이온화 경향에 따른 순서

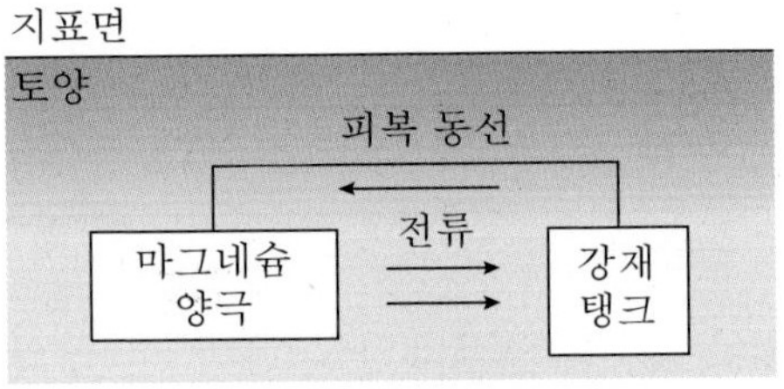

그림 3.32 마그네슘 희생 양극을 사용한 지하 파이프라인의 음극 보호

요약

건설공학과 강은 밀접하게 연관되어 왔으며 이후에도 꾸준히 그럴 것이다. 생산설비의 개발에 따라 여러 분야에서 경제적인 철강 제품의 사용이 이루어지고 있다. 높은 압축/인장강도 및 연성, 그리고 용접 및 기계적인 고정에 의해 연결될 수 있다는 특징으로 인해 강재는 여전히 가장 우수하고 효과적인 구조재료 중 하나이다. 강의 특성은 합금 및 열처리를 통해 특정 용도에 맞게 조절될 수 있다. 강의 주요 단점은 부식이다. 강구조를 사용하는 경우, 엔지니어는 구조의 수명확보를 위해 부식을 막기 위한 방법을 고려한다.

질의와 문제

3.1 강의 화학성분은 무엇인가? 강철의 기계적 특성에 있어서 탄소가 미치는 영향은 무엇인가?

3.2 왜 철－탄소 상태도에서 탄소함유량은 6.7%까지로 고정되어 있는가?

3.3 액체상, 액체－고체상, 고체상을 고려한 대략적인 철－탄소 상태도를 그려라.

3.4 일반적으로 구조에 사용되는 강의 탄소 함량은 최대 %는 얼마인가?

3.5 공석 등온선(Eutectoid isotherm) 바로 위와 아래에서 철과 0.10%의 탄소로 구성된 강의 각 조직상의 양과 구성을 계산하라.

3.6 강의 성질을 향상시키기 위한 열처리방법 네 가지를 간단히 논하라. 각 처리방법의 장점은 무엇인가?

3.7 합금강의 정의를 논하라. 합금재료를 강에 첨가하는 이유에 대해 설명하라.

3.8 합금 첨가제를 세 종류 논하고, 각 재료의 주요 효과를 설명하라.

3.9 다음의 기호로 표시된 구조용 강재의 구체적 형상 및 단면의 크기를 명시하라.
[W36 × 182]

3.10 구조용 강재의 일반적인 용도는 무엇인가?

3.11 냉간 압연 강재의 부재두께 허용범위는 얼마인가?

3.12 코일로 만들어진 냉간성형강은 왜 제품으로 성형되기 전 아날링 과정을 거치는가?

3.13 냉간성형 형강을 제조하기 위해 33 ksi의 항복 강도를 갖는 강재을 사용하는 경우, 냉간성형 후 변형된 곡면부에서의 대략적인 항복 강도는 얼마인가?

3.14 왜 콘크리트에 철근을 사용하는가? 콘크리트용 철근의 일반적인 특징을 설명하라.

3.15 고성능 강이란 무엇인가? 현재 구조 용도로 사용되고 대표적인 두 가지 HPS 제품이 무엇인지 말하고, 각각의 특징을 설명하라.

3.16 강의 특성을 측정하는 데 사용되는 세 가지 기계식 시험법에 대해 설명하라.

3.17 다음은 강재 시편으로 수행되는 실험이다.
a. 인장 시험
b. 샤르피 V-노치 시험
c. 굽힘 시험
이 시험의 중요성과 시험을 수행하는 이유는 무엇인가?

3.18 강의 응력 – 변형 곡선을 그리고, 각각의 강도 수준에 대해 논하라. 강철의 탄소 함량증가를 통해 얻어지는 효과는 무엇인가? 연강의 항복 강도에 대한 일반적인 값은 얼마인가?

3.19 인장하중 하에서 강재의 전형적인 응력 – 변형률 관계를 그려라. 그래프에서 탄성률, 항복 강도, 최고 응력 및 파단 응력을 나타내라.

3.20 강재 시편을 이용해 인장 시험을 수행하고 있다. 시편의 너비는 1.0 in., 두께는 0.25 in.이다. 시험기의 하중 다이얼을 확인한 결과, 시편은 12.5 kips의 하중에서 항복되었고 17.5 kips에서 파단된 것을 발견하였다.
a. 항복 및 파단응력을 계산하라.
b. 항복응력의 60%의 하중이 가해졌을 때, 2 in.의 표점거리(Guage length)에서 발생한 변형량은 얼마인지 계산하라.

3.21 No.10 철근의 인장시험을 수행하였다. 하중을 확인한 결과, 시편은 41,600 lb에 항복되었고 48,300 lb에서 파단된 것을 발견하였다.
a. 항복 및 파단될 때의 인장 응력을 계산하라.
b. 항복응력의 70%의 하중이 가해졌을 때, 2 in.의 표점거리(Guage length)에서가 발생한 변형량은 얼마인지 계산하라.

3.22 0.75 in.의 직경과 3.0 in.의 표점거리를 갖는 합금강 봉형 시편의 인장시험을 수행하였으며 그 결과는 아래의 표와 같다. 컴퓨터 스프레드시트 프로그램을 사용해, 응력 – 변형률 곡선을 그려라. 그래프로부터 합금강의 탄성계수(혹은 영계수 Young's modulus) 및 8,225-lb 하중에 대응하는 변형량을 계산하라.

하중(lb)	변형(10^{-4} in.)
2,000	11.28
4,000	22.54
6,000	33.80
8,000	45.08
10,000	56.36
12,000	67.66

3.23 75 mm의 표점거리를 갖는 19 mm 철근 시편의 인장시험을 수행하였으며 그 결과는 다음 표와 같다. 컴퓨터 스프레드시트 프로그램을 사용해, 응력－변형률 곡선을 그려라. 그래프로부터 합금강의 탄성계수(혹은 영계수 Young's modulus) 및 150 kN의 하중에 대응하는 변형량을 계산하라.

하중(kN)	변형(mm)
0	0
53.49	0.084
162.45	0.168
283.63	0.336
329.72	1.428
366.36	3.360

3.24 직경 15 mm, 표점거리 250 mm의 합금강 봉형 시편의 시험 결과 그림 P3.24와 같은 응력－변형률 곡선을 얻었다.

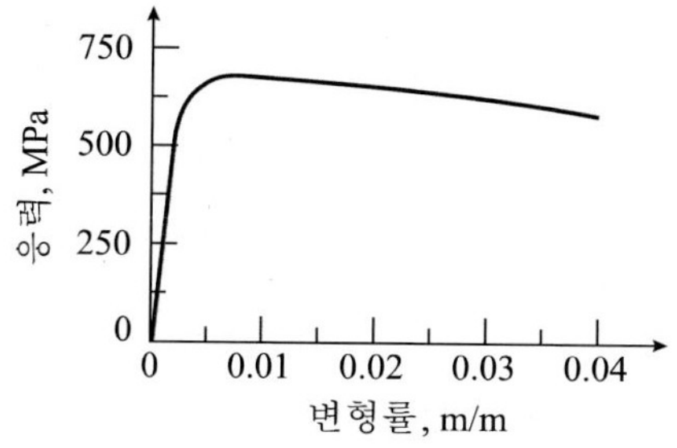

다음의 값들을 계산하라.

a. 탄성 계수
b. 비례한계
c. 변형률이 0.002일 때의 항복강도
d. 인장강도
e. 시편이 표점거리 내에서 0.38 mm의 늘어났을 때의 하중의 크기
f. (e)의 조건에서 하중을 제거 했을 때 최종적인 변형량
g. 이 재료를 이용해 구조를 설계하는 경우, (e)에서 계산된 응력을 고려하는 것은 적절한가? 그 이유는 무엇인가?

3.25 탄성영역 내에서 강봉의 인장시험을 수행한 결과 다음과 같은 데이터를 측정하였다.

- 적용하중 = 102 kN
- 초기 직경 = 25 mm
- 현재 직경 = 24.99325 mm
- 초기 표점거리 = 100 mm
- 현재 표점거리 = 100.1 mm

이를 이용해 영계수(Young's modulus) 및 포아송 비(Poission's ratio)를 계산하라.

3.26 직경 0.5 in. 표점 거리 2 in.의 36 Grade 강봉을 ASTM E-8 시험기준에 따라 파단시키기 위해 인장하중을 가하였다. 하중 및 변형량 데이터는 다음 표와 같다.

하중(kips)	변형량(in.)	하중(kips)	변형량(in.)
0	0	8.56	0.08301
2.75	0.00096	8.79	0.09557
4.07	0.00141	8.98	0.10878
7.12	0.00242	9.15	0.12207
7.14	0.01691	9.25	0.13372
7.34	0.04196	9.35	0.14741
7.53	0.04599	9.44	0.18199
7.91	0.05847	7.87	0.29814
8.28	0.7117		

스프레드시트 프로그램을 사용하여 다음을 수행하여라.

a. 응력－변형률 관계를 그려라. 축에 각각의 항목과 단위를 표시하라.

b. 응력－변형률 관계의 직선 부분을 그려라. 추정을 사용해 탄성 계수를 계산하라.

c. 비례 한계를 계산하라.

d. 항복 응력을 계산하라.

e. 극한 강도를 계산하라.

f. 하중이 4.07 kips일 때, 직경은 0.499905 in.로 측정되었다. 이 값을 이용해 포아송 비를 계산하라.

g. 강봉 시편이 파단 된 후 파단된 두 부분으로 서로 맞추어 측정한 결과 네킹 부분의 직경은 0.416012 in.이었다. 파단 될 때의 진응력(True stress)값은 무엇인가? 파단될 때의 진응력 값이 공칭 응력보다 크거나 작은가? 그 이유는 무엇인가?

h. 파단될 때 진변형률 값이 공칭 변형률보다 더 크거나 작은가? 그 이유는 무엇인가?

3.27 폭 37.5 mm, 두께 6.25 mm, 표점거리 203 mm를 갖는 직사각형 단면의 고강도 강재 시편을 ASTM E-8 시험기준에 따라 파단시키기 위해 인장하중을 가하였다. 하중 및 변형량 데이터는 다음 표와 같다.

하중(kN)	변형량(mm)	하중(kN)	변형량(mm)
0	0	159.4	8.560
18.5	0.102	161.2	9.856
84.3	0.379	162.8	11.217
147.4	0.623	164.2	12.588
147.6	1.744	165.0	13.789
149.2	4.327	165.8	15.201
150.8	4.742	166.6	18.767
153.9	6.030	153.6	30.746
157.0	7.339		

스프레드시트 프로그램을 사용하여 다음을 수행하여라.

a. 응력-변형률 관계를 그려라. 축에 각각의 항목과 단위를 표시하라.

b. 응력-변형률 관계의 직선 부분을 그려라. 추정을 사용해 탄성 계수를 계산하라.

c. 비례 한계를 계산하라.

d. 항복 응력을 계산하라.

e. 극한 강도를 계산하라.

f. 시편에 155 KN 하중을 한 번 가한 후 하중을 제거할 경우, 영구 변형량은 얼마인가?

g. 이 재료를 이용해 구조를 설계하는 경우, (e)에서 계산된 응력을 고려하는 것은 적절한가? 그 이유는 무엇인가?

3.28 350S125-27 냉간성형 형강의 단면적을 계산하라.

a. 강재의 항복강도가 33 ksi일 때, 부재에 인장하중을 가할 경우 항복이 발생하기 직전의 최대 하중은 얼마인가?

b. 96 in. 스터드가 압축에서 같은 하중을 견디는 것을 기대할 수 있는가? (설명하라)

3.29 표점거리가 8 in.의 ASTM A615 Grade 60 No.10 철근을 ASTM E-8 시험기준에 따라 파단시키기 위해 인장하중을 가하였다. 하중 및 변형량 데이터는 다음 표와 같다.

하중(kips)	변형량(in.)	하중(kips)	변형률(in.)
0	0	106.27	0.3320
13.97	0.0036	109.46	0.3823
42.46	0.0094	111.55	0.4351
74.11	0.0163	113.64	0.4883
86.15	0.0676	115.23	0.5392
95.72	0.1592	117.44	0.6032
100.51	0.2339	119.65	0.7279
103.94	0.2847	118.18	0.8832

스프레드시트 프로그램을 사용하여 다음을 수행하여라.

a. 응력-변형률 관계를 그려라. 축에 각각의 항목과 단위를 표시하라.

b. 응력-변형률 관계의 직선 부분을 그려라. 추정을 사용해 탄성 계수를 계산하라.

c. 비례 한계를 계산하라.

d. 항복 응력을 계산하라.

e. 극한 강도를 계산하라.

f. 시편에 88,000 lb의 하중을 한번 가한 후 하중을 제거할 경우, 영구 변형량은 얼마인가?

3.30 표점거리가 200 mm인 32 mm 철근을 ASTM E-8 시험기준에 따라 파단시키기 위해 인장하중을 가하였다. 하중 및 변형량 데이터는 다음 표와 같다.

하중(kN)	배수량(mm)	하중(kN)	배수량(mm)
0	0	472.9	8.4
62.2	0.1	487.1	9.7
188.9	0.2	496.4	11.1
329.8	0.4	505.7	12.4
383.4	1.7	512.8	13.7
426.0	4.0	522.6	15.3
447.3	5.9	532.4	18.5
462.5	7.2	525.9	22.4

스프레드시트 프로그램을 사용하여 다음을 수행하여라.

a. 응력 – 변형률 관계를 그려라. 축에 각각의 항목과 단위를 표시하라.

b. 응력 – 변형률 관계의 직선 부분을 그려라. 추정을 사용해 탄성 계수를 계산하라.

c. 비례 한계를 계산하라.

d. 항복 응력을 계산하라.

e. 극한 강도를 계산하라.

f. 시편에 390 kN의 하중을 한 번 가한 후 하중을 제거 할 경우, 영구 변형량은 얼마인가?

3.31 길이 4 ft, 외경 6 in., 관두께 1/2 in.의 강관이 50,000 lb의 축 방향 압축하중 하에 있다. 강관에 사용된 강재는 30×10^6 psi의 탄성률 및 0.27의 포아송 비를 가지고 있다고 가정한다. 다음을 계산하라.

a. 파이프의 수축량(쇼트닝)

b. 외경의 증가량

c. 벽두께의 증가량

3.32 길이 1 m, 외경 0.2 m, 관두께 10 mm를 갖는 강관이 200 kN의 축 방향 압축하중 하에 있다. 강관에 사용된 강재는 200 GPa의 탄성률 및 0.3의 포아송 비를 가지고 있다고 가정한다. 다음을 계산하라.

a. 파이프의 수축량(쇼트닝)

b. 외경의 증가량

c. 벽두께의 증가량

3.33 직경 12 mm 드릴로드(Drill rod)는 전단계수가 80 GPa인 고강도 합금강으로 제조된다. 로드에 토크 T를 가하였다. 단부에 대하여 허용 전단응력이 300 MPa 이내이며 동시에 한쪽 끝 단면이 다른 쪽에 대해 $\pi/3$ (radian) 내로 비틀어지는 로드의 최소 길이 L은 얼마인가?

3.34 직경 1/2 in. 드릴로드(Drill rod)는 전단계수가 11.6×10^6 psi인 고강도 합금강으로 제조된다. 로드에 토크 T를 가하였다. 단부에 대하여 허용 전단응력이 45×10^3 psi 이내이며 동시에 한 쪽 끝 단면이 다른 쪽에 대해 60° 내로 비틀어지는 로드의 최소 길이 L은 얼마인가?

3.35 그림 3.21의 전단응력-변형률 관계에서 재료의 전단계수는 얼마인가? 이 값을 다음의 단위로 계산하라.

a. SI 단위(SI unit)

b. 미국 단위(U.S. customary unit)

3.36 어떤 기술자가 ASTM A36 연강 시편을 이용해 파단이 될 때까지 인장시험을 수행 하였다. 시편의 초기 단면적은 0.25 in.^{2}이고 표점거리는 4.0 in.이다. 이 실험에서 얻은 정보는 적용된 인장하중(P)과 길이증가량(ΔL)으로 구성되어 있다. 실험 결과는 표 P3.36에 결과가 정리되어있다. 스프레드시트 프로그램을 사용하여 공칭응력(σ) 및 공칭변형률(ϵ)을 계산하여 표를 완성하라. 응력-변형률 곡선 아래의 면적을 다음의 식에 따라 계산함으로써 재료의 인성(u_t)을 계산하라.

$$u_t = \int_0^{\epsilon} \sigma \, d\epsilon$$

ϵ_f는 파단 시 변형률이다. 여기서, 적분은 사다리꼴 적분 기법을 사용하여 수치적으로 계산할 수 있다.

$$u_t = \sum_{i=1}^{n} u_i = \sum_{i=1}^{n} \frac{1}{2}(\sigma_i + \sigma_{i1})(\epsilon_i - \epsilon_{i-1})$$

	P (lb)	ΔL (in.)	σ (psi)	ϵ (in./in.)	u_j (psi)
0	0	0.0000			
1	0.0005	5680			
2	0.001	11400			
3	0.0015	17080			
4	0.002	22760			
5	0.0025	28440			
6	0.003	30000			
7	0.0035	30000			
8	0.004	30240			
9	0.0045	33000			
10	0.005	33200			
11	0.01	33800			
12	0.015	33960			
13	0.02	34480			
14	0.025	35280			
15	0.03	36200			
16	0.035	36880			
17	0.04	38160			
18	0.045	38600			
19	0.05	40240			
20	0.1	47480			

21	0.15	51320			
22	0.2	53440			
23	0.25	54680			
24	0.3	55400			
25	0.35	55680			
26	0.4	55840			
27	0.5	55200			
28	0.55	54400			
29	0.6	52600			
30	0.65	50040			
31	0.7	46760			$u_t =$

3.37 강재 시편에 대한 샤르피 V 노치(CVN) 시험을 수행하였으며, 그 결과는 다음 표에 나타나 있다. 인성–온도 관계도를 그리고 연성과 취성 간의 온도 천이영역(Temperature transition zone)을 구하라.

온도(C)	강도, J (N · m)
−40	7
0	15
50	54
100	109
150	120
200	122

3.38 ASTM A572 Grade 50 교량용 강에 대한 샤르피 V 노치 시험을 수행하였다. 아래의 결과는 네 개의 다른 시험 온도에서 시험한 결과의 평균값을 나타냈다.

- 10 ft · lb에서 −50°F
- 15 ft · lb에서 0°F
- 40 ft · lb에서 40°F
- 60 ft · lb에서 100°F

교량이 세워지는 곳은, 용접된 결함위험부재(Fracture-critical members)가 30°F에서 최소 25 ft · lb의 파괴인성을 갖도록 시방서상 규정되어 있는 지역이다. 만약 이 강이 이 교량의 결함위험부재 중 용접된 플랜지에 쓰이게 된다면, 강재는 충분한 샤르피 V 노치 파괴인성을 나타낼 수 있는가? 계산식을 제시하라.

3.39 강재 및 용접의 결함은 어떻게 확인할 수 있는가? 이러한 목적을 위해 사용되는 비파괴검사의 개념에 대해 논하라.

3.40 A36 강과 A922 강의 용접 영역구분을 구하라.

3.41 간단히 강재의 부식을 정의하라. 부식이 발생하는데 필요한 네 가지 요소는 무엇인가?

3.42 부식으로부터 강재를 보호하기 위해 사용되는 주요 방법에 대해 설명하라.

참고문헌

American Institute of Steel Construction (AISC), Structural Steel: An Industry Overview, www.aisc.org, Chicago, Il., 2008

Bouchard, S., and G. Axmann. ASTM A913 Grades 50 and 65: Steels for Seismic Applications. STESSA Conference Proceedings, 2000.

Budinski, K. G. and M. K. Budinski. Engineering Materials, Properties and Selection. 9th ed. Upper Saddle River, NJ: Prentice Hall, 2010.

Callister, W. D., Jr. Materials Science and Engineering—an Introduction. 7th ed. New York: John Wiley and Sons, 2006.

Carter, C. J., Are You Properly Specifying Materials? Modern Steel Construction, January edition, 2004.

Cordon, W. A. Properties, Evaluation, and Control of Engineering Materials. New York: McGraw-Hill, 1979.

Corrosion Costs, http://www.corrosioncost.com/infrastructure/index.htm, 2009.

Elhajj, N., Designing Homes using Cold-Fromed Steel Framing, National Association of Home Builders, http://www.toolbase.org/Construction-Methods/Steel-Framing/designing-homes-cold-formed-steel, 2001.

Federal Highway Administration. A High Performance Steel Scorecard, Focus, http://www.tfhrc.gov/focus/apr02/steel.htm, 2002.

Fontana, M. G. and N. D. Greene. Corrosion Engineering. 2d ed. New York: McGraw-Hill, 1978.

Frank, K. H. and L. M. Smith. Highway Materials Engineering: Steel, Welding and Coatings. Publication No. FHWA-HI-90-006. Washington, DC: Federal Highway Administration, 1990.

Hare, C. H. Protective Coatings for Bridge Steel. National Cooperative Highway Research Program, Synthesis of Highway Practice No. 136. Washington, DC: Transportation Research Board, 1987.

Hassett, P. M. Steel Construction in the New Millennium. Hassett Engineering, Inc., Castro Valley, CA, 2003.

ISG Plate. High Performance Steel for Bridges. Coatsville, PA, 2003.

Karren, K. W., and G. Winter, "Effects of Cold-Straining on Structural Sheet Steels," Journal of the Structural Division, ASCE Proceedings, vol. 93, 1967.

Key-to-Steel. Designation of Carbon and Low-Alloy Steels, http://www.key-to-steel.com, 2005.

Lane, S., E. Mulley, B. Wright, M. Simon, and J. D. Cooper. Focus on high-performance, Better Roads, May, 1998.

Miller, D. Mixing Welds and Bolts, Part 1. Welding Innovations. Vol. XVIII, No. 2, 2001.

Somayaji, S. Civil Engineering Materials. Upper Saddle River, NJ: Prentice Hall, 2001.

Specialty Steel Industry of North America. Stainless Steel for Structural Applications, Designer Handbook. Washington, DC, 1999.

Steel Stud Manufactures Association (SSMA), Product Technical Information, IBO ER-4943P, Chicago, Il. 2001.

Timisoara Polytechnical University (TPU), Course 11, Introduction to Cold Formed Steel Design, http://cemsig.ct.upt.ro/dinu/metal3/Curs_11.pdf, Romania accesses 2009.

CHAPTER 04 알루미늄

알루미늄은 지각의 8%를 구성하는, 지구상에서 가장 풍부한 금속이다. 일반적으로 알루미늄은 산화물의 형태로 존재한다. 산화물에서 알루미늄을 추출하는 과정은 매우 많은 에너지를 필요로 한다. 미국에서 사용되는 전력의 약 2~3%는 알루미늄 생산에 소비되고 있다. 따라서 에너지 소모를 줄이고 경제적인 제품 생산을 위해 많은 양의 알루미늄이 재활용된다. 매년 생산되는 24만 톤의 알루미늄 중 약 75%는 광석환원(ore reduction)으로부터, 25%는 재활용으로부터 얻어진다.

순수한 알루미늄의 특성은 구조적 용도에 적합하지 않다. 순수한 알루미늄은 일부 분야에서만 사용되고, 대부분의 경우는 합금 첨가물이 추가된다. 이러한 합금 첨가물뿐만 아니라 냉간가공 및 열처리에 의해 알루미늄은 다양한 용도의 제품에 적합하도록 가공된다. 그림 4.1과 4.2는 두 가지 용도로써 건설 분야에 활용된 알루미늄 제품을 보여주고 있다. 여기서, 알루미늄이란 말은 단일원소와 합금 모두를 가리키는데 사용된다.

알루미늄의 생산량은 철에 버금간다. 생산된 알루미늄의 약 25%는 포장 및 용기에, 20%는 문, 창문, 창틀 등과 같은 건축용 제품에, 10%는 전도체에 사용된다. 이러한 제품들은 산업용품, 개인용 제품, 항공기 및 차량 등에 다양하게 사용된다.

알루미늄은 항공기 중량의 80%를 차지하며, 자동차와 경량 트럭 산업에서의 사용은 1971년 이후로 300%나 증가했다[Reynolds Metals Company, 1996]. 그러나 사회간접자본시설에는 알루미늄의 사용이 제한되고 있다. 미국에서는 약 60만 개의 교량 중 겨우 아홉 개의 교량만이 알루미늄으로 만든 주요 구조 부재로 건설되었다. 알루미늄의 사용을 제안하는 이유는 크게 두 가지로, ① 강에 비해서 상대적으로 높은 초기비용과 ② 알루미늄 구조물의 성능에 대한 정보 부족이다.

알루미늄은 다양한 장점을 가지고 있으므로 여러 분야에 적용할 수 있다. 다음은 알루미늄의 장점들이다[Budinski and Budinski, 2010].

그림 4.1 (좌) 건물의 구조적 지지를 위해 사용된 알루미늄 프레임

그림 4.2 (우) 알루미늄으로 제작된 건축용 파사드(Facade)

- 강의 1/3 수준의 밀도를 갖는다.
- 열전도도 및 전기전도도가 우수하다.
- 강도 대 중량 비(비강도)가 높다.
- 양극처리(애노다이징, anodizing)와 하드코팅(hard coating)에 의해 단단한 표면을 가질 수 있다.
- 용접이 가능한 합금을 만들 수 있다.
- 녹슬지 않는다.
- 반사율이 높다.
- 다이캐스트(die cast) 성형이 가능하다.
- 가공이 용이하다.
- 성형성이 좋다.
- 자성을 띄지 않는다.
- 무독성이다.

알루미늄의 우수한 비강도(강도 대 중량비)와 내후성(부식에 저항하는 능력)은 알루미늄을 매력적인 구조용 공학재료로 만드는 기본 요소이다. 알루미늄 합금은 강재 제품과 유사한 강도로 제품화 될 수 있지만, 알루미늄의 탄성 계수는 강철의 약 1/3이다. 따라서 알루미늄의 낮은 탄성 계수를 보완하기 위해 알루미늄 구조부재는 두꺼워야 한다.

예제 4.1

보의 단면설계를 위한 여러 기준에는 휨하중에 의한 처짐과 관련된 제한이 있다. 다음 그림과 같이, 단순지지된 보는 직사각형 단면을 가지고 있으며, 높이는 다른 설계사항을 고려해 고정되어 있다고 가정한다. 이 때 알루미늄 보에 필요한 폭을 강재 보의 폭과 비교하여 결정하라.

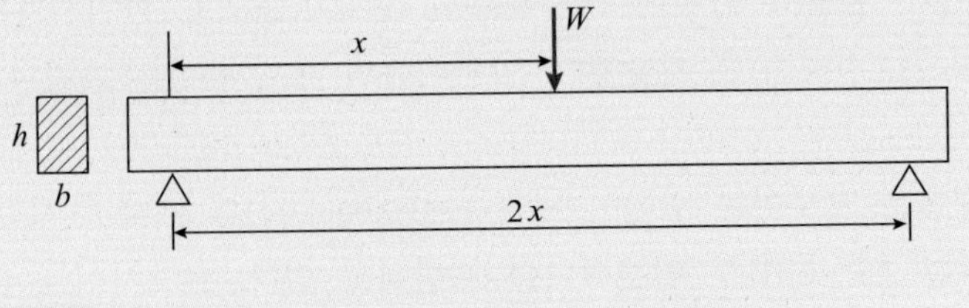

풀이

휨에 의한 처짐에 대한 방정식은 다음과 같다.

$$\delta = \frac{W(2x)^3}{48El}$$

여기서, W : 하중(가해진 힘)

x : 하중을 가하는 점과 지점간의 거리

E : 탄성 계수

l : 관성 모멘트

알루미늄과 강철은 아래첨자 a 와 s 로 각각 표현할 때, 알루미늄 및 강철 보의 처짐이 동일하다는 조건에 대한 식은 다음과 같다.

$$\delta = \frac{W(2x)^3}{48El} = \frac{W(2x)^3}{48E_s l_s}$$

이 식을 줄이면 다음과 같다.

$$E_a l_a = E_s l_s$$

여기서 직사각형 단면에 대한 관성 모멘트는 다음의 식과 같다.

$$l = \frac{1}{12}bh^3$$

이를 치환하면 다음과 같다.

$$E_a \frac{1}{12} b_a h^3 = E_s \frac{1}{12} b_s h^3$$

문제의 조건에서 보의 높이가 동일하므로 이 방정식은 다음과 같이 정리된다.

$$b_a = \frac{E_s}{E_a} b_s$$

강철과 알루미늄의 탄성 계수가 각각 29,000,000 및 10,000,000 psi이므로, 알루미늄 보는 강철보보다 2.9배 폭이 넓게 설계해야 한다.

4.1 알루미늄의 생산

알루미늄 생산은 1880년대에 개발된 공정을 사용한다. Bayer는 순수한 알루미나(Al_2O_3)를 생산하기 위해 알루미산나트륨(sodium aluminate) 침출공정을 개발했다. Hall과 Héroult은 이와 별도로 알루미나를 순수한 알루미늄으로 환원시키는 전해 공정(electrolytic process, 전해법)을 개발했다. 알루미늄의 제조 방법은 그림 4.3에 나타나있다.

알루미늄의 생산은 알루미늄 광석인 보크사이트(bauxite)의 채굴로 시작된다. 상용등급의 보크사이트는 45～60%의 알루미나를 포함하고 있다. 보크사이트 분쇄 후, 점토 및 실리카(규소산화물) 등의 물질을 제거를 위해 물로 세척하고, 이 물을 제거하기 위해 건조킬른에서 건조된다. 분쇄된 보크사이트는 소다회(soda ash) 및 석회(lime)와 혼합된 후, 증해관(digester)과 감압기(pressure reducer), 그리고 침전조(settling tank)를 통과하면서 알루민산나트륨 농축액이 제조된다. 이 단계에서는 알루민산나트륨 용액으로부터 실리카, 산화철 및 기타 불순물이 제거된다.

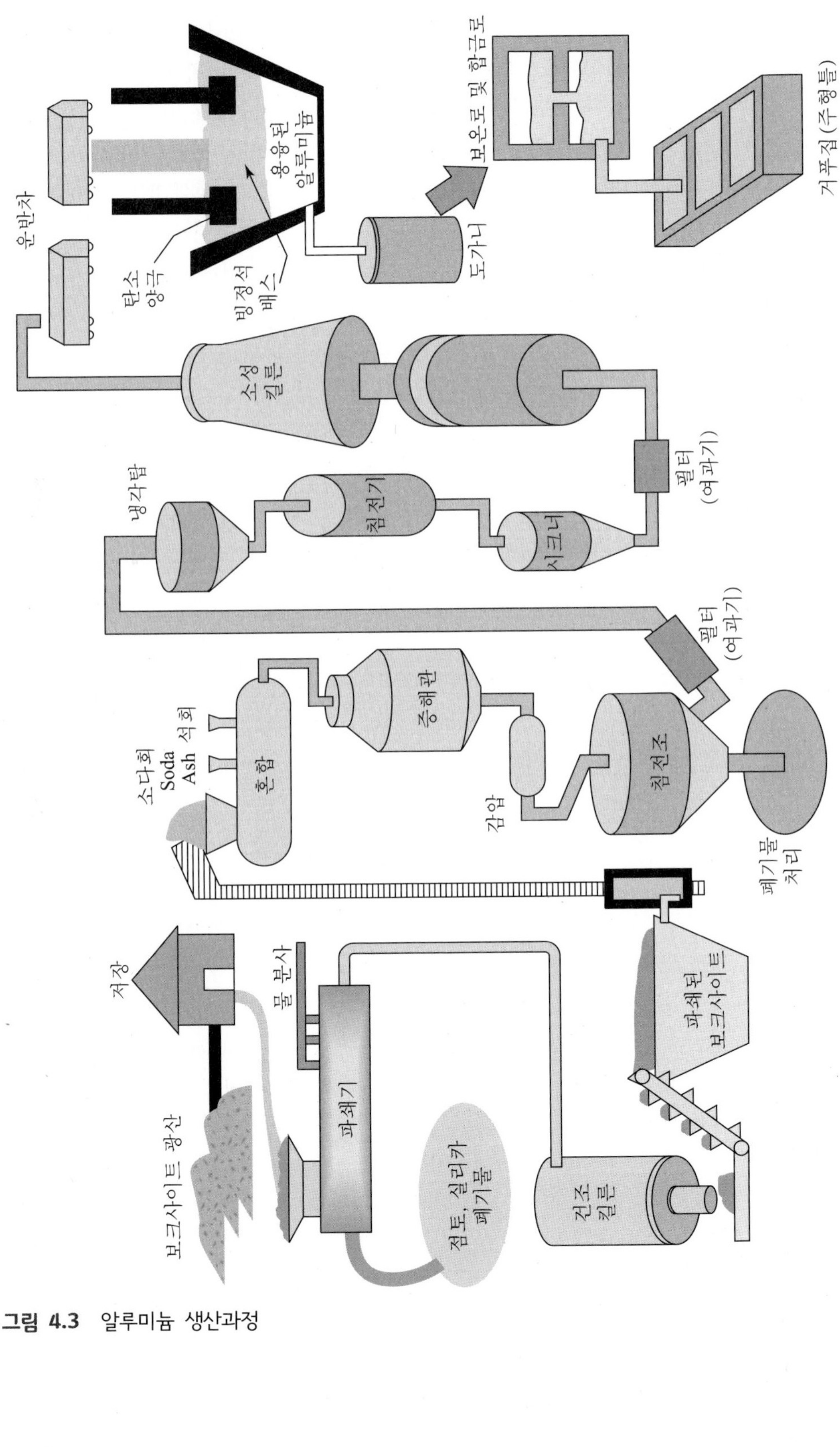

그림 4.3 알루미늄 생산과정

이 용액은 집진기 탑에서 수화된 알루미나 결정으로 석출된다. 이 결정은 다른 알루미나 결정과 함께 덩어리를 이루어 점점 커지게 되며 마침내 무거워져서 용액 하부로 침전된다. 알루미나 수화물 결정은 미소량의 불순물을 제거하기 위해 물로 세척되고, 이 물을 제거하기 위해 킬른에서 소성(calcination)된다. 이렇게 제조된 알루미나는 Hall-Héroult 공정을 통해 환원된다. 알루미나는 빙정석 배스(cryolite bath, 나트륨－알루미늄－플로오르화된 용융염)에서 용융된다. 알루미늄과 산소 분자를 분해하기 위해 탄소 양극과 음극 사이에 전류를 흘린다. 용융된 알루미늄은 배스의 하단의 음극에서 모인다. 순도 99% 이상의 용융 알루미늄은 도가니로 빨려 올라간다. 그 후 보온로(holding furnace)에서 처리된다. 더 남아있는 불순물을 제거하기 위해 용융 물질을 통해 뜨거운 가스가 전달된다. 이후 합금 첨가물이 혼입된다.

용융된 알루미늄은 완제품이나 주괴(ingots) 형태로 주조하기 위해 주문생산공장(foundry, 파운드리)으로 운반된다. 주괴는 직접냉각공정을 통해 성형되며, 이후 압연기에 의해 거대한 판재, 압출공정에 의해 통나무형 빌릿(billet) 혹은 선재, 봉재 및 각봉재 제작을 위한 사각 빌릿으로 생산된다.

알루미늄의 최종적인 제품은 일반적으로 가장 오래된 성형방법인 주조(casting)나 변형(deforming)에 의해 제조된다. 일반적으로 사용되는 주조 방법에는 다이캐스트 주조법(die casting), 금형 주조(permanent mold casting), 사형 주조(sand casting)의 세 가지 방법이 있다. 기본적인 변형공정에는 단조(forging), 충격 압출(impact extrusion), 스탬핑(stamping), 인발(drawing), 인발－아이어닝(ironing) 등이 있다. 대부분의 구조용 부재는 압출공정을 통해 만들어진다. 주조 또는 변형된 제품은 최종성형 및 표면처리를 위해 기계로 가공되며, 이 때 알루미늄의 추가적인 열처리가 사용되기도 한다. 주조 및 형성 방법은 표 4.1에 요약되어있다.

알루미늄을 재활용 할 때, 폐 알루미늄 고철은 노에서 용융된다. 용융된 알루미늄은 정제된 후 합금 첨가물이 추가된다. 보크사이트에서 알루미늄을 제조하는데 필요한 전력의 약 5%가 이 공정에서 소비된다.

매우 높은 강도의 알루미늄 제품은 분말야금(powder metallurgy) 공정을 통해 제조할 수 있다. 알루미늄 합금 분말을 성형틀에 압축하여 넣은 후 입자가 융합하는 온도까지 가열된다.

4.2 알루미늄 금속공학(aluminum metallurgy)

알루미늄은 면심입방(FCC ; face center cubic) 격자구조를 갖는다. 알루미늄은 표점거리가 50 mm(2 in.)일 때 일반적인 연신율이 40% 이상일 정도로 전성(Malleability, 역자주 : 하중 재하 시 물체가 얇게 늘어나는 성질)이 매우 우수하다. 인장강도는 약 28 MPa (4,000 psi) 정도로 낮은 편이다. 알루미늄의 탄성 계수는 약 69 GPa(10,000 ksi)이다. 순수한 알루미늄(알루미늄 함량 99% 이상)을 제품에 사용하는 경우, 전기 전도체, 화학설비 및 박판과 같은 비구조적 응용에 제한된다.

순수 알루미늄의 강도는 상대적으로 낮지만, 알루미늄 합금은 합금원소, 냉간가공(cold working)에 의한 가공경화(strain hardening) 및 열처리 등에 의해 순수 알루미늄의 약 15배 이상의 강도를 가질 수 있게 된다. 일반적인 합금 원소에는 구리, 망간, 규소, 마그네슘 및 아연 등이 있다. 냉간가공은 생산 공정내의 재료에서 슬립면(slip plane)의 파괴를 일으킴으로써 강도를 증가시킨다.

그림 4.4는 알루미늄-구리 합금에 대한 상태도이다. 이 상태도는 알루미나 합금의 가장 일반적인 상태도 중 하나이다. 합금 원소는 알루미늄 내에서 낮은 용해도를 가지며, 용해도는 온도가 낮아질수록 감소한다.

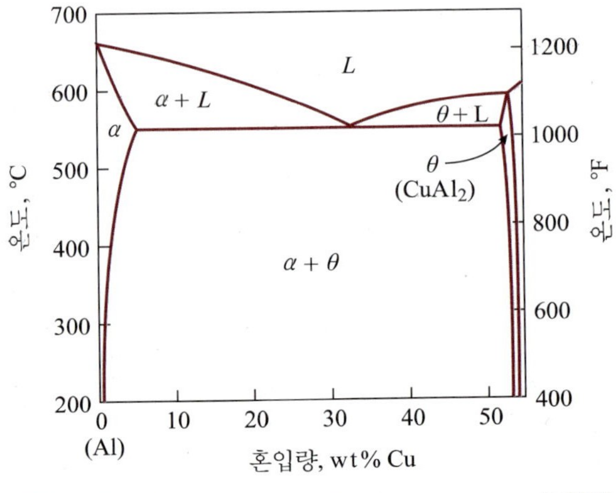

그림 4.4 알루미늄-구리 상태도(Composition 혼입량)

앞에서 설명한 것과 같이, 이러한 특성을 가진 금속의 성질은 열처리에 의해 민감하게 변화되는데, 이는 열처리에 의해 재료 내 금속결정의 크기, 격자의 구조 및 분포 등에 영향을 주는 열처리에 매우 민감하다. 일반적으로 알루미늄 합금에 사용되는 열처리는 어닐링(annealing, 풀림), 하드닝(hardening, 담금질), 시효화(aging) 및 안정화(stabilizing) 등이 있다.

표 4.1 알루미늄 제품의 주조 및 성형 방법(Reynolds infrastructure 중, 1996)

주조법(casting methods)	
사형 주조 (sand casting)	결합제를 함유한 모래를 형틀 주변에 쌓는다. 형틀을 제거하고 남은 굳은 모래에 용융된 알루미늄을 부어 형상을 만든다. 일반적으로 제품의 질감이 거칠지만 필요에 따라 가공이 가능하다. 소규모 생산 혹은 초대형 부품을 제조하는데 경제적이다. 또한 제품 내에 내부 공동부를 성형해야 하는 경우 적용이 가능하다.
금형 주조(permanent mold casting)	용융된 알루미늄 재사용이 가능한 금형에 붓는다. 대량생산을 위해서는 경제적인 방법이다.
다이캐스트 주조법 (die casting)	용융된 알루미늄을 고압으로 영구금형에 밀어 넣는다. 정밀한 주조제품을 대량생산 하는데 적합하다.
성형법(forming methods)	
압출(extrusion)	425 ~ 540℃(800 ~ 1000°F)로 가열된 알루미늄을 다이(die, 소성가공 틀)를 통해 가압하여 통과시킨다. 불완전 또는 완전한 공동을 포함하는 복잡한 단면의 성형이 가능하다. 튜브, 파이프, I형 보, 창호 및 문틀과 같은 의장제품을 포함한 다양한 건축 및 구조 부재의 성형에 사용한다.
압연(rolling)	판[두께 6 mm(0.25 in.] 이상), 시트[두께 0.15 ~ 6 mm(0.006 ~ 0.25 in.)], 호일[두께 0.15 mm(0.006 in.) 이하] 등의 제품을 생산하기 위해 가열된 알루미늄 주괴를 롤러로 압축 및 연장한다.
롤 성형 (roll forming)	특수한 형태의 롤러 사이로 알루미늄 스톡(stock, 덩어리)을 통과시킴으로써 알루미늄 판재를 성형한다. 창틀을 위한 몰딩, 배수구, 홈통, 지붕, 사이딩(외장용 자재)과 같은 건축 제품의 대량 생산에 사용된다.
브레이크 성형 (brake forming)	브레이크 프레스(brake press)로 판재를 형성한다. 생산율이 낮고 크기가 제한적이지만 롤 성형보다 더 간단한 도구를 사용한다.
절단 작업 (cutting operation)	블랭킹(blanking) 및 절단에 의해 윤곽을 형성한다. 원하는 형상의 블랭킹 펀치를 이와 일치하는 다이에 통과시키는 형태로 알루미늄 판재를 성형한다. 평면형 제품의 대량 생산에 사용된다. 판재에 블랭킹을 관통시켜 구멍(홀, hole)을 만든다. 여러 장의 판재가 겹쳐져 있는 경우에도 라우터(router)나 기요틴형 전단기(guillotine-action shear)를 이용해 판의 모서리를 절단하거나 다듬을 수 있다.
엠보싱 (embossing, 부각성형)	알루미늄 판재를 다이나 롤러 등을 이용해 브레이크 성형 하여 일정한 패턴을 만들고, 한 면에서는 볼록한 패턴을, 반대 면에서는 오목한 패턴을 만들어 이 두 판재를 부착한다.
인발 (drawing)	프레스기에 설치된, 서로 맞물려 있는 다이 사이에 알루미늄 판재를 인발하여(당겨서), 일정한 형태로 성형한다.
초소성 성형 (superplastic forming)	가열된 알루미늄 판재를 기압을 이용해 금형으로 밀어 넣는다. 굴곡이 깊고 복잡한 형상을 제조 할 수 있지만, 공정 시간이 길다.

4.2.1 합금 명명체계(alloy designation system)

알루미늄 제품은 우선 주조(casting method) 및 단조(wrought method, or forging method) 등의 제조 방법에 따라 분류된다. 주물용 알루미늄 합금(주조용 알루미늄 합금, cast aluminium alloys)은 금형에 유입되어 성형된다. 전신용 알루미늄 합금(단조용 알루미늄 합금, Wrought aluminium alloy)은 알루미늄을 최종적인 형상으로 변형(deforming) 시켜 제조하는 제품을 위해 사용한다. 미국 알루미늄 협회는 표 4.2와 같은 알루미늄 합금 분류체계를 개발 하였다.

전신용 합금의 명명체계는 네 자리 코드로 구성된다. 첫 번째 코드의 숫자는 합금의 계열(series, 종류)을 나타낸다. 두 번째 코드의 숫자가 0이 아닐 경우 기본 합금에 일정한 조작을 가했음을 의미한다. 세 번째와 네 번째 코드는 합금 계열에서 특정 합금을 식별하기 위한 임의의 숫자로서, 1xxx 계열을 제외하고 이 숫자들은 최소 알루미늄 함량을 나타낸다. 1xxx 계열의 경우, 알루미늄 함량 99% 뒤의 소수점 이하 두 자리 숫자가 코드의 세 번째, 네 번째 숫자가 된다. 예를 들어, 1060은 최소 알루미늄 함량이 99.60%인 것을 나타낸다.[10)]

표 4.2에 나타낸 바와 같이, 주물용 합금은 소수점 앞 세 자리, 소수점 뒤 한자리 코드로 구성된다. 첫 번째 코드는 합금의 계열을 나타낸다. 여기서 첫 번째 코드의 숫자가

표 4.2 알루미늄 합금에 대한 지정 시스템(미국 알루미늄 협회, 1993)

전신용(단조용) 알루미늄 합금		주물용(주조용) 알루미늄 합금	
합금의 계열	설명 또는 주요 합금 원소	합금의 계열	설명 또는 주요 합금 원소
1xxx	99.00% 알루미늄 순도	1xx.x	99.00% 알루미늄 순도
2xxx	구리	2xx.x	구리
3xxx	망간	3xx.x	구리가 추가된 규소 및/또는 마그네슘
4xxx	규소	4xx.x	규소
5xxx	마그네슘	5xx.x	마그네슘
6xxx	마그네슘과 규소	6xx.x	사용되지 않은 계열
7xxx	아연	7xx.x	아연
8xxx	기타 원소	8xx.x	주석
9xxx	사용되지 않은 계열	9xx.x	기타 요소

10) 역자주 : 우리나라에서도 이에 대응하는 KS D ISO 209-1규격이 있었으나 2009년 폐지되었다.

의미하는 합금원소는 전신용 합금의 동일한 숫자가 의미하는 원소와 다르다. 두 번째와 세 번째 코드의 숫자는 특정 합금을 식별하기 위해 임의로 지정된다. 소수점 이하 코드의 숫자는 이 합금의 조성이 최종 주조(xxx.0)를 위한 것인지 또는 주괴(xxx.1, xxx.2)를 제조하기 위한 것인지에 대한 여부를 나타낸다.

4.2.2 온도 처리(템퍼 처리, temper treatments)

알루미늄의 기계적 특성은 열처리(heat treatment)와 가공경화(strain hardening, 역자주 : 재결정 온도 이하에서 금속을 소성가공할 때 소재의 경도와 강도가 증가됨) 등의 온도처리에 의해 크게 변경된다. 따라서 알루미늄 재료의 규격에는 제품이 온도처리 되는 방법이 명시되어야 한다. 표 4.3에 설명된 공정은 알루미늄 제품에 대한 온도처리의 종류이다.

구조용 알루미늄 합금은 열처리가 가능한 재료, 혹은 그렇지 않은 재료 모두로 분류된다. 주로 조직이 고용체(solid solution, 고체 결정 속에 다른 원소의 원자가 고르게 혼입되어 있는 상태)로 남아있거나 불용성 원소(insoluble constituents)를 함유하고 있는 재료의 경우, 비열처리(non-heat-trea표) 혹은 일반(common) 알루미늄 합금으로 분류한다. 따라서 재료의 물성은 열처리에 의해 변화하지 않는다. 이러한 합금의 물성은 일반적으로 어닐링(annealing, 풀림) 이후 냉간 성형과정에 의해 영향을 받게 된다. 높은 온도에서는 고용해도(solid solubility, 고용체의 용해도)가 높으나, 낮은 온도에서는 고용해도가 낮은 재료의 경우 열처리(heat-trea표) 혹은 강한(strong) 합금으로 분류된다. 이러한 합금의 경우 대부분 열처리 후 강도가 증가하게 된다.

표 4.3 알루미늄 합금의 온도처리에 대한 명명법

기호	의미	특 징
F	미처리 (as fabricated)	열처리 또는 가공경화 등의 특별한 처리를 하지 않는다.
O	어닐링 처리 (풀림처리, Annealed)	• 단조제품 – 가장 낮은 강도를 갖도록 어닐링 처리한다. • 주조제품 – 연성과 부피안정성을 높이기 위해 어닐링 처리한다. 영 이외의 한 자리 숫자 이후에 붙는 “O”는 재료가 독특한 성능을 가지고 있다는 것을 의미한다.
H	가공경화 처리 (Strain hardened, 가공경화처리)	단조제품에만 사용된다. 추가적인 열처리 여부에 상관없이, 가공경화 처리에 의해 강도가 증가된다. “H”는 항상 두 자리 이상의 자리 숫자 다음에 붙게 된다. 첫 번째 자리의 숫자는 수행된 기본 작업의 종류를 나타낸다. 두 번째 자리의 숫자는 가공경화의 정도를 나타낸다. [두 번째 숫자에 대한 코드는 2(1/4 경화,

		quarter hard), 4(1/2 경화, half hard), 8(전경화, full hard), 9(과잉경화, extra hard) 등이다] 사용될 때, 세 번째 자리 숫자는 앞의 두 자리 숫자들에서 나타난 처리방법에 대한 변화를 나타낸다. 첫 번째 자리 숫자가 나타내는 기본 작업의 종류는 다음과 같다 : • H1 – 단순한 가공경화. 추가적인 열처리 없이, 원하는 강도를 얻기 위해 가공경화 처리된 제품에 적용된다. • H2 – 가공경화 및 부분 어닐링. 원하는 정도 이상으로 가공경화된 제품에, 부분적인 어닐링 처리를 통해 강도를 약간 낮추어 원하는 제품을 생산하는 경우 적용된다. • H3 – 가공경화 및 안정화. 가공경화 후, 저온 열처리와 제품 성형 시 가열 등의 공정에 의해 물리적 성능이 안정화 된 제품에 적용된다. 안정화 처리는 일반적으로 연성을 향상시킨다.
W	용체화 처리 (solution heat treated)	역자 첨가 : 고용체 열처리라고도 하며, 합금원소를 고용체로 용해하는 온도 이상으로 가열하여 충분한 시간동안 유지하고 급랭하여 과포화 고용체로 만들어 합금원소의 석출을 유도하는 공정이다. 불안정한 온도 처리 중 하나로서 용체화 처리 후 상온에서 자연적으로 시효화(Aging)된 합금에 적용된다. 이 기호 뒤에는 항상 자연시효(natural aging)가 진행된 시간이 따라온다. 예) W1/2 hr
T	F, O, H 이외의 안정화를 위한 열처리	추가적인 가공경화 여부에 상관없이, 안정적인 상태를 위해 열처리된 제품에 적용된다. "T" 뒤에는 항상 하나 또는 두 자리 숫자가 따라온다. • T1 – 고온 성형 공정 후 냉각시키고, 안정화 될 때 까지 자연시효처리 한다. 고온에서 성형한 후 냉간 가공하지 않거나, 프래트닝(flattening, 평편화) 및 변형보정(straightening) 등의 냉간 가공에 의한 경화가 기계적 특성에서 고려되지 않는 곳에 사용한다. • T2 – 고온 성형 공정 후 냉각시키고, 냉간 가공 한 후 안정화 될 때 까지 자연시효처리 한다. 강도의 증가를 위해 고온 성형 공정 후 냉간가공하는 곳, 혹은 플래트닝 및 변형보정 등의 냉간가공에 의한 경화가 기계적 특성치의 한계를 넘지 않는 곳에 사용한다. • T3 – 용체화(고용화) 처리 후, 냉간 가공되고, 안정화 될 때 까지 자연시효 처리한다. 용체화 처리 후 강도의 증가를 위해 냉간 가공하거나, 혹은 플래트닝 및 변형보정 등의 냉간가공에 의한 경화가 기계적 특성치의 한계를 넘지 않는 곳에 사용한다. • T4 – 용체화 처리 후, 안정화 될 때까지 자연시효처리 한다. 용체화 처리 후 냉간 가공하지 않거나, 혹은 플래트닝 및 변형보정 등의 냉간가공에 의한 경화가 기계적 특성치의 한계를 넘지 않는 곳에 사용한다. • T5 – 고온 성형 공정 후 냉각시키고, 인공적으로 시효처리 한다. 고온에서 성형한 후 냉간 가공하지 않거나, 프래트닝 및 변형보정 등의 냉간 가공에 의한 경화가 기계적 특성에서 고려되지 않는 곳에 사용한다. • T6 – 용체화 처리 후, 인공적으로 시효처리 한다. 용체화 처리 후 냉간 가공하지 않거나, 혹은 플래트닝 및 변형보정 등의 냉간가공에 의한 경화가 기계적 특성치의 한계를 넘지 않는 곳에 사용한다. • T7 – 용체화 처리 후, 과잉시효처리(overaging)/안정화한다. 전신물(단조된 제

		품)에 몇몇 중요한 특성을 부여하여 최대 강도점 이상의 성능을 발현시키기 위하여, 제품은 용체화 처리 후 인공적으로 시효처리 된다. 주조물(주조된 제품)의 부피 및 성능 안정화를 위해, 제품은 용체화 처리 후 인공적으로 시효처리 된다. • T8 – 용체화 처리 후 냉간 가공되고, 인공적으로 시효처리 한다. 강도의 증가를 위해 냉간가공 하는 곳, 혹은 플래트닝 및 변형보정 등의 냉간가공에 의한 경화가 기계적 특성치의 한계를 넘지 않는 곳에 사용한다. • T9 – 용체화 처리 후 인공적으로 시효된 다음 냉간 가공한다. 강도의 증가를 위해 냉간 가공하는 곳에 사용한다. • T10 – 고온 성형 공정 후 냉각시키고, 냉간 가공 한 후 인공적으로 시효처리 한다. 강도의 증가를 위해 냉간 가공하는 곳, 혹은 플래트닝 및 변형보정 등의 냉간가공에 의한 경화가 기계적 특성치의 한계를 넘지 않는 곳에 사용한다. 이 외의 제조상 변화를 나타내는 경우, 위해 위에 있는 기호들 뒤에 추가적인 숫자를 명시할 수 있다.

4.3 알루미늄 시험 및 특성

비열처리 및 열처리 전신용 알루미늄 합금의 일반적인 특성은 표 4.4와 4.5에 나타나 있다. 구조적으로 사용될 수 있는 주물용 알루미늄 합금에 대한 일반적인 특성은 표 4.6에 나타나있다. 이 표에 나타난 값들은 주물용 알루미늄 합금의 표본적인 값이다. 주조된 알루미늄 합금 부재의 재료 특성은 각 위치에 따라 다를 수 있는데, 이는 각 위치에 따라 냉각속도가 다를 수 있기 때문이다.

알루미늄 시험법은 강재 시험법과 유사하다. 일반적인 것으로서는 탄성 계수, 항복 강도, 극한 강도 및 신장률을 측정하기 위한 인장시험이 있다. 강과 달리, 알루미늄 합금에는 상하 항복점이 나타나지 않는다. 대신 응력-변형률 곡선은 비례 한계까지 선형관계이며, 극한 강도까지 완만한 곡선을 그린다. 그림 4.5와 같이, 항복 강도는 0.2%의 변형률에서 오프셋법(offset method)에 따라 정의된다. 앞서 나타낸 바와 같이, 알루미늄 합금의 탄성 계수는 69 GPa(10,000 ksi) 정도이며, 합금의 종류나 다른 처리방법에 따라 민감하게 달라지지 않는다.

예제 4.2

10 mm 직경의 알루미늄 합금 봉에 5 KN의 인장 하중을 가하였다. 하중을 가한 후, 직경을 측정하니 9.997 mm이었다. 항복 강도가 139 MPa 경우, 재료의 포아송 비를 계산하라.

풀이

$$\sigma = \frac{5000}{(\pi d^2)/4} = 63.7 \times 10^6\ \text{Pa} = 63.7\ \text{MPa}$$

여기서 알 수 있는 것은, 가해진 인장응력이 항복응력(항복강도) 이하였다는 것이다. 따라서 변형은 탄성적으로 일어난다. 그러므로 다음의 것을 정의할 수 있다.

$$E = 69\ \text{GPa}$$

$$\epsilon_{\text{exial}} = \frac{\sigma}{E} = \frac{63.7 \times 10^6}{69 \times 10^9} = 0.000923\ \text{m/m}$$

$$\Delta d = 9.997 - 10.000 = 0.003\ \text{m}$$

$$\epsilon_{\text{exial}} = -\frac{0.003}{10.000} = 0.0003\ \text{m/m}$$

$$\nu = \frac{-\epsilon_{\text{exial}}}{\epsilon_{\text{exial}}} = \frac{0.0003}{0.000923} = 0.33$$

알루미늄의 열팽창계수(coefficient of thermal expansion)는 강 및 콘크리트의 약 두 배인 0.000023/℃(0.000013/°F)이다. 따라서 알루미늄과 강 또는 콘크리트 사이의 체결부는 두 재료 사이의 서로 다른 열팽창/수축에 따른 길이변화를 수용할 수 있도록 설계되어야 한다.

그림 4.6과 같이 알루미늄의 강도는 온도에 의해 민감하게 변화한다. 150℃(300°F) 이상의 온도에서 인장강도는 상당히 감소된다. 온도가 감소되기 시작하는 점과 감소 범위는 합금의 종류에 따라 다르다. 실온 이하의 온도에서 알루미늄은 온도가 감소할수록 강도와 인성이 증가한다.

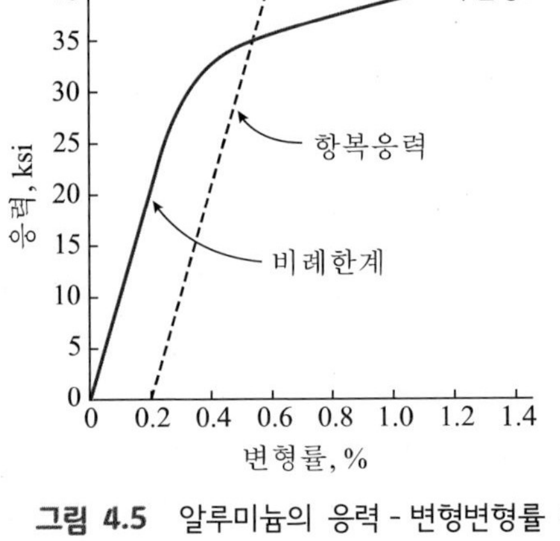

그림 4.5 알루미늄의 응력 - 변형변형률 관계

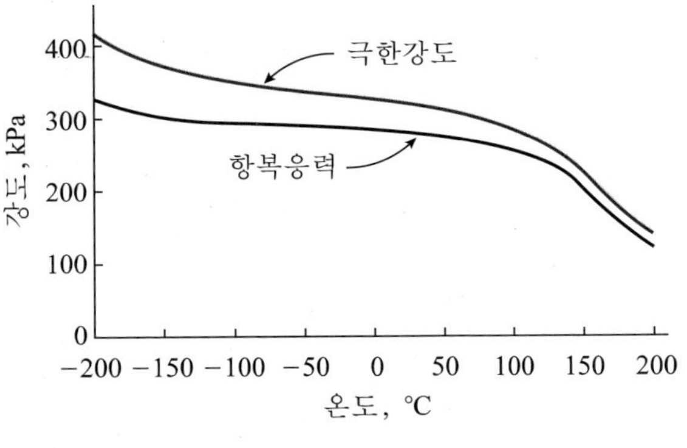

그림 4.6 온도에 따른 알루미늄의 인장강도 (미국 알루미늄 협회, 1987)

표 4.4 비열처리 전신용 알루미늄 합금의 특성

합금		인장(tension)						경도[2]	극한 전단강도		피로[3] 내구한도		공칭 화학조성
		극한강도		항복강도		연신율[1] (두께)							
		ksi	MPa	ksi	MPa	1.6mm	12.7mm		ksi	MPa	ksi	MPa	
1060	O	10	69	4	28	43		19	7	48	3	21	99.6Al
	H-12	12	83	11	76	16		23	8	55	4	28	
	H-14	14	97	13	90	12		26	9	62	5	34	
	H-16	16	110	15	103	5		30	10	69	6.5	45	
	H-18	19	131	18	124	6		35	11	76	6.5	45	
1100	O	13	90	5	34	35	45	23	9	62	5	34	99.Al
	H-12	16	110	15	103	12	25	28	10	69	6	41	
	H-14	18	124	17	117	9	50	32	11	76	7	48	
	H-16	21	145	20	138	6	17	38	12	83	9	62	
	H-18	24	165	22	152	5	15	44	13	90	9	62	
3003	O	16	110	6	41	30	40	28	11	76	7	48	1.2Mn
	H-12	19	131	18	124	10	20	35	12	83	8	55	
	H-14	22	152	21	145	8	16	40	14	97	9	62	
	H-16	26	179	25	172	5	14	47	15	103	10	69	
	H-18	29	200	27	186	4	10	55	16	110	10	69	
5005	O	18	124	6	41	25		28	11	76			
	H-12	20	138	19	131	10			14	97			
	H-14	23	159	22	152	6			14	97			
	H-16	26	179	25	172	5			15	103			
	H-18	29	200	28	193	4			16	110			
	H-32	20	138	17	117	11		36	14	97			
	H-34	23	159	20	138	8		41	14	97			
	H-36	26	179	24	165	6		46	15	103			
	H-38	29	200	27	186	5		51	16	110			
5086	O	38	262	17	117	22	30	60	23	159	21	145	Mg
	H-32	42	290	30	207	12	16	72	25	172	22	152	0.45Mn
	H-34	47	324	37	255	10	14	82	27	186	23	159	
	H-111	40	276	27	186		17	65	23	159	21	145	
	H-112	39	269	19	131	14		64	23	159	21	145	
	H-116	42	290	30	207		16	72	25	173	22	152	
5456	O	45	310	23	159	20	24	70	27	186	22	152	5.1Mg
	H-111	47	324	33	228		18	75	27	186	24	165	0.7Mn
	H-112	45	310	24	156		22	70	27	186			0.12Cr
	H-116	51	352	37	255		16	90	30	207	23	159	

[1] 2 in.의 게이지 길이에서의 연신율
[2] Hardness, 브리넬 번호기준, 500 kg의 하중조건
[3] 무어(R.R. Moore)형 시험기 및 시편을 사용, 500,000,000 사이클의 재하에 대응하는 하중

표 4.5 열처리 전신용 알루미늄 합금의 특성

합금		인장(tension)						경도[2]	극한 전단강도		피로[3] 내구한도		공칭 화학조성
		극한강도		항복강도		연신율[1] (두께)							
		ksi	MPa	ksi	MPa	1.6mm	12.7mm		ksi	MPa	ksi	MPa	
2014	O	27	186	14	97		18	45	18	124	13	90	4.5Cu, 0.8Mn
	T4/T451	62	427	42	290		50	105	38	262	20	138	0.8Si, 0.4M
	T6/T651	70	483	60	414		13	135	42	290	18	124	
6053	O	16	110	8	55	25	35	26	11	76	8	55	1.2Mg,
	T6	37	255	32	221	22	13	80	23	159	12	90	0.25CR
6061	O	18	124	8	55	12	30	30	12	83	9	62	1.0Mg, 0.6SI
	T4/T451	35	241	21	145		25	65	24	145	14	97	0.25Cu
	T7/T651	45	310	40	276	20	17	95	30	207	14	97	0.25Cr
6063	O	13	90	7	48	22		25	10	69	8	55	0.7Mg
	T1	22	152	13	90	12	33	42	14	97	9	62	0.4Si
	T4	25	172	13	90	12			16	110			
	T5	27	186	21	145	9	22	60	17	117	10	69	
	T6	35	241	31	214	10	18	73	22	152	10	69	
	T83	37	255	35	241	12		82	22	152			
	T831	30	207	27	186	15		70	18	124			
	T832	42	290	39	269	10		95	27	186			
7178	O	33	228	15	103		16	60	22	152			6.8Zn, 2.0Cu
	T6/T651	88	607	78	538		11	160	52	359	22	152	2.7Mg, 0.3Mn
	T76/	83	572	73	503		11						
	T765												

[1] 2 in.의 게이지 길이에서의 연신율

[2] Hardness, 브리넬 번호기준, 500 kg의 하중조건

[3] 무어(R.R. Moore)형 시험기 및 시편을 사용, 500,000,000 사이클의 재하에 대응하는 하중

표 4.6 주물용 알루미늄 합금의 표본적 특성

주조된 합금 명칭	인장(tension) 극한강도		인장(tension) 항복강도		인장(tension) 연신율[1] (두께)	경도[2]	극한전단강도		피로[3] 내구한도	
	ksi	MPa	ksi	MPa			ksi	MPa	ksi	MPa
356.0-T6[4]	40	276	27	186	5	90	32	221	13	90
356.0-T7[4]	33	228	24	165	5	70	25	172	11	76
A356.0-T61[4]	41	283	30	207	10	80				
A357.0-T6[4]	50	345	40	276	10	85	43	296	16	110
A444.0-T4[4]	23	159	10	69	21	45				
356.0-T6[5]	33	228	24	165	3.5	70	26	179	8.5	59
356.0-T7[5]	34	234	30	207	2.0	75	24	165	9.0	62
Almag 35 535.0[5]	40	276	21	145	13	70	28	193	10	69

[1] 2 in.의 게이지 길이에서의 연신율
[2] Hardness, 브리넬 번호기준, 500 kg의 하중조건
[3] 무어(R.R. Moore)형 시험기 및 시편을 사용, 500,000,000 사이클의 재하에 대응하는 하중
[4] 영구금형
[5] 사형주조

4.4 용접 및 체결

알루미늄 제품은 용접 또는 긴결재(fastener, 파스너)를 사용하여 체결할 수 있다. 알루미늄 용접을 위해서는 표면의 거친 산화막 코팅이 부서지고, 용접 중 다시 산화하지 않아야 한다. 그래서 아크 용접은 일반적으로 대기 중의 산소로부터 용접부위를 보호하기 위한 불활성 기체의 존재 하에서 수행한다. 알루미늄을 용접하는 두 가지의 일반적인 방법은 가스 금속 아크 용접(GMAW ; gas metal arc welding)과 가스 텅스텐 아크 용접(GTAW ; gas tungsten arc welding)이다. GMAW 공정에서 용가재 선(filler wire)은 전극으로서 기능한다. GTAW는 텅스텐 전극과 분리된 용가재 선을 사용한다. 용접에 의해 용접영역의 알루미늄이 템퍼링(tempering, 뜨임)되는 효과도 있다. 예를 들어, 6061-T6의 인장강도는 290 MPa(42 ksi)이지만, 이 용접지역의 인장강도는 약 165 MPa (24 ksi)이다. 설계 시 이러한 용접의 효과는 용접부 주변 25 mm(1 in.) 이내의 영역에

영향을 미치는 것으로 가정한다.

용접 이외에도 볼트 또는 리벳에 의해 체결되는 경우도 있다. 알루미늄 및 강재 볼트 모두 사용할 수 있다. 강재 볼트를 사용하는 경우 갈바닉 부식(galvanic corrosion, 이종금속접촉부식)의 발생을 예방하기 위해 볼트는 아연, 알루미늄, 카드뮴 등으로 도금되어야 하며 또는 스테인리스강재를 사용해야만 한다. 리벳에 의한 체결의 경우 리벳은 알루미늄으로 제작해야 하며, 냉간 리벳팅이 요구된다. 볼트 및 리벳 이음부 모두 긴결재의 전단력(shear stregnth)과 고정되는 재료의 지압력(bearing strength)을 고려하여 설계된다.

4.5 부식

알루미늄은 대기에 노출되는 즉시 얇은 산화막(oxidation layer)을 만든다. 이 거친 산화막은 산화의 진전으로부터 표면을 보호한다. 합금 원소의 첨가 의해 알루미늄의 부식 저항성이 개선될 수 있다. 항공기에 사용되는 알루미늄에는 일반적으로 내부식성 합금 코팅막 처리와 함께, 도료(paint)나 "피복재(cladding)" 등의 추가적인 표면처리가 더해진다. 일반적인 구조용 중간강도 합금에는 도료에 의한 표면 처리가 필요하지 않다.

알루미늄이 물과 같은 전기 전도체의 존재 하에서 여러 다른 금속(이종금속)과 접촉할 때, 갈바닉 부식(galvanic corrosion, 이종금속접촉부식)이 발생한다. 이 문제에 대한 최고 해결책은 도료 피복, 절연체 사용 등이 있으며 그 외에도 이종 금속을 건조 상태로 유지함으로써 갈바닉(galvanic)전지의 경로를 파괴하는 것이다.

요약

알루미늄은 여러 우수한 특성을 가지고 있지만, 주로 경제성 문제 및 성능에 대한 정보부족으로 인해 건설용 구조재로서의 사용이 제한되어왔다. 알루미늄 제품은 합금 원소의 변화와 열처리 등에 의해 다양하고 광범위한 특성을 갖게 된다. 강에 비해서 알루미늄은 가볍고, 비강도(강도 대 무게 비율)가 크며, 내부식성(내후성)이 우수하다.

질의와 문제

4.1 알루미늄이 훌륭한 구조용 재료가 될 수 있는 2가지 주요 이유에 대하여 논하라.

4.2 다음 표를 완성하라. 변형에 대한 기준을 고려하여 부재를 설계할 때, 어떤 재료가 더 큰 단면으로 제작되어야 하는가? 인장이 제어되어야 하는 부재에는 어떤 재료가 어울리는가?

	A36 강	7178 T76 알루미늄
항복 강도		
극한 강도		
탄성 계수		

4.3 0.28in.의 반지름을 갖는 알루미늄 합금 시편을 파괴될 때까지 인장을 가하여, 다음 표와 같은 결과를 얻었다.

응력(ksi)	0	8	17	27	35	43	50	58	62	64	65	67	68	
변형(in./in.)	0.0	0.6	1.5	2.4	3.2	4.0	4.6	5.2	5.8	6.2	6.5	7.3	8.1	9.7

a. 스프레드시트 프로그램(엑셀 등)을 사용하여 응력–변형률 곡선을 그려라.
b. 알루미늄 합금의 탄성 계수를 계산하라.
c. 비례 한계를 결정하라.
d. 봉형 시편(bar)의 내부응력이 비례 한계를 초과하지 않을 경우, 시편에 재하된 최대 하중은 얼마인가?
e. 변형률 0.2%의 오프셋(offset) 항복 강도를 결정하라.
f. 인장강도를 계산하라.
g. 파단 시 연신율을 계산하라.

4.4 7 mm의 반지름을 갖는 봉형 알루미늄 합금 시편이 파괴될 때까지 인장을 가하여, 다음 표와 같은 결과를 얻었다.

응력(MPa)	변형(m/m)	응력(MPa)	변형(m/m)
0	0.0	399.9	5.2
55.2	0.6	427.5	5.8
117.2	1.5	441.3	6.2
186.2	2.4	448.2	6.5
241.3	3.2	462.0	7.3
296.5	4.0	468.9	8.1
344.8	4.6	482.7	9.7

a. 스프레드시트 프로그램(엑셀 등)을 사용하여, 응력－변형률 곡선을 그려라.
b. 알루미늄 합금의 탄성 계수를 계산하라.
c. 비례 한계를 결정하라.
d. 봉형 시편(bar)의 내부응력이 비례 한계를 초과하지 않을 경우, 시편에 재하된 최대 하중은 얼마인가?
e. 변형률 0.2%의 오프셋(offset) 항복 강도를 결정하라.
f. 인장강도를 계산하라.
g. 파단 시 연신율을 계산하라.

4.5 알루미늄 합금의 표준명명법을 고려하여 6063 T831 알루미늄의 특성을 설명하라.

4.6 직경 0.6 in., 표점거리 2 in.인 봉형 알루미늄 합금 시편을 파단될 때까지 인장하중을 가했다. 하중과 변형률에 대한 결과는 다음 표에 나타내었다.

하중(lb)	ΔL(in.)	하중(lb)	ΔL(in.)
0	0.0000	15,500	0.0136
2000	0.0014	16,400	0.0168
4100	0.0028	17,300	0.0220
6050	0.0042	18,000	0.0310
8080	0.0055	18,400	0.0420
10100	0.0070	18,600	0.0528
12000	0.0083	18,800	골절
14000	0.0103		

스프레드시트 프로그램(엑셀 등)을 사용하여 다음을 수행하라.
a. 응력－변형률 관계에 대한 그래프를 그려라. 축 및 표시 단위 레이블을 표시하라.
b. 응력－변형률 관계 중 직선 부분을 이용해 탄성 계수를 결정하라.
c. 비례 한계를 계산하라.
d. 변형률 0.002 in./in.의 오프셋(offset) 항복응력을 계산하라.
e. 응력이 60 ksi일 때의 접선계수(tangent modulus, 접선탄성계수)를 구하라.
f. 응력이 60 ksi일 때의 시컨트 계수(secant modulus)를 구하라.

4.7 폭 12.5 mm, 두께 6.25 mm, 표점 거리 50 mm를 갖는 직사각형 단면의 알루미늄 합금 시편을 ASTM E-8 시험기준에 따라 파단될 때까지 인장을 가하였다. 하중과 변형률에 대한 결과는 다음 표에 나타내었다.

하중(kN)	ΔL(mm)	하중(kN)	ΔL(mm)
0	0	33.5	1.46
3.3	0.025	35.3	2.189
14.0	0.115	37.8	3.390
25.0	0.220	39.8	4.829

29.0	0.406	40.8	5.961
30.6	0.705	41.6	7.386
31.7	0.981	41.2	8.047
32.7	1.245		

스프레드시트 프로그램(엑셀 등)을 사용하여 다음을 수행하라.

a. 응력－변형률 관계에 대한 그래프를 그려라. 축 및 표시 단위 레이블을 표시하라.

b. 응력－변형률 관계 중 직선 부분을 이용해 탄성 계수를 결정하라.

c. 비례 한계를 계산하라.

d. 변형률 0.002 m/m의 오프셋(offset) 항복응력을 계산하라.

e. 응력이 450 MPa일 때의 접선계수(tangent modulus, 접선탄성계수)를 구하라.

f. 응력이 450 MPa일 때의 시컨트 계수(secant modulus)를 구하라.

4.8 직경 0.25 in., 표점 거리 1 in.의 봉형 알루미늄 합금 시편을 ASTM E-8 시험기준에 따라 파단될 때까지 인장을 가하였다. 하중과 변형률에 대한 결과는 다음 표에 나타내었다.

하중(lb)	변형량(in.)	하중(lb)	변형량(in.)
0	0	2957	0.02926
288	0.00050	3119	0.04310
1239	0.00225	3337	0.06674
2207	0.00432	3513	0.09506
2562	0.00799	3604	0.11734
2703	0.01388	3677	0.14539
2800	0.01930	3643	0.15841
2886	0.02451		

스프레드시트 프로그램(엑셀 등)을 사용하여 다음을 수행하라.

a. 응력－변형률 관계에 대한 그래프를 그려라. 축 및 표시 단위 레이블을 표시하라.

b. 응력－변형률 관계 중 직선 부분을 이용해 탄성 계수를 결정하라.

c. 비례 한계를 계산하라.

d. 변형률 0.002 in./in.의 오프셋(offset) 항복응력을 계산하라.

e. 초기 접선계수(Initial tangent modulus, 초기 접선 탄성계수)를 계산하라.

f. 시편에 3200 lb까지 하중을 가한 후 제거했을 때, 표점 거리에서 발생한 영구변형량은 얼마인가?

g. 1,239 lb의 하중을 재하했을 때, 직경은 0.249814 in.로 측정되었다. 포아송 비를 계산하라.

4.9 직경 8 mm의 원형 단면을 갖는 알루미늄 합금 시편이 있다. 이때 4 KN의 인장을 가하였다. 재료의 변형은 탄성 영역 내에서 일어났으며, 이 재료는 $E = 69$ GPa라고 가정한다.

a. 포아송 비가 0.33인 경우 하중재하방향의 변형률은 얼마인가?

b. 하중 적용 후 직경은 얼마인가?

4.10 직경 3 in., 높이 6 in.의 알루미늄 합금 원통(cylinder)에 50,000 lb의 압축 하중을 가하였다. 재료의 변형은 탄성 영역 내에서 일어났으며, 이 재료의 탄성계수는 11×10^6 Psi로 가정한다.

a. 포아송 비가 0.33인 경우 하중재하방향의 변형률은 얼마인가?
b. 하중 적용 후 직경은 얼마인가?
c. 하중 적용 후 시편의 하중재하방향 길이는 얼마인가?

4.11 직경 0.5 in.의 3003-H14 알루미늄 합금 봉재에 2000 lb의 인장 하중을 가하였다. 이 때, 막대의 직경을 계산하라. 만약 2000 lb의 압축 하중을 가했을 경우, 막대의 직경은 얼마인가? 탄성 계수는 10,000 ksi이고, 포아송 비는 0.33, 항복 강도는 21 ksi로 가정한다.

4.12 길이 2 m, 직경 10 mm의 알루미늄 합금 막대의 응력－변형률 관계는 다음의 방정식으로 표현될 수 있다.

$$\epsilon = \frac{\sigma}{70{,}000}\left[1+\frac{3}{7}\left(\frac{\sigma}{270}\right)^9\right]$$

여기서 σ의 단위는 MPa이다. 막대에 축방향으로 20 KN의 인장력을 가한 후 제거한 경우, 막대의 영구 변형량은 얼마인가?

4.13 알루미늄 합금 시편이 파단될 때까지 인장시험을 수행하였다. 시편의 초기 직경은 0.5 in.이고 표점 거리는 2.0 in.이다. 이 실험에서 얻은 정보는 인장 하중(P) 및 증가된 길이(ΔL)이다. 결과는 다음 표에 정리하였다. 스프레드시트 프로그램을 사용하여, 공칭응력(σ), 공칭변형률(ϵ)을 계산하여 다음 표를 완성하여라.

관찰 No.	P (lb)	ΔL (in.)	σ (psi)	ϵ (in./in.)	u_i (psi)
0	0	0			N/A
1	1181	0.0015			
2	2369	0.003			
3	3550	0.0045			
4	4738	0.0059			
5	5932	0.0075			
6	7008	0.0089			
7	8336	0.011			
8	9183	0.0146			
9	9698	0.018			
10	10,196	0.0235			
11	10,661	0.0332			
12	10,960	0.0449			
13	11,159	0.0565			
14	11,292	0.0679			

$u_t =$

응력 – 변형률 곡선의 아래 면적을 계산하여 재료의 인성(Toughness, u_t)을 도출하라.

$$u_t = \int_0^{\epsilon_f} \sigma \, d\epsilon$$

여기서 ϵ_f는 파단 시 변형률이다. 이론적인 적분은 사다리꼴 적분을 활용해 수치적으로 근사시킬 수 있다.

$$u_t = \sum_{i=1}^{n} u_i = \sum_{i=1}^{n} \frac{1}{2}(\sigma_i + \sigma_{i-1})(\epsilon_i - \epsilon_{i-1})$$

4.14 문제 4.13에서 응력 – 변형률 관계를 그리고, 다음을 계산하라.

a. 탄성 계수
b. 비례 한계
c. 변형률 0.002의 오프셋(offset) 항복응력
d. 인장강도
e. 0.016 in. 만큼의 길이를 늘이기 위해 필요한 하중의 크기
f. (e)에서 계산된 변형된 후, 하중을 제거했을 때 발생한 최종적인 변형량
g. 이 재료를 활용해 일반적인 구조를 설계하는 경우, (e)에서 계산된 응력을 설계에 적용하는 것은 타당한가? 그 이유는?

4.15 알루미늄의 갈바닉부식(galvanic corrosion)에 대해 설명하라. 알루미늄을 갈바니 부식으로부터 보호할 수 있는 방법에는 어떤 것들이 있는가?

참고문헌

Aluminum Association. Structural Design with Aluminum. Washington, DC: The Aluminum Association, 1987.

Aluminum Association. Aluminum Standards and Data, 1993. Washington, DC: The Aluminum Association, 1993.

Budinski, K. G. and M. K. Budinski. Engineering Materials, Properties and Selection. 9th ed. Upper Saddle River, NJ: Prentice Hall, 2010.

Reynolds Metals Company. Reynolds Infrastructure. Richmond, VA: Reynolds Metals Company, 1996.

CHAPTER 05
골재

토목공학에서 골재는 크게 두 가지 용도로 사용된다. 하나는 기초나 도로포장의 기층재로 사용되는 것이고, 또 다른 하나는 포틀랜드 시멘트 콘크리트나 아스팔트 콘크리트의 구성재료로 사용되는 것이다. 골재는 사전적 의미로 개별적인 조각들이 하나로 모여져 있는 것을 말한다. 일반적으로 토목공학에서 골재의 의미는 부순돌, 자갈, 모래 등의 덩어리로 정의되며, 주로 작은 입자들이 모여서 구성되고, 경우에 따라 점토나 실트를 포함하기도 한다. 골재에서 가장 큰 입자의 크기는 직경이 150 mm(6 in.) 정도 되고, 가장 작은 입자는 5~10μm 정도로 매우 작을 수 있다.

골재 입자들의 크기 차이로 인해, 골재의 일반적 크기 특성에 대한 설명을 용이하게 하기 위해 다음의 네 가지의 용어를 정의하고 있다.

- 굵은 골재 : 4.75 mm체(4번 체)에 남는 골재 입자를 말하며, 4.75 mm체는 체의 철선 사이의 간격이 4.75 mm인 체를 의미한다.
- 잔골재 : 4.75 mm체(4번 체)를 통과하는 골재 입자를 말한다.
- 골재최대치수 : 골재가 100% 통과하는 체 중 가장 작은 체의 크기를 말한다.
- 공칭골재최대치수 : 골재가 일부라도 남게 되는 체 중에서 가장 큰 체를 말하며, 일부라고 하면 일반적으로 10%를 넘지 않는다.

이 중 골재최대치수와 공칭골재최대치수는 종래의 정의를 나타내지만, 이것으로는 충분하지가 않다. 정의로서 적합하기 위해서는 '일반적'이라는 용어를 사용해서는 안 된다. 이들 정의와 관련하여 또 다른 문제는 골재최대치수가 공칭골재최대치수보다 표준체 크기로 두 치수 또는 그 이상 클 수 있다는 것이다. 이와 같은 문제점들을 해결하기 위한 방안으로, 1990년대 수퍼패이브(Superpave) 배합설계 기법이 도입될 때, 이들 용어들에 대한 재정의가 이루어졌다. 수퍼패이브의 정의는 다음과 같다.

- 골재최대치수 : 공칭골재최대치수보다 한 치수 큰 체의 크기
- 공칭골재최대치수 : 골재가 10% 이상 잔류하게 되는 최초의 체보다 한 치수 큰 체의 크기

종래의 정의와 수퍼패이브의 정의는 대체적으로 동일한 결과를 나타내지만, 종종 정의의 차이로 인해 골재를 다른 크기로 분류하는 결과를 보이기도 할 것이다. 이런 경우, 건설기술자는 작업의 요구조건에 맞게 적절한 시방과 정의가 적용되도록 주의를 기울여야 한다.

이 장에서는 건설공사에 사용되는 골재에 관한 내용들을 다룰 것이다. 토질의 특성에 관한 내용은 지질공학의 범주에 해당하므로 여기에서는 다루지 않는다.

5.1 골재원

천연골재는 자갈 채취장, 하천의 퇴적물, 암석 채석장에서 구할 수 있다. 일반적으로 자갈은 채취장이나 하천 퇴적물에서 얻을 수 있는 반면, 부순돌은 암석 채석장에서 암석을 처리하는 과정에 발생한다. 자갈 침전물도 대체로 원하는 크기분포, 형상, 조직을 얻기 위해서는 파쇄과정을 거쳐야 한다(그림 5.1).

인공골재로는 제철소 또는 제강소에서 나오는 슬래그 폐기물이나 팽창성 세일 및 점토를 경량골재를 만드는데 사용할 수 있으며, 방사능 차폐 구조물에 사용되는 중량 콘크리트에는 제강슬래그를 사용할 수 있다. 그리고 스티로폼 비드(beads)는 절연용 경량 콘크리트에 사용될 수 있다. 천연 경량골재로는 경석, 화산암재, 화산재, 응회암, 규조암 등이 있다.

그림 5.1 골재의 저장

5.2 지질학적 분류

모든 천연골재은 큰 암석의 파쇄를 통해 얻어진다. 지질학자들은 암석들을 기본적으로 화성암, 퇴적암, 변성암의 세 가지로 분류한다. 화성암은 화산작용으로 용융상태의 암석을 경화 및 결정화함으로써 만들어진다. 마그마는 공기나 물에 노출될 때 지표면에서 냉각되거나, 또는 지구의 지각 내부에서 냉각된다. 지표면에서 냉각되면 분출 화성암이 되고, 지하에서 냉각될 경우에는 관입 화성암이 된다. 일반적으로 분출 화성암이 관입 화성암보다 훨씬 급격하게 냉각되기 때문에, 분출 화성암이 입자 크기가 미세하고 공극이나 다른 함유물을 포함하고 있을 가능성이 크다는 것을 예상할 수 있다. 관입 화성암은 상대적으로 큰 입자크기를 가지고 내부결함이 적다. 관입 화성암은 입자크기와 구성에 따라 또다시 분류할 수 있다. 굵은 입자는 2 mm보다 크고, 가는 입자들은 0.2 mm보다 작다. 구성에 따른 분류는 실리카 함유량, 비중, 색깔, 자유석영(free quartz)의 존재여부에 따라 구분된다.

퇴적암은 기존의 암석에서 떨어져 나온 침전물이나 해양 동물의 무기성 잔존물들이 합쳐져서 형성된다. 바람, 물, 빙하, 또는 직접적인 화학적 침전작용으로 이동하고 여러 층으로 쌓여서 퇴적암이 되고 지층구조를 이루게 된다. 자연적인 접합작용으로 입자들을 함께 결합시킨다. 퇴적암은 지배적인 구성광물 성분에 따라 석회질(석회암, 백악 등), 규산질(각암, 사암 등), 점토질(세일 등)로 분류된다.

변성암은 화성암 또는 퇴적암이 지각 내부로 들어가서 열이나 압력을 받고 입자구조가 재형성되면서 만들어진다. 일반적으로 변성암은 결정상 구조를 가지며, 입자크기는 다양하다.

세 가지 종류의 암석은 모두 토목공학 분야에서 활발하게 사용되고 있다. 원 암석으로부터 얻어진 골재는 물리적, 화학적 및 역학적 성질을 종합적으로 검토하여 적합성을 평가하여야 하며, 광물학적 검사도 수행되어야 한다. 주어진 사용조건에 대해 골재의 적합성을 평가하는 가장 좋은 방법은 유사한 설계에서의 성능 이력을 검토하고 이에 근거하여 평가하는 방법이다.

5.3 골재원의 평가

건설기술자들은 골재의 지질학적 이력보다는 프로젝트의 요구조건을 맞추는 데 대한 골재의 적합성을 토대로 사용할 골재를 선택한다. 암석의 물리적 및 화학적 성질이 공사 프로젝트에 사용할 골재원으로서 적합한지 여부를 결정하게 된다. 골재의 성질은 채석장 내에서도 다르게 나타나기 때문에, 골재의 생산과정에서 연속적으로 시료를 채취하고 시험을 실시할 필요가 있다.

일반적인 토목공사에서는 사용되는 골재의 양이 매우 많기 때문에, 골재의 공급원을 결정할 때 비용과 이용의 편이성이 중요하다. 공사 프로젝트에서 재료를 취급하는 건설

기술자가 자주 직면하게 되는 중요한 과제 중의 하나가 지역 내에서 이용 가능한 재료를 어떻게 가장 경제적인 방법으로 사용할 것이냐 하는 것이다.

골재원으로서의 적합성은 크기가 큰 입자들의 품질, 미세입자들의 성질과 양, 그리고 골재의 입도분포에 대한 평가를 통해 이루어진다. 채석장에서 암석의 범위와 품질은 보통 코어를 채취하고 시험 발파를 통해 암석이 어떻게 부서지는지를 파악해 보는 방법, 그리고 실험실에서 약간의 암석을 파쇄하여 입도분포, 입자의 형상, 안정성, 내구성, 미세입자의 함유량 등을 평가하는 방법을 통해 조사가 이루어진다. 채취된 코어는 일반적인 품질, 다양한 사용목적에 대한 적합성, 그리고 유해물질의 함유량 등에 대해 암석분류학적으로 조사하게 된다. 모래와 자갈의 채굴장으로서의 적합성은 샘플을 채취하여 체분석시험을 실시하여 평가하게 된다. 입자크기가 큰 자갈의 양과 크기에 따라 파쇄의 필요성 여부를 결정하게 되고, 미세입자의 양은 세척의 필요성을 결정하게 된다. 암석분류학적 검사를 통해 골재 입자의 성질와 유해물질의 양을 평가하게 된다[Meininger and Nicholes, 1990].

가격과 사용가능성은 골재를 사용하는 모든 경우에 있어서 범용적 기준이다. 하지만 요구되는 골재의 성질은 골재가 구조물에서 어떻게 사용되는지에 따라 결정된다.

5.4 골재의 사용

골재는 주로 기초나 포장의 기층재료로 사용되고, 또 포틀랜드 시멘트 및 아스팔트 콘크리트의 구성재료로 사용된다. 기층재료로서의 골재는 구조물의 안정성을 더해주고, 배수층을 형성하며, 그리고 구조물이 동해를 받지 않도록 보호해주는 역할을 한다(그림 5.2). 안정성은 골재와 골재 사이에서 발생하는 마찰력과 골재 입자들 사이의 공극에 존재하는 점토 및 실트의 '결합재' 물질의 함유량의 함수이다. 그러나 점토 및 실트의 함유량 증가는 골재입자 사이에 배수경로를 막게 되어 배수층으로서의 역할을 방해하게 된다.

포틀랜드 시멘트 콘크리트에서 전체 부피의 60~75% 또는 전체 중량의 79~85%가 골재로 구성된다. 골재는 배합에 소요되는 시멘트 페이스트의 양을 줄이는 채움재의 역할을 한다. 그리고 골재는 시멘트 페이스트보다 체적안정성이 크기 때문에, 일정범위 내에서 최대한 골재를 많이 사용하는 것이 배합의 품질과 경제성을 향상시키게 된다.

그림 5.2 포장도로에 아스팔트 콘크리트 또는 포틀랜드 시멘트 콘크리트 타설 전 골재 기층의 시공

아스팔트 콘크리트에서는 골재가 전체 부피의 75~85% 또는 전체 중량의 92~96%를 차지한다. 아스팔트 시멘트는 골재를 서로 붙여주는 결합재의 역할은 하지만 골재 입자들을 고정시키기에 충분한 강도를 가지고 있지는 않는다. 따라서 아스팔트 콘크리트의 강도와 안정성은 대부분 골재 사이의 마찰력에 의해 크게 좌우되며, 작게나마 결합재에 의해서 좌우되기도 한다. 아스팔트 콘크리트의 성능에 골재의 성질이 중요한 역할을 하기 때문에, 1990년대에서 도입된 수퍼패이브(Superpave) 배합설계 기법[McGennis et al., 1995]에서는 골재의 요구조건을 두 가지 조합으로 정립하였다. 두 가지는 골재원과 컨센서스이다. 골재원의 성질과 컨센서스에 대한 시방규정은 지역적 조건을 감안하여 각 시행사에서 결정한다. 그리고 컨센서스의 골재 성질은 국가적 수준에서 모든 관련기관들이 시방서 내에 실험방법과 기준을 충족시킬 수 있도록 정립해 놓은 것이다. 수퍼패이브에 고려되는 공통적인 성질은 다음과 같다.

- 굵은 골재
  - 입자의 모난 정도
  - 편평한지 또는 길쭉한지 여부
- 잔골재
  - 모래당량
  - 잔골재 입자의 모난 정도

5.5 골재의 성질

골재의 성질은 골재 개별 입자의 특성 및 집합상태의 물질특성에 의해 정의된다. 이러한 성질은 표 5.1에서 보는 바와 같이 물리적, 화학적 및 역학적 특성으로 상세히 나타낼 수 있다[Meininger and Nichols, 1990].

표 5.1 골재의 기본적 성질(Meininger and Nichols, 1990)

	최종사용 상태에서의 상대적 중요도		
	포틀랜드 시멘트 콘크리트	아스팔트 콘크리트	기층재
물리적 성질			
입자형상(모난 정도)	M	V	V
입자형상(편평-세장 정도)	M	M	M
입자크기-최대	M	M	M
입자크기-분포	M	M	M
입자의 표면 재질	M	V	V
공극구조, 공극률	V	M	U
비중, 흡수율	V	M	M
안정성-풍화가능성	V	M	M
단위중량, 간극-느슨/촘촘함	V	M	M
체적안정성-온도	M	U	U
체적안전성-습윤/건조	M	U	M
체적안정성-동결/융행	V	M	M
열에 대한 보전성	U	M	U
유해물질	V	M	M
화학적 성질			
용해성	M	U	U
표면전하	U	V	U
아스팔트 친화성	U	V	M
화학반응성	N	U	U
체적안정성-화학적	N	M	M
코팅	M	M	U
역학적 성질			
압축강도	M	U	U
인성(충격저항성)	M	M	U
내마모성	M	M	M
마모 생성물의 성질	M	M	U
질량 안정성(강성도, 레질리언스)	U	V	V
광택성(polishability)	M	M	U

V = 매우 중요함, M = 보통, U = 중요하지 않거나 알 수 없음

개별 입자 성질 중 몇몇 성질은 어떤 골재원이 특정 사용목적에 적합한지를 결정할 때 중요한 고려인자이다. 이외의 다른 성질들은 포틀랜드 시멘트 콘크리트나 아스팔트 콘크리트 배합 설계를 위해서 측정하게 된다.

5.5.1 입자형상과 표면재질

개별 골재 입자의 형상과 표면재질은 재료가 촘촘한 배열로 어떻게 채워질지를 결정하고 또한 배합 내에서 골재의 이동성을 결정한다. 재료의 형상에 대해서는 모난 정도와 편평한 정도, 두 가지를 고려한다. 암석을 파쇄하게 되면 뾰족한 귀퉁이와 거친 재질로 모난 골재가 된다. 풍화작용으로 인해, 골재의 귀퉁이가 부서져서 반각형(subangular) 입자가 되고 표면의 재질은 부드러워진다. 그리고 유수에 의해 골재가 이동하는 동안 뒹굴면서 귀퉁이가 완전히 둥글게 된다. 일반적으로 각형이며 거친 표면의 골재는 원형에 부드러운 재질의 골재에 비해 높은 안정성과 함께 대량의 재료를 생산한다. 그러나 각형골재는 원형골재에 비해 타설작업을 하기에 힘들 것이며, 이것은 모난 형상이 서로 미끄러지기가 힘들기 때문이다. 굵은 골재와 잔골재의 입자크기가 다르기 때문에 입자형상 및 표면재질에 대한 평가방법도 다르다.

1) 굵은 골재의 입자형상

그림 5.3과 5.4는 각형, 원형, 박편형, 세장형 및 박편세장형의 다른 형상들의 굵은 골재를 보여주고 있다. ASTM D4791에서 편평하고 길쭉한 정도로 표현되는 플레이키니스(flakiness)는 골재의 치수들 사이의 관계를 나타낸다. 그림 5.5는 플레이키니스 시험의 개념을 나타낸다. 이 시험은 골재 중에서 굵은 골재에 대한 평가방법이며, 9.5 mm (3/8 in.) 체에 남은 골재들에 대해서만 평가를 한다. 종래의 정의에 따르면, 가장 작은

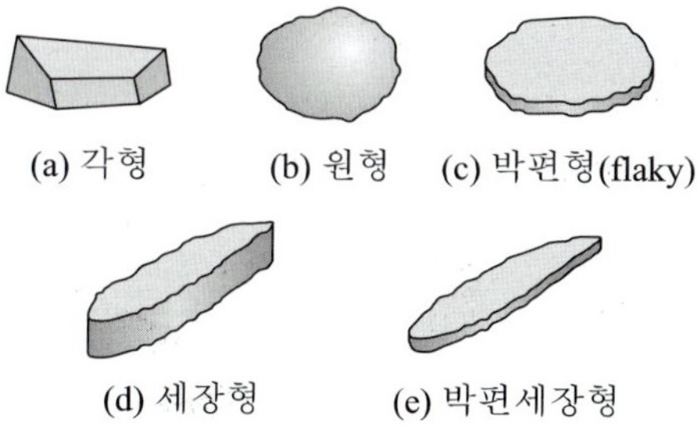

그림 5.3 입자형상

그림 5.4 각형과 원형골재

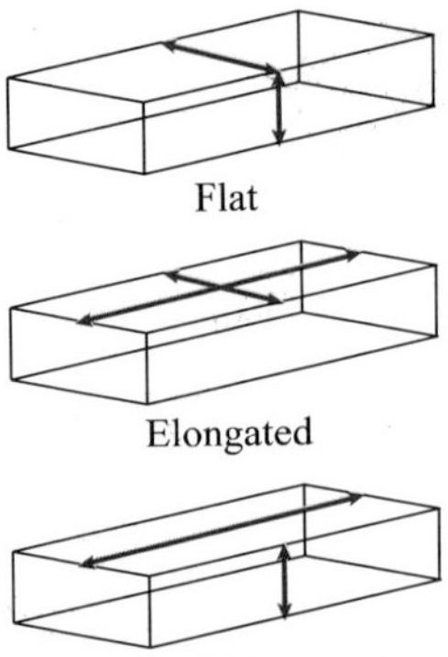

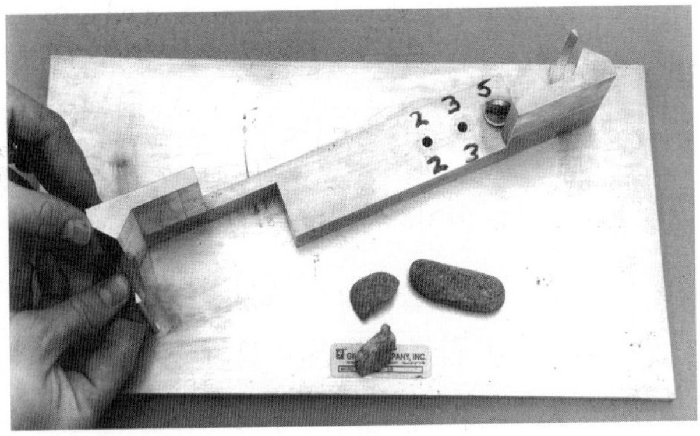

그림 5.5 플레이키니스 시험의 개념 **그림 5.6** 수퍼패이브의 박편세장 평가시험 장치

치수에 대한 중간 치수의 비가 3 : 1을 넘는 경우를 편평한(flat) 입자로 정의하고 있으며, 중간 치수에 대한 가장 긴 치수의 비가 3 : 1을 넘는 경우는 세장한(elongated) 입자로 정의하고 있다. 수퍼패이브의 기준에 따르면, 가장 작은 치수에 대한 가장 큰 치수의 비가 5 : 1을 넘을 경우 편장석 골재(flat and elongated aggregate)로 분류하고 있다. 그림 5.6은 수퍼패이브의 박편세장 평가시험에 사용되는 시험장치를 나타낸다.

2) 굵은 골재의 재질

골재 표면의 거친 정도는 골재가 얼마나 잘 채워지고 결합재와 부착이 잘 되는지에 중요한 역할을 한다. 거친 표면재질을 가진 골재는 표면이 매끄러운 골재에 비해 촘촘하게 채우기가 힘들다. 한편 거친 표면재질은 대개 부착력을 향상시키고 입자간 마찰을 증가시킨다. 일반적으로 천연 자갈이나 모래는 매끄러운 표면을 가지고 있는 반면에 부순 골재는 거친 표면재질을 가진다.

포틀랜드 시멘트의 결합작용과 골재와의 인터로킹에 의해서 대부분 포틀랜드 시멘트 콘크리트가 견실해지기 때문에, 믹싱 중에 굳지 않은 콘크리트의 작업성을 향상시키기 위해서는 둥글고 매끄러운 입자를 사용하는 것이 바람직하다. 그러나 아스팔트 콘크리트나 기층부에서는 대부분 골재의 인터로킹에 의해 공고히 만들어진다. 따라서 현장에서 재료의 안정성을 증가시키고 소성변형(rutting)을 줄이기 위해서는 표면이 거칠고 모난 입자를 사용하는 것이 좋다. 편장석 골재는 시공 중 다짐이 힘들고 부서지기 쉽기 때문에 아스팔트 콘크리트용 골재로 적합하지 않다.

아스팔트 콘크리트에 사용되는 굵은 골재에 대해 표면이 거칠고 각형의 골재 특성을 만족하도록 하는 많은 시방서들에서는 파쇄면을 가진 골재의 최소 비율을 골재의 모남과 재질에 대한 요구조건(angularity and texture requirement)과 같은 것으로 규정하고 있다. 부순 입자는 하나 또는 그 이상 기계적으로 부서진 면을 가지게 되어 보편적으로 거친 표면재질을 가지게 된다. KS F 2357 내 부속서 A에서는 굵은 골재의 모난 정도와 표면 재질을 평가하기 위해서 골재 표본에서 하나 또는 둘 이상의 파쇄면을 가진 골재가 차지하는 비율을 계산한다.

3) 잔골재의 입자형상과 재질

잔골재 입자의 모난 정도와 재질은 아스팔트 콘크리트 배합의 안정성에 매우 큰 영향을 미친다. 수퍼패이브 배합설계법에서는 이를 고려하여 잔골재의 각 특성(angularity) 시험방법인 KS F 2384 "다져지지 않은 잔골재의 공극률 시험방법"을 요구하고 있다. 규정된 입도분포를 가진 잔골재 시료를 그림 5.7에서 보는 바와 같이 표준 깔때기를 통해 흘러내리도록 하여 작은 실린더에 채운다. 실린더의 부피를 알고 채워진 실린더 내의 잔골재의 중량을 측정하면, 실린더의 부피와 실린더 내 잔골재의 부피 차이를 이용하여 공극률을 계산할 수 있다. 잔골재의 부피는 잔골재의 중량을 단위용적질량(bulk density)으로 나누어 계산한다. 공극률이 높을수록 잔골재의 표면재질이 더 모나고 거칠 것이다. KS F 2384에서는 시료의 입도에 대해 세 가지 다른 방법을 허용하고 있지만, 수퍼패이브에서는 특정 입도분포를 규정하고 있는 A방법을 채택한다. 다른 입도분포는 골재 사이의 공극량을 변화시키고 따라서 일관성 있는 기준을 정립할 수 없기 때문에 어떤 특정한 입도분포를 사용하는 것이 필요하다.

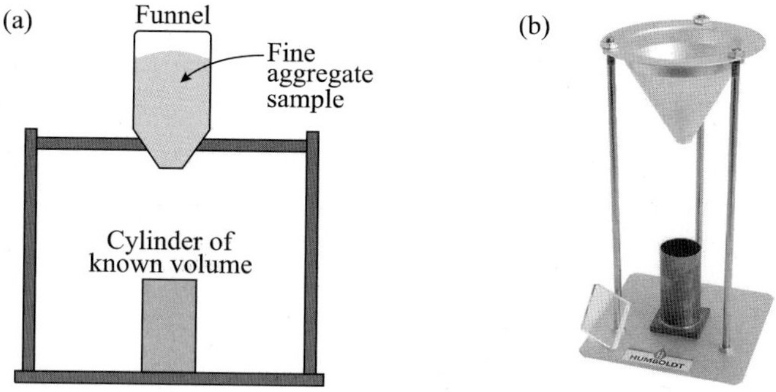

그림 5.7 잔골재의 모난 정도와 표면재질을 측정하는데 사용되는 기구

5.5.2 안정성과 내구성

골재가 풍화작용을 얼마나 잘 견디는지는 안정성 또는 내구성으로 정의한다. 다양한 토목공학 분야에 사용되는 골재는 건전해야 하고 내구성이 있어야 하며, 특히 구조물이 열악한 기후조건에 놓일 때는 더욱 그러하다. 골재의 공극 내에 존재하는 물이 얼게 되면 응력을 유발하고 파괴를 일으킬 수 있다. 안정성 시험(KS F 2057)은 골재를 황산나트륨 용액이나 황산마그네슘 용액에 침지시켜 풍화작용을 모사한다. 황산염은 골재 내 결정상이 커지도록 유발하여 동결 효과를 나타낸다. 시험은 먼저 오븐에 완전건조시킨 골재 시료를 각기 다른 크기로 나눈 후, 황산염 용액에 16시간 동안 침지와 건조의 과정을 반복한다. 일반적으로 반복 횟수는 5회로 한다. 그런 후 골재를 세척하고 건조시키고 나눠진 각각에 대해 골재의 중량을 측정한다. 그리고 전체 시료에 대해 평균 중량 손실률을 계산한다. 결과값을 허용 한계값과 비교하여 골재의 사용가능 여부를 결정한다. 이 방법은 새로운 골재원에 대해 납품실적이 없는 경우에 수행할 수 있는 경험적 적격심사 과정이다.

동결융해에 대한 건전성 평가 실험(AASHTO T103)과 수화반응에 의한 팽창 가능성 평가 시험(ASTM D4792)도 골재의 안정성을 평가하는 대안이 될 수 있다. 포틀랜드 시멘트 콘크리트에서 골재의 내구성은 급속 동결융해 시험(KS F 2456), 동결에 의한 임계 팽창(dilation) 시험(ASTM C671), 그리고 공기연행 콘크리트에서 임계 팽창에 의한 굵은 골재의 동결 저항성 시험(ASTM C682)으로 평가할 수 있다.

5.5.3 인성, 경도 및 마모저항성

골재가 하중으로 인해 손상을 잘 받는지는 골재 입자의 경도와 관련이 있으며, 인성 또는 마모저항성으로 표현된다. 골재는 적재 과정, 포틀랜드 시멘트나 아스팔트 콘크리트와 교반되는 과정, 타설 및 다짐 과정, 하중 재하 상태 등에서 파쇄, 분쇄, 풍화에 잘 견뎌야 한다.

로스앤젤레스 마모시험(KS F 2508)은 골재의 인성과 마모저항성을 평가하는 시험이다. 이 시험에서는 골재를 일정한 입도분포가 되도록 혼합하여 표준 크기의 강재 볼을 포함하고 있는 큰 강재 드럼에 투입한다. 이 때 내부의 강재 볼이 마모를 일으키게 된다(그림 5.8). 드럼은 일반적으로 500회 회전하고, 이후 재료를 마모시험기로부터 꺼내서 원래의 입도분포의 골재를 모두 남길 수 있는 체들로 체가름 시험을 실시한다. 중량손실률이 LA 마모 지수(abrasion number)이다. 이 방법은 경험적 시험방법으로, 시험결과가 과학적 기초를 가지고 있지 않으며 지역적으로 경험에 의해 허용 기준을 정의하고 있을 때에만 의미가 있다.

그림 5.8 로스앤젤레스 마모시험기

5.5.4 흡수율

골재는 비반응성 재료이지만, 표면의 공극에 물이나 아스팔트 결합재를 흡착할 수 있다. 골재가 흡수할 수 있는 물의 양은 포틀랜드 시멘트 콘크리트를 설계하는데 매우 중요한 요소이다. 왜냐하면 골재의 공극에 흡착된 수분은 시멘트와 반응하거나 굳지 않은 콘크리트의 작업성을 향상시키는데 활용될 수 없기 때문이다.

포틀랜트 시멘트 콘크리트에 사용되는 골재에 대해 바람직한 골재의 흡수율에 대한 정해진 수준은 없지만, 콘크리트에 사용되는 적정 배합수량을 결정하기 위해서는 골재의 흡수율을 평가해야 한다.

흡수율은 아스팔트 콘크리트에서도 중요하다. 물을 흡수한 아스팔트는 결합재로서 역할을 할 수 없기 때문이다. 따라서 매우 흡수율이 큰 골재는 많은 양의 아스팔트 결합재를 필요로 하고, 결국 비경제적인 배합이 된다. 한편, 약간의 아스팔트 흡수율은 아스팔트와 골재의 부착을 촉진하기 때문에 바람직하다. 따라서 아스팔트 콘크리트에서는 낮은 흡수율의 골재를 사용하는 것이 좋다.

그림 5.9는 골재의 네 가지 함수상태를 나타내고 있다. 절대건조상태는 골재가 수분을 전혀 포함하고 있지 않은 상태를 의미하며, 골재를 오븐에서 질량이 일정해질 때까지 건조하여 얻을 수 있다. 공기 중 건조상태에서는 골재가 약간의 수분을 포함하고 있으나

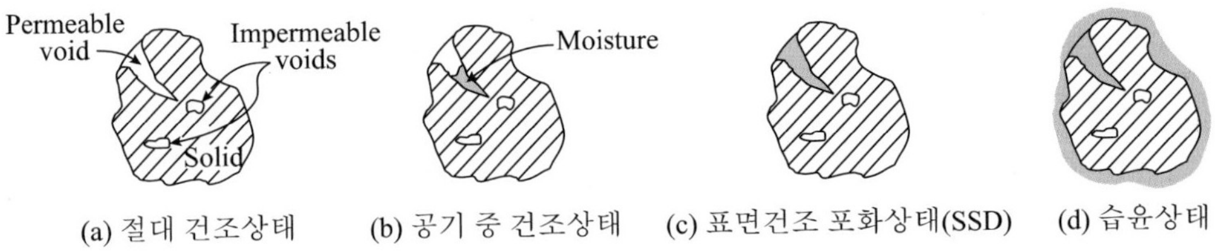

그림 5.9 골재의 공극과 수분흡수

완전히 포화되지 않은 상태이다. 표면건조 포화(SSD ; Saturated Surface-Dry)상태는 골재의 공극이 수분으로 완전히 채워져 있으나 골재의 표면은 건조한 상태를 의미한다. 습윤상태의 골재는 SSD 상태에 추가적으로 수분을 포함하고 있는 상태이다. 자유수량(free moisture)은 실제 함수량과 SSD 상태의 함수량의 차이이다.

골재의 함수율(MC)은 다음과 같이 계산할 수 있다.

$$\mathrm{MC} = \frac{W_{moist} - W_{dry}}{W_{dry}} \times 100 \tag{5.1}$$

여기서, W_{moist} : 습윤상태 골재의 중량
W_{dry} : 건조상태 골재의 중량

예제 5.1

모래 시료가 다음과 같은 특성을 가지고 있다.

- 습윤상태 질량 = 625.2 g
- 건조상태 질량 = 589.9 g
- 흡수율 = 1.6%

다음을 결정하라.

a. 함수율
b. 자유수율

풀이

a. 수분의 질량 $= 625.2 - 589.9 = 35.3\,\mathrm{g}$

함수율 $= \dfrac{35.3}{589.9} \times 10 = 6.0\%$

b. 자유수율 $= 6.0 - 1.6 = 4.4\%$

5.5.5 비중

골재의 중량-부피 특성은 골재의 품질을 평가하는데 있어서 중요한 지표는 아니지만, 콘크리트 배합 설계에 중요하다. 배합 설계에는 단위 부피당 질량을 의미하는 밀도가 사용될 수 있다. 그러나 재료의 질량을 그 재료의 부피와 동일한 부피를 가지는 증류수의 질량으로 나눈 값으로 표현되는 비중이 더 일반적으로 사용된다. 골재 내 공극을 어떻게 고려하느냐에 따라 네 가지 종류의 비중을 정의할 수 있다. 이 중 세 가지의 비중 정의는 건조상태 비중, 표면건조 포화상태(SSD) 비중, 그리고 겉보기 비중이다. 포틀랜드 시멘트와 아스팔트 콘크리트 배합설계에 있어서 겉보기 비중이 일반적으로 채택되고 있다. 이들은 다음과 같이 정의된다.

$$\text{건조상태 비중} = \frac{\text{건조상태 중량}}{(\text{골재의 전체 부피})\gamma_w} = \frac{W_s}{(V_s + V_i + V_p)\gamma_w} \tag{5.2}$$

$$\text{표면건조 포화상태 비중} = \frac{\text{표면건조 포화상태 중량}}{(\text{골재의 전체 부피})\gamma_w} = \frac{W_s + W_p}{(V_s + V_i + V_P)\gamma_w} \tag{5.3}$$

$$\text{겉보기 비중} = \frac{\text{건조상태 중량}}{(\text{수분흡수가 불가능한 부분의 부피})\gamma_w} = \frac{W_s}{(V_s + V_i)\gamma_w} \tag{5.4}$$

여기서, W_s : 고체의 중량
V_s : 고체의 부피
V_i : 불투수성 공극의 부피
V_p : 투수성 공극의 부피
W_p : 골재가 SSD 상태에 있을 때 투수성 공극에서의 물의 중량
γ_w : 물의 단위중량

그림 5.10은 골재가 아스팔트 결합재와 혼합될 때, 투수성 공극의 일부만이 아스팔트로 채워진 상태를 보여주고 있다. 네 번째 형태의 비중은 유효 비중이며 다음과 같이 정의된다.

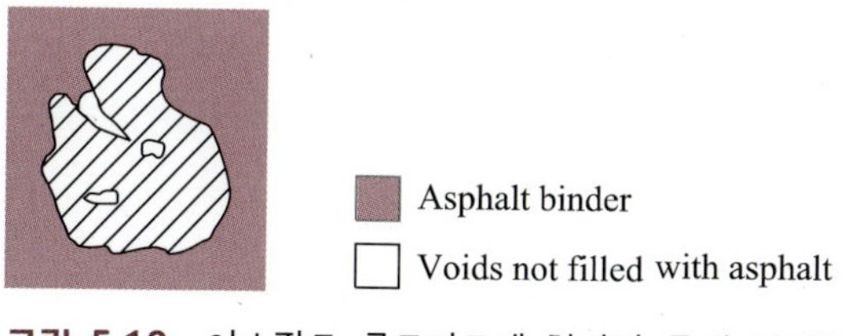

그림 5.10 아스팔트 콘크리트에 침지된 골재 입자(모든 공극이 아스팔트로 채워진 상태는 아님)

$$\text{유효 비중} = \frac{\text{건조상태 중량}}{(\text{아스팔트 흡수가 불가능한 부분의 부피})\gamma_w} = \frac{W_s}{(V_s + V_c)\gamma_w} \tag{5.5}$$

여기서, V_c : 아스팔트 시멘트로 채워지지 않는 공극의 부피

골재의 유효 비중을 직접적으로 결정할 수 있는 표준화된 방법은 현재까지는 없다. 미 공병대에서는 수분을 2.5% 이상 흡수하는 골재에 대해 유효 비중을 결정할 수 있는 방법을 정의하였다.

굵은 골재의 비중과 흡수율은 KS F 2503에 의해 결정한다. 이 과정에서 대표성을 가지는 골재 샘플을 24시간동안 침지시키고 수중에서의 질량을 측정한다. 그런 후 시료는 SSD 상태까지 건조하고 다시 질량을 측정한다. 마지막으로 시료를 일정한 질량이 될 때까지 건조시킨 후 다시 질량을 측정한다. 비중과 흡수율은 다음과 같이 계산된다.

$$\text{건조상태 비중} = \frac{A}{B-C} \tag{5.6}$$

$$\text{표면건조 포화상태 비중} = \frac{B}{B-C} \tag{5.7}$$

$$\text{겉보기 비중} = \frac{A}{A-C} \tag{5.8}$$

$$\text{흡수율}(\%) = \frac{B-A}{A}(100) \tag{5.9}$$

여기서, A : 건조상태 질량
B : SSD 상태 질량
C : 수중에서의 질량

KS F 2504에서는 잔골재의 비중과 흡수율을 측정하는 방법을 정의하고 있다. 대표성을 가지는 골재 샘플을 24시간 동안 침지시킨 후 SSD 상태까지 다시 건조시킨다. 그리고 SSD 상태의 시료 500 g을 일정한 부피의 플라스크, 피크노미터(비중병, pycnometer)에 놓고, 피크노미터에서 그 부피의 눈금까지 되도록 물을 첨가한 후 질량을 다시 측정한다. 그런 후 시료를 다시 건조시킨 후 질량을 다시 측정한다. 비중과 흡수율은 다음과 같이 계산된다.

$$\text{건조상태 비중} = \frac{A}{B+S-C} \tag{5.10}$$

$$표면건조\ 포화상태\ 비중 = \frac{S}{B+S-C} \tag{5.11}$$

$$겉보기\ 비중 = \frac{A}{B+A-C} \tag{5.12}$$

$$흡수율(\%) = \frac{S-A}{A}(100) \tag{5.13}$$

여기서, A : 건조상태 질량
B : 물로 채워진 피크노미터의 질량
C : 골재와 물로 채워진 피크노미터의 질량
S : 시료의 표면건조포화상태의 질량

5.5.6 골재의 단위용적중량과 공극

포틀랜드 시멘트 콘크리트 배합 설계를 하고자 할 때는 골재의 단위용적중량을 필요로 한다. KS F 2505 방법에 따르면 부피를 아는 강체의 용기에 골재를 다져 넣어 채운 후 골재의 단위용적중량을 다음 식으로 구한다.

$$\gamma_b = \frac{W_s}{V} \tag{5.14}$$

여기서, W_s : 골재(암석)의 중량
V : 용기의 부피

골재의 건조상태 비중(G_{sb}, KS F 2503 또는 KS F 2504)을 알고 있다면 골재 입자들 사이의 공극의 비율은 다음과 같이 구할 수 있다.

$$\%\ V_s = \frac{V_s}{V} \times 100 = \frac{W/\gamma_s}{W/\gamma_b} \times 100 = \frac{\gamma_b}{\gamma_s} \times 100 = \frac{\gamma_b}{G_{sb}\gamma_w} \times 100 \tag{5.15}$$

$$\%\,\mathrm{Voids} = 100 - \%\,\mathrm{V_s}$$

여기서, V_s : 골재의 부피
γ_s : 골재의 단위중량
γ_b : 골재의 단위용적중량
γ_w : 물의 단위중량

예제 5.2

단단한 강체 양동이에 굵은 골재를 넣고 다짐봉으로 다진 후 단위용적중량을 측정하고자 하였으며, 다음과 같은 실험결과를 얻었다.

양동이의 부피 = 0.01 m^3

빈 양동이의 무게 = 8.4 kg

건조된 굵은 골재를 다져서 채운 후 양동이의 무게 = 25.4 kg

a. 굵은 골재의 건조상태 단위용적중량을 구하여라.

b. 골재의 건조상태 비중이 2.630이라고 할 때, 골재 내 공극률을 구하여라.

풀이

a. 건조상태 단위용적중량 $=(25.4-8.4)/0.01=1700\ \text{kg/m}^3$

b. 골재의 부피비 $=\dfrac{1,700}{2.630\times 1,000}\times 100=64.6\%$

공극률 $=100-64.6=35.4\%$

5.5.7 강도 및 탄성계수

포틀랜드 시멘트 콘크리트 및 아스팔트 콘크리트의 강도는 골재의 강도를 초과할 수 없다. 골재 입자의 강도를 측정하는 것은 힘들고 드물다. 하지만 모암 시료나 큰 골재 시료를 이용한 시험을 통해 간접적으로 이러한 값들을 구할 수 있다. 골재의 강도는 일반적으로 고강도 콘크리트와 중차량용 도로 포장의 표면부에서 중요한 인자로 작용한다. 골재의 인장강도는 0.7~16 MPa(100~2300 psi) 범위의 값을 가진다[Meininger and Nichols, 1990; Barksdale, 1991]. 현장에서의 이용 기록은 골재 강도의 정확성에 대한 중요한 지표가 될 수 있다.

골재의 탄성계수는 일반적으로 측정하지 않는다. 하지만, 새로운 기계적 성질에 기반한 포장 설계 방법에서는 골재의 탄성계수를 평가할 필요가 있다. 골재에 작용하는 응력에 대한 응답특성은 비선형성을 가지고 골재에 작용하는 구속압력에 의해 영향을 받는다. 탄성계수는 포장 설계에 고려되기 때문에, 시험에서는 포장 기저에 작용하는 응력의 크기와 기간을 모사하기 위하여 이동트럭을 이용하여 동적 하중을 재하한다. 시험 중 시료에 응력이 가해짐에 따라 발생하는 변위 응답은 두 가지 성분으로 나누어 생각할 수 있으며, 그것은 회복 가능한 변위(또는 레질리언트 변위)와 영구변형이다. 가해진 응력에 대하여 회복 가능한(또는 레질리언트) 변위에 해당하는 변형률만을 이용하여 골재의 탄성계수를 계산하게 된다. 따라서 그렇게 계산된 탄성계수를 회복탄성계수, M_R로 정

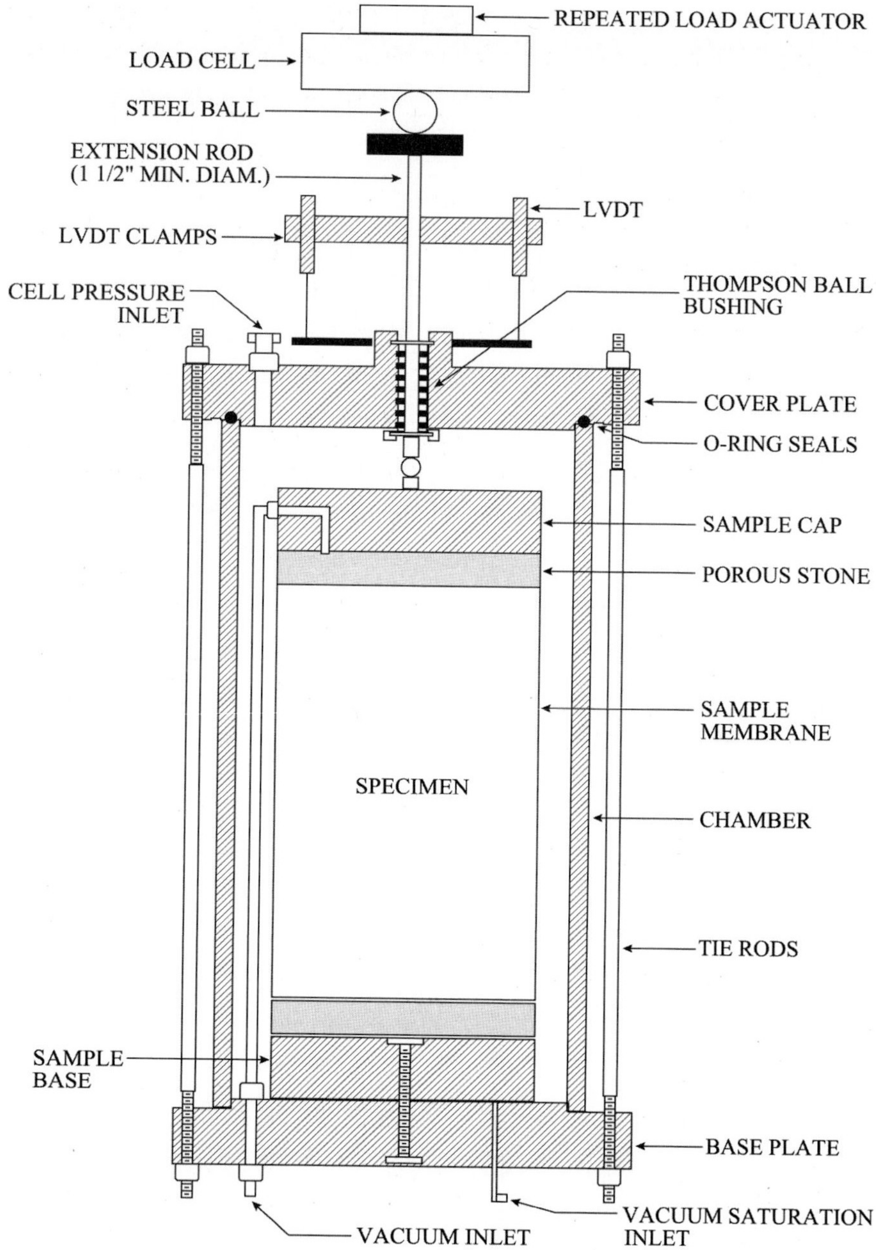

그림 5.11 외부 LVDT와 로드셀을 가진 삼축 챔버

의한다. 회복탄성계수 시험(AASHTO T292)에서는 먼저 원주형 시료를 준비해서 그림 5.11과 같이 삼축시험기에 넣는다. 큰 크기의 골재 시편은 일반적으로 직경 0.15 m(6 in.)에 높이가 0.30 m(12 in).이고 흙 시편은 직경 71 mm(2.8 in.), 높이 142 mm(5.6 in.)이

다. 시편은 일정한 구속압을 받는 상태에서 반복적으로 축하중을 받게 된다. 그리고 LVDT와 같은 정밀도가 높은 변위계를 이용하여 축방향 변위를 측정한다. 재하된 구속압과 축방향 응력 범위에 대해 탄성계수를 결정하게 된다. 회복탄성계수는 각각의 하중 수준과 구속압의 조합에 대해 반복 축방향 응력을 회복변형률로 나누어서 구한다. 회복탄성계수 시험은 매우 작은 하중과 변형 측정이 가능해야 하기 때문에 수행하기가 쉽지 않다. 현재 이 시험법은 주로 연구 목적으로만 제한적으로 사용되고 있다.

5.5.8 입도

입도는 골재의 입자 크기 분포를 나타낸다. 입자 크기 분포는 골재의 매우 중요한 속성이다. 포틀랜드 시멘트 콘크리트나 아스팔트 콘크리트에서 골재 크기가 크면 비표면적이 줄게 되고 소요 결합재량을 줄일 수 있으므로 경제적 측면에서 유익하다. 하지만 큰 골재를 사용한 배합은, 아스팔트 콘크리트나 포틀랜드 시멘트 콘크리트 어떤 경우에서든 거칠게 되고 타설 작업을 좀 더 어렵게 한다. 따라서 장비의 성능, 부재의 치수, 보강철근 사이의 간격, 부재 두께 등과 같은 시공조건을 고려하여 최대 골재 치수를 제한하고 있다.

1) 체가름 분석

입도는 골재를 그림 5.12(KS F 2502)에서 보는 바와 같은 일련의 체에 통과시켜 평가할 수 있다. 각 체에는 체 눈의 크기보다 큰 입자들은 남게 되고, 작은 입자들은 체를 통과하게 된다. 밀리미터로 측정된 체 눈의 크기에 근거하여 미터법으로 체를 구분하여 표시한다. 0.6 mm보다 작은 체는 밀리미터 또는 마이크로미터, 둘 중 어떤 표기법으로도 나타낼 수 있다. 미국에서 관습적으로 사용되는 단위에서는 1/4 in.보다 큰 체 눈 크기의 체는 체 눈의 크기로 체를 명명한다. 가령 2 in. 체는 정사각형의 체 눈의 한 변의 길이가 2 in.인 체를 나타내며, 체를 구성하는 철선 사이의 거리로 측정된다. 이 값은 구형 입자가 직사각형 체의 모든 면과 중앙점에서 정확히 접하게 될 때의 구의 직경에 해당한다. 1/4 in.보다 작은 체는 등간격으로 분포된 철선의 1 in. 당 개수로 정의된다(8번 체는 1 in.에 8개의 체 눈을 가지고, 1 in^2의 면적에 64개의 체 눈을 가진다).

입도 결과는 규정된 체 크기에 대해 각 체를 통과 또는 잔류한 골재의 누적 백분율로 나타낸다. 백분율은 가장 가까운 정수로 나타내는데, 다만 0.075 mm(200번) 체를 통과한 비율이 10%보다 작은 경우에는 가장 가까운 0.1% 단위까지 나타낸다. 입도분석 결과는 일반적으로 그림 5.13과 A. 21에서 보는 바와 같이 반대수지에 그래프로 나타낸다.

골재는 일반적으로 크기에 따라 굵은 골재와 잔골재, 그리고 미분으로 나누어진다. KS표준에서는 4.75 mm(4번) 체에 잔류하는 입자들을 굵은 골재로 정의하고, 4.75 mm 체를 통과하는 입자들을 잔골재로 정의하며, 0.075 mm(200번) 체를 대부분 통과하는 재료를 미분으로 정의하고 있다.

그림 5.12 많은 양의 시료 골재의 체가름 분석에 사용되는 체 진동기

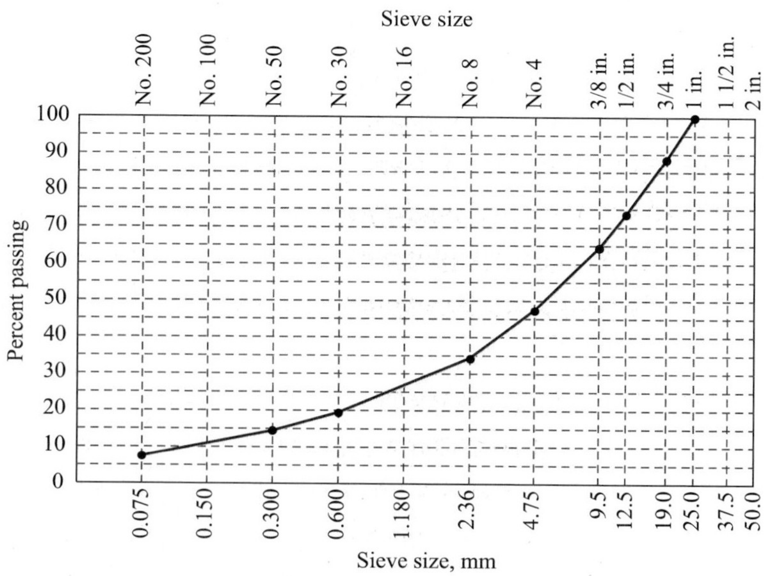

그림 5.13 반대수지 상에 나타낸 입도분포의 예(표 5.2 참조)

2) 최대밀도 입도분포

어떤 골재 구성의 밀도는 골재의 입도분포의 함수이다. 1907년 Fuller는 최대밀도 또는 최소 공극량을 얻을 수 있는 골재의 입도분포를 얻기 위한 관계식을 다음과 같이 제시하였다.

$$P_i = 100\left(\frac{d_i}{D}\right)^n \tag{5.16}$$

여기서, P_i : 체 크기 d_i의 통과 백분율

d_i : 알고자 하는 체의 크기

D : 골재의 최대치수

Fuller가 제시한 지수 n의 값은 0.5이다. 1960년대, 미연방 도로국에서는 n의 값으로 0.45를 제시하였으며, 최대밀도 입도에 대한 직선을 구하기 위해 고안된 "0.45 지수" 입도 차트를 그림 5.14 및 A.22와 같이 제시하였다[Federal Highway Administration, 1988].

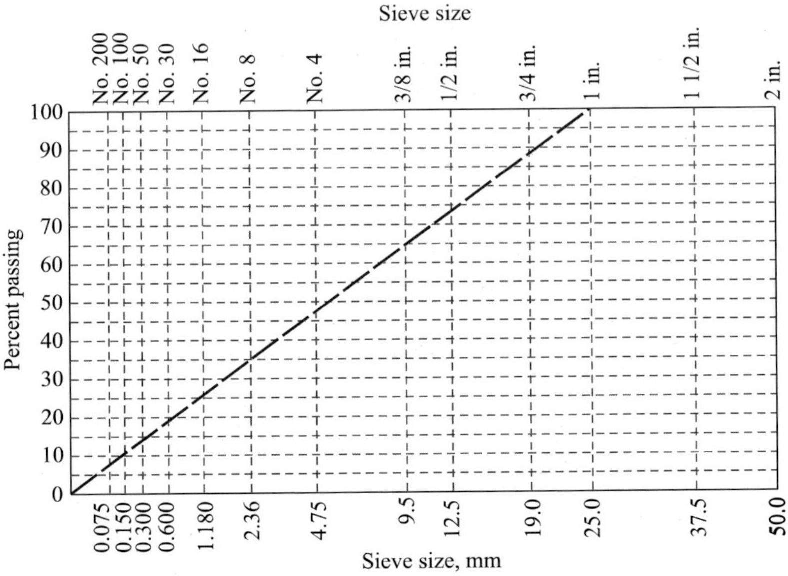

그림 5.14 최대골재치수 25 mm에 대한 최대밀도 입도를 나타내는 미연방도로국의 0.45 지수 입도 차트(표 5.2 참조)

표 5.2 최대밀도를 얻기 위한 골재의 입도분포 계산 예제

	$P_i = 100(d_i/D)^{0.45}$		$P_i = 100(d_i/D)^{0.45}$
25 mm(1 in.)	100	2.36 mm(No. 8)	34
19 mm(3/4 in.)	88	0.60 mm(No. 30)	19
12.5 mm(1.2 in.)	73	0.30 mm(No. 50)	14
9.5 mm(3/8 in.)	64	0.075 mm(No. 200)	7.3
4.75 mm(No. 4)	47		

표 5.2는 최대밀도를 얻기 위한 골재의 입도분포 계산 예를 보이는 것이다. 표 5.2에 나타낸 입도는 그림 5.13과 5.14의 입도 차트로도 사용된 것이다.

반드시 얻을 수 있는 최대밀도가 아니더라도 조밀한 입도는 높은 안정성 때문에 많은 건설 분야에서 필요로 한다. 높은 밀도의 골재 입도분포를 사용하는 것은 골재가 전체 부피의 많은 부분을 차지하여 결합재량을 감소시키고, 결과적으로 건설비용을 줄일 수 있다는 것을 의미하기도 한다. 한 예로, 아스팔트 콘크리트에서 골재는 조밀해야 하며, 또한 결합재가 들어갈 공간과 콘크리트 내 적당한 공극을 확보하기 위하여 골재 사이에 충분한 공극을 가지고 있어야 한다.

예제 5.3

잔골재 시료에 대해 체가름 분석을 실시한 결과, 다음과 같은 결과를 얻었다.

체(mm)	4.75	2.36	2.00	1.18	0.60	0.30	0.15	0.075	pan
잔류량(g)	0	33.2	56.9	83.1	151.4	40.4	72.0	58.3	15.6

각 체를 통과한 중량 백분율을 계산하고, 스프레드시트 프로그램을 이용하여 0.45 지수 입도 차트를 작성하라.

풀이

체 크기	잔류량(g)	누적잔류량(g)	누적잔류율	통과율*
4.75 mm(No.4)	0	0	0	100
2.36 mm(No.8)	33.2	33.2	6	94
2.00 mm(No.10)	56.9	90.1	18	82
1.18 mm(No.16)	83.1	173.2	34	66
0.60 mm(No.30)	151.4	324.6	64	36
0.30 mm(No.50)	40.4	365.0	71	29
0.15 mm(No.100)	72.0	437.0	86	14
0.075 mm(No.200)	58.3	495.3	96.9	3.1
pan	15.6	510.9	100	
총계	510.9			

*통과율은 정수로 나타내며, 다만 0.075 mm(No. 200)체에 대해서는 0.1% 단위까지 나타냄.

그래프를 작성하는 과정의 첫 번째 단계는 미터법으로 나타낸 각 체 크기에 지수 0.45를 적용하는 것이다.

그런 후 x-y 분산형 그래프 함수를 이용하여 y축에 통과율을, x축에 체 크기의 지수 0.45를 적용한 값으로 하여 그래프를 작성한다.

1	2	3	4	5	6	7
체 크기 (mm)	체 크기에 지수 0.45 적용 값	통과율	엑셀에서 지수 45 그래프를 작성할 때 사용되는 열들(columns)			
4.75	2.02	100	2.02	2.02	0	100
2.36	1.47	94	1.47	1.47	0	100
2	1.37	82	1.37	1.37	0	100
1.18	1.08	66	1.08	1.08	0	100
0.6	0.79	36	0.79	0.79	0	100
0.3	0.58	29	0.358	0.58	0	100
0.15	0.43	14	0.43	0.43	0	100
0.075	0.31	3.1	0.31	0.31	0	100

체 크기에 지수 0.45를 적용한 값은 의미 있는 값은 아니기 때문에, x축 상의 값은 x축 위에서 오른쪽 클릭하고 clear를 선택하여 삭제할 수 있다. 하지만 x축의 레이블은 필요하다. 좋은 방법으로는 각 체들의 크기를 나타내는 것이다. 먼저 그래프 위에서 오른쪽을 클릭하여 "source data"를 선택하라. 각 행은 가장 큰 체 크기에 대한 것부터 시작하여, 일련의 데이터를 그래프에 추가하여 작성한다. 레이블은 체 크기를 사용하여 나타내고(첫 번째 시리즈는 4.75가 된다), 네 번째와 다섯 번째 열의 값을 x축 값으로 사용하고, 여섯 번째와 일곱 번째 열의 값을 y값으로 사용한다. 각 행에 대해 반복해서 수행한 후 "OK"를 클릭한다. 이와 같은 일련의 체 크기에 대하여 그래프 형식을 결정한다. 체 크기 데이터에 해당하는 표점 위에서 오른쪽을 클릭하여 "format data series"를 선택한다. "패턴"

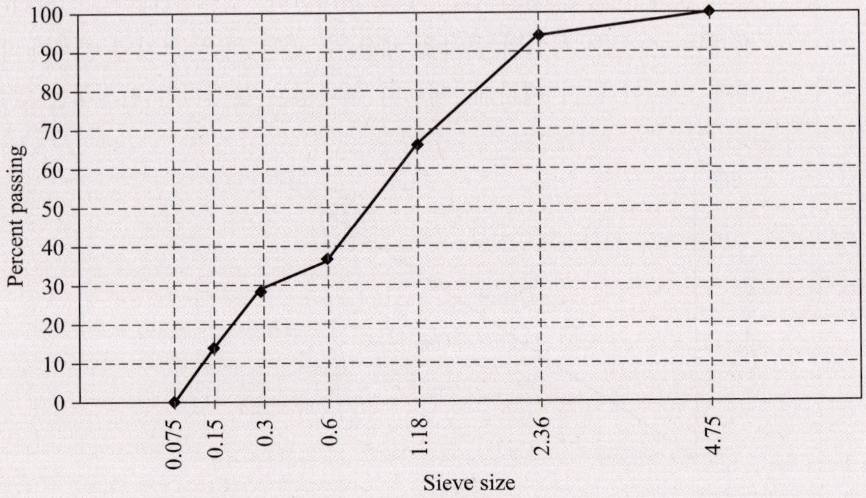

예제그림 5.3 다른 형태의 입도분포

탭 아래 "선 색"을 선택하며, 검정색이 가장 무난하다. 그리고 "표식"에 대해서는 "없음"을 선택한다. "데이터 레이블" 탭을 선택하여 "이름"을 선택한다. "OK"를 선택하고 각 체 크기에 대해 반복한다. 그러면 각 체에 해당하는 연직선과 그 선의 위아래에 레이블이 보일 것이다. 선의 위쪽 레이블을 천천히 더블클릭하면 그 레이블이 텍스트상자로 나타내어질 것이며, 그러면 그것을 삭제한다. 그리고 아래쪽 레이블을 오른쪽 클릭하여 "format data label"을 선택하라. 레이블 위치에서 "below"를 선택하고 회전각을 "－90도"로 설정한다. "OK"를 클릭하고 다른 체 레이블에 대해서도 반복한다. 엑셀 프로그램은 자동적으로 y축을 120까지 표시할 것이다. 통과백분율이 100%를 넘을 수 없기 때문에 y축은 100%까지로 수정해야 한다. y축에서 오른쪽을 클릭하여 "축 서식"을 선택한다. "scale" 탭 아래 "최댓값"에 대해 100을 입력한다. 최종적으로 얻어지는 그래프는 예제그림 5.3과 같다.

3) 기타 입도분포

최대밀도 입도분포(즉, 좋은 입도분포) 외에도, 골재는 그림 5.15와 같이 다른 특성의 분포를 가질 수 있다. 단일크기(one-sized) 입도분포는 대부분의 골재가 하나의 체를 통과하고 그 다음으로 작은 체에서는 대부분 잔류하게 되는 경우이다. 따라서 대부분의 골재가 당연히 같은 직경의 크기를 가지고, 입도분포 곡선이 거의 수직이다. 단일크기 입도분포의 골재는 투과성이 좋지만 안정성은 좋지 못하다. 그래서 칩씰(chip seals) 포장과 같은 분야에서 활용되고 있다. 갭 그레이디드(gap-graded) 입도분포를 가지는 골재는 하나 또는 그 이상 다른 종류의 크기의 재료가 없는 상태이다. 이러한 입도분포 곡선에서는 거의 수평하게 놓이는 영역이 존재하는데, 이것은 체 크기가 다른 두 개의 체에서 통과 골재 비율이 거의 같은 것을 의미한다. 오픈 그레이디드(open-graded) 입도분포의 골재는 큰 골재 사이의 공극을 채울 수 있는 작은 크기의 골재가 없다. 이러한 경우 내부에 공극이 많기 때문에, 재료의 투과성은 높겠지만 안정성은 양호하지 못하다.

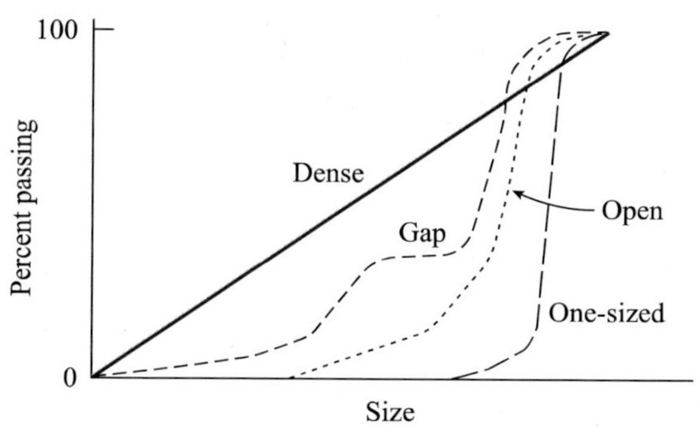

그림 5.15 0.45 입도 차트로 작성된 골재 입도 분포 종류들

표 5.3 골재 기반 재료의 상대적인 특성에 대한 미분량의 영향

특성	미분 전혀 없음	좋은 입도분포	미분량이 많음
안정성	보통	매우 우수	불량
밀도	낮음	높음	낮음
투과성	높은 투과성	낮은 투과성	불투과성
동상성	없음	발생가능함	발생함
취급용이성	어려움	보통	쉬움
점착성	낮음	보통	큼

표 5.3에서 보는 바와 같이, 미분의 양은 골재 기반 재료의 특성에 매우 큰 영향을 미친다. 미분의 비율이 최대 밀도에 필요한 양만큼 되는 골재는 안정성과 밀도가 매우 우수한 반면에 투과성, 동상성(frost susceptibility), 취급용이성 및 점착성 등에 문제점을 가질 수 있다.

4) 입도분포 규정

입도분포 규정에서는 각 체를 통과하는 최대 및 최소 누적 통과율을 정의하고 있다. 골재는 일반적으로 굵은 골재 또는 잔골재로 표현되는데, 골재가 대부분 4.75 mm(4번 체)를 잔류하느냐 통과하느냐에 따라 결정된다.

포틀랜드 시멘트 콘크리트는 굵은 골재와 잔골재에 대해 각각 개별적인 규정을 두고 있다. KS F 2526에서는 콘크리트에 사용되는 잔골재에 대한 규정을 명시하고 있으며 표 5.4와 같다. 표 5.5는 KS F 2526에서 규정하고 있는 굵은 골재에 대한 입도분포를 보여주고 있다.

표 5.4 포틀랜트 시멘트 콘크리트에 사용되는 잔골재의 입도분포에 대한 KS 규정(KS F 2526)

체	통과율
9.5 mm(3/8")	100
4.75 mm(No.4)	95～100
2.36 mm(No.8)	80～100
1.18 mm(No.16)	50～85
0.60 mm(No.30)	25～60
0.30 mm(No.50)	10～30
0.15 mm(No.100)	0～10

표 5.5 콘크리트에 사용되는 굵은 골재의 입도 요구조건(KS F 2526)

체 번호	공칭크기	각 체 크기보다 작은 입자들의 양, 중량백분율												
		100 mm	90 mm	75 mm	63 mm	50 mm	37.5 mm	25.0 mm	19.0 mm	12.5 mm	9.5 mm	4.75 mm	2.36 mm	1.18 mm
1	90～37.5 mm	100	90～100		25～60		0～15		0～5					
2	63～37.5 mm			100	90～100	35～70	0～15		0～5					
3	50～25.0 mm				100	90～100	35～70	0～15		0～5				
357	50～4.75 mm				100	90～100		35～70		10～30		0～5		
4	37.5～19.0 mm					100	90～100	20～55	0～15		0～5			
467	37.5～4.75 mm					100	90～100		35～70		10～30	0～5		
5	25.0～12.5 mm						100	90～100	20～55	0～10	0～5			
56	25.0～9.5 mm						100	90～100	40～85	10～40	0～15	0～5		
57	25.0～4.75 mm						100	95～100		25～60		0～10	0～5	
6	19.0～9.5 mm							100	90～100	20～55	0～10	0～5		
67	19.0～4.75 mm							100	90～100		20～55	0～10	0～5	
7	12.5～4.75 mm								100	90～100	40～70	0～15	0～5	
8	9.5～2.36 mm									100	85～100	10～30	0～10	0～5

표 5.6은 수퍼패이브 아스팔트 혼합물에 대한 골재 입도분포의 요구조건을 나타낸다 [McGennis et al., 1995]. 이 규정에서는 배합설계의 목적으로 아스팔트 콘크리트의 사용가능한 입도분포의 범위를 정의하고 있다. 0.075 mm(200번) 체를 통과하는 미세입자 또는 광물질 필러의 통과율은 배합의 특성에 많은 영향을 미치기 때문에 주의를 기울여 조절해야 함을 명심해야 한다.

표 5.6 수퍼패이브 아스팔트 혼합물에 대한 골재 입도분포의 요구조건(AASHTO MP-2)

체 크기 (mm)	공칭 최대치수(mm)					
	37.5	25	19	12.5	9.5	4.75
50	100					
37.5	90～100	100				
25	90 이하	90～100	100			
19		90 이하	90～100	100		
12.5			90 이하	90～100	100	100
9.5				90 이하	90～100	95～00
4.75					90 이하	90～100
2.36	15～41	19～45	23～9	28～58	32～67	
1.18						30～60
0.075	0.0～6.0	1.0～7.0	2.0～8.0	2.0～10.0	2.0～10.0	6.0～12.0

어떤 공사에서 아스팔트 콘크리트의 배합설계에 대한 골재의 입도분포가 일단 결정되고 나면, 골재공급 계약자는 배합설계를 위해 결정된 하나의 입도분포 곡선을 중심으로 좌우 좁은 영역 범위 내에 입도분포가 위치할 수 있도록 골재를 생산해야 한다. 한 예로 애리조나 주 도로국에서는 골재의 입도분포가 승인된 배합설계 입도분포에 대해 다음과 같은 한계범위 내에 있을 때에만 골재공급 계약자에게 대금을 지불하게 된다.

체 크기	대금지불을 위한 허용 편차
9.5 mm 이상	± 3%
2.36～0.45 mm(8～40번)	± 2%
0.075 mm(200번)	± 0.5%

5) 조립률

조립률(fineness modulus, FM)은 잔골재의 입도분포를 나타내는 하나의 척도로서, 포틀랜드 시멘트 콘크리트 배합설계에 주로 사용된다. 또한 콘크리트를 생산하는데 있어서 매일 품질관리를 목적으로도 사용될 수 있다. 조립률은 0.15 mm, 0.3 mm, 0.6 mm, 1.18 mm, 2.36 mm, 4.75 mm, 9.5 mm, 19.0 mm, 37.5 mm, 75 mm 및 150 mm(100번, 50번, 30번, 16번, 8번, 4번, 3/8 in., 3/4 in., 1 ½ in., 3 in. 및 6 in.) 체들에 대해 누적 잔류 중량 백분율의 합을 100으로 나눈 값이다. 조립률을 잔골재를 대상으로 계산할 때에는 9.5 mm(3/8 in.)보다 큰 체는 사용하지 않는다. 잔골재의 조립률은 2.3～3.1 범위에 있어야 하며, 골재가 굵을수록 더 큰 값을 가진다. 표 5.7은 조립률을 계산하는 방법을 보여주고 있다.

표 5.7 조립률 계산 예

체 크기	잔류중량 백분율	누적 잔류중량 백분율	통과중량 백분율
9.5 mm	0	0	100
4.75 mm	2	2	98
2.36 mm	13	15	85
1.18 mm	25	40	60
0.60 mm	15	55	45
0.30 mm	22	77	23
0.15 mm	20	97	3
팬	3	~~100~~	0
합계	100	Σ = 286	

조립률 = 286/100 = 2.86

예제 5.4

예제 5.3의 체가름 분석 결과로 조립률을 계산하여라.

풀이

조립률의 정의에 따라 2.00 mm와 0.075 mm(10번과 200번) 체는 포함되지 않는다.

$$\text{조립률} = \frac{6+34+64+71+86}{100} = 2.61$$

6) 입도분포 규정을 만족하기 위한 골재 혼합

하나의 골재원으로는 일반적으로 포틀랜드 시멘트 콘크리트나 아스팔트 콘크리트 배합을 위한 입도분포 요구조건을 만족하기 어렵다. 따라서 골재 입도에 대한 시방규정을 만족하기 위해서 둘 또는 그 이상의 골재원으로부터 골재를 혼합하여 사용할 필요가 있다. 그림 5.16은 시방규정을 만족하기 위한 두 가지 골재의 조합을 결정하는 방법으로 도표를 이용한 방법을 보여주고 있다. 표 5.8은 그림 5.16에 사용된 데이터를 나타낸 것이다. 도표를 이용한 골재 혼합의 상세 방법은 다음과 같은 단계로 이루어진다[The Asphalt Institute, 1995].

① 각 체에 대해 통과 중량백분율을 골재 A에 대하여 오른쪽 축 위에 작성하고, 왼쪽 축 위에는 골재 B에 대한 것을 그림 5.16에서 중공 원형 표식으로 나타낸 것과 같이 작성한다.

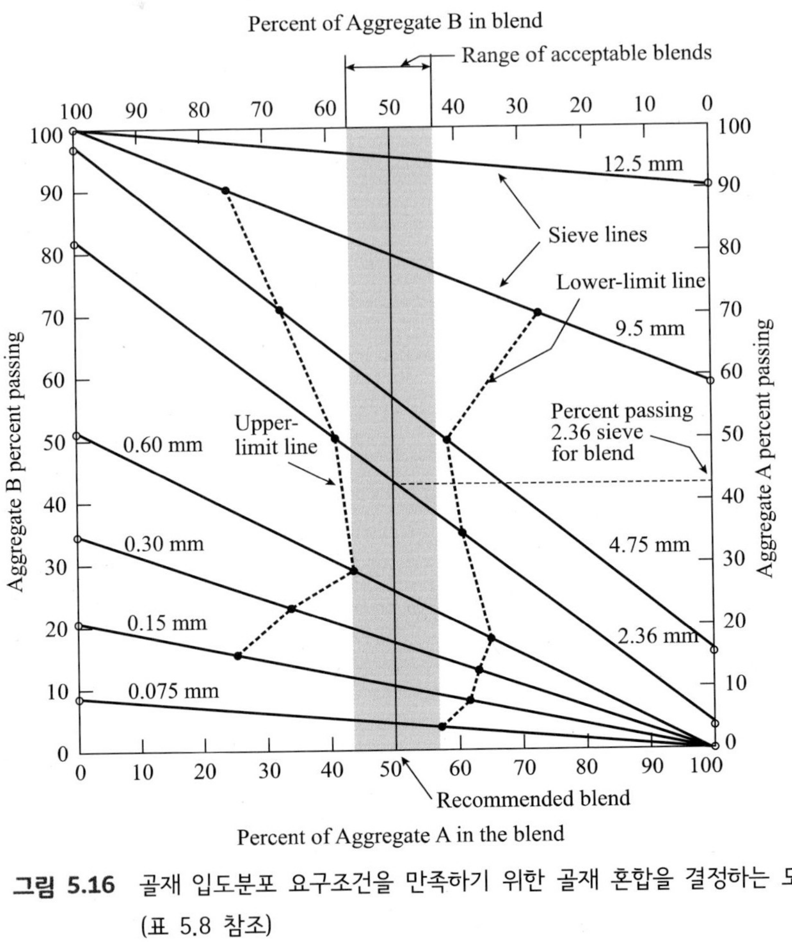

그림 5.16 골재 입도분포 요구조건을 만족하기 위한 골재 혼합을 결정하는 도표를 이용한 방법 (표 5.8 참조)

표 5.8 도표를 이용한 방법으로 실시한 골재 혼합 분석의 예

체	19 mm	12.5 mm	9.5 mm	4.75 mm	2.36 mm	0.60 mm	0.30 mm	0.15 mm	0.075 mm
시방규정	100	80～100	70～90	50～70	35～50	18～29	13～23	8～16	4～10
골재 A	100	90	59	16	3	0	0	0	0
골재 B	100	100	100	96	82	51	36	21	9
혼합	100	95	80	56	43	26	18	11	4.5

※ 주석 : 표시된 숫자는 각 체를 통과하는 백분율을 나타냄.

② 각 체 크기에 대해 왼쪽 축과 오른쪽 축에 대한 값을 연결한다.

③ 각 체에 대하여 시방규정에서의 한계값을 단계 2에서 작성한 선 위에 나타낸다. 즉, 그림 5.16에서 보는 바와 같이 9.5 mm(3/8 in.) 체에 관한 선에서 수직 축 상 70%와 90%에 해당하는 곳에 중실 원형 표식을 나타낸다.

④ 각 체에 관한 선 상에서 상한점과 하한점들을 각각 연결하여 나타낸다.

⑤ 상한점을 연결한 선에서 가장 우측에 있는 점과 만나는 수직선을 긋고, 하한점을 연결한 선에서 가장 좌측에 있는 점을 만나는 수직선을 긋는다. 상한선과 하한선이 겹친다면, 골재를 혼합할 필요가 없다는 것이다.

⑥ 두 개의 수직선 사이에 그려지는 모든 수직선은 골재 혼합이 시방규정을 만족한다는 것을 의미한다. 위쪽에 표시한 가로축과의 만나는 점은 골재 B의 혼합율을 나타내고, 아래쪽 가로축과 만나는 점은 골재 A의 혼합율의 의미한다.

⑦ 혼합 선과 체 선들과의 교점들에서 수평선을 그으면 혼합 골재의 입도분포의 예측값을 얻을 수 있다. 그림 5.16을 살펴보면, 골재 A와 B를 50 대 50 비율로 혼합한 골재는 결과적으로 2.36 mm(No.8) 체를 통과하는 중량백분율이 43%에 해당함을 알 수 있다. 혼합골재의 입도분포 곡선은 표 5.8의 마지막 행에 나타낸 것과 같다.

두 가지 이상의 골재를 필요로 하는 경우에는, 도표를 이용한 방법 절차를 반복적인 방법으로 적용할 수 있다. 하지만 일반적으로는 시행착오법에 의한 과정으로 비율을 결정하고 있다. 혼합에 사용되는 기본식은 다음과 같다.

$$P_i = A_i a + B_i b + C_i c + \cdots \tag{5.17}$$

여기서, P_i : 체 크기 i를 통과하는 혼합재료의 백분율

A_i, B_i, C_i : 체 크기 i를 통과하는 골재 A, B, C 각각의 백분율

a, b, c : 혼합에 사용된 골재 A, B, C의 중량 비율로서 총 합은 1.00

표 5.9 반복법에 의한 골재 혼합 분석의 예

체	12.5 mm	9.5 mm	4.75 mm	2.00 mm	0.425 mm	0.180 mm	0.075 mm
시방규정	100	95～100	70～85	55～70	20～40	10～20	4～8
목표입도	100	98	77.5	62.5	30	15	6
골재 A의 통과 백분율(A_i)	100	100	98	90	71	42	19
골재 B의 통과 백분율(B_i)	100	94	70	49	14	2	1
30% $A_i\,(aA_i)$	30	30	29.4	27	21.3	12.6	5.7
70% $B_i\,(bB_i)$	70	65.8	49	34.3	9.8	1.4	0.7
혼합(P_i)	100	96	78	61	31	14	6.4

표 5.9는 두 가지 골재원에 대하여 위의 식으로 계산한 결과를 보여주고 있다. 이 표는 시방규정에서 요구되는 입도분포 범위와, 설계(또는 목표) 입도분포(일반적으로 시방규정 범위의 중간 값)를 보여주고 있다. 먼저 각 골재원의 비율을 가정한 후 그 값을 각 체를 통과하는 백분율과 곱한다. 이렇게 구한 입도분포를 각 체를 통과하는 혼합골재의 비율을 구하기 위해 추가하여 나타낸다. 혼합골재의 입도분포를 시방규정에서 제시하고 있는 범위와 비교하여 그 혼합이 적합한지를 판정한다. 실제적으로 네 종류의 골재 혼합은 쉽게 해결할 수 있다. 이러한 계산방법은 스프레드시트 프로그램을 이용하여 쉽게 할 수 있다.

7) 혼합 골재의 특성

두 가지 또는 그 이상의 다른 골재원으로부터 구한 골재를 혼합했을 때, 혼합골재의 특성 중 몇 가지는 각각의 골재 특성으로부터 계산이 가능하다. 비중이나 밀도는 제외하고, 혼합골재의 특성들은 각각의 골재 특성을 간단히 가중평균하여 구할 수 있다.

$$X = P_1X_1 + P_2X_2 + P_3X_3 + \cdots \tag{5.18a}$$

여기서, X : 혼합골재의 특성값

$X_1,\ X_2,\ X_3$: 골재 1, 2, 3의 특성값

$P_1,\ P_2,\ P_3$: 혼합된 골재 1, 2, 3의 가중치로서, 총합은 1.0

위 식은 각계수(angularity), 흡수율, 강도, 탄성계수와 같은 재료특성을 구할 때 사용할 수 있다.

예제 5.5

각계수(파쇄면 비율)가 각각 40%와 90%인 굵은 골재를 가진 야적장으로부터 가져온 골재를 30 : 70의 중량 비율로 혼합하였다. 혼합골재의 파쇄면 비율은 얼마인가?

풀이

혼합골재의 파쇄면 비율 = (0.3)(40) + (0.7)(90) = 75%

식 5.18a는 혼합하여 사용되는 야적된 모든 골재들에 대해 재료 물성값을 구하는데 사용할 수 있다. 하지만 어떤 물성값은 굵은 골재 또는 잔골재 하나에만 적용이 가능하다. 따라서 이러한 경우에는 각 야적장 내 굵은 골재와 잔골재의 비율을 고려해야 한다. 이 경우에 대한 식은 다음과 같다.

$$X=\frac{(x_1P_1\,p_1+x_2P_2\,p_2+\;\cdots\;+x_nP_n\,p_n)}{(P_1\,p_1+P_2\,p_2+\;\cdots\;+P_n\,p_n)} \tag{5.18b}$$

여기서, X : 혼합골재에 대한 측정값

x_i : 야적장 i에 대한 측정값

P_i : 혼합골재 내 야적장 i에서의 골재 비율

p_i : 야적장 i에서의 골재 중 분할 체를 통과하거나 체에 잔류하는 골재의 비율

예제 5.6

굵은 골재의 각계수(파쇄면 비율)가 각각 40%와 90%인 두 곳의 야적장 A, B로부터 구한 골재를 30 : 70의 중량비율로 혼합하였다. 야적장 A, B에 대해 4.75 mm 체를 통과하는 골재의 비율은 각각 25%와 55%이다. 이 때 혼합골재의 파쇄면 비율은 얼마인가?

풀이

혼합골재의 파쇄면 비율

$$X=\frac{(x_1P_1\,p_1+x_2P_2\,p_2+\;\cdots\;+x_nP_n\,p_n)}{(P_1\,p_1+P_2\,p_2+\;\cdots\;+P_n\,p_n)}$$

$$=\frac{[40\times 30\times(100-25)+90\times 70\times(100-55)]}{[30\times(100-25)+70\times(100-55)]}$$

$$=69\%$$

각각의 야적장에서의 굵은 골재의 비율은 100에서 4.75 mm 체 통과 비율을 빼서 구한다.

아스팔트 콘크리트 배합설계에서는 모든 종류의 골재를 혼합한 상태에서의 비중을 알 필요가 있다. 혼합골재의 비중은 다음 식을 통해 구할 수 있다.

$$G=\frac{1}{\dfrac{P_1}{G_1}+\dfrac{P_2}{G_2}+\dfrac{P_3}{G_3}+\;\cdots} \tag{5.19}$$

여기서, G : 혼합골재의 비중

G_1, G_2, G_3 : 골재 1, 2, 3의 비중

P_1, P_2, P_3 : 혼합 사용된 골재 1, 2, 3의 중량비, 총합은 1.0

식 5.19는 혼합골재의 비중 및 밀도를 구할 때에만 사용되며, 식 5.18은 다른 특성값을 구할 때 사용된다.

예제 5.7

각각의 비중이 2.753, 2.649, 2.689인 세 가지의 골재원으로부터 구한 골재를 70 : 20 : 10의 중량 비율로 혼합하였다. 이 때 혼합골재의 비중은 얼마인가?

풀이

$$G = \frac{1}{\frac{0.7}{2.753} + \frac{0.2}{2.649} + \frac{0.1}{2.689}} = 2.725$$

5.5.9 청결도 및 유해물질

골재는 천연재료이기 때문에, 점토, 세일, 유기물 또는 기타 유해물질에 의해 오염될 가능성이 있다. 따라서 골재 내 유해물질의 양을 평가하고 제한하기 위한 시방규정과 시험방법을 두고 있다. 해당 골재를 사용하여 제조한 포틀랜드 시멘트나 아스팔트 콘크리트에 부작용을 유발하는 모든 물질은 유해물질이라고 할 수 있다. 표 5.10은 골재 내 주요 유해물질들과 그것들이 포틀랜드 시멘트 콘크리트에 미치는 영향을 보여주고 있다. 아스팔트 콘크리트에서 유해물질로는 점토덩어리, 부서지기 쉬운 입자들, 코팅재가 있다. 이들 물질은 아스팔트와 골재 사이의 부착력을 떨어뜨린다.

수퍼페이브 배합 설계법에서는 아스팔트 콘크리트에 사용되는 잔골재 내 점토성분을 제한하기 위해 모래 당량(sand equivalency) 시험, KS F 2340을 사용할 것을 요구한다. 그림 5.17은 실험의 개념을 보여주고 있으며, 그림 5.18은 시험 장치들을 보여주고 있다. 85 mL 모래 시료와 응집제를 눈금이 있는 실린더에 부어 넣는다. 모래 시료 내 모든 점토들이 모래로부터 떨어져서 부유물로 있을 수 있도록 실린더를 흔들어준 다음, 일정기간동안 가만히 둔다. 모래입자가 점토입자보다 훨씬 빨리 침강하기 때문에, 모래와 점토 사이에 뚜렷한 층분리가 일어난다. 모래층의 윗면까지의 높이(h_{sand})와 점토층의

윗면까지의 높이(h_{clay})를 측정한 후, 모래 당량(sand equivalency, SE)을 다음 식으로부터 구한다.

$$SE = \frac{100\,h_{sand}}{h_{clay}} \tag{5.20}$$

표 5.10 주요 유해물질 및 포틀랜드 시멘트 콘크리트에서의 영향

유해물질	부작용
유기질 불순물	응결 및 경화 지연, 강도발현 저하, 성능저하 유발
0.075 mm(No.200) 이하 미립자	부착 감소, 소요단위수량 증가
석탄, 갈탄 또는 저밀도 재료	내구성 저하, 팝아웃 또는 얼룩짐 유발
점토덩어리 및 부서지기 쉬운 입자	팝아웃, 내구성 및 내풍화성 저하
연한 석편	내구성 및 내풍화성 저하, 팝아웃

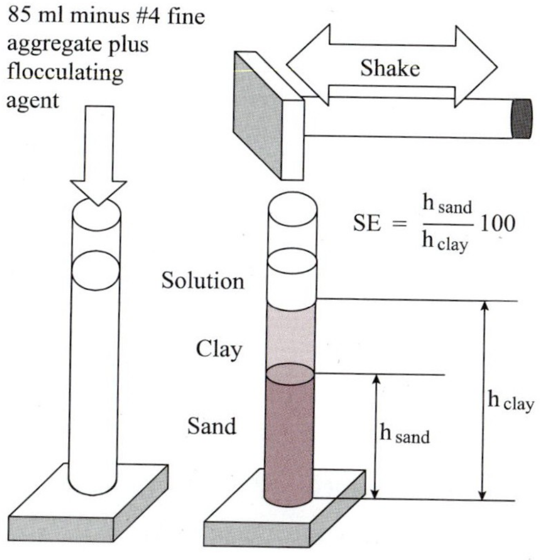

그림 5.17 모래 당량 시험의 개념

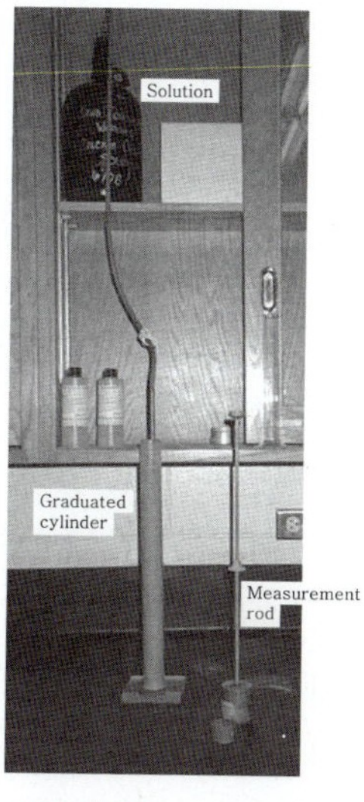

그림 5.18 모래 당량 시험 장치

5.5.10 알칼리-골재 반응

일부 골재는 포틀랜드 시멘트와 반응하여 콘크리트 구조물에 악영향을 미친다. 가장 일반적인 반응은 골재 내 반응성 실리카 물질과 시멘트 내 알칼리(산화나트륨 Na_2O, 산화칼슘 K_2O) 사이에서 일어나는 반응으로, 특히 습하고 더운 환경에서 쉽게 일어난다.

알칼리-실리카 반응은 그림 5.19에서 보는 바와 같이 콘크리트 내 과도한 팽창을 유발하여 균열 또는 팝아웃이 일어나게 된다. 탄산염과 같은 콘크리트 내 다른 성분들도 시멘트 내 알칼리와 반응할 수 있지만(알칼리-탄산염 반응), 반응의 유해성이 상대적으로 작다. 알칼리-골재 반응은 반응성 재료의 양, 종류, 입자크기뿐만 아니라 콘크리트 내 수용성 알칼리 농도 및 함수율에 의해서도 영향을 받는다.

알칼리-골재 반응 가능성을 평가하는 가장 좋은 방법은 현장에서의 공용 이력을 조사하는 것이다. 현장의 공용 이력이 없는 골재에 대해서는 실험실에서 몇 가지 실험을 통해서 알칼리-골재 반응 가능성을 검토할 수 있다. 시멘트-골재 조합에서 잠재된 팽창성 알칼리-골재 반응성은 KS F 2546 시험법을 이용하여 결정할 수 있다. 이 시험방법에서는 모르타르 막대를 규정된 온도와 습도 조건에서 저장하여 막대의 팽창을 측정한다. 촉진 화학 시험(KS F 2545)은 잠재 반응성 실리카질 골재를 확인하는데 사용할 수 있으며, KS F 2547을 통해서는 잠재 팽창성 탄산염암 골재를 확인할 수 있다(알칼리-탄산염 반응).

만약 알칼리-반응성 골재를 사용해야만 하는 경우에는 시멘트 내 알칼리 성분을 제한함으로써 반응성을 최소화시킬 수 있다. 또한 반응성은 콘크리트 구조물을 가능한 한 건조한 상태를 유지함으로써 줄일 수 있다. 플라이애쉬, 고로슬래그, 실리카퓸, 또는 천연 포졸란 재료를 사용하여 알칼리-실리카 반응성을 저감시킬 수 있다. 또한 리튬 기반 혼화재도 동일한 목적으로 사용되기도 하였다. 마지막으로 반응성 모래-자갈 골재의 30% 정도를 부순 석회석으로 치환하여 사용하는 방법도 알칼리 반응성을 최소화시킬 수 있다[Kosmatka et al., 2008].

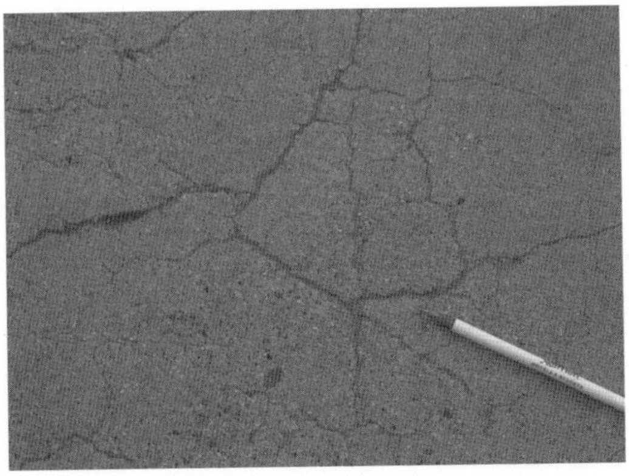

그림 5.19 알칼리-실리카 반응에 의한 콘크리트 내 균열발생의 예

5.5.11 아스팔트에 대한 친화성

박리(stripping), 또는 수분에 의한 손상은 물의 작용에 의해 아스팔트 층이 골재로부터 분리되는 것으로, 아스팔트 콘크리트의 내구성을 저하시키고 포장의 파괴로 이어진다. 박리를 유발하는 메커니즘은 복잡하여 완전히 밝혀지지 않았다. 한 가지 중요한 요인은 물이나 아스팔트에 대한 골재의 상대적인 친화성이다. 규산염(실리케이트)과 같은 친수성(물을 좋아하는 성질) 골재는 아스팔트보다 물에 더 친화적이며, 대체로 본질적으로 산성을 나타내며 표면이 음이온으로 대전되어 있다. 이와 반대로, 소수성(물을 밀어내는 성질) 골재는 물보다는 아스팔트와 더 큰 친화성을 보인다. 석회석과 같은 소수성 골재는 자연 상태에서 염기성을 나타내며 표면이 양이온으로 대전되어 있다. 친수성 골재들이 소수성 골재들에 비해 좀 더 박리가 일어나기 쉽다. 다른 요인들로는 공극률, 흡수율, 코팅여부나 다른 유해물질의 존재 등이 있다.

박리는 아스팔트와 골재 사이의 적합성(compatibility) 문제로 인해 나타나는 것이기 때문에, 박리 가능성에 대한 시험은 아스팔트 콘크리트 배합에 대해 실시한다. 초기 적합성 시험에서는 시료를 상온의 물에 침지시키거나(KS F 2355), 끓는 물에 침지시켰다(KS F 2380). 그런 후 일정 기간 후에 아스팔트로부터 벗겨진 입자들의 비율을 측정하였다. 보다 최근의 시험방법에서는 아스팔트 콘크리트를 여러 반복주기로 동결융해 상태에 둔다. 그런 후 시험체의 강도나 탄성계수를 측정하고 동결융해에 놓이지 않은 일반 시험체의 결과와 비교한다(KS F 2398).

5.6 골재의 취급

골재는 골재분리, 변질, 오염을 최소화할 수 있도록 취급하고 저장하여야 한다. 골재가 쌓여있는 더미의 경사를 따라 굴러 내려온다면 각기 다른 크기들의 골재들이 분리되어, 큰 골재는 아래쪽에 작은 골재는 위쪽에 위치할 것이다. 얇은 층으로 골재 더미를 쌓으면 이러한 문제를 피할 수 있다. 골재의 낙하 높이는 골재의 파쇄가 일어나지 않도록 제한을 두어야 하며, 특히 굵은 골재에 대해 더욱 더 그렇다. 컨베이어 벨트 위에서의 진동이나 흔들림은 잔골재들을 아래로 내려가도록 하고 굵은 골재들을 올라오게 하는 경향이 있다. 벨트 위에 골재들을 자주 움직여주거나(위아래로, 좌우로, 안팎으로), 벨트 끝에 굵은 골재와 잔골재를 재혼합할 수 있도록 배플(baffle) 플레이트, 고무 슬리브(sleeve) 또는 패들(paddle) 휠을 설치하여 골재분리를 최소화할 수 있다. 원형골재는 부순 골재에 비해 골재분리가 더 잘 일어나며, 큰 골재가 작은 골재에 비해 골재분리가 더 잘 일어난다. 따라서 크기가 다른 골재들은 각각 별도로 쌓아두어야 한다. 골재 더미는 분류기로 분리하거나 서로 섞이거나 오염되는 것을 방지하기 위해 각각의 저장통에 담아두어야 한다[Meininger and Nichols, 1990].

그림 5.20 다른 크기의 골재들을 저장하기 위한 골재 저장통

그림 5.21 골재 시료분취기

5.6.1 골재의 시료 채취

이 장에 기술된 어떤 시험들이든지 결과가 유효하기 위해서는 시험에 사용되는 재료의 시료가 전체 재료를 대표할 수 있어야 한다. 특히 골재에서는 골재분리 문제로 인해 이것이 어려운 문제이다. 골재 시료는 제조공정 상 어느 위치에서든지 채취할 수 있다.

즉, 골재더미나 컨베이어 벨트, 또는 교반설비 내 저장통에서 채취할 수 있다(KS F 2501). 일반적으로 골재의 시료 채취에 가장 좋은 위치는 믹싱 플랜트로 골재를 이송하는 컨베이터 벨트 위이다. 하지만 벨트 위에서는 골재분리가 발생하기 때문에, 벨트의 전체 폭에서 제조공정 전체를 통틀어 여러 위치와 여러 시간에 시료 채취를 해야 한다. 그런 후 전체 재료의 대표성을 가지도록 각 시료들을 서로 혼합한다.

골재더미에서 골재 시료 채취는 골재분리가 최대한 일어나지 않도록 주의를 기울여야 한다. 일반적으로 골재 시료는 골재더미의 상층부, 중앙부, 하단부에서 각각 채취한 후에 서로 혼합한다. 시료를 얻기 전에 표면에 75～150 mm 골재는 버린다. 샘플링 지점 바로 위에 수직으로 널빤지를 밀어 넣으면 샘플링을 하는 동안 굵은 골재가 굴러 내려가는 것을 막을 수 있다. 시료는 사각형의 부삽(shovel)을 이용하여 채취하며, 시료 가방이나 용기에 넣고 라벨을 표시한다.

길이 1.8 m, 직경 30 mm의 샘플링 튜브를 이용하여 잔골재 시료를 채취할 수 있는데, 골재더미에서 적어도 다섯 개의 시료를 임의의 위치들에서 채취하여야 한다. 그런 후 이 시료들을 실험실 시험 전에 혼합한다.

현장에서의 시료 크기는 골재 공칭 최대치수에 의해 결정된다(KS F 2501). 더 큰 크기의 골재는 골재분리에 따른 오차를 최소화하기 위해 시료의 크기가 더 커야 한다. 현장 시료는 일반적으로 실험에 필요한 시료보다 더 크다. 따라서 현장 시료는 시료분취기를 이용하거나 4분법에 따라 실험에 필요한 시료량으로 줄여야 한다(KS F 2553).

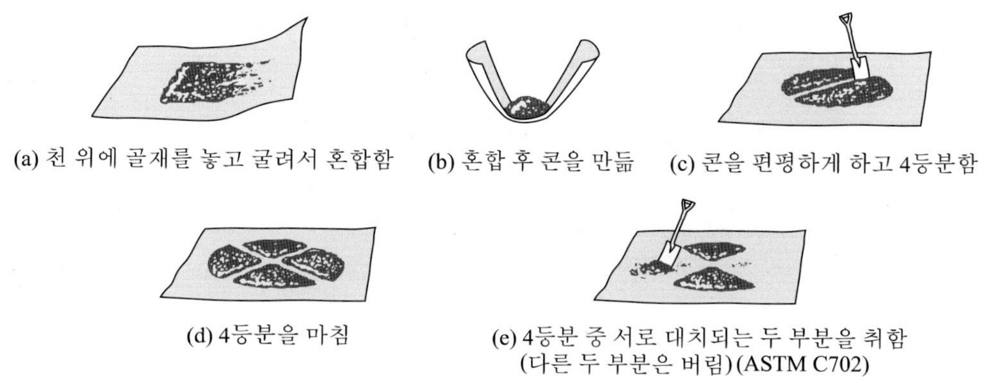

(a) 천 위에 골재를 놓고 굴려서 혼합함 (b) 혼합 후 콘을 만듦 (c) 콘을 편평하게 하고 4등분함

(d) 4등분을 마침 (e) 4등분 중 서로 대치되는 두 부분을 취함 (다른 두 부분은 버림) (ASTM C702)

그림 5.22 4분법에 따라 시료량을 줄이는 과정(Copyright ASTM. Reprinted with permission)

요약

골재는 기초부의 기층재료나 포틀랜드 시멘트 콘크리트 및 아스팔트 콘크리트 내 주요 구성재료로서 널리 사용되는 재료이다. 골재의 지질학적 분류를 통해 재료의 물성을 파악할 수 있으며, 어떤 골재원이 특정한 목적에 활용이 가능한지를 확인하기 위해서는 골재에 대한 실험 및 평가가 필요하다. 가장 중요한 골재의 재료특성은 입도분포, 비중, 형상 및 재질, 안정성이 있다. 콘크리트에 사용될 때에는 골재와 결합재의 친화성을 평가해야 한다.

질의와 문제

5.1 암석을 구분하는 세 가지 광물학적 또는 지질학적 분류는 무엇이고, 각각 어떻게 형성되는지 설명하라.

5.2 포틀랜드 시멘트 콘크리트에 사용되는 골재에 대해 요구되는 특성 5가지를 설명하라.

5.3 아스팔트 콘크리트에 사용되는 골재에 대해 요구되는 특성 5가지를 설명하라.

5.4 우리나라에서 규정하고 있는 골재의 시방규정을 찾아보고, 아스팔트 콘크리트에 사용되는 골재에서 유해물질에 대한 규정을 설명하라.

5.5 골재 입자의 형상과 표면 재질은 포틀랜드 시멘트 콘크리트(Portland Cement Concrete, PCC) 및 아스팔트 콘크리트(Hot Mix Asphalt, HMA)에 매우 중요하다.

a. 포틀랜드 시멘트 콘크리트를 만들 때, 둥글고 표면이 매끈한 골재를 선호하는가 아니면 거칠고 각진 골재를 선호하는가? 그 이유를 간단히 설명하라.

b. 아스팔트 콘크리트를 만들 때, 둥글고 표면이 매끈한 골재를 선호하는가 아니면 거칠고 각진 골재를 선호하는가? 그 이유를 간단히 설명하라.

5.6 다음 용어들을 정의하여라.

a. 표면건조 포화상태 골재

b. 골재의 흡수율

c. 골재 내 자유수

d. 그림 5.9에서 골재 내 어느 부분의 물이 포틀랜드 시멘트 콘크리트에서 시멘트와 반응하는가?

5.7 잔골재 시료가 다음과 같은 특성을 가진다.

측정항목	시 료		
	A	B	C
습윤중량(g)	521.0	522.4	523.4
건조중량(g)	491.6	491.7	492.1
흡수율(%)	2.5	2.4	2.3

다음을 구하여라.

a. 총 함수율(%)

b. 각 시료의 자유수 함유율(%) 및 평균값

5.8 습윤골재 시료의 중량이 297.2 N이었다. 건조로에서 건조시킨 후 측정한 중량은 281.5 N이었다. 그리고 이 골재의 흡수율이 2.5%이다. 원래 습윤골재 시료에서의 자유수의 비율을 계산하여라.

5.9 비축된 굵은 골재 더미로부터 시료를 채취하여 실험실로 가져와서 비중을 측정하고자 한다. 다음과 같이 중량을 측정하였다.

- 실험실에 가져온 습윤상태 골재 시료의 중량 : 5,298 g
- 건조로에서 건조시킨 상태의 골재 시료의 중량 : 5,216 g
- 수중에 침지시킨 상태에서의 골재 시료의 중량 : 3,295 g
- 표면건조 포화상태의 골재 시료의 중량 : 5,227 g

이때, 다음을 구하여라.

a. 골재의 건조상태비중
b. 골재의 겉보기비중
c. 비축 골재의 함수율(%)
d. 흡수율(%)

5.10 기층재로 사용되는 굵은 골재의 현장에서 건조밀도 1,940 kg/m^{3}을 목표로 한다. 골재는 610 m × 14.6 m × 0.15 m 크기의 도로 보수면에 놓이고 다져질 것이다. 비축 골재는 3.1%의 함수율을 가지고 있다. 목표 건조밀도의 95%를 얻도록 다짐을 한다면, 몇 톤의 골재가 필요한가?

5.11 다짐봉으로 다져진 건조상태 단위중량이 1,430 kg/m^{3}이고 건조상태비중이 2.701일 때, 다짐봉으로 다져진 골재 입자들 사이의 공극률을 계산하여라.

5.12 다짐봉으로 다져진 건조상태 단위중량이 1,180 kg/m^{3}이고 건조상태비중이 2.639일 때, 다짐봉으로 다져진 골재 입자들 사이의 공극률을 계산하여라.

5.13 골재의 단위중량을 측정하기 위해 골재를 강체 양동이에 담고 다짐봉으로 다졌다. 그리고 다음과 같은 측정결과를 얻었다.

- 양동이의 부피 = 0.014 m^3
- 빈 양동이의 무게 = 9.2 kg
- 다져진 건조상태 굵은 골재로 채웠을 때 양동이의 무게
  첫 번째 측정값 : 31.6 kg
  두 번째 측정값 : 31.0 kg
  세 번째 측정값 : 32.5 kg

a. 다짐 건조상태 단위중량을 계산하여라.
b. 골재의 건조상태 비중이 2.620일 때, 각 측정값 별 골재 입자들 사이의 공극률을 계산하여라.

5.14 골재 시료에 대해 실험실에서 다음과 같은 실험을 실시하였다.

- 비중 및 흡수율
- 안정성
- 체가름분석 실험

각 실험들의 의의와 용도를 설명하여라.

5.15 잔골재에 대해 비중 및 흡수율 시험(KS F 2504)을 실시하였으며, 다음과 같은 결과를 얻었다.

- 표면건조포화(SSD)상태 질량 = 550 g
- 물만 담겨져 있는 비중병의 질량 = 623 g
- 모래와 물이 함께 담겨져 있는 비중병의 질량 = 938 g
- 건조상태 모래의 질량 = 495.5 g

비중(건조상태 비중, SSD상태 비중, 겉보기비중) 및 잔골재의 흡수율을 계산하여라.

5.16 KS F 2526에 따르면, 표준체 번호 357, 57 및 8의 최대 체 크기와 공칭 최대 체 크기(종래의 정의에 따른)는 각각 얼마인가?

5.17 다음과 같은 골재 체분석 결과표를 완성하고 반대수지에 입도분포곡선을 작성하여라. 최대치수 및 공칭 최대치수는 각각 얼마인가?

체 크기	잔류량(g)	누적잔류량(g)	누적잔류율(%)	통과율(%)
25 mm	0			
9.5 mm	47.1			
4.75 mm(No.4)	239.4			
2.00 mm(No.10)	176.5			
0.425 mm(No.40)	92.7			
0.075 mm(No.200)	73.5			
Pan	9.6			

5.18 다음과 같은 골재 체분석 결과표를 완성하고 0.45 지수 입도분포 곡선을 작성하여라.

체 크기	잔류량(g)	누적잔류량(g)	누적잔류율(%)	통과율(%)
37.5 mm 이상	0			
37.5～25 mm	315			
25～19 mm	782			
19～9.5 mm	1493			
9.5～4.75 mm	677			
4.75～0.60 mm	1046			
0.60～0.075 mm	1502			
Pan	45			

5.19 골재 시료에 대해 체분석 실험을 실시하였으며, 다음과 같은 결과를 얻었다.
각 체를 통과하는 통과중량 백분율을 계산하여라.
통과중량 백분율과 체 크기에 대하여 다음을 작성하여라.
a. 반대수 입도분포곡선
b. 0.45 지수 입도분포 곡선(그림 A.22)

체 크기(mm)	잔류량(g)	체 크기(mm)	잔류량(g)
25	0	1.18	891.5
19	376.7	0.60	712.6
12.5	888.4	0.30	625.2
9.5	506.2	0.15	581.5
4.75	1038.4	0.075	242.9
2.36	900.1	Pan	44.9

5.20 굵은 골재 시료에 대한 체분석 실험을 실시하였으며, 다음과 같은 결과를 얻었다.

체 크기	잔류량(kg)	체 크기	잔류량(kg)
75 mm	0	12.5 mm	6.13
50 mm	0	9.5 mm	12.12
37.5 mm	1.68	4.75 mm	4.59
25.0 mm	7.22		
19.0 mm	5.45	Pan	0.59

a. 각 체의 통과중량 백분율을 구하여라.
b. 골재 최대치수는 얼마인가?
c. 골재 공칭 최대치수는 얼마인가?
d. 통과중량백분율 vs. 체 크기 관계를 반대수 입도분포곡선으로 작성하라.
e. 통과중량백분율 vs. 체 크기 관계를 0.45 지수 입도분포곡선으로 작성하라(그림 A.22).
f. KS F 2526을 참고하여, 가장 가까운 체 번호를 구하고, 표준체에 대한 입도분포곡선과 잘 일치하는지 설명하라.

5.21 웰 그레이디드(well-graded) 입도분포, 갭 그레이디드(gap-graded) 입도분포, 오픈 그레이디드(open-graded) 입도분포 및 단일크기 입도분포에 대해 누적 통과중량 백분율 vs. 체 크기 관계 그래프를 작성하고, 이 같은 그래프의 형식 이름은 무엇인가?

5.22 다음 표는 골재 A, B, C의 입도분포를 나타내고 있다. 세 가지 골재는 15 : 25 : 60의 중량비로 혼합된다. 스프레트시트 프로그램을 이용하여 혼합골재의 입도분포를 구하여라.

통과중량 백분율									
크기									
	25mm	19mm	12.5mm	9.5mm	4.75mm	1.18mm	0.60mm	0.30mm	0.15mm
골재 A	100	100	100	77	70	42	34	28	20

골재 B	100	85	62	43	24	13	7	0	0
골재 C	100	100	84	51	29	19	8	14	9

5.23 다음 표는 두 가지 골재 A, B의 입도분포를 나타낸 것이다.

체 크기(mm)	25	19	12.5	9.5	4.750	2.36	1.18	0.600	0.300	0.150	0.075
골재 A의 통과율(%)	100	92	76	71	53	38	32	17	10	5	3.0
골재 B의 통과율(%)	100	100	92	65	37	31	30	29	28	21	15.4

다음 물음에 대해 답하고, 모든 계산과정을 나타내어라.

a. 골재 A와 B의 최대치수는 얼마인가?

b. 골재 A는 좋은 입도분포인가? 그 이유를 설명하라.

c. 골재 B는 좋은 입도분포인가? 그 이유를 설명하라.

5.24 세 가지 골재를 다음과 같은 비율로 혼합하려고 한다.

[골재 A 35%, 골재 B 40%, 골재 C 25%]

각각의 골재에 대해, 다섯 가지 체로 구성된 한 세트의 체에 대해 통과중량 백분율이 다음 표와 같이 주어졌다.

체 크기(mm)	골재 A의 통과율(%)	골재 B의 통과율(%)	골재 C의 통과율(%)
9.5	85	50	40
4.75	70	35	30
0.6	35	20	5
0.3	25	13	1
0.15	17	7	0

혼합골재의 각 체에 대한 통과중량 백분율을 구하여라.

5.25 다음 표는 두 가지 골재의 입도분포와 아스팔트 콘크리트에 대한 시방규정 한계값을 나타낸 것이다. 혼합골재의 입도분포가 시방규정 한계값을 만족하기 위한 혼합비율을 결정하여라. 그리고 골재 A, 골재 B, 혼합골재, 시방규정 한계값에 대한 입도분포를 반대수 입도분포곡선으로 작성하여라.

	통과중량 백분율								
	크기								
	19mm	12.5mm	9.5mm	4.75mm	2.36mm	0.60mm	0.30mm	0.15mm	0.075mm
시방규정 한계값	100	80~100	70~90	50~0	35~50	18~29	13~23	8~16	4~0
골재 A	100	85	55	20	2	0	0	0	0
골재 B	100	100	100	85	67	45	32	19	11

5.26 서로 혼합될 두 가지 굵은 골재에 대해 실험실에서 비중 및 흡수율 시험을 실시하였다. 그 결과는 다음과 같다.

- 골재 A : 비중 = 2.814, 흡수율 = 0.4%
- 골재 B : 비중 = 2.441, 흡수율 = 5.2%

a. 골재 A와 골재 B를 각각 중량비로 50%씩 혼합한 골재의 비중은 얼마인가?

b. 혼합골재의 흡수율은 얼마인가?

5.27 다음 표는 두 가지 골재의 입도분포와 아스팔트 콘크리트에 대한 시방규정 한계값을 나타낸 것이다. 혼합골재의 입도분포가 시방규정 한계값을 만족하기 위한 혼합비율을 결정하여라. 그리고 골재 A, 골재 B, 혼합골재, 시방규정 한계값에 대한 입도분포를 반대수 입도분포곡선으로 작성하여라.

통과중량 백분율									
크기									
	19mm	12.5mm	9.5mm	4.75mm	2.36mm	0.60mm	0.30mm	0.15mm	0.075mm
시방규정 한계값	100	80~100	70~90	50~0	35~50	18~29	13~23	8~16	4~0
골재 A	100	100	100	79	66	41	38	21	12
골재 B	100	92	54	24	3	1	0	0	0

5.28 네 가지의 다른 골재들에 대해 혼합골재의 입도분석을 할 수 있도록 스프레드시트 혼합 템플릿 프로그램을 만들어라. 작성된 프로그램은 반대수 입도분포곡선과 0.45 지수 입도 분포곡선을 자동적으로 생성할 수 있어야 한다. 다음 표를 이용하여 템플릿을 검증하여라.

	골재				
	A	B	C	D	혼합
혼합비율	20%	15%	25%	40%	
체 크기(mm)	통과중량 백분율				
37.5	100	100	100	100	
25	100	100	100	100	
19	95	100	100	100	
12.5	89	100	100	100	
9.5	50	85	100	100	
4.75	10	55	100	100	
2.36	2	15	88	98	
1.18	2	5	55	45	
0.6	2	3	35	34	
0.3	2	2	22	25	
0.15	2	2	15	14	
0.075	2	1	6	5	

5.29 서로 혼합하여 사용할 두 골재에 대해 실험실에서 비중과 흡수율을 측정하고자 하였으며, 그 결과는 다음과 같다.

- 골재 A : 비중 = 2.491; 흡수율 = 0.8%
- 골재 B : 비중 = 2.773; 흡수율 = 4.6%

a. 골재 A와 골재 B를 각각 중량비로 50%씩 혼합한 골재의 비중은 얼마인가?
b. 혼합골재의 흡수율은 얼마인가?

5.30 아스팔트 콘크리트의 배합설계에서는 200번 체 크기 이하의 입자가 2~6% 범위가 되도록 요구하고 있으며, 다음과 같은 세 가지 골재의 이용이 가능하다.

	200번 체 이하
굵은 골재	0.5%
중간크기 골재	1.5%
잔골재	11.5%

배합에 굵은 골재와 중간크기 골재의 양이 대략적으로 동일하다고 할 때, 혼합골재의 200번 체 이하 크기의 입자의 범위가 4%가 되도록 하려면 잔골재의 혼합비율은 얼마로 하여야 하는가?

5.31 잔골재의 조립률을 정의하고, 어떻게 이용되는지 설명하여라.

5.32 연습문제 5.23에서의 골재 A에 대해 조립률을 구하여라. 구한 값이 일반적인 조립률의 범위 내에 있는가? 아니라면 왜 그런지 설명하여라.

5.33 연습문제 5.25에서의 골재 B에 대해 조립률을 구하여라. 구한 값이 일반적인 조립률의 범위 내에 있는가? 아니라면 왜 그런지 설명하여라.
[주의 : 1.18 mm(No.16) 체를 통과하는 중량 백분율은 주어지지 않았지만 고려되어야 한다]

5.34 포틀랜드 시멘트 콘크리트를 만드는 데, ASTM 입도분포 밴드(표 5.4)의 중간값을 따르는 입도분포를 가진 모래와, ASTM 입도분포 밴드(표 5.5)의 467번 크기의 중간값을 따르는 입도분포를 가진 자갈을 사용하고, 모래와 자갈의 중량비를 2 : 3으로 한다. 0.45 지수 입도분포 차트 위에 모래, 자갈, 혼합골재의 입도분포를 작성하여라. 혼합골재의 입도분포는 좋은 입도분포인가? 아니라면 구한 입도분포를 어떤 분포라고 하겠는가?

5.35 0.075 mm(No.200) 체의 통과량이 골재 기층의 안정도, 배수성, 동상성(frost susceptibility)에 미치는 영향에 대해 설명하여라.

5.36 세 가지 골재원으로부터 얻어진 다음 표에서 보는 바와 같은 물성을 가진 골재들을 55 : 25 : 20의 중량비로 혼합하려고 한다. 혼합골재의 물성을 구하여라.

물성	골재 1	골재 2	잔골재
굵은 골재의 각지수, 파쇄면의 비율	100	87	N/A
비중	2.631	2.711	2.614
겉보기 비중	2.732	2.765	2.712

5.37 세 가지 골재원으로부터 얻어진 다음 표에서 보는 바와 같은 물성을 가진 골재들을 25 : 60 : 15의 중량비로 혼합하려고 한다. 혼합골재의 물성을 구하여라.

물성	골재 1	골재 2	잔골재
굵은 골재의 각계수, 파쇄면 비율	73	95	N/A
비중	2.774	2.390	2.552
겉보기 비중	2.810	2.427	2.684

5.38 수퍼패이브 배합설계를 위해 세 가지 재료를 사용하려고 하며, 세 가지 다른 혼합비율에 대해 검토하고자 한다. 세 가지 혼합비율에 대해 비중을 구하여라.

재료	G_{sb}	비율 1	비율 2	비율 3
부순 석회암	2.702	45%	55%	50%
고로슬래그	2.331	35%	20%	30%
모래	2.609	20%	25%	20%

5.39 알칼리-실리카 반응(ASR)이 무엇인지 설명하고, 이로 인하여 어떤 문제들이 발생하는지를 설명하여라. 그리고 ASR을 최소화 할 수 있는 방법을 두 가지 설명하여라.

5.40 골재에서 포틀랜드 시멘트 콘크리트에 영향을 미치는 일반적인 골재 내 유해물질들은 무엇이 있는지 밝히고, 이것들의 영향을 설명하여라.

5.41 KS F 2501을 살펴보고 다음을 요약하여라.

a. 컨베이어 벨트에서 골재 시료 채취
b. 비축 골재더미에서 골재 시료 채취
c. 도로 기층 및 보조기층에서 골재 시료 채취
d. 공칭 최대골재치수가 19 mm라면, 채취해야할 최소 시료 크기는 얼마인가?

참고문헌

Arizona Department of Transportation. Standard Specifications for Roads and Bridge Construction. Phoenix, AZ: Arizona Department of Transportation, 2000.

The Asphalt Institute. Mix Design Methods for Asphalt Concrete and Other Hot-Mix Types. 6th ed. Manual Series No. 2 (MS-2). Lexington, KY: The Asphalt Institute, 1995.

Barksdale, R. D., ed. Aggregate Handbook. Washington, DC: National Stone Association, 1991.

Federal Highway Administration. Asphalt Concrete Mix Design and Field Control. Technical Advisory T 5040.27. Washington, DC: Federal Highway Administration, 1988.

Goetz, W. H. and L. E. Wood. Bituminous Materials and Mixtures. Highway EngineeringHandbook, Section 18. New York: McGraw-Hill, 1960.

Kosmatka, S. H., B. Kerkhoff and W. C. Panarese. Design and Control of Concrete Mixtures. 14th ed. (Revised). Skokie, IL: Portland Cement Association, 2008.

McGennis, R. B., et al. Background of Superpave Asphalt Mixture Design and Analysis. Publication no. FHWA-SA-95-003. Washington, DC: Federal Highway Administration, 1995.

Meininger, R. C. and F. P. Nichols. Highway Materials Engineering, Aggregates and Unbound Bases. Publication no. FHWA-HI-90-007, NHI Course No. 13123. Washington, DC: Federal Highway Administration, 1990.

CHAPTER 06
포틀랜드 시멘트, 배합수, 혼화재료

포틀랜드 시멘트 콘크리트는 세계적으로 가장 널리 사용되는 건설재료이다. 오늘날 우리 삶에서 콘크리트는 매우 큰 비중을 차지하고 있다. 콘크리트는 빌딩, 교량, 터널, 댐, 공장, 도로, 운동장 등의 다양한 구조물에 사용되고 있다. 포틀랜드 시멘트 콘크리트는 포틀랜드 시멘트, 골재, 물, 공기, 그리고 많은 경우에 혼화재료까지 포함하여 구성된다. 이 장에서는 포틀랜드 시멘트, 배합수 및 혼화재료에 대해 다룰 것이며, 7장에서는 포틀랜드 시멘트 콘크리트에 대해 설명할 것이다. 포틀랜드 시멘트의 주된 용도는 포틀랜드 시멘트 콘크리트 제조이지만, 지반개량, 고속도로 공사 시 입도조정기층(aggregate base)의 안정화와 같은 다른 용도로도 사용될 수 있다.

시멘트의 종류에 따라 다양한 종류의 콘크리트가 있지만, 포틀랜드 시멘트 콘크리트가 가장 널리 사용되기 때문에 별도의 언급이 없으면 콘크리트라 하면 항상 포틀랜드 시멘트 콘크리트를 의미하는 것으로 생각한다. 포틀랜드 시멘트는 1824년 Joseph Aspdin에 의해 특허를 획득하였으며, 영국의 포틀랜드 섬의 석회석 절벽의 이름을 따서 명명되었다[Kosmatka et al., 2008].

포틀랜드 시멘트는 콘크리트를 만들기 위해 골재들을 서로 부착시켜 주는 일종의 순간접착제(단지 물만 추가하여)이다. 토목 프로젝트를 선택하고, 설계하고, 품질관리를 담당하는 재료 기술자들은 포틀랜드 시멘트의 생산, 화학조성, 수화반응 속도 및 물리적 특성 등을 반드시 이해해야 한다.

6.1 포틀랜드 시멘트의 생산

포틀랜드 시멘트의 생산은 두 가지 기본 원재료(석회질 재료와 점토질 재료)에서부터 시작된다. 석회질 재료는 석회석, 백악(chalk), 굴 껍질과 같은 산화칼슘이다. 점토질 재료는 실리카와 알루미나의 화합물로서 점토, 세일이나 고로슬래그 등으로부터 얻을 수 있다. 그림 6.1에서 보는 바와 같이 이와 같은 재료들을 분쇄하여 사일로에 보관한다. 원재료는 적절한 비율로 하여 습식 또는 건식 방법으로 분쇄기를 통해 분쇄하게 된다. 분쇄된 재료는 킬른으로 이송되기 전까지 저장한다. 근래 건식법을 사용하는 시멘트 공장에서는 킬른에서 나오는 연소열을 이용하여 분쇄된 재료를 예열하는 배열회수 사이클을 사용하고 있다. 또한 일부 공장에서는 플래시로(flash furnace)를 이용하여 저장된 재료에 좀 더 열을 가하고 있다. 프리히터(preheater)나 플래시로 모두 시멘트 제조 시 에너지 효율을 높이는 방법이다. 킬른에서는 원재료가 1400℃에서 1650℃ 사이의 온도에서 융해되어, 시멘트 클링커로 변하게 된다. 최종단계에서는 클링커를 미분말로 분쇄하게 된다. 이 때, 소량의 석고를 첨가하여 콘크리트 제조 시 시멘트의 응결시간을 조절한다.

최종적으로 생산된 제품은 벌크나 포대로 포장되어 운반된다. 미국에서는 시멘트 한 포대의 무게가 94 lb(= 42.7 kg)이며, 이것은 대략적으로 생산 즉시 포장된 시멘트 1 ft^3의 부피에 해당한다. 시멘트는 건조상태를 잘 유지한다면, 오랜 기간 동안 저장도 가능하다.

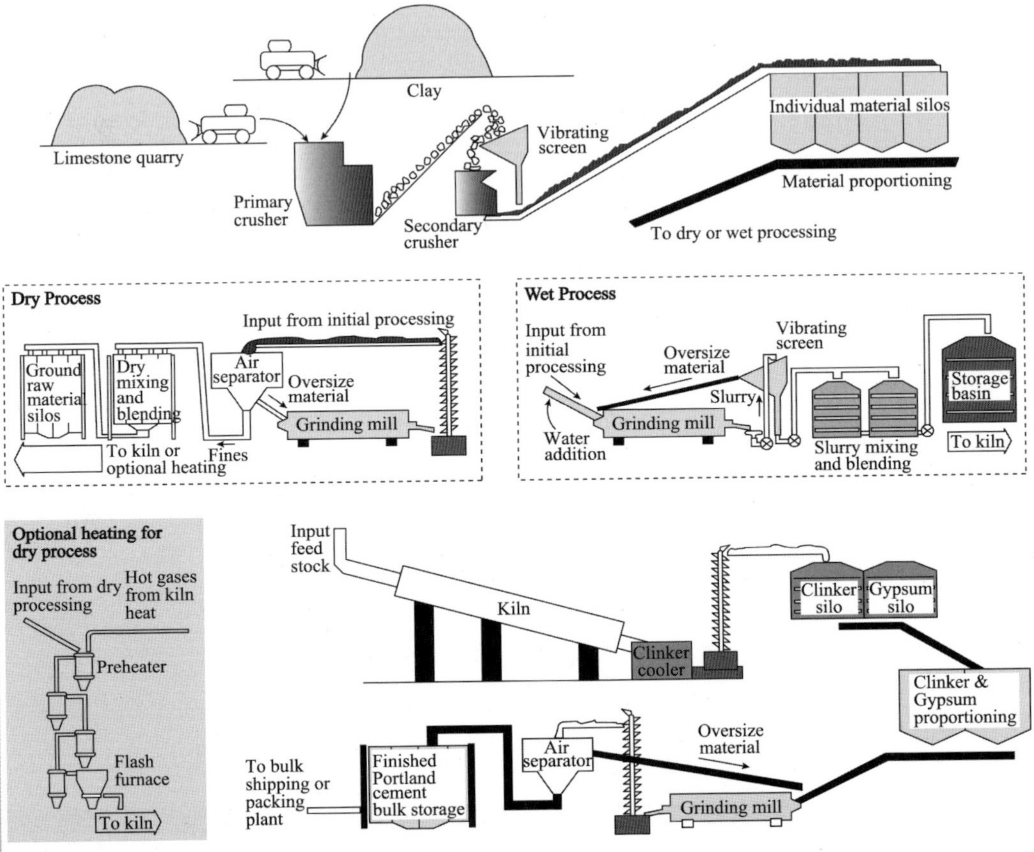

그림 6.1 포틀랜드 시멘트 제조공정

6.2 포틀랜드 시멘트의 화학조성

포틀랜드 시멘트를 제조하는데 사용되는 원재료들은 석회, 실리카, 알루미나 및 산화철이 있다. 이와 같은 원재료들은 킬른에서 상호반응하여 복잡한 화학조성물을 형성하게 된다. 킬른에서의 소성(calcination)은 분자조성을 재구성하여 표 6.1에서 보는 바와 같은 네 가지의 주요 화합물을 생성하게 된다.

C_3S와 C_2S가 수화반응 후 콘크리트의 소요 특성을 만들어낸다. C_3A와 C_4AF를 생성하는 알루미나와 철은 C_3S를 생성하는데 필요한 온도를 2000℃에서 1350℃로 줄이기 위해 다른 원재료들과 함께 포함된다. 이렇게 함으로써 포틀랜드 시멘트 생산에 필요한 에너지를 절약할 수 있고 제조비용을 절감할 수 있다.

이러한 주요 조성물 외에도 산화마그네슘, 산화티타늄, 산화망간, 산화나트륨, 산화칼슘과 같은 소량의 조성물도 있다. 소량의 조성물은 시멘트 중량 대비 수 %에 불과하다. 소량의 조성물은 조성물 내 차지하는 양이 적은 것이지 중요하지 않다는 것은 아니다. 사실 소량의 조성물 중 두 가지, 산화나트륨과 산화칼슘은 알칼리염으로 알려져 있으며, 이들 알칼리는 5장에서 이미 언급한 바와 같이, 일부 골재의 실리카와 반응하여 콘크리트의 균열을 유발하고 강도 발현 속도에 영향을 미친다(그림 5.19 및 그림 6.2 참고).

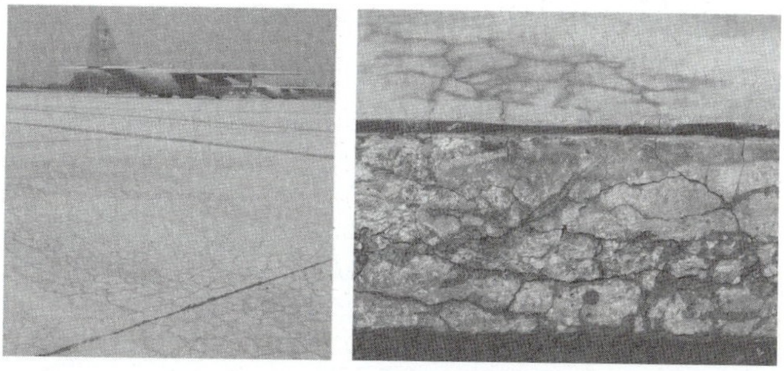

그림 6.2 알칼리-실리카 반응에 의한 콘크리트 포장에 발생한 균열

표 6.1 포틀랜드 시멘트의 주요

화합물	화학식	통상적인 약자 *	일반적인 중량범위(%)
규산 3석회	$3CaO \cdot SiO_2$	C_3S	45~60
규산 2석회	$2CaO \cdot SiO_2$	C_2S	15~30
알루민산 3석회	$3CaO \cdot Al_2O_3$	C_3A	6~12
철알루민산 4석회	$4CaO \cdot Al_2O_3 \cdot Fe_2O_3$	C_4AF	6~8

* 시멘트 산업에서는 일반적으로 화학식에 대해 약자를 사용한다.
C = 산화칼륨, S = 이산화규소, A = 산화알루미늄, F = 산화철

6.3 포틀랜드 시멘트의 분말도

시멘트 입자의 분말도는 매우 주의 깊게 조절해야 하는 중요한 물성이다. 수화반응이 시멘트 입자의 표면에서부터 시작되기 때문에, 시멘트 입자가 미세할수록 표면적이 더 넓어지고 수화반응이 더 빠르게 된다. 따라서 시멘트 입자가 미세할수록 더 빠른 강도발현 특성을 보이고 초기 수화열도 더 크게 된다. 어떤 종류의 시멘트에 대해 필요 이상으로 분말도를 크게 하면 시멘트 생산 비용을 증가시킬 뿐만 아니라 콘크리트의 품질에 치명적일 수 있다.

시멘트 입자의 최대크기는 0.09 mm이며, 입자의 85%에서 95%는 0.045 mm보다 작고, 평균입경은 0.01 mm이다(참고로 200번 체를 통과하는 재료는 0.075 mm보다 작다). 1 kg의 포틀랜드 시멘트는 대략 7조 개의 시멘트 입자를 가지고, 총 표면적은 300～400 mm^2이다. 단위중량 당 총 표면적은 시멘트 입자 크기의 함수이며, 보다 쉽게 측정이 가능하다. 따라서 입자크기에 대한 시방규정은 단위중량 당 표면적의 항으로 정의된다.

시멘트 분말도는 주로 Blaine 투기성 시험 장비(KS F 5106)로 표면적으로 측정하여 간접적으로 측정하거나, Wagner 비탁계(turbidimeter) 시험 장비(ASTM C115)를 이용하여 측정한다. Blaine 시험법(그림 6.3)에서 시멘트 입자의 표면적 크기는 cm^2/g로 나타내며, 시멘트 시료의 투기성을 측정하고 표준재료의 투기성과 연계하여 구한다. Wagner 비탁계를 이용한 방법에서는 등유와 혼합되어 부유상태로 있는 시멘트의 침전속도를 측정함으로써 표면적을 측정한다. 시멘트 입자가 가늘수록 침전속도가 더 느리다. Blaine 시험법과 Wagner 시험법은 모두 비표면적을 구하는 간접적인 방법이지만 약간 다른 측정 원리를 사용한다. 따라서 하나의 시멘트 시료 샘플에서 측정한 결과가 서로 다를 수 있다. 분말도는 또한 0.045 mm(No.325) 체를 통과하는 중량백분율이 몇 퍼센트인지를 구하여 측정할 수도 있다.

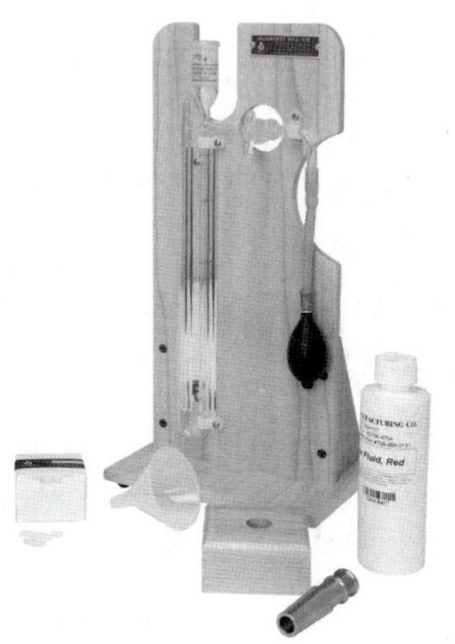

그림 6.3 Blaine 투기성 시험 장비

6.4 포틀랜드 시멘트의 비중

배합설계를 하기 위해서는 시멘트의 비중을 알아야 한다. 포틀랜드 시멘트의 비중(입자 사이의 공극이 없이)은 3.15이며 KS L 5110 방법에 의해 구할 수 있다. 단위용적 시멘트의 밀도(입자 사이의 공극을 포함하고)는 취급 및 저장 방법에 따라 상당히 달라진다. 예를 들어, 시멘트가 이송되는 동안 발생하는 진동은 시멘트를 조밀하게 다지게 되어 밀도를 증가시키게 된다. 따라서 시멘트의 양적 특성은 부피보다는 중량에 의해 정의되고 측정된다.

6.5 포틀랜드 시멘트의 수화

수화란 시멘트 입자와 물 사이에서 발생하는 화학적 반응이다. 이러한 반응의 특징은 물질의 변화, 에너지 수준의 변화, 반응속도로 나타난다. 주요 화학반응들은 표 6.2에 보이는 것과 같다. 포틀랜드 시멘트는 여러 가지 화학조성물로 구성되어 있기 때문에, 많은 반응들이 동시에 발생한다.

수화반응의 진행은 통과용액(through-solution)과 토포화학(topochemical) 메커니즘, 두 가지 메커니즘에 의해 발생한다. 통과용액(through-solution) 메커니즘의 과정은 다음과 같은 단계로 이루어진다[Mehta and Monteiro, 2005].

① 미수화 시멘트 광물의 용해
② 용액 내 수화생성물의 형성
③ 과포화용액으로부터 수화생성물의 석출

통과용액(through-solution) 메커니즘은 수화반응의 초기단계에 지배적으로 작용한다. 토포화학적 수화반응은 시멘트 입자의 표면에서 발생하는 고체 상태에서의 화학적 반응이다.

알루미네이트는 실리케이트에 비해 훨씬 빨리 수화반응을 한다. 알루민산 3석회(C_3A)와 물과의 반응은 매우 빠르게 일어나며 많은 양의 열을 발생시킨다. 알루미네이트의 수화속도를 늦추기 위해서 석고가 사용된다. 석고가 용액 속으로 재빨리 들어가서 황산염 이온을 생성하고, 이것이 알루미네이트의 용해성을 떨어뜨린다. 알루미네이트와 황산염의 적절한 균형을 통해 응결(고형화) 속도를 결정한다. 보통의 응결속도를 가지는 시멘트 페이스트에서는 알루미네이트와 황산염 이온 모두 낮은 농도를 필요로 하며, 시멘트 페이스트가 약 45분 동안 작업이 가능한 상태를 유지할 것이다. 그런 후 결정상이 공극에 있는 물을 대신 채우면서 페이스트가 굳기 시작한다. 시멘트에 물이 더해진 이후로 페이스트는 2~4시간 이내에 고체로 변하기 시작한다. 만약에 과도한 양의 알루미네이트와 황산염 이온이 존재한다면, 작업이 가능한 상태 단계는 단지 10분 정도만 지속되고, 응결은 1~2시간 이내에 발생할 수도 있다. 알루미네이트 이온의 가용성이 높고 황산염 이온은 낮은 경우에는 급결(10~45분) 또는 순결(10분 이내)이 일어날 수 있다. 마지막으로 알루미네이트 이온의 가용성이 낮고 황산염 이온의 가용성이 높은 경우에는 10분 이내에 석고가 공극 내에서 재결정화 되어 순결이 발생할 수 있다. 순결(순간 응결, flash set)은 큰 수화열 발생 및 낮은 강도와 관련이 있다[Mehta and Monteiro, 2005].

칼슘실리케이트는 물과 반응하여 C-S-H (calcium-silicate-hydrate)를 생성한다. 이 결정상은 물과 시멘트가 혼합되고 몇 시간 후에 형성되기 시작해서 미수화시멘트와 자유수가 존재하는 한 계속적으로 진행될 수 있다. C-S-H는 정의가 잘되지 않은 조성물이다. 칼슘실리케이트 비는 1.5에서 2.0사이에서 다르게 나타나고, 구조적으로 결합된 결합수의 양은 더 가변적이다.

표 6.2에서 보는 바와 같이 실리케이트는 수화반응을 하여 C-S-H와 수산화칼슘을 생성한다. C_3S가 완전히 수화하면 61%의 C-S-H와 39%의 수산화칼슘을 생성하고, C_2S는 82%의 C-S-H와 18%의 수산화칼슘을 생성한다. C-S-H가 수화된 시멘트 페이스트를 강하게 만드는 것이기 때문에, 콘크리트의 극한강도는 C_3S보다는 C_2S의 양을 상대적으로 증가시킴으로써 향상된다. 수산화칼슘은 황산염이나 산성수에 의해 공격을 받기 쉽다.

표 6.2 시멘트 수화반응의 주요 화학반응

$2(3CaO \cdot SiO_2)$ 규산3석회	$+ 6H_2O$ 물		$= 3CaO \cdot 2SiO_2 \cdot 3H_2O$ 칼슘실리케이트수화물	$+ 3Ca(OH)_2$ 수산화칼슘
$2(2CaO \cdot SiO_2)$ 규산2석회	$+ 4H_2O$ 물		$= 3CaO \cdot 2SiO_2 \cdot 3H_2O$ 칼슘실리케이트수화물	$+ Ca(OH)_2$ 수산화칼슘
$3CaO \cdot Al_2O_3$ 알루민산3석회	$+ 12H_2O$ 물	$+ Ca(OH)_2$ 수산화칼슘	$= 3CaO \cdot Al_2O_3 \cdot Ca(OH)_2 \cdot 12H_2O$ 칼슘알루미네이트수화물	
$4CaO \cdot Al_2O_3 \cdot Fe_2O_3$ 철알루민산4석회	$+ 10H_2O$ 물	$+ 2Ca(OH)_2$ 수산화칼슘	$= 6CaO \cdot Al_2O_3 \cdot FeO_3 \cdot 12H_2O$ 칼슘알루미노페라이트수화물	
$3CaO \cdot Al_2O_3$ 알루민산3석회	$+ 10H_2O$ 물	$+ CaSO_4 \cdot 2H_2O$ 석고	$= 3CaO \cdot Al_2O_3 \cdot CaSO_4 \cdot 12H_2O$ 칼슘설포알루미네이트수화물	

C_3S가 C_2S에 비해 훨씬 빨리 수화반응이 일어나기 때문에 시멘트 페이스트의 종결시간과 초기강도 발현에 영향을 미친다. 수화속도는 용액 내 황산염 이온에 의해 빨라진다. 따라서 시멘트에 석고를 첨가함으로써 발생하는 부가적인 효과로 C-S-H의 생성 속도가 증가하게 된다.

6.5.1 시멘트 페이스트 내 구조 생성

시멘트 페이스트 내에서 발생하는 연속적인 구조 형성은 그림 6.4로 요약된다. 구조형성 과정은 시멘트에 물이 가해진 후 곧바로 시작된다(그림 6.4a). 10분 이내에 물은 높은 알칼리성을 나타내게 된다. 시멘트 입자의 수화가 진행됨에 따라 시멘트 입자의 부피는 줄어드는 반면, 입자 사이의 공간이 증가하게 된다. 수화 초기단계에서는 약한 결합이 형성되는데, 특히 수화된 C_3A로부터 형성된다(그림 6.4b). 계속되는 수화는 페이스트를 경화시키고 형성된 구조를 서로 결속시키기 시작한다(그림 6.4c). C-S-H 상이 견고한 구조를 형성하고 나면 종결이 일어나고, 모든 페이스트 조성물들이 서로 결속되며, 시멘트 입자들이 수화에 사용되면서 시멘트 입자 사이의 공간이 증가하게 된다(그림 6.4d). 시멘트 페이스트는 계속적으로 경화되고, 수화가 진행됨에 따라 강도가 증가하게 된다(그림 6.4e). 경화는 초기재령에서 급격히 일어나서, 미수화 시멘트와 자유수가 존재하는 한 지속된다. 하지만 경화속도는 시간이 경과함에 따라 감소한다.

6.5.2 수화 진행정도의 평가

경화된 콘크리트의 시멘트 수화반응의 진행정도를 평가하는 방법은 몇 가지가 있으며, 다음과 같은 특성들을 평가하는 방법들이다[Neville, 1996].

① 수화열
② 수화로 인해 형성된 페이스트 내 수산화칼슘의 양
③ 페이스트의 비중
④ 화학적 결합수의 양
⑤ X-ray 정량적 분석을 통한 미수화 시멘트 페이스트의 양
⑥ 수화된 페이스트의 강도, 간접적인 방법

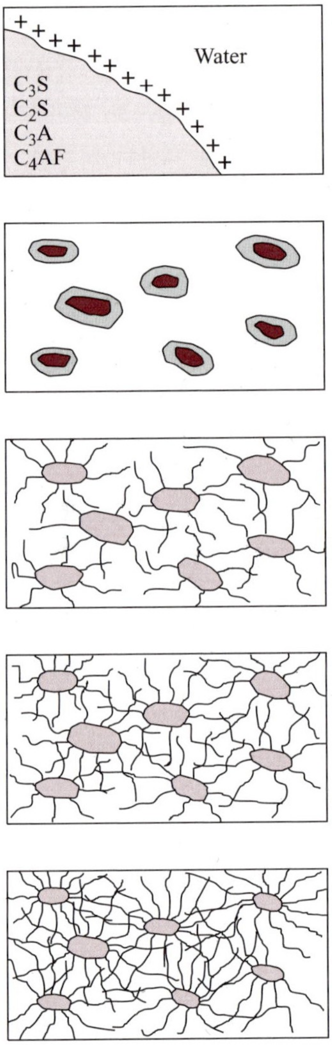

(a) 초기 C-S-H 상

초기에 C-S-H 상이 생성됨. C_3A가 가장 빨리 겔을 형성함.

(b) 겔 형성

시멘트 표면에 겔을 형성함에 따라 시멘트 입자의 부피가 감소함.
시멘트 입자들은 여전히 독립적으로 이동할 수 있으나
수화생성물들이 커지면서 서로 연결되기 시작함.
시멘트 입자의 일부는 틱소트록픽 상태에 있어서
진동으로 약한 결합이 끊을 수 있음.

(c) 초결 – 약한 구조골격의 형성

시멘트 입자가 고정되며
약한 구조골격이 형성됨에 따라 초결이 발생함.

(d) 종결 – 견고한 구조골격의 형성

구조골격이 견고해지면서 종결이 일어나고,
시멘트 입자들이 공간 내에서 구속됨. 시멘트 입자의
부피는 줄어들고 시멘트 입자 사이의 공간이 증가함.

(e) 경화[Hover and Phillco, 1990]

시멘트 페이스트의 강도와 내구성이 증가함에 따라
시멘트 입자 사이의 공간이 수화생성물로 채워짐.

그림 6.4 시멘트 페이스트 내 구조 형성

6.6 수화 시멘트 내 공극

시멘트의 수화가 진행되면서, 결정상의 임의적인 성장과 다양한 종류의 결정상으로 인해 페이스트 구조 내 공극이 남게 된다. 콘크리트의 강도, 내구성, 체적안정성은 공극에 크게 영향을 받는다. 수화가 진행되는 동안 두 종류의 공극이 형성되며, 층간 수화간극(interlayer hydration space)과 모세관 공극(capillary voids)이 있다.

층간 수화 간극(interlayer hydration space)은 C-S-H 내 형성된 층 사이에서 발생한다. 이 공간의 두께는 0.5~2.5 nm 사이로 매우 작아서 강도에 영향을 미치지 않지만, 페이스트 공극률의 28%를 차지한다. 간극 내 물은 수소결합으로 강하게 결합되어 있지만 습도가 11% 이하가 되면 증발하여 건조수축을 크게 유발하게 된다.

모세관 공극(capillary voids)은 수화 시멘트 페이스트가 시멘트 입자보다 낮은 비중을 가지기 때문에 발생한다. 모세관 공극의 양과 크기는 초기 시멘트 입자들의 분산상태에 영향을 받으며, 물-시멘트 비에 의해 크게 좌우된다. 최소한의 배합수만 사용하고 시멘트가 매우 많이 수화가 된 페이스트의 경우, 모세관 공극은 10~50 nm 크기에 있을 것이다. 과도한 배합수와 함께 수화가 잘 진행되지 않은 시멘트의 경우에는 모세관 공극의 크기가 3~5 μm에 이를 수 있다. 50 nm보다 큰 모세관 공극은 강도를 떨어뜨리고 투과성을 증가시킨다. 50 nm보다 큰 모세관 공극에서 물을 제거하더라도 수축을 유발하지 않는 반면, 그것보다 더 작은 크기의 공극에서 물을 제거하면 수축을 유발하게 된다.

층간 수화 간극(interlayer hydration space)과 모세관 공극 외에도, 교반 중에 시멘트 페이스트 내에 갇히게 되는 공기가 있을 수 있다. 갇힌 공기(trapped air)는 강도를 감소시키고 투과성을 증가시킨다. 하지만, 잘 분포된 미세한 기포는 시멘트 페이스트의 내구성을 크게 향상시킬 수 있다. 따라서 다음 장에서 설명하겠지만, 시멘트 페이스트 내 공기를 연행시키기 위한 혼화제가 널리 사용되고 있다.

6.7 수화 시멘트의 성질

포틀랜드 시멘트의 적절한 수화는 시멘트 생산업체들에게는 기초적인 품질관리 사항이다. 시방규정으로 포틀랜드 시멘트의 품질을 관리하겠지만, 그 시멘트로 만들어진 콘크리트의 품질을 보증하기 않는다. 배합설계, 품질관리, 배합수와 골재의 특성도 또한 콘크리트의 품질에 영향을 미친다. 수화 시멘트의 성질은 시멘트 페이스트(물과 시멘트) 또는 모르타르(페이스트와 모래)를 이용하여 평가한다.

6.7.1 응결

시멘트 페이스트가 딱딱해지는 것 또는, 소성 상태에서 고체 상태로의 변화를 응결(setting)이라고 한다. 응결이 일어나면서 약간의 강도가 나타나지만, 경화(hardening)와는 구별해야 한다. 경화는 시멘트 페이스트가 경화 후 강도가 발현되는 현상을 의미한다. 응결은 일반적으로 초결(initial set)과 종결(final set)로 나누어 설명할 수 있다. 초결과 종결의 정의는 비카트(Vicat) 시험장치(KS L 5108) 또는 길모아(Gilmore) 침(KS L 5103) 시험방법에 의해 측정된 결과를 바탕으로 임의적으로 정해진다.

비카트 시험(그림 6.5)에서는 규정된 절차에 따라 보통의 컨시스턴시를 얻기 위해 필요한 만큼의 물을 사용하여 제작한 시멘트 페이스트 시료를 준비한다. 1 mm 직경의 침을 이용하여 30초에 걸쳐 페이스트를 찔러서 관입깊이를 측정한다. 매 15분마다(3종 시멘트의 경우에는 매 10분마다) 이 과정을 반복해서 관입깊이가 25 mm 이하가 될 때까지 실시한다. 보간법을 이용하여 관입깊이 25 mm에 해당하는 시간을 구하고, 이것을 초결 시간으로 기록한다. 종결 시간은 육안으로 볼 때 침이 페이스트에 찔러지지 않을 때로 한다.

비카트 시험장치와 비슷하게, 길모아 시험에서도 먼저 보통의 컨시스턴시를 가진 시멘트 페이스트 시료를 준비한다. 윗면이 편평하게 된 작은 덩어리의 시멘트 페이스트 시편을 성형한 후, 길모아 침을 페이스트 시편의 표면에 가볍게 올린다. 시편이 침에 작용하는 힘을 견디어 움푹 들어간 정도가 감지되지 않을 정도일 때까지 이 과정을 반복하고, 이때까지의 경과시간을 초결 시간으로 기록한다. 또한 이 과정을 종결 길모아 침으로도 반복하여 시험을 수행하여 종결 시간을 측정한다. 시험 장치와 과정이 서로 다르기 때문에 비카트 시험과 길모아 시험은 동일한 시료에서도 다른 결과를 나타낸다.

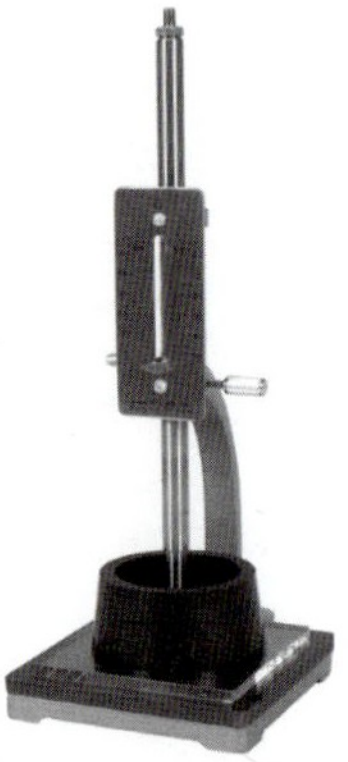

그림 6.5 비카트 응결시간 시험장치 (Humboldt Mfg. Co로부터 인용)

그림 6.6 길모아 응결시간 시험장치 (Humboldt Mfg. Co로부터 인용)

초결 시간은 콘크리트가 굳기 전에 핸들링과 타설이 가능한 시간을 나타낸다. 최대 종결 시간은 일반적인 수화의 진행이 보장되도록 규정하고 측정한다. 시멘트를 제조하는 과정에 응결 시간을 조절하기 위해서 석고를 첨가한다. 응결 시간에 영향을 주는 다른 영향인자들로는 시멘트의 분말도, 물-시멘트비, 혼화재료의 사용 등이 있다.

시멘트가 저장 중에 습기에 노출되면 믹싱 후 몇 분 만에, 다량의 수화열 발생 없이, 시멘트가 굳어지는 위응결(false set)이 발생할 수 있다. 이러한 문제에 대해서는, 물을 더 추가하지 않고 시멘트 페이스트를 강하게 다시 비빔으로써 페이스트의 소성을 다시 회복할 수 있으며 강도의 저하 없이 정상적으로 응결이 일어나도록 할 수 있다. 위응결은 앞서 언급한 급결(quick set)이나 순결(flash set)과는 다르다. 위응결은 재비빔으로써 해결이 가능하지만, 급결이나 순결은 해결이 불가능하다.

6.7.2 안정성

시멘트 페이스트의 안정성은 응결 후 부피를 유지하는 정도를 나타낸다. 시멘트가 안정되지 않으면, 지연되거나 느린 수화반응 또는 다른 반응으로 인해 응결 이후에 팽창이 발생할 수 있다. 시멘트 페이스트의 안정성을 평가하는 시험으로는 오토클레이브 팽창 시험(KS F 5107)이 사용된다. 이 시험에서는 시멘트 페이스트 막대가 열과 높은 압력을 받도록 하고, 팽창량을 측정한다. KS F 5201은 오토클레이브 팽창을 0.8%로 제한한다.

그림 6.7 시멘트 오토클레이브 팽창 시험 장치

6.7.3 모르타르의 압축강도

모르타르의 압축강도는 KS L 5105에 따라 50 mm 정육면체 시편을 이용하여 압축을 가하여 측정한다. 모르타르는 시멘트, 물, 표준사를 사용하여 제작하여 준비한다(KS L ISO 679). 최소 압축강도는 KS F 5201에서 시멘트 종류 및 재령에 따라 규정하고 있다. 모르타르 정육면체 시편의 압축강도는 원주형 콘크리트의 압축강도와 비례한다. 하지만 모르타르의 강도로부터 콘크리트의 압축강도를 정확하게 예측하는 것은 불가능하다. 왜냐하면 콘크리트 강도는 골재의 특성, 콘크리트 비빔, 시공절차에 의해서도 영향을 받기 때문이다.

6.8 물-시멘트비

1918년, Abrams는 시멘트 중량에 대한 물의 중량의 비, 물-시멘트비가 콘크리트의 모든 기대 품질에 영향을 미친다는 것을 알게 되었다. 건전하고 깨끗한 골재로 만들어지고 잘 다져진 콘크리트에서는, 단위 중량의 시멘트에 대해 사용되는 물의 중량을 줄임으로써 강도와 기타 다른 기대 특성들을 향상시킬 수 있다. 이 개념을 흔히 Abrams 법칙이라고 한다.

플라이애쉬, 슬래그, 실리카퓸, 천연 포졸란 재료와 같은 보조적 결합재들은 근래에 들어 포틀랜드 시멘트 콘크리트의 일부 성질을 개선하기 위한 혼화재로 사용되고 있다. 따라서 물-시멘트비라는 용어는 이러한 결합재들을 포함하기 위해서 '물-결합재비'라는 용어로 확대되었다. 일반적으로 "물-시멘트비"와 "물-결합재비"는 상호 바꿔서 사용되고 있다.

1 kg의 시멘트가 완전히 수화되기 위해서는 증발수와 골재에 흡수되는 물을 제외하고 대략 0.22~0.25 kg의 물을 필요로 한다. 5.5.4절에서 논의된 바와 같이, 골재의 표면건조포화상태 위에 얹어지는 물(또는 자유수)이 시멘트를 수화시키는데 이용된다.

콘크리트 배합에서는 작업성을 위해서 수화에 필요한 물 이외에 잉여의 수분을 필요

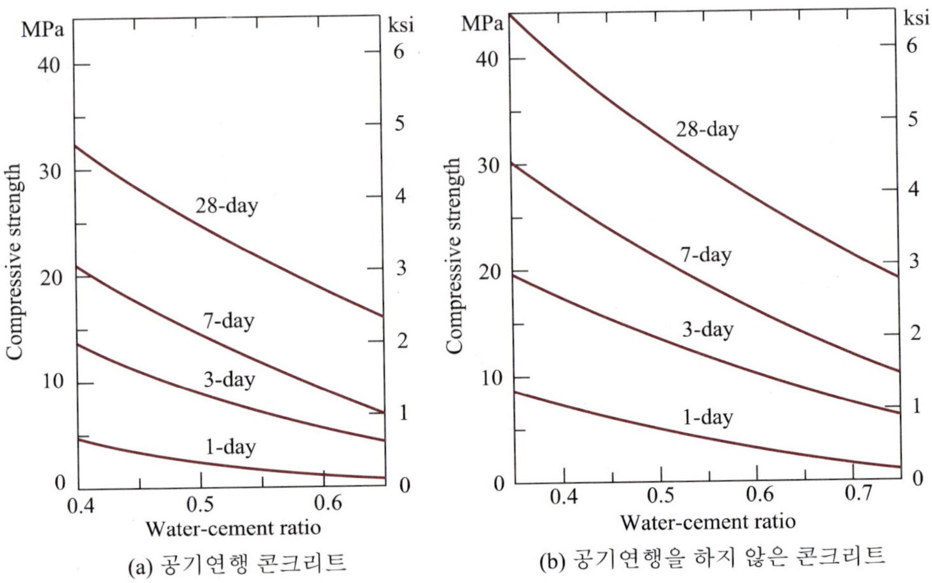

그림 6.8 1종 포틀랜드 시멘트를 사용하고 21℃ 습윤양생을 실시하여 제작된 0.15 × 0.30 m 원주형 공시체의 압축시험을 토대로 나타낸 일반적인 재령 - 강도 관계
(Portland Cement Association로부터 인용)

로 한다. 잉여수(excess water)는 콘크리트 내 모세관 공극을 형성하게 되고, 이러한 공극은 콘크리트의 공극률과 투과성을 증가시키고 강도를 저하시키게 된다. 그림 6.8은 물－시멘트비와 압축강도 사이의 일반적인 관계를 나타낸 것이다. 다양한 양생시간에 대해 콘크리트의 물－시멘트비가 증가함에 따라 압축강도가 줄어드는 것을 쉽게 확인할 수 있다. 물－시멘트비가 낮으면 풍화에 대한 저항성도 증가하고, 연속적인 콘크리트 층 사이에서의 부착력 및 콘크리트와 보강철근 사이의 부착력도 향상되며, 습윤건조에 따른 부피변화도 줄어들게 된다. 공기연행 콘크리트는 혼화제의 일종인 공기연행제를 포함하는 콘크리트로, 이후에 설명되겠지만 콘크리트의 동결융해 저항성을 증가시키는데 사용된다. 양생은 일정기간동안 수화가 잘 되도록 경화된 콘크리트에 충분한 수분과 온도를 유지해준다(7장 참조).

6.9 포틀랜드 시멘트의 종류

콘크리트의 사용분야가 다르면 시멘트도 그에 따라 각각 다른 특성을 필요로 한다. 어떤 공사에서는 공사 진행을 신속하게 하기 위해 빠른 강도발현을 요구할 것이고, 또 다른 공사에서는 체적변화와 그에 다른 수축균열을 제어하기 위하여 작은 수화열을 요구하기도 한다. 또 어떤 경우에는 콘크리트가 황산염(SO_4)에 노출되어 보통 포틀랜드 시멘트 콘크리트의 성능저하를 유발할 수 있다. 다행히 이러한 상황들은 시멘트 생산에 사용되는 원재료를 변화시켜서 표 6.1에 열거된 포틀랜드 시멘트의 네 가지 주요 조성물들의 비율을 조절함으로써 대응이 가능하다. 수화속도 또한 최종 분쇄 롤(grinding mill)에서 시멘트의 분말도를 변화시킴으로써 조절할 수 있다. 시멘트는 다섯 가지 규격화된 포틀랜드 시멘트 종류와 기타 특수시멘트들로 구분된다.

6.9.1 규격화된 포틀랜드 시멘트 종류

표 6.3은 ASTM C150(KS F 5201과 거의 동일함)에서 규정하고 있는 다섯 가지 규격화된 종류의 포틀랜드 시멘트(I～V종)를 설명하고 있다. 이들 다섯 종류 외에 제조공정 중에 공기연행제를 I종, II종, III종 시멘트에 첨가하여 IA종, IIA종, IIIA종 시멘트를 제조할 수 있으며, 이들은 공기연행을 하지 않은 시멘트에 비해 향상된 동결융해 저항성

을 나타낸다. 하지만 콘크리트의 배합 중에 첨가할 수 있는 공기연행 혼화제의 사용성과 신뢰성이 향상되어서 공기연행 시멘트(IA, IIA, IIIA종)의 사용은 점차 줄어들게 되었다. 공기연행제의 사용과 효과에 대해서는 혼화제에 대한 부분에서 설명이 있을 것이다. 규격화된 시멘트 종류에 대한 ASTM의 규정은 표 6.4와 같다.

시멘트 조성물의 허용 최대값은 소요 블레인 분말도(blaine fineness, 입자크기를 결정함)와 함께 표 6.5에 나타낸 것과 같다. I종과 III종 시멘트의 화학적 조성이 거의 동일하다는 것을 볼 수 있는데, 이 둘의 가장 큰 차이는 III종 시멘트의 비표면적이 훨씬 크다는 것이다. II종과 IV종 시멘트에서는 황산염에 대한 저항성을 향상시키기 위해서 I종 시멘트에 비해 C_3A의 함유량을 낮추었다. IV종 시멘트에서는 수화속도를 제한하기 위해 C_3S와 C_3A의 함유량을 제한하고 있다.

어떤 한 종류의 시멘트에 대해 ASTM에 규정이 되어 있어야만 사용할 수 있는 것은 아니다. I종 시멘트는 가장 널리 사용되고 미국 내 시멘트 생산의 대부분을 차지한다. II종 시멘트는 두 번째로 많이 사용되는 종류이다. I종과 II종의 요구조건을 모두 만족하는 시멘트도 제조가 가능하다. 이러한 시멘트는 I / II종으로 이름이 붙여진다. III종 시멘트는 미국 내 시멘트 생산의 4%를 차지한다. III종 시멘트는 분쇄에 대한 요구조건이 더 까다롭기 때문에 I종에 비해 가격이 더 비싸다. I종 시멘트의 강도발현은 콘크리트 내 단위시멘트량을 증가시켜서 향상시킬 수 있다. 따라서 III종 시멘트를 사용할 것인가는

표 6.3 규격화된 포틀랜드 시멘트의 종류와 활용분야

종류	이름	활용분야
I종	보통	다른 종류의 특별한 특성이 요구되지 않는 일반적인 콘크리트 공사. 바닥, RC구조물, 포장 등에 적합함.
II종	중용 내황산염	토양 중 0.1 ~ 0.2% 중량의 가용성 황산염이 있는 경우나 수중(해수 중) 150 ~ 1,500 ppm의 황산염이 있는 경우와 같이, 보통의 황산염 노출에 대해 보호함. 중용 수화열의 특성이 있어서, 대규모 교각, 고중량 교대, 옹벽 등에 사용하기에 적합함. 중용열은 서중 콘크리트 타설 시에 유용함.
III종	조강	거푸집을 가능한 빨리 제거해야 하거나 구조물을 가능한 빨리 사용할 수 있게 해야 하는 급속시공에 사용가능함. 한중 콘크리트 타설 시 양생시간을 줄일 수 있음.
IV종	저열	대형 댐과 같이 수화열을 제어할 필요가 있는 매스콘크리트 구조물에 사용됨.
V종	고 내황산염	토양 중 0.2 ~ 2.0% 중량의 가용성 황산염이 있는 경우나 수중 1,500 ~ 10,800 ppm의 황산염이 있는 경우와 같이, 심한 황산염 노출에 대해 보호함.

표 6.4 포틀랜드 시멘트의 표준 물성(ASTM C150의 표 3을 인용함)

시멘트 종류	I	IA	II	IIA	III	IIIA	IV	V
모르타르의 공기량[A], 부피%								
최대	12	22	12	22	12	22	12	12
최소		16		16		16		
분말도[B], 비표면적, m^2/kg(선택가능한 시험법)								
탁도측정계(Turbidimeter), 분	160	160	160	160			160	160
공기투과시험, 분	280	280	280	280			280	280
오토클레이브 팽창, 최대, %	0.80	0.80	0.80	0.80	0.80	0.80	0.80	0.80
최소 압축강도, MPa[C]								
1일	-	-	-	-	12.4	10.0	-	-
3일			6.9[D]	5.5[D]				
	12.4	15.5	10.3	8.3	24.1	19.3	-	8.3
7일	19.3	15.5	17.2	13.8			6.9	15.2
			11.7[D]	9.3[D]				
28일	-	-	-	-	-	-	17.2	20.7
응결시간(선택가능한 시험법)[E]								
길모어 시험								
초결, 분, 이상	60	60	60	60	60	60	60	60
종결, 분, 이상	600	600	600	600	600	600	600	600
비카 시험								
초결, 분, 이상	45	45	45	45	45	45	45	45
종결, 분, 이상	375	375	375	375	375	375	375	375

A 이 규정을 만족한다는 것이 반드시 콘크리트에서 소요 공기량을 얻을 수 있음을 보장하지는 않음.

B 두 가지의 선택가능한 분말도 측정 방법 중 어떤 방법이든 실험실에서 사용가능함. 시료가 공기투과시험의 요구조건을 만족시키지 못할 때에는 탁도측정계 시험을 실시하여야 하며, 이 표에서 제시한 탁도측정계 시험의 요구조건이 만족여부를 결정함.

C 규정된 시험 재령에서의 강도는 이전 재령에서 얻은 강도보다 작아서는 안 됨.

D 추가적으로 수화열이나 C_3S와 C_3A의 합에 대한 화학적 제한이 명시되어 있을 때

E 구매자가 소요 응결시간 측정 방법을 명시하여야 함. 명시하지 않을 경우에는 비카트 시험에 의한 규정만을 사용하여 평가함.

표 6.5 ASTM에 명시된 포틀랜드 시멘트의 화학적 조성 및 분말도 요구조건(ASTM C150)

포틀랜드 시멘트 종류	최대 조성물 비율(%)				Blaine 분말도 (m^2/kg)
	C_3S	C_2S	C_3A	C_4AF	
I	55	19	10	7	370
II	51	24	6	11	370
III	56	19	10	7	540
IV	28	49	4	12	380
V	38	43	4	9	380

경제성과 사용성의 문제가 된다. IV종 시멘트는 수요에 따라 제조가 가능하다. 이후에 다루게 되겠지만, I종이나 II종 포틀랜드 시멘트에 플라이애쉬를 혼합하게 되면 수화열을 저감시킬 수 있어서 IV종의 장점을 구현해 낼 수 있으며, 가격은 더 저렴하다. V종 시멘트는 심한 황산염 문제가 있는 지역에서만 사용하기 위해 생산된다.

6.9.2 기타 시멘트 종류

다섯 종류의 규격화된 포틀랜드 시멘트 외에도, 미국에서는 여러 가지 수경성 시멘트가 제조되고 있으며, 다음과 같다.

- 백색 포틀랜드 시멘트
- 혼합 수경성 시멘트(ASTM C595)
- IS종(고로슬래그 시멘트)
- IP종(포졸란 시멘트)
- 수경성 시멘트(ASTM C1157)
  - GU종(보통)
  - HE종(조강)
  - MS종(중용 내황산염)
  - HS종(고 내황산염)
  - MH종(중용열)
  - LH종(저열)
- 미장용 및 모르타르 시멘트
- 플라스틱 시멘트

- 초미립 시멘트(finely-ground cements, ultrafine cement)
- 팽창시멘트
- 특수시멘트

일반적으로 이러한 시멘트들은 한정된 목적으로 사용된다. 건설기술자들은 이러한 시멘트가 있다는 것을 꼭 인지하고 있어야 하며, 사용 전에 좀 더 자세히 알아보아야 한다.

6.10 배합수

음용가능한 물은 모두 콘크리트를 만드는데 사용이 가능하다. 하지만 음용이 불가능한 물중에서도 일부는 사용이 가능하다. 재료 공급자들은 종종 가공된 물보다 저렴한 가격에 구할 수 있다면 가공되지 않은 표면수나 우물물을 사용할 것이다. 하지만 배합수 내 불순물은 콘크리트의 응결시간, 강도, 장기 내구성에 영향을 미칠 수 있으며, 배합수 내 염화이온은 보강철근의 부식을 촉진시킨다.

6.10.1 허용기준

사용여부가 불분명한 물에 대한 허용기준은 KS F 4009에 잘 명시되어 있다. 7일 후 그 물을 사용하여 만든 모르타르 큐브 시험체의 평균 압축강도가 음용수 또는 증류수를 이용하여 만든 모르타르 큐브 시험체의 평균 압축강도와 비교했을 때 90% 이하가 되어서는 안 된다(KS L 5105). 또한 그 물을 사용한 시멘트 페이스트의 응결시간이, 비카트 시험장치(KS L 5108)로 측정했을 때, 음용수 또는 증류수를 사용하여 만든 시멘트 페이스트의 응결시간보다 1시간 이상 작거나 1시간 반 이상 커서는 안 된다.

배합수 내 과도한 불순물로 인해 유발되는 다른 부작용들로는 백화(efflorescence, 콘크리트 표면에 탄산칼슘이 생성되어 백색의 얼룩이 형성되는 현상), 착색, 보강철근의 부식, 체적의 불안정성, 내구성 저하 등이 있다. 따라서 압축강도 및 응결시간 외에도, 표 6.6에서 보는 바와 같이 배합수 내에서 초과되어서는 안 되는 화학물질의 최대 한계값들이 있다. 사용 여부가 불투명한 물의 화학적 불순물을 평가할 수 있는 몇 가지 실험방법들이 있다. 배합수 내에는 100가지 이상의 화학성분과 이온들이 존재하며 콘크리트의 품질에 영향을 미칠 수 있다. 표 6.7은 중요한 영향들에 대해 설명하고 있다.

표 6.6 배합수로 사용가능한 세척수의 화학적 제한값(ASTM C1602의 표 2를 인용함)

	최대 농도(ppm)	ASTM 시험 방법
염화물 이온(Cl)		
프리스트레스트 콘크리트 또는 교량 슬래브 콘크리트	500	C114
습윤환경 하의 기타 철근콘크리트 또는 알루미늄 보강재 또는 이종 금속을 포함하는 보강콘크리트, 또는 고정식 아연도금 금속 거푸집과 함께 있는 철근콘크리트	1000	C114
황산염(SO_4)	3000	C114
알칼리염(Na_2O + $0.658K_2O$)	600	C114
총 고형분	50,000	C1603

표 6.7 배합수 내 불순물이 콘크리트의 품질에 미치는 영향 요약

불순물	영 향
탄산알칼리 및 중탄산알칼리	용해된 총 염분이 1000 ppm을 초과했을 때 응결 및 28일 강도를 지연 또는 촉진시킴. 또한 알칼리-골재 반응을 악화시킴.
염화물	보강철근의 부식에 가장 밀접한 관련이 있음. 염화물은 혼화제, 골재, 시멘트, 배합수를 통해 내부로 들어갈 수 있음. 따라서 총 자유 염소이온으로 제한값을 나타냄. ACI는 보강재의 종류에 따라 가용성 이온 함유율을 제한하고 있음. • 프리스트레스트 콘크리트 0.06% • 염화물에 심하게 노출된 철근 콘크리트 0.15% • 습기로부터 보호된 철근 콘크리트 1.00% • 기타 철근 콘크리트 0.30%
황산염	팽창성 반응과 성능저하를 유발할 수 있음.
기타 염류	농도가 다음과 같이 제한적일 때는 유해하지 않음. • 중탄산칼슘 400 ppm • 중탄산마그네슘 400 ppm • 황산마그네슘 25,000 ppm • 염화마그네슘 40,000 ppm • 철염 40,000 ppm • 황화나트륨 100 ppm
해수	철근 콘크리트에서는 사용하지 말 것. 강도발현을 촉진시키지만 최종강도를 저하시킴. 알칼리 반응을 악화시킴.
산성수	염산, 황산 및 기타 무기산의 농도가 10,000 ppm을 넘지 않도록 제한함.
알칼리수	알칼리-골재 반응을 증가시킬 수 있음. 수산화나트륨은 농도가 0.5% 이상일 경우 급결을 일으킴. 강도는 저하될 수 있음. 농도 1.2% 이상의 수산화칼륨은 일부 시멘트의 28일 강도를 저하시킬 수 있음.

오수	유기물질이 20 ppm 이하가 되도록 희석해야 함.
설탕	농도 500 ppm 이상일 경우에는 응결시간을 지연시키고 강도발현을 변화시킬 수 있음. 0.03%에서 대략 0.15% 범위에 있는 수크로스(자당)는 일반적으로 응결을 지연시킴. 시멘트 중량 대비 0.25% 이상의 농도는 강도발현을 빠르게 하지만 28일 강도를 상당히 저하시킴.
오일	배합 중량 대비 2.5% 이상의 광유(석유)는 강도를 20%까지 저하시킴.
조류	수화반응과 연행공기를 감소시킬 수 있음. 조류를 포함하는 물을 사용하지 말 것

6.10.2 콘크리트 세척수의 처리 및 재사용

레디믹스트 콘크리트 작업으로 인해 발생하는 폐수의 처리는 레디믹스트 콘크리트 제조사에게 매우 큰 관심사이다[Chini and Mbwambo, 1996]. 이 폐수는 일반적으로 트럭 세척 시스템, 중앙식 믹싱플랜트의 세척, 레디믹스 플랜트 야드로부터 나오는 우수유출, 수분 분무식 분진 억제 장치로부터 유발되는 폐수, 컨베이어 씻어 내리기 등으로부터 발생된다. 수질법(Water Quality Act, part 116)에 따르면, 레디믹스트 콘크리트 작업에서 발생하는 폐수는 유해한 물질이고(부식성의 탄산수와 탄산칼륨을 포함하고 있음), 처리방법이 환경보호청(EPA ; Environmental Protection Agency)에 의해 규정되어 있다. 또한 폐수의 높은 pH는 콘크리트 세척수를 EPA의 부식성 정의에 따라서 유해한 물질로 취급하게 만든다.

콘크리트 세척수의 처리에 관한 종래의 방법으로는 현장에 쏟아버리는 방법, 매립지에 쏟아버리는 방법, 레디믹스 플랜트 내 콘크리트 세척수 구덩이에 버리는 방법 등이 있다. 콘크리트 세척수를 처리하기 위해 매립지 부지를 사용할 수 있는 가능성은 과거 수십 년 사이에 급격하게 줄어들었다. 게다가 현재의 환경규제도 이러한 종래의 처리방법을 금지하거나 제한하고 있다. 그 결과 대부분의 레디믹스 배치플랜트는 배출되는 세척수를 잘 처리하기 위하여 다양한 가동 형태를 개발하고 있다. 대안들로는 침전지, 우수저류시설, 세척수 재활용 시스템 등이 있다. 화학적 안정화제 시스템은 콘크리트 트럭 드럼으로부터 배출되는 세척수를 버려야 되는 일을 피하고 세척수를 추가적인 콘크리트 배합에 재사용할 수 있도록 사용되고 있다. 여러 연구들에 따르면 안정화된 세척수를 사용해도 콘크리트의 특성은 크게 영향을 받지 않는다고 밝히고 있다[Borger et al., 1994].

현재 미국 내 많은 곳에서 콘크리트 세척수를 콘크리트용 배합수로 사용하고 있다.

6.11 콘크리트 혼화제

혼화제는 포틀랜드 시멘트, 배합수, 골재 이외의 콘크리트 구성재료들로, 굳지 않은 상태 또는 굳은 상태 콘크리트의 특정한 성능을 부여하기 위해 첨가할 수 있다(KS F 2560). 일부 혼화제는 용액 상태로 콘크리트 배합에 혼합되는데, 그러한 경우에는 액상에 대해 배합수의 일부로 고려해야 한다. 혼화제가 용액상태로 사용될 수 없을 경우에는 제조업체가 권장하는 부피로 계량하여 사용한다. 혼화제는 다음과 같이 화학적 또는 물리적 특성에 따라 분류된다.

① 공기연행제　② 감수제
③ 지연제　④ 수화조절제
⑤ 촉진제　⑥ 특수 혼화제

포틀랜드 시멘트 협회(PCA ; Portland Cement Association)는 혼화제를 사용하는 주된 이유를 네 가지로 제시하고 있다[Kosmatka et al., 2008].

① 콘크리트 공사의 비용을 절감하기 위해서
② 콘크리트의 특정한 성질을 다른 방법들보다 더 효과적으로 얻기 위해서
③ 불리한 기상조건에서 실시하는 콘크리트 공사의 비빔, 운반, 타설, 양생 단계에서 콘크리트의 품질을 확보하기 위해서
④ 콘크리트 작업 중 발생가능한 돌발상황을 해결하기 위해서

6.11.1 공기연행제

공기연행제는 경화 콘크리트 내 미세한 기포공기를 생성하여 물이 동결될 때 팽창할 수 있는 공간을 만들어 준다. 콘크리트의 공극 구조 내 수분이 얼게 되면, 세 가지 메커니즘에 의해 콘크리트에 내부 응력이 발생하게 된다.

① 임계 포화 – 물이 얼면 9%의 부피 팽창이 발생한다. 따라서 포화도가 91.7%를 넘게 되면, 동결로 인한 부피 팽창은 콘크리트 내부에 응력을 유발하게 된다.
② 수압 – 얼어붙은 물은 얼지 않은 물을 끌어당기게 된다. 콘크리트 공극을 통해 이동하게 되는 얼지 않은 물은 응력을 유발하게 되는데, 유발되는 응력은 이동경로의 길이, 동결속도, 투과성 공극내 염분 농도에 따라 달라진다.

③ 삼투압 – 물은 열동역학적 평형상태를 만족하고 알칼리 농도의 평형상태를 만족하기 위해 겔에서 모세관으로 이동하게 된다. 공극으로 인해 층간 수화 공간과 모세관에 있는 물은 기포 속으로 이동하게 되는데, 기포는 손상을 일으키지 않고 물이 동결될 수 있는 공간을 가진다.

내부 응력은 경화 콘크리트의 내구성을 저하시키며, 특히 동결융해가 많은 횟수로 반복적으로 작용할 때 크게 나타난다. 이러한 메커니즘 각각의 영향은 경화 콘크리트 내 미세한 기포망을 형성하여 완화시킬 수 있다. 1930년대 콘크리트 내에 공기연행제를 첨가하여 사용한 것은 콘크리트 기술에서 커다란 발전이었다. 동결 환경 하에 놓이는 모든 콘크리트에 대해 공기연행을 할 것을 권장하고 있다.

모든 콘크리트에는 1 mm 또는 그 이상 직경의 갇힌 공기가 콘크리트 부피비로 약 0.2～0.3% 정도 존재한다. 연행공기는 직경이 0.03～0.1 mm이고 대부분은 0.1 mm 이하이다. 연행공기는 서로 연결되어 있지 않고 총 부피는 콘크리트 부피 대비 1～7.5% 사이이다. 심한 동결환경 하에서 배합하는 콘크리트는 부피 1 m^3 당 약 140억 개 정도의 기포를 포함해야 한다. 내동해성은 공극의 크기를 줄임으로써 향상시킬 수 있으며, 작은 공극이 큰 공극에 비해 강도를 덜 저하시킨다. 기포의 미세정도는 비표면적 지수로 측정하며, 이것은 단위부피의 페이스트 내 존재하는 공극의 총 표면적과 같다. 내동해성을 확보하기 위해서는 비표면적 지수가 23,600 m^2/m^3 이상이어야 한다.

내구성을 향상시키는 효과 이외에도, 공기연행은 굳지 않은 콘크리트 및 굳은 콘크리트에 다른 중요한 이점들을 준다. 공기연행은 동결융해 사이클, 제빙제 및 염분, 황산염, 알칼리–실리카 반응성과 같은 몇 가지 유해인자들에 대한 콘크리트의 저항성을 향상시켜준다. 또한 공기연행은 굳지 않은 콘크리트의 작업성을 증가시켜준다. 공기연행은 그림 6.8에서 보는 바와 같이 콘크리트 강도를 감소시킨다. 하지만 이러한 영향은 보통강도 콘크리트에서 물–시멘트비를 낮추고 시멘트 요인을 증가시켜서 줄일 수 있다. 공기연행 콘크리트로 고강도 콘크리트를 얻는 것은 어렵다.

공기연행제는 여러 제조업체들로부터 구입이 가능하고, 다음과 같이 다양한 재료들로 구성이 가능하다.

- 수지 염류(빈솔레진)
- 합성세제류
- 설포네이트 리그닌 염류(제지 생산 부산물)
- 석유산 염류
- 단백질 재료의 염류
- 지방질 및 수지질 산류

- 알킬벤젠 설포네이트계
- 설포네이트 탄화수소 염류

공기연행제는 일반적으로 액상이며, ASTM C260 규정을 만족해야 한다. 공기연행제는 배합수의 표면장력을 감소시켜 공기연행이 잘 되도록 한다. 음이온계 공기연행제는 소수성(물을 싫어함)이며, 공기연행제의 음이온이 시멘트 입자의 양이온과 결합하게 된다. 소수성 공기연행제는 거칠고 탄성적인 공기 기포를 형성하게 된다. 기포는 비빔 과정 중에 페이스트 전체로 분산되고, 모래 입자들은 기포들을 제 위치에 자리잡을 수 있도록 하는 격자를 형성한다. 다른 종류의 공기연행제들은 다른 메커니즘을 가지고 있지만 유사한 결과를 나타낸다.

6.11.2 감수제

굳지 않은 상태 또는 소성 상태의 콘크리트의 작업성을 위해서는 수화에 필요한 양 이상의 물을 필요로 한다. 수화에 필요한 물 이상의 잉여수는 경화 콘크리트의 모든 특성에 해롭게 작용한다. 따라서 작업성을 확보하면서 동시에 콘크리트 재료 특성을 그대로 유지하기 위해서 감수제가 개발되었다. 감수제는 소성상태 혼합에서 시멘트 입자들의 이동성을 증가시켜서 낮은 배합수량에서도 작업성을 얻을 수 있도록 한다. 감수제는 보통, 중간급, 고범위와 같이 여러 가지 수준의 효율성으로 만들어진다. 그림 6.9는 혼화제를 사용하지 않은 콘크리트와 보통, 중간급, 고범위 감수제를 사용한 경우의 콘크리트를 보여주고 있다. 그림에서 보는 바와 같이 콘크리트의 슬럼프가 증가하는 것을 볼 수 있으며, 이것은 작업성의 향상을 의미하는 것이다. 고범위 감수제는 일반적으로 유동화제 또는 고성능감수제라고 불린다.

(a) 감수제를 사용하지 않은 경우 (b) 보통 감수제 (c) 중간급 감수제 (d) 고범위 감수제(고성능감수제)

그림 6.9 동일한 물-시멘트비의 콘크리트의 슬럼프

1) 감수제의 메커니즘

시멘트 입자들은 시멘트 분쇄 공정을 거치면서 표면이 정전기적으로 대전되어 있다. 서로 다른 전하들은 서로 끌어당겨서, 시멘트 입자들이 서로 뭉쳐서 응집되고, 그 결과로 작업성을 나쁘게 한다. 감수제의 화학물질은 시멘트 입자들 사이에 작용하는 정전기적 인력을 감소시킨다. 그림 6.10(b)에서 나타낸 바와 같이, 감수제 분자들은 한 쪽 끝에 양전하와 음전하를 모두 가지고, 다른 한 쪽 끝에는 단일 전하(일반적으로 음전하)를 가진다. 이들 분자들이 대전되어 있는 시멘트 입자들의 표면에 흡착하게 되고, 감수제가 시멘트 표면에서 작용하는 정전기적 인력을 중화시킨다. 그 결과 뭉쳐진 시멘트 입자들이 분산되게 된다. 같은 전하들끼리 작용하는 상호반발력이 시멘트 입자들을 따로 떼어 놓게 되고, 입자들이 고르게 분포될 수 있도록 하며[그림 6.10(c) 참조], 균질한 수화작용과 덜 끈적거리는 페이스트를 얻을 수 있게 된다.

감수제는 간접적으로 강도를 얻기 위해 사용할 수 있다. 감수제는 작업성을 증가시키기 때문에, 이러한 현상의 장점을 이용하여 배합수를 줄일 수 있으며, 그 결과 물-시멘트비를 줄이고 강도를 향상시킬 수 있는 것이다. Hewlett(1978)은 표 6.8에서 보는 바와 같이 감수제는 실질적으로 세 가지 다른 목적들로 사용될 수 있음을 입증하였다.

① 배합 내 다른 재료의 사용량을 변화시키지 않고 감수제를 첨가함으로써 슬럼프를 증가시킬 수 있다. 슬럼프는 7장에서 설명되겠지만, 콘크리트 반죽질기의 척도이자 작업성을 나타내는 지표이다.

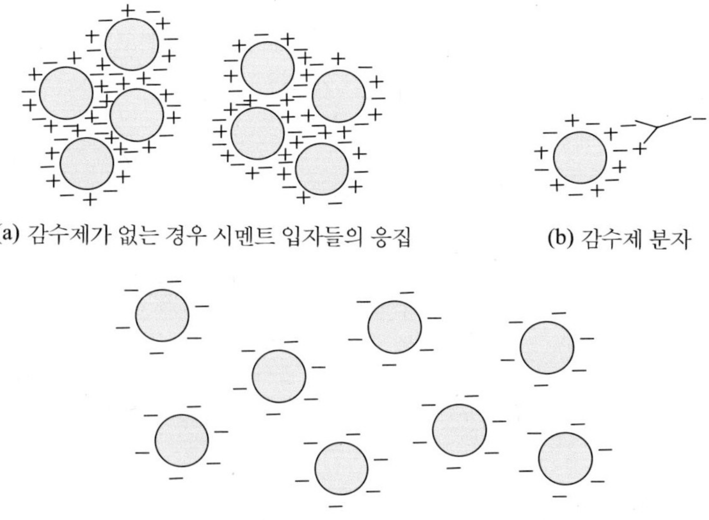

(a) 감수제가 없는 경우 시멘트 입자들의 응집

(b) 감수제 분자

(c) 감수제 사용을 통한 시멘트 입자들의 양호한 분산

그림 6.10 감수제의 메커니즘

표 6.8 감수제의 효과					
	단위시멘트량 (kg/m^3)	물-시멘트비	슬럼프 (mm)	압축강도(MPa)	
				7일	28일
기본 배합	300	0.62	50	25	37
반죽질기 향상	300	0.62	100	26	38
강도 향상	300	0.56	50	34	46
비용 절감	270	0.62	50	25	37.5

② 시멘트량은 일정하게 유지하면서, 감수제를 사용하여 배합수량을 줄임으로써 배합의 강도를 향상시킬 수 있다.

③ 콘크리트 배합의 비용은 주로 시멘트량에 의해 결정되는데, 이 비용을 줄일 수 있다. 이 경우, 감수제를 사용함으로 인해 배합수량을 줄일 수 있으며, 원배합의 물-시멘트비를 동일하게 유지하기 위해서는 시멘트량을 줄이게 된다. 따라서 압축강도로 평가되는 콘크리트 배합의 품질은 일정하게 유지하면서 시멘트량을 줄일 수 있게 되는 것이다.

"감수제"라는 이름은 혼화제가 콘크리트 배합의 배합수량을 줄일 수 있다는 의미를 내포하고 있다. 감수제는 동일한 작업성 수준을 유지하면서도 보다 적은 양의 배합수 사용을 가능하게 한다. 이러한 방법으로 사용되는 감수제는 물-시멘트비를 더 낮출 수 있으며, 따라서 강도 및 기타 다른 콘크리트 기대 특성들도 향상시킨다.

2) 고성능감수제

고성능감수제(유동화제), 또는 고범위 감수제는 굳지 않은 콘크리트의 유동을 크게 증가시키거나 소요 반죽질기를 얻기 위해 필요한 배합수량을 크게 줄일 수 있다. 예를 들어, 75 mm 슬럼프를 나타내는 콘크리트에 고성능감수제를 첨가하면 슬럼프를 230 mm까지 증가시킬 수 있거나, 또는 원래의 슬럼프를 그대로 유지하면서 배합수량을 12%에서 30%까지 줄일 수 있다. 배합수량을 줄이는 것은 물-시멘트비를 줄이는 것이고, 그 결과 경화 콘크리트의 강도를 증가시키게 된다. 사실상, 고성능감수제의 사용은 콘크리트 산업에서 큰 돌파구로 작용하였다. 현재, 고성능감수제를 사용하여 압축강도 70~80 MPa 또는 그 이상의 고강도 콘크리트를 만들 수 있다. 고성능감수제는 다음과 같을 때 사용할 수 있다.

① 낮은 물-시멘트비가 유익할 때(예 : 고강도 콘크리트, 초기강도 발현, 낮은 공극률)
② 얇은 단면을 타설할 때
③ 촘촘하게 배근된 보강철근 주변에 콘크리트를 타설할 때
④ 수중에서 시멘트를 타설할 때
⑤ 펌핑을 통해 콘크리트를 타설할 때
⑥ 콘크리트 다짐이 어려울 때

고성능감수제를 사용하면 굳지 않은 콘크리트는 30~60분 정도 짧은 시간동안 작업이 가능하며, 이후에는 급격한 작업성 손실이 발생한다. 고성능감수제는 콘크리트의 반죽질기를 확보하기 위해 일반적으로 플랜트에 혼합하는 것이 보통이다. 위급한 상황에서는 작업현장에서 혼합할 수도 있다. 하지만 고성능감수제를 첨가한 이후 콘크리트를 충분히 비벼야 한다. 응결시간은 고성능감수제의 종류, 사용량, 그리고 콘크리트에 사용된 다른 혼화제들과의 상호작용에 따라 달라진다.

6.11.3 지연제

어떤 건설공사 환경에서는 콘크리트 비비기와 타설 또는 마감 사이의 시간을 늘려야 할 필요가 있다. 그러한 경우 콘크리트의 초결을 늦추기 위해 지연제를 사용할 수 있다. 지연제는 다음과 같은 여러 가지 이유로 사용된다.

① 더운 날씨의 영향을 상쇄하기 위해
② 여느 때와 다른 타설 또는 긴 이송거리를 필요로 할 때
③ 특별한 마감작업을 위해 시간이 필요할 때(예 : 골재노출)

지연제는 초기재령(1~3일)에서 콘크리트의 강도를 저하시킬 수 있다. 또한 몇몇 지연제는 공기를 연행시켜 작업성을 향상시키기도 한다. 또 다른 지연제들은 초결까지의 시간을 증가시키는 반면 초결과 종결 사이의 시간간격은 줄어들게 한다. 지연제의 특성은 배합에 사용되는 재료들과 현장조건에 따라 달라진다. 따라서 지연제의 사용 및 효과는 배합설계 과정에서 실험적으로 꼭 평가해야 한다.

6.11.4 수화조절제

수화조절제는 콘크리트의 수화작용을 멈추고 재활성화시키는 기능을 한다. 수화조절

제는 안정화제와 활성화제로 나누어진다. 안정화제를 첨가하게 되면 결합재의 수화작용이 최대 72시간동안 완전히 멈추게 되고, 안정화된 콘크리트에 활성화제를 첨가하면 다시 일반적인 수화 및 응결이 이루어진다. 수화조절제는 현장에서의 작업이 여러 가지 이유로 중지되었을 때 레디믹스트 콘크리트 사용기간을 늘리는 데 매우 유용하며, 또한 콘크리트를 장시간동안 이송해야 할 때 유용하다.

6.11.5 촉진제

촉진제는 일반콘크리트에서 발현되는 강도발현 속도보다 더 빠르게 조기강도를 확보하기 위해 사용된다. 하지만 조강 콘크리트의 극한강도는 보통 콘크리트와 거의 동일하다. 촉진제는 다음과 같은 목적으로 사용된다.

① 마무리 작업을 시작하기 전 시간을 줄이기 위해서
② 양생시간을 줄이기 위해서
③ 강도발현 속도를 증가시키기 위해서
④ 수압의 작용 하에서 새는 것을 효율적으로 막기 위해서

처음 세 가지 이유는 특히 추운 온도에서 타설하는 콘크리트 공사에서 해당된다. 향상된 조기강도는 콘크리트가 동결되지 않도록 하며, 빠른 수화속도는 수화열을 발생시켜 동해의 위험을 감소시킨다.

염화칼슘, $CaCl_2$는 가장 널리 사용되는 촉진제이다(ASTM D98). 염화칼슘을 첨가하면 초결 및 종결 시간을 줄여준다. 일반적인 콘크리트의 응결시간 3시간은 시멘트 중량의 1%에 해당하는 염화칼슘을 첨가하여 1.5시간까지 줄일 수 있다. 또 일반적인 종결시간은 염화칼슘의 양이 각각 0%, 1%, 2%일 때 6시간, 3시간, 2시간을 나타낸다. 그림 6.11은 일반 포틀랜드 시멘트 콘크리트(Portland Cement Concrete, PCC)와 2% $CaCl_2$를 포함한 포틀랜드 시멘트 콘크리트에 대해 강도발현이 $CaCl_2$에 의해 영향을 받음을 보여주고 있다. $CaCl_2$를 첨가한 콘크리트가 동일한 온도에서 양생하고 $CaCl_2$를 첨가하지 않은 콘크리트에 비해 더 높은 조기강도를 나타낸다[Hewlett 1978].

PCA에서는 다음과 같은 조건에서는 염화칼슘을 사용하지 않을 것을 권장하고 있다.

① 콘크리트가 프리스트레스를 받을 때
② 콘크리트 내 전선관과 같은 매립 알루미늄이 있을 때, 특히 알루미늄이 강재와 접하고 있을 경우
③ 콘크리트가 알칼리-골재 반응을 받기 쉬울 때

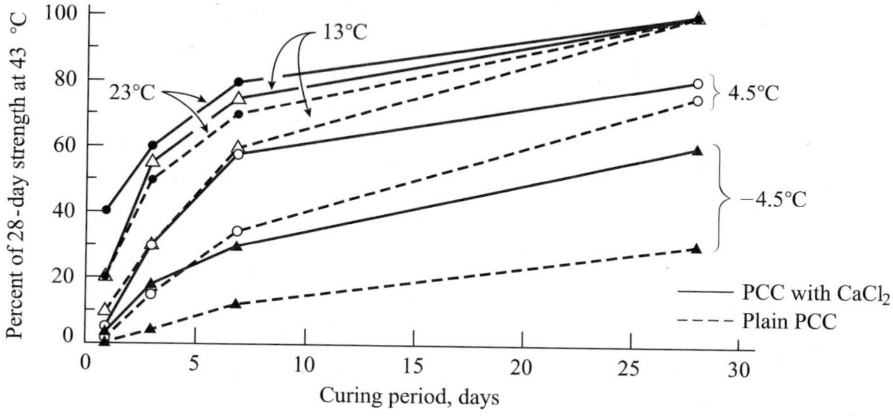

그림 6.11 다른 양생온도에서의 강도발현에 대한 $CaCl_2$의 영향

④ 콘크리트가 물이나 황산염을 포함한 토양과 접하고 있을 때
⑤ 콘크리트가 서중에서 타설될 때
⑥ 콘크리트를 대량으로 사용할 때

미국콘크리트학회(ACI ; American Concrete Institute)는 수용성 염소이온 함유량을 시멘트 중량 대비 백분율로 다음과 같이 제한하고 있다(ACI, 1999).

부재 종류	염소이온 한계값(%)
프리스트레스트 콘크리트	0.06
사용 중 염화물에 노출되는 철근콘크리트	0.15
습기로부터 보호받는 철근콘크리트	1.00
기타 철근콘크리트	0.30

염화칼슘을 사용하는 방법에 대한 대체 방법들로는 다음과 같은 몇 가지 방법들이 있다.

① 조강(III종) 시멘트를 사용하는 방법
② 단위시멘트량을 늘리는 방법
③ 고온에서 양생하는 방법
④ 트리에탄올아민, 티오시안산나트륨, 포름산칼슘, 질산칼슘과 같이 비염화칼슘 촉진제를 사용하는 방법

6.11.6 특수 혼화제

앞서 언급한 혼화제들 외에도, 특별한 방법으로 콘크리트 품질을 향상시키기 위해 사용가능한 여러 가지 혼화제들이 있다. 건설기술자는 이러한 혼화제들을 잘 인지하고 있어야 하며, 사용하기에 앞서 비용뿐만 아니라 자세한 사용방법을 숙지할 필요가 있을 것이다. 특수 혼화제의 예로는 다음과 같은 것들이 있다.

- 작업성 개선 혼화제
- 방습제
- 살균, 살충 혼화제
- 접착제
- 발포제
- 수축저감제
- 방청제
- 투과성 저감 혼화제
- 펌핑 보조제
- 급결제
- 착색제

6.12 혼화재

타 산업에서 발생하는 여러 가지 부산물들도 1970년대 이후로, 특히 북아메리카에서 혼화재로 콘크리트에 사용되어 왔다. 이러한 재료들은 콘크리트의 몇 가지 성질들을 향상시키면서 산업부산물의 폐기와 관련한 문제를 줄이기 위해 사용되어 왔다. 이러한 재료들은 접합성이 있기 때문에 포틀랜드 시멘트에 추가하거나 또는 부분 치환하여 사용할 수 있다. 사실, 콘크리트의 성질들을 개선하기 위해서 둘 또는 그 이상의 접합성의 혼화재들을 함께 사용한다. 이러한 혼화재로는 플라이애쉬, 고로슬래그, 실리카퓸, 천연 포졸란이 있다.

1) 플라이애쉬

플라이애쉬는 토목 구조물에서 가장 널리 사용되는 포졸란 재료이다. 플라이애쉬는 석탄산업에서의 산업부산물이며, 전력발전소에서 미분쇄한 석탄을 연소시키면 탄소 및 대부분의 휘발성의 물질을 태우게 된다(그림 6.12). 그러나 석탄 원재료와 종류에 따라 다르겠지만, 많은 양의 불순물들이 연소실을 그냥 통과하게 된다. 일반적인 석탄의 탄소 성분 비율은 약 70에서 100% 범위에 있다. 비탄소의 성분 비율에 해당하는 것이 불순물(예로 점토, 장석, 석영, 혈암)이며, 이들은 연소실을 통과하면서 녹아서 융합하게 된다. 배기가스가 녹아서 융합된 물질인 플라이애쉬를 연소실 밖으로 운반하게 된다. 플라이애쉬는 냉각되어 구체를 형성하게 되는데, 이것은 속이 비지 않고 꽉 차 있는 형태, 중공형(세노스피어, cenospheres), 또는 다른 구형들로 채워져 있거나 비워져 있는 형태(플레로스피어, plerospheres)를 가진다. 입자의 직경은 1μm에서 0.1 mm 이상까지의 범위에 있으며, 평균적으로 0.015~0.020 mm 크기를 가지고, 0.045 mm 이하가 70%에서 90%에 해당한다. 플라이애쉬는 주로 실리카(SiO_2), 알루미나(Al_2O_3), 산화철(Fe_2O_3) 및 석회(CaO)로 구성된 석영유리이다. 플라이애쉬는 다음과 같이 분류된다(ASTM C618).

- N등급 – 원형 또는 하소 천연 포졸란 재료로서, 규조토, 오팔 각암 및 혈암, 러프 및 화산재 또는 부석, 그리고 여러 가지 하소 점토 및 혈암을 포함한다.
- F등급 – 포졸란 성질을 가진 플라이애쉬
- C등급 – 포졸란 성질 및 접합성을 가진 플라이애쉬

F등급의 플라이애쉬는 일반적으로 CaO 함유량이 5% 이내이지만 10%까지 함유할 수도 있다. C등급 플라이애쉬는 15~30%의 CaO 함유량을 가진다.

플라이애쉬는 굳지 않은 콘크리트의 작업성을 증가시킨다. 또한 수화진행을 연장하여 더 높은 강도발현과 공극률 감소를 가능하게 한다. 여러 연구들에서 시멘트 중량 대비 20% 이상의 플라이애쉬를 포함한 콘크리트가 플라이애쉬를 사용하지 포틀랜드 시멘트

그림 6.12 미분탄 연소를 통해 얻어지는 플라이애쉬
(좌) 환경규제가 발효되기 전에 용광로부터 배출됨 (우) 집진기로 포집됨

콘크리트에 비해 훨씬 작은 크기의 공극 크기 분포를 가진다는 결과를 보였다. 연장된 수화반응은 일반 포틀랜드 시멘트에서는 강도발현이 완료되었을 수 있는 강도 이상으로 계속적으로 강도발현을 가능하게 한다.

2) 슬래그 시멘트

슬래그 시멘트는 고로슬래그로 만들어지며, 기본적으로 칼슘 실리케이트와 칼슘 알루미노실리케이트로 구성되는 비금속성 수경성 시멘트이다. 칼슘 실리케이트와 칼슘 알루미노실리케이트는 용광로에 철이 용융된 상태에서 형성된다. 용융 슬래그는 물로 급랭시켜서 유리질이며 모래와 같은 모양의 알갱이 형태의 물질을 형성하게 된다. 그러고 나서 이 물질을 45μm 이하의 크기로 미분쇄한다. 슬래그 시멘트의 비중은 2.85~2.95 사이의 범위에 있다.

거칠고 각형의 미분쇄 슬래그는 물 또는 NaOH나 CaOH와 같은 활성화제를 만나면 수화가 일어나며 포틀랜드 시멘트와 같은 방법으로 응결된다. NaOH와 CaOH는 포틀랜드 시멘트를 통해서도 제공이 된다.

슬래그 시멘트는 1900년대 초반부터 콘크리트에 결합재로 사용되어 왔다. 슬래그 시멘트는 일반적으로 배합에서 결합재의 30~45% 사이를 차지한다. 일부 슬래그 콘크리트는 슬래그 성분을 결합재의 70% 또는 그 이상 사용하기도 한다. ASTM C 989 (AASHTO M 302)에서는 반응성 증가 수준에 따라 슬래그를 Grade 80, 100, 120으로 분류하고 있다.

3) 실리카퓸

실리카퓸은 실리콘 금속 또는 페로실리콘 합금을 제조할 때 발생하는 산업부산물이다. 실리카퓸의 활용하는 가장 좋은 방법 중의 하나는 콘크리트 내 광물질 혼화재로 사용하는 것이다. 실리카퓸은 화학적·물리적 성질 때문에 가장 반응성이 큰 포졸란 재료이다. 콘크리트에 실리카퓸을 사용하면 매우 높은 강도 및 내구성의 콘크리트를 만들 수 있다. 실리카퓸은 콘크리트 혼화재료 공급자를 통해 얻을 수 있으며, 콘크리트를 제조하는 중에 습식 또는 건식의 형태로 쉽게 첨가할 수 있다. 콘크리트 시공자는 실리카퓸 콘크리트의 타설, 마무리, 양생 과정에 세심한 주의가 필요하다.

실리콘 금속 및 합금은 전기로에서 제조된다. 원재료는 석영, 석탄, 목재칩이며, 노 작업에서 발생하는 연기를 집진하여 실리카퓸으로 팔게 된다.

실리카퓸은 주로 비결정질의 이산화규소(SiO_2)로 구성된다. 각 입자들은 대략 시멘트의 평균 입자 크기의 약 100분의 1 크기로 매우 작다. 미세한 입자로 표면적이 크고 SiO_2 함유량이 높기 때문에 실리카퓸은 콘크리트에 사용되었을 때 매우 반응성이 큰 포졸란 재료이다. 실리카퓸의 품질은 ASTM C 1240과 AASHTO M 307에 규정되어 있다.

고강도 콘크리트 제조 이외에도, 실리카퓸은 제설제 또는 해수 염분으로부터 초래되는 콘크리트 부식을 저감시킬 수 있다. 단위수량이 적은 실리카퓸 콘크리트는 염소이온 침투에 대한 저항성이 매우 크다. 더 자세한 내용은 웹사이트 www.silicafume.org에서 확인할 수 있다.

4) 천연 포졸란

포졸란 재료는 실리카질 및 알루미나질 물질로서, 그 자체로는 결합성이 아예 없거나 거의 없지만 매우 미세하게 나누어진 형태로 수분을 만나면, 상온에서 수산화칼슘과 화학적으로 반응하여 접합성을 가진 화합물을 형성하게 된다(ASTM C595). 미세한 화산재와 같이 자연적으로 발생한 포졸란 재료는 소석회와 함께 섞어서, 이미 약 2000년 전에 건물을 축조하는데 사용되었으며, 지금까지 사용되고 있다. 표 6.2에서 보는 바와 같이 수산화칼슘은 C_3S와 C_2S의 수화로부터 얻어지는 생성물 중의 하나이다. 사실 포틀랜드 시멘트의 최대 15%가 소석회이다. 포틀랜드 시멘트에 포졸란 재료를 첨가하게 되면 이러한 유리석회(free lime)를 접합성 재료로 변환시킬 수 있다.

표 6.9 혼화재가 굳지 않은 콘크리트에 미치는 영향

품질 척도	영 향
소요 배합수량	플라이애쉬는 소요 배합수량을 저감시키고, 실리카퓸은 소요 배합수량을 증가시킨다.
공기량	플라이애쉬 및 실리카퓸은 공기량을 줄이고, 공기연행제 사용량을 늘려서 상쇄할 수 있다.
작업성	플라이애쉬, 고로슬래그, 비반응성 광물질들은 일반적으로 작업성을 증가시킨다. 실리카퓸은 작업성을 저하시키며 이를 상쇄하기 위해서는 고성능감수제를 사용할 수 있다.
수화	플라이애쉬는 수화열을 저감시킨다. 실리카퓸은 수화열에 영향을 미치지 않을 것이지만, 실리카퓸과 함께 사용되는 고성능감수제는 수화열을 증가시킬 수 있다.
응결시간	플라이애쉬, 천연포졸란, 고로슬래그는 응결시간을 증가시킨다. 이를 상쇄하기 위해 촉진제를 사용할 수 있다.

표 6.10 혼화재가 굳은 콘크리트에 미치는 영향

품질 척도	영 향
강도	플라이애쉬는 최종 강도를 증가시키지만 강도발현속도는 저하시킨다. 실리카퓸은 포졸란 재료들에 비해 강도발현속도에 영향을 적게 미친다.
건조수축 및 크리프	낮은 치환율은 일반적으로 영향을 거의 미치지 않는다. 높은 치환율의 고로슬래그나 플라이애쉬는 수축을 증가시킬 수 있다. 실리카퓸은 수축을 감소시킬 수 있다.
투과성 및 흡수성	일반적으로 투과성과 흡수성을 감소시킨다. 실리카퓸은 특히 효과가 크다.
알칼리-골재 반응	일반적으로 반응성을 감소시킨다. 향상 정도는 혼화재의 종류에 따라 달라진다.
내황산염	투과성 감소로 인해 향상된다.

표 6.9와 6.10은 혼화재가 굳지 않은 콘크리트 및 굳은 콘크리트에 미치는 영향을 요약하여 나타내었다. 이 표는 일반적인 경향을 토대로 작성되었으며, 특정 재료와 건설환경에 대해서는 실험적으로 검증이 반드시 필요하다.

요약

콘크리트의 결합재로서 포틀랜드 시멘트의 개발은 토목공학에서 가장 중요한 기술 혁신 중의 하나이다. 포틀랜드 시멘트 콘크리트로 만들어진 부재를 포함하지 않는 토목 프로젝트를 찾는 것은 매우 어려운 일이다. 포틀랜드 시멘트의 성질은 화학적 조성과 입자의 분말도에 의해 지배된다. 이러한 것들이 콘크리트의 수화속도 및 최종 강도를 제어하게 된다. Abrams가 콘크리트의 품질을 제어하는 인자로 물-시멘트비가 중요하다는 사실을 발견한 것은 아마도 콘크리트 기술에서 가장 중요한 진보일 것이다. 그리고 두 번째로는 공기연행제의 사용일 것이다. 계속적으로 이어지는 추가적인 콘크리트 혼화제의 개발은 콘크리트 공사의 작업성, 응결시간, 강도 및 경제성을 향상시켰다.

질의와 문제

6.1 포틀랜드 시멘트를 제조하는 데 사용되는 재료들은 무엇이 있는가?

6.2 포틀랜드 시멘트를 제조하는 데 있어서 석고의 역할은 무엇인가?

6.3 포틀랜드 시멘트의 일반적인 분말도는 얼마인가?

6.4 포틀랜드 시멘트의 수화과정에 발생하는 주된 화학반응은 무엇인가?

6.5 시멘트 페이스트의 C-S-H 상을 정의하라.

6.6 포틀랜드 시멘트의 4대 주요 화학조성물은 무엇인가?

6.7 조기강도 발현에 영향을 미치는 화학조성물은 무엇인가?

6.8 다음을 정의하라.
a. 층간 수화 간극(interlayer hydration space)
b. 모세관 공극
c. 연행 공기
d. 갇힌 공기

6.9 초결과 종결을 정의하고, 결정하는 방법에 대해 간단히 설명하라.

6.10 실험실에서 다음과 같은 시험을 수행하고자 한다. 이들 실험 각각의 의미와 용도가 무엇인지 설명하여라.
a. 시멘트 페이스트의 응결시간 시험
b. 정육면체 모르타르 공시체의 압축강도

6.11 포틀랜드 시멘트의 위응결(false set)이 무엇인지 설명하고 또 위응결의 이유를 한 가지 설명하여라. 현장에서 위응결이 발생하였다면 어떻게 해야 할지 설명하여라.

6.12 당신은 음용수를 사용할 수 없는 미개발 지역에서 콘크리트 배합을 책임지는 건설기술자로 있다. 약간의 불순물을 함유하고 있는 물은 사용할 수 있다. 콘크리트 배합에 이 물을 사용할 수 있는지를 평가하기 위해서 어떤 시험들을 해야 하겠는가? 그리고 어떤 기준을 적용해야 하는가?

6.13 물-시멘트비는 콘크리트의 모든 소요 특성에 영향을 미치기 때문에 중요하다.

a. 보통강도 콘크리트의 일반적인 물-시멘트비는 얼마인가?

b. 시멘트 수화만을 고려할 때, 수화에 필요한 최소한의 물-시멘트비는 얼마인가?

c. 수화에 필요한 물 이외에 추가적으로 물이 필요한 이유는 무엇인가?

d. 초고강도($f_c' = 100$ MPa)는 어떻게 만드는지 간단히 설명하여라.

6.14 경화 콘크리트의 특성에 대한 물-시멘트비의 영향에 대하여 설명하여라. 그리고 이러한 영향이 나타나는 이유를 설명하여라.

6.15 여러 가지 다른 양생시간에 대해 콘크리트의 압축강도와 물-시멘트비의 일반적인 관계를 그래프로 그려라. 축의 값들과 곡선들도 구분하여 명시하여라.

6.16 아래와 같은 배합특성을 가진 시멘트 모르타르 두 배치가 있다. 각 배치에 대해 모르타르 공시체를 만들었다면, 어느 배치에서 만든 공시체에서 더 높은 압축강도를 기대할 수 있겠는가? 이유는 무엇인가?

배치	물-시멘트비	고성능감수제 사용량
1	0.5	0
2	0.5	38.6 mL/m^3

6.17 5가지 포틀랜드 시멘트 종류들과 주요 기능은 무엇인가? 각 종류들의 활용분야를 설명하여라.

6.18 포졸란 재료는 III종 시멘트와 같이 사용하지 않는 이유는 무엇인가?

6.19 다음 각각의 경우에 대해 어떤 종류의 시멘트를 사용하겠는가? 이유는?

a. 큰 교각 공사를 하는 경우

b. 추운 날씨에서 공사를 하는 경우

c. 피닉스 지역과 같이 따뜻한 기후의 지역에서 공사를 하는 경우

d. 특별한 노출 조건이 없는 콘크리트 구조물의 경우

e. 황산염 노출이 심한 토양에 기초를 짓는 경우

6.20 공사 현장에서 콘크리트 배합에 이용 가능한 비음용수의 적합성을 평가하기 위하여, 그 물을 사용한 경우와 음용수를 사용한 경우에 대해 각각 여섯 개씩의 표준 모르타르 공시체를 제작하였다. 공시체는 7일간 양생 후에 압축강도 시험을 실시하였으며, 그 결과 파괴가 일어난 하중은 다음의 표와 같았다(단위 : kg).

a. 이 실험결과만을 토대로 할 때, KS F 4009에 따르면 이 비음용수는 콘크리트 배합용으로 사용할 수 있겠는가?

b. KS F 4009에 따르면 이 비음용수의 적합성을 평가하기 위해서 실시하는 다른 시험들이 있는지 밝히고 간단히 설명하여라.

비음용수로 제작한 공시체	음용수로 제작한 공시체
7,354	8,081
6,596	7,504
7,182	7,636
6,428	8,135
7,309	7,123
7,204	8,544
6,528	7,590

6.21 공사 현장에서 이용가능한 비음용수를 사용하여 세 개의 모르타르 표준 공시체를 제작하였고, 또 다른 세 개의 공시체는 음용수를 사용하여 제작하였다. 공시체는 7일간 양생 후에 압축강도 시험을 실시하였으며, 다음과 같은 파괴하중을 얻었다(단위 : kg).

비음용수로 제작한 공시체	음용수로 제작한 공시체
7,173	7,672
6,537	8,489
7,082	7,899

이 실험결과만을 토대로 할 때, KS표준에 근거하여 콘크리트 배합에 이 비음용수를 사용할 수 있겠는가? 이유를 간단히 설명하여라.

6.22 공사 현장에서 이용가능한 비음용수를 사용하여 세 개의 모르타르 표준 공시체를 제작하였고, 또 다른 세 개의 공시체는 음용수를 사용하여 제작하였다. 공시체는 7일간 양생 후에 압축강도 시험을 실시하였으며, 다음과 같은 파괴하중을 얻었다(단위 : kg).

비음용수로 제작한 공시체	음용수로 제작한 공시체
6,909	7,773
6,591	7,400
7,227	7,364

이 실험결과만을 토대로 할 때, KS표준에 근거하여 콘크리트 배합에 이 비음용수를 사용할 수 있겠는가? 이유를 간단히 설명하여라.

6.23 레디믹스트 콘크리트에서 배출되는 폐수 처리 문제에 대해 설명하여라. 그리고 이 문제를 완화하기 위해 적용할 수 있는 세 가지 처리방안에 대해 설명하여라.

6.24 혼화제 다섯 가지를 열거하고, 그들의 활용에 대해 설명하여라.

6.25 자신이 미네소타(추운 기후) 지역의 건설재료 기술자이고 오직 한 가지 종류의 혼화제만 사용할 수 있다고 가정한다면, 무엇을 선택하겠는지 밝히고 설명하여라.

6.26 공기연행제는 어떤 환경에서 필요하겠는지 밝히고 이유를 설명하여라. 그리고 공기연행제가 어떠한 원리로 그러한 기능을 하게 되는지 설명하여라.

6.27 콘크리트 배합에서 다른 구성재료를 변화시키지 않고 감수제를 첨가한다면, 콘크리트 특성에 어떻게 되겠는가? 감수제를 사용한 목적이 경화 콘크리트의 압축강도를 증가시키기 위한 것이라면 어떻게 달성할 수 있겠는가?

6.28 다음 각각의 목적을 달성하기 위해서 감수제를 어떻게 사용할 수 있는지 설명하여라.
a. 강도 향상
b. 작업성 향상
c. 경제성 향상

6.29 콘크리트 배합에 m^3 당 다음과 같이 구성재료를 포함하고 있다.
- 시멘트 = 11.35 kg
- 물 = 4.99 kg
- 혼화제는 사용하지 않음

다음 표는 가능한 구성재료의 배합구성의 변화를 나타내고 있다. 각각의 경우에 대해 작업성 및 압축강도가 어떻게 될지에 대한 빈칸에 "증가", "감소", "거의 변화 없음" 중 하나를 선택하여 표시하여라.

시멘트(kg)	물(kg)	혼화제	어떻게 되겠는가?	
			작업성	압축강도
11.35	6.81	없음		
12.71	4.99	없음		
11.35	4.99	감수제		
11.35	3.63	감수제		
11.35	4.99	고성능감수제		
11.35	4.99	공기연행제		
11.35	4.99	촉진제		

6.30 감수제의 영향을 평가하기 위한 실험의 결과가 다음과 같다.

	감수제를 사용하지 않은 경우	감수제를 사용한 경우		
		Case 1	Case 2	Case 3
시멘트, kg/m^3	318	318	318	286
배합수, kg/m^3	159	159	127	143
슬럼프, mm	50	100	50	50
압축강도, MPa	45.2	45.5	52.1	45.3

a. 세 가지 경우 각각에 대해 물-시멘트비를 계산하여라.
b. 감수제를 사용하여 어떻게 작업성의 변화 없이 압축강도를 어떻게 증가시킬 수 있겠는

가? 위 표에서 이에 해당하는 적절한 경우를 밝혀라.

c. 감수제를 사용하여 어떻게 압축강도의 변화 없이 작업성을 향상시킬 수 있겠는가? 위 표에서 이에 해당하는 적절한 경우를 밝혀라.

d. 감수제를 사용하여 어떻게 작업성 및 압축강도의 변화 없이 제조비용을 줄일 수 있겠는가? (소량으로 사용한 감수제의 가격은 시멘트의 가격에 비해 저렴하다고 가정하여라) 위 표에서 이에 해당하는 적절한 경우를 밝혀라.

e. 감수제가 콘크리트에 미칠 수 있는 영향을 요약하여 설명하여라.

6.31 감수제의 영향을 평가하기 위해서 실험실에서 실시한 실험결과가 다음과 같다.

	감수제를 사용하지 않은 경우	감수제를 사용한 경우		
		Case 1	Case 2	Case 3
시멘트, kg/m^3	850	850	850	765
배합수, kg/m^3	465	465	370	419
슬럼프, mm	50	100	50	50
압축강도, MPa	37.8	38.0	46	37.9

a. 세 가지 경우 각각에 대해 물-시멘트비를 계산하여라.

b. 감수제를 사용하여 어떻게 작업성의 변화 없이 압축강도를 어떻게 증가시킬 수 있겠는가? 위 표에서 이에 해당하는 적절한 경우를 밝혀라.

c. 감수제를 사용하여 어떻게 압축강도의 변화 없이 작업성을 향상시킬 수 있겠는가? 위 표에서 이에 해당하는 적절한 경우를 밝혀라.

d. 감수제를 사용하여 어떻게 작업성 및 압축강도의 변화 없이 제조비용을 줄일 수 있겠는가? (소량으로 사용한 감수제의 가격은 시멘트의 가격에 비해 저렴하다고 가정하여라) 위 표에서 이에 해당하는 적절한 경우를 밝혀라.

e. 감수제가 콘크리트에 미칠 수 있는 영향을 요약하여 설명하여라.

6.32 콘크리트 배합에 대한 책임을 맡고 있는 건설재료 기술자가 다음과 같은 문제에 직면해 있을 때, 각각의 경우에 대해 현장에서 또는 배합 중에 어떤 혼화제를 사용하겠는가?

a. 대량의 굳지 않은 콘크리트가 있는데, 비 때문에 현장에서의 작업을 중지해야 하는 경우

b. 콘크리트 마무리 작업에 더 많은 시간이 소요될 것으로 예상되는 경우

c. 구조물의 동결이 일어나기 쉬운 경우

d. 콘크리트 주변으로 촘촘하게 보강철근이 배근되는 경우

e. 혼합된 콘크리트가 장거리 이송되는 경우

f. 최종 압축강도가 반드시 높지 않더라도 조강 콘크리트가 요구되는 경우

6.33 플라이애쉬의 원재료는 무엇인가? 플라이애쉬는 왜 자주 콘크리트에 혼합되어 사용되는가? 플라이애쉬의 등급에는 어떤 것이 있는가?

6.34 어떤 건설재료 기술자가 어떤 한 종류의 혼화제가 콘크리트의 압축강도에 미치는 영향에 관한 연구 프로젝트를 수행하고 있다. 10개의 정육면체 모르타르 공시체는 혼화제를 사용하지 않고 만들었고 다른 10개는 혼화제를 사용하여 만들었으며 28일 양생 이후에 시험을 실시하였다. 혼화제를 사용하지 않은 모르타르 공시체의 압축강도는 25.1, 24.4, 25.8, 25.2, 23.9, 24.7, 24.3, 26.00, 23.8, 24.6 MPa였고, 혼화제를 사용한 모르타르 공시체의 압축강도는 25.3, 26.8, 26.5, 24.5, 27.2, 24.8, 24.1, 25.9, 25.3, 25.0 MPa을 나타내었다. 통계학적 t 검증 기법을 이용할 때, 유의수준 0.05에서 이 혼화제는 시멘트 모르타르의 압축강도 증가를 나타내는가?

6.35 어떤 건설재료 기술자가 어떤 한 종류의 혼화제가 콘크리트의 압축강도에 미치는 영향에 관한 연구 프로젝트를 수행하고 있다. 8개의 정육면체 모르타르 공시체는 혼화제를 사용하지 않고 만들었고 다른 8개는 혼화제를 사용하여 만들었으며 28일 양생 이후에 시험을 실시하였다. 혼화제 유무에 따른 공시체의 압축강도 결과가 다음 표와 같다.

공시체 번호	압축강도, MPa	
	혼화제를 사용한 경우	혼화제를 사용하지 않은 경우
1	24.25	24.46
2	25.11	26.08
3	25.60	25.63
4	24.11	25.11
5	23.52	24.53
6	25.39	25.11
7	24.43	23.43
8	24.22	24.49

통계학적 t 검증 기법을 사용할 때, 유의수준 0.10에서 두 가지의 시멘트 모르타르의 압축강도 평균값 사이에 유의한 차이가 있는가?

참고문헌

American Concrete Institute. Building Code Requirements for Reinforced Concrete. ACI Committee 318 Report, ACI 318-99. Farmington Hills, MI: American Concrete Institute, 1999.

Borger, J., R. L. Carrasquillo, and D. W. Fowler. "Use of Recycled Wash Water and Returned Plastic Concrete in the Production of Fresh Concrete." Advanced Cement Based Materials, Nov. 1 (6), 1994.

Chini, S. A. and W. J. Mbwambo. "Environmentally Friendly Solutions for the Disposal of Concrete Wash Water from Ready Mixed Concrete Operations." Proceedings, Beijing International Conference. Beijing, 1996.

Hewlett, P. C. Concrete Admixtures: Use and Applications. Rixom, M. R., ed. Lancaster, UK: The Construction Press, 1978.

Hover, K. and R. E. Phillco. Highway Materials Engineering, Concrete. Publication No. FHWA-H1-90-009, NHI Course No. 13123. Washington, D.C.: Federal Highway Administration, 1990.

Kosmatka, S. H. and W. C. Panarese. Design and Control of Concrete Mixtures. 13th ed. Skokie, IL: Portland Cement Association, 1988.

Kosmatka, S. H., B. Kerkhoff and W. C. Panarese. Design and Control of Concrete Mixtures. 14th ed. (Revised). Skokie, IL: Portland Cement Association, 2008.

Mehta, P. K. and P. J. M. Monteiro. Concrete Structure, Properties, and Materials. 3rd ed. New York: McGraw-Hill Professional, 2005.

Neville, A. M. Properties of Concrete. 3d ed. New York: John Wiley and Sons, 1996.

CHAPTER 07

포틀랜드 시멘트 콘크리트

토목시공기술자는 포틀랜드 시멘트 콘크리트의 품질관리와 이에 사용되는 구성요소들의 배합을 직접적으로 책임진다. 콘크리트 품질은 포틀랜드 시멘트의 화학조성, 수화작용과 미세구조의 생성, 혼화재료, 그리고 골재 특성에 좌우된다. 또한 품질은 치기, 다지기, 양생에 의해서도 크게 영향을 받는다.

콘크리트 구조물이 공용기간 어떤 성능을 발휘하는가는 크게 현장의 콘크리트 비비기, 운송, 치기, 그리고 양생 방법들에 의해 결정된다. 사실, "좋은" 콘크리트 재료는 "나쁜" 콘크리트 재료와 동일하다. 그러나 그 차이는 시공과정에서 콘크리트를 다루는 기술자와 기능인의 전문 성숙련도에 의해 결정된다.

과거 수십 년에 걸친 콘크리트 제조기술의 발전으로 인해 콘크리트는 더 많은 분야에서 사용될 수 있게 되었다. 토목시공기술자는 경량 콘크리트, 고강도 콘크리트, 폴리머 콘크리트, 섬유보강 콘크리트, 그리고 롤러-다짐 콘크리트와 같은 보통콘크리트의 대안들을 알아야 한다. 기술자들은 보통콘크리트의 대안들을 사용하기 이전에 상세하게 그것들에 대해 학습할 필요가 있다. 이 장은 보통 포틀랜드 시멘트 콘크리트의 기본 원리, 배합, 비비기와 다루기, 양생, 그리고 시험방법을 다룬다. 또한 콘크리트의 적용 분야를 확대하고 성능을 개선하는 보통콘크리트의 대안들을 소개한다.

7.1 콘크리트 배합설계

콘크리트의 특성은 배합설계, 치기, 양생 방법에 따라 달라진다. 일반적으로 설계자들은 구조물의 치수를 결정할 때 콘크리트의 강도 또는 탄성계수를 지정하거나 가정한다. 재료기술자들은 콘크리트가 설계자들에 의해 지정된 특성들을 갖도록 적절하게 배합, 비빔, 타설, 그리고 양생되는지를 확인할 책임이 있다.

배합설계는 굳지 않은 상태 및 굳은 상태의 콘크리트 특성들에 영향을 미친다. 재료기술자는 굳지 않은 콘크리트의 워커빌리티와 피니셔빌리티에 관심이 있다. 재료기술자들에게 중요한 경화 콘크리트의 특성은 강도, 탄성계수, 내구성, 그리고 공극률이다. 강도가 일반적으로 지배적 설계인자이다. 별도로 언급되어 있지 않다면 콘크리트 강도 f_c'는 3회 시험의 평균 압축강도를 일컫는다. 각 시험은 양생 28일 이후 $\phi 150 \times 300$ mm 크기의 2개 실린더에 대한 압축시험의 평균 결과이다.

PCA는 적절하게 설계된 콘크리트 배합에 요구되는 세 가지 품질을 명시하고 있다 [Kosmatka et al. 2008].

① 굳지 않은 콘크리트의 적절한 워커빌리티
② 경화 콘크리트의 내구성, 강도, 그리고 균일한 외관
③ 경제성

재료기술자는 이런 특성들을 달성하기 위해 시멘트, 배합수, 잔골재와 자갈의 비율과 혼화제 사용 여부를 결정하여야 한다. 임의 용적법으로부터 ACI 211에 의해 제안된 중량법 및 절대용적법에 이르는 여러 배합설계법들이 수십 년에 걸쳐 발전되어 왔다. 중량법은 콘크리트의 가정된 또는 기지의 단위중량을 사용하여 배합비를 추정하는 상대적으로 단순한 기법이다. 절대용적법은 각 재료들이 콘크리트 단위용적에서 차지하는 단위용적을 결정하기 위해 각 구성재료의 비중을 사용한다. 절대용적법이 중량법보다 더 정확하다. 중량법과 절대용적법의 배합설계 과정은 골재량을 결정하는 방법만이 서로 상이하다.

7.1.1 중량법과 절대용적법의 기본 절차들

중량법과 절대용적법 모두 배합 비율을 결정하는데 필요한 기본 절차들은 다음과 같다.

① 강도조건을 평가한다.
② 소요 물－시멘트(물－결합재)비를 결정한다.
③ 굵은 골재 조건을 평가한다. － 굵은 골재 최대치수
　　　　　　　　　　　　　　－ 굵은 골재량
④ 공기량 조건을 결정한다.
⑤ 굳지 않은 콘크리트의 워커빌러티 조건을 평가한다.
⑥ 배합의 수량 조건을 추정한다.
⑦ 필요한 결합재의 양과 종류를 결정한다.
⑧ 혼화제의 사용여부와 사용량을 평가한다.
⑨ 잔골재 조건을 평가한다.
⑩ 배합수량 보정을 실시한다.
⑪ 시험배합을 만들고 시험한다.

대부분의 콘크리트 공급 업체들은 그들의 재료가 다양한 적용분야에서 어떻게 성능을 발휘하는지에 대한 풍부한 경험을 가지고 있다. 강도와 물－결합재비 사이의 관계에 대한 신뢰성 있는 실험 데이터를 수반한 이 경험은 배합비를 선정하는데 가장 믿을만한 방법이다. 그러나 배합설계의 기본원리 이해와 재료 및 배합 특성들의 적절한 선택은 실

제 계산만큼이나 중요하다. 따라서 PCA는 가이드라인을 제공하고 있으며, 이는 지역적 조건으로부터 얻어진 경험에 부합하도록 조정될 수도 있다. PCA 배합설계 절차가 다음에 논의된다.

1) 강도조건

콘크리트 재료, 계량과 비비기의 변동으로 인해 한 공장에서 생산되는 콘크리트 강도에 편차가 발생한다. 일반적으로 구조설계기술자들은 구조부재의 치수를 결정할 때 이 편차를 고려하지 않는다. 만약 재료기술자가 설계자가 지정한 강도(설계기준강도)와 동일한 평균 강도를 갖는 재료를 제공한다면 콘크리트의 절반은 지정된 강도보다 약할 것이다. 이러한 상황은 바람직하지 않다. 재료기술자는 콘크리트 강도의 편차를 보상하기 위해 구조기술자에 의해 지정된 강도보다 더 큰 평균 강도를 갖도록 콘크리트를 설계한다.

콘크리트 배합설계에 대한 강도조건을 산정하기 위해서는 다음 3가지 값을 알아야 한다.

① 설계강도 f_c'

② 콘크리트의 변동성 또는 표준편차 s

③ 수용할 수 없는 강도를 갖는 콘크리트를 제조할 허용위험도

한 공장의 강도 표준편차는 콘크리트 배치들을 만들고, 많은 시편에 대한 강도 시험을 실시하고, 1장의 식 (1.12)를 사용하여 결정한다. 허용위험도는 미국콘크리트학회(ACI)에 의해 제시되었다. 그 위험도 규칙들 중의 하나는 콘크리트 배합강도가 설계강도보다 작을 확률이 10% 이하이어야 한다는 것이다. 콘크리트 강도가 정규분포를 갖는다고 할 때, ACI 규정은 그림 7.1에 나타낸 것과 같이 분포도의 10% 면적만이 f_c'의 왼쪽에 있어야만 한다는 것을 묵시적으로 나타낸다. 정규분포에 대한 표준 z-value 표를 사용하여 평균압축강도가 f_c'로부터 $1.34s$에 있다면 그 곡선 아래 면적의 90%가 f_c'의

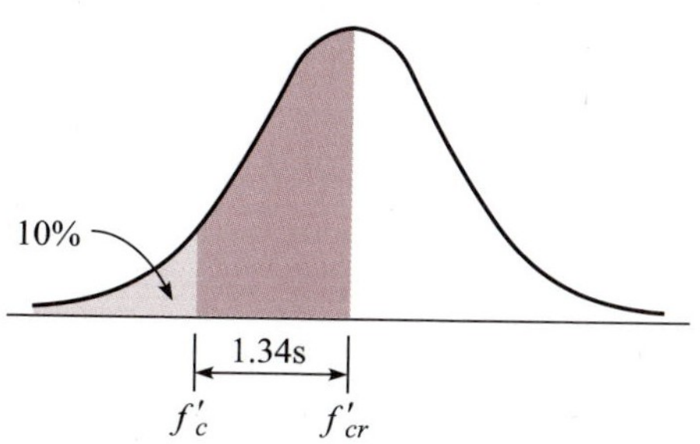

그림 7.1 평균 소요콘크리트 압축강도를 추정하기 위한 정규분포 및 위험도 기준의 적용

오른쪽에 있을 것이라는 것을 알 수 있다. 다시 말해서, 이 기준을 만족하는 배합강도 f_{cr}'은 다음 식으로 계산될 수 있다.

$$f_{cr}' = f_c' + 1.34s \tag{7.1}$$

여기서, f_{cr}' : 배합강도, MPa
f_c' : 설계강도, MPa
s : 표준편차, MPa

강도에 큰 표준편차가 발생하는 배합들에 대해, ACI는 식 (7.2)를 또 다른 위험도 기준으로 제시하고 있다.

$$f_{cr}' = f_c' + 2.33s - 3.45 \tag{7.2}$$

배합강도는 식 (7.1)과 (7.2)로부터 얻어진 값 중에서 큰 값으로 결정한다.

표준편차는 적어도 30회 강도 시험결과로부터 결정되어야 한다. 표준편차가 15～30회 시험으로부터 계산되었다면, 표준편차 s에 다음 계수 F를 곱하여 산출된 수정 s'를 사용한다.

시험회수	수정계수 F
15	1.16
20	1.08
25	1.03
30 이상	1.00

중간 시험회수에는 선형보간법을 사용할 수 있으며, s'을 식 (7.1)과 (7.2)에 s를 대신하여 사용한다.

15회 이하 시험이 진행되었다면, 식 (7.1)과 (7.2)를 사용하는 대신에 다음 식들을 이용하여 배합강도를 결정한다.

설계강도 f_c', MPa(psi)	배합강도 f_c', MPa(psi)
< 21 (< 3000)	f_c' + 7.0 (f_c' + 1000)
21～35 (3000～5000)	f_c' + 8.5 (f_c' + 1200)
> 35 (> 5000)	f_c' + 10.0 (f_c' + 1400)

이 추정치들은 매우 보수적이며, 콘크리트가 과하게 설계되어 비경제적이기 때문에 대형프로젝트에는 사용하지 않아야 한다.

예제 7.1

설계자가 콘크리트 설계기준강도로 31 MPa을 지정하였다. 다음 조건들에 대한 배합강도를 결정하라.

a. s가 알려지지 않은 새 공장
b. 17번의 시험을 통해 $s = 3.6$ MPa인 공장
c. $s = 2.4$ MPa로 콘크리트를 생산하는 깊은 역사를 가진 공장
d. $s = 3.8$ MPa로 콘크리트를 생산하는 깊은 역사를 가진 공장

풀이

a. $f_{cr}{}' = f_c{}' + 8.5 = 31.0 + 8.5 = 39.5\,\text{MPa}(5700\,\text{psi})$

b. 보정계수 보간 필요 : $F = 1.16 - \left(\dfrac{1.16 - 1.08}{20 - 15}\right)(147 - 15) \cong 1.13$

표준편차에 보정계수를 곱한다.

$s' = (s)(F) = 3.6(1.13) = 4.1\,\text{MPa}(590\,\text{psi})$

식 (7.1)과 (7.2)로부터 최대값을 결정한다.

$f_{cr}{}' = 31.0 + 1.34(4.1) = 36.5\,\text{MPa}(5300\,\text{psi})$

$f_{cr}{}' = 31.0 + 2.33(4.1) - 3.45 = 37.1\,\text{MPa}(5390\,\text{psi})$

$f_{cr}{}' = 37.1\,\text{MPa}(5390\,\text{psi})$

c. 식 (7.1)과 (7.2)로부터 최대값을 결정한다.

$f_{cr}{}' = 31.0 + 1.34(2.4) = 34.2\,\text{MPa}(4970\,\text{psi})$

$f_{cr}{}' = 31.0 + 2.33(2.4) - 3.45 = 33.1\,\text{MPa}(4810\,\text{psi})$

$f_{cr}{}' = 34.2\,\text{MPa}(4970\,\text{psi})$

d. 식 (7.1)과 (7.2)로부터 최대값을 결정한다.

$f_{cr}{}' = 31.0 + 1.34(3.8) = 36.1\,\text{MPa}(5240\,\text{psi})$

$f_{cr}{}' = 31.0 + 2.33(3.8) - 3.45 = 36.4\,\text{MPa}(5280\,\text{psi})$

$f_{cr}{}' = 36.4\,\text{MPa}(5280\,\text{psi})$

2) 물 - 시멘트비 조건

다음 단계는 배합강도 $f_{cr}{}'$를 발현하는데 필요한 물-시멘트비(W/C비)를 결정하는 것이다. 그림 7.2에 나타낸 강도-W/C비 곡선을 그리는데 기존 실험데이터들이 필요하다. 만약 기존 실험데이터를 이용할 수 없다면 3개의 시험 배치를 서로 다른 W/C비로 만들어 그림 7.2와 유사한 곡선을 작성한다. 표 7.1은 데이터가 전혀 없는 경우에 시험배합에 대한 W/C비를 추정하는데 사용될 수 있다. 프로젝트의 강도조건을 만족하는 W/C비를 결정하는데 배합강도가 강도-W/C비 관계와 함께 사용된다.

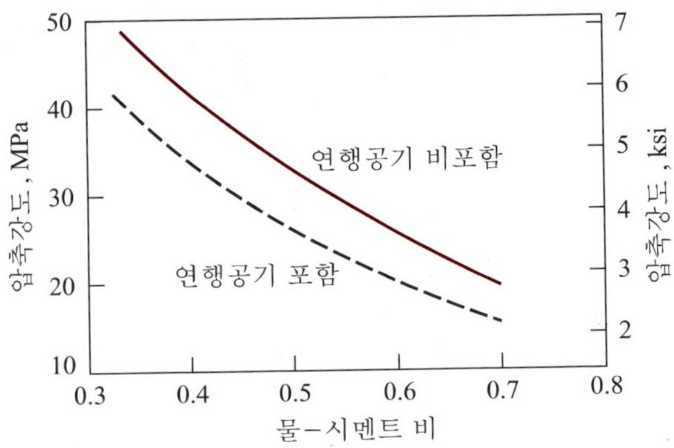

그림 7.2 시험배합 또는 현장데이터 강도곡선(Kosmatka et al. 2008)

중요치 않은 작은 프로젝트의 경우, 책임기술자의 허락을 얻어 시험배합 대신에 표 7.2를 사용할 수 있다. 표 7.2는 강도-W/C비 관계를 매우 보수적으로 평가하므로 배합설계로부터 산출되는 것보다 더 많은 시멘트량과 더 큰 평균압축강도를 제시한다. 이 표는 시험배치용이 아니므로 시험배치에는 표 7.1을 사용하여야 한다.

강도에 요구되는 W/C비는 노출조건에 대한 최대허용 W/C비와 비교되어야 한다. 표 7.3과 표 7.4는 노출조건에 대한 최대허용 W/C비와 최소설계압축강도에 관한 가이드를 제공한다. 일반적으로 노출조건이 혹독할수록 더 작은 W/C비가 필요하다. 강도와 노출에 대한 W/C비 중 작은 값을 콘크리트를 배합하는데 사용하여야 한다.

표 7.1 W/C비와 압축강도 사이의 관계

28일 콘크리트 배합설계강도, MPa	물-시멘트 중량비	
	공기연행 콘크리트	비공기연행 콘크리트
48 (7000)	-	0.33
41 (6000)	0.32	0.41
35 (5000)	0.40	0.48
28 (4000)	0.48	0.57
21 (3000)	0.59	0.68
14 (2000)	0.74	0.82

* American Concrete Institute (ACI 211.1 and ACI 211.3)

** 강도는 ASTM C31에 준하여 습윤양생된 28일 원주형 공시체의 시험결과에 기초한다. 이 관계는 약 19~25 mm 굵은 골재 공칭 최대치수를 사용한 것으로 가정하여 유도된 것이다.

표 7.2 현장경험 또는 시험배합으로부터의 강도데이터를 이용할 수 없을 때 콘크리트에 대한 최대 허용 W/C비

28일 콘크리트 배합설계강도, MPa	물-시멘트 중량비	
	공기연행 콘크리트	비공기연행 콘크리트
17 (2500)	0.54	0.67
21 (3000)	0.46	0.58
24 (3500)	0.40	0.51
28 (4000)	0.35	0.44
31 (4500)	**	0.38
35 (5000)	**	**

* American Concrete Institute (ACI 318), 1999.

** 비공기연행과 공기연행 콘크리트의 강도가 각각 31.0 MPa, 28.0 MPa를 초과하면 콘크리트 배합은 현장데이터 또는 시험배합으로 결정되어야 한다.

표 7.3 다양한 노출조건에 대한 최대 W/C비와 최소설계기준강도 *

노출상태	콘크리트 최대 물-결합재비	최소설계기준압축강도 f_c' (MPa)
동결융해, 제빙화학제 또는 공격적 물질로부터 보호된 콘크리트	강도, 워커빌리티, 마감 필요성에 따라 물-시멘트비 선택	구조 조건에 따라 강도 선택
습윤 상태에서 동결융해 또는 제빙화학제에 노출된 콘크리트	0.45	30
제빙화학제, 염, 소금물, 바닷물에 노출되거나 이런 종류들이 살포된 콘크리트의 철근부식 방지	0.40	35

* American Concrete Institute (ACI 318), 2008.

콘크리트에 포졸란을 사용하면 전통적인 W/C비를 대신해서 물-시멘트+포졸란비(물-결합재비)를 사용된다. 다시 말해서, 시멘트와 포졸란의 질량을 합산한 값으로 물의 질량을 나눈다.

표 7.4 흙 또는 물에 포함된 황산염에 노출된 콘크리트에 대한 조건*				
황산염 노출조건	토양 내의 수용성 황산염 질량비(%)	물속의 황산염 (ppm)**	시멘트의 종류***	최대 물-시멘트비
무시	0.10 이하	0~150	특별한 종류가 요구되지 않음	-
보통****	0.1~0.2	150~1500	II, MS, IP(MS), IS(MS)	0.5
심함	0.2~2.0	1500~10,000	V, HS, IP(HS), IS(HS)	0.45
매우 심함	2.0 초과	10,000 초과	V, HS, IP(HS), IS(HS)	0.40

* 미국 콘크리트 위원회(ACI 318, 2008)로부터 채택됨

** 고체 및 물속의 수용성 황산염을 결정하는 방법에 따라 시험됨

*** 시멘트 II와 V종은 ASTM C1503에 정의되어 있으며, MS와 HS종, 나머지 종은 각각 ASTM C1157과 C595에 정의되어 있다. 황산염 저항성을 개선하는 것으로 증면된 포졸란과 슬래그가 사용될 수 있다.

**** 바닷물

3) 굵은 골재 조건

다음 단계는 프로젝트에 적절한 골재 특성을 결정하는 것이다. 입도가 크며 치밀한 골재가 일반적으로 가장 경제적인 배합을 제공한다. 큰 골재는 소요수량을 최소화시켜 단위 용적당 소요시멘트량을 감소시킨다. 동일 워커빌리티를 얻는데 둥근 골재는 모난 골재보다 적은 수량을 필요로 한다.

최대 허용 골재 최대치수는 구조물의 크기와 건설장비의 용량에 의해 결정된다. 표에 나타낸 크기 제한을 만족하는 작업 조건에 맞는 굵은 골재 최대치수가 사용되어야 한다. 일단 굵은 골재 최대치수가 결정되면, 일반적으로 최대치수보다 한 체 정도 작은 공칭 굵은 골재 최대치수가 이후 배합설계에 사용된다.

조 건	굵은 골재 최대치수
거푸집 치수	최소 순간격의 1/5
철근 또는 프리스트레싱 텐던 사이의 순간격	최소 순간격의 3/4
철근과 거푸집의 순간격	쇠소 순간격의 3/4
무보강 슬래브	두께의 1/3

예제 7.2

0.2 m의 최소 단면치수, 40 mm의 철근 순간격, 피복두께 40 mm를 갖는 한 구조물이 콘크리트로 건설될 예정이다. 15 mm와 25 mm의 최대치수를 갖는 두 종류의 골재가 지역적으로 이용가능하다. 두 골재의 가격이 동일하다면 어느 것이 이 구조물에 대해 더 적합한가?

풀이

25 mm < (1/5)(200 mm) 최소치수
25 mm < (3/4)(40 mm) 철근간격
25 mm < (3/4)(40 mm) 콘크리트 피복
따라서, 두 사이즈 모두 치수 조건을 만족한다. 그러나 25 mm 골재가 더 경제적인 배합을 생산하기 때문에 더 적합하다. 25 mm 굵은 골재 최대치수는 19 mm 공칭 굵은 골재 최대치수에 해당한다.

잔골재의 입도는 조립률로 정의된다. 좋은 조립률은 굵은 골재 크기와 시멘트 페이스트의 양에 따라 달라진다. 작은 조립률은 워커빌리티를 증진시켜 시멘트량이 적은 배합에 바람직하다.

일단 잔골재의 조립률과 굵은 골재의 공칭 최대치수가 결정되면, 콘크리트 단위용적당 굵은 골재의 용적을 표 7.5를 이용하여 결정한다. 예를 들어, 잔골재 조립률이 2.60, 굵은 골재의 공칭 최대치수가 19 mm이면, 굵은 골재의 용적은 콘크리트에서 0.64 m^3/m^3이 될 것이다. 표 7.5는 건조 봉다짐 조건 골재의 단위 중량을 사용한다. 표에 주어진 값을 적용하면 평균 정도의 워커빌리티를 얻을 수 있다는 경험에 바탕을 두고 있다. 도로 포장과 같이 적은 워커빌리티가 필요하면 굵은 골재의 용적을 10%까지 증가시킬 수 있다. 펌핑으로 콘크리트를 타설하는 경우에는 10%까지 감소시켜 워커빌리티를 개선한다.

표 7.5 단위 용적당 굵은 골재의 용적

굵은 골재의 공칭 최대치수 (mm)	다양한 잔골재 조립률에 대한 단위 용적당 봉다짐 굵은 골재의 용적			
	조 립 률			
	2.40	2.60	2.80	3.00
9.5 (3/8)	0.50	0.48	0.46	0.44
12.5 (1/2)	0.59	0.57	0.55	0.53
19 (3/4)	0.66	0.64	0.62	0.60
25 (1)	0.71	0.69	0.67	0.65
37.5 (1 1/2)	0.75	0.73	0.71	0.69
50 (2)	0.78	0.76	0.74	0.72
75 (3)	0.82	0.80	0.78	0.79
150 (6)	0.87	0.85	0.83	0.81

* American Concrete Institute (ACI 211.1).
** 용적은 ASTM C29에 설명된 건조 봉다짐 조건 골재의 겉보기 용적이다.

4) 공기연행 조건

다음은 공기연행 필요성이 검토되어야 한다. 콘크리트가 동결융해 환경과 제빙화학제에 노출될 때는 공기연행이 필요하다. 공기연행은 종종 워커빌리티를 개선하기 위해도 사용된다. 소요공기량은 노출 조건에 따라 변하고 골재치수의 영향을 받는다. 노출 수준은 다음과 같이 정의된다.

- 가벼운 노출 : 콘크리트가 동결융해 및 제설제에 노출되지 않는 실·내외 조건. 연행공기는 워커빌리티를 개선하기 위해 사용될 수 있다.
- 보통 노출 : 약간 동결조건에 노출이 되지만 콘크리트가 동결이전에 장시간동안 수분이나 자유수에 노출되지 않는다. 콘크리트는 제설제에 노출되지 않는다. 젖은 흙에 노출되지 않는 외부 보, 기둥, 벽 등이 이에 속한다.
- 심각한 노출 : 콘크리트가 제설제, 포화, 또는 자유수에 노출된다. 포장, 교량상판, 연석, 수로, 터널 라이닝 등이 이에 속한다.

표 7.6은 노출 조건과 공칭 굵은 골재 최대치수의 다양한 조합에 대한 권장 공기량을 나타낸다. 표 7.6의 값은 비공기연행 콘크리트에 대해서는 갇힌공기, 공기연행 콘크리트에 대해서는 갇힌공기와 연행공기의 합을 나타낸다. 권장 공기량은 공칭 굵은 골재 최대치수가 증가함에 따라 감소한다.

표 7.6 공칭 굵은 골재 최대치수에 대한 근사 목표 공기량 조건(%)

	공칭 굵은 골재 최대치수(mm)							
	9.5	12.5	19	25	37.5	50	75	150
비연행 공기 콘크리트	3	2.5	2	1.5	1	0.5	0.3	0.2
연행 공기 콘크리트								
가벼운 노출	4.5	4.0	3.5	3.0	2.5	2.0	1.5	1.0
보통 노출	6.0	5.5	5.0	4.5	4.5	4.0	3.5	3.0
심각한 노출	7.5	7.0	6.0	6.0	5.5	5.0	4.5	4.0

* American Concrete Institute (ACI 211.1 and CI 318).
** 공기량은 보통과 심각한 노출에 대한 목표치와 −1∼2% 오차 이내로 운송되도록 현장시방에 규정되어야 한다.

5) 워커빌리티 조건

배합설계의 다음 단계는 프로젝트에 맞는 워커빌리티 조건을 결정하는 것이다. 워커빌리티는 굳지 않은 콘크리트를 타설하고, 다짐하고, 마감하는 작업의 용이성으로 정의된다. 콘크리트는 작업성이 우수하여야 하나, 재료분리나 과도한 블리딩(콘크리트 상면까지 배합수가 이동하는 현상)이 발생하지 않아야 한다. 슬럼프 시험(그림 7.3)은 유사한 배합들을 평가할 때 워커빌리티의 척도가 된다. 이 시험은 끝을 잘라버린 콘에 콘크리트를 채우고, 콘을 들어 올린 다음, 거리 즉 콘크리트 슬럼프를 측정하는 순으로 진행된다(ASTM C143). 슬럼프는 배합수, AE제, 감수제, 고성능감수제를 추가하거나 또는 둥근 골재를 사용하면 증가한다. 표 7.7은 다양한 프로젝트에 사용되는 콘크리트의 추천 슬럼프를 나타낸다. 배치를 조정하는 경우 슬럼프는 단위용적의 콘크리트에 6 kg의 물을 추가할 때마다 약 25 mm 증가한다.

그림 7.3 슬럼프 시험 장치

표 7.7 다양한 구조체에 대한 권장 슬럼프 값

콘크리트 구조	슬럼프(mm)	
	최대**	최소
철근콘크리트 기초벽과 푸팅	75	25
무근 푸팅, 케이슨, 지하구조 벽	75	25
보와 철근콘트리트 벽체	100	25
건물 기둥	100	25
포장 및 슬래브	75	25
메스콘크리트	75	25

* American Concrete Institute (ACI 211.1).

** 봉다짐이나 삽다짐과 같은 인력에 의한 다짐은 슬러프를 25 mm까지 증가시킬 수 있다. 고성능 감수제 사용을 통해 안전하게 큰 슬럼프를 얻을 수 있다.

6) 수량조건

주어진 슬럼프를 얻기 위해 필요한 수량은 공칭 굵은 골재 최대치수와 골재의 입형 그리고 AE제의 사용 유무에 따라 달라진다. 표 7.8은 모난 골재(부순돌)에 대한 근사 배합수 조건을 제시한다. 표 7.8의 권장값은 이 표에 나타낸 것과 같이 다른 골재 형상에서는 감소한다.

골재 형상	수량 감소량(kg/m^3)
압각형	12
부순돌이 포함된 골재	21
둥근 자갈	27

이 권장값은 근사치이며 각 지역 재료에 대해서는 시험 배치로 평가하여야 한다.

표 7.8 다양한 슬럼프와 공칭 최대 골재 치수에 대한 근사 배합수량(kg/m^3)

슬럼프 (mm)	공칭 최대 골재 크기(mm)							
	9.5	12.5	19	25	37.5	50	75	150
비연행공기 콘크리트								
25~50	207	199	190	179	166	154	130	113
75~100	228	216	205	193	181	169	145	124
150~175	243	228	216	202	190	178	160	-
연행공기 콘크리트								
25~50	101	175	108	160	150	142	122	107
75~100	202	193	184	175	165	157	133	119
150~175	216	205	197	184	174	166	154	-

* American Concrete Institute (ACI 211.1 and ACI 318).

** 이 배합수량은 시험배치에 대한 결합재량을 계산하는데 사용된다. 이 값은 시방기준에 적합하게 분류된 입형이 우수한 둥근골재에 대한 최대치이다.

7) 결합재량 조건

물-시멘트비(물-결합재비)와 추정 소요 배합수량을 이용하여 배합에 필요한 결합재량은 물의 질량을 물-시멘트비로 나누어서 결정한다. PCA는 심각한 동결융해, 제빙제, 황산염에 노출된 콘크리트의 최소시멘트량으로 334 kg/m^3, 수중에 타설되는 콘크리트에 대해 385 kg/m^3 이상의 시멘트량을 권장하고 있다. 추가적으로, 표 7.9는 슬래브와 같이 평탄작업이 필요한 구조에서 적절한 타설, 마감, 마모저항, 그리고 내구성을 얻기 위해 필요한 최소시멘트량을 나타낸다.

표 7.9 평탄작업에 사용되는 콘크리트에 대한 결합재의 최소 요구량

공칭 굵은 골재 최대치수	결합재(kg/m^3)
37.5	280
25.0	310
19.0	320
12.5	350
9.5	360

* American Concrete Institute (ACI 302).

** 결합재는 심각한 노출환경에서는 더 증가시킬 필요가 있다. 예를 들면, 제빙제 노출인 경우 콘크리트는 적어도 335 kg/m^{3}의 결합제를 포함하여야 한다.

8) 혼화재료 조건

콘크리트에 특별한 성능을 부여하기 위해 하나 또는 그 이상의 혼화재료를 첨가하면 그 양을 배합설계에 고려해야 한다. 혼화재료 제조업자들은 의도하는 결과를 얻는데 필요한 소요 혼화재료의 양에 대한 구체적 정보를 제공한다.

9) 잔골재 조건

현 단계까지 단위용적당 배합수, 시멘트, 그리고 건조 굵은 골재의 중량이 결정되었고 공기 용적이 추정되었다. 유일하게 남아있는 요소는 건조 잔골재량이다. 중량배합 설계법은 다양한 공칭 굵은 골재 최대치수를 사용한 전형적인 굳지 않은 콘크리트의 총 중량을 추정하기 위해 표 7.10을 사용한다. 잔골재의 중량은 총중량으로부터 다른 구성 재료들의 중량을 빼서 결정한다. 표 7.10은 전형적인 배합에 기반을 두기 때문에 중량-기반 배합설계법은 근사적 설계법이다.

절대용적 배합설계법은 중량과 비중을 배합수, 굵은 골재, 시멘트의 용적을 계산하는데 사용한다. 콘크리트의 단위용적에서 공기 용적과 이 용적들을 빼서 잔골재의 용적을 결정한다. 잔골재의 용적은 그 다음 단위중량을 사용하여 중량으로 변환된다. 일반적으로 잔골재와 굵은 골재의 중량-용적 변환에는 표면건조 포화상태 비중이 사용된다.

표 7.10 굳지 않은 콘크리트의 중량 추정		
공칭 굵은 골재 최대치수(mm)	비공기연행 콘크리트(kg/m^3)	공기연행 콘크리트(kg/m^3)
9.5	2276	22187
12.5	2305	2228
19.0	2347	2276
25.0	2376	2311
37.5	2412	2347
50.0	2441	2370
75.0	2465	2394
150	2507	2441

10) 표면수량 보정

5.5.4절에서 논의된 바와 같이 시멘트 수화 반응에 사용되는 물은 표면건조 포화상태 골재의 함수량을 초과하는 자유수로 배합설계에서 가정한다. 그 결과, 배합설계의 마지막 단계는 골재의 함수상태를 고려하여 배합수와 골재 중량을 보정하는 것이다. 골재 함수량이 표면건조 포화상태 함수량 이상이면 배합수량을 골재의 표면수량만큼 감소시킨다. 함수량이 표면건조 포화상태 함수량보다 작으면 수량은 추가되어야 한다. 또한, 3과 9단계에서 추정된 굵은 골재와 잔골재의 중량은 건조 상태로 가정되었기 때문에 골재에 흡수되는 수량을 고려하기 위해 배합수량이 보정되어야 한다.

11) 시험배합

각 재료의 소요량을 계산한 이후에 배합설계를 검토하기 위해 시험배치를 만든다. 3개의 $\phi 150 \times 300$ mm 원주형 공시체를 제작하여 28일 동안 양생한 후에 압축강도 시험을 실시한다. 추가적으로, 굳지 않은 콘크리트의 공기량과 슬럼프를 측정한다. 슬럼프, 공기량, 또는 압축강도가 요구조건을 만족하지 않으면 설계조건을 만족할 때까지 배합을 조절하여 시험배합을 실시한다.

가장 작업성이 우수하고 경제적인 배합을 찾기 위해 약간씩 재료량을 변화시키면서 추가적인 시험배합을 만들 수 있다.

예제 7.3

물-시멘트비 0.43, 건조 자갈 1232 kg/m^3, 배합수 144 kg/m^3, 공기량 4%를 갖는 단위용적 콘크리트를 필요로 하는 배합설계를 수행하고 있다. 사용 자갈은 비중 2.6, 함수량 2.3%, 흡수율 4.5%를 갖는다. 사용 모래는 비중 2.4, 함수율 2.2%, 흡수율 1.7%를 갖는다. AE제는 제조사 지침에 따라 100 kg 시멘트에 1% 공기량을 발생키기 위해서 혼화제 6.6 mL를 사용한다. 현장에서 필요한 단위용적 콘크리트에 대해, 배치에 추가되어야 하는 시멘트, 습윤 자갈, 습윤 모래, 배합수량을 계산하라. 최종 배합설계를 요약 정리하시오.

풀이

7단계 : $W_{cement} = 144/0.43 = 334.9\ \text{kg/m}^3$

8단계 : AE제 $= (6.6)(4)(334.9/100) = 88.2\ \text{mL}$

9단계 : $\gamma_w = 1000\ \text{kg/m}^3$

$V_{cement} = 334.9/(3.15 \times 1000) = 0.106\ \text{m}^3$

$V_{water} = 144/(1 \times 1000) = 0.144\ \text{m}^3$

$V_{gravel} = 1232/(2.6 \times 1000) = 0.474\ \text{m}^3$

$V_{air} = 4\% = 0.040\ \text{m}^3$

소계 $= 0.764\ \text{m}^3$

$V_{sand} = 1 - 0.764 = 0.236$

$m_{sand} = (0.236)(2.4)(1000) = 566.6\ \text{kg/m}^3$

10단계 : 배합수 $= 144 - 1232(0.023 - 0.045) - 566.6(0.022 - 0.017) = 168.3\ \text{kg/m}^3$

습윤 자갈 $= 1232(1.023) = 1260\ \text{kg/m}^3$

습윤 모래 $= 566.6(1.022) = 579\ \text{kg/m}^3$

시멘트 $= 334.9\ \text{kg/m}^3$

AE제 $= 88.2\ \text{mL}$

예제 7.4

절대용적법을 사용하여 다음과 같은 조건과 제약에 대해 콘크리트 배합을 설계하라.

- 설계환경

  동결에 노출되며 제빙화학제를 살포하는 교량의 교각

  소요설계강도 = 24.1 MPa

  최소치수 = 0.3 m

  철근사이의 최소간격 = 64 mm

  최소 피복두께 = 64 mm

  30개 이상의 샘플에 대해 2.4 MPa의 압축강도 표준편차가 기대된다.

  AE제만을 사용할 수 있다.

- 사용재료

시멘트 : 노출로 인해 5종 내황산염 포틀랜드시멘트를 사용한다.

AE제 : 제조사 지침에 따라 100 kg 시멘트에 1%공기를 발생시키기 위해 6.3 mL 사용한다.

굵은 골재 : 공칭 굵은 골재 최대치수 25 mm, 강자갈
절대건조 비중 = 2.621, 흡수율 = 0.4%
절대건조-봉다짐 밀도 = 1681 kg/m^3
함수량 = 1.5%

잔골재 : 천연모래
절대건조 비중 = 2.572, 흡수율 = 0.8%
함수량 = 4%
조립률 = 2.60

풀이

1. 강도 조건
s =2.4 MPa(보정이 필요 없을 정도로 충분한 샘플)
2. 물-시멘트비
보간법을 적용한 강도조건(표 7-1)으로부터 물-시멘트비 = 0.48
노출조건(표 7.3과 7.4)으로부터 최대 물-시멘트비 = 0.45
물-결합재비 = 0.45
3. 굵은 골재 조건
공칭 굵은 골재 최대치수 25 mm는 최대치수 37.5 mm에 해당한다.
37.5 mm < 1/5 (300 mm) 최소 단면치수
37.5 mm < 3/4 (64 mm) 철근 순간격
37.5 mm < 3/4 (64 mm) 피복두께
치수에 대해 굵은 골재 치수 만족
(표 7.5) 공칭 굵은 골재 최대치수 25 mm와 2.60 FM 잔골재
굵은 골재 계수 = 0.69
굵은 골재 건조 중량 = 1681 × 0.69 = 1160 kg/m^3
굵은 골재 = 1160 kg/m^3
4. 공기량
(표 7.6) 심각한 노출, 목표공기량=6.0%
작업범위 = 5～8%
공기량 7%로 설계
5. 워커빌리티
(표 7.7) 교각은 표에서 기둥조건에 가장 부합한다.
슬럼프 범위 = 25～100 mm
슬럼프 75 mm 사용
6. 배합수량
(표 7.8) AE제를 사용한 25 mm 굵은 골재와 75 mm 슬럼프
모난 골재에 대한 수량 = 175 kg. 둥근 골재가 사용되기 때문에 27 kg/m^{3}을 감소시킨다.

소요수량 = 148 kg/m^3

7. 결합재량

   물－시멘트비 = 0.45, 물 = 148 kg/m^3

   시멘트 = 148/0.45 = 329 kg/m^3

   노출로 인해 최소 기준 334 kg/m^{3}까지 증가

   수량을 증가시키지 않고 시멘트 함량을 증가시키는 것은 약간 물－시멘트비를 감소시키며, 심각한 노출에 대한 투수성이 작은 우수한 콘크리트가 된다.

   시멘트 = 334 kg/m^3

8. 혼화제

   7% 공기량, 시멘트 = 334 kg/m^3

   혼화제 = (6.3)(7)(334/100) = 147 mL/m^3

   혼화제 = 147 mL/m^3

9. 잔골재 조건

   잔골재 함량을 계산하라; 절대용적법을 사용하라.

   배합수 용적 = 148/(1 × 1000) = 0.148 m^3/m^3

   시멘트 용적 = 334/(3.15 × 1000) = 0.106 m^3/m^3

   공기량 = 0.07 m^3/m^3

   굵은 골재 용적 = 1160/(2.621 × 1000) = 0.443 m^3/m^3

   소계 용적 = 0.767 m^3/m^3

   잔골재 용적 = 1－0.767 = 0.233 m^3/m^3

   잔골재 건조중량 = (0.233)(2.572)(1000) = 599 kg/m^3

   잔골재 = 599 kg/m^3

10. 함수량 보정

    굵은 골재 : 건조상태 1160 kg/m^3 필요, 따라서 함수량 고려 1.5% 증가시킨다.

    습윤상태 굵은 골재 = (1160)(1.015)

    잔골재 : 건조상태 599 kg/m^3 필요, 따라서 함수량 고려 4% 증가시킨다.

    습윤상태 잔골재 = (599)(1.04) = 623 kg/m^3

    배합수 : 골재 표면의 자유수 양만큼 감소시킨다.

    = 148－1160(0.015－0.004)－599(0.04－0.008) = 116 kg/m^3

요 약	
	단위용적당 각 재료의 소요중량(1 m^3 PCC)
배합수	116 kg
시멘트	334 kg
잔골재	623 kg
굵은 골재	1177 kg
혼화제	147 mL

7.1.2 소규모 현장에 대한 콘크리트 배합

배합설계는 대규모 현장에 적용된다. 배합설계가 노력에 비해 크게 경제적이지 못한 단위용적 콘크리트보다 적은 콘크리트가 소요되는 현장은 표 7.11과 7.12를 지침으로 사용할 수 있다.

현장 부근의 골재를 사용하여 작업성이 우수한 배합을 만들기 위해서는 이 표들의 값들을 조정하여야 한다. 앞에서 논의된 노출조건과 관련된 권장 사항들은 준수되어야만 한다.

표 7.11과 7.12는 각각 중량과 용적 콘크리트 배합에 사용될 수 있다. 이 표들은 합이 1인 각 재료의 비율을 나타낸다. 따라서, 콘크리트 배합의 소요 중량 또는 용적을 주어

표 7.11 소규모 현장에 대한 콘크리트의 상대적 구성(중량비)*

공칭 굵은 골재 최대치수(mm)	공기연행 콘크리트				비공기연행 콘크리트			
	시멘트	습윤 잔골재	습윤 굵은 골재	배합수	시멘트	습윤 잔골재	습윤 굵은 골재	배합수
9.5	0.210	0.384	0.333	0.073	0.200	0.407	0.317	0.076
12.5	0.195	0.333	0.399	0.073	0.185	0.363	0.377	0.075
19	0.176	0.296	0.458	0.070	0.170	0.320	0.442	0.068
25	0.169	0.275	0.493	0.063	0.161	0.302	0.470	0.067
37.5	0.159	0.262	0.517	0.062	0.153	0.287	0.500	0.060

* PCA(2008)로부터 입수한 데이터

** 부순돌이 사용되면 단위용적 콘크리트에 굵은 골재를 50 kg 감소시키고, 잔골재를 50 kg 증가시킨다.

표 7.12 소규모 현장에 대한 콘크리트의 상대적 구성(용적비)*

공칭 굵은 골재 최대치수(mm)	공기연행 콘크리트				비공기연행 콘크리트			
	시멘트	습윤 잔골재	습윤 굵은 골재	배합수	시멘트	습윤 잔골재	습윤 굵은 골재	배합수
9.5	0.190	0.429	0.286	0.095	0.182	0.455	0.272	0.091
12.5	0.174	0.391	0.348	0..087	0.167	0.417	0.333	0.083
19	0.160	0.360	0.400	0.080	0.153	0.385	0.385	0.077
25	0.154	0.346	0.423	0.077	0.148	0.370	0.408	0.074
37.5	0.148	0.333	0.445	0.074	0.143	0.357	0.429	0.071

* 데이터는 PCA(20018)로부터 얻어졌다.

** 혼합 용적은 대략 각 재료 용적 합계의 2/3이다.

진 비율과 곱하면 각 재료의 중량 또는 용적을 얻을 수 있다. 용적비의 경우 배합수과 잔골재는 굵은 골재 사이의 공극을 채우기 때문에 혼합 용적은 각 재료의 본래 용적 합계의 대략 2/3가 된다.

예제 7.5

공칭 굵은 골재 최대치수 12.5 mm를 사용한 1500 kg의 공기연행 콘크리트를 제조하기 위한 각 재료의 소요중량을 결정하여라.

풀이

표 7.11로부터

시멘트의 중량 $= 1500 \times 0.185 = 277.5\,\text{kg}$

젖은 잔골재의 중량 $= 1500 \times 0.363 = 544.5\,\text{kg}$

젖은 굵은 골재의 중량 $= 1500 \times 0.377 = 565.5\,\text{kg}$

배합수의 중량 $= 1500 \times 0.075 = 112.5\,\text{kg}$

예제 7.6

공칭 굵은 골재 최대치수 19 mm를 사용한 0.5 m^3의 공기연행 콘크리트를 만들기 위한 각 재료들의 소요용적을 결정하라.

풀이

각 재료 용적의 총합 $= 0.5 \times 1.5 = 0.75\,\text{m}^3$

표 7.12로부터

시멘트의 용적 $= 0.75 \times 0.160 = 0.12\,\text{m}^3$

습윤 잔골재의 용적 $= 0.75 \times 0.360 = 0.27\,\text{m}^3$

습윤 굵은 골재의 용적 $= 0.75 \times 0.400 = 0.3\,\text{m}^3$

배합수 용적 $= 0.75 \times 0.080 = 0.06\,\text{m}^3$

7.1.3 콘크리트 표준시방서의 배합설계

1) 강도조건

설계기준강도(f_{ck})가 35 MPa 이하인 경우 콘크리트 배합강도 f_{cr}은 ACI와 같이 식 (7.1)과 식 (7.2)에 의한 값 중 큰 값으로 결정하여 사용하며, 설계기준강도가 35 MPa을 초과하는 경우 콘크리트 배합강도 f_{cr}은 식 (7.3)과 식 (7.4)에 의한 값 중 큰 값으로 결정하여 사용한다.

- $f_{ck} \leq 35\, MPa$ 인 경우

$$f_{ck} = f_{ck} + 1.34s \text{ (MPa)} \quad (7.1)$$

$$f_{cr} = (f_{ck} - 3.5) + 2.33s \text{ (MPa)} \quad (7.2)$$

- $f_{ck} > 35\, MPa$ 인 경우

$$f_{ck} = f_{ck} + 1.34s \text{ (MPa)} \quad (7.3)$$

$$f_{cr} = 0.9 f_{ck} + 2.33s \text{ (MPa)} \quad (7.4)$$

여기서, s : 압축강도의 표준편차(MPa)

콘크리트 표준시방서에서도 콘크리트를 생산하고자 하는 생산설비에 의해 유사한 재료와 조건을 사용하여 30회 이상의 연속된 강도시험 결과가 얻어졌을 때 그 값을 표준편차로 사용할 수 있도록 하고 있다. 압축강도 시험횟수가 29회 이하이고 15회 이상인 경우도 ACI와 같은 보정계수를 곱하여 사용한다.

시험 횟수	표준편차의 보정계수
15	1.16
20	1.08
25	1.03
30 이상	1.00

공사 초기에 표준편차의 정보가 없을 때, 또는 압축강도의 시험 횟수가 14회 이하인 경우 콘크리트의 배합강도는 다음 값을 사용한다.

설계기준강도 f_{ck} (MPa)	배합강도 f_{cr} (MPa)
21 미만	$f_{ck} + 7$
21 이상 35 이하	$f_{ck} + 8.5$
35 초과	$f_{ck} + 10$

2) 물 - 결합재비 조건

콘크리트의 압축강도를 기준으로 물-결합재비를 결정할 때는 콘크리트의 압축강도와 물-결합재비와의 관계를 시험에 의하여 정하는 것을 원칙으로 한다. 3종 이상의 서로 다른 물-결합재비로 콘크리트를 배합하고 28일간 표준양생한 공시체의 압축강도 시험을 실시하여 압축강도와 물-결합재비 관계를 결정한다. 표준시방서에서는 굵은 골재의 최대 치수가 40 mm인 경우의 압축강도의 범위에 따른 B/W와 f_{28}과의 관계식을 다음 식으로 제시하고 있다.

- AE제를 사용하지 않은 콘크리트

  $f_{28}=16 \sim 23$ MPa인 경우 $f_{28} = -13.9 + 23.0$ B/W (7.5)

  $f_{28}=23 \sim 33$ MPa인 경우 $f_{28} = -7.6 + 19.0$ B/W (7.6)

  $f_{28}=33 \sim 39$ MPa인 경우 $f_{28} = 2.2 + 14.4$ B/W (7.7)

- 공기량이 4% 이상인 AE콘크리트

  $f_{28}=14 \sim 25$ MPa인 경우 $f_{28} = -7.4 + 16.2$ B/W (7.8)

  $f_{28}=25.1 \sim 32.0$ MPa인 경우 $f_{28} = -1.8 + 13.4$ B/W (7.9)

동결융해, 황산염, 제빙화학제, 수밀성, 탄산화 저항성 등의 내구성을 고려할 경우 더 엄격한 물-결합재비를 적용하여야 한다. 콘크리트 표준시방서에서는 내구성을 기준으로 다음과 같이 물-결합재비를 정하도록 규정하고 있다.

콘크리트의 내동해성을 기준으로 하여 물-결합재비를 정할 경우 그 값은 표 7.13과 표 7.14의 값을 초과하지 않도록 하여야 한다.

표 7.13 특수 노출상태에 대한 요구 사항(콘크리트 표준시방서)

노출상태	보통골재 콘크리트 최대 물-결합재비	보통골재 콘크리트와 경량골재 콘크리트의 최소 설계기준강도(f_{ck})(MPa)
물에 노출되었을 때 낮은 투수성이 요구되는 콘크리트	0.50	27
습한 상태에서 동결융해 또는 제빙화학제에 노출된 콘크리트	0.45	30
제빙화학제, 염, 소금물, 바닷물에 노출되거나 이런 종류들이 살포된 콘크리트의 철근부식 방지	0.40	35

표 7.14 내동해성을 기준으로 하여 물-결합재비를 정하는 경우의 AE콘크리트의 최대 물-결합재비(콘크리트 표준시방서)

기상조건	기상작용이 심한 경우 또는 동결융해가 종종 반복되는 경우		기상작용이 심하지 않은 경우, 빙점 이하의 기온으로 되는 일이 드문 경우	
구조물의 단면 노출상태	얇은 경우	보통의 경우	얇은 경우	보통의 경우
① 계속해서 또는 종종 물로 포화되는 부분	0.45	0.50	0.50	0.55
② 보통의 노출상태에 있으며 ①에 해당하지 않는 경우	0.50	0.55	0.55	0.60

표 7.15 황산염을 포한한 용액에 노출된 콘크리트에 대한 요구사항(콘크리트 표준시방서)

황산염 노출 정도	토양내의 수용성 황산염(SO_4) 질량비(%)	물 속의 황산염(SO_4) (ppm)	(혼합)시멘트 종류	물-결합재비(%)	최소 설계기준 압축강도 f_{ck}(MPa)
				보통골재 콘크리트	보통골재 또는 경량골재 콘크리트
무시	0.00~0.10	0~150	-	-	-
보통[2)]	0.10~0.20	150 ~1,500	보통포틀랜드시멘트(1종)+포졸란 플라이애시시멘트(KS L 5211) 중용열포틀랜드시멘트(2종)(KS L 5201) 고로슬래그시멘트(KS L 5210)	0.5	27
심함	0.20~2.00	1,500 ~10,000	내황산염 포틀랜드시멘트(5종) (KS L 5201)	0.45	30
매우 심함	2.00 초과	10,000 초과	내황산염 포틀랜드시멘트(5종) (KS L 5201)+포졸란	0.45	30

표 7.16 해양구조물의 내구성으로 정하여지는 AE 콘크리트의 최대 물-결합재비 (콘크리트 표준시방서)

노출상태	보통골재 콘크리트 최대 물-결합재비	보통골재 콘크리트와 경량골재 콘크리트의 최소 설계기준강도 (f_{ck}) (MPa)
물에 노출되었을 때 낮은 투수성이 요구되는 콘크리트	0.50	27
습한 상태에서 동결융해 또는 제빙화학제에 노출된 콘크리트	0.45	30
제빙화학제, 염, 소금물, 바닷물에 노출되거나 이런 종류들이 살포된 콘크리트의 철근 부식 방지	0.40	35

콘크리트의 황산염에 대한 내구성을 기준으로 하여 물-결합재비를 정할 경우 그 값은 표 7.15의 값을 초과하지 않도록 하여야 한다.

제빙화학제가 사용되는 콘크리트의 물-시멘트는 45% 이하로 한다.

- 콘크리트의 수밀성을 기준으로 물-결합재비를 정할 경우 그 값은 50% 이하로 한다.
- 해양구조물에 쓰이는 콘크리트의 물-결합재비를 정할 경우에는 표 7.16에 따라야 한다.
- 콘크리트의 탄산화 저항성을 고려하여 물-결합재비를 정할 경우 55% 이하로 한다.

3) 굵은 골재 조건

콘크리트를 경제적으로 제조한다는 관점에서 될 수 있는 대로 최대 치수가 큰 굵은 골재를 사용하는 것이 일반적으로 유리하다. 그러나 콘크리트가 구석구석까지 잘 채워지게 하기 위해서는 너무 큰 굵은 골재를 사용하는 것은 적당하지 않다. 따라서 콘크리트 시방서에서는 굵은 골재의 공칭 최대 치수는 다음 값을 초과하지 못하도록 규정하고 있으며, 표 7.17을 표준으로 제시하고 있다.

- 거푸집 양 측면 사이의 최소 거리의 1/5
- 슬래브 두께의 1/3
- 개별 철근, 다발철근, 긴장재 또는 덕트 사이 최소 순간격의 3/4

표 7.17 굵은 골재의 최대 치수(콘크리트 표준시방서)

구조물의 종류	굵은 골재의 최대 치수(mm)
일반적인 경우	20 또는 25
단면이 큰 경우	40
무근 콘크리트	40 (부재 최소 치수의 1/4을 초과해서는 안 됨)

4) 공기연행 조건

공기연행제, 공기연행감수제 또는 고성능 공기연행감수제를 사용한 콘크리트의 공기량은 굵은 골재 최대 치수와 내동해성을 고려하여 표 7.18과 같이 정하며, 운반 후 공기량은 이 값에서 ±1.5% 이내이어야 한다.

표 7.18 공기연행 콘크리트 공기량의 표준값(콘크리트 표준시방서)

굵은 골재의 최대치수 (mm)	공기량(%)	
	심한 노출	보통 노출
10	7.5	6.0
15	7.0	5.5
20	6.0	5.0
25	6.0	4.5
40	5.5	4.5

5) 워커빌리티 조건

작업에 적합한 워커빌리티를 얻을 수 있는 슬럼프 값은 콘크리트 부재의 크기 및 형상, 콘크리트의 취급 및 다지기 방법 등에 따라 다르다. 표 7.19는 콘크리트 종류에 따른 슬럼프의 표준값을 나타낸 것이다.

슬럼프가 큰 콘크리트를 사용하면 콘크리트 작업은 쉽지만 블리딩이 많아지고 굵은 골재가 모르타르로부터 분리하는 경향이 심해진다. 그러므로 작업에 적합한 범위 내에서 될 수 있는 한 작은 슬럼프의 콘크리트를 사용할 필요가 있다. 그러나 규정된 슬럼프 값으로도 작업이 쉽지 않을 경우에는 유동화제를 사용하거나 기타의 조치를 취할 필요가 있다. 콘크리트의 운반시간이 길 경우나 기온이 높을 경우에는 슬럼프가 크게 저하하므로 운반중의 슬럼프 저하를 고려한 배합을 정해두어야 한다.

표 7.19 슬럼프의 표준값(콘크리트 표준시방서)

종 류		슬럼프 값(mm)
철근 콘크리트	일반적인 경우	80～150
	단면이 큰 경우	60～120
무근 콘크리트	일반적인 경우	50～150
	단면이 큰 경우	50～100

6) 수량 조건

소요의 슬럼프를 얻는데 필요한 단위수량은 굵은 골재의 최대치수, 골재의 입도와 입형, 혼화 재료의 종류, 콘크리트의 공기량 등에 따라 다르므로 사용되는 재료에 관해서 시험을 실시하여 정한다. 단위수량의 대략적인 값은 표 7.20에 제시한 바와 같다. 표 7.20은 잔골재율 및 단위수량의 대체적인 표준과 골재로 보통 입도의 잔골재(조립률 2.80) 및 부순돌을 사용한 물－결합재비 55%, 슬럼프 약 80 mm의 콘크리트에 대한 것이다. 사용재료 또는 콘크리트 품질이 위의 조건과 다를 경우에는 표 7.21에 나타낸 방법으로 보정하여 사용한다.

표 7.20 콘크리트의 단위굵은골재용적, 잔골재율 및 단위수량의 대략값(콘크리트 표준시방서)

굵은 골재의 최대 치수 (mm)	단위 굵은 골재 용적 (%)	공기연행제를 사용하지 않은 콘크리트			공기연행 콘크리트				
		갇힌공기 (%)	잔골재율 (%)	단위수량 (kg/m^3)	공기량 (%)	양질의 공기연행제를 사용한 경우		양질의 공기연행 감수제를 사용한 경우	
						잔골재율 (%)	단위수량 (kg/m^3)	잔골재율 (%)	단위수량 (kg/m^3)
15	58	2.5	53	202	7.0	47	180	48	170
20	62	2.0	49	197	6.0	44	175	45	165
25	67	1.5	45	187	5.0	42	170	43	160
40	72	1.2	40	177	4.5	39	165	40	155

표 7.21 잔골재율(S/a) 및 배합수(W) 보정 방법(콘크리트 표준시방서)

구분	S/a의 보정(%)	W의 보정
잔골재의 조립률이 0.1 만큼 클(작을) 때마다	0.5 만큼 크게(작게)한다.	보정하지 않는다.
슬럼프 값이 10 mm 만큼 클(작을) 때마다	보정하지 않는다.	1.2% 만큼 크게(작게)한다.
공기량의 1% 만큼 클(작을) 때마다	0.5～1.0 만큼 작게(크게) 한다.	3% 만큼 작게(크게)한다.
물－결합재비가 0.05 클(작을) 때마다	1 만큼 크게(작게) 한다.	보정하지 않는다.
S/a가 1% 클(작을) 때마다	보정하지 않는다.	1.5kg 만큼 크게(작게)한다.
자갈을 사용할 경우	3～5 만큼 작게 한다.	9～15 kg 만큼 작게 한다.
부순 모래를 사용할 경우	2～3 만큼 크게 한다.	6～9 kg 만큼 크게 한다.

7) 결합재량 조건

단위 시멘트량은 원칙적으로 단위수량과 물－결합재비로부터 정하여야 한다. 단위 시멘트량의 하한값 혹은 상한값이 규정되어 있는 경우에는 이들의 조건이 충족되어야 한다.

최근에는 구조물이 대형화되면서 고강도의 큰 단면의 부재인 경우나 매스콘크리트의 경우에는 수화열에 의한 균열이 생기기 쉬우므로 단위 시멘트량을 충분히 검토한 후에 정할 필요가 있다.

8) 혼화 재료 조건

공기연행제, 공기연행감수제 및 고성능 공기연행감수제 등의 단위량은 소요의 슬럼프 및 공기량을 얻을 수 있도록 시험에 의해 정하여야 한다.

제빙화학제에 노출된 콘크리트에 있어서 플라이 애쉬, 고로슬래그 미분말 또는 실리카 퓸을 시멘트 재료의 일부로 치환하여 사용하는 경우 이들 혼화재의 사용량은 표 7.22의 값을 초과하지 않도록 한다.

표 7.22 제빙화학제에 노출된 콘크리트 최대 혼화재 비율(콘크리트 표준시방서)

혼화재의 종류	시멘트와 혼화재 전체에 대한 혼화재의 질량백분율(%)
KS L 5405에 따르는 플라이 애쉬 또는 기타 포졸란	25
KS L 2563에 따르는 고로슬래그 미분말	50
실리카 흄	10
플라이애쉬, 고로슬래그 미분말 및 실리카 흄의 합	50 [1)]
플라이애쉬와 실리카 퓸의 합	35 [1)]

주 1) 플라이애쉬 및 기타 포졸란의 합은 25% 이하, 실리카흄은 10퍼센트 이하여야 한다.

9) 잔골재 조건

일반적으로 잔골재율을 적게 하면 소요의 워커빌리티를 가지는 콘크리트를 얻기 위하여 필요한 단위수량이 감소되고, 단위 시멘트량이 적어져서 경제적이다. 그러나 잔골재율을 너무 적게 하면 콘크리트는 거칠어지고 재료의 분리가 일어나는 경향이 커지고 워커빌리티가 좋지 못한 콘크리트가 된다.

고성능 공기연행감수제를 사용한 콘크리트의 경우로서 물-결합재비 및 슬럼프가 같으면, 일반적인 공기연행감수제를 사용한 콘크리트와 비교하여 잔골재율을 1~2% 정도 크게 하는 것이 좋다.

10) 시방배합

배합은 질량으로 표시하는 것을 원칙으로 하며, 시방배합에서는 콘크리트 1 m^3 당의 재료의 단위량을 표시한다. 배합표에는 구조물의 종류, 설계기준강도, 배합강도, 시멘트 종류, 잔골재 조립률, 굵은 골재 종류, 굵은 골재 공극률, 혼화제 종류, 운반시간, 시공시기 등에 대해서도 명시하는 것이 바람직하다.

표 7.23 배합의 표시 방법

굵은 골재의 최대치수 (mm)	슬럼프 범위 (mm)	공기량 범위 (%)	물-결합재비 W/C (%)	잔 골재율 S/a (%)	단위량(kg/m³)						
					물 W	시멘트 C	잔골재 S	굵은골재 G		혼화재료	
								mm ~mm	mm ~mm	혼화재	혼화제

주 1) 포졸란 반응성 및 잠재수경성을 갖는 혼화재를 사용하지 않는 경우에는 물-결합재비가 된다.
2) 같은 종류의 재료를 여러 가지 사용할 경우에는 각각의 난을 나누어 표시한다. 이때 사용량에 대하여 mL/m³ 또는 g/m³으로 표시하며, 희석시키거나 녹이거나 하지 않은 것으로 나타낸다.

11) 현장배합

시방배합에서 골재는 표면건조포화상태의 것으로서 5 mm 체를 통과하는 것과 5 mm 체에 남은 것을 정확하게 구별한 것이지만 현장 골재는 이와 같은 상태가 아니기 때문에 골재의 함수량, 5 mm 체에 남는 잔골재의 양 및 5 mm 체를 통과하는 굵은 골재의 양을 고려해서 시방배합을 현장 배합으로 수정하여야 한다. 또한 혼화제를 묽게 희석시켜 사용할 때의 희석수량은 단위수량의 일부로 보아야 한다.

예제 7.7 배합설계 예제

주어진 재료를 사용하여 콘크리트 표준시방서의 규정에 따라 배합설계를 하시오. 설계기준강도는 재령 28일에 압축강도 24 MPa이며, 목표로 하는 슬럼프는 120 ± 15 mm이고, 공기량은 4.5 ± 0.5%이다. 또 굵은 골재는 최대 치수 25 mm의 부순돌을 사용한다. 구조물은 보통의 노출상태에 있으며, 혼화제 제조자가 추천한 공기연행제 사용량은 시멘트 질량의 0.03%이다. 예상되는 콘크리트 압축강도 표준편차 s는 3.6 MPa이다.

- 시멘트 밀도 : 3.16 g/cm³(보통 포틀래드 시멘트)
- 굵은 골재 표건밀도 : 2.65 g/cm
- 잔골재의 표건밀도 : 2.6 g/cm
- 잔골재의 조립률 : 2.86

풀이

1. 배합강도

설계기준압축강도가 35 MPa 이하이므로 식 (7.1) 및 식 (7.2)에 따라 배합강도를 다음과 같이 계산할 수 있다.

$f_{cr} = f_{ck} + 1.34\,s = 24 + 1.34 \times 3.6 = 28.8\,\mathrm{MPa}$

$f_{cr} = f_{ck} + 2.33\,s - 3.5 = 24 + 2.33 \times 3.6 - 3.5 = 28.9\,\text{MPa}$

따라서, 배합강도 f_{cr}은 두 값 중에서 큰 값인 28.9 MPa로 결정한다.

2. 물-결합재비의 산정

지금까지의 실험에서 결합재-물비 B/W와 재령 28일 압축강도 f_{28}과의 관계가 다음과 같이 얻어졌다고 하고, 이를 참고하여 W/B를 추정한다.

$f_{28} = 2.2 + 14.4\,\text{B/W}$

$\therefore 28.9 = 2.2 + 14.4\,\text{B/W}$

위의 식으로부터 B/W = 1.98, 따라서 W/B = 0.505, 안전측으로 보아 0.50으로 일단 가정한다. 콘크리트의 내동해성을 기준으로 한 최대 W/B는 표 7.14로부터 기상 작용이 심하고 단면의 크기가 보통인 경우로서 물로 포화되지 않는 보통의 노출상태에 있을 때 55% 이하이기 때문에 압축강도로 정해지는 물-결합재비 W/B = 50%를 사용한다.

3. 잔골재율 및 단위수량의 결정

표 7.20을 참고로 하여 굵은 골재 최대 치수 25 mm에 대한 단위수량 및 잔골재율의 대략의 값을 정한다. 이때 사용재료와 콘크리트의 품질이 표 7.20의 조건과 다르기 때문에 해설 표 7.21에 의해 보정을 하면 다음과 같다.

보정항목	표준값	배합 조건	S/a = 42%	W = 170 kg
			S/a의 보정량	W의 보정량
잔골재의 조립률	2.8	2.86	$\frac{2.86-2.8}{0.1} \times 0.5 = 0.3\%$	-
슬럼프	80	120	-	$\frac{120-80}{10} \times 1.2 = 4.8\%$
물-결합재비	0.55	0.5	$\frac{0.5-0.55}{0.05} \times 1 = -1.0\%$	-
공기량	5.0	4.5	$\frac{5-4.5}{1} \times 0.75 = 0.4\%$	$(5.0-4.5) \times 3 = 1.5\%$
합계			-0.3%	6.3%
보정한 설계치			S/a = 42 − 0.3 = 41.7%	W = 170×1.063 = 181 kg

4. 단위량의 계산

단위 시멘트량 : $C = 181/0.50 = 362\text{kg}$

시멘트의 절대 용적 : $V_c = 362/3.15 = 115\,\text{L}$

공기량 : $1000 \times 0.045 = 45\,\text{L}$

골재의 절대 용적 : $a = 1000 - (115 + 181 + 45) = 659\,\text{L}$

잔골재의 절대 용적 : $s = 659 \times 0.417 = 275\,\text{L}$

단위 잔골재량 : $S = 275 \times 2.6 = 715\,\text{kg}$

굵은 골재의 절대 용적 : $V_g = 659 - 275 = 384\,\text{L}$

단위 굵은 골재량 : $G = 383 \times 2.65 = 1{,}018$ kg
단위 공기연행제량 : $362 \times 0.0003 = 0.1086$ kg $= 108.6$ g

5. 슬럼프와 공기량 조정

앞에서 계산한 단위량으로부터 1배치 30 L의 각 재료의 양을 산정하여 시험비비기를 실시한다. 제1배치에 대해 시험비비기를 한 결과 슬럼프는 140 mm, 공기량 5.5%가 얻어졌다고 하면, 목표로 하는 슬럼프와 공기량과는 차이가 발생하였으므로 배합을 조정한다.

슬럼프 20 mm의 차에 대하여 보정한다. 슬럼프 10 mm의 보정에 의해 수량은 일반적으로 1.2%의 증감이 필요하기 때문에 1.2 × (20/10) = 2.4%만큼 수량을 감소시킨다. 또, 공기량을 4.5%로 하기 위해서 공기연행제를 조정하면, 단위 시멘트량에 대하여 0.03% × (4.5/5.5) = 0.025%가 된다. 공기량 1%의 증감에 대하여 수량은 3%의 증감이 필요하기 때문에 (5.5 − 4.5) / 1 × 3 = 3%만큼 수량을 증가시킨다. 따라서 단위수량을 3 − 2.4 = 0.6%만큼 증가시키면 181 × (1 + 0.006) = 1.82 kg이 된다.

단위량 계산은 W = 182 kg, W/B = 50%, S/a = 41.7%를 기준으로 한다.

단위 시멘트량 : C = 182/0.50 = 364 kg
시멘트의 절대 용적 : $V_c = 364/3.15 = 116$ L
공기량 : $1000 \times 0.045 = 45$ L
골재의 절대 용적 : $a = 1000 - (116 + 182 + 45) = 657$ L
잔골재의 절대 용적 : $s = 657 \times 0.417 = 274$ L
단위 잔골재량 : $S = 274 \times 2.6 = 712$ kg
굵은 골재의 절대 용적 : $V_g = 657 - 274 = 383$ L
단위 굵은 골재량 : $G = 383 \times 2.65 = 1{,}015$ kg
단위 공기연행제량 : $364 \times 0.00025 = 0.091$ kg $= 91.0$ g

슬럼프 120 mm와 공기량 4.5%를 충족시키는 배합을 찾기 위해 반복적으로 시험비비기를 한 결과, W = 185 kg, W/B = 50%, S/a = 43.7%에서 설계조건이 만족되었다고 하자. 이를 기준으로 결정한 단위량은 C = 370 kg, S = 741 kg, G = 975 kg, AE제 = 92.5 kg이 된다.

6. W/B-f_{28} 관계식을 구하기 위한 공시체 제작

W/B-f_{28} 관계식을 구하기 위해서는 적당하다고 생각되는 범위 내에서 3종류 이상의 다른 W/B를 사용한 콘크리트에 대해 시험을 한다. 본 예제에서는 W/B로 50%와 그 전후인 45%와 55%의 3종류를 선정하여 공시체를 제작한다. 재령 28일에 콘크리트의 압축강도시험을 실시하며, 그 결과에 의해 다음의 B/W와 f_{28}의 관계식을 얻었다고 하자.

$f_{cr} = -12.5 + 21\ B/W$ (MPa)

배합강도 28.9 MPa에 대한 B/W의 값은 다음과 같다.

$28.9 = -12.3 + 21.0\ B/W$

$\therefore\ B/W = 1.962$

따라서, W/B = 51%가 되어, 시방배합의 W/B가 결정된다.

7. 시방배합

콘크리트 1 m^3에 사용되는 단위수량은 185 kg이며, W/B는 51%이다. 잔골재율 S/a는, W/B = 50%의 경우 43.7%이었다. W/B가 0.05 증감하면 S/a는 1%의 증감이 필요하기 때문에 (0.51 − 0.50) / 0.05 × 1 = 0.2%만큼 증가시킨다. 따라서 S/a = 43.7 + 0.2 = 43.9%가 된다. 단위량을 계산하면 다음과 같다.

단위 시멘트량 : $C = 185/0.51 = 363$ kg
시멘트의 절대 용적 : $V_c = 363/3.15 = 115$ L
공기량 : $1000 \times 0.045 = 45$ L
골재의 절대 용적 : $a = 1,000 - (115 + 185 + 45) = 655$ L
잔골재의 절대 용적 : $s = 655 \times 0.439 = 288$ L
단위 잔골재량 : $S = 288 \times 2.6 = 749$ kg
굵은 골재의 절대 용적 : $V_g = 655 - 288 = 367$ L
단위 굵은 골재량 : $G = 367 \times 2.65 = 973$ kg
단위 공기연행제량 : $363 \times 0.00025 = 0.0908$ kg $= 90.8$ g

8. 현장 배합으로의 환산

골재의 체가름시험 결과, 현장의 잔골재는 5 mm체에 남는 것을 4% 포함하며, 굵은 골재는 5 mm체를 통과하는 것을 3% 포함하고 있다고 하자.

이를 고려하면 표면건조포화상태를 기준으로 할 때 잔골재량 x와 굵은 골재량 y는 다음과 같이 계산된다.

$x + y = 754 + 973 = 1722$ kg, $0.04x + 0.97y = 973$ kg

$\therefore\ x = 750$ kg, $y = 972$ kg

또, 골재의 표면수량을 측정한 결과, 잔골재 2.5%, 굵은 골재 0.5%라 하면 표면수량은 다음과 같다.

잔골재는 $750 \times 0.025 = 18.8$ kg, 굵은 골재는 $972 \times 0.005 = 4.9$ kg이 된다. 따라서 콘크리트 1 m^3을 만들기 위해 계량할 재료량은 다음과 같다.

단위 시멘트량 : $C = 185/0.51 = 363$ kg
시멘트의 절대 용적 : $V_c = 363/3.15 = 115$ L
공기량 : $1000 \times 0.045 = 45$ L
골재의 절대 용적 : $C = 363$ kg
잔골재의 절대 용적 : $W = 185 - 18.9 - 4.9 = 161$ kg
단위 잔골재량 : $S = 754 + 18.9 = 773$ kg
단위 굵은 골재량 : $G = 974 + 4.9 = 979$ mkg

위의 결과를 시방배합표로 나타내면 다음과 같다.

굵은골재 최대치수 (mm)	슬럼프 (mm)	공기량 (%)	물-결합재비 W/B (%)	잔골재율 S/a (%)	단위량(kg/㎥)				
					물 W	시멘트 C	잔골재 S	굵은골재 G	혼화제 (g/m^3)
25	120±15	4.5±0.5	51.0	43.9	161	363	773	979	90.8

7.2 굳지 않은 콘크리트의 비비기, 치기, 그리고 다루기

굳지 않은 콘크리트의 적절한 계량, 비비기, 다루기는 튼튼하면서 내구성이 우수한 콘크리트 구조물에 대한 중요한 선결조건이다. 우수한 특성들을 가지는 양질의 재료를 제조하기 위해서는 굳지 않은 콘크리트를 비비고 다루는데 있어 지켜야만 하는 몇 가지 단계와 주의 사항들이 있다.

계량은 콘크리트 구성 재료를 측정하여 믹서에 투입하는 과정을 말한다. 중량계량은 젖은 모래의 부피팽창으로 인해 발생하는 문제들을 피할 수 있기 때문에 중량으로 계량하는 것이 용적으로 계량하는 것보다 더 정확하다. 그러나 배합수와 액상 혼화제는 중량이나 용적 어느 것으로도 정확하게 측정될 수 있다. 반면에, 용적계량은 일반적으로 연속식 믹서와 손배합에 사용된다. 연속식 믹서는 팽윤문제(bulking problem)를 해결하기 위해 특수하게 설계된다.

콘크리트는 겉보기에 균일하게 될 때까지 믹서나 손으로 잘 혼합되어야 한다. 손비빔은 보통 기계식 믹서를 이용할 수 없는 상황이거나 소규모 현장에서 일반적으로 사용된다. 현장믹서와 레미콘 공장들의 중앙 믹서가 기계식 믹서에 속한다. 이 믹서들의 용량은 1.5 ~ 9 m^3까지 다양하다. 믹서는 또한 틸팅, 비틸팅 그리고 팬타입 믹서와 같이 형식이 매우 다양하다. 일부 믹서가 연속식이기는 하지만 대부분의 믹서는 배치믹서이다.

비빔 시간과 회전수는 믹서의 크기와 형식에 따라 다양하다. 시방서에서는 보통 최대 0.75 m^3 용량의 고정식 믹서에 대해 최소 1분의 비빔 시간을 요구하며, 용량이 0.75 m^3씩 증가할 때마다 15초씩 비빔시간을 증가시킬 것을 규정하고 있다. 믹서에 보통 수량의 10%를 먼저 투입하고, 수량 80%와 각 재료를 균일하게 투입한다. 마지막으로 남은 수량을 믹서에 투입한다.

7.2.1 레디믹스트 콘크리트

레디믹스트(ready-mixed) 콘크리트는 센트럴 공장에서 비벼져 타설 준비가 되어있는 현장에 믹싱트럭으로 운반된다(그림 7.4). 레디믹스트 콘크리트에는 3종류의 믹싱법이 사용될 수 있다.

① 센트럴믹스트 콘크리트는 고정 믹서에서 완벽하게 비벼져 에지테이터 트럭으로 운반된다(2 ~ 6 rpm).

② 쉬링크 믹스트 콘크리트는 고정 믹서에서 부분적으로 비벼진 후 믹서트럭에서 완

벽하게 비벼진다(4 ~ 16 rpm).

③ 트럭믹스트 콘크리트는 믹서트럭에서 완벽하게 비벼진다(4 ~ 16 rpm).

트럭 제조업자들은 보통 그들 장비의 회전속도를 명시한다. 또한, 시방서는 재료분리를 피하기 위해 트럭 믹서의 회전수를 제한한다. 더욱이, 콘크리트는 지연제가 사용되었다 할지라도 비비기부터 90분 이내에 현장에 타설하여야 한다.

그림 7.4 레디믹스트 콘크리트 공장

7.2.2 이동식 배치믹스트 콘크리트

콘크리트는 현장에서 이동식 배치믹서로 비벼질 수 있다(그림 7.5). 골재, 시멘트, 배합수, 그리고 혼화제가 용적으로 연속적으로 투입되고, 콘크리트는 보통 거푸집으로 압송된다.

7.2.3 콘크리트 운반

현장에서 콘크리트를 운반하는데 몇 가지 방법이 사용된다. 콘크리트는 최종지점까지 가능한 근거리로 연속적으로 운반되어야 한다. 지연, 빠른 경화와 건조, 그리고 재료분리를 감소시키기 위해서는 사전계획과 협업은 필수적이다. 그림 7.6 ~ 7.9는 현장에서 콘크리트를 이동시키기 위해 사용되는 다양한 방법들을 보여준다.

7.2.4 압송 콘크리트(pumped concrete)

압송 콘크리트는 대규모 현장에서 자주 사용된다. 특수 펌프가 거푸집으로 콘크리트를 이송한다(그림 7.10 참조). 적당한 워커빌리티의 잘 비벼진 콘크리트를 확보하기 위해서는 세심한 주의를 기울여야 한다. 압송 이전에 슬럼프는 40～100 mm 사이에 있어야 한다. 압송하는 동안 슬럼프는 부분적 다짐으로 인해 약 12～25 mm 감소한다. 잔골재 함량이 지나치게 많은 경우 마찰로 인해 또는 틈을 통한 배합수의 누출로 인해 압송 과정에 막힘이 발생할 수 있다.

그림 7.5 현장 이동 배치믹서

그림 7.6 외바퀴 손수레에 콘크리트 싣기

그림 7.7 콘크리트 슬래브 치기

그림 7.8 슬립-폼 포장장비에 의한 콘크리트 포장 치기

7.2.5 콘크리트의 다짐

좋은 콘크리트를 제조하기 위해서는 철저한 다짐을 통해 배합에 포함된 갇힌 공기를 감소시켜야 한다. 소규모 현장에서는 인력으로 콘크리트를 다지거나 두드려서 다짐을

그림 7.9 201/2 큐빅을 사용한 콘크리트 치기

그림 7.10 옹벽에 콘크리트 펌핑하기

그림 7.11 진동기를 사용한 콘크리트 다짐

할 수 있다. 대규모 현장에서는 진동기를 콘크리트 다짐에 사용한다. 여러 타입의 진동기가 현장 여건에 따라 사용될 수 있다. 건설현장에서 사용되는 가장 일반적인 타입은 막대형 진동기(Internal vibrator)이다(그림 7.11 참조). 이 막대형 진동기는 스퍼드 안에 진동자가 설치되어 있다. 진동자는 빠른 속도로 회전하여 진동을 발생시킨다. 스퍼드는 천천히 아래로 내려가 콘크리트 전체 층을 통과하며, 굳지 않은 상태라면 맨 아래층으로 파고든다. 스퍼드는 진동기의 타입과 콘크리트 질기에 따라 5초에서 2분까지 한 장소에 두어야 한다. 작업자가 총 소요 진동시간을 결정한다. 과도한 진동은 모르타르를 표면으로 이동시켜 재료분리를 유발시킨다.

프리캐스트 콘크리트 생산에는 다양한 여러 형태의 진동기들이 사용된다. 외부 진동기, 진동 테이블, 표면 진동기, 전기 해머, 그리고 진동 롤러가 이들에 속한다.

7.2.6 배합수에 대한 주의사항

물-시멘트비는 콘크리트 품질에 중요한 역할을 하기 때문에 수량은 현장에서 주의 깊게 조절되어야 한다. 운송 도중에 콘크리트에 물을 첨가하지 말아야 한다. 콘크리트 운송자들은 가끔 워커빌리티를 증가시키기 위해 수량을 증가시키기를 원한다. 물을 추가하면 경화 콘크리트의 품질과 강도는 심각하게 손상된다. 기술자는 현장에서 배합설계에 명시되어 있는 배합수량을 초과하여 수량을 증가시키려는 시도를 막아야 한다.

7.2.7 굳지 않은 콘크리트의 공기량 측정

비비기와 다루기는 굳지 않은 콘크리트의 공기량을 크게 변화시킨다. 따라서 타설 이전에 콘크리트가 적당한 공기량을 가졌는지를 확인하기 위해서 현장실험이 실시되어야 한다. 공기량은 압력, 용적, 중량 또는 체이스 공기량계 방법들로 측정할 수 있다.

압력법(ASTM C231)이 용적법보다 시간이 적게 걸리기 때문에 폭넓게 사용된다. 압력법은 압력을 부피와 연계시키는 보일의 법칙에 기반을 둔다. 보정된 실린더(그림 7.12)에 굳지 않은 콘크리트를 채운다. 뚜껑을 덮고 공기압을 넣는다. 작용 압력은 콘크리트의 공극에 공기를 압축한다. 공극의 용적은 작용 압력에 의해 감소된 용적량을 측정하여 결정한다. 이 방법은 경량골재로 제조된 콘크리트에 대해서는 사용할 수 없다, 왜냐하면 골재 공극의 공기도 압축되어 시멘트 페이스트만의 공기량 측정이 어렵기 때문이다.

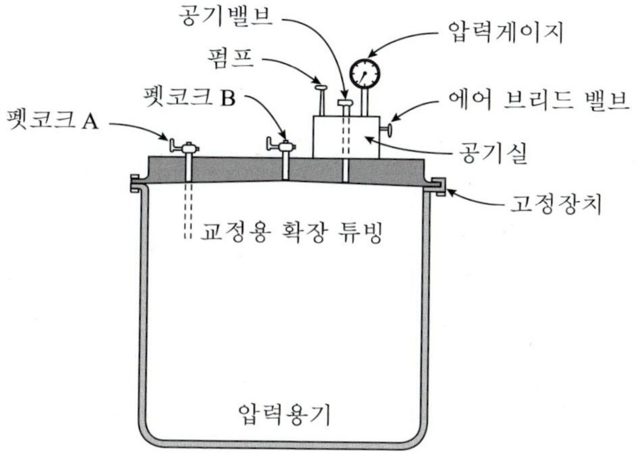

그림 7.12 굳지 않은 콘크리트의 공극을 측정하는 압력법 장치

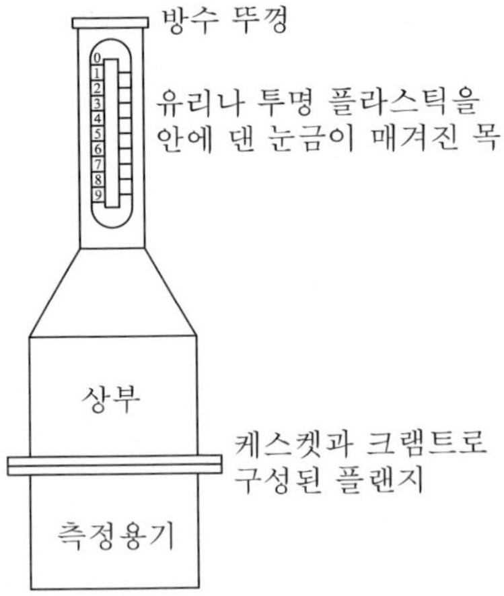

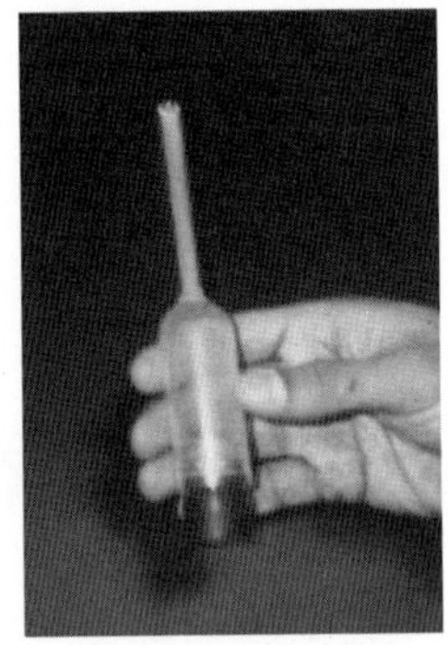

그림 7.13 (좌) 굳지 않은 콘크리트의 공극을 측정하는 용적법 장치
그림 7.14 (우) 체이스 공기량계

용적법은 사용 골재의 종류에 상관없이 모든 콘크리트의 공기량 측정에 적용이 가능하다. 기본 과정은 그림 7.13에 나타낸 것과 같이 고정 용적 실린더에 콘크리트를 채워 넣는 것으로 시작된다. 동일한 용적의 물을 용기에 첨가한다. 용기를 흔들어서 첨가된 물이 시멘트 페이스트 공극안의 공기를 이동시키도록 한다. 용기의 수면은 공기가 용기 위로 올라감에 따라 낮아진다. 따라서, 시멘트 페이스트 속의 공기 용적이 직접적으로 측정된다. 이 방법의 정확도는 시료로부터 모든 공기를 제거하기에 충분할 만큼 샘플을 교반하느냐에 달려있다.

중량법(ASTM C138)은 굳지 않은 콘크리트의 단위중량을 배합의 이론적 최대 단위중량과 비교한다. 이론적 단위중량은 배합비와 각 재료의 비중으로 계산한다. 이 방법은 매우 정확한 비중 측정이 필요하므로 현장보다 실험실 적용에 더 적합하다.

체이스 공기량계 시험(AASHTO T199)은 굳지 않은 콘크리트의 공기량을 결정하는데 사용되는 속성법이다. 장치는 그림 7.14에 나타낸 것과 같이 작은 유리관, 고무마개, 고무마개 위의 금속컵으로 구성된다. 시험용 콘크리트로부터 채취한 시멘트 모르타르로 금속컵을 채운다. 계기에 특정 높이까지 알코올을 채우고, 마개를 계기 안에 삽입한다. 그 다음, 손가락으로 계기를 막고 모르타르가 알코올에 분산되어 모든 공기가 알코올로 치환될 수 있을 때까지 천천히 굴리거나 두드린다. 계기를 수직하게 세우고 끝부분의 알코올 높이를 읽는다. 그 다음 공기량을 결정하기 위해서는 이 값을 보정표나 그림을 사용하여 보정하여야 한다. 체이스 공기량계 시험은 빠르게 공기량을 측정하기 위해서 사용할 수는 있지만, 정확도가 낮으며 규격을 통제하는데 필요한 반복성을 가지지는 않는다. 이 방법은 부적절한 표면처리로 인해 공기량을 손실한 표면부근 작은 면적의 공기량을 측정하는데 특히 유용하다.

공기량을 측정하는 이 방법들은 골재 입자의 공극뿐만 아니라 갇힌공기와 연행공기를 포함하는 총 공기량을 결정한다. AE제에 의해 생성된 미세 공극만이 콘크리트에 내구성을 부여한다. 그러나 현재 기술은 굳지 않은 콘크리트의 공극 형태를 구별할 수는 없다.

7.2.8 콘크리트 펼침 및 마감

구조물의 특성과 이용 가능한 장비에 따라 콘크리트를 펼치고 마감하는데 이용할 수 있는 여러 방법들이 있다. 콘크리트를 펼치고 마감하는데 사용되는 기구와 장비는 핸드 플로트(hand floats), 동력 플로트(power floats), 흙손(darbies), 블 프로트(bull floats), 직선재(straightedges), 진동 스크리드(vibratory screed), 슬립폼(slip forms) 등이 있다.

그림 7.15 콘크리트 포설 (좌) 수동식 (우) 기계식

그림 7.16 흙손을 사용한 콘크리트 마감

그림 7.17 고무래를 사용한 콘크리트 마감

그림 7.18 동력 플로트를 사용한 마감

그림 7.19 진동 스크리드를 사용한 콘크리트 마감

그림 7.20 (좌) 기계식 직선재를 사용한 콘크리트 포장 마감
그림 7.21 (우) 콘크리트 마감시 수평을 맞추기 위한 레이저 레벨 사용

7.3 콘크리트 양생

양생은 지정된 기간 동안 콘크리트에 충분한 수분과 온도를 유지시키는 과정이다. 시멘트의 수화는 장기 과정이며 수분과 적절한 온도를 필요로 한다. 따라서 양생은 연속적인 수화작용을 통해 콘크리트 강도의 계속적인 발현을 유도한다. 사실, 그림 7.22에 나타낸 것과 같이 일단 양생을 종료하면 콘크리트는 건조하고 강도발현도 멈추게 된다. 콘크리트를 양생하지 않고 대기 중에서 건조시키면 계속적으로 양생된 콘크리트 강도의 50%만을 발현한다. 콘크리트를 3일 동안만 양생한다면 이 콘크리트의 압축강도는 계속적으로 양생된 콘크리트 강도의 약 60%에 도달한다. 콘크리트를 6일만 양생한다면 이 콘크리트의 압축강도는 계속적으로 양생된 콘크리트 강도의 약 80%에 도달한다. 양생이 얼마간 중지되었다가 다시 재개되면 강도발현도 또한 멈췄다가 재개한다.

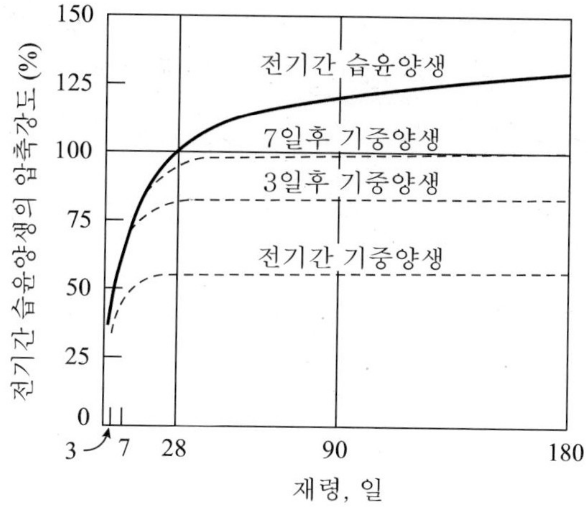

그림 7.22 다양한 재령과 양생 수준의 콘크리트 압축강도

온도상승은 수화율을 증가시켜 강도발현을 촉진시킨다. 10℃ 이하 온도는 수화작용에 바람직하지 않으며 특히 초기재령에서는 가능한 방지되어야 한다.

고강도의 콘크리트가 특수한 구조물에는 필요치 않을 수 있지만, 강도는 일반적으로 콘크리트의 품질을 나타내는 잣대이기 때문에 매우 중요하게 여겨진다. 따라서 적절한 양생은 강도를 증가시킬 뿐만 아니라 내구성, 수밀성, 마모 저항성, 체적 안전성, 동결융해 저항성, 그리고 제빙제 저항성과 같은 다른 우수한 특성들을 제공한다.

양생은 시멘트의 종결이후에 시작되어야 한다. 콘크리트가 종결이후 양생되지 않으면 콘크리트는 수축하여 균열이 발생한다. 충분한 수분을 장시간 제공하면 건조수축은 방지할 수 있다. 부적절한 양생의 한 예는 콘크리트를 양생할 수 있는 높은 습도를 가진 흙 위에 직접적으로 시공되는 콘크리트 판이다. 콘크리트 상부 표면이 양생되지 않으면 콘크리트 슬래브는 상면과 하면의 상대적인 건조수축 차이로 인해 뒤틀린다.

양생은 다음과 같은 접근법을 사용하여 수행될 수 있다.

① 초기재령동안 콘크리트에 수분을 유지시킨다. 체수 또는 함침, 분무 또는 연무, 그리고 습윤 덮개가 수분을 유지시키는 방법들이다.

② 표면을 밀폐하여 콘크리트로부터 배합수 손실을 방지한다. 수분 손실을 방지하기 위한 방법에는 불투수성 종이 또는 시트, 피막 양생제, 그리고 거푸집 미탈형 등이 있다.

③ 콘크리트에 추가적인 수분과 열을 공급하여 강도발현을 촉진시킨다. 촉진 양생법에는 증기양생, 절연 담요 또는 덮개, 그리고 다양한 가열 기술 등이 있다.

표면을 밀폐하여 콘크리트로부터 배합수 손실을 방지하는 것은 초기재령동안 콘크리트에 수분을 유지하는 것만큼은 효과적이지 않다는 것을 명심해야 한다. 특별한 양생 방법의 선택이나 이들의 조합은 양생재료들의 활용성, 구조물의 크기와 모양, 현장 또는 공장 생산, 경제성, 그리고 미학에 달려있다[KOsmatka et al., 2008: ACI, 1886a].

7.3.1 체수(ponding) 또는 함침

체수는 물로 콘크리트 구조의 노출면을 덮는 것을 말한다. 체수에서는 콘크리트 표면 둘레에 흙둑을 쌓아서 물을 가둔다. 이 방법은 특히 소규모 공사의 바닥과 포장과 같은 평면에 적합하다. 이 방법은 집중적인 노동력과 감독이 필요하다. 함침은 실험실에서 시편이나 다른 콘크리트 부재를 양생하기 위해서 사용된다.

7.3.2 분무 또는 연무

노즐 또는 분무기 시스템이 연속적인 분무나 연무를 하기위해 사용될 수 있다. 이 방법은 많은 양의 물을 필요로 하며 고가이다. 이 방법은 고온과 저습도 환경에 적합하다. 일반적으로 상업용 실험실들은 시험체 양생용으로 온도와 습도를 제어할 수 있는 쳄버를 보유하고 있다.

그림 7.23 분무를 사용한 콘크리트 양생

그림 7.24 연무를 사용한 콘크리트 양생

7.3.3 젖은 덮개(wet coverings)

마대, 면매트, 그리고 천과 같은 물에 푹 적신 수분 유지용 천 덮개는 많은 분야에서 사용될 수 있다. 이 천들은 수분을 유지하기 위해서 비닐로 덮거나 주기적으로 살수하여 젖은 상태로 유지시킬 수 있다. 소규모 현장에서는 흙, 모래, 톱밥, 건초, 짚과 같은 젖은 덮개가 사용될 수 있다. 젖은 덮개의 형태에 따라 콘크리트에 얼룩이나 변색이 발생할 수 있다.

그림 7.25 젖은 덮개를 사용한 콘크리트 양생

7.3.4 불투수 종이 또는 비닐

비닐과 같은 플라스틱 시트나 크라프트 종이와 같은 불투수 종이를 사용하면 콘크리트로부터 수분 증발을 감소시킬 수 있다. 불투수 종이는 평면과 단순한 형상의 콘크리트 구조물에 적합한 반면에 플라스틱 시트는 다양한 형태에 쉽게 적용할 수 있으며 효과적이다. 불투수 종이나 플라스틱 시트가 사용될 때 주기적 살수는 필요하지 않다. 그러나 탈색이 콘크리트 표면에 발생할 수 있다.

그림 7.26 불투수 섬유를 사용한 콘크리트 양생

그림 7.27 비닐을 사용한 콘크리트 양생

7.3.5 피막 양생제

다양한 형태의 액형 막형성 화합물이 습윤 소실을 감소시키거나 지연시키기 위해 콘크리트 표면에 사용될 수 있다. 이것들은 탈형 이후나 습윤양생 이후 경화 콘크리트뿐만 아니라 굳지 않은 콘크리트를 양생하는데 사용될 수 있다. 양생 화합물은 손이나 살포 장비를 이용하여 적용될 수 있다. 1층 코팅이나 2층 코팅이 사용될 수 있다. 일반적으로 콘크리트 표면은 양생 화합물을 살포할 때 습윤 상태이어야 한다. 양생제는 연속층이 타설될 때는 사용하지 말아야 한다, 왜냐하면 양생제가 연속층 사이의 부착을 방해하기 때문이다. 또한, 일부 양생제는 콘크리트 표면과 페인트 사이의 부착에 영향을 미친다.

그림 7.28 (좌) 수동 피막양생제 살포에 의한 콘크리트 양생
그림 7.29 (우) 기계식 피막양생제 살포에 의한 콘크리트 양생

7.3.6 현장에 거푸집 유지

상부 콘크리트 노출 표면이 젖은 상태로 유지된다면 가능한 오래 거푸집을 현장에 유지시켜서 수분 손실을 감소시킬 수 있다. 목재 거푸집이 사용된다면 거푸집 또한 젖은 상태로 유지되어야 한다. 거푸집을 제거한 이후 다른 양생법이 사용될 수 있다.

7.3.7 증기양생

증기양생은 콘크리트의 초기 강도 증진이 필요하거나 추가적인 열이 추운기후에 필요할 때 사용된다. 증기양생은 압력을 가하거나 가하지 않고 행해질 수 있다. 대기압의 증기는 밀폐 현장 구조물과 큰 PC부재에 사용될 수 있다. 작은 제조 공장에서는 오토클레이브의 고압증기가 사용될 수 있다.

7.3.8 단열 담요 또는 덮개

기온이 영하로 떨어졌을 때 건초나 짚과 같은 건조된 다공성 재료를 사용하여 콘크리트를 단열시켜야 한다. 유리섬유, 셀룰로오스 섬유, 스펀지 고무, 무기질 섬유, 비닐 폼, 또는 오픈셀 폴리에스테르 폼으로 만들어진 단열 담요가 거푸집을 단열하는데 사용될 수 있다. 방습 상업용 담요가 또한 사용될 수 있다.

7.3.9 전기, 핫오일, 그리고 적외선 양생

전기, 오일, 또는 적외선 양생 기술이 프리케스트 콘크리트 단면을 양생하는데 사용될 수 있다. 전기 양생에는 전기적으로 가열된 강재 거푸집, 그리고 전기적으로 가열된 담요가 포함된다. 철근은 가열재로 사용될 수 있다, 그리고 콘크리트는 절연체로 사용될 수 있다. 철재 거푸집은 또한 구조물 외부 둘레에 핫오일을 순환시켜서 가열시킬 수 있다. 적외선은 제한된 범위에서 콘크리트 양생에 사용될 수 있다.

7.3.10 양생 기간

양생기간은 실용적으로 가능한 길어야 한다. 최소시간은 시멘트 타입, 배합비, 소요강도, 주변 기후, 구조물의 크기와 형상에 달려있다. 5℃ 이상의 기후에서 대부분의 콘크리트 구조물 양생기간은 최소 7일 또는 목표 압축강도 또는 휨강도의 70%가 발현될 때까지 이다. 양생기간은 조강콘크리트가 사용되고 기온이 10도 이상이면 3일까지 줄어들 수 있다.

7.4 경화콘크리트의 특성

엔지니어가 경화 포틀랜드 시멘트 콘크리트의 기본 특성을 이해하고, 이 특성들을 평가할 수 있는 것은 매우 중요하다. 건설기술자들에게 관심 있는 경화콘크리트의 주요 특성들은 초기 체적변화, 크리프, 수밀성, 응력-변형률 관계이다.

7.4.1 초기 체적 변화

시멘트 페이스트가 소성일 때 약 1%의 체적변화가 발생한다. 이 수축은 소성수축으로 알려져 있으며, 증발이나 굳지 않은 콘크리트 아래에 경화콘크리트의 흡수로 인한 시멘트 페이스트의 수분 손실에 기인한다. 소성수축은 균열을 발생시킬 수 있다. 이는 수분손실을 감소시키거나 제어하여 방지할 수 있다.

굳지 않은 콘크리트의 체적 감소와 함께 체적 변화의 또 다른 형태가 응결이후 특히 초기재령에 발생할 수 있다. 콘크리트가 적절하게 양생되지 않고 건조하게 되면 수축한다. 이 수축은 건조수축으로 불리며 균열을 발생시킨다. 수축률이 초기에는 높고, 그 다음 시간이 지날수록 감소하지만, 수축은 오랜 시간에 걸쳐 발생한다. 사실, 수축의 대략 15~30%가 처음 2주간 발생하고, 65~85%가 첫해에 발생한다. 수축과 수축균열은 양생의 부족, 높은 W/C비, 높은 시멘트량, 낮은 굵은 골재량, 철근의 존재, 열화를 포함하는 여러 요인들에 의해 증가한다. 반면에 콘크리트가 응결이후 계속적으로 수중에서 양생된다면 콘크리트는 물의 흡수로 인해 미소하게 부풀어 오른다. 부풀음(swelling)이 발생하더라도 그 양이 매우 작기 때문에 심각한 문제를 유발시키지 않는다. 부풀음에 의해 약간의 무게가 증가한다.

건조수축 발생량은 콘크리트 구조의 크기와 모양에 달려있다. 또한, 불균일한 수축이 수분의 불균일한 손실에 의해 발생할 수 있다. 이것은 더 많은 수분이 내부보다 표면에서 손실되는 매스콘크리트 구조에서 발생하는 경향이 있다. 이 경우 균열이 표면에 발생할 수 있다. 또한 뒤틀림(curling)이 구조물 전체의 불균일한 양생으로 인한 불균일한 수축으로 인해 발생할 수 있다.

그림 7.30 소성 건조수축 균열

7.4.2 크리프 특성

크리프는 지속하중 하에서 시간의 경과와 함께 변형이 점차 증가하는 현상으로 정의된다. 콘크리트의 크리프는 장기 과정이며 수년에 걸쳐 발생한다. 콘크리트의 크리프양은 상대적으로 작지만 구조물의 성능에 영향을 미친다. 크리프의 영향은 구조물의 타입에 따라 다양하다. 단순지지 철근콘크리트 보에서 크리프는 처짐을 증가시켜 철근의 응력을 증가시킨다. 철근콘크리트 기둥에서 크리프는 콘크리트로부터 철근으로 하중의 점진적인 전이를 유발한다. 고강도 철근의 사용을 통해 이 효과가 감소되기는 하지만 크리프는 프리스트레스트 콘크리트 구조물에 프리스트레스의 일부 손실을 초래한다. 1장에서 논의된 레올로지 모델은 콘크리트의 크리프 응답을 해석하기 위해 사용되고 있다.

7.4.3 투수성

투수성은 경화콘크리트의 내구성에 크게 영향을 미치는 중요한 요소이다. 투수 콘크리트는 물과 화학물이 통과하며 이로 인해 동결, 알칼리-실리카 반응, 다른 화학적 공격에 대한 콘크리트 구조물의 저항성을 감소시킨다. 철근콘크리트 내로 침투한 수분은 철근에 부식을 유발한다. 더욱이 불투수 콘크리트는 탱크와 댐과 같은 수밀 구조물의 전제조건이다.

전형적으로 시멘트 페이스트와 골재에 공극은 작아 투수성에 영향을 미치지 않는다. 그러나 경화콘크리트의 수밀성에 영향을 미치는 공극은 두 개의 주요 원인으로부터 생성된다(굳지 않은 콘크리트의 불완전한 다짐과 시멘트 수화작용에 사용되지 않은 혼합수의 증발에 의해 형성된 공극).

그 결과, 굳지 않은 콘크리트의 W/C비를 증가시키는 것은 투수성에 중대한 영향을 미친다. 그림 7.31은 W/C비와 경화 시멘트 페이스트의 투수계수 사이의 전형적인 관계를 보여준다. 0.3으로부터 0.7까지 W/C비를 증가시키는 것은 1000까지 투수계수를 증가시킨다는 것을 그림으로부터 확인할 수 있다. 수밀성을 요구하는 콘크리트의 경우 W/C비는 담수 노출에 대해 0.48를 초과하지 않아야 하며, 해수에 대해 0.44를 초과하지 않아야 한다.

투수성에 영향을 미치는 다른 요소들은 콘크리트 재령, 시멘트 입자의 분말도, 공기연행제 등이 있다. 재령은 수화물이 시멘트 입자사이의 공극을 채우기 때문에 투수성을 감소시킨다. 시멘트의 분말도가 크면 클수록 수화율이 빨라지며 수밀성 콘크리트의 발현이 빨라진다. 공기연행제는 낮은 W/C비의 사용을 가능하게 하여 투수성을 감소시킨다.

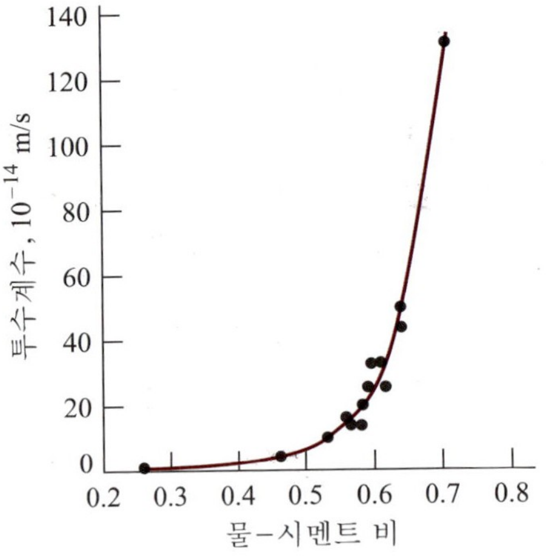

그림 7.31 물-시멘트비와 성숙 시멘트 페이스트의 수밀성 사이의 관계

7.4.4 응력-변형률 관계

다양한 W/C비를 가진 재령 28일 콘크리트의 전형적인 응력–변형률 거동을 그림 7.32에 나타내었다. W/C비 증가는 콘크리트의 강도와 강성 모두를 감소시키는 것을 확인할 수 있다. 그림은 또한 응력 변형률 거동은 낮은 응력 수준에서는 선형에 가깝고, 그 이후 응력이 증가함에 따라 비선형이 됨을 보여준다. 0.5 이하의 W/C비와 0.0015까지의 변형률에서 응력–변형률 거동은 거의 선형이다. W/C비가 높으면 높을수록 응력–변형률 거동은 더 작은 변형률에서 비선형이 된다. 그 곡선들은 또한 고강도 콘크리트는 날카로운 피크를 가지며 저강도 콘크리트와 비교할 때 취성적인 파괴 특성을 가짐을 보여준다.

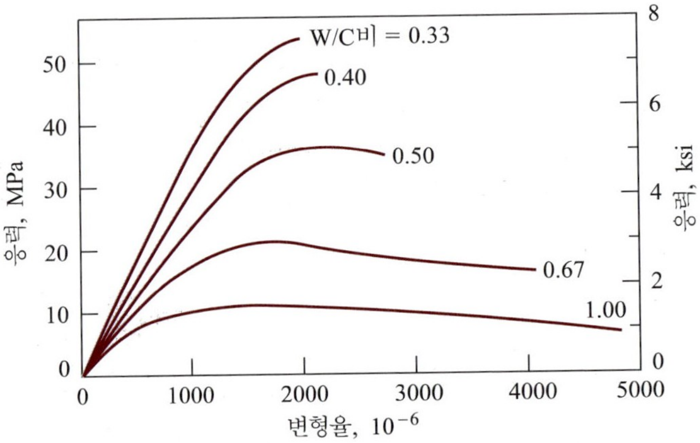

그림 7.32 재령 28일 ϕ0.15 × 0.30 m 실린더의 압축강도 시험을 통한 전형적인 응력-변형률 관계

1장에서 논의했던 바와 같이 탄성한계는 측정 가능한 영구 변형률을 발생시키지 않는 가장 큰 응력으로서 정의된다. 콘크리트에 탄성범위를 약간 넘는 크기의 하중을 실었다가 제거하면 작은 변형률이 초기에 남지만 궁극적으로 크리프에 의해 회복된다. 또한, 콘크리트는 완벽하게 탄성이 아니기 때문에 하중 재하속도는 어느 정도 응력-변형률 관계에 영향을 미친다. 따라서 규정 재하속도가 콘크리트 실험에 필요하다. 인장강도가 압축강도보다 훨씬 작지만 콘크리트의 응력-변형률 관계의 형상은 인장과 압축 모두 거의 흡사하다는 것은 매우 흥미롭다. 사실, 콘크리트의 인장강도는 전형적으로 콘크리트 구조물의 설계에서 무시된다.

콘크리트의 탄성계수는 일반적으로 콘크리트 구조물을 설계하는데 사용된다. 응력-변형률 관계가 완벽하게 선형이 아니기 때문에 탄성계수의 일반적인 정의를 콘크리트에 적용할 수 없다. 콘크리트의 초기 접선탄성계수는 거의 실무적으로 중요하지 않다. 접선탄성계수는 접선이 결정된 낮은 응력 수준에서만 유효하다. 시컨트 및 할선탄성계수는 임의의 응력 범위에 대한 평균 탄성계수를 나타낸다. 압축탄성계수로 일컬어지는 할선탄성계수가 콘크리트에 더 보편적으로 사용되며 ASTM C469에 따라 결정된다. 그 방법은 3개 또는 4개의 재하 및 비재하 사이클을 필요로 하며, 할선탄성계수는 매우 작은 변형률에 해당하는 점과 극한응력의 40% 또는 지정 변형률 값에 해당하는 점사이에서 결정된다. 보통 콘크리트는 14～40 GPa의 탄성계수를 갖는다.

포아슨비 또한 ASTM C469를 사용하여 결정할 수 있다. 포와슨비는 쉘 지붕, 평판 지붕, 그리고 매트기초의 구조 해석에 사용된다. 콘크리트의 포아슨비는 골재 형태, 습도, 재령, 압축강도에 따라 0.11～0.21사이에 분포한다. 0.15～0.20의 값이 보통 사용된다.

모래와 시멘트 페이스트를 따로 시험하면 선형 응력-변형률 거동을 나타낸다는 것은 매우 흥미롭다. 그러나 콘크리트의 응력-변형률 관계는 비선형이다. 이 거동의 이유는 골재 입자와 시멘트 페이스트 사이 경계면에 발생하는 미세균열 때문이다.

콘크리트의 탄성계수는 그림 7.32에 나타낸 것과 같이 압축강도가 증가할 때 증가한다. 콘크리트의 탄성계수와 압축강도 사이에는 몇 가지 실증적 관계가 있다. 보통 콘크리트 구조물을 설계하기 위해 미국에서 사용되는 관계는 다음 식과 같이 ACI 기준에 정의되어 있다.

$$[\text{MPa}]\ E_c = 4,731\sqrt{f_c'}\ ,\quad [\text{psi}]\ E_c = 57,000\sqrt{f_c'} \tag{7.10}$$

여기서, E_c : 탄성계수

f_c' : 압축강도

이 식은 콘크리트 구조물 설계에 요구되는 탄성계수를 실험실에서 쉽게 측정할 수 있는 압축강도를 통해서 계산할 수 있기 때문에 매우 유용하다.

예제 7.8

보통 콘크리트가 30 MPa의 평균 압축강도를 갖는 것으로 나타났다. 탄성계수를 추정하라.

풀이

$$E_c = 4,731\sqrt{f_c'} = 4,731(30)^{1/2} = 25,913\,\text{MPa} = 25.9\,\text{GPa}$$

7.5 경화콘크리트의 시험

경화콘크리트의 특성을 평가하기 위한 많은 시험들이 실험실 또는 현장에서 실시된다. 이 시험들 중 일부는 파괴 시험인 반면에 일부는 비파괴 시험이다. 시험들을 다양한 목적으로 실시할 수 있다; 그러나 이 시험들은 대개 콘크리트의 품질을 통제하고 시방규정 만족 여부를 검토하기 위해서 수행된다. 아마도 경화콘크리트에 대해 실시되는 가장 일반적인 시험은 압축강도 시험일 것이다. 왜냐하면 이 시험은 상대적으로 수행이 용이하며, 압축강도와 많은 바람직한 특성들 사이에는 밀접한 연관성이 있기 때문이다. 쪼갬 인장, 휨강도, 반발 해머, 침투저항, 초음파 속도, 성숙도 시험이 여기에 속한다.

7.5.1 압축강도 시험

압축강도 시험은 경화콘크리트에 대해 가장 일반적으로 실시되는 시험이다. 압축강도는 구조물이 목표 하중을 지지할 수 있는지를 확인하는 주요 구조 설계 조항들 중의 하나이다. 앞에서 지적한 바와 같이 압축강도는 W/C비가 감소함에 따라 증가한다. W/C비는 직접적으로 콘크리트 품질과 관련이 있기 때문에 압축강도도 또한 내구성과 풍화저항성과 같은 품질의 잣대로서 사용된다. 따라서 많은 경우에 설계자들은 그 강도가 구조적으로 필요하지 않더라도 고품질을 확보하기 위해 높은 콘크리트 압축강도를 설정한다. 보통 콘크리트의 압축강도 f_c'은 20~40 MPa이다. 미국에서 압축강도 시험은 실린더 공시체에 대해 수행되며, 그 시험방법은 ASTM C39으로 규정되어 있다. 공시체는 실험실과 현장에서 각각 ASTM C192 또는 C31에 따라 준비되어야 한다. ASTM C42에 준하여 구조물로부터 코어를 채취하는 것도 가능하다. 높이-직경 비가 2인 다른 크기의 공시체도 사용 가능하지만 표준 공시체 크기는 직경 0.15 m와 높이 0.3 m이다. 공시체의 직경은 적어도 콘크리트에 사용된 굵은 골재 최대치수의 3배 이상이어야 한다.

공시체는 실험실에서 동일한 높이의 3개 층으로 제작하며, 각 층마다 25회 봉다짐을 하여야 한다. 표면 처리가 마무리된 이후 공시체를 24 ± 8시간 동안 몰드에 유지시킨다. 그 다음 몰드로부터 공시체를 탈형하고 시험까지 95% 이상의 상대습도를 가진 챔버나 수조에서 23 ± 1.7℃로 양생한다. 시험 전에 공시체의 양면은 서로 평행이 되도록 연마하여야 한다. 캡핑 작업에는 특수 정렬장치와 함께 고강도 석고, 유황 모르타르, 또는 특수 캡핑 화합물이 사용될 수 있다(ASTM C617). 시험기를 사용하여 파괴될 때까지 지정된 재하속도로 일축 압축하중을 작용시켜 공시체를 시험한다. 공시체의 압축강도는 평균 단면적으로 시험에서 공시체가 지탱한 최대하중을 나누어서 결정한다. 공시체와 배치의 수는 관례나 시험의 본질에 따라 달라진다. 각 재령과 시험 조건에 대해 보통 3개 이상의 공시체를 시험한다. 자주 사용되는 시험 재령은 7일과 28일이다.

공시체의 높이－지름의 비가 2이어야만 한다는 것을 명심해야 한다. 이 조건의 주된 이유는 재하판과 공시체 사이의 마찰로 인한 단부효과를 제거하기 위함이다. 이 조건을 통해 공시체 내부의 일축 압축 영역을 확보할 수 있다. 높이－지름의 비가 2보다 작으면 ASTM C39에서 제시하고 있는 보정계수를 결과에 적용할 수 있다.

공시체의 압축강도는 공시체의 크기에 의해 영향을 받는다. 공시체의 크기를 증가시키면 강도는 감소한다. 작은 공시체보다 큰 공시체에 파괴가 시작되는 약한 부분이 존재할 가능성이 크기 때문에 공시체 크기가 커짐에 따라 강도는 감소한다. 일반적으로, 큰 공시체는 작은 공시체보다 콘크리트의 실제 강도를 더 잘 대표하며, 강도 변화가 적다. 따라서 $\phi 150 \times 300$ mm 크기가 압축강도를 결정하는 가장 적당한 공시체 사이즈이다. 그러나 몇몇 업체에서는 $\phi 100 \times 200$ mm 공시체를 사용한다. 작은 공시체를 사용하는 이점은 조작이 용이하고, 손상 가능성이 적고, 콘크리트 사용량이 적고, 적은 용량의 시험기를 사용할 수 있고, 그리고 양생과 저장에 필요한 공간이 작다는 것이다. 작은 공시체는 강도 변화가 크기 때문에 표준 크기 공시체보다 더 많은 수의 공시체를 시험하여야 한다. 일반적으로 표준 크기 공시체는 3개를 시험하지만 $\phi 100 \times 200$ mm 크기의 작은 공시체는 5개를 시험하기도 한다. 또한, 작은 공시체를 사용할 때 기술자는 시험의 한계를 이해하고 그 결과를 해석하는데 이를 고려해야 한다.

전형적으로 콘크리트 재료 내에서 가장 약한 위치는 경화 시멘트 페이스트와 골재 입자 사이의 경계이다. 콘크리트가 탄성한도를 넘는 응력을 받을 때, 미세균열이 시멘트 페이스트－골재 경계면에 발생하고 파괴까지 계속적으로 성장한다. 그림 7.34는 500X로 경화 시멘트 모르타르 실린더 파괴면의 SEM 영상을 보여준다. 그림은 균열이 모래 입자가 재하 중에 탈락된 면을 파괴시킴을 보인다. 그림은 또한 재하 중에 발생된 모래 입자둘레의 미소균열을 보여준다.

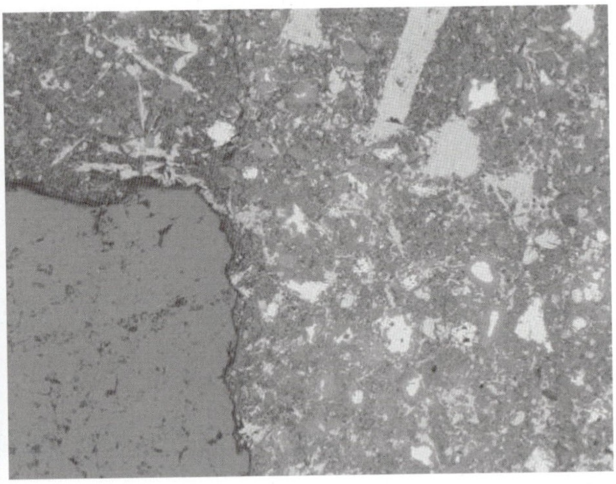

그림 7.33 (좌) 콘크리트 압축강도 시험
그림 7.34 (우) 모래입자와 페이스트 사이의 경계를 보여주는 SEM 영상

7.5.2 할렬 인장 시험

할렬 인장 시험(ASTM C496)은 콘크리트의 인장강도를 측정한다. 그림 7.35에 나타낸 것과 같이 이 실험에서 ϕ0.15 × 0.30 m 콘크리트 실린더는 파괴까지 수직 지름을 따라 일정한 속도로 압축하중을 받는다. 공시체의 파괴는 횡방향에 발생한 인장응력으로 인해 수직 지름 방향으로 발생한다. 할렬 인장강도는 다음 식을 통해 계산된다.

$$T = \frac{2P}{\pi L d} \tag{7.11}$$

여기서, T : 인장강도, MPa
P : 파괴하중, N
L : 공시체의 길이, mm
d :공시체의 지름, mm

콘크리트의 전형적인 간접 인장강도는 2.5 ~3.1 MPa이다. 콘크리트의 인장강도는 대략 압축강도의 10%이다.

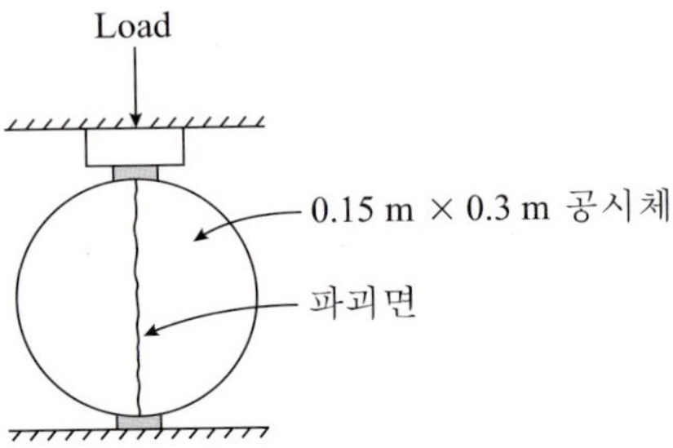

그림 7.35 쪼갬 인장시험

7.5.3 휨강도 시험

휨강도 시험(AST C78)은 도로 및 공항 콘크리트 포장 설계 및 시공에 중요하다. 공시체는 각각 ASTM C192 또는 C31에 따라 실험실이나 현장에서 준비된다. 몇 가지 공시체 크기들이 사용될 수 있다. 그러나 공시체는 정사각형 단면과 공시체 깊이 3배의 지간을 가져야 한다. 타설 이후 공시체는 24 ± 8시간 몰드에 유지시킨 뒤 탈형하여 시험까지 상대습도 95% 이상의 챔버 또는 수조에서 23 ± 1.7℃로 양생한다. 그 다음 공시체를 측면으로 돌려서 그림 7.36에 설명된 것과 같이 3점 재하 장치의 중앙에 위치시킨다. 연속적으로 파괴까지 지정된 속도로 하중을 작용시킨다. 파괴가 중앙 부분이내 인장면에서 시작된다면 휨강도는 다음 식으로 계산한다.

$$R = \frac{Mc}{I} = \frac{PL}{bd^2} \tag{7.12}$$

여기서, R : 휨강도

M : 최대 휨강도

c : $d/2$, mm

I : 단면 2차모멘트

P : 두 재하점 위에 골고루 최대 작용 하중(최대하중의 1/2)

L : 지간 길이

b : 공시체의 평균 폭

d : 공시체의 평균 깊이

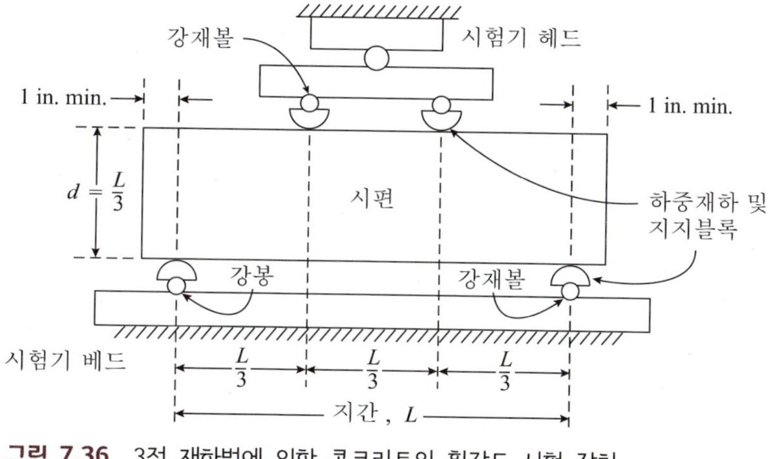

그림 7.36 3점 재하법에 의한 콘크리트의 휨강도 시험 장치

3점 재하는 공시체의 중앙 부분에 전단력은 작용하지 않고 일정한 휨모멘트만을 발생시킨다는 것을 알아야 한다. 따라서 식 (7.12)는 파괴가 중앙 구간에 발생하기만 하면 유효하다. 만약 파괴가 약간 중앙 구간 외측에 발생하더라도 약간의 수정을 거쳐 그 결과를 사용할 수 있다. 그 외에 결과들은 폐기되어야 한다.

보통 콘크리트의 경우, 휨강도는 다음 식으로 예측할 수 있다.

$$[\text{MPa}]\ R = (0.62 \sim 0.83)\sqrt{f_c'}\ ,\quad [\text{psi}]\ R = (7.5 \sim 10)\sqrt{f_c'} \tag{7.13}$$

7.5.4 반발햄머 시험

슈미트햄머 시험으로도 알려져 있는 반발햄머 시험은 표면경도를 결정하기 위해 경화콘크리트에 실시되는 비파괴 시험이다. 표면경도는 어느 정도 콘크리트 강도와 연관시킬 수 있다. 반발햄머는 일반적으로 콘크리트 압축강도를 알기위해 사용된다. 이 장비는 길이가 약 0.3 m이고, 추와 스프링을 둘러싸고 있다. 스프링으로 작용하는 추는 콘크리트 표면을 때릴 때 이완된다. 추가 반발되면 반발량이 장치에 붙어있는 자위에 기록된다. 반발량이 크면 클수록 콘크리트 표면은 딱딱하며 강도가 높다. 이 장비에는 보통 반발량을 강도와 연관시키기 위해 제조회사가 제시한 그래프들이 붙어 있다. 이 시험은 또한 콘크리트 표면의 균일성을 검토하기 위해 사용될 수 있다.

이 시험은 매우 간단하며 ASTM C805에 규정되어 있다. 시험 중에 햄머는 청결하고 평탄한 콘크리트 표면에 수직이어야 한다. 어떤 경우는 이 조건을 충족하기가 어렵다. 따라서, 보통 제조업자에 의해 제공되는 보정계수를 사용하여 다양한 각에서 측정된 반발량을 강도와 연관시킬 수 있다. 반발햄머 시험결과는 또한 국부 진동, 표면의 굵은 골재 입자, 표면의 공극과 같은 다양한 요인들에 의해 영향을 받는다. 이 요인들의 영향을 줄이기 위해서는 한 면적에서 10~12개의 다른 위치 기록을 평균하는 것이 바람직하다.

7.5.5 관입저항 시험

Windsor Probe 시험으로도 알려져 있는 관입저항 시험은 ASTM C803에 규정되어 있다. 장비(그림 7.38)는 강도를 알기위해 콘크리트 표면에 탐침을 발사하는 총같이 생긴 장치이다. 탐침의 콘크리트 내부 관입양은 콘크리트 강도와 역관계가 있다. 이 시험은 콘크리트 표면에 작은 구멍만이 생기기 때문에 거의 비파괴 시험이다.

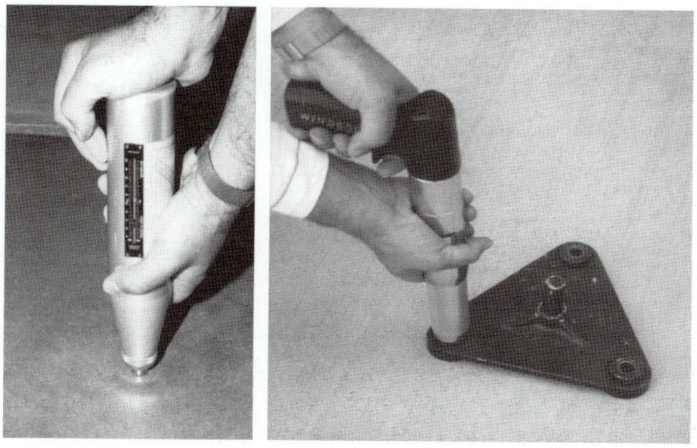

그림 7.37 (좌) 경화콘크리트의 비파괴 평가용 리바운드 햄머
그림 7.38 (우) Windsor probe 시험 장치

이 장치는 콘크리트 표면에 설치하는 3개의 구멍이 뚫린 철판과 한 세트이다. 각 구멍에서 실험이 실시된다. 이 구멍을 통과한 3개 탐침 평균 관입 깊이가 자 또는 특수 판을 사용하여 측정된다. 부상을 피하기 위해서는 장비를 다루는 연습이 필요함을 명심해야 한다. 안전성을 증진시키기 위한 방법으로서 이 장비는 급작스런 발사를 방지하기 위해 콘크리트 표면에 강하게 밀지 않으면 작동되지 않을 수 있다. 관입저항은 샘플의 표면뿐만 아니라 내부에서도 측정되므로 반발햄머보다 더 우수한 강도 추정을 제공할 것으로 기대된다.

7.5.6 초음파 속도 시험

초음파 시험(ASTM C597)은 콘크리트를 통과하는 초음파의 속도를 측정한다. 이 시험에서는 탐촉자사이의 전달길이를 통과시간으로 나누어 평균 전달속도를 구한다. 파속도 데이터와 콘크리트 강도 파라메타를 연관시키려는 많은 시도가 있어왔다. 파속도와 강도데이터 사이의 관계는 콘크리트 재령, 물-시멘트비, 골재 형태, 습윤상태, 철근의 위치와 같은 많은 변수들의 영향을 받기 때문에 아직까지 명확한 관계가 성립되지 못한 상태이다[Mehta and Moneiro, 2005]. 이 시험은 콘크리트 구조의 균열, 불연속성, 또는 내부 열화를 탐지하기 위해서 사용된다.

7.5.7 성숙도 시험

콘크리트 배합의 성숙도는 시멘트 수화의 정도로서 정의되며 시멘트 수화는 시간과 온도의 함수로서 변화한다. 그 결과, 특정 콘크리트 배합에서 강도는 성숙도의 함수인 것으로 가정할 수 있다. 성숙도 측정기(그림 7.40)는 시간과 함께 콘크리트의 온도를 모니터링하여 콘크리트의 강도를 추정하기 위해 개발되었다. 이 시험(ASTM C1074)은 굳지 않은 콘크리트에 대해 실시되며 수일간 진행된다. 성숙도 측정기는 각 콘크리트 배합에 대해 교정되어야 한다.

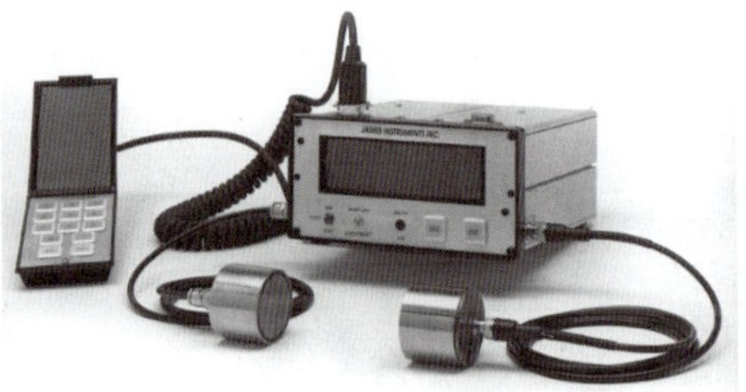

그림 7.39 (좌) 초음파 시험 장치
그림 7.40 (우) 성숙도 측정기를 사용한 굳지 않은 콘크리트의 성축도 측정

7.6 전통적인 콘크리트의 대안

여러 가지 대안들은 콘크리트의 유연성과 적용성을 향상시킨다. 이 기술들 각각에 대한 재료기술의 제시는 이 책의 범위를 넘어서지만, 기술자들은 콘크리트에 추가적인 성능을 제공하기 위해 사용되는 몇몇의 재료들을 인지하고 있어야 한다. 이 대안의 일부는 다음을 포함한다.

- 자기충진 콘크리트
- 숏크리트
- 고강도 콘크리트
- 섬유보강 콘크리트
- 폴리머 콘크리트
- 롤러다짐 콘크리트
- 고유동 충전재
- 경량콘크리트
- 수축보상 콘크리트
- 중량콘크리트
- 고성능 콘크리트

7.6.1 자기충전 콘크리트(self-consolidating concrete)

자기충진 콘크리트(그림 7.41)로도 알려져 있는 자기충전 콘크리트(self-consolidating concrete, SCC)는 기계다짐 없이도 퍼져 거푸집을 채우고, 철근을 둘러쌓는 유동성이 높고 재료분리가 발생하지 않는 콘크리트이다. SCC를 사용함으로써 얻을 수 있는 장점은 다음과 같다.

① 기계 다짐이 필요 없고 밀대 밀기 작업을 줄일 수 있어 빠르게 타설할 수 있기 때문에 타설 비용을 절약할 수 있다.
② SCC는 면고르기 작업 없이 건축물 표면 마무리를 개선하고 균질하게 한다.
③ SCC는 쉽게 제한된 단면과 도달하기 어려운 면적을 채운다. 이것은 설계자들이 전통적인 콘크리트를 가지고 달성할 수 없는 구조적, 건축적 형상들을 창작할 수 있도록 한다.
④ SCC는 철근둘레의 다짐과 철근과의 부착을 개선한다.
⑤ SCC는 압송 효율을 개선한다.

소성상태에서 자기충전 콘크리트의 특별한 두 가지 중요 특성은 유동성과 안정성이다. SCC의 높은 유동성은 배합수를 추가하지 않고 고성능감수제를 사용하여 달성된다. 안정성 또는 재료분리 저항성은 미세분 양을 증가시키고, 배합의 점성을 개선하는 혼화제를 사용하여 달성된다. 미세분은 시멘트질 재료 또는 무기질 미세분이 사용될 수 있다.

SCC의 유동성과 안정성을 측정하기 위해 사용되어온 가장 일반적인 현장 시험은 앞에서 논의된 슬럼프 시험의 수정 버전이다. 이 슬럼프 흐름 시험에서 슬럼프 콘은 다지지 않고 완전하게 채워진다. 그림 7.42에 보이는 바와 같이 콘을 들어 올려 콘크리트의

그림 7.41 (좌) 조밀하게 철근이 배근된 슬래브의 자기충진 콘크리트 타설
그림 7.42 (우) 슬럼프시험동안 흐름시험

퍼짐을 측정한다. 유동성은 퍼짐, 즉 슬럼프 플로우로 측정한다. 플로우는 일반적으로 프로젝트 조건에 따라 455~810 mm 범위이다. 재료분리 저항성 또는 안정성은 시각적 안정성 지수(VSI)로 측정된다. VSI는 배합수가 중앙에서 퍼진 콘크리트 또는 골재의 맨 가장자리에서 관찰되는지 어떤지에 근거해서 설정된다. VSI 값은 매우 안정한 조건인 0부터 받아들일 수 없는 안정성인 3까지 분포한다.

슬럼프 플로우 시험 시 점성은 콘크리트가 퍼지는 속도로 측정된다. 슬럼프 콘을 들어 올린 순간부터 콘크리트가 50 cm의 퍼짐지름에 도달하는데 걸리는 시간이 측정된다. 이것은 $T_{50}(T_{20})$으로 불리며 전형적으로 SCC는 2~10초 사이의 값을 갖는다. $T_{50}(T_{20})$ 값이 크면 점성이 높은 배합을 나타내며, 이는 촘촘한 철근을 가진 또는 깊은 단면의 콘크리트로 적합하다. 작은 $T_{50}(T_{20})$ 값은 큰 장애물이 없는 긴 수평거리를 이동해야하는 콘크리트에 적절하다.

7.6.2 유동화 채움재(flowable fill)

유동화 채움재는 대략 8.3 MPa의 비구속 압축강도를 가진 셀프레벨링(self-leveling)과 자기충진이 가능한 시멘트계 재료이다. 유동화 채움재는 주로 다짐 채움재를 대신해서 뒤채움 재료로 사용된다(그림 7.43). 또한 유동화 채움재는 일반적으로 저강도 유동화재(CLSM), 밀도 채움재(CFD), 유동화 다짐 채움재, 경사 채움재, 비수축 채움재, 유동화 모르타르, 플라이애쉬 플로우, 그리고 액상 더트(NRMCA)로 일컬어진다.

그림 7.43 유동화 채움재를 이용한 싱크홀의 충진

유동화 채움재의 배합은 플라이애쉬, 고로슬래그, 그리고 AE제와 일반적으로 사용되는 시멘트, 모래, 그리고 배합수로 구성된다. 유동화 채움재를 제조하기 위해 사용되는 구성재료의 타입과 비율은 사용 목적에 맞도록 채움재의 특성을 크게 변화시킨다. 다짐 채움재와 비교할 때 유동화 채움재를 효과적으로 만드는 독특한 특성들 중의 하나는 유동성이다. 높은 유동성과 셀프레벨링 특성은 유동화 채움재가 공극을 제거할 수 있고 다짐 채움재로는 불가능한 공간에 접근할 수 있도록 한다.

유동화 채움재를 공동에 채웠을 때, 초기 타설 체적은 1 m 깊이당 10 mm의 비율로 감소한다. 이 침하는 다짐에 의한 갇힌공기의 방출 및 배합수의 유출에 의한 것이다. 유동화 채움재는 일단 경화되면 침하는 멈추며 체적은 변화하지 않는다.

유동화 채움재는 넓은 범위의 압축강도를 가지도록 배합될 수 있다. 그러나 가장 일반적으로 사용되는 유동화 채움재 배합은 추후 굴착이 가능하도록 배합설계 되며, 0.35 ~1 MPa 정도의 압축강도를 갖는다. 1 MPa보다 작은 압축강도를 가진 유동화 채움재는 차량하중과 같은 외부 하중을 지지할 수 있는 적절한 내하력을 가짐과 동시에 손으로 굴착할 수도 있다. 1~2 MPa 사이의 강도를 나타내는 유동화 채움재는 굴착용 기계장비를 필요로 한다. 강도가 2 MPa를 초과하는 재료는 굴착이 불가능하다.

유동화 채움재는 다짐 채움재에 비해 몇 가지 장점을 가지고 있다. 유동화 채움재는 다짐 채움재의 주요 관심사인 다짐이 필요 없다. 유동화 채움재는 또한 다짐 채움재가 도달하기 어려운 파일 주변 같은 접근하기 어려운 위치에 도달할 수 있다. 유동화 채움재는 또한 다짐 채움재보다 큰 내하력을 가지며 인지할 수 있을 정도의 침하가 발생하지 않는다. 이것은 심지어 괴어있는 물에서도 타설이 가능하다. 이 장점을 통해 공사기간을 단축할 뿐만 아니라 노동력과 장비로 인한 현장 비용을 절감시키는 효과를 얻을 수 있다. 유동화 채움재는 일반적으로 배수구, 옹벽, 파이프 베드, 그리고 터파기 공사의 뒤채움재로 사용된다. 이것은 또한 불량한 지반 상태, 머드 재킹, 바닥 및 기초지지, 그리고 교량 개조 등에 사용된다. 포장 기층, 침식 방지, 그리고 공극 충전에도 사용될 수 있다. 유동화 채움재는 최근에 더 일반화되고 있으며 대부분의 레디믹스트 생산자에게서 공급받을 수 있다.

7.6.3 숏크리트(shotcrete)

숏크리트는 표면에 빠른 속도로 분사되는 모르타르 또는 작은 골재 콘크리트이다 (그림 7.44와 7.45 참조). 건나이트 또는 스프레이드 콘크리트로 알려진 숏크리트는 충격력으로 다져지고 처짐 없이 수직 또는 수평 평면위에 타설될 수 있는 상대적인 건식 배합이다.

숏크리트는 건식 또는 습식법으로 시공된다. 건식법에서 시멘트와 골재의 혼합물이 호수를 통해 압축공기로 추진되는 반면, 배합수는 노즐에서 첨가된다. 습식법에서 모든 재료들은 사전에 혼합되고, 노즐까지 호수를 통해 압송되어 압축공기를 사용하여 표면에 뿜어진다. 어떤 방법을 사용하든 노즐은 표면으로부터 수직으로 유지되어야 굵은 골재의 리바운드를 줄일 수 있다. 노즐은 표면으로부터 약 0.5~1.5 m 떨어져 유지되어야 한다. 플라이애쉬와 실리카흄과 같은 혼화재가 워커빌리티, 화학저항성, 그리고 내구성을 증진시키기 위해 숏크리트에 사용된다. 또한 초결 시간을 줄이고 한 번의 작업으로 두꺼운 층의 숏크리트를 타설할 수 있도록 급결제를 사용할 수도 있다. 휨강도, 내구성, 터프니스를 개선하기 위해 강섬유가 사용될 수도 있다[Kosmatka et al., 2008].

그림 7.44 숏크리트를 이용한 수영장 시공

그림 7.45 터널 라이닝에 사용된 숏크리트

7.6.4 경량콘크리트(lightweight concrete)

매년 ASCE 카누대회에 참가하는 학생들은 자주 물보다 작은 단위무게를 갖는 콘크리트를 제조한다. 구조적 경량 골재 콘크리트에 대한 ACI 가이드는 구조 경량콘크리트에 대해 1,850 kg/m^{3}의 기건 단위중량과 17 MPa의 28일 압축강도를 요구한다. 경량골재의 구조물 적용 여부는 보통 구조물의 전체 경비로 평가된다. 콘크리트는 더 비싸지만 감소된 사하중은 구조적 그리고 기초 비용을 감소시킬 수 있다.

그림 7.46 (좌) 경량콘크리트에 사용되는 골재

그림 7.47 (우) 경량골재를 사용하여 콘크리트 카누를 제조하는 애리조나 주립대의 ASCE 학생들

경량콘크리트용 배합은 골재의 흡수성을 보충하여야 한다. 일반적으로, 경량골재는 흡수율이 매우 크며 오랜 기간 동안 물을 흡수할 수 있다. 이 특성이 물-시멘트비의 결정을 어렵게 만든다. 추가적으로, 경량골재는 표면으로 떠올라 분리되는 경향을 띈다. 이를 완화시키기 위해 연행공기를 가진 최소 슬럼프 배합이 사용된다. 초경량 콘크리트의 비구조 적용이 또한 개발되어 오고 있다. 스티로폼 골재로 만들어진 콘크리트가 몇몇 건축물에 단열재로 사용되었다.

7.6.5 중량콘크리트(heavyweight concrete)

핵발전소, 병원, 그리고 원자 연구 및 시험 장비에 대해 사용되는 생물학적 차폐는 방사능을 차단시키기 위해 매시브한 벽을 필요로 한다. 콘크리트는 우수한 차폐 재료이다. 생물학적 차폐에서 콘크리트의 무게는 중량골재를 사용하여 증가시킬 수 있다. 이 골재는 천연 또는 인공 골재일수도 있다. 천연 중량골재로 중정석, 자철석, 적철석, 침철석, 일메나이트, 그리고 페로포스퍼러스가 사용된다. 이 골재들의 비중은 3.4~6.5 사이에 분포한다. 7.8의 비중을 갖는 철도 중량콘크리트용 골재로 사용될 수 있다. 그러나 골재의 비중은 중량콘크리트의 워커빌리티를 감소시키고 재료분리를 유발시킨다. 모래 함량의 증가는 워커빌리티를 개선한다. 워커빌리티 문제는 자갈을 미리 배치하고, 시멘트, 모래, 배합수, 그리고 혼화재로 구성된 그라우트로 골재사이의 공극을 채워서 해결할 수 있다. 방사능 차폐 콘크리트용 골재에 대한 시방기준인 ASTM C637과 방사능 차폐콘크리트용 골재의 구성 분류법은 중량콘크리트 사례에 대한 더 많은 정보를 제공한다.

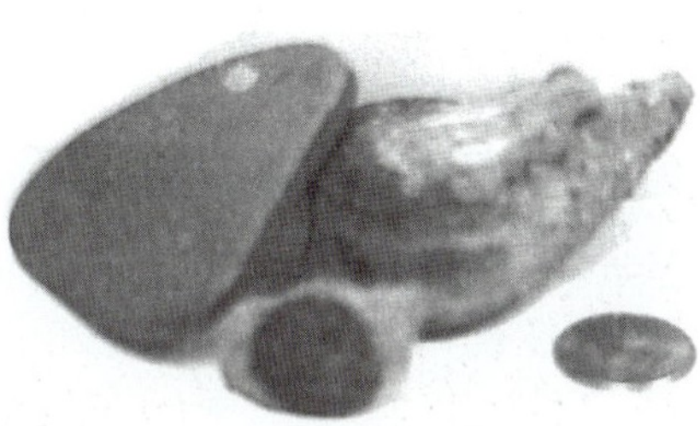

그림 7.48 중량콘크리트에 골재로 상용된 강재

7.6.6 고강도 콘크리트

보통골재로 제조된 40 MPa 이상의 강도를 갖는 콘크리트는 고강도 콘크리트로 일컬어진다. 40 MPa 이상의 압축강도를 가진 콘크리트 제조는 구성 재료의 배합과 품질관리에 많은 주의를 필요로 한다. 40 MPa 이상의 압축강도를 갖는 콘크리트의 미세구조는 상당이 보통콘크리트와 다르다. 특히, 시멘트 페이스트의 공극과 시멘트 페이스트와 골재 사이의 천이영역은 고강도를 발현하는데 중요한 요소들이다. 이 공극은 물-시멘트비로 제어된다. 고성능감수제의 개발은 낮은 W/C비에서도 작업성과 유동성이 우수한 고강도 콘크리트의 개발을 가능하게 하였다. 또한 고강도 콘크리트는 치밀한 공극 구조로 인해 뛰어난 내구성을 갖는다. 미국에서 고강도 콘크리트는 주로 고층빌딩에 사용된다. 고강도와 부합하는 높은 탄성계수는 구조부재의 크기를 줄일 수 있도록 한다.

7.6.7 수축보상 콘크리트

보통콘크리트는 앞에서 논의된 것과 같이 특히 적절하게 양생되지 않으면 특히 초기재령에서 수축이 발생한다. 시멘트에 첨가한 알루미나 분말은 초기재령에서 콘크리트를 팽창하도록 한다. 건수축보상시멘트는 Type K 시멘트로 판매되고 있다. 팽창 특성은 초기재령에서 콘크리트를 구속하는 기회로 활용될 수 있다. 구속된 콘크리트가 팽창하려고 할 때 압축응력이 발생된다. 이 압축응력은 건조수축에 의해 발생되는 인장응력을 감소시키며 건조수축에 의한 콘크리트 균열을 감소시킨다. 수축보상 콘크리트의 설계 및 사용에 관한 자세한 내용은 수축보상 시멘트의 사용에 관한 규정 ACI 위원회 223 보고서에서 찾을 수 있다.

7.6.8 폴리머 콘크리트

폴리머는 콘크리트 생산에 여러 가지 방법으로 사용될 수 있다. 폴리머는 폴리머 콘크리트를 생산하기 위한 단일 바인더로 사용될 수 있다. 폴리머는 굳지 않은 콘크리트와 혼합되어 폴리머-포틀랜드 콘크리트를 제조하는데 사용될 수 있다. 폴리머는 경화콘크리트에 적용되어 폴리머-충진 콘크리트 제조에 사용될 수도 있다.

폴리머 콘크리트는 골재와 폴리머 바인더의 혼합물이다. 폴리머 콘크리트를 만들기 위해 골재와 혼합될 수 있는 다양한 폴리머들이 있다. 이들 중 몇몇은 타설 이후 한 시간 이내에 공용될 수 있는 초속경 콘크리트를 만들기 위해 사용될 수 있다. 다른 것들은 고강도용으로 합성되었다. 140 MPa도 가능하다. 몇몇은 화학적 공격에 우수한 저항성을 가진다. 하나의 공통된 특징은 대부분의 폴리머 콘크리트는 고가이며, 이는 폴리머 콘크리트를 전통적인 콘크리트에 대한 값싼 대체재로 만드는데 큰 장애가 되고 있다.

폴리머-포틀랜드 시멘트 콘크리트는 포틀랜드 시멘트 콘크리트의 생산에 폴리머를 접목시킨 것이다. 폴리머로는 일반적으로 라텍스와 같은 탄성중합체 에멀젼이 사용된다.

7.6.9 섬유보강 콘크리트

콘크리트의 취성은 작용응력 하에서 미세균열의 빠른 진전에 의한 것이다. 그러나 섬유보강 콘크리트의 파괴는 섬유의 뽑힘 또는 탈락에 의해 발생한다. 무보강 콘크리트와는 다르게 섬유보강 콘크리트는 초기균열 이후 하중을 유지할 수 있다. 이는 효과적으로 재료의 터프니스를 개선한다. 추가적으로, 콘크리트의 휨강도는 30%까지 개선된다. 보강콘크리트의 설계 및 적용에 대한 더 많은 정보는 섬유보강 콘크리트 배합, 비비기, 치기, 그리고 마감에 대한 ACI 가이드에서 얻을 수 있다.

섬유는 다양한 크기, 모양, 그리고 재료로 생산된다(그림 7.49). 섬유는 강재, 플라스틱, 유리, 천연재료로 제조될 수 있다. 강재가 가장 일반적이다. 파이버의 형태는 일반적으로 형상비, 즉 길이/지름으로 표현된다. 강섬유는 일반적으로 30~150의 형상비와 함께 0.25~0.9 mm의 지름을 갖는다. 유리 섬유의 지름은 0.013~1.3 mm 사이에 분포한다. 섬유를 첨가한 콘크리트의 워커빌리티는 감소한다. 감소 범위는 섬유의 형상비와 체적비에 따라 달라진다. 일반적으로 시공성 문제로 인해 섬유는 배합에서 체적비로 최대 2%로 제한된다. 혼화재료가 배합의 워커빌리티 일부를 회복하기 위해서 사용될 수 있다.

섬유첨가는 크게 콘크리트의 강도를 증가시키지 않기 때문에 구조부재에 대한 섬유의 사용은 제한적이다. 보, 기둥, 바닥판에는 전통적 보강방법을 사용하여 총 인장하중을 지지하도록 하여야 한다. 섬유보강 콘크리트는 바닥 슬래브, 포장, 사면 보강, 그리고 터널 라이닝에 성공적으로 사용되어 오고 있다.

그림 7.49 섬유보강 콘크리트에 사용된 섬유

7.6.10 롤러 - 다짐 콘크리트(roller-compacted concrete, RCC)

댐 건설에 사용되는 매스콘크리트의 독특한 요구사항들에 부합하기 위해 롤러-다짐 콘크리트가 개발되었다. 이 재료는 강도보다 시공성을 고려해서 선택된 상대적으로 적은 시멘트량 그리고 수량을 사용한다. RCC는 중력식 그리고 락필댐 시공에 사용되는 장비로 운반, 타설, 다져지는 제로-슬럼프 콘크리트이다. RCC는 덤프트럭으로 운반되어 불도저로 펼쳐지며, 진동다짐기로 다져진다. 건설현장에 RCC를 사용한 일본의 경험을 통해 다음의 몇 가지 장점이 발견되었다.

- 적은 시멘트함량으로 인해 배합이 경제적이다.
- 층 시공방법이기 때문에 거푸집이 최소화된다.
- 적은 시멘트 함량은 수화열을 작게 발생시키며 구조물에 대한 외부냉각의 필요성을 경감시킨다.
- 고성능 장비의 사용과 빠른 타설 속도로 인해 타설 비용이 일반 콘크리트보다 적다.
- 시공 기간이 일반 콘크리트보다 짧다.

추가적으로 RCC 현장 재료 가격은 일반 콘크리트의 약 1/3임이 미국에서 증명되었다. RCC의 2개 주요 적용 분야는 댐과 군용 탱크 주차장과 같은 넓은 포장 면적의 시공이다.

7.6.11 고성능 콘크리트(high-performance concrete, HPC)

콘크리트에 대한 현 시방규정들은 우수한 성능을 발휘하는 재료를 제공하는 반면, 배합설계 과정에서 강도에 주안점을 두는 것은 다른 성능 특성들이 부족한 콘크리트의 탄생으로 이어졌다는 지적이 있어 왔다. 이는 고성능 콘크리트로 지칭되는 콘크리트에 대한 시방과 설계법의 개발로 이어졌다. ACI는 HPC를 전통적인 구성재료, 일반 배합절차, 그리고 전형적인 양생 방법으로 얻을 수 없는 특별한 성능과 균질성 조건들을 만족하는 콘크리트로 정의한다. 고성능 콘크리트는 다음 항목들이 향상된 콘크리트이다.

- 치기와 다지기의 용이성
- 초기재령 강도
- 체적 안정성
- 장기 역학특성들
- 터프니스
- 혹독한 환경에서의 사용기간 연장

이 향상된 특성들은 골재 입도를 바꾸고, 특수한 혼화제를 사용하고, 배합과 타설 방법을 개선하여 달성할 수 있다. 현재 70~175 MPa의 수준의 압축강도도 얻을 수 있다. 기술인들이 HPC에 대한 필요성을 더 잘 이해되고 포용하기 때문에 아마도 현 명시적인 방법으로부터 성능기반 또는 성능관련 시방으로 콘크리트 시방서가 변화할 것이다. SHRP(Strategic Highway Research Program) 연구는 HPC를 다음과 같이 정의한다.

- 최대 물-결합재비 0.35
- ASTM C 666에 의해 결정될 때 최소 80%의 내구성 요소
- 다음의 최소 강도 기준
  a. 타설 이후 4시간 이내 21 MPa
  b. 24시간 이내 34 MPa
  c. 28 이내 69 MPa

따라서, 고성능 콘크리트는 장기 및 단기의 특별한 성능 그리고 거동의 균일성에 의해 특징지어진다. 이들은 전통적인 재료만을 사용하거나 전통적인 방법을 적용해서는 항상 달성될 수 없다. 콘크리트는 전 세계적으로 가장 폭 넓게 사용되는 건설재료이므로 신설 콘크리트 시공에는 많은 비용이 투입되는 미래의 보수·보강 가능성을 없애기 위해 현재 이용 가능한 새로운 기술을 이용하여야만 한다.

혁신적인 건설재료와 전통적인 재료 거동의 수정과 개선은 지난 30여 년간 진행되어 왔다. 재료 분자구조의 확장된 지식, 장기파괴의 연구, 더 강력한 장비와 모니터링 기술의 개발, 그리고 더 큰 구조물, 더 긴 지간, 더 우수한 내구성에 적합한 더 강하고, 더 우수한 성능을 발휘하는 재료에 대한 요구로 인해 이러한 발전이 가능했다.

콘크리트 기술의 현 발전과 고성능 콘크리트의 발달을 뛰어 넘는 새로운 구성재료 및 혼화재의 개발, 미세구조 연구, 혼합시멘트 구성, 더 나은 재료 선택과 배합 기술, 그리고 더 효과적인 타설 기술을 통해 콘크리트 산업은 계속해서 개선될 것이다.

요약

내구성이 우수한 포틀랜드 시멘트 콘크리트의 설계는 토목기술자의 가장 중요한 임무이다. 포틀랜드 시멘트, 배합수, 골재, 그리고 혼화재료 비율의 적절한 선택이 좋은 시공방법과 함께 구조체에 적용되는 콘크리트의 품질을 좌우한다. 본 장에서 제시된 용적배합설계법의 적용은 필요한 강도와 내구성을 가진 콘크리트의 제조로 이어질 것이다. 그러나 포틀랜드 시멘트 콘크리트의 적절한 배합은 만약 콘크리트의 적절한 비비기, 운송, 치기, 그리고 양생을 포함하는 적절한 시공절차가 따라주지 않는다면 아무런 소용이 없게 된다. 토목기술자는 슬럼프 시험, 공기량 시험, 그리고 시간에 따른 강도발현 시험을 포함하는 다양한 품질 제어 시험들을 실시하여 이 절차들을 통해 우수한 특성을 가진 콘크리트가 제조되는지를 확인한다.

콘크리트 프로젝트의 대부분이 일반콘크리트로 시공되지만 특수하게 적용할 수 있는 주요 대체 콘크리트 재료들이 있다. 이 대안들이 본 장에서 소개되었다. 그러나 이 대안들과 관련된 기술은 상대적으로 복잡하며 이들 재료들의 거동을 완벽하게 이해하기 위해서는 심화학습이 필요하다.

질의와 문제

7.1 설계자가 콘크리트 설계기준압축강도로 37.9 MPa를 지정하였다. 다음에 대해 평균 배합압축강도를 결정하라.

a. s가 알려지지 않은 공장

b. 22회 시험결과 $s = 3.5$ MPa인 공장

c. $s = 2.7$ MPa로 콘크리트를 생산한 방대한 자료를 가진 공장

d. $s = 4.1$ MPa로 콘크리트를 생산한 방대한 자료를 가진 공장

7.2 한 프로젝트에서 콘크리트 설계기준압축강도로 24.1 MPa가 지정되었다. 재료기술자는 편차를 고려하기 위해 그것보다 높은 강도로 배합설계를 진행할 것이다.

a. 공장이 $s = 3.8$ MPa의 표준편차를 가졌다면, 평균 배합강도를 계산하여라.

b. ACI 규준식을 이용하여 배합강도에서 이 콘크리트의 탄성계수가 얼마인지를 추정하여라.

7.3 프로젝트에서 콘크리트 설계기준압축강도로 최소 20.7 MPa가 지정되었다. 재료기술자는 그것보다 큰 강도로 배합설계 할 것이다. 표준편차 $s = 2.4$ MPa라면 평균 배합강도를 계산하라. 평균 배합강도로 콘크리트의 탄성계수를 추정하여라(주어진 강도가 아닌 계산강도를 사용하여라).

7.4 다음 상황에 대해 굵은 골재 최대크기로 얼마를 사용할 것인가? 연속 철근콘크리트 포장 단면에 150 mm 간격으로 D19철근이 일단으로 배근되었다. 그 결과, 철근은 250 mm 두께의 슬래브 중심 위에 배근되어 있다. 철근상단으로 부터의 콘크리트 피복은 약 100 mm 이다.

7.5 슬럼프 80 mm, W/C비 0.50, 그리고 잔골재 조립률 2.4를 가진 콘크리트 배합이 굵은 골재 1008 kg/m^{3}이 사용되었다. 단위용적당 굵은 골재의 소요무게를 계산하여라. 압축강도를 증가시키려고 배합을 조정하기 위해 W/C비를 0.45까지 감소시켰다. 굵은 골재의 양을 증가시키겠는가, 감소시키겠는가, 동일하게 유지하겠는가? 답에 대한 이유를 설명하라.

7.6 비구속 PCC 포장슬래브에 대한 데이터를 사용하여 다음을 구하라.

- 설계강도 $f_c' = 28$ MPa
- 슬래브 두께 = 300 mm
- 샘플 20개로부터 얻어진 f_c'의 표준편차 = 1.4 MPa
- 노출조건은 무시하라.
- AE콘크리트를 사용하라.

- 잔골재 조립률 = 2.60
- 굵은 골재 최대치수 = 50 mm 그리고 공칭 굵은 골재 최대치수 = 40 mm
- 굵은 골재의 절대용적비중 = 2.6
- 굵은 골재의 절건 다짐밀도 = 2002 kg/m^3

a. 배합강도
b. W/C비
c. 굵은 골재량
d. W/C비가 10% 감소되었다면, 굵은 골재량을 증가시킬 것인가, 감소시킬 것인가, 동일하게 유지할 것인가? 답에 대한 이유를 설명하시오.

7.7 W/C비 0.45, 건조 자갈 1163 kgf/m^3, 공기량 4%, 시멘트 335 kgf/m^{3}을 필요로 하는 콘크리트 배합설계를 진행하고 있다. 사용 가능한 자갈은 비중 2.7, 흡수율 2.4%이다. 사용 가능한 잔골재는 비중 2.5, 함수량 4.8%, 흡수율 1.5%이다. 현장에서 필요한 콘크리트의 단위 용적에 첨가하여야 하는 시멘트, 습윤 골재, 습윤 모래, 배합수의 중량을 계산하라. 배합설계를 요약하라(공기량은 포함시키지 않는다).

7.8 다음 조건들에 따라 콘크리트 배합을 설계하라.

- 설계환경
  건물골조
  설계강도 = 27.6 MPa
  최소치수 = 150 mm
  철근사이 최소간격 = 40 mm
  철근위 최소 콘크리트피복 = 40 mm
  30개 이상 데이터에 대한 압축강도의 표준편차 s = 2.1 MPa
  AE제만 사용할 수 있음.
- 사용가능한 재료
  AE제 : 제조사 지정, 6.3 mL/1% 공기/100 kg 시멘트
  굵은 골재 : 공칭 굵은 골재 최대치수 19 mm, 강자갈
  절대용적 비중 2.55, 흡수율 = 0.3%
  절건다짐 밀도 1761 kg/m^3
  함수량 2.5%
  잔골재 천연모래
  절대용적 비중 2.659, 흡수율 0.5%
  함수량 2%
  조립률 2.47

7.9 다음 조건에 따라 배합을 설계하시오.

- 환경조건
  추운기후
  설계기준강도 = 21 MPa
  슬래브 두께 = 305 mm
  30개 이상 데이터에 대한 압축강도의 표준편차 s = 2.1 MPa
  AE제만 사용 가능
- 이용 가능한 재료
  AE제 : 제조사 지침 9.8 mL/1% 공기/100 kg 시멘트.
  공칭 굵은 골재 최대치수 50.8 mm, 쇄석
  절건 비중 = 2.573, 흡수율 = 0.1%
  절건 다짐밀도 1922 kg/m^3
  함수량 1%
  잔골재 : 천연모래
  절건 비중 2.54, 흡수율 0.2%
  함수량 3.67%
  조립률 2.68

7.10 콘크리트 배합설계에서 건조상태 자갈 1173 kg/m^3, 건조상태 모래 582 kg/m^3, 배합수 157 kg/m^{3}이 필요하다. 현장에서 이용할 수 있는 자갈은 0.8%의 함수량과 1.5%의 흡수율을 가지고 있고, 모래는 1.1% 함수량과 1.3% 흡수율을 가지고 있다. 현장에서 사용해야만 하는 단위용적당 자갈, 모래, 그리고 배합수의 질량을 계산하라.

7.11 25 mm 공칭 굵은 골재 최대 크기를 갖는 소규모 현장에 대한 비연행공기 콘크리트를 설계하라. 다음 물음에 대해 답하시오.
a. 2000 kg 콘크리트를 생산하기 위한 각 재료들의 질량.
b. 단위용적의 콘크리트를 생산하기 위한 각 재료의 용적.

7.12 19 mm 공칭 굵은 골재 최대 크기를 갖는 소규모 현장에 대한 비연행공기 콘크리트를 설계하라. 다음 물음에 대해 답하시오.
a. 콘크리트 2500 kg을 생산하기 위한 각 재료들의 질량
b. 단위용적의 콘크리트를 생산하기 위한 각 재료의 용적

7.13 배치플랜트보다 현장에서 콘크리트의 공기량을 측정해야하는 이유를 설명하시오. 콘크리트의 공기량을 측정하기 위해 사용되는 방법들 중에 하나의 이름을 대시오.

7.14 콘크리트 양생은 무엇을 말하는가? 콘크리트가 적절하게 양생되지 않으면 어떻게 되는가?

7.15 다섯 가지의 콘크리트 양생방법들에 대해 설명하시오.

7.16 연속적으로 습윤 양생된 콘크리트와 단지 3일 동안 양생된 콘크리트에 재령과 압축강도 사이의 전형적인 관계를 보이는 그래프를 그려라. 모든 축과 곡선에 이름을 붙여라.

7.17 잉여수량이 굳지 않은 콘크리트에 해롭지만 종결이후 콘크리트에 좋은지 이유를 설명하라.

7.18 초기재령에서 콘크리트 체적변화에 대해 논하라.

7.19 콘크리트 구조물의 크리프 반응에 대해 논하라. 콘크리트 구조물에 대한 크리프의 영향의 예를 제시하라.

7.20 그래프위에 높고 낮은 W/C비를 가지는 콘크리트 시험체의 응력과 변형률 사이의 전형적인 관계를 스케치하라. 모든 축과 곡선에 이름을 붙여라. 응력-변형률 응답에 대한 W/C비 증가의 영향을 언급하여라.

7.21 그림 7.32를 사용하여 아래 물음에 답하시오.

a. 각 W/C비에서 극한응력을 결정하라.
b. 각 W/C비에서 극한응력 40%에서 접선탄성계수를 구하라.
c. 접선탄성계수와 극한응력 사이의 관계를 도시하라.
d. 식 3의 관계를 이용하여 c와 동일한 그래프 위에 극한응력과 탄성계수 사이의 관계를 도시하라.
e. 두 관계를 비교하고 차이점에 대해 논하시오.

7.22 보통 콘크리트가 31 MPa 평균압축강도를 갖는다. 추정 탄성계수는 얼마인가?

7.23 콘크리트에 대한 압축강도 시험의 중요성에 대해 논하시오. 콘크리트 압축강도의 전형적인 범위는 무엇인가? 다양한 재령에 대한 압축강도와 W/C비의 관계를 보이는 그래프를 그려라(모든 축과 곡선에 이름을 붙여라).

7.24 압축강도용으로 시험되는 PCC 시편의 표준 크기는 무엇인가? 더 작은 시편이 사용된다면, 어떤 크기가 더 큰 압축강도를 제공할 것으로 예상하는가? 이유는? 어떤 크기가 실제 콘크리트 구조물의 강도에 근접한 강도를 제공하는가?

7.25 300 mm × 300 mm × 900 mm 치수의 단주 무근 콘크리트 기둥이 시공될 예정이다. 콘크리트 압축강도가 35 MPa이면 안전계수 1.2를 적용하여 이 기둥에 적용할 수 있는 최대하중을 계산하라.

7.26 콘크리트에 대한 휨시험을 수행하는 이유는 무엇인가? 이 시험결과는 압축강도 시험결과와 어떤 관계가 있는가?

7.27 중앙지점 재하 휨시험보다 3점 재하 휨시험 사용의 장점은 무엇인가?

7.28 길이 L, 폭 a, 깊이 a인 표준 휨강도 시험체를 고려하라. 시험기로부터 파괴 하중이 P인 3점 재하를 가정하라. 하중은 두 재하점에 균일하게 분포되어 있다. P, L 그리고 a를 이용하여 보의 파괴계수를 계산하는 식을 유도하라.

7.29 3점 재하 휨시험이 0.15 m × 0.15 m의 단면과 0.45 m의 지간을 가진 콘크리트 보에 대해 수행되었다. 파괴하중이 35.7 kN일 때, 콘크리트의 휨강도를 구하라.

7.30 3점 재하 휨시험이 100 mm × 100 mm의 단면과 200 mm의 지간을 가진 콘크리트 보에 대해 수행되었다. 파괴하중이 27.1 kN일 때, 콘크리트의 휨강도를 구하라.

7.31 중앙지점 재하 휨시험이 100 mm × 100 mm의 단면과 200 mm의 지간을 가진 콘크리트 보에 대해 수행되었다. 파괴하중이 22.7 kN일 때, 콘크리트의 휨강도를 구하라.

7.32 보통 콘크리트의 평균압축강도는 20 MPa이다. 추정 휨강도는 얼마인가?

7.33 경화콘크리트에 대해 수행되는 두 가지 비피괴 시험들을 설명하시오. 시험들의 기본 이론과 수행과정을 설명하시오.

7.34 콘크리트 성숙도 측정기의 개념을 설명하라.

7.35 일반콘크리트의 사용과 적용을 확장시키는 네 가지 대안에 대해 논하시오.

7.36 자기충진 콘크리트란 무엇인가? 그것의 특성은 어떻게 얻어지는가? 이 특성들은 어떻게 측정되는가?

7.37 유동화 채움재는 무엇인가? 그것의 구성재료와 장점에 대해 설명하시오.

7.38 고성능 콘크리트의 개념을 설명하시오. 전통적인 콘크리트보다 우수한 그것의 특성들 몇 가지를 논하시오.

7.39 PCC와 연강을 비교하여 다음 질문에 답하라.

a. 어떤 것이 더 강한가?
b. 어떤 것이 더 큰 탄성계수 또는 강성을 갖는가?
c. 어떤 것이 더 취성인가?
d. 전형적인 PCC의 압축강도의 범위는 무엇인가?
e. 고강도콘크리트의 압축강도는 얼마인가?
f. PCC 탄성계수의 합리적인 범위는?

7.40 레디믹스트 공장에서 배합의 문제를 찾고, 압축강도가 하한규격한계보다 높다는 것을 확인하기 위해 원주형 공시체들을 주기적으로 준비하여 시험하였다. 최소 목표값은 28 MPa이었다. 다음과 같은 압축강도 데이터가 수집되었다.

샘플번호	압축강도(MPa)	샘플번호	압축강도(MPa)	샘플번호	압축강도(MPa)
1	33.9	10	28.9	19	37.5
2	32.6	11	39.8	20	25.5
3	39.1	12	31.2	21	31.1
4	29.7	13	28.0	22	25.4
5	42.1	14	39.8	23	28.3
6	29.8	15	29.4	24	25.4
7	36.1	16	35.1	25	27.0
8	34.1	17	32.2		
9	36.1	18	35.7		

a. 데이터의 평균, 표준편차, 변화계수를 구하라.

b. 스프레드쉬트 프로그램을 이용하여 목표값과 하한규격한계를 나타내는 이 데이터에 대한 관리차트를 만드시오. 이 공장 생산품은 시방조건을 만족하고 있는가? 아니라면, 가능한 이유에 관해 논하시오. 데이터 발산에 대해 논하시오.

참고문헌

American Concrete Institute. Specifications for Structural Concrete. ACI Committee 301 Report, ACI 301–99. Farmington Hills, MI: American Concrete Institute, 1999.

American Concrete Institute. Guide for Concrete Floor and Slab Construction. ACI Committee 302 Report, ACI 302.1R-96. Farmington Hills, MI: American Concrete Institute, 1996.

American Concrete Institute. Hot-Weather Concreting. ACI Committee 305 Report, ACI 305R-99. Farmington Hills, MI: American Concrete Institute, 1999.

American Concrete Institute. Cold-Weather Concreting. ACI Committee 306 Report, ACI 306R-88. Farmington Hills, MI: American Concrete Institute, 1997.

American Concrete Institute. Standard Practice for Selecting Proportions for Normal, Heavyweight and Mass Concrete. ACI Committee 211 Report, ACI 211.1–91. Farmington Hills, MI: American Concrete Institute, 1991.

American Concrete Institute. Standard Practice for Curing Concrete. ACI Committee 308 Report, ACI 308–92. Farmington Hills, MI: American Concrete Institute, 1997.

American Concrete Institute. Building Code Requirements for Reinforced Concrete. ACI Committee 318 Report, ACI 318–08. Farmington Hills, MI: American Concrete Institute, 2008.

Hognestad, E., N. W. Hanson, and D. McHenry. Concrete Stress Distribution in Ultimate Strength Design. Development Department Bulletin DX006. Skokie, IL: Portland Cement Association, 1955.

Kosmatka, S. H., B. Kerkhoff, and W. C. Panarese. Design and Control of Concrete Mixtures. 14th ed. Skokie, IL: Portland Cement Association, 2008.

Mehta, P. K. and P. J. M. Monteiro. Concrete Structure, Properties, and Materials. 3rd ed. New York: McGraw-Hill Professional, 2005.

National Ready Mixed Concrete Association (NRMCA). Concrete in Practice, CIP 37, "Self Consolidating Concrete." Silver Springs, MD: NRMCA, www.nrmca.org

National Ready Mixed Concrete Association (NRMCA). "Flowable Fill Materials." Silver Spring, MD: NRMCA, www.nrmca.org

Nawy, E. G. Fundamentals of High Strength High Performance Concrete, Concrete Design and Construction Series. Harlow, UK: Longman Group Limited, 1996.

Neville, A. M. Properties of Concrete. 3d ed. New York: John Wiley and Sons, 1996.

Portland Cement Association. Concrete for Small Jobs. IS174 T, 1988. Skokie, IL: Portland Cement Association, http://www.portcement.org/pdf_files/IS174.

Powers, T. C., L. E. Copeland, J. C. Hayes and H. M. Mann. Permeability of portland cement paste. Journal of American Concrete Institute 51 (11) 285–298, Nov 1954.

Shah, S. P. and G. Winter. Inelastic Behavior and Fracture of Concrete. Symposium on Causes, Mechanism, and Control of Cracking in Concrete. American Concrete Institute Special Publication no. 20. Farmington Hills, MI: American Concrete Institute, 1968.

Zia, P., M. L. Leming, and S. H. Ahmad. High Performance Concretes: A State-of-the-Art Report. SHRP-C/FR-91-103, Washington, DC: Strategic Highway Research Program, National Research Council, 1991. http://www.tfhrc.gov/structur/hpc/hpc2/exec.htm.

CHAPTER 08

조적조

조적 구조는 돌, 블록, 또는 벽돌을 모르타르로 결합하여 형성된다. 고대 조적 구조물들의 예로는 이집트의 피라미드, 중국의 만리장성, 그리스와 로마의 유적 등이 있다. 거의 일정한 크기의 블록이 13세기 초기에 유럽에서 일반적으로 사용되었다. 1600년경 미국에서는 블록이 폭넓게 사용되었다. 지난 2세기 동안 블록은 하수구, 교량 교각, 터널 라이닝, 그리고 다층 건물을 짓는데 사용되어 오고 있다. 조적 객체들(그림 8.1)은 전 세계적으로 유명한 건설재료이며, 목재, 철, 콘크리트와 같은 건설재료와 경쟁하고 있다 [Adams, 1979].

8.1 조적 객체

조적 객체는 다음과 같이 분류될 수 있다.

- 콘크리트 블록 객체
- 흙벽돌
- 구조용 점토타일
- 유리블록
- 돌

그림 8.1 건설에 사용되는 조적 객체

콘크리트 블록은 속이 찼거나 비워있을 수도 있다, 그러나 점토벽돌, 유리블록, 그리고 돌은 일반적으로 속이 차있다. 구조용 점토타일은 점토벽돌보다 더 큰 속빈 객체이며, 파티션 벽과 필러 패널과 같은 구조용과 비구조용 조적에 사용된다. 그들은 수평 혹은 수직방향으로 복부를 두고 사용될 수 있다. 그림 8.2는 콘크리트 조적 객체, 점토벽돌, 그리고 구조용 점토타일의 예를 보여주고 있다. 콘크리트 조적 객체와 점토벽돌이 미국에서 일반적으로 사용된다.

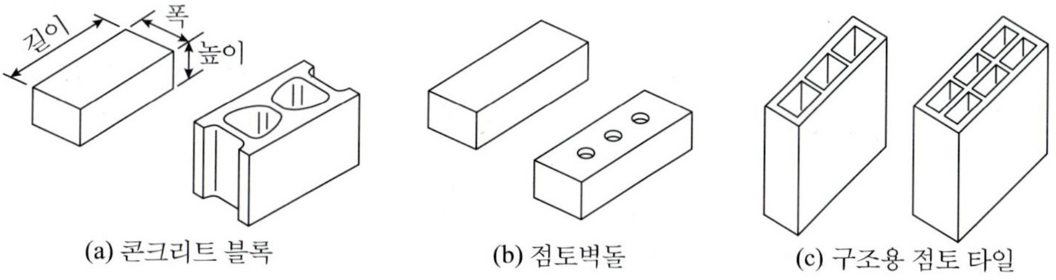

(a) 콘크리트 블록 (b) 점토벽돌 (c) 구조용 점토 타일

그림 8.2 조적 객체의 예

8.1.1 콘크리트 조적 객체(concrete masonry units)

속찬 콘크리트 객체들은 일반적으로 콘크리트 벽돌이라 불리는 반면, 속빈 객체는 콘크리트 블록, 또는 속빈 블록으로 일컬어진다. 속빈 객체는 동일 평면에서 전단면적의 75%보다 작은 유효단면적을 갖는다[포틀랜드시멘트협회(PCA), 1991]. 콘크리트 조적 객체는 밀도에 따라 그림 8.1에 나타낸 경량 객체, 중중량 객체, 그리고 보통중량 객체 3가지 등급으로 제조된다. 양입도 모래, 자갈, 그리고 쇄석이 보통 중량 객체를 제조하기 위해서 사용된다. 부석, 화산암재, 석탄재, 팽창점토, 그리고 팽창 셰일과 같은 경량 골재가 경량 객체를 제조하기 위해 사용된다. 경량객체는 보통중량 객체보다 더 높은 내화특성과 더 낮은 음파저항성을 갖는다.

콘크리트 조적 객체는 포틀랜드 시멘트, 골재, 물, 혼화재료로 구성되는 상대적으로 건배합(제로－슬럼프)을 사용하여 제조된다. Type I 시멘트가 보통 콘크리트 블록을 제조하는데 사용된다. 그러나 Type III 시멘트도 종종 양생시간을 줄이기 위해 사용된다. AE콘크리트가 때때로 동결융해에 대한 조적 구조의 저항성을 증가시키고, 제작과정에서 워커빌리티, 다짐, 그리고 객체의 성형성을 개선하기 위해서 사용된다. 객체는 압력으로 성형된 다음 보통 저압 증기양생으로 양생된다. 제조이후, 객체는 콘크리트가 계속 양생되도록 제어환경에 저장된다.

콘크리트 조적 객체는 지지(ASTM C90)와 비지지(ASTM C129)로 분류될 수 있다. 지지 객체는 표 8.2에 나타낸 것과 같이 비지지 객체보다 더 큰 압축강도 조건을 만족해야만 한다. 개별 콘크리트 조적 객체의 압축강도는 객체를 캐핑하고 파괴까지 블록의 높이 방향으로 하중을 작용시켜 결정된다. 시험기의 용량이 충분하지 않다면 객체의 일부분만을 사용할 수 있지만, 실물 크기 객체가 시험에 권장된다.

표 8.1 콘크리트 조적 객체의 중량분류와 허용 최대 흡수량

중량분류	단위중량(mg/m^3)	최대 흡수량(kg/m^3)
경량	168 미만	288
중간중량	1.68~2.00	240
보통중량	2.00 또는 초과	208

표 8.2 지지 및 비지지 콘크리트 블록의 강도조건

종 류	순단면적 최대 압축강도	
	3객체의 평균	각 객체
지지	13.1	11.7
비지지	4.1	3.5

전단면 압축강도는 파괴하중을 블록의 전단면적으로 나누어 산정한다. 유효단면 압축강도는 파괴하중을 유효단면적으로 나누어서 계산한다. 유효단면적은 블록의 총체적을 높이로 나누어서 계산한다. 유효체적은 ASTM C140에 따라 물치환(water displacement) 시험으로 결정된다.

예제 8.1

속빈 콘크리트 조적 객체가 190 mm × 190 mm × 390 mm(폭 × 높이 × 길이)의 치수를 가졌다. 객체가 압축 시험기에서 시험되어 다음과 같은 결과를 얻었다.

- 파괴하중 = 1134 KN
- 유효체적 = 6,012,413 mm^3

a. 전단면 압축강도를 계산하라.

b. 유효단면 압축강도를 계산하라.

풀이

a. 전단면적 = 190 × 390 = 74,100 mm^2
전단면 압축강도 = 1,134,000/74,100 = 15.3 MPa

b. 유효단면적 6,012,413/190 = 31,644 mm^2
유효단면 압축강도 = 1,134,000/31,644 = 35.8 MPa

콘크리트 조적 객체의 흡수량은 제조이후 습윤 손실에 의한 건조수축을 제한하고 풍화 효과를 감소시키기 위해 ASTM 기준에 의해 규제된다(ASTM C90). 콘크리트 조적 객체의 흡수율은 24시간 동안 물에 객체를 함침시켜 결정한다. 흡수율과 함수량은 다음 식들로 계산한다.

$$\text{흡수량}(\text{kg/m}^3) = \frac{W_s - W_d}{W_s - W_i} \times 1000 \tag{8.1}$$

$$\text{흡수율}(\%) = \frac{W_s - W_d}{W_d} \times 100 \tag{8.2}$$

$$\text{전흡수량의 백분율 함수량} = \frac{W_r - W_d}{W_s - W_d} \times 100 \tag{8.3}$$

여기서, W_s : 시편의 포화중량, kg
W_d : 객체의 절대건조중량, kg
W_i : 시편의 함침 중량, kg
W_r : 입수 시편의 중량, kg

표 8.1은 지지 콘크리트 조적 객체의 허용 최대 흡수량을 보여준다.

예제 8.2

콘크리트 조적 객체가 ASTM C140에 따라 시험되어 다음의 결과를 얻었다.

- 입수 객체의 질량 = 10,354 g
- 객체의 포화질량 = 11,089 g
- 객체의 절대건조질량 = 9,893 g
- 객체의 수중질량 = 5,136 g

kg/m^3단위로 흡수량, 백분율 흡수량, 그리고 전흡수량의 백분율로서 블록의 함수량을 구하라.

풀이

$$\text{흡수량} = \frac{11{,}089 - 9{,}893}{11{,}089 - 5{,}136} \times 1000 = 200.1\,\text{kg/m}^3$$

$$\text{흡수율} = \frac{11{,}089 - 9{,}893}{9{,}893} \times 100 = 12.1\%$$

$$\text{전 흡수량의 백분율로서의 함수량} = \frac{10{,}354 - 9{,}893}{11{,}089 - 9{,}893} \times 100 = 38.5\%$$

콘크리트 조적 객체는 다양한 크기, 색깔, 모양, 그리고 무늬로 만들어진다. 콘크리트 조적 객체는 공칭치수가 명시된다. 공칭치수는 모르타르의 두께만큼 보통 10 mm 정도 지정(모듈)치수보다 크다. 예를 들면, 200 mm × 200 mm × 400 mm 블록은 그림 8.3에 설명되어 있는 것과 같이 실제로 폭 190 mm, 높이 190 mm, 길이 390 mm을 갖는다. 지지 콘크리트 조적 객체는 100 mm, 150 mm, 200 mm, 250 mm, 300 mm의 폭, 100 mm, 200 mm의 높이, 그리고 300 mm, 400 mm, 600 mm의 길이로 제작된다. 또한, 조적벽체 내의 위치에 따라 조적 객체는 그림 8.4에 나타낸 것과 같이 스트레처(stretcher), 단일코너, 이중코너로 제조된다.

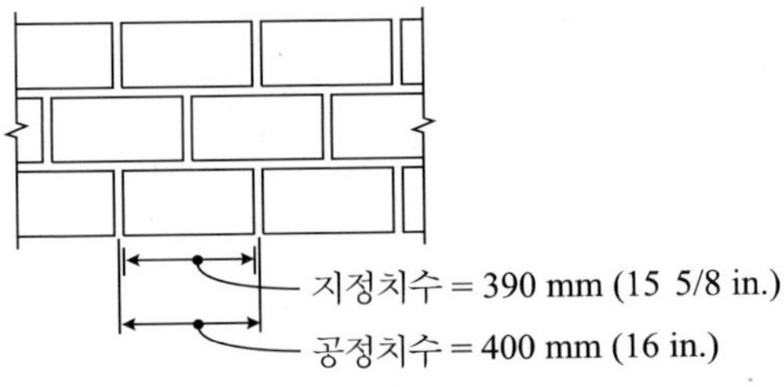

그림 8.3 공칭치수와 지정(모듈)치수

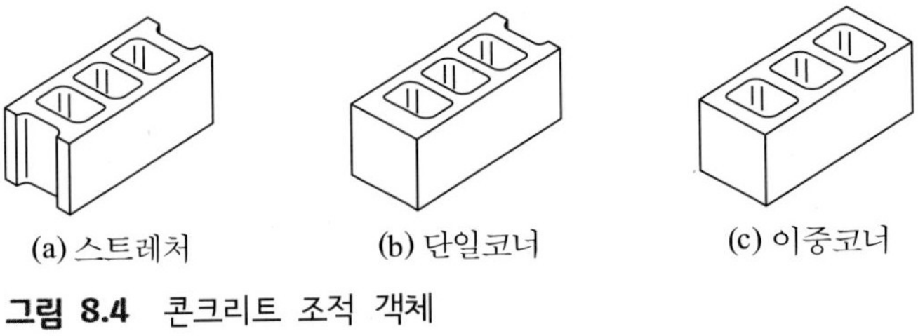

그림 8.4 콘크리트 조적 객체

표 8.3 축조 및 치장벽돌의 강도 조건

형 태	유효단면적 최소압축강도, MPa	
	3개 객체의 평균	각 객체
축조벽돌	17.3	13.8
치장벽돌	24.1	20.7

속찬 콘크리트 조적 객체는 노출 특성에 따라 2가지 형태, 즉 축조벽돌(building brick)과 치장벽돌(facing brick)로 제조된다. 콘크리트 축조벽돌은 노출되지 않는 곳에 일반적으로 사용되는 반면에 치장벽돌은 일반적으로 벽돌의 한 면 이상이 노출되는 곳에 사용된다. 콘크리트 치장벽돌은 콘크리트 축조벽돌보다 엄격한 조건을 만족해야 한다. 콘크리트 치장벽돌의 최대허용흡수율은 콘크리트 축조벽돌보다 작다. 또한, 콘크리트 치장벽돌의 유효단면 최소압축강도는 표 8.3에 나타낸 것과 같이 콘크리트 축조벽돌보다 크다.

8.1.2 점토벽돌

점토벽돌은 구운 점토로 만들어진 작은 사각형 블록이다. 벽돌 제작에 사용되는 점토는 장소에 따라 조성물이 매우 다양하다. 점토에는 주로 실리카, 알루미나, 석회, 철, 망간, 황, 인산염이 다양한 비율로 섞여 있다. 벽돌제조 과정은 점토를 갈거나 파쇄해서 물과 혼합하여 반죽상태로 만드는 것으로 시작된다. 점토 반죽을 성형하고, 무늬를 넣고, 건조시킨 후 최종적으로 굽는다. 벽돌은 제조과정의 소성온도에 따라 적색, 자주색, 회색, 분홍색, 갈색과 같은 다양한 색으로 제조된다. 벽돌 제조 시 소성온도는 900~1200℃로 다양하다. 점토벽돌은 평균 2 mg/m^3의 평균밀도를 갖는다.

점토벽돌은 축조, 치장 그리고 미학, 마루제작, 포장을 포함한 다양한 목적에 사용된다. 축조벽돌은 구조재료로 사용되며 일반적으로 강하고 내구성이 우수하다. 치장벽돌은 미관 목적으로 사용되며, 크기, 색깔, 그리고 무늬가 다양하다. 바닥벽돌은 마무리된 바닥 표면에 사용되며, 일반적으로 마모에 대한 높은 저항성을 가지면서 매끈하고 밀실하다. 마지막으로 포장벽돌은 길, 보도, 테라스, 도로, 그리고 인테리어 바닥의 포장 재료로 사용된다. 포장벽돌은 적색, 회색, 갈색 등 색깔이 다양하고 전형적으로 마찰에 대한 저항성이 우수하며, 보통 높은 마찰저항성과 수밀성을 갖도록 유약으로 처리된다.

흡수율은 벽돌의 내구성을 결정하는 중요한 특성 중의 하나이다. 흡수성이 큰 벽돌은 조적에 백화현상과 다른 문제들을 유발시킬 수 있다. ASTM C67에 준하여 24시간 침수 흡수량, 5시간 비등흡수량, 포화계수는 다음 식에 의해 계산된다.

$$24\text{시간 침수흡수율}(\%) = \frac{(W_{s24} - W_d)}{W_d} \times 100 \tag{8.4}$$

$$5\text{시간 비등흡수율}(\%) = \frac{(W_{b5} - W_d)}{W_d} \times 100 \tag{8.5}$$

$$\text{포화계수} = \frac{(W_{s24} - W_d)}{(W_{b5} - W_d)} \tag{8.6}$$

여기서, W_d : 시편의 건조중량

W_{s24} : 차가운 물에서 24시간 침수 후의 포화중량

W_{b5} : 5시간 비등 후의 포화중량

점토벽돌은 내구성과 내화성이 매우 우수하며 유지관리가 거의 필요하지 않다. 점토벽돌은 다른 재료로 만들어진 집과 비교하여 겨울에는 따뜻하고 여름에는 서늘한 벽돌집을 만드는 적절한 단열 특성을 가지고 있다. 점토벽돌은 또한 불연성이며 절연체이다.

점토벽돌의 압축강도는 내하성능과 내구성을 결정하는 중요한 역학 특성이다. 점토벽돌의 압축강도는 점토성분, 벽돌 제작방법, 굽는 정도에 따라 달라진다. 압축강도는 벽돌의 반을 잘라서 캡핑한 후에 높이 방향에서 하중을 작용시켜 실험하고, 그 파괴하중을 단면적으로 나누어 결정한다. 압축강도를 결정하는데 유효단면적과 총단면적이 사용된다. 유효단면적은 유효단면적이 총단면적의 75%보다 작을 때만 사용한다. 시험기의 용량이 벽돌의 반을 시험하기에 충분하지 않다면 1/4을 시험할 수도 있다. 벽돌의 다른 역학적 특성들은 파괴계수, 인장강도, 탄성계수이다. 대부분의 점토벽돌은 3.5 ~ 26.2 MPa 정도의 파괴계수를 갖는다. 인장강도는 보통 파괴계수의 30 ~ 49%이다. 탄성계수는 10.3 ~ 34.5 GPa이다.

점토 축조벽돌은 압축강도, 흡수량, 그리고 포화계수와 같은 풍화저항성과 내구성에 관련된 특성들에 따라 등급이 매겨진다. 표 8.4는 3가지 등급을 보여준다. 여기서 SW, MW 그리고 NW는 혹독한 풍화, 중간 풍화, 무시할 수 있는 풍화를 각각 나타낸다. SW 등급 벽돌은 동결되는 지역 즉 지하에 사용된다. NW등급 벽돌은 동결작용이 없거나 빙점이하라도 건조한 지역에 사용되도록 추천된다. NW등급 벽돌은 동결이 전혀 발생하지 않는 실내시공에 사용될 수 있다. 동결융해 및 건습의 영향을 줄이기 위해 풍화조건이 심각할수록 더 높은 압축강도, 더 낮은 흡수율과 포화계수가 필요하다는 것에 유념하여야 한다.

표 8.4 점토 축조벽돌의 물리적 조건(ASTM C62)						
	최소 압축강도, 전단면적(MPa)		최대 5시간 비등 흡수율(%)		최대 포화계수	
등급	5개 벽돌의 평균	단일	5개 벽돌의 평균	단일	5개 벽돌의 평균	단일
SW	20.7	17.2	17.0	20.0	0.78	0.80
MW	17.2	15.2	22.0	25.0	0.88	0.90
NW	10.3	8.6	무제한	무제한	무제한	무제한

예제 8.3

5시간 비등시험이 ASTM C67에 따라 중간 풍화 점토벽돌에 수행되었고, 다음과 같은 질량이 얻어졌다.

- 시편의 건조중량 = 1.788 kg
- 5시간 비등 후의 포화중량 = 2.262 kg

5시간 비등에 의한 퍼센트 흡수율을 계산하고, 벽돌이 ASTM 조건을 만족하는지를 체크하라.

풀이

$$5\text{시간 비등흡수율} = \frac{2.262 - 1.788}{1.788} \times 100 = 26.5\%$$

표 8.4로부터 5시간 비등 최대허용흡수율은 25.0%이다.

따라서, 벽돌은 ASTM 조건을 만족하지 못한다.

치장 점토벽돌은 혹독한 열화(SW)와 중간 열화(MW) 2가지 내구성 등급으로 제조된다. 각 내구성 등급은 3가지 외관형태 FBS, FBX, FBA로 제조된다. 이 세 가지 타입은 치장벽돌 표준, 치장벽돌 특수, 치장벽돌 건축을 의미한다. FBX형 벽돌은 일반적으로 노출되는 조적조 시공에 사용된다. FBX형 벽돌은 크기에서 높은 정확도와 낮은 허용오차가 요구되는 외부 및 내부 조적조 시공에 사용된다. FBA형 벽돌은 각 객체의 크기와 무늬의 불균일성에 의한 특수한 건축 효과를 얻기 위해 제조된다.

콘크리트 조적 객체와 유사하게 점토벽돌은 공칭치수로 지칭된다. 벽돌의 공칭치수는 약 10～12.5 mm인 모르타르 조인트 두께로 의해 지정치수보다 더 크다. 벽돌의 실제크기는 공칭 크기와 4～15%인 소성과정 동안 발생하는 건조수축량에 달려있다.

점토벽돌은 벽돌의 공칭 폭 × 높이 × 길이로 표기된다. 예를 들면, $4 \times 2^{-2/3} \times 8$ 벽돌은 폭 100 mm, 높이 70 mm, 길이 200 mm를 갖는다. 점토벽돌은 75～300 mm의 공칭 폭, 50～200 mm의 공칭 높이, 최대 400 mm 높이를 갖도록 제작된다. 벽돌은 모듈벽돌 또는 비모듈벽돌로 분류되며, 모듈벽돌은 폭과 길이가 100 mm씩 커진다.

8.2 모르타르

모르타르는 시멘트계 재료, 골재, 배합수의 혼합물이다. 모르타르는 시멘트-석회 모르타르, 시멘트 모르타르, 또는 조적 시멘트 모르타르로 분류된다. 모르타르는 다음과 같은 기능으로 사용된다.

- 비보강 또는 보강 조적 객체 부착
- 객체 안치재료로 사용
- 객체 안치 및 평탄화
- 구조물의 조형미 제공

모르타르는 M, S, N, O 네 개 형태로 제조된다. 모르타르는 배합기준 또는 물성기준(ASTM C270)을 만족할 필요가 있다. 배합기준은 구성재료의 양을 규정하는데 반해 물성기준은 압축강도, 함수량, 공기량, 골재율을 규정한다.

모르타르는 현장이나 실험실에서 평가될 수 있다. 실험실에서 모르타르 압축강도 시험은 ASTM C109에 따라 50 mm 입방체를 사용하여 실시한다. 재령 28일에 타입 M, S, N, O의 최소압축강도는 각각 17.2 MPa, 12.4 MPa, 5.2 MPa, 2.4 MPa이다. 현장평가는 시공 전 1회 이상의 시험배합을 통해 진행한다. 시험배치로부터 채취된 샘플은 배합의 굳지 않은 특성 및 경화 특성을 설정하는데 사용한다(ASTM C270).

모르타르는 경화하면서 조적 객체를 부착하기 시작한다. 시공 동안 벽돌과 블록은 조적 객체 공극안의 모르타르가 최대 접착력을 발현하도록 비비면서 눌러준다. 그러나 모르타르가 조적조에서 가장 약한 부분임을 명심해야 한다. 따라서 일반적으로 모르타르 층이 얇을수록 두꺼운 층보다 강한 벽이 된다.

콘크리트와 다르게 압축강도는 모르타르의 가장 중요한 특성이 아니다. 모르타르는 접착제와 실런트로 사용되기 때문에 조적 객체와 조적조를 보강하기 위해서 사용되는 철근과 완벽하고 강하며 내구성이 우수한 부착을 형성하는 것이 중요하다. 각 객체를 부착하는 성능은 모르타르의 인장부착강도로 측정되며(ASTM C952), 객체를 분리하는데 필요한 힘과 관계가 있다. 인장부착강도는 조적조의 전단 및 휨강도에 영향을 미친다. 인장부착강도는 보통 0.14～0.55 MPa 정도이며, 배합에 함유된 석회의 양에 의해 영향을 받는다.

모르타르 성능에 영향을 미치는 다른 특성은 워커빌리티, 압축강도, 동결융해 저항성, 그리고 함수량이다. ASTM C91은 물이 조적 객체로 흡수되는 속도로 수분 보유량을 정의한다.

8.3 그라우트

그라우트는 포틀랜드 시멘트, 모래, 잔골재, 배합수 그리고 종종 석회로 구성되는 슬럼프가 큰 콘크리트이다. 그라우트는 ① 조적 객체를 부착하고, ② 조적조에 보강 철근을 부착하고, ③ 하중지지 면적을 증가시키고, ④ 내화성능을 증가시키고, ⑤ 무게를 증가시켜 전도 저항성을 개선할 목적으로 속빈 조적 객체에 핵과 공극을 채우기 위해 사용된다. ASTM C476에서는 그라우트의 재령 28일 최소압축강도를 14MPa로 규정하고 있다.

8.4 회반죽

회반죽은 포틀랜드 시멘트, 석회, 모래, 그리고 배합수의 액상 배합이며, 조적조 또는 골조벽체를 마무리하는데 사용된다. 회반죽은 외부 또는 내부 벽체에 사용된다. 회반죽의 압축강도는 재령 28일에 약 13.8 MPa이다.

요약

조적조는 고대 건조 아도베 블록의 사용으로 거슬러 올라가는 가장 오래된 건축 기술 중의 하나이다. 현대 조적 객체는 제조과정에서 엄격한 기준에 맞춰 제조된다. 품질관리 측면에서 조적 객체의 강도가 중요하지만 조적조의 강도는 일반적으로 객체들을 모르타르로 부착시키는 성능에 좌우된다. 환경적 열화에 저항하는 조적 객체의 성능은 중요한 품질 고려사항이다. 이 성능은 조적 객체의 흡수율과 밀접한 관계가 있다.

질의와 문제

8.1 ASTM C90에 따라 속빈 그리고 속찬 조적 객체를 정의하라.

8.2 골조벽체와 비교되는 조적조의 장점은 무엇인가?

8.3 콘크리트 조적 객체의 압축강도를 시험하여 다음과 같은 결과를 얻었다.

파괴강도 = 544 kN	전단면적 = 0.084 m^2
총체적 = 0.016 m^3	유효체적 = 0.007 m^3

이 객체는 속빈 또는 속찬 중 어느 것으로 분류되는가? 이유는? 압축강도는 얼마인가? 압축강도는 표 8.2에 나타낸 하중지지 객체에 대한 ASTM 조건을 만족하는가?

8.4 콘크리트 조적 객체의 압축강도가 시험되어 다음과 같은 결과를 얻었다.

파괴하중 = 726 kN	전단면적 = 0.081 m^2
총체적 = 0.015 m^3	유효체적 = 0.007 m^3

객체는 속빈 또는 속찬 중 어느 것으로 분류되는가? 이유는? 압축강도는 얼마인가? 압축강도는 표 8.2에 나타낸 하중지지 객체에 대한 ASTM 조건을 만족하는가?

8.5 1/2블록 콘크리트 조적 객체에 대한 압축강도 시험이 수행되었다. 시편의 외형 치수는 190 mm × 190 mm × 190 mm이다. 단면이 25 mm 외벽 두께를 갖는 속빈 정사각형이다. 하중은 속빈단면에 수직하게 작용하였으며, 최대하중은 23 kN이었다.

a. 총단면 압축강도를 결정하라.
b. 유효단면 압축강도를 결정하라.

8.6 콘크리트 조적 객체가 190 mm × 190 mm × 190 mm의 치수를 갖는다. 객체는 압축 시험기에서 시험되었으며, 다음과 같은 결과를 얻었다.

파괴하중 = 444 kN
유효체적 = 0.0057 m^3

a. 객체는 속빈 또는 속찬으로 분류되는가?
b. 총단면 압축강도를 계산하라.
c. 유효단면 압축강도를 계산하라.

8.7 1/2블록 콘크리트 조적 객체가 파괴까지 압축력을 받았다. 시편의 단면 치수가 190 mm × 190 mm × 190 mm이었다. 단면은 38 mm의 외벽 두께를 갖는 속빈 정사각형 단면이었다. 하중은 속빈단면에 수직하게 작용하였고, 최대하중은 296 kN이었다.

a. 총단면적 압축강도를 구하라.

b. 유효단면적 압축강도를 구하라.

8.8 다음 그림에 나타낸 단면을 가진 대칭 속빈 콘크리트 조적 객체의 압축강도 시험이 실시되었다. 파괴 시의 압축하중은 329 kN이었다. MPa 단위로 압축강도를 계산하라.

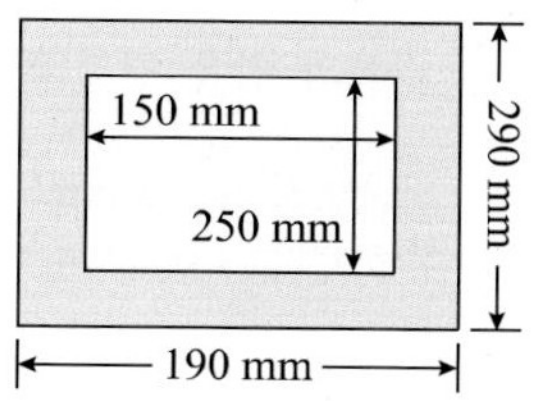

8.9 콘크리트 조적 객체가 190 mm × 190 mm × 190 mm의 단면 치수를 갖는다. 객체가 압축시험기에서 시험되었으며, 다음과 같은 결과를 얻었다.

최대하중 = 376 kN
유효체적 = 0.005 m^3

a. 객체는 속빈 또는 속찬으로 분류되는가? 이유는?

b. 총단면 압축강도를 구하라.

c. 유효단면 압축강도를 구하라.

8.10 a. 콘크리트 조적 객체가 흡수조건을 만족하는 것이 왜 중요한가?

b. 보통중량 콘크리트 조적 객체의 일부에 대한 흡수율과 함수량 시험을 실시하여 다음 무게를 얻었다.

객체의 인수중량 = 1.95 kg	객체의 포화중량 = 2.13 kg
객체의 절건중량 = 1.90 kg	객체의 수중중량 = 0.95 kg

kg/m^3의 단위로 흡수율과 총흡수량의 백분율로 객체의 함수량을 결정하라. 흡수율은 ASTM C90의 흡수율 조건을 만족하는가?

8.11 중간무게 콘크리트 조적 객체의 일부가 흡수율과 함수량에 대해 시험되었으며, 다음과 같은 결과를 얻었다.

객체의 인수중량 = 5435 g	객체의 포화중량 = 5776 g
객체의 절건중량 = 5091 g	객체의 수중중량 = 2973 kg

kg/m^{3}의 단위로 흡수율과 총흡수량의 백분율로 객체의 함수량을 결정하라. 흡수율은 ASTM C90의 흡수율 조건을 만족하는가?

8.12 콘크리트 조적 객체의 일부가 ASTM C140 절차에 따라 흡수율과 함수량 시험이 실시되어, 다음과 같은 결과를 얻었다.

객체의 인수중량 = 7024 g	객체의 포화중량 = 7401 g
객체의 절건중량 = 6916 g	객체의 수중중량 = 3624 g

다음을 결정하라.

a. 백분위 흡수율
b. 전흡수율의 백분위로서 객체의 함수량
c. 건조밀도
d. ASTM C90에 따른 중량 분류(경량, 중량, 또는 보통)

8.13 콘크리트 조적 객체가 ASTM C140에 따라 시험되었으며, 다음과 같은 결과를 얻었다.

객체의 인수중량 = 8271 g	객체의 포화중량 = 8652 g
객체의 절건중량 = 7781 g	

객체의 백분위 흡수율과 흡수율 백분위 함수량을 결정하라.

8.14 점토 벽돌의 공칭, 모듈, 실제 치수를 정의하라.

8.15 점토벽돌의 3가지 등급에 대해 정의하고 설명하라.

8.16 혹독한 열화 점토벽돌이 ASTM C67에 따라 흡수율과 포화계수에 대해 시험되어, 다음과 같은 결과를 얻었다.

시편의 건조중량 = 2.186 kg
24시간 수침 후의 포화중량 = 2.453 kg
5시간 비등후 의 포화중량 = 2.472 kg

24시간 침수 흡수율, 5시간 비등 흡수율, 그리고 포화계수를 계산하여라. 벽돌은 ASTM 조건을 만족하는가?

8.17 모르타르는 무엇으로 만들어지는가? 모르타르의 기능은 무엇인가?

8.18 그라우트는 무엇인가? 그라우트는 어디에 사용되는가?

8.19 회반죽의 구성요소는 무엇인가? 그것은 어디에 사용되는가?

참고문헌

Adams, J. T. The Complete Concrete, Masonry and Brick Handbook. New York: Arco, 1979.

Portland Cement Association. Mortars for Masonry Walls. Skokie, IL: Portland Cement Association, 1987.

Portland Cement Association. Masonry Information. Skokie, IL: Portland Cement Association, 1991.

Somayaji, S. Civil Engineering Materials. Upper Saddle River, NJ: Prentice Hall, 2001.

CHAPTER 09

아스팔트 바인더와 아스팔트 혼합물

아스팔트는 가장 오래된 건설재료 중 하나이다. 아스팔트는 기원전 3000년 전부터 사용되어 왔으며 9세기까지 도로재료로 사용되었다. 1850년 중반기 전까지 전 세계에서 아스팔트는 천연 호수로부터 얻을 수 있었으며, 트리니다드 호수에서는 지금도 아스팔트를 채굴하고 있다. 그러나 펜실베이니아에서 원유 발견과 원유 정제를 통해 아스팔트가 생산되면서 아스팔트의 사용이 확산되기 되기 시작하였다. 1907년부터는 정제된 아스팔트의 사용이 천연 아스팔트보다 많아지게 되었으며 오늘날 모든 아스팔트는 정제된 원유로부터 만들어지고 있다.

그림 9.1과 같이 역청재료는 아스팔트와 타르로 분류된다. 다양한 아스팔트 제품들이 사용되고 있으나 아스팔트는 대부분 도로 포장 시공에 사용되고 있으며 실링 재료 또는 방수 재료로도 사용되고 있다. 타르는 석탄의 분해 증류나 원유 수증기를 분해하여 생산된다. 미국에서는 주로 타르가 지붕의 방수를 목적으로 이용된다. 또한, 타르는 주차장이나 공항의 계류장 같이 배출된 연료로 인하여 아스팔트를 용해하는 곳에 포장 표면 처리제로 사용된다.

그림 9.2는 원유에 성분과 정제과정을 보여주고 있다. 각각의 제품들은 각기 다른 온도에서 분리된다. 그림 9.2는 가솔린, 등유, 디젤, 아스팔트 같은 주요 제품들의 정제과정을 보여주고 있다. 아스팔트는 원유에 다른 제품들보다 저가의 제품이기 때문에 원유 정제업자들은 보다 많은 연료 재료를 추출하고자 정제 공정을 고도화 하고 있다. 아스팔트의 품질과 양은 원유의 종류와 정제방법에 따라 달라진다. 예를 들어, 나이지리아 원유의 경우 소량의 아스팔트가 생산되지만 중동지역의 원유에서는 다량의 아스팔트가 생산된다.

본 장에서는 아스팔트의 종류, 사용방법, 화학적 및 물리적 성질에 대하여 정리하고자 한다. 뿐만 아니라 도로나 공항의 계류장 등에서 사용되는 아스팔트 혼합물과 골재에 대해서도 언급하였다(그림 9.3). 또한, 본 장에서는 최근에 개발된 아스팔트 바인더의 공용성 등급과 수퍼패이브 배합설계(National Academy of Science에 가입되어 있는 상표)에 대해서도 다루고 있으며, 도로 포장 재료의 재활용 방법과 아스팔트 바인더의 특성을 개량시키는 개질 첨가제에 대하여 정리하였다.

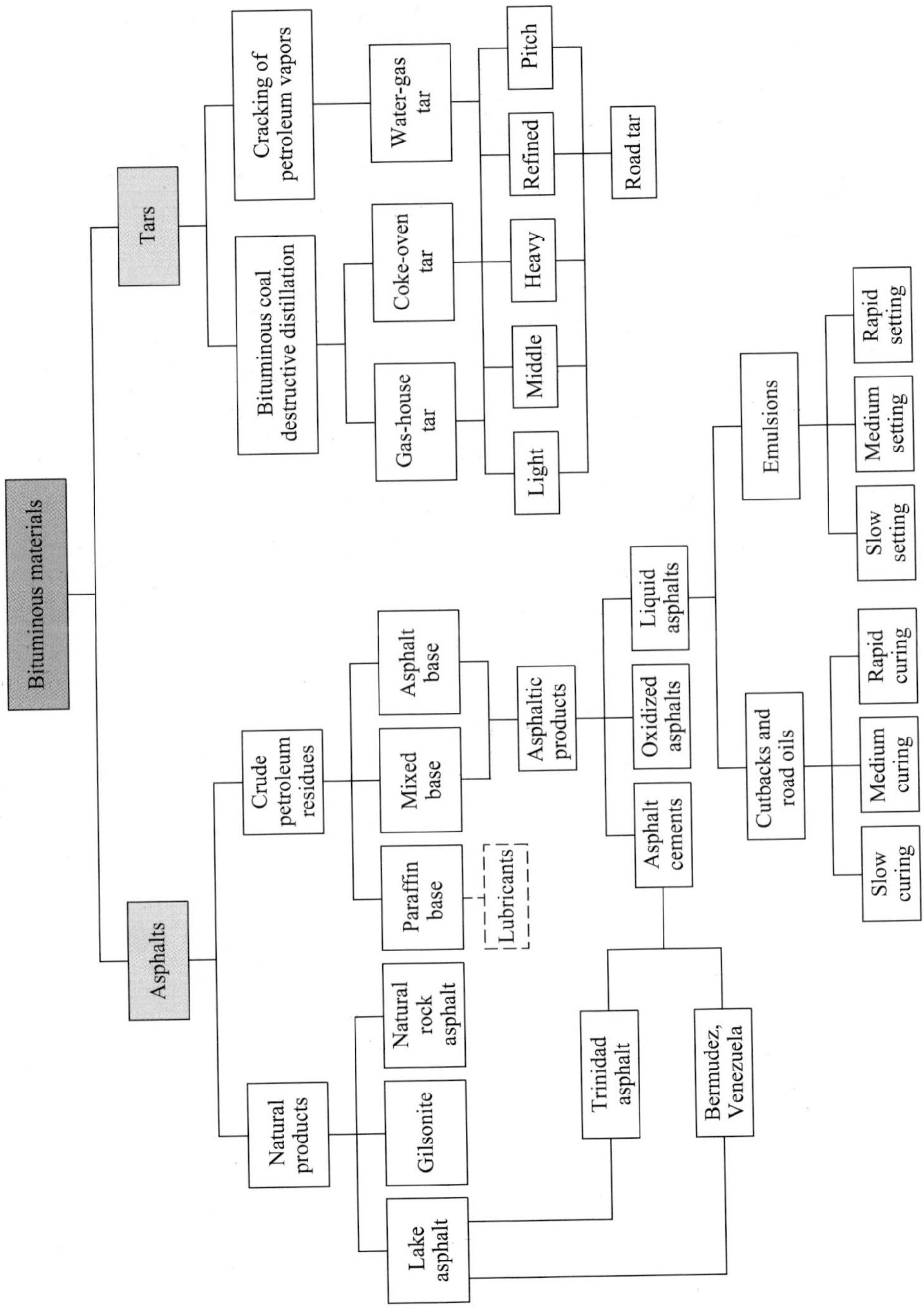

그림 9.1 역청재료의 분류[Goetz and Wood, 1960]

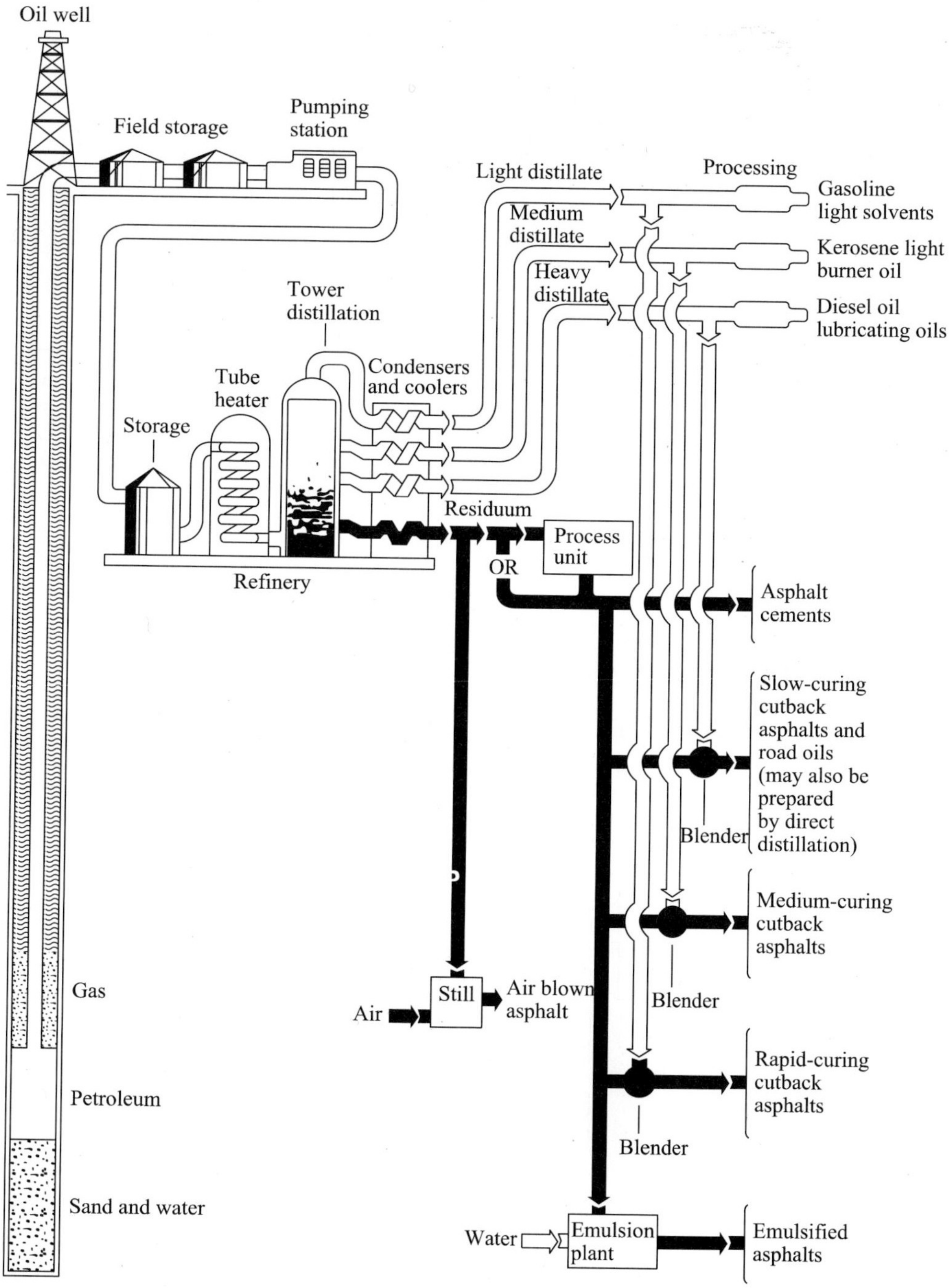

그림 9.2 원유 정제 과정[The asphalt Institute, 2007]

그림 9.3 아스팔트, 골재, 아스팔트 혼합물

9.1 아스팔트의 종류

도로 포장에 사용되는 아스팔트로는 3가지 종류(아스팔트 바인더, 컷백 아스팔트, 유화 아스팔트)가 생산된다. 아스팔트는 각기 다른 분자량의 탄화수소의 화합물이다. 아스팔트의 특성은 화학적 구성요소와 탄화수소 분자량의 비율에 따라 달라진다. 고분자량의 비율이 높아지면 아스팔트의 강도 높아지며 점도는 증가하게 된다. 상온에서 아스팔트는 가열하지 않고 용의하게 사용할 수 없는 반고체 상태로 존재한다. 액상 상태의 컷백 아스팔트나 유화 아스팔트는 가열하지 않고 사용할 수 있도록 개발되었다[The Asphalt Institute, 2007].

비록, 액상 아스팔트가 사용하기에 편리하지만 가열한 아스팔트와 골재를 함께 혼합한 아스팔트 혼합물과 동등한 성능에 아스팔트 혼합물을 생산할 수는 없다. 아스팔트는 우수한 접착력을 가지고 있으며 도로 포장에 적용할 경우 더 우수한 성능을 발휘하게 된다. 아스팔트는 도로 포장에 사용하는 바인더로서 가장 일반적인 재료이다.

컷백 아스팔트는 저 분자량의 탄화수소 용제에 아스팔트를 용해시켜 만들어진다. 컷백 아스팔트는 도로 포장 위에 살포하거나 골재와 혼합했을 경우, 용제는 증발하고 바인더로서 아스팔트 잔여물이 남게 된다. 과거에 컷백 아스팔트는 고속도로 포장 공사에 널리 사용되었다. 컷백 아스팔트는 현장에서 효과적이며 쉽게 도로 포장 공사에 적용되었다. 하지만, 컷백 아스팔트는 3가지 단점으로 인하여 사용이 제한되었다. 첫 번째로 유가 가격의 증가이다. 비싸진 원유로부터 아스팔트를 정제하는 중개업자들은 가격적인 이윤을 취할 수 없게 되었다. 두 번째, 컷백 아스팔트는 휘발성을 가지고 있어 불안정한 물질이었다. 마지막으로 컷백 아스팔트를 도포할 때 탄화수소를 대기 중에 발산하는데 이는 환경오염 문제를 유발하게 되었다. 많은 지역에서 대기오염문제로 인하여 컷백 아스팔트의 사용이 법적으로 허용되지 않는다.

아스팔트를 용해시키는 것에 다른 대안은 그림 9.4와 같이 아스팔트 유제를 분산시키는 것이다. 이 과정에서 아스팔트 바인더는 물리적으로 마이크로 단위의 작은 구체로 분해되고 물에 포함되어 유화제와 함께 섞이게 된다. 유제 아스팔트의 60~70%는 아스팔트로, 30~40%는 물로, 일부는 유화제로 구성되어 있다. 유화제의 종류는 많지만 기본적으로 비누 재료가 일반적이다. 유제 분자는 두 가지로 구분할 수 있는데 전자 전하에 따라 머리부와 전자 친화력이 있는 꼬리부로 나누어진다. 전하들은 양이온 또는 음이온이 된다. 아스팔트 바인더가 물과 유제와 만나게 되면 유화제의 꼬리부는 머리쪽과 떨어지고 아스팔트 바인더에 결합한다. 유제의 전기 전하는 아스팔트 구체와 물을 밀어내어 분리시키게 된다. 아스팔트와 물의 비중이 비슷해지면 구체는 자연적인 부력으로 인해 더 이상 뜨거나 가라앉지 않는다. 유제가 골재와 혼합되어 도로 위에서 사용되면 수분이 증발하고 아스팔트가 굳어져 바인더가 형성된다. 아스팔트 잔여물과 물 사이에서 일어나는 분리현상은 파괴나 여러 가지 상황에 대해서 설명할 수 있게 한다. 유제의 설정비율은 다양한 종류의 유제는 그 양을 조절할 수 있게 해준다. 골재는 양전하(예, 석회석) 또는 음전하(예, 규산질 골재)가 있고 양전하와 음전하가 서로 친화하려고 하는 성질이 있다. 그러나 몇몇 유제들은 표면 전하와 상관없이 만들어지기도 한다.

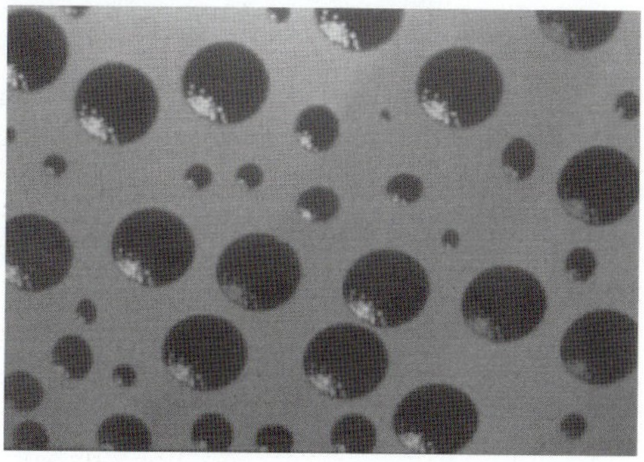

그림 9.4 물 안에 분포된 아스팔트의 드롭렛을 보여주는 유화 아스팔트

비록, 유화 아스팔트와 컷백 아스팔트의 용도와 적용대상이 유사하지만 유화 아스팔트는 휘발성이 없으며 컷백 아스팔트와 비교하여 가격이 저렴하여 유화 아스팔트의 사용이 증가하고 있다.

9.2 아스팔트의 사용

아스팔트는 주로 도로 포장 건설공사와 도로 포장 유지관리 공사에 사용된다. 또한, 주택의 지붕이나 지하 구조물과 같은 다양한 구조적 역할을 할 수 있는 씰링 재료나 방수제로 사용되기도 한다. 아스팔트의 종류나 등급 선정은 건설 공사의 목적이나 지역의 기후조건에 따라 달라진다. 일반적으로 아스팔트 시멘트(아스팔트 바인더라고도 함)는 아스팔트 포장의 표층에 포설하기 위한 가열 아스팔트 혼합물을 생산하는데 사용된다(그림 9.5~9.6). 또한, 아스팔트 바인더는 아스팔트 포장과 시멘트 콘크리트 포장을 부분적으로 보수하는데 사용되기도 한다. 액상형 아스팔트(유화, 컷백)는 포그씰, 칩씰, 슬러그씰, 마이크로서패이싱과 같은 아스팔트 포장의 유지 보수 공법에 사용된다[그림 9.7~9.10; The Asphalt Institute, 2007; Mamlouk and Zaniewski, 1998]. 액상형 아스팔트는 도로 포장에 발생한 균열을 씰링하여 보수하는데 사용된다. 또한, 액상형 아스팔트는 상온에서 골재와 혼합하여 생산하는데 사용된다. 상온 아스팔트 혼합물은 패칭재료(가열 아스팔트 혼합물 수급이 어려운 경우), 기층 또는 안정처리 보조기층과 저 교통량 도로에 표층 재료로 사용된다. 표 9.1은 아스팔트가 도로 포장재료로 적용할 수 있는 분야를 정리한 것이다.

그림 9.5 (좌) 아스팔트 포장의 표층에 가열 아스팔트 혼합물 포설
그림 9.6 (우) 가열 아스팔트 포장의 다짐

그림 9.7 (좌) 기존 포장을 예방적으로 보수하기 위한 포그씰 적용
그림 9.8 (우) 아스팔트 덧씌우기 전 기존 아스팔트 포장 위에 택코팅 살포

그림 9.9 (좌) 기존 포장을 예방적으로 보수하기 위한 칩씰 적용
그림 9.10 (우) 기존 포장을 예방적으로 보수하기 위한 마이크로써페이싱 적용

표 9.1 아스팔트의 도로 포장 적용

용어	설명	적용
가열 아스팔트 혼합물	아스팔트 바인더와 골재로 설계된 혼합물	포장 표층, 패칭
상온 혼합물	골재와 액상형 아스팔트의 혼합물	패칭, 저교통용 도로 포장 표층, 아스팔트 안정화 기층
포그실	기존 포장 표면 위에 희석된 유화 아스팔트를 살포	기존 포장 표면을 채움
프라임 코트	골재 기층과 아스팔트 포장 표층을 결합하기 위해 유화 아스팔트 살포	아스팔트 포장 시공
택코트	아스팔트 포장층 사이에 유화 아스팔트 살포	신규 도로포장또는 기존 포장 위에 덧씌우기 공사
칩실	유화 아스팔트(또는 아스팔트 또는 컷백 아스팔트)를 살포 후 바로 골재 살포	기존 도장 보수 또는 저교통량 포장 표층 보수
슬러리실	유화아스팔트, 잔골재, 물을 섞은 혼합물	저교통량 도로의 표면처리
마이크로써패이싱	개질 유화 아스팔트, 파쇄된 잔골재, 채움재, 물, 첨가제를 섞은 혼합물	표면처리, 실링, 균열채움, 소성변형 채움, 미세 평탄성 맞춤

9.3 아스팔트의 온도 감온성

아스팔트의 컨시스턴시는 온도에 의해 전적으로 영향을 받는다. 아스팔트는 저온에서는 단단하지만 취성파괴가 발생할 수 있으며 고온에서는 유연해진다. 그림 9.11은 아스

팔트의 점도-온도 사이의 상관관계를 나타낸 것이다. 아스팔트는 온도가 높아지면 아스팔트의 점도가 감소하게 된다. 아스팔트의 온도 감온성은 그림 9.11에서 나타낸 선의 기울기로 설명이 가능하다. 기울기가 급할수록 아스팔트의 온도 감온성은 증가한다. 그러나 첨가제를 사용하여 아스팔트의 온도 감온성 문제를 줄일 수 있다.

아스팔트가 골재와 혼합될 때 아스팔트의 점도가 적정한 범위에 있어야만 아스팔트 혼합물이 적절하게 만들어진다. 만약, 아스팔트의 점도가 적정한 범위보다 높다면 아스팔트 혼합물은 강성이 되고 저온균열에 취약하게 된다(그림 9.12). 반면에 점도가 적정한 범위보다 낮다면 아스팔트 혼합물은 점차적으로 유동이 발생하여 그림 9.13과 같이 소성변형이 일어나는 결과가 발생하게 된다.

아스팔트에 온도 감온성을 고려하여 아스팔트 시멘트 등급은 지역의 기후조건에 따라 선정되어야 한다. 아스팔트의 점도는 적용하고자 하는 지역의 1년 동안 온도 범위를 고려하여 적정한 범위 안에 있어야 한다. 저온 지역에서는 주로 유연한 등급의 아스팔트를 사용하고 고온 지역에서는 강성이 높은 등급의 아스팔트를 사용해야 한다(그림 9.14).

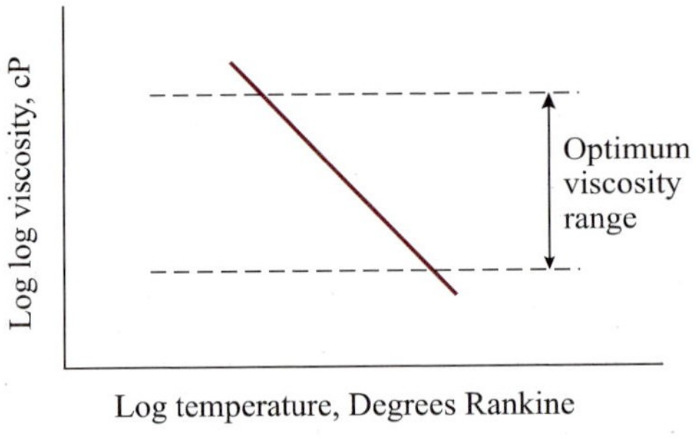

그림 9.11 아스팔트 점도-온도 사이의 상관관계

그림 9.12 (좌) 저온지역에 강성이 높은 아스팔트를 사용하여 발생한 온도균열

그림 9.13 (우) 강성이 낮은 아스팔트 사용한 후 발생한 소성변형

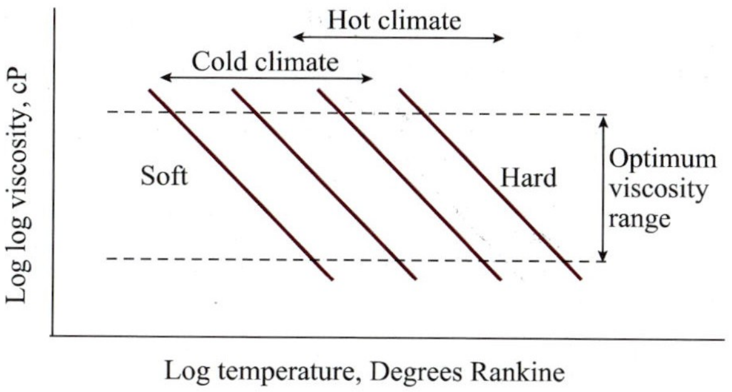

그림 9.14 기후조건을 고려한 아스팔트 바인더의 등급 결정

9.4 아스팔트의 화학적 특성

아스팔트 바인더는 주로 탄화수소 및 탄소원자와 그 밖에 부수적으로 황, 질소, 산소(헤테로 원자), 트레이스 금속으로 구성된 매우 다양한 탄화수소 화합물이다. 화학적 구성 성분의 비율뿐만 아니라 아스팔트 바인더의 분자구조는 원유의 종류에 따라 달라질 수 있다[Peterson, 1994].

아스팔트 바인더의 분자구조는 아스팔트 바인더의 물리적인 특성과 노화특성에 영향을 미친다. 뿐만 아니라 아스팔트 바인더의 분자들간에 상호작용이나 골재와의 상호작용에도 영향을 준다. 아스팔트 분자는 탄소원자의 링크에 따라 3가지 배열을 가지게 되는데, 첫 번째는 곧게 뻗은 형태나 분기 사슬 형태인 지방족 화합물이나 등유이고 두 번째는 산소와 탄소 비율이 높은 포화상태의 고리이며 세 번째는 불포화된 고리나 아로마틱이다. 탄소가 붙은 헤테로 원자는 분자배열에 따라 달라진다. 아스팔트 바인더는 분자수가 매우 크기 때문에 아스팔트 바인더의 화학적 연구는 아스팔트 바인더를 중요한 부분으로 분리시켜 덜 복잡하고 더 동질하게 만드는데 집중하였다. 각 부분들은 복잡한 화학 구조를 갖는다.

아스팔트 바인더는 아스팔텐과 말텐(페트롤렌)으로 이루어져있다. 말텐은 레진과 오일로 구성되어 있다. 아스팔트 바인더는 어두운 암갈색이고 화학적으로 복잡하며 잘 부서지는 고체이며 요소들 중 높은 극성을 갖기도 한다. 아스팔텐은 아스팔트 바인더의 점도와 접착력 특성을 대표한다. 만약, 아스팔텐 함량이 10% 이하가 되면 아스팔트 포장은 적절한 밀도로 다짐하는 것이 어렵게 된다. 레진은 어두운 색의 반고체 또는 고체인데, 온도에 크게 영향을 받는 점성을 가지고 있다. 레진은 오일에 아스팔텐을 분산시키는 물질로 작용한다. 이 오일은 투명하거나 흰색이다. 레진은 산화될 때, 아스팔텐 같은 유형의 분자를 만들어낸다. 아스팔트 바인더의 다양한 요소들은 균형을 유지하거나 호환되는 체계를 형성하기 위해 서로 상호작용한다. 이 요소들의 균형은 아스팔트가 바인더로서 적합하도록 만들어 준다.

그림 9.15에 나타낸 것과 같이, 아스팔트 요소를 나누기 위해 세 가지 분류 방법이 사용된다. 첫 번째 분류 방법은 그림 9.15(a)와 같이 역청물질을 분리하기 위해 첨가된 n-butranol 용액으로 분류되고 Butranol은 증발하게 된다. 남아있는 요소들은 아세톤 안에 녹아있고 파라핀을 침전시키고 용액 안에 사이클릭을 잔류시키기 위해 −23℃로 냉각된다. 두 번째 분류 방법은 그림 9.15(b)와 같이 아스팔텐을 분리하기 위해 첨가된 n-heptane의 선택 흡착 및 탈착이다. 남아있는 말텐 부분은 크로마토그래픽 칼럼으로 유입되고 다른 부분을 나누기 위해 양극성을 증가시키는 용제를 사용하여 제거된다. 세 번

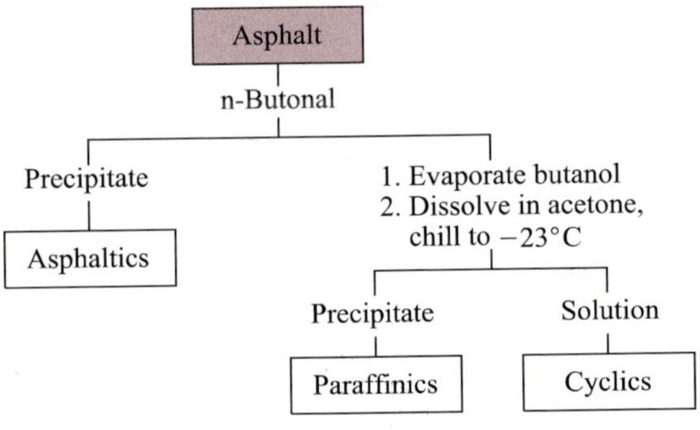

(a) 용재를 사용한 분류

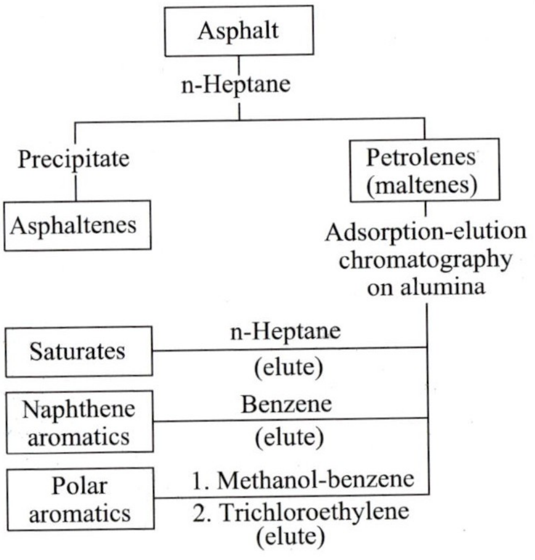

(b) 선택 흡착 및 탈착

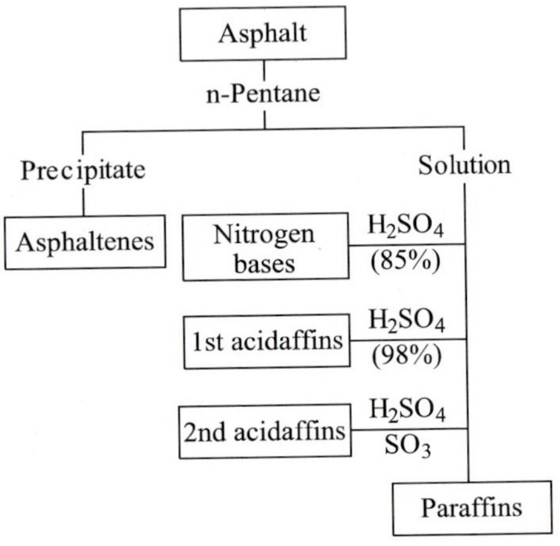

(c) 화학적 침전

그림 9.15 아스팔트 요소를 분류하는 세 가지 방법의 다이어그램

째 분류 방법은 그림 9.15(c)와 같이 아스팔텐을 분리하기 위해 첨가된 n-pentane을 화학적으로 침전시키는 곳이다. 황산(H_2SO_4)은 다른 요소들을 침전시키기 유해 강성을 증가시키기 위해 첨가한다.

추가적으로, 아스팔트는 고압 액체 크로마토그래픽 분석(gel-permeation chromatography) 방법을 사용하여 분류한 분자 크기에 근거하여 나누어진다.

9.5 수퍼패이브와 공용성 등급 바인더

1987년 미국에 신도로 연구계획은 아스팔트 재료의 분류 및 아스팔트 혼합물의 배합설계방법에 대한 새로운 시스템 개발연구를 시작하였다. 신도로 연구계획 프로그램에서는 아스팔트 혼합물의 배합설계를 위한 수퍼패이브 배합설계 방법과 아스팔트 바인더 기준에 대한 공용성 등급 방법을 개발하였다[McGennis, 1994; 1995]. 신도로 연구계획에서 아스팔트 분야의 연구 목적은 아스팔트 포장의 공용수명 증가, 아스팔트 포장의 생애주기 비용 감소, 아스팔트 포장의 유지보수 비용 절감, 아스팔트 포장의 영구적 파손을 최소화하는 것이었다. 신도로 연구계획의 주요 연구성과는 아스팔트 포장에서 발생하는 3 가지 파손 모델인 피로균열, 소성변형, 온도균열을 제어할 수 있는 공용성에 근거한 아스팔트 바인더와 아스팔트 혼합물에 대한 시방서를 개발한 것이었다. 공용성 등급의 시방기준에서는 개질 첨가제를 혼합한 아스팔트 시멘트와 혼합하지 않은 아스팔트 시멘트 대변하는 아스팔트 바인더라는 용어를 사용하였다.

9.6 아스팔트 시멘트의 특징

많은 시험법들은 아스팔트 시멘트의 특징을 평가하기 위해 사용이 가능하다. 몇몇 시험법들은 도로 포장 공사의 발주처에서 사용하지만, 그 밖의 시험법들은 연구를 위해 사용된다. 아스팔트는 온도에 매우 민감하기 때문에 모든 아스팔트 시험들은 규정된 온도에서 엄격한 오차범위를 적용하여 수행해야만 한다[The Asphalt Institute, 2007]. 신도로 연구계획 연구 이전에는 일반적으로 아스팔트 시멘트의 시방 기준들은 점도, 침입도, 신도, 연화점의 측정값을 근거로 결정되었다. 이러한 측정값들은 아스팔트 바인더 특성을 아스팔트 혼합물 특성 및 아스팔트 포장의 공용성과 연관시키기 위한 아스팔트 시멘트의 점탄성 특성과 아스팔트 시멘트의 파괴 특성을 설명하기에는 부족하였다. 따라서, 새로운 공용성 등급 바인더 시방기준은 아스팔트 포장의 성능을 이상적인 방법으로 공용성능과 관련된 특성을 제공하기 위해 설계되었다[McGennis, 1994].

9.6.1 공용성 등급 특징

아스팔트 바인더의 특징을 결정하기 위한 공용성 등급 실험은 아스팔트 포장의 공용 온도의 표면, 중간, 아래의 범위를 나타내는 포장 온도에서 수행하게 된다.

공용성 등급 시험의 측정값들은 아스팔트 포장의 파손 이론과 관련된 온도에서 얻어진다. 그러므로 정해진 온도에서 실험을 수행하고 아스팔트 등급에 따라 기준이 바뀌는 이전에 시방기준과는 다르게 공용성 등급의 시방기준은 아스팔트 포장 온도에서 시험을 수행하고 모든 아스팔트에 대해 동일한 기준을 적용하게 된다. 따라서, 공용성 등급은 아스팔트 특성이 아스팔트 포장 온도에서 시방기준을 만족하는지 확인할 수 있다.

3가지의 아스팔트 포장 설계 온도(최고, 중간, 최저)는 아스팔트 바인더의 시방서에 필요하다. 미국에서는 정해진 지리적 위치에서 최고, 최저의 아스팔트 포장 온도는 7,500개의 기상 관측소에 기상 정보 자료를 근거로 신도로 연구계획 소프트웨어의 알고리즘을 사용하여 만들어진다. 최고 아스팔트 포장 설계 온도는 7일 연속 평균 최고 포장 온도로 선정된다. 최저 아스팔트 포장 설계 온도는 포장의 공용기간 동안 예상되는 최저 포장 온도이다. 중간 아스팔트 포장 설계 온도는 최고와 최저 포장 설계 온도의 평균온도에 4℃를 더한 값이다.

소성변형 발생 가능성을 평가하는 실내 시험은 최고 포장 설계 온도를 사용하는 반면 피로균열 발생 가능성을 평가하는 실험들은 중간 포장 설계 온도를 사용한다. 온도균열 시험은 최저 포장 설계 온도에 10℃를 더한 값을 사용한다. 최저 포장 설계 온도는 시험 시간을 단축하기 위해 10℃까지 증가시킬 수 있다. 시간－온도의 중첩 원리에 따라 더 높은 온도에서 짧은 하중 재하 시간을 적용했을 때 실험 결과는 더 낮은 온도에서 긴 하중 재하 시간을 적용했을 때와 동일하다[McGennis, 1994].

9.6.2 공용성 등급 바인더 특징

아스팔트 바인더의 특징을 결정하기 위한 공용성 등급에서 다양한 시험방법들이 사용된다. 몇몇의 시험들은 이전에도 아스팔트 바인더 시험으로 사용되어 왔으나 새로운 시험방법들도 있다. 다음은 신도로 연구계획에서 시험에 대한 주요 단계와 중요성을 요약하였다. 회전(브룩필드)점도 시험, 용해도 시험 및 인화점 시험을 제외하고, 시험 온도는 포장 설계를 적용하는 지역에 온도정보에 근거하여 선정된다. 아스팔트 바인더 시방서에는 각각의 시험에 대해 다양한 바인더에 사용되는 구체적인 시험 온도가 정해져 있다 [McGennis, 1994]. 인화점, 용해도, 회전점도, 동적전단레오메타에 대한 4가지 시험들은 스트레이트 아스팔트에 대해 진행된다. 아스팔트 바인더의 노화에 대한 영향을 모사하기 위해 회전박막가열시험과 압력노화시험은 아스팔트 바인더의 단기노화 및 장기노화에 환경을 만들어준다. 피로균열과 저온균열에 대한 아스팔트 바인더의 특징을 결정하기 위해 아스팔트 바인더는 회전박막가열시험과 압력노화시험을 수행하여 준비되어야 한다.

1) 회전박막가열시험

회전박막가열시험 절차는 아스팔트 혼합물이 생산되는 동안 아스팔트 바인더에서 일어나는 단기노화를 모사하기 위해 사용된다. 회전박막가열시험 방법(ASTM D2872)에서는 아스팔트 바인더를 특정한 유리병에 따른다. 그림 9.16과 같이, 유리병들은 75분 동안 163℃의 온도에서 강제 통풍식 오븐 선반에 놓여진다. 유리병을 고정한 랙을 아스팔트 바인더를 연속적으로 노출시켜 수직으로 회전시킨다. 회전하는 유리병 안의 아스팔트 바인더에 노화를 가속화하기 위해 공기를 분사시킨다. 공용성 등급 시방서에는 회전박막가열시험 시험 동안 아스팔트 바인더의 무게 손실량을 제한한다. 압력노화시험을 수행하기 전에 회전박막가열시험을 통해 준비한 아스팔트 바인더는 동적전단레오메타를 이용하여 소성변형 발생 가능성을 평가하기 위해 사용된다. 침입도 등급과 점도 등급에서는 노화된 아스팔트 바인더에 대하여 침입도와 점도 시험을 수행하고 그 결과를 스트레이트 아스팔트 바인더와 비교한다.

2) 압력노화시험

압력노화시험장비는 그림 9.17과 같이 온도 조절 챔버, 압력 및 온도 조절·측정 장치로 구성되어 있다(ASTM D 6521). 아스팔트 바인더는 회전박막가열시험을 통하여 1차 노화된다(ASTM D2872). 회전박막가열시험에서 나온 아스팔트 바인더를 일정한 두께로 압력노화시험 팬 안에 담는다. 그 후, 아스팔트 바인더는 2.10 MPa 압력의 챔버 안에서 20시간 동안 노화된다. 90℃와 110℃사이에 노화 온도는 아스팔트 바인더의 등급에 따라 선정된다. 실험 전, 아스팔트 바인더에서 모든 공기 방울을 제거하기 위해 진공 오븐을 사용해야 한다.

그림 9.16 회전박막가열시험 장비

그림 9.17 압력 노화 시험 장비

압력노화시험은 아스팔트 포장의 공용기간 동안 아스팔트 바인더의 산화에 따라 일어나는 노화 정도를 모사하도록 설계되었다. 압력노화시험을 통해 남은 아스팔트 바인더는 실제 포장에서 5~10년 후에 아스팔트 바인더의 물리적 또는 화학적 특성을 예측하는데 사용될 수도 있다.

3) 인화점시험

고온에서 아스팔트는 불꽃이나 스파크로 인해 발화한다. 인화점 실험은 아스팔트가 불이 붙는 온도를 측정하는 안전 실험이다. 아스팔트 바인더는 인화점보다 낮은 온도에서는 발화에 대한 위험이 없으므로 인화점 아래에서 가열될 수 있다. 크리블랜드 오픈 컵 방법(ASTM D92)은 아스팔트 바인더를 놋쇠 컵에 일정부분 채운다. 아스팔트 바인더를 일정한 속도 비율로 가열하고 그림 9.18과 같이 작은 불꽃을 일정한 간격으로 컵의 표면을 통과시킨다. 인화점은 아스팔트 바인더에서 휘발성 연기가 발생 할 때의 온도로서 아스팔트 바인더에서 짧은 시간 동안 불꽃이 지속될 것이다. 휘발성 연기가 발생하고 일정 시간 동안 불꽃이 지속될 때 최저온도를 연소점으로 한다.

4) 회전점도시험

회전(브룩필드)점도시험(ASTM D4402)은 그림 9.19와 같이 회전하는 축 실린더와 온도 조절장치로 구성된다. 회전점도시험은 노화되지 않은 아스팔트 바인더에 대해 수행한다. 아스팔트 바인더 샘플을 135℃에서 샘플 챔버 안에 놓는다. 스핀을 아스팔트 샘플 안에 놓고 정해진 속도로 회전시킨다. 점도는 정해진 속도로 스핀을 회전하기 위해 필요한 회전력에 의해 결정된다. 사용하는 스핀의 사이즈는 측정될 아스팔트의 점도에 따라 결정된다. 공용성 등급 시방서에 제한하는 값은 Pa・s단위로 되어 있으며 이 값에

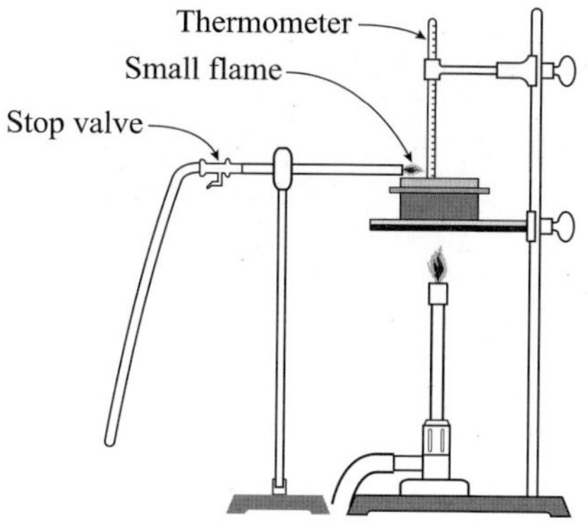

그림 9.18 클리브랜트 오픈 컵 인화점 시험 장비

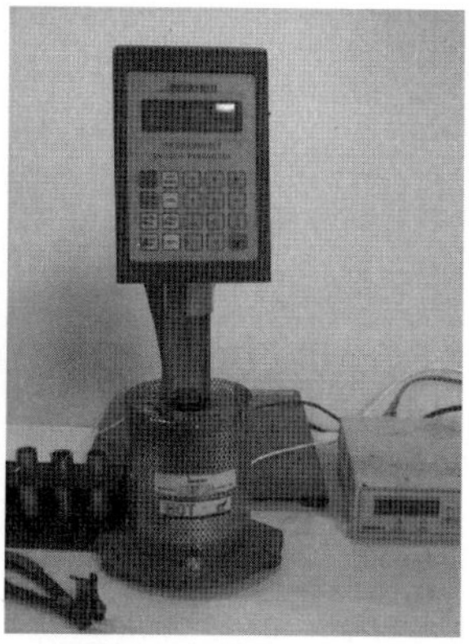

그림 9.19 회전 점도 시험장비

1000을 곱하면 cP와 같게 된다. 점도는 1분 간격으로 0.1 Pa · s의 정확도로를 가지고 3회 측정값에 대한 평균값을 기록한다. 시방서에 규정된 온도에서 추가적인 실험은, 배합설계 과정에서 다짐온도와 혼합온도를 결정하기 위한 온도 감온성 관계를 만들기 위해 더 높은 온도에서 실시한다.

5) 동적전단레오메타시험

그림 9.20과 같이 동적전단레오메타 시스템은 두 개의 평행한 금속 플레이트, 온도 챔버, 하중 재하 장치, 제어 및 데이터 수집 시스템으로 구성되어 있다(AASHTO T315). 동적전단레오메타 공용성 등급 시스템에서는 세 가지 시방기준을 측정하는데 사용된다. 스트레이트 아스팔트 바인더의 소성변형 가능성을 평가하기 위해 실험 온도는 아스팔트 바인더의 등급과 동일한 온도 또는 그 이상의 온도에서 수행되어야 한다(예, PG 64-22의 아스팔트 바인더는 64℃에서 실험 수행). 이 실험의 샘플 규격은 직경 25 mm에 두께 1 mm이다. 소성변형 발생 가능성을 평가하기 위한 실험 전에, 아스팔트 바인더는 회전박막가열시험을 통해 준비되어야 한다. 피로균열 발생 가능성을 평가하기 위해서는 중간온도가 사용된다(PG 64-22의 아스팔트 바인더는 25℃에서 실험 수행). 샘플 규격은 직경 2 mm에 직경이 8 mm이다. 실험 전에 아스팔트 바인더는 회전박막가

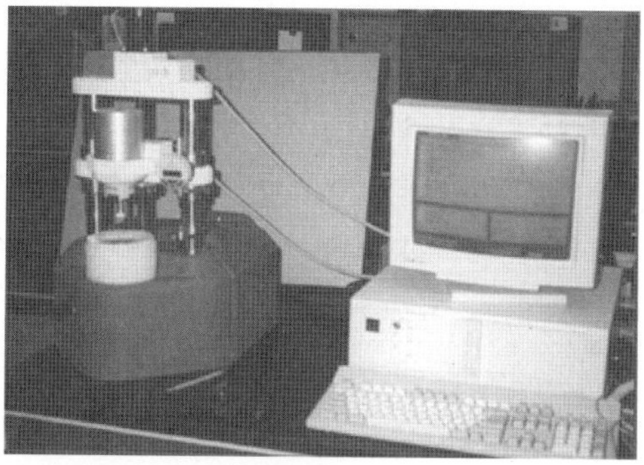

그림 9.20 동전전단레오메타시험 장비

열시험과 압력노화시험을 통해 준비되어야 한다.

실험을 수행하는 동안 두 평행한 금속 플레이트 중에서 회전판은 사전에 정해진 주기와 회전속도(또는 토크)로 회전하게 된다. 규정된 회전속도는 실험에 사용되는 아스팔트 바인더의 복합전단계수에 따라 달라진다. 시방규격에서는 10 rads/s의 회전속도로 실험을 수행하도록 되어 있다. 복합전단계수(G^*)와 위상각(δ)은 레오메타의 컴퓨터 프로그램에 의해 자동으로 계산된다. 복합전단계수와 위상각은 선형의 점탄성 영역에서 전단변형에 대한 아스팔트 바인더의 저항성으로 정의된다.

6) 밴딩빔레오메타시험

밴딩빔레오메타는 아스팔트 바인더의 빔 시편의 중앙부에 작용한 일정한 하중에 대해 발생한 처짐를 측정한다(ASTM D6648). 그림 9.21과 같이 밴딩빔레오메타 실험 시스템은 하중 지지대, 온도 조절 수조, 컴퓨터 제어 데이터 수집 장치로 구성된다. 실험온도는 아스팔트 바인더의 저온 등급보다 10℃ 높다(예, PG 64-22는 −12℃에서 실험 수행). 시험용 샘플은 실험을 수행하기 전에 회전박막가열시험 및 압력노화시험으로 노화되어 있어야 한다. 아스팔트 바인더 빔을 수조의 하중 지지대에 올려놓고 240초 동안 908 ± 50 mN의 정한 하중을 재하시킨다. 아스팔트 빔 시편에 크리프 하중을 재하시켜 빔 시편의 중앙에서 발생하는 처짐을 8, 15, 30, 60, 120, 240초 후에 기록한다. 빔 시편에서 최대 응력은 하중의 크기와 빔 시편의 크기로 계산된다. 최대 변형은 처짐량과 빔 시편의 크기로 계산된다. 빔 시편의 크리프 스티프니스는 정해진 각각의 하중 작용 시간에서 최대 변형값을 최대 응력값으로 나누어 계산된다.

아스팔트 혼합물에서 저온균열의 거동은 크리프 스티프니스와 관련이 있으며, 아스팔트 혼합물에 포함된 아스팔트 바인더의 크리프 스티프니스(로그)와 하중 재하 시간(로그) 곡선의 기울기와 관련이 있다.

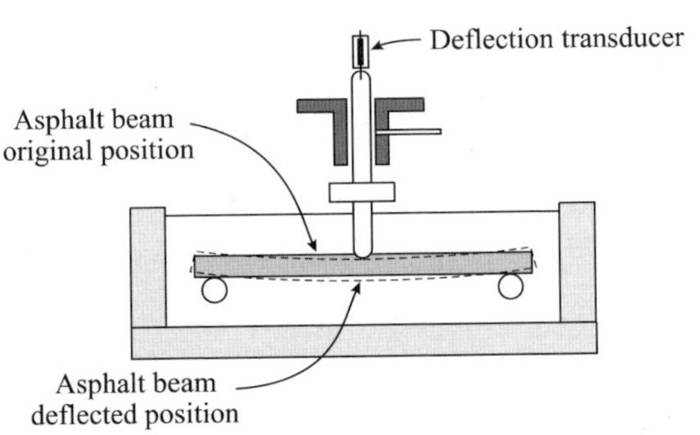

그림 9.21 밴딩빔레오메타 개략도

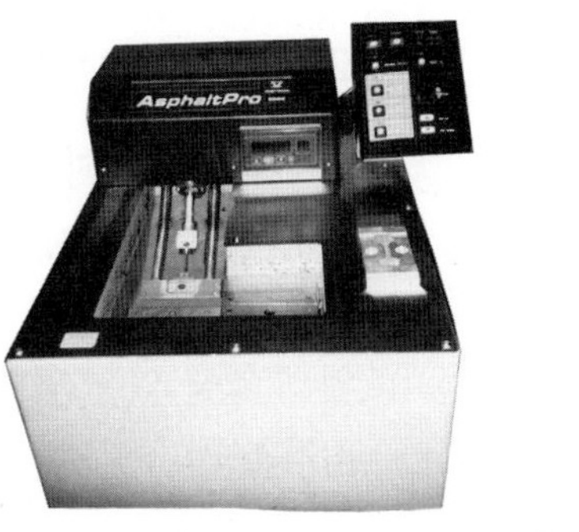

그림 9.22 직접인장시험 장비

7) 직전인장시험

그림 9.22와 같이 직접인장실험 시스템은 그리핑 시스템을 가지고 있는 변위 조절 인장 하중 재하 장비, 온도 조절이 가능한 챔버, 계측 장치, 데이터 수집 시스템으로 구성되어 있다(ASTM D6723). 이 실험에서는 회전박막가열시험과 압력노화시험으로 노화된 아스팔트 시편을 1 mm/min의 일정한 변형속도로 인장한다. 실험온도는 아스팔트 바인더의 저온 등급보다 10℃ 높다. 비접촉 인장 측정장치로 아스팔트 시편의 늘어난 길이를 측정한다. 실험을 수행하는 동안 최대하중을 기록한다. 하중이 최고점에 도달했을 때 아스팔트 시편의 인장변형과 인장응력은 각각 파괴변형과 파괴응력으로 기록된다.

파괴 시에 변형은 균열의 발생 없이 아스팔트 바인더가 인장된 길이를 의미한다. 파괴 시에 변형은 아스팔트 바인더의 저온 특성을 명시하는 기준으로 사용된다.

9.6.3 일반적인 아스팔트 특성 시험

공용성 등급 체계가 개발되기 이전에 아스팔트 바인더의 특성을 나타내기 위한 일반적인 시험으로 침입도 시험, 절대점도 시험 및 동점도 시험이 있다.

1) 침입도시험

침입도시험(ASTM D5)은 아스팔트 시멘트의 컨시스텐시를 측정한다. 아스팔트 샘플은 25℃에서 준비된다. 총 무게가 100g인 표준 침을 아스팔트 샘플 표면 위에 위치시킨다, 그림 9.23과 같이 표준 침은 아스팔트 샘플로 5초 동안 관입된다. 표준침이 관입된 깊이를 침입도 값(0.1mm 단위)으로 사용한다. 침입도 값이 높으면 유연한 아스팔트로 분류된다.

2) 절대점도 및 동점도 시험

침입도 시험과 유사하게 점도 시험도 아스팔트 바인더의 컨시스터시를 측정하는데 사용된다. 주로 절대점도와 동점도로 두 가지 종류의 점도가 측정된다. 그림 9.24와 같이 절대점도의 측정절차(ASTM D2171)는 아스팔트 바인더를 가열하여 60℃의 물이나 오일 수조에 있는 점도계에 아스팔트 바인더를 부어 넣는다. U 자형 점도계는 표준규격의 직경과 시간을 측정하는 두 지점이 표시되어 있다. 절대점도시험에서 점도계 끝단에 진공을 적용한다. 점도계에 표시된 두 지점을 아스팔트 시멘트가 흘러 통과 할 때 시간을 스톱워치를 사용하여 측정한다. 절대점도(poises)는 아스팔트 시멘트가 두 지점을 통과할 때 통과시간(초)에 점도계 교정계수를 곱하여 얻을 수 있다. 다른 크기의 점도계들은 최대 및 최소 흐름시간을 충족하는 등급이 다른 아스팔트 바인더에 사용된다.

동점도 시험(ASTM D2170)은 시험온도가 135℃라는 것을 제외하고 절대점도 시험 과정과 비슷하다. 135℃에서 아스팔트 바인더의 점도가 낮기 때문에 진공은 사용하지 않는다. 동점도(cSt, 센티스토크)는 아스팔트 바인더가 점도계에 표시된 두 지점을 흘러 통과할 때 시간에 교정계수를 곱하여 얻을 수 있다.

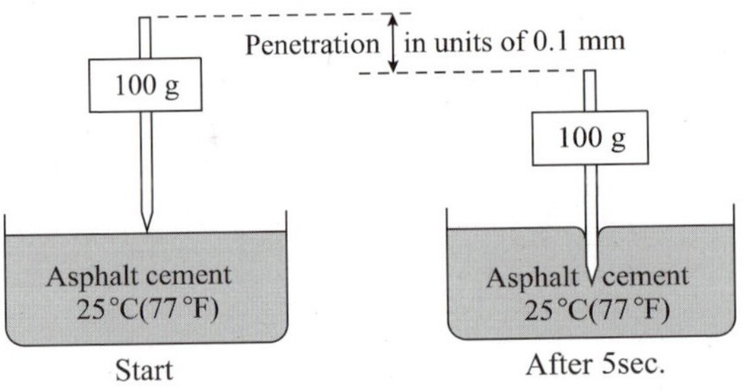

그림 9.23 침입도 시험 개략도

그림 9.24 절대점도 시험 장비

9.7 아스팔트 분류

현재, 다양한 방법으로 아스팔트 바인더(아스팔트 시멘트), 컷백 아스팔트, 유화 아스팔트를 특성화하는데 사용되고 있다.

9.7.1 아스팔트 바인더

아스팔트 바인더는 다양한 등급과 분류방법으로 생산되고 있다. 4 가지에 아스팔트 바인더의 분류 방법이 있다.

① 공용성 등급 ② 침입도 등급
③ 점도 등급 ④ 노화잔류 점도 등급

1) 공용성 등급 시방서와 선정

아스팔트 포장에서 아스팔트 바인더의 공용성능에 따라 다양한 등급의 아스팔트 바인더 이용이 가능하다.

표 9.2 아스팔트 바인더의 공용성 등급 기준

고온등급(℃)	저온등급(℃)
PG 46	−34, −40, −46
PG 52	−10, −16, −22, −28, −34, −40, −46
PG 58	−16, −22, −28, −34, −40
PG 64	−10, −16, −22, −28, −34, −40
PG 70	−10, −16, −22, −28, −34, −40
PG 76	−10, −16, −22, −28, −34
PG 82	−10, −16, −22, −28, −34

이러한 등급의 이름은 PG (performance graded)로 표기되며, 아스팔트 포장 설계에서 최고온도와 최저온도 두 가지 온도(섭씨)를 나타내는 두 숫자로 표현된다. 예를 들어, 아스팔트 바인더가 PG 52-28이라면 최고 52℃부터 최저 영하 28℃까지 아스팔트 포장 설계 온도가 시방기준을 만족하는 것을 의미한다. 최고온도는 아스팔트 포장의 표면으로부터 20 mm 아래의 온도를 의미하며, 최저온도는 아스팔트 포장 표면의 온도를 의미한다. 뿐만 아니라, 최고·최저온도는 대기온도 등 기타 여러 가지 변수와 밀접한 관련이 있다. 표 9.2는 공용성 등급 시방서에 근거한 아스팔트 바인더의 등급을 나타내고 있다.

공용성 등급 아스팔트 바인더 시방서는 표 9.3에 정리되어 있다(ASTM D 6373). 표 9.3에서 알 수 있듯이, 정해진 온도에서 다양한 시험 변수들에 대한 설계기준을 보여주고 있다. 공용성 등급 시방서와 기존의 일반 시방서와의 중요한 차이점은 시방서 작업의 방법이다. 표 9.3에서 알 수 있듯이, 물리적인 특성(기준)은 모든 등급에서 변함이 없지만 온도는 아스팔트 바인더가 사용되는 지역의 기후에 따라 다양한 값을 갖게 된다. 표 9.3에 명시되어 있는 온도 범위는 미국과 캐나다에서 나타나는 모든 아스팔트 포장의 온도를 포함하고 있다.

표 9.3 아스팔트 바인더의 공용성 등급 기준

공용성 등급	PG 46-			PG 52-							PG 58-					PG 64-					
	34	40	46	10	16	22	28	34	40	46	16	22	28	34	40	10	16	22	28	34	40
평균 7일 최고 포장 설계 온도, ℃	< 46			< 52							< 58					< 64					
최저 포장 설계 온도, ℃	≥ 34	≥ 40	≥ 46	≥ 10	≥ 16	≥ 22	≥ 28	≥ 34	≥ 40	≥ 46	≥ 16	≥ 22	≥ 28	≥ 34	≥ 40	≥ 10	≥ 16	≥ 22	≥ 28	≥ 34	≥ 40
	스트레이트 아스팔트 바인더																				
인화점, ℃	230																				
점도, ASTM D4402 ; 최대, 3 Pa · s 시험온도, ℃	135																				
	46			52							58					64					
	회전박막 오븐 후 잔사																				
질량손실, 최대 %	1.00																				
동적전단 : $G^*/\sin\delta$, 최소 1.00 kPa 시험온도 ⓐ10 rad/s, ℃	46			52							58					64					
	압력노화 후 잔사																				
압력노화 온도, ℃	90			90							100					100					
동적전단 : $G^*/\sin\delta$, 최대 5,000 kPa 시험온도 10 rad/s, ℃	10	7	4	25	22	19	16	13	10	7	25	22	19	16	13	31	28	25	22	19	16
크리프스티프니스 : S, 최대 300 MPa, m값, 최소 0.300 시험온도 60s, ℃	−24	−30	−36	0	−6	−12	−18	−24	−30	−36	−6	−12	−18	−24	−30	0	−6	−12	−18	−24	−30
직업인장 : 파단변형, 최소 1.0%, 시험온도 ⓐ 1.0 mm/min, ℃	−24	−30	−36	0	−6	−12	−18	−24	−30	−36	−6	−12	−18	−24	−30	0	−6	−12	−18	−24	−30

(표 9.3 계속)

공용성 등급	PG 70-						PG 76-					PG 82-				
	10	16	22	28	34	40	10	16	22	28	34	10	16	22	28	34
평균 7일 최고 포장 설계 온도 , ℃	< 70						< 76					< 82				
최저 포장 설계 온도 , ℃	≥ 10	≥ 16	≥ 22	≥ 28	≥ 34	≥ 40	≥ 10	≥ 16	≥ 22	≥ 28	≥ 34	≥ 10	≥ 16	≥ 22	≥ 28	≥ 34
스트레이트 아스팔트 바인더																
인화점, ℃	230															
점도, ASTM D4402 ; 최대, 3 Pa · s 시험온도, ℃	135															
	70						76					82				
회전박막 오븐 후 잔사																
질량손실, 최대 %	1.00															
동적전단 : $G^*/\sin\delta$, 최소 1.00 kPa 시험온도 ⓐ10 rad/s, ℃	70						76					82				
압력노화 후 잔사																
압력노화 온도, ℃	100(110)						100(110)					100(110)				
동적전단 : $G^*/\sin\delta$, 최대 5,000 kPa 시험온도 10 rad/s, ℃	34	31	28	25	22	19	37	34	31	28	25	40	367	34	31	28
크리프스티프니스 : S, 최대 300 MPa, m값, 최소 0.300 시험온도 60s, ℃	0	− 6	− 12	− 18	− 24	− 30	0	− 6	− 12	− 18	− 24	0	− 6	− 12	− 18	− 24
직업인장 : 파단변형, 최소 1.0%, 시험온도 ⓐ 1.0 mm/min, ℃	0	− 6	− 12	− 18	− 24	− 30	0	− 6	− 12	− 18	− 24	0	− 6	− 12	− 18	− 24

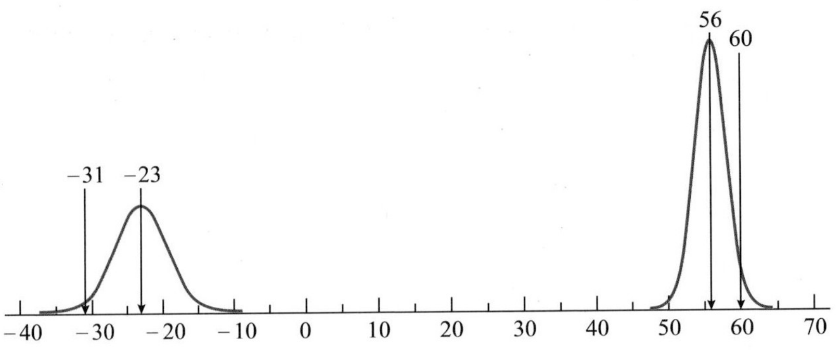

(a) 고온 및 저온 설계 포장 온도

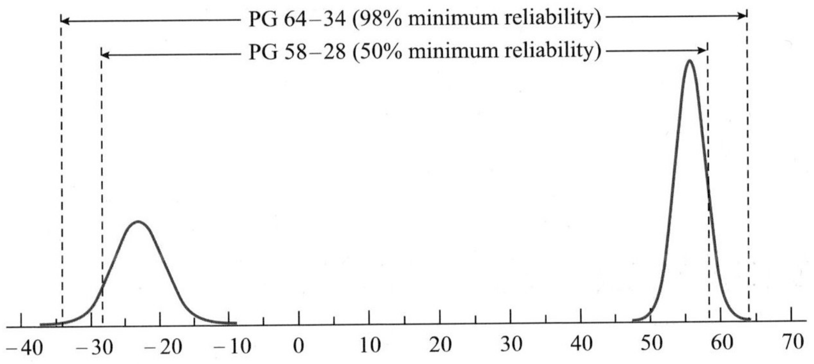

(b) 아스팔트 바인더 등급 선정

그림 9.25 설계 포장 온도 분포와 아스팔트 바인더 등급 선정 예

최고 또는 최저 포장 설계 온도의 요구조건을 만족시키는 아스팔트 바인더를 선정해야 한다. 아스팔트 바인더의 최고 포장 설계 온도는 7일 동안 아스팔트 포장의 최고온도를 평균한 값을 사용하며, 최저 포장 설계 온도는 아스팔트 포장에서 가장 낮은 온도를 사용한다. 최고 또는 최저의 아스팔트 포장 온도는 매년 계속 변화하기 때문에 신뢰도를 고려해야 한다. 공용성 등급에서 신뢰도는 일 년 내에 실제 아스팔트 포장의 온도가 설계 포장 최고 온도를 초과하지 않고 설계 포장 최저 온도보다 낮지 않을 확률을 의미한다.

고온과 저온에 관한 포장설계 온도는 그림 9.25(a)와 같이 정규분포로서 가정된다. 이 예제에서는 7일 동안의 포장의 평균 최고온도는 56℃이고 표준편차는 2℃이다. 또한, 일일 평균 최저 포장 온도는 영하 23℃이고 표준편차는 4℃이다. 정규분포곡선의 아래 영역은 그림 1.21에 나타낸 확률을 표현하는 것으로 가정된 확률을 만족하는 온도 범위를 계산할 수 있다. 예를 들어, 영하 23℃와 56℃사이의 온도범위는 고온과 저온에 대하여 50%의 신뢰성을 갖게 된다. 최저 포장온도에서 두 개의 표준편차를 빼고, 최고 포장온도에서 두 개의 표준편차를 더해줌으로써 영하 31℃와 60℃사이의 범위는 98%의 신뢰성을 갖게 된다. 적절한 등급의 아스팔트 바인더를 선택하기 위해서는 설계자는 규정된 신뢰도 수준을 만족할 수 있도록 표준 PG 등급을 선택해야만 하다. 일반적으로 그림 9.25(b)에 나타난 것처럼 의도한 것보다 높은 신뢰성 수준을 얻게 된다. 주의할 사항은 고온 및 저온 등급에서 신뢰성 수준은 동일하지 않으며 구체적인 포장 조건에 따라 달라진다.

예제 9.1

다음 조건에서 표준 PG 아스팔트 바인더의 등급은 무엇으로 선정되어야 하는가?

- 7일 평균 최대 포장 온도 : 57℃, 표준편차 : 2℃
- 평균 최저 포장 온도 : −6℃, 표준편차 : 3℃
- 신뢰도 : 98%

풀이

- 고온 등급 ≥ 57 + (2 × 2) ≥ 61℃
- 저온 등급 ≤ −6 + (2 × 3) ≤ −12℃

두 온도 기준을 모두 만족하는 가장 근접한 표준 PG 아스팔트 바인더 등급은 PG 64-16 이다.

2) 기타 아스팔트 바인더 등급 분류 방법

표 9.4는 침입도에 근거하여 다양한 아스팔트 바인더의 등급을 정리한 것이다(ASTM D 946). 침입도 등급은 허용 가능한 침입도의 범위와 관련이 있는데, 즉 40-50등급은 반드시 아스팔트 바인더의 침입도가 40～50범위여야만 한다. 절대점도에 근거한 다양한 AC 등급은 표 9.5에 정리되어 있다(ASTM D3381). AC등급의 숫자는 허용 가능한 점도 범위의 중간값의 1/100을 의미한다. 즉, AC-5는 절대점도 500±100 poises의 아스팔트 바인더를 의미한다. 그러므로 높은 점도의 아스팔트 바인더는 높은 지정 번호를 갖게 된다. 노화잔류 등급은 아스팔트 혼합물을 생산하기 위해 아스팔트 바인더를 가열하여 노화에 대한 영향이 발생한 후에 아스팔트 바인더의 절대점도에 근거하여 등급이 결정된다. 노화잔류 등급의 숫자는 노화 후 상태에서 허용 가능한 점도의 중간값이며 표 9.6에 정리되어 있다(ASTM D 3381). 예를 들어, AR-1000은 절대점도 1000 ± 250 poises의 아스팔트 바인더를 의미한다.

표 9.4 아스팔트 바인더의 침입도 등급 체계

등급	침입도	
	최소	최대
40-50	40	50
60-70	60	70
85-100	85	100
120-150	120	150
200-300	200	300

표 9.5 아스팔트 바인더의 점도 등급 체계

등급	절대 점도(Poises)
AC-2.5	250 ± 50
AC-5	500 ± 100
AC-10	1000 ± 200
AC-20	2000 ± 400
AC-30	3000 ± 600
AC-40	4000 ± 800

표 9.6 아스팔트 바인더의 노화잔류 등급 체계

등급	절대 점도(Poises)
AR-1000	1000 ± 250
AR-2000	2000 ± 500
AR-4000	4000 ± 1000
AR-8000	8000 ± 2000
AR-16000	16000 ± 4000

9.7.2 컷백 아스팔트

사용하는 휘발성 용제와 잔류 아스팔트의 경도 정도에 따라 잔류물은 세 가지 종류의 컷백 아스팔트가 생산된다. 급속 경화형(rapid-curing, RC) 컷백 아스팔트는 경도가 큰 아스팔트에 가솔린과 같은 휘발성이 높은 용제를 혼합하여 생산된다. 중속 경화형(medium-curing, MC) 컷백 아스팔트는 중간 정도 경도를 가진 아스팔트에 등유와 같은 휘발성이 낮은 용재를 혼합하여 생산한다. 완속 경화형(slow-curing, SC) 컷백 아스팔트는 경도가 작은 아스팔트에 휘발성이 없거나 경유와 같이 휘발성이 매우 낮은 용매를 혼합하여 생산하거나 원유 정제과정에서 모든 연료 재료들이 정제되기 전에 정제 공정을 중단하여 생산할 수 있다.

컷백 아스팔트의 양생은 아스팔트 잔류물에서 휘발성 용제가 증발하는 것과 관련이 있다. 급속 경화형(RC) 컷백 아스팔트의 양생 시간은 약 5~10분 정도인 반면, 중속 경화형(MC) 컷백 아스팔트는 며칠의 양생 시간이 필요하다. 완속 경화형(SC) 컷백 아스팔트는 몇 달의 양생 시간이 필요하다. 이러한 세 가지 종류의 컷백 아스팔트는 60℃에서의 동점도에 따라 다양한 등급으로 분류된다. 30, 70, 250, 800, 3000등급은 고점도로서 높은 등급으로 분류된다. 그러므로 컷백 아스팔트의 종류는 RC, MC, SC로 나타내며 그 뒤에 숫자는 컷백 아스팔트의 등급을 의미한다. 예를 들어, MC-800은 800 등급의 중속 경화형(MC) 컷백 아스팔트를 의미한다. 컷백 아스팔트의 다른 등급들은 휘발성 용제와 스트레이트 아스팔트의 양에 따라 다르게 생산된다. 컷백 아스팔트의 시방기준은 ASTM D 2026, D 2027, D 2028에 표준화되어 있다.

9.7.3 유화 아스팔트

유화 아스팔트는 유화제의 전하, 유화제의 경화(분해), 유화제의 전도, 아스팔트의 경도에 따라 다양한 조성으로 생산된다. 음이온계와 양이온계 유화제는 각각 음전하와 양전하를 가지고 있다. 유화제의 농도에 따라 경화 또는 분해 시간은 급속경화, 중속경화, 완속경화로 나누어진다. 급속경화(rapid-setting, RS) 유화제는 경화시간이 약 5~10분 정도 소요되며, 중온경화(mmedium-setting, MS) 유화제는 몇 시간 정도의 경화시간이 필요하다. 완속경화(slow-setting, SS) 유화제는 몇 달의 경화시간이 필요하다. 유화제의 점도는 Saybolt-Furol 점도(ASTM D244)시험으로 정상흐름과 또는 완속흐름으로 분류된다. 유화제 안에 아스팔트의 컨시스턴시는 침입도 시험으로 평가가 가능하다. 침입도가 100~200의 잔류 아스팔트를 사용하는 것이 일반적이다. 그러나 침입도가 200 이상인 연성 아스팔트와 침입도가 60~100인 경질 아스팔트를 사용하기도 한다.

유화 아스팔트는 경화 속도에 따라 RS(급속경화), MS(중속경화), SS(완속경화)로 구분된다. 만일 양이온계 유화제가 사용되었다면, 유화제 이름에서 C가 첫 번째로 나올 것이다(양이온계 급속경화 유화제는 CRS로 명명). 만일, 유화제 이름에서 첫 번째 글자가 C가 아니라면, 음이온계 유화제를 의미하게 된다. 유화제의 흐름 정도는 정상흐름과 또는 완속흐름으로 나누며 1 또는 2로 지정된다. 최종적으로 아스팔트의 컨시스턴시가 정해진다. 전하 종류, 경화시간, 점도, 아스팔트 경도 등을 고려한 모든 조합으로 유화 아스팔트가 생산되지는 않는다.

표 9.7은 유화 아스팔트의 등급과 종류를 정리한 것이다[Jansich and Gaillard, 1998]. 이 밖에도 유재 잔유물이 화적적 겔 상태로 남아 있는 High Float Residue 유화 아스팔트와 급속 유화 아스팔트와 같은 다양한 종류의 유화 아스팔트가 생산되고 있다. 유화 아스팔트의 시방기준은 ASTM D 977에 표준화되어 있다.

표 9.7 유화 아스팔트 등급

극성	등급	경화속도	25℃에서 유화 아스팔트의 점도(ASTM D244)	잔류 아스팔트의 침입도
음이온계	RS-1	빠름	20~100	100~200
	RS-2	빠름	75~400*	100~200
	MS-1	중간	20~100	100~200
	MS-2	중간	≥100	100~200
	MS-2h	중간	≥100	60~100
	SS-1	느림	20~100	100~200
	SS-1h	느림	20~100	60~100
양이온계	CRS-1	빠름	20~100	100~250
	CRS-2	빠름	100~400	100~250
	CMS-2	중간	50~450	100~250
	CMS-2h	중간	50~450	60~100
	CSS-1	느림	20~100	100~250
	CSS-1h	느림	20~100	60~100

※ 50℃에서 실험

9.8 아스팔트 혼합물

아스팔트 혼합물[가열 아스팔트 혼합물(hot-mix asphalt, HMA)이라고 부름]은 고온에서 아스팔트 바인더와 골재를 함께 혼합한 것으로 고온 상태에서 도로 현장에 포설되고 다짐된다. 미국에서 35,405,568 km(2.2 million) 마일의 도로 연장 가운데 약 93%가 아스팔트(연성)포장으로 되어 있다. 아스팔트 포장에서 공용 성능은 아스팔트 포장 표면 기능을 의미한다.

아스팔트 혼합물의 배합설계 과정은 다음과 같은 아스팔트 혼합물의 특성을 제공해준다.

① 안정도 및 고온에서 교통하중에 의한 소성변형 저항성
② 반복적인 교통하중에 의한 피로균열 저항성
③ 저온에서 수축작용으로 인해 발생하는 온도균열에 대한 저항성

④ 아스팔트 플랜트에서 아스팔트 혼합물 생산과정 및 공용중인 아스팔트 포장 도로에서 발생하는 산화 또는 노화에 대한 저항성
⑤ 수분에 의해 아스팔트 바인더가 골재로부터 박리되는 박리 저항성
⑥ 포장 표면의 거칠기에 대한 미끄럼 저항성
⑦ 혼합, 포설 및 다짐하는 동안 작업성 유지

배합설계 과정에서 언급한 목적과 관계없이, 아스팔트 혼합물의 배합설계는 복합적인 요소를 만족해야만 한다. 예를 들어, 높은 안정도는 종종 낮은 내구성을 제공하기도 하고 반대의 경우를 보여주기도 한다. 그러므로 특정한 목적을 위한 배합설계의 평가 및 조절은 골재 입도와 아스팔트 함량을 요구하는 안정성과 내구성을 만족 할 수 있도록 균형을 맞추어야 한다. 생산되는 아스팔트 혼합물은 반드시 실용적이며 경제적이어야 한다.

9.9 아스팔트 혼합물 배합설계

아스팔트 혼합물 배합설계의 목적은 이용 가능한 골재와 아스팔트에 사용하여 설계 아스팔트 함량을 결정하는 것이다.

설계 아스팔트 함량은 재료의 종류, 재료의 특성, 하중 수준, 그리고 환경적 요인에 따라서 달라진다. 우수한 품질의 아스팔트 혼합물을 생산하기 위해서는 설계 아스팔트 함량을 정확히 관리하는 것이 매우 중요하다. 만약, 적절한 설계 아스팔트 함량을 사용하지 않으면 아스팔트 포장은 낮은 내구성과 안정성을 나타내며 결국에는 아스팔트 포장의 영구적인 파손을 초래한다. 예를 들어, 충분한 양의 아스팔트 바인더를 사용하지 않으면 아스팔트 바인더가 골재를 완전하게 코팅할 수 없으며 아스팔트 포장에서 낮은 안정성과 낮은 내구성으로 나타나게 된다. 또한 과다한 양의 아스팔트 바인더를 사용한다면 골재들은 필요 이상의 윤활작용으로 하중이 작용할 때 골재 사이에 유동이 발생하여 낮은 내구성으로 연결된다. 일반적으로 설계 아스팔트 함량의 범위는 전체 배합 무게의 약 4~7% 정도이다.

수퍼패이브 배합설계 방법이 개발되기 전에는 아스팔트 혼합물의 배합설계 방법으로 마샬 배합설계방법(ASTM D1559)과 빔 배합설계방법(ASTM D1560)이 있었다. 일반적으로 마샬 배합설계방법은 빔배합설계방법보다 많이 사용되었는데, 그 이유는 마샬 배합설계방법이 상대적으로 간단하고 현장에 적용하기가 용이했기 때문이었다.

두 가지 배합설계 방법 모두 과거의 경험에 근거한 경험적인 방법이다. 두 가지 배합설계 방법 모두 수십 년 동안 만족스럽게 사용되어 왔으며 장수명 포장 구간을 건설하는데 사용되었다. 하지만, 경험에 근거하여 만들어졌기 때문에, 개질 아스팔트 바인더나 대입경 골재, 기존보다 더 중교통 하중과 같은 새로운 조건에 적용하기에는 어려움이 있다.

수퍼패이브 배합설계는 성능에 기반한 시스템이며 마샬배합설계나 빔배합설계보다는 더 합리적이다. 많은 고속도로 발주처에서는 수퍼패이브 시스템을 채택하여 사용하고 있다. 본 장에서는 수퍼패이브 배합설계 방법과 마샬배합설계 방법에 대한 내용을 정리하였다.

9.9.1 실험실용 공시체 준비

아스팔트 혼합물 공시체는 실험실에서 배합설계와 품질관리를 위해 준비된다. 실험실에서 공시체를 제작하기 위해서 골재는 규정된 입도에 따라 계량되어야 하며 가열하여 준비해야 한다. 아스팔트 바인더는 골재와 별도로 가열되어야 하며 규정된 배합비율에 따라 골재에 첨가해야 한다. 골재와 아스팔트는 골재가 아스팔트로 완전히 코팅이 될 때까지 혼합해야만 한다. 그 다음, 아스팔트가 골재 내부에 공극으로 흡수될 수 있도록 아스팔트 혼합물을 규정된 온도의 오븐에 넣는다. 오븐에서 노화된 아스팔트 혼합물에서 문제가 발생하면 설계 아스팔트 바인더 함량이 잘못 추정된 결과이다. 두 종류에 아스팔트 혼합물이 배합설계와 품질관리 절차에 사용된다. 다져짐 혼합물은 겉보기 밀도의 결정과 기타 다른 시험에 사용되며, 다져지지 않은 혼합물은 이론최대밀도를 결정하는데 사용된다.

다져진 공시체 샘플에는 일반적으로 두 가지 다짐장비가 사용된다.

① 수퍼패이브 선회다짐시험기
② 마샬 햄머

다짐방법과는 관계없이 공시체를 준비하는 절차는 일반적으로 다음 4단계의 순서를 따른다.

① 골재와 아스팔트 바인더의 가열 및 혼합
② 가열된 몰드에 혼합물 넣기
③ 혼합물 다짐
④ 다져진 공시체 상온에서 양생 및 몰드 제거

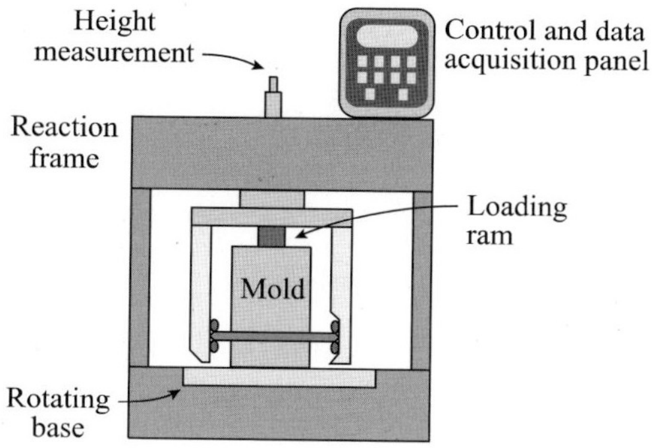

(a)

(b)

그림 9.26 수퍼패이브 선회다짐 시험기

몰드 안에 혼합물을 넣는 기술은 다짐방법에 따라 다르므로 다짐방법에서 정하고 있는 표준절차를 따라야 한다. 다짐절차에서 가장 큰 차이점은 다짐을 적용하는 방법이다. 선회다짐의 경우에는 몰드 안에 혼합물은 경사각에서 힘이 가해지는 다짐 장비 안에 위치하게 된다. 몰드가 회전을 하면서 힘이 가해지므로 혼합물에 전단력이 만들어 진다. 선회다짐장치은 오랜 전부터 이용이 가능했지만 선회다짐에 대한 배합설계절차가 부족하여 실무에 사용하는 데에는 제한이 있었다. 그러나 수퍼패이브 배합설계[FHWA, 1995]에서 선회다짐장치를 사용하므로 선화다짐방법이 일반화되기 시작하였다. 그림 9.26은 수퍼패이브 다짐장비를 보여주고 있다.

마샬다짐절차에서 충격에 의한 다짐력을 가하기 위해 무게 4.45 kg의 강철 햄머를 0.46 m의 높이에서 낙하시킨다(그림 9.27). 마샬햄머의 직경은 아스팔트 혼합물의 공시체 와 동일하며 햄머는 공시체에 매번 충격을 가하게 된다.

수퍼패이브 선회다짐 절차에서는 골재 최대크기가 37.5 mm 이상인 골재까지도 사용이 가능하도록 직경이 150 m와 높이가 95～115 mm인 공시체를 제작한다. 마샬 다짐기는 일반적으로 직경 101.6 mm에 높이가 63.5 mm인 공시체를 제작할 수 있으며 골재 최대크기가 25 mm까지만 사용하도록 제한하고 있다. 골재 최대크기가 37.5 mm인 골재를 사용하기 위해서는 특별히 제작한 직경이 152 mm인 마샬 몰드를 사용하도록 요구하고 있다.

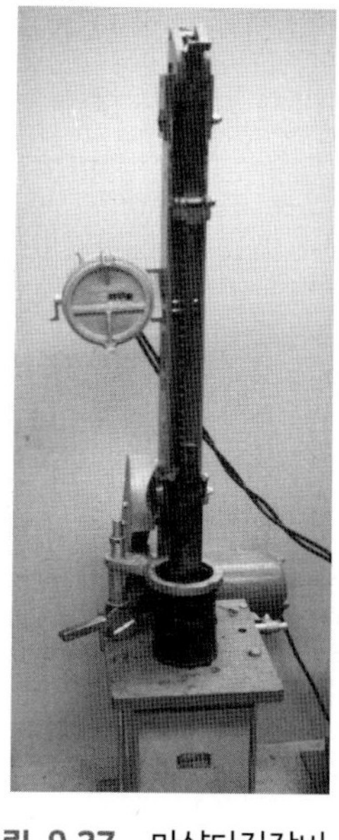

그림 9.27 마샬다짐장비

다짐방법에 관계없이, 먼저, 다짐된 공시체 샘플은 ASTM D 2726에 절차에 따라 겉보기 비중(G_{mb})을 결정하기 위해 사용된다. 다짐된 공시체의 건조중량을 측정하고 25℃의 항온수조에서 3~5분 동안 놓고 수중중량을 측정 측정한다. 수중에서 꺼낸 샘플은 젖은 타월을 사용하여 샘플 표면의 물기를 제거하여 건조하게 만든다. 이것을 표면건조포화중량이라고 한다. 공시체의 겉보기 비중은 다음과 같이 계산된다.

$$G_{mb} = \frac{A}{B-C} \tag{9.1}$$

여기서, A : 건조중량

B : 표건건조포화상태 중량

C : 수중중량

배합설계에서 최적 아스팔트 함량을 결정하기 위해 다양한 아스팔트 함량에서 다짐된 공시체를 준비한다. 다짐된 공시체의 겉보기 비중을 측정한 후, 배합설계방법에 따라 공시체들은 다른 실험에 사용된다.

1) 다져지지 않은 샘플

ASTM D 2041은 아스팔트 혼합물의 이론최대밀도를 결정하기 위해 사용된다. 이 실험방법은 미국 아스팔트 협회에 Jim Rice에 의해 개발되어 Rice 실험이라고 부르며 시험결과를 Rice 밀도라고 한다. 다져지지 않은 샘플은 다져진 샘플을 준비할 때와 동일한 혼합과정과 양생과정으로 준비한다. 양생과정이 끝난 샘플은 실험온도(25℃)로 온도를 낮추기 위해 팬에 펼쳐서 준비한다. 샘플의 온도가 낮아지면 아스팔트로 코팅된 아스팔트 혼합물 골제가 서로 붙지 않도록 준비한다. 공기 중에서 다져지지 않은 아스팔트 혼합물 샘플의 중량을 계량한다. 샘플은 진공을 줄 수 있는 용기 안에 넣고 물을 채운다. 샘플 안에 잔류한 공기를 제거하기 위해 용기를 진공상태로 만든다. 진공 상태로 물속 안에 샘플이 담겨져 있는 용기의 중량을 측정한다. 물속에서 샘플의 중량을 결정하기 전에 물속에 샘플을 채우지 않은 상태에서 무게를 알아야 한다. 이러한 용기 검정값을 용기 검정중량이라고 하며 이론최대밀도시험을 수행하기 전에 미리 수행된다. 이론최대밀도시험을 수행할 때 마다 매번 용기 검정을 수행하지 않아도 된다. 이론최대밀도는 G_{mm}으로 표시하면 다음과 같이 계산된다.

$$G_{mm} = \frac{A}{A-(E-D)} = \frac{A}{A+D-E} \tag{9.2}$$

여기서, A : 다져지지 않은 샘플의 건조중량
D : 물이 담긴 용기검정 중량
E : 물에 샘플이 담긴 용기의 수중중량

한 가지 아스팔트 함량에서 측정한 샘플의 이론최대밀도 값과 골재의 유효비중을 계산하여 다른 아스팔트 함량에서 이론최대밀도 값을 예측한다. 아스팔트 혼합물의 이론최대밀도는 다음과 같이 계산된다.

$$G_{mm} = \frac{100}{\left(\frac{P_s}{G_{se}} + \frac{P_b}{G_b}\right)} \tag{9.3}$$

유효비중(G_{se})을 구하기 위해서 방정식을 풀면

$$G_{se} = \frac{P_s}{\left(\frac{100}{G_{mm}} - \frac{P_b}{G_b}\right)} \tag{9.4}$$

여기서, G_{mm} : 아스팔트 혼합물의 이론최대밀도
P_s : 골재 중량 백분율
P_b : 아스팔트 바인더의 중량 백분율
G_{se} : 아스팔트로 코팅된 골재의 유효비중
G_b : 아스팔트 바인더의 비중

비록 한 가지 아스팔트 함량에서 유효비중이 결정되었지만, 모든 아스팔트 함량에서 동일한 값을 사용한다. 그러므로 이론최대밀도시험 결과에 근거하여 유효비중(G_{se})이 결정되면 다른 아스팔트 함량에서 이론최대밀도(G_{mm})값을 계산하기 위해 식 (9.3)을 사용한다. 마샬배합설계에서는 각 아스팔트 함량에서 이론최대밀도(G_{mm})값을 결정하기 위해 계산식을 사용한다. 수퍼페이브 배합설계에서는 배합설계 과정에서는 각각의 아스팔트 함량에서 이론최대밀도를 직접 측정하도록 하고 있다.

9.9.2 밀도 및 공극률 분석

배합설계와 품질관리에서 다져진 아스팔트 혼합물의 밀도와 공극률을 이해하는 것은 매우 중요하다. 배합설계방법의 종류와 상관없이, 배합설계는 요구하는 성능을 가진 아

스팔트 혼합물을 생산하기 위해 아스팔트 바인더와 골재의 체적을 결정하는 절차이다. 그러나 체적을 계량하는 것은 실질적으로 어렵기 때문에 중량을 체적으로 환산하기 위해 진비중이 사용된다. 그림 9.28은 아스팔트 바인더, 골재, 공극은 구성된 아스팔트 혼합물의 구성을 보여주고 있다. 아스팔트의 일부분은 골재의 일부분으로 흡수된다. 사용된 공통적인 3가지 중요한 변수는 공극률(VTM), 골재 간극율(VMA), 포화도(VFA)이다. 이러한 변수는 다음과 같이 정의된다.

$$\mathrm{VTM} = \frac{V_v}{V_m}100 \tag{9.5}$$

$$\mathrm{VMA} = \frac{V_v + V_{be}}{V_m}100 \tag{9.6}$$

$$\mathrm{VFA} = \frac{V_{be}}{V_{be} + V_v}100 \tag{9.7}$$

여기서, V_v : 공극의 부피

V_{be} : 유효 아스팔트 바인더의 부피

V_m : 혼합물의 전체 부피

유효 아스팔트는 총 아스팔트 함량에서 흡수된 아스팔트 함량을 뺀 것을 의미한다.

각각의 아스팔트 공시체에 단위중량은 물에 밀도(1 Mg/m^3)와 겉보기 비중을 곱해서 계산된다.

그림 9.28과 식 (9.5)~(9.7)은 아스팔트 혼합물의 배합설계 분석에서 사용한 체적 관계를 표현하는데 사용된다. 그러나 실제로 배합설계에 사용하는 공식들은 측정한 인자

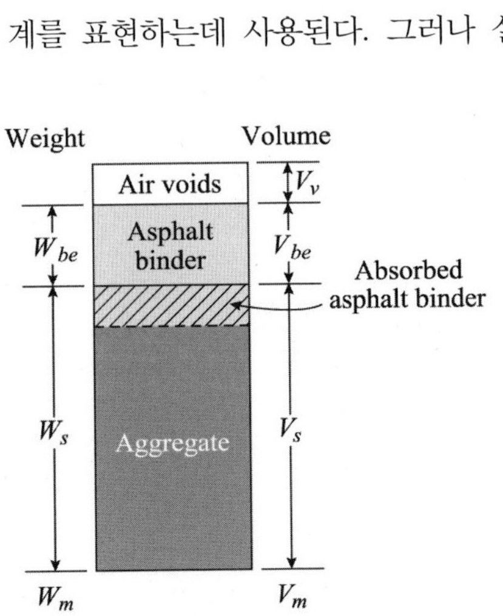

그림 9.28 다져진 아스팔트 혼합물의 구성

들을 바로 사용하기 위해 다음과 같이 유도되었다.

$$\mathrm{VTM} = 100\left(1 - \frac{G_{mb}}{G_{mm}}\right) \tag{9.8}$$

$$\mathrm{VMA} = \left(100 - G_{mb}\frac{P_s}{G_{sb}}\right) \tag{9.9}$$

$$\mathrm{VFA} = 100\left(\frac{\mathrm{VMA} - \mathrm{VTM}}{\mathrm{VMA}}\right) \tag{9.10}$$

예제 9.2

다져진 아스팔트 공시체는 혼합물 중량 대비 5.0%의 아스팔트 함량을 함유하고 있다 아스팔트 비중 : 1.023, 골재 겉보기 비중 : 2.755) 공시체의 겉보기 밀도는 2.441 Mg/m^{3}이다. 흡수율은 무시하고 공극률(VTM), 골재간극율(VMA), 포화도(VFA)를 계산하시오.

풀이

다음 그림을 참조하여 $V_m = 1\,\mathrm{m}^3$로 가정하면 혼합물에 요소별 무게를 계산하면 다음과 같다.

전체 무게 $= 1 \times 2.441 = 2.441$ Mg

아스팔트 바인더 무게 $= 0.05 \times 2.441 = 0.122$ Mg

골재 무게 $= 0.95 \times 2.441 = 2.319$ Mg

요소별 부피는 계산하면 다음과 같다.

아스팔트 바인더 부피 $V_b = \dfrac{0.122}{1.023} = 0.119\,\mathrm{m}^3$

본 문제에서는 흡수율을 무시하였으므로 $V_{be} = V_b$ 동일하다.

골재 부피 $V_s = \dfrac{2.319}{2.755} = 0.842\,\mathrm{m}^3$

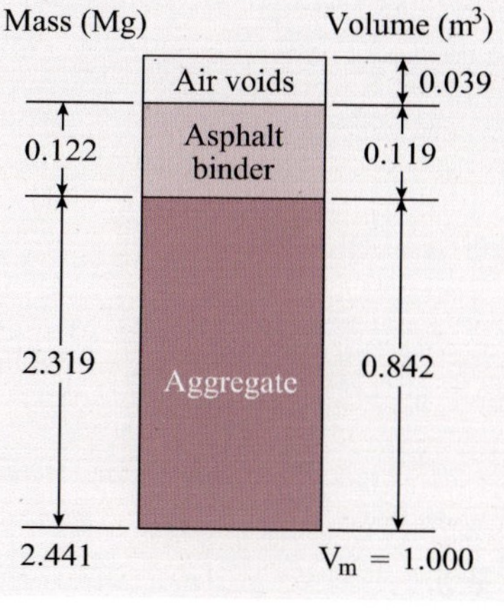

예제그림 9.2

공극에 대한 부피를 계산하면

$V_v = V_m - V_b - V_s = 1 - 0.199 - 0.842 = 0.039\,\text{m}^3$

체적 정보를 계산하면

$$\text{공극률(VTM, \%)} = \frac{V_v}{V_m} \times 100 = \frac{0.039}{1.00} \times 100 = 3.9\%$$

$$\text{골재간극율(VMA, \%)} = \frac{V_v + V_{be}}{V_m} \times 100 = \frac{0.039 + 0.019}{1.00} \times 100 = 15.8\%$$

$$\text{포화도(VFA, \%)} = \frac{V_{be}}{V_{be} + V_v} \times 100 = \frac{0.019}{0.019 + 0.039} \times 100 = 75\%$$

예제 9.3

아스팔트 혼합물 공시체의 특성이 다음과 같다. 현재 공극률(VTM), 골재간극율(VMA), 포화도(VFA)를 계산하시오.

- 아스팔트 바인더 함량 = 5.9%(혼합물 무게 대비)
- 아스팔트 혼합물의 겉보기 밀도 = 2.457
- 이론 최대 밀고 = 2.598
- 골재 겉보기 비중 = 2.696

풀이

$$\text{공극률(VTM, \%)} = 100\left(1 - \frac{G_{mb}}{G_{mm}}\right) = 100\left(1 - \frac{2.457}{2.598}\right) = 5.4\%$$

$$\text{골재간극율(VMA, \%)} = \left(100 - G_{mb}\frac{P_s}{G_{sb}}\right) = \left(100 - 2.457\,\frac{100 - 5.9}{2.692}\right) = 14.1\%$$

$$\text{포화도(VFA, \%)} = 100\left(\frac{VMA - VTM}{VMA}\right) = 100\left(\frac{14.1 - 5.4}{14.1}\right) = 61.7\%$$

9.9.3 수퍼패이브 배합설계법

수퍼패이브 배합설계 절차(AASHTO R35-09)는 다음과 같이 구성된다.

① 골재 선정
② 아스팔트 바인더 선정
③ 설계골재구조 결정
④ 설계 바인더 함량 결정
⑤ 수분민감성 평가

1) 골재선정

수퍼패이브 배합설계에 골재는 출처와 요구사항을 반드시 만족시켜야 한다. 골재 출처에는 판매자와 구매자가 명시되어 있어야 하며 각각의 골재 저장소는 정해져 있어야 한다. 골재 특성은 LA 마모(그림 5.8), 안정성, 유해성 재료 등에 대한 내용이 포함된다. 골재의 요구사항은 수퍼패이브 시방서에 일부분이며, 골재 특성에 대한 요구사항은 다음과 같다.

- 굵은 골재 입형
- 잔골재 입형(AASHTO TP 33) (그림 5.7)
- 굵은 골재 편평 세장율(ASTM D4791) (그림 5.6)
- 모래당량(ASTM D2419) (그림 5.18)

표 9.8에서 알 수 있듯이 이러한 골재특성의 제한은 교통량 수준과 포장 표면에서 얼마나 깊은 곳에 사용하느냐에 따라 달라진다. 아스팔트 혼합물에 사용하는 골재는 반드시 적당한 입도로 설계해야 한다. 수퍼패이브 배합설계에서는 5장에서 언급한 0.45 파

표 9.8 수퍼패이브에서 요구하는 골재 품질 기준

설계 수준	굵은 골재 입형 (%, 최소)	잔골재 입형도 (%, 최대)	편평 세장율 (%, 최대)	모래당량 (%, 최소)
저 교통	55/ -	-	-	40
중 교통	75/ -	40	10	40
고 교통	85/80*	45	10	45

※ 첫 번째 수치는 하나 이상의 파쇄면에 대한 최소 규정이며, 두 번째 수치는 두 개 이상의 파쇄면에 대한 규정임.

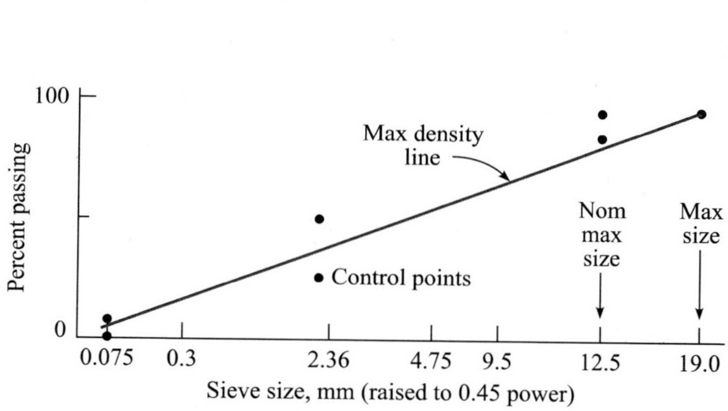

그림 9.29 골재 최대치수 12.5 mm에 대한 수퍼패이브 입도 규정

워샤트를 사용하도록 제안하고 있다. 입도분포 곡선은 반드시 통제점 사이에 있어야 한다. 그림 9.29는 12.5 mm 수퍼패이브 혼합물에 대한 입도 조건을 보여주고 있다.

아스팔트 혼합물의 배합설계를 수행하는 설계자는 골재저장소에서 골재출처, 요구사항, 입도규정 등을 만족하는 골재를 선정하여 사용해야 한다.

2) 아스팔트 바인더 선정

아스팔트 바인더는 이전에 설명한대로 최대 및 최소 아스팔트 포장 온도에 따라 선정된다. 뿐만 아니라 기준시험을 통하여 선정한 아스팔트 바인더는 시방서에 정해진 시험을 통하여 비중과 점도－온도와의 관계를 측정한다. 아스팔트의 비중은 체적배합 분석을 하는데 필요하다.

점도－온도와의 관계는 혼합온도와 다짐온도를 결정하는데 필요하다. 수퍼패이브 배합설계에서는 아스팔트 바인더의 점도가 0.170 ± 0.020 Pa・s일 때 온도를 아스팔트와 골재의 혼합온도로 요구하고 있으며 아스팔트 바인더의 점도가 0.280 ± 0.030 Pa・s일 때 온도를 아스팔트 혼합물의 다짐온도로 요구한다.

3) 설계 골재 구조 결정

적절한 골재와 아스팔트 바인더(또는 개질 아스팔트 바인더)를 선정한 후, 3종류의 서로 다른 골재입도와 아스팔트 함량에서 예비 공시체를 준비한다. 설계 골재 구조를 결정하기 위해 예비 공시체를 준비하여 사용하는 최적 아스팔트 함량은 공식에 의해 추정한다. 하지만, 이러한 공식은 경험적인 것으로 배합설계자에 의해 아스팔트 함량을 추정할 수 있다. 공시체는 그림 9.26에 수퍼패이브 선회다짐장비를 사용하여 1.16°의 선회다짐각(내부 몰드 측정)에서 600 kPa의 일정한 수직 압력으로 작용시켜 다짐작업을 수행한다. 다짐작업을 위해 적용한 선회다짐 수는 표 9.9에 정리한 교통량에 근거하여 결정된다.

표 9.9에서 알 수 있듯이, 수퍼패이브 배합설계에서 3가지 주요한 다짐 단계[초기(initial), 설계(design), 최대(maximum)]가 있다. 설계 다짐수준은 실제 현장에서 다짐작업이 완료되었을 때 예상되는 수준을 의미한다. 최대 다짐 수준은 수년 동안 차량이 통행한 아스팔트 포장의 최대밀도 수준과 유사한 단계를 의미한다.

초기 다짐정도($N_{초기}$)는 아스팔트 혼합물이 연한지를 확인하는 것을 돕기 위해 적용된다. 연한 아스팔트 혼합물은 시공 중에 안정도가 부족하여 계속 다짐을 하는 것보다는 롤러장비를 변경해야 한다.

표 9.9 설계교통량 수준에 따른 선회다짐회수(AASHTO R35-09)

	교통 수준(10^6 ESAL*)			
	< 0.3	0.3~3	3~30	> 30
N_{ini} (초기)	6	7	8	9
N_{des} (설계)	50	75	100	125
$N_{\max}$ (최대)	75	115	160	205
적용대상	트럭에 통행이 금지 또는 제한되거나 저 교통량 도로	중간 교통량인 도로에 접근도로나 집산 도로	2차선 이상의 중간 이상의 교통량을 가지는 접근도로 트럭교통량이 많은 시도로, 주도로, 고속도로 등	주요 고속도로, 또는 과적 측정 장소, 2차 선도로에서 트럭 추월 차로가 있는 도로

* ESAL은 18,000 lb에 해당하는 단일 축 하중이며 교통량과 교통하중을 모두 고려한 포장설계에 사용하는 설계인자(Huang, 2004).

표 9.10 수퍼패이브 배합설계 기준

설계 간극율	4%					
채움재-유효아스팔트 비[1]	0.6~1.2					
인장강도 비	80%(최소)					
최소골재간극율(%)	공칭 최대치수(mm)					
	37.5	25	19	12.5	9.5	4.75
	11	12	13	14	15	16

이론 최대밀도와 포화도 기준				
설계 ESAL(백만)	이론 최대밀도 비율			포화도[234]
	$N_{초기}$	$N_{설계}$	$N_{최대}$	
< 0.3	≤ 91.5	96	≤ 98.0	70~80
0.3~3	≤ 90.5	96	≤ 98.0	65~78
3~10	≤ 89.0	96	≤ 98.0	65~75
10~30	≤ 89.0	96	≤ 98.0	65~75
≥ 30	≤ 89.0	96	≤ 98.0	65~75

[1] 4.75 mm의 배합에 대한 채움재-아스팔트 바인더 비의 범위는 0.9~2.0

[2] 9.5 mm의 최대 입경을 가지며, 설계 ESAL이 3백만 이상인 경우 포화도 범위는 73~76%이며, 4.75 mm의 최대 입경을 갖는 경우는 75~88%

[3] 공칭 최대치수가 25 mm이며 ESAL이 30만 이하인 경우 포화도 67% 이하

[4] 공칭 최대치수가 37.5 mm인 경우 포화도의 하한범위는 모든 EASL에 대해 64% 이하

설계 골재 구조를 결정하기 위한 시작단계는 샘플을 설계 다짐 수준(N_{des})까지 다짐이 이루어져야 한다. 체적특성은 동일한 아스팔트 함량과 골재 비율로 혼합되어 다져진 공시체의 겉보기 비중(G_{mb})와 다져지지 않은 혼합물의 이론최대밀도(G_{mm})에 의해 결정된다. 공극률(VTM), 골재 간극율(VMA), 포화도(VFA)와 같은 체적특성들은 결정되며, 표 9.10에 규정된 기준에 만족해야 한다. 수퍼패이브 배합설계에서는 두 가지의 추가적인 인자들을 평가하는데, 초기다짐($N_{초기}$)에서 이론최대밀도(G_{mm})와 채움재-유효 아스팔트 함량의 비율이다. 초기다짐($N_{초기}$)에서 이론최대밀도(G_{mm})는 다음과 같이 계산된다.

$$\%\, G_{mm,N초기} = \%\, G_{mm,N초기}\ \frac{h_{설계}}{h_{초기}} \tag{9.11}$$

이때 $h_{초기}$와 $h_{설계}$는 선회 다짐시 초기 다짐수와 설계 다짐수에서 공시체의 높이를 나타낸 것이다. $G_{mm,N설계}$는 100-VTM(공극률)과 동일하다.

채움재-유효 아스팔트 함량 비율은 0.075mm체의 통과한 골재의 비율을 유효 아스팔트 함량으로 나누어 다음과 같이 계산된다.

$$P_{ba} = 100\left(\frac{G_{se} - G_{sb}}{G_{sb}G_{se}}\right)G_b \tag{9.12}$$

$$P_{ba} = P_b - \left(\frac{P_{ba}}{100}\right)P_s \tag{9.13}$$

$$D/B = \frac{P_D}{P_{be}} \tag{9.14}$$

여기서, D/B : 채움재와 아스팔트 바인더 비율

P_{ba} : 골재에 흡수된 아스팔트 바인더 비율

G_{sb} : 골재 겉보기 비중

P_D : 채움재 비율 또는 0.075 mm체를 통과한 골재의 비율

P_{be} : 유효 아스팔트 바인더 함량

수퍼패이브 배합설계에서는 공극률이 4.0%에서 체적 특성을 결정하도록 되어 있다. 설계 골재 입도를 평가하기 위해 준비한 공시체의 공극률 4.0%를 만족하는 아스팔트 바인더 함량일 필요는 없다. 그러므로 체적특성 평가 결과를 다음과 같이 4.0% 공극률로 수정하면 된다.

$$P_{b,est} = P_{bt} - 0.4(4 - VTM_t) \tag{9.15}$$

$$\mathrm{VMA}_{est} = \mathrm{VMA}_t + C(4 - \mathrm{VTM}_t) \tag{9.16}$$

$$C = 0.1 \text{ for } \mathrm{VTM}_t < 4.0\%$$

$$C = 0.2 \text{ for } \mathrm{VTM}_t \geq 4.0\%$$

$$\mathrm{VFA}_{est} = 100\frac{\mathrm{VMA}_{est} - 4.0}{\mathrm{VMA}_{est}} \tag{9.17}$$

$$\%\, G_{mm\,Nini.est} = \%\, G_{mm\,Nini} - (4.0 - \mathrm{VTM}) \tag{9.18}$$

$$P_{be,est} = P_{b,est} - \frac{P_s G_b (G_{se} - G_{sb})}{G_{se} G_{sb}} \tag{9.19}$$

$$D/B_{est} = \frac{P_D}{P_{be,est}} \tag{9.20}$$

여기서, $P_{b,est}$: 조정된 추정 아스팔트 바인더 함량

VMA_{est} : 조정된 골재 간극율(VMA)

VMA_t : 체적 분석으로부터 결정된 골재 간극율(VMA)

VFA_{est} : 조정된 포화도(VFA)

VTM_t : 체적 분석으로부터 결정된 공극률(VTM)

$P_{be,est}$: 조정된 유효 아스팔트 바인더의 비율

D/B_{est} : 조정된 채움재와 아스팔트 바인더 함량 비율

P_D : 0.075 mm체를 통과한 골재 비율

식 (9.17)에서 공극률은 배합설계에서 목표 공극률 4.0%로 가정된다. 설계 골재 구조 평가에서 조정된 결과들은 표 9.10에 규정되어 있는 수퍼패이브 배합설계 기준을 만족해야 한다.

설계 골재 입도에서 최소 한 개의 입도는 조정된 체적 변수가 수퍼패이브에서 규정하고 있는 기준을 만족해야 한다. 만약, 하나 이상의 설계 골재 입도가 수퍼패이브에서 규정하고 있는 기준을 만족한다면, 설계자가 한 개의 입도를 선정한다. 선정된 설계 골재 입도를 가지고 조정된 아스팔트 바인더 함량으로 두 개의 공시체를 다짐하여 준비한다. 이론최대밀도의 평균값을 결정하고 기준과 비교한다. 만약, 기준을 만족한다면 설계 아스팔트 함량을 결정하기 위해 다음 배합설계 절차를 진행하지만, 기준을 만족하지 못한다면 설계 골재 구조를 수정하여 배합설계 절차를 다시 시작해야 한다.

예제 9.4

교통량이 12.5 million ESAL에서, 다음과 같은 정보에 근거하여 19 mm 수퍼패이브 설계 골재 구조를 선정하시오.

데이터	예비 골재 입도			데이터	예비 골재 입도		
	1	2	3		1	2	3
G_{mb}	2.457	2.441	2.477	P_d (%)	4.5	4.5	4.5
G_{mm}	2.598	2.558	2.664	G_{sb}	2.692	2.688	2.665
G_b	1.025	1.0258	1.025	h_{ini} (mm)	125	131	125
P_b (%)	5.9	5.7	6.2	h_{des} (mm)	115	118	115
P_s (%)	94.1	94.3	93.8				

풀이

예제표 9.4

				1	2	3	
G_{se}	9.4	$\frac{P_s}{\left(\frac{100}{G_{mm}}-\frac{P_b}{G_b}\right)}$	$\frac{94.1}{\left(\frac{100}{2.598}-\frac{5.9}{1.025}\right)}$	2.875	2.812	2.979	
VTM (%)	9.8	$100\left(1-\frac{G_{mb}}{G_{mm}}\right)$	$100\left(1-\frac{2.457}{2.598}\right)$	5.4	4.6	7.0	
VMA (%)	9.9	$\left(100-G_{mb}\frac{P_s}{G_{sb}}\right)$	$\left(100-2.457\frac{94.1}{2.692}\right)$	14.1	14.4	12.8	
VFA (%)	9.10	$100\left(\frac{VMA-VTM}{VMA}\right)$	$100\left(\frac{14.1-5.4}{14.1}\right)$	61.7	68.1	45.3	
$\% G_{mm,Nini}$	9.11	$\% G_{mm,Ndes}\frac{h_{des}}{h_{ini}}$	$(100-5.4)\ \frac{115}{125}$	87.0	86.0	85.5	≤ 89.0
P_{ba}	9.12	$100\left(\frac{G_{se}-G_{sb}}{G_{sb}G_{se}}\right)G_b$	$100\left(\frac{2.875-2.692}{2.692\times2.875}\right)1.025$	2.42	1.68	4.05	
P_{be}	9.13	$P_b\left(\frac{P_{ba}}{100}\right)P_s$	$5.9\left(\frac{2.42}{100}\right)94.1$	3.62	4.12	2.4	
D/B	9.14	$\frac{P_D}{P_{be}}$	$\frac{4.5}{3.62}$	1.2	1.1	1.9	
$P_{b,est}$(%)	9.15	$P_{bt}-0.4(4-VTM_t)$	$5.9-0.4(4-5.4)$	6.5	5.9	7.4	
VMA_{est}(%)	9.16	$VMA_t+C(4-VTM_t)$	$14.1+0.2(4-5.4)$	13.8	14.3	12.2	≥ 13
VFA_{est}(%)	9.17	$100\frac{VMA_{est}-4.0}{VMA_{est}}$	$100\frac{13.8-4.0}{13.8}$	71.0	72.0	67.2	65 ~ 75
$\% G_{mm,Nini,est}$	9.18	$\% G_{mm,Nini}-(4.0-VTM)$	$87-(4.0-5.4)$	88.4	86.6		
$P_{be,est}$(%)	9.19	$P_{be,est}=P_{b,est}-\frac{P_sG_b(G_{se}-G_{sb})}{G_{se}G_{sb}}$	$6.5-\frac{94.1\times1.025(2.875-2.692)}{2.875\times2.692}$	4.2	4.3	3.6	
D/B_{est}	9.20	$\frac{P_D}{P_{be,est}}$	$\frac{4.35}{4.2}$	1.1	1.0	1.3	0.6 ~ 1.2

앞의 표는 예비입도 1에 정보를 사용하여 식 (9.4)~식 (9.20)을 이용하여 계산된 결과이다. 예비입도 2와 3에 대한 정보를 사용하여 계산한 결과, 예비입도 1과 2가 수퍼페이브 배합설계를 만족하는 것으로 나타났으나, 예비입도 1에 대한 골재간극율(VMA)이 높게 나타나 예비임도 2를 최종 19 mm 수퍼패이브 설계 골재 구조를 선정하였다.

4) 설계 아스팔트 함량 결정

설계 아스팔트 바인더 함량을 결정하기 위해 총 8개의 공시체를 준비한다. 총 4개의 서로 다른 아스팔트 함량(최적 아스팔트 바인더 함량, 최적 아스팔트 바인더 함량보다 −0.5%, 최적 아스팔트 바인더 함량보다 +0.5%, 최적 아스팔트 바인더 함량보다 +1%)에서 각각의 아스팔트 바인더 함량에 대해 2개의 공시체를 준비한다. 공시체는 설계 선회다짐회수로 다짐하여 준비한다. 체적특성을 계산하고 각각의 체적특성 인자들은 아스팔트 바인더 함량과 그래프로 도식된다. 공극률이 4.0%를 나타내는 함량이 최적 아스팔트 바인더 함량으로 결정된다. 다른 그래프들은 선정된 아스팔트 바인더 함량에서 체적인자들을 결정하는데 사용된다. 만약, 체적특성이 표 9.10에 정리한 시방규정을 만족한다면 두 개의 공시체를 수퍼패이브 선회다짐기를 사용하여 준비한다. 만약, 두 개의 공시체가 시방 규정을 만족한다면 아스팔트 혼합물의 수분민감성을 평가한다.

예제 9.5

예제 9.5에 결과에 근거(예비 입도 2 선정)하여 교통량이 20 million ESAL에 대하여 수퍼패이브 배합설계에서 추천된 아스팔트 바인더 함량을 결정하시오.

풀이

아스팔트 공시체는 4가지 다른 아스팔트 함량에서 준비되었으며 다음과 같은 결과를 얻을 수 있었다.

<설계 아스팔트 바인더 함량>

데이터	아스팔트 바인더 함량				데이터	아스팔트 바인더 함량			
	1	2	3	4		1	2	3	4
P_b (%)	5.4	5.9	6.4	6.9	P_d (%)	4.5	4.5	4.5	4.5
G_{mb}	2.351	2.441	2.455	2.469	G_{sb}	2.688	2.688	2.688	2.688
G_{mm}	2.570	2.558	2.530	2.510	h_{ini} (mm)	125	131	126	130
G_b	1.025	1.025	1.025	1.025	h_{des} (mm)	115	118	114	112
P_s (%)	94.6	94.1	93.6	93.1					

체적분석 결과					
계산 결과값	공식	아스팔트 바인더 함량			
		1	2	3	4
G_{se}	9.4	2.812	2.812	2.812	2.812
VTM (%)	9.8	8.5	4.6	3.0	1.6
VMM (%)	9.9	17.3	14.5	14.5	14.5
VFM (%)	9.10	50.9	68.3	79.3	89.0
% G_{mm}, N_{ini}	9.11	84.2	86.0	87.8	84.7
P_{ba} (%)	9.12	1.68	1.68	1.68	1.68
P_{be} (%)	9.13	3.81	4.32	4.83	5.34
D/B	9.14	1.2	1.0	0.9	0.8

다음의 그림은 아스팔트 바인더 함량-VTM, 아스팔트 바인더 함량-VMA, 아스팔트 바인더 함량-VFA, 아스팔트 바인더 함량-% G_{mm} @ N_{ini}, 아스팔트 바인더 함량-D/B를 그래프로 정리한 결과이다.

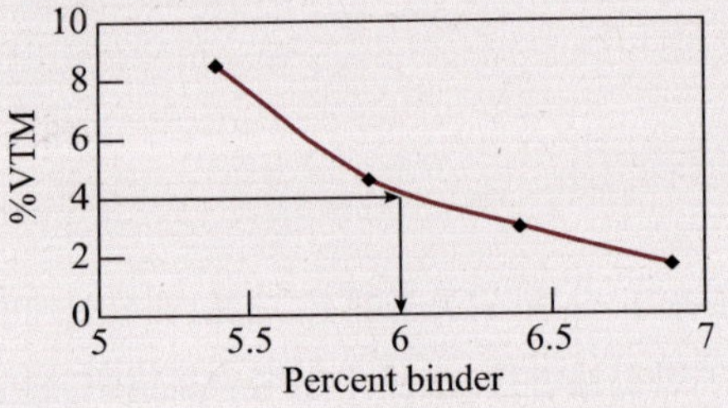

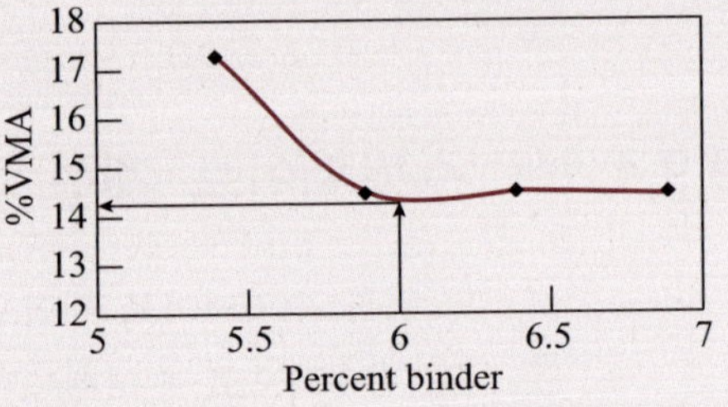

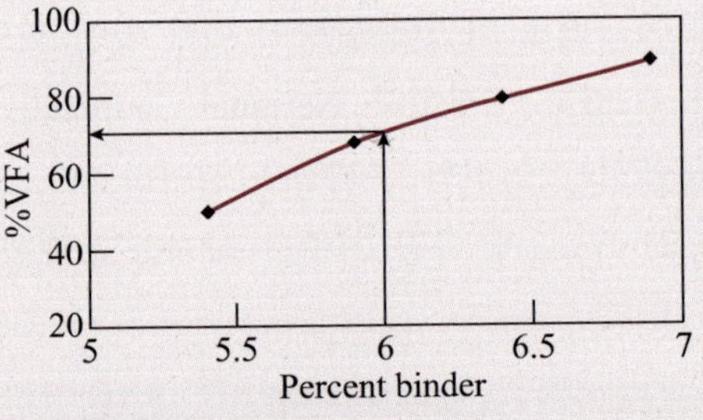

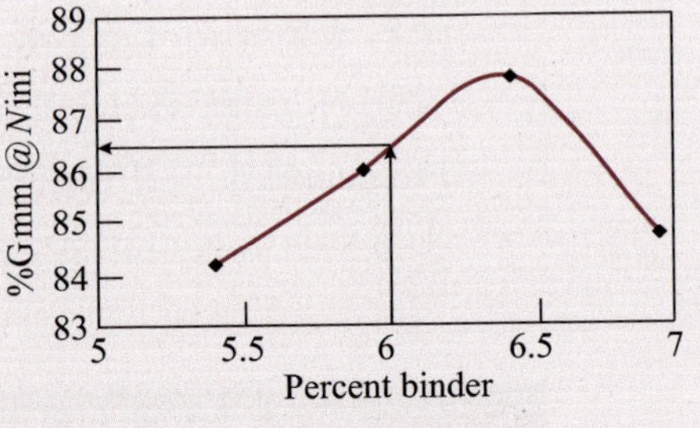

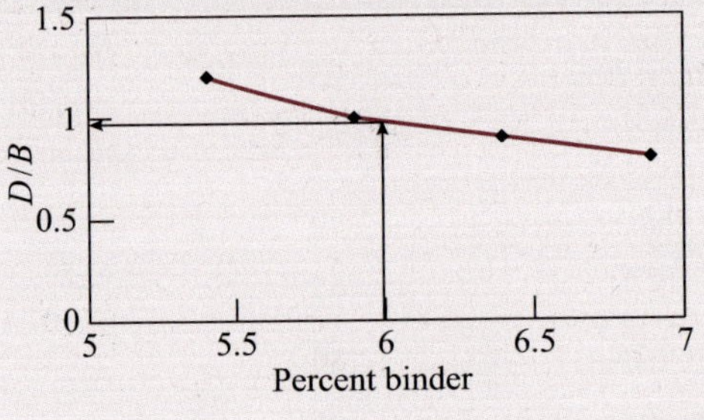

그림에서 VTM이 4.0%일 때, 아스팔트 바인더 함량은 6.0%로 결정되었다. 아스팔트 바인더 함량이 6.0%일 때, 설계값들은 다음과 같다.

- VMA = 14.5%
- VFA = 71.0%
- G_{mm} @ $N_{초기}$ = 86.5%
- D/B 비율 = 0.9

위의 설계값들은 표 9.10에 수퍼패이브 배합설계 기준을 모두 만족하므로, 설계 아스팔트 바인더 함량은 6.0%로 결정되었다.

5) 수분민감성 평가

배합설계 된 아스팔트 혼합물의 수분민감성는 AASHTO T283 절차에 따라 설계 아스팔트 바인더 함량에서 7.0%에 공극률로 다져진 6개의 공시체를 사용하여 결정한다. 3개의 공시체는 진공포화 처리하여 동결 융해 사이클을 거치고, 나머지 3개의 공시체는 이러한 처리 절차를 거치지 않는다. 각각의 공시체를 마샬안정도 시험장비를 이용하여 간접인장강도를 측정한다. 인장강도비는 처리된 공시체의 간접인장강도 평균값을 처리하지 않은 공시체의 간접인장강도 평균값으로 나누어 결정된다. 수퍼패이브 배합설계에서 규정하고 있는 최소 인장강도비는 80% 이상이다.

9.9.4 수퍼패이브 개선

비록 수퍼패이브 배합설계법이 각주 교통국에서 대표 배합설계법으로 사용되고 있지만 지속적으로 수퍼패이브 배합설계법을 개선시키려는 노력이 진행되고 있다. 한 가지 주요 공통 관심사항은 설계 아스팔트 바인더 함량이 너무 낮아 피로균열이나 투수에 민감한 아스팔트 혼합물이 될 수 있다는 것이다. National Cooperative Highway Research Program에서 지원하는 연구에서는 이러한 문제점을 검사하였다. 그 결과, 골재 간극율을 0.5~1% 높이고 $N_{초기}$ 및 $N_{최대}$에 다짐 기준을 삭제하고 대한 표 9.11에 명시되어

표 9.11 N설계 수준에 대한 제안

20년 설계교통량 10^6 ESAL	2년 설계교통량 10^5 ESAL	$N_{설계}$ < PG76-XX 아스팔트 바인더	$N_{설계}$ ≥ PG 76-XX 아스팔트 바인더 또는 표층으로부터 100 mm 이상 포설되는 혼합물
< 0.3	< 0.3	50	NA
0.3~3	0.3~2.3	65	50
3~10	2.3~9.25	80	65
10~30	9.25~25	80	65
> 30	> 25	100	80

있는 $N_{설계}$ 기준으로 바꾸는 것이 제한되었다[Christensen and Bonaquist, 2006; Prowell and Brown, 2007]. 많은 주 교통국에서 이러한 기준을 채택하고 있다. 이러한 기준은 프로젝트에서 요구하는 조건을 이해하고 국가 표준 시방서(AASHTO)를 적용할 수 있는지 아니면 주 교통국에 시방서를 대신하여 적용할 수 있는지 여부는 재료 엔지니어의 책임 하에 결정된다.

9.9.5 마샬배합설계법

마샬 배합설계를 수행하기 위한 기본적인 절차는 다음과 같다[The Asphalt Institute, 2001].

① 골재 평가
② 아스팔트 바인더 평가
③ 공시체 준비
④ 마샬 안정도와 흐름치 측정
⑤ 밀도 및 공극률 분석
⑥ 설계 아스팔트 함량 결정

① 골재 평가

골재의 내구성, 안정성, 유해성, 마모성, 모양, 표면조직 등을 포함한 골재 특성은 아스팔트 혼합물에 대한 배합설계를 시작하기 전에 반드시 평가되어야 한다. 발주 시방서에는 사용 가능한 골재 입도에 대해 정의되어 있다. 표준 마샬배합설계에서는 골재 최대치수가 25 mm 이하인 밀입도 골재의 사용을 허용하고 있다[AASHTO T245]. 수정 마샬배합설계에서는 골재 최대치수가 50 mm인 골재를 사용하기 위해 크기가 큰 몰드와 다짐해머를 사용하도록 하고 있다[ASTM D5581].

② 아스팔트 바인더 평가

아스팔트 바인더의 등급은 예상 온도범위와 교통조건에 따라 선정된다. 대부분의 발주처에서는 설계 조건에 맞는 아스팔트 바인더 등급을 선정할 수 있는 시방서를 가지고 있다.

③ 공시체 준비

마샬배합설계 과정에서 직경 101.6 mm, 높이 63.5 mm인 18개의 공시체를 필요로 한다. 15개 공시체는 마샬 안정도와 흐름치를 측정한다. 나머지 3개의 공시체는 이론최대밀도를 결정하기 위해 사용된다. 이론최대밀도값(G_{mm})은 공극률과 밀도를 분석하는데 사용된다.

이론최대밀도를 결정하기 위한 공시체는 추정 설계 아스팔트 함량에서 준비한다.

공시체는 서로 다른 5개의 아스팔트 함량(추정 설계 아스팔트 함량, ±0.5% 및 ±1.0%)에서 준비한다. 엔지니어는 경험과 지식으로 설계 아스팔트 함량을 추정한다. 마샬 배합설계에서 공시체의 다짐은 그림 9.27과 같은 마샬 다짐 햄머를 사용한다. 마샬 배합설계에서는 아스팔트 바인더의 동점도가 170 ± 20 cSt인 온도에서 아스팔트 바인더와 골재를 혼합하고 아스팔트 바인더의 동점도가 280 ± 30 cSt인 온도에서 다짐하도록 되어 있다.

미국 아스팔트협회에서는 공시체를 다짐하는데 3가지 다른 에너지 수준(양면 25회, 50회, 75회 다짐)을 허용하고 있다. 교통량이 많은 아스팔트 포장에 대한 배합설계에서는 실제 포장의 현장 밀도를 최대한 모사할 수 있도록 75회 마샬 다짐을 적용하도록 하고 있다.

④ 마샬 안정도 및 흐름치 측정

아스팔트 혼합물의 마샬 안정도는 그림 9.30과 같은 마샬 시험 장비를 사용하여 수행할 때 재료에 가해진 최대하중을 나타낸다. 이 시험은 60℃ 온도의 아스팔트 공시체에 51 mm/min의 하중 재하 속도로 하중을 가하여 수행된다. 마샬 흐름치는 하중이 감소하기 시작하기 시작할 때 변위량을 나타낸다. 마샬 공시체의 두께가 63.5 mm가 아닐 경우에는 표 9.12에 정리되어 있는 보정계수를 곱하여 수정 마샬 안정도를 결정하게 된다. 각각의 아스팔트 함량에서 모든 공시체는 마샬 안정도와 흐름치를 측정하고 평균값을 계산한다.

그림 9.30 마샬 안정도 측정 장비

표 9.12 마샬 안정도 보정 계수

공시체 두께(mm)	보정계수	공시체 두께(mm)	보정계수	공시체 두께(mm)	보정계수
50.8	1.47	60.3	1.09	69.8	0.86
52.4	1.39	61.9	1.04	71.4	0.83
54.0	1.32	63.5	1.00	73.0	0.81
55.6	1.25	65.1	0.96	74.6	0.78
57.2	1.19	66.7	0.93	76.2	0.76
58.7	1.14	68.3	0.89		

⑤ 밀도 및 공극률 분석

공극률(VTM), 골재간극율(VMA), 포화도(VFA)값은 식 (9.8), 식 (9.9), 식 (9.10)을 사용하여 각각 계산할 수 있다.

⑥ 설계 아스팔트 함량 결정

통상적으로 시험결과 및 계산 결과들은 최적 아스팔트 함량을 선정하는데 필요한 인자들을 결정하는 작업을 돕기 위해 표나 그래프로 정리한다. 표 9.13은 마샬 배합설계에서 측정된 값들과 계산 값들을 정리한 예를 보여주고 있다. 그림 9.31은 표 9.31의 결과들을 아스팔트 함량－공극률, 아스팔트 함량－골재간극율, 아스팔트 함량－포화도, 아스팔트 함량－안정도, 아스팔트 함량－흐름치의 그래프로 나타낸 것이다.

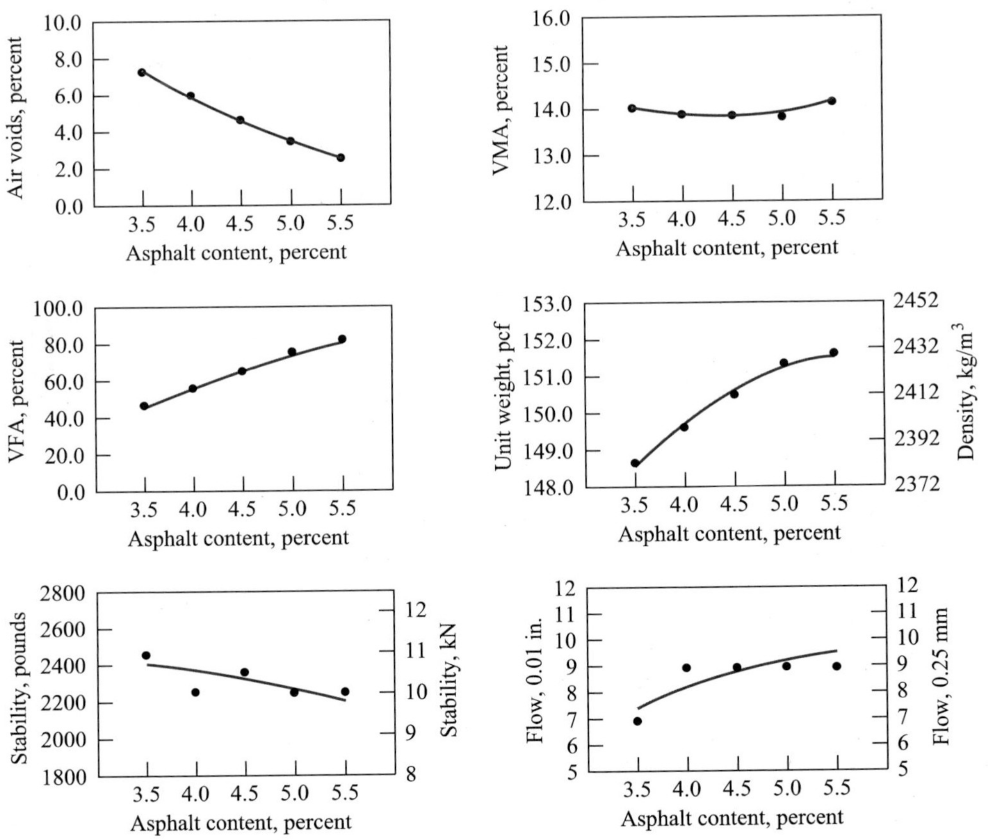

그림 9.31 마샬 배합설계 결과 분석을 위한 그래프(The Asphalt Institute, 2001)

표 9.13 마샬 배합설계에 의한 배합설계 측정값 및 계산 예(아스팔트 협회, 2001)

아스팔트 함량 (공시체 번호)	공시체 높이	건조 무게	수중 무게	표건 무게	겉보기 부피 cm3	겉보기 밀도	이론 최대 밀도	공극율	골재 간극율	포화도	측정 마샬 안정도, kN	조정 안정도, kN	흐름치, 0.25 mm
3.5-A		1240.6	726.4	1246.3	519.9	2.386					10.9	10.9	8
3.5-B		1238.7	723.3	1242.6	519.3	2.385					10.8	10.8	7
3.5-C		1240.1	724.1	1245.9	521.8	2.377					11.2	11.2	7
평균						2.383	2.570	7.3	14.0	48.0		10.9	7
4.0-A		1244.3	727.2	1246.6	519.4	2.396					9.7	9.7	9
4.0-B		1244.6	727.0	1247.6	520.6	2.391					10.1	10.1	9
4.0-C		1242.6	727.9	1244.0	516.1	2.408					10.3	10.3	8
평균						2.398	2.550	6.0	13.9	57.1		10.0	9
4.5-A		1249.3	735.8	1250.2	414.34	2.429					10.8	10.8	9
4.5-B		1250.8	728.1	1251.6	523.5	2.389					10.7	10.3	9
4.5-C		1251.6	735.3	1253.1	517.8	2.417					10.4	10.4	9
평균						2.412	2.531	4.7	13.9	66.1		10.5	9
5.0-A		1256.7	739.8	1257.6	517.8	2.427					10.2	10.2	9
5.0-B		1258.7	742.7	1259.3	516.6	2.437					9.7	9.7	8
5.0-C		1258.4	737.5	1259.1	521.6	2.413					10.0	10.0	9
평균						2.425	2.511	3.4	13.8	75.2		10.0	9
5.5-A		1263.8	742.6	1264.3	521.7	2.422					9.8	9.8	9
5.5-B		1258.8	741.4	1259.4	518.0	2.430					10.2	10.2	10
5.5-C		1259.0	742.5	1259.5	517.0	2.435					9.8	10.0	9
평균						2.429	2.493	2.5	14.1	82.1			9

참고 : 바인더 AC-20 바인더, G_b= 1.030, G_{sb}=2.674, 골재에 흡수된 AC : 0.6%, G_{se}=2.717, 다짐 : 75 회

표 9.14 마샬 배합설계에 대한 아스팔트 협회 기준(The Asphalt Institute, 2001)

	교통량					
	소		중		대	
다짐(회)	35		50		75	
	최소	최대	최소	최대	최소	최대
Stability, kN	3.34	-	5.34	-	8.01	-
Flow, 0.25 mm	8	18	8	16	8	14
공기 공극률, %	3	5	3	5	3	5
VMA, %	표 9.15의 기준 사용					
VFA, %	70	80	65	78	65	75

표 9.15 골재간극률에 대한 최소 기준

표준 체[1]	최소 골재 간극율, %			표준 체[1]	최소 골재 간극율, %		
	설계 공극률[2]				설계 공극률[2]		
	3.0	4.0	5.0		3.0	4.0	5.0
2.36 mm(No.8)	19.0	20.0	21.0	12.5 mm	13.0	14.0	15.0
4.75 mm(No.4)	16.0	17.0	18.0	19.0 mm	12.0	13.0	14.0
9.5 mm	14.0	15.0	16.0	25.0 mm	11.0	12.0	13.0

[1] 골재의 공칭 최대치수의 크기보다 한 치수 큰 첫 번째 체는 10% 이상의 잔류율을 유지한다.

[2] 설계 공극률을 위해 보간된 최소 골재간극율

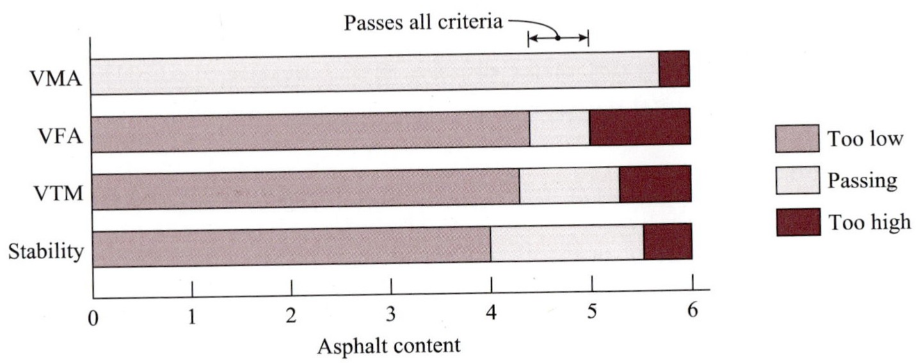

그림 9.32 아스팔트 함량 결정 예 [The Asphalt Institute, 2001]

설계 아스팔트 함량은 규정된 기준을 만족하면서 경제성을 고려해야 하는 인자이다. 다른 기준들은 발주처에 의해 결정된다. 표 9.14와 표 9.15는 미국 아스팔트 협회에서 추천하는 배합설계 기준을 나타내고 있다. 그림 9.32는 허용 가능한 아스팔트 함량의 범위를 보여주는 예제를 나타낸 것이다. 아스팔트 바인더 함량 선정은 프로젝트에서 요구하는 기준을 만족하는 아스팔트 혼합물을 만들어낼 수 있는 범위 내에서 조절이 가능하다. 미국에 국립 아스팔트 포장 협회에서는 설계값으로 아스팔트 함량을 4.0%로 하고 다른 인자들이 기준을 만족하는지를 확인한다. 만약, 마샬 안정도, 흐름치, 골재간극율, 포화도가 기준을 만족하지 못하면 아스팔트 혼합물은 골재의 입도 조정 또는 새로운 재료를 추가하여 다시 배합설계 해야 한다.

실내 배합설계는 현장배합(JMF)의 기본 자료로 사용된다. 초기 현장 배합설계는 실내에서 사용한 골재와 실제 시공에 사용하는 골재의 미소한 차이를 고려하여 조정한다.

예제 9.6

아스팔트 혼합물을 설계하기 위해 마샬배합설계방법이 사용된다. PG 64-22 아스팔트 바인더(겉보기 비중, $G_b = 1.031$)와 9.5 mm 공칭 최대 치수 골재(겉보기 비중, $G_{sb} = 2.696$)를 포함한 골재를 사용하였다. 아스팔트 바인더 함량이 5.0%에서 아스팔트 혼합물의 이론최대밀도(G_{mm})는 2.470으로 결정되었다. 예비 아스팔트 혼합물에 대한 시험결과는 다음과 같다.

아스팔트 함량(P_b) (혼합물 중량 대비 %)	겉보기 밀도 (G_{mb})	수정 마샬안정도 (kN)	흐름치 (0.25mm)
4.0	2.360	6.3	9
4.5	2.378	6.7	10
5.0	2.395	5.4	12
5.5	2.405	5.1	15
6.0	2.415	4.7	22

표 9.4에 중간 교통량에 대하여 아스팔트 협회에 배합설계 기준을 적용하여 설계 아스팔트 바인더 함량을 결정하시오(표 9.15에서 설계 공극률을 4.0% 가정).

풀이

미샬 배합설계에서 설계 아스팔트 바인더 함량을 결정하는 분석 순서는 다음과 같다.

1. 식 (9.4)를 이용하여 골재 유효비중(G_{se}) 결정

$$G_{se} = \frac{P_s}{\left(\dfrac{100}{G_{mm}} - \dfrac{P_b}{G_b}\right)} = \frac{100-50}{\left(\dfrac{100}{2.470} - \dfrac{5.0}{1.031}\right)} = 2.666$$

계산과정 2~5까지는 아스팔트 바인더 함량이 4.0%일 때, 예제이므로 다른 아스팔트 바인더 함량에서 대하여 반복적인 작업으로 계산

2. 식 (9.3)을 이용하여 G_{se}값을 사용하여 다른 아스팔트 바인더 함량에서 G_{mm} 결정

$$G_{mm} = \frac{100}{\left(\frac{P_s}{G_{se}} - \frac{P_b}{G_b}\right)} = \frac{100}{\left(\frac{100-4.0}{2.666} + \frac{4.0}{1.031}\right)} = 2.507$$

3. 식 (9.8)을 이용하여 각각의 아스팔트 바인더 함량에 대해 아스팔트 혼합물의 공극률 계산

$$\text{VTM} = 100\left(1 - \frac{G_{mb}}{G_{mm}}\right) = 100\left(14 - \frac{2.360}{2.507}\right) = 5.9$$

4. 식 (9.9)를 이용하여 골재간극율 계산

$$\text{VMA} = 100\left(\frac{G_{mb}\,P_s}{G_{sb}}\right) = 100 - \left(\frac{2.360 \times (100-4.0)}{2.696}\right) = 16.0$$

5. 식 (9.10)을 이용하여 포화도 계산

$$\text{VFA} = 100\,\frac{(\text{VMA} - \text{VTM})}{\text{VMA}} = 100\,\frac{(16.0-5.9)}{16.0} = 63.3$$

6. 모든 계산결과는 다음 표와 같이 정리

P_b (%)	G_{mb}	수정 마샬안정도 (kN)	흐름치 (0.25mm)	G_{mm}	G_{se}	VTM (%)	VMA (%)	VFA (%)
4.0	2.360	6.3	9	2.507		5.9	16.0	63.3
4.5	2.378	6.7	10	2.488		4.4	15.8	71.9
5.0	2.395	5.4	12	2.470	2.666	3.0	15.6	80.5
5.5	2.405	5.1	15	2.452		1.9	15.7	87.8
6.0	2.415	4.7	22	2.434		0.8	15.8	95.0

7. 다음 그림과 같이 아스팔트 바인더 함량－안정도, 아스팔트 바인더 함량－체적변수들과 그래프 작성

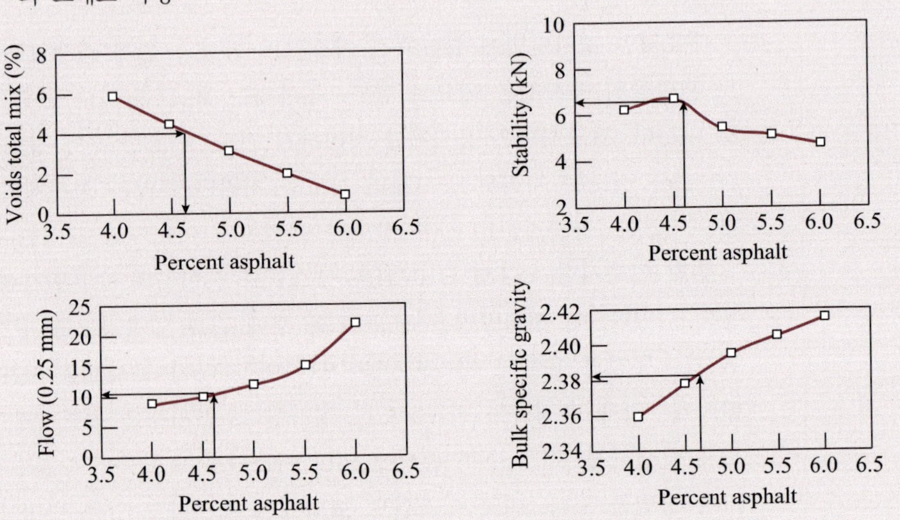

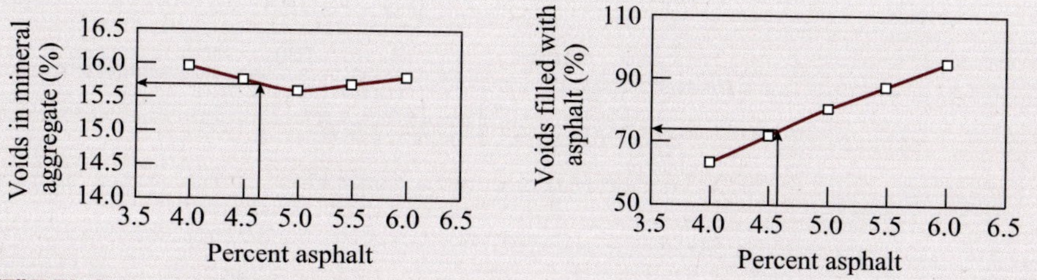

예제그림 9.6

8. 공극률이 4.0%일 때 아스팔트 바인더 함량을 결정하고, 이 때 변수들을 결정하여 마샬 배합설계 기준과 비교

기준	그래프로부터 결정된 결과	기준	기준	그래프로부터 결정된 결과	기준
P_b @ 4.0%	4.6		G_{mb}	2.383	NA
안정도(kN)	6.6	5.347(최소)	VMA (%)	15.7	15.0(최소)
흐름치(0.25mm)	10.5	8～16	VFA (%)	7.5	65～78

따라서, 설계 아스팔트 함량은 4.6%이다.

9.9.6 수분민감성 시험

아스팔트 바인더와 골재 사이에 접착력의 손실로 인하여 아스팔트 포장 파손(박리)이 발생하고 있어 수분에 의한 아스팔트 혼합물의 민감성을 평가하기 위한 시험방법들이 개발되고 있다.

대표적인 평가방법에서는 최적 아스팔트 함량과 설계 골재입도에서 만들어진 아스팔트 혼합물의 공시체를 필요로 한다. 공시체는 두 그룹(기준 공시체와 처리된 공시체)으로 나눈다. 강도시험은 공시체를 처리하기 전과 처리 한 후에 강도를 평가하는데 사용된다. 잔류 강도는 처리된 공시체의 강도를 처리되지 않은 공시체의 비율(백분율)로 계산할 수 있다. 평가기준은 잔류 강도가 적절한지 아닌지를 결정한다.

수침 압축시험(ASTM D1075)은 아스팔트 혼합물의 수분민감성을 평가하기 위해 사용되고 있다. 이 시험방법은 진공 포화 후에 잔류 압축강도를 평가한다. 다른 시험방법에서는 동결과 융해의 처리과정을 거친 마샬 다짐 공시체를 사용하여 간접인장강도와 탄성계수값을 측정하여 잔류강도를 평가한다. 공시체를 동결시키면 강도 저하가 더 심하게 발생하게 된다. 수분 손상에 의한 아스팔트 혼합물의 수분민감성을 향상시키는 몇 가지 방법들 있다. 미국 아스팔트 협회에서 제시하고 있는 방법들은 다음과 같다.

① 아스팔트 함량 증가
② 고점도 아스팔트 바인더 사용
③ 미립분(dust)과 점토분의 골재 청결
④ 박리방지제 사용
⑤ 골재 입도 변화

또한, 발주처에서는 포틀랜트 시멘트와 석회를 박리방지제로서 사용하기도 한다. 일반적으로 수분에 의한 손상이 문제가 된다면 아스팔트 혼합물에 첨가제를 투입할 수 있고 수분민감성 시험을 통하여 품질기준을 만족할 수 있는 잔류강도까지 증가시킬 수 있는 첨가제의 최소 함량을 결정하게 된다. 만족할만한 수분 저항성을 가진 아스팔트 혼합물이 만들어지면 마샬 다짐 공시체를 준비하여 설계 기준을 만족하는지 여부를 결정하기 위해 시험을 실시하게 된다.

9.10 아스팔트 혼합물의 특성

아스팔트 혼합물의 특성을 평가하기 위해 사용되는 시험은 철, 포틀랜드 시멘트 및 목재와 같은 다른 토목 재료의 특성을 평가하는 시험과는 다소 차이가 있다. 이러한 차이가 있는 주요 이유는 아스팔트 혼합물이 비선형 점탄성 또는 점탄소성플라스틱 재료이기 때문이다. 이러한 재료들은 하중과 온도 변화에 따라 크게 영향을 받는다. 또한, 아스팔트 포장은 전형적으로 교통하중에 의한 동적 하중이 작용하게 된다. 일반적으로 아스팔트 포장은 차량하중의 영향에 의해 갑작스럽게 파괴되지 않고 휠패스에서 발생하는 영구변형(소성변형)의 축적이나 아스팔트 포장층에 반복적인 밴딩(피로균열)에 의해 발생하는 균열, 온도균열, 아스팔트 포장 표면의 지나친 골재노출, 아스팔트 포장 표면에 아스팔트 바인더 유출(블리딩, 플러싱), 아스팔트 바인더의 노화와 산화에 의해 유연성 상실(라벨링), 수분에 의해 아스팔트 바인더와 골재 사이에 결합력 상실(박리) 등이 있다. 따라서, 아스팔트 혼합물의 특성을 평가하기 위한 모든 시험은 실제 현장 조건을 모사할 수 있도록 해야 한다.

아스팔트 혼합물의 특성이나 실제 아스팔트 포장의 공용 성능을 예측하기 위해 많은 실내 시험들이 사용되고 있다. 이러한 시험들은 실내에서 제작한 공시체 또는 아스팔트 포장으로부터 코어링한 공시체를 사용하여 수행된다. 이러한 시험은 하중, 변위 및 환경 조건(온도, 습도, 동결, 융해)에 대한 재료의 반응을 평가하기 위해 실시한다. 몇 가지 시험들은 경험적인 특성과 관련이 있으며 다른 시험들은 기본적인 특성 평가와 관련이 있다. 아스팔트 혼합물은 하중과 온도에 큰 영향을 받으므로 아스팔트 혼합물에 대한 모든 시험은 매우 정확하게 하중 및 온도가 조절 가능한 장비를 사용하여 수행해야 한다.

수퍼패이브 배합설계나 마샬 배합설계에서는 아스팔트 혼합물을 특성화하는데 사용되고 있다. 시험들은 표준화되어 있는 ASTM이나 AASHTO를 따르거나 어떤 시험들은 연구를 목적으로 사용되기도 한다. 다음 장에서는 일반적인 시험방법에 대해 설명하고자 한다.

9.10.1 간접인장강도시험

포장 표면에 교통하중이 작용할 때, 아스팔트 포장의 하부층에서 인장력이 발생하게 된다. 그러므로 아스팔트 포장의 두께를 설계하기 위해 아스팔트 혼합물의 인장강도를 평가하는 것은 매우 중요하다. 할렬인장시험에서는 일반적으로 지름이 102 mm 또는 150 mm 원통형 공시체를 사용한다. 그림 9.33과 유사한 하중 작용 장비를 사용하여 수직 압축하중을 공시체의 수직으로 놓인 면에 작용시킨다. 하중은 51 mm/mim의 변형속도로 재하된다. 인장응력은 수평방향에서 나타나며 이러한 응력은 공시체의 수직 방향으로 파괴가 발생할 때 인장강도에 도달하게 된다. 이 시험은 규정된 온도에서 수행된다. 12.5 mm의 하중 스트립에서 간접인장강도는 다음과 같이 계산된다.

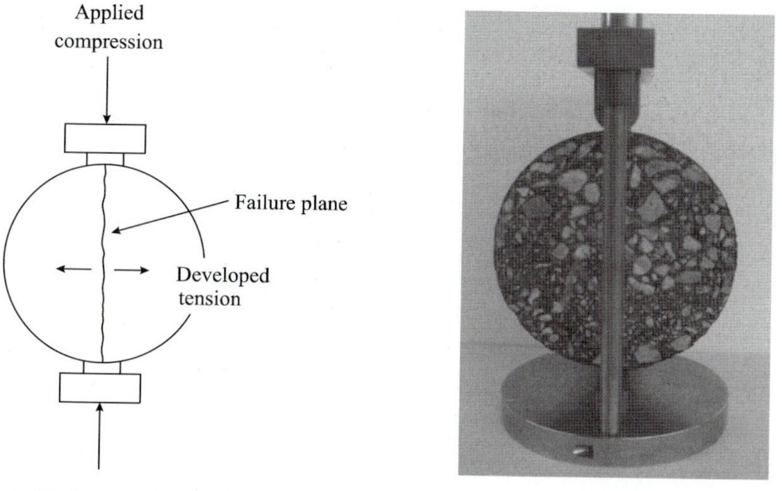

(a) 할열 인장시험 모식도 (b) 간접인장 회복탄성계수 시험을 위해 준비된 공시체

그림 9.33 할열인장 및 간접인장 회복탄성계수 시험

$$\sigma_t = \frac{2P}{\pi t D} \tag{9.21}$$

여기서, σ_t : 간접인장강도, MPa

P : 파괴시의 하중

t : 공시체의 두께, mm

D : 공시체의 직경, mm

9.10.2 간접인장 회복탄성계수시험

아스팔트 포장 시스템의 구조적인 반응을 평가하기 위해, 아스팔트 혼합물의 탄성계수가 필요하다. 아스팔트 혼합물은 선형의 점탄성 재료가 아니기 때문에 탄성계수인 영계수의 사용은 적합하지 않다. 간접인장 회복탄성계수 시험은 회복탄성계수를 측정하여 제공한다. 시험은 높이 63.5 mm, 직경 102 mm인 원통형 공시체를 사용한다.

그림 9.33과 같은 하중 조절 장치를 사용하여 파형하중이 수직방향으로 재하된다. 하중은 보통 0.1초 동안 가해지며 0.9초 동안 휴지기간을 갖는다. 수백 번의 반복 사이클로 하중을 재하한 후 두 개의 선형자동트랜스게이지로 회복변형량을 측정하게 된다. 그림 9.34는 전형적인 하중-시간 관계 및 수평변위-시간 관계를 보여주고 있다. 이 시험은 비파괴시험이므로 공시체를 90도 회전시켜 다시 반복적으로 시험을 수행할 수 있다. 본 시험은 3가지 다른 온도(5℃, 25℃, 40℃)에서 수행된다. 간접인장 회복탄성계수는 다음과 같이 계산된다.

$$M_R = \frac{P\,(0.27+\nu)}{t\,\Delta H} \tag{9.22}$$

여기서, M_R : 간접인장회복탄성계수, Mpa

P : 반복하중, N

ν : 푸아송 비(일반적으로 시험온도가 5℃, 25℃, 40℃일 때 각각 0.3, 0.35, 0.4)

t : 공시체의 두께, mm

ΔH : 공시체 양쪽면의 회복 가능한 수평변위의 합

일반적으로 아스팔트 혼합물의 회복탄성계수 값은 5℃, 25℃, 40℃에서 각각 6.80 GPa, 4.13 GPa, 1.38 GPa이다. 간접인장 회복탄성계수 시험은 매우 작은 변형이 측정되

므로 매우 복잡하다. 그러므로 하중을 재하하고 휴지기를 갖는 과정에서 공시체가 움직이지 않도록 매우 신중하게 작업을 수행해야 한다. 또한, 하중 정도는 공시체의 영구변형의 가능성을 줄이기 위해 작아야 하지만 변형이 발생할 정도까지 하중을 가해야 한다.

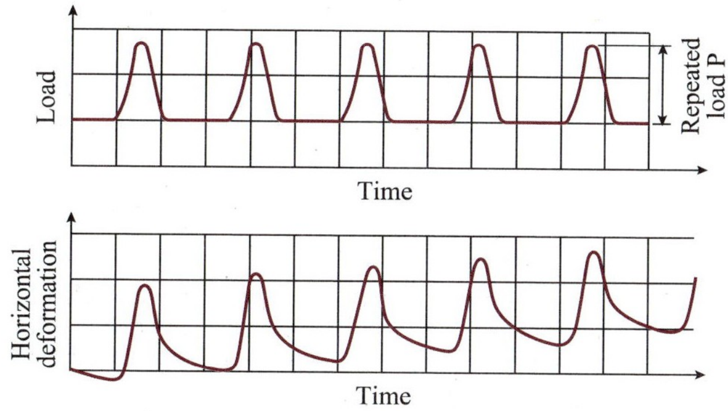

그림 9.34 회복탄성계수시험 동안 하중 - 시간과 수평 변위 - 시간 관계

예제 9.7

아스팔트 공시체를 사용하여 회복탄성계수시험을 수행하여 다음과 같은 결과를 얻었다.

- 지름 = 4.0 in.
- 두께 = 2.523 in.
- 반복하중 = 553 lb
- 수평 회복변형율 합 = 254×10^{-6} in.

푸아송 비를 0.35로 가정하여 회복탄성계수를 계산하시오.

풀이

$$MR = \frac{P(0.27+\nu)}{t \times \Delta H} = \frac{559 \times (0.27+0.35)}{2.523 \times 254 \times 10^{-6}} = 541.000\,\text{psi}$$

9.10.3 동결 융해시험

동결 융해시험은 동결 및 융해 주기가 아스팔트 혼합물의 강성에 미치는 영향을 평가하기 위해 수행된다. 지름이 102 mm이고 높이가 64 mm인 원추형 공시체가 사용된다. 3개의 공시체는 이전에 설명한 회복탄성계수 시험을 수행한다. 반면 다른 3개의 공시체는 동결과 융해 주기를 거쳐 회복탄성계수 시험을 수행한다. 인장강도비는 동결 융해 처리된 공시체의 회복탄성계수의 평균값을 동결융해 처리하지 않은 공시체의 회복탄성계수의 평균값으로 나누어 계산하여 백분율로 표시할 수 있다. 보통, 최소 인장강도비는 동결 융해에 의해 심각한 영향을 받지 않는 아스팔트 혼합물을 판별하기 위해 제안된다.

9.10.4 수퍼패이브 아스팔트 혼합물 공용성 시험

수퍼패이브 체적특성에 의한 배합설계는 폭넓게 적용되고 있으며 만족할만한 결과를 보여주고 있다. 하지만, 수퍼패이브 배합설계를 통해 만들어진 아스팔트 혼합물의 적정성을 검증하기 위한 강도 시험이 부족하다. 종료된 NCHRP Project 9-19에서는 그림 9.35와 같이 아스팔트 혼합물을 위한 "Simple Performance Tests"가 개발되었으며 현재 아스팔트 혼합물의 공용성 시험이라고 부리고 있다. 아스팔트 혼합물의 공용성 시험을 수퍼패이브 배합설계에서 요구하고 있지 않지만 현장 적용 연구가 수행 중이다. 또한, 이 시험 방법은 역학-경험적 포장설계 시스템(MEPDS)에 필요한 재료 특성을 분석하기 위해서 개발되고 있다.

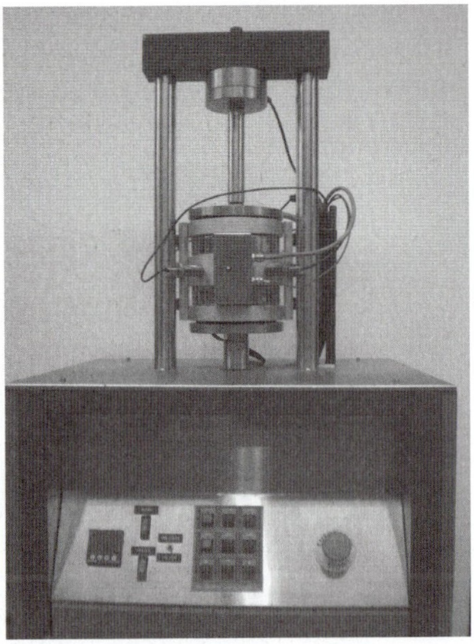

그림 9.35 아스팔트 혼합물 공용성 시험장비

아스팔트 혼합물의 공용성 시험을 위한 장비나 프로토콜은 아스팔트 혼합물의 점탄성 거동 특성을 해석하기 위해 설계되었다. 동탄성계수(영구변형과 피로균열), 플로우 타임(영구변형), 플로우 넘버(연구변형)를 측정하는 시험들은 실제 도로에서 공용성을 확인하기 위해 선정되었다. 이러한 주요인자들을 측정하기 위한 3가지 시험방법은 동탄성계수 시험, 삼축 반복 하중 영구변형 시험이다. 이러한 모든 시험에는 직경 100 mm, 높이 150 mm의 원통형 공시체를 사용한다. 공시체는 수퍼패이브 선회다짐기를 사용하여 준비한 공시체를 코어링하여 준비한다.

1) 동탄성계수시험

삼축압축에서 동탄성 계수 시험은 오래 전부터 아스팔트 포장 분야에서 사용되어 왔다(ASTM D3497). 그림 9.36과 같이, 동탄성계수 시험은 비구속 또는 구속 상태에 가열 아스팔트 혼합물의 원통형 공시체에 사인파의 압축응력을 작용시킨다. 아스팔트 혼합물이 선형 점탄성 재료라고 가정하면 복합탄성계수(E^*)는 시험을 통해 응력과 변형 사이에 관계를 정의하여 얻을 수 있다. 복합탄성계수의 절대값을 동탄성계수라고 정의

한다. 수학적으로 동탄성계수는 동적 응력이 최대일 때 값을 회복할 수 있는 최대 수직 변형값으로 나눈 값으로 정의할 수 있다.

$$|E^*| = \frac{\sigma_o}{\epsilon_0} \tag{9.23}$$

복합탄성계수 E^*의 실수부와 허수부는 다음과 같이 쓸 수 있다.

$$E^* = E' + iE'' \tag{9.24}$$

E'는 일반적으로 복합탄성계수의 저장계수 부분 또는 탄성부분을 나타내며 E''는 손실계수 부분과 점성부분으로 나타낸다. 위상각 ϕ는 작용한 응력(ϵ_0)과 이로 인해 발생한 변형율(δ_0)의 시간 차이이다. 이러한 인자들은 재료의 점성 특성을 평가하는 지표가 되며 수학적으로 표현하면 다음과 같다.

$$E^* = |E^*|\cos\phi + i|E^*|\sin\phi \tag{9.25}$$

이때, $\phi = \dfrac{t_i}{t_p} \times 360$

여기서, t_i : 응력과 변형률 사이의 지연시간, 초

t_p : 응력 사이클의 시간, 초

i : 허수부

완전 탄성체일 경우 $\phi = 0$이고, 복합탄성계수(E^*)는 절대값과 동일한 값을 갖거나 동탄성계수와 같은 값을 갖는다. 완전 점성체일 경우 $\phi = 90°$이다.

이 시험으로부터 측정된 동탄성계수는 정해진 온도와 하중주기에서 아스팔트 혼합물의 강성을 나타내준다. 동탄성계수는 아스팔트 포장에서 발생하는 소성변형 및 균열과 같은 파손과 관련이 있다.

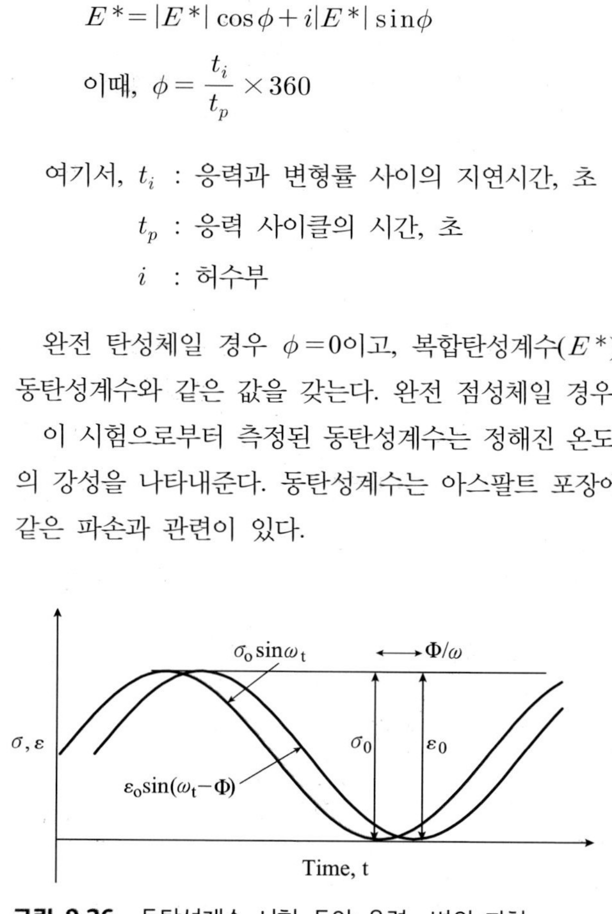

그림 9.36 동탄성계수 시험 동안 응력 - 변위 파형

2) 삼축 정적 크리프 시험

정적 압축 크리프 시험에서 아스팔트 혼합물의 변위-시간 관계는 구속 및 비구속 상태에서 실험실에서 측정할 수 있다. 정해진 하중 사이클이나 증가하는 하중 사이클을 적용하는 정적 크리프 시험은 시간에 독립적인 순간적 탄성(회복가능)부분과 소성(회복 불가능)부분 및 시간 의존적인 점탄성부분과 점소성 부분에 대한 재료 특성에 대한 충분한 정보를 제공해준다. 이 시험에서 크리프계수[$D(t)$]는 어떤 하중 재하시간에서 변형율[$\epsilon(t)$]을 일정하게 가해진 응력(σ_o)으로 나누면 얻을 수 있다.

$$D(t) = \frac{\epsilon_t}{\sigma_o} \tag{9.26}$$

그림 9.37은 크리프계수[$D(t)$]와 하중 작용시간 사이에 전형적인 시험결과를 보여주고 있다. 그림 9.37에서 볼 수 있는 것처럼, 크리프계수는 크게 세 영역(초기 영역, 2차 영역, 3차 영역)으로 나누어진다. 3차 영역이 시작될 때 시간을 플로우 타임이라고 부른다. 플로우 타임은 아스팔트 포장의 소성변형 저항성을 평가하는 중요한 지표가 된다.

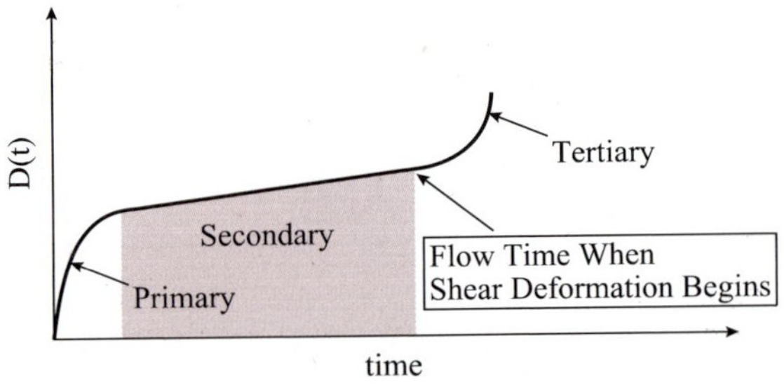

그림 9.37 정적 삼축 크리프 시험에 대한 변위-하중 작용 시간

3) 삼축 반복 하중 연구변형 시험

아스팔트 포장의 영구변형 특성을 측정하는 다른 방법으로는 수천 번의 반복하중을 가하는 반복 재하 시험으로 반복 하중에 따른 함수로서 누적된 영구변형을 기록하게 된다. 일반적으로 이 시험은 0.1초의 재하시간과 0.9초의 휴지기간으로 구성된 하버사인 하중을 약 3시간 정도 작용시키거나 10,000회에 반복하중을 가하게 된다.

반복하중시험을 통해 얻은 결과는 누적된 연구변형과 하중 재하 회수로 나타낼 수 있다. 그림 9.38은 누적된 소성변형-하중 재하 회수와의 관계를 나타낸 것이다. 이와 유사한 삼축압축 정적 크리프 시험에서도 누적된 영구변형율 곡선은 크게 세 영역(초기 영역, 2차 영역, 3차 영역)으로 나누어진다. 3차 영역이 시작될 때 하중 재하 회수를 플로우 넘버라고 부른다. 또한, 이 시험으로 아스팔트 포장의 소성변형 저항성을 평가할 수 있는 회복변형량 및 회복계수를 얻을 수 있다.

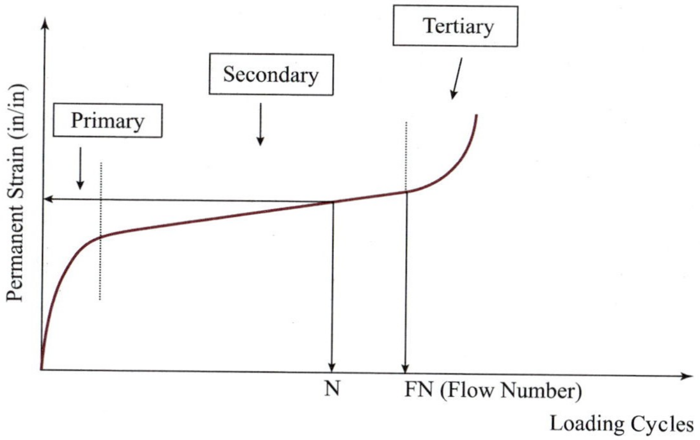

그림 9.38 총 누적 영구 변형량 - 하중 사이클 관계

9.11 가열 아스팔트 혼합물 생산 및 시공

아스팔트 혼합물의 생산과 시공은 ① 원재료의 생산, ② 아스팔트 혼합물 생산, ③ 현장 운영의 3단계 과정으로 설명된다.

9.11.1 원재료 생산

아스팔트 시멘트는 원유 정제공장에서 생산되며 아스팔트 플랜트로 배송되어 탱크 안에 보관된다. 아스팔트 시멘트의 유동성을 유지하기 위해 아스팔트 시멘트를 수송하는 과정과 탱크에 보관하는 동안 아스팔트 시멘트는 약 150℃의 온도로 유지되다.

골재는 석산으로부터 공급되고 아스팔트 플랜트에서 아스팔트 혼합물 생산에 필요한 골재 크기별로 야적하여 관리한다. 5장에서 설명한 대로, 야적된 골재 관리는 골재분리를 최소화하는 것이 반드시 필요하다.

9.11.2 아스팔트 혼합물의 생산

아스팔트 혼합물 생산을 위해 골재를 가열하고 배합설계에서 결정된 골재비율로 계량한다. 계량된 가열 골재에 정해진 아스팔트 바인더 함량을 추가하여 골재와 아스팔트 바인더를 함께 혼합한다. 아스팔트 혼합물을 생산하는 방법으로 ① 배치식 타입, ② 드럼식 타입, ③ 연속식 타입이 있다. 연속식 플랜트는 극히 일부에서만 사용하므로 본 장에서는 논의하지 않기로 한다.

배치식 플랜트(그림 9.39)는 아스팔트 플랜트에서 가장 오래된 타입이며 가장 많이 사용하고 있는 타입이다. 골재는 컨베이어를 통해 콜드빈에서 드라이어까지 이동된다.

드라이어는 열을 통해 골재가 고루 가열될 수 있도록 날개가 달린 대형 회전 실린더가 장착되어 있다 골재가 가열되는 동안 발생한 더스트는 드라이어 드럼에 에어 플로우를 통해 배출된다. 이러한 에어 플로우는 주변 환경오염을 최소화하기 위해 여과된다. 더스트를 수집하는 가장 일반적인 필터 타입은 백을 사용하는 것이다. 가열된 골재는 드라이어 드럼부터 핫 스크린까지 골재를 들어 올리는 핫 엘리베이터까지 회전되면서 이동하게 된다. 핫 스크린은 골재를 크기별로 분리하고 핫빈에 채운다. 가열 아스팔트 혼

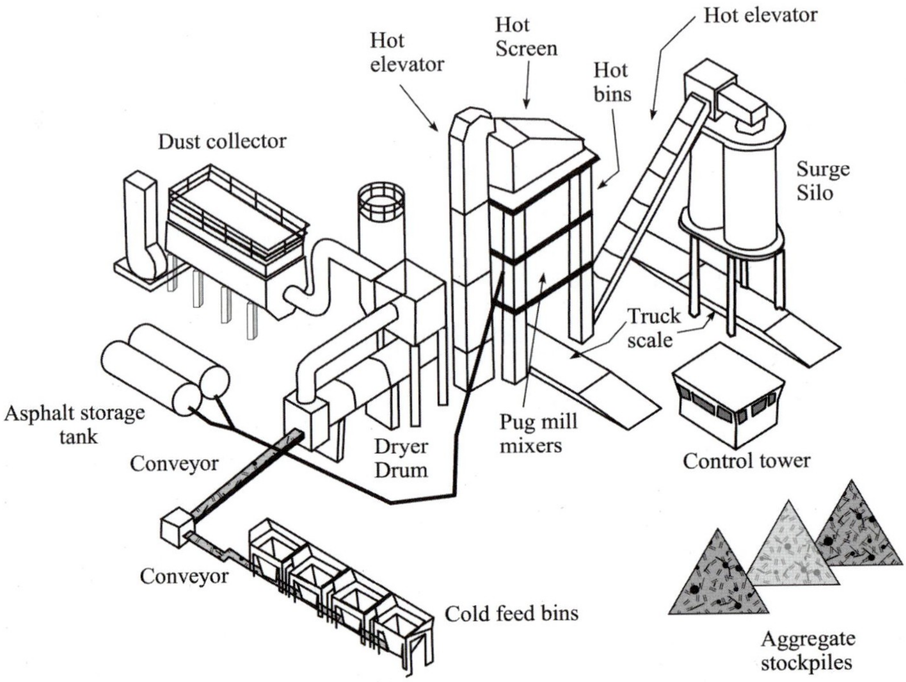

그림 9.39 배치식 아스팔트 플랜트

합물은 각각의 핫빈 골재에서 정해진 양만큼 계량되어 믹서 또는 퍼그밀에서 생산된다. 골재는 건식으로 짧게 혼합이 되고 바로 계량된 가열된 아스팔트 바인더를 투입하여 혼합한다. 골재와 아스팔트 바인더가 전체적으로 고르게 혼합된 아스팔트 혼합물은 사일로에 보관되거나 트럭에 바로 상차된다. 전체 아스팔트 혼합물 생산 시간은 약 1분정도 소요된다. 플랜트 용량은 퍼그밀의 크기에 따라 결정된다. 5톤짜리 퍼그밀은 시간당 약 300톤에 아스팔트 혼합물을 생산할 수 있다. 가열 아스팔트 혼합물은 바로 트럭에 상차되거나 잠시 사일로에 저장된다. 이러한 과정은 혼합된 아스팔트 혼합물이 핫 엘리베이터를 사용하여 사일로로 운반되므로 연속작업이 가능하게 해준다. 트럭은 사일로에 저장되어 있는 아스팔트 혼합물을 받아 운반하게 된다.

드럼 플랜트(그림 9.40)에서 싱글 드럼은 골재를 건조시키고 아스팔트 바인더와 혼합하는데 사용된다. 골재저장소에서 골재가 드럼으로 들어잔골재의 양을 관리하기 위해 중량계가 콜드 피드 컨베이어 벨트에 사용된다. 골재 중량은 저장된 골재에 함수비에 따라 조정된다. 골재는 드럼에 2/3 지점까지 건조되고 드럼에 마지막 1/3 지점에서 아스팔트 바인더가 유입된다.

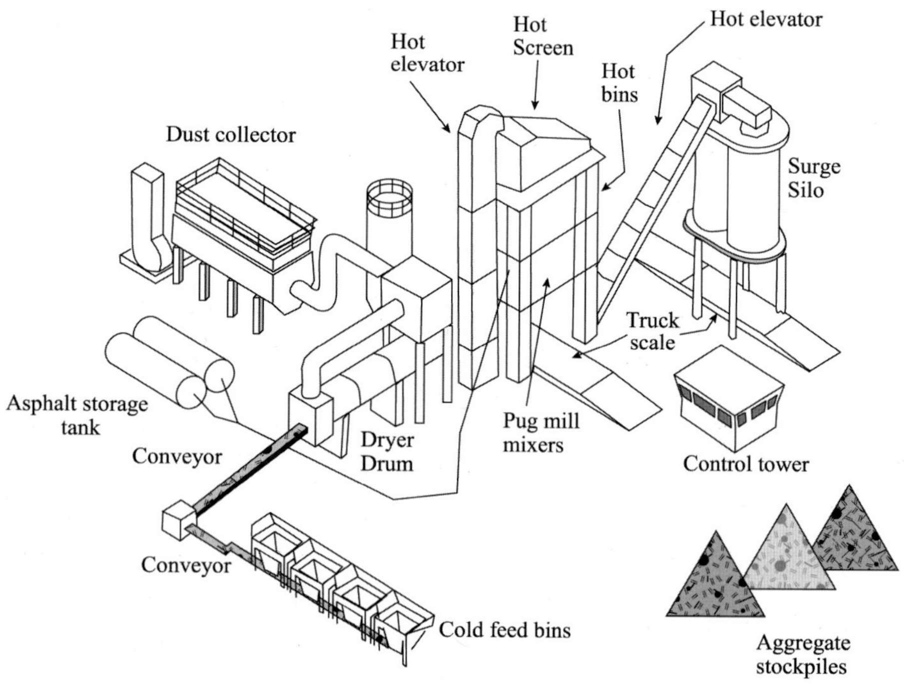

그림 9.40 드럼식 아스팔트 플랜트

9.11.3 현장 운영

가열 아스팔트 혼합물은 아스팔트 플랜트에서 아스팔트 페이버를 사용해서 포장을 하게 되는 현장까지 운반된다. 일반적으로 트럭에 상차되어 있는 아스팔트 혼합물은 바로 페이버의 호퍼로 옮겨진다. 이러한 방법은 트럭과 페이버 사이에 충격, 균일하지 않은 혼합물 발생, 온도분리 등 많은 문제점을 야기한다. 이러한 문제점을 해결하기 위해 아스팔트 포장 업계에서는 재료운반장비를 개발하였다(그림 9.41). 재료 이동 장비의 사용 여부는 선택 사항이지만 주 고속도로 포장 및 공항포장과 같은 중요한 도로의 경우 우수한 평탄성을 확보하기 위해 자주 사용되고 있다.

아스팔트 페이버는 포장 표면을 평탄하게 시공하기 위해 설계되었다. 우수한 시공에 핵심은 페이버에서 아스팔트 혼합물을 연속적으로 배출하는 것과 페이버에 속도를 일정하게 유지하는 것이다.

시공 과정에서 마지막 단계는 포장층을 다짐하는 것이다. 비록 공극률이 4%에서 최적 아스팔트 함량이 결정되더라도, 현장에서 가열 아스팔트 포장의 밀도 기준은 공극률을 4~8%까지 허용하고 있으며 이론최대밀도로 표시하면 92~96%가 된다.

만약 공극률이 2% 이하로 낮아지면 아스팔트 혼합물이 안정하지 않아 블리딩이나 콜루게이션이 발생한다. 아스팔트 바인더가 포장 표면으로 흘러나오는 블리딩이나 플러싱 현상이 나타나 아스팔트 포장의 미끄럼 저항성에 문제를 발생시킨다. 8% 이상의 공극률로 높아지면 아스팔트 포장 층에 공기나 수분이 연결된 공극으로 침투하여 아스팔트 혼합물의 공용성능을 저하시킨다.

다짐작업은 크게 3단계(압착 다짐, 중간 다짐, 마무리 다짐)로 나누어진다. 압착다짐은 약 1~2회에 걸쳐 다짐을 실시하여 아스팔트 포장층에 틀을 잡는 역할을 한다. 압착다짐에서 대부분 아스팔트 포장의 다짐밀도에 도달하게 된다. 만약, 규정된 다짐도까지 도달하기 위해 추가적인 다짐이 필요하다면 추가다짐은 중간다짐에서 이루어진다. 마무리 다짐에 목적은 중간다짐에서

그림 9.41 트럭에서 페이버까지 아스팔트 혼합물을 이동시키는 재료 이동 장치

아스팔트 포장 표면에 남아있는 타이어 다짐 자국을 없애는 것이다.

온도에 따른 아스팔트 점도 변화를 고려하여 아스팔트 바인더는 골재가 치밀하게 자리를 잡을 수 있도록 윤활작용을 할 수 있을 정도의 점도가 낮은 상태에서 다짐작업은 완료되어야 한다. 일반적으로 아스팔트 바인더는 80℃ 이상에서 윤활작용이 가능하고 골재가 치밀해지도록 도와준다. 온도가 낮을 경우 아스팔트 점도는 다짐을 방해하는 역할을 한다. 대부분에 주 교통국에서는 아스팔트 포장 층에 온도가 80℃이하일 경우에는 다짐하는 것을 금지하고 있다.

아스팔트 포장 시공에서는 3가지 종류(무진동 철륜롤러, 진동 철륜롤러, 타이어 롤러)에 다짐롤러를 사용한다. 진동 롤러는 모든 다짐 단계에서 사용이 가능하므로 중요한 장비로 여겨지고 있다. 아스팔트 포장의 다짐도 확보를 위해 진동을 작용시키는 동안 큰 힘을 작용시킨다. 진동은 마무리 다짐에서는 사용하지 않아도 된다.

1) 포장 품질관리

장기 공용성이 우수한 아스팔트 포장은 시공과정에서 철저한 품질관리가 필요하다. 일반적으로 아스팔트 포장 시공에서 현장 품질관리는 3가지(재료, 포장층 밀도, 평탄성)에 초점을 맞춘다.

시공사는 품질기준을 만족하는 재료를 사용하여 아스팔트 플랜트에서 실내에서 실시한 4단계의 배합설계 절차에서 결정된 결과를 적용하여 아스팔트 혼합물을 생산하는 현장 배합설계를 수행해야 한다. 아스팔트 플랜트에서 생산된 아스팔트 혼합물은 다음 사항이 평가된다.

- 골재를 합성한 적절한 입도
- 현장 배합설계에서 정해진 아스팔트 함량
- 체적특성 : 플랜트에서 생산된 아스팔트 혼합물을 실험실에서 공극률, 골재 간극율, 포화도 평가

현장에서 평가하는 중요한 재료특성은 다짐 후에 아스팔트 포장층의 밀도이다. 대부분에 주에서는 아스팔트 포장의 공극률이 4～8%를 나타내는 이론최대밀도인 92～96%의 다짐도를 만족하도록 규정하고 있다.

아스팔트 포장의 표면 평탄성은 도로 사용자들에게 가장 중요한 요소이다. 평탄성은 포장 표면의 종방향 프로파일에 변동을 의미한다. 양호한 평탄성을 가진 가열 아스팔트 포장을 시공하기 위해서는 시공과정에서 페이버의 속도와 다짐과정에 적절하게 균형을 맞추어 관리해야 한다.

9.12 아스팔트 혼합물의 재활용

도로포장 재료를 재활용하는 것은 오랜 역사를 가지고 있다. 그러나 아스팔트 포장 재활용은 원유 금수조치 이후 아스팔트 바인더에 가격이 상승한 1970년대 중반 급격하게 증가하였다. 사용 가능한 자원을 효율적으로 사용하기 위해 노후된 아스팔트 포장을 재활용 또는 재사용하는 요구가 시작되었다[The Asphalt Institute, 2007]. 2008년 원유 가격의 급등은 아스팔트 포장 재활용에 대한 관심을 고조시켰다. 환경 문제와 지속 가능한 포장 설계에 대한 관심으로 아스팔트 포장의 재활용에 대한 관심이 높아지고 있다. 아스팔트 포장 재활용은 다음과 같은 장점을 가지고 있다.

① 재료 가격의 25% 정도 경제적 절감
② 원자재의 생산이나 수송에 필요한 에너지 절약
③ 필요한 새로운 원자재 양의 감소 및 노후된 재료를 폐기하는 문제를 제거하여 환경적으로 유리
④ 덧씌우기로 인해 발생하는 기초구조, 커브, 연석 문제 제거
⑤ 덧씌우기로 의해 발생하는 교량에 의한 사하중 감소
⑥ 덧씌우기로 의해 발생하는 터널 여유고 유지

아스팔트 포장 재활용은 크게 세 가지 유형(표층 재활용, 아스팔트 플랜트 재활용, 현장 재활용)으로 나눌 수 있다. 아스팔트 플랜트 재활용은 고품질에 재활용 포장 제품을 제공할 수 있어 일반적인 재활용 방법으로 사용된다. 아스팔트 플랜트 재활용의 특징은 다음과 같다.

아스팔트 플랜트 재활용은 노후된 아스팔트 포장을 절삭하는 것으로 시작하여(그림 9.42), 절삭된 아스팔트 순환골재는 신규골재 및 아스팔트 바인더와 함께 혼합 할 수 있는 아스팔트 플랜트로 수송된다.

일반적으로 아스팔트 순환골재는 가열 아스팔트 혼합물에서 규정하고 있는 기준을 만족하지 못하므로 신규골재와 아스팔트 바인더를 추가하여야 한다. 신규재료들은 아스팔트 순환골재의 결함을 보완하는데 사용된다.

신규재료에 의해 아스팔트 순환골재의 결함을 보완하기 위해 일반적으로 아스팔트 순환골재의 사용량을 10~50%의 범위 제한하고 있다. 가열 아스팔트 혼합물에 아스팔트 순환골재를 사용할 때에는 100% 신규재료를 사용하여 아스팔트 혼합물을 생산할 때와 비교하여 추가적인 고려사항을 필요로 한다.

그림 9.42 노후된 아스팔트 포장 절삭

9.12.1 순환골재 평가

그림 9.43 [Newcomb et al., 2007]은 재활용 아스팔트 혼합물에 대한 재료의 처리 절차를 요약 한 것이다. 골재와 아스팔트 바인더에 대한 평가는 아스팔트 순환골재를 사용하지 않을 때 배합설계와 동일하다. 재활용 아스팔트 혼합물에 대한 배합설계를 수행하기 위해서는 재활용 순환골재에 포함되어 있는 아스팔트 바인더와 골재에 대한 특성에 대해 반드시 알고 있어야 한다. 그림 9.43은 단일 프로젝트에서 수집된 아스팔트 순환골재를 단일 프로젝트에 사용되는 것을 가정으로 한 절차이다. 시공사는 단일 야적장에 여러 지역으로부터 수집한 아스팔트 순환골재를 보관하는 경우가 일반적이며 단일 공사에서 수집한 아스팔트 순환골재를 단일 야적장에 보관하는 일은 많지 않다. 이러한 저장 방식은 야적된 아스팔트 순환골재로부터 변동성이 발생하고 재활용 아스팔트 혼합물의 생산과 시공에서 최적에 품질을 확보하는데 어려움이 있다. 이러한 변동성을 줄이기 위해서 시공사는 혼합, 파쇄 및 크기별 분류와 같은 공정을 만들어 운영해야 한다. 크기별로 야적된 아스팔트 순환골재의 특성은 신규재료의 특성과 동일한 절차에 따라 평가된다. 아스팔트 순환골재에 포함된 아스팔트 바인더 평가는 아스팔트 혼합물에서 사용하고자 하는 아스팔트 순환골재의 목표 함량에 따라 달라진다.

아스팔트 순환골재 함량	신규 아스팔트
< 15%	표준 등급 아스팔트 바인더 사용
15 ~ 25%	고온 및 저온에서 한 단계씩 등급 낮게 조정
> 25%	신규 아스팔트 바인더의 등급을 결정하기 위해 아스팔트 순환골재에 잔류되어 있는 아스팔트 바인더 평가

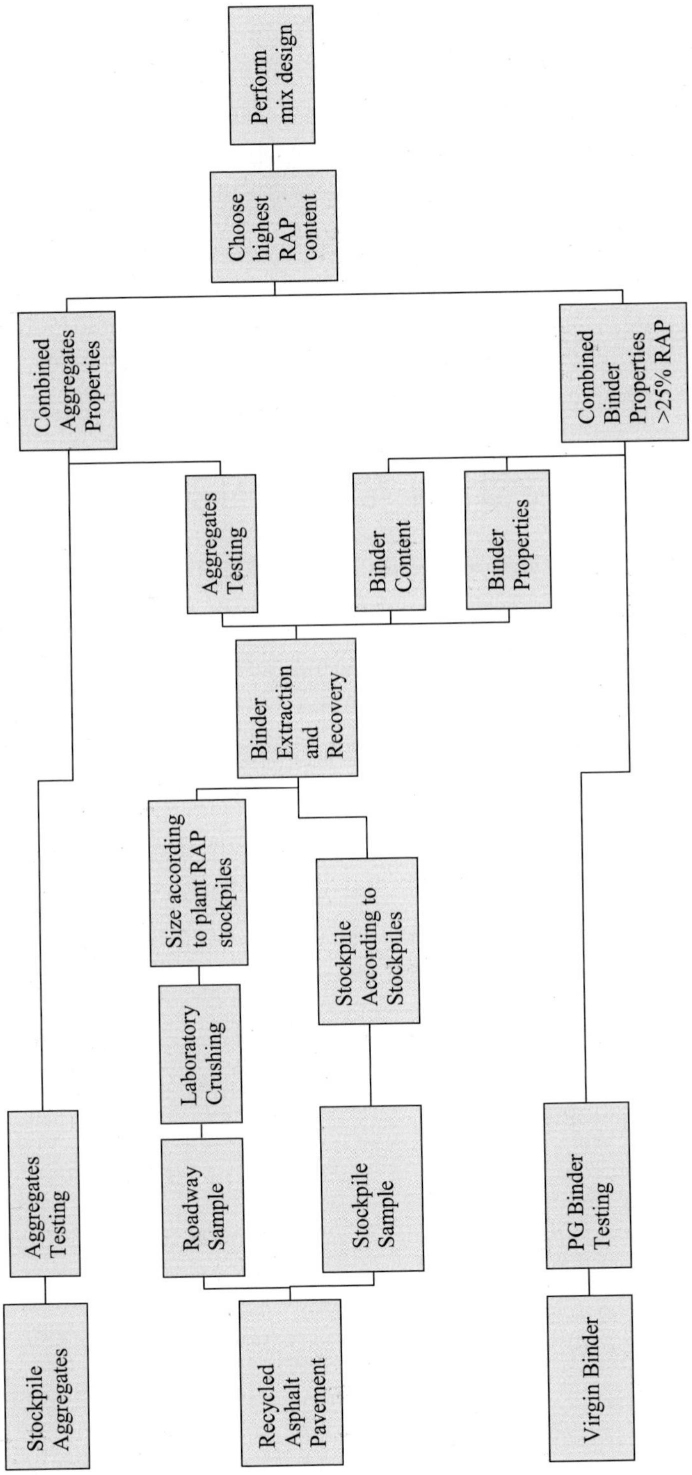

그림 9.43 아스팔트 순환골재의 재료 특성

9.12.2 재활용 아스팔트 혼합물의 배합설계

이전에 설명한 배합설계 방법 가운데 하나로 재활용 아스팔트 혼합물의 배합설계를 할 수 있다. 가장 큰 차이점은 아스팔트 순환골재의 사용을 포함한다는 것이다. 신규골재를 혼합온도까지 가열한 후 아스팔트 순환골재를 추가하여 혼합온도까지 다시 가열하는 과정을 추천한다. 이러한 과정은 아스팔트 순환골재에 포함되어 있는 아스팔트가 딱딱하게 되는 현상을 줄이기 위해 아스팔트 순환골재가 고온에서 노출되는 시간을 최소화 하는 것이다.

9.12.3 재활용 아스팔트 혼합물의 생산 및 시공

재활용 아스팔트 혼합물은 배치식 및 드럼 플랜트에서 모두 생산이 가능하다. 가장 큰 차이점은 골재를 건조시키는 과정에서 아스팔트 순환골재는 고온에 노출되는 않는다는 것이다. 만약, 아스팔트 순환골재가 신규골재와 함께 혼합된다면, 아스팔트 순환골재에 포함되어 있는 아스팔트는 타거나 연기가 발생하게 되고 이는 중요한 환경문제를 야기할 수 있다. 그러므로 아스팔트 순환골재는 드럼식 혼합 플랜트에서 드럼의 중간에서 추가되어야 한다. 아스팔트 순환골재의 건조 및 가열은 신규골재와 함께 이루어지는 열전도에 따라 달라진다. 따라서, 재활용 아스팔트 혼합물을 생산할 때에는 신규골재의 가열온도를 보통 때보다 더 높게 하는 것이 반드시 필요하다. 예를 들어, 100% 신규 아스팔트 혼합물을 생산할 때에는 골재는 150℃까지 가열을 하지만, 50% 아스팔트 순환골재를 함유한 재활용 아스팔트 혼합물을 생산할 때에는 골재를 260℃보다 높은 온도로 가열한다[Roberts et. al., 1996].

재활용 아스팔트 혼합물의 포설 및 다짐 공정은 일반 가열 아스팔트 혼합물의 포설 및 다짐 공정과 동일하다.

9.13 첨가제

다양한 종류에 첨가제(개질제)는 아스팔트 바인더에 성능을 향상시키거나 아스팔트 혼합물에 특수한 성능을 추가하는데 사용된다[Roberts et. al., 1996]. 표 9.16은 개질제의 종류, 용도 및 재료에 대한 예제를 정리한 것이다. 실내시험을 수행하거나 실제 아스팔트 포장에서 성능을 관찰하고 개질제의 효과를 평가하여 첨가제의 비용을 정당화하게 한다. 개질제를 사용했을 때 효과는 주의 깊게 평가해야 한다. 그렇지 않을 경우, 영구적인 포장 파손이 발생할 수도 있다. 개질 아스팔트 포장에 대한 재활용 여부는 현재까지도 평가되고 있다.

아스팔트 포장분야에서 상대적으로 최근에 개발된 기술은 개질제 또는 수정된 절차를 사용하여 일반 가열 아스팔트 혼합물보다 낮은 온도에서 아스팔트 혼합물을 생산할 수 있는 중온 아스팔트이다. 중온 아스팔트에 대한 내용은 다음 절에 설명되어 있다.

9.13.1 필러

파쇄된 골재 미분, 포틀랜드 시멘트, 석회, 플라이 애쉬 및 카본 블랙과 같은 다양한 종류에 필러 아스팔트 혼합물에 사용된다. 필러는 0.075 mm(No.200)체를 통과하는 재료에서 정해진 입도규정을 만족해야 사용할 수 있다. 필러는 안정도 증가, 골재와 아스팔트 사이에 접착력 향상 및 공극을 채워 아스팔트 함량을 감소시켜주는 역할을 한다.

9.13.2 증량제

황과 리그닌과 같은 팽창제는 비용절감을 위해 아스팔트 함량을 낮추는데 사용된다.

9.13.3 폴리머 개질 첨가제

표 9.16은 고무나 플라스틱 계열을 포함한 폴리머 개질제를 보여주고 있다. 고무는 천연고무, 스타디엔-부타디엔(SBR), 스타디엔-부타디엔-스타디엔(SBS) 또는 재생 타이어 고무의 형태로 아스팔트 혼합물에 사용된다.

표 9.16 가열 아스팔트 개질 첨가제[Roberts et al., 1996]

종류	사용 목적	예
채움재	• 공극을 채워 최적의 아스팔트 함유량 감소 • 골재 입도 기준 만족 • 안정도 증가 • 아스팔트 바인더와 골재 사이에 결합을 향상	• 광물 채움재 : 분쇄된 골재비분, 석회, 포틀랜드 시멘트, 플라이애시 • 카본블랙
평창제	• 요구하는 아스팔트 바인더의 양을 줄이기 위해 아스팔트 바인더의 일부 대체(일반적으로 아스팔트 바인더의 총 무게의 약 20~35% 사이)	• 황 • 리그닌
고무	• 고온에서 가열 아스팔트 포장의 강성 증가 • 상온에서 가열 아스팔트 포장의 피로균열에 저항성에 대한 탄성 증가 • 저온에서 가열 아스팔트 포장의 온도균열 저항성에 대한 강성 감소	• 천연 라텍스 • 합성 라텍스(즉, 폴리크로로프렌 라텍스) • 블록 중합체[예 : 스티렌－부타디엔－스티렌(SBS)] • 재생고무(노후 타이어의 고무 분말)
플라스틱		• 폴리에틸렌/폴리 프로필렌 • 에틸렌 아크릴 레이트 공중합체 • 에틸 비닐 아세테이트(EVA) • 폴리 염화 비닐(PVC) • 에틸렌 프로필렌 또는 EPDM • 폴리올레핀
고무-플라스틱 합성		• 고무 및 플라스틱 합성
섬유	• 가열 아스팔트 혼합물의 인장강도 향상 • 가열 아스팔트 혼합물의 접착력 향상 • 드레인 다운 없이 높은 아스팔트 바인더 함량 사용 가능	• 천연 : 석면, 암면 • 제조 : 폴리프로필렌, 폴리에스터, 유리섬유, 광물성, 셀룰로오스

고무는 아스팔트 혼합물의 탄성과 강도를 높여주며 아스팔트와 골재 사이에 접착력을 향상시켜준다. SBS는 개질 아스팔트를 생산하는데 가장 일반적으로 사용하는 개질 첨가제이다. 고무 타이어 조각을 아스팔트 바인더에 투입(습식 방법)하거나 고무 분말을 골재에 투입(건식방법)할 수 있다.

플라스틱은 아스팔트 바인더의 특정한 어떤 특성을 높이기 위해 사용된다. 사용되는 플라스틱에는 폴리에틸렌, 폴리프로필렌, 에틸－비닐－아세테이트(EVA), 폴리비닐 코로라이드(PVC) 등이 있다. 플라스틱은 아스팔트 혼합물의 강도를 높여 소성변형 발생을 감소시켜 주는 역할을 한다. 또한, 플라스틱은 아스팔트 바인더의 온도에 대한 민감성을 완화시켜주며 저온에서 아스팔트 시멘트의 공용성능을 높여준다.

수퍼패이브 및 아스팔트 바인더의 공용성 등급 시방기준 도입은 아스팔트 포장의 장기 공용성을 높일 수 있는 재료의 사용을 증가시키는 역할을 하게 되었으며 개질 아스팔트(PMA)의 사용을 확대하는데 기여하였다. 이러한 개질 첨가제들은 아스팔트 바인더의 온도-점도 거동을 변화시킬 수 있고 아스팔트 혼합물의 내구성을 향상시킬 수 있는 중요한 장점을 가지고 있다. 스타디엔-부타디엔-스타디엔(SBS)은 아스팔트 바인더를 개질하는데 효과가 매우 우수한 재료이다[Airey, 2003].

아스팔트 바인더와 혼합된 SBS는 두 가지 단계(폴리머 위주 단계, 아스팔트 바인더 위주 단계)로 존재하게 된다[Kraus, 2008]. 폴리머 위주 단계는 아스팔트 바인더에 아로마틱을 흡수하여 팽창하게 된다. 아스팔트 바인더로부터 아로마틱의 흡수는 SBS 첨가제가 효율적으로 첨가될 수 있는 SBS 함량을 제한한다. 일반적으로 아스팔트 바인더를 개질하기 위해 사용하는 SBS의 함량은 2~6% 정도이다. SBS 개질 첨가제는 아스팔트 바인더가 골재를 코팅하는 능력을 상향시켜 혼합물의 내구성을 높여주며 아스팔트 바인더의 탄성을 향상시켜 아스팔트 바인더의 소성변형, 피로균열 및 온도균열에 대한 저항성을 높여주는 장점이 있다.

연구자들은 개질 아스팔트 바인더가 아스팔트 포장의 공용성 향상에 매우 효과적이라는 사실을 증명하였다. 지난 30년여 년 동안 개질 아스팔트의 사용으로 인해 향상된 아스팔트 포장의 공용성능은 수많은 현장에 적용하여 검증되었다. 폴리머 개질 아스팔트를 사용할 경우 포장 공사비용의 약 10~15%가 높아지지만, 아스팔트 포장의 공용수명을 연장시킬 수 있는 장점을 가지고 있다. 그러므로 대부분에 발주처에서는 폴리머 개질 아스팔트의 사용을 생애주기비용 분석으로 추가 비용 대한 경제적 효과가 있는 교통량이 많고 중차량 통행량이 많은 도로에 적용하도록 제한하였다.

9.13.4 박리방리제

박리방지제는 아스팔트 바인더와 골재 사이에 결합력을 높여 수분에 대한 저항성이 우수한 아스팔트 혼합물을 생산하기 위해 사용된다. 석회 석분은 가장 일반적으로 사용되는 박리방리제이며 필러나 석회 슬러리처럼 골재에 추가되어 혼합된다. 포틀랜드 시멘트는 석회 석분을 대신하여 사용되기도 한다.

9.13.5 기타

섬유, 산화제, 산화방지제, 탄화수소와 같은 기타 첨가제들은 특정 아스팔트 바인더의 인장력이나 강성을 개선하기 위해 사용되기도 한다.

9.14 중온 아스팔트

중온 아스팔트는 가열 아스팔트 포장 재료보다 낮은 온도에서 재료를 혼합하고 도로에 포설할 수 있도록 하는 다양한 기술에 대한 일반적 용어이다.

생산자가 재료를 혼합하고 도로에 포설하는 온도를 낮추기 위해 아스팔트 포장 재료를 사용하는 여러 가지 기술에 대한 일반 용어이다. 온도를 25～50℃ 낮추므로 다음과 같은 장점을 얻을 수 있다.

- 아스팔트 혼합물의 생산하는데 필요한 연료 감소 및 에너지 절감
- 온실가스 배출 저감
- 아스팔트 바인더의 산화 감소
- 낮은 온도에서 시공 가능
- 공사구간까지 수송 거리가 먼 경우 사용 가능
- 낮은 온도에서 다짐이 가능하므로 포장 시공기간 확장

중온 아스팔트 기술은 최초로 유럽에서 개발되었지만 중온 아스팔트 기술의 여러 가지 장점 때문에 미국에서 빠르게 기술이 개발되고 있으며 현장 적용이 이루어지고 있다. 미 연방도로국은 각 주교통과 및 포장사업 분야 업계와 함께 다음과 같은 주제들을 가지고 중온 아스팔트 기술 개발을 위해 노력하고 있다

- 기존의 아스팔트 플랜트와 시공 장비 사용
- 가열 아스팔트 포장에 대한 기존 시방서 만족
- 표층에 적용하기 위한 밀입도 아스팔트 혼합물 개발에 집중
- 일반 가열 아스팔트 혼합물과 동일한 품질 유지

다양한 중온 아스팔트 기술이나 절차들이 서로 경쟁하고 있다.

- 유화제 기술
  - Evotherm – Mead Westvaco
- 첨가제 기술
  - Aspha-min – Eurovia
  - Sasobit Sasol Int. / Moore and Munger
  - Rediset – Akzo-Noble
- 재료 가공 기술
  - WAM-Foam Shell / Kolo Veidekke / BP
  - Low Energy Asphalt Fairco
  - Green WMA Aztec

첨가제 기술은 그림 9.44 [Hurley and Prowell, 2005]에서 볼 수 있듯이 비선형 방식으로 아스팔트 바인더의 온도에 대한 점도 특징을 변화시킨다. 첨가제는 고온에서 아스팔트 바인더의 점도를 감소시킨다. 예를 들어, 일반 아스팔트 바인더의 혼합온도는 160℃지만 동일한 점도를 나타내는 중온화 첨가제를 사용한 아스팔트 바인더의 혼합온도는 142℃로서 혼합온도를 18℃ 낮출 수 있다. 점도 개선을 위해 사용하는 화학 첨가제는 아스팔트 플랜트에서 건식방식으로 첨가하거나 공장에서 미리 아스팔트 바인더와 혼합하여 습식방식으로 첨가할 수 있다.

또한, 중온 아스팔트는 아스팔트 플랜트를 개조하여 생산할 수도 있다. 현재 사용하고 있는 기술 가운데 하나는 골재와 혼합하기 전에 물 분사장치를 사용하여 아스팔트를 "거품" 형태로 만들어 분사하는 Astec Green System [Astec, 2009]이다. 아스팔트 바인더의 온도는 물의 끓는점보다 높아 물은 수증기로 바뀐다. 거품상태에서 아스팔트는 골재를 코팅할 수 있도록 흐름성을 유지하게 된다.

아스팔트 바인더가 물의 끓는점 아래로 내려가면 골재를 코팅한 아스팔트 바인더에 남아있는 거품은 없어진다. 거품이 만들어지는 과정에서 물이 차지하는 비율은 아스팔트 혼합물의 품질에 영향을 미치기에는 너무 소량인 가열 아스팔트 혼합물 1,000 kg당 약 0.5 kg의 정도가 된다.

중온 아스팔트의 잠재적인 장점으로 인해 아스팔트 포장 산업계에서는 연성포장의 시공 분야에서 미래에 나아가야 하는 방향으로 인식하고 있다.

어떠한 새로운 기술로서 상품의 장점에 대한 조사는 반드시 필요하다. 현재까지 중온 아스팔트에 대해 평가된 영역은 다음과 같다.

- 배합설계 방법에 대한 적절한 수정
- 플랜트 운영 절차

- 현장 운영 변화
- 품질관리와 품질보증 방법

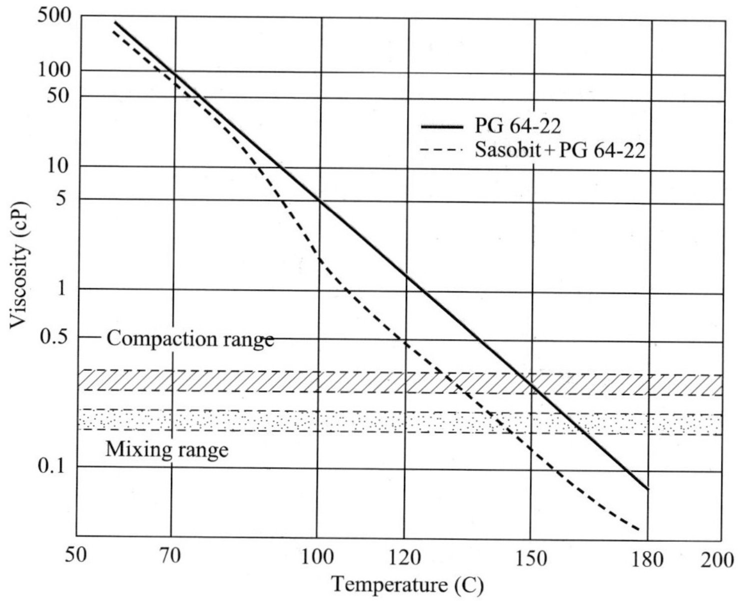

그림 9.44 Sasobit 중온화 첨가제를 사용한 경우 온도 - 점도 그래프

요약

원유로부터 생산된 아스팔트 바인더는 주요한 도로건설재료이다. 토목 엔지니어는 아스팔트 바인더와 아스팔트 혼합물에 대한 시방서 및 품질 기준과 직접적으로 연관되어 있다. 아스팔트 바인더의 등급을 결정하는 다양한 방법이 있다. 현재 최신 경향은 신도로연구계획을 통해 개발된 수퍼패이브 절차에서 사용되고 있는 아스팔트 바인더의 공용성 등급을 사용하는 것이다. 이 등급체계는 직접적으로 아스팔트 바인더의 특성과 포장의 공용인자와 연관되어 있다. 이와 함께, 수퍼패이브 배합설계방법에서는 실제 도로에서 예상되는 공용성과 관련된 아스팔트 혼합물의 특성을 평가하는 공용성 시험을 수행한다. 이 배합설계방법은 주 교통국에 도로국에서 계속 개정되고 있다. 수퍼패이브 배합설계 방법 및 아스팔트 바인더의 공용성 등급은 미국에 모든 주 교통국에서 채택하여 사용하고 있다. 군용 및 민간 공항에서 수퍼패이브 배합설계 방법 및 아스팔트 바인더의 공용성 등급의 선택은 고속도로에서 선택하여 사용하는 것 보다 느리지만 실용화는 계속 진행 중이다. 미 공병단 및 미 연방도로국에서는 수퍼패이브 배합설계 및 아스팔트 바인더의 공용성 등급은 사용할 수 있는 시방서를 가지고 있다.

비록 신도로연구계획은 종료되었지만 지속적으로 연구되고 있는 하나는 아스팔트 재료 및 아스팔트 포장에서 개선되는 것을 입증하는 것이다. 폴리머 개질 아스팔트와 중온아스팔트 기술은 지속적으로 연구해야 하는 영역이다.

질의와 문제

9.1 타르와 아스팔트 바인더의 차이점은 무엇인가?

9.2 아스팔트 바인더가 주로 사용되는 곳을 모두 쓰시오.

9.3 컷백 아스팔트의 주요성분은 무엇인가? 아스팔트 유화제의 주요성분은 무엇인가? 아스팔트 유화제의 3가지 이름을 쓰시오. 왜 아스팔트 유화제를 컷백 아스팔트보다 선호하는지 쓰시오.

9.4 아스팔트 포장 표층, 골재기층, 노상으로 구성된 아스팔트 포장을 그림으로 도시하시오. 또한, 프라임 코트와 침실에 사용 위치를 나타내시오.

9.5 아스팔트 바인더의 온도민감성에 대한 의미가 무엇인지 정의하시오. 점도-온도 관계 그래프로부터 아스팔트 포장의 공용성에 미치는 영향을 모두 쓰시오. 연한 아스팔트 바인더는 더운 지역에 적합한가 아니면 추운 지역 적합한가?

9.6 온도는 아스팔트 점도에 크게 영향을 미친다. 두 가지 경우[(a) 저온에 민감한 아스팔트 바인더, (b) 고온에 민감한 아스팔트]에 대해 아스팔트 점도−온도와의 관계 그래프에서 모든 축에 이름을 붙이고 관계를 적어라.

9.7 아스팔트 바인더의 화학적 성분에 대해 간단하게 설명하시오.

9.8 각 각의 시험에 대한 공학적으로 적용 방법은 무엇인가?

a. 인화점 시험
b. RTFO 과정
c. 회전 점도 시험
d. 동적전단레오메타시험
e. 침입도 시험

9.9 골재와 혼합되는 과정과 공용중인 상태에서 발생하는 아스팔트 바인더의 노화에 대한 논의하시오. 서로 다른 종류에 아스팔트 바인더의 노화 특성을 실험실에서 어떻게 모사할 수 있는 쓰시오.

9.10 아스팔트 바인더의 특성을 평가하기 위해 수행하는 다양한 수퍼페이브 시험들은 아스팔트 포장의 공용성과 어떤 관계가 있는지 설명하시오.

9.11 아스팔트 바인더의 등급을 분류하는 4가지 방법에 대한 정의하시오. 어떤 방법이 국내에서는 사용되고 있는지 쓰시오.

9.12 7일 평균 최고 아스팔트 포장 온도가 55℃ 정도로 예측(표준편차 = 2.5℃)되고, 평균 최저 아스팔트 포장 온도가 −9℃ 정도로 예측(표준편차 = 1.5℃)된 지역에서 사용하기 위한 아스팔트 바인더를 선정하고자 한다. 신뢰도 98%에서 어떤 PG 등급에 아스팔트가 필요한가?

9.13 다음 온도 조건에서 신뢰도가 50%일 때와 98%일 때 적합한 PG 등급을 계산하시오(계산 과정을 모두 쓰시오).

- 7일 평균 최대 포장 온도 : 48℃
- 최저 포장 온도 : 21℃
- 신뢰도 : 50%, 98%
- 표준편차 : 2.5℃
- 표준편차 : 3℃

9.14 도로국에서 일하고 있는 재료엔지니어로서, 다음 표에 정리한 각 각의 조건을 만족하는 표준 PG 아스팔트 바인더의 등급은 무엇인가? (모든 계산 과정을 보여주고 표를 채우시오)

	7일 평균 최고 온도 (℃)		최저 포장 온도 (℃)		추천 PG 등급	
종류	평균(℃)	표준편차 (℃)	평균(℃)	표준편차 (℃)	50% 신뢰도	98% 신뢰도
1	43	1.5	−29	2.5		
2	51	3.0	−18	4.0		
3	62	2.5	10	2.0		

9.15 도로국에서 일하고 있는 재료엔지니어라고 가정하고, 다음 표에 정리한 각 각의 조건을 만족하는 표준 PG 아스팔트 바인더의 등급은 무엇인가? (모든 계산 과정을 보여주고 표를 채우시오)

	7일 평균 최고 온도 (℃)		최저 포장 온도 (℃)		추천 PG 등급	
종류	평균(℃)	표준편차 (℃)	평균(℃)	표준편차 (℃)	50% 신뢰도	98% 신뢰도
1	39	1.0	−32	3.5		
2	54	1.5	−17	2.0		
3	69	2.0	5	2.5		

9.16 CRS-2 유화제와 SS-1 유화제의 차이점은 무엇인가?

9.17 아스팔트 혼합물에서 아스팔트 유화제가 아스팔트 바인더로서 어떻게 역할을 하는 쓰시오.

9.18 가열 아스팔트 혼합물의 구성요소는 무엇인가? 가열 아스팔트 혼합물에서 각각의 구성요성에 기능은 무엇인가?

9.19 아스팔트 혼합물 배합설계를 하는 목적은 무엇인가?

9.20 가열 아스팔트 혼합물에서 최적 아스팔트 함량이 중요한 이유는 무엇인가? 최적 아스팔트 함량보다 높을 때 무슨 문제가 발생하는지 쓰시오. 최적 아스팔트 함량보다 낮을 때 무슨 문제가 발생하는지 쓰시오. 가열 아스팔트 포장에서 일반적인 아스팔트 바인더 함량의 범위는 얼마인가?

9.21 재료 특성으로 아스팔트 혼합물의 강도가 가장 중요하지 않은 이유를 설명하시오.

9.22 아스팔트 혼합물 공시체의 공기 중 무게는 1353.9 g, 수중 무게는 792.4 g, 표면건조포화상태 무게는 1342.2 g이다. 아스팔트 혼합물 공시체의 겉보기 밀도를 계산하시오.

9.23 아스팔트 배합설계 과정에서, 실험실에서 다져진 원통형 아스팔트 혼합물 공시체의 겉보기 밀도를 계산하기 위하여 다음과 같이 무게를 측정하였다.

- 공기 중 중량 = 1264.7 g
- 수중 중량 = 723.9 g
- 표면건조포화상태 중량(SSD) = 1271.9 g

a. 다져진 공시체의 겉보기 밀도(G_{mb})는 얼마인가?

b. 만약 이론최대밀도(G_{mm})가 2.531이라면, 공시체의 공극률은 얼마인가?

9.24 아스팔트 혼합물에서 다음 용어에 대해 정의하시오

a. 공극률

b. 골재간극율

c. 포화도

9.25 59% 굵은골재(겉보기 비중 = 2.635), 36% 잔골재(겉보기 비중 = 2.710), 5% 석분(겉보기 비중 = 2.748)으로 합성입도를 구성하였다. 이 입도를 사용하여 아스팔트 바인더 함량 6.0%로 혼합된 아스팔트 혼합물 공시체의 겉보기 밀도는 143.9 lb/ft^{3}이었다. 흡수율을 무시할 경우, 공극률, 골재간극율, 포화도를 계산하시오.

9.26 전체 무게에 94%가 골재로 구성된 아스팔트 혼합물이 있다. 골재와 아스팔트의 밀도는 각각 2.65와 1.0이다. 만약 아스팔트 혼합물의 겉보기 밀도가 147 pcf라고 하면, 아스팔트 혼합물의 공극률은 얼마인가?

9.27 2년 동안 공용한 아스팔트 포장에서 심한 소성변형과 블리딩 파손이 일어난 구간에서 코어 샘플을 채취하였다. 코어 샘플에 대한 겉보기 밀도와 이론최대밀도는 다음과 같이 측정되었다.

- 겉보기 밀도 = 2.561
- 이론최대밀도 = 2.487

a. 공극률을 계산하시오.

b. 만약 설계 공극률이 4.0%였다면, 계산된 공극률은 소성변형이나 블리딩과 같은 파손에

어떠한 영향을 미쳤는지 설명하시오.

9.28 아스팔트 혼합물 공시체가 다음과 같은 특성을 가지고 있다. 흡수율을 무시할 경우, VTM, VMA, VFA를 계산하시오.

9.29 다져진 아스팔트 혼합물 공시체는 다음과 같은 특성을 가지고 있다. 흡수율을 무시할 경우, VTM, VMA, VFA를 계산하시오.

- 아스팔트 바인도 함량 = 5.0%(혼합물 총 중량 대비)
- 혼합물의 겉보기 비중 = 2.500
- 이론최대밀도 = 2.610
- 골재 겉보기 비중 = 2.725

9.30 수퍼페이브 체적 배합설계 절차를 간단하게 설명하시오.

9.31 다음 표에 자료를 사용하여 수퍼페이브 설계 골재 구조에 대한 합성입도를 선정하시오. 교통량은 ESAL < 0.3 million이고 19 mm 공칭최대 골재크기를 사용한 것으로 가정한다.

자료	골재 예비 입도		
	1	2	3
G_{mb}	2.451	2.465	2.467
G_{mm}	2.585	2.654	2.584
G_b	1.030	1.030	1.030
P_b(%)	5.9	5.5	5.8
P_s(%)	94.1	94.5	94.2
P_d(%)	4.5	4.5	4.5
G_{sb}	2.657	2.667	2.705
H_{ini}(mm)	127	135	124
H_{des}(mm)	113	114	118

9.32 다음 표에 정리한 결과에 따라, 교통량이 ESAL = 15 million일 때 설계 아스팔트 바인더 함량을 결정하시오. 골재는 12.5 mm 공칭 최대 크기를 사용한 것으로 가정한다.

자료	아스팔트 바인더 함량			
	5.5	6.0	6.5	7.0
G_{mb}	2.351	2.441	2.445	2.469
G_{mm}	2.574	2.558	2.538	2.518
G_b	1.025	1.025	1.025	1.025
P_s (%)	94.5	94.0	93.5	93.0
P_d (%)	4.5	4.5	4.5	4.5
G_{sb}	2.705	2.705	2.705	2.705
h_{ini} (mm)	129	131	131	128
h_{des} (mm)	112	113	116	115

9.33 다음 표에 정리한 결과에 따라, 교통량이 ESAL = 5 million일 때 설계 아스팔트 바인더 함량을 결정하시오. 골재는 19 mm 공칭 최대 크기를 사용한 것으로 가정한다.

자료	골재 예비 합성입도		
	1	2	3
G_{mb}	2.457	2.441	2.477
G_{mm}	2.598	2.558	2.664
G_b	1.025	1.025	1.025
P_b(%)	5.9	5.7	6.2
P_s(%)	94.1	94.3	93.8
P_d(%)	4.5	4.5	4.5
G_{sb}	2.692	2.688	2.665
h_{ini}(mm)	125	131	125
h_{des}(mm)	115	118	115

9.34 마샬 배합설계방법은 많은 고속도로 발주처에서 사용이 되고 있다.

a. 마샬 배합설계 절차는 무엇인가?

b. 어떤 변수들이 계산되는가?

c. 모든 시험들을 종료되고 그려지는 그래프를 작성하여라

d. 그래프를 작성하는 목적은 무엇인가?

자료	아스팔트 바인더 함량			
	5.4	5.9	6.4	6.9
G_{mb}	2.351	2.441	2.455	2.469
G_{mm}	2.570	2.558	2.530	2.510
G_b	1.025	1.025	1.025	1.025
P_s(%)	94.6	94.1	93.6	93.1
P_d(%)	4.5	4.5	4.5	4.5
G_{sb}	2.688	2.688	2.688	2.688
h_{ini}(mm)	125	131	126	130
h_{des}(mm)	115	118	114	112

9.35 아스팔트 혼합물은 마샬 배합설계방법에 따라 설계되었다. PG 58-28 아스팔트 바인더(겉보기 비중=1.00)와 골재 최대치수가 19 mm인 밀입도를 사용하였다(겉보기 밀도=2.696). 아스팔트 혼합물의 이론최대밀도는 2.470으로 결정되었다. 다음 표와 같이 예비 아스팔트 혼합물 공시체를 준비하였다. 마샬 배합설계 절차에 필요한 그래프를 작성하고, 중간 교통량에 대하여 아스팔트 협회에서 규정하고 있는 배합설계 기준을 적용하여 최적 아스팔트 바인더 함량을 선정하시오. 표 9.15를 사용할 때, 설계 공극률은 4.0% 가정한다.

아스팔트 바인더 함량 (혼합물 중량 대비 %)	겉보기 밀도 (G_{mb})	마샬 안정도 (N)	흐름치 (0.25mm)
4.0	2.303	7076	9
4.5	2.386	8411	10

5.0	2.412	7565	12
5.5	2.419	5963	15
6.0	2.421	4183	22

9.36 아스팔트 혼합물은 마샬 배합설계방법에 따라 설계되었다. PG 64-22 아스팔트 바인더(겉보기 비중 = 1.00)와 골재 최대치수가 19 mm인 밀입도를 사용하였다(겉보기 밀도 = 2.776). 아스팔트 바인더 함량이 5.0%일 때, 아스팔트 혼합물의 이론최대밀도는 2.490으로 결정되었다. 예비 아스팔트 혼합물 공시체에 대한 평균 시험결과는 다음 표에 정리하였다. 마샬 배합설계 절차에 필요한 6가지 그래프를 작성하고, 중간 교통량에 대하여 아스팔트 협회에서 규정하고 있는 배합설계 기준을 적용하여 최적 아스팔트 바인더 함량을 선정하시오. 표 9.15를 사용할 때, 설계 공극률은 4.0% 가정한다.

아스팔트 바인더 함량 (혼합물 중량 대비 %)	겉보기 밀도 (G_{mb})	마샬 안정도 (N)	흐름치 (0.25mm)
3.5	2.294	1600	8
4.0	2.396	1980	9
4.5	2.421	2130	11
5.0	2.416	1600	14
5.5	2.401	1280	20

9.37 교통량이 많은 도로에 대한 아스팔트 혼합물을 설계하기 위해 마샬 배합설계를 수행하였다. 아스팔트 혼합물은 비중이 1.025인 아스팔트 바인더와 겉보기 비중이 2.654인 골재 최대치수가 19mm인 밀입도를 사용하였다. 아스팔트 바인더 함량이 4.5%일 때, 아스팔트 혼합물의 이론최대밀도는 2.480으로 결정되었다. 예비 아스팔트 혼합물 공시체에 대한 평균 시험결과는 다음 표에 정리하였다. 아스팔트 협회에서 규정하고 있는 배합설계 기준(표 9.14)을 적용하여 최적 아스팔트 바인더 함량을 선정하시오. 표 9.15를 사용할 때, 설계 공극률은 4.0% 가정한다.

아스팔트 바인더 함량 (혼합물 중량 대비 %)	겉보기 밀도 (G_{mb})	마샬 안정도 (N)	흐름치 (0.25mm)
3.5	2.367	8.2	7.3
4.0	2.371	8.6	9.4
4.5	2.389	7.5	11.5
5.0	2.410	7.2	12.5
5.5	2.422	6.9	13.2

9.38 아스팔트 혼합물에 박리 가능성을 평가하기 위한 절차를 설명하시오.

9.39 실험실에서 아스팔트 혼합물의 간접인장 회복탄성계수가 어떻게 결정되는 지 설명하시오.

9.40 아스팔트 혼합물 공시체를 사용하여 회복탄성계수시험을 수행하여 다음과 같은 결과를 얻었다. 푸아송 비를 0.35로 가정하여 회복탄성계수를 계산하시오.

- 지름 = 4.018 in.
- 반복하중 = 628 lb
- 두께 = 2.514 in.
- 수평 회복변형율 합 = 257×10^{-6} in.

9.41 아스파트 포장을 재활용하는 3가지 방법에 이름을 쓰시오. 어떤 방법이 가장 많이 사용되고 있습니까? 이 방법에 대한 간단하게 설명하시오.

9.42 재활용 아스팔트 포장 재료의 4가지 장점을 서술하시오. 왜 일반 가열 아스팔트 플랜트에서는 골재와 재활용 아스팔트 순환골재를 혼합할 수 없는가? 두 가지 타입에 가열 아스팔트 플랜트에서 아스팔트 순환골재를 재활용하는 적당한 방법을 제시하시오.

9.43 아스팔트 바인더 또는 아스팔트 혼합물에 첨가할 수 있는 4가지 종류에 아스팔트 개질 첨가제를 설명하고 각각의 개질 첨가제에 대한 효과를 쓰시오.

9.44 아스팔트 혼합물에 플라이 애쉬를 첨가하는 목적은 무엇인가?

9.45 가열 아스팔트 포장을 시공하는 동안, 시공상 문제가 없는지 평가하고 다짐밀도가 기준을 만족하는지 확인하기 위해 다짐이 완료된 아스팔트 포장에서 임의적으로 코어 샘플을 채취하였다. 목표 다짐밀도는 148.2 pcf이고 다짐밀도의 상한치와 하한치는 각각 148.9 pcf와 147.5 pcf이다. 밀도결과는 다음 표와 같다.

a. 밀도결과와 시방서에 밀도에 대한 상한기준과 하한기준을 차트로 작성하여라. 밀도결과는 시방서에서 규정하는 기준을 만족하는가?

b. 밀도 분석결과에 대한 어떤 추세 또는 원인에 대한 각자의 견해를 쓰시오.

코어 샘플 번호	밀도(pcf)	코어 샘플 번호	밀도(pcf)	코어 샘플 번호	밀도(pcf)
1	148.3	8	147.8	15	147.3
2	147.8	9	147.7	16	147.0
3	148.2	10	148.6	17	147.1
4	148.7	11	147.8	18	146.7
5	148.2	12	148.1	19	146.9
6	147.7	13	147.3	20	146.8
7	148.4	14	147.7		

9.46 어떠한 재활용 아스팔트 포장 재료가 환경친화적이며 지속가능한 자원 확보가 가능한지 3가지 이상의 인터넷 웹 정보를 인용하여 A4 용지 한 페이지에 정리하시오.

9.47 아스팔트 바인더를 개질하기 위해 일반적으로 사용하는 폴리머는 무엇입니까? 아스팔트 바인더와 SBS를 혼합할 때 일어나는 상호작용에 대하여 설명하시오.

9.48 중온 아스팔트 기술에 대한 3가지 장점을 나열하시오.

참고문헌

Airey, G. D., Rheological Properties of Styrene Butadiene Styrene Polymer Modified Road Bitumens, Elsevier Science Ltd., 2003.

Anderson, R. M. RAP Mix Design and Performance, Presentation to APA Asphalt Pavement Conference, http://www.asphaltalliance.com/upload/RAP%20Mix%20Design%20&%20Performance%20-%20Mike%20Anderson.pdf, Nashville, TN, 2004.

The Asphalt Institute. The Asphalt Handbook. MS-4. Lexington, KY: The Asphalt Institute, 2007.

The Asphalt Institute. Introduction to Asphalt. MS-5. Lexington, KY: The Asphalt Institute, 2001.

The Asphalt Institute. Mix Design Methods for Asphalt Concrete and Other Hot-Mix Types. MS-2. Lexington, KY: The Asphalt Institute, 2001.

Astec Inc., Corporate literature, http://www.astecinc.com/index.php, 2009.

Chen, J. S., M. C. Liao, and M. S. Shiah, Asphalt Modified by Styrene-Butadiene-Styrene Triblock Copolymer: Morphology and Model, Journal of Materials in Civil Engineering, 2002.

Christensen, D. W, and R. F. Bonaquist, Volumetric Requirements for Superpave Mix Design, National Cooperative Highway Research Program Report 567, Washington DC, 2006.

Fernandes, M. R. S., M. M. C Forte, and L. F. M. Leite, Rheological Evaluation of Polymer-Modified Asphalt Binders, Materials Resdearch, Vol. 11, No. 3. 381-386, 2008.

Goetz, W. H. and L. E. Wood. “"Bituminous Materials and Mixtures.”" Highway Engineering Handbook, Section 18. New York: McGraw-Hill, 1960.

Huang, Y. H. Pavement Analysis and Design. 2d ed. Upper Saddle River, NJ: Prentice Hall, 2004.

Hurley, G. C. and B. D. Prowell, Evaluation of Sasobit for use in Warm Mix Asphalt, National Center for Asphalt Technology Report 05-06, Auburn AL, 2005.

Jansich, D. W., and F. S. Gaillard. Minnesota Seal Coat Handbook. Maplewood, MN: Department of Transportation, 1998.

Kluttz, R. Q. and R. Dongre, Effect of STS Polymer Modification on the Low-Temperature Cracking of Asphalt Pavements, Asphalt Science and Technology, editor A. M. Usmani, Marcel Dekker, Inc., NY, NY 1997.

Mamlouk, M. S. and J. P. Zaniewski. Pavement Preventive Maintenance: Description, Effectiveness, and Treatments. Special Technical Publication 1348. West Conshohocken, PA: American Society for Testing and Materials, 1998.

McGennis, R. B. et al. Background of Superpave Asphalt Binder Test Methods. Publication no. FHWA-SA-94-069. Washington, DC: Federal Highway Administration, 1994.

McGennis, R. B. et al. Background of Superpave Asphalt Mixture Design and Analysis.

Publication no. FHWA-SA-95-003. Washington, DC: Federal Highway Administration, 1995.

Newcomb, D. E., E. R. Brown, and J. A. Epps, A Practical Guide to the Design of HMA Mixtures with High Recycled Asphalt Pavement (RAP) Content, National Asphalt Pavement Association, QIP-124, Lanham, MD, 2007.

Peterson, J. C. Chemical Composition of Asphalt as Related to Asphalt Durability-State of the Art. Transportation Research Record No. 999. Washington, DC: Transportation Research Board, 1984.

Prowell, B. D and E. R. Brown, Superpave Mix Design: Verifying Gradation Levels in the Ndesign Table, National Cooperative Highway Research Program Report 573. Washington, D.C., 2007.

Roberts, F. L., P. S. Kandhal, E. R. Brown, D. Y. Lee, and T. W. Kennedy. Hot Mix Asphalt Materials, Mixture Design, and Construction. 2d ed. Lanham, MD: NAPA Education Foundation, 1996.

Witczak, M. W., K. Kaloush, T. Pellinen, M. El-Basyouny, and H. Von Quintus. Simple Performance Test for Superpave Mix Design. NCHRP Report 465. Washington, D.C: National Cooperative Highway Research Program, National Research Council, 2002.

CHAPTER 10 목재

목재는 널리 이용되기 때문에 상대적으로 낮은 비용과 쉬운 사용, 정확한 설계 시에 요구되는 내구성, 토목 공학 재료로서 중요하게 사용된다. 목재는 말뚝, 트러스, 지붕, 바닥재, 기둥, 다리, 건물 등에 널리 사용된다. 토목공학에서는 천연 목재와, 합판 그리고 SB합판과 같이 가공된 목재 생산품으로 구분된다.

목재의 효과적인 사용을 위해서 규제와 기초적인 특징을 이해하는 것이 중요하다. 미국 농업부의 산림 서비스는 생산품의 수확을 위한 선택과 민간지원을 수행하고 공유지로부터 목재의 수확을 위한 폭 넓은 관리와 책임을 갖는다. 이 기관은 목재에 관한 핸드북을 출판했고 이 책은 목재의 특징과 성질을 설명하는 훌륭한 문서자료이다[USDA-FS, 1999]. 이 장에서는 목재의 특징과 특성을 설명한다.

천연의 목재는 지속가능한 생산품이다. 생물학적으로 목재는 자립성을 가지며 최소 6 m의 높이(20피트)를 갖고 우거진 식물이다. 지상에서 약 1.5 m의 가지가 없는 몸통을 가지며 미국에는 600여종의 나무들이 있다. 나무들은 성장유형에 따라 내인성 또는 외인성으로 분류된다. 야자수 등의 내인성 목재들은 고리섬유로 성장한다. 견목과 침엽수라는 용어는 목재의 특성에 대한 설명되기 보단 우림으로 분류된다. 일반적으로, 침엽수는 부드럽고 밀도가 낮고, 활엽수보다 자르기 쉽다. 그러나 예외적으로 발사목재와 같은 종류는 매우 부드럽고 가벼운 식물학적인 견목이다.

활엽수는 일반적으로 성장의 마지막 시기에 잎이 진다. 미국의 상업적인 목재의 생산은 40여종의 다양한 목재의 종류가 있다. 많은 견목들은 그들의 좋은 나뭇결 패턴 때문에 가구 및 장식 베니어에 사용된다. 일부 활엽수 장식들의 특징은 자신의 가치와 비용을 증가시키는데 이것은 건축용 목재를 비경제적으로 만든다. 또한 일부의 활엽수는 건설 분야에 사용되는 목재의 설계 시에 사용되는 몇 가지 예외가 있다. 또한 상록수로 알려진 침엽수는, 바늘 형 잎을 가지며 일반적으로 성장의 마지막시기에 지지 않는다. 미

그림 10.1 (좌) 건물의 구조적 지지를 위해 사용되는 목재 틀

그림 10.2 (우) 목재로 제작된 롤러코스터

표 10.1 지역에 따른 침엽수 및 활엽수의 주요 생산지

활 엽 수		
서부	북부 및 애팔란치아	남부
물푸레나무	물푸레나무	적 오리나무
피나무	백양나무	오레곤 물푸레나무
너도밤나무	피나무	백양나무
버터넛	벅아이	흑미루나무
미루나무	버터넛	캘리포니아 흑 참나무
느릅나무	너도밤나무	큰잎 단풍나무
팽나무	자작나무	자작나무
피칸 히코리	흑 벚나무	탄 오크
트루 히코리	미국밤나무	
주엽나무	미루나무	
아까시나무	느릅나무	
목련	팽나무	
연질단풍나무	트루히코리	
적 참나무	주엽나무	
백 참나무	아카시아나무	
사사프라스	경질단풍나무	
스위트검	연질단풍나무	
양버즘나무	적 참나무	
투펠로	백 참나무	
흑 호두나무	양버즘나무	
흑 버드나무	흑 호두나무	
백합나무	백합나무	
침 엽 수		
서부	북부	남부
향삼나무	서양측백나무	티오데이스 편백
미국편백나무	발삼 전나무	미국 낙우송
개솔송나무	캐나다 솔송나무	프레이져 전나무
북미산 헴록	프레이저 전나무	남부 소나무
북미산 라치	방크스 소나무	연필향나무
로지폴 소나무	스트로부스 소나무	
폰데로사 소나무	연필향나무	
슈가 소나무	이스턴 스프러스	
북미산 홍소나무	아메리카 낙엽송	
북미산 적향나무		
적목		
엥겔만스프러스		
시트카스프러스		
알래스카 측백나무		

국에서 침엽수의 약 20여 종에서 유래되는 침엽수는 균일한 줄기와 균일한 특성의 침엽수가 생산되고 지속적으로 성장한다[Panshin & DeZeeuw, 1980].

침엽수는 건설에 사용된다. 침엽수는 크게 성장한 것에 한하여 경제적인 수확을 얻을 수 있다. 이것은 빠르게 성장하고, 재생 가능한 자원을 만든다. 표 10.1은 목재와 침엽수 종[USDA-FS, 1999]의 예를 보여준다.

10.1 목재의 구조

목재는 건축용 재료로서 사용 시 각기 다른 영향을 갖는다. 토목, 건설 공학자들은 목재구조의 적절한 설계를 위하여 천연 목재의 특징과 목재 성장의 과정, 방법에 대한 이해가 필요하다.

10.1.1 성장의 테

그림 10.3(a)와 같이 외인성 목재의 줄기의 동심원층은 성장 고리 또는 나이테라고 한다. 일 년마다 하나의 나이테를 가지며, 각각의 나이테가 여름에 성장하면 추재(late-wood), 봄에 빠르게 성장하는 것이 춘재(early-wood)이다. 그림 10.3(b)와 같이 추재는 어둡고, 고밀도이며, 춘재보다 단단한 세포로 구성되어있다.

(a) 연간 나이테(미국 삼림 종이 협회, 워싱턴 DC의 사진 제공)

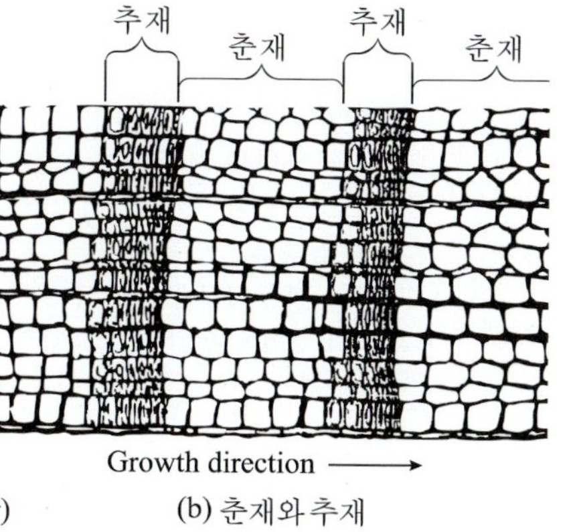

(b) 춘재와 추재

그림 10.3 일반적인 나무줄기의 단면

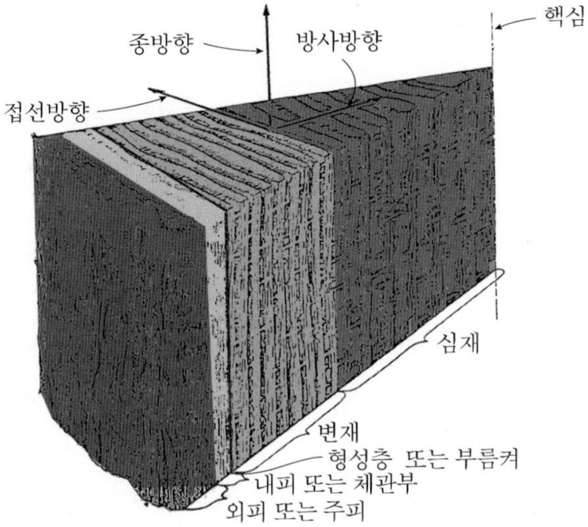

그림 10.4 일반적인 나무줄기의 주요 구조적 특징

그림 10.4와 같이 나무줄기의 주요한 특징은, 목재껍질, 형성층, 그리고 내부로 이루어져있다. 목재껍질은 나무의 외피이며, 외부 및 내부의 층을 가지고 있다. 외부의 층은 죽어있고, 코르크 형태이며 나무의 종류와 나이에 따라 두께에 큰 변화가 있다. 내피 층은 껍질을 위한 성장의 층이지만 나무의 일부는 아니다. 형성층은 목재껍질 사이에 위치한 세포의 얇은 층이며, 모든 나무의 성장부분이다.

목재의 부분으로는 변재와 심재가 있다. 심재는 거의 어두운 색을 띠고, 단면의 중심에 발생한 변재에 의해 둘러싸여 있다. 변재의 기능은 무기염류와 수액을 수송하는 관의 역할을 한다. 일반적으로 빠르게 성장하는 종은 변재가 두껍다. 천연의 상태에서 변재는 부식이 촉진되는 상태에 노출될 경우 내구적이지 못하다.

심재는 목재의 살아있는 부분은 아니다. 이것은 무기물질의 퇴적에 의해 물리적, 화학적으로 변화된 세포로 구성되어, 목재의 구조적인 강성을 제공한다. 또한 일부 심재의 몇몇 종은 추출물의 존재 때문에 부식에 대한 저항성이 있다. 미국에서 사용되는 종의 대부분은 부패가 방지되는 심재가 없다. 삼목과 같은 몇 가지 종류들은 내구성이 있는 심재이다.

목재에 대한 문헌[USDA-FS, 1999]에는 부식 저항이 있는 심재의 종들을 나열하였다. 일부 심재에 존재하는 추출물은 목재를 흰개미로부터 보호할 수 있다.

핵심(PITH)은 목재의 중심부분을 말하는 용어이다. 이것의 크기는 거의 구별할 수 없는 것에서부터 크고 눈에 띄는 것에 이르기까지 종류가 다양하다. 검은색부터 하얀색까지 색의 범위는 종류와 지역에 따라 다양하다. 핵심(PITH)의 구조는 다공성 고체, 또는 중공의 형태일 수 있다.

10.1.2 천연 목재의 이방성

목재는 이방성 재료이기 때문에 각기 다른 방향으로 다양하고 독특한 특성을 갖는다. 그림 10.4와 같이 목재는 3개의 방향에 따른 축이 있다. 목재의 이방성의 특성은 수축, 강성, 강도와 같은 물리적 및 역학적 특성에 영향을 미친다.

목재의 이방성 거동은 목재의 세포튜브와 같은 형상 때문인데, 목재의 세포는 직사각형 단면을 갖는다. 튜브의 중앙은 중공인 반면에 튜브의 끝은 뾰족하다. 다수의 세포들의 장축은 목재의 줄기와 평행하다. 그러나 국부적으로 묶여져 있는 몇몇 세포들은 중앙에서 줄기외부로 빠르게 성장한다. 특정한 방향으로 발달하는 세포는 목재에게 이방성을 갖게 한다.

중공튜브구조는 길이에 평행한 인장응력과 압축의 저항에 매우 효과적이지만, 그것의 측면으로 하중이 가해 질 때는 변형이 발생한다. 또한, 수분함량의 변화는 튜브의 벽을 확장 또는 수축시키지만 거의 튜브의 길이에 영향을 준다.

10.2 화학적 구조

목재는 셀룰로오스, 리그닌, 헤미셀룰로오스, 추출물 및 재를 생산하는 광물로 구성되어있다. 셀룰로오스는 목재의 중량을 차지하는 물질의 50%를 차지한다[USDA-FS, 1999]. 정확한 비율은 종류에 따라 다르다. 이것은 높은 분자량을 갖는 선형 중합체(지방족 탄소 화합물)이다. 셀룰로오스의 주요 구성성분은 포도당이다. 목재가 성장함에 따라 셀룰로오스 분자는 스스로 선형에서 매우 미세한 섬유로 변화된다. 이렇게 정렬된 목재 섬유는 세포벽을 구성하는 구조적인 요소로 형성된다.

리그닌은 침엽수 중량의 23~33%, 활엽수 중량의 16~25%를 차지한다. 리그닌은 대부분이 세포 사이의 물질이다. 화학적으로 리그닌은 셀룰로오스와 느슨하게 결합되어있어서 다루기 어려운 불용성 물질이다. 리그닌은 기본적으로 튜브형태의 세포들과 함께 결속되어있는 접착제이다. 목재의 종 방향 전단강도는 리그닌 경계의 강도에 의해 결정된다.

헤미셀룰로오스는 설탕 분자로 만들어진 고분자 단위이다. 헤미셀룰로오스의 세포구조는 몇 개의 당분자로 묶여있는 셀룰로오스와 다르다. 활엽수에는 20~30%의 헤미셀룰로오스가 함유되어있고 침엽수에는 평균 15~20% 정도 함유되어있다. 활엽수와 침엽수의 주요 당의 단위는 각각 자일로스와 마노스이다.

추출물은 목재 물질의 5~30%를 구성하는데 이것들은 탄닌과 다른 폴리페놀, 착색물질, 기름, 지방, 수지, 왁스, 껌, 무기염류 그리고 단일 신진대사 중간체들이다. 이러한 물질들은 물과 알코올, 아세톤, 벤젠과 같은 간단한 불활성 중성 용매로 제거할 수 있다. 각각의 목재에 포함된 양은 종, 성장 조건, 목재가 수확된 년도 및 시간에 따라 다르다. 재를 형성하는 재료는 목재의 재료의 0.1~3%를 차지하고 칼슘, 칼륨, 인산, 실리카와 같은 물질들이다.

10.3 수분 함량

목재의 수분 함량은 시료중의 물의 중량을 목재의 오븐 건조중량 백분율로 나타낸다. 오븐에 건조된 목재 샘플은 100~105℃(212~220°F)의 오븐에서 건조된 샘플이다. 수축, 강도 및 중량과 같은 물리적 특성은 목재의 수분함량에 따라 달라진다[Panshin & DeZeeuw, 1980]. 수분은 자유수 또는 결합수로서 목재에 존재한다. 결합수는 흡착력에 의해 세포벽이 유지되는데 이에 반하여 자유수는 세포안의 공간에 하나의 축합수 또는 수증기로 존재한다. 녹색의 목재에서 세포벽은 포화되어있다. 그러나 세포안의 공간은 자유수가 포함되거나 포함되어있지 않을 수 있다. 세포벽은 완전히 포화상태이지만 세포안의 공간에 자유수가 존재하지 않는 것을 섬유포화점(FSP)이라고 부른다.

FSP는 동일한 종 내에서 종마다 다양하지만 일반적으로 21~32%의 범위에 있다. 수분의 첨가와 제거를 조절할 수 있기 때문에 큰 실용적인 의미를 갖는다. FSP 이하의 값에서는 목재의 모든 물리적, 역학적인 특성에 영향을 받는 반면에 FSP을 넘는 값의 특성은 독립적으로 수분을 함유한다. 목재의 수분 함량이 섬유포화점을 초과할 때, 목재는 수치적으로 안정적이다. 그러나 FSP 이하에서 수분의 변화는 부피변화를 발생시킨다. 세포벽의 수축은 수분의 손실에 의해 발생되고, 반대로 세포벽의 팽창은 수분을 얻음으로서 발생된다. 그림 10.5는 목재의 체적 변화가 어느 한 방향에서 다른 어떤 방향으로 다양하게 변화하는 것을 보여준다. 종 방향 팽창과 수축은 최소이고, 통상적으로 FSP에서 오븐 건조 상태까지 수분 함량의 변화는 0.1~0.2%이다. 휨, 균열, 분할 및 구조적 성능 문제와 같은 체적 변화는 목재의 이방성 때문이다. 이 내용은 뒷장에서 자세히 다루어질 것이다. 또한 이것에 수분의 변화가 있으면 판자를 마름질 할 때 변형이 발생된다. 공학적인 계산을 위해 FSP는 일반적으로 30%로 가정한다. 수축 계산에도 같은 값이 적용된다. 접선방향으로의 수축은 8%, 반경방향의 수축은 4%로 가정한다. 수분 함량의 30% 변화했다는 것은 6% 수축이 발생한 것으로 추정할 수 있다. 즉, 수분함량 5% 변화마다 1% 수축한다고 추정할 수 있다. 이것은 나이테가 다양한 방향을 갖고 여러 층으로 결합하여 구성되어 보에 적용될 때 수축을 계산하기 위한 미국 목재 건설 학회(AITC)에서 권장하는 경험적인 규칙이다. 목재의 수분 함량은 공기의 온도 및 습도에 따라 달라진다. 그러나 목재의 자연적인 수분 함량의 변화는 느린 과정이다. 대기의 조건변화에 따라서 목재의 수분함량은 평균적인 상태로 조정되는 경향이 있다. 평균 대기 조건의 수분함량을 평형함수율(EMC)이라고 한다. 목재에 관한 안내서는 온도와 습도의 함수로서 EMC의 값을 포함한다. 90% 습도와 27℃(80°F)보다 낮은 온도에서 EMC는 20% 이상의 손실이 발생하고 55℃보다 더 높은 온도와 습도 5%에서 1% 손실이 발생한다.

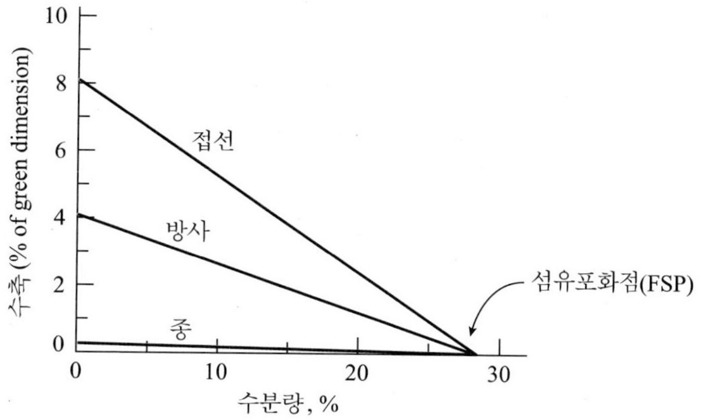

그림 10.5 수축과 수분량의 관계

예제 10.1

250mm 너비의 빨간 가문비 나무판이 나이테의 접선방향으로 잘려있다. 15~32%의 수분 함량의 변화에 따라서 폭의 변화를 계산한다(빨간 가문비나무 섬유 포화점은 27%이며, 건조에 의하여 접선방향으로 포화점으로부터 7.8% 수축한다).

풀이

팽창은 섬유 포화점 이상에서 발생하지 않는다. 수분함량이 15~27%까지 증가하는 것은 팽창의 원인이 된다. 주어진 데이터로부터, 빨간 가문비나무는 수분 함량 27%의 변화에 대하여 7.8% 팽창하였다(수분함량이 0%에서부터 포화점까지로부터).

팽창비 $= (7.8/27) \times (27-15) = 3.5\%$

치수변화 $= 250 \times (3.5/100) = 8.7\,\text{mm}$

수정된 치수 $= 258.7\,\text{mm}$

예제 10.2

깊이 18인치, 수분함량 12%의 구조용 집성목이 제조되었다. 치수 변화를 추정하기 위한 공통 값을 가정한 후, 함수량이 40%까지 증가하였을 때의 보의 깊이를 계산하여라.

풀이

포화점을 30%로 가정한다. 12%에서 30%까지의 함수량 변화는 팽창의 원인이 된다. 섬유 포화점 이상에서 팽창은 일어나지 않는다. 섬유 포화점 아래의 함수량에 있어서 5%의 함수량 증가에 따라 1%의 팽창이 발생한다고 가정한다.

깊이별 증가량 $= (30-12)/5 = 3.6\%$

수정된 깊이 $18 \times 1.036 = 18.648\,\text{in.}$

10.4 목재 제품

다양한 산업이 목재의 벌목과 공정으로 발전되었다. 목재는 숲의 원목으로 벌목되었다. 공학적 응용을 위한 다양한 제품의 모습으로 공장에 수송된다.

① 목재의 규격은 두께 2~5 in., 모든 4면에 톱질이 되어 있어야 한다. 일반적인 형태는 2 × 4, 2 × 6, 2 × 8, 2 × 10, 2 × 12를 포함 4 × 4, 4 × 6이다. 이것들의 크기는 목재의 거친 톱질규격을 참조하면 된다(무거운 목재에 대한 규격의 현재의 기준은 1970년에 구현되었다. 오래된 건물을 리모델링할 때 기존 목재의 치수를 기록해놓아야 한다). 톱질된 제재목은 부드러운 표면을 만들기 위해 표면처리 되어야한다. 이것은 각 면 당 1/4 in.를 제거한다.
치수가 8인치인 경우와 3/8인치보다 클 경우에는 측면을 제거시킨다. 예를 들어, 2 × 4의 실제치수는 0.5인치에서 1.5인치까지이다. 목재의 치수는 2 ft의 단위로 8~24 ft의 길이로 생산된다. 목재의 치수는 일반적으로 스터드, 창문 및 상단 판, 장선, 보, 서까래, 트러스와 갑판에 사용된다.

② 두꺼운 각재는 네 개의 면이 톱질되어야 한다. 일반적인 치수는 6 × 6, 8 × 8이다. 무거운 각재는 보와 굽힘을 위한 스트링거 및 게시물과 각재를 말한다. 목재 규격의 경우도 마찬가지로 이것의 크기는 인치로 표현되는 거친 면을 말한다. 무거운 각재는 무거운 프레임 구조, 조경, 침목과 해양 건설에 사용된다.

③ 기둥 및 막대로 구성되어있는 목재의 원형 줄기는 건물의 기둥, 해양 말뚝, 전봇대에 사용되는 기둥과 돛대로 사용될 수 있다.

그림 10.6 (좌) 적층접착된 목재로 만든 구조 틀(미국 목재 건설 연구소 제공)
그림 10.7 (우) 적층접착된 목재로 만든 아치구조

④ 공학적인 목재는 일체형의 단위와 크게 생산하기 위한 목재섬유의 다른 형태와 목재, 베니어판, 목재 스트랜드와 함께 결합함으로써 제조된 제품을 구성한다(그림 10.6과 10.7). 이러한 제품은 공학적이고 특정 역학적인 반응을 시험하고 있다. 공학적인 구조의 목재 제품은 다음과 같다.

- 합판, OSB 보드 및 복합 판넬과 같은 구조
- 구조적으로 접착된 적층된 목재
- 구조적인 복합 목재
- 복합적인 구조물의 일부

⑤ 특별한 용도로 가공되고 현장 시공시간을 단축할 스핀들, 난간, 격자, 등의 제품을 제조하고 가공된다.

10.4.1 절단 기술

목재 생산물은 다음 단계를 가진다.

- 원하는 모양으로 자르는 것
- 시즈닝
- 곡면처리
- 등급
- 방부제 처리(선택 사항)

매끄러운 표면을 생성하기 위해 목재 표면을 건조 후, 또는 전에 곡면을 처리한다. 건조 과정동안 발달된 작은 결함들이 제거되기 위해서는 건조 후 기둥 표면처리를 해야 한다. 시즈닝을 하기 전에 곡면처리를 하면 시즈닝을 하는 동안 수축률이 줄어들면서 크기가 약간 증가된다. 벌목된 목재는 원형 톱, 밴드 톱, 또는 프레임 톱을 사용하여 공장에서 용도별 목재로 절단된다. 목재 절단의 가장 일반적인 방식은 그림 10.8과 같이 일반적인 톱질, 1/4 톱질과 복합톱질이 있다.

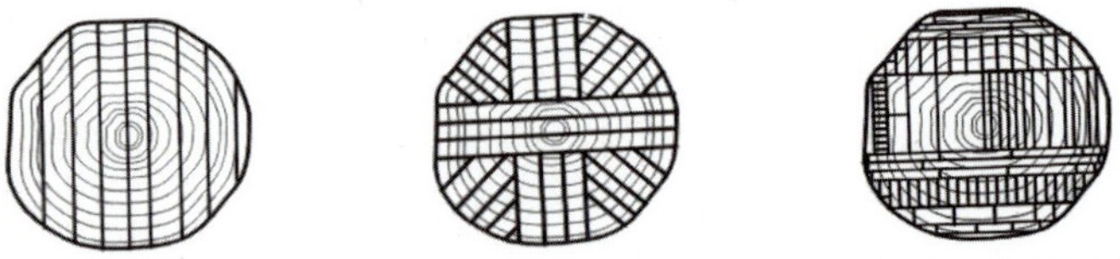
(a) 일반적인 톱질형태 (b) 4분할 톱질 방법 (c) 복합 톱질 방법

그림 10.8 일반적인 나무 톱질 방식

그림 10.9에 나타난 것과 같이 나이테의 면과 톱날 사이의 각도는 세 가지 과정으로 만든다.

- 45° 이하에서는 편평한 톱질
- 45~80°에서는 얇은 톱질
- 80~90°에서는 4분할 톱질

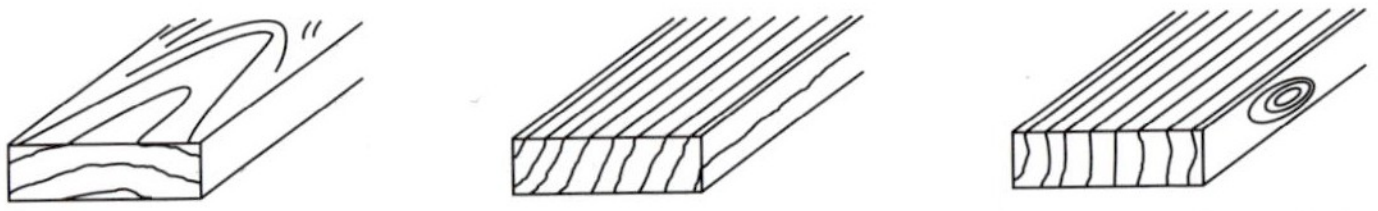
(a) 접선 단면 톱질 (b) 얇은 톱질 (c) 4분할 톱질(수직이나 모서리)

그림 10.9 보드 절단의 유형

이러한 커팅 방법은 외관 표면에 영향을 미치지만 합판의 구조적인 영향을 미치지 않는다. 요구되는 생산물과 분쇄기의 능력, 목재의 횡단면에 따라 톱질 형식이 선택된다. 일반 톱질은 신속하고 경제적인 반면에 쿼터 톱질은 수직의 톱질의 양을 최대화 한다. 다른 톱질 방식의 장점들은 표 10.2[USDA-FS, 1999]에서 볼 수 있다.

표 10.2 목재의 4분할 톱질과 일반 톱질의 상대적인 장점 비교

일반적인 톱질	4분할 톱질
두께의 수축과 팽창이 적다.	폭의 수축과 팽창이 적다
외관 표면이 4분할 톱질을 한 합판보다 원형이나 타원의 옹이에 대한 영향이 적다.	표면의 균열과 쪼개짐이 사용 시와 건조 시에 더 적다.
떨림과 수지낭이 존재할 때 더 작은 합판을 이용해 넓힌다.	나이테가 분리되어 나뭇결이 뜨지 않는다.
나이테의 유형과 다른 유형의 특징이 더 명확하게 보인다.	뚜렷한 선과 나뭇결의 맞물림과 물결모양이 더 명확하게 보인다.
건조 파괴에 덜 민감하다.	몇몇 종류는 액체가 통과할 수 없다.
쉽게 얻을 수 있기 때문에 비용이 낮다.	어떤 종은 칠을 유지한다.
	변재는 가장자리 판에 나타나고 이것의 폭은 통나무의 폭의 의해 제한된다.

10.4.2 건조법

살아있는 나무는 오븐 건조 중량에 의하여 30～200%의 수분이 포함되어있다. 시즈닝을 하는 것은 목재에서 수분을 제거하는 것이다. 구조적인 목재의 경우 권장수분 함량은 건조한 미국 남서부의(7%)에서 축축한 해안지역의(14%)로 다양하다. 그러나 일반적인 목재의 골조는 평균 15%의 수분을 함유하고 있다. 목재는 대기와 킬른의 건조에 의해서 시즈닝된다. 공기 건조는 저렴하지만 건조되는 속도가 느리다. 제재목은 건조를 위해 목재더미를 덮어 쌓아놓는다. 이러한 목재 더미 사이에 공기가 흐를 수 있도록 25 mm(1인치) 정도 분리시켜 놓는다. 건조에 필요한 시간은 해당 지역의 기후 및 온도에 따라 달라진다. 일반적으로 미국에서는 최대 3～4개월 공기로 건조시킨다. 목재의 수분함량이 공기의 습도와 같아질 때 공기 중 건조가 완료된다. 최적의 수분은 공기 중 건조만으로 달성되지 않을 수 있다. 공기 중 건조 후에 목재는 킬른에서 건조시킬 수 있다. 킬른은 모든 과정이 모니터 될 수 있는 큰 오븐이어야 한다. 킬른에서의 일반적인 건조 온도는 20～50℃(70～120°F)이며, 4일에서 10일 정도 소요된다. 목재의 수분함량이 천천히 감소될 수 있도록 관리해야 한다. 너무 빨리 건조시키는 것은 균열과 뒤틀림을 증가시킬 수 있다. 물에 노출될 경우 목재의 습기제거를 위해 다시 건조시켜야 한다. 그러므로 목재의 운반과 저장에 주의해야 한다. 목재는 다양한 방향과 속도로 수축한다(그림 10.5 참조). 그림 10.10은 시즈닝 후에 평면에서 발생될 수 있는 왜곡의 유형을 보여준다.

10.5 목재의 등급

목재 생산의 마지막 단계는 품질에 따라 목재의 등급을 결정하는 것이다. 일반적으로 목재의 등급은 강도, 내구성, 가공성에 따라 결정된다. 일반적인 목재등급의 감소의 원인은 매듭, 균열, 수지낭, 진동, 얼룩 등이다. 목재의 다양한 변동적 특성 때문에 균일한 목재를 개발하는 것은 불가능하고, 결과적으로 목재의 등급 및 기준은 기관마다 다를 수 있다.

메릴랜드에 있는 미국 목재 표준위원회(ALSC)는 목재의 기준과 등급을 결정하는 기관이다. ALSC의 목재프로그램은 현재 미국과 캐나다 전역에서 30여 곳에서 공인인증 기관에서 운영되고 있다. 이 목재공인 기관은 다음의 7개의 기준등급을 공표했다.

- 북동부 목재 공업 협회(NELMA), 컴벌랜드 센터, 메인
- 북부 침엽수 목재국(NSLB), 컴벌랜드 센터, 메인
- 레드우드 검사 서비스(RIS), 노바토, 캘리포니아
- 남부 Pine 검사국(SPIB), 펜사콜라, 플로리다
- 서부 해안 목재 검사국(WCLIB), Tigard, 오리건
- 서양 wood 제품 협회(WWPA), 포틀랜드, 오리건
- 국립 목재 등급 기관(NLGA), 뉴 웨스트민스터, BC 주, 캐나다

이들 기관의 각각은 특정 종류 또는 작업 영역 내에서 생산되는 종의 조합에 대한 기준 및 규격을 기록한다. 예를 들어, SPIB는 남부의 Pine에 대한 모든 종류의 등급 기준을 제공하고, WWPA는 가장 서쪽 종의 등급을 제공, NLGA은 캐나다에서 생산되는 모든 등급에 대한 등급 규칙을 제공한다.

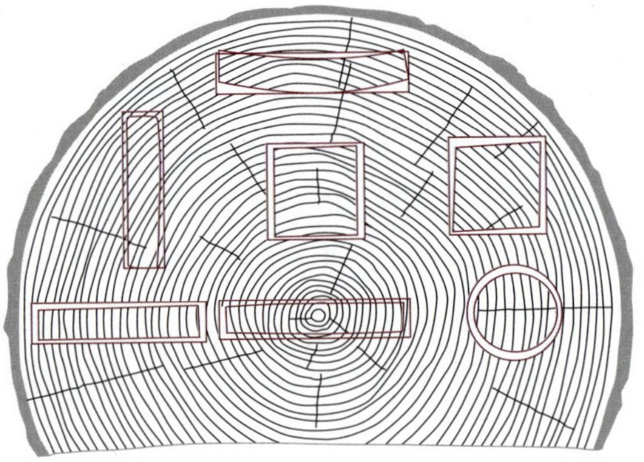

그림 10.10 건조 후 성장 고리의 방향에 영향을 받아 생긴 평면, 사각형, 둥근 형태의 왜곡 [USDA-FS. 1999]

10.5.1 활엽수 등급

활엽수는 형태나 구조적인 적용을 위한 등급화가 될 수 있다. 외형의 경우 국립활엽수 목재 협회는 표준길이의 목재 각 부분에서 사용가능한 양의 활엽수의 등급을 기초로 하였다. 검사는 재료의 부족한 면에서 수행되고 목재의 주어진 조각으로부터 생산될 수 있는 말끔하게 "절단"된 크기와 수에 기초하여 등급을 형성한다. "절단" 수량을 바탕으로 1호, 2호, 3A 또는 3B로 분류한다. 종종, 1호와 2호는 FAS의 하나의 등급으로 분류된다. 토목공학에 적용되는 외관의 등급은 구조적인 등급보다 중요하다. 제1등급 또는 다른 구조적 제품 외관 등급을 설명하는 데 사용될 수 있기 때문이다.

10.5.2 침엽수 등급

구조적인 적용을 위한 침엽수는 육안검사로 등급을 정하고, 목재의 강도를 이용하여 등급을 정한다. 등급을 정하는 목적은 중요한 설계 변수에 대해 하중을 전달 할 수 있는 능력을 갖기 위해 모든 목재의 특정한 등급을 부여하는 것이다. 역학적인 밀도를 바탕으로 하는 경우에는 강도와 강성과 연관된다. 또 목재가 휨 응력을 받을 경우, 표 10.3에 나타난 것과 같이 역학적 측정에 의해 등급이 정해진다. 등급화는 섬유의 최소 휨 응력, 미량의 수평인장응력, 수평압축응력, 목재의 탄성 계수로 구분한다.

시각적으로 분류할 경우, 목재의 기본적인 역학적 특성은 작고 깨끗한 목재 시편을 시험함으로써 결정된다. 이러한 결과는 목재 각각의 분류를 위한 특징과 허용 결함을 이용한다. 응력의 등급이 매겨진 목재와는 달리, 시각적 등급 특징은 침엽수 각각의 종에 대해 정의된다. 표 10.4는 동부의 하얀 소목재의 등급 설계값의 예이다. 이러한 설계의 값은 규격이 정해진 목재의 용도이다. 다른 설계값으로 5인치 더 큰 크기의 목재는 기둥과 게시판, 현에 적용된다.

마당, 구조물 또는 공장, 상점용으로 사용되는 목재의 시각적인 등급은 선택 B, 선택 C의 하위등급으로 구성되어 있고 외형과 스터디(studs)로 사용되는 경우 No.1, No.2, No.3로 구분한다. 일반적으로 다른 등급은 건설, 표준 또는 다용도(utility) 그리고 2가지 등급이 혼합된 조합을 사용한다. 모든 목재의 종에 모든 등급이 적용되는 것은 아니다. 마당용 목재는 흔히 가벼운 구조틀에 사용되는 것과 같은 목재의 특수한 응력 등급을 의미한다. 일반적인 구조 목재 조각은 50～125 mm를 말한다. 두께는 사용 목적에 따라 등급을 정한다. 가벼운 프레임을 포함한 등급의 분류는 장선, 널빤지, 기둥, 현 및 게시판에서 사용되는 목재이다. 판자벽, 케이싱, 지붕의 널, 마무리용 목재는 목재상점과 공장을 통해 이용할 수 있다.

표 10.3 침엽수의 구조적 용도를 위한 응력등급 예시[1,4]

응력 등급	설계값(psi)[2]				
	휨[3]	입자에 평행한 인장	입자에 평행한 압축	탄성 계수	최소 탄성계수
900f-1.0E	900	350	1,050	1,000,000	510,000
1650f-1.3E	1,650	1,020	1,700	1,300,000	660,000
1950f-1.5E	1,950	1,375	1,800	1,500,000	760,000
2250f-1.7E	2,250	1,750	1,925	1,700,000	860,000
2400f-2.0E	2,400	1,925	1,975	2,000,000	1,020,000
2850f-2.3E	2,850	2,300	2,150	2,300,000	1,170,000
3000f-2.4E	3,000	2,400	2,200	2,400,000	1,220,000

[1] 미국 산림 및 제지 협회, 워싱턴 DC
[2] 응력은 최대 수분 함량 19%에서 사용되는 목재에 적용된다. 목재는 수분 함량이 연장 된 기간 동안 19%를 초과하여 사용 시 설계된 경우, 여기서 나타나는 값들은 특정 습윤 서비스 계수를 곱한다.
[3] 휨 값은 가장자리에 하중이 재하된 목재에 적용할 수 있다. 평평하게 적재되면, 이 값은 소정의 평면 사용계수 들에 의해 곱하여 증가될 수 있다.
[4] 등급 지정 및 자세한 설계값의 전체 목록은 [미국 삼림 종이 협회, 2005]를 참조한다.

표 10.4 동부 하얀 소나무의 설계값의 예[1,4]

등급 지정	크기 분류	설계값(psi)[2]						
		휨[3]	나뭇결에 평행한 인장	나뭇결에 평행한 전단	나뭇결에 직교하는 압축	나뭇결에 평행한 압축	탄성 계수	최소 탄성계수
구조선택		1,250	575	135	350	1,200	1,200,000	440,000
No.1		775	350	135	350	1,000	1,100,000	400,000
No.2	2″ & 넓은	575	275	135	350	825	1,100,000	300,000
No.3		350	150	135	350	475	900,000	330,000
스터드	2″ & 넓은	450	200	135	350	525	900,000	330,000
공사		675	300	135	350	1,050	1,000,000	370,000
표준	2″~4″ 폭	375	175	135	350	850	900,000	330,000
다용도		175	75	135	350	550	800,000	290,000

[1] 미국 산림 및 제지 협회, 워싱턴 DC
[2] 응력은 최대 수분 함량 19%에서 사용되는 목재에 적용된다. 목재는 수분 함량이 연장 된 기간 동안 19%를 초과하여 사용 시 설계된 경우, 여기서 나타나는 값들은 특정 습윤 서비스 계수를 곱한다.
[3] 휨 값은 가장자리에 하중이 재하된 목재에 적용할 수 있다. 평평하게 적재되면, 이 값은 소정의 평면 사용계수들에 의해 곱하여 증가 될 수 있다.
[4] 등급 지정 및 자세한 설계값의 전체 목록은 [미국 삼림 종이 협회, 2005]를 참조한다.

10.6 목재의 결함

목재는 외관, 역학적 특성 또는 둘 다에 영향을 주는 결함을 가질 수 있다. 이러한 결함은 천연 목재의 성장, 목재의 질환, 동물 기생충, 너무 빠른 건조 또는 결함 처리와 같은 여러 가지 원인으로 발생된다. 일반적인 결함의 유형은 그림 10.11에서 설명하고 있다.

옹이(knots)는 나무가 성장하면서 가지가 부적절하게 성장하여 발생된다. 옹이는 인장과 휨 강도에 영향을 미치며, 목재의 역학적인 특성을 저하시킨다.

절리(shakes)는 나이테 사이에서 발생하며 목재의 길이 방향으로 분리되는 것을 말한다. 이것은 목재를 절단하기 전에 발달하고 강한 바람에 의해 발생할 수 있다.

각재(wane)는 판의 가장자리에 재료의 결핍으로 남아있는 껍질이나 다른 부드러운 재료이다.

수액(sap streak)의 선은 목재의 섬유에 수액이 축적되어 독특한 색과 줄무늬를 띠는 것이다.

이상재(reaction wood)는 비정상적으로 구부러진 줄기나 가지에 형성되는 목재조직이다. 이것은 종 방향 균열과 왜곡을 발생시킬 수 있는 내부 응력을 만든다.

지호(pitch pockets)는 목재 중 존재하는 지수가 퇴적된 공극부이다. 일반적으로 pine, 더글러스 전나무, 가문비나무, 서부 낙엽송 등이 있다.

입피(bark pockets)는 목재에 포함된 껍질의 작은 조각이다. 옹이와 관련하여 목재 속에 있는 수피조각이다. 주변의 목재가 성장을 계속하고, 결국 새로운 형성층은 죽은 면을 덮는다.

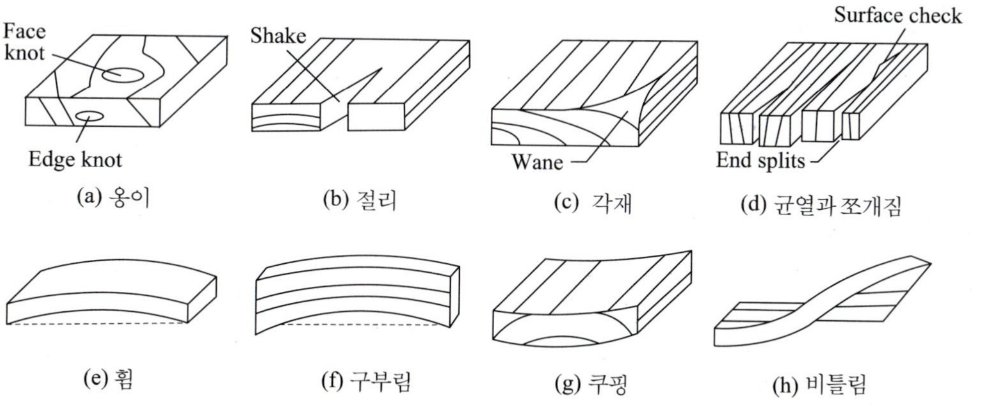

그림 10.11 목재의 일반적인 결함

1) 체크(checks)

나무가 건조되는 동안 나이테를 따라서 나무가 파열되는 것이다. 이것은 판의 표면이나 끝에서 발생할 수 있다. 표면 균열의 결과는 반경 방향과 접선 방향 사이의 다양한 수축의 결과이고 이것은 대패질을 할 표면에 제한을 준다.

2) 쪼개짐(split)

건조나 취급 시 부주의에 의해서 목재의 길이방향으로 분리된다.

3) 휨(warp)

목재의 왜곡이다 그림 10.10에서 보는 것과 같이 정확한 평면에서 요구되고, 휨은 비틀림, 휨, 휘어짐, 컵, 이 4가지가 주요한 형태이다. 휘어짐은 끝에서 끝으로 종 방향 곡률이고 휨은 좌우 길이의 종 방향 곡률이다. 컵은 위 또는 아래 두 곳의 가장자리가 휘어 말려진 것이다. 비틀림은 다른 세 가지의 평면 바깥의 가장자리가 들리는 것이다. 휨의 결과는 목재 내부의 응력 감소나 생산 환경 때문에 건조의 차이, 수축의 차이로 인한 결과이다.

4) 일어남, 느슨함 또는 모상목리(raised, loosened or fuzzy grain)

목재의 입힘작업과 절단 작업 중에 발생될 수 있다.

5) 역목리 또는 얇게 잘림(chipped or torn grain)

편평화 도구와 커팅의 활동에 의해 얇게 잘리거나 판 표면에 퍼져 목재의 조각이 발생하는 것이다.

6) 절삭탄흔(machine burn)

자르는 동안 과열에 의해 검게 그을려진 영역이다.

10.7 물리적 특성

중요한 물리적인 특성으로 비중 및 밀도, 열적특성, 전기적인 특성 등이 있다[Panshin & De Zeeuw, 1980; USDA-FS, 1999].

10.7.1 비중 및 밀도

목재의 비중은 세포의 크기, 세포벽 두께, 세포의 수와 종류에 따라 달라진다. 종에 관계없이 세포벽을 구성하는 물질은 1.5의 비중을 갖는다. 비중과 밀도는 흔하게 사용되는 속성이며 역학적인 특성의 지표이다. 목재의 건조밀도는 일부 종류 중 발사 재질에 대해 160 kg/m^{3}에서 1,000 kg/m^{3}의 범위이다. 대다수 목재의 밀도 유형은 300～700 kg/m^3(20～45 pcf)의 범위를 갖는다.

10.7.2 열적특성

열전도도, 비열, 열 확산 및 열팽창 계수는 목재의 네 가지 중요한 열 속성이다.

1) 열전도성

열 전도성은 열이 재료를 통과하는 속도의 측정치이다. 열전도율의 역수는 열 저항(절연) 값(R)이다. 목재는 대부분 금속의 일반적인 절연 재료보다 3～4배 이상의 열전도율을 갖는다. 열전도의 범위는 발사 재질의 경우 0.06 W/(m°K) [0.34 Btu/(h-ft-°F)]이고, 바위 느릅나무의 경우 0.17 W/(m°K) [1.16 Btu/(h-ft-°F)]이다.

구조적인 목재는 평균 0.12 W/(m°K) [0.07 Btu/(h-ft-°F)]이고, 알루미늄의 경우 200 W/(m°K) [115 Btu/(h-ft-°F)]이다. 그리고 모직은 0.04 W/(m°K) [0.025 Btu/(h-ft-°F)]이다. 목재의 열전도율은 ① 나뭇결 방위 등 여러 항목, ② 함수율, ③ 비중, ④ 추출 함량 및 ⑤ 불규칙성 구조와 같은 옹이로 좌우된다. 반경 방향과 접선 방향에 걸쳐 목재 열 흐름은 거의 균일하다(나이테).

수분 함량은 열전도에 강한 영향을 미친다. 목재가 건조되면, 세포는 공기로 채워지고 열전도율은 낮아진다. 수분 함량의 증가에 따라, 열전도율은 증가한다. 0～40%의 수분 함량이 증가할 때 열 전도성은 30% 증가한다. 중량이 큰 목재들은 단단한 세포벽의 재질 때문에 빛보다 빠르게 열을 식혀야 한다. 목재에 대한 비중과 열전도도 사이의 관계는 비례한다. 또한 목재의 열전달로 인하여 목재의 밀도와 추출함량을 증가시키고 이것은 열전도율을 증가시킨다.

2) 재료의 비열

재료의 비열은 단위질량에 물의 온도를 1℃ 상승시키기 위해 필요한 열량의 비이다. 온도와 수분 함량은 목재의 종류와 밀도에 영향이고 목재의 비열을 조절할 수 있다. 목재가 물을 함유하는 경우 물의 비열이 마른 목재보다 높기 때문에, 비열은 증가한다.

그러나 습윤 상태의 목재의 비열 값은 물의 비열과 목재의 비열을 결합한 값보다 크다. 에너지 흡수로 인하여 비열이 증가하고 이로 인하여 온도가 증가한다.

3) 열 확산율

열 확산율은 재료가 주변의 열을 흡수하는 속도의 측정값이다. 목재의 열 확산율은 다른 일반적인 건축 재료보다 훨씬 작다. 일반적으로, 목재는 0.5 mm/sec(0.02 in./sec)의 열 확산율을 갖는 강철에 비해 0.006 mm/sec(0.00025 in./sec)의 평균 열 확산율의 값을 갖는다. 이것은 다른 재료에 비해 접촉했을 때 뜨겁거나 차가운 느낌이 들지 않는 이유로, 낮은 열 전도율 때문이다. 낮은 열 전도성, 적당한 밀도, 적당한 비열은 목재의 낮은 열전도 값에 영향을 미친다.

4) 열 팽창율

열 팽창율은 온도 변화에 의한 체적 변화의 측정이다. 완전히 마른 목재에 대한 열팽창 계수는 모든 방향에서 발생한다. 활엽수와 침엽수의 경우, 이들의 종 방향 계수 값의 변위는 0.009 ~ 0.0014 mm/m/℃이다(0.0000017 ~ 0.0000025 in./in./°F). 팽창계수는 밀도에 비례한다. 습윤한 상태의 목재가 열을 받으면, 수분의 손실 때문에 열팽창이 일어난다(섬유 포화점 이하). 일반적인 수분의 수준을 가진 대부분의 목재는 이러한 방식으로 반응한다.

10.7.3 전기적 특성

공기 중 건조된 목재는 좋은 절연체이다. 목재의 수분함량 증가는 수분함량 1%의 변화마다 세 가지의 요인에 의해 감소한다. 그러나 목재가 섬유포화 점에 도달하는 과정은 물의 저항성에 영향을 받는다.

10.8 역학적 성질

목재의 역학적인 성질을 알면 목재구조의 적절한 설계조건을 알 수 있다. 토목 및 건설 기술자들이 관심을 갖는 역학적 특성은 탄성계수, 강도 특성, 크리프 및 댐핑 능력이 있다.

10.8.1 탄성계수

목재의 전형적인 응력－변형 관계는 그림 10.12와 같이 파괴가 발생 후 어느 한계 까지 선형 다음에 작은 비선형 곡선이다. 목재의 탄성률은 대표적인 응력－변형 곡선 기울기의 직선부분이다. 목재의 응력－변형률 관계 내에서 종 사이에서 변화는 수분 함량 및 비중의 변동에 의해 영향을 받는다. 목재의 이방성 때문에, 각각의 응력－변형률 관계가 서로 다른 방향으로 존재한다.

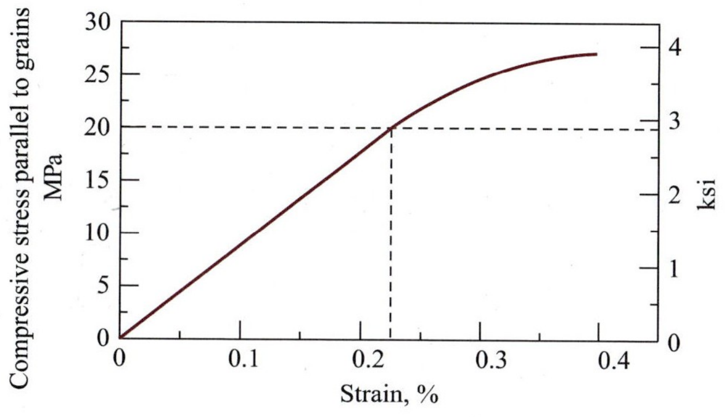

그림 10.12 목재의 일반적인 응력 - 변형 관계

10.8.2 강도특성

목재의 강도 특성은 힘의 방향에 상대적인 나뭇결의 방향에 따라 크게 다르다. 예를 들어, 나뭇결에 평행한 경우의 인장강도는 나뭇결에 수직한 경우 인장강도보다 20배 이상 강하다. 또한, 나뭇결에 평행하면 인장강도가 작고 명확한 시편에 대해 동일한 방향의 압축강도보다 크다. 전체 구조 부재에서 인장강도가 대부분의 영향을 미친다. 또한 인장은 옹이와 나뭇결에 민감한 강도 감소 특성이 있다. 일반적인 목재의 강도 특성은 나뭇결에 평행한 전단강도와 나뭇결에 평행한 인장강도, 종, 횡 방향 압축강도, 휨 파괴계수를 포함한다.

10.8.3 하중 시간

목재는 지속적으로 재하 되는 하중을 지지하는 것보다 짧은 기간에 재하되는 높은 하중을 더 잘 지지 할 수 있다. 지속되는 하중에서, 목재는 변형한다. 최대 응력 값을 초과하는 경우 조기에 구조가 변형될 수 있다. 일반적으로 하중 지속 시간은 10년으로 설계한다. 재료적 특성을 이용한 전체 설계값은 10년의 기간이며, 연속된 구조물의 설계값은 전체 수명으로 부터 최대하중의 90%에 대해 적용한다. 일반적인 하중의 시간적 요소는 표 10.3, 10.4의 값과 그림 10.13에서 보인다. 예를 들어, 바닥 이음이 임시적인 단계로 설계된 경우 섬유의 허용 휨 응력은 정상적으로 적용하는 허용 응력을 통해 33% 증가될 수 있다.

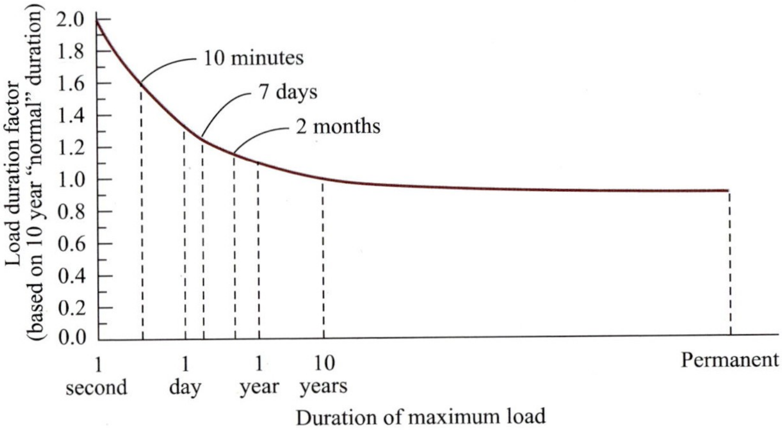

그림 10.13 10년을 기준으로 목재 설계 시 하중지속 시간에 대한 작업 응력의 조절계수 (미국 산림 및 제지 협회, 1997)

10.8.4 댐핑 능력

댐핑(damping)은 재료진동의 진폭이 시간에 따라 감소하는 현상이다. 진폭의 감소는 지진 시스템의 저항과 재료 내부의 마찰 저항에 기인한다. 수분 함량과 온도는 목재의 내부 마찰에 영향을 미친다. 일반적인 대기 온도에서, 수분 함량 생성의 증가는 섬유 포화점까지 내부 마찰이 비례하여 증가한다. 온도와 함수율의 일반적인 조건에서(나뭇결과 평행한) 목재의 내부 마찰은 금속의 10배이다. 이러한 특성 때문에, 목재는 목재의 구조와 비슷하게 설계한 금속 구조물보다 더 빨리 댐퍼가 진동한다.

10.9 역학적 성질을 결정하는 시험

목재에 대한 역학적 시험 방법은 성능 예측 데이터를 얻기 위해 거의 독점적으로 설계된다. 시험환경의 재현성을 달성하기 위해 재료 선택 및 제조, 시험 장비와 기술의 방법 및 데이터 감소에 대한 계산 방법과 같은 규격을 포함한다. 목재와 목재의 복합적인 시험을 위한 표준은 ASTM을 따른다. 상업, 국가 표준 연구소(NSI), 및 서부 목재 제품 협회 등과 같이 다양한 무역 협회가 있다. 실험결과에 영향을 미치는 많은 변수 때문에 올바른 실험을 위한 시료와 종류를 선택하는 것이 가장 중요하다. 강도의 매개변수를 설정하기 위한 두 가지 시험 방법이 있다. 구조적인 크기로 목재를 테스트 하는 것과 정확한 시편을 사용한 테스트가 있다. 구조적인 규격의 목재시험은 역학적인 특성과 물리적 특성, 응력 정보, 환경조건간의 상호 관계, 목재의 결함과의 관계를 포함한다. 작은 규모의 시험을 위한 주요 목적으로 무결점의 시편을 얻고 다양한 종류의 역학적 성질을 얻기 위해 생산 활동의 관리와 비교하는 수단을 제공한다. 구조적인 부재의 시험은 작은 규격의 시험보다 중요하다. 설계값은 시편의 실제 크기의 부재에 더 적용 가능하다. ASTM D198은 전체 크기의 시험을 위한 기준이고, ASTM D 143은 축소 무결점 목재 시편검사의 기준을 제시한다.

목재의 구조적인 크기를 위한 시험(ASTM D 198)은 다음 내용을 포함한다.

- 휨
- 압축(짧은 기둥)
- 압축(긴 기둥)
- 인장력

작은 무결점 목재 시편을 위한 시험(ASTM D 143)은 다음 내용을 포함한다.

- 정적상태의 휨
- 충격 휨
- 종 압축
- 횡 압축
- 종 인장
- 횡 인장

그림 10.14는 목재의 인장, 압축, 휨, 경도 시험은 시험체의 계략도를 보여준다. 전체 규격의 목재와 작은 크기의 목재 모두 휨 시험을 일반적으로 다른 시험 보다 많이 사용한다.

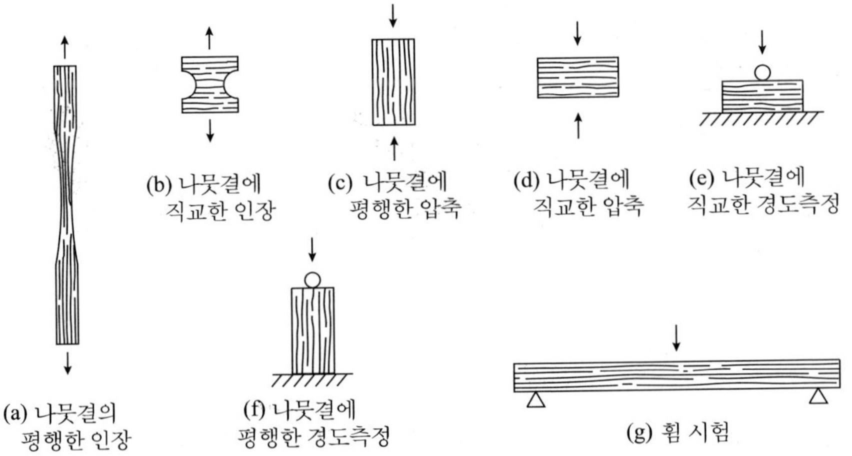

그림 10.14 목재의 시편

10.9.1 구조 부재의 휨 시험(ASTM D 198)

부재의 크기를 형성하는 휨 시험은 구조적인 용도로 보통 사용된다. 시험을 위한 시편은 2 × 4의 고체 목재이거나 목재의 복합 구조이거나 플라스틱과 금속이 결합된 목재일 것이다. 시험 방법은 직사각형 단면의 기둥일 뿐만 아니라 둥근 기둥, I-형 기둥 또는 다른 부분으로서 원형의 불규칙한 모양의 기둥에도 적용 할 수 있다. 부재는 단부 근처에 지지되고 시험의 목적에 따라 그림 10.15에서와 같이 2개의 지점, 3개의 지점 또는 중심점에 하중을 받는다.

그림 10.16은 집성목 구조 부재에 2점 하중 휨 시험을 나타낸다.

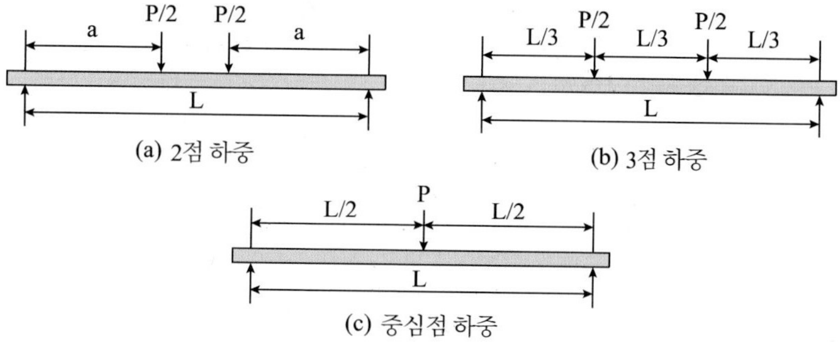

그림 10.15 목재 보의 하중 재하 방법

그림 10.16 집성목 구조 부재에 2점 하중 휨 시험

기둥의 간격은 부재의 크기에 따라 달라진다. 시편의 세 개 또는 그이상의 깊이와 폭의 비율은 시험 시 불안정성을 피하기 위해 측면의 지지가 필요하다. 하중은 완전히 파괴되거나 또는 임의의 최종 하중에 도달할 때까지 계속된다. 최대 하중에서 첫 번째 하중과 편향 그리고 급격한 변화의 지점. 시험으로부터 얻을 수 있는 특성은 섬유 응력을 포함한 시험에서 응력, 파괴의 계수, 탄성 계수 최대 전단 응력을 포함한다. 이 시험의 결과는 등급의 규정과 규격의 개발과 같은 몇 가지 용도로 사용될 수 있다. 작업 응력의 발달과 구조 부재가 갖는 역학적 성질 결함의 영향을 검사한다.

예제 10.3

ASTM D198기준에 따라 4 × 6 in. 나무 목재를 3중 하중 휨 테스트를 실시하였다. 목재의 스팬 길이는 6 ft이고 6 in.면이 세로로 높여있다. 양방향에 재하되는 하중의 최대값이 5,108 lb일 때, 파괴계수를 계산하여라.

풀이

실제 단면 치수는 3.5 in.×5.5 in이다.

파괴 시, 각각의 반력 $= \frac{5,108}{2} = 2,554\ \text{lb}$

파괴 시, 경간 중앙부에서의 굽힘모멘트 $= 2,554 \times \frac{6 \times 12}{3} = 61,296\ \text{lb}-\text{in.}$

$c =$ 단면 높이의 1/2

$I = \frac{3.5 \times 5.5^3}{12} = 48.526\ \text{in.}^4$

파괴계수 $= \frac{Mc}{I} = \frac{61,296 \times 2.75}{48.526} = 3,473.7\ \text{psi}$

10.9.2 무결점의 작은 시편(ASTM D 143)

시험은 50 × 50 × 760 mm(2 × 2 × 30) 또는 25 × 25 × 410 mm(1 × 1 × 16 in.)의 표본에서 수행된다. 시편은 단부 부근에서 지지되고 중심점에서 하중을 받는다. 큰 표본의 경우 710 mm의 지름이 사용되고 하중은 2.5 mm/min의 속도로 적용된다. 작은 표본의 경우 360 mm의 지름이 사용되고 하중은 1.3 mm/min의 속도로 적용된다. 하중과 휨에 관한 데이터는 최대하중을 초과하여 기록된다. 비례 한계 내에서 측정값은 0.02 mm까지 측정한다. 비례한계 이후에 휨의 측정은 보통 다이얼 게이지로 한계에 도달할 때까지 측정한다. 보통 25 mm이다. 하중과 최초 파괴시의 휨, 최대 하중과 급격한 변곡점이 기록된다.

파괴의 특성은 부서지기 쉽거나, 섬유질중 하나로서 설명되며 파열 계수는 시험 결과로부터 계산된다.

예제 10.4

50 × 50 × 760 mm의 목재 시편을 ASTM D143 기준에 따라 중앙부 정적 굽힘시험을 수행하였다(지점 사이의 간격 = 710 mm). 최대하중에 2.67 kN이라 할 때, 파괴계수를 계산하여라.

풀이

파괴계수 $= \frac{Mc}{I}$

여기서, M : 최대하중에서의 굽힘 모멘트
c : 단면 높이의 1/2
I : 견본 단면에서의 관성모멘트

$$파괴\ 시,\ 각\ 지점반력 = \frac{2.67}{2} = 1.33\ \text{kN}$$

$$파괴\ 시,\ 중앙부에서의\ 굽힘\ 모멘트 = 1.335 \times \left(\frac{710}{2}\right) = 473.9\ \text{N} \cdot \text{m}$$

$$I = \frac{(0.05)(0.05)^3}{12} = 5.21 \times 10^{-7}\ \text{m}^4$$

$$파괴계수 = \frac{473.9 \times 0.025}{5.21 \times 10^{-7}} = 22.75 \times \text{Pa} = 22.75\ \text{Mpa}$$

10.10 설계 고려사항

실험실에서 이뤄지는 목재의 특성에 대한 실험은 재료의 거동에 영향을 주는 모든 요인을 반영하지는 않는다. 목재 구조물의 설계를 위해서는 표 10.3과 10.4에 주어진 강도 특성은 다음과 같은 조건을 적용하여 수정해야 한다[National Design Specification® for Wood Construction, 2005].

- 재하기간
- 습윤사용
- 온도
- 빔 안정성
- 규격
- 체적(glulam only)
- 평판 사용(flat use)
- 반복적인 부재(repetitive member) (lumber only)
- 곡선(glulam only)
- 원주 안정성
- 접지면적

10.11 목재 기능을 저하시키는 생물

목재는 곰팡이, 박테리아, 해충, 해양생물의 영향으로 기능이 저하될 수 있다.

10.11.1 곰팡이

부패와 수액에 의한 얼룩은 대부분 곰팡이 성장의 결과이다.

곰팡이 성장에는 양분, 적절한 온도 및 습도, 산소와 같은 4가지의 중요한 조건이 존재 한다. 일반적으로 곰팡이는 5~40℃ 사이의 온도에서 성장을 하며, 섬유 포화점 위의 수분을 필요로 한다. 또한 호흡을 위한 산소 역시 필요로 한다. 따라서 곰팡이의 침투로부터 목재를 보호하기 위해서는 앞서 말한 곰팡이의 성장조건 4가지 중 1가지를 제거하여야 한다. 가장 효과적인 보호대책은 건축된 목재 또는 저장하는 목재를 건조상태로 유지하는 것이다. 또한 화학적 독소 및 압력 등을 이용하여 목재의 섬유를 처리하는 방법을 통해 곰팡이균의 성장을 방지 할 수 있다. 목재 구조물의 붕괴를 제한하기 위한 건설절차는 다음과 같다.

① 건조된 목재로 구성된 건물은 곰팡이균 침투에 의한 초기 부식과 얼룩으로부터 안정하다.
② 설계를 함에 있어 목재는 건조상태를 유지한다.
③ 붕괴위험이 있는 부분에는 부식방지용 또는 압축처리된 목재의 심재부분을 사용한다.
④ 지면과 접촉하는 부분의 목재는 압축처리된 목재를 사용한다.

10.11.2 해충

목재의 해충에 의한 침식 중 투구벌레류와 흰개미류는 가장 대표적인 해충이다. 투구벌레과 중 bark beetle의 경우 목재를 침식시키고 파괴하기도 한다. 원목의 습윤 저장은 투구벌레에 의한 목재의 공동 발생을 방지할 수 있다. 목재의 급속건조 또는 조기 표피제거 또한 해충에 의한 목재의 침식을 방지할 수 있다. 목재의 손상은 적절한 컷팅과 디핑 또는 화학약품 분사와 같은 방법으로도 방지할 수 있다. 흰개미류는 목재를 침식시키는 가장 파괴적인 해충 중 하나이다. 연간 흰개미에 의한 목재의 손실은 화재에 의한 손실랑을 초과한다. 흰개미는 지면에 가깝고 젖어있거나 환기가 잘 되지 않는 목재를 통해 구조물에 침투한다. 압축처리된 목재를 사용하거나, 그렇지 않은 경우 해충이 침입하는 부분을 씰 플레이트 또는 시 화학약품으로 밀봉해, 차단함으로써 일부분 예방할 수 있다.

10.11.3 해양생물

미국과 주변 해양 생물에 의한 피해는 대부분 좀조개, 돌맛조개, 림로니아, 및 Sphaeroma에 의해 발생된다. 이러한 해양생물들은 대부분 염분이 높은 물에 국한되어 존재한다.

10.11.4 박테리아

박테리아는 수식재와 흑심재와 같은 생활적인 현상과 목재의 기능 저하와 같은 현상을 야기한다. 수식재(wet-wood)는 생목에서 기형적으로 줄기 중앙부의 함수율이 높은 현상을 말하며, 일반적으로 포플러, 버드나무, 느릅나무에서 가장 많이 발생한다. 흑심재(black heart)의 특성은 수식재와 유사하며, 줄기의 중앙부가 검정 또는 갈색으로 변하는 것을 말한다. 박테리아의 성장은 지면과 접해있는 토양이 오래됨에 따라 진행된다. 박테리아의 활동은 목재가 재건조 될 때 과도한 수축을 유발하여 목재의 외측부의 연화현상을 일으킨다. 그러나 이러한 박테리아는 목재에 큰 문제를 발생시키지는 않는다.

10.12 목재 방부제

석유를 기반으로 하는 용액 또는 소금과 같은 수인성 염화물은 대표적인 목재의 방부제 이다. 목재의 보존정도는 방부제의 종류, 침투정도, 목재에 잔류하는 화학약품의 양에 의해 결정된다. 방부제를 효과적으로 목재에 적용하기 위해서는 압력을 이용하여 방부제의 침투깊이를 증가시켜야 한다.

10.12.1 유성 방부제

콜타르 크레오소트, 석유 크레오소트, 크레오소트 용액 및 펜타클로로페놀 용액은 유성 방부제의 일종이다. 이러한 유성방부제의 경우 효과는 매우 좋으나, 환경에 안 좋은 영향을 줄 수 있다. 유성 방부제는 일반적으로 인간의 접촉에 신경을 쓰지 않아도 되는 경우 적당량 사용되며, 전신주, 철도의 연결부, 옹벽 등에 응용하여 사용하기도 한다.

10.12.2 수성 방부제

수용성 혼합물 방부제의 일반적인 용질은 암모니아 구리비산, 크로메이트 구리 비산 (CAA) 및 암모니아 구리 아연비산 등이 있다. 수용성 방부제는 유성 방부제보다 도포하기 쉬우며, 청결하다는 장점이 있다. 그러나 장시간 습윤 환경에 노출될시 방부제가 침출되어 제거된다는 단점이 있다. CCA로 처리된 목재의 경우 잠재적으로 인간에게 미치는 악영향 때문에 논쟁의 여지가 있다. 따라서 수용성 방부제는 통제된 조건하에 신중하게 사용해야한다. 무역업체에서는 이 제품을 권장하고 있지만, 다른 여러 기관은 제품이 건강에 미치는 영향을 주목하고 있다. 2003년 목재 보존 산업은 가정에서 사용되거나 인체에 직접적으로 접촉될 수 있는 비소를 기반으로 하는 방부제의 사용을 금지 하였다. CCA는 일부 분야에서 사용이 제한되었지만, EPA(미국환경청)에서는 기존 구조물에 존재하는 CCA의 경우에는 제거를 요구하지 않기 때문에, 영구성을 토대로 하는 상업 응용분야에서는 여전히 사용되고 있다. 이러한 CCA의 가장 일반적인 대체 방부제는 구리와 암모니아의 화합물과 구리아졸 및 붕산이 있다. 붕산은 실내의 건조 목재에 사용되지만 야외노출용 목재로는 부적합 할 수 있다[Forintek, 2002].

10.12.3 적용 기술

압축처리된 목재의 경우 표면처리된 목재보다 열화에 대한 저항성이 우수하여 목재의 표면처리는 일반적으로 효율적이지 못 하다. 압축처리는 대부분 목재의 단면 전체를 강화하지 않지만, 표피를 강화한다. 이러한 이유로, 목재로 구성된 부재의 컷팅과 천공과 같은 작업은 목재의 처리 전에서는 실시하지 않는 것을 권장한다. 목재의 전처리가 불가피한 경우 미국의 목재 방부제 협회(AWPA)는 구리나프텐산과 같은 현장 적용이 가능한 방부제로 목재의 전처리를 실시하는 것을 권장한다. 적절한 처리는 파괴기간의 연장이 가능하다. 또한 압축처리된 목재를 판매하는 일부 공급업체는 제품의 평생보증을 제공하기도 한다. 목재의 사용수명을 연장하고 보증하기 위한 중요한 요소는 목재에 잔존하게 되는 방부제의 양이다. 표 10.5는 방부제의 종류와 남부 지역의 소나무, 합판 및 목재의 사용조건에 따른 최소 잔존량을 나타낸다.

표 10.5 방부제의 종류와 남부 지역의 소나무, 합판 및 목재의 사용조건에 따른 최소 잔류량 (kg/m³) [Southern Pine Council 1990]

		지상	토양 및 담수 이용	목재 기초	해수이용
수용성 방부제	암모니아 구리 비산	4	6	10	41
	암모니아 구리 아연 비산	4	7	10	41
	크로메이트 구리비산	4	7	10	41
크레오소트 및 유성방부제	크레오소트	131	163	NR *	408
	크레오소트－석유	131	163	NR *	NR *
	크레오소트 용액	131	163	NR *	408
	펜타 클로로 페놀	7	8	NR *	NR *

* NR : 비 추천

** 목제 제품의 전체 목록은 미국 방부제 협회(AWPA) 참고

10.12.4 건설 시 주의사항

설계 및 시공단계에서 압축처리된 재료를 사용할 시 몇 가지 중요사항에 대한 인식이 필요하다. 예를 들어, 압축처리된 목재를 절단 할 시에 발생하는 먼지가 호흡기를 통해 체내로 유입되는 것을 주의해야 한다. 또한 목재 가공 후 음식섭취는 반드시 손 씻기가 선행되어야 하며, 작업복과 같은 옷가지들은 별도로 세척을 실시해야 한다. 가공 시 발생하는 폐기물은 가연성 재료들이므로 적절한 처리가 반드시 이루어져야 한다.

일부 압축처리방법은 행거와 잠금쇠의 부식을 촉진시킨다. 역사적으로 아연도금은 적절한 처리방법이었으나, 새로운 방부제는 이를 더 부식시킨다는 점이 증명되어 연방 소비자 제품 안전위원회(CPSP)와 Bay Area지역의 검사관은 소비자 경보를 발행하고 우려하고 있다. 콧 울프슨 CPSC대변인은 ACQ로 처리된 목재를 스틸브래킷과 파스너를 함께 사용하는 것을 추천한다고 말했다. CPSC는 Contra Costa주와 관련사업체의 정보를 토대로 부식에 대한 추가적인 연구의 필요성에 대하여 검토하고 있다. Contra Costa

주의 지방 검사관인 Bob Kochly는 최근 ACQ와 구리아졸계로 처리된 목재를 사용하는 소비자에게 젖은 환경이나 습한 조건에서 스테인리스 스틸 커넥터를 사용하지 않는 것은 심각한 조기 손상을 유발할 수 있다고 경고했다.

10.13 공학용 목재 제품

공학용 목재는 목재 스트랜드, 베니어판, 목재 섬유를 접합함으로써 제조되는 제품등과 같이 매우 다양한 종류를 가지고 있다. 이러한 제품들은 일관된 특성과 거동을 가지도록 설계된다. 공학적으로 응용되는 목재 상품은 매우 다양하지만 이 책에서는 구조적 분야에 적용되는 목재만을 다룬다. 공학적 제품은 적절한 접착제로 접착된 우드스톡으로 구성된다. 따라서 자연 상태의 나무와 같이 습도에 대한 영향과 부패와 같은 현상이 일어날 수 있다. 표 10.6에 보이는 바와 같이 우드스톡은 베니어, 스트랜드 또는 건조 재목으로 구성될 수 있다.

베니어를 통해 만들어지는 제품은 플라이우드의 접착을 통하여 제작한다. 플라이우드는 얇은 목재판을 말한다. 플라이우드를 만드는 순서는 다음과 같다. 우선 통나무를 물 또는 증기로 포화 시키고 끓는 물이 들어있는 수조에 정치・이동시킨다. 이 과정을 거친 후 통나무는 그림 10.17과 같이 거대한 선반으로 필요 폭, 수분함량에 맞춰 베니어 롤을 통해 연속적인 시트로 슬라이스하고 접착체 및 압력을 통해서 부착하여 플라이로 제조한다. 플라이우드는 나뭇결의 90°를 기준으로 평행하게 배치된다. 플라이우드는 얇은 단판으로 만들어지는 반면 적층목재단판은 구조적인 형상으로 만들어진다.

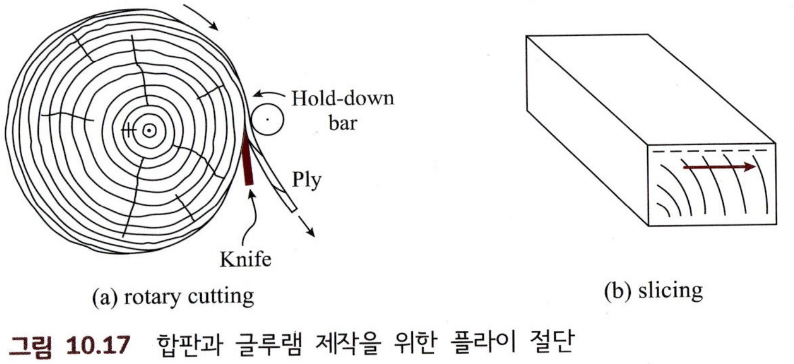

그림 10.17 합판과 글루램 제작을 위한 플라이 절단
(© Person Education, Inc. Used by permissions)

스트랜드는 균일한 두께를 가지며, 최대 150 mm의 길이와 25 mm의 폭을 조합하여 만든다. 넓은 폭을 갖는 판넬 제품의 경우 구조 형상의 길이는 최대 600 mm까지 할 수 있다. 스트랜드 플라이는 플라이 스트랜드 가닥을 같이 접착함으로써 만들어진다. 구조용 판넬은 이러한 플라이를 3층 또는 5층으로 접착하여 만든다. 이러한 판넬은 일반적으로 플레이크보드라 불리는 재료이다.

1970년 이전에는 이러한 스트랜드를 통한 웨이퍼보드 제작시 접착 및 가닥 방향을 무작위로 하였으나 가닥의 방향을 번갈아 가며 제작되는 배향 스트랜드 보드(OSB)가 개발 되면서 오늘날 시장에서 OSB는 가장 대표적인 스트랜드 제작품이 되었다.

이러한 OSB의 구조적 특성은 합판보다 우수하고 또한 빔과 같은 구조로 제작할 수 있다는 장점이 있다.

건조된 목재 생산품은 서로 접착하는 방법을 통해 다양하게 응용되어 적절한 구조형태를 형성 할 수 있다. 일반적으로 남부지방의 소나무나 서부지방의 침엽수를 통해 생성된다. 글루램을 만들기 위한 목재의 표면은 LAM이라 지칭된다.

- 남부지방의 소나무의 LAM은 일반적으로 35 mm이다.
- 서부지방의 소나무의 LAM은 일반적으로 38 mm이다.
- 글루램은 거의 모든 크기로 부재를 제작 할 수 있지만 일반적으로 글루램의 폭은 63～275 mm이다.

표 10.6에 나타나있는 바와 같이 공학용 목제품은 대체로 구조용 판넬 / 시트와 구조용 형상으로 분류 할 수 있다. 구조용 판넬 / 시트는 주로 피복 및 도장에 사용되고 구조용 형상은 주로 구조적인 형상이 이용되는 빔, 기둥 등에 사용된다. 그러나 구조용 판넬 / 시트와 구조용 형상은 혼용하여 T섹션 및 I형 장선으로 이용되기도 한다.

표 10.6 공학용 목재 제품의 분류

우드스톡	제품의 종류	
	구조용 판넬/시트(피복, 도장)	구조용 형상(빔, 기둥, 헤더)
베니어	합판	단판적층재 (LVL)
스트랜드	플레이크보드	배향스트랜드 럼버
	웨이퍼보드	스트랜드 적층 럼버
	배향 스트랜드 보드	평행 스트랜드 럼버
합성물	COM-PLY	N/A
건조목재	N/A	글루램

10.13.1 구조용 판넬 / 시트

구조용 판넬 제품은 합판과 OSB, COM-플라이를 포함한다. 합판은 베니어를 통해 만들어지는 플라이를 교대로 접착하여 만들어지는 복합체를 말하며, OSB는 스트랜드를 번갈아가며 시트에 압착하여 만든다. OSB판넬은 교대로 시트 3～5장을 접착하여 제작한다. COM-PLY는 목재 섬유와 표면 베니어를 결합하여 만든 특허 제품이다. 판넬은 외장, 지붕, 측면, 바닥에 직접적으로 사용할 수 있다. 시트판넬은 절단하거나 접착, 가암판 판넬 등과 같이 구조요소를 결합하여 사용할 수 있다. 기존의 목재를 기반으로 하는 제품은 전형적으로 열경화성, 열경화수지에 목재섬유를 결합하는 방식으로 만들어졌다. 제품을 제작하기 위한 접착제는 제품에 대한 적합성을 기준으로 선택된다. 이러한 적합성을 고려하기 위한 요소로는 접착 시 수분함량, 역학적 특성, 내구성 및 비용(USDA-FS, 1999) 등이 있다. 판넬용 접착제는 다음과 같이 분류한다.

- 페놀－포름알데히드(PF) : 외부에 노출되는 합판, OSB, 판자벽에 사용된다.
- 요소－포름알데히드(UF) : 균일한 치수와 파티클보드 및 내부적용 목적의 섬유보드처럼 표면의 평탄성이 주요 목적인 경우 일반적으로 사용된다.
- 멜라민－포름알데히드(MF) : 장식용 적층판, 도배지의 접착 등과 같은 목적으로 사용된다.
- 이소시안산염계 : OSB에서 일반적으로 사용되는 이소시안산염계인 디페닐메탄, di-isocyanate는 제조과정에서 매우 유독한 물질이 생성된다.

UF와 PF계의 접착제 사용으로 생성되는 포름알데히드에 대한 위험성을 고려하여 사용량을 줄이지 않는다면, 목재 접착제 중에서 매우 높은 비율로 계속 사용될 것이다. 따라서 현재 연구는 재생 가능한 자원을 이용한 접착제 개발에 중점을 두고 진행되고 있다.

구조용 판넬은 물질의 특성 또는 응력 등급 중 하나의 요구사항을 충족하도록 제작된다. 국립 표준 기술 연구소 NIST는 이러한 기준을 수립했다. PS 1-95는 구조용 플라이우드의 구성을 지정한다. 이 표준은 나무의 종, 베니어의 등급을 지정 하고 작업에 대한 방법이 나타나있다. NIST PS 2-92는 성능을 기반으로 하는 구조용 복합 판넬의 기준표이다. 그림 10.18은 합판과 OSB의 일반적인 등급표이다.

그림 10.18의 (a), (b)는 합판의 등급을 보여주는 스탬프이다. 각각

① 합판의 규정에 대한 적합성
② 판넬의 공칭 두께
③ 베니어의 전면 및 후면의 등급 및 판넬의 사용목적에 기초한 등급

④ 판넬의 성능평가 기준
⑤ 국가 평가 서비스에 의한 품질 보증 인증
⑥ 노출 내구성 분류
⑦ 지붕과 바닥의 최대 허용간격을 나타내는 스팬등급
⑧ 판넬의 크기(공간에 맞는)

를 나타낸다. 그림 10.18의 (c)와 (d)는 OSB의 등급 스탬프를 나타낸다. OSB의 평가는 전면과 베니어 재료에 대한 등급 평가가 없다는 점을 제외하고는 합판과 유사하다. 그림 10.19[Williamson, 2002]에 도시된 바와 같이 합판의 역학적인 특성은 지지체의 방향과 힘의 축방향에 근거하여 평가된다. 강도 특성의 차이는 합판의 각층의 나뭇결의 방향에 기인하여 발생한다. 구조용 판넬의 역학적인 특성은 그림 10.20[Williamson, 2002]에 도시된 바와 같이 하중의 방향과 몇 가지의 요인에 의해 결정된다. 표 10.7은 외관 구조용으로 사용되는 합판과 OSB의 역학적인 특성을 요약한 것이다. 천연목제 제품을 특정분야에서 구조용 판넬로 적용할 때는 설계 시에 몇 가지의 조정인자를 고려해야 한다.

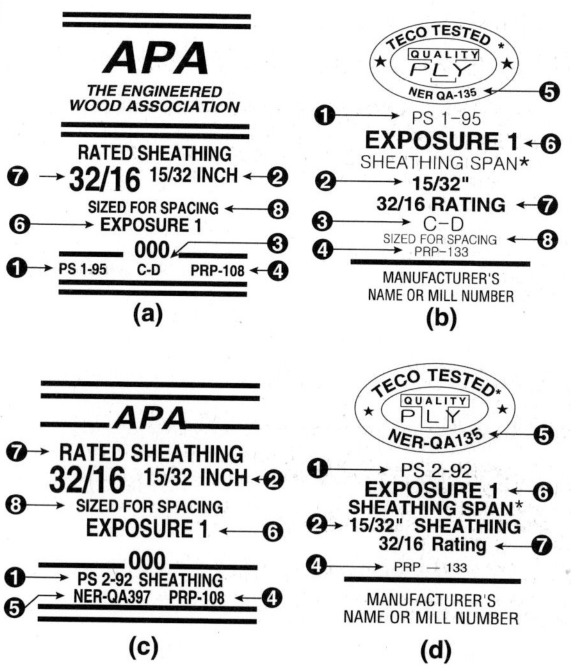

❶ 건설 및 산업용 합판 제품 표준
허용오차를 포함한 판넬의 공칭두께

❷ 패널등급은 패널 앞면과 뒷면에 사용된 베이어의 등급 또는 패널의 사용되는 목적에 따라 정해진다.

❸ 구조용으로 사용되는 패널의 성능기준은 국립평가 서비스(NES)에 의해 인증된 구조용 판넬 테스트 절차가 표시되있는 성능 등급

❹ 미국 건축협의회(CABO)의 NES보고서 번호

❺ 노출 내구성 분류 : Exposure 1은 접착제로 밴딩되어 외부에 영구적으로 노출되지 않는 것을 의미한다.

❻ 스팬등급은 일반적으로 주택건설에 적용되는 지붕 및 바닥의 최대간격을 나타낸다. 판넬의 스팬등급이 32/16인 경우에 판넬을 지붕으로 사용한다면 최대 간격은 816mm이며, 바닥으로 사용한다면 406mm이다.

❼ 설치 과정에서 발생할 수 있는 좌굴의 가능성을 감소시키기 위한 모서리 공간을 고려한 판넬의 크기

그림 10.18 구조용 판넬의 등급스탬프

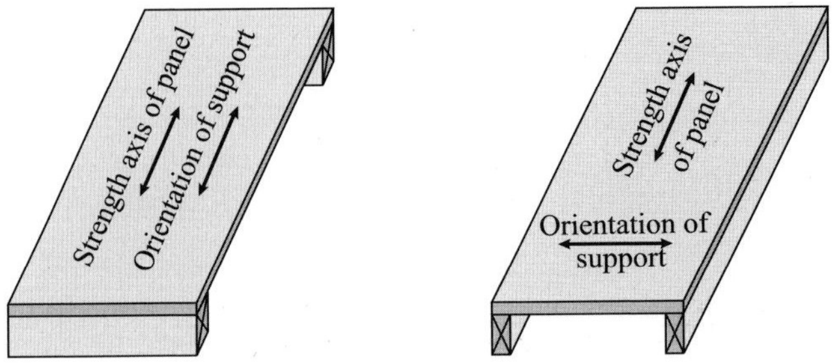

(a) 힘의 축 방향과 평행한 지지방향 (b) 힘의 축 방향과 수직인 지지방향

그림 10.19 일반적인 합판

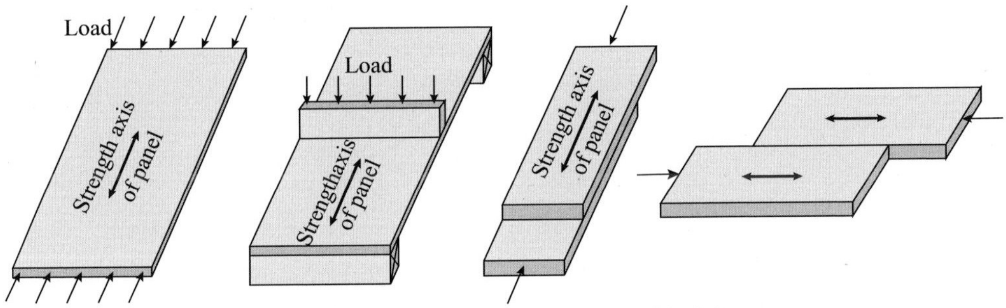

(a) 축 (b) 휨 (c) 전단

그림 10.20 합판의 역학적 특성 결정을 위한 하중의 방향 조건

표 10.7 외장용 OSB와 합판의 일반적인 특성

특성	합판	OSB	ASTM 실험기준
흡수에 의한 선팽창율(30～90%), %	0.15	0.15	
선형 열팽창, in./in./F	3.4×10^{-6}	3.4×10^{-6}	
휨 파괴계수, psi	3000～7000	3000～4000	D 3043
휨 탄성계수, psi	1.0～1.9	700～1200	
인장강도, psi	1500～4000	1000～1500	D3500
압축강도, psi	3000～5000	1500～2500	D3501
두께에 따른 전단강도, psi	600～1100	1000～1500	D2719
두께와 전단특성을 고려한 전단강도, psi	68～110	180～290 × 103	D3044
두께에 따른 전단강도, psi	250～300	200～300	D2718
평면구조에서의 전단강도, psi	20～30	20～50 × 103	D2718

10.13.2 구조용 형상

구조물 형태를 제조하기 위한 목제품은 우드스톡의 유형에 따라 베니어합판, 스트랜드, 접착식 합판으로 분류된다. 그 중 합판과 스트랜드 제품은 구조용 합성 목재로(SCL) 분류된다. 대부분의 SCL제품은 많은 분야에서 제재목을 대신하여 사용된다. 단판적층재(LVL)는 비계용발판과 조립식 I-장선의 플랜지에 사용된다. LVL과 평행 스트랜드 목재(PSL) 모두 하중을 전달하는 주요 부재에 사용된다. 스트랜드 제품은 바닥 건축 시, 장선테두리 및 벽과 지붕 건설에서 스터드와 서까래를 대체하여 사용된다(USDA-FS, 1999).

단판적층재(LVL)는 항공기의 고강도 부품을 생산하기 위해 1940년대 개발 되었다. 현재 LVL은 널리 사용되고 있는 건축 재료이다. 베니어 시트의 두께는 2.5 mm～3.2 mm이며, 빌렛을 형성하기 위해 페놀-포름알데히드 접착제를 이용하여 두께 38 mm에 대하여 폭 0.6～1.2 m로 제작한다. 베니어 시트는 부재의 길이방향에 대해서 나뭇결과 한 방향으로 부착하여 휨강도를 우수하게 만든다. 또한 각각의 베니어 시트의 조인트면은 강도 저감효과를 최소화 하기 위하여 엇갈리게 하거나 중첩한다. 연속 프레스 방법은 운반 능력에 기인하는 제한된 길이를 가진 시트를 형성하는데 사용된다. 대안으로 빌렛은 2.4 m의 길이로 하거나 경사면 또는 핑거접합을 이용하여 제작할 수 있다. LVL를 제작하는데 이용되는 베니어는 균일하게 선정해야 한다. 시각에 의한 분류가 가능하지만, 일반적으로 종류의 균일성 과 시트의 가용성을 파악하기 위해 초음파 검사를 이용한다. 초음파 검사는 베니어 완제품의 강도를 저하 시킬 수 있는 요인인 매듭과 같은 균열·결함을 신속하게 검사할 수 있다. 이러한 방법으로 베니어의 품질이 관리되어지기 때문에 베니어 제품의 특성 변화는 천연제품에 비해 작다.

LVL은 특정 강도등급을 충족하도록 제작된다. 따라서 특성에 맞는 합판을 제작할 때 부재의 방향과 하중의 방향은 반드시 고려해야 한다. 그림 10.21은 실험 및 설계에서 하중의 조건을 식별하는데 사용되는 용어를 나타낸다[Williamson, 2002].

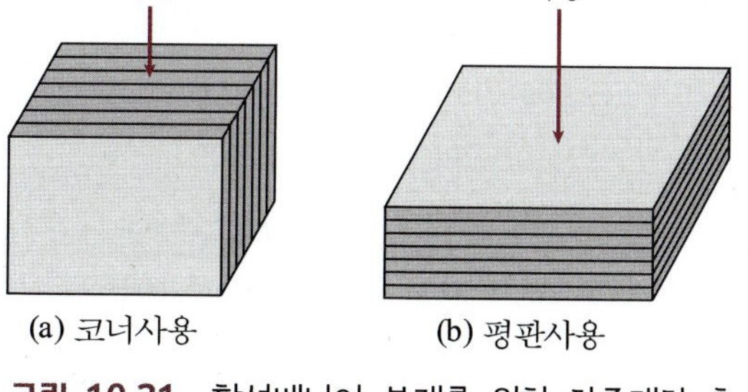

그림 10.21 합성베니어 부재를 위한 하중재하 축 조건 정의

표 10.8 APA-EWS 성능평가를 위한 LVL의 설계 특성 값(APA-EWS, 2000)

APA-EWS 응력등급	휨계수 (10^6 psi)	허용 최대 섬유 응력 (psi)	나뭇결 방향 허용 인장 응력 (psi)	나뭇결 방향 허용 압축 응력 (psi)	모서리 전단응력 (psi)	나뭇결에 수직응력 (psi)
1.5E-2250F	1.5	2250	1500	1950	220	575
1.8E-2600F	1.8	2600	1700	5400	285	700
1.9E-2600F	1.9	2600	1700	2550	285	700
2.0E-2900F	2.0	2900	1900	2750	285	750
2.1E-3100F	2.1	3100	2200	3000	285	850

표 10.9 APA-EWS 성능평가를 위한 LVL의 시험 특성 값

APA-EWS 응력등급	휨계수 (10^6 psi)	허용 최대 섬유 응력 (psi)	나뭇결 방향 허용 인장 응력 (psi)	나뭇결 방향 허용 압축 응력 (psi)	모서리 전단응력 (psi)	나뭇결에 수직응력 (psi)
1.5E-2250F	1.5	4725	3150	3705	695	960
1.8E-2600F	1.8	5460	3570	4560	900	1170
1.9E-2600F	1.9	5460	3570	4845	900	1170
2.0E-2900F	2.0	5460	3990	5225	900	1255
2.1E-3100F	2.1	5460	4620	5700	900	1420

표 10.8은 APA-EWS사의 PRL-501 성능기준 특성표의 일부이다. 이는 LVL에 요구되는 강도등급(APA-EWS 2000)을 포함한다. 이 표에는 각주가 포함되어 있는데, 설계를 하기 앞서 이 각주에 대한 정보를 먼저 확인하여야 한다. 각주는 하중조건 및 시간에 대한 함수로 설계값에 대한 수정을 다룬다. 표 10.8은 설계값 인 점을 유의해야 한다. 표 10.9는 휨계수를 제외한 모든 설계값보다 높은 실험 특성값을 제공한다.

평행 및 배향 스트랜드 목재(PSL, OSL)는 OSB와 마찬가지로 목재의 스트랜드를 접착한 구조물의 부재이다. 스트랜드의 길이와 방향에 따라서 평행 스트랜드 목재, 적층 스트랜드 목재, 및 배향 스트랜드 목재로 분류 할 수 있다. 평행 스트랜드 목재(PSL)는 기본적으로 부재의 길이를 따라 목재섬유와 목재스트랜드로 만들어진 복합체이다. 스트랜드의 치수는 6.4 mm 미만이어야 하며, 평균 길이는 부재의 최소치수의 150배 이하이어야 한다. 일반적으로 스트랜드의 두께는 3 mm이고 폭은 19 mm 길이는 0.6 m이다. 방수 구조용으로는 페놀레조르시놀 포름알데히드 접착제를 이용하여 스트랜드를 접착한다. 스트랜드는 배향, 도포되는 접착제를 신중하게 고려하여야 하며, 높은 밀도를 얻기 위해 연속 프레스를 통해 제작된다. 제작되는 빌렛은 일반적으로 0.28～0.48 m이다. 길

표 10.10 평행스트랜드 목재와 적층 스트랜드 목재의 역학적인 특성(Trusjoist)

특성	평행 스트랜드 목재	적층 스트랜드 목재	특성	평행 스트랜드 럼버	적층 스트랜드 럼버
전단 탄성계수(psi)	125,000		나뭇결에 수직인 압축	750	475
탄성계수(psi)	2.0×10^6	1.5×10^6	나뭇결 방향 압축	2900	1950
휨 응력(psi)	2900	2250	나뭇결 방향 수평 전단	290	400
인장응력(psi)	2025				

이는 운송능력에 따라 제한된다. 빌렛은 원하는 치수로 톱질한다[USDA-FS, 1999]. 현재, 평행 스트랜드 목재는 상품명 Parallam [Trusjoist, 2003]로 판매되며, 단일 제조자가 있는 독점 재료이다. 제조업체에 의해보고 된 이 제품의 역학적 특성은, 표 10.10에 나와 있다. 적층 스트랜드 목재(LSL)와 배향 스트랜드 목재(OSL)는 배향 스트랜드 판을 만들기 위한 기술의 연장이다. LSL과 OSL은 스트랜드의 길이에서 각각 300 mm, 150 mm로 약간의 차이가 있지만, 비슷한 공정을 가지고 있다. 표 10.10에 나타나있는 바와 같이 OSL의 역학적 특성은 LSL보다 낮은 값을 가지고 있고 LSL은 PSL보다 낮은 역학적인 특성을 가지고 있다[USDA-FS, 1999].

1) 집성재(글루램)

집성재는 목재의 나뭇결방향으로 서로 평행하게 접착한, 2개 이상의 층으로 구성된다. 역학적·물리적 특성을 고려한 설계조건에 적합하면, 대부분의 종을 집성재로 사용할 수 있으나, 일반적으로 더글라스 전나무와 남부지방의 소나무와 같은 침엽수를 집성재로 사용한다. 그림 10.22와 같이 일반적으로 글루램이라 통칭하는 집성재는 구조용 보와 기둥에 사용된다. 다음의 사항에 해당되는 경우 글루램은 크게 나뉜 천연목재보다 더 유리하게 사용된다.

그림 10.22 글루램(집성재)의 예시

- 표준에 맞는 대형 구조물의 부재 제조과정이 용이할 경우
- 요구되는 분야에서 대형 부재의 길이에 따른 단면적의 변화가 클 경우
- 특수목적 건축용도, 부재 내에서 낮은 응력이 적용되는 곳에 낮은 등급의 목재를 사용하는 경우
- 큰 일체형 부재의 경화와 관련된 검사와 결함의 최소화할 경우

전 두께로 부재로 라미네이트를 조립하는 과정은 제조상의 매우 중요한 단계이다. 라미네이트의 품질보증을 위해 접착 전, 반드시 준수해야하는 허용오차를 계획하여야 하며 최종 형태는 직사각형이 된다, 따라서 작용하는 압력은 균일하다. 접착에는 페놀레조르시놀이 사용되며 접착제가 경화되는 동안 조립을 통해 라미네이트를 고정한다. 일반적으로 실온에서 6~24시간 정도의 경화 과정을 실시한다. 새로운 공정에서는 몇 분의 경화시간을 단축하기 위해 고주파를 통한 경화를 실시한다.

글루램은 동일한 특성과 구성요소를 갖도록 설계・제작된다. 따라서 적층구조물에서 글루램은 최적화되어 사용될 수 있다. 예를 들어, 그림 10.23과 같이 절곡부재의 설계 시 글루램은 고품질의 목재와 저품질의 목재 사이에 배치된다. 캔틸레버나 다 경간 연속부재에서 글루램을 통한 균형적인 적층은 상단과 하단에 가해지는 장력을 골고루 분배한다. 빔의 윗면에서 단지 압축을 받고나 부재 하단에서 인장을 받는 단순부재를 위한 글루램은 부재의 하단부에 품질이 우수한 나무로 불균형적인 디자인이 되어 있다. 이러한 불균형 디자인과 부재들은 시공 시 부적절한 위치에 시공함에 따라 발생되는 위험을 최소화하기 위해서 신중하게 표시를 해두어야 한다.

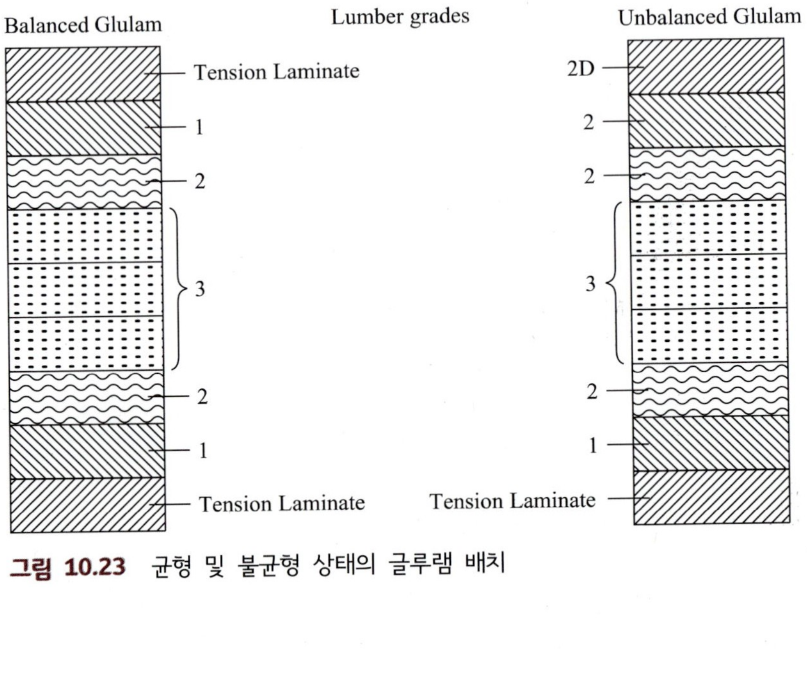

그림 10.23 균형 및 불균형 상태의 글루램 배치

글루램은 4가지의 등급으로 생산된다.

프레이밍 등급의 부재는 통상적으로 문과 창문의 헤더부분에 사용되기 위한 골조의 폭과 일치한다. 외관이 불량한 경우, 접착의 결함이나 적층의 불균일성을 원인으로 저품질이 나타나기도 한다.

산업등급은 시야에 노출되지 않고, 외관에 신경을 쓰지 않아도 되는 부분에 적당하다.

건축등급은 외관이 중요한 조건에서 적절하며, 접착의 결함이나 적층의 불균일성을 원인으로 저품질이 나타나기도 한다.

프리미엄 등급은 가장 높은 등급을 나타내며, 외관이 가장 중요할 때 사용된다.

외관의 등급은 사용되는 목재의 등급, 제작에 사용되는 규정 등을 통한 설계값의 수정은 실시하지 않는다. 표 10.11 [EWS APA, 2004]에 나타나있는 바와 같이 집성재 응력등급의 분류는 휨강도, 탄성계수의 최소값에 기인하여 이루어진다. 이 표에 주어진 설

표 10.11 글루램의 응력등급 표 [APA-EWS, 2004]

응력등급	휨의 최대 섬유		나뭇결에 수직인 압축 (psi)	나뭇결 방향 전단 (psi)	탄성계수 (10^6 psi)
	인장영역-인장응력 (psi)	압축영역-인장응력[1] (psi)			
16F-1.3E	1600	925	315	195	1.3
20F-1.5E	2000	1100	425	210	1.5[5]
24F-1.7E	2400	1450	500	210	1.7
24F-1.8E	2400	1450[2]	650	265[4]	1.8
26F-1.8E	2600	1950	650	265[4]	1.9
28F-1.8E	2800	2300	740	300	2.1[6]
30F-2.1E SP[7]	3000	2400	740	300	2.1[6]
30F-2.1E LVL[8]	3000	3000	510[9]	300	2.1

[1] 균형적인 레이업을 위해서, 압축영역에서 인장 휨응력이 인장영역에서 휨응력과 같다. 설계자는 레이업이 요구될 때 명확히 명시해야 한다.
[2] 부(−) 휨응력 값은 더글라스 전나무의 경우 1850 psi까지 증가할 수 있으며, 특정 조합의 남부 소나무의 경우 1950 psi까지 증가할 수 있다. 이 경우 설계자는 반드시 명시하여야 한다.
[3] 각기둥부재(prismatic members), 각구부재(notched members), 및 반복하중을 받는 부재의 경우 전단 설계값은 0.72를 곱해준다.
[4] 종전단 = 남부 소나무로 만든 경우 300 psi
[5] 글루램이 캐나다 스프루스 전나무 또는 동부 전나무로 제조된 경우 탄성계수는 1.8×10^6 psi로 증가된다.
[6] 30F의 하이브리드 LVL의 글루램을 제외하고 15층 이상으로 적층되어 있는 부재의 경우 탄성계수는 2.0×10^6 psi이다.
[7] 하이브리드 LVL을 제외한 LVL의 치수는 6인치로 제한한다.
[8] 상부와 하부의 최외단에는 LVL의 적층을 실시해야 한다.
[9] 횡방향 압축응력은 최외측의 LVL의 값으로 증가할 수 있다.

표 10.12 구조적으로 접착된 글루램(침엽수 목재)의 기준설계값(휨 부재) [American Forest and Paper Association, 2005]

휨(얇은 판의 넓은 면에 하중이 수직으로 작용하는 경우)						
응력등급	인장영역 – 인장응력 (psi)	압축영역 – 인장응력 (psi)	나뭇결에 수직인 압축 (psi)	나뭇결 방향 전단 (psi)	탄성 계수 (10^6 psi)	빔과 기둥 안정을 위한 탄성계수 (10^6 psi)
16F-1.3E	1600	925	315	195	1.3	0.67
20F-1.5E	2000	1100	425	210	1.5	0.78
24F-1.7E	2400	1450	500	210	1.7	0.88
24F-1.8E	2400	1450	650	265	1.8	0.93
26F-1.9E	2600	1950	650	265	1.9	0.98
28F-2.1E SP	2800	2300	740	300	2.1	1.09
30F-2.1E SP	3000	2400	740	300	2.1	1.09

휨(얇은 판의 면에 하중이 수평하게 작용하는 경우						축방향 하중			잠금하부
응력등급	휨에서의 극한 섬유강도 (psi)	나뭇결에 수직인 압축 (psi)	나뭇결 방향 전단 (psi)	탄성 계수 (10^6 psi)	빔과 기둥 안정을 위한 탄성계수 (10^6 psi)	나뭇결 방향 인장 (psi)	나뭇결 방향 압축 (psi)	탄성 계수 (10^6 psi)	비중 잠금 (fastener)
16F-1.3E	800	315	170	1.1	0.57	675	925	1.2	0.42
20F-1.5E	800	315	185	1.2	0.62	725	925	1.3	0.42
24F-1.7E	1050	315	185	1.3	0.67	775	1000	1.4	0.42
24F-1.8E	1450	560	230	1.6	0.83	1100	1600	1.7	0.5
26F-1.9E	1600	560	230	1.6	0.83	1150	1600	1.7	0.5
28F-2.1E SP	1600	650	260	1.7	0.88	1250	1750	1.7	0.55
30F-2.1E SP	1750	650	260	1.7	0.88	1250	1750	1.7	0.55

계값들은 4층 이상으로 적층되어 있는 부재이다. 응력 등급자체는 재료의 가용성을 보장하지 않으며, 일부 높은 설계값은 다른 종과의 특정조합을 통해 얻을 수 있기 때문에 요구되는 특성을 얻기 위해 특정 목재의 종과 응력등급은 함께 사용될 수 있다.

실험값과 적층에 대한 사항은 미국의 목재 건설 연구소(AITC) 또는 APA-목재공학협회에서 얻을 수 있다. 표 10.12는 침엽수 글루램으로 구성되어, 휨을 받는 부재의 설계 시, 허용응력 일부를 나타낸다[미국의 산림 및 제지 협회, 2005]. 이 표에는 많은 보정인자 및 각주가 있다는 점에 유의해야 한다. 표 10.12의 설계 허용응력은 주로 휨을 받는 침엽수 글루램에만 국한된다. 마찬가지로, 표를 통해 축 방향 인장 또는 압축을 받는 침엽수 글루램의 허용 설계값을 인용할 수 있다.

10.13.3 복합 구조 부재

천연제품과 같이 접착을 통해 생성되는 제품역시 구조적 요소를 수행하기 위하여 여러 형태로 결합될 수 있다. 그림 10.24는 결합된 부재의 대표적인 예이다.

- I-beams
- Box beams
- Stressed Skinned panels
- Structural insulated panels

예를 들어, 그림 10.24(b)에 나타난 바와 같이 I형 빔은 OSB와 플랜지의 접착을 통해 제작된다. 제조된 제품의 특성은 제품에 포함되는 개별적인 재료의 구성요소가 아닌 부재(제품)의 성능에 기초하여 지정된다. 예를 들어, I형 장선의 특성은 장선을 구성하는 구성요소가 아닌 장선의 간격과 부재의 깊이에 기초한다. 복합구조에 대한 표준 및 제품의 사용법 등은 ASTM과 같은 국가기관과 관련 무역 협회에 의하여 제정될 수 있다.

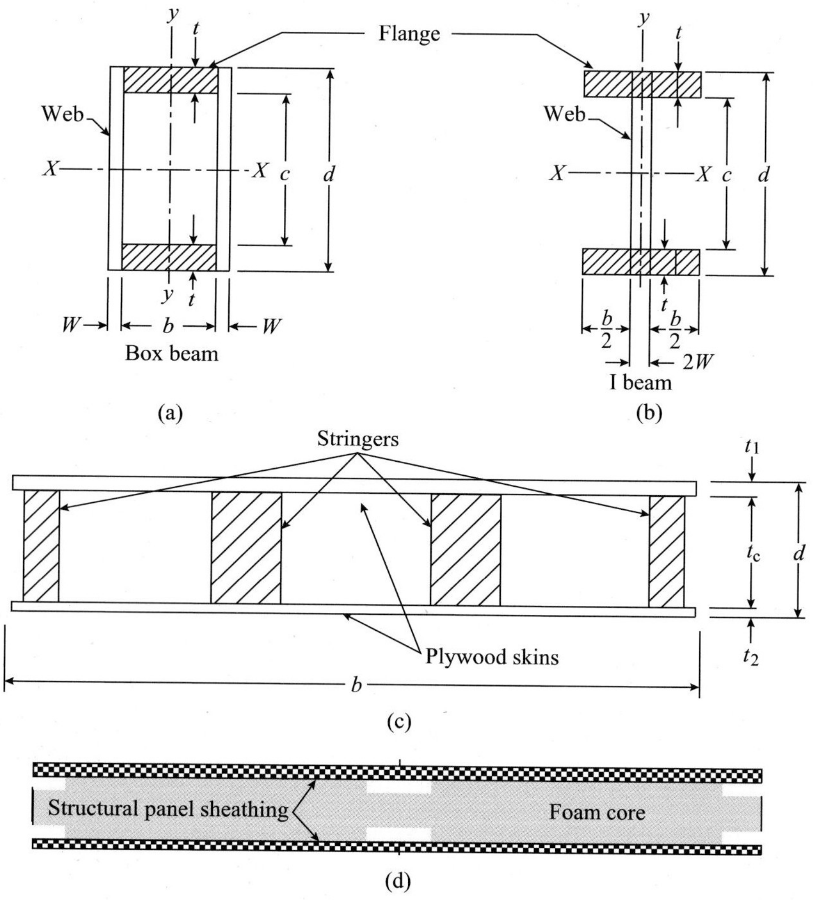

그림 10.24 복합구조부재

요약

목재는 다방면에 사용이 가능한 건축재료이다. 역사적으로 천연의 목제 제품은 공학자들이 사용가능한 유일한 재료였다. 그러나 현대의 임업방법은 크기의 제한 요소 있고, 이는 목재의 효율을 높일 수 있는 제품의 개발을 유도하였다. 이러한 제품은 큰 치수가 필요한 부분에서 천연 제품보다 더 경제적이다. 또한 주의 깊은 공정 관리를 통해 공학적으로 생성된 목재는 천연목재보다 우수한 특성을 가질 수 있다. 공학적으로 생산된 목재품의 특성은 사용된 우드스탁과 접착제의 품질 및 제조공정의 영향을 받는다. 목재는 토목공학에서 사용되는 다른 종류의 재료와 달리 이방성, 수분 민감성 등 여러 종류의 결함요인이 있다. 또한 목재가 외부에 노출되는 환경에서는 곰팡이, 박테리아, 해충과 같은 부식을 유발할 수 있는 요인을 주의해야 한다.

질의와 문제

10.1 목재의 두 가지 분류하는 것은 무엇인가? 각각 분류된 목재의 주요 사용처는 무엇인가? 각각 분류의 2가지 나무 종을 서술하시오.

10.2 춘재(春材)와 추재(秋材)의 차이점을 각각 서술하시오.

10.3 실내실험을 통한 두 목재시편의 비중을 구한 결과 A시편의 비중은 $G = 0.4$, B시편의 비중은 $G = 0.5$로 나타났다. 만약 건설 프로젝트에 대한 구조 부재로 둘 중 하나의 목재를 선택해야 한다면 어떠한 목재를 선택하겠는가? 이유를 간단히 설명하시오.

10.4 나무의 이방성에 대하여 논하고, 이러한 현상이 나무의 성능에 어떠한 영향을 주는지 서술하시오.

10.5 나무의 화학성분에 대하여 간단하게 설명하시오.

10.6 ASTM D4442에 준하여 나무의 함수량을 측정하였으며, 그 결과는 다음과 같다.

- 자연상태의 시료 중량 = 317.5 g
- 로 건조 상태의 시료 중량 = 203.9 g

주어진 나무의 함수율을 계산하시오.

10.7 섬유의 포화점이란 무엇인가? 섬유의 포화점이 나무의 수축 방향에 미치는 영향은 무엇인가? 또한 나무의 수축이 목재의 물성에 어떤 영향을 미치는가?

10.8 크기가 38 mm × 89 mm × 2.438 m이며 함수율이 150%인 스터드가 있다. 건조작업 후 함수율이 7%가 되었다. 나뭇결의 접선방향의 길이 38 mm, 방사방향 길이 89 mm, 그리고 종방향 길이 2,438 mm인 경우 그림 10.5의 수분-수축관계를 가진다면 건조작업 후 스터드의 크기는 얼마인가?

10.9 직경인 1인치이고 함수율이 5%인 나무 막대가 있다. 이 목재의 섬유포화점은 30%이며, 이 목재는 섬유포화점 아래로 수분 함량이 5%가 변화할 때 마다 방사방향으로 1% 수축 또는 팽창한다.

a. 목재의 함수율이 55%로 증가한다면 목재의 직경은 어떻게 변화하는가?
b. 목재는 수축하는가? 아니면 팽창하는가?
c. 목재의 새로운 직경은 얼마인가?

10.10 함수율이 14%이며, 깊이가 12인치인 집성재 빔(glulam beam)이 있다. 치수를 계산하기

위한 공통의 값을 가정한다고 할 때, 함수율이 35%로 증가되면 집성재 빔의 깊이는 얼마가 되는가?

10.11 목재들은 제재소에서의 절단을 통해 공학적인 사용을 위한 다양한 크기와 형태를 가지는 제품으로 제작된다. 이러한 공학적인 목재 제품은 어떤 것이 있는가?

10.12 건설용 목재의 절단방법에는 기본적인 두 가지 방법과 이를 혼합하여 사용하는 방법에 의해서 절단된다. 이러한 두 가지 방법의 이름과 각각의 방법에 대하여 간단히 스케치를 하시오. 그리고 각각 방법의 장점은 무엇인가?

10.13 목재의 실제 치수와 공칭 치수가 다른 이유를 설명하시오.

10.14 목재의 등급에서 고려해야 할 조건은 무엇인가?

10.15 목재에서 발견될 수 있는 5가지의 결함에 대하여 정의하고 간략하게 설명하시오.

10.16 목재의 응력－변형 곡선을 그리고 탄성계수를 나타내시오. 응력－변형 관계에 영향을 주는 세 가지 요소를 설명하시오.

10.17 1장의 그림 10.12와 같은 응력－변형 관계를 가지고 있는 나무 종의 탄성계수를 SI 단위계와 영국단위(English unit)로 계산하시오. 그리고 결과값을 1장의 표 1.1과 비교하시오.

10.18 목재 구조물 설계에 사용되는 일반적인 하중지속기간은 얼마인가? 만약 나무빔이 단지 1주일의 하중 지속기간으로 설계 되었다면, 일반적으로 사용되는 허용응력과 비교하여 허용 섬유 응력이 증가 또는 감소하는가? 증가 또는 감소량은 얼마인가?

10.19 목재의 역학적 특성을 평가하기 위해서, 공시체의 구조적인 크기 또는 작고 무결점의 공시체가 사용된다. 어떤 기술이 더 중요하며 그 이유는 무엇인가? 각각의 기술에서 사용되는 가장 일반적인 것은 평가방법은 무엇인가?

10.20 2 × 4인치 크기의 목재를 ASTM D198기준에 따라 중심점 하중 휨 테스트를 실시한다. 목재의 스팬길이는 4피트이고 4인치면이 수직으로 세워져 있다. 최대로 재하되는 하중은 240킬로파운드이며, 스팬의 중앙에서의 변형이 2.4인치일 때 파괴계수와 겉보기 탄성계수를 구하시오(No.29의 실험실을 참조하시오).

10.21 길이가 5 ft인 4 × 4 나무 목재를 경간 중앙부에서 하중을 가하여 파괴될 때까지 휨을 가하였다. 경간 중앙부의 하중과 처짐량은 다음 표에 기록되어 있다.
a. 스프레드시트 프로그램을 사용하여, 하중－처짐량 관계를 도시하시오.
b. 비례한계를 그래프 위에 도시하시오.
c. 파괴계수를 계산하시오(휨 강도).

하중(lb)	처짐량(in.)	하중(lb)	처짐량(in.)
0	0	1898	393.3
97	134.1	2301	412.2
195	204.3	2956	451.8
341	265.5	3479	483.3
730	328.5	3990	522.9
1350	363.6	4440	554.4

10.22 목재 시편의 경간 중앙부에 하중을 재하하여 휨 파괴시까지 하중을 하였다. 시편 단면의 실제 치수는 1 in. × 1 in.이고 경간은 14 in.이며, 단순 지지보이다. 경간 중앙부의 하중과 변형량은 다음 표에 기록되어 있다.

a. 스프레트시트 프로그램을 사용하여, 하중－변형량 관계를 도식하시오.

b. 비례한계를 그래프 위에 도시하시오.

c. 파괴계수를 계산하시오(휨 강도).

하중(lb)	변형량(in.)	하중(lb)	변형량(in.)
0	0	156	0.437
8	0.149	198	0.468
16	0.227	243	0.502
28	0.295	286	0.537
60	0.365	328	0.581
111	0.404	365	0.616

10.23 2 in. × 2 in.인 정사각형 단면의 목재 시편의 경간 중앙부에 하중을 가하여 휨 강도 실험을 수행하였다. 지점 사이의 경간은 28 in.이며, 다음 표에서 각각의 하중에 따른 변형량을 나타내었다.

a. 스프레트시트 프로그램을 사용하여, 하중－변형량 관계를 도시하시오.

b. 비례한계를 그래프 위에 도시하시오.

c. 파괴계수를 계산하시오(휨 강도).

d. (c)에서 계산된 파괴계수가 실제 시편의 섬유 극한응력을 나타내는가? 계산한 파괴계수와 목재 시편의 실제 거동을 이용하여 추정하시오.

하중(lb)	굴절량(10^{-3} in.)	하중(lb)	굴절량(10^{-3} in.)
0	0	800	222.2
100	27.9	900	250.1
200	55.6	1000	275.4
300	83.2	1100	314.8
400	111.2	1200	359.5
500	140.0	1300	405.0
600	166.7	1400	468.6 (failure)
700	194.3		

10.24 1 in. × 1 in. × 6 in.의 목리(grain)가 길이방향과 평행한 목재가 있다. 변위는 4인치 게이지로 측정되었으며, 시편은 파괴될 때까지 목리에 평행하게 압축하였다. 하중－변형량 결과를 다음 표에 나타내었다.

a. 스프레트시트 프로그램을 사용하여 하중－변형량 관계를 도식하시오.

b. 탄성계수를 계산하시오.

c. 항복응력은 얼마인가?

하중(lb)	변형량(in.)	하중(lb)	변형량(in.)
0	0	3790	0.268
7	0.012	4606	0.300
10	0.068	5338	0.324
87	0.164	5116	0.360
530	0.180	4468	0.384
1705	0.208	4331	0.413
2864	0.236		

10.25 목리가 길이방향과 평행한 치수 50 mm × 50 mm × 250 mm의 소나무 목재가 있다. 변형은 200 mm 게이지로 측정하였다. 파괴시까지 목리와 평행하게 압축하였다. 하중－변형량 결과는 다음 표에 나타내었다.

a. 스프레트시트 프로그램을 사용하여, 하중-굴절량 관계를 도시하시오.

b. 탄성계수를 계산하시오.

c. 항복응력은 얼마인가?

Load(kN)	Deformation(mm)	Load(kN)	Deformation(mm)
0	0	62.3	1.270
8.9	0.457	71.2	1.422
17.8	0.597	80.1	1.588
26.7	0.724	89.0	1.765
35.6	0.838	97.9	1.956
44.5	0.965	106.8	2.159
53.4	1.118	111.3	2.311

10.26 치수가 1 in. × 1 in. × 4 in.인 목리가 길이방향과 평행한 목재 시편이 있다. 시편에 파괴시까지 목리에 평행하게 압축을 수행하였다. 하중－변형량 결과는 다음 표에 나타내었다. 스프레드시트 프로그램을 사용하여, 표의 응력(σ)과 변형률(ϵ)을 계산하고, 아래의 응력－변형 곡선식을 계산하여 터프니스를 결정하여라.

$$u_t = \int_0^{\epsilon_f} \sigma \, d\epsilon$$

Observation No.	P (lb)	ΔL (in.)	σ (psi)	ϵ (in./in.)	u_i (psi)
0	0	0			N/A
1	720	0.020			
2	1720	0.048			
3	2750	0.076			
4	3790	0.108			
5	4606	0.140			
6	5338	0.164			
7	6170	0.200			
8	6480	0.224			
9	5400	0.253			
					$u_t =$

ϵ_f는 시편이 파괴되었을 때의 변형률이다. 아래의 적분법은 사다리꼴 적분법을 이용하여 수치적으로 근사하다.

$$u_t = \sum_{i=1}^{n} u_i \equiv \sum_{i=1}^{n} \frac{1}{2}(\sigma_i + \sigma_{i-1})(\epsilon_i - \epsilon_{i-1})$$

10.27 직경 10인치의 짧은 나무 원기둥이 시공될 예정이다. 파괴 시 응력이 4.3 ksi라면, 안전율 1.3을 적용하였을 때 기둥에 가할 수 있는 최대 하중은 얼마인가?

10.28 목조 구조물을 설계하기 위해, 강도특성을 평가하는 실험실에서 적용 조건을 조정하였다. 강도 특성을 조정하기 위하여 사용되는 적용 조건 5가지를 서술하시오.

10.29 목재를 손상시키는 유기물의 세 가지 종류는 무엇인가?

10.30 목재를 부패로부터 방지할 수 있는 두 종류의 방부제를 서술하고, 방부제가 어떠한 방식으로 적용되는지 서술하시오.

10.31 공학용 목재의 주요 종류는 어떤 것들이 있는지 서술하시오.

10.32 천연 목재에 비하여 공학용 목재의 주된 이점은 무엇인가?

참고문헌

American Insitute of Timber Constructions (AITC),

http://www.aitc-glulam.org/.

American Forest & Paper Association, American Wood Council. National Design pecification for Wood Construction. Washington, D.C: American Forest & Paper Association, American Wood Council, 2005.

APA-EWS, PRL-501. Performance Standard for APA EWS Laminated Veneer Lumber. Tacoma, WA: APA-The Engineered Wood Association, 2000.

APA-EWS, Glulam Design Properties and Layup Combinations. Tacoma, WA: APA-The ngineered Wood Association, 2004.

e-builder. ttp://www.ebuild.com/guide/resources/product-news.asp? ID=81435, 2005.

Forintek. Borate-treated Wood for Construction. Forintek Canada Corp. http://durable-wood.com/pdfs/borate-eng1oct02.pdf,2002.

Levin, E., ed. The International Guide to Wood selection. New York, NY: Drake Publishers, Inc, 1972.

Panshin, A. J. and C. De Zeeuw. Textbook of Wood Technology. 4th ed. New York, NY: McGraw-Hill Book Company, 1980.

Southern Pine Council, Southern Pine Products, Association. Pressure Treated Southern Pine. Kenner, LA: Southern Pine Council, Southern Pine Products Association, 1990.

Trus Joist Specifier's Guids, Parallam PSL Headers, Beams, and Columns. Boise, ID: Trus Joist, a Weyerhaeuser Business.

http://www.trusjoist.com/PDFFiles/2060.pdf, 2003.

USDA-FS. Wood Handbook—Wood as an Engineering Material. Gen. Tech. Rep. FPLGTR-113. Madison, WI: USDA, Forest Service, Forest Products Laboratory, 1999.http://www.fpl.fs.fed.us/documnts/fplgtr/fplgtr113/fplgtr113.htm, 1999.

Van Vlack, L. H. Materials for Engineering: Concepts and Applications, Reading, MA: Addison-Wesley, 1982.

Van Vlack, L. H. Elements of Materials Science and Engineering, 6th ed. Reading, MA: Addison Wesley, 1989.

Williamson, T. G. (ed.). APA Engineered Wood Handbook. New York, NY: McGraw-Hill Book Company, 2002.

CHAPTER 11 복합재료

일반적으로 필요한 물성을 가지고 있는 재료가 없는 경우, 개선된 재료 혼합기술을 이용하여 두 가지 또는 그 이상의 재료를 혼합하여 만든 새로운 재료를 복합재료라 한다. 이러한 재료들은 일반적으로 요소와 양질이 최고의 물성이 되도록 혼합되며 강도, 경도, 비중, 파괴저항성, 부식저항성, 마모저항성, 피로, 온도민감성, 열전도, 그리고 소음저항에 대하여 복합물질로 개선될 수 있다.

물론, 이러한 속성은 동시에 향상되기도 하지만 일반적으로는 몇 가지의 속성이 개선된다. 예를 들어, 비행기와 우주선에 이용되는 재료는 가볍고 단단하며 부식에 대한 저항성이 높아야 하므로 섬유 보강폴리머는 토목기술자에게 매우 유용한 복합재료중 하나이다. 섬유보강폴리머는 강하고 단단하며, 부식에 대한 높은 저항성이 있어 그림 11.1과 같이 철근 콘크리트에서 발생하는 철근의 부식에 대한 보강대책으로 사용할 수 있다. 속성의 조합은 매우 유용하며, 기존의 재료에서는 찾을 수 없는 것들이다.

복합재료는 역사적으로도 수준의 정도는 다르지만 계속해서 이용되어 왔다. 예를 들어, 고대에는 짚을 이용하여 진흙벽돌을 개량하였으며, 검과 갑옷 등은 새로운 특성을 얻기 위해 새로운 재료를 사용하기도 하였다. 포틀랜드 시멘트(페이스트)와 골재의 혼합물은 강성과 내구성을 나타내어 건축재료로서 이용되어 왔다 최근 들어 인장과 압축의 강도가 개량된 섬유보강 콘크리트가 널리 이용되고 있다. 기존의 자동차 산업은 강하고

그림 11.1 교량 접합부에 사용되는 FRP-Bar
(Courtesy of West Virginia University Constructed Facilities Center).

가벼운 차축을 구축하기 위해 복합 금속을 사용하였다. 최근 섬유강화 및 플라스틱 입자 보강과 같이 새로운 복합재료는 재료산업의 혁명과 토목 및 건축기술의 응용에 있어 새로운 지평을 열었다.

복합재료에 대한 정의는 다양하지만 일반적으로 둘 이상의 재료와 구성단계를 갖는 재료로 표현할 수 있다. 복합재료는 원재료와 분명히 다른 물리적 특성을 가지게 된다. 따라서, 비슷한 물성의 여러 물질이 합성이 되면 여러 가지 특성을 지니지 않게 되는 것이다.

목재의 경우 단백질 콜라겐과 미네랄 아파타이트 와 셀룰로오스 섬유 및 리그닌의 합성을 통해 자연적인 복합체가 형성되기도 하지만 이 장에서는 인위적인 복합체만을 논한다. 그림 11.2에 나타나있는 바와 같이 복합체는 육안 또는 현미경을 통해 분류할 수 있다. 현미경을 통한 분류와 육안을 통한 분류의 차이는 고려되는 특성에 따라 달라진다. 이러한 구분은 임의적으로 결정하는 것처럼 보이지만 일반적으로 미시적 복합재료의 경우 수백 미크론까지 크기를 갖는 섬유 또는 입자를 말하며, 거시적 복합재료의 경우에는 골재 입자 및 철근만큼 큰 크기를 갖는 성분을 나타낸다.

다른 방법으로 복합재료는 기능에 의해 분류될 수 있다[Barbero, 1988].

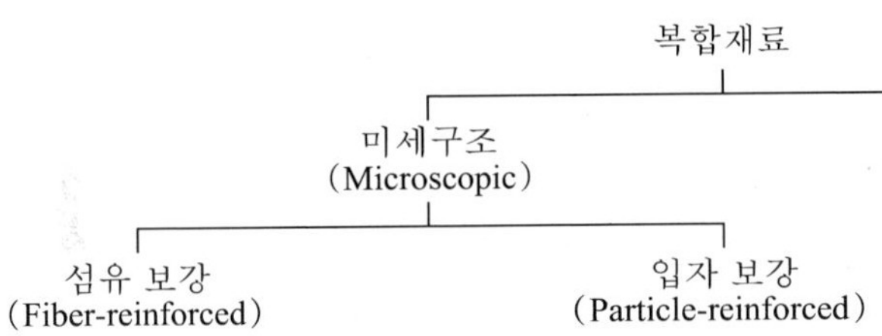

그림 11.2 복합재료 분류도.

보강	• 연속 섬유 - 단방향 섬유배향 - 무작위 배향 - 양방향 섬유배향	• 불연속 섬유 - 무작위 배향 (잘게 잘린 스트랜드 매트) - 선호 배향 (배향성 스트랜드 보드)	• 입자와 whisker - 무작위 배향 - 선호 배향
합판	• 단일 지향성 • 다른 방향으로 일부 층 적층		
복합형 구조	• 층별 다른 재료 • 층별 다른 보강		

11.1 미시적 복합재료

대부분의 미시적 복합재료는 기질(基質)에 의해 둘러싸인 분산·보강상 또는 연속적인 상 등과 같이 두 가지 상으로 구성된다. 대부분의 경우 분산상은 기질보다 단단하고 딱딱하다. 복합재료의 특성은 입자의 형상과 입도의 분포 및 방향과 같은 상대적인 특성과 분산상의 기하학적 배열에 의존한다.

그림 11.2와 같이, 미시적 복합재료는 기본적으로 섬유보강 및 입자보강으로 분류된다. 이러한 분류는 분산상의 형상을 기반으로 한다. 그림 11.3은 복합재료의 섬유배열을 나타낸다. 강화 복합재료의 메커니즘은 분산된 형태의 크기와 방향에 따라 다르게 나타난다.

(a) 정렬된 섬유 (b) 무작위 섬유 배열 (c) 무작위 입자배열

그림 11.3 미시적 복합재료의 모식도

11.1.1 섬유 보강 복합재료

섬유로 보강된 미시적 복합재료는 금속이나 고분자 같은 기질에 분산된 섬유를 포함한다. 섬유는 결정 입자와 거의 비슷한 직경에서 높은 강도－직경비를 나타내기 때문에 작은 직경을 갖는 섬유들은 상대적으로 강도가 높다.

예를 들어, 상대적으로 내부의 결함이 적은 유리섬유는 3～5 MPa의 응력을 견딜 수 있지만 유리판의 경우에는 10～20 KPa의 응력에서도 균열이 일어난다. 섬유는 직경, 휘스커 특성, wires를 기초로 분류 할 수 있다. 휘스커는 매우 얇은 단 결정이며, 매우 높은 세장비와 높은 수준의 결정의 완전성을 가지고 있어 당연하게 높은 강도를 가진다. 섬유는 휘스커보다 더 큰 직경을 가지고 있다. 그러나 휘스커는 일반적으로 고비용, 기질과의 낮은 결합성을 이유로 보강을 위해서 사용되지는 않는다. 표 11.1은 섬유를 제조하기 위한 일부 재료들의 특성을 나타낸다.

표 11.1 섬유의 종류에 따른 역학적 특성 [Callister, 2006]

재료	비중	인장강도 GPa (psi × 10^6)	탄성계수GPa (psi × 10^6)
Aramid (Kevlar)	1.4	3.5 (0.5)	130 (19)
E-Glass	2.5	3.5 (0.5)	72 (10.5)
Graphite	1.4	1.7 (0.25)	255 (37)
Nylon 6,6	1.1	1.0 (0.14)	4.8 (0.7)
Asbestos	2.5	1.4 (0.2)	172 (25)

섬유는 유리, 흑연, 탄소, 폴리머, 붕소, 세라믹, 탄화규소 등 많은 재료로 만들어진다 [Mallick 2007]. 저비용 및 높은 강도 때문에 유리 섬유는 기질 복합체 섬유 중 가장 대표적이다. 유리섬유는 베일, 로빙 등과 매트(그림 11.4) 다양한 용도에 적합한 형태로 시판되고 있다.

섬유 강화 복합재료에 대한 일반적인 용어는 유리 섬유이다. 유리 섬유는 단순히 플라스틱 기질에 포함된 연속 또는 불연속적인 하나의 유리 섬유로 구성된 복합체이다. 일반적인 유리 섬유를 이용하는 분야에는 은 항공기, 자동차, 보트, 저장 용기, 물탱크, 스포츠 장비, 바닥 등이 있다.

그림 11.4 일반적인 유리섬유(veil, roving, and mat)

11.1.2 입자 보강 복합재료

입자 보강 복합재료는 기질상에 분산된 입자로 구성되어 있다. 입자보강 복합재료의 강화 메커니즘은 보강 입자의 크기에 따라 달라진다. 입자의 크기가 약 0.1~0.01미크론인 경우 작은 분산 입자가 움직임을 방해하므로 기질이 대부분의 하중을 받는다. 고온에 대한 저항성을 증가시키기 위해 3%의 토리아 미세입자가 분산된 니켈 합금인 니켈-토리아는 분산 보강 복합재료의 한 가지 예이다. 반면에 입자의 크기가 1미크론 이상인 경우, 기질의 특성을 향상시키고 비용적인 측면을 고려한 체적을 대체하는 충전재로 작용한다. 여기서, 기질은 입자의 주변에 이동을 유지하고 재하되는 하중은 기질 및 분산 된 상에 의해 공유된다. 분산된 입자와 기질상의 강한 결합은 강한 보강 효과를 나타낸다. 입자 보강의 한 가지 예로는 인장 및 압축강도, 내마모성, 인성, 열적특성을 향상하기 위해 폴리머에 충전재를 추가하는 것을 들 수 있다.

11.1.3 기질 상

일반적으로, 대부분의 미시적 복합재료에 사용되는 기질(matrix)은 폴리머(플라스틱) 또는 금속이다. 기질은 분산된 재료(입자 또는 섬유)와 결합하여 하중을 전달하고 취급에 따른 환경적인 요인으로부터 보호한다. 폴리머는 저비용, 가공성, 내화학성, 낮은 비중의 이점을 갖지만 강도가 낮고, 낮은 작동온도 및 일부용제에 대한 저항성이 낮다는 단점이 있다. 한편 금속은 높은 강도, 탄성률, 인성 및 충격성, 온도저항성, 환경에 대한 저항성을 갖지만 높은 용융점으로 인한 높은 공정온도를 갖는다. 또한 부식에 대한 저항성이 낮다[Agarwal and Broutman, 2006]. 가장 일반적으로 복합재료의 기질 상(matrix phase)으로 사용되는 금속은 알루미늄 및 티타늄 합금이다.

11.1.4 제작

미시적 복합재료의 제작은 최소 공기 공극을 가지는 제품으로 기질과 분산된 물질의 병합을 포함한다. 복합재료의 제작에는 여러 방법이 사용된다. 제작 공정의 선택은 보통 기질의 화학적 특성과 분산상의 형상 및 요구되는 강도를 기반으로 설정하고 기질의 경화 또는 용융에 필요한 온도 역시 고려해야 한다. 그림 11.5는 인발 성형 과정을 통한 구조적 형상 섬유 강화 복합재료의 제조를 나타낸다. 인발성형은 연속적이고 일정한 단면 프로파일로 섬유 보강 복합재료를 제조하기 위한 자동화 된 과정이다.

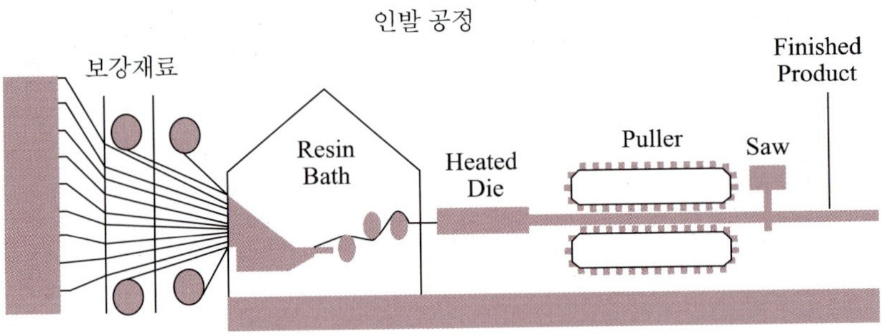

그림 11.5 구조적 형상 강화 복합재료의 제조에 사용되는 인발성형 모식도

11.1.5 토목공학 분야

미시적 복합재료는 최근 몇 년간 토목 및 건축분야에서 많이 사용되어왔다. 사실 복합재료는 많은 경우에 기존의 건설재료보다 적합하다. 그림 11.6과 같이 복합재료는 토목기술자들이 구조물의 구조 형태로 사용하는 철강 및 알루미늄을 대체할 수 있다.

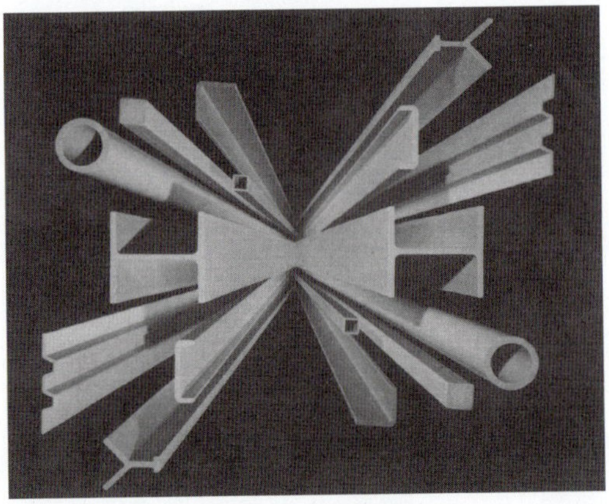

그림 11.6 유리섬유로 보강된 복합재료의 구조적 형상

표 11.2는 섬유 보강 복합재료 로드와 바의 물리적인 특성을 나타내는 표이다.

섬유 보강 폴리머 철근은 강봉을 대체로 콘크리트를 보강하기 위해 사용할 수 있다. 복합재료는 교량의 바닥판, 산업용 바닥재, 트러스와 장선, 인도 및 플랫폼, 풍력 터빈, 폐기물 처리 시설, 플라스틱 파이프, 전기 인클로저 등에 사용되어왔다. 복합재료는 또한 그림 11.7~11.10과 같이 지진 및 기타 환경적인 요인에 의해 손상될 위험이 있는 기둥과 교량을 포장하는데 이용될 수 있다[Grace, 2002].

표 11.2 섬유로 보강된 라운드 바 와 봉의 물리적 특성

항목	수치
인장강도(ASTM D638)	690 MPa(100 × 10^3 psi)
인장탄성율(ASTM D638)	41.4 GPa(6.0 × 10^3)
휨강도(ASTM D790)	690 MPa(100 × 10^3)
압축강도(ASTM D695)	41 MPa(60 × 10^3)
아이조드 충격강도(ASTM D256)	2.1 kJ/m(40 ft-lb/in.)
바콜 경도계(ASTM D2583)	50
흡수율(ASTM D570)	0.25%(maximum)
비중(ASTM D792)	2.0
열 팽창율(ASTM D696)	1.7 × 10^{-6} m/m/℃(3.0 × 10^{-6} in./in./°F)

그림 11.7 (좌) 유리섬유로 보강된 폴리머 복합체를 이용한 오래된 구조물 보수
그림 11.8 (우) FRP 복합재료를 이용한 교량 기둥 보수

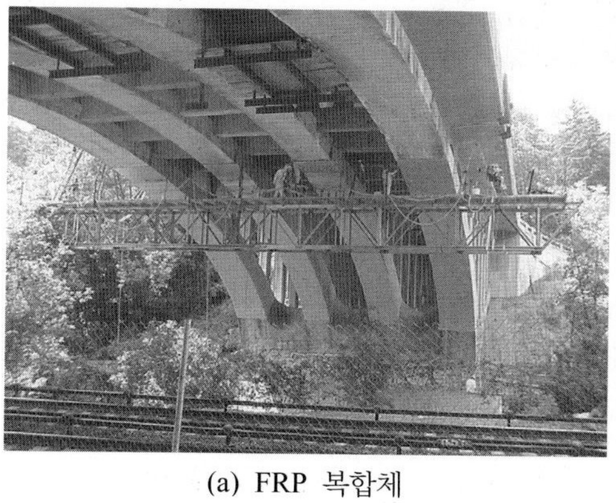

(a) FRP 복합체

(b) 최종 구조 보강

그림 11.9 웨스트 체스터 카운티 육교

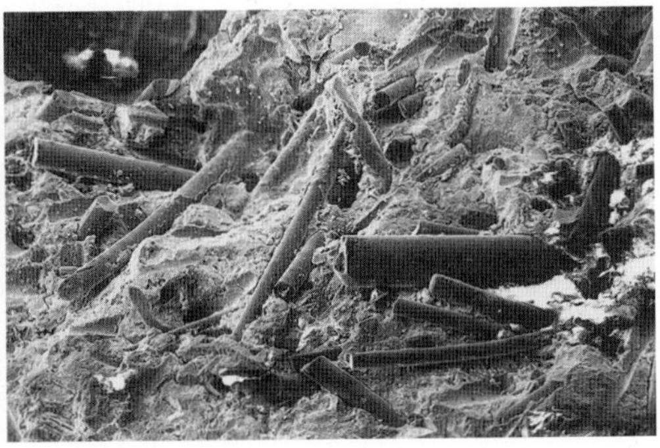

그림 11.10 (좌) FRP 폴리머 바를 이용한 콘크리트 교량 보강
그림 11.11 (우)탄소섬유가 혼입된 콘크리트 모르타르의 현미경 사진

섬유 보강 콘크리트는 다양한 구조분야의 토목공학 측면에서 사용되는 또 다른 복합재료이다. 잘게 잘린 스트랜드와 로빙 섬유와 같은 또 다른 섬유의 유형은 콘크리트를 보강하는데 이용될 수 있다. 이러한 섬유는 콘크리트와 같이 배합되어 사용되어지며 콘크리트에 발생하는 균열의 진행을 방해한다. 그림 11.11은 3 mm의 길이를 갖는 섬유를 콘크리트에 12%체적 비율로 혼입하였을 때 전자 현미경으로 관찰한 사진을 나타낸다. 섬유로빙은 인장을 받는 구조부재에 배치되며 이 경우 섬유는 인장응력을 지지한다. 일반적으로 섬유는 효율적인 설계를 위한 구조 부재의 콘크리트 휨과 인장강도를 증가시킨다. 표 11.3은 유리 섬유로 보강된 콘크리트의 28일 양생 후 일반적인 물리적 특성을 나타낸다. 유리섬유 보강 콘크리트는 보강되지 않은 콘크리트보다 휨강도가 2~3배 높다는 것이 연구를 통해 나타났다. 또한, 하중 증가 시 재료가 순간 파괴되지 않고 서서히 항복하게 된다. 이러한 점차적인 항복은 섬유가 콘크리트 내부 조직보다 강해서 균열을 잡아주기 때문이다. 그래서 콘크리트 내에서 발생한 심각한 균열 발생 대신에, 콘크리트 여러 곳에서 발생하면서 유리섬유가 뽑히거나 끊어질 때 구조물 파괴현상이 발생하기 된다[Neal, 1977].

콘크리트 내부에 있는 연행공기는 미세조직 재료의 한 성분으로 고려될 수 있다. 연행공기는 콘크리트 내부에 있는 물이 동결할 때 발생하는 내부응력을 완화시킴으로써 콘크리트의 내구성을 증가시킨다. 그러나 동일한 W/C에 대해서, 공기방울은 약 20%의 콘크리트 강도를 감소시킨다. 또한 연행공기는 굳지 않은 콘크리트의 워커빌리티를 증가 시키지만 W/C의 감소에 따라 강도 저하를 유발할 수 있다.

11.2 거시적 복합재료

거시적인 복합재료는 많은 기술적 용도로 이용되고 있다. 거시적인 복합재료는 비교적 크기 때문에 하중을 전달하는 방법과 복합 성분의 특성이 다양하게 개선된다.

일반적으로 사용되는 복합재료는 보통 포틀랜드 시멘트 콘크리트, 철근 콘크리트, 아스팔트 콘크리트, 접착 적층 목재 등의 가공된 목재 구조가 있다.

11.2.1 포틀랜드 시멘트 콘크리트

제7장(그림 11.12)에서 설명했듯이, 보통 포틀랜드 시멘트 콘크리트는 시멘트 페이스트와 다른 물리적 및 기계적 특성을 갖는 응집 입자로 이루어진 복합재료이다. 채움재로서 골재는 포틀랜드 시멘트보다 저렴하고 시멘트 페이스트가 수축하면 골재는 콘크리트의 체적안정성을 증가시킨다. 콘크리트 구조물에 하중이 재하되면 시멘트 페이스트와 골재로 하중이 전달된다. 골재 입자의 강도는 골재와 시멘트 페이스트 사이의 결합에 영향을 미치고 복합재료의 강도를 결정하는 중요한 역할을 한다. 시멘트 페이스트와 골재 사이의 결합뿐만 아니라 응집체의 다른 물리 화학적 특성은 거칠기 및 응집 입자의 흡수에 의해 영향을 받는다.

그림 11.12 시멘트 페이스트와 골재 입자를 나타내는 포틀랜드 시멘트 콘크리트의 단면

11.2.2 철근콘크리트

철근콘크리트는 그림 11.13에서 나타내고 있는 것과 같이 무근콘크리트와 철근으로

구성되어 있는 복합재료라고 볼 수 있다. 콘크리트는 일반적으로 콘크리트 구조에서 무시하는 매우 낮은 인장강도를 가지고 있어서 철근이 인장영역에 일반적으로 사용된다.

철근 콘크리트 구조물에 하중이 재하되었을 때, 콘크리트는 압축응력을 담당하고 철근이 인장응력을 담당하게 된다. 이와 같은 경우, 콘크리트를 통하여 인장력이 철근에 전달이 된다. 철근은 기둥과 같은 구조물에서는 하중을 지지하기 위하여 압축부재로도 사용된다. 압축부재로 사용되는 경우, 철근의 압축강도가 콘크리트의 압축강도보다 크기 때문에 압축부재의 단면을 줄이기 위하여 사용된다. 외부하중이 작용하였을 때 콘크리트가 압축된 상태로 유지하기 위하여 철근에 인장을 주는 프리스트레스 콘크리트에도 철근이 사용된다. 프리스트레스콘크리트의 경우, 작은 단면의 콘크리트 부재가 요구되어진다. 또한, 철근은 온도변화에 의한 콘크리트 균열을 제어할 때에도 사용된다. 예를 들면, 콘크리트 포장은 콘크리트 슬래브의 중간위치에 종 방향과 횡 방향으로 철근을 배치한다. 콘크리트 포장의 경우, 콘크리트가 대기온도 저감에 의해서 수축할 경우, 많은 균열이 발생할 수 있다. 이러한 균열들은 포장단면에 미세하게 균일하게 분포가 된다. 이 균열은 콘크리트 포장에 해롭지 않고 인터락킹(interlacking)에 의해서 한쪽에서 다른 한쪽으로 하중을 전달해준다. 철근 콘크리트 구조물에서, 철근과 콘크리트의 부착력은 하나의 구조체가 되기 위해서 매우 중요하다. 결론적으로 철근은 철근과 콘크리트사이에서 미끄러짐을 막기 위해서 철근표면이 변형되어서 이형철근이 사용되고 있다.

11.2.3 아스팔트 콘크리트

포장에 사용되고 있는 아스팔트 콘크리트는 또 하나의 복합재료이다. 앞의 9장에서 설명되었던 것과 같이, 특징적인 성질을 가지고 있는 두 재료들로 구성되어 있다. 아스팔트 콘크리트는 대략 골재가 전체 무게의 95%를 차지하고, 5% 무게를 아스팔트 바인더가 차지한다. 교통하중이 아스팔트 콘크리트 복합체에 적용되었을 때, 대부분의 압축강도는 골재와 골재의 접촉에 의해서 지탱되어진다. 아스팔트는 골재와 골재가 미끄러지는 것을 막기 위한 바인더 역할을 한다. 아스팔트 층이 휘어지거나 또는 온도수축에 의해서 인장응력이 발생할 경우, 골재들은 아스팔트 바인더에 의해서 서로 결합되어 있게 된다. 아스팔트의 중요한 성질의 하나는 저온에서는 취성거동(brittle)을 하고 고온에서는 부드러운 거동을 하지만 골재는 온도에 의해서 물성이 변화하지 않는다는 것이다. 사용되는 지역의 온도범위 안에 적합한 아스팔트 바인더 등급을 선택하는 것이 매우 중요하다. 또한, 골재는 아스팔트 혼합물에서 대부분의 비율을 차지하기 때문에 적합한 입도의 골재를 사용하는 것도 매우 중요하다. 아스팔트 바인더 함량은 과다한 미끄러짐 현상 없이 골재를 완전히 코팅할 수 있는 양이 되도록 배합설계를 통하여 신중히 결정해야 한다. 아스팔트 콘크리트 혼합물이 적절하게 배합되고 다짐되었을 때, 파손 없이 오랜 시간 유지될 수 있다.

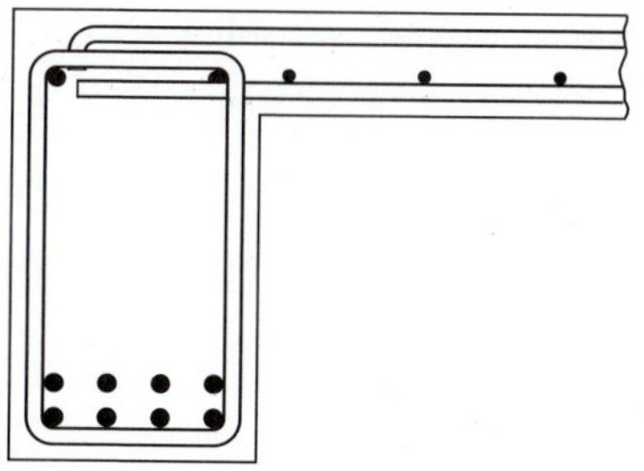

그림 11.13 철근 콘크리트 보와 슬래브의 세부 사항 예.

11.2.4 공학적인 목재

공학적인 목재는 크고 일체화된 제품을 생산하기 위해 다른 입자와 나무를 함께 접합하여 제조되고 있다. 목재는 나뭇결의 존재로 인해 이방성의 특성을 가지고 있기 때문에, 제조된 목재는 특이적이고 일관성 있는 설계 특성을 가지고 있다.

합판 복합체는 임의의 온도와 습도 조건에서 1/10정도 치수 변화를 갖는다. 10장에서 설명했듯이, 공학적인 목재 제품은 합판, 배향성 스트랜드 보드, 복합 패널, 접착 적층 목재(집성재), 단판 적층재 배향 스트랜드 목재, 나무 I-장선 등이 있다.

11.3 복합재료 특성

복합적인 재료의 특성은 특성의 성분, 종류와 분산 방향, 분산상과 형성층 사이 결합의 부피율에 의해 영향을 받는다. 복합재료의 특성은 성분특징[Shackelford, 2008]의 평균 무게로 볼 수 있다. 표현식은 이상적인 특정 재료의 성질, 하중 패턴과 기하학적 조건에서 복합적인 재료의 특성을 추정하기 위해 얻을 수 있다. 분석을 단순화하기 위해 사용할 수 있는 가정은 다음과 같다.

① 각 구성 요소는 선형 탄성 및 등방성의 특성을 가진다.

② 완벽한 결합은 흩어짐과 미끄럼이 없는 형성층 면 사이에 존재한다.

③ 복합적인 형상은 이상적이고 하중의 방향은 보강 섬유에 평행 또는 수직이다.

11.3.1 섬유에 평행한 하중

그림 11.14(a)에서 볼 수 있듯이, 섬유에 평행하게 보강된 복합 섬유에 하중이 적용될 경우 세포와 섬유는 동등하게 변형될 것이다. 따라서 이것의 동일한 변형은 다음과 같이 나타낼 수 있다.

$$\epsilon_c = \epsilon_m = \epsilon_f = \epsilon \tag{11.1}$$

여기서, ϵ : 전체 변형

ϵ_c : 복합적인 변형

ϵ_m : 형성층의 변형

ϵ_f : 섬유의 변형

또한, 복합적으로 적용된 힘 F_c은 형성층 F_m과 섬유 F_f의 합에 의해 운반되고 지지된다.

$$F_c = F_m + F_f \tag{11.2}$$

그러므로

$$\sigma_c A_c = \sigma_m A_m + \sigma_f A_f \tag{11.3}$$

여기서, σ_i : i의 응력

A_i : i의 면적

각 재료에 대해 σ와 E_ϵ로 대체할 수 있으며, 우리는 식 (11.3)을 사용할 수 있다.

$$E_c \epsilon A_c = E_m \epsilon A_m = E_f \epsilon A_f \tag{11.4}$$

여기서, E는 탄성 계수이다. ϵ가 없어지고 A_c에 의해 나누어지면, 우리는 다음을 구할 수 있다.

$$E_c = E_m \frac{A_m}{A_c} + E_f \frac{A_f}{A_c} \tag{11.5}$$

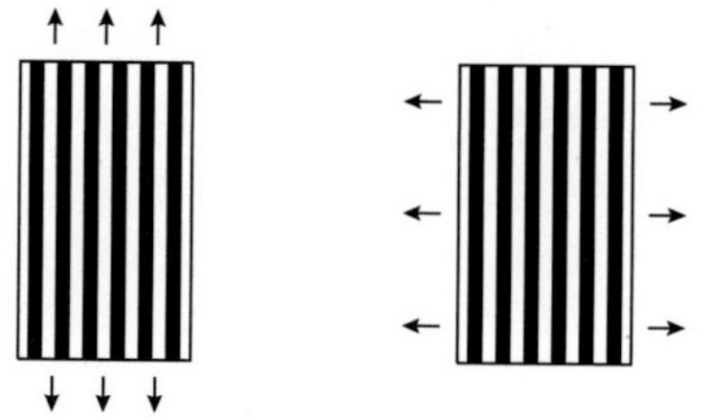

(a) 종방향 하중 (b) 횡방향 하중

그림 11.14 연속적으로 배열된 보강섬유의 복합적인 재료의 하중패턴

또는

$$E_c = \nu_m E_m + \nu_f E_f \tag{11.6}$$

여기서, ν는 각각의 성분과 부피 율이고 $\nu_m + \nu_f = 1$이다.

식 (11.6)은 복합 탄성계수가 성분계수의 평균 중량임을 보여준다.
섬유에 의해 전달되는 하중의 분산은 다음 식으로 결정될 수 있다.

$$\frac{F_f}{F_c} = \frac{\sigma_f A_f}{\sigma_c A_c} = \frac{E_f \epsilon A_f}{E_c \epsilon A_c} = \frac{E_f}{E_c} \nu_f \tag{11.7}$$

예제 11.1

만약 유리섬유가 70% E-Glass fiber와 30%의 에폭시로 구성되어있을 때, 변형율이 동일하다고 할 때 유리섬유의 탄성계수를 계산하시오. 또한 유리섬유에 의해 지지되는 하중의 비를 계산하시오. 유리섬유와 에폭시의 탄성계수는 각각 70.5 GPa, 6.9 GPa이다.

풀이

식 (11.6)에 의하여 $E_c = (0.3)(6.9) + (0.7)(70.5) = 51.4\ \text{GPa}$

식 (11.7)에 의하여 $\frac{F_f}{F_c} = \frac{70.5}{51.4}(0.7) = 0.96 = 96\%$

식 (11.6)은 다음 식과 같은 함수로 다른 복합적인 특성을 다루기 위해 일반화 될 수 있다.

$$X_c = \nu_m X_m + \nu_f X_f \tag{11.8}$$

여기서, X는 푸아송 비, 열전도성, 전기 전도성 또는 확산율과 같은 특성이다.

11.3.2 섬유에 수직한 하중

하중을 섬유에 수직으로 배열된 보강섬유 복합재료에 적용하면 그림 11.14(b)는 두 세포 및 섬유상이 같은 응력(iso stress 상태)에 제공된다. 즉,

$$\sigma_c = \sigma_m = \sigma_f = \sigma \tag{11.9}$$

응력에 적용된 방향에서 복합재료의 연장은 섬유와 세포의 성장의 합이다.

$$\Delta L_c = \Delta L_m + \Delta L_f \tag{11.10}$$

응력의 방향에 따른 복합 길이 L_c에 의해 식 (11.10)을 나눈다.

$$\frac{\Delta_c}{L_c} = \frac{\Delta L_m}{L_c} + \frac{\Delta L_f}{L_c} \tag{11.11}$$

섬유의 두께가 균일하다고 가정하면, 응력 방향 각 구성 요소의 누적된 길이는 부피율에 비례한다. 그러므로

$$L_m = \nu_m L_c \tag{11.12}$$

그리고

$$L_f = \nu_m L_c \tag{11.13}$$

식 (11.12)와 (11.13)에서 L_c의 값을 대입한다. 식 (11.11)을 통해

$$\frac{\Delta L_c}{L_c} = \frac{\nu_m \Delta L_m}{L_m} + \frac{\nu_f \Delta L_f}{L_f} \tag{11.14}$$

$\epsilon = \dfrac{\Delta L}{L}$을 이용하여, 식 (11.14)는 다음과 같이 다시 쓸 수 있다.

$$\epsilon_c = \nu_m \epsilon_m + \nu_f \epsilon_f \tag{11.15}$$

ϵ를 $\dfrac{\sigma}{E}$로 치환,

$$\frac{\sigma}{E_c} = \nu_m \frac{\sigma}{E_m} + \nu_f \frac{\sigma}{E_f} \tag{11.16}$$

또는

$$\frac{1}{E_c} = \frac{\nu_m}{E_m} + \frac{\nu_f}{E_f} \tag{11.17}$$

식 (11.17)과 같이 작성될 수 있다.

$$E_c = \frac{E_m E_f}{\nu_m X_f + \nu_f E_m} \tag{11.18}$$

식 (11.8)의 경우와 마찬가지로 식 (11.18)과 같이 일반화 할 수 있다.

$$X_c = \frac{X_m X_f}{\nu_m X_f + \nu_f X_m} \tag{11.19}$$

여기서, X는 열전도성, 전기 전도성 또는 확산율과 같은 특성이다.

그림 11.15와 같이 식 (11.6)과 (11.18)의 계수는 섬유의 부피율의 함수로서 구할 수 있다.

분명하게, 섬유는 섬유에 수직으로 하중을 재하되는 경우보다 섬유에 평행하게 재하될 때 복합계수를 높임으로써 더 효과적이다.

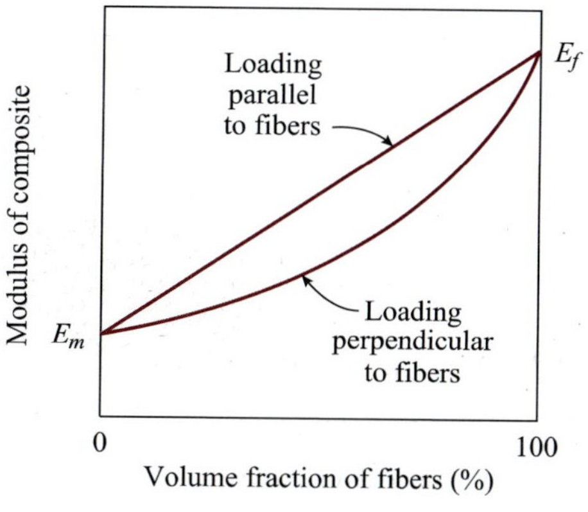

그림 11.15 섬유 체적의 탄성 계수 대 복합체의 탄성률

11.3.3 불규칙한 배열을 가진 섬유 복합재료

연속적으로 배열된 복합 섬유 재료와는 달리 불규칙하게 배열된 복합 섬유 재료의 역학적 특성이 등방성이다. 섬유의 종 방향, 횡 방향 사이에서 복합 섬유재료의 탄성 계수는 무작위로 배열된다. 불규칙하게 배열된 복합 섬유 재료의 탄성 계수를 추정하기 위해

식 (11.6)은 다음과 같이 다시 작성할 수 있다.

$$E_c = \nu_m E_m + K\nu_f E_f \tag{11.20}$$

여기서 K는 섬유의 효율 매개변수[Callister, 2006]이고, 랜덤하고 균일한 삼차원 공간에 분포된 섬유 K는 0.2의 값을 가진다.

예제 11.2

유리섬유는 무작위로 배향한 보강된 기질의 에폭시와 균일하게 분산된 E-glass섬유로 구성되어 있으며, E-glass fiber 와 에폭시의 탄성 계수는 각각 65 GPa, 7 GPa이다.
섬유의 체적비가 33%이고, 효율이 0.2라고 할 때, 유리섬유의 탄성계수를 구하시오.

풀이

식 11.20에 의해 $E_c = 0.67 \times 7 + 0.2 \times 0.33 \times 65 = 9.0$ GPa

11.3.4 입자 강화 복합재료

보강된 입자의 복합 하중 분석은 분산된 자연적 특성과 세포 면에 따라 달라진다. 이것의 정확한 분석은 매우 복잡할 수 있다. 식 (11.6)과 (11.18)은 보강입자 특성의 상한과 하한을 제공한다.

요약

다른 재료를 결합하는 것은 이전의 구성된 재료에 우수한 특성을 부여하는 복합체를 제조하는 것이다. 실제로 현재 토목 공학에서 사용되는 전통적인 물자의 대부분은 포틀랜드 시멘트 콘크리트, 철근 콘크리트, 아스팔트 콘크리트 및 목재의 설계를 포함한 복합재료였다. 복합재료는 일반적으로 섬유나 보강 입자로 분류되고 천연 재료의 분산질에 의해 결정된다. 복합재료의 특성은 분산질과 세포면의 결합, 분산질의 방향과 같은 재료의 성질에 의해 결정된다.

질의와 문제

11.1 복합재료란 무엇인가? 일상생활에서 사용되는 복합재료를 서술하시오.

11.2 일반재료보다 복합재료의 장점 5가지를 서술하시오.

11.3 미시적 복합재료를 정의하고, 미시적 복합재료의 두 가지 상에 대하여 서술하시오.

11.4 미시적 복합재료를 두 가지로 분류하고, 각각의 강성 메커니즘을 설명하시오.

11.5 섬유가 벌크재료보다 강한 이유를 서술하고, 상대적으로 벌크 형태일 때 약하고 섬유 형태일 때 강한 재료를 예시하시오.

11.6 섬유강화 복합재료에 요구되는 기질과 섬유의 적합한 특성을 비교하시오.

11.7 섬유 강화 복합재료에서 기질상의 기능을 3가지 서술하고, 기질과 섬유와의 강한결합이 필요한 이유를 쓰시오.

11.8 포틀랜드 시멘트 콘크리트에 사용되는 골재의 기능은 무엇인가?

11.9 인장 및 압축력이 가해지는 경우 아스팔트 콘크리트는 어떠한 방법으로 가해지는 하중을 지지하는지 작성하고, 어떤 조건에서 아스팔트 층이 인장을 받는지 쓰시오.

11.10 공학용 목재가 천연 목재보다 강하고 좋은 성질을 가지는지 이유를 간단히 쓰시오.

11.11 일정한 변형조건에서 섬유 강화 폴리머 복합재료(섬유 35%, 폴리머 65%)의 탄성계수를 계산하고, 섬유 강화 폴리머 복합재료에 전달되는 하중의 비율을 계산하시오. 섬유와 폴리머의 탄성계수는 각각 50×10^6 psi, 0.5×10^6 psi이다.

11.12 섬유 혼입률이 45%일 때, 11.11 문제를 반복하시오.

11.13 변형조건이 동일할 때, 11.11 문제를 반복하시오.

11.14 동일변형조건에서 탄소 40%, 에폭시 60%인 복합재료의 탄성계수를 계산하고, 탄소섬유에 의해 전달되는 하중의 비를 계산하시오. 탄소섬유와 에폭시의 탄성계수는 각각 350 GPa, 3.5 GPa이다.

11.15 탄소섬유의 체적이 35%라 가정하여 11.14의 문제를 푸시오.

11.16 동일하중 조건하에서 하에서 11.14의 문제를 푸시오.

11.17 복합 유리섬유는 무작위로 배향한 보강된 기질의 에폭시와 균일하게 분산된 유리섬유(E-glass fiber)로 구성되어 있다. 에폭시의 탄성계수는 6 GPa이며, 유리섬유의 탄성계수는 70 GPa이다. 복합유리섬유에서 유리섬유의 체적비가 (a) 25%, (b) 50%, (c) 75%일 때 복합유리섬유의 탄성계수를 구하고, 복합유리섬유의 유리섬유 혼입률에 따른 탄성계수 그래프를 그리고 유리섬유 혼입률에 따라 복합유리섬유의 탄성계수에 어떠한 영향이 있는지 서술하시오.

11.18 복합 유리섬유는 무작위로 배향한 보강된 기질의 에폭시와 균일하게 분산된 유리섬유(E-glass fiber)로 구성되어 있다. 유리섬유의 탄성계수는 10×10^6 psi이며, 에폭시의 탄성계수는 1×10^6 GPa이다. 복합유리섬유에서 유리섬유의 체적비가 (a) 30%, (b) 50%, (c) 70%일 때 복합유리섬유의 탄성계수를 구하고, 복합유리섬유의 유리섬유 혼입률에 따른 탄성계수 그래프를 작도하여 유리섬유 혼입률에 따라 복합유리섬유의 탄성계수에 어떠한 영향이 있는지 서술하시오.

11.19 짧은 길이를 갖는 철근콘크리트 기둥이 1000 KN의 축하중을 받는다. 콘크리트와 철근의 탄성계수는 각각 25, 207 GPa이며 철근의 단면적은 철근콘크리트 기둥의 2%이다. 철근콘크리트 기둥은 복합재료로 만들어졌으며, 철근과 평행한 축하중을 받는다고 할 때, 다음을 계산하시오.

a. 철근 콘크리트 기둥의 탄성계수

b. 철근과 콘크리트에 전달되는 하중

c. 콘크리트의 허용 압축응력은 20 MPa이며, 콘크리트가 먼저 항복한다고 할 때 필요한 기둥의 최소단면적의 크기

11.20 철근콘크리트로 된 단주가 60 kips의 축하중을 받는다. 콘크리트와 철근의 탄성계수는 각각 5×10^6, 30×30^6 psi이며, 철근의 단면적은 철근콘크리트 기둥의 단면적에 1.8%에 해당한다. 철근콘크리트 기둥은 복합재료로 만들어졌으며, 철근과 평행한 축하중을 받는다고 할 때, 다음을 계산하시오.

a. 철근 콘크리트 기둥의 탄성계수

b. 철근과 콘크리트에 전달되는 하중

c. 콘크리트의 허용 압축응력은 500psi이며, 콘크리트가 먼저 항복한다고 할 때 필요한 기둥의 최소단면적의 크기

11.21 인터넷 정보를 활용하여 토목공학 분야에서 사용되는 섬유보강 폴리머에 대하여 서술하시오(두 줄 간격으로 한 페이지를 작성하되, 2개 이상의 온라인 사이트를 참조할 것).

참고문헌

Agarwal, B. D. and L. J. Broutman. Analysis and Performance of Fiber Composites, 3rd ed. New York: John Wiley and Sons, 2006.

Callister, W. D., Jr. Materials Science and Engineering—-an Introduction. 7th ed. New York: John Wiley and Sons, 2006.

Creative Pultrusions, Inc. Creative Pultrusions Design Guide. Alum Bank, PA: Creative Pultrusions, Inc, 1970.

Grace, N. F. Materials for the Future-Innovative Use for FRP Materials for Construction. Detroit, MI: The Engineering Society of Detroit, Technology Century, 2002.

Grace, N. F., F. C. Navarre, R. B. Nacy, W. Bonus, and L. Collavin. “"Design-Construction of Bridge Street Bridge—-First CFRP Bridge in the United States,”" PCI Journal 47(5): 20–-35, September/October 2002. http://www.pci.org/pdf/journal/bridge_ street.pdf

Mallick, P. K. Fiber-Reinforced Composites—-Materials, Manufacturing, and Design, 3rd ed. New York: Marcel Dekker, 2007.

Neal, W. “Glass Fiber Reinforced Concrete—-A New Composite for Construction.” The Construction Specifier, March, 1977. Washington, DC: Construction Specifications Institute, 1977.

Shackelford, J. E. Introduction to Materials Science for Engineers, 7th ed. Upper Saddle River, NJ: Prentice Hall, 2008.

찾아보기

이형준
- 서울대학교 토목공학과 학사, 석사, 공학박사
- 현재 한밭대학교 건설환경공학과 교수

김형기
- KAIST 대학원 건설및환경공학과 공학박사
- 현재 조선대학교 건축학부 건축공학전공 교수

강수태
- KAIST 건설및환경공학과 공학박사
- 현재 대구대학교 건설시스템공학과 교수

홍기남
- 토호쿠대학 토목공학과 공학박사
- 현재 충북대학교 토목공학부 교수

김용주
- 미국 아이오와 주 교통국 아이오와 대학교 공공정책센터 엔지니어 및 책임연구원
- 현재 한국건설기술연구원 수석연구원

이재준
- North Carolina State University 토목공학과 공학박사
- 현재 전북대학교 토목공학과 교수

실험과 함께하는 **건설재료학**
Materials for Civil and Construction Engineers

정가 42,000원

발 행 2022년 3월 10일 초판 2쇄
저 자 Michael S. Mamlouk · John P. Zaniewski
역 자 이형준 · 김형기 · 강수태 · 홍기남 · 김용주 · 이재준
발행인 정우용
발행처 도서출판 동화기술
경기도 파주시 광인사길 201(문발동, 파주출판도시)
Tel (031)955-4211~6 donghwapub@nate.com
Fax (031)955-4217 www.donghwapub.co.kr
(등록) 1977년 12월 19일/9-16호

Printed in Korea
ISBN 978-89-425-9089-6
978-89-425-9088-9(세트)

Third Edition

실험과 함께하는

건설재료학

MATERIALS FOR CIVIL AND CONSTRUCTION ENGINEERS

KS 규격 재료시험법

Michael S. Mamlouk ▪ John P. Zaniewski

이형준 ▪ 김형기 ▪ 강수태
홍기남 ▪ 김용주 ▪ 이재준 공역

부록

APPENDIX CD 수록

PEARSON

도서출판 동화기술

Materials for Civil and Construction Engineers

Michael S. Mamlouk · John P. Zaniewski

Authorized translation from the English language edition, entitled Materials for Civil and Construction Engineers, 3rd edition, ISBN:9780136110583 by MAMLOUK, MICHAEL S.; ZANIEWSKI, JOHN P., published by Pearson Education, Inc., publishing as Prentice Hall

차례

금속 재료 인장 시험 방법 Method of tensile test for metallic materials (KS B 0802 : 2003) (2013 확인)

1. 적용 범위

이 규격은 금속 재료의 인장 시험 방법에 대하여 규정한다.

[비고] 이 규격의 대응 국제 규격은 다음과 같다.

ISO 6892 : 1998, Metallic materials－Tensile testing at ambient temperature

2. 재료 및 시험기구

시험편은 KS B 0801에 따른다. 다만 별도로 규정되어 있는 경우에는 그에 따른다. 인장 시험에 사용하는 시험기는 KS B 5521에 따른다.

3. 실험방법

시험은 다음에 따른다.

a) 시험편의 모양에 적합한 손잡이 장치를 사용하여 시험 중 시험편에는 축방향의 하중만이 가해지도록 한다.

b) 하중을 가하는 속도는 균일한 것이 바람직하며 그 지정은 다음 중 한 가지 방법에 따른다.

   1) 하중을 가하는 속도가 측정 결과에 현저한 영향을 미칠 우려가 있는 재료에 대해서는 그 재료 규격이 정한 바에 따른다. 또 특히 지정이 없는 경우에는 2) 및 3)에 따라 하중과 변형의 측정을 정확히 실시할 수 있도록 주의한다.

   2) 상항복점, 하항복점 또는 내력을 측정하는 경우는 재료 규격에서의 규정값에 대응하는 하중의 하중까지 적절한 속도로 하중을 가해도 되지만 하중을 초과한 후에는 상항복점, 하항복점 또는 내력까지의 평균 응력 증가율은 강에서는 3～30 N/mm^2・s, 알루미늄 및 그 합금에서는 30 N/mm^2・s 이하로 한다.

   3) 인장 강도를 측정하는 경우에 상항복점, 하항복점 또는 내력의 측정을 필요로 하지 않는 경우에는 한국산업규격의 재료 규격에서의 인장 강도의 규정값에 해당하는 하중의 하중까지는 적절한 속도로 하중을 가해도 되지만 하중을 넘은 후의 시험편 평행부의 변형 증가율은 강에서는 20～80 %/min, 알루미늄 및 그 합금에서는 80 %/min 이하가 되는 속도로 당기도록 한다. 상항복점, 하항복점 또는 내력의 측정을 끝낸 후에는 이 변형 증가율로 당기도록 한다.

c) 시험 온도는 10～35℃의 범위 내로 하고 필요하다면 시험 온도를 기록한다. 특히 온도 관리가 필요할 때에는 23±5℃로 한다. 다만 온도 변화에 민감한 재료에 대해서는 그 재료 규격에 따른다.

d) 시험편 평행부의 원 단면적을 구하는 방법은 다음에 따른다.

   1) 시험편(관 모양 시험편을 제외한다.)의 평행부의 원 단면적은 표점 간의 양 끝부 및 중앙부 3곳의 단면적의 평균값으로 한다. 다만 필요에 따라 테이퍼를 붙인 시험편은 최소 단면에서의 단면적을 측정하여 원 단면적으로 한다. 관 모양 시험편에서는 시험편 끝부에서 구한 단면적을 원 단면적으로 한다.

   2) 원형 단면의 시험편 및 관 모양 시험편의 원 단면적을 구하기 위한 지름은 서로 직교하는 2 방향에 대하여 측정한 값의 평균값으로 한다. 관 모양 시험편의 단면적을 구하기 위한 두께는

관 끝부의 원둘레를 등분하는 3곳 이상에 대하여 측정한 값의 평균값으로 한다.

[비고] 관 모양 시험편의 안지름 · 바깥지름을 서로 직교하는 2방향에 대하여 측정한 경우의 안지름 · 바깥지름 차의 평균값은 4곳 두께의 평균값으로 해도 좋다.

3) 각각의 원 단면적을 구하기 위한 지름 또는 나비, 두께는 적당한 측정기를 사용해서 규정 치수의 적어도 0.5%의 수치까지 측정한다. 다만 2 mm 이하의 치수에 대해서는 0.01 mm로 끝맺음해도 좋다.

4) 원형 단면 또는 직사각형 단면의 시험편에서 평행부의 지름 또는 두께 및 나비의 다듬질 치수가 평행부의 전체 길이에 걸쳐서 균일하고 그 치수 변화(최대값 − 최소값)가 표 1의 허용차를 넘지 않도록 시험편의 가공 등의 정밀도가 충분히 관리되고 있는 경우에는 1)에서의 3곳의 단면적 평균값을 대신해서 1곳 단면적의 측정값을 원 단면적으로 할 수 있다. 또 기계 다듬질을 한 평행부의 다듬질 치수와 그 호칭 치수의 차가 다음 표 1의 허용차를 넘지 않는 경우에는 호칭 치수를 사용해서 원 단면적을 구해도 좋다.

표 1 시험편 치수의 허용차(단위 : mm)

원형 단면 시험편		두께 6 이상의 직사각형 단면 시험편				두께 6 미만의 직사각형 단면 시험편			
호칭 지름	허용차	호칭 두께	허용차	호칭 나비	허용차	호칭 두께	허용차	호칭 나비	허용차
10 이상 12 미만	0.025	6 이상 12 미만	0.02	25 이상 40 미만	0.05	0.6 이상 1.2 미만	0.002	12.5 이상 25 미만	0.02
12 이상 16 미만	0.03	12 이상 20 미만	0.04	40 이상	0.10	1.2 이상 2.5 미만	0.004	25 이상	0.04
16 이상	0.04	20 이상	0.05	-	-	2.5 이상 6 미만	0.01	-	-

e) 표점 거리는 적절한 측정기에 사용하여 규정 치수의 적어도 0.4%의 정밀도로 측정한다.
일정한 표점 거리의 표점을 표시하는 장치나 표점 거리가 정해져 있는 연신율계를 사용하는 경우에는 이러한 장치의 표점 거리에 대하여 미리 앞에 서술한 측정을 실시하여 교정한다. 연신율계의 표점거리는 교정 결과, 규정 치수에 대한 오차가 1.0% 이내이면 규정 치수를 표점 거리로 해도 된다.

f) 상항복점 및 하항복점은 다음 식에 따라 산출한다.

상항복점의 경우 $\sigma_{SU} = \dfrac{F_{SU}}{A_0}$

하항복점의 경우 $\sigma_{SL} = \dfrac{F_{SL}}{A_0}$

여기서, σ_{SU} : 상항복점(N/mm^2)

σ_{SL} : 하항복점(N/mm^2)

F_{SU} : 1) 참조

F_{SL} : 2) 참조

A_0 : d)에 대한 원 단면적(mm^2)

1) 상항복점을 구하려면 시험편을 서서히 잡아 당겼을 때, 시험편 평행부가 항복하기 시작하기 이전의 최대 하중(보기를 들면 하중 지침을 가진 시험기에서는 지침이 일시 정지 또는 역행하기 이전의 최대 하중) F_{SU}(N)를 구한다.

2) 하항복점을 구하려면 시험편을 서서히 잡아 당겼을 때, 시험편 평행부가 항복하기 시작한 후의 거의 일정한 하중 상태에서의 최소 하중(보기를 들면 하중 지침을 가진 시험기에서는 지침이 일시 정지 또는 역행한 후에 일시 정지하는 하중) F_{SL}(N)을 구한다.

g) 내력은 다음 중 한 가지 방법에 따라 산출한다.

1) 오프셋법

오프셋법은 다음에 따른다.

$$\sigma_\epsilon = \frac{F_\epsilon}{A_\epsilon}$$

여기서, σ_ϵ : 오프셋법으로 산출한 내력(mm^2)

F_ϵ : 연신율계를 사용하여 하중과 늘어난 양의 관계선도를 구하여 규정된 영구 연신율(ϵ %)에 상당하는 연신 축 위의 점에서 시험 초기의 직선 부분에 평행선을 그어 이것이 선도와 만나는 점이 나타내는 하중(N)[그림 1a) 참조]

A_0 : d)의 원 단면적(mm^2)

또한 여기에 쓰이는 연신율계의 기록 용지는 등분 눈금으로 연신율계는 KS B 5518에 따른 등급이 2급 이상 또는 측정해야 하는 전체 연신율(l%)을 ±2% 또는 10 mm 중 큰 쪽 값의 정밀도로 측정할 수 있는 것을 사용한다.

[비고] 오프셋법으로 산출한 내력의 식에 대해서는, 보기를 들면 규정된 영구 연신율 ϵ = 0.2% 경우에는 다음과 같이 나타낼 수 있다.

$$\sigma_{0.2} = \frac{F_{0.2}}{A_0}$$

2) 영구 연신율법 내력이 규격에 합격하는지를 결정하는 것만으로 좋은 경우에는 한국산업규격의 규정값에 원 단면적을 곱해서 얻은 하중을 15초간 가하여 이것을 빼고 측정한 표점 사이의 영구 연신율이 규정값 이하인지 여부에 따라 판정해도 된다[그림 1b) 참조].

3) 전체 연신율법 규정된 영구 연신율 ϵ%를 얻을 수 있는 하중(F_λ) 하의 전체 연신율이 1%가 분명한 경우에는 내력을 다음 방법으로 산출하여도 된다[그림 1c) 참조].

$$\sigma_\epsilon(\lambda) = \frac{F_\lambda}{A_0}$$

여기서, $\sigma_\epsilon(\lambda)$: 전체 연신율법으로 산출한 내력(N/mm^2)

F_λ : 연신율계를 사용하여 측정한 하중 아래의 전체 연신율이 λ%가 되었을 때의 하중(N)

A_0 : d)의 원 단면적(mm^2)

또한 여기에 이용하는 연신율계는 KS B 5518에 따른 등급이 2급 이상 또는 측정해야 하는 전체 연신율(l %)을 그 ±2% 또는 ±10 mm 중 큰 쪽 값의 정밀도로 측정할 수 있는 것을 사용한다.

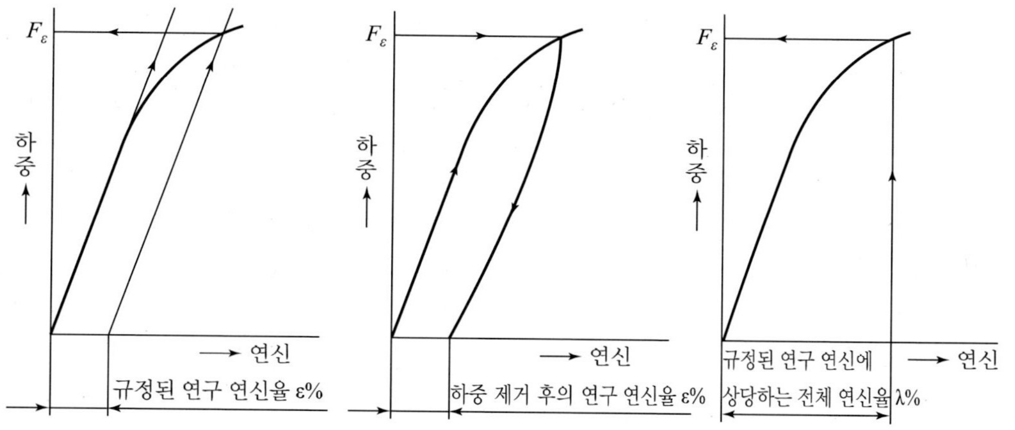

그림 1 내력을 구하는 방법

h) 인장 강도는 다음 식에 따라 산출한다.

$$\sigma_B = \frac{F_{\max}}{A_0}$$

여기서, σ_B : 인장 강도(N/mm^2)

$F_{\max}$: 최대 인장 하중(N)

A_0 : d)의 원 단면적(mm^2)

i) 상항복점, 하항복점, 내력 또는 인장 강도를 산출하기 위한 하중은 그 크기의 0.5%까지 읽는다. 항복점, 내력, 인장 강도의 수치(N/mm^2)는 KS A 3251－1의 수치 맺음 방법에 따라 정수로 끝맺음한다.

j) 항복 연신율은 다음 식에 의해 산출한다.

$$\lambda_r = \lambda_{SL} - \lambda_{SU}$$

여기서, λ_r : 항복 연신율(%)

λ_{SU} : 연신율계를 사용하여 구한 하중과 늘어난 양의 관계 곡선에서의 상항복점이 나타내는 전체 연신율(%)

λ_{SL} : 위의 곡선에서 상항복점을 지나서 다시 연속적으로 하중 증가를 나타내기 시작하는 점에서의 전체 연신율(%)

또한 이것에 사용하는 연신율계는 KS B 5518에 따른 등급이 2급 이상 또는 측정해야 할 전체 연신율(l %)을 ±2% 또는 ±10 mm 중 큰 쪽의 정밀도로 측정할 수 있는 것을 사용한다. 또 연신율계 표점 거리는 시험편의 표점 거리와 같아야 한다.

k) 파단 연신율은 다음 식에 따라 산출한다.

$$\delta = \frac{l - l_0}{l_0} \times 1000$$

여기서, δ : 파단 연신율(%)

l : 시험편의 양 파단편의 중심선이 일직선 위에 있도록 주의해서 파단면을 맞대고 b)에 준해서 측정한 표점 사이의 길이(mm)

l_0 : 표점 거리(mm)

다만 연신율계를 사용하여 파단 연신율을 측정하는 경우는 특별히 지정이 없으면 l은 시험편 파단시의 전체 연신율로 하면 된다. 또한 이것에 사용하는 연신율계는 그 표점 거리가 시험편의 표점 거리와 같고, 또한 표점 거리의 ±0.5%에 상당하는 정밀도로 연신율을 측정할 수 있는 것을 사용한다.

[비고] 판 모양 시험편에서 파단면을 맞댄 경우, 나비의 중앙부에 틈새(CP)가 있는 경우(그림 2)에 이 CP의 치수를 빼지 않고 표점 O_1, O_2 간의 길이를 가지고 파단 연신율을 산출한다.

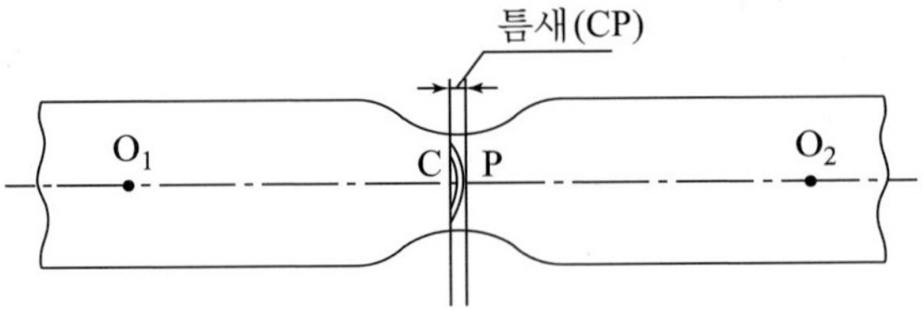

그림 2 파단 연신율의 산출

l) 항복 연신율의 수치는 KS A 3251－1의 수치 맺음 방법에 따라 소수점 이하 1자리로 끝맺음한다. 파단 연신율의 수치는 KS A 3251－1의 수치 맺음 방법에 따라 정수로 끝맺음한다. 다만 표점 거리가 100 mm를 초과하는 경우에는 다시 상세히 구하는 것이 바람직하다.

m) 단면 수축률의 측정에는 원형 단면의 시험편을 사용한다.

n) 단면 수축률은 다음 식에 따라 산출한다.

$$\phi = \frac{A_0 - A}{A_0} \times 100$$

여기서, ϕ : 단면 수축률(%)

A : 시험편의 파단면을 주의하여 맞대고 a)에 준하여 측정한 최소 단면적(mm^2)

A_0 : 원 단면적(mm^2)

4. 주의 및 참고사항

a) 단면 수축률의 수치는 KS A 3251－1의 수치 맺음 방법에 따라 정수로 끝맺음한다.

b) 인장 시험의 성적에는 필요한 경우 시험편의 파단 위치에 따라서 다음의 기호를 부가하여 구별한다.

- A : 표점 간의 중심에서 표점 거리의 1/4 이내(그림 3의 A부)에서 파단된 경우
- B : 표점 간의 중심에서 표점 거리의 1/4을 넘어서 표점 이내(그림 3의 B부)에서 파단된 경우
- C : 표점 바깥(그림 3의 C부)에서 파단된 경우

이 A, B, C의 구분은 파단 후의 표점 간의 길이로 생각해도 된다.

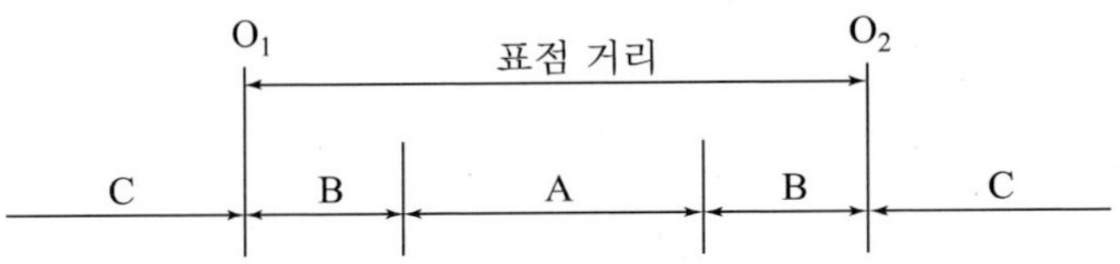

그림 3 파단 위치의 구분

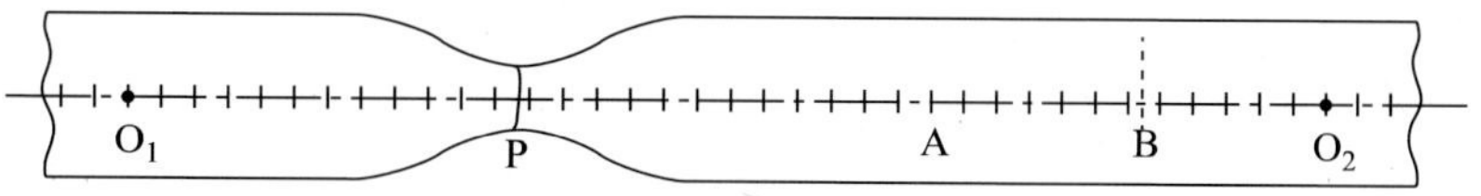

참고 그림 1 파단 연신율의 추정

c) 이 시험의 성적에는 원칙적으로 시험편의 종류를 부기한다.

[참고] 파단 연신율의 추정 시험편의 파단 위치가 7. m)의 B의 경우에 표점 사이의 중앙에서 절단된 경우의 파단 연신율의 값을 추정값으로(이하 추정값이라 한다.) 하려면 다음 방법에 따른다(참고 그림 1).

1) 미리 표점 사이를 적당한 길이로 등분하여 눈금을 매긴다.
2) 시험 후 파단면을 서로 맞대서 짧은 쪽의 파단편 위의 표점(O_1)의 파단 위치(P)에 대한 대칭점에 가장 가까운 눈금(A)을 구하여 O_1A 사이의 길이를 측정한다.
3) 긴 쪽의 파단편 위의 표점(O_2)과 A 사이의 등수분을 n으로 하고 n이 짝수일 때는 A에서 O_2의 방향으로 $n/2$번째의 눈금, n이 홀수일 때는 $(n-1)/2$번째의 눈금과 $(n+1)/2$번째의 눈금의 중심을 B로 하고 AB 사이의 길이를 측정한다.
4) 추정값은 다음 식에 따라 산출하여 (추정값)이라고 부기한다.

$$\text{추정값}(\%) = \frac{O_1A + 2AB - \text{표점거리}}{\text{표점거리}} \times 100$$

금속 재료 충격 시험 방법 Method of impact test for metallic materials (KS B 0810 : 2003) (2013 확인)

1. 적용 범위 및 시험 목적

이 규격은 금속 재료의 샤르피 충격 시험 방법에 대하여 규정한다.

[비고] 이 규격의 대응 국제 규격은 다음과 같다.

ISO 83 : 1976 Steel－Charpy impact test(Unotch)

ISO 148 : 1983 Steel－Charpy impact test(Vnotch)

이 규격에서 사용하는 주요 용어의 정의는 KS D 0048에 따르거나 다음에 따른다.

a) 흡수 에너지[K(J)] 시험편을 파단하는 데 필요한 에너지로, 필요한 경우 다음 기호를 부기하여 구별한다.

KV2 : 충격 날 반지름 2 mm의 시험기에서 V노치 시험편을 파단하는 데 필요한 에너지(J)

KV8 : 충격 날 반지름 8 mm의 시험기에서 V노치 시험편을 파단하는 데 필요한 에너지(J)

KU2 : 충격 날 반지름 2 mm의 시험기에서 U노치 시험편을 파단하는 데 필요한 에너지(J)

KU8 : 충격 날 반지름 8 mm의 시험기에서 U노치 시험편을 파단하는 데 필요한 에너지(J)

중앙부에 규정의 노치를 가공한 시험편을 그 양 끝에서 지지하고, 일정 조건 아래에서 해머를 한 번 침으로써 시험편을 파단하여 특성을 구한다.

2. 재료 및 실험기구

시험편은 KS B 0809에 적합한 것을 사용한다.

시험기는 다음에 따른다.

a) 충격 시험에 사용하는 샤르피 충격 시험기는 KS B 5522에 적합한 것을 사용한다.
b) 시험기는 해머의 회전축을 수평으로 놓고, 단단한 기초대에 부착하여 사용한다.
c) 시험기는 그 주요 부분의 분해 재조립, 모양을 교체한 경우 및 설치를 교체한 경우에는 다시 정밀도에 관한 검사를 하여 KS B 5522에 적합한 것이라는 것을 확인한 후 사용한다.
d) c)에 해당하지 않는 경우라도 사용 도수에 따라 일정 기간마다 정밀도를 재확인하여야 한다.
e) 시험기는 그 사용 전후에 해머 및 지침(고정 바늘)에 의한 에너지 손실을 검사하는 것이 바람직하다.

3. 실험방법

시험은 다음에 따른다.

a) 충격 시험기는 보통은 반지름 2 mm의 충격 날을 사용한다. 다만 한국산업규격의 재료 규격에서 규정이 있는 경우는 반지름 8 mm의 충격 날을 사용한다.
b) 샤르피 충격 시험에서는, 시험편은 그 노치부를 시험편 받침대 사이의 중앙에 일치시키도록 한다. 그 경우, 시험편의 노치부의 중앙과 시험편 받침대 사이의 중앙과의 물림은 0.5 mm 이내로 하는 것이 바람직하다.
c) 시험은 지정된 온도에서 실시한다.
d) 실온에서 시험을 하는 경우의 시험 온도는 특별한 지정이 없는 한 (23±5)℃의 범위 내로 하고, 시험 온도를 기록하는 것이 바람직하다. 다만 시험 온도가 시험 결과에 영향을 줄 염려가 있는 재료에 대해서는 (23±2)℃로 하고, 그 한국산업규격의 재료 규격의 지시에 따른다.
e) 저온에서 시험을 하는 경우는 시험편을 지정의 시험 온도에 대하여 ±1℃로 유지된 액조(液槽) 또는 기조(氣槽) 안에 놓고, 액조 안에서는 적어도 5분간 또는 기조 중에서는 적어도 30분간 시험편 온도를 일정하게 유지한 후 시험편을 꺼내서 시험기의 시험편 받침대에 놓고 해머로 충격을 가한다. 이 경우 액조 또는 기조 안의 시험편은 냉각용 액체에 충분히 담그거나 또는 기체 중에 충분히 닿도록 한다. 액조 또는 기조의 온도 측정은 시험편이 놓여진 위치 부근에서 실시한다.
   또한 액조 또는 기조에서 시험편을 꺼내고 나서 충격을 가할 때까지의 시간은 5초 이내로 한다.
   [비고] 1. 시험편을 액조 안에 담그는 경우에는 격자 모양의 대에 얹고 액조 밑면에서 25 mm 이상 및 액층벽에서 10 mm 이상 떼고, 액면에서 25 mm 이상 담그는 것이 바람직하다.
   2. 시험편을 기조 안에 담그는 경우에는 체임버 벽에서 50 mm 이상 떼고, 시험편끼리의 틈새를 10 mm 이상 떼는 것이 바람직하다.
f) 200℃ 이하의 고온에서 시험을 하는 경우는 시험편을 지정된 온도에 대하여 ±2℃로 유지된 액조 안에 놓고, 시험편 온도를 적어도 10분간 일정하게 유지하고, 200℃를 넘는 고온에서 시험을 하는 경우는 지정 온도에 대하여 ±5℃의 허용차로 유지한 기조 안에 놓고, 시험편 온도를 적어도 20분간 일정하게 유지하고, 그 후 시험편을 시험기의 지지대에 놓고 해머로 충격을 가한다. 이 경우 액조 또는 기조 안의 시험편의 유지, 온도의 측정 및 시험편 꺼내기에서 충격까지의 시간에 대해서는 e)와 동일하게 한다.
   [참고] 1. 저온 또는 고온에서의 시험을 실시하는 경우에 시험편의 냉각 또는 가열에는 다음과 같

은 것을 사용하면 된다.

시험 온도	
500 ~ 200℃	기체(가열로 사용)
200℃ ~ 상온	고온유(기름조 사용)
0℃	얼음과 물
0 ~ −70℃	알코올 또는 아세톤과 드라이아이스 알갱이
−70 ~ −155℃	액체 질소로 냉각한 이소펜탄
−196℃	액체 질소

2. 실온 이외의 시험에서는 시험편을 액조 또는 기조에서 꺼내 시험편 받침대에 놓는 경우에 정확한 위치에 신속하게 놓을 수 있는 시험편 손잡이 지그를 사용하면 된다. 지그의 시험편 손잡이 부분은 시험편과 같은 온도로 하는 것이 바람직하다.

g) 충격 시험값의 결정에 사용하는 시험편의 수는 한국산업규격의 재료 규격이 정하는 바에 따른다. 특히 지정이 없는 경우 원칙적으로 하나의 시험 온도에서 사용하는 시험편의 수는 3개로 한다. 다만 시험값의 산포가 적은 경우는 소요 시험편의 수가 2개이어도 좋다.

h) 흡수 에너지가 용량의 80%를 넘은 시험 결과는 무효로 한다.

i) 시험 후의 시험편이 손으로 꽉 잡아도 2개로 분리되지 않는 경우는, 시험편은 X J(X는 시험기의 용량)의 시험기로 꺾이지 않았다는 것을 보고하여야 한다.

4. 흡수 에너지, 파면율, 천이 온도 및 가로 변형량을 구하는 방법

흡수 에너지, 파면율, 천이 온도 및 가로 변형량을 구하는 방법은 다음에 따른다.

a) 시험편을 파단하는 데 필요한 에너지는 다음 식에 따라 산출한다.

$$K = M(\cos\beta - \cos\alpha)$$

여기서, K : 시험편을 파단하는 데 필요한 에너지(J)

M : 해머의 회전축 둘레의 모멘트(N · m)

$M = W \cdot r$

W : 해머의 질량에 의한 부하(N)

r : 해머의 회전축 중심(中心)에서 중심(重心)까지의 거리(m)

α : 해머의 들어올림 각도(°)

β : 시험편 파단 후의 해머의 흔들어 올림 각도(°)

b) 시험편을 파단하는 데 필요한 에너지의 값은 KS A 3251−1에 따라 정수로 끝맺는다. 그리고 K의 값을 특히 상세하게 필요로 하는 경우에는 다음 식을 사용하여 산출하여도 좋다.

$$K = M(\cos\beta - \cos\alpha) - L$$

여기서, K : 시험편을 파단하는 데 필요한 에너지(J)

M : 해머의 회전축 둘레의 모멘트(N · m)

$M = W \cdot r$

W : 해머의 질량에 의한 부하(N)

r : 해머의 회전축 중심(中心)에서 중심(重心)까지의 거리(m)

α : 해머의 들어올림 각도(°)

β : 시험편 파단 후의 해머의 흔들어 올림 각도(°)

L : 해머의 운동 중에 잃은 에너지(J)

c) 취성 파면율은 시험편의 파면을 관찰(그림 1)하여 다음 식에 따라 산출한다.

$$B(\%) = \frac{C}{A} \times 100$$

여기서, B : 취성 파면율(%)

C : 취성 파면의 면적(mm^2)

A : 파면의 전 면적(mm^2)

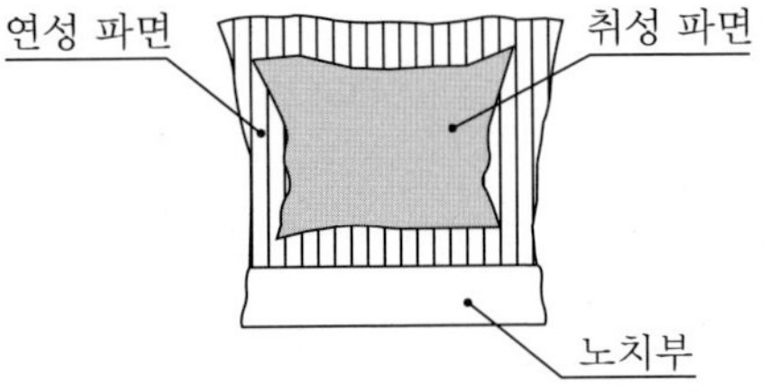

그림 1 시험편의 파면

취성 파면율 B의 수치는 보통은 적어도 5% 단위로 산출한다. 그리고 취성 파면율은 미리 취성 파면율이 구해져 있는 표준 파면과의 비교에 의해 구해도 좋다. 이 경우 표준 파면은 취성 파면율로 약 10%마다 만들어져 있는 것이 바람직하다. 또한 시험편 파단부의 변형이 뚜렷하지 않은 경우에는 파면율을 산출할 때 시험편 노치부의 원(原) 단면적을 파면의 전 면적으로 하여도 좋다.

d) 연성 파면율은 다음 식에 따라 산출한다.

$$S(\%) = \frac{F}{A} \times 100$$

여기서, S : 연성 파면율(%)

F : 연성 파면의 면적(mm^2)

A : 파면의 전 면적(mm^2)

e) 가로 변형량을 구하려면 2개로 파단된 시험편을 충격면(노치부와 반대의 면)에서 맞춰서(그림 2), 시험편 끝부분의 변형이 생기지 않은 옆면(노치부에 직각인 면)을 양 파단편에서 일치시킨다. 이 양 옆면사이의 나비(그림 2b)를 기준으로 하여 가로 방향으로 최대로 튀어나와 있는 곳의 나비(그림 2a)를 구하고, 기준으로 한 나비의 차를 가로 변형량으로 한다. 통상적으로 가로 변형량의 값은 소수점 이하 둘째 자리까지 구한다.

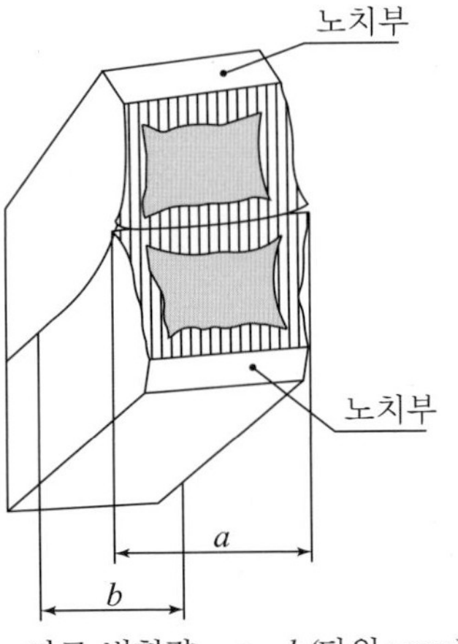

가로 변형량 $= a - b$ (단위 : mm)

그림 2 가로 변형량

[비고] 1. 가로 변형량 측정의 경우에는, 가로 방향의 튀어나와 있는 상태는 2개의 파단편에서 반드시 일치하지 않은 점에 주의하여 측정한다(그림 2의 보기에서는 아래쪽의 파단편은 왼쪽으로, 위쪽의 파단편은 오른쪽으로 보다 크게 나와 있다).

2. 가로 변형량을 구하려면 시험편의 2개의 파단편 각각에 각 옆면에서의 팽창을 개별적으로 측정하여 구해도 좋다. 이 경우 가로 변형량은 그 측정값에서 파단편을 그림 2와 같이 맞춘 경우의 각 옆면에서의 튀어나옴(2개의 파단편의 튀어나옴을 비교하여 큰 쪽의 값)을 결정하여 그 양 옆면에 대한 합으로써 산출한다.

3. 가로 변형량 천이 온도는 보통, KS B 0809의 그림 2a)의 U노치 시험편에 의한 샤르피 충격시험에서 구할 수 있다.

f) 천이 곡선을 구하는 경우는 원칙적으로 연성 파면율 100% 및 취성 파면율 100%에 상당하는 온도를 포함하는 천이 온도 영역에서 적당한 몇 개의 시험 온도를 골라서 시험하도록 한다. 천이 곡선은 세로축에 흡수 에너지, 연성(또는 취성) 파면율 또는 가로 변형량을 잡고, 가로축에 시험 온도를 잡아서 시험 결과를 나타내는 각 점의 거의 중앙을 통하여 그리도록 한다(그림 3). 천이 곡선은 외삽에 의해 그려서는 안 된다.

g) 파면 천이 온도 및 에너지 천이 온도는 f)에서 구해지는 천이 곡선에 의해 구한다(그림 3의 보기 참조). 다만 파면 천이 온도는 연성 파면율 50%가 되는 온도로 한다. 또한 에너지 천이 온도는 당사자 사이의 협의에 따라 연성 파면율 100%가 되는 온도에서의 흡수 에너지의 1/2의 값에 상당하는 온도로 구하여도 좋다. 그리고 이러한 천이 온도를 구하기 위한 천이 곡선의 시험 온도의 범위는 필요로 하는 천이 온도가 보간에 의해 구할 수 있는 범위면 된다.

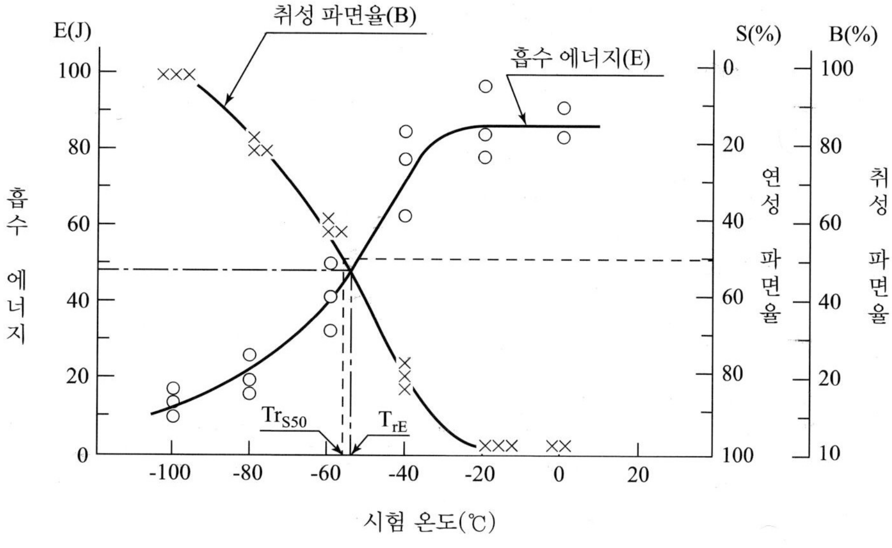

그림 3 파면 천이 온도 Tr_{S50} 및 에너지 천이 온도 Tr_{E}의 보기

5. 결과보고서 양식

시험 결과의 보고가 필요한 경우에는 다음 사항 중에서 인수·인도 당사자 사이의 협정에 따라 선택한다.

a) 시험편의 이력
b) 노치의 모양
c) 서브 사이즈 시험편의 경우는 시험편 나비의 치수
d) 실온 시험 이외는 그 시험 온도
e) 흡수 에너지
f) 시험에 영향을 준다고 생각되는 이상 사태
g) 시험기의 용량
h) 시험편의 채취 방법(인수·인도 당사자 사이의 협정에 따라 ISO/CD 148－1의 기호를 사용한다.)

i) 연성 파면율(인수 · 인도 당사자 사이의 협정에 따라 ISO/CD 148－1의 기호를 사용한다.)
j) 가로 변형량(인수 · 인도 당사자 사이의 협정에 따라 ISO/CD 148－1의 기호를 사용한다.)

부속서 1 (규정) 강의 샤르피 U-노치 충격 시험 방법

1. 적용범위 및 시험목적

이 규격은 강의 충격 강도 측정에 이용되는 샤르피 충격 시험 방법(U-노치)에 대하여 규정한다. 시험의 원리는 U-노치 시험편을 지지대 중앙에 설치하고 양 끝단을 지지한 후 일정 조건 하에서 해머로 한 번 쳐서 파단시켜 흡수된 에너지를 측정한다.

2. 재료 및 시험기구

이 규격에 적용되는 기호 및 호칭은 부속서 1 그림 1 및 부속서 1 표 1과 같다.

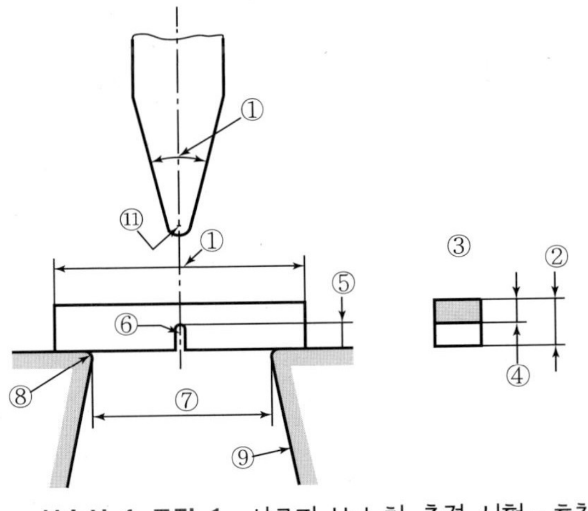

부속서 1 그림 1 샤르피 U-노치 충격 시험 - 호칭 번호

부속서 1 표 1 기호 및 호칭

번호	기호	호칭
1	–	시험편의 길이
2	a	시험편의 두께
3	b	시험편의 나비
4	–	시험편 노치부 가공면의 깊이
5	–	노치 깊이
6	–	노치 바닥면의 곡률 반지름
7	L	지지대 사이의 거리
8	–	지지대 곡률 반지름
9	–	지지대 경사도

10	–	해머 선단 각도
11	–	해머 선단 곡률 반지름
	KU	흡수 에너지, 줄(J)

a) 시험편 길이는 55 mm로 해야 하고, 4각 단면의 나비는 10 mm로 해야 한다. 길이 방향 중앙에 곡률 반지름이 1 mm이고 바닥면이 원형인 5 mm(별도의 규정이 없을 경우) 깊이의 U-노치(또는 키홀 노치)를 제작해야 한다. 시험편은 기계 가공으로 잘 다듬질한다. 키홀 노치를 만들 경우에는 홀의 지름을 2 mm로 하고, 나비가 2 mm 이하가 되도록 절단한다. 대부분의 재료에서 키홀이나 U-노치를 사용해도 깊이가 5 mm로 동일할 경우 시험 결과는 차이가 없다.

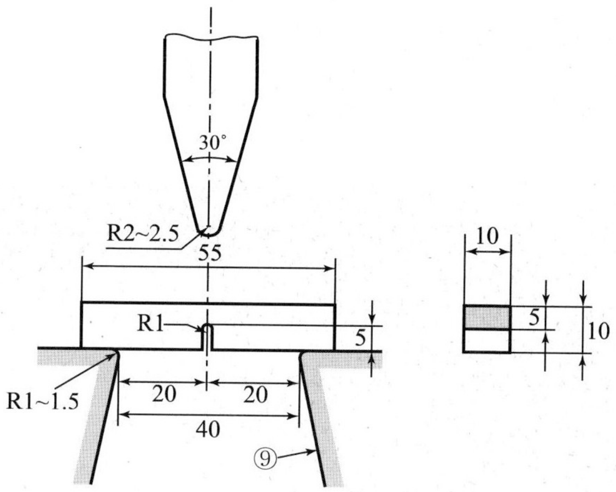

부속서 1 그림 2 샤르피 U-노치 충격 시험편(치수)(단위 : mm)

b) 노치의 대칭면은 시험편의 길이 방향 축에 대하여 수직이어야 한다.
c) 이 규격에서 규정한 시험편의 치수 허용차는 부속서 1 표 2와 같다.
d) 노치의 가공 방법에 대해서는 특별히 규정하지 않고 일반적인 가공 방법을 사용해도 좋다. 노치는 정교히 가공하여 노치 바닥면에 홈 등이 발생되지 않아야 한다.
e) 시험 장치는 부속서 1 표 3을 만족하여야 한다.

부속서 1 표 2 시험편의 치수 허용차

호칭	규정 치수	치수 허용차
길이	55 mm	±0.60 mm
두께	10 mm	±0.11 mm
나비	10 mm	±0.11 mm
노치 깊이	5 mm	±0.09 mm
노치 바닥면 곡률 반지름	1 mm	±0.07 mm
시험편 끝단에서 대칭면 거리	27.5 mm	±0.42 mm
시험편의 길이 방향 축과 노치 대칭면 사이 각	90°	±2°

부속서 1 표 3 시험 장치의 요구 조건	
항 목	요구 조건
지지대 사이의 거리	40 + 0.50 mm
지지대 곡률 반지름	1 ~ 1.5 mm
지지대 경사각	1 : 5
해머 선단 각도	30±1°
해머 곡률 반지름	2 ~ 2.5 mm
해머의 순간적인 타격 속도	5 ~ 5.5 m/s ([1])

주([1]) 이 규격 이전에 제작된 시험 장치의 경우에는 쌍방 합의에 의해 4.5 ~ 7 m/s 속도도 사용할 수 있다.

1) 해머의 회전면은 수직이 되어야 한다. 시험 장치는 견고히 고정이 되어서 시험이 진행되는 동안 시험기 골격에서 진동, 이동, 회전 등의 에너지 손실이 일어나지 않아야 한다. 해머의 충격점에 충돌 중심이 있어야 한다. 시험 장치의 눈금 나비의 정확도는 시험 장치 최대 충격 에너지의 ±0.5%를 유지해야 한다.
2) 표준 시험에서 시험 장치의 충격 에너지는 300±10 J을 유지하여야 한다. 5 mm 깊이의 U-노치를 사용하였을 경우 충격 흡수 에너지를 KU로 표기한다.
3) 서로 다른 충격 에너지를 갖는 시험 장치를 사용할 수 있으며 이 경우 KU는 도표에서 적절하게 보정한다.
4) 노치 깊이가 5 mm가 아닌 다른 U-노치(키 홀 포함)를 사용할 경우 다음과 같이 표기한다.
   - KU 100/3 : 충격 에너지 100 J, 3 mm 노치 깊이
   - KU 300/3 : 일반 충격 에너지 300 J, 3 mm 노치 깊이
5) 시험 장치는 ISO 442에 따라 검증되어야 한다.

3. 주의 및 참고사항

a) 시험편은 지지대에 직각으로 설치되어야 하고, 노치의 대칭면은 시험편 지지대 사이 중앙에서 0.5 mm 이내에 설치되어야 한다. 충격은 노치 대칭면 내에서 해머에 의해서 이루어져야 하며, 타격은 노치 반대면에서 이루어져야 한다.

b) 충격이 일어날 때 시험편의 온도는 시험 규정 온도에서 ±2℃ 이내이어야 하며, 이 온도를 벗어날 경우 허용 범위는 당사자 사이에 정한다. 시험 온도가 규정되지 않을 경우 평균적으로(일반적으로) 20℃로 하고, 열대 지역의 경우 27℃로 한다. 이 경우 허용차는 앞서 규정한 값보다 상회한다. 어느 경우에나 시험 온도를 명기해야 한다.

c) 시험시 시험편이 완전히 2개로 파단되지 않을 경우 측정된 에너지 값은 부정확하므로 이 경우 시험보고서에는 시험편이 완전히 파단되지 않았다고 x J로 명기한다.

[비고] 동일 시험편으로 측정한 값을 비교해야 한다. 특정한 시험 방법에서 얻은 결과값을 다른 시험 방법에서 얻은 값으로 변환하는 방법은 바람직하지 않다.

부속서 2 (규정) 강의 샤르피 V-노치 충격 시험 방법

1. 적용범위 및 시험목적

이 규격은 강의 충격 강도를 산출하기 위한 샤르피 V-노치 충격 시험 방법에 대하여 규정한다. V-노치 시험편을 중앙에 설치하고 양 끝단을 지지한 후 해머로 한 번에 파손시켜 흡수된 에너지를 측정한다.

2. 재료 및 시험기구

이 규격에 적용되는 기호 및 호칭은 부속서 2 그림 1 및 부속서 2 표 1과 같다.

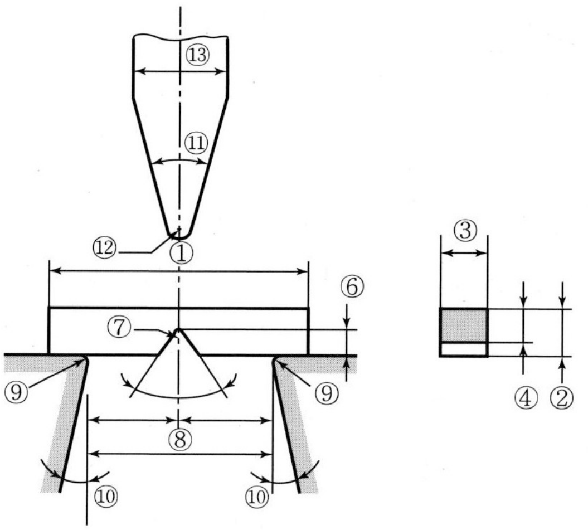

부속서 2 그림 1 샤르피 V-노치 시험

부속서 2 표 1 호칭(부속서 2 그림 1 참조)

번호	호칭	단위
1	시험편의 길이	mm
2	시험편의 높이	mm
3	시험편의 나비	mm
4	시험편 노치부 가공면 깊이(노치 음의 높이)	mm
5	노치 각	deg
6	노치 깊이	mm
7	노치 바닥면의 곡률 반지름	mm
8	지지대 사이 거리	mm
9	지지대 곡률 반지름	mm
10	지지대 경사 각도	deg
11	해머 선단 각도	deg
12	해머 선단 곡률 반지름	mm
13	해머 나비	mm
–	흡수 에너지. 단위 : KV	J

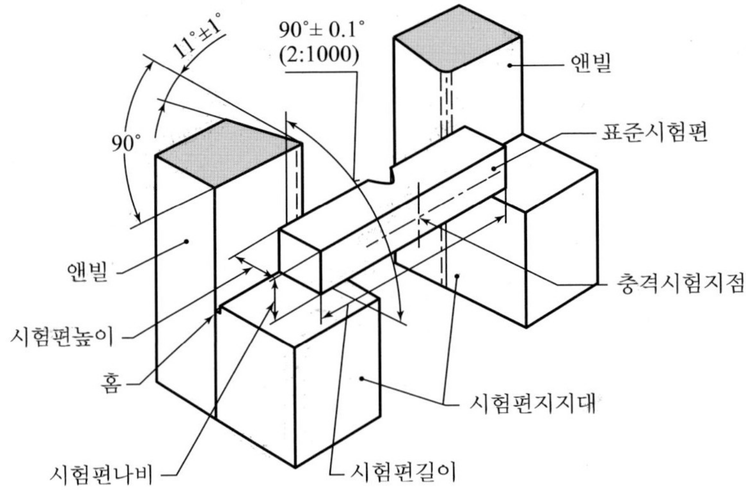

부속서 2 그림 2 시험편 설치도

a) 표준 시험편은 길이를 55 mm로 하고 4각 단면의 폭을 10 mm로 하여야 한다. 길이 방향 중앙에 각도 45°, 깊이 2 mm, 노치 바닥면 곡률 반지름 0.25 mm인 V-노치를 제작하여야 한다.
재료 특성상 표준 시험편을 제작하기 어려운 경우 나비가 7.5 mm 또는 5 mm인 보조 시험편을 사용할 수 있다. 그러나 이 경우 좁은 한 면에 노치를 가공하여야 한다. 시험편은 모두 기계 가공을 한다.
노치의 대칭면은 시험편의 길이 방향에 대하여 수직이어야 한다.
이 규격에서 규정한 시험편의 치수 허용차는 부속서 2 표 2와 같다.

부속서 2 표 2 시험편의 치수 허용차

호칭	규정 치수	치수 허용차
길이	55 mm	±0.60 mm
높이	10 mm	±0.60 mm
나비		
－표준 시험편	10 mm	±0.11 mm
－보조 시험편	7.5 mm	±0.11 mm
－보조 시험편	5 mm	±0.06 mm
노치 각	45°	±2°
노치 아래 시험편 두께	8 mm	±0.06 mm
노치 바닥면 곡률 반지름	0.25 mm	±0.025 mm
시험편 끝단에서 노치 대칭면 거리	27.5 mm	±0.42 mm
시험편의 길이 방향 축과 노치 대칭면 사이 각	90°	±2°
시험편 길이 방향 인접면 사이 각도	90°	±2°

[비고] 재료 표준 규격인 경우라면 시험편의 나비가 위에 제시한 나비와 상이할 경우에도 사용할 수 있다. 단지 동일 형상 및 동일 치수로 제작된 시험편을 이용할 경우 시험 결과를 비교할 필요가 있다.

b) 시험편에는 어떠한 물성 변화가 일어나지 않도록 열처리, 냉간 가공 등을 최소화하여야 한다. 또한 노치 바닥면에 홈이 발생하지 않도록 기계 가공시 주의하여야 한다.
c) 시험편은 스탬핑(stamping)으로 인한 가공 경화를 회피하기 위하여 앤빌이나 지지대가 접촉하는 면과 노치에 가까운 곳을 제외하고는 어느 면이나 표시를 할 수 있다.
d) 시험 장치는 ISO 442에 따라 견고하게 제작 설치되어야 한다. 시험 장치는 부속서 2 표 3을 만족하여야 한다.
   1) 표준 시험 상태 하에서 표준 치수의 시험편을 사용하였을 경우에는 시험 장치의 정상 충격 에너지를 300±10 J로 유지하여야 한다. 상기 조건 하에서 충격 흡수 에너지를 KV로 표기한다.
   2) 서로 다른 충격 에너지를 가지는 시험 장치를 사용할 수 있으며, 이 경우 KV는 적절한 도표로 보정하여야 한다.
   3) 보조 시험편을 사용할 경우에는 다음과 같이 시험편 나비와 시험 장치의 충격 에너지 관계에서 KV를 보정하여야 한다.
      [보기] KV 300/7.5 : 충격 에너지 300 J, 나비 7.5 mm
      KV 150/5 : 충격 에너지 150 J, 나비 5 mm

부속서 2 표 3 시험 장치의 요구 조건

항 목	요구 조건
지지대 사이의 거리	40 + 0.10 mm
지지대 곡률 반지름	1 + 0.50 mm
각 지지대 경사각	11±1°
해머 최대 나비	18 mm
해머 선단 각도	30±1°
해머 선단 반지름	2 + 0.50 mm
해머의 순간적인 타격 속도	5 ~ 5.5 m/s *
지지대 면 사이 각도	90±0.1°

주*) 이 규격 이전에 제작된 시험 장치의 경우에는 쌍방 합의에 의해 4.5 ~ 7 m/s 속도도 사용할 수 있다.

3. 주의 및 참고사항

a) 시험편은 지지대에 직각으로 설치되어야 하고, 노치의 대칭면은 시험편 지지대 사이 중앙에서 0.5 mm 이내에 설치되어야 한다. 충격은 노치 대칭면 내에서 해머에 의해서 이루어져야 하며, 타격은 노치 반대면에서 이루어져야 한다.
b) 특별히 규정하지 않는 한 시험 온도는 (23±5)℃로 한다. 시험 온도를 규정할 경우 허용값은 규정한 온도에서 ±2℃ 이내로 한다.
   시험편 온도를 규정할 경우에는 시험편의 전체에 걸쳐서 규정 온도에 도달할 때까지 충분한 시간 동안 시험편을 가열/냉각조에 충분히 침적하여야 한다. 시험편을 가열/냉각조에서 끄집어내어 5초 이내로 시험을 종료한다.
   시험편 온도가 허용 온도값을 유지하는지를 확인하기 위하여 온도 변환 장치를 설치 사용해야 한다.
c) 시험시 시험편이 완전히 2개로 파단되지 않을 경우 측정된 에너지 값은 부정확하므로 이 경우 시

험보고서에는 x J에 의해 시험편이 파단되지 않는 것을 서술한다.

[비고] 동일 시험편으로 측정한 값을 비교하여야 한다. 특정한 시험 방법에서 얻은 결과값을 다른 시험 방법에서 얻은 값으로 변환하는 방법은 바람직하지 않다.

4. 결과보고서 양식

시험 결과 보고에는 다음 정보를 포함하여야 한다.

a) 참고 규격
b) 시험편 식별 표시(강의 종류, 주조 번호 등)
c) 시험편 형상 및 치수
d) 진자의 공칭 충격 에너지
e) 시험 온도
f) 충격 흡수 에너지

잔골재 및 사질토의 모래 당량 시험방법 Standard test method for sand equivalent value of granular soils and fine aggregates (KS F 2340 : 2014)

1. 적용범위 및 시험목적

이 시험방법은 공시체에 있는 점토분과 세립자의 상대 수치를 지정한다.

표준 조건 하에서 4.75 mm 체를 통과한 잔골재와 사질토 중에서 점토나 먼지의 상관비율을 나타낸다.

사질토와 잔골재의 전체 부피에 대한 미세 물질(유해 점토, 먼지 등)을 제외한 부분의 용적 비율을 "모래 당량"이라고 정의한다.

최소 모래 당량값은 잔골재 및 사질토에서 점토분 허용량의 한계를 나타낸다.

이 시험방법은 골재를 생산하는 동안 골재의 품질 변화를 결정하는 신속한 현장 시험방법을 제공한다.

2. 시험기구 및 재료

2.1 시험기구

2.1.1 플라스틱 메스실린더, 고무 집게, 관주관, 중량판 및 사이펀 기구 등 그림 1에 표시한 기구

2.1.2 측정 용기: 지름 57 mm, 용량 (85±5) mL

2.1.3 4.75 mm 체

2.1.4 깔때기: 시료를 실린더에 넣기 위한 것.

2.1.5 병 : 용액 저장용으로 용량 4 L짜리 2개

2.1.6 팬 : 시료 혼합용

2.1.7 스톱워치

2.1.8 기계 모래 당량 교반기 : (175±2) cpm 또는 (203±1) mm 이동하여 교반하는 장치(그림 2 참조)

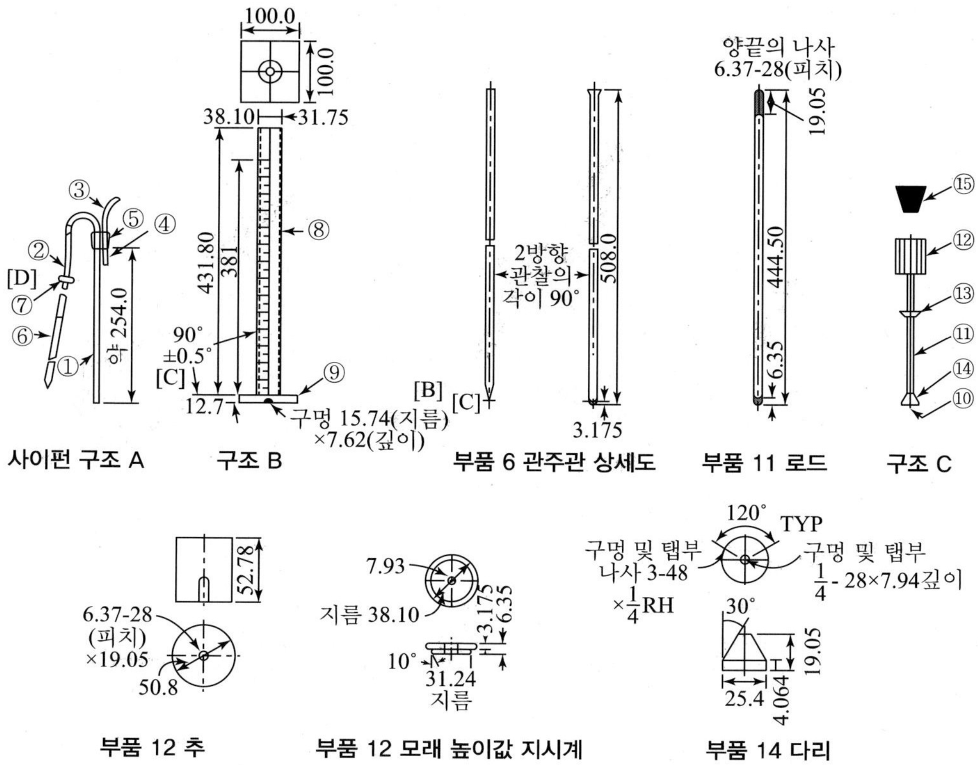

그림 1 모래 당량 시험 장치

표 1 재료의 명칭(그림 1 참조)

구분	부품 No.	명칭	치수(mm)	치수(mm)
A		사이펀 구조		
	1	사이펀 관	지름 6.35×406	동관
	2	사이펀 호스	안지름 4.76×1 220	고무관
	3	부는 호스	안지름 4.76×50	고무관
	4	부는 관	지름 6.35×50	동관
	5	2구멍 마개	No. 6	고무
	6	관주관	바깥지름 6.35, 벽 0.035×20SS 관형 316	
	7	클램프	물림 꼭지 BKH No 21730	
B		눈금 구조		
	8	관 바깥지름	38.1×15	아크릴, 플라스틱
	9	밑판	6.35×100×100	아크릴, 플라스틱
C		추각 구조		
	10	모래 높이값 지시계 지름	32×15	나일론 101 타입 66 가열된 것
	11	로드	지름 6.35×444	황동

	12	추 지름	51×53	CR강
	13	롤핀 지름	1.6×12.7	황동
	14	다리 지름	1.74×14	황동
	15	고정 마개	No. 7	고무

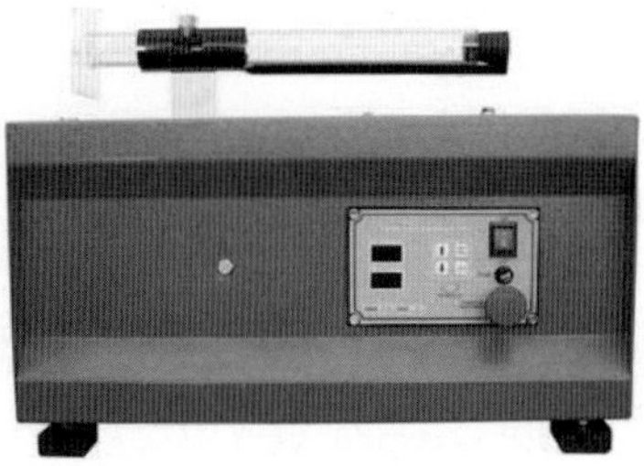

그림 2 기계 교반기

그림 3 수동 교반기

2.1.9 수동 모래 당량 교반기 : (127±5) mm의 길이를 수동 조작할 수 있고, 1/2스트로크로 (45±5)초 동안 100사이클의 비율로 진동할 수 있는 장치. 1행정은 앞에서 뒤로 완전히 한 번 흔든 것으로 함(그림 3 또는 그와 동등한 장치).

2.2 재료

2.2.1 무수 염화칼슘 454 g

2.2.2 UPS 글리세린 2050 g(1640 mL)

2.2.3 포름알데히드(용적률 40% 용액) 47g(45 mL)

2.2.4 454 g의 무수 염화칼슘을 1.89 L의 증류수에 용해시키고 급속히 여과하여 냉각한다. 여과된 용액에 2050 g의 글리세린과 47 g의 포름알데히드를 잘 섞어 3.78 L로 희석한다.

2.2.5 시험용 염화칼슘 용액 : 물 3.8 L에 염화칼슘 1측정 용기[용량 (85±5) mL]만큼 희석하여 시험용 염화칼슘을 준비한다. 시험용 용액의 정상적인 준비를 위해서는 증류수 또는 비광물성 물을 준비한다.

3. 시험방법

3.1 시료의 준비

3.1.1 4.75 mm 체를 통과한 것을 다음과 같은 방법으로 최소한 1500 g 준비한다.

(1) 4.75 mm 체를 이용하여 시료를 분리한다. 1분 동안 체를 통과하는 질량이 전 시료 질량의 1% 이하로 될 때까지 체를 친다. 체질은 수동 또는 기계로 한다.

(2) 굵은 입자는 부수어서 4.75 mm 체를 통과하도록 한다. 막자사발에서 고무를 씌운 막자로 부수거나 또는 다른 방법을 사용할 수 있다.

(3) 굵은 골재에 묻어 있는 세립의 점착물은 표면 건조 후 팬에서 비벼서 떨어지게 한다.

(4) 위와 같이 얻은 시료에 분리된 세립분을 가한다.

3.1.2 앞서의 방법에 의해 4.75 mm 체를 통과한 시료를 준비한다.

(1) 다음 방법으로 측정 용기에 가득 부을 수 있도록 재료를 양등분 또는 4등분한다.

ⓐ 필요하다면 양등분 또는 4등분하는 동안 세립분의 손실 및 재료 분리를 막기 위하여 물을 축인다.

ⓑ 수분의 첨가는 재료의 자유 유동 상태를 유지할 수 있도록 주의를 기울여야 한다.

ⓒ 4개의 측정 용기에 각각 시료를 퍼서 담는다. 시료를 담은 측정 용기를 작업대 등 단단한 면에 적어도 4번 이상 두드려 시료의 면이 측정 용기 윗부분과 수평이거나 약간 볼록하게 한다.

ⓓ 각각의 용기마다 질량과 부피를 기록한다.

ⓔ 이 시료를 4.75 mm 체에 남은 시료와 합친 후, 양등분 또는 4등분한다.

ⓕ 각 시료를 시험 전에 일정한 질량이 될 때까지 (110±5)℃로 건조시키고 실온에서 냉각시킨다.

(2) 시료에서 다음과 같이 원하는 만큼의 공시체를 준비한다.

ⓐ 자유 유동 상태를 유지하면서 재료를 세립분 분리를 막기 위해 충분히 적셔준다.

ⓑ 1000～1500 g의 재료를 양등분 또는 4등분한다. 흙손으로 둥근 팬의 중앙으로 회전시키면서 퍼올려 섞는다. 균일하게 되도록 최소한 1분간 섞는다. 재료의 적당한 수분 함량을 검사하기 위해 혼합된 재료를 손바닥에 놓고 눌러 본다. 재료가 부서지지 않고 모양을 갖추면 함수비가 적당하다. 만일 부서지면 물을 첨가하여 다시 시험할 수 있도록 잘 혼합하여야 하며 물이 많으면 건조시켜야 한다.

ⓒ 최소 15분 동안 방치한 후 1분간 다시 혼합한다. 전체적으로 혼합 후 흙손으로 원뿔 모양이 되도록 한다.

ⓓ 한 손에 측정 용기를 들고 시료를 측정 용기 속으로 밀어 넣고 다른 손으로 다진다.

ⓔ 캔이 넘치도록 손으로 밀어 넣고 압밀될 때까지 손바닥으로 다진다. 넘치는 것은 흙손으로 수평이 되도록 하며 제거한다.

ⓕ 추가 시험 공시체는 앞서의 ⓑ～ⓔ의 방법으로 얻는다.

3.2 시험 기구의 준비

3.2.1 사이펀을 3.8 L 용량의 염화칼슘 용액병에 설치한다. 병은 작업대에서 약 1 m 위에 설치한다(그림 4 참조).

3.2.2 사이펀은 집게를 열고 용액병 마개에 달린 작은 관을 붙여서 작용시킨다.

3.2.3 모래 당량 진탕기는 수평으로 단단하게 고정시킨다.

3.3 시험방법

3.3.1 메스실린더에 눈금 (102±3) mm가 되도록 염화칼슘 용액을 사이펀으로 넣는다.

3.3.2 실린더에 시험 시료를 깔때기를 사용하여 넘치지 않도록 부어 넣는다(그림 5 참조).

3.3.3 실린더의 밑을 손등으로 몇 번 두들겨서 시료 속의 공기를 제거하고 침적을 촉진시킨다.

3.3.4 이 실린더를 (10±1)분간 정지하여 둔다.

3.3.5 10분 후 마개로 막고 시료가 바닥으로부터 느슨해지도록 실린더를 거꾸로 하여 흔든다.

3.3.6 실린더를 흔들어 시료가 바닥으로부터 느슨해진 후, 다음 3가지 중 1가지 방법으로 실린더와 내용물을 계속 흔든다.

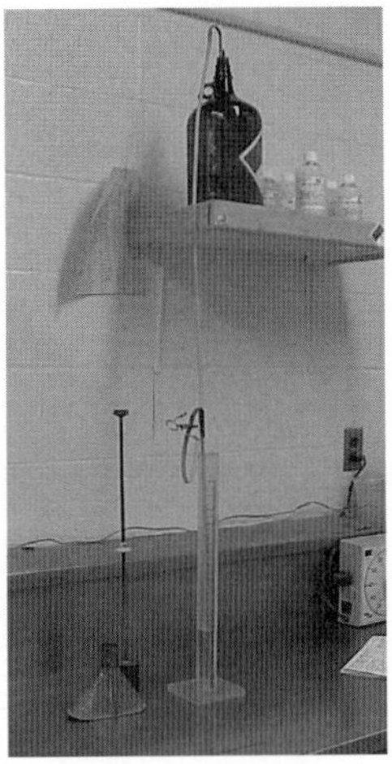

그림 4 눈금 있는 실린더, 관주관, 추각, 사이펀

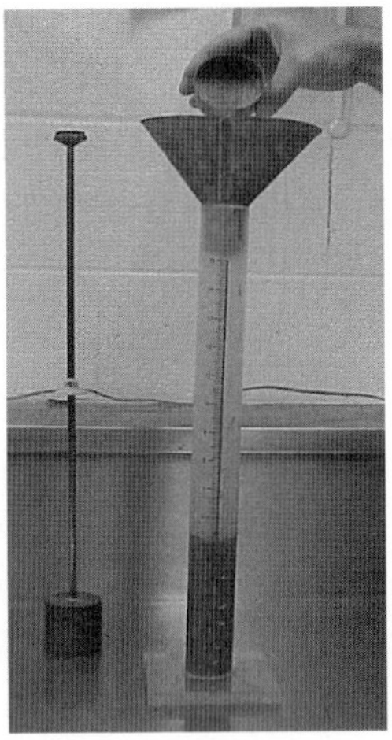

그림 5 실린더에 시험 시료를 넣음

(1) 기계 진동 방법

ⓐ 모래 당량 진탕기에 마개로 막은 실린더를 설치하고 (45±1)초간 진동한다.

(2) 수동 진동 방법

ⓐ 3개의 스프링 집게가 달린 수동 모래 당량 진탕기에 실린더를 설치하고, 행정 계수계를 0으로 맞춘다.

ⓑ 진탕기 정면에 서서 오른쪽 스프링 철띠 윗부분을 수평으로 밀어서, 뒤판에 페인트로 표시된 제한 행정 표시에 맞춘다. 손을 철띠로부터 떼어 실린더와 캐리지가 반대 방향으로 도움이나 방해를 받지 않고 띠의 스프링 작용에 의해 움직일 수 있도록 한다.

ⓒ 오른쪽 스프링 철띠를 부드러운 진동이 되게 손가락 끝으로 제한 행정 표시까지 각 행정마다 움직일 수 있도록 충분한 힘을 가한다(그림 6 참조). 제한 행정 표시의 중심은 적당한 행정 길이와 진동의 최대 허용 한계 폭이 되도록 위치를 잡는다. 진동은 제한 행정 표시 내에서 이루어지도록 한다. 적당한 진동을 위해서는 상박과 손목을 이용하여야 한다.

ⓓ 진동은 100행정이 될 때까지 계속한다.

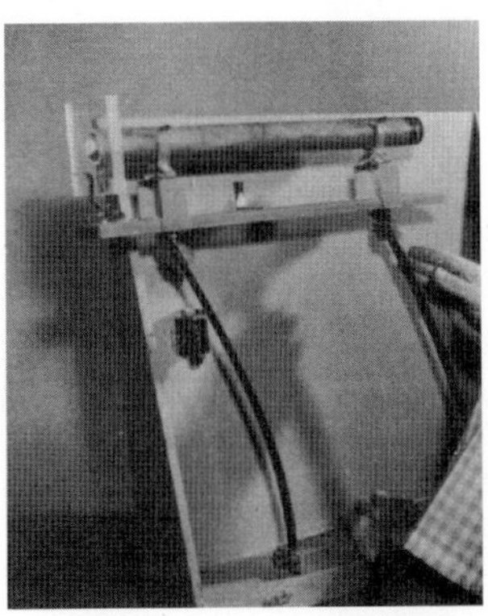

그림 6 수동 교반기의 사용

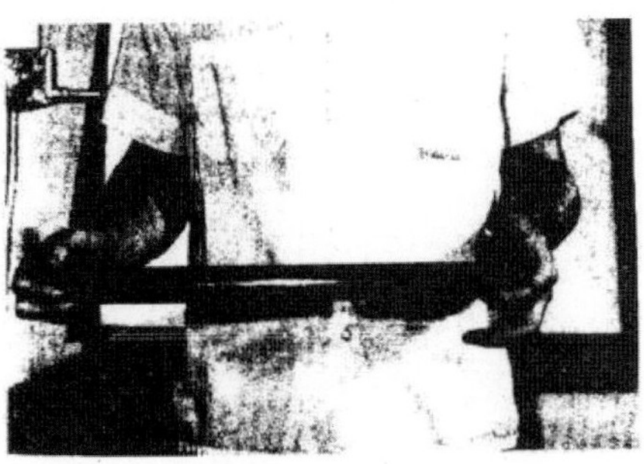

그림 7 손을 사용한 교반 시험

(3) 수동 방법

ⓐ그림 7과 같이 실린더를 수평으로 잡고 수평으로 힘껏 흔든다.

ⓑ 실린더를 30초에 90행정이 되도록 (230±25) mm 간격으로 흔든다.

3.3.7 진동 작업 후 실린더를 작업대 위에 놓고 마개를 제거한다.

3.3.8 관주 방법

(1) 관주를 하는 동안 실린더를 수직으로 세우고 작업대 위에 확실히 놓는다. 실린더 위로부터 관주관을 넣고 호스에서 스프링 집게를 제거하고, 관주가 낮아짐에 따라 실린더 벽의 물질을 세척한다. 실린더 밑바닥의 흙 입자 속에 관주를 넣는데, 관주 끝에서 용액을 주입하면서 돌리면서 삽입한다. 이것은 가는 입자를 굵은 모래 입자 위에 부유하게 하는 것이다(그림 8 참조).

(2) 이것을 실린더의 높이 380 mm 눈금이 될 때까지 계속한다. 380 mm 높이가 되면 관주를 서서히 올려 제거하고 380 mm가 되게 조정한다.

3.3.9 관주를 제거한 후 20분간 가만히 정치시킨다.

3.3.10 20분 후 점토 침전물의 상부 높이를 읽고 기록한다. 이것을 점토 높이값으로 하며, 만일 20분 후 점토선이 분명하지 않을 때는 읽을 수 있을 때까지 정치하여 둔다. 그리고 총 정치 시간을 기록한다. 만일 30분이 초과되면 같은 재료인 3개의 시료로 다시 시험하여 그 중 가장 짧은 침전 시간을 점토 높이값으로 기록한다.

3.3.11 모래 높이값 결정

(1) 점토 높이를 읽은 후 실린더에 추를 모래 위에 닿게 가만히 놓는다. 이때 지시계가 실린더 상부 끝에 닿지 않게 한다.

(2) 추 밑이 모래 위에 놓이면 실린더의 안쪽에 지시계가 닿을 때까지 실린더 눈금쪽으로 기구의 끝을 둔다. 지시계의 상부 끝에서 254 mm 빼고, 이 값을 모래 높이값으로 기록한다(그림 9 참조).

(3) 부주의하여 추를 눌러서 읽은 것은 틀린 것으로 한다.

3.3.12 만일 점토나 모래의 높이값이 2.5 mm 사이인 때는 높은 값으로 기록한다.

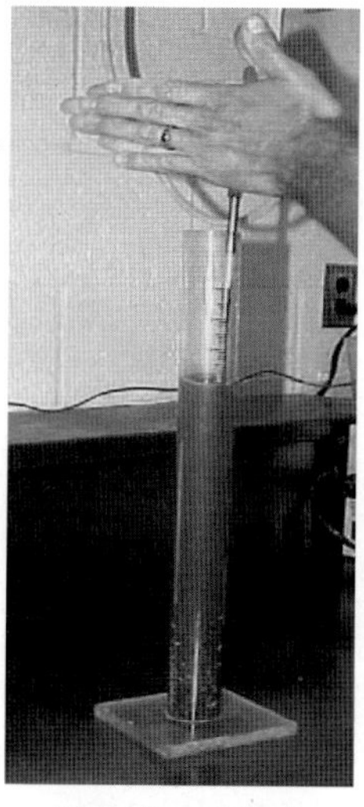

그림 8 관주법

그림 9 모래 높이 읽음

3.4 측정값의 계산

3.4.1 모래 당량 계산은 적어도 0.1%까지 계산한다.

SE = (모래 높이값 / 점토 높이값) × 100

여기서, SE : 모래 당량

3.4.2 모래 당량 계산값이 정수가 아닐 때는 높은 값의 정수로 한다. 예를 들면, (3.3/8.0)×100 = 41.2는 42로 보고한다.

3.4.3 평균값이 정수가 아닌 때는 높은 쪽의 정수로 계산한다.

3.4.4 정밀도: 시험 결과는 3개의 시험 시료에서 평균값의 차이가 ±4 이내여야 한다.

4. 주의사항

4.1 시험을 하는 동안 용액의 온도는 (22±3)℃로 유지하여야 한다.

4.2 시험은 진동이 없는 곳에서 하여야 한다. 과도한 진동은 정상적인 시험을 수행한 경우보다 부유 물질의 침전을 커지게 한다.

4.3 플라스틱 실린더는 필요 이상 햇빛에 직접 노출되지 않아야 한다.

4.4 때때로 염화칼슘 용액 용기, 연성 튜브 그리고 관주관에서 자라나는 균을 제거해야 한다. 이 균은 용액 속의 점액성 물질로서 쉽게 알 수 있다.

4.4.1 이 균의 제거를 위해서 차아염소산나트륨 용액을 물과 같은 양으로 희석한 세정제를 준비한다.

4.4.2 용기에 준비한 세정제를 채운 후, 1 L의 세정제를 사이펀이나 관주관을 통해 흘려주고, 튜브의 끝에 집게를 달아 용액의 흐름을 조절한다. 용기에 세정제를 다시 채우고 하루 동안 둔다.

4.4.3 침적 후에 세정액을 사이펀이나 관주관으로 제거한다.

4.4.4 사이펀 기구를 제거한 용기와 사이펀을 맑은 물로 헹군다. 관주관과 사이펀은 수도꼭지를 튜브 끝과 연결하여 물을 관 안으로 통과시킴으로써 쉽게 세척할 수 있다.

4.4.5 관주관 끝의 구멍이 모래 입자로 막힌 경우에는 핀이나 뾰족한 물건으로 구멍이 넓어지지 않게 조심해서 뚫는다.

아스팔트 골재 혼합물의 피막 박리 시험방법 Standard test method for coating and stripping of asphalt-aggregate mixtures (KS F 2355 : 2013)

1. 적용범위 및 시험목적

이 표준은 물이 있는 곳에서 골재에 피복된 아스팔트의 엷은 막의 보유 정도를 측정하는 정적 침수 방법에 대하여 규정한다. 이 시험방법은 컷백, 유제, 반고체 아스팔트에 적용된다.

2. 시험기구 및 재료

2.1 시험기구

2.1.1 용기 : 혼합용 용기는 모서리가 둥글고, 이은 자리가 없는 얇은 것으로서, 용량이 500 mL이어야 한다.

표 1 역청 혼합 온도

재료				온도(℃)
컷백 아스팔트	RC－0	RC－1	RC－2급	실온
	MC－0	MC－1	MC－2급	
		RC－3	RC－4급	52±2
		MC－3	MC－4급	
			RC－5급	66±2
			MC－5급	
유제 아스팔트				135±2

2.1.2 저울 : 용량 200 g, 감도 0.1 g인 저울이어야 한다.

2.1.3 스패튤러 : 폭 25 mm, 길이 100 mm의 강제 스패튤러이어야 한다.

2.1.4 항온 건조기 : 60～149℃의 범위에서 ±1℃로 온도를 유지할 수 있는 것이어야 한다.

2.1.5 체 : KS A 5101－1에 규정된 6.35 mm 및 9.5 mm의 망체이어야 한다.

2.2 재료

2.2.1 골재 : 시험용 골재는 9.5 mm 체를 100% 통과하고, 6.35 mm 체에 100% 남는 크기이어야 한다. 건조 골재 및 시험용 골재는 미립자를 제거하기 위하여 증류수로 씻고, 135～149℃에서 항량이 될 때까지 건조시키고, 사용할 때까지 기밀한 용기에 보관하여야 한다. 7.3에 규정한 습윤 피막에 사용되는 골재는 증류수를 사용하여 KS F 2503에서 규정한 표면 건조 포화 상태이어야 한다.

2.2.2 증류수 : 실험실 용수를 필요에 따라 다시 끓이거나 재증류한 것으로서, pH가 6.0에서 7.0이어야 한다. 소요 pH를 얻기 위하여 어떠한 종류의 전해액이든 사용해서는 안 된다.

3. 시험방법

시험용 골재는 아스팔트 재료의 등급에 따라 규정된 온도에서 아스팔트 재료를 피복한다.
컷백 아스팔트인 경우 아스팔트 피복 골재는 60℃에서 양생하며, 유제 아스팔트인 경우에는 135℃에서 피복 양생한다. 반고체 아스팔트인 경우에는 피복 후 컷백 아스팔트, 유제 아스팔트인 경우에는 양생 후 피복된 골재를 16시간에서 18시간 동안 증류수에 침수시키고 침수 기간이 끝난 후 아스팔트 피복된 골재의 전체 면적이 95% 이상인지 이하인지 육안으로 평가한다.

3.1 컷백 아스팔트에 대한 건조 골재 시험

a) 피복 실온에서 건조 골재 100 g을 칭량하여 혼합 용기에 넣는다. 표 1에 규정한 온도가 되도록 예열한 역청을 (5.5±0.2) g 가한다. 아스팔트 재료와 골재를 2분 동안 스패튤러로 세게 혼합한다.

b) 양생 피복된 골재는 혼합 용기에 넣은 채로 2시간 동안 60℃의 건조기에서 양생한다. 이 양생기간 중에는 건조로의 환기통을 열어 두어야 한다. 양생 후 혼합물은 실온이 될 때까지, 또는 아스팔트 피복이 골재에서 흘러내리지 않을 때까지 스패튤러로 혼합하여야 한다. 아스팔트 피복은 재혼합 후 완전해야 하며, 피복되지 않은 점이 있어서는 안 된다.

c) 침수 피복된 골재를 600 mL의 유리 용기 속에 넣는다. 즉시, 실온(약 25℃)에서 400 mL의 증류

수를 붓는다. 피복된 골재를 16시간에서 18시간 동안 이 물속에 담가 둔다.

d) 박리 시험에서 피복 면적의 육안 평가 피복된 골재를 교란함이 없이 수면에 뜬 피막을 제거한다. 수면에서 오는 섬광을 소거할 수 있는 위치에서 75 W 전구를 끼운 어두운 램프로 공시체를 조명한다. 수면 위에서 수중을 통해 관찰하여, 피복이 남아 있는 골재의 면적이 95% 이상인지 이하인지 판정하여야 한다. 얇고 갈색인 반투명 면적은 완전히 피복된 것으로 생각해야 한다.

3.2 유제 아스팔트(RS, MS 및 SS)에 대한 건조 골재 시험

a) 피복 건조 골재 (100 ± 1) g을 혼합 용기 속에 칭량하여 넣는다. 실온에서 교반한 유제 아스팔트 (8.0 ± 0.2) g을 가한다. 135℃의 건조로에 5분간 넣어 둔 다음, 건조로에서 꺼내어 골재가 충분히 피복될 때까지 스패튤러로 교반한다.

b) 양생 건조기의 온도를 135℃로 하는 것 이외에는 7.1 b)의 방법으로 건조로 속에서 양생한다.

3.3 컷백 아스팔트에 대한 습윤 골재 시험

a) 피복 실온에서 건조 골재 (100±1) g을 혼합 용기 속에 칭량하여 넣은 다음 증류수 2 mL를 가한다. 골재알이 균등하게 젖을 때까지 스패튤러로 세게 혼합한다. 아스팔트 등급에 따라 표 1의 규정 온도로 미리 가열한 아스팔트를 (5.5±0.2) g 가한다. 골재가 피복될 때까지 스패튤러로 세게 혼합하되, 5분을 초과해서는 안 된다.

b) 습윤 골재 피복 시험에서 피복된 면적의 육안 평가 육안 검사로 피복된 면적이 95% 이상인지 이하인지 판정하여야 한다. 얇고 갈색인 반투명의 면적은 완전히 피복된 것으로 생각하여야 한다.

3.4 반고체 아스팔트에 대한 건조 골재 시험

a) 피복 건조 골재 (100±1) g을 혼합 용기 속에 칭량하여 넣는다. 아스팔트를 시험할 때에는 골재가 든 용기를 135℃에서 149℃로 유지된 항온 건조기에 1시간 동안 넣어 둔다. 식는 것을 방지하도록 절연지를 저울 위에 깔고, 가열된 아스팔트 (5.5±0.2) g을 칭량하여 가열 골재에 가한다. 칼날을 미리 가열한 스패튤러로 2분에서 3분 동안 혼합하든지, 혹은 골재가 완전히 피복될 때까지 용기 중 혼합물의 온도가 자연적으로 내려가게 혼합하여야 한다. 피복 후에는 혼합물을 실온으로 냉각시켜야 한다.

b) 침수 피복된 골재를 600 mL 유리 용기에 넣어야 한다. 실온(약 25℃)에서 400 mL의 증류수를 붓는다. 피복된 골재를 이 물속에 16시간에서 18시간 침수하여 둔다.

c) 육안 평가 피복된 골재를 (1)항 d)의 규정에 따라 평가한다.

3.5 시험 기록

시험 기록에는 피복 면적이 “5% 이상, 95% 이하”라고 기입한다.

아스팔트 혼합물용 골재 Aggregates for asphalt mixture (KS F 2357 : 2009) (2014 확인)

1. 적용범위

이 표준은 아스팔트 포장용으로 사용하기 위한 부순 굵은 골재와 잔골재에 대하여 규정한다.

[비고] 서로 다른 종류의 잔골재를 혼합 사용할 때 혼합 골재는 각각의 표준을 만족하여야 하며, 혼합 후 이 표준을 만족하여야 한다.

2. 품질

골재는 단단하고 강하고 내구성이 있으며, 부착물이 없어야 하고, 점토나 실트, 그 밖의 해로운 물질이 함유되어 있지 않은 것으로서 이 표준에 적합한 것이어야 한다.

아스팔트 혼합용에 사용되는 골재의 품질은 표 1을 만족하여야 한다.

표 1 골재의 품질

구 분	굵은 골재		잔골재
	표층	기층	
밀도(절건)	2.50 이상		
흡수율(%)	3.0 이하		
안정성[a] (%)	12 이하		15 이하
편장석률(%)	30 이하		
마모율(%)	35 이하	40 이하	
파쇄면 비율(%)	깨어진 면 2면 이상 : 85 이상		
모래당량(%)			50 이상
잔골재 공극률(%)			45 이상

[a] 안정성 시험은 KS F 2507에 따라 5회 반복 시험한다.

3. 입도

3.1 굵은 골재 : 굵은 골재는 규정된 한계 내의 입도이어야 하며, 표 2의 규정에 적합하여야 한다.

3.2 잔골재 : 잔골재는 표 3의 입도에 적합한 것이어야 한다.

3.3 조립률의 변동

3.3.1 골재원에서 채취한 잔골재의 입도는 사용할 골재원에서 대표적으로 채취한 시료에 의해 결정되어야 하며, 대표적인 시료의 조립률이 ±0.25 이상 변동되었을 때에는 구입자의 승인을 얻어 재배합 설계를 실시하여 사용할 수 있다.

표 2 굵은 골재의 입도											
골재 번호	체의 호칭 치수[a](mm) / 입도 범위 (mm)	각 체를 통과하는 무게 백분율									
		65	50	40	25	20	13	10	5	2.5	1.2
3	50~25	100	90~100	35~70	0~15	–	0~5	–	–	–	–
357	50~5	100	90~100	–	35~70	–	10~30	–	0~5	–	–
4	40~20	–	100	90~100	20~55	0~15	–	0~5	–	–	–
467	40~5	–	100	90~100	–	35~70	–	10~30	0~5	–	–
5	25~13	–	–	100	90~100	20~55	0~10	0~5	–	–	–
57	25~5	–	–	100	90~100	–	25~60	–	0~10	0~5	–
6	20~10	–	–	–	100	90~100	20~55	0~15	0~5	–	–
67	20~5	–	–	–	100	90~100	–	20~55	0~10	0~5	–
68	20~2.5	–	–	–	100	90~100	–	30~65	5~25	0~10	0~5
7	13~5	–	–	–	–	100	90~100	40~70	0~15	0~5	–
78	13~2.5	–	–	–	–	100	90~100	40~75	5~25	0~10	0~5
8	10~2.5	–	–	–	–	–	100	85~00	10~30	0~10	0~5

[a] 여기서 체는 각각 KS A 5101－1에 규정한 표준 망체 63 mm, 53 mm, 37.5 mm, 26.5 mm, 19 mm, 13.2 mm, 9.5 mm, 4.75 mm, 2.36 mm 및 1.18 mm에 해당한다.

표 3 잔골재의 입도					
체의 호칭치수[a] (mm)	각 체를 통과하는 질량 백분율(%)				
	입도 No.1	입도 No.2	입도 No.3	입도 No.4	입도 No.5
10	100	–	–	100	–
5	95~100	100	100	80~100	100
2.5	70~100	75~100	95~100	65~100	85~100
1.2	40~80	50~74	85~100	40~80	–
0.6	20~65	28~52	65~90	20~65	25~55
0.3	7~40	8~30	30~60	7~440	15~40
0.15	2~20	0~12	2~25	2~20	7~28
0.08	0~10	0~5	0~5	0~10	0~20

[a] 여기서 체는 각각 KS A 5101－1에 규정한 표준 망체 9.5 mm, 4.75 mm, 2.36 mm, 1.18 mm, 0.6 mm, 0.3 mm, 0.15 mm 및 0.075 mm에 해당한다.

3.3.2 이 표준에 맞지 않는 잔골재가 어떤 경우에는 충분한 결과를 얻을 때가 있다. 이러한 경우에는 현장경험이나 현장에서 사용할 재료에 대한 배합 설계가 품질상 혼합 조건에 적합한 역청 혼합물이라고 증명할 수 있는 경우에 한하여 사용하여도 좋다.

4. 검사

검사는 당사자 간의 협정에 따라 로트 크기를 결정하고, 합리적인 샘플링 검사 방법에 따라 시료를 채취하여 시험하고 규정에 적합한 것을 합격으로 한다.

5. 표시

아스팔트 포장 혼합물용 골재의 납품서에는 다음 사항을 표시하여야 한다.

a) 종류 및 호칭

보기

아스팔트 포장 혼합물용 굵은 골재 / 아스팔트 포장 혼합물용 잔골재 — 입도 No.57 / 입도 No.1

- 입도 No.57 / No.1: 아스팔트 포장 혼합물용 부순 골재 입도에 의한 분류
- 아스팔트 포장 혼합물용 굵은 골재 / 잔골재: 아스팔트 포장 혼합물용 부순 골재의 종류

b) 제조자명 또는 채취 장소명

c) 출하 연월일

d) 질량 또는 부피

e) 납품 장소명

6. 보고

생산자는 구입자로부터 요구가 있을 경우에는 시험 성적서를 제출하여야 한다.

부속서 A 굵은 골재의 파쇄면 시험방법

A.1 적용범위

이 표준은 아스팔트 혼합물용 굵은 골재의 파쇄면 비율을 평가하는 데 적용한다.

A.2 시험기구

A.2.1 저울, 감도 0.1 g인 저울

A.2.2 표준체, 체는 KS F 2523에 규정하는 표준 망체 중 5 mm, 10 mm, 13 mm, 20 mm, 25 mm, 30 mm, 40 mm 및 50 mm를 사용한다.

A.2.3 건조기, 건조기는 배기구가 있는 것으로 (105±5)℃ 이상 유지할 수 있는 것으로 열풍 순환식인 것으로 한다. 만약 현장에서 시험하는 경우, 조건을 만족하는 건조기를 사용할 수 없을 때 건조된 골재에 대하여 일정한 질량으로 유지할 수 있는 외부의 적합한 장비를 사용하여도 된다.

A.2.4 사각팬, 각 굵은 골재 체 크기별로 시료별로 분리할 수 있는 사각팬

A.3 시험방법

(1) 시료의 준비

굵은 골재 파괴면의 비율을 결정하기 위한 표준 시험은 KS F 2502에 따라 시험 전에 체가름하여 잔골재와 굵은 골재를 완전히 분류한 다음 KS A 5101－1의 37.5 mm 체를 통과하고 4.75 mm 체에 남는 골재에 대하여 시험한다. 시험할 골재는 육안으로 판별이 용이하도록 씻거나 이물질을 제거한 다음 깨끗하고 평평한 사각팬에 펼쳐서 건조시킨다. 세척 후 가열에 의하여 건조시킬 때 온도는 (105±5)℃로 최소 24시간 이상 건조시키고, 또한 시험 전에 실온으로 맞춰둔다. 시험할 골재의 최소량은 굵은 골재 크기에 따라 다음 표 A.1과 같다.

표 A.1 골재 크기에 따른 시험 시료의 최소량

호칭치수(KS A 5101－1)		최소 시험 시료 질량(g)
통과 체	남은 체	
9.5 mm		
13.2 mm	9.5 mm	500
19.0 mm	13.2 mm	1500
26.5 mm	19.0 mm	3000
31.5 mm	26.5 mm	5000
37.5 mm	31.5 mm	7500

(2) 시험방법

굵은 골재의 호칭 치수에 따라 분류된 시료에서 골재 개별 파쇄면을 측정한다. 골재 파쇄로 간주되는 조건은 파쇄된 골재의 투영 면적이 파쇄되지 않은 골재의 횡단 투영 면적의 1/4 이상이어야 1면 파쇄면으로 간주한다. 이와 같은 기준으로 전체 파쇄면이 2면 이상이며, 골재 표면 중 파쇄 면적이 전체 골재 면적의 70% 이상인 골재와 파쇄면 기준을 만족하지 못한 골재를 선별·분리한다.

(3) 결과 계산

파쇄면에 따라 선별·분리된 골재 파쇄면 비율은 다음과 같다.

$$P=[F/G]\times 100$$

여기서, P : 골재 파쇄면 비율

F : 골재 파쇄면이 2면 이상이며 골재 표면 중 파쇄면이 70% 이상인 골재 개수

G : 전체 골재 개수로 $F+N$을 나타냄.

N : 파쇄면이 1면 이하이며 골재 표면 중 파쇄면이 70% 미만인 골재

끓는 물에 의한 아스팔트 피막 골재의 박리 저항성 시험 방법 Testing method for stripping resistance on bituminous-coated aggregate using boiling water (KS F 2380 : 2007) (2012 확인)

1. 적용범위 및 시험목적

이 규격은 다져지지 않은 역청으로 피막된 골재를 (80±2)℃ 물에 넣고 끓여 골재와 역청재의 부착력 손실을 육안으로 빠르게 관찰하는 시험 방법에 대하여 규정한다.

2. 시험기구

2.1 스쿠프 : 스쿠프는 역청으로 피막된 골재의 대표적인 시료를 채취할 수 있는 삽이나 기타 다른 도구이어야 한다.

2.2 용기 : 용기는 내열성이어야 하며, 용기의 용적은 1000 mL에서 2000 mL이거나 유사한 넓이와 용적을 가진 적절한 재질의 용기이어야 한다.

2.3 증류수 : 증류수의 양은 각 시험마다 500 mL 이상 있어야 한다.

2.4 가열 장치 : 석면을 입힌 철망이 있는 가스버너나 가열판과 같이 열을 고르게 가열할 수 있는 적절한 장치이어야 한다.

2.5 온도계 : 온도계는 0℃에서 300℃의 온도범위를 가진 것이어야 한다.

3. 시험방법

3.1 시료의 준비

3.1.1 혼합 플랜트 또는 현장에서 채취한 시료

(1) 플랜트에서 생산한 혼합물 또는 포설 현장으로부터 KS F 2350에 따라 혼합물을 5000 g 이상 채취한다.

(2) 혼합물을 쉽게 분리할 수 없을 때는 크고 평평한 용기 내에 2000～5000 g을 넣고 쉽게 다룰 수 있을 때까지 건조기에서 (110±5)℃로 가열한다. 골재 입자가 부서지지 않도록 시료와 입자를 될 수 있는 한 균일하게 분리하여 4분법으로 1000 g을 준비한다.

(3) 준비한 시료로부터 13 mm 체를 통과하고 6.3 mm 체에 걸리는 시료 100 g을 준비한다.

3.1.2 시험실에서 혼합한 시료

(1) 13 mm 체를 통과하고 5 mm 체에 남는 골재를 준비한 후 증류수 또는 수돗물로 세척하여 부착하고 있는 미분말을 제거하여 (110±5)℃에서 일정 질량이 될 때까지 건조시킨다.

(2) 건조 골재 100 g을 혼합용 기구에 넣어 혼합 온도보다 5℃ 높게 건조기를 조정한 후 1시간 가열한다.

(3) 아스팔트를 혼합 온도로 가열한다. 혼합 온도는 아스팔트의 동점도 (180±20) cSt를 나타내는 온도로 한다.

(4) 가열된 골재를 혼합 용기에 넣고 혼합 온도로 가열된 아스팔트를 (5.5±0.2) g 붓는다.

(5) 미리 가열된 스패튤러로 2분에서 3분간 혼합하여 골재를 완전하게 아스팔트로 피복한다.

(6) 피복된 시료를 상온까지 냉각시킨다.

3.2 시험방법

3.2.1 잘 세척된 1000 mL의 비커에 증류수를 붓고 시험을 하여야 하며, 이때 용기의 반까지 증류수를 채워 증류수의 온도가 (80±2)℃로 될 때까지 가열한 후 시험 종료시까지 유지시킨다.

3.2.2 스쿠프를 이용하여 피복된 시료 100 g을 (80±2)℃의 증류수에 넣고, 30분 동안 (80±2)℃ 상태로 유지시킨다. 이때 역청 피막 골재의 심한 움직임은 피한다.

3.2.3 30분이 경과된 후 가열 장치를 제거하고, 증류수 수면에 뜬 피막을 제거한 다음 상온까지 냉각시킨다. 증류수를 주의해서 따라내고 젖은 혼합물을 흰색 종이 위에 놓는다.

3.2.4 시료를 흰색 종이 위에 펼쳐 놓고 육안으로 골재에 남아 있는 역청 피막을 관찰한다. 얇고, 갈색을 띄며 반투명 지역은 코팅이 잘 이루어진 것으로 간주한다.

3.2.5 직사광선, 형광등이나 이와 비슷한 등 아래서 주의하여 입자를 검사하여야 하며, 이때 일부 박리된 입자라도 박리된 것으로 판정한다.

3.2.6 박리된 입자와 박리되지 않은 입자를 분류하고 그 개수를 센다.

3.3 계산 : 피막 박리 백분율은 다음 식에 따라 계산한다.

$$\text{피막 박리 백분율(\%)} = \frac{\text{박리된 입자수}}{\text{전체 입자수}} \times 100$$

4. 보고

4.1 피복된 전체 역청 혼합물 시료의 질량(g)

4.2 피복된 전체 역청 혼합물 입자의 수(개)

4.3 박리된 역청 혼합물 입자의 수(개)

4.4 피막 박리 백분율(%)

다져지지 않은 잔골재의 공극률 시험방법 Standard test method for uncompacted void content of fine aggregate (KS F 2384 : 2013)

1. 적용범위 및 시험목적

이 표준은 다져지지 않은 느슨한 잔골재의 공극률을 측정하는 시험방법에 대하여 규정한다.

2. 시험기구

2.1 소형 실린더 : 소형 실린더의 용량은 100 mL이고, 안지름과 높이는 각각 39 mm와 86 mm이어야 한다. 바닥은 두께가 6 mm 이상이어야 하고, 깔때기와 수직을 이룰 수 있는 고정 장치가 있어야 한다(그림 1).

2.2 깔때기 : 깔때기 배출구의 지름은 (12.7 ± 0.6) mm이고, 배출구의 수평면과 원뿔의 측면 기울기는 60° ± 4°이어야 한다. 깔때기의 재질은 철로 되어 있어야 하고, 경사진 안쪽 부위의 높이는 38 mm 이상이어야 한다(그림 2).

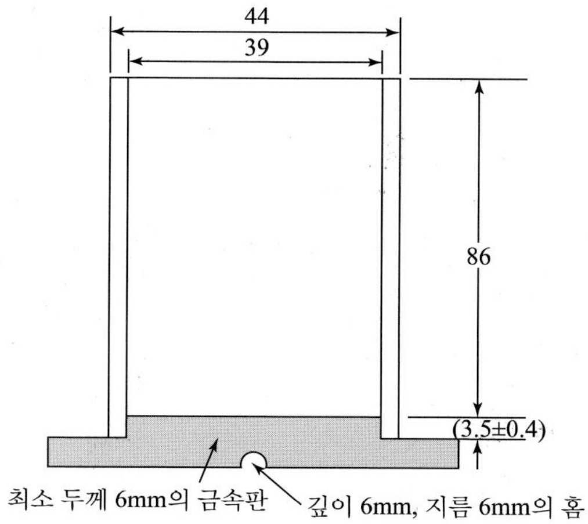

그림 1 소형 실린더(단위 : mm)

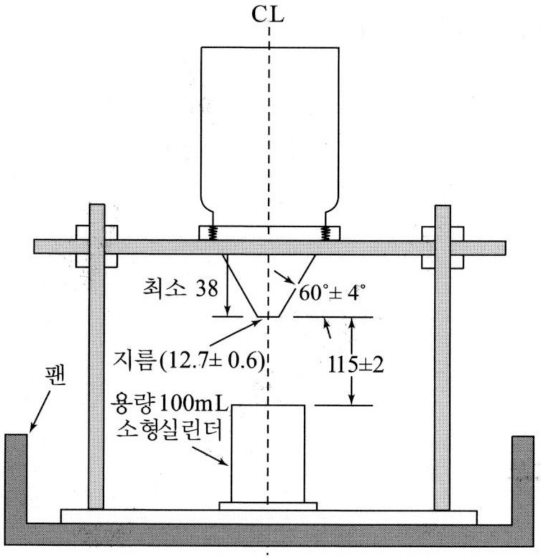

그림 2 잔골재 공극률 시험 장치

2.3 깔때기 받침 : 소형 실린더의 축과 깔때기의 축이 일직선상에 견고히 위치되도록 3개 내지는 4개의 다리로 지지하여야 한다. 또한 소형 실린더의 윗부분과 깔때기 배출구 사이의 간격은 (115 ± 2) mm이어야 한다(그림 2).

2.4 유리판 : 유리판의 두께는 4 mm 이상이어야 하고, 크기는 60 mm × 60 mm로 소형 실린더의 부피 측정에 이용된다.

2.5 팬 : 철 또는 플라스틱 팬은 깔때기 받침과 재료의 손실을 방지할 수 있는 충분한 크기이어야 한다.

2.6 스패튤라(spatula) : 스패튤라는 실린더에 과량으로 채워진 잔골재를 깎아내는 데 이용된다.

3. 소형 실린더의 부피 측정

3.1 건조된 원통형 소형 실린더 위에 그리스를 얇게 바르고, 유리판과 함께 질량을 측정한다.

3.2 18～24℃의 증류수를 소형 실린더에 채운다.

3.3 물의 온도를 기록하고, 공기 방울이 남지 않게 소형 실린더 위에 유리판을 놓는다.

3.4 외면이 건조된 소형 실린더, 유리판, 그리스, 물의 전체 질량을 기록한다.

3.5 그리스를 제거하고, 깨끗하게 건조시킨 소형 실린더의 질량을 기록한다.

3.6 소형 실린더의 부피는 다음 식으로 산출한다.

$$V = \frac{1000\,M}{D}$$

여기서, V : 소형 실린더 부피(mL)

M : 물의 질량(g)

D : 물의 밀도(kg/m^3)

4. 시험방법

4.1 시료 준비

4.1.1 A 방법 : 건조된 잔골재를 KS F 2502에 따라 체가름하여 표 1과 같이 질량을 각각 측정한 후, 하나로 혼합하여 준비한다.

4.1.2 B 방법 : 건조된 잔골재를 KS F 2502에 따라 표 2와 같이 질량을 각각 190 g씩 준비한다.

4.1.3 C 방법 : 건조된 잔골재를 5 mm 체로 체가름하여 통과하는 잔골재의 질량을 (190±1.0) g 준비한다.

표 1 골재 크기별 질량(A 시험방법)

골재 크기(mm)	질량(g)
2.5～1.2	44±0.2
1.2～0.6	57±0.2
0.6～0.3	72±0.2
0.3～0.15	17±0.2
합계	190

표 2 골재 크기별 질량(B 시험방법)

골재 크기(mm)	질량(g)
2.5～1.2	190±1.0
1.2～0.6	190±1.0
0.6～0.3	190±1.0

4.2 시험방법

4.2.1 스패튤라를 이용하여 시험 시료를 혼합한다.

4.2.2 깔때기와 깔때기 받침 그리고 소형 실린더를 그림 2와 같이 중앙에 위치시킨다.

4.2.3 손가락을 이용하여 깔때기 배출구를 막고, 시료를 깔때기에 붓는다.

4.2.4 스패튤라를 이용하여 깔때기에 있는 재료를 수평하게 한다.

4.2.5 손가락을 제거하고 시료가 소형 실린더 아래로 떨어지도록 한다.

4.2.6 깔때기에 채워진 시료가 모두 떨어질 때까지 기다린 후 소형 실린더 위에 쌓여 있는 잔골재를 깎아내어 수평하게 한다.

4.2.7 소형 실린더의 질량을 0.1 g까지 측정한 후 바닥에 떨어진 입자를 청소한다.

4.2.8 팬과 소형 실린더에 있는 잔골재 시료를 다시 혼합하고 6.1～6.7의 순서를 반복하여 2번의 시험 결과를 평균한다.

4.3 계산

다져지지 않은 잔골재의 공극률 계산은 다음과 같다.

$$U = \frac{V-(F/D)}{V} \times 100$$

여기서, V : 소형 실린더의 부피(mL)

F : 소형 실린더 안의 잔골재 질량(g)

D : 잔골재의 겉보기 밀도

U : 다져지지 않은 잔골재의 공극률(%)

4.3.1 A 방법 : 2번의 공극률을 측정하여 그 평균(U_s)을 계산한다.

4.3.2 B 방법 : 3개의 크기별 시료의 공극률을 각각 측정하여 그 평균(U_m)을 계산한다.

$$U_m = (U_1 + U_2 + U_3)/3$$

여기서, U_1 : 2.5～1.2 mm 크기의 잔골재 공극률(%)

U_2 : 1.2～0.6 mm 크기의 잔골재 공극률(%)

U_3 : 0.6～0.3 mm 크기의 잔골재 공극률(%)

4.3.3 C 방법 : 2번의 공극률을 측정하여 그 평균(U_R)을 계산한다.

5. 보고

5.1 시료명

5.2 시료 각각의 측정 결과 및 그 평균(0.1%까지 보고)

아스팔트 혼합물의 수분저항성 시험방법 Testing method for resistance of compacted asphalt mixtures to moisture induced damage (KS F 2398 : 2012)

1. 적용범위 및 시험목적

이 표준은 아스팔트 콘크리트 혼합물의 건조 상태에서의 간접 인장 강도와 수분 포화 동결융해 후 상태에서의 간접 인장 강도를 측정하여 수분 저항성을 측정하는 인장 강도비(Tensile strength ratio : TSR)를 시험하는 방법에 대하여 규정한다.

비고 구해진 결과들은 아스팔트 혼합물에 발생되는 박리 현상을 예측하는 데 이용되며, 박리 방지용 첨가제에 대한 평가에도 사용될 수 있다.

2. 시험기구

2.1 공시체 다짐기 : KS F 2337이나 KS F 2377의 공시체 다짐기를 사용한다.

2.2 진공 장치 : (13～67) kPa 범위의 진공 압력을 가할 수 있는 것이어야 한다.

2.3 저울 : 아스팔트 포장 혼합물 시료의 이론적 최대 비중을 측정하기에 충분한 용량과 감도를 가진 것으로 유효숫자 4자리까지 읽을 수 있는 것이어야 한다.

2.4 고온 항온 수조 : 물의 온도를 (60±1)℃로 유지할 수 있는 것이어야 한다.

2.5 상온 항온 수조 : 물의 온도를 (25±0.5)℃로 유지할 수 있는 것이어야 한다.

2.6 냉각기 : 냉각 온도를 (−18±3)℃로 유지할 수 있는 것이어야 한다.

2.7 건조기 : 온도를 (60±1)℃ 및 (135±1)℃로 유지할 수 있는 것이어야 한다.

2.8 비닐 랩 : 공시체를 밀봉할 수 있는 것이어야 한다.

2.9 비닐 봉투 : 밀봉된 공시체를 담을 수 있는 것이어야 한다.

2.10 간접 인장 시험 장치 : KS F 2382의 시험 장치를 사용한다.

3. 시험방법

3.1 공시체 제작

3.1.1 공시체 : 공시체는 총 6개를 제작한다. 이 중 3개는 건조 상태, 나머지 3개는 동결융해 처리 후 시험한다.

3.1.2 공시체의 규격 : 공시체는 100 mm 또는 101.6 mm의 지름에 가능한 한 (63.5±2.5) mm의 두께를 갖는 것을 사용하며, 혼합물에 사용된 굵은 골재의 최대 치수는 25 mm 미만으로 한다.

3.1.3 공시체의 양생 : 시험실에서 혼합한 혼합물은 (2±0.5)시간 동안 실온에서 냉각시킨 후, 60℃의 건조기에 넣어 16시간 동안 양생시킨다. 혼합물을 담은 팬은 공기가 순환될 수 있도록 팬 바닥에 스페이서를 사용하여 공간을 둔다.

3.1.4 공시체의 배치별 양 : 3개의 공시체를 만들기에 충분한 배치의 혼합물을 준비하여야 하며, 필요시 여러 개의 공시체를 만들기 위한 배치를 준비하는 경우는 혼합물을 건조기에 넣기 전에 한 개의 공시체 양만큼 배치를 나누어야 한다.

3.1.5 공시체의 단기 노화 및 다짐 : 시험실에서 혼합한 혼합물에 대하여 60℃에서 양생이 끝난 후 공시체 다짐을 하기 전에 혼합물은 (공시체 다짐온도±3)℃의 오븐에 2시간 동안 방치하여야 하고, 3.1의 다짐기를 이용하여 공시체를 다져야 한다. 혼합물은 공극률 (7±0.5)%까지 조절하여 다져야 한다.

3.1.6 공시체 탈형 : 공시체 다짐이 끝난 후 상온에서 24시간 방치한 후 탈형한다.

3.2 코어 공시체 준비

3.2.1 코어 공시체의 시료채취 : 완성된 포장으로부터 코어 공시체를 채취할 경우 각각의 혼합 조건별로 6개의 공시체를 만들 수 있도록 코어의 개수를 정한다.

3.2.2 코어 공시체 준비 : 코어 공시체는 커터 등과 같은 적절한 장치를 사용하여 층별로 분리하여 시험 전까지 실온에서 보관하여 준비한다.

3.3 공시체의 평가 및 분류

3.3.1 이론 최대 밀도 : 이론 최대 밀도는 KS F 2366의 방법에 따라 측정하고 g/cm^{3}의 단위로 표시한다.

3.3.2 두께 및 지름 : 두께 및 지름 측정은 KS F 2367의 방법에 따라 측정하고, 지름은 mm 단위로 표시한다.

3.3.3 실측 밀도와 공시체의 용적 : 실측 밀도는 KS F 2446의 방법에 따라 측정하고 g/cm^{3}의 단위로 표시한다. 공시체의 용적(V_s) 계산은 포화된 표면건조 질량에서 수중질량을 빼서 cm^{3}으로 표현한다.

3.3.4 공극률 : 공극률(n)은 KS F 2364의 방법에 따라 결정한다.

3.3.5 공극의 용적 계산 : 다음의 계산식에 따라 공극의 용적을 계산하여 확인하도록 한다.

$$V_V = n \times V_S \times 100$$

여기서, V_v : 공극의 용적(cm^3)

n : 공극률(%)

V_S : 공시체의 용적(cm^3)

3.4 수분저항성 시험용 공시체 제작

3.4.1 시험 전 구분 : 시험하기 전에 두 분류로 나눈 것 중 한 분류는 건조하여 시험하고, 나머지 한 분류는 동결융해 후 시험한다.

3.4.2 건조 시험 공시체 : 건조 시험용 공시체는 시험 전까지 실온에 방치하고, 비닐 랩 등으로 밀봉

하여 비닐 봉투에 넣어 25℃의 항온 수조에 최고 2시간 동안 방치한 후 3.5 시험방법에 기술한 내용에 따라 시험한다.

3.4.3 수분저항성 시험 공시체 : 수분저항성 시험용 공시체 제작 방법은 다음과 같다.

(1) 진공 처리

진공 장치 바닥에 스페이서를 이용하여 간격을 띄워서 공시체를 위치시키고, 증류수를 공시체 표면 에서 최소 25 mm까지 채운다. (13 ~ 67) kPa 범위의 진공압을 (5 ~ 10)분 동안 가한 후, 진공압을 제거 하고 다시 (5 ~ 10)분 동안 포화될 수 있도록 물속에 담가 둔다.

(2) 흡수한 물의 용적

진공처리 후 KS F 2446에 따라 공시체의 밀도를 결정하고, 표면 건조 포화 상태의 질량을 구하여, 3.3.3에서 측정된 건조 상태의 질량과 비교한 후, 흡수한 물의 용적을 계산한다. 흡수한 물의 용적은 다음과 같이 계산한다.

$$J' = B' - A$$

여기서, J' : 흡수한 물의 용적(cm^3)

B': 진공처리 후 공시체의 표면 건조 포화 질량(g)

A : 공기 중 공시체의 건조 질량(g)

(3) 공시체 포화 정도 결정

3.3.5에서 구한 공극의 용적과 앞의 (2)에서 계산한 흡수된 물의 용적을 비교하여 공시체의 물에 의한 포 화 정도를 결정한다. 공극의 용적과 흡수된 물의 용적을 비교하여 다음과 같이 물 포화도를 결정한다.

$$S' = \frac{100J'}{V_V}$$

여기서, S' : 물 포화도(%)

V_V : 공극의 용적(cm^3)

(4) 동결융해 절차

(a) 포화된 공시체를 각각 비닐 랩으로 단단히 포장하여 비닐 백에 10 mL의 물을 채운 후 그 속에 넣고 공기를 빼내어 밀봉한다.

(b) 공시체가 들어 있는 비닐 백을 (−18±3)℃의 온도로 최소 16시간 동안 냉각시킨다.

(c) 냉각된 공시체를 꺼내어 비닐 백과 비닐 랩을 제거하고 항온 수조에 (60±1)℃의 온도로 (24±1)시간 동안 담가둔다.

(5) 주의사항

항온 수조에서 시료를 꺼내어 (25±0.5)℃의 수조에 (2±0.5)시간 동안 넣어 둔다. 이때 수조의 물이 25℃ 이상 상승하는 것을 방지하기 위하여 수조에 얼음 등을 사용해도 된다.

3.5 시험방법

건조 시험용 공시체와 동결융해 시험용 공시체를 각각 25℃의 항온 수조에서 꺼내어 KS F 2382에 따라 간접 인장 강도 시험을 한다. 공시체를 시험기에 거치하고 재하헤드를 장착한 후 50 mm/min의 속도로 일정하게 하중을 가한다. 수직 파괴가 발생할 때까지 하중을 재하한 후 최대 하중 값을 기록한다.

3.6 계산

3.6.1 인장 강도 : 인장 강도(S_t)는 8.에서 구한 최대 하중 값을 이용하여 다음과 같이 계산한다.

$$S_t = \frac{2P}{\pi t D}$$

여기서, S_t : 인장 강도(N/mm^2)

P : 최대 하중(N)

t : 공시체 두께(mm)

D : 공시체 지름(mm)

3.6.2 인장 강도비 : 인장 강도비(TSR)는 3.6.1에서 구한 인장 강도 값을 이용하여 다음과 같이 계산한다.

$$\text{TSR} = \frac{S_2}{S_1}$$

여기서, TSR : 인장 강도비

S_1 : 건조 공시체의 인장 강도 평균(N/mm^2)

S_2 : 수분 처리 공시체의 인장 강도 평균(N/mm^2)

4. 보고

(a) 아스팔트 혼합물의 종류

(b) 이론최대밀도

(c) 공시체의 밀도, 두께, 공극률

(d) 인장 강도(S_t)

(e) 인장 강도비(TSR)

급속 동결 융해에 대한 콘크리트의 저항 시험방법 Standard test method for resistance of concrete to rapid freezing and thawing (KS F 2456 : 2013)

1. 적용범위 및 시험목적

이 표준은 실험실 내에서 동결 융해의 급속 반복 사이클에 대한 콘크리트 공시체의 저항을 구하기 위한 시험에 대하여 규정한다. 이 시험방법은 사용 재료와 배합이 다른 콘크리트의 동결 융해 저항성을 상호 비교하기 위한 방법이며, 콘크리트 구조물의 내동해성에 대한 내용 연수를 정량적으로 예측하는 시험방법은 아니다. 시험방법 A, B 중 한 방법만을 특별히 지정한 것 이외의 모든 재료는 두 방법에 모두 적용할 수 있다.

2. 시험방법의 종류

시험방법의 종류는 다음과 같이 2종류로 한다.

2.1 수중 급속 동결 융해 시험방법(방법 A)
2.2 기중 급속 동결 후 수중 융해 시험방법(방법 B)

3. 시험기구

3.1 동결 융해 장치

a) 동결 융해 장치는 공시체가 소정의 동결 융해 사이클을 받는 데 적당한 체임버, 동결 및 가열 장치, 소정의 요구 온도하에서 연속적이고 자동적으로 재현성 사이클을 발생시킬 수 있는 조절 장치로 구성된다. 장치가 자동적으로 작동하지 않을 경우에는 1일 24시간 기준으로 연속적인 수동 조작을 하거나 또는 장치가 작동하지 않을 때는 모든 공시체를 동결 상태로 저장하여야 한다.

b) 공시체와 공시체를 지지해 주는 장치를 제외한 모든 장치는 다음과 같이 배치되어야 한다.

1) A방법에서는 동결 융해 사이클 동안 언제나 약 3 mm 정도의 물로 완전히 둘러싸여 있어야 한다.

2) B방법에서는 동결 단계시 공기 중, 융해 단계 시 수중에 놓이도록 배치되어야 한다.

c) 열교환 매체의 온도는 동결과 융해가 바뀌는 순간을 제외하고는 모든 공시체의 표면 어느 곳에서 언제 측정하더라도 3.3℃ 이내로 균등하여야 한다.

3.2 온도 측정 장치 : 온도 측정 장치는 온도계, 저항 온도계 또는 열전대로 구성되어 있고, 공시체 용기 내의 여러 점과 조절용 공시체의 중심점 온도를 1℃ 이내까지 측정할 수 있어야 한다.

3.3 동 탄성 계수 측정 장치 : 동 탄성 계수 측정 장치는 KS F 2437의 규정에 따른다.

3.4 저울 : 저울은 용량이 공시체 질량보다 50% 이상 크고, 감도가 5 g 이하의 정밀도를 가진 것이어야 한다.

3.5 조절 수조 : 수조에서 꺼내어 변형 진동의 1차 공명 진동수와 길이 변화를 측정할 때, 수중에서 공시체의 온도를 유지시킬 수 있는 설비가 마련된 수조이어야 하고, 시험편은 사용되는 설비와 동결 융해 사이클에서 −1℃～2℃가 유지되어야 한다. 융해 사이클이 끝났을 때 장치의 가동을 중지시키고 공시체를 동결 융해 장치의 공시체 체임버에 넣어 두면 이 조건을 만족시킬 수 있게 된다.

3.6 콤퍼레이터 : 길이 변화 시험용 콤퍼레이터는 KS F 2424의 시험용 기구에 따른다.

4. 시험방법

4.1 동결 융해 사이클

4.1.1 적당한 온도 측정 장치가 묻혀 있는 시험용 공시체와 유사한 콘크리트를 만들어 이를 조절용 공시체로 한다. 조절용 공시체의 온도 측정에 관한 동결 융해 시험의 요구 조건과 일치시킨다. 공시체의 캐비닛 내의 각 점에서 온도 변화의 극값(최대값 또는 최저값)을 찾아 낼 수 있도록 조절용 공시체의 위치를 여러 번 변경시킨다.

4.1.2 동결 융해 1사이클은 공시체 중심부의 온도를 원칙으로 하며 원칙적으로 4℃에서 −18℃로 떨어지고, 다음에 −18℃에서 4℃로 상승되는 것으로 한다. 각 사이클에서 공시체 중심부의 최고 및 최저 온도는 각각 (4±2)℃ 및 (−18±2)℃의 범위 내에 있어야 하고, 언제라도 공시체의 온도가 −20℃ 이하 또는 6℃ 이상이 되어서는 안 된다.

4.1.3 동결 융해 1사이클의 소요 시간은 2시간 이상, 4시간 이하로 한다. 시험방법 A에서는 융해 시

간을 총 시간의 25%, 시험방법 B에서는 총 시간의 20%보다 적게 사용하여서는 안 된다.

4.1.4 임의의 공시체 중심에서의 온도가 3℃에서 −16℃로 떨어지는 데 소요되는 시간은 냉각 시간의 1/2 이하가 되어서는 안 되고, 또 −16℃에서 3℃로 상승하는 데 소요되는 시간은 가열 시간의 1/2 이하가 되어서는 안 된다. 상호 비교를 목적으로 하는 공시체에서는 임의의 공시체의 중심 온도가 2℃에서 −12℃로 변화하는 데 소요되는 시간이 다른 공시체에서 소요되는 냉각 시간의 1/6 이상 차이가 나서도 안 된다.

또한 임의의 공시체의 중심 온도가 −12℃에서 2℃로 변하는 데 소요되는 시간이 다른 공시체에서 소요되는 가열 시간의 1/3 이상 차이가 나서는 안 된다.

[비고] 대부분의 경우, 장치 내에서 공시체의 저항 하중을 일정하게 유지하면 쉽게 균등한 온도와 시간 조건을 조절할 수 있다. 공시체의 저항 하중을 이용할 수 없을 경우에는 빈 공간을 임의의 모조 공시체로 채워야 한다.

이런 방법은 주로 공시체와 용액 탱크 내의 유의 조건을 일정하게 유지하는 데 사용한다. 재료도 여러 가지이고, 열에 대한 성질도 매우 다른 재료로 만든 콘크리트 공시체를 한 장치로 동시에 시험할 경우에는 전 공시체에 대하여 시간과 온도에 대한 요구 조건을 지킬 수는 없다. 이와 같은 공시체는 가능한 한 별도로 시험하고 장치를 적절히 조절하는 것이 좋다.

4.1.5 공시체의 중심과 표면의 온도차는 항상 28℃를 초과해서는 안 된다.

4.1.6 동결 융해에서 상태가 바뀌는 순간의 시간이 10분을 초과해서는 안 된다. 다만, 7.2에 따라 시험할 경우는 예외로 한다.

4.2 공시체

4.2.1 이 시험에 사용되는 공시체는 원주형 또는 각주형 공시체로 하고, KS F 2403에 따라 공시체를 만들고 양생하여야 한다.

4.2.2 경화된 콘크리트로부터 원주 또는 각주형으로 절단 채취된 공시체를 사용할 수도 있다. 이때 습윤 상태를 구조물의 습윤 상태 이하로 건조시켜서는 안 된다. 이 경우에는 플라스틱 포장 및 기타 적당한 방법으로 공시체를 싸서 운반하여야 한다.

4.2.3 이 시험에서는 공시체를 몰드로부터 꺼내어 동결 융해 시험을 할 때까지 공시체를 석회수 안에서 포화시켜야 한다. 상호 비교할 모든 공시체의 치수는 처음부터 모두 같아야 한다.

4.3 시험방법

4.3.1 소정의 양생 기간이 끝나면 즉시 공시체를 (6±3)℃의 상태로 옮겨 변형 진동의 1차 공명 진동수와 질량을 KS F 2437에 따라 측정한다. 공시체는 양생이 끝나는 시간부터 동결 융해 사이클이 개시되는 기간까지 함수량이 변하지 않도록 보호해야 한다.

4.3.2 사이클 중 동결 상태의 초기에 융해수 내에 공시체를 넣고 동결 융해 시험을 시작한다. 동결융해 사이클이 36사이클을 초과하지 않는 범위의 간격으로 융해 상태에서 장치로부터 공시체를 꺼낸다. 다음에 바로 (6±3)℃의 온도 조건하에서 가로 1차 주파수 시험을 하고, 질량을 잰 후 다시 시험장치 내로 옮긴다.

공시체가 완전히 융해 상태에 있는지, 그리고 어떤 특정 온도 조건으로 조절 수조 내에 놓여 있는지를 확인하고, 또 융해 사이클이 끝날 때까지 시험 중인 각 공시체 전체가 이런 상태가 되도록 공시체를 충분히 동결 융해 시험기 내에 두었는지를 확인한다.

공시체를 장치에서 꺼내는 동안 함수량의 손실이 없도록 보호하고, 다시 넣을 때는 양 끝이 반대가 되도록 돌려놓는다. A방법으로 실험할 경우에는 용기를 씻어 내고 깨끗한 물을 첨가한다. 장치에 공시체를 다시 넣을 경우는 장치 내의 어느 곳에 넣어도 좋고, 어떤 기간 계속 시험하는 공시체는 동결 장치 내 모든 부분의 조건을 받는다는 것을 확인할 수 있는 예정된 순번에 따라 위치를 바꾸어 넣어도 좋다. 시험의 종료는 300사이클로 하며, 그때까지 상대 동 탄성 계수가 60% 이하가 되는 사이클이 있으면 그 사이클에서 시험을 종료한다. 변형 진동의 1차 공명 진동수 측정은 공시체마다 매번 하며, 또한 육안으로 관측한 공시체의 상태를 기록하고 그 기록지에 나타난 결점에 대한 평가도 기록한다.

4.3.3 동결 융해 사이클이 계속될 수 없을 때는 동결 상태로 공시체를 저장하여야 한다.

4.3.4 장치의 고장 또는 다른 이유로 어떤 기간 사이클을 중지하여야 한다면, 수분의 손실을 방지하면서 동결 상태로 공시체를 저장하여야 한다. A방법인 경우, 공시체를 용기 안에 놓은 후에 가능한 한 얼음으로 둘러싸야 한다. 용기 속에 공시체를 놓아 두기가 어려우면 탈수 현상을 방지할 수 있는 방수 재료로 싸서 가능한 한 습한 상태로 봉한 후에 (−18±2)℃인 차가운 방이나 냉장고 속에 저장하여야 한다. B방법인 경우는 후자를 택하여야 한다. 일반적으로 공시체를 2사이클 이상 융해 조건 내에 두는 것이 바람직하지 못하지만, 전체 시험을 하는 동안 이런 일이 한두 번만 있게 된다면 기간이 길어져도 무방하다.

4.4 계산

4.4.1 상대 동 탄성 계수 : 상대 동 탄성 계수는 다음과 같이 계산한다.

$$P_C = \left(\frac{n_C^2}{n_0^2} \right) \times 100$$

여기서, P_C : 동결 융해 C사이클 후의 상대 동 탄성 계수(%)

n_0 : 동결 융해 0사이클에서의 변형 진동의 1차 공명 진동수(Hz)

n_C : 동결 융해 C사이클 후의 변형 진동의 1차 공명 진동수(Hz)

4.4.2 내구성 지수 : 내구성 지수는 아래와 같이 계산한다.

$$DF = \frac{PN}{M}$$

여기서, DF : 시험용 공시체의 내구성 지수

P : N사이클에서의 상대 동 탄성 계수(%)

N : 상대 동 탄성 계수가 60%가 되는 사이클 수 또는 동결 융해에의 노출이 끝나게 되는 순간의 사이클 수

M : 동결 융해에의 노출이 끝날 때의 사이클 수

5. 보고

시험 결과의 보고에는 다음 사항을 포함하여야 한다.

5.1 콘크리트의 품질

a) 시멘트, 잔 골재 및 굵은 골재의 종류, 배합, 최대 치수, 입도 또는 소정의 입도 계수, 물−시멘트 비

b) 첨가 재료 또는 혼화 재료를 사용하였을 경우, 그 종류와 배합비

c) 굳지 않은 콘크리트의 공기량
d) 굳지 않은 콘크리트의 단위 용적 질량
e) 굳지 않은 콘크리트의 반죽 질기
f) 시험용 공시체를 굳은 콘크리트에서 떼어 낼 경우에는 이를 표시하고, 구조물에서 공시체의 크기, 모양, 위치 및 방향, 기타 관련 정보를 기술하여야 한다.

5.2 배합, 성형 및 양생 과정
공시체에서 설명한 배합, 성형 양생 방법과 차이점이 있으면 그 차이점을 기록하여야 한다.

5.3 2가지 시험방법 중 사용된 방법을 기록해야 한다.

5.4 공시체의 특징
a) 동결 융해 0사이클일 때의 공시체의 치수
b) 동결 융해 0사이클일 때의 공시체 질량
c) 동결 융해 0사이클일 때의 공시체 결함

5.5 결과
a) 각 공시체의 내구성 지수와 같은 종류의 공시체군의 평균 내구성 지수, 소정의 최소 상대 동 탄성 계수 및 최대 사이클 수
b) 각 공시체의 질량 손실과 증가값, 같은 공시체군의 평균값
c) 시험 기간 중에 생기는 공시체의 결함과 결함이 발견된 순간의 사이클 수

골재의 시료 채취 방법 Method of sampling aggregate (KS F 2501 : 2007)

1. 적용범위
이 표준은 재료 산지의 예비 조사와 적부 판정, 출하시 재료의 검사 및 시공 중 재료의 검사를 목적으로 굵은 골재, 잔골재의 시료를 채취하는 방법에 대하여 규정한다.

2. 채석장에서 채석한 석재
2.1 채석면의 색깔 및 조직 상태를 면밀히 조사하여 각 층의 변화 상태를 기록한다.
2.2 색깔 및 조직 상태가 서로 다른 암층마다 각각 25 kg 이상의 시료를 채취하여야 한다. 이때 풍화된 부분에서 시료를 채취하여서는 안 된다. 암석의 인성 및 압축 강도 시험을 할 필요가 있을 때는 너비 150 mm 이상, 두께 100 mm 이상의 크기로 채취하고 암석의 결을 표시해 두어야 한다. 그리고 시료에는 절리 또는 파쇄된 흠이나 발파에 의하여 손상된 것이 없어야 한다.
2.3 신설 또는 이에 준하는 채석장에서 생산되는 재료의 시료에 대해서는 8.1의 일반적인 표시 사항 이외에 다음 사항을 표시하여야 한다.
2.3.1 소유자 또는 판매자의 성명

2.3.2 채석 가능한 재료의 수량
2.3.3 표토의 두께 및 성질
2.3.4 사용지까지의 최단 운반 거리 및 운반 조건
2.3.5 재료의 소재지 및 분포 상태

3. 노천에서 채취하는 석재 또는 호박돌

3.1 산지의 전체 구역에 걸쳐 재료의 종류와 분포 상태를 상세히 조사하여야 한다.
3.2 구조용 재료로 이용할 수 있는 각종 석재에 대하여 각각 250 kg 이상의 시료를 채취하여야 한다.
3.3 시료에는 8.1의 일반적인 표시 사항 이외에 다음 사항을 표시하여야 한다.
3.3.1 사용 가능한 재료의 수량
3.3.2 각종 석재의 백분율 및 사용 불가능한 재료의 백분율
3.3.3 사용지까지의 최단 운반 거리 및 운반 조건
3.3.4 재료의 소재지 및 분포 상태

4. 공사 현장 주변에서 생산하는 모래 또는 자갈

4.1 산지의 각종 재료에 대하여 대표적인 시료를 채취하고 그 재료의 수량을 추정하여야 한다.
4.2 노천 채굴일 때는 윗면에서 밑면까지 수직구를 굴착하여 사용할 재료의 대표적인 시료를 채취하며, 표토와 다른 부분의 재료가 시료에 혼입되지 않도록 해야 한다. 또 시험 구멍을 몇 군데 파서 재료의 성질과 분포 상태를 조사해야 한다. 시험 구멍의 수 및 깊이는 사용 가능한 재료의 수량, 품질, 지형, 지질, 생산 제품의 가격 등에 의하여 결정된다. 시료는 위에 기술한 방법으로 수직구 및 시험구멍에서 각각 채취하며, 재료의 변화가 현저할 때는 각 암석층마다 대표적인 시료를 별도로 채취하고, 변화가 현저하지 않을 때는 각 시험 장소별로 다량의 시료를 채취하여 혼합한 후 4분법에 의하여 적당량의 시료를 얻는다. 자갈과 모래가 혼합되어 있는 경우에는 모래에 대하여 적당량의 시료를 얻는다. 자갈과 모래가 혼합되어 있는 경우에는 모래에 대해서는 15 kg 이상, 자갈에 대해서는 35 kg 이상을 얻을 수 있도록 시료를 채취한다. 노출되어 있지 않은 산지에서는 시험 구멍에서만 위에서 기술한 방법으로 시료를 채취한다.
4.3 쌓아 놓은 자갈 무더기에서 시료를 채취할 경우에는 무더기의 꼭대기, 중앙부 및 밑부에서 각각 내부에 구멍을 뚫고 대표적인 시료를 채취한다. 이 시료를 한데 혼합한 후 4분법에 의하여 필요한 만큼의 시료를 얻는다. 그러나 재료의 분리 상태를 조사할 필요가 있을 때는 각각의 시료를 별도로 시험해야 한다. 모래일 경우에는 표면의 건조한 모래를 제거하고 내부의 젖은 모래에서 대표적인 시료를 채취하여야 한다.
4.4 공사 현장 주변에서 생산되는 재료의 시료는 8.1의 일반적인 표시 사항 이외에 다음 사항을 표시하여야 한다.
4.4.1 소유자 또는 판매자의 성명
4.4.2 사용 가능한 재료의 수량
4.4.3 표토의 두께 및 성질
4.4.4 사용지까지의 최단 운반 거리 및 운반 조건
4.4.5 재료의 소재지 및 분포 상태

5. 시장 판매품인 모래, 자갈, 석재 광재

품질 시험용 시료는 될 수 있는 한 완성품에서 채취하고, 그 외에는 3.2, 4.2 및 5.1, 5.2에 따라 채취한다. 다만, 마모 시험용 시료는 반드시 완성품을 원상태로 채취하여야 한다.

5.1 생산 공장에서의 시료 채취

공장 시설에 대한 조사를 해야 하며, 쌓아 놓은 무더기 또는 저장고에서 반출 차량에 실을 때, 적당한 위치에서 대표적인 시료를 채취하여야 한다. 입도의 변화를 검사하기 위하여 싣는 동안 수시로 별도의 시료를 채취한다. 저장고에서 시료를 채취할 때는 배출구에서 흘러나오는 재료의 전체 단면에 걸쳐 채취하며, 방출이 시작될 때는 균일한 흐름이 된 후에 채취하여야 한다.

5.2 운반 차량에서의 시료 채취

5.2.1 생산 공장에 가는 것이 불가능한 경우에는 인수지에서 재료를 내려놓기 전에 시료를 채취하여 적부 판정을 위한 입도 시험을 한다. 관례적인 품질 시험인 경우에는 시험이 끝나기 전에 재료를 내려서 공사에 사용해도 좋으나, 적부 판정을 위한 품질 시험인 경우에는 합격 판정이 나기 전에 사용해서는 안 된다. 차량에서 시료를 채취할 때는 실을 때 재료가 분리되었을 확률이 많으므로 여러 부분에서 각각 시료를 채취한다. 이 시료를 한데 혼합한 후 4분법에 의하여 필요한 양의 시료를 얻는다. 그러나 재료의 분리 상태를 조사할 필요가 있을 때는 각각의 시료를 별도로 시험해야 한다.

5.2.2 화물 자동차, 화물선 또는 작은 배에서의 시료 채취는 화물의 양에 따라 채취 장소만 다르고 그 외에는 5.2.1의 시료 채취 방법에 따른다.

5.2.3 잔골재인 경우에는 5.2.1 또는 5.2.2에 따라 시료를 채취하거나 지름 약 30 mm, 길이 1800 mm의 시료 채취관을 사용하여 한 번에 약 1 kg의 시료를 채취한다.

5.2.4 골재의 체가름 시험만을 필요로 하는 경우에는 재료의 합부 판정을 지연시키지 않도록 현장에서 이 시험을 하여야 한다. 또한 시료를 실험실에 보내어 검사를 하여야 한다.

5.3 시료의 개수 및 양

5.3.1 시료의 개수는 재료의 사용 목적, 재료의 양, 골재의 성질 및 치수 변화에 따라 결정된다. 재료의 모든 변화 상태를 나타낼 수 있도록 충분한 개수의 시료를 취해야 하며, 쇄석, 자갈, 광재 또는 모래에서는 약 50 t마다 별개의 시료를 채취하여야 한다.

5.3.2 시료의 양은 시험방법 및 치수에 따라 결정되며, 표 1은 입도 시험에 필요한 시료의 양을 나타낸 것이다.

6. 슬래그 모래, 부순 모래 등일 때

슬래그 모래, 부순 모래, 부순 돌 찌꺼기, 광석 찌꺼기 등은 이와 비슷한 재료의 규정에 따라 시료를 채취한다.

7. 각석일 때

7.1 각석의 시료는 구매자의 지시에 따라 채석장 또는 사용지에서 채취한다. 눈으로 보아 불합격품으로 인정되는 각석은 시료에 포함시켜서는 안 된다.

7.2 시료는 적어도 6개 이상의 각석을 채취하여야 하며, 그 중 3개 이상에는 결을 표시해 두어야 한다.

표 1 시료의 채취량

잔골재인 경우		굵은 골재인 경우	
통과하는 최대 입자 지름의 체의 호칭 눈 크기(mm)	현장에서 채취할 시료의 최소 중량(kg)	통과하는 최대 입자 지름의 체의 호칭 눈 크기(mm)	현장에서 채취할 시료의 최소 중량(kg)
2.5	10	10	10
5	10	13	15
		20	25
		25	50
		40	75
		50	100
		65	125
		75	150
		90	175

8. 시료의 표시 및 운반

8.1 표시

8.1.1 시료 채취자의 성명

8.1.2 채취 장소

8.1.3 채취량

8.1.4 채취시료의 양과 특성

8.1.5 작업장에서의 거리

8.1.6 운반특성(도로종류, 최대등급)

8.1.7 시료에 대한 상세 특성

8.2 운반

8.2.1 굵은 골재의 시료는 튼튼한 용기나 포대에 넣어 운반하여야 한다.

8.2.2 잔골재나 잔입자의 시료는 손실되지 않도록 상자에 넣거나 포장하여 운반하여야 한다.

8.2.3 각석의 시료는 견고한 상자에 넣어 운반하여야 한다.

굵은 골재 및 잔골재의 체가름 시험방법 Standard test method for sieve analysis of fine and coarse aggregates (KS F 2502 : 2014)

1. 적용범위 및 시험목적

이 표준은 콘크리트 및 아스팔트 콘크리트 포장 혼합물에 사용되는 골재의 체가름 시험방법에 대하여 규정한다.

2. 시험기구

2.1 저울 : 저울은 시료 질량의 0.1% 이하의 눈금량 또는 감량을 가진 것으로 한다. 현장에서 시험하는 경우에는 저울의 정밀도를 시료 질량의 0.5%까지 측정할 수 있는 것으로 한다.

2.2 체 : 체는 KS A 5101－1, KS A 5101－2 및 KS A 5101－3에 규정하는 표준 망체 75 μm, 150 μm, 300 μm, 600 μm 및 1.18 mm, 2.36 mm, 4.75 mm, 9.5 mm, 13.2 mm, 16 mm, 19 mm, 26.5 mm, 31.5 mm, 37.5 mm, 53 mm, 63 mm, 75 mm, 106 mm의 망체로 한다. 다른 치수의 체는 KS A 5101－1, KS A 5101－2 및 KS A 5101－3에서 고른다.

2.3 덮개 및 받침 접시 : 덮개 및 받침 접시는 단단히 조이는 것을 사용한다.

2.4 건조기 : 건조기는 배기구가 있는 것으로 (105±5)℃로 유지할 수 있는 것으로 한다. 만약 현장에서 시험하는 경우, 조건을 만족하는 건조기를 사용할 수 없을 때 건조된 골재에 대하여 일정한 질량으로 유지할 수 있는 외부의 적합한 장비를 사용하여도 된다.

3. 시험방법

3.1 시료의 준비

3.1.1 시료의 채취 : 시료는 대표적인 것을 채취하여 사분법 또는 시료 분취기에 의해 일정 분량이 되도록 축분한다.

3.1.2 시료의 건조 : 분취한 시료를 (105±5)℃에서 24시간, 일정 질량이 될 때까지 건조시킨다. 건조 후, 시료는 실온까지 냉각시킨다.

3.1.3 시료의 질량 : 시료의 최소 건조 질량은 다음에 따른다.

a) 굵은 골재의 경우 사용하는 골재의 최대 치수(mm)의 0.2배를 시료의 최소 건조 질량(kg)으로 한다.

b) 잔골재의 경우 1.18 mm 체를 95%(질량비) 이상 통과하는 것에 대한 최소 건조 질량을 100 g으로 하고, 1.18 mm 체에 5%(질량비) 이상 남는 것에 대한 최소 건조 질량을 500 g으로 한다. 다만, 구조용 경량 골재에서는 위의 최소 건조 질량의 1/2로 한다.

잔골재 1.18 mm 체를 95%(질량비) 이상 통과하는 것. 100 g
잔골재 1.18 mm 체를 5%(질량비) 이상 남는 것. 500 g
굵은 골재의 최대 치수 9.5 mm 정도인 것. 2 kg
굵은 골재의 최대 치수 13.2 mm 정도인 것. 2.6 kg
굵은 골재의 최대 치수 16 mm 정도인 것. 3 kg
굵은 골재의 최대 치수 19 mm 정도인 것. 4 kg
굵은 골재의 최대 치수 26.5 mm 정도인 것. 5 kg
굵은 골재의 최대 치수 31.5 mm 정도인 것. 6 kg
굵은 골재의 최대 치수 37.5 mm 정도인 것. 8 kg
굵은 골재의 최대 치수 53 mm 정도인 것. 10 kg
굵은 골재의 최대 치수 63 mm 정도인 것. 12 kg
굵은 골재의 최대 치수 75 mm 정도인 것. 16 kg
굵은 골재의 최대 치수 106 mm 정도인 것. 20 kg

3.2 시험방법 : 시험방법은 다음에 따른다.

a) 4.3의 시료를 0.1% 이상의 정밀도로 측정한다. 현장에서 시험하는 경우에는 시료의 정밀도를

0.5% 이상으로 측정하도록 한다.

b) 시료는 3.2에서 규정하는 체 중, 골재의 체가름 시험의 목적에 맞는 조합 망체를 사용하여 체가름 한다.

c) 잔골재(가열 골재 포함) 및 부순 잔골재는 75μm 체를 통과하는 양을 사전에 KS F 2511에 따라 측정하고, 잔골재 체가름 시험의 시료는 씻기 시험 후 잔류분(로건조 후)으로 시험한다.

d) 체가름은 수동 또는 기계에 의하여, 체에 상하 운동 및 수평 운동을 주고 시료를 흔들어 시료가 끊임없이 체면을 균등하게 운동하도록 하고, 1분간 각 체를 통과하는 것이 전 시료 질량의 0.1% 이하로 될 때까지 작업을 한다.

기계를 사용하여 체가름하는 경우는 다시 손으로 체가름하여 1분간의 각 체 통과량이 위의 값보다 작다는 것을 확인하여야 한다.

e) 체 눈에 막힌 알갱이는 파쇄되지 않도록 주의하면서 되밀어 체에 남은 시료로 간주한다. 어떤 골재에서나 손으로 밀어서 무리하게 체를 통과시켜서는 안 된다. 다만, 큰 입자는 손으로 놓도록 하고 방향을 바꾸어 개개의 구멍에 맞추어 통과하는 것은 체를 통과하는 시료로 간주한다.

f) 망눈의 크기가 4.75 mm보다 작은 체에서는 체 작업이 끝난 시점에서 각 체에 남은 것이 다음의 값을 넘어서는 안 된다.

$$m_r = \frac{A\sqrt{d}}{300}$$

여기서, m_r : 각 체에 남는 것의 질량(g)

A : 체의 면적(mm^2)

d : 체의 호칭 치수(mm)

각 체 중의 어느 쪽이 이 양을 넘는 경우는 다음 두 가지 방법 중 하나를 실시한다.

1) 그 부분의 시료를 규정한 최대 질량보다 작아지도록 나누어 이것들을 차례차례 체가름한다.
2) 5 mm의 체를 통과하는 시료를 시료 분취기 또는 사분법에 의해 축분하고 축분한 시료에 대하여 체가름을 한다.

g) 각 체에 남은 시료를 전 시료 질량의 0.1% 이상까지 정확하게 측정한다. 각 체에 남은 것과 받침 접시 안의 것의 총합은 체가름 전에 측정한 시료 질량과의 차이가 1% 미만이어야 한다.

3.3 계산 : 체가름 계량 결과는 시료 전 질량에 대한 백분율로 소수점 이하 1자리까지 계산하여 정수로 끝맺음한다.

4. 보고

4.1 반드시 보고하여야 할 사항

a) 시료의 식별 기호
b) 시료의 질량
c) 체가름 방법(수동 · 기계)
d) 각 체에 남는 것의 질량 백분율, 각 체를 통과한 것의 누적 백분율
e) 시험일

4.2 임의의 보고 사항

a) 골재의 종류, 크기, 겉모양 및 산지. 다만, 인공 경량 골재의 경우는 명칭

b) 시료를 채취한 위치 및 일시
c) 시료 및 시료 조정에 관한 기술
d) 결과의 그래프

굵은 골재의 밀도 및 흡수율 시험방법 Standard test method for density and absorption of coarse aggregate (KS F 2503 : 2014)

1. 적용범위 및 시험목적

이 표준은 굵은 골재의 밀도 및 흡수율 시험방법에 대하여 규정한다.

2. 시험기구

2.1 저울 : 시료 질량의 0.1% 이내를 읽을 수 있는 것이어야 한다. 또, 저울에는 중심으로부터 지름 3 mm 이하의 금속선으로 철망태를 매달고, 이것을 수중에 담글 수 있는 적절한 장치가 되어 있어야 한다.

2.2 철망태 : 철망태는 지름 3 mm 또는 그 이하의 철선으로 만든 것으로서, 나비와 높이가 같은 것이어야 하며, 골재의 최대 치수가 40 mm 이하일 경우에는 지름 약 200 mm, 높이 약 200 mm로 하고, 40 mm 이상일 경우에는 더 커야 한다. 또 철망태는 물에 잠겼을 때 갇힌 공기를 방지할 수 있는 구조여야 한다.

2.3 물탱크 : 저울에 매달린 시료 용기를 담을 수 있고 물이 새지 않는 탱크로 한다.

2.4 흡수 천 : 굵은 골재 입자 표면의 수막을 없애는 데 사용하는 흡수성의 천은 건조한 부드러운 것으로 한다.

2.5 건조기 : 건조기는 배기구가 있는 것으로 (105±5)℃로 유지할 수 있는 것으로 한다.

2.6 체 : 5 mm 체 또는 KS A 5101－1에 적합한 다른 크기의 체로 한다.

3. 시험방법

3.1 시료의 준비

3.1.1 시료는 대표적인 것을 채취하여, 호칭 치수 5 mm의 체에 남는 굵은 골재를 사분법 또는 시료 분취기에 의해 거의 일정 분량이 될 때까지 축분한다.

3.1.2 보통 골재의 1회 시험에 사용하는 시료의 최소 질량은 굵은 골재의 최대 치수(mm 표시)의 0.1배를 kg으로 나타낸 양으로 한다. 경량 골재에 대하여는 다음 식에 따라 대략적인 시료 질량을 정한다.

$$m_{\min} = \frac{d_{\max} \times D_e}{25}$$

여기서, $m_{\min}$: 시료의 최소 질량(kg)

$d_{\max}$: 굵은 골재의 최대 치수(mm)

D_e : 굵은 골재의 추정 밀도(g/cm^3)

3.1.3 시료를 물로 충분히 세척하고, 입자 표면의 불순물 및 그 밖의 이물질을 제거한다.

3.2 시험방법

3.2.1 시료를 철망에 집어넣고, 수중에 진동을 주고, 입자 표면과 입자 간의 부착 공기를 제거한 후, (20±5)℃의 물속에 24시간 담근다.

3.2.2 (20±5)℃의 물속에서 시료의 수중 질량(C)과 수온을 측정한다.

3.2.3 철망태와 시료를 수중에서 꺼내고, 물기를 제거한 후 시료를 흡수 천 위에 굴리고, 눈에 보이는 수막을 제거하여 표면 건조 포화 상태의 질량(B)을 측정한다.

3.2.4 (105±5)℃에서 질량의 변화가 없을 때까지 건조시키고, 실온까지 냉각하여 절대 건조 상태의 질량(A)을 측정한다.

3.3 계산 : 계산은 다음과 같이 한다.

3.3.1 굵은 골재의 표면 건조 포화 상태의 밀도, 절대 건조 상태의 밀도, 진밀도 및 흡수율을 산출하고, 소수점 이하 둘째 자리까지 구한다.

3.3.2 표면 건조 포화 상태의 밀도

$$D_s = \frac{B}{B-C} \times \rho_W$$

여기서, D_s : 표면 건조 포화 상태의 밀도(g/cm^3)

B : 표면 건조 포화 상태 시료의 질량(g)

C : 시료의 수중 질량(g)

ρ_w : 시험 온도에서의 물의 밀도(g/cm^3)

3.3.3 절대 건조 상태의 밀도

$$D_d = \frac{B}{B-C} \times \rho_W$$

여기서, D_d : 절대 건조 상태의 밀도(g/cm^3)

A : 절대 건조 상태 시료의 질량(g)

3.3.4 진밀도

$$D_A = \frac{A}{A-C} \times \rho_W$$

여기서, D_A : 진밀도(g/cm^3)

3.3.5 흡수율

$$Q = \frac{B-A}{A} \times 100$$

여기서, Q : 흡수율(질량백분율)(%)

3.3.6 2회 시험의 평균값을 굵은 골재의 밀도 및 흡수율 값으로 한다.

3.3.7 평균값의 계산

a) 평균 밀도 시료를 여러 개의 무더기로 나누어서 시험하였을 때 표면 건조 포화 상태의 밀도, 절대 건조 상태

$$D = \frac{1}{\frac{P_1}{100D_1} + \frac{P_2}{100D_2} + \cdots \frac{P_n}{100D_n}}$$

여기서, D : 평균 밀도(g/cm^3)

D_1, D_2, ⋯ , D_n : 각 무더기의 밀도(g/cm^3)

P_1, P_2, ⋯ , P_n : 원시료에 대한 각 무더기의 질량백분율(%)

b) 7.5의 규정에 따라 계산한 흡수율의 평균값은 다음과 같다.

$$Q=\left(\frac{P_1Q_1}{100}\right)+\left(\frac{P_2Q_2}{100}\right)+\cdots+\left(\frac{P_nQ_n}{100}\right)$$

여기서, Q : 평균 흡수율(%)

Q_1, Q_2, ⋯ , Q_n : 각 무더기의 흡수율(%)

P_1, P_2, ⋯ , P_n : 원시료에 대한 각 무더기의 질량백분율(%)

4. 보고

보고는 다음 사항 중 필요한 것을 기재한다.

a) 골재의 종류, 크기, 겉모양 및 산지

b) 시료를 채취한 일시

c) 시험에 이용된 물의 온도

d) 표면 건조 포화 상태의 밀도 및 절대 건조 상태의 밀도

e) 흡수율

잔골재의 밀도 및 흡수율 시험방법 Standard test method for density and absorption of fine aggregates (KS F 2504 : 2014)

1. 적용범위 및 시험목적

이 표준은 잔골재의 밀도 및 흡수율을 측정하는 방법에 대하여 규정한다.

2. 시험기구

2.1 저울 : 시료 질량의 0.1% 이내를 읽을 수 있는 것이어야 한다.

2.2 플라스크 : 비흡수성의 플라스크 또는 다른 적절한 용기는 잔골재를 쉽게 집어넣을 수 있고, 그 용량을 ±0.1% 이내에서 측정할 수 있는 것으로 한다. 또한 검정된 용량을 나타내는 눈금까지의 용적은 시료를 넣는 데 필요한 용적의 1.5배 이상 3배 미만으로 한다.

2.3 원뿔형 몰드 : 윗지름 (40±3) mm, 밑지름 (90±3) mm, 높이 (75±3) mm, 두께 4 mm 이상이어야 한다.

2.4 다짐봉 : 질량 (340±15) g, 지름 (23±3) mm인 평평하고 원형인 다짐면을 가진 것이어야 한다.

2.5 건조기 : 건조기는 배기구가 있는 것으로, (105±5)℃의 균일한 온도를 유지할 수 있는 적당한 크기이어야 한다.

3. 시험방법

3.1 시료의 준비

3.1.1 시료는 대표적인 것을 채취하고, 사분법 또는 시료 분취기에 의해 약 1 kg의 잔골재를 준비해서 적당한 팬이나 그릇에 넣어 (105±5)℃의 온도로 질량의 변화가 없을 때까지 건조시킨다.

3.1.2 질량의 변화가 없을 때까지 건조시킨 다음, (24±4)시간 물속에 담근다. 수온은 (20±5)℃에서 최소한 20시간 이상 유지하도록 한다.

3.1.3 함수시킨 시료를 평평한 용기에 펴서 따뜻한 공기 속에서 서서히 건조시킨다. 자주 시료를 헤쳐서 건조가 균일하게 되도록 하고, 잔골재 중의 물기가 거의 없어질 때까지 이 작업을 계속하여야 한다.

3.1.4 잔골재를 원뿔형 몰드에 다지는 일이 없이 서서히 넣은 다음, 윗면을 평평하게 한 후, 힘을 가하지 않고 다짐봉으로 25회 가볍게 다진다. 다짐한 후, 남아 있는 공간을 다시 가득 채워서는 안 되며, 원뿔형 몰드를 가만히 연직으로 들어 올린다.

3.1.5 표면수가 있으면 잔골재의 원뿔이 흘러내리지 않고 그 상태를 유지할 것이다. 몰드를 들어 올릴 때, 잔골재의 원뿔이 흘러내릴 때까지 계속해서 잔골재를 헤쳐 말려야 하며, 원뿔이 처음 흘러내린다는 것은 잔골재가 표면 건조 포화 상태에 도달하였다는 것을 의미한다. 표면 건조 포화 상태를 제작하기 위해 필요하다면 기계적인 방법을 사용하여도 좋다.

3.1.6 표면 건조 포화 상태의 잔골재를 500 g 이상 채취하고, 그 질량(m)을 0.1 g까지 측정하여, 이것을 1회 시험량으로 한다.

3.2 시험방법

3.2.1 측정한 시료를 플라스크에 바로 넣고, 물을 90%까지 채운 다음, 플라스크를 평평한 면에 굴려서 교란시켜 기포를 모두 없애야 한다. 이때 물의 온도를 측정하고, 다음에 플라스크를 항온조에 약 1시간 동안 담가 (20±5)℃의 온도로 조정한 후 플라스크, 시료, 물의 질량(C)을 0.1 g까지 측정한다.

3.2.2 측정 후 금속제 용기 안으로 플라스크 속에 있는 시료를 모두 옮기고, 플라스크 속에 물을 검정 용량까지 다시 채워 그 질량(B)을 측정한다. 이때 물의 온도를 측정하여야 하는데, 첫 번째와 두 번째 물의 온도 차이가 1℃를 초과해서는 안 된다.

3.2.3 플라스크에서 꺼낸 시료로부터 상부의 물을 천천히 따라 버리고, 금속제 용기를 시료와 함께 일정한 온도가 될 때까지 약 24시간 동안 (105±5)℃에서 건조시킨다. 또한, 데시케이터 내에서 실온까지 냉각하여, 그 질량(A)을 0.1 g까지 측정한다.

3.3 계산

3.3.1 잔골재의 표면 건조 포화 상태의 밀도, 절대 건조 상태의 밀도, 진밀도 및 흡수율을 산출하고, 소수점 이하 둘째 자리까지 구한다.

3.3.2 표면 건조 포화 상태의 밀도

$$d_s = \frac{m}{B+m-C} \times \rho_W$$

여기서, d_s : 표면 건조 포화 상태의 밀도(g/cm^3)

m : 표면 건조 포화 상태 시료의 질량(g)

C : 시료와 물로 검정된 용량을 나타낸 눈금까지 채운 플라스크의 질량(g)

B : 검정된 용량을 나타낸 눈금까지 물을 채운 플라스크의 질량(g)

ρ_w : 시험 온도에서 물의 밀도(g/cm^3)

3.3.3 절대 건조 상태의 밀도

$$d_d = \frac{A}{B+m-C} \times \rho_W$$

여기서, d_d : 절대 건조 상태의 밀도(g/cm^3)

A : 절대 건조 상태 시료의 질량(g)

3.3.4 진밀도

$$d_A = \frac{A}{B+A-C} \times \rho_W$$

여기서, d_A : 진밀도(g/cm^3)

3.3.5 흡수율

$$Q = \frac{m-A}{A} \times 100$$

여기서, Q : 흡수율(질량 백분율)(%)

3.3.6 2회 시험의 평균값을 잔골재의 밀도 및 흡수율 값으로 한다.

4. 보고

보고는 다음 사항 중 필요한 것을 기재한다.

a) 골재의 종류, 크기, 겉모양 및 산지

b) 시료를 채취한 일시

c) 시험에 사용한 물의 온도

d) 표면 건조 포화 상태의 밀도 및 절대 건조 상태의 밀도

e) 흡수율

골재의 단위 용적 질량 및 실적률 시험 방법 Methods of test for bulk density of aggregates and solid content in aggregates (F 2505 : 2002) (2012 확인)

1. 적용범위 및 시험목적

이 표준은 콘크리트에 사용하는 골재의 단위 용적 질량 및 실적률의 시험 방법에 대하여 규정한다.

2. 시험기구

시험용 기구는 다음과 같이 한다.

2.1 저울 : 저울은 시험 질량의 0.2% 이하의 눈금량 또는 감량을 가진 것으로 한다.

2.2 용기 : 용기는 내면을 기계 가공한 금속제 원통으로 수밀하고 충분히 튼튼한 것으로 한다. 용기

의 위 테두리면은 그 편평도를 0.25 mm로 하고 0.5° 이내에서 밑면과 평행인 것으로 한다. 용기에는 취급에 편리한 손잡이를 붙인다.

용기는 굵은 골재의 최대 치수에 따라 표 1에 따른다. 또한 용기의 용적은 이것을 채우는 데 필요한 물의 질량을 정확히 측정하여 산정한다.

2.3 다짐봉 : 다짐봉은 지름 16 mm, 길이 500～600 mm의 원형 강으로 하고 그 앞 끝을 반구 모양으로 한 것으로 한다.

표 1 용기와 다짐 횟수

굵은 골재의 최대 치수(mm)	용적(L)	안높이/안지름	1층당 다짐 횟수
5 [a] (잔 골재) 이하	1～2	0.8～1.5	20
10 [a] 이하	2～3		20
10 [a] 초과 40 [a] 이하	10		30
40 [a] 초과 80 [a] 이하	30		50

[a] KS F 2502의 각주 (37)의 공칭 치수

3. 시험방법

3.1 시료의 준비

시료는 대표적인 것을 채취하여 4분법 또는 시료 분취기에 의해 거의 소정량이 될 때까지 축분한다. 그 양은 사용하는 용기의 용적의 2배 이상으로 한다. 시료는 절건 상태로 한다. 다만, 굵은 골재의 경우는 기건 상태이어도 좋다. 이 시료를 둘로 나눠 각각을 1회의 시험의 시료로 한다.

3.2 시험방법

3.2.1 단위 용적 질량의 측정 : 단위 용적 질량의 측정은 다음과 같이 시료를 채우고 골재의 표면을 고른 후, 용기 안의 시료의 질량을 잰다.

(1) 시료를 채우는 방법 : 시료를 채우는 방법은 봉 다지기에 따르기로 한다. 다만 굵은 골재의 치수가 커서 봉 다지기가 곤란한 경우 및 시료를 손상할 염려가 있는 경우는 충격에 의한다. 시료를 채우는 방법은 다음에 따른다.

a) 봉 다지기에 의한 경우 : 시료를 용기의 1/3까지 넣고 윗면을 손가락으로 고르게 하고 다짐봉으로 균등하게 소요 횟수를 다진다. 이 때 다짐봉의 앞 끝이 용기 바닥에 세게 닿지 않도록 주의한다. 다지는 횟수는 골재의 최대 치수에 따라 표 1에 따른다. 다음으로 용기의 2/3까지 시료를 넣고 앞과 똑같은 횟수를 다진다. 마지막으로 용기에서 넘칠 때까지 시료를 넣고 전회와 같은 횟수를 다진다.

b) 충격에 의한 경우 : 용기를 콘크리트 바닥과 같은 튼튼하고 수평인 바닥 위에 놓고 시료를 거의 같은 3층으로 나누어 채운다. 각 층마다 용기의 한 쪽을 약 5 cm 들어 올려서 바닥을 두드리듯이 낙하시킨다. 다음으로 반대쪽을 약 5 cm 들어 올려 낙하시키고 각각을 교대로 25회, 전체적으로 50회 낙하시켜서 다진다.

(2) 골재의 표면 고르는 방법 : 잔 골재의 경우는 다짐봉을 자로 하여 여분의 시료를 긁어 내고 용기의 윗면을 따라 고른다. 굵은 골재의 경우는 골재의 표면을 손가락 또는 자로 고르게 하여 용기

의 윗면에서의 굵은 골재 입자의 돌기가 윗면에서의 오목부와 같은 정도가 되도록 한다.

3.2.2 시료의 밀도, 흡수율 및 함수율의 측정 : 시료의 밀도, 흡수율 및 함수율의 측정은 다음과 같이 한다.

a) 질량을 측정한 시료에서 4분법 또는 시료 분취기에 의해 밀도, 흡수율 및 함수율을 측정하기 위한 시료를 채취한다.

b) 밀도, 흡수율 및 함수율은 KS F 2503, KS F 2504, KS F 2529, KS F 2533 및 KS F 2550에 따라 시험한다.

3.2.3 시험의 횟수 : 시험은 동시에 채취한 시료에 대하여 2회 실시한다.

3.3 계산 : 계산은 다음과 같이 한다.

a) 골재의 단위 용적 질량(T)은 다음 식에 따라 산출하여 유효 숫자 3자리로 끝맺음한다.

$$T = \frac{m_1}{V}$$

여기서, T : 골재의 단위 용적 질량(kg/L)

V : 용기의 용적(L)

m_1 : 용기 안의 시료의 질량(kg)

b) 골재의 실적률(G)은 다음 식에 따라 산출하고 유효 숫자 3자리로 끝맺음한다.

$$G = \frac{T}{d_D} \times 100 \text{ 또는 } G = \frac{T}{d_S} \times (100 + Q)$$

여기서, G : 골재의 실적률(%)

T : a)에서 구한 단위 용적 질량(kg/L)

d_D : 골재의 절건 밀도(kg/L)

Q : 골재의 흡수율(%)

d_S : 골재의 표건 밀도(kg/L)

c) 2회의 시험의 평균값을 시험 결과로 한다.

4. 보고

보고는 다음 사항 중 필요한 것을 기재한다.

a) 골재의 종류, 크기, 겉모양 및 산지 또는 명칭
b) 골재를 채취한 위치 및 일시
c) 용기의 치수
d) 시료의 상태(절건 상태 또는 기건 상태)
e) 시료를 채우는 방법(봉 다지기 또는 충격)
f) 함수율 측정의 유무와 함수율의 측정값(기건 상태의 경우)
g) 밀도 및 흡수율
h) 단위 용적 질량
i) 실적률 및 시료의 입도

골재의 안정성 시험 방법 Method of test for soundness of aggregates by use of sodium sulfate (KS F 2507 : 2007) (2012 확인)

1. 적용범위 및 시험목적

이 규격은 황산나트륨의 결정압에 의한 파괴 작용에 대한 저항성을 기준으로 하는 골재의 안정성 시험에 대하여 규정한다. 다만 인공 경량 골재는 제외한다.

2. 시험기구 및 재료

2.1 시험기구

2.1.1 체 : 체는 다음의 것을 사용한다.

a) 잔골재를 시험하는 경우 망체 150 mm, 300 mm, 600 mm, 1.2 mm, 2.5 mm, 5 mm 및 10 mm

b) 굵은 골재를 시험하는 경우 망체 5 mm, 10 mm, 15 mm, 20 mm, 25 mm, 30 mm, 40 mm, 50 mm, 65 mm 및 75 mm

2.1.2 철망 바구니 : 골재를 넣는 철망 바구니는 시험용 용액에 침식되지 않은 것으로, 그 체눈은 골재 알갱이가 흘러 떨어지지 않도록 충분히 가는 것으로 한다.

2.1.3 용기 : 골재를 시험용 용액에 담그기 위하여 사용하는 용기는 용액에 침식되지 않는 것으로 한다.

2.1.4 저울 : 저울은 잔골재를 시험하는 경우 칭량 500 g 이상이며 감량이 0.1 g 또는 이것보다 좋은 것으로 하고, 굵은 골재를 시험하는 경우 칭량 5 kg 이상이며 감량이 1 g 또는 이것보다 좋은 것으로 한다.

2.1.5 건조기 : 건조기는 100～110℃의 온도로 유지할 수 있는 것으로 한다.

2.2 시약

2.2.1 시험용 용액 : 시험용 용액은 다음과 같이 해서 만든 황산나트륨 포화 용액으로 한다. 25~30℃의 깨끗한 물 1 L에 황산나트륨(Na_2SO_4)을 약 250 g 또는 황산나트륨(결정)($Na_2SO_4 \cdot 10H_2O$)을 약 750 g의 비율로 가하여 잘 저어 섞으면서 녹이고 약 20℃가 될 때까지 식힌다. 용액은 48시간 이상 (20±1)℃의 온도로 유지한 후 시험에 사용한다. 시험에 사용하는 경우에는 용기의 바닥에 결정이 생기지 않아야 한다.

2.2.2 염화바륨 : 시약용 용액의 골재에 대한 잔류 유무를 조사하기 위한 염화바륨($BaCl_2$) 용액의 농도는 5～10%로 한다.

3. 시험방법

3.1 시료의 준비

3.1.1 잔골재 시료 : 잔골재를 시험하는 경우의 시료는 다음에 따른다.

a) 시료는 대표적인 것 약 2 kg을 채취한다.

b) 시료의 일부를 사용하여 체가름 시험을 하여 표 1에 나타내는 입자 지름에 의한 군으로 나누고, 각 군의 백분율을 구하여 백분율이 5% 이상이 된 군에 대해서만 안정성 시험을 한다.

c) 체가름 시험에 사용하는 시료를 채취한 나머지 시료에 물을 뿌려 잘 씻어내면서 시험용 망체 0.3 mm에 남는 입자를 채취하여 100～110℃의 온도에서 일정 질량이 될 때까지 건조한 후 체가름

표 1 입자 지름에 의한 군분류
체의 호칭 치수로 구분한 각 군의 입자 지름의 범위
600μm를 통과하고 300μm에 남는다.
1.2 mm를 통과하고 600μm에 남는다.
2.5 mm를 통과하고 1.2 mm에 남는다.
5 mm를 통과하고 2.5 mm에 남는다.
10 mm를 통과하고 5 mm에 남는다.

표 2 굵은 골재 시료의 질량

골재의 최대 치수 (mm)	채취하는 시료의 질량[a] (kg)
10	1
15	2.5
20	5
25	10
40	15
65	25
75	30

[a] 이 양을 채취할 수 없는 경우에는 대표적인 시료라는 것을 확인한다.

하고 b)에서 규정하는 각 군별로 100 g을 달아서 취하여 각 군의 시료로 하고 따로 보존한다.

3.1.2 굵은 골재 시료 : 굵은 골재를 시험하는 경우의 시료는 다음에 따른다.

a) 시료는 대표적인 것을 채취하고, 그 질량은 골재의 최대 치수에 따라 표 2에 나타내는 질량으로 한다. 다만 경량 골재에서는 그 질량의 1/2로 한다.

b) 시료를 시험용 망체 5 mm로 치고, 체에 남은 것에 대하여 체가름 시험을 하여 표 3에 나타내는 입자 지름에 의한 군으로 나누고, 각 군의 백분율을 구하여 백분율이 5% 이상이 된 군에 대해서만 안정성 시험을 한다.

c) 물을 뿌려서 잘 씻은 굵은 골재를 100～110℃의 온도에서 일정 질량이 될 때까지 건조한 후, 각 군마다 표 3에 규정하는 양을 달아서 취하여 각 군의 시료로 하고 따로 보존한다. 20 mm 이상의 입자는 각 군마다 그 수를 센다.

표 3 굵은 골재 시료의 각 군의 질량

체의 호칭 치수로 구분한 각 군의 입자 지름의 범위(mm)	시료의 최소 질량[a] (g)
10을 통과하고 5에 남는다.	300
15를 통과하고 10에 남는다.	500
20을 통과하고 15에 남는다.	750
25를 통과하고 20에 남는다.	1000
40을 통과하고 25에 남는다.	1500
65를 통과하고 40에 남는다.	3000
75를 통과하고 65에 남는다.	3000

[a] 경량골재의 경우는 1/2로 한다.

3.1.3 암석을 시험하는 경우 : 암석을 시험하는 경우는 되도록 같은 형, 같은 크기로 1개의 질량이 약 100 g이 되도록 부순다. 부순 알갱이를 씻어 100～110℃의 온도에서 일정 질량이 될 때까지 건조한 후 (5000±100) g을 취하여 시료로 한다.

3.2 시험방법

a) 시험용 용액은 시험에 사용하기 전에 잘 휘저어 섞는다.

b) 시료를 철망 바구니에 넣고 시험용 용액 안에 담근다. 이 때 용액의 표면은 시료의 윗면에서 15 mm 이상 높아지도록 한다. 용액의 증발 및 이물의 혼입을 막기 위하여 적절한 덮개를 한다. 용액의 온도는 (20±1)℃로 유지한다. 시료를 용액에 담가 두는 시간은 16~18시간으로 한다.

c) 시료를 용액에서 꺼내어 액이 떨어지지 않게 된 후, 시료를 건조기에 넣고 건조기 내의 온도를 1시간에 약 40℃의 비율로 올리고 100~110℃의 온도에서 4~6시간 건조한다.

d) 건조한 시료를 실온까지 식힌다.

e) 앞의 과정을 소정의 횟수만큼 반복한다.

f) 소정 횟수의 조작을 끝낸 시료를 깨끗한 물로 씻는다. 씻은 물에 소량의 염화바륨($BaCl_2$) 용액을 가하여도 뿌옇게 흐려지지 않게 될 때까지 씻는다. 씻은 시료를 100~110℃의 온도에서 질량이 일정해질 때까지 건조한다.

g) 잔골재 또는 굵은 골재의 경우는 건조한 각 군의 시료를 시험하기 전에 시료가 남은 체에서 치고, 남은 시료의 질량을 측정한다. 20 mm 이상의 입자는 그 파괴 상황(붕괴, 갈라짐, 이 빠짐, 잔금, 기타)을 주의 깊게 관찰한다.

h) 암석의 경우는 시료를 손가락으로 살짝 눌러서 시료의 몇 개가 3조각 이상으로 부서졌는지를 확인한다. 또한 입자의 파괴 상황(붕괴, 갈라짐, 이 빠짐, 잔금, 기타)을 주의 깊게 관찰한다.

3.3 계산

3.3.1 각 군의 시료 손실 질량 백분율 : 각 군의 시료 손실 질량 백분율(P_1)은 다음 식에 따라 산출하여 소수점 이하 한 자리로 끝맺음 한다.

$$P_1 = \left(1 - \frac{m_2}{m_1}\right) \times 100$$

여기서, P_1 : 골재의 손실 질량 백분율(%)

m_1 : 시험 전의 시료의 질량(g)

m_2 : 시험 전에 시료가 남은 체에 남은 시험 후의 시료의 질량(g)

3.3.2 골재의 손실 질량 백분율 : 골재의 손실 질량 백분율은 시험한 골재의 각 군에서의 입자의 질량 백분율과 각 군에서의 손실 질량 백분율의 곱의 총합이다. 이것의 산출에 있어서는 입자의 질량 백분율이 5% 미만인 군에서의 손실 질량 백분율은 그 전후 군에서 시험한 손실 질량 백분율의 평균값으로 한다. 전후의 군에서의 시험값 중 어느 쪽이 빠져 있을 때는 빠져 있지 않은 쪽의 군의 손실 질량 백분율을 잡는다. 그리고 시험용 망체 300μm를 통과하는 입자의 손실 질량은 0으로 가정하여 계산한다.

3.3.3 암석의 경우의 손실 질량 백분율(P_2)은 다음 식에 따라 산출하여 소수점 이하 한 자리로 끝맺음한다.

$$P_2 = \left(1 - \frac{m_4}{m_4}\right) \times 100$$

여기서, P_2 : 암석의 손실 질량 백분율(%)

m_1 : 시험 전의 시료의 질량(g)

m_2 : 3조각 이상 부서진 입자를 제외한 시료의 질량(g)

4. 보고

보고는 다음 사항 중 필요한 것을 기재한다.

a) 골재 또는 암석의 종류, 크기, 겉모양 및 산지
b) 시료를 채취한 위치 및 일시
c) 시료의 체가름 시험 결과
d) 시험 전에서의 각 군의 시료의 질량
e) 각 군의 시료의 손실 질량 백분율
f) 골재의 손실 질량 백분율
g) 20 mm보다 큰 입자의 시험 전의 개수 및 이상이 인정된 개수와 그 파괴 상황
h) 암석의 경우에는 3조각 이상으로 부서진 입자의 수, 손실 질량 백분율 및 입자의 파괴 상황

로스앤젤레스 시험기에 의한 굵은 골재의 마모 시험 방법 Method of test for resistance to abrasion of coarse aggregate by use of the Los Angeles machine (KS F 2508 : 2007) (2012 확인)

1. 적용범위 및 시험목적

이 표준은 로스앤젤레스 시험기에 의한 굵은 골재의 마모 시험 방법에 대하여 규정한다. 입자지름의 범위가 5～2.5 mm인 잔골재에도 적용할 수 있다.

2. 시험기구

2.1 로스앤젤레스 시험기 : 로스앤젤레스 시험기는 그림 1과 같이 안지름 (710±5) mm, 안쪽 길이 (510±5) mm의 양끝이 닫힌 강제 원통에 부착한 수평 회전축(원통의 내부까지 들어가 있지 않다.)을 베어링에 부착한 것으로 한다. 원통의 옆면에는 재료 투입구를 만들고 틈이 생기지 않도록 긴밀하게 연결할 수 있는 강제의 덮개를 부착한다. 이 덮개는 그 내면과 원통 내면이 같은 곡면이 되도록 부착할 수 있는 것으로 한다.

원통의 내부에는 길이가 원통의 길이와 같고 나비 (89±2) mm의 뗄 수 있는 선반을 원통의 반지름 방향으로 (89±2) mm만큼 튀어 나와 부착한다. 선반에서 재료 투입구까지의 거리는 회전 방향으로 원통의 바깥둘레를 따라 1270 mm 이상 떨어져 있는 것으로 한다.

2.2 구 : 구는 강제로 하고 구의 수 및 전질량은 표 2에 나타내는 입도 구분에 따라 표 1과 같이 한다. 또한 구의 평균지름은 약 46.8 mm로 하고 1개의 질량은 390～445 g으로 한다.

2.3 저울 : 저울은 칭량 10 kg 이상, 눈금량 1 g 또는 이것보다 좋은 것으로 한다.

체는 1.7 mm, 2.5 mm, 5 mm, 10 mm, 15 mm, 20 mm, 25 mm, 40 mm, 50 mm, 65 mm 및 75 mm의 망체를 사용한다.

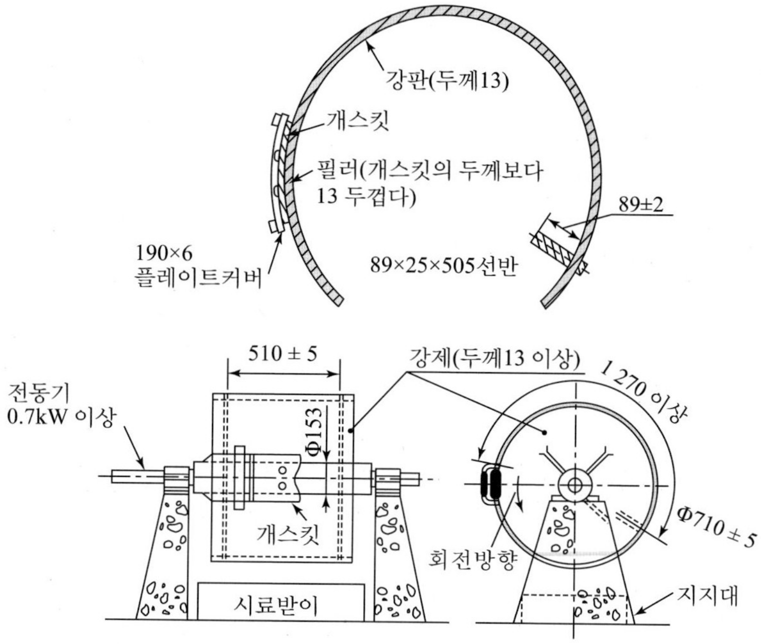

그림 1 로스앤젤레스 시험기

표 1 구의 수 및 전질량

입도 구분	구의 수	구의 전질량(g)
A	12	5000±25
B	11	4580±25
C	8	3330±25
D	6	2500±25
E	12	5000±25
F	12	5000±25
G	12	5000±25
H	10	4160±25

3. 시료

3.1 시료의 준비

3.1.1 시료의 채취 : 시료는 대표적인 것을 채취하여 합리적인 방법으로 축분한다.

3.1.2 시료의 조정 방법 : 시료의 조정 방법은 다음과 같이 한다.

a) 굵은 골재를 망체 2.5 mm, 5 mm, 10 mm, 15 mm, 20 mm, 25 mm, 40 mm, 50 mm, 65 mm 및 75 mm 체 중의 시료의 입도에 따른 망체를 사용하여 체가름한다.

b) 표 2에 나타내는 입도 구분 중 시험하는 굵은 골재의 입도에 가장 가까운 입도 구분을 고르고, 거기에 해당하는 입자지름의 범위의 굵은 골재를 물로 씻은 후 (105±5)℃의 온도에서 일정 질량이 될 때까지 건조한다.

c) 건조시킨 굵은 골재를 해당하는 입도 구분의 시료의 질량에 적합하도록 1 g까지 측정하여 시료로 한다.

3.2 시험 방법 : 시험 방법은 다음과 같이 한다.

a) 시료의 전질량(mL)이 표 2에 적합하다는 것을 확인한다.
b) 시료의 입도 구분에 따라 표 1에 적합하도록 구를 고르고, 이것을 시료와 함께 원통에 넣어 덮개를 부착하고 매분 30~33회의 회전수로 A, B, C, D 및 H의 입도 구분의 경우는 500회, E, F 및 G의 경우는 1000회 회전시킨다.
c) 시료를 시험기에서 꺼내서 1.7 mm의 망체로 친다. 이때, 습식으로 쳐도 좋다.
d) 체에 남은 시료를 물로 씻은 후, (105±5)℃의 온도에서 일정 질량이 될 때까지 건조하고 질량 (m^2)을 잰다.

표 2 시료의 질량

입도 구분	입자지름의 범위(mm)	시료의 질량(g)	시료의 전질량(g)
A	40～25 25～20 20～15 15～10	1250 ± 25 1250 ± 25 1250 ± 10 1250 ± 10	5000 ± 10
B	25～20 20～15	2500 ± 10 2500 ± 10	5000 ± 10
C	15～10 10～5	2500 ± 10 2500 ± 10	5000 ± 10
D	52.5	5000 ± 10	5000 ± 10
E	80～65 65～50 50～40	2500 ± 50 2500 ± 50 5000 ± 50	10000 ± 50
F	50～40 40～25	5000 ± 50 5000 ± 25	10000 ± 50
G	40～25 25～20	5000 ± 50 5000 ± 25	10000 ± 50
H	20～10	5000 ± 10	5000 ± 10

3.3 계산 : 마모 감량은 다음 식에 따라 산출하여 반올림하여 소수점 이하 한 자리로 끝맺음한다.

$$R = \frac{m_1 - m_2}{m_1} \times 100$$

여기서, R : 마모 감량(%)

m_1 : 시험 전의 시료의 질량(g)

m_2 : 시험 후 1.7 mm의 망체에 남은 시료의 질량(g)

4. 보고

보고는 다음 사항에 대하여 한다.

a) 시험 연월일

b) 골재 채취일

c) 골재의 종류, 겉모양 및 산지

d) 굵은 골재의 입도 분포

e) 적용한 입도 구분

f) 구의 수 및 그 전질량

g) 마모 감량(%)

콘크리트용 골재 Concrete aggregate (KS F 2526 : 2007) (2012 확인)

1. 적용범위

이 규격은 부순 골재, 고로 슬래그 골재, 경량 골재를 제외한 콘크리트용 굵은 골재 및 잔골재에 대하여 규정한다.

2. 일반적 성질

2.1 골재는 깨끗하고 강하며 내구적이고, 알맞은 입도를 가지며, 얇은 석편, 가는 석편, 유기 불순물, 염화물 등은 유해량 함유해서는 안 된다.

2.2 굵은 골재는 자갈 또는 그 혼합물이며, 잔골재는 자연 모래, 바다 모래 또는 그 혼합물2)로서 이 규격에 맞는 것이어야 한다.

3. 물리적 성질

3.1 굵은 골재와 잔골재의 물리적 성질은 표 1에 적합하여야 한다.

3.2 안정성의 손실량이 표 1의 허용값을 넘는 골재라도 동일한 골재원에서 채취한 골재로 만든 콘크리트가 동결 융해 시험 결과 만족한 결과를 얻었거나, 또는 동일한 골재원이 없을 경우 만족한 결과를 입증할 수 있는 실례가 있을 경우에는 사용해도 좋다.

표 1 골재의 물리적 성질

구 분	규 정 값	
	굵은 골재	잔골재
밀도(절대 건조) (g/cm^3)	2.50 이상	2.50 이상
흡수율(%)	3.0 이하	3.0 이하
안정성(%)	12 이하	10 이하
마모율(%)	40 이하	–

4. 유해물질

4.1 유해물질

4.1.1 골재의 유해물질 함유량의 허용값은 표 2와 같다.

표 2 골재의 유해물 함유량의 허용값

구 분	전체 시료에 대한 최대 질량백분율(%)	
	굵은 골재	잔골재
점토 덩어리[a] (%)	0.25	1.0
연한 석편[a] (%)	5.0	–
0.08 mm 체 통과량(%) 콘크리트 표면이 마모를 받는 경우 그 밖의 부분	 1.0 1.0	 3.0 5.0
석탄 및 갈탄 콘크리트의 표면이 중요한 부분 그 밖의 부분	 0.5 1.0	 0.5 1.0
염화물(NaCl 환산량)[b]	–	0.04

[a] 점토 덩어리와 연한 석편의 합이 5%를 넘으면 안 된다.

[b] 무근 콘크리트에 사용할 경우에는 적용하지 않는다.

4.2 유기 불순물

4.2.1 잔골재는 유기 불순물을 유해량 함유해서는 안 된다. 이 규격에서 규정한 것을 제외하고, 골재는 유기 불순물 시험을 하여 표준색보다 진한 색상을 나타내는 잔골재를 사용해서는 안 된다.

4.2.2 이 시험에서 잔골재가 소량의 석탄, 갈탄 또는 유사한 입자로 인하여 변색되었을 경우에는 사용해도 좋다.

4.2.3 콘크리트에 사용되는 골재가 젖어 있거나 습한 대기 중에 노출되거나 또는 습지에 접속하는 콘크리트에 사용될 경우, 골재는 시멘트 중의 알칼리와 반응하는 유해물질이 모르타르 또는 콘크리트의 과잉 팽창을 일으킬 정도로 함유해서는 안 된다. 다만, 이러한 재료의 유해량이 함유되어 있더라도 수산화나트륨으로 계산한 알칼리량이 0.6% 이하인 시멘트와 같이 사용하거나, 또는 알칼리와 골재의 반응으로 인한 과잉 팽창을 방지할 수 있는 혼화재를 사용한 콘크리트인 경우에는 예외로 한다.

5. 입도

5.1 굵은 골재의 입도는 표 3의 범위를 표준으로 한다. 잔골재의 입도는 5.2에서 규정한 경우를 제외하고, 표 4의 범위를 표준으로 한다.

5.2 콘크리트 1 m^3당 시멘트를 250 kg 이상 함유한 AE콘크리트나 300 kg 이상 함유한 콘크리트 또는 0.3 mm 체와 0.15 mm 체를 통과한 골재의 부족량을 승인된 광물질 혼화재로 보충한 콘크리트에서는 0.3 mm 체와 0.15 mm 체 통과 백분율의 최소량을 각각 5 및 0으로 감소해도 좋다.

표 3 굵은 골재의 입도

골재 번호	체의 크기(mm) / 체의 호칭 치수(mm)	체를 통과하는 질량백분율(%)												
		100	90	75	65	50	40	25	20	13	10	5	2.5	1.2
1	90~40	100	90~100	–	25~60	–	0~15	–	0~5	–	–	–	–	–
2	65~40	–	–	100	90~100	35~70	0~15	–	0~5	–	–	–	–	–
3	50~25	–	–	–	100	90~100	35~70	0~15	–	0~5	–	–	–	–
357	50~5	–	–	–	100	90~100		35~70	–	10~30	–	0~5	–	–
4	40~20	–	–	–	–	100	90~100	20~55	0~15	–	0~5	–	–	–
467	40~5	–	–	–	–	100	95~100	–	35~70	–	0~30	0~5	–	–
57	25~5	–	–	–	–	–	100	95~100	–	20~60	–	0~10	0~5	–
67	20~5	–	–	–	–	–	–	100	90~100	–	20~55	0~10	0~5	–
7	13~5	–	–	–	–	–	–	–	100	90~100	40~70	0~15	0~5	–
8	10~2.5	–	–	–	–	–	–	–	–	100	85~100	0~30	0~10	0~5

표 4 잔골재의 입도

체의 호칭 치수(mm)	체를 통과하는 질량백분율(%)	체의 호칭 치수(mm)	체를 통과하는 질량백분율(%)
10	100	0.6	25~60
5	95~100	0.3	10~30
2.5	80~100	0.15	2~10
1.2	50~85		

5.3 잔골재는 표 4의 연속된 두 체 사이의 잔류량이 45% 이하이고, 조립률이 2.3~3.1인 것이어야 한다.

5.4 체가름 및 조립률 규정에 맞지 않는 잔골재라도 이 잔골재를 사용하여 만든 콘크리트가 앞서 언급한 규정에 맞는 잔골재를 사용한 경우와 동일하고 적합한 성질을 가졌다고 증명할 수 있는 경우에는 사용해도 좋다.

5.5 잔골재의 조립률이 콘크리트의 배합을 정할 때 조립률에 비하여 ±0.20 이상의 변화를 나타냈을

때는 배합을 변경시키지 않고서는 그 잔골재를 사용해서는 안 된다.

6. 시험방법

특별한 규정이 없는 한, 아래에 열거하는 항목에 대해 표준 시험방법에 따라 시험을 실시해야 한다. 시험은 시험 규정에 맞고 또 콘크리트에 사용될 입도에 맞는 대표적인 시료에 대하여 한다. 동일 시료를 체가름 시험과 0.08 mm 체 통과량 시험에 사용해도 좋다. 체가름 시험에서 각 낱알을 크기별로 나눈 것을 안정성 시험이나 마모 시험용 시료로 사용해도 좋다.

그 외 알칼리 잠재 반응 시험 등 다른 시험에는 각각 별도의 시료를 사용해야 한다.

(1) 절대 건조 밀도 및 흡수율 시험방법

(2) 입도시험

(3) 0.08 mm 체 통과량 시험

(4) 유기 불순물 시험

(5) 모르타르에 의한 성질 측정 시험

(6) 압축 강도 시험

(7) 안정성 시험

(8) 점토 덩어리 시험

(9) 석탄 및 갈탄 함유량 시험

(10) 굵은 골재의 마모율 시험

(11) 조립률 시험 : 골재의 조립률 시험은 다음에 따른다.

  a) 시료 채취 및 시험은 KS F 2502에 따라 시험한다.

  b) 이때 사용하는 체는 호칭 치수 75 mm, 40 mm, 20 mm, 10 mm, 5 mm, 2.5 mm, 1.2 mm, 0.6 mm, 0.3 mm, 0.15 mm의 체 10개를 1조로 하여 체가름 시험을 한다.

  c) 시료의 조립률은 a)의 체가름에서 구한 각 체에 남는 양의 총 누계율을 100으로 나눈 값이다.

(12) 연석량 시험

(13) 알칼리 골재 반응 시험

(14) 동결 융해 시험

7. 검사

검사는 KS A 3101 또는 당사자 사이의 협의에 따라 로트의 크기를 결정하고 합리적인 샘플링 검사방법에 따라 시료를 채취하여 명시된 시험방법으로 시험하고, 규정에 적합한 것을 합격으로 한다.

8. 표시

콘크리트용 골재의 납품서에는 다음 사항을 표시하여야 한다.

a) 명칭 및 종류 　아스팔트 포장 혼합물용 굵은 골재 　57
　　　　　　　　　아스팔트 포장 혼합물용 잔골재 　입도 No.1

- 57 / 입도 No.1 — 아스팔트 포장 혼합물용 부순 골재 입도에 의한 분류
- 아스팔트 포장 혼합물용 굵은 골재 / 아스팔트 포장 혼합물용 잔골재 — 아스팔트 포장 혼합물용 부순 골재의 종류

b) 제조자명 또는 채취 장소
c) 출하 연월일
d) 질량 또는 부피
e) 납품 장소명

9. 보고

생산자는 구입자로부터 요구가 있을 경우에는 시험 성적서를 제출하여야 한다.

골재의 알칼리 잠재 반응 시험 방법(화학적 방법) Testing method for potential reactivity of aggregates(Chemical method) (KS F 2545 : 2002) (2012 확인)

1. 적용범위 및 시험목적

이 규격은 포틀랜드 시멘트 내의 알칼리와 골재의 잠재 반응의 화학적 측정에 대하여 규정한다.

2. 시험기구 및 재료

2.1 시험기구

2.1.1 저울 : 칭량 150 g 이상에 감도 10 mg 이하인 것과 칭량 80g 이상에 감도 0.1 mg 이하인 것

2.1.2 분쇄 장치 : 0.3 mm 체를 통과하는 약 4 kg의 골재를 분쇄할 수 있는 소형 조 크러셔 및 디스크형 분쇄기, 로터리 밀 장비 또는 그 밖의 적절한 분쇄 장치

2.1.3 체 : KS A 5101에 적합한 0.3 mm 및 0.15 mm체

2.1.4 반응 용기 : 용량이 50～75 mL인 반응 용기는 스테인리스강이나 그밖에 침식에 대한 저항성이 강한 재료로 만들어야 하며, 밀폐 뚜껑이 있어야 한다(그림 1 참조). 폴리에틸렌과 같은 비반응 재료로 만든 용기를 사용해도 좋다. 해당 빈 용기에서 수산화나트륨 용액의 알칼리도 변화량이 10 mmol/L 미만이면 그 용기를 사용할 수 있다.

2.1.5 항온 수조 : 24시간 동안 80±1℃의 온도를 유지할 수 있는 수조

2.1.6 분광 광도계 또는 광도계 : 약 410 nm의 일정한 파장으로 빛의 전달을 측정할 수 있는 분광 광도계 또는 광전 광도계

2.1.7 유리 기구 : 모든 유리 기구 및 그릇은 각각의 기능에 대한 특별 규정에 잘 맞도록 주의를 기울여 선택해야 한다. 표준 용량 분석용 플라스크, 뷰렛 및 피펫은 정밀도가 높아야 한다.

2.2 시약

2.2.1 시약의 순도 : 시약으로 사용하는 화공 약품은 모든 시험에 사용할 수 있다. 별도의 지시가 없는 한 표준 규격서를 이용할 수 있을 때는 공인된 기관의 분석용 시약에 관한 규정을 따라도 된다. 사용할 때 측정의 정밀도가 떨어지지 않게 사용할 수 있을 정도로 순도가 높다는 것만 우선 확인된다면 다른 시약을 사용할 수도 있다.

2.2.2 물의 순도 : 별도의 지시가 없는 한 물에 관한 기준은 증류수나 이에 준하는 순도의 물을 뜻하는 것으로 이해하여야 한다.

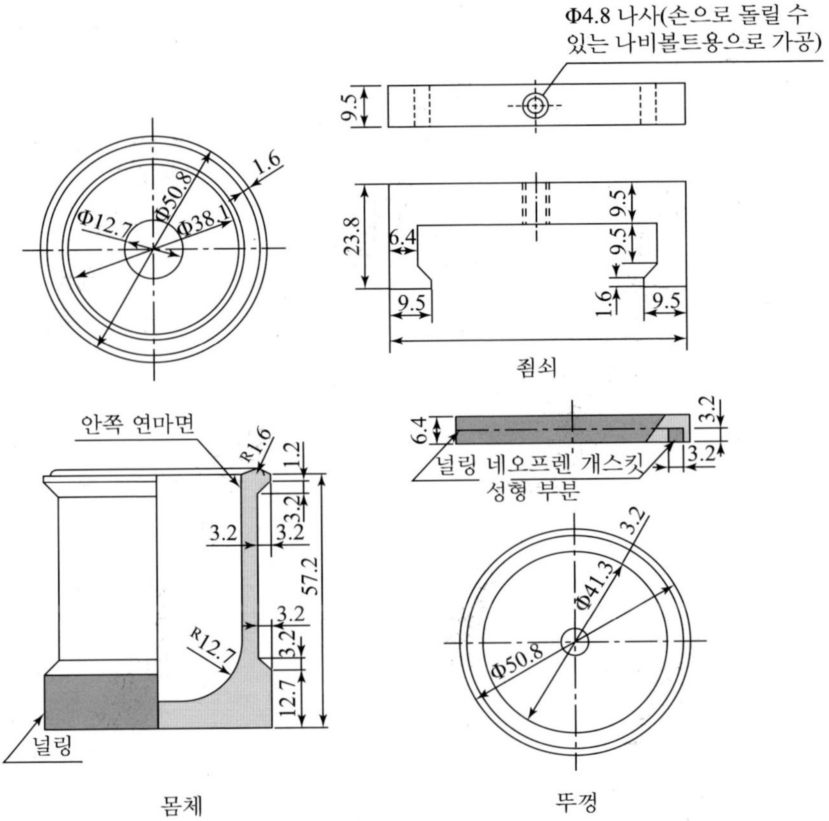

그림 1 반응 용기

2.2.3 몰리브덴산암모늄 용액 : 100 mL의 물로 10 g의 몰리브덴산암모늄[$(NH_4)_6\ Mo_7O_{24} \cdot 4H_2O$]을 용해시킨다. 용액이 청결하지 못하면 거름종이를 이용하여 여과한 후, 플라스틱 용기에 보관한다.

2.2.4 염산(비중 1.19) : 농축 염산(HCl) 용액을 내화학 유리 용기나 적당한 플라스틱 용기에 담아 두어야 한다.

2.2.5 염산(0.05N) 표준 용액 : 약 0.05N 염산을 준비하여 ±0.000 1N까지 표준에 맞춰야 한다. 용액은 내화학 유리 용기나 적당한 플라스틱 용기에 담아 두어야 한다.

2.2.6 염산(1 : 1) : 농축 염산(비중 1.19)과 물을 같은 양으로 섞어서, 용액을 내화학 유리 용기나 적당한 플라스틱 용기에 담아 두어야 한다.

2.2.7 플루오르화수소산(약 50% HF) : 농축 플루오르화수소산 용액은 플라스틱병에 담아두어야 한다.

2.2.8 옥살산 용액 : 옥산살 이수화물 10 g을 100 mL 물로 녹이고, 용액은 내화학 유리 용기나 적당한 플라스틱 용기에 담아 두어야 한다.

2.2.9 페놀프탈레인 지시 용액 : 페놀프탈레인 1g을 100 mL 에틸알코올(1 : 1)로 녹인다. 용액은 내화학 유리용기나 적당한 플라스틱 용기에 담아 두어야 한다.

2.2.10 실리카 표준 용액 : 나트륨 메타실리케이트를 물에 녹여서 리터(L)당 실리카(SiO_2) 약 10 mmol을 함유하는 표준 실리카 용액을 제조하여 플라스틱 병에 보관한다.

2.2.11 수산화나트륨 표준 용액(1.00±0.01N) : 1.00±0.01N 수산화나트륨(NaOH) 용액을 준비하고, 표준에 ±0.001N까지 맞추어야 한다.

a) 용액은 플라스틱 병에 담아 두어야 한다. 건조 시약과 용액이 이산화탄소로 오염되지 않도록 하여야 한다.

b) 황산(비중 1.84) : 농축 황산(H_2SO_4) 용액은 내화학 유리 용기에 담아 두어야 한다.

3. 시험방법

3.1 표본 시료의 제조

3.1.1 잔 골재나 굵은 골재의 어느 것도 시험 가능하며, 잔 골재나 굵은 골재가 동일 재료인 경우에는 전체 골재로 시험할 수도 있다.

3.1.2 제조 방법

a) 시험 시료 전체를 대표할 수 있는 일정 분량의 골재 시료를 체가름하여 0.15 mm 이상인 300 g의 시료를 디스크형 분쇄기, 로터리 밀 장비 등을 이용하여 시료를 소량씩 분쇄한다.

b) 분쇄 도중 0.15 mm 이하 시료의 발생량을 최소화하도록 분쇄된 시료를 체가름하여 0.3 mm 이하인 시료는 분리하고 이상인 시료를 분쇄한다. 만약 시료 300 g 전체를 분쇄한 후에 0.15 mm 이상 크기의 시료 양이 100 g 이하이면, 시료 전체를 버리고, 새롭게 시료 300 g을 채취한다.

3.1.3 0.15 mm 체보다 가는 재료가 제거되었는지를 확인하기 위하여 0.15 mm 체 이상의 표본을 물로 씻는다. 203 μm 체 이상에서는 한번에 100 g 이상은 씻지 말아야 한다. 씻은 표본은 105℃에서 20±4시간 동안 건조시킨다. 표본을 냉각시킨 후 다시 0.15 mm 체로 친다. 표본의 검사 결과 입자 표면에 실트나 점토가 묻어 있는 것이 확인될 때는 세척과 건조 과정을 되풀이하고, 전과 같이 0.15 mm 이상의 체로 친다. 0.15 mm 체에 남는 양을 시험용으로 비축한다.

3.2 알칼리와 골재 시료의 반응 조작

3.2.1 준비한 0.3 mm와 0.15 mm 사이의 건조 시험 표본을 25.00 ± 0.05 g씩 3부분으로 분류한다. 이것을 3개의 반응 용기 각각에 나누어 넣고, 피펫으로 1.0 N 수산화나트륨 용액 25 mL를 가한다. 네 번째의 비어 있는 용기에는 피펫으로 위와 동일한 수산화나트륨 용액 25 mL만을 넣는다. 네 개의 용기를 밀봉하고, 그 속에 갇힌 공기를 방출시키기 위하여 용기를 부드럽게 흔들어 준다.

3.2.2 용기를 밀봉한 직후 80±1.0℃로 유지하는 액체 수조에 넣는다. 24±1/4시간 경과 후 수조에서 용기를 꺼내어 30℃ 이하의 냉각수로 15±2분 동안 냉각시킨다.

3.2.3 다음에 용기를 열고 남은 골재 중에서 용액을 거른다. 사용하는 구치 자기 도가니에는 도가니의 밑에 맞도록 자른 급속 분석 여과지를 두고 깔때기 안의 고무 홀더로 도가니를 잡아 놓는다. 여과액을 받을 여과 플라스크 안에 용량 35～50 mL의 건조한 시험관을 놓고, 여과 플라스크의 목에 깔때기를 끼운다. 조각 중인 내용물을 젓지 말고 나머지 액체를 도가니 안에 넣는다. 이 과정이 끝나면 진공을 단속하고, 용기 내에 남아 있는 고체 입자를 도가니로 옮겨 스테인리스강 주걱으로 적당히 누른다. 다음에 진공 상태를 약 51 kPa까지 조절한다.

10초에 한 방울의 비율로 여과하여 끝날 때까지 이를 계속한다. 이때 추가 실험용으로 잉여 여과액을 별도 보관한다. 여과 시간으로 진공을 작용시킨 총시간을 기록한다. 이때 여과 기구를 조립하고, 도가니 내의 고체 입자를 싸는 과정을 일정하게 유지하면서 한 조의 모든 시료가 동일한 여과 시간이 되도록 노력해야 한다.

3.2.4 앞의 과정에 따라 시료가 없는 용기도 여과한다. 이때는 3개의 시료에 실시한 평균 여과 시간과 동일한 시간 동안 진공을 작용시킨다.

3.2.5 여과를 마친 직후에는 균일하게 되도록 여과액을 젓고, 피펫으로 10 mL의 여과액을 취한 후 메스플라스크(200 mL)에 넣고 물로 묽혀서 200 mL 되게 한다. 용해된 실리카와 알칼리도의 감소량을 결정하기 위하여, 이 희석 용액을 따로 보관한다.

3.2.6 희석 용액을 여과 직후 4시간 안에 분석하지 않을 때는 용액을 청결하고 건조된 폴리에틸렌 용기에 옮겨 넣고, 꼭 맞는 뚜껑이나 마개로 용기를 봉해야 한다.

3.3 용해 실리카의 정량 방법 : 용해 실리카의 정량은 질량법과 분광 광도법 중 한 가지 방법에 따라 행한다.

3.3.1 질량법

a) 실험 방법

1) 피펫으로 100 mL의 희석 용액을 촉진을 위해 백금으로 만든 증발 접시에 옮기고 5～10 mL의 염산(비중 1.19)을 가하고, 증기 수조 위에서 건조 상태로 증발시킨다. 나머지에는 열을 더 가하지 않고 5～10 mL의 염산(비중 1.19)과 동일한 양의 물로 처리하거나 곧 10～20 mL의 염산(1 : 1)을 붓는다. 증발접시를 덮고 증기 수조나 뜨거운 판 위에 10분 동안 침지한다. 용액을 같은 양의 뜨거운 물로 희석한 후 즉시 재성분이 적은 정량 분석용 여과지로 거르고, 뜨거운 물로 분리된 실리카를 철저히 씻고 나머지는 별도로 보관한다.

2) 다시 여과액을 건조 상태로 증발시키고, 찌끼를 105±5℃의 건조기 내에서 1시간 동안 건조시킨다. 10～15 mL의 염산(1 : 1)으로 찌끼를 처리하여 수조나 뜨거운 판 위에 놓고 가열한다. 용액을 동일한 양의 뜨거운 물로 희석하고, 다른 여과지 위에 있는 소량의 실리카를 취하여 씻는다. 6.10의 표준 나트륨 메타실리케이트 용액의 농축도를 결정하는 경우에 한하여 제2차 증발 과정이 필요하다. 그 밖의 시험에서는 이 과정을 생략할 수 있다.

3) 1)과 2)의 나머지를 포함하여 여과지를 백금제 도가니로 옮긴다. 여과지의 탄소가 불을 붙이지 않고 완전히 소모될 때까지는 처음에는 낮은 온도에서, 마지막으로 질량이 일정하게 될 때까지는 1100～1200℃에서 종이를 건조시키고 불을 붙인다.

4) 몇 방울의 물, 플루오르화수소 약 10 mL, 황산 한 방울을 가진 도가니 안에서 소량의 나머지 부분을 1～2분 동안 1050～1100℃로 가열한 후 냉각시켜 질량을 단다. 이때 이 질량과 앞에서 얻어진 질량의 차이가 실리카의 양이 된다.

b) 계산

1) 골재 재료에서 용해에 농축된 수산화나트륨중의 용해 실리카량은 다음과 같이 계산한다.

$$S_c = 3330 \times W$$

여기서, S_c : 용해 실리카량(초기 여과액의 mmol/L)

W : 100 mL의 희석 용액에서 검출된 실리카의 양(g)

3.3.2 분광 광도법

a) 실험 방법

1) 이 방법은 과로한 색 간섭을 받은 경우를 제외한 모든 수용액 내의 결정질 실리카를 측정하

는데 응용되는 것이지만, 실리카 총량을 결정할 수는 없다. 이 방법은 특히 10 ppm 이하의 결정질 실리카의 급속 분석에 적용할 수 있다.

b) 검정 곡선의 작성

1) 예비해 두었던 나트륨 실리케이트 용액의 일부를 희석하여 0.0~0.5 mmol/L 사이의 미리 농축도를 알고 있는 일련의 용액을 준비한다. 이 용액을 물을 반쯤 채운 1000 mL의 메스플라스크로 옮긴다.

2) 다시 2 mL의 몰리브덴산암모늄 용액과 1 mL의 염산(1 : 1)을 가한 후 플라스크를 흔들어 젓는다. 다음에 용액을 실온에서 15분 동안 정치한다. 15±0.2 mL의 옥살산 용액을 가하고, 표시된 부분까지 물로 플라스크를 채운 후 잘 혼합한다. 다시 용액을 5±0.1분 동안 정치한다. 물과 비교하여 410 nm에서 광도계에 나타난 각 용액의 전달도를 읽는다.

3) 각 용액마다 농축도를 아는 실리카의 것과 대비하여 전달도와 흡수율(%)을 나타낸 검정 곡선을 구한다.

c) 용해 실리카량의 측정

1) 피펫으로 10 mL의 희석 용액을 물로 반쯤 채운 100 mL의 메스플라스크에 옮기고 b)의 2)와 3)의 방법에 따라 진행한다.
이 파장을 가진 빛의 전달도와 실리카 농축도의 상관관계를 나타내는 b)의 검정 곡선을 이용하여 직접 용액의 실리카 농축도를 읽는다. 전달도가 30% 미만이거나 50%를 초과하면, 희석 용액의 양을 늘리거나 줄여서 사용해야 한다.

2) 계산 : 골재로부터 용해된 수산화나트륨 용액 중의 용해 실리카량은 다음과 같이 계산한다.

$$S_c = 20 \times \frac{100}{V} \times C$$

여기서, S_c : 용해 실리카량(최초 여과액의 mmol/L)
C : 광도계로 측정한 용액의 실리카 농축도(mmol/L)
V : 8.5의 희석 용액의 용적(mL)

3.4 알칼리 농도의 감소량

3.4.1 실험 방법 피펫으로 20 mL의 희석 용액(8.5)을 삼각 플라스크(125 mL)에 옮긴 후 거기에 2~3방울의 페놀프탈레인 용액을 가하고, 0.05 N 염산으로 페놀프탈레인 종말점까지 적정한다.

3.4.2 계산 : 알칼리 농도의 감소량은 다음과 같이 계산한다.

$$R_c = \frac{20N}{V_1}(V_3 - V_2) \times 1000$$

여기서, R_c : 알칼리 농도 감소량
N : 적정에 사용한 염산의 규정 농도
V_1 : 8.5의 희석 용액의 체적(mL)
V_2 : 시료에서 페놀프탈레인 종말점을 얻는 데 사용된 염산의 양(mL)
V_3 : 빈 플라스크로 페놀프탈레인 종말점을 얻는 데 사용된 염산의 양(mL)

3.5 결과 분석

3.5.1 콘크리트 구조의 골재에 대하여, 이 방법으로 얻어진 자료들 사이의 상관관계, 알칼리도가 높

은 시멘트를 포함한 모르타르 봉의 팽창성, 골재의 암석학적 검사, 골재의 거동 등에 관한 연구 결과는 많이 발표되었다. 이들 자료를 기초로 하여 그 관계를 나타내면 그림 2의 실선과 같다. 만일 3개의 R_c, S_c 점 중 어떤 것이 그림 2의 곡선에 유해한 편에 놓이게 되면, 알칼리의 잠재 유해도가 나타난다. 그러나 그림 2의 점선 위에 있는 점들이 표시하는 잠재 유해도를 보면, 비록 알칼리도와 심한 반응을 한다하더라도 모르타르나 콘크리트에서 비교적 팽창이 적게 된다. 적당한 입도를 가진 석영이나 규질 석회석과 같은 불활성 골재와 실험용 골재를 여러 가지로 혼합하여 KS F 2546의 규정에 따라 보충 시험을 실시하거나 현장의 사용 기록을 통하여 골재의 유해한 특성이 나타나지 않을 때까지는 이런 골재는 유해한 잠재 반응력을 가진 것으로 간주해야 한다. 시험 골재와 불활성골재의 혼합 골재 비율은 질량비로 5 : 95로부터 50 : 50까지 변화시킨다.

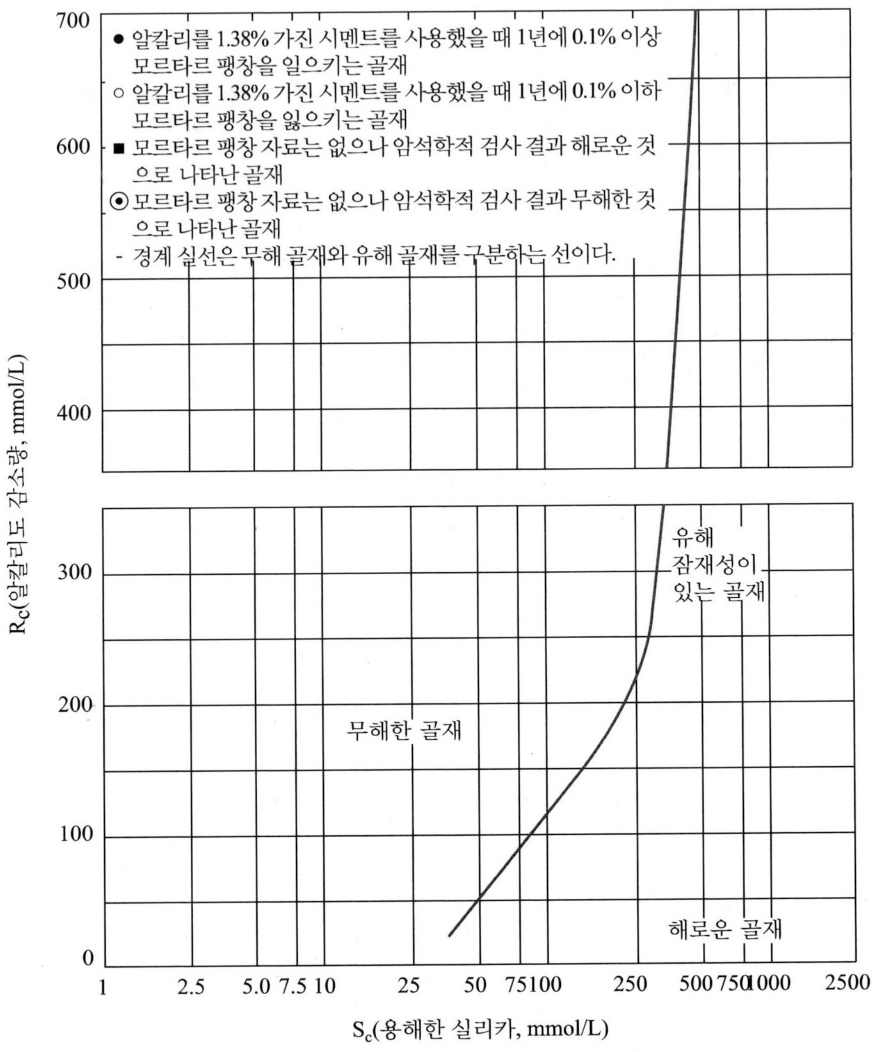

그림 2 알칼리 농도 감소 시험을 기초로 한 무해 및 유해 골재 사이의 구별을 나타낸 보기

3.5.2 방해석, 백운석, 마그네사이트, 능철석과 같은 칼슘, 마그네슘, 철 이온의 탄산염을 포함한 골재에서는 시험 결과가 정확하지 않을 수도 있다. 또한 사문석과 같은 마그네슘을 함유하는 규산염의 경우도 마찬가지이다. 탄산칼슘으로 인해 유발되는 오차는 S_c와 R_c의 값이 잠재 반응에 한계가 있음을 나타내지 않는 한 의미가 없는 것이다. KS F 2548의 규정에 따라 골재를 검사하는 방법은 이런 형태의 광물의 존재 여부를 결정하는 데에도 사용할 수 있다. 이들의 효과를 평가하려면 KS F 2546의 규정에 따라 시험하는 것이 좋다.

3.5.3 이 방법으로 결과를 분석할 때는 골재의 현장 사용 기록과 KS F 2548의 규정을 연관시켜서 판단하는 것이 좋다.

4. 보고

보고는 다음 사항에 따라 행한다.

a) 골재의 종류 또는 원산지
b) 시료 채취일
c) 알칼리 농도 감소량
d) 용해 실리카량과 이의 정량 방법
e) 판정 결과

골재의 알칼리 잠재 반응 시험 방법(모르타르봉 방법) Standard test method for potential alkali reactivity of cement-aggregate combinations(mortar-bar method) (KS F 2546 : 2014)

1. 적용범위 및 시험목적

이 표준은 모르타르봉 길이 변화를 측정하는 것에 의해, 골재의 알칼리 반응성을 판정하는 시험방법에 대하여 규정한다.

2. 시험기구

2.1 시료 제조용 및 기구

2.1.1 분쇄기, 굵은 골재에서 잔골재를 제조하는 것이 가능한 로드밀, 조 크러셔, 데스크형 제사기, 롤형 분쇄기 등을 이용한다.

2.1.2 체, KS A 5101－1의 호칭 치수 4.75 mm, 2.36 mm, 1.18 mm, 600 μm, 300 μm 및 150 μm 체로 한다.

2.2 시험용 기구

2.2.1 저울 : 골재의 체가름에 이용되는 저울은 시료 질량의 0.1 % 이하의 감도를 가진 것으로 한다. 모르타르를 제작할 때 재료 계량에 이용되는 저울은 용량 2 kg 이상, 감도 0.1 g 이하의 것으로 한다.

2.2.2 모르타르 제작용 기구 : 믹서, 주걱 및 배합 용기는 KS L 5109에 따르지만, 주걱의 하단과 용기 바닥 사이의 순간격이 (5±0.25) mm가 되어야 하고, 탬퍼와 흙손은 KS L 5105에 따른다.

2.2.3 몰드 : KS L 5107에 규정하는 25.4 mm×25.4 mm×254 mm의 몰드를 사용한다.

2.2.4 게이지 : 게이지는 0.001 mm 눈금인 것을 사용한다.

2.2.5 저장 용기

a) 시험 공시체를 저장하는 뚜껑이 있는 저장 용기는 어떤 사용 조건에서도 부식되지 않는 재료로 만들어야 한다.

b) 용기의 벽체 두께와 뚜껑은 단열 효과를 감소시키고 초기 14일의 시험 기간 동안 급속한 열전달을 제공할 수 있도록 6 mm 이하가 되어야 한다.

c) 뚜껑은 용기 벽체 상단과 사이가 치밀하게 밀봉되어야 한다.

d) 용기는 각 공시체의 전체 표면이 흡수성 재료에 균등하게 노출되게 배열될 수 있어야 한다. 이때 공시체의 흡수성 재료와 직접 접촉되는 것이 아니라 공시체의 표면과 30 mm 정도의 간격을 유지해야 한다.

e) 라이너는 저장 용기 바닥과 공시체의 상부에 있는 물까지 대어야 한다.

f) 저장 용기에 공시체를 저장할 경우에, 저장 용기는 꼭 맞는 덮개를 사용하거나 밀봉을 시키거나, 둘 모두를 사용하여 수분의 손실이 없도록 만들어야 한다.

g) 봉을 수직으로 세워서 하단부가 수조에 있는 물을 표면으로부터 약 25 mm 떨어져 있도록 봉을 받쳐줄 설비가 마련되어야 한다.

h) 게이지 금속침에 공시체를 올려놓아서는 안 된다.

i) 시험 공시체가 수조의 면에 닿거나 공시체 서로가 닿지 않게 하기 위해서는 간격재가 필요하다.

j) 간격재는 시험 환경에서 부식에 저항할 수 있고 저장 용기 안에서 수분의 움직임을 방해하지 않도록 황동 와이어나 조건을 만족하는 재료를 사용하여야 한다.

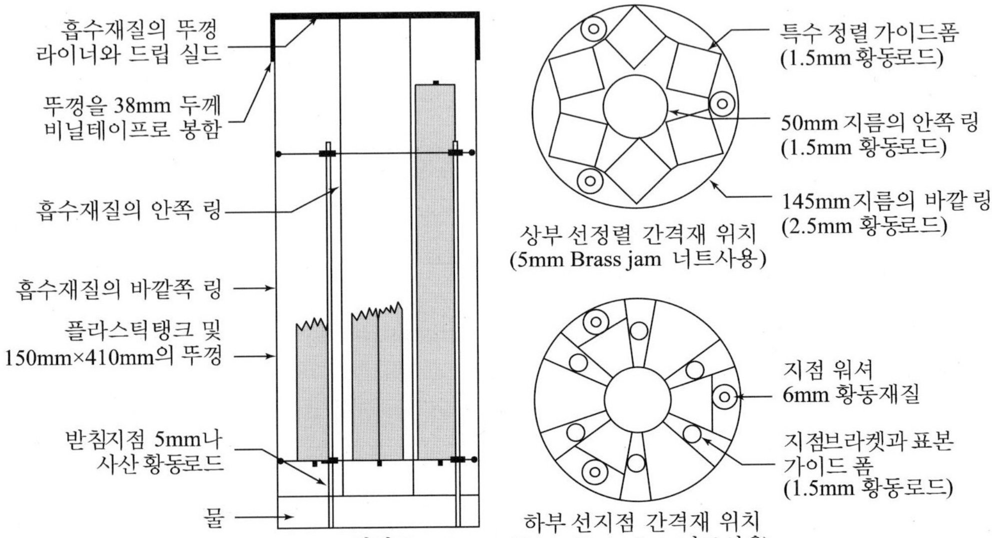

그림 1 저장 용기 배열 도표

k) 물이 튀어 공시체 위에 응결되어 떨어지지 않게 하는 설비가 있어야 한다.

l) 공시체 위에 물이 튀지 않게 하는 장치에는 수조 바닥의 물로부터 봉 주위의 대기로 증기의 이동 기회를 줄일 목적으로, 봉이 수직이 되도록 하는 지지물과 조적판을 둘 필요는 없다. 경우에 따라서는 지름 2 mm의 도금 철선으로 만든 용접 철망으로 봉바닥을 받치도록 하여 물이 튀는 것을 조절하는 판을 없앤다.

m) 라이너에 곰팡이가 생기는 것을 방지하려면, 적당한 살균제를 수조 속의 물에 첨가하는 것이 좋다.

n) 가장 일반적인 저장 용기의 배열은 그림 1과 같다.

3. 온도 및 상대 습도

3.1 몰드 제작실 및 측정실 : 몰드 제작 및 측정시 실험실의 온도는 (23±2)℃를 유지하도록 하고, 몰드 제작실의 상대 습도는 50% 이상이어야 하며, 습윤실의 온도 또한 (23±2)℃이어야 한다.

3.2 저장 용기 : 저장 용기 내의 온도는 (38.0±2.0)℃를 유지하도록 한다.

4. 시험방법

4.1 재료의 선택과 준비

4.1.1 골재의 선택 : 콘크리트용 잔골재는 6.2에 규정한 것과 같이 분쇄된 양이 최소가 되도록 해야 한다. 콘크리트용 굵은 골재는 표본에서 얻은 입도 분류 결과가 실제로 거의 같게 나오도록 분쇄해야 한다. 표본은 규정대로 분류되어야 하고, 사용하려는 굵은 골재의 구성 상태를 대표할 수 있어야 한다.

a) 채석장 골재를 굵은 골재와 잔골재로 사용하고자 할 때는 약간 굵은 입자의 구성이 약간 잔 것보다 더 변화가 일어날 염려가 없고, 또 차이가 있더라도 시멘트 내의 알칼리 이외의 반응에 기인한 팽창에 큰 영향을 줄 만한 원인이 없는 한, 잔골재에서 분쇄한 적절한 표본을 선택하여 시험한다. 이 경우에 약간 굵은 입자도 잔골재 시험과 유사한 방법으로 시험해야 한다.

b) 모래 정도로 분쇄한 굵은 골재는 분쇄로 인한 표면적의 증가로 팽창성을 증가시킬 수 있다. 그러므로, 이 시험방법으로 시험한 굵은 골재가 과도한 팽창을 일으킬 경우에는 콘크리트 공시체의 시험이 모르타르 시험 결과를 확인하는 것이 아닌 한, 그 재료를 알칼리와 좋지 않은 반응을 하는 것으로 분류해서는 안 된다.

4.1.2 골재의 준비 : 시험해야 할 잔골재는 5 mm 체를 모두 통과해야 하는 것 이외에도, 공사 시방서의 규정을 만족시킬 정도의 입도를 가져야 한다. 개개의 규정에 적합한지를 파악하는 것 이외의 이유로 시험하는 잔골재와 이 표준에 적용되는 모든 굵은 골재는 표 1에 규정된 사항과 일치하는 입도를 가져야 한다.

a) 골재가 표 1에 있는 치수별 분포량이 충분하지 않을 경우에는 필요한 골재가 될 때까지 분쇄하여야 한다.

b) 표 1에 있는 굵은 입자 중 하나 또는 그 이상의 양이 불충분한 양을 가진 골재 및 더 이상 분쇄할 골재가 없을 경우에는 충분한 양을 가진 굵은 골재 중 첫 번째 치수는 표 1의 입도에 있는 해당 치수 이하의 골재 누적 백분율 정도를 포함하여야 한다.

c) a), b)와 같은 시험법이 필요할 때는 시험 보고서에 특별한 주석을 붙여야 한다.

표 1 잔골재의 입도 분포

체의 크기(mm)		질량 백분율(%)
통과 체	잔류 체	
5	2.5	10
2.5	1.2	25
1.2	0.6	25
0.6	0.3	25
0.3	0.15	15

d) 골재를 체가름한 후에 각 체의 골재에 묻어 있는 분진과 먼지를 청소하기 위해 체에 물을 뿜어서 씻어야 한다.

e) 각 체에 남아 있는 양을 건조시킨 후, 바로 사용하지 않을 경우라면 각 양은 꼭 닫히는 뚜껑을 가진 깨끗한 저장 용기에 각각 저장해야 한다.

4.1.3 시멘트 : 시멘트는 KS L 5201에 규정하는 포틀랜드 시멘트로서 전 알칼리량(Na_2O+0.658K_2O)이 0.6% 이상이고, 0.85 mm 체를 통과하는 것을 사용한다.

4.2 시험 공시체의 제작

4.2.1 공시체의 수 : 시험 공시체는 시멘트 골재 배합비가 다른 2개 이상의 배치에서 각각 2개씩 최소한 4개를 만들어야 한다.

4.2.2 모르타르 배합비 : 모르타르의 배합은 질량비로서 시멘트 1, 물 0.475, 절건 상태의 잔골재 2.25로 한다. 1회 혼합하는 시멘트, 잔골재 및 물의 양은 다음과 같이 한다.

물 : (141±1) mL

시멘트 : (300±1) g

잔골재(절건) : (675±1) g

4.2.3 모르타르의 배합 : 모르타르는 KS L 5109의 규정에 따라 배합한다.

4.2.4 시험 공시체의 성형

a) 모르타르 혼합 직후, 총 경과 시간이 2분 15초 이하가 되게 공시체 성형을 시작한다.

b) 대략 2개 층으로 모르타르를 채우고, 각 층은 다짐봉으로 다져야 한다. 균일 공시체를 얻을 때까지 다짐봉으로 모서리 부분 및 몰드의 표면 주변을 다져야 한다. 상층을 다진 후에 몰드의 상부와 평행하게 모르타르를 깎아 내고, 흙손으로 표면을 매끄럽게 해야 한다.

c) 추가 공시체를 동일 배치의 공시체로 바로 만들 경우에는 흐름 시험을 생략하며, 모르타르는 배합 용기에 90초 동안 머무르게 한 다음, 공시체를 성형시키기 전에 15초 동안 다시 비빈다.

4.2.5 연속적인 모르타르 배치의 제작

a) 1종 이상의 시멘트－골재 배합을 1개 연구의 일부분으로 시험할 경우에는 전체 모르타르 배치는 순서에 구애됨이 없이(시멘트－골재 배합당 2배치씩) 만들 수 있으나, 어떤 경우에도 1개 시멘트－골재 배합마다 2개의 배치는 연속적으로 제작하여야 한다.

b) 1개 연구를 목적으로 공시체 전부를 제작하는데 2일간 배치를 만든다면, 각 시멘트－골재 배합에 해당하는 배치를 하루에 하나씩 쳐야 하며, 배합에 해당하는 배치를 치는 순서는 이틀간 상이하

여야 한다. 이틀 이상 필요한 때는 1개 시멘트－골재 배합에 해당하는 1개 배치는 매 작업일에 만들어야 한다.

4.3 시험 공시체의 저장과 측정

4.3.1 초기 저장 및 측정

a) 각 몰드가 채워진 후에 몰드는 습윤실에 바로 옮겨 놓고 (24±2)시간 후 공시체가 건조되지 않도록 주의하면서, 공시체에 번호 및 측정시의 상하와 방향을 기록하여 탈형한다.

b) 모든 측정값은 0.002 mm까지 측정하고 기록한다.

4.3.2 연속적인 저장 및 측정

a) 공시체가 저장 용기의 수면과 떨어진 위쪽에 있도록 하여야 하며, 수면과 접해서는 안 된다. (38±2)℃의 온도로 유지된 저장실 내에 12일간 용기를 밀봉하여 두어야 한다.

b) 공시체의 재령이 14일이 되면, 저장실에서 저장 용기와 내용물을 꺼낸 후 그 길이를 측정한다. 용기를 열고 재령 14일 계측을 하기 전에 최소 16시간 동안 (20±3)℃로 저장 용기와 내용물의 온도를 유지시켜야 한다.

c) 재령 14일의 시험을 한 후, 38℃ 저장 상태로 공시체를 환원시키고, 후에 추가로 측정하여 추가 자료를 얻을 수 있다. 재령 1개월, 2개월, 3개월, 4개월, 5개월, 6개월, 9개월, 12개월 그리고 필요하다면 최소한 6개월마다 측정해야 한다.

d) 공시체의 자료에 대한 보충 자료를 얻기 위하여 길이를 측정한 후, 4.5의 규정과 같은 방법으로 공시체를 검사해야 한다.

e) (24±2)시간이 되면 초기 길이를 측정한 후 주어진 용기 내에 넣은 모든 공시체는 동시에 측정하게 되므로 동일한 날에 제작하여 용기에 넣어야 한다. 길이를 측정할 때마다 저장 용기를 청소하고 저장 용기의 물을 갈아야 한다.

f) 공시체를 항상 끝이 같아지도록 콤퍼레이터 측정기 속에 넣고, 측정이 끝난 후에는 꺼낼 때와는 반대가 되도록 저장 용기 내에 넣어야 한다.

4.4 계산

a) 공시체의 초기 길이와 각 재령별 측정값의 차를 유효 표점 거리의 0.001%까지 측정하여야 하며, 그것을 재령별 공시체의 팽창량으로 기록하여야 한다.

b) 1개 시멘트－골재 배합당 4개 공시체의 평균 팽창을 약 0.01%까지 측정하여, 어떤 재령에 대한 1배합의 팽창률로 보고한다.

4.5 시험 종료시의 검사 : 최종 길이 변화량을 측정한 후에는 각 공시체의 뒤틀림을 시험하고 검사해야 한다.

4.5.1 뒤틀림 : 시험 기간 중에 공시체에 뒤틀림이 명백하게 나타났을 경우에는 공시체를 평면 위에 올려놓고, 공시체와 표면 사이의 최대 틈 간격을 측정하여 뒤틀림을 정의한다. 공시체 끝을 기준면까지 구부려 내리고 0.3 mm까지 측정해야 한다.

4.5.2 검사 : 검사시에 기록해야 하는 사항은 다음과 같다.

1) 균열의 존재 여부, 위치, 형태
2) 표면의 겉모양, 표면의 반점 등
3) 표면 퇴적물이나 삼출물, 성질, 두께 및 연속성

4) 중요한 특징이 나타난 것 같다고 여겨질 때는 공시체의 내부를 좀 더 검사하는 것이 좋다. 특히 암석 전문가의 의견을 듣는 것이 바람직하다.
5) 이와 같은 경우에 겔로 채워진 공극이나 금의 존재 여부, 특정 형태를 가진 골재 조각과의 반응 증거, 그러한 반응의 성격, 생성물의 특성 등은 검사시에 기록하여야 할 사항이다.

4.6 골재의 알칼리 반응성의 판정

골재의 알칼리 반응성의 판정은 공시체 3개의 평균 팽창률이 6개월 후에 0.1 % 미만의 경우는 "반응성이 없음"으로 하고, 0.1 % 이상의 경우는 "반응성이 있음"으로 한다.

3개월에서 0.05 % 이상의 팽창을 보인 경우는 그 시점에서 "반응성이 있음"으로 해도 좋으며, 이 공시체의 재령 6개월 측정은 하지 않아도 된다. 단, 3개월에서 0.05% 미만의 것은 그 시점에서 "반응성이 없음"으로 판정하지 말고 6개월까지 시험을 지속한 후에 판정해야 한다.

5. 보고

a) 골재의 형태 및 골재원
b) 시멘트의 형태와 산지
c) 산화칼륨, 산화나트륨 및 계산된 산화나트륨과 등가량의 백분율로 표시되는 시멘트의 알칼리 함유량
d) 백분율로 표시되는 공시체의 평균 길이 변화량
e) 골재가 6.2의 규정과 다를 때는 골재의 입도를 포함한 골재의 준비에 관련된 자료
f) 시험 중 또는 시험 후, 공시체의 검사에서 찾아낼 수 있는 중요한 특징
g) 시멘트에 대한 무게비로 표시하는 물의 양(물 시멘트비)
h) 산화나트륨 및 산화칼륨을 포함하여 시험에 사용한 포졸란 등의 형태, 산지, 배합비 및 화학 분석 결과

콘크리트 골재용 탄산염암의 알칼리 잠재 반응 시험 방법 Testing method for potential alkali reactivity of carbonate rocks for concrete aggregates (rock cylinder method) (KS F 2547 : 1997) (2012 확인)

1. 적용 범위

이 방법은 실온에서 수산화나트륨 용액 속에 담근 탄산염암의 팽창 성질의 측정에 대하여 규정한 것이다. 침수 중의 길이 변화를 측정하여 일반 암석의 반응 척도로 삼고, 암석에서 채취한 골재가 콘크리트의 길이 변화에 미치는 영향을 측정하는 실험의 필요성 여부를 판단하는 기준으로 삼는다.

이 방법은 콘크리트 골재로 사용될 탄산염암의 상대적인 팽창 잠재 반응을 신속하게 결정하기 위한 것으로, 골재가 콘크리트에 사용될 때 해로운 팽창을 일으킬 재료가 있는가를 알아보는 골재의 적격을 예비 판단하는 데 매우 효과적으로 사용될 수 있다.

2. 시험기구 및 재료

2.1 1 N 수산화나트륨 용액 : 증류수로 수산화나트륨 시약 40±1 g을 용해시키고, 1 L로 희석하여 폴리에틸렌 병에 저장한다.

2.2 절단, 코어 채취 및 연마 장치 : 시험용 공시체를 만드는 데 필요한 장치로는 절단기, 코어 채취기, 연마기가 필요하다. 원형 표본의 크기에 따라 암석 절단기가 하나 이상 필요하고, 원주형 코어를 빼낼 수 있는 소형 다이아몬드 코어 원통을 가진 코어 채취 프레스, 공시체의 끝 부분을 정리하는 데 필요한 회전연마 장치 또는 선반 등이 필요하다.

2.3 저장병 : 약 50～100 mL 용량을 가지고 있으며, 공시체를 쉽게 제거할 수 있을 정도의 크기를 가진 입구와 뚜껑이 있어야 한다.

2.4 길이 측정용 콤퍼레이터(그림 1 참조) : 다음과 같은 특성을 갖추거나 포함하도록 설계된 것이어야 한다.

a) 끝부분이 원뿔형인 공시체에서 위치를 바꾸면서 길이를 측정할 수 있도록 만든 공시체 접촉 장치
b) 0.025 mm 범위 내에서는 0.0025 mm까지, 0.25 mm 범위 내에서는 0.0050 mm까지 정확하게 판독할 수 있도록 0.0025 mm씩 눈금을 가진 정밀도가 높은 원통형 또는 원형 계시식(barrel or dial) 측정기
c) 각종 공시체 표점 거리의 다소의 오차를 고려할 수 있 는 정도의 충분한 측정 범위
d) 규정된 간격마다 측정 장치를 점검할 수 있는 기준 및 표준
e) 공시체를 편리하고 신속하게 측정할 수 있는 방법

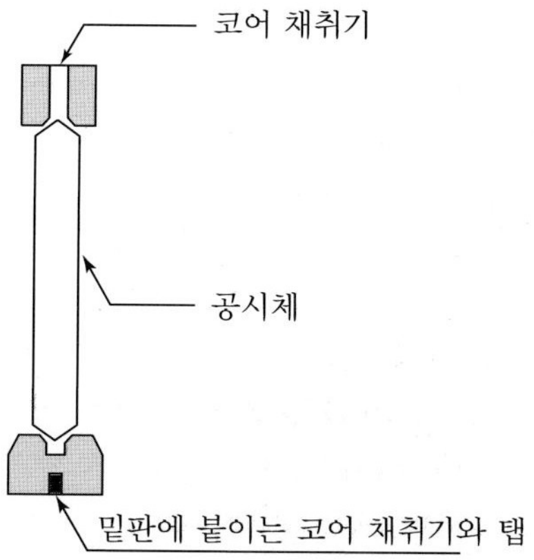

그림 1 길이 측정용 콤퍼레이터

3. 시험방법

3.1 시료 채취

3.1.1 이 방법은 KS F 2501 의 규정에 따라 채취한 암석 시료에 적용할 수 있다.

3.1.2 시료 채취는 암석을 분류할 수 있는 능력을 가진 사람의 지도 아래 실시되어야 한다. 또 4.에서 언급된 이 방법의 한계와 중요성을 염두에 두면서, 이 암석 시료는 단지 국부적인 암석을 대표할 뿐이라는 것을 알아야 한다. 암석의 각 샘플은 필요한 실험 공시체를 만들 수 있을 정도의 충분한 크기를 가진 것이어야 한다.

3.1.3 얇고 불연속성을 가진 이판암이 있거나, 성층을 분간할 수 없는 경우를 제외하고는 하나의 시험용공시체는 그 암석을 충분히 대표한다고 볼 수 있다. 그렇지 못할 경우라도 서로 직교하는 공시체 3개를 준비하여 실험하는 것이 바람직하다. 이들 3개의 공시체를 알칼리 용액에 28일간 담갔다가 측정한 길이 변화 중 가장 큰 것을 사용하여야 한다. 이때 나머지 2개의 측정값은 버린다.

3.2 시험용 공시체

3.2.1 시험용 공시체는 원주형으로 끝부분이 원뿔 모양이어야 한다.

3.2.2 공시체의 크기는 길이 35±5 mm, 지름 9±1 mm이어야 한다 .

3.3 시험 방법

3.3.1 계속 측정하는 동안 공시체와 콤퍼레이터가 동일한 위치에 놓일 수 있도록 공시체 위에 위치 표시를 해야 한다.

3.3.2 시험 공시체의 길이를 잰다.

3.3.3 실온에서 공시체를 증류수에 담근다.

3.3.4 가끔씩 공시체를 꺼내 흡수지로 표면수를 제거하고 24시간 담가 둔 것의 길이 변화량이 0.02%를 넘지 않을 때까지 측정한다. 또 그때의 조건에서 얻어진 길이를 기준 길이로 한다.

3.3.5 포화된 공시체를 매 공시체당 최소한 35 mL의 1 N 수산화나트륨 용액을 담은 병 속에 담가 실온에서 봉합한다. 한 병에 3개 이상의 공시체를 넣어서는 안 된다.

3.3.6 공시체의 길이는 수산화나트륨 용액에 담근 후 각각 7, 14, 21 또는 28일째 되는 날 측정하고, 그 다음에는 4주마다 측정한다. 측정이 1년 넘어 계속된다면 12주마다 측정한다.

3.3.7 측정한 후, 공시체를 병에서 꺼내어 증류수로 세척하여 표면수를 흡수지로 닦고 초기 측정시와 동일한 조건에서 길이를 측정한다.

3.3.8 측정 후 즉시 공시체를 다시 병에 담고 봉한다.

3.3.9 실험 기간 중 용액은 6개월마다 갈아준다.

3.4 계산 : 길이의 변화를 다음 식에 따라 기준치의 0.01% 단위로 계산한다.

$$\Delta l = [(l_1 - l_0)/l_0] \times 100$$

여기서, Δl : 측정시 재령에 대한 길이 변화(%)

l_1 : 측정시 재령에 대한 길이(mm)

l_0 : 8.4와 같이 수중에서 평형을 이룬 후의 기준 길이(mm)

3.5 결과의 분석

3.5.1 시멘트 알칼리와 탄산염 골재 사이의 반응에 의해 일어난 팽창은 암석의 미묘한 변화에도 민감하기 때문에, 얻어진 자료에 영향을 미치는 모든 변수를 완전히 파악하여 측정 결과를 분석해야 한다. 이 결과에 따라 암석을 사용할 것인가 폐기할 것인가를 정하는 것은 금물이다. 왜냐하면 상업적인 생산면을 볼 때 팽창성 또는 비팽창성 그 자체가 종이 한 장 차이이며, 생산원료 중에서 대표적인 시료를 취하는 것도 어려운 일이고, 숙련된 기술과 암석학적인 식별 지식이 요구되기 때문이다. 이 실험 과정은 표준 규격이라기보다는 연구 또는 적격 판정을 위한 방법으로서 시도되는 것이다. 이것은 콘크리트 골재에 관한 현장 기록, 암석 분류, 골재 시험으

로부터 얻어진 자료를 보충하고자 하는 데 목적을 둔 것이다.

3.5.2 시험 결과와 주이진 모암 전체의 거동과의 관계는 암석학적 및 화학 특성이 골재원 내에서 변하는 정도에 따라 변한다.

3.5.3 시험 결과 콘크리트 골재의 팽창 거동은 암석의 실린더 시험에 의해서 정량적인 예측이 가능하다는 것이 밝혀졌다. 화학 반응을 일으키는 골재를 포함한 콘크리트의 팽창을 정량적으로 예측하는 것은 골재의 반응도, 반응성을 띤 재료의 양, 시멘트 내 알칼리의 양, 주변 환경 등에 좌우된다. 상당한 팽창이 일어날 때는 추가 시험이 필요하다는 것을 의미한다. 지금까지 알려진 바로는 팽창이 0.10%를 넘게 되면, 화학 반응이 일어나고 있다는 것이 되며, 특히 콘크리트의 경우에는 추가 시험을 해야 한다. 팽창하려는 경향은 알칼리에 28 일간 담가둔 후에 명백하게 나타나는 것이 보통이며, 경우에 따라 예외의 경우도 보고된 사례가 있다. 콘크리트에 해로운 팽창 정도는 골재가 팽창하는 크기와 그 시기에 좌우된다. 그러나 실제 거동시 콘크리트의 팽창에 대한 정량적 예측은 전적으로 이 시험 결과로부터 얻는 것은 불가능하다.

4. 보고

보고에는 다음 사항을 포함하여야 한다.

a) 고유 번호

b) 암석의 종류와 채취원

c) 원주형이 아닌 경우에는 공시체의 모양과 치수

d) 측정할 때마다의 길이 변화 −0.01%를 기준으로 반올림하여 기록한다. 측정 시기가 특별히 제시되지 않았다면 다음 사항에 따른다. 1주, 4주, 8주, 16주 및 측정의 최종 재령시의 값을 측정한다.

e) 알칼리 용액에 저장하는 동안 또는 저장을 끝낸 뒤에 공시체를 시험했을 때 나타난 주요 특징 보기를 들면 균열, 비틀림 파괴 등

f) 그 밖의 필요하다고 생각하는 암석적, 화학적 분석 등의 중요한 자료

골재의 시료 분취 방법 Methods for samples of aggregate to testing size (KS F 2553 : 1997) (2007 확인)

1. 적용범위

이 표준은 골재의 산지 시료와 시험용 시료에서 특성의 변화를 줄일 수 있는 방법으로, 산지 시료를 적절한 양의 시험용 시료로 분취하는 방법에 대하여 규정한다.

2. 분취 방법의 종류

골재의 시료 분취 방법은 A 방법(분취기에 의한 방법), B 방법(4분법) 및 C 방법(작은 무더기에서 채취하는 방법)의 세 가지 방법이 있다.

2.1 잔골재의 시료 분취 방법 표면 건조 포화 상태보다 건조한 산지 시료는 A 방법에 따라 시료 분취기로서 시료량으로 분취하여야 한다. 입자 표면에 표면수가 있는 산지 시료는 B 방법에 따라

4분하여 시료를 분취하거나, C 방법에 따라 작은 무더기에서 채취하는 방법으로 시료를 분취하여도 좋다.

2.1.1 B 방법이나 C 방법을 사용하고자 할 때, 산지 시료의 입자 표면에 표면수가 없으면 습윤 상태로 만들어서 충분히 혼합한 다음 시료를 분취하여야 한다.

2.1.2 A 방법을 사용하고자 할 때, 산지 시료의 입자 표면에 표면수가 있으면 산지 시료 전량을 표면 건조 포화 상태까지 건조시켜도 좋다. 이때의 건조 온도는 예상되는 각 시험에서의 규정 온도를 초과하여서는 안 된다. 이와 같이 건조시킨 다음 시료를 분취하여야 한다. 젖은 산지 시료의 양이 너무 많을 때에는 38 mm 이상의 넓은 슈트의 구멍을 가진 분취기로 미리 산지 시료를 5000 g 이상으로 분취하여도 좋다. 이와 같이 분취한 시료를 건조시켜 A 방법에 따라 시험용 시료량으로 분취한다.

2.2 굵은 골재 및 굵은 골재와 잔골재의 혼합물 A 방법에 따라 분취기를 사용하여 시료를 분취하거나, B 방법의 4 분법에 따라 시료를 분취하여야 한다. 작은 무더기에서 채취하는 방법인 C 방법을 굵은 골재 및 굵은 골재와 잔골재의 혼합물에 사용하여서는 안 된다.

3. 시료 채취 방법

골재의 산지 시료는 KS F 2501 에 따라 채취하거나 개별 시험 방법에서 규정하는 대로 채취한다. 체가름 시험만이 예상될 때는 KS F 2501에 규정된 산지 시료의 양이 일반적으로 적절하다. 추가시험이 필요할 때에는 사용자는 최초의 산지 시료의 양이 모든 예상되는 시험을 마치는 데 적절하도록 하여야 한다.

4. A 방법(분취기에 의한 방법)

4.1 기구

4.1.1 시료 분취기 : 시료 분취기는 동일한 나비의 짝수 슈트를 가져야 하며, 굵은 골재에 대하여는 합계 8개 이상, 잔골재에 대하여는 12개 이상의 슈트를 가져야 한다. 골재는 분취기의 양쪽 각 슈트로 분할되어 배출되어야 한다. 각 슈트의 최소 나비는 분취할 시료 중에서 가장 큰 입자보다 약 50% 커야 한다. 분취기에는 분취시에 분취하는 시료 반씩을 담을 수 있는 2개의 용기가 있어야 한다. 분취기에는 한 개의 호퍼 또는 조립한 슈트의 전체 나비와 같거나 조금 작은 나비를 가지는 모서리가 일직선인 팬을 장치하고 있어야 하며, 이러한 호퍼와 팬에 의하여 시료가 조절된 속도로 슈트로 들어가도록 하여야 한다. 분취기와 부속 장치는 시료가 손실되거나 막히는 일 없이 매끄럽게 흐르도록 설계되어야 한다(그림 1).

4.2 분취 순서 산지 시료를 호퍼나 팬 속에 넣고, 한쪽 모서리에서 다른 쪽 모서리까지 시료를 균등하게 분산시킨다. 시료는 각 슈트 속으로 거의 같은 양이 흘러내리도록 부어야 한다. 시료가 들어가는 속도는 슈트를 통하여 밑에 있는 용기 속으로 자유로이 흘러들어가야 한다. 슈트 밑의 두 용기 중 한쪽 용기 속에 있는 시료를 규정된 시험용 시료량으로 분취할 때까지 여러 번 되풀이하여 분취기 속으로 재투입한다. 다른 용기 속에 있는 산지 시료는 다른 시험용 시료량으로 분취하기 위하여 보관하여도 좋다.

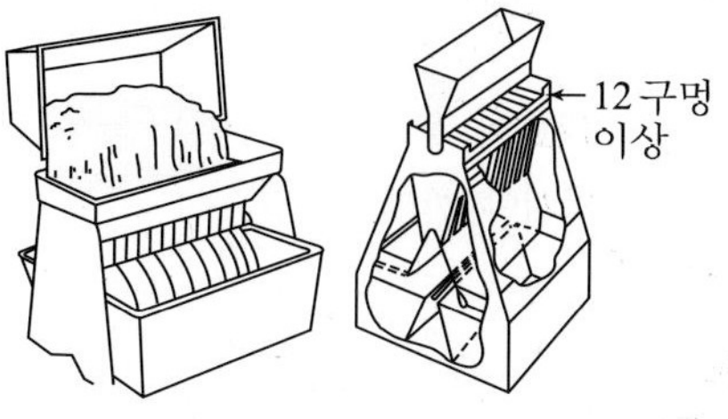

(a) 굵은 골재용 시료 분취기

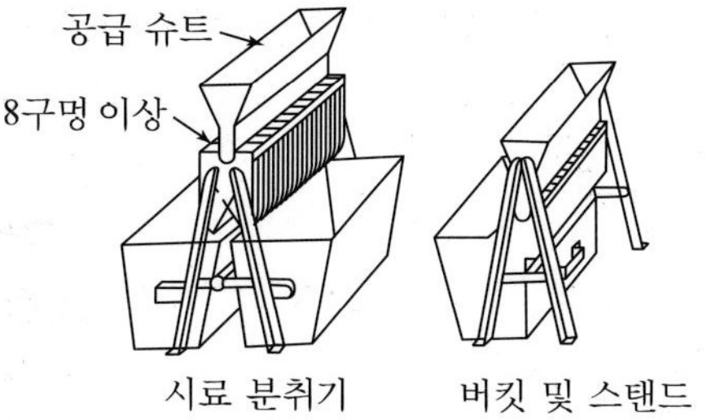

(b) 잔 골재용 소형 시료 분취기

그림 1 시료 분취기

5. B 방법(4 분법)

5.1 기구 : 기구로는 모서리가 일직선인 삽, 흙손, 비 또는 브러시 및 약 2 × 2.5 m 크기의 천막지 (canvas)로 구성한다.

5.2 분취 순서

5.2.1 아래 두 조항 중 한 방법에 따라야 한다.

(a) 산지 시료를 재료의 손실이나 이물질의 혼입을 방지할 수 있는 단단하고 깨끗한 평면 위에 놓는다. 산지 시료 전체를 3번 이상 뒤집어서 충분히 섞는다. 마지막으로 뒤집을 때에는 각각의 삽질을 한 삽 가득히 하여 앞에 삽질한 무더기 위에 쌓는 방식으로 전체 시료를 원뿔형 무더기가 되도록 한다.

원뿔형 무더기가 균일한 두께와 지름으로 편평히 되도록 조심스럽게 삽으로 꼭대기를 누른다. 이렇게 하여 만든 무더기의 4분된 각 부분에는 산지 시료의 특성을 골고루 가지고 있어야 한다. 지름은 두께의 4～8배 정도이어야 한다. 편평한 무더기를 삽이나 흙손으로 4개의 같은 부분으로 나누어 대칭된 2개의 무더기를 제거한다. 이 때 모든 미세한 시료까지도 제거되도록 깨끗이 솔질한다. 시료를 원하는 시료량이 될 때까지 계속하여 혼합하고 4분하여 분취한다(그림 2).

(b) (a)에 규정한 절차에 대한 대용 방법으로서 바닥면이 편평하지 않을 때에는 산지 시료를 천막지에서 쏟아서 (a)에 규정한 방법으로 삽으로 섞거나 천막지의 각 귀(코너)를 교대로 들어올려 재료가 섞이도록 대각선 방향의 반대편 귀를 향하여 천막지를 끌어당긴다. (a)에 규정한 방법으로 시료를 분취하거나 천막지 아래의 표면이 편평하지 않으면 무더기의 중앙부 천막지 아래로 막대나 파이프를 넣고 막대의 양 끝을 들어 올려서 시료를 두 개의 같은 부분으로 나눈다. 나누어진 부분 사이에 천막지가 겹쳐지도록 하고 막대를 뺀다. 처음 나눈 무더기에 직각 방향으로 막대를 끼우고, 시료를 4개의 같은 부분으로 나누어지도록 막대를 다시 들어올린다. 대칭된 2개의 4분된 무더기를 천막지에서 깨끗이 제거한다. 시료를 원하는 시료량이 될 때까지 계속하여 혼합하고 4분하여 분취한다(그림 3).

6. C 방법(작은 무더기에서 채취하는 방법) (젖은 잔골재에만 적용)

6.1 기구 : 기구로는 골재를 섞는 데 필요한 모서리가 일직선인 삽이나 흙손과 시료 채취를 하는 데 필요한 작은 삽이나 스푼으로 구성된다.

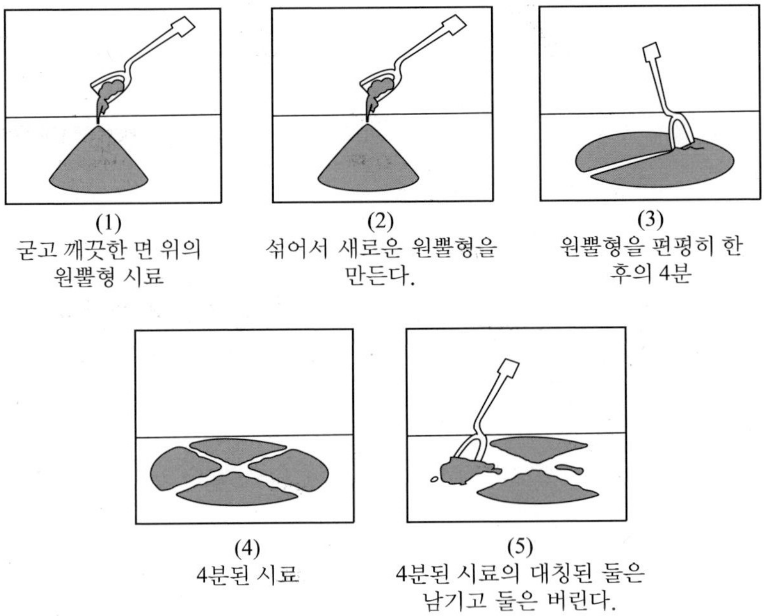

그림 2 평면 위에서의 4분법

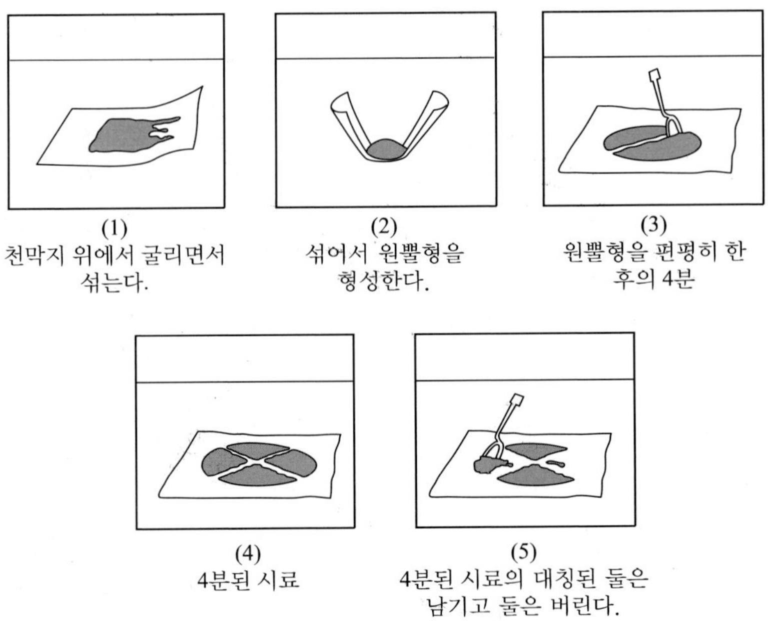

그림 3 천막지 위에서의 4분법

6.2 분취 순서 : 젖은 잔골재로 된 산지 시료를 재료의 손실이나 이물질의 혼입을 방지할 수 있는 단단하고 깨끗한 평면 위에 놓는다. 산지 시료 전체를 3번 이상 뒤집어서 충분히 섞는다. 마지막으로 뒤집을 때에는 각각의 삽질을 한 삽 가득히 하여, 앞에 삽질한 무더기 위에 쌓는 방식으로

전체 시료를 원뿔형 무더기가 균등한 두께와 지름으로 편평히 되도록 조심스럽게 삽으로 꼭대기를 누른다. 이렇게 하여 만든 무더기의 4분된 각 부분에는 산지 시료의 특성을 골고루 가지고 있어야 한다. 6.1에서 규정한 시료 채취용 기구 중 한 가지를 사용하여 작은 무더기의 랜덤한 위치에서 적어도 5개 이상의 소량 재료를 채취하여 각 시험용 시료를 얻는다.

Ⓚ 콘크리트용 화학 혼화제 Chemical admixtures for concrete (KS F 2560 : 2014)

1. 적용범위

이 표준은 콘크리트용 화학 혼화제(이하 화학 혼화제라 한다.)로 사용되는 AE제, 감수제, AE 감수제 및 고성능 AE 감수제에 대하여 규정한다.

2. 품질

2.1 성능 : 화학 혼화제를 첨가한 콘크리트의 성능은 규정된 시험방법에 따라 시험하고, 표 2의 규정에 적합하여야 한다. 콘크리트의 슬럼프는 80 mm 또는 180 mm로 하고, AE제 및 AE 감수제의 동결 융해에 대한 저항성(상대 동탄성 계수)의 규정값은 슬럼프 80 mm, 고성능 AE 감수제의 동결 융해에 대한 저항성(상대 동탄성 계수)과 슬럼프 손실 및 공기량의 변화량 규정값은 슬럼프 180 mm의 콘크리트에 대하여 각각 적용한다.

2.2 전체 알칼리양 : 전체 알칼리양은 3.2에 따라 시험하고 0.30 kg/m^3 이하여야 한다.

표 2 화학 혼화제의 요구성능

항목		AE제	감수제			AE 감수제			고성능 AE 감수제	
			표준형	지연형	촉진형	표준형	지연형	촉진형	표준형	지연형
감수율(%)		6 이상	4 이상	4 이상	4 이상	10 이상	10 이상	8 이상	18 이상	18 이상
블리딩양의 비(%)		75 이하	100 이하	100 이하	100 이하	70 이하	70 이하	70 이하	60 이하	70 이하
응결 시간의 차 (min)	초결	−60~+60	−60~+90	−60~+210	+30 이하	−60~+90	−60~+210	+30 이하	−30~+120	+90~+240
	종결	−60~+60	−60~+90	+210 이하	0 이하	−60~+90	+210 이하	0 이하	−30~+120	+240 이하
압축 강도비 (%)	재령 3일	95 이상	115 이상	105 이상	125 이상	115 이상	105 이상	125 이상	135 이상	135 이상
	재령 7일	95 이상	110 이상	110 이상	115 이상	110 이상	110 이상	115 이상	125 이상	125 이상

	재령 28일	90 이상	110 이상	110 이상	110 이상	110 이상	110 이상	110 이상	115 이상	115 이상
길이 변화비(%)		120 이하	120 이하	120 이하	120 이하	120 이하	120 이하	120 이하	110 이하	110 이하
동결 융해에 대한 저항성 (상대 동탄성 계수, %)		80 이상	–	–	–	80 이상	80 이상	80 이상	80 이상	80 이상
슬럼프 손실(mm)		–	–	–	–	–	–	–	–	60 이상
공기량의 변화량(%)		–	–	–	–	–	–	–	–	–

3. 시험방법

3.1 콘크리트 시험

3.1.1 시험에 사용하는 재료 : 콘크리트 시험에 사용하는 재료는 다음에 따른다.

a) 시멘트 시멘트는 임의로 선정한 3개의 서로 다른 제조 회사의 KS L 5201에 규정한 보통 포틀랜드 시멘트를 똑같은 양씩 사용한다.

b) 골재 골재는 깨끗하고, 강하며 내구성이 있고, 먼지, 진흙, 유기 불순물, 염화물 등을 유해량 함유하지 않은 것으로, 굵은 골재는 부순 돌, 잔골재는 모래로 하여 표 3에 나타내는 품질을 갖는 것으로 한다.

   골재의 입도는 대소립이 적당히 혼합되어 있는 것으로 그 입도는 표 4에 나타내는 범위로 한다.

c) 물 혼합에 이용하는 물은 상수도 물로 한다.

표 3 골재의 품질

골재의 종류	절대 건조 밀도 (kg/m³)	흡수율 (%)	입자 모양 판정 실적률 (%)	점토 덩어리 양 (%)	0.08 mm 체 통과량 (%)	유기 불순물	안정성 (5회 (%)	염화물량 (NaCl) (%)	알칼리 실리카 반응성
굵은 골재	2.5 이상	2.0 이하	57 이상	0.25 이하	1.0 이하	–	10 이하	–	무해
잔골재	2.5 이상	3.0 이하	–	1.0 이하	2.0 이하	표준색보다 진하지 않을 것	8 이하	0.02 이하	무해

표 4 골재의 입도

골재의 종류	체를 통과한 것의 질량 백분율(%)									
	체의 호칭 치수(mm)									
	25	20	15	10	5	2.5	1.2	0.6	0.3	0.15
굵은 골재	100	90～100	55～75	25～45	0～5	0～2	–	–	–	–
잔골재	–	–	–	–	100	85～100	60～0	30～50	15～25	2～0

배합은 기준 콘크리트 및 시험 콘크리트에 대하여 다음의 a)～e)에 적합하도록 정한다.

a) 단위 시멘트량 : 단위 시멘트량은 슬럼프가 80 mm인 콘크리트에서는 300 kg/m^3, 슬럼프가 180 mm인 콘크리트에서는 320 kg/m^{3}로 한다. 또한 3.1.7 a)에 따라 산출된 단위 시멘트양은 위의 값에서 5 kg/m^3 이상의 차가 있어서는 안 된다.

b) 단위 수량 : 단위 수량은 혼합 완료 시의 슬럼프가 (80±10) mm 또는 (180±10) mm가 되는 양으로 한다.

c) 1 m^{3}당 화학 혼화제의 사용량 : 1 m^{3}당 화학 혼화제의 사용량은 제조자가 지정하는 양을 참고하여 정한다.

d) 공기량

1) 기준 콘크리트의 공기량은 2.0% 이하로 한다.

2) 감수제를 사용한 콘크리트의 공기량은 기준 콘크리트의 공기량에 1.0%를 더한 것을 넘어서는 안 된다.

3) AE제, AE 감수제 또는 고성능 AE 감수제를 사용한 콘크리트의 공기량은 기준 콘크리트의 공기량에 3.0%를 더한 것에 대하여 0.5% 이상의 차가 있어서는 안 된다.
또한 AE 감수제 또는 고성능 AE 감수제를 사용한 콘크리트의 공기량이 위의 범위보다 작은 경우에는 그 AE 감수제 또는 고성능 AE 감수제의 제조자가 지정하는 공기량 조정제를 가하여 조정한다.

e) 잔골재율

1) 기준 콘크리트의 잔골재율은 (40～50)% 범위에서 양호한 작업성이 얻어지는 값으로 한다.

2) 감수제를 사용하는 콘크리트의 잔골재율은 기준 콘크리트의 잔골재율에서 (0～1)%를 뺀 값으로 한다.

3) AE제 또는 AE 감수제를 사용하는 콘크리트의 잔골재율은 기준 콘크리트의 잔골재율에서 (1～3)% 뺀 값으로 한다.

4) 고성능 AE 감수제를 사용하는 콘크리트의 잔골재율은 기준 콘크리트의 잔골재율에서 1% 증감한 범위 내의 값으로 한다.

3.1.3 콘크리트의 제조법 : 콘크리트의 제조법은 KS F 2425에 따른다.

3.1.4 혼합 : 혼합은 다음에 따른다.

a) 믹서 : 혼합에 사용하는 믹서는 KS F 2455에 따라 시험하고, 강제 혼합 믹서에서는 1.5분간, 가경식 믹서에서는 3분간 혼합했을 때, 콘크리트 중의 모르타르 단위 용적 중량차가 0.8 % 이하, 콘크리트 중의 단위 굵은 골재량의 차가 5 % 이하가 되는 것이어야 한다.

b) 화학 : 혼화제의 사용 방법 화학 혼화제는 미리 혼합수에 혼입하여 믹서에 투입한다.

c) 혼합 시간 : 콘크리트는 모든 재료를 믹서에 투입한 후, 강제 혼합 믹서에서는 1.5분간, 가경식 믹서에서는 3분간 혼합한다.

d) 혼합량 기준 콘크리트와 시험 콘크리트의 1배치 혼합량은 동일한 양으로 한다. 다만 고성능 AE 감수제를 사용한 콘크리트의 슬럼프 손실 및 공기량의 변화량 측정에 사용하는 시험 콘크리트의 혼합량은 60 L로 한다.

e) 혼합의 배치수 시험에 사용하는 1종류의 콘크리트는 2배치 혼합하는 것으로 한다. 다만, 고성능 AE 감수제를 사용한 슬럼프가 180 mm인 시험 콘크리트는 3배치 혼합하여 이 중 1배치는 6.1.6

i)의 슬럼프 손실 및 공기량의 변화량 시험에 사용한다.

f) 혼합 후 온도 콘크리트의 혼합 후 온도는 (20±3)℃로 한다.

3.1.5 시료 : 콘크리트의 시료 채취 방법은 KS F 2401에 따른다.

3.1.6 콘크리트 시험 : 콘크리트 시험방법은 다음에 따른다.

a) 슬럼프 : 슬럼프의 시험은 KS F 2402에 따른다. 슬럼프 시험은 1배치 콘크리트에 대하여 1회 실시하고, 2배치 시험 결과의 평균값을 그 콘크리트의 슬럼프로 한다.

b) 공기량 : 공기량 시험은 KS F 2421 또는 KS F 2449에 따른다. 공기량 시험은 1배치 콘크리트에 대하여 1회 실시하고, 2배치 시험 결과의 평균값을 그 콘크리트의 공기량으로 한다.

c) 단위 용적 질량 : 단위 용적 질량 시험은 KS F 2409에 따른다. 단위 용적 질량 시험은 1배치의 콘크리트에 대하여 1회 실시하고, 2배치 시험 결과의 평균값을 그 콘크리트의 단위 용적 질량으로 한다. 다만, KS F 2421의 공기량 시험 용기를 사용해도 된다.

d) 블리딩양 : 블리딩양 시험은 KS F 2414에 따른다. 블리딩양 시험은 1배치의 콘크리트에 대하여 1회 실시하고, 2배치 시험 결과의 평균값을 그 콘크리트의 블리딩양으로 한다.

e) 응결 시간 : 응결 시간 시험은 부속서 A에 따른다. 응결 시간 시험은 1배치의 콘크리트에 대하여 1회 실시하고, 2배치 시험 결과의 평균값을 그 콘크리트의 응결 시간으로 한다.

f) 압축 강도 : 압축 강도 시험은 KS F 2405에 따라 3일, 7일 및 28일의 각 재령으로 실시한다. 공시체는 KS F 2403에 따라 제작하고, 몰드를 떼어낼 때까지는 온도 (20±3)℃의 실온에서 건조되지 않도록 양생하고, 몰드를 떼어낸 후에는 온도 (20±2)℃의 수중 또는 습윤실에서 강도 시험을 할 때까지 양생한다. 공시체의 수는 각 재령별 3개로 하고, 그 결과의 평균값을 그 콘크리트의 압축 강도로 한다.

g) 길이 변화 : 길이 변화 시험은 KS F 2424에 따른다. 공시체는 성형 후 약 24시간 경과 후 탈형한 다음, 온도 (20±2)℃의 수중 또는 습윤실에서 재령이 7일 될 때까지 양생한다. 길이의 측정은 재령 7일 후 실시하며, 공시체를 수중 또는 습윤실에서 꺼낸 직후에 측정한다. 길이 측정 후 온도 (20±3)℃, 습도 (60±5)%의 실내에서 보존하고, 길이 변화를 측정한다. 공시체의 수는 1종류의 콘크리트에 대하여 3개로 하고, 보존 기간 6개월에 따른 결과의 평균값을 그 콘크리트의 길이 변화율로 한다.

h) 동결 융해에 대한 저항성 : 동결 융해에 대한 저항성 시험은 AE제 또는 AE 감수제를 사용한 콘크리트인 경우는 슬럼프 80 mm인 시험 콘크리트에 대하여, 고성능 AE 감수제를 사용한 콘크리트인 경우는 슬럼프 180 mm인 시험 콘크리트에 대하여 각각 KS F 2456에 따라 하고, 상대 동탄성 계수를 구한다. 공시체 수는 1종류의 콘크리트에 대하여 3개로 하고, 동결 융해 반복 200사이클에서 시험 결과의 평균값을 그 콘크리트의 상대 동탄성 계수로 한다.

i) 슬럼프 손실 및 공기량의 변화량 : 슬럼프 손실 및 공기량의 변화량 시험은 고성능 AE 감수제를 사용한 슬럼프 180 mm인 시험 콘크리트에 대하여 1)～4)에 따라 한다.

  1) 3.1.4에 따라 섞은 콘크리트를 비빔판에 배출하여 다시 비빈 후 바로 슬럼프 및 공기량 시험을 2회씩 실시한다.
  2) 남은 콘크리트를 공칭 용량 약 60 L의 가경식 믹서에 넣고, 축을 수평으로부터 20～30°로 기울인 상태에서 매분 2회전의 속도로 회전시키면서 계속하여 휘저어 섞는다.
  3) 시험 콘크리트의 혼합 개시부터 60분 후에 콘크리트를 비빔판에 배출하여 다시 비빈 후, 슬럼

프 및 공기량 시험을 2회씩 실시한다.

4) 혼합 직후 및 혼합 60분 후의 슬럼프 및 공기량은 각각 2회 실시한 시험 결과의 평균값으로 한다.

3.1.7 계산 : 시험 결과의 계산은 다음에 따른다.

a) 단위 시멘트양 및 단위 수량 : 기준 콘크리트와 시험 콘크리트의 단위 시멘트량 및 단위 수량은 구한 단위 용적 질량을 이용하여 다음 식에 따라 각 배치마다의 콘크리트의 단위 시멘트량 및 단위 수량의 값을 산출하며, 각각 산출한 값의 평균값을 정수로 끝맺음한다.

$$C = m_c \times \frac{m}{m_b}$$

$$W = m_w \times \frac{m}{m_b}$$

여기서, C : 단위 시멘트양(kg/m^3)
W : 단위 수량(kg/m^3)
m_c : 1배치당 시멘트양(kg)
m : 6.1.6 c)에 따라 구한 콘크리트의 단위 용적 질량(kg/m^3)
m_b : 1배치당 콘크리트 재료의 전 질량(kg)
m_w : 1배치당 수량(kg)

b) 감수율 : 감수율은 a)에 따라 구한 단위 수량에서 다음 식에 따라 산출하고 산출한 값을 정수로 끝맺음한다.

$$W_r = \frac{W_1 - W_2}{W_1} \times 100$$

여기서, W_r : 감수율(%)
W_1 : a)에 따라 구한 기준 콘크리트의 단위 수량(kg/m^3)
W_2 : a)에 따라 구한 시험 콘크리트의 단위 수량(kg/m^3)

c) 블리딩양의 비 : 블리딩양의 비는 구한 블리딩양에서 다음 식에 따라 산출하고, 산출한 값을 정수로 끝맺음한다.

$$B = \frac{B_2}{B_1} \times 100$$

여기서, B : 블리딩양의 비(%)
B_2 : 시험 콘크리트의 블리딩양(cm^3/cm^2)
B_1 : 기준 콘크리트의 블리딩양(cm^3/cm^2)

d) 응결 시간의 차 : 콘크리트 응결 시간의 차는 초결 및 종결 시간에서 다음 식에 따라 산출하고, 산출한 값을 정수로 나타낸다.

$$T = T_2 - T_1$$

여기서, T : 응결 시간의 차(분)
T_2 : 시험 콘크리트의 초결 시간 또는 종결 시간(분)
T_1 : 기준 콘크리트의 초결 시간 또는 종결 시간(분)

e) 압축 강도비 : 압축 강도비는 압축 강도에서 다음 식에 따라 산출하고, 산출한 값을 정수로 끝맺음한다.

$$S=\frac{S_2}{S_1}\times 100$$

여기서, S : 압축 강도비(%)

S_2 : 시험 콘크리트의 압축 강도(MPa)

S_1 : 기준 콘크리트의 압축 강도(MPa)

f) 길이 : 변화비 길이 변화비는 길이 변화율에서 다음 식에 따라 산출하고, 산출한 값을 정수로 끝맺음한다.

$$L=\frac{L_2}{L_1}\times 100$$

여기서, L : 길이 변화비(%)

L_2 : 시험 콘크리트의 길이 변화율(%)

L_1 : 기준 콘크리트의 길이 변화율(%)

g) 동결 융해에 대한 저항성 동결 융해에 대한 저항성은 상대 동탄성 계수로 나타낸다.

h) 슬럼프 손실 및 공기량의 변화량 슬럼프 손실 및 공기량의 변화량은 슬럼프 및 공기량에서 다음 식에 따라 산출한다.

$$S_d=S_0-S_{60}$$

$$A_d=A_0-A_{60}$$

여기서, S_d : 슬럼프 손실(mm)

A_d : 공기량의 변화량(%)

S_0 : 혼합 직후의 슬럼프(mm)

S_{60} : 혼합 60분 후의 슬럼프(mm)

A_0 : 혼합 직후의 공기량(%)

A_{60} : 혼합 60분 후의 공기량(%)

3.2 전체 알칼리양 : 전체 알칼리양은 KS I 3206에 규정된 시험방법 또는 부속서 B에 따라 화학 혼화제 중의 전체 알칼리양을 구하고, 다음 식에 따라 콘크리트 중의 화학 혼화제의 전체 알칼리양을 산출하고, 산출한 값을 소수점 이하 둘째 자리에서 끝맺음한다.

$$R_m=m_a\times\frac{R_a}{100}$$

여기서, R_m : 콘크리트 중의 화학 혼화제의 전체 알칼리양(kg/m^3)

m_a : 1 m^3당 화학 혼화제의 사용량(kg/m^3)

R_a : 화학 혼화제 중의 전체 알칼리율(%)

4. 검사

화학 혼화제의 검사는 합리적인 샘플링 방식에 의해 시료를 채취하고, 앞서 규정하는 시험을 하여 규정에 적합한 것을 합격으로 한다.

표 5 보고서 표준 양식

년 월분 콘크리트용 화학 혼화제 시험 결과 보고서

귀하　　　　　　　　　　　제조자명 · 공장명

종류

상품명

1. 콘크리트의 시험 결과

항목		KS F 2560에 따른 규정값	시 험 값	
			슬럼프 80 mm	슬럼프 180 mm
감수율(%)				
블리딩량의 비(%)				
응결 시간의 차(분)	초결			
	종결			
압축 강도비(%)	재령 3일			
	재령 7일			
	재령 28일			
길이 변화비(%)				
동결 융해에 대한 저항성(상대 동탄성 계수, %)				
슬럼프 손실(mm)				
공기량의 변화량(%)				

[비고 1] 1 m^3당 화학 혼화제의 사용량 슬럼프 80 mm　　kg/m^3, 슬럼프 180 mm　　kg/m^3

[비고 2] 재령 28일의 압축 강도비의 값은 전월분의 값이다.

[비고 3] 길이 변화비 및 동결 융해에 대한 저항성의 시험은 연 1회의 빈도로 실시하고, 이 표에 표시되어 있는 시험값은 20　　년　　월분의 시험 결과이다.

2. 전체 알칼리양

항목	화학 혼화제 중의 함유율	1 m^3당 화학 혼화제의 사용량	KS F 2560에 따른 규정값	시험값
전체 알칼리량	%	kg/m^3	0.30 kg/m^3 이하	kg/m^3

[비고] 1 m^3당 화학 혼화제량 및 시험값은 슬럼프 80 mm 및 슬럼프의 180 mm의 콘크리트 중 큰 쪽의 값을 표시한다.

5. 표시

표시는 화학 혼화제의 용기 또는 송장에 다음 사항을 명기한다.

a) 명칭(상품명)
b) 종류(예 : AE 감수제 표준형)
c) 실제 질량 또는 용적
d) 제조 연월 또는 그 약호
e) 제조자명 또는 그 약호
f) 취급상의 주의

6. 보고

제조자는 다음 사항을 보고한다. 보고서의 표준 양식은 표 5에 따른다.

a) 콘크리트의 시험 결과
b) 전체 알칼리양

Ⓚ 레디믹스트 콘크리트 Ready-mixed concrete (KS F 4009 : 2011)

1. 적용범위

이 표준은 다음 규정에 따라 제조되어 주문자에게 운반되는 굳지 않은 콘크리트에 대하여 규정한다. 다만, 운반 후의 타설 및 양생에 대하여는 규정하지 않는다.

2. 재료

2.1 시멘트 : 시멘트는 관련 표준에 적합한 것 또는 이와 동등 이상의 것을 사용한다.

2.2 골재 : 골재는 깨끗하고 단단하며 내구적인 것으로 적당한 입도를 가지며 점토덩어리, 유기물, 가늘고 긴 돌조각 등의 해로운 양을 포함해서는 안 되며, 관련 표준에 적합한 것 또는 이와 동등 이상의 것을 사용한다.

a) 천연 골재(잔골재)는 염분(NaCl)의 한도가 KS F 2515에 따라 시험하였을 때, 0.04% 이하이어야 한다. 0.04%를 초과한 것에 대해서는 주문자의 승인을 얻어야 한다. 다만, 그 한도는 0.1%를 초과할 수 없다.

b) 2종 이상의 골재를 혼합해서 사용하는 경우의 혼합 입도는 KS F 2526, 혼합 입형은 KS F 2527에 적합하여야 하고, 혼합 전 각 골재의 품질은 해당 KS 표준의 품질 규정을 만족하여야 한다.

2.3 물 : 물은 부속서 2에 적합한 것을 사용한다. 단, 고강도 콘크리트의 경우 회수수를 사용하여서는 안 된다.

2.4 혼화 재료 : 혼화 재료는 관련 표준에 적합한 것 또는 이와 동등 이상의 것으로 콘크리트 및 강재에 해로운 영향을 주지 않는 것이어야 한다. 또한, 혼화 재료를 사용하는 경우에는 종류 및 사용량에 대하여 구입자의 승인을 얻어야 한다.

2.5 생산자 표시 : 레디믹스트 콘크리트에 사용하는 시멘트, 골재, 혼화 재료는 그 산지를 표시하여 배합표 또는 기타의 적절한 방법으로 구입자에게 알려야 한다.

3. 종류

레디믹스트 콘크리트의 종류는 보통 콘크리트, 경량 콘크리트, 포장 콘크리트, 고강도 콘크리트로 하고, 굵은 골재의 최대 치수, 호칭 강도, 슬럼프 또는 슬럼프 플로를 조합한 표 1에 표시한 것으로 한다. 또한 다음 사항은 구입자와 생산자가 협의하여 지정한다.

a) 시멘트의 종류
b) 골재의 종류 및 사용량
c) 굵은 골재의 최대 치수
d) 품질기준에 정한 염화물 함유량의 상한값과 다른 경우는 그 상한값
e) 호칭 강도를 보증하는 재령
f) 표 4에 정한 공기량과 다른 경우는 그 값
g) 경량 콘크리트의 경우는 콘크리트의 단위 용적 질량
h) 콘크리트의 최고 또는 최저 온도
i) 물－결합재비의 상한값
j) 단위 수량의 상한값
k) 단위 결합재량의 하한값 또는 상한값
l) 유동화 콘크리트인 경우 유동화 이전의 베이스 콘크리트에서 슬럼프 증대량

표 1 레디믹스트 콘크리트의 종류

콘크리트의 종류	굵은 골재의 최대 치수 (mm)	슬럼프 또는 슬럼프 플로 (mm)	호칭 강도 MPa(=N/mm^2)												
			18	21	24	27	30	35	40	45	50	55	60	휨 4.0[a]	휨 4.5[a]
보통 콘크리트	20, 25	80, 120, 150, 180	○	○	○	○	○	○	–	–	–	–	–	–	–
		210	–	○	○	○	○	○	–	–	–	–	–	–	–
		500[b], 600[b]	–	–	–	○	○	○	–	–	–	–	–	–	–
	40	50 ,80, 120, 150	○	○	○	○	○	○	–	–	–	–	–	–	–
경량 콘크리트	15, 20	80, 120, 150, 180, 210	○	○	○	○	○	○	○	–	–	–	–	–	–
포장 콘크리트	20, 25, 440	25, 65	–	–	–	–	–	–	–	–	–	–	–	○	○
고강도 콘크리트	15, 20, 25	120, 150, 180, 210	–	–	–	–	–	–	○	○	○	–	–	–	–
		500[b], 600[b], 700[b]	–	–	–	–	–	–	○	○	○	○	○	–	–

[a] 휨 4.0, 휨 4.5는 포장용 콘크리트에서 휨 호칭 강도를 의미한다.
[b] 슬럼프 플로 값을 의미한다.

표 2 슬럼프의 허용 오차 (단위 : mm)

슬럼프	슬럼프의 허용 오차
25	±10
50 및 65	±15
80 이상	±25

표 3 슬럼프 플로의 허용 오차 (단위 : mm)

슬럼프 플로	슬럼프 플로의 허용 오차
500	±75
600	±100
700[a]	±100

[a] 굵은 골재의 최대 치수가 15 mm인 경우에 한하여 적용한다.

표 4 공기량의 허용 오차 (단위 : %)

콘크리트의 종류	공기량	공기량의 허용 오차
보통 콘크리트	4.5	±1.5
경량 콘크리트	5.5	
포장 콘크리트	4.5	
고강도 콘크리트	3.4	

4. 품질

레디믹스트 콘크리트의 강도, 슬럼프, 슬럼프 플로 및 공기량은 콘크리트 운반차의 배출 지점에서 다음 조건을 만족하여야 한다. 다만, 인수·인도 당사자 간의 협의에 따라 검사 지점을 조정하여 생산 공장에서 시료를 채취하여 시험하여도 좋다.

4.1 강도 : 레디믹스트 콘크리트의 강도는 규정하는 강도 시험을 한 경우, 다음 규정을 만족하여야 한다.

a) 1회의 시험 결과는 구입자가 지정한 호칭 강도 값의 85% 이상이어야 한다.

b) 3회의 시험 결과 평균값은 구입자가 지정한 호칭 강도 값 이상이어야 한다.

4.2 슬럼프 : 슬럼프는 표 2에 따른다.

4.3 슬럼프 플로 : 슬럼프 플로는 표 3에 따른다.

4.4 공기량 : 공기량은 표 4에 따른다.

4.5 염화물 함유량 : 레디믹스트 콘크리트의 염화물 함유량은 염소 이온(Cl^-)량으로서 0.30 kg/m^3 이하로 한다. 다만, 구입자의 승인을 얻은 경우에는 0.60 kg/m^3 이하로 할 수 있다.

5. 용적

레디믹스트 콘크리트의 용적은 배출 지점에서 납품서에 기재한 용적보다 작아서는 안 된다.

6. 검사

6.1 검사 범위 : 검사는 강도, 슬럼프, 슬럼프 플로, 공기량 및 염화물 함유량에 대하여 하고, 합격 여부를 판정한다.

6.2 콘크리트의 강도 시험 횟수 : 콘크리트의 강도 시험 횟수는 450 m^{3}를 1로트로 하여 150 m^{3}당 1회의 비율로 한다. 다만, 인수·인도 당사자 간의 협정에 따라 검사 로트의 크기를 조정할 수 있으며 시험을 하여 규정에 적합하면 합격으로 한다. 1회의 시험 결과는 임의의 1개 운반차로부터 채취한 시료로 3개의 공시체를 제작하여 시험한 평균값으로 한다.

6.3 슬럼프 시험, 슬럼프 플로 시험 및 공기량 시험 : 규정에 따라 주문자가 지정한 사항 중 슬럼프 시험 또는 슬럼프 플로 시험 및 공기량 시험은 필요에 따라 실시한다. 규정에 각각 적합하다면 합격으로 한다. 그러나 이 시험에서 슬럼프 또는 슬럼프 플로 및 공기량 중 한 가지가 허용 범위를 벗어나는 경우에는 동일 차량에서 시료를 다시 채취하여 1회에 한하여 시험을 실시하고, 그 결과가 규정에 적합하면 합격으로 한다.

6.4 염화물 함유량 시험 : 콘크리트에 포함된 염화물 함유량의 검사 방법은 인수 · 인도 당사자 간의 협의에 따라 정하고, 결과가 규정에 적합하면 합격으로 한다.

6.5 규정한 사항 중 구입자가 지정한 사항은 인수 · 인도 당사자 간의 협의에 따라 검사한다.

7. 보고

a) 생산자는 운반할 때마다 매차 단위로 납품서를 주문자에게 제출하여야 한다. 납품서의 표준 양식은 표 5에 따른다.

b) 규정에 따른 배합표의 표준 서식은 표 6에 따른다.

표 5 레디믹스트 콘크리트 납품서 표준 양식

레디믹스트 콘크리트 납품서

No.

년 월 일

귀하

제조회사명 · 공장명

납품장소			
운반차번호			
납품시각	출발	시	분
	도착	시	분
납품용적	m^3	누계	m^3

호칭 방법	콘크리트의 종류에 따른 구분	굵은 골재의 최대 치수에 따른 구분 mm	호칭 강도 MPa	슬럼프 또는 슬럼프 플로 mm	시멘트 종류에 따른 구분

시방배합표 (kg/m^3)

시멘트 ①	시멘트 ②	물	회수수	잔골재 ①	잔골재 ②	잔골재 ③	굵은 골재 ①	굵은 골재 ②	굵은 골재 ③	혼화재 ①	혼화재 ②	혼화재 ③	혼화제 ①	혼화제 ②	혼화제 ③

물-결합재비[a]	%	잔골재율	%
지정 사항[b]			
비고			
인수자 확인		출하계 확인	

[a] 물-결합재비의 경우 혼화재를 사용하지 않고 시멘트만을 쓰는 경우는 $\frac{물}{시멘트}$의 질량의 백분율로 계산하여 기입한다.

[b] 지정사항란에는 레디믹스트 콘크리트 구입시 특별히 지정된 사항을 기입한다. 또한 플라이 애시, 고로 슬래그 미분말, 실리카 퓸 등의 혼화재를 사용할 경우는 종류 및 사용량을 기입하여야 하며, 여기서 사용량은 질량에 의한 치환율을 의미한다. 혼합시멘트와 혼화재료를 병용해서 사용할 경우에는 병용하는 혼화재료의 사용비율을 명기한다.

※ 치환율 $= \frac{혼화재}{시멘트 + 혼화재} \times 100$ %

B5 (182 mm × 257 mm)

표 6 레디믹스트 콘크리트 배합표

No ____________

년　　월　　일

____________________ 귀하

제조 회사명 · 공장명 ____________________

		배합계획자명	
공사 명칭			
소재지		본 배합의 적용 기간	
납품 예정시간		콘크리트의 타설 부위	

배합 설계 조건					
호칭 방법	콘크리트 종류에 의한 구분	굵은 골재의 최대 치수에 의한 구분(mm)	호칭 강도(MPa)	슬럼프 또는 슬럼프 플로(mm)	
지정 사항[a]	단위 용적 질량	(kg/m³)	공기량	%	
	콘크리트의 온도	최고 · 최저 ℃	호칭 강도를 보증하는 재령	일	
	물-결합재비의 상한값	%	단위 결합재량의 하한값 또는 상한값	kg/m³	
	유동화 베이스 콘크리트의 슬럼프 증대량			mm	

사용 재료[b]										
재료	제품명	종류	산지[b] 제조국 또는 도시명	산지[b] 생산 공장명	조립률 또는 실적률[c]	밀도 절건	밀도 표건	잔골재의 염화물량	혼화재의 특성[d]	기타사항
시멘트	①				–					
	②				–					
	③				–					
잔골재	①									
	②									
	③									
	④									
굵은 골재	①									
	②									
	③									
혼화재	①				–					
	②				–					
	③				–					
	④				–					
혼화제	①				–	–				
	②				–	–				
	③				–	–				

사용수	사용한 물의 종류	종류 :	pH :	회수수 사용 여부[e] 사용(　　) 불사용(　　)	회수수 사용 비율[e] : %

배합표 (kg/m³)[f]															
시멘트 ①	시멘트 ②	물	회수수	잔골재 ①	잔골재 ②	잔골재 ③	굵은 골재 ①	굵은 골재 ②	굵은 골재 ③	혼화재 ①	혼화재 ②	혼화재 ③	혼화제 ①	혼화제 ②	혼화제 ③

물-결합재비[g]	%	잔골재율	%	콘크리트에 포함된 염화물 함유량(염소이온)	kg/m³ 이하

A4 (210 mm × 297 mm)

[비고]

[a] 호칭 방법란 이외에 특별히 지정된 사항을 기입한다.

[b] 배합 설계에 사용한 재료에 대하여 기입한다. 산지는 재료별로 공장이 소재하는 시 · 군 · 구 등 도시명 및 생산공장의 상호를 기입한다.

[c] 잔골재에 대해서는 조립률의 값을, 굵은 골재의 경우 부순 굵은 골재인 경우는 입자 모양 판정 실적률, 기타는 조립률의 값을 기입한다.

[d] 혼화재 중 플라이 애시의 경우 강열 감량 및 분말도, 고로 슬래그 미분말 및 실리카 퓸의 경우 비표면적(분말도)을 기입한다.

[e] 사용 또는 불사용에 "○"로 표시하고, 전체 사용수량에 대한 투입한 회수수 양의 백분율로 계산하여 기입한다.

[f] 골재에 대한 보통 골재인 경우에는 표면 건조 포화 상태의 질량, 인공 경량 골재인 경우에는 절대 건조 상태의 질량을 표시한다.

[g] 물－결합재비는 혼화재를 사용한 경우로 의 질량의 백분율로 계산하여 기입한다.

부속서 1 (규정) 굳지 않은 콘크리트에서의 물의 염소 이온 농도 시험방법

1. 적용범위

이 부속서는 아직 굳지 않은 콘크리트에 함유된 염화물량을 구하기 위해 콘크리트에서 물의 염소 이온 농도를 분석하기 위한 방법에 대하여 규정한다.

2. 시료액

2.1 시료액은 염화물량을 구하기 위해 굳지 않은 콘크리트의 대표적인 시료에서 분석에 필요한 양을 채취한다.

2.2 콘크리트의 대표적인 시료는 KS F 2401에 따라 채취한다.

2.3 시료액은 굳지 않은 콘크리트에 의해 분리된 모르타르로부터 피펫 또는 원심 분리에 의해 채취하든가 또는 이들 콘크리트 또는 모르타르의 윗면에 떠오른 블리딩수로 한다.

3. 분석 방법

시료액의 염소 이온 분석은 KS I 3206의 33.[염화물 이온(Cl^-)]에 규정된 흡광 광도법, 질산은 적정법, 이온 전극법 또는 KS M 0013에 준한 염소 이온 선택 전극을 사용한 전위차 적정법에 따른다.

4. 결과

분석 결과는 질량 퍼센트로 소수점 이하 셋째 자리까지 구한다.

시험은 동일 시료에 대하여 2회 하고, 그 평균값을 소수점 이하 둘째 자리까지 구한다.

부속서 2 (규정) 레디믹스트 콘크리트의 혼합에 사용되는 물

1. 적용범위

이 부속서는 레디믹스트 콘크리트의 혼합에 사용되는 물(이하 물이라 한다.)에 대하여 규정한다.

2. 구분

물은 상수돗물, 상수돗물 이외의 물 및 회수수로 구분한다.

3. 상수돗물

상수돗물은 시험을 하지 않아도 사용할 수 있다.

또한 수도법에 따른 상수돗물의 품질을 부속서 2 표 1에 참고로 표시한다.

부속서 2 표 1 수돗물의 품질

시험 항목	허용량
색도	5도 이하
탁도(NTU)	0.3 이하
수소 이온 농도(pH)	5.8～8.5
증발 잔류물(mg/L)	500 이하
염소 이온(Cl^-)량(mg/L)	250 이하
과망간산칼륨 소비량(mg/L)	10 이하

4. 상수돗물 이외의 물

상수돗물 이외의 물의 품질은 규정된 시험방법에 따라 시험하여 부속서 2 표 2에 표시하는 기준에 적합하여야 한다. 다만, 수도법의 수질 기준에 따라 상수돗물의 품질을 만족시키고 있는 경우에는 상수돗물에 준하여도 좋다.

부속서 2 표 2 상수돗물 이외의 물의 품질

항목	품질
현탁 물질의 양	2 g/L 이하
용해성 증발 잔류물의 양	1 g/L 이하
염소 이온(Cl^-)량	250 mg/L 이하
시멘트 응결 시간의 차	초결은 30분 이내, 종결은 60분 이내
모르타르의 압축 강도비	재령 7일 및 재령 28일에서 90 % 이상

5. 회수수

5.1 품질 : 회수수의 품질은 규정된 시험방법에 따라 시험하여 부속서 2 표 3에 표시한 기준에 적합하여야 한다. 다만, 처음 사용한 물은 표 1 또는 표 2의 규정에 적합하여야 한다.

5.2 단위 슬러지 고형분율의 한도 : 회수수를 사용하였을 경우, 단위 슬러지 고형분율이 3.0%를 초과하면 안 된다.

부속서 2 표 3 회수수의 품질

항목	품질
염소 이온(Cl^-)량	250 mg/L 이하
시멘트 응결 시간의 차	초결은 30분 이내, 종결은 60분 이내
모르타르의 압축 강도비	재령 7일 및 28일에서 90% 이상

6. 회수수 물을 혼합하여 사용하는 경우

물을 혼합하여 사용하는 경우, 각각 표 1~3의 규정에 적합하여야 한다.

길모어 침에 의한 시멘트의 응결 시간 시험 방법 Testing method for setting time of hydraulic cement by Gilmour needles (KS L 5103 : 1996) (2006 확인)

1. 적용 범위

이 규격은 길모어 침에 의한 시멘트의 응결 시간 시험 방법에 대하여 규정한다.

2. 시험기구

(1) 저울 용량 : 1000 g

(2) 메스실린더 용량 : 150～200 mL

(3) 길모어 침 : 그림 1과 같으며 다음 조건에 맞아야 한다.

초결 침	종결 침
무게 113.4 ± 0.5 g 지름 2.12 ± 0.05 mm	무게 453.6 ± 0.5 g 지름 1.06 ± 0.05 mm

침 끝의 약 4.8 mm 길이는 원기둥형으로 되어 있고, 그 단면은 평면이며 침 축에 대하여 직각이고 깨끗하여야 한다.

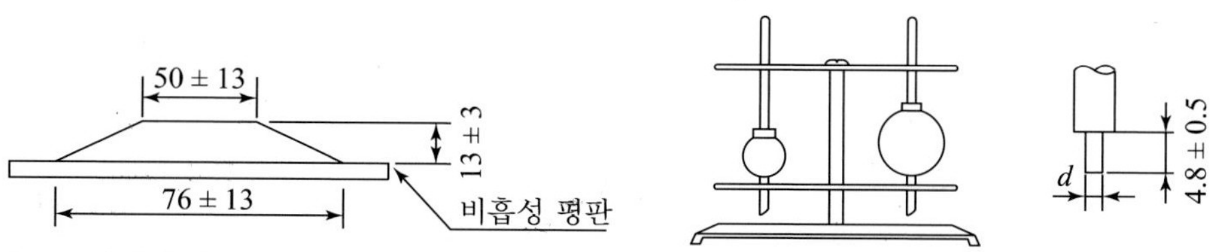

(a) 길모어 방법에 따라 응결 시간을 결정하기 위한 패드　(b) 길모어 장치　(c) 바늘 끝의 모양

그림 1 길모어 장치와 시험체(단위 : mm)

3. 시험방법

3.1 시멘트 반죽 조제 : KS L 5109에 규정된 혼합 방법을 따른다.

3.2 시험 방법

3.2.1 시험체의 성형 : 3.1에서 조제한 시멘트 반죽으로 약 10cm 정사각형의 깨끗한 유리판 위에 밑면 지름이 약 7.5 cm, 윗면 지름은 약 5.0 cm, 중앙면의 두께 가 약 1.3 cm이고, 바깥쪽으로 갈수록 점 점 얇은 패드를 만든다[그림 1(a) 참조]. 패드를 만드는 데는 처음에 시멘트 반죽을 유리판 위에 편편하게 놓고 패드의 바깥쪽에서 안쪽으로 훑는 것 같이 흙손질을 하여 만든 뒤 윗면을 편편하게 한다. 이와 같이 하여 만든 패드는 습기함이나 습기실 안에 넣고 응결 시간을 측정하는 시간 이외에는 정치하여 둔다.

3.2.2 응결 시간의 결정 : 응결 시간을 측정하는 데는 침을 수직 위치로 놓고 패드의 표면에 가볍게 댄다. 알아볼 만한 흔적을 내지 않고 패드가 길모어의 초결침을 받치고 있을 때를 시멘트의 초결로 하고, 길모어 종결침을 받치고 있을 때를 시멘트의 종결로 한다.

3.2.3 비고 : 응결 시간은 사용한 물의 양이나 온도 또는 반죽의 반죽 정도뿐만 아니라 공기의 온도 및 습도에도 영향을 받으므로 측정 한 시멘트의 응결 시간은 근사값인 것이다.

수경성 시멘트 모르타르의 압축 강도 시험방법 Testing method for compressive strength of hydraulic cement mortar (KS L 5105 : 2007) (2012 확인)

1. 적용범위 및 시험목적

이 규격은 50 mm의 입방 시험체를 사용한 수경성 시멘트 모르타르의 압축 강도 시험방법에 대하여 규정한다.

2. 시험기구 및 재료

2.1 시험기구

2.1.1 저울 용량 : 2,000 g

2.1.2 표준체 : 297 μm, 595 μm

2.1.3 메스실린더 용량 : 250 mL, 500 mL

2.1.4 시험체 성형용 틀 : 50 mm 입방 시험체의 틀은 물이 새지 않는 구조이어야 하며, 3개보다 많은 입방체의 칸을 갖지 않고, 2개보다 많은 부분으로 분리되어도 안 된다. 틀의 각 부분을 조립하였을 때는 견고하게 되어 있어야 한다. 틀은 시멘트 모르타르에 침식되지 않는 경질 금속으로, 새 틀의 경우 그 경도는 HRB 55 이상이어야 한다. 틀의 옆면은 넓어지거나 휘어지는 일이 없도록 견고하여야 한다. 틀 내면은 평면이어야 하고, 새 틀의 허용 범위는 0.025 mm, 사용 중인 틀은 0.05 mm, 상대면 사이의 거리는 새 틀은 (50±0.13) mm, 사용 중인 틀은 (50±0.50) mm이고, 틀의 높이는 각 입방체 칸을 따로 측정하여, 새 틀은 $50^{+0.25}_{-0.13}$ mm이어야 한다. 서로 인접하는 내면 사이의 각 및 내면과 윗면 또는 밑면 사이의 각은, 그 면의 교선으로부터 사용 중인 틀은 $50^{+0.25}_{-0.38}$ mm, 조금 떨어진 점에서 측정하였을 때 90±0.5이어야 한다.

2.1.5 혼합기, 혼합 용기 및 패들 : 혼합기는 전동 혼합기로서 KS L ISO 679에 따른다.

2.1.6 플로 테이블 및 플로 틀 : 플로 테이블 및 플로 틀은 KS L 5111의 규정에 따른다.

2.1.7 탬퍼 : 탬퍼는 비흡수성, 내마모성, 비취성인 재료, 예를 들면 쇼어 A 듀로미터 경도(shore A durometer hardness) 80±10의 고무 제품이나 잘 말린 참나무를 15분간 약 200℃의 파라핀에 담가 비흡수성으로 한 것 등으로 단면을 13 mm × 25 mm로 하여, 적당한 길이(120 ~ 150 mm)로 만든다. 찧는 면은 평평하여야 하며, 길이에 대하여 직각이어야 한다.

2.1.8 흙손 : 길이 100 ~ 150 mm

2.1.9 시험기 : 시험기는 유압형이나 스크류(screw)형으로 하고, 윗부분 지지면과 아랫부분 지지면과

의 사이는 검정 기구를 넣을 만한 간격을 두도록 한다. 윗부분 지지는 구좌로 하고, 경화한 금속 블록을 기계의 윗부분 헤드의 중심에 견고하게 붙인 것이어야 한다. 구의 중심은 시험체와 접촉하는 블록 표면의 중심에 오도록 되어 있어야 한다. 이 블록은 구좌에 밀착하여 보존되어 있다. 그러나 어떤 방향으로든지 자유롭게 회전하여야 한다. 지지면의 대각선 또는 지름은 50 mm의 대각선보다 조금 크게 하여, 시험체의 중심을 정확하게 맞추기 쉽도록 한다. 시험체의 밑에는 경화 금속 지지 블록을 사용하여 기계의 아랫부분 지지판의 마모를 최소한으로 적게 하여야 한다. 시험체와 접촉하는 지지 블록 표면의 경도는 HRC 60 이상이어야 한다. 이들 표면의 정평면으로부터의 편차는 새 블록에서 0.013 mm 이하이고, 허용 편차는 0.025 mm 이내로 유지되어야 한다.

2.2 재료

2.2.1 표준사 : 시험체 제작에 사용하는 모래는 주문진산 천연사로서 KS L ISO 679에 따른다.

3. 시험방법

3.1 시험체의 수 : 규정된 시험의 각 재령에 대하여 3개 이상씩 만들어야 한다.

3.2 시험체 틀의 준비 : 시험체 틀 내면은 광유(mineral oil)나 연한 컵 그리스(cup grease)를 엷게 바른다. 각 틀의 반쪽의 접촉면은 중광유(heavy mineral oil)나 페트롤레이텀(petrolatum)과 같은 연한 컵 그리스를 엷게 바른다. 틀을 조립한 뒤, 각 틀의 내면 및 아래 윗면에서 여분의 기름을 닦아낸다. 다음에 틀을 비흡수성이고, 또 광유 페트롤레이텀 또는 연한 컵 그리스를 바른 밑판 위에 놓는다. 파라핀과 로진을 3 : 5의 무게비로 섞어 110℃에서 120℃로 가열하여, 이를 틀과 밑판과의 접촉선 바깥쪽에 바르면 둘 사이의 수밀성을 갖게 된다.

3.3 배합 주도 및 모르타르의 혼합 반죽 : 표준 모르타르의 건조 재료 배합은 시멘트와 표준사를 1 : 2.45 무게비로 섞는다. 6개의 시험체를 한 배치로 한 번에 반죽할 건조 재료의 양은 시멘트 510 g에 표준사 1250 g이다. 9개의 시험체를 한 배치로 한 번에 반죽할 건조 재료의 양은 시멘트 760 g에 표준사 1862 g이다. 혼합수의 양은 포틀랜드 시멘트는 사용 시멘트 무게의 48.5%로 하며, 기타 시멘트는 mL로 계량하고 3.4에 따라 플로(110±5)가 될 만한 양으로 하고, 시멘트의 무게에 대한 백분율로 표시한다. 혼합 반죽은 KS L ISO 679에 규정한 방법에 따라 기계적으로 하며, 반죽이 끝나면 혼합용 패들에 묻은 여분의 모르타르를 혼합 용기에 털어 넣는다.

3.4 플로의 결정 : 플로 테이블의 윗면을 깨끗이 마르게 주의해서 닦고, 플로 틀을 중앙에 놓는다. 모르타르를 약 25 mm 두께의 층으로 하여, 틀 안에 넣고 탬퍼로 20번 찧는다. 찧는 압력은 틀에 균일하게 차는데 꼭 충분하도록 한다. 다음에 모르타르로 틀을 채우고, 처음 층에서와 같이 찧는다. 이어서 모르타르를 평면으로 잘라내고, 틀의 윗면에 맞추어 흙손은 곧은 날로 틀의 면에 거의 직각이 되게 세우고, 틀의 윗면을 따라서 톱질 운동으로 평평하게 한다. 테이블 윗면을 깨끗이 마르게 닦고, 특히 플로 틀의 변두리에서 물기를 완전히 없앤다. 반죽을 끝마친 후 1분 뒤에 틀을 모르타르로부터 들어 올린다. 즉시 테이블을 15초 동안에 25회, 12.7 mm의 높이로 낙하시킨다. 플로는 모르타르 평균 밑지름 증가를 적어도 거의 같은 간격으로 4개의 지름을 측정하여, 이것을 원지름의 백분율로 하여 표시한다. 규정된 플로를 얻을 때까지 물의 백분율을 변경하여 시험 모르타르를 만든다. 각 시험 모르타르는 새로운 시료로 모르타르를 만들어야 한다.

3.5 시험체의 성형 : 플로 시험이 끝나는 즉시 모르타르를 플로 틀로부터 혼합 용기에 쏟는다. 혼합

용기의 벽에 붙은 모르타르를 속히 긁어내려 용기 안에 넣고, 전 배치를 보통 속도로 15초간 반죽한다. 모르타르 배치의 처음 반죽이 끝난 뒤로부터 2분 15초 이내에 시험체의 성형을 시작한다. 두께 약 25 mm 모르타르층을 모든 입방체 칸 안에 넣는다. 각 입방체 칸 안의 모르타르에 대하여 약 10초 동안에 네 바퀴로 32회 찧는다. 한 바퀴마다 직각으로 방향을 바꾸고, 다음 그림에 나타낸 대로 시험체 전면에 8회의 인접한 찧기를 한다. 찧는 압력은 모르타르 틀에 균일하게 차는데 꼭 충분하도록 한다.

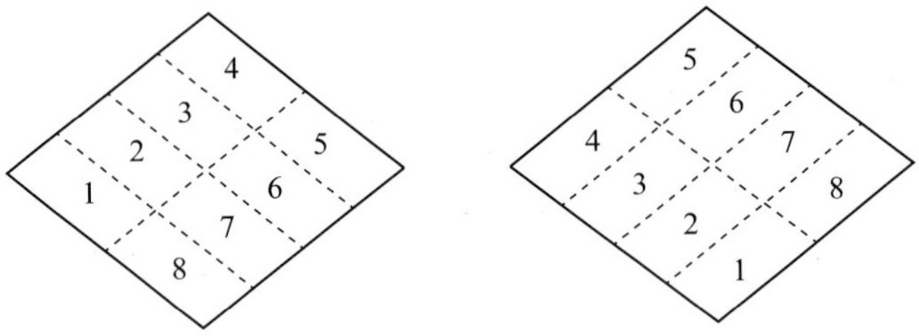

그림 1 시험체를 성형할 때 찧는 순서

네 바퀴의 모르타르 찧기(32회 찧기)는 하나의 입방체를 끝낸 후 다음 것으로 옮긴다. 모든 입방체 칸에 대하여 제1층의 찧기를 끝내고, 모든 칸에 나머지의 모르타르를 채우고, 제1층에서 규정한 대로 찧는다. 제2층을 찧는 동안 한 바퀴마다 장갑을 낀 손가락과 탬퍼로써 밀려 나온 모르타르를 늘 위에 쌓아올린다. 찧기가 끝났을 때는 각 입방체의 윗부분은 틀의 윗면보다 약간 나와 있어야 한다. 틀 윗면에 밀려나온 모르타르는 흙손으로 밀어 넣고, 흙손의 평평한 면을 (진행 방향의 날을 약간 올리고) 틀의 길이 방향에 대하여 직각으로 각 입방체의 윗부분을 한 번 건너 당김으로써 입방체를 고르게 한다. 이어서 흙손의 곧은 날을 (틀에 대하여 직각으로 대고) 틀의 길이에 따라서 톱질 운동을 하며 당김으로써 틀의 윗면과 같은 면으로 모르타르를 잘라 맞춘다.

3.6 시험체의 저장 : 모든 시험체를 성형이 끝난 즉시 틀에 넣은 그대로 밑판에 얹어서 습기함이나 습기실에 20시간에서 24시간 보관한다. 이때 윗부분 표면은 습기에 노출시키고, 물방울이 떨어지지 않도록 주의한다. 24시간 이전에 시험체를 틀에서 빼어 냈을 때는 24시간이 될 때까지 습기함이나 습기실 선반 위에 보관하고, 24시간 시험할 때만 제외하고는 시험체를 불침식성 재료로 만든 저장용 수조의 깨끗한 물 안에 담가 놓는다. 저장용 물은 자주 바꿔 넣어 깨끗이 해놓아야 한다.

3.7 시험방법 : 24시간 시험체에 대하여는 습기함에서 꺼내 놓은 직후, 그 이외의 시험체는 저장수에서 꺼내는 직후에 시험을 한다. 모든 시험체는 주어진 시험기간 내[(1일 ± 1/2)시간, (3일 ± 1)시간, (7일 ± 3)시간, (28일 ± 12)시간]에 시험을 하여야 한다. 24시간 시험을 하기 위하여 습기함에서 1개보다 많은 시험체를 끄집어냈을 때는, 이것들을 시험할 때까지 젖은 헝겊으로 덮어 놓아야 한다. 만약, 시험을 하기 위하여 저장수에서 1개보다 많은 시험체를 끄집어냈을 때는, 이것들을 (23±2)℃ 온도의 물이 있는 용기에 넣어 완전히 잠기도록 해 두어야 한다.

각 시험체는 표면이 건조 상태가 되도록 물기를 닦고, 시험기의 지지 블록(bearing block)과 접촉할 면에 붙어 있는 모래알이나 다른 부착물을 없게 한다. 이들 면은 곧은자를 사용해 검사한다. 만약, 눈에 띌 만큼 굽어 있으면, 그 면을 평평하게 만들거나 그 시험체를 버린다. 하중은 틀의 정확한 평면과 접촉하고 있는 시험체 면에 대해서 부하한다. 시험체는 시험체의 윗부분 지지 블록의 중심에 맞추도록 주의한다. 쿠션재나 벳재는 사용하면 안 된다. 예측하는 최대 하중이 1350 kg 이상인 시험체에 대하여는, 그 예측하는 초기 부하의 1/2까지는 임의의 속도로 하여도 좋다. 예측하는 최대 하중이 1350 kg보다 작은 시험체에 대하여는 초기 부하를 가해서는 안 된다. 따라서 하중 부하의 속도는 그 나머지 하중을(예측하는 최대 하중이 1350 kg보다 작을 때는 전 하중) 끊임없이 가하여 시험체가 파괴되도록 한다. 이때, 최대 하중이 20초 이상 80초 이내에 미치는 속도로 가한다. 시험체가 파괴 직전에 급속히 변형하고 있을 때는 시험기를 다루는데 있어서 조절을 할 필요가 없다.

3.8 계산 : 시험기가 나타낸 최대 총 하중을 기록하고, 그 압축 강도를 N/mm^2로 계산한다.

3.9 불완전 시험체 및 재시험 : 압축 강도를 결정하는 데 있어서 명백한 불완전 시험체 또는 같은 시료, 같은 시간에 시험한 전 시험체 중에서 평균값보다 10% 이상의 강도 차가 있는 시험체는 압축 강도의 계산에 넣지 않는다.

공기 투과 장치에 의한 포틀랜드 시멘트의 분말도 시험방법
Testing method for fineness of portland cement by air permeability apparatus (KS L 5106 : 2009) (2014 확인)

1 적용범위 및 시험범위

이 표준은 블레인 공기 투과 장치를 사용하여 비표면적으로 나타나는 포틀랜드 시멘트의 분말도 시험방법에 대하여 규정한다. 이때 단위는 cm^2/g으로 표시한다.

2 시험기구

2.1 시험기구의 특성 : 블레인 공기 투과 장치는 일정한 기공률을 갖도록 만든 시멘트 베드를 통하여 일정량의 공기를 흡인하는 장치로 되어 있다. 일정한 기공률을 갖도록 만든 시멘트 베드 안의 구멍의 수와 크기는 시멘트 입자 크기의 함수이고, 베드를 통하여 흐르는 공기의 속도를 결정한다.

2.2 블레인 공기 투과 장치(그림 1 참조)

a) 셀, 플런저 및 유공 금속판의 재질은 시멘트에 부식되지 않는 금속으로 한다.
b) 셀의 내면은 연마처리하고, 셀의 아래 끝은 마노미터의 윗부분과 기밀 연결을 하도록 되어 있어야 한다.
c) 유공 금속판의 구멍의 수는 25～35개로 하고, 원판의 전면에 고르게 구멍을 뚫는다.
d) 거름종이는 KS M 7602[거름종이(화학 분석용)]에서 규정하는 5종 A를 사용하고, 크기는 셀의 안지름에 꼭 맞도록 한다.
e) 마노미터액은 디부틸프탈레이트나 경질 광유와 같은 점도나 비중이 낮고, 비휘발성, 비흡습성인 액체를 사용한다.

2.3 시험기구의 표준화 시험

a) 시험기구의 표준화 시험에는 분말도 측정 교정용 표준시료를 사용한다. 교정용 표준시료의 비중은 3.15(g/cm^3), 베드의 기공률은 0.500±0.005로 한다. 시험방법은 3에 준하고, 4의 t_0를 구한다. 측정은 매회 새로운 베드를 3회 이상 만들고 그 평균값을 구한다.

b) 표준화 시험은 다음의 경우마다 행한다.

   1) 셀, 플런저가 마모되었을 때
   2) 마노미터액의 오염 및 증감이 있을 때
   3) 시험용 거름종이의 크기 또는 품질에 변화가 있을 때
   4) 시험용 시료 및 장치의 온도가 이미 행한 표준화 시험시의 온도와 ±3℃ 이상의 차가 있을 때

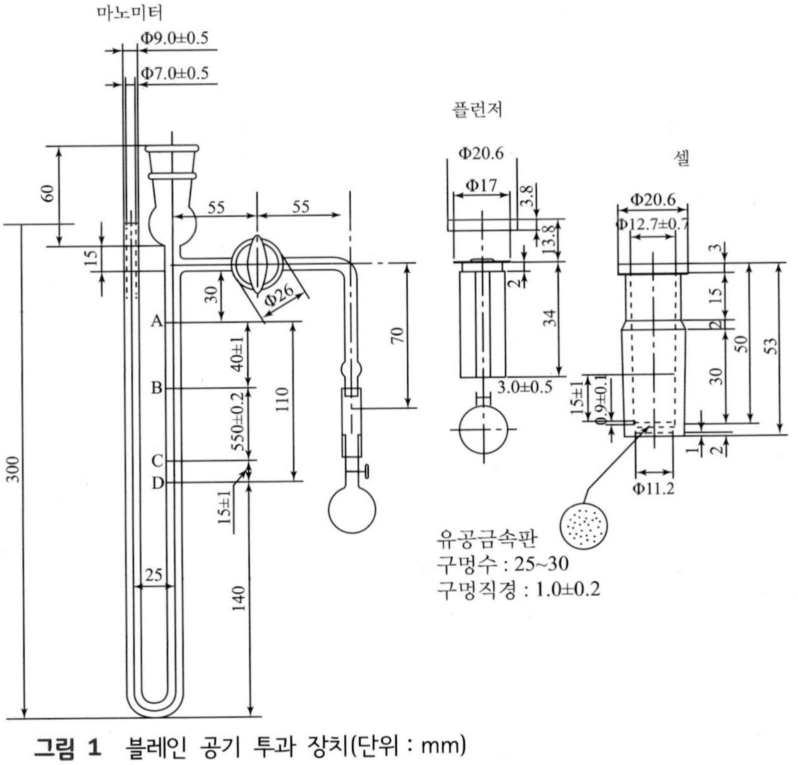

그림 1 블레인 공기 투과 장치(단위 : mm)

3. 시험방법

3.1 시료 베드의 부피 측정 : 시료를 다져서 만든 베드의 부피 측정은 수은 대치법으로 결정한다. 두 장의 거름종이를 투과셀 안에 깐다. 셀보다 조금 가는 막대로 거름종이를 눌러 내려 다공 금속판 위에 고르게 펴 놓는다. 다음에 수은을 셀 안에 채우며, 셀 벽의 공기는 전부 없애도록 한다. 셀은 집게로 다루어야 한다. 셀이 수은과 아말감 작용을 일으킬 염려가 있는 재질로 되어 있으면 수은을 넣기 바로 전에 아주 얇게 기름을 발라야 한다. 작은 유리판으로 셀의 윗부분을 수평하게 한다.

셀 안의 수은을 받아 내어 무게를 달아 기록한다. 셀 안에 있는 거름종이 한 장을 꺼낸다. 시험

적으로 2.8 g의 시멘트를 셀 안에 넣고 거름종이 한 장을 위에 깔고 시멘트를 압축한다. 셀 위에 남아있는 공간에 수은을 채우고, 공기를 제거하여 윗부분을 수평하게 한다. 다음에 수은을 받아 내어 무게를 달아 기록하고 다음 식에 따라 0.005 cm^3까지 시멘트 베드가 차지한 부피를 계산한다.

$$V = \frac{W_a - W_b}{D}$$

여기서, V : 시멘트 베드의 부피(cm^3)

W_a : 셀 안을 전부 채운 수은의 무게(g)

W_b : 셀 안에 시멘트 베드를 만들고 남은 공간을 채운 수은의 무게(g)

D : 시험할 때 온도에서 수은의 밀도(g/cm^3)(표 1 참조)

시멘트 베드의 부피 측정 시험을 따로 두 번 이상 하여야 하며, 계산 결과값이 ±0.005 cm^3 이내로 맞는 것의 평균값을 취한다. 셀 주위의 온도를 시험 전후에 기록해 둔다.

3.2 투과시험 : 투과시험 시료 약 10 g을 약 50 mL의 병 안에 넣고 밀봉하여 약 1분 동안 심하게 흔들어 덩어리를 잘 풀어 놓는다. 이 중에서 다음 식에 따라 산출된 시료를 0.005 g까지 정확히 측정한다.

$$m = \rho v\,(1-e)$$

여기서, m : 칭량할 시료의 무게

ρ : 시료의 비중(3.15 g/cm^3)

v : 셀 중의 시료 베드의 부피(cm^3)

e : 시료 베드의 기공률 0.500±0.005

이 경우, 시료의 비중(ρ) 및 시료 베드의 기공률(e)은 표 1에 따른다.

표 1 각 시료의 비중 및 시료 베드의 기공률

시료의 종류	비중(g/cm^3)	기공률
보통 포틀랜드 시멘트	3.15	0.500 ± 0.005
조강 포틀랜드 시멘트	3.12	0.520 ± 0.005
초조강 포틀랜드 시멘트	3.11	0.540 ± 0.005
중용열 포틀랜드 시멘트	3.20	0.500 ± 0.005
저열 포틀랜드 시멘트	3.22	0.520 ± 0.005
내황산염 포틀랜드 시멘트	3.20	0.500 ± 0.005
고로슬래그 시멘트(1종, 2종, 3종)	실측값	0.510 ± 0.005
실리카 시멘트(1종, 2종, 3종)	실측값	0.510 ± 0.005
플라이 애시 시멘트(A종, B종, C종)	실측값	0.510 ± 0.005

셀을 마노미터로부터 분리하고, 셀 밑바닥에 유공금속판 및 거름종이를 바르게 깔고 그 위에 칭량한 시료를 넣어 셀의 측면을 가볍게 두들겨 시료를 고르게 한다. 더욱이 별도의 거름종이를 시료 위에 놓고 플런저의 턱이 셀 위쪽에 닿을 때까지 플런저를 가볍게 누른 다음 천천히 뺀다. 다음에 셀을 마노미터 관에 밀착시키고 마노미터 U자관의 한쪽에 있는 공기를 천천히 빼내어 마노미터액이 A표선까지 오면 콕을 닫는다. 다음에 마노미터액을 내리기 시작하여 B표선에서 C 표선까지 내려오는 시간을 0.5초까지 정확히 측정한다.

4. 계산

비표면적은 다음 식에 따라 산출한다.

$$S = S_0 \frac{\rho_0}{\rho} T \frac{1-e_0}{\sqrt{e_0^3}} \frac{\sqrt{e^3}}{1-e} \qquad \text{단, } T = \sqrt{\frac{t}{t_0}}$$

여기서, S : 시료의 비표면적(cm^2/g)

S_0 : 교정용 표준시료의 비표면적(cm^2/g)

ρ_0 : 교정용 표준시료의 비중(3.15 g/c^3)

ρ : 시료의 비중(g/cm^3)

t : 시료를 베드로서 사용했을 때의 마노미터액이 B표선에서 C표선까지 내려오는 시간(s)

t_0 : 교정용 표준시료를 베드로서 사용했을 때의 마노미터액이 B표선에서 C표선까지 내려오는 시간(s)

e_0 : 교정용 표준시료의 베드의 기공률(0.500)

e : 시료의 베드의 기공률

비표면적 시험은 매회 새롭게 베드를 만들고 2개의 측정값이 2% 이내로 일치한 것의 평균을 취하여 정수 첫째 자리를 0으로 한다. 또 각 시멘트 시료는 각각 다음 식에 의해 산출한다.

a) 보통 포틀랜드 시멘트의 경우 : $S = S_0 T$

b) 조강 포틀랜드 시멘트의 경우 : $S = 1.116 S_0 T$

c) 초조강 포틀랜드 시멘트의 경우 : $S = 1.236 S_0 T$

d) 중용열 포틀랜드 시멘트 및 내황산염 포틀랜드 시멘트의 경우 : $S = 0.984 S_0 T$

e) 저열 포틀랜드 시멘트의 경우 : $S = 1.081 S_0 T$

f) 고로슬래그 시멘트, 실리카 시멘트 및 플라이 애시 시멘트의 경우 : $S = 3.310 \frac{S_0}{\rho} T$

시멘트의 오토클레이브 팽창도 시험 방법 Testing method for autoclave expansion of portland cement (KS L 5107 : 2001) (2006 확인)

1. 적용범위 및 시험목적

이 표준은 포틀랜드 시멘트의 안정도를 결정하는 오토클레이브 시험 방법에 대하여 규정한다. 이 오토클레이브 팽창도 시험은 시멘트에 있는 산화칼슘(CaO), 산화마그네슘(MgO) 또는 이 두 가지 성분으로 인한 잠재적으로 지연되어 있는 팽창(후기 팽창, potential delayed expansion)의 지표를 알아보기 위한 시험에 적용하는 방법이다.

2. 시험기구

2.1 저울 용량 : 1000 g

2.2 메스실린더 부피 : 200～250 mL

2.3 틀 : 틀은 단식 또는 복식으로 한다(그림 1 및 그림 2 참조). 틀은 단면 25.4×25.4 mm 유효 표점 거리 254 mm의 시험체를 만들 수 있는 것이어야 한다. 유효 표점 거리는 표점으로 끼운 금속의 가장 안쪽 점 T사이의 거리로 한다. 틀의 각 부분은 조립하였을 때 잘 맞고, 서로 견고하게 짜여 있어야 한다. 틀은 시멘트 반죽에 용이하게 침식되지 않는 강 또는 경질 금속으로 만들어야 한다. 틀의 측면판은 넓어지든가 휘어지는 일이 없도록 충분히 견고하여야 한다. 틀의 양단의 판은 응결 기간 동안 지름 6.4 mm의 스테인리스 강제 표점이 정확한 위치에 끼워져 있도록 장치하여야 한다. 표점은 주축이 시험체의 주축과 일치하도록 하고, 시험체 안에 16±0.6 mm 들어가도록 끼워야 한다. 표점의 안쪽 끝 사이의 거리는 254±2.54 mm이어야 한다. 틀의 측면 사이의 거리는 25.4±0.8 mm이어야 한다. 틀의 높이는 각 시험체 칸을 따로 측정할 때, 신품이나 사용 중인 틀이 25.4±0.8 mm이어야 한다.

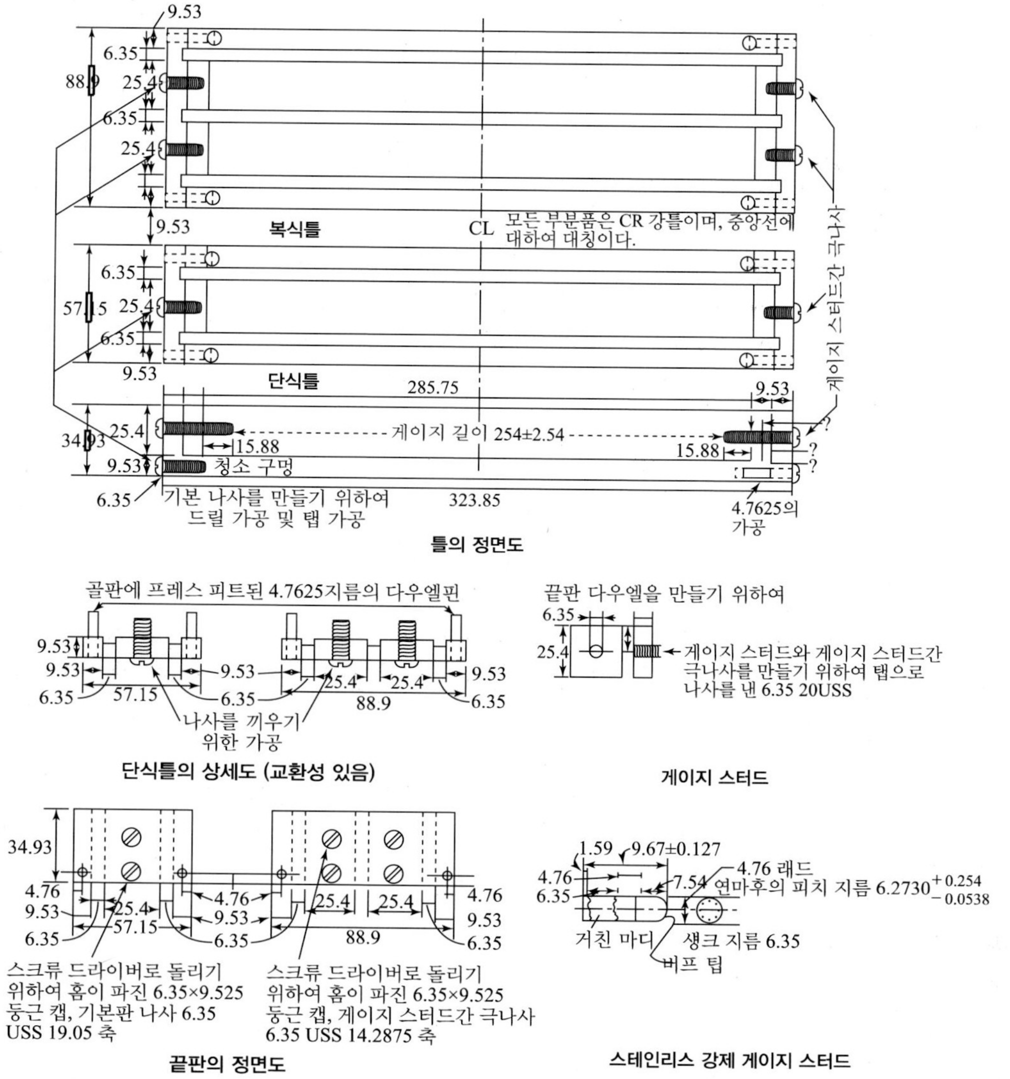

그림 1

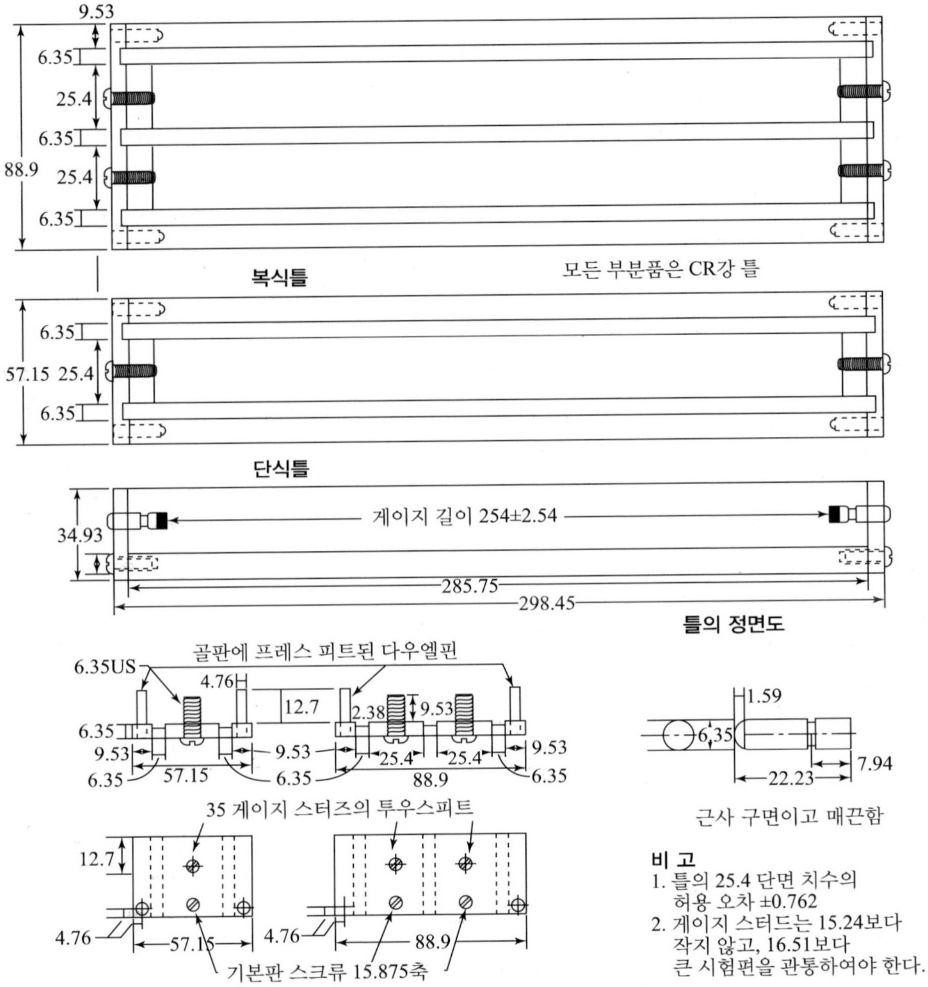

1단식틀과 2층틀의 끝판의 상세도(교환성 있음)

그림 2

2.4 흙 손 길이 : 100～150 mm

2.5 오토클레이브 : 2.4 MPa ± 5%의 압력 조작용으로, 자동 압력 조절 및 안전밸브의 장치가 있는 것

2.6 길이 측정용 콤퍼레이터 : 부속으로 표준봉이 있어야 한다.

3. 시험방법

3.1 시험체의 제작

3.1.1 시험체의 수 : 시험체는 하나만 만든다. 만약 재시험을 하여야 할 때에는 3개의 시험체를 만들어야 한다.

3.1.2 틀의 준비 : 틀은 광유를 얇게 바른 다음에 표점을 끼워야 하며, 기름이 묻어 있지 않도록 깨끗이 하여야 한다.

3.1.3 시멘트 반죽의 조제 : 표준 배치는 시멘트 500 g에 표준 주도의 반죽을 만드는 데 알맞은 물을 가한 것으로, KS L 5102의 규정에 따라서 혼합하여야 한다.

3.1.4 시험편의 성형 : 혼합이 끝나는 즉시로 시험체는 두 층으로 고르게 채워 만드는데, 각 층은 엄지손가락이나 집게손가락으로 틀의 구성이나 끼워 놓은 표점 주위와 틀의 표면을 따라서 반죽을 다져 넣어 균일한 시험체가 되도록 성형한다. 상층이 단단하게 되면 흙손의 얇은 날로 반죽을 틀의 높이대로 깎아 내고, 표면을 흙손으로 몇 번 문질러 매끈하게 한다. 혼합이나 성형 조작을 할 때에는 손에 맞는 깨끗한 고무장갑을 끼워야 한다.

3.1.5 시험편의 저장 : 틀에 반죽을 채워 성형이 끝나면 즉시 습기함이나 습기실 안에 둔다. 시험체는 적어도 20시간을 틀에 채워 둔 채 습기함이나 습기실에 놓아 두어야 하며, 24시간 전에 틀에서 빼냈을 때는 시험할 때까지 습기함이나 습기실 안에 보관해야 한다.

3.2 시험 방법 : 성형한 다음 24시간 ± 30분에 시험체를 습기실에서 들어내어 즉시 길이를 측정하고, 각 시험체의 네 면이 포화 증기에 쏘이도록 시험체 걸이에 끼워 실은 상태로 되어 있는 오토클레이브 안에 넣는다. 오토클레이브에는 시험할 동안 언제나 포화 수증기로 차 있도록 물을 충분히 넣어 놓는다. 보통, 오토클레이브 용적의 7 ~ 10%의 물을 넣어야 한다. 가열 기간의 초기에는 오토클레이브로부터 공기가 빠져 나가도록 통기 밸브를 수증기가 나오기 시작할 때까지 열어 놓는다. 다음에 통기 밸브를 닫고 가열하기 시작해서부터 45 ~ 75분에 증기압이 2±0.07 MPa이 되도록 오토클레이브의 온도를 올리며, 2±0.07 MPa의 압력으로 3시간 유지한다. 3시간 경과한 뒤에 가열을 중지하고, 다시 1시간 30분 뒤에는 압력이 0.07 MPa 이하가 되도록 오토클레이브를 냉각한다. 그리고 통기 밸브를 조금씩 열어 남은 압력을 천천히 내려 완전히 대기압이 되도록 한다. 오토클레이브를 열고 시험체를 즉시 90℃ 이상의 물속에 담근다. 시험체 주위의 물에 찬물을 골고루 가하여 15분 동안 23℃가 되도록 균일하게 냉각한다. 시험체 주위의 물은 23℃로 15분간 다시 유지하고, 시험체를 꺼내어 표면이 건조하면 다시 길이를 측정한다.

3.3 계산 : 오토클레이브 시험 전후의 시험체의 길이의 차는 유효 표점 길이의 0.01%까지 계산하여 시멘트의 오토클레이브 팽창도로 보고한다. 길이가 수축했을 때는 백분율에 (−)부호를 붙인다.

3.4 재시험 : 측정 결과가 규격에 미달할 때는 재시험을 하여야 하며, 3개의 시험체를 만들어 시험한 결과를 평균하여 시료의 오토클레이브 팽창도로 한다.

비카트 침에 의한 수경성 시멘트의 응결 시간 시험 방법 Testing method for setting time of hydraulic cement by vicat needle (KS L 5108 : 2007)

1. 적용범위 및 시험목적

이 규격은 비카트 침에 의한 수경성 시멘트의 응결 시간 시험 방법에 대하여 규정한다.

2. 시험기구

2.1 저울 : 용량 1,000 g

2.2. 눈금 있는 유리 기구 : 용량 200 mL 또는 250 mL의 것

2.3 비카트 : 비카트(Vicat) 장치는 그림 1과 같다.

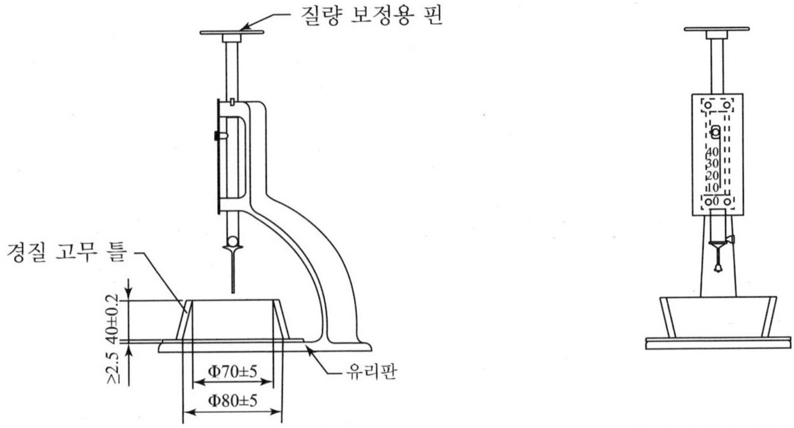

a) 초결 시간을 측정하기 위한 틀의 측면도　　b) 종결 시간을 측정하기 위한 뒤집은 틀의 전면도

그림 1 비카트 장치

3. 시멘트 반죽의 조제

시멘트 반죽은 시료 500 g을 KS L ISO 679에 따라 조제한다.

4. 시험 방법

4.1 시험체의 성형

준비한 시멘트 반죽은 고무장갑을 낀 손으로 속히 구형으로 만들어 두 손을 약 150 mm 간격으로 벌려 한 손에서 다른 손으로 여섯 번 던진다. 한쪽 손바닥 위에 올려놓은 구를 다른 손에 쥔 원추형 링 G의 큰 쪽으로 밀어 넣고, 링을 반죽으로 완전히 채운다. 큰 쪽 끝에 있는 여분은 손바닥으로 한 번에 떼어 낸다. 다음에 링의 큰 쪽 끝을 밑으로 하여 유리판 위에 놓고, 작은 쪽 끝에 있는 여분의 반죽은 링의 윗면에 대하여 조금 기울여 잡은 예리한 흙손 날로 한 번에 경사지게 문질러, 링 윗부분을 잘라 낸다. 만약 필요하다면 흙손의 뾰족한 끝을 몇 번 가볍게 대어윗면을 매끄럽게 한다. 잘라 내고 매끄럽게 하는 작업 중에 반죽을 압축하지 않도록 주의하여야 한다. 성형이 끝나면 곧 습기함이나 습기실 안에 시험체를 놓아두고, 응결 시간을 측정하는 시간 이외에는 꺼내지 않는다. 시험할 동안 시험체는 원추형 틀 안에 들어 있어야 하고, 유리판 위에 올려 놓여 있어야 한다.

4.2 응결 시간의 결정

시험체는 성형한 다음 30분 동안 움직이지 않고, 습기함 속에 넣어 두어 응결할 시간을 준다. 30분 후부터 15분마다(제3종 시멘트는 10분마다) 1 mm의 침으로 25 mm의 침입도를 얻을 때까지 시험한다. 침입도 시험에 있어서는 로드(rod) 아래에 있는 침 D의 끝을 시멘트 반죽의 표면에 접촉시킨다. 멈춤 나사 E를 조이고, 지침 F를 눈금자의 위쪽 끝에 맞추든지 처음 위치의 눈금을 읽어 둔다.
멈춤 나사 E를 늦추어 빨리 로드를 풀어 놓고 30초 동안 바늘이 내려가도록 하여 침입도를 결정한다(만약 초기에 반죽이 너무 연하다면 바늘이 휘어지게 되므로 로드의 낙하를 뒤로 미루어야 하며, 로드는 실제 응결 시간을 측정할 때에만 멈춤 나사를 풀어 놓는다). 침입도 시험은 이미 시험한 곳의 어떤 곳에서나 6 mm 이내로 접근시키면 안 되며, 틀 내면에 9 mm 이내로 접근시켜도 안 된다. 매번 시험한 침입도의 결과를 기록하고, 25 mm의 침입도가 되었을 때까지의 시간을 초결 시간으로 하고 완전히 침의 흔적이 나타나지 않을 때를 종결 시간으로 한다.

시멘트의 비중 시험 방법 Testing method for specific gravity of hydraulic cement (KS L 5110 : 2001) (2006 확인)

1. 적용범위 및 시험목적

이 규격은 시멘트 비중 시험 방법에 대하여 규정한다.

2. 시험기구 및 재료

2.1 르샤틀리에 플라스크 표준 르샤틀리에 플라스크를 사용하고, 그림 1에 나타낸 치수에 따르는 것을 원칙으로 한다.

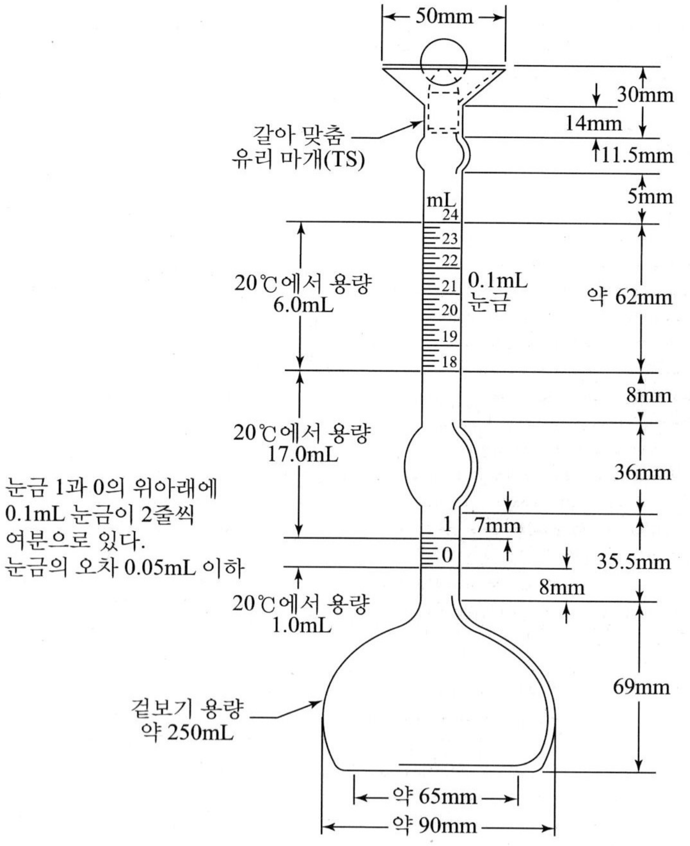

그림 1

2.2 광유 : 온도 23±2℃에서 비중 약 0.73 이상인 완전히 탈수된 등유나 나프타를 사용한다.

2.3 동일한 시험자가 이 장치에 대체할 다른 장치로 시험하거나 다른 비중 측정 방법으로 시험할 경우는, 이 르샤틀리에 플라스크 시험 방법 결과의 ±0.03 Mg/m^3 이내에 있을 경우 이 시험 방법을 대신하여 사용할 수 있다.

3. 시험 방법

달리 규정한 바가 없다면, 시멘트의 비중은 시료를 접수한 상태대로 시험한다. 강열 감량 후의 시료에 대한 비중이 필요하면 처음에 시료를 KS L 5210의 규정에 따라 강열하여야 한다. 비중병의 0~1 mL 사이와 눈금선까지 광유를 채운다. 필요하면 광유를 부은 다음에 액면 윗부분의 비중병 내부를 마르도록 한다. 비중병을 실온으로 일정하게 되어 있는 물중탕에 넣어 광유의 온도차가 0.2℃ 이내로 되었을 때의 눈금을 읽어 기록한다. 다음에 일정한 양의 시멘트(포클랜드 시멘트는 약 64 g)를 0.05 g까지 달아 광유와 동일한 온도에서 조금씩 넣는다. 이 때 시멘트가 흐트러지지 않고, 또 액면 윗부분의 비중병 내부에 묻지 않도록 주의하여야 한다. 시멘트가 비중병 안에 잘 들어가고, 또 병의 안쪽 벽에 묻어 있지 않도록 적당히 진동시킨다. 시멘트를 다 넣은 다음에 비중병의 마개를 막고 공기 방울이 나오지 않을 때까지 병을 조금 기울여 굴리든가 또는 천천히 수평하게 돌려서 시멘트 안의 공기를 없앤다. 적당한 양의 시멘트를 넣었다면 광유의 액면은 비중병 윗부분의 눈금이 있는 곳까지 와 있을 것이다. 비중병을 물중탕 안에 넣어 광유 온도차가 0.2℃ 이내로 되었을 때의 눈금을 읽는다.

4. 계산

비중은 다음 식에 따라 계산한다.

$$\text{비중} = \frac{\text{시멘트의 무게(g)}}{\text{비중병의 읽음 차(mL)}}$$

$$\rho\,(\mathrm{Mg/m^3}) = \rho\,(\mathrm{g/cm^3})$$

포틀랜드 시멘트 Portland cement (KS L 5201 : 2013)

1. 적용범위

이 표준은 포틀랜드 시멘트에 대하여 규정한다.

2. 종류

멘트의 종류는 다음 5종류로 한다.

포틀랜드 시멘트

랜드 시멘트

2.3 3종 : 조강 포틀랜드 시멘트
2.4 4종 : 저열 포틀랜드 시멘트
2.5 5종 : 내황산염 포틀랜드 시멘트

3. 제조 방법 및 원재료

포틀랜드 시멘트는 포틀랜드 시멘트 클링커(clinker)에 적당량의 석고 및 분쇄 조제를 가하여 분말로 한 것이다. 다만, 고로 슬래그, 포졸란, 플라이 애시 중 한 종류를 시멘트의 5% 이내 그리고 석회석을 시멘트의 5% 이내에서 혼합 분쇄 또는 단독 분쇄 후 혼합할 수 있다.

3.1 포틀랜드 시멘트 클링커 : 규소, 알루미늄, 철, 칼슘 등을 포함하는 원료를 적절한 비율로 혼합하고, 그 일부가 용융할 때까지 소성하여 얻어진 것으로 한다.
3.2 석고 : KS L 5313, KS L 9005에서 규정하는 석고 또는 이에 준한 것으로 한다.
3.3 분쇄 조제 : 시멘트의 품질에 악영향을 미치지 않는 것으로 시멘트의 1 %를 초과할 수 없다.
3.4 고로 슬래그 : KS L 5210에서 규정한 고로 슬래그의 품질에 적합한 것으로 한다.
3.5 포졸란 : KS L 5401에서 규정한 포졸란 품질에 적합한 것으로 한다.
3.6 플라이 애시 : KS L 5405에서 규정한 플라이 애시로 한다.
3.7 석회석 : 탄산칼슘 80% 이상을 포함하는 시멘트 제조용 석회석으로 한다.

4. 품질

포틀랜드 시멘트의 품질은 편의상 화학 성분과 물리 성분의 2가지 항목으로 나누어 규정한다.

4.1 화학 성분 : 5종류의 포틀랜드 시멘트는 표 1에 나타낸 화학 성분 규정에 따라야 한다.
4.2 물리 성능 : 5종류의 포틀랜드 시멘트는 표 2에 나타낸 물리 성능 규정에 따라야 한다.

표 1 화학 성분

항목		종 류				
		1종	2종	3종	4종	5종
산화마그네슘(MgO)	%	5.0 이하	5.0 이하	5.0 이하	5.0 이하	5.0 이하
삼산화황(SO_3)	%	3.5 이하	3.0 이하	4.5 이하	3.5 이하	3.0 이하
강열 감량	%	3.0 이하	3.0 이하	3.0 이하	3.0 이하	3.0 이하
C_3S	%	–	50 이하	–	–	–
C_2S	%	–	–	–	40 이상	–
C_3A	%	–	8 이하	–	6.0 이하	4.0 이하

표 2 물리 성능

항목			종류				
			1종	2종	3종	4종	5종
분말도	비표면적(blaine) cm^2/g		2 800 이상	2 800 이상	3 300 이상	2 800 이상	2 800 이상
안정도	오토클레이브 팽창도 %		0.8 이하	0.8 이하	0.8 이하	0.8 이하	0.8 이하
	르샤틀리에(Lechatelier) mm		10 이하	10 이하	10 이하	10 이하	10 이하
응결 시간	비카 시험	초결 분	60 이상	60 이상	45 이상	60 이상	60 이상
		종결 시간	10 이하	10 이하	10 이하	10 이하	10 이하
수화열 (J/g)	7일		–	290 이하	–	250 이하	–
	28일			340 이하		290 이하	
압축 강도 MPa (N/mm^2)	1일		–	–	10.0 이상	–	–
	3일		12.5 이상	7.5 이상	20.0 이상	–	10.0 이상
	7일		22.5 이상	15.0 이상	32.5 이상	7.5 이상	20.0 이상
	28일		42.5 이상	32.5 이상	47.5 이상	22.5 이상	40.0 이상
	91일					42.5 이상	

5. 검사

시멘트의 검사는 구매자와 제조자 사이의 동의 하에 이루어져야 하며, 시험을 완결하는 것은 시료 채취일로부터 다음에 표시하는 기간 내에 하여야 한다.

- 1일 시험 : 6일 이내
- 7일 시험 : 12일 이내
- 3일 시험 : 8일 이내
- 28일 시험 : 33일 이내

검사 결과가 다음과 같은 경우에는 불합격품으로 한다.

5.1 시멘트의 품질이 규정에 적합하지 않을 때

5.2 품질 시험이 끝난 후에 6개월 이상 저장한 시멘트나, 포장한 시멘트를 출하하여 제조자측에서 3개월 이상 보관한 것은 재시험을 하였을 때 그 결과가 규정에 적합하지 않을 때

5.3 단위 제품이 규격 질량에 3% 이상 미달되고 또한, 포장 제품 중 무작위로 시료 채취한 50포대의 평균 질량이 규정 질량에 미달일 때

6. 보고

생산자는 구입자로부터 요구가 있을 경우, 시험 성적표를 제출하여야 한다. 시험 성적표의 표준 양식은 표 3～표 7에 따른다.

표 3 시험 성적표의 표준 양식

시멘트 시험 성적표

년 월 생산자명 : 회사명 :

항목 \ 종류			보통 포틀랜드 시멘트	
			표준 허용치	시험 결과
비표면적 cm^2/g			2800 이상	
응결	비카 시험	초결 분	60 이상	
		종결 시간	10 이하	
안정도	오토클레이브 팽창도 %		0.8 이하	
	르샤틀리에 mm		10 이하	
압축 강도 (N/mm^2)	3일		12.5 이상	
	7일		22.5 이상	
	28일		42.5 이상	
화학 성분 (%)	산화마그네슘(MgO)		5 이하	
	삼산화황(SO_3)		3.5 이하	
	강열 감량		3 이하	

[비고 1] 밀도는 참고값으로 기재할 수 있다.

[비고 2] 고로 슬래그, 포졸란, 플라이 애시 첨가량

종류	첨가량(%)

[비고 3] 석회석의 탄산칼슘 함량 및 첨가량

탄산칼슘 함량(%)	첨가량(%)

회사명/담당
소재지
전화번호

표 4 시험 성적표의 표준 양식

시멘트 시험 성적표

년 월 생산자명 : 회사명 :

항목 \ 종류				중용열 포틀랜드 시멘트	
				표준 허용치	시험 결과
비표면적			cm^2/g	2800 이상	
응결	비카 시험	초결	분	60 이상	
		종결	시간	10 이하	
안정도	오토클레이브 팽창도		%	0.8 이하	
	르샤틀리에 mm			10 이하	
수화열 (J/g)	7일			290 이하	
	28일			340 이하	
압축 강도 (N/mm^2)	3일			12.5 이상	
	7일			22.5 이상	
	28일			42.5 이상	
화학 성분 (%)	산화마그네슘(MgO)			5 이하	
	삼산화황(SO_3)			3.5 이하	
	강열 감량			3 이하	
	C_3S			50 이하	
	C_3A			8 이하	

[비고 1] 밀도는 참고값으로 기재할 수 있다.

[비고 2] 고로 슬래그, 포졸란, 플라이 애시 첨가량

종류	첨가량(%)

[비고 3] 석회석의 탄산칼슘 함량 및 첨가량

탄산칼슘 함량(%)	첨가량(%)

회사명/담당

소재지

전화번호

표 5 시험 성적표의 표준 양식

시멘트 시험 성적표

년 월 생산자명 : 회사명 :

<table>
<tr><th colspan="3">항목 \ 종류</th><th colspan="2">조강 포틀랜드 시멘트</th></tr>
<tr><th colspan="3"></th><th>표준 허용치</th><th>시험 결과</th></tr>
<tr><td colspan="3">비표면적 cm^2/g</td><td>3300 이상</td><td></td></tr>
<tr><td rowspan="2">응결</td><td rowspan="2">비카 시험</td><td>초결 분</td><td>45 이상</td><td></td></tr>
<tr><td>종결 시간</td><td>10 이하</td><td></td></tr>
<tr><td rowspan="2">안정도</td><td colspan="2">오토클레이브 팽창도 %</td><td>0.8 이하</td><td></td></tr>
<tr><td colspan="2">르샤틀리에 mm</td><td>10 이하</td><td></td></tr>
<tr><td rowspan="4">압축 강도 (N/mm^2)</td><td colspan="2">1일</td><td>10.0 이상</td><td></td></tr>
<tr><td colspan="2">3일</td><td>20.0 이상</td><td></td></tr>
<tr><td colspan="2">7일</td><td>32.5 이상</td><td></td></tr>
<tr><td colspan="2">28일</td><td>47.5 이하</td><td></td></tr>
<tr><td rowspan="3">화학 성분 (%)</td><td colspan="2">산화마그네슘(MgO)</td><td>5 이하</td><td></td></tr>
<tr><td colspan="2">삼산화황(SO_3)</td><td>4.5 이하</td><td></td></tr>
<tr><td colspan="2">강열 감량</td><td>3 이하</td><td></td></tr>
</table>

[비고 1] 밀도는 참고값으로 기재할 수 있다.

[비고 2] 고로 슬래그, 포졸란, 플라이 애시 첨가량

종류	첨가량(%)

[비고 3] 석회석의 탄산칼슘 함량 및 첨가량

탄산칼슘 함량(%)	첨가량(%)

회사명/담당

소재지

전화번호

표 6 시험 성적표의 표준 양식

시멘트 시험 성적표

년 월 생산자명 : 회사명 :

항목 \ 종류			저열 포틀랜드 시멘트	
			표준 허용치	시험 결과
비표면적 cm²/g			2800 이상	
응결	비카 시험	초결 분	60 이상	
		종결 시간	10 이하	
안정도	오토클레이브 팽창도 %		0.8 이하	
	르샤틀리에 mm		10 이하	
수화열 (J/g)	7일		250 이하	
	28일		290 이하	
압축 강도 (N/mm^2)	3일		7.5 이상	
	28일		22.5 이상	
	91일		42.5 이상	
화학 성분 (%)	산화마그네슘(MgO)		5 이하	
	삼산화황(SO_3)		3.5 이하	
	강열 감량		3 이하	
	C_3S		50 이하	
	C_3A		6 이하	

[비고 1] 밀도는 참고값으로 기재할 수 있다.

[비고 2] 고로 슬래그, 포졸란, 플라이 애시 첨가량

종류	첨가량(%)

[비고 3] 석회석의 탄산칼슘 함량 및 첨가량

탄산칼슘 함량(%)	첨가량(%)

회사명/담당
소재지
전화번호

표 7 시험 성적표의 표준 양식

시멘트 시험 성적표

년 월 생산자명 : 회사명 :

<table>
<tr><th colspan="3" rowspan="2">종류
항목</th><th colspan="2">내황산염 포틀랜드 시멘트</th></tr>
<tr><th>표준 허용치</th><th>시험 결과</th></tr>
<tr><td colspan="3">비표면적 cm²/g</td><td>2800 이상</td><td></td></tr>
<tr><td rowspan="2">응결</td><td rowspan="2">비카 시험</td><td>초결 분</td><td>60 이상</td><td></td></tr>
<tr><td>종결 시간</td><td>10 이하</td><td></td></tr>
<tr><td rowspan="2">안정도</td><td colspan="2">오토클레이브 팽창도 %</td><td>0.8 이하</td><td></td></tr>
<tr><td colspan="2">르샤틀리에 mm</td><td>10 이하</td><td></td></tr>
<tr><td rowspan="3">압축 강도 (N/mm²)</td><td colspan="2">3일</td><td>10.0 이상</td><td></td></tr>
<tr><td colspan="2">7일</td><td>20.0 이상</td><td></td></tr>
<tr><td colspan="2">28일</td><td>40.0 이상</td><td></td></tr>
<tr><td rowspan="4">화학 성분 (%)</td><td colspan="2">산화마그네슘(MgO)</td><td>5 이하</td><td></td></tr>
<tr><td colspan="2">삼산화황(SO₃)</td><td>3.0 이하</td><td></td></tr>
<tr><td colspan="2">강열 감량</td><td>3 이하</td><td></td></tr>
<tr><td colspan="2">C₃A</td><td>4.0 이하</td><td></td></tr>
</table>

[비고 1] 밀도는 참고값으로 기재할 수 있다.

[비고 2] 고로 슬래그, 포졸란, 플라이 애시 첨가량

종류	첨가량(%)

[비고 3] 석회석의 탄산칼슘 함량 및 첨가량

탄산칼슘 함량(%)	첨가량(%)

회사명/담당

소재지

전화번호

시멘트의 강도 시험 방법 Methods of testing cements – Determination of strength (KS L ISO 679 : 2006) (2011 확인)

1. 적용범위 및 시험목적

이 표준은 시멘트 모르타르의 압축 강도 및 휨 강도의 시험 방법에 대하여 규정한다.

2. 시험기구 및 재료

2.1 시험기구

2.1.1 시험용 체 : ISO 2591 및 KS A 5101 – 1의 규정에 적합한 시험용 체

2.1.2 혼합기 : 용기 용량을 5L로 하며, 회전주걱은 스테인리스 강을 재질로 한다.

2.1.3 시험체 틀 : 시험체 틀은 단면이 40 mm × 40 mm이고, 길이가 160 mm의 3개의 각주형 공시체를 동시에 성형할 수 있도록 3개의 수평 칸으로 구성되어야 한다.

2.1.4 진동 다짐기(jolting apparatus)

2.1.5 휨 강도 시험기 : 휨 강도 시험기는 50 ± 10 N/s의 하중을 거는 속도로 선택하며 상한 하중의 1/5에서부터 상한까지의 범위에 있어서 ±1 %의 정밀도를 갖고 10 kN까지의 하중을 걸 수 있는 것으로 한다.

2.1.6 압축 강도 시험기 : 압축 강도 시험기는 시험에 적합한 용량을 가진 것으로 한다. 선택하는 최대 하중의 1/5에서부터 최대 하중 범위에 있어서 ±1 %의 정밀도를 갖고, 2400 ± 200 N/s의 재하가 가능한 것으로 한다.

2.2 재료

2.2.1 표준사 : 표준사는 규정하는 입도 분포와 습분에 적합한 것으로 한다.

2.2.2 시멘트 : 시험에 사용할 시멘트가 채취부터 시험까지 24시간 이상 유지되었을 때는 시멘트와 반응하지 않는 재료로 만든 용기에 완전히 가득 채워 공기가 들어가지 않도록 저장하여야 한다.

2.2.3 물 : 시험에 사용하는 물은 증류수 또는 수돗물로 한다.

3. 시험방법

3.1 모르타르의 제작

3.1.1 배합 : 질량에 의한 비율로 시멘트와 표준사를 1 : 3의 비율로 하며, 혼합수의 양은 1/2 분량이다(물/시멘트 비 = 0.5). 3개의 시험체를 한 조합된 시료로 할 경우의 각 1회분 재료의 양은 시멘트 450 ± 2 g, 모래 1350 ± 5 g과 물 225 ± 1 g이다.

3.1.2 계량 : 시멘트, 모래, 물 그리고 장치는 실험실 온도와 같은 상태이어야 한다. 질량은 ±1 g까지 정확히 잰다. 물을 자동 피펫으로 하여 225 mL 가할 경우에는 ±1 mL까지 정확히 해야 한다.

3.1.3 혼합 : 혼합기를 사용하여 각 조합된 시료의 모르타르를 기계적으로 혼합한다. 다음과 같은 과정으로 혼합한다. 용기에 물을 붓고 시멘트를 투입한다. 그러고 나서 바로 저속으로 혼합기를 30초 동안 작동시킨다. 그 후 30초 동안 모래를 지속적으로 고르게 넣는다. 입도별로 분리된 모래 일부분을 사용할 경우에는 굵은 것부터 차례대로 각 부분들의 요구 양을 연속해서 넣는다. 고속으로 혼합기의 스위치를 올리고 30초 동안 혼합을 계속한다. 90초 동안 혼합기의 작동

을 멈추고 처음 15초 동안 고무 스크레이퍼로 용기의 바닥과 벽에 부착된 모든 모르타르를 떼어내어 용기의 중간으로 모은다. 60초 동안 고속으로 혼합을 계속한다. 혼합 단계의 시간은 ±1초 이내에 이어져야 한다.

3.2 공시체의 제작

3.2.1 형상과 치수 : 공시체는 40 mm × 40 mm × 160 mm의 각주로 한다.

3.2.2 성형 : 모르타르의 조제가 끝난 직후 즉시 시험체를 성형하여야 한다. 시험체 틀과 테를 진동다짐기 받침대에 단단히 고정한 후 적당한 작은 삽을 이용하여 시험체 틀에 한 번 혹은 여러 번으로 나누어 넣는다. 이때 모르타르의 층은 2층(각각 약 300 g)이 되도록 한다. 2층 중 1층(각각 약 300 g)을 용기에서 직접 각 시험체 틀로 채워 놓는다. 큰 스프레더(spreader)는 테에 수직으로 놓고 앞뒤로 한 번씩 틀의 각 3칸에 대하여 층을 일정하게 편다. 그러고 나서 60번의 진동을 이용하여 첫 번째 모르타르 층을 단단하게 다진다. 흔들리는 평면대로부터 틀을 부드럽게 들고 테를 제거한다. 즉시 금속 직선 자를 이용하여 모르타르 나머지를 없애고, 직선 자를 거의 수직으로 잡고 천천히 각 방향에 한 번씩 톱질하듯이 가로지른다. 같은 직선 자를 이용하여 시료의 부드러운 표면을 거의 평평하게 만든다. 시험체와 그 위치를 진동 다짐기 받침대에 대하여 구분하기 위해 라벨을 붙이거나 표시한다.

3.3 공시체의 양생

3.3.1 탈형 전의 저장과 취급 : 틀의 주위에 남아 있는 모르타르를 닦아낸다. 210 × 185 mm이고 두께가 6 mm인 유리판을 틀 위에 놓는다. 강철이나 비슷한 크기의 다른 불침투성의 판을 사용해도 된다.

3.3.2 탈형 : 주의하여 탈형 작업을 진행한다. 재령 24시간 시험을 위해서는 시험 20분 전까지는 탈형해야 하고, 재령 24시간 이후의 시험을 위해서는 제조 후 20～24시간 사이에 탈형해야 한다.

3.3.3 수중 양생 : 시험체는 지체 없이 수평 또는 수직의 편리한 방법으로 20 ± 1℃로 유지된 적당한 양생 수조 안에 침수시킨다. 수평으로 양생할 경우에는 시험체 제작시 평평하게 깍은 면을 위쪽에 위치하게 놓는다. 내식성 망 위에 시험체를 놓고 그것들을 서로 떨어지게 분리시켜 놓는다. 그러면 물이 시험체의 모든 여섯 면과 자유롭게 접촉할 수 있다. 양생하는 동안 시험체 사이와 시험체 표면의 물의 깊이는 5 mm 이상이 되도록 해야 한다.

3.3.4 강도 시험을 위한 시험체의 시간 : 시험이 시작되었을 때 시멘트와 물의 혼합 시간으로부터 시험체의 시간을 계산한다.

3.4 측정

3.4.1 일반 : 중심점 하중을 거는 방법으로 휨 강도를 측정한다. 휨 강도 시험에 의해 파단된 시험체의 측면 40 mm×40 mm의 면적을 이용하여 압축 강도 시험을 한다. 휨 강도 값이 필요없는 경우에는 이 시험을 생략할 수 있으나 유해한 응력이 각주에 재하되지 않는 알맞은 방법으로 부러뜨린 두 개의 시험체로 압축 강도 시험을 한다.

3.4.2 휨 강도 시험 : 각주의 양쪽 끝 부분을 지지봉에 얹어 놓고 각주의 긴축이 지지봉과 직교하도록 공시체를 시험기에 놓는다. 각주의 반대 측면 표면에 하중봉을 수직으로 재하하고, 파괴에 이를 때까지 50 ± 10 N/s의 비율로 부드럽게 재하한다. 압축 강도 시험까지 파단된 반쪽의 시험체를 습한 상태로 유지한다. 다음 식으로부터 휨 강도 R_f (N/mm^2)를 계산한다.

$$R_f = \frac{1.5\,F_f\,l}{b^3}$$

여기서, F_f : 파괴시에 각주의 중앙에 가한 하중(N)

l : 지지물 사이의 거리(mm)

b : 각기둥의 직각을 이루는 절개면의 변(mm)

3.4.3 압축 강도 시험 : 규정한 장비를 이용하여 휨 강도 시험에 의해 파단된 시험체에 대하여 압축 강도를 시험한다. 파단 시험체는 시험기의 가압판에 대하여 ±0.5 mm 이내에 위치하고, 각주의 단면이 가압판 또는 보조판으로부터 10 mm 거리에 둔다. 파괴에 이를 때까지 2400 ± 200 N/s의 비율로 부드럽게 하중을 증가시킨다. 수동 재하의 경우에는 파괴 하중 부근에서 재하 속도가 감소하지 않게 조절한다.

다음 식으로부터 압축 강도 R_c(N/mm^2)를 계산한다.

$$R_c = \frac{F_c}{A}$$

여기서, F_c : 최대 파괴 하중(N)

A : 가압판 또는 보조판의 면적(mm^2)(= 40 mm×40 mm = 1600 mm^2)

3.5 계산

3.5.1 시험 결과의 정의 : 시험 결과는 3개를 한 조로 하여 측정하는 6개의 압축 강도 측정 결과의 산술 평균으로 정의된다. 6개의 측정값 중에서 1개의 결과가 6개의 평균값보다 ±10% 이상 벗어나는 경우에는 이 결과를 버리고 나머지 5개의 평균으로 계산한다. 이들 5개의 측정값 중에서 또다시 하나의 결과가 그 평균값보다 ±10% 이상이 벗어나면 결과값 전체를 버려야 한다.

3.5.2 시험 결과의 계산 : 측정된 압축 강도 시험 결과값은 평균을 계산하고 0.1 N/mm^{2}까지 계산한다.

4. 보고

모든 각각의 결과를 기록한다. 계산한 평균값과 버려진 결과의 유무를 보고한다.

콘크리트의 슬럼프 시험 방법 Method of test for slump of concrete (KS F 2402 : 2007) (2012 확인)

1. 적용범위

이 규격은 콘크리트의 슬럼프 시험 방법을 규정한다. 굵은 골재의 최대 치수가 40 mm를 넘는 콘크리트의 경우에는 40 mm를 넘는 굵은 골재를 제거한 이후 시험을 실시한다.

2. 시험용 기구

a) 슬럼프콘 : 슬럼프콘은 윗면의 안지름이 100 mm, 밑면의 안지름이 200 mm, 높이 300 mm 및 두께 1.5 mm 이상인 금속제로 하고, 적절한 위치에 발판과 손잡이를 부착한다.

b) 다짐봉 : 다짐봉은 지름 16 mm, 길이 500～600 mm의 강 또는 금속제 원형봉으로 그 앞 끝을 반구 모양으로 한다.

3. 시험방법

a) 슬럼프콘은 수평으로 설치하였을 때 수밀성이 있는 강제평판 위에 거치하며, 시료를 거의 동일하게 3층으로 나눠서 채운다.
b) 각 층은 다짐봉으로 고르게 한 후 25회 다진다. 각 층을 다질 때 다짐봉의 다짐 깊이는 그 앞 층에 거의 도달할 정도로 한다.
c) 슬럼프콘에 채운 콘크리트의 윗면을 슬럼프콘의 상단에 맞춰 고르게 한 후 즉시 슬럼프콘을 가만히 연직으로 들어 올린다. 콘크리트의 중앙부에서 공시체 높이와의 차를 5mm 단위로 측정하여 이것을 슬럼프 값으로 한다.
d) 콘크리트가 슬럼프콘의 중심축에 대하여 치우치거나 무너지거나 해서 모양이 불균형이 된 경우는 다른 시료로 재시험한다.
e) 슬럼프콘에 콘크리트를 채우기 시작하여 슬럼프콘을 들어 올릴 때까지의 시간은 3분 이내로 한다.

4. 보고서

보고서는 다음 사항을 포함하여 작성한다.

a) 일시
b) 날씨
c) 기온
d) 배치 번호
e) 굵은 골재의 최대 치수
f) 콘크리트의 온도
g) 슬럼프(mm)

콘크리트 압축 강도 시험방법 Standard test method for compressive strength of concrete (KS F 2405 : 2010)

1. 적용범위

이 표준은 굳은 콘크리트 공시체의 압축 강도 시험방법을 규정한다.

2. 시험 장치

a) 압축 시험기 : 압축 시험기는 KS B 5533의 표 1에서 규정하는 1등급 이상의 것으로 한다. 또한 시험시의 최대 하중은 시험기 용량의 1/5에서 최대용량 범위에 있어야 한다.
b) 상하의 가압판 : 상하의 가압판의 크기는 공시체의 지름 이상으로 하고 두께는 25 mm 이상으로 한다. 가압판의 압축면은 연마 가공한다. 평편도는 100 mm당 0.02 mm 이내이며, 경도는 70 HS

이상으로 한다.

3. 시험방법

a) 공시체의 상하 끝면 및 상하의 가압판 압축면을 청소한다.

b) 공시체를 공시체 지름의 1% 이내의 오차에서 그 중심축이 가압판의 중심과 일치하도록 놓는다.

c) 시험기의 가압판과 공시체의 끝면은 직접 밀착시키고 그 사이에 쿠션재를 넣어서는 안 된다. 다만, 언본드 캐핑에 의한 경우는 제외한다.

d) 공시체에 충격을 주지 않도록 똑같은 속도로 하중을 가한다. 하중을 가하는 속도는 압축 응력도의 증가율이 매초 (0.6±0.4) MPa이 되도록 한다.

e) 공시체가 급격한 변형을 시작한 후에는 하중을 가하는 속도의 조정을 중지하고 하중을 계속 가한다.

f) 공시체가 파괴될 때까지 시험기가 나타내는 최대 하중을 유효 숫자 3자리까지 읽는다.

4. 계산

a) 공시체의 지름은 0.1 mm까지 측정하여 다음 식에 따라 산출하며, KS Q 5002에 따라 끝맺음한다.

$$d = \frac{d_1 + d_2}{2}$$

여기서, d : 공시체의 지름(mm)

d_1, d_2 : 2방향의 지름(mm)

b) 압축 강도는 다음 식에 따라 산출하여 유효 숫자 3자리로 한다.

$$f_c = \frac{P}{\pi\left(\frac{d}{2}\right)^2}$$

여기서, f_c : 압축 강도(MPa)

P : 최대 하중(N)

c) 겉보기 밀도는 다음 식에 따라 산출하여 유효 숫자 3자리로 한다.

$$\rho = \frac{m}{h \times \pi\left(\frac{d}{2}\right)^2}$$

여기서, ρ : 겉보기 밀도(kg/m^3)

m : 공시체의 질량(kg)

h : 공시체의 높이(m)

d : 공시체의 지름(m)

5. 보고서

보고서에는 다음 사항을 기재하여야 한다.

a) 시험 연월일

b) 공시체의 번호

c) 재령

d) 양생 방법 및 양생 온도

e) 공시체의 지름(mm)
f) 최대 하중(N)
g) 압축 강도(MPa)
h) 결함의 유무 및 그 내용
i) 공시체의 파괴 상황
j) 겉보기 밀도(kg/m^3)

콘크리트의 휨 강도 시험 방법 Method of test for flexural strength of concrete (KS F 2408 : 2000) (2010 확인)

1. 적용 범위

이 규격은 3등분점 재하법에 따른 경화 콘크리트 공시체의 휨 강도 시험 방법을 규정한다.

2. 장치

a) 시험기 : 시험기는 KS B 5533에서 규정하는 1등급 이상의 것으로 한다.
b) 3등분점 재하 장치 : 3등분점 하중을 재하하기 위한 장치는 3등분점 하중을 연직으로, 또한 중심이 치우치지 않도록 가할 수 있으며, 공시체를 설치하였을 때 안정되고, 그 밖에도 충분한 강성을 가지는 것으로 한다. 그림 1은 시험 장치의 예를 나타낸 것으로, 2개의 지지 롤러와 2개의 재하 롤러로 이루어진다. 또, 롤러는 모두 강제로 하며, 지름 20～40 mm의 원형 단면을 가지고 공시체의 폭보다 적어도 10 mm 긴 것으로 한다. 그리고 1개를 제외한 모든 롤러는 그 축을 중심으로 회전할 수 있는 것으로 한다.

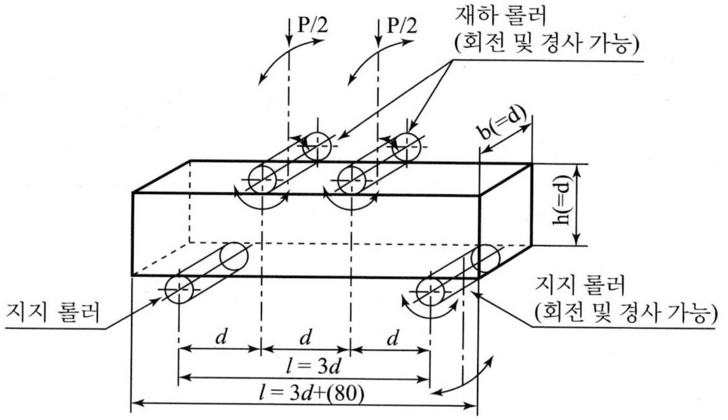

그림 1 3등분점 재하 장치의 보기(단위 : mm)

3. 시험 방법

a) 시험 시 최대 하중은 시험기 용량의 1/5에서 최대용량까지의 범위에 있어야 한다. 같은 시험기에

서 용량을 바꿀 수 있는 경우는 각각의 용량을 별개의 용량으로 간주한다.

b) 지간은 공시체 높이의 3배로 한다.

c) 공시체는 콘크리트를 몰드에 채웠을 때의 옆면을 상하면으로 하며, 베어링 나비의 중앙에 놓고 지간의 3등분점에 상부 재하 장치를 접촉시킨다. 이 경우, 재하 장치의 접촉면과 공시체 면과의 사이 어디에도 틈새가 없도록 한다.

d) 공시체에 충격을 가하지 않도록 일정한 속도로 하중을 가한다. 하중을 가하는 속도는 가장자리 응력도의 증가율이 매초 0.06±0.04 MPa(=N/mm^2)이 되도록 조정하고, 최대 하중이 될 때까지 그 증가율을 유지하도록 한다.

e) 공시체가 파괴될 때까지 시험기가 나타내는 최대 하중을 유효 숫자 3자리까지 읽는다.

f) 파괴 단면의 폭은 3곳에서 0.1 mm까지 측정하고, 그 평균값을 KS A 0021에 따라서 소수점 이하 첫째자리에서 끝맺음한다.

g) 파괴 단면의 높이는 2곳에서 0.1 mm까지 측정하고, 그 평균값을 KS A 0021에 따라서 소수점 이하 첫째자리에서 끝맺음한다.

4. 계산

a) 공시체가 인장쪽 표면 지간 방향 중심선의 3등분점 사이에서 파괴되었을 때는 휨 강도를 다음 식으로 산출하여, KS A 0021에 따라서 유효 숫자 3자리에서 끝맺음한다.

$$f_b Pl/bh^2$$

여기서, b_f : 휨 강도(MPa)(=N/mm^2)

P : 시험기가 나타내는 최대 하중(N)

l : 지간(mm)

b : 파괴 단면의 나비(mm)

h : 파괴 단면의 높이(mm)

b) 공시체가 인장쪽 표면의 지간 방향 중심선의 3등분점의 바깥쪽에서 파괴된 경우는 그 시험 결과를 무효로 한다.

5. 보고

보고서에는 다음 사항들이 포함되어야 한다.

a) 시험 연월일

b) 공시체의 번호

c) 재령

d) 양생 방법 및 양생 온도

e) 공시체의 길이(mm)

f) 공시체의 나비(mm)

g) 공시체의 높이(mm)

h) 지간(mm)

i) 공시체의 질량(kg)

j) 최대 하중(N)

k) 휨 강도(MPa)(=N/mm^2)
l) 공시체의 파괴 상황
m) 공시체의 겉보기 밀도(kg/m^3)

굳지 않은 콘크리트의 단위 용적 질량 및 공기량 시험 방법(질량 방법)
Method of test for unit mass and air content of fresh concrete
(KS F 2409 : 2000) (2010 확인)

1. 적용 범위

이 규격은 굳지 않은 콘크리트의 단위 용적 질량 및 공기량을 질량으로 구하는 시험 방법을 규정한 것이다.

2. 시험용 기구

a) 용기 : 용기는 금속제의 원통 모양으로 하며, 수밀하고 견고한 것으로 한다. 용기의 치수는 굵은 골재의 최대 치수에 따라 표 1을 표준으로 한다. 굵은 골재의 최대 치수가 25 mm 이하이며, 공기량을 KS F 2421에 따라 구하는 경우는 그 시험에서 사용하는 용적 약 7 L의 용기를 사용하여 단위 용적 질량을 구하여도 된다. 용기를 채우는 데 필요한 물의 질량을 정확히 재어 용기의 용적을 산출하고 V(m^3)로 한다.
b) 저울 : 저울은 표 1에 나타내는 감도의 것으로 한다.

표 1 용기의 치수 및 저울의 감도

굵은 골재의 최대 치수(mm)	용기의 치수(cm)		저울의 감도(g)
	안지름	안높이	
10 이하인 경우	14	13	2
50 이하인 경우	24	22	10

c) 다짐봉 : 다짐봉은 그 끝을 반구 모양으로 한 지름 16 mm, 길이 50~60 c의 강 또는 금속제 원형봉으로 한다.
d) 진동기 : 진동기는 KS F 8004에서 규정하는 공칭 봉지름이 28 mm인 것으로 한다.

3. 시험 방법

3.1 다짐봉으로 다지는 경우

a) 시료를 용기의 약 1/3까지 넣고 고른 후 다짐봉으로 표 2의 횟수만큼 균등하게 다지며, 다짐 구멍이 없어지고 콘크리트 표면에 큰 기포가 보이지 않을 때까지 용기의 바깥쪽을 10~15회 나무 망치로 두들긴다. 다음에 용기의 약 2/3까지 시료를 넣고 앞에서와 같은 조작을 반복한다. 마지막으

로 용기에 약간 넘칠 정도로 시료를 넣고 같은 조작을 반복한 후, 금속제의 직선자로 여분의 시료를 깎아내며 고른다. 다짐봉의 다짐 깊이는 거의 그 앞 층에 이르는 정도로 한다.

b) 용기의 바깥쪽에 붙은 콘크리트를 닦아내고 용기 중의 시료 질량을 재어 W(kg)로 한다.

표 2 다짐 수

용기의 안지름(cm)	다짐봉에 따른 각 층의 다짐 수
14	10
24	25

3.2 진동기로 다지는 경우

a) 시료를 용기의 1/3까지 넣고 진동기로 진동 다짐을 한다. 다음에 용기에서 넘칠 때까지 시료를 채우고, 앞에서와 같은 진동을 다짐을 한다. 위층의 콘크리트를 다질 때 진동기의 앞끝이 거의 아래 층의 콘크리트에 이르는 정도로 한다. 진동 시간은 콘크리트 표면에 큰 기포가 없어지는 데 필요한 최소 시간으로 한다. 위층의 진동 다짐이 끝나면, 금속제의 직선자로 여분의 시료를 깎아내고 고른다.

b) 용기의 바깥쪽에 붙은 콘크리트를 닦아내고, 용기 중의 시료 질량을 재어 W(kg)로 한다.

4. 결과 계산

4.1 단위 용적 질량 단위 용적 질량은 다음 식으로 구한다.

$$M = \frac{W}{V}$$

여기서, M : 콘크리트의 단위 용적 질량(kg/m^3)

4.2 공기량

공기량은 다음 식으로 구한다.

$$A = \frac{T-M}{T} \times 100$$

여기서, A : 콘크리트 중의 공기량(%)

T : 공기가 전혀 없는 것으로 계산한 콘크리트의 단위 용적 질량(kg/m^3)[11)]

즉, $T = \frac{M_1}{V_1}$

여기서, M_1: 1 m^3 당 콘크리트 각 재료의 질량의 합(kg)

V_1 : 1 m^3 당 콘크리트 각 재료의 절대 용적[12)]의 합(m^3)

11) 같은 로트의 재료에 대하여 시험에서 구한 값을 사용하여야 한다.

12) 콘크리트 각 재료의 절대 용적(m3)이란, 각 재료의 질량(kg)을 각 비중의 1000배 값으로 나눈 것이다.

5. 보고

보고에는 다음 사항 중 필요한 것을 기재한다.

a) 단위 용적 질량
b) 공기량
c) 콘크리트의 배합
d) 혼화제의 종류
e) 슬럼프
f) 콘크리트의 온도
g) 다지는 방법

콘크리트의 쪼갬 인장 강도 시험 방법 Method of test for splitting tensile strength of concrete (KS F 2423 : 2006)

1. 적용 범위

이 규격은 경화 콘크리트의 쪼갬 인장 강도 시험 방법을 규정한다.

2. 시험 장치

a) 시험기는 KS B 5533의 8에 규정하는 1급 이상의 것으로 한다.
b) 상하 가압판의 압축면은 연마 가공을 하고, 평면도는 0.02 mm 이내, 경도는 70 HS 이상으로 한다.

3. 시험 방법 시험 방법은 다음과 같이 한다.

a) 공시체의 하중을 가하는 방향에서의 지름을 2개소 이상에서 0.1 mm까지 측정하고, 그 평균값을 공시체의 지름으로 하여 KS A 3251－1에 따라 소수점 이하 첫째 자리로 끝맺는다.
b) 시험기는 시험시의 최대 하중이 용량의 1/5에서 용량까지의 범위에서 사용한다.
c) 공시체의 측면 및 상하 가압판의 압축면을 청소한다.
d) 공시체를 시험기의 가압판 위에 편심하지 않도록 그림 1과 같이 설치한다. 이 경우, 가압판과 공시체의 접촉선의 어디에서도 틈새가 없도록 한다. 상하의 가압판은 하중을 가하고 있는 동안 평행을 유지할 수 있도록 한다.

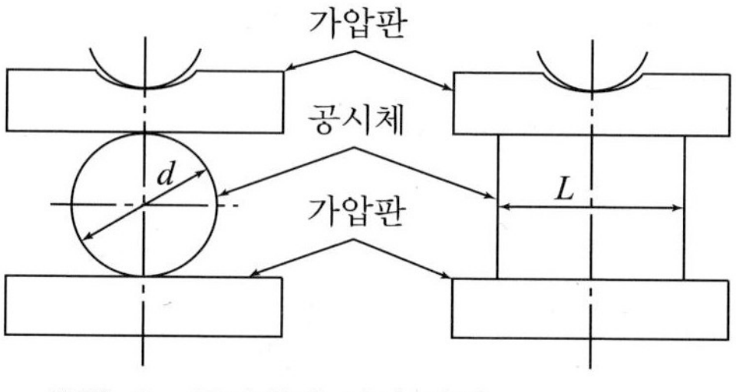

그림 1 공시체의 설치 방법

e) 공시체에 충격을 가하지 않도록 똑같은 속도로 하중을 가한다. 하중을 가하는 속도는 인장 응력도의 증가율이 매초 (0.06±0.04) MPa(=N/mm^2)이 되도록 조정하고, 최대 하중에 도달할 때까지 그 증가율을 유지하도록 한다.
f) 공시체가 파괴될 때까지 시험기에 나타내는 최대 하중을 유효 숫자 3자리까지 읽는다.
g) 공시체가 쪼개진 면에서의 길이를 2개소 이상에서 0.1 mm까지 측정하여 그 평균값을 공시체의 길이로 하고, KS A 3251－1에 따라 유효 숫자 4자리로 끝맺는다.

4. 계산

인장 강도는 다음 식에 따라 계산하고 KS A 3251－1에 따라 유효 숫자 3자리로 끝맺는다.

$$f_{sp} = \frac{2P}{\pi d l}$$

여기서, f_{sp} : 인장 강도 MPa(=N/mm^2)
P : 5. f)에서 구한 최대 하중(N)
d : 5. a)에서 구한 공시체의 지름(mm)
l : 5. g)에서 구한 공시체의 길이(mm)

5. 보고

보고에서는 다음 사항 중 필요한 것을 기재한다.

a) 시험 연월일
b) 공시체의 번호
c) 재령
d) 양생 방법 및 양생 온도
e) 공시체의 지름(mm)
f) 공시체의 길이(mm)
g) 최대 하중(N)
h) 인장 강도 MPa(=N/mm^2)
i) 공시체의 파괴 상황

콘크리트 원주 공시체의 정탄성 계수 및 포아송비 시험 방법 Testing method for static modulus of elasticity and Poission's ratio in compression of cylindrical concrete specimens (KS F 2438 : 2002) (2012 확인)

1. 적용 범위

이 규격은 성형한 콘크리트 원주 공시체 및 코어 채취한 시편이 세로 압축 응력을 받았을 때의 탄성 계수 및 포아송비를 구하는 방법을 규정한다.

2. 시험 기구

a) 시험기 : 시험기는 규정된 크기 및 속도로 하중을 가할 수 있는 것이어야 한다.

b) 콤프레소미터 : 탄성 계수를 측정하기 위해 접착하는 또는 접착하지 않는 측정 장치를 사용하고, 지름 반대쪽에 2개의 게이지 선을 각각 축과 평행하게 공시체 높이의 중간에 붙여서 25.4 mm에 대해 0.127μm까지의 정밀도로 평균 변형을 측정한다. 각 게이지 라인의 유효 길이는 콘크리트에 사용한 굵은 골재 최대 치수의 3배 이상, 공시체 높이의 2/3 이하로 하고, 추천할 수 있는 길이는 공시체 높이의 1/2로 한다. 게이지 포인트는 공시체 안에 묻거나 접착시켜 2개 게이지 라인의 변형은 따로 읽든지 또는 콤프레소미터를 사용하여 2개의 요크 중 1개는 공시체에 정확히 고정시키고, 다른 1개는 지름 반대쪽 2점에 붙여 자유롭게 회전할 수 있도록 한다. 회전하는 요크의 2개 지점 중간에 긴 중심대를 붙여 2개 요크 사이의 거리를 일정하게 유지하고, 원주 반대쪽 점에서의 요크간 거리의 변화가 지름 반대쪽 2개 게이지 라인의 변형 합과 같도록 한다.

변형은 다이얼 게이지로 직접 또는 레버 확대 방식으로 와이어 스트레인 게이지나 변차 트랜스포머로 측정한다.

$$d = \frac{g e_r}{e_r + e_g}$$

여기서, d : 유효 게이지 길이에 대한 공시체의 전체 변형(μm)

g : 게이지의 읽음(μm)

e_r : 공시체 축에서 로드의 편심 0.254 mm까지 측정

e_g : 공시체 축에서 게이지의 편심 0.254 mm까지 측정

c) 엑스텐소미터 : 포아송비를 구할 경우의 가로 변형을 측정하려면, 공시체 높이 중앙에서의 지름 변형을 접착시키지 않은 엑스텐소미터로 0.635μm까지 읽는다. 2개의 접착한 스트레인 게이지를 공시체 높이 중간에 지름 반대쪽 점에 원주를 따라 붙이고, 원주 변형을 25.4 mm에 대해 0.127μm까지 정확하게 읽는다. 콤프레소미터와 엑스텐소미터를 조합한 것이 편리하다. 이 기구에는 제3의 요크(2개의 같은 세그먼트로 이루어져 있다)가 있고, 2개의 콤프레소미터 요크 중간에 공시체 지름 반대쪽 2점에 붙인다. 이 2점 중앙에 짧은 중심대를 긴 중심대에 이어 붙여서 아래쪽 요크와 중앙 요크 사이의 거리가 일정하게 되도록 유지한다. 중앙 요크는 피벗인 점에서 힌지를 만들고, 멍에 모양으로 끊은 2개의 세그먼트가 수평면에서 자유롭게 회전할 수 있도록 한다. 원주 반대쪽 점에서 2개의 세그먼트 다이얼 게이지나 다른 측정 장치를 사용하여 연결하고, 가로 변형을 1.27μm까지 측정할 수 있도록 한다. 이 변형은 공시체 지름 가로 변형의 2배가 된다(만일 게이지의 편심이 힌지의 편심보다 클 경우). 만일 힌지와 게이지의 편심이 같지 않을 때에는 공시체 지름의 가로 변형은 각주 132)에 따라 계산할 수 있다.

d) 저울 : 감도 50 g의 저울이어야 한다.

3. 공시체

a) 성형한 원주 공시체 : 시험 원주 공시체는 KS F 2403에 따라 성형하고 캐핑하여야 한다. 공시체는 요구되는 탄성체의 역학적 성질을 만족하는 규정된 양생 상태를 유지하고 시험해야 한다. 공시체는 양생실 또는 저장실에서 꺼내어 1시간 이내에 시험해야 한다. 시험하기 위해 습윤실에서 꺼낸 공시체는 시험할 때까지 젖은 천으로 덮어서 습윤 상태를 유지하여야 한다.

b) 채취한 코어 공시체 : 코어는 KS F 2422의 압축 강도 공시체에 대한 드릴링 단면을 준비하여 함수 조건 및 캐핑에 맞아야 한다. 다만, 코어 채취기로 도려낸 것은 길이와 지름의 비가 1.50 이상인 코어만을 사용한다.

c) 시험 공시체의 지름은 길이 중앙에서의 지름을 서로 직각인 두 방향에서 버니어 캘리퍼스로 0.25 mm까지 측정하여 평균을 구한다. 공시체의 단면적은 이 평균 지름을 사용하여 계산한다. 성형된 공시체는 캐핑된 부분을 포함하여 길이를 2.54 mm까지 측정한다. 도려낸 공시체는 KS F 2412에 따라 길이를 2.54 mm 정밀도로 측정한다.

d) 만일 압축 강도를 구하기 위한 같은 조의 공시체가 없을 경우 또는 공시체의 근사 단위 질량이 명확하지 않을 때는 공시체를 시험 직전에 시험실에서 공기 중 질량을 50 g의 정밀도로 측량한다. 다만, 위의 질량은 공시체의 질량을 4.3에서 구한 수치로 계산한 용적으로 나누어 계산한다. 그 결과를 g/cm^3로 나타낸다.

4. 시험 방법

a) 시험 중의 온도와 습도는 가급적 일정하게 유지하며, 온도 및 습도에 변동이 생기면 기록해 둔다.

b) 만일 같은 조 공시체를 이용할 수 있을 때는 탄성 계수의 시험에 앞서 KS F 2405에 의해 압축 강도를 구한다.

c) 공시체는 변형 측정 장치를 붙여 시험기의 하판 또는 기기 블록 위에 둔다. 조심하여 공시체의 축을 바르게 구좌 상부 지지 블록의 압력 중심과 일치시킨다. 변형 지시계를 읽고 기록해 둔다. 구좌 블록을 조용히 공시체 위에 내려, 블록의 가동 부분을 손으로 회전시켜 균등한 가압이 되도록 한다.

d) 공시체에는 하중을 2회 이상 가한다. 제1회의 하중에 대하여는 어떠한 기록도 하지 않고, 계산은 그 이후 하중 결과의 평균으로 한다. 시험의 반복성을 얻기 위해 적어도 2회 이상의 하중을 가하는 것이 좋다. 제1회의 하중은 주로 게이지를 정착시키기 위해 가하고, 그 사이에 게이지의 동작을 관찰하여 제2회 하중을 가하기 전에 비정상적인 동작을 수정한다. 각 회의 읽음은 다음과 같이 구한다.

   하중을 연속해서 충격이 가지 않도록 가한다. 스크루형 시험기는 그 가동 베드가 무하중인 경우에 약 0.125 mm/min의 속도로 움직이도록 조정한다. 유압 시험기는 하중을 1초당 0.25±0.035 MPa(=N/mm^2) 범위로 가한다. 하중은 계속하여 가하며, 그 하중의 크기와 세로 변형은 다음과 같을 때 기록한다.

   1) 세로 변형이 50/l,000,000일 때
   2) 가해진 하중이 극한 하중의 40%와 같을 때

      세로 변형은 총 세로 변형을 유효 게이지 길이로 나눈 것으로 정의된다. 포아송비를 구하기 위해 같은 점에서 가로 변형을 기록한다. 만일 응력 변형 곡선을 구하기 위해서는 하중을 계속 가해 2점 이상의 읽음을 읽든가, 또는 연속 기록을 할 수 있는 장치를 사용한다. 최대 하중에 달하는 동시에 극한 하중인 경우를 제외하고는 하중을 적용할 때와 동일 속도로 0으로 되돌린다. 만일 읽지 못하였으면 하중 사이클을 완성하고 다시 반복한다. 이 여분의 하중 사이클을 기록해 둔다.

e) 극한 하중이 불명확한 경우에는 세로 변형이 표 1의 값에 도달하였을 때 각 하중 사이에 제2조의

읽음을 읽는다. 보통의 콘크리트에서 이 변형은 하중이 극한 하중의 50% 범위에 도달하였을 때 생긴다.

f) 탄성 계수 및 강도는 동일 하중에 대하여 구하고, 게이지는 계속해서 사용하든지 제거하든지 또는 연속 하중에 견디도록 잘 보호한다. 후자의 경우에는 제2조를 읽음에 대하여 표 1의 변형값을 사용하든가 또는 몇 회의 읽음을 기록하여 극한 하중의 40% 변형값을 보간법에 따라 구한다. 표 1의 변형값은 예비 하중에 대한 안내로 이용할 수 있다.

g) 만일 중간 읽음을 취할 경우에는 3회 시험 각각의 결과를 세로 변형을 가로축으로 하고 압축 응력을 세로축으로 하여 도시한다. 시험 하중을 공시체 단면적으로 나누어 압축 응력을 계산한다.

표 1 최대 변형값(단위 : μm/25.4 mm)

시험시의 단위 질량(kg/m³)	다음 재령에서의 최대 변형	
	7일 이상	7일 미만
3280 이상	7.62	5.08
2640～3264	9.53	6.35
2160～2624	11.4	7.62
1840～2144	13.3	8.89
1680～1824	15.2	10.2
1520～1664	17.1	11.4
1360～1504	19.1	12.7
1200～1344	20.9	13.9

5. 계산

a) 탄성 계수를 350 MPa(=N/mm²)까지 다음 식으로 계산한다.

$$E=\frac{S_2-S_1}{\epsilon_2-0.000050}$$

여기서, E : 탄성 계수[MPa(=N/mm²)]

S_1 : 세로 변형 0.00005 cm에 대한 응력[MPa(=N/mm²)]

S_2 : 가해진 최대 하중에 대한 응력[MPa(=N/mm²)]

ϵ_2 : 응력 S_2로 생긴 세로 변형

b) 포아송비는 0.01까지 다음 식으로 계산한다.

$$\mu=\frac{\epsilon_{t2}-\epsilon_{t1}}{\epsilon_2-0.000050}$$

여기서, μ : 포아송비

ϵ_t : 응력 S_1으로 공시체 높이의 중앙에 생긴 가로 변형

ϵ_2 : 응력 S_2로 공시체 높이의 중앙에 생긴 가로 변형

6. 보고

보고에는 다음 사항이 포함되어야 한다.

a) 공시체의 번호
b) 공시체의 치수
c) 공시체의 양생 및 환경 경력
d) 공시체의 재령
e) 콘크리트의 강도
f) 콘크리트의 단위 중량
g) 응력 변형 곡선
h) 탄성 계수
i) 포아송비

골재의 단위 용적 질량 및 실적률 시험 방법 Methods of test for bulk density of aggregates and solid content in aggregates (KS F 2505 : 2002) (2012 확인)

1. 적용 범위

이 규격은 콘크리트에 사용하는 골재의 단위 용적 질량 및 실적률의 시험 방법을 규정한다.

2. 기구

a) 저울 : 저울은 시험 질량의 0.2% 이하의 눈금량 또는 감량을 가진 것을 사용한다.

b) 용기 : 용기는 내면을 기계 가공한 금속제 원통으로 수밀하고 충분히 튼튼한 것으로 한다. 용기의 위 테두리면은 그 편평도를 0.25 mm로 하고 0.5° 이내에서 밑면과 평행인 것으로 한다. 용기에는 취급에 편리한 손잡이를 붙인다. 용기는 굵은 골재의 최대 치수에 따라 표 1에 따른다. 또한 용기의 용적은 이것을 채우는 데 필요한 물의 질량을 정확히 측정하여 산정한다.

c) 다짐봉 : 다짐봉은 지름 16 mm, 길이 500～600 mm의 원형 강으로 하고 그 앞 끝을 반구 모양으로 한 것으로 한다.

표 1 용기와 다짐 횟수

굵은 골재의 최대 치수(mm)	용적(L)	안높이/안지름	1층당 다짐 횟수
5*(잔 골재) 이하	1～2	0.8～1.5	20
10* 이하	2～3		20
10* 초과 40* 이하	10		30
40* 초과 80* 이하	30		50

* KS F 2502의 각주 134)의 공칭 치수

3. 시료

시료는 대표적인 것을 채취하여 4분법 또는 시료 분취기에 의해 거의 소정량이 될 때까지 축분한다. 그 양은 사용하는 용기의 용적의 2배 이상으로 한다. 시료는 절건 상태로 한다. 다만, 굵은 골재의 경우는 기건 상태이어도 좋다. 이 시료를 둘로 나눠 각각을 1회의 시험의 시료로 한다.

4. 시험 방법

4.1 단위 용적 질량의 측정 : 단위 용적 질량의 측정은 다음과 같이 시료를 채우고 골재의 표면을 고른 후, 용기 안의 시료의 질량을 잰다.

4.1.1 시료를 채우는 방법 : 시료를 채우는 방법은 봉 다지기에 따르기로 한다. 다만 굵은 골재의 치수가 커서 봉 다지기가 곤란한 경우 및 시료를 손상할 염려가 있는 경우는 충격에 의한다. 시료를 채우는 방법은 다음에 따른다.

a) 봉 다지기에 의한 경우 : 시료를 용기의 1/3까지 넣고 윗면을 손가락으로 고르게 하고 다짐봉으로 균등하게 소요 횟수를 다진다. 이 때 다짐봉의 앞 끝이 용기 바닥에 세게 닿지 않도록 주의한다. 다지는 횟수는 골재의 최대 치수에 따라 표 1에 따른다. 다음으로 용기의 2/3까지 시료를 넣고 앞과 똑같은 횟수를 다진다. 마지막으로 용기에서 넘칠 때까지 시료를 넣고 전회와 같은 횟수를 다진다.

b) 충격에 의한 경우 : 용기를 콘크리트 바닥과 같은 튼튼하고 수평인 바닥 위에 놓고 시료를 거의 같은 3층으로 나누어 채운다. 각 층마다 용기의 한 쪽을 약 5 cm 들어 올려서 바닥을 두드리듯이 낙하시킨다. 다음으로 반대쪽을 약 5 cm 들어 올려 낙하시키고 각각을 교대로 25회, 전체적으로 50회 낙하시켜서 다진다.

4.1.2 골재의 표면 고르는 방법 : 잔골재의 경우는 다짐봉을 자로 하여 여분의 시료를 긁어내고 용기의 윗면을 따라 고른다.

굵은 골재의 경우는 골재의 표면을 손가락 또는 자로 고르게 하여 용기의 윗면에서의 굵은 골재 입자의 돌기가 윗면에서의 오목부와 같은 정도가 되도록 한다.

4.2 시료의 밀도, 흡수율 및 함수율의 측정 : 시료의 밀도, 흡수율 및 함수율의 측정은 다음과 같이 한다.

a) 질량을 측정한 시료에서 4분법 또는 시료 분취기에 의해 밀도, 흡수율 및 함수율을 측정하기 위한 시료를 채취한다.

b) 밀도, 흡수율 및 함수율은 KS F 2503, KS F 2504, KS F 2529, KS F 2533 및 KS F 2550에 따라 시험한다.

4.3 시험의 횟수 : 시험은 동시에 채취한 시료에 대하여 2회 실시한다.

5. 계산

계산은 다음과 같이 한다.

a) 골재의 단위 용적 질량(T)은 다음 식에 따라 산출하여 KS A 3251－1에 따라 유효 숫자 3자리로 끝맺음 한다.

$$T = \frac{m_1}{V}$$

여기서, T : 골재의 단위 용적 질량(kg/L)

V : 용기의 용적(L)

m_1 : 용기 안의 시료의 질량(kg)

b) 골재의 실적률(G)은 다음 식에 따라 산출하고 KS A 3251-1에 따라 유효 숫자 3자리로 끝맺음 한다.

$$G=\frac{T}{d_D}\times 100 \text{ 또는 } G=\frac{T}{d_S}\times(100+Q)$$

여기서, G : 골재의 실적률(%)

T : a)에서 구한 단위 용적 질량(kg/L)

d_D : 골재의 절건 밀도(kg/L)

Q : 골재의 흡수율(%)

d_S : 골재의 표건 밀도(kg/L)

c) 2회의 시험의 평균값을 시험 결과로 한다.

[비고] 공극률은 위에서 구한 실적률로부터 계산한다. 공극률(%)=100-실적률(%)

6. 정밀도

단위 용적 질량의 평균값에서의 차는 0.01 kg/L 이하이어야 한다.

7. 보고서

보고서에는 다음 사항 중 필요한 것을 기재한다.

a) 골재의 종류, 크기, 겉모양 및 산지 또는 명칭
b) 골재를 채취한 위치 및 일시
c) 용기의 치수
d) 시료의 상태(절건 상태 또는 기건 상태)
e) 시료를 채우는 방법(봉 다지기 또는 충격)
f) 함수율 측정의 유무와 함수율의 측정값(기건 상태의 경우)
g) 밀도 및 흡수율
h) 단위 용적 질량
i) 실적률 및 시료의 입도

콘크리트 압축 강도 추정을 위한 반발 경도 시험방법 Testing method for rebound number to conclude compressive strength of concrete (KS F 2730 : 2008) (2013 확인)

1. 적용범위

1.1 이 표준은 스프링 작동식 테스트 해머를 사용하여 현장 콘크리트의 반발 경도를 측정함으로써

콘크리트의 압축 강도를 추정하기 위한 것이다. 또한 이 시험방법은 콘크리트의 반발 경도와 압축 강도 사이의 상관관계에 따른 상관식을 구하여 적용한다.

2. 시험 장치

a) 테스트 해머 : 테스트 해머는 스프링에 의해 장전된 한 개의 중추로 구성되며, 이 중추의 제어 장치가 풀렸을 때 콘크리트 표면과 접한 반구형 선단의 타격봉을 때릴 수 있어야 한다. 스프링 작동식 해머는 일정한 속도 조건에서 움직여야 한다. 타격봉이 콘크리트면을 타격한 후 반발하는 물리량(반발 간격)을 시험기의 지침에서 읽는다.

b) 연삭 숫돌 : 연삭 숫돌은 중간 거칠기의 탄화규소 또는 그에 준하는 재질로 구성되어야 한다.

c) 테스트 앤빌 : 테스트 해머의 검정시에는 테스트 앤빌(test anvil)을 이용하는데, 이는 지름 150 mm의 타격면을 갖는 금형의 원주체이다. 조작시 테스트 해머를 테스트 앤빌의 중앙에 위치시키고, 타격면에 대해 연직하게 하여 시험한다. 테스트 앤빌은 테스트 해머와 동일한 제조사의 제품을 사용해야 한다.

3. 시험방법

3.1 시험 부위의 결정 : 시험할 콘크리트 부재는 두께가 100 mm 이상이어야 하며, 하나의 구조체에 고정되어야 한다. 시험면은 다공질의 조악한 면은 피하고 평활한 면을 선택해야 한다. 사용된 거푸집의 재질이 다르거나 미장 및 도장이 되어 있는 면은 평활한 콘크리트의 반발 경도와 크게 차이가 있으므로 마감면을 완전히 제거한 후 시험을 해야 한다.

3.2 시험 준비 : 시험 영역의 지름은 150 mm 이상이 되어야 한다. 거친 콘크리트면 및 푸석푸석한 콘크리트면은연삭 숫돌로 평활하게 연마한다.

3.3 시험 절차 : 타격봉이 시험면에 수직으로 위치할 수 있도록 하며, 한 위치에서 시험 기구를 움직이지 않게 고정한다. 타격봉이 중추에 부딪힐 때까지 타격봉에 대한 압력을 서서히 증가시킨다. 타격봉이 중추에 부딪힌 후, 지침상의 값을 읽고 이 값을 기록한다. 타격 위치는 가장자리로부터 100 mm 이상 떨어지고, 서로 30 mm 이내로 근접해서는 안 된다. 각 시험 영역으로부터 20개의 시험값을 취한다. 타격 후 표면의 흔적을 검사한 다음, 타격에 의해 시험면이 파손되었거나 균열이 발생하는 경우 해당 시험값을 버린다.

4. 계산

시험값 20개의 평균으로부터 오차가 20% 이상이 되는 경우의 시험값은 버리고 나머지 시험값의 평균을 구한다. 이때 범위를 벗어나는 시험값이 4개 이상인 경우에는 전체 시험값군을 버리고, 4.와 동일한 시험 절차를 통해 시험 범위 내의 새로운 위치에서 20개의 반발 경도를 구한다.

5. 보고서

보고서에는 다음 사항을 기록한다.

a) 시험 일자, 시간

b) 구조물에서 시험 영역의 위치

c) 시험 대상 구조물 또는 표본에 대한 설명

d) 콘크리트의 설계 조건
e) 시험 위치의 표면 상태(마무리 정도, 균열, 박리, 화재 피해 유무 등)
f) 시험시의 온도 및 콘크리트의 재령
g) 콘크리트 내부의 함수 상태(습윤 상태, 표면 건조 상태, 기건 상태 등)
h) 테스트 해머의 종류 및 제품 번호
i) 테스트 해머의 타격 방향
j) 시험 부위별 반발 경도의 평균값
k) 버린 반발 경도의 값

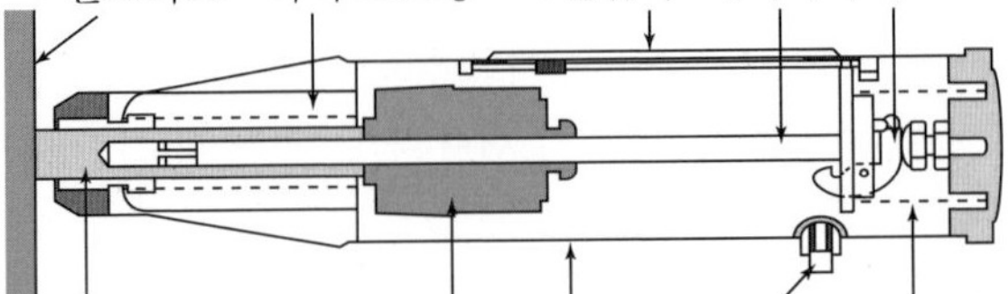

참고 그림 1 테스트 해머의 예 (N형)

콘크리트 압축 강도 추정을 위한 초음파 펄스 속도 시험방법 Testing method for velocity of ultrasonic pulses to conclude compressive strength of concrete (KS F 2731 : 2008) (2013 확인)

1. 적용범위

이 표준은 콘크리트 구조물의 일정 거리를 통과하는 발진자와 수진자 사이의 펄스 통과 시간으로부터 초음파 속도를 측정함으로써 콘크리트의 압축 강도를 추정하기 위한 것이다. 이 시험방법에 의해 결정되는 초음파 펄스 속도는 콘크리트의 탄성 계수, 균열 깊이, 내부 결함 등 콘크리트의 품질 평가 수단으로 이용될 수 있다.

2. 시험 장치

2.1 그림 1은 시험 장치의 개념도를 나타낸 것으로 기본적으로 전기적 펄스 발생 회로, 한 쌍의 탐촉자(발진자, 수진자), 수진 증폭기, 디스플레이 유닛, 시간 측정 회로 및 연결 케이블로 구성된다.

2.2 장치의 영보정(zero setting) : 시험 장치를 사용하기 위해서는 영보정 방법을 정해야 한다. 표시값이 영향 요인으로부터 간섭받지 않기 위해서 시간 지연 조정을 해야 한다. 시간 지연 조정은 전달 시간이 정확히 알려진 레퍼런스 바의 대향면에 탐촉자를 쌍으로 연결시켜 실시한다. 레퍼런스 바에 탐촉자를 설치하는 방법은 항상 일정해야 한다. 최소량의 접촉 매질을 사용하고 탐촉자는 바의 끝에 견고하게 압착되어야 한다. 레퍼런스 바 위에서 탐촉자를 미끄러지게 하는 것은 영보정의 오차를 일으키므로 피해야 한다.

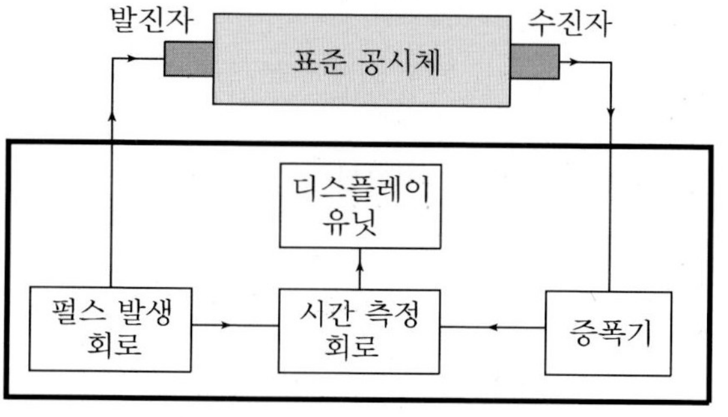

그림 1 펄스 속도 시험 장치의 개념도

시험 장치의 정확한 영보정을 위해 시간 지연 조정은 시험 장치나 탐촉자가 교체될 때마다, 또는 길이가 다른 케이블이 사용될 때마다 매번 실행되어야 한다. 또한 전자 회로나 케이블의 안정성을 확인하기 위해 수시로 영보정을 재확인할 필요가 있다.

2.3 펄스 전달 시간의 정확도 확인 : 펄스 전달 시간 측정의 정확도는 시간 측정 회로의 정확도와 펄스의 첫 신호를 감지하는 장치의 민감성에 의해 좌우된다. 펄스 전달 시간이 정확하게 알려진 2개의 레퍼런스 바로 전반적인 성능을 검사한다. 2개의 레퍼런스 바는 각각 약 25μs와 100μs의 펄스 전달 시간을 가져야 한다. 짧은 레퍼런스는 3.2의 영보정을 위해 사용된다. 긴 레퍼런스 바는 시간 측정의 정확성을 확인하는 데 사용된다. 양 끝에 발·수진자를 배열하고 전달 시간을 읽음으로써 레퍼런스 바에 대한 측정을 한다. 측정값은 관련 표준값과 ±0.5% 이상 차이가 나면 안 된다.

2.4 투과 거리 측정의 정확도 : 투과 거리 측정의 정확도는 ±1% 이하이어야 한다. 투과 거리를 직접적으로 시험하는 것이 물리적으로 불가능한 경우 설계자가 제공하는 호칭 치수와 오차 허용 범위를 이용하고 그 내용을 기록해야 한다.

3. 펄스 속도의 시험방법

3.1 탐촉자의 배치 : 2개의 탐촉자를 대향면으로 배치하여 펄스 속도를 구한다. 그림 2는 콘크리트의 대향면에 탐촉자를 배치한 예이다. 펄스 속도 시험의 정확도가 주로 투과 거리 측정의 정확도에 의해 좌우되며, 이 경우 탐촉자 간의 에너지 이동이 최대이기 때문에 압축 강도 추정시에는 대향면 배치 방법을 이용한다.

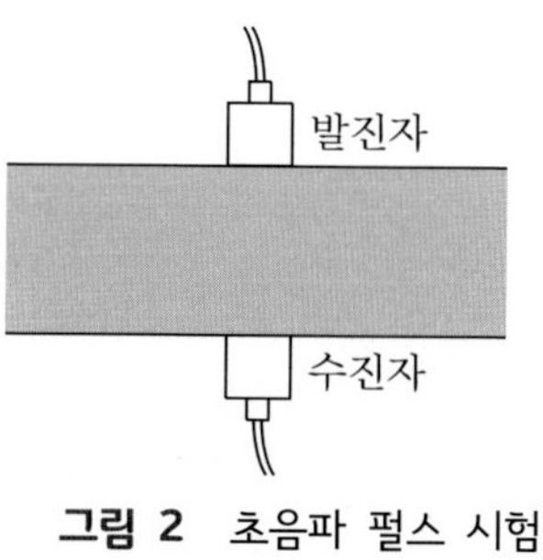

그림 2 초음파 펄스 시험을 위한 탐촉자 배치 방법

3.2 콘크리트에 대한 탐촉자 연결 : 발진자에서 발생하는 초음파 펄스가 콘크리트를 통과하여 수진자에 확실하게 도달되기 위해서는 콘크리트와 각 탐촉자의 앞면에 적절한 음향학적 연결 조치가 필요하다.

a) 접촉 매질은 오일, 바셀린, 그리스, 그 밖의 점착제가 이용될 수 있다. 접촉 매질로 인해 콘크리트의 특성이 연속성을 잃을 수 있으므로, 접촉 매질의 층이 얇아져 최소값이 얻어질 때까지 읽기를 반복한다.

b) 가능한 탐촉자는 거푸집 또는 성형 몰드에 맞닿아 제조된 콘크리트 표면과 접촉되어야 한다. 다른 방법에 의해 성형된, 예를 들면 흙손으로 마무리된 표면은 재료의 본질과는 다른 특성을 나타낼 수 있다. 그런 표면에서 시험을 해야 할 필요가 있다면, 보다 긴 투과 거리를 통해서 시험이 이루어져야 한다. 성형 몰드에 맞닿지 않고 제조된 표면의 최소 투과 거리는 150 mm가 적절하다.

c) 콘크리트 표면이 매우 거칠고 일정하지 않을 때는 탐촉자가 접촉되는 표면을 평활하고, 시험체의 양면을 수평되게 해야 한다. 이 경우, 표면 상태 조정을 위해 초속경 에폭시 레진이나 플라스터를 사용할 수 있다. 이때 이들 매개층은 최대한 얇아야 한다.

4. 계산

4.1 속도는 다음 식에 따라 계산한다.

$$V = \frac{L}{T} \tag{1}$$

여기서, V : 펄스 속도(m/s)

L : 투과 거리(m)

T : 유효 시간(s) (시험 시간에서 영보정 시간을 뺀 것)

5. 보고서

보고서에는 다음 사항을 기록한다.

a) 시험 일자, 시간
b) 구조물에서 시험 영역의 위치
c) 시험 대상 구조물 또는 표본에 대한 설명
d) 콘크리트의 설계 조건
e) 펄스 전달 경로와 탐촉자 위치에 대한 스케치(시험 부위 근처의 철근 또는 덕트의 세부 사항 포함)
f) 시험 위치의 표면 상태(마무리 정도, 균열, 박리, 화해 유무 등)
g) 시험시의 온도 및 콘크리트의 재령
h) 콘크리트 내부의 함수 상태(습윤 상태, 표면 건조 상태, 기건 상태 등)
i) 장치의 종류, 신뢰도, 주파수 및 주요 특징
j) 투과 거리, 시험방법 및 결과의 정확도
k) 펄스 속도의 시험값
l) 철근 간섭으로 보정된 펄스 속도값

회전 점도계를 이용한 아스팔트의 점도 시험방법 Standard test method for viscosity determination of asphalt binder using rotational viscometer (KS F 2392 : 2014)

1. 적용범위

1.1 이 표준은 회전 점도계를 이용하여 60℃부터 200℃ 이상까지의 온도에서 포장용 아스팔트의 점도 측정 방법에 대하여 규정한다.

1.2 이 표준은 플랜트에서 아스팔트를 펌핑하고 골재와 혼합할 때 아스팔트의 작업성을 측정하고 평가할 목적으로 사용한다.

2. 인용표준

다음의 인용표준은 이 표준의 적용을 위해 필수적이다. 발행연도가 표기된 인용표준은 인용된 판만을 적용한다. 발행연도가 표기되지 않은 인용표준은 최신판(모든 추록을 포함)을 적용한다.

KS F 2389, 아스팔트의 공용성 등급

3. 시험 기구

회전 점도계는 온도 용기, 스핀들(spindle), 제어 장치, 온도 조절 장치로 구성되어 있다.

3.1 회전 점도계 : 회전 점도계의 원리는 전동기에 의해 원통형의 스핀들을 135℃의 아스팔트 시료 속에서 회전시켜 스핀들이 일정한 회전 속도(20 r/min)를 유지하는 데 필요한 점성 토크(torque)를 측정하는 것이다. 그림 1은 회전 점도계의 원리를 설명하기 위해 나타낸 것이며, 그림 2는 회전 점도계와 온도 조절 장치를 나타낸 것이다.

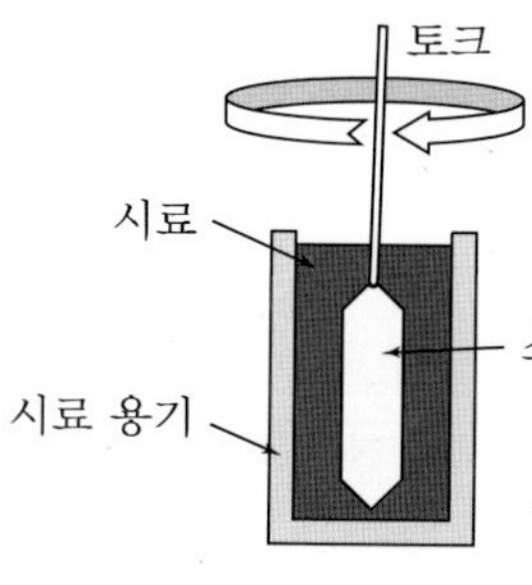

그림 1 회전 점도계의 원리

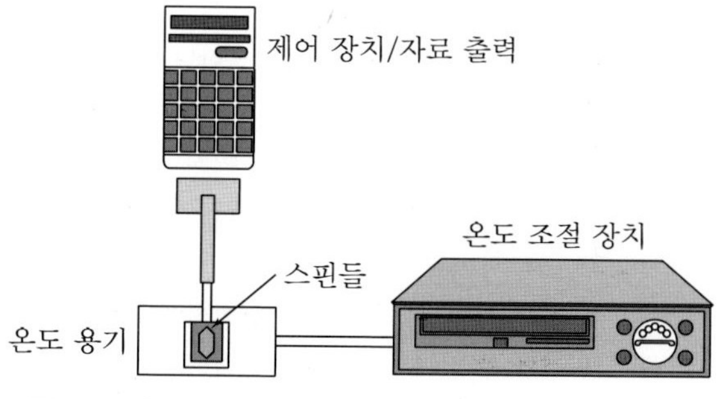

그림 2 회전 점도계와 온도 조절 장치

3.2 온도 용기 : 온도를 260℃까지 조절할 수 있는 온도 용기이어야 하며, 시험 온도에 대하여 정밀도를 ±0.1℃로 유지할 수 있어야 한다.

[비고] 온도 용기에 장착되어 있는 온도계로 시험 온도를 확인한다.

3.3 온도 조절 장치 : 온도 조절 장치는 (60～200)℃의 시험 온도를 유지할 수 있고 ±0.1℃ 범위까지 조절할 수 있어야 한다. 또는 이와 동등 이상의 정밀도를 가져야 한다.

4. 시험방법

4.1 아스팔트 시료가 충분히 유동성을 가질 때까지 부분 과열에 주의하여 아스팔트 시료를 가열한다. 아스팔트 시료가 균일하게 되도록 때때로 휘젓는다.

4.2 아스팔트 시료를 잘 휘저은 후 100 mL 비커에 약 30 g을 옮긴다.

4.3 비커를 측정 온도 ±5℃에서 30분 동안 가열한다. 동시에 시료 용기와 스핀들도 가열한다. 스핀들은 예상되는 점도로부터 회전수와 스핀들 번호의 조합에 따라 점도 측정시 눈금판의 지침이 (20～100)% 범위에 들어가는 것을 선정한다.

4.4 온도 용기 안의 온도는 측정 온도 ±0.1℃로 유지한다.

4.5 미리 측정 온도 ±5℃로 유지한 시료 용기에 적당량의 시료를 채취한다.

4.6 시료 용기를 온도 용기에 설치하고 회전 점도계에 스핀들을 연결하여 정해진 위치까지 서서히 내린다. 회전 점도계가 수평으로 되고 또한 스핀들이 시료 용기의 중심에 있는가를 확인한다.

4.7 이 상태에서 30분 동안 방치하고, 시료 온도가 시험 온도에 도달하고 있는 것을 확인한 후, 스핀들을 회전시킨다.

4.8 지시값이 안정된 후, 지시값의 눈금을 1분 간격으로 3회 읽는다.

4.9 시험은 매번 새로운 시료를 사용하여 4.1～4.8까지의 조작을 3회 반복한다.

5. 시험 보고서

시험 보고서에는 다음 사항을 기재한다.

a) 아스팔트 시료명

b) 아스팔트 시료의 종류 및 시험 조건

c) 시험 온도(℃) 및 점도(Pa · s)

d) 사용한 회전 점도계의 형식 및 크기

e) 스핀들 번호

KS F 2392:2014 해설

이 해설은 본체에 규정된 사항 및 이와 관련된 사항을 설명하는 것으로, 표준의 일부는 아니다. 또한 이 해설은 KS F 2392:2004의 내용을 변경하지 않고 참고로 나타낸 것이다.

이 표준은 ASTM D 4402(Standard Test Method for Viscosity Determination of Asphalt at Elevated Temperatures using a Rotational Viscometer)와 AASHTO TP48(Standard Test Method for Viscosity Determination of Asphalt Binder using Rotational Viscometer)를 참고하여 작성하였다.

1. 제정 취지

회전 점도계를 이용한 아스팔트의 점도 측정 시험방법은 가열 혼합 플랜트에서 아스팔트를 펌핑하고 골재와 혼합할 때 아스팔트의 작업성(workability)을 측정하고 평가하는 데 유용한 자료를 제공한다. 회전 점도계를 사용하여 아스팔트의 점도를 측정함으로써 아스팔트를 펌핑 또는 배합할 때 충분한 작업성을 갖는지를 비교 · 평가하는 데 사용된다. 또한 고온 점도를 간단히 측정할 수 있고, 시료 채취 방법이나 시험 조작이 간단하며, 측정할 수 있는 영역도 광범위하여 시험실이나 연구실에서 이 방법이 사용되고 있다. 회전 점도 시험은 기존의 모세관 점도계에 비하여 많은 종류의 개질제에 대해서 더 적합하다. 기존의 모세관 점도계는 모세관이 메워져 간혹 유체 흐름을 방해하기 때문이다. 따라서 이 표준에서는 아스팔트의 고온 작업성을 측정하고 평가하는 데 보다 유용한 회전 점도계를 이용한 아스팔트의 점도 측정 시험방법에 대한 표준을 제정함으로써 아스팔트의 고온 작업성을 비교·평가할 수 있도록 하였다.

2. 주요 제정 내용

2.1 적용범위 : 회전 점도계를 이용한 아스팔트의 점도 시험방법은 아스팔트의 고온 작업성을 평가하는 데 유용한 시험방법으로, 아스팔트 포장용 아스팔트에 대한 회전 점도계를 이용하는 점도 시험방법에 대하여 규정하였다.

2.2 인용표준 : KS F 2389을 인용하여 회전 점도계를 이용한 아스팔트의 점도 시험을 수행할 수 있도록 하였다.

2.3 시험 기구 : 이 표준에 적용된 시험 기구는 다음과 같다. ±3℃ 범위에서 260℃까지 유지할 수 있는 온도 용기, 60℃에서 200℃ 이상, 그리고 0.1℃까지 읽을 수 있는 온도 조절 장치, 아스팔트의 질량을 결정하기 위해 0.1 g까지 읽을 수 있는 2000 g의 용량을 갖는 저울, 여러 점도를 가진 아스팔트를 측정하기 위한 다양한 크기의 스핀들, 일정 실험 온도에서 선택된 일정 속도 및 스핀들을 회전시키기 위해 필요한 토크를 측정할 수 있는 회전 점도계로 구성되었다.

2.4 아스팔트 시료의 준비 : 약 30 g의 아스팔트를 유체가 될 때까지 150℃ 이하로 오븐에서 가열한다. 가열하는 동안 공기를 제거하기 위해서 아스팔트를 때때로 휘젓는다. 아스팔트 시료는 예열된 시료 용기에 담아 무게를 측정하며, 사용하는 아스팔트 양은 사용하는 스핀들의 종류에 따라 변경된다. 일반적으로 8～11 g을 사용한다. 아스팔트 시료가 들어 있는 시료 용기를 예열된 온도 조절 용기에 넣고 예열된 스핀들을 시료에 넣는다. 온도가 안정(기준에 따르면 135℃)되면 시험을 시작한다. 회전 점도 시험은 플랜트에서 아스팔트의 작업성을 평가하는 것이기 때문에 노화되지 않은 아스팔트(원아스팔트)를 대상으로 실시한다.

2.5 시험방법 : 점도 측정 방법은 온도 제어 장치의 온도 및 압력 조절 계기판에서 시료의 온도가 시험 온도에 맞추어졌다는 것이 표시되면 시험을 시작한다. 고온의 시료가 담긴 용기에 스핀들을 내리고, 내려진 스핀들은 연결봉을 사용하여 회전 점도계에 연결한다.

아스팔트 시료의 온도가 135℃로 되돌아가도록 약 15분간 기다려야 한다. 이 시간 동안 회전 점도계의 모터를 켜놓고 디지털 표시기의 점도값과 토크를 관찰한다. 토크값이 규정 범위를 벗어나면, 다른 크기의 스핀들을 사용한다. 온도 평형이 되면 점도값이 안정되어 시험 결과가 기록된다. 시험 결과를 보고하는 데 필요한 점도, 시험 온도, 스핀들 번호 및 속도와 같은 정보를 보여주기 위해 디지털 표시기를 설정한다. 1분 간격으로 3번의 점도값을 읽어 기록한다.

시험시 주의할 사항은 다음과 같다.

a) 시료 용기와 스핀들이 충분히 시험 온도에 도달하지 않으면 기포가 발생하여 시험 정밀도에 영향을 미치는 경우가 있다.

b) 지시값이 안정되지 않고 천천히 변할 때에는 이 시료에 대하여 지시값의 읽음 조건(회전 시작부터 눈금 읽기까지의 시간을 스톱워치로 측정한다.)을 측정값에 기록한다.

c) 시험 후, 스핀들과 원통에 부착되어 있는 아스팔트는 가열하여 제거한 후, 적당한 용제로 씻는다. 이때 과열하지 않도록 주의한다.

d) 회전 점도계는 점도를 알고 있는 표준액 등을 사용하여 정기적으로 교정하여 둔다.

e) 이 시험에서 시험 정밀도는 아스팔트 시료의 균일성이 크게 영향을 미친다. 아스팔트 시료가 불균일한 경우, 시료 채취나 시험 중에 분리되는 일이 있어, 결과에 편차가 발생하는 경우가 있으므로 주의하여야 한다.

2.6 계산 : 점도는 3개의 측정된 값에 대한 평균으로 나타낸다. 회전 점도계 점도의 디지털 결과는 센치포아즈(cP) 단위로 표시되었다면 다음과 같은 관계식을 이용하여 Pa · s의 단위로 변환한다.
1 cP = 0.001 Pa · s

동적 전단 유변 물성 측정기를 이용한 아스팔트의 유변 특성 시험방법
Standard test method for rheological properties of asphalt binder using dynamic shear rheometer (KS F 2393 : 2014)

1. 적용범위

1.1 이 표준은 포장용 아스팔트에 교통 하중 작용 시 발생하는 점탄성 특성인 복합전단계수(G^*)와 위상각(δ)을 측정하는 방법에 대하여 규정한다.

1.2 아스팔트의 점탄성 특성을 측정하기 위해서 노화 전의 아스팔트(원아스팔트), 롤링 박막 가열 시험 후(단기 노화)의 아스팔트 및 촉진 노화 시험 후(장기 노화)의 아스팔트를 사용하도록 한다.

2. 인용표준

다음의 인용표준은 이 표준의 적용을 위해 필수적이다. 발행연도가 표기된 인용표준은 인용된 판만을 적용한다. 발행연도가 표기되지 않은 인용표준은 최신판(모든 추록을 포함)을 적용한다.

KS F 2389, 아스팔트의 공용성 등급

KS F 2390, 보형상 유변 물성 측정기를 이용한 아스팔트의 휨 크리프 강성 시험방법

KS F 2391, 압력 노화 용기를 이용한 아스팔트의 촉진 노화 시험방법

KS M 2259, 아스팔트성 재료의 롤링 박막 가열 시험방법(이동 아스팔트 막에 미치는 열과 공기의 영향)

KS M ISO 2592, 인화점 및 연소점 시험방법 —클리브랜드 개방컵 시험방법

3. 시험 기구

3.1 동적 전단 유변 물성 측정기의 구성 : 동적 전단 유변 물성 측정기는 시험판, 스핀들, 시험 체임버, 아스팔트 시험편의 온도를 조절하는 온도 조절 장치, 동적 전단 유변 물성 측정기를 작동하고 시험 데이터를 얻는 데 필요한 데이터 수집 장치로 구성되어 있다.

3.1.1 시험판 : 시험판은 표면이 편평하고 매끄러운 금속 시험판이어야 한다(그림 1, 그림 2 참조). 시험판은 지름이 (8±0.05) mm와 (25±0.05) mm인 2종류가 있다.

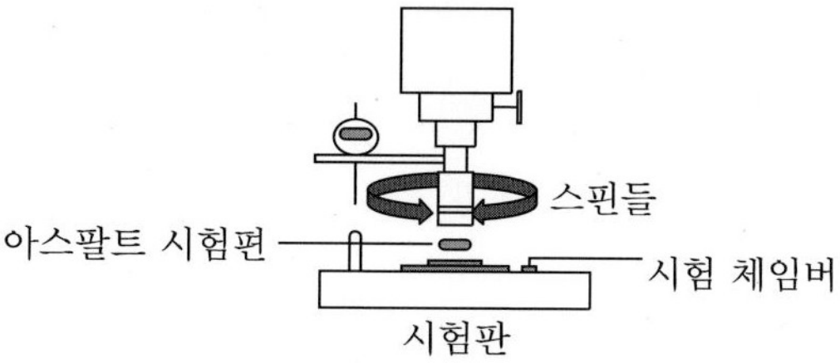

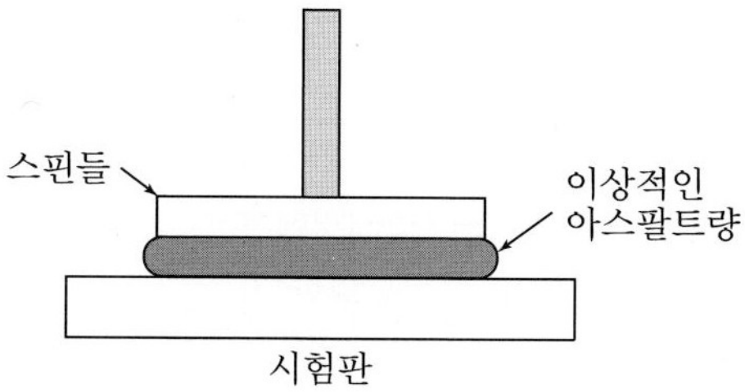

그림 1 (좌) 동적 전단 유변 물성 측정기의 모식도

그림 2 (우) 동적 전단 유변 물성 측정기에서의 올바른 아스팔트 시험편 형상

3.1.2 스핀들 : 스핀들은 동적 전단 유변 물성 측정 시험에서 아스팔트의 복합전단계수(G^*)와 위상각(δ)을 측정하기 위해서 아스팔트 시험편에 진동 하중을 재하하기 위한 장치이다(그림 1 참조). 스핀들의 지름은 온도에 따라 다르게 사용한다. 46℃ 이상에서는 지름 (25±0.05) mm의 스핀들을 사용하고, (4～40)℃에서는 지름 (8±0.05) mm의 스핀들을 사용한다. 또한 아스팔트 시험편 두께도 46℃ 이상에서는 1 mm, (4～40)℃ 범위에서는 2 mm로 제작하여 시험에 사용한다.

3.1.3 시험 챔버 : 시험 챔버는 아스팔트 시험편의 온도를 일정하게 유지하기 위해 가열 또는 냉각시켜 아스팔트 시험편의 온도를 조절하는 장치이다(그림 1 참조). 시험 챔버 안에는 질소 가스 또는 물 등을 사용한다. 공기를 사용하는 경우에는 시험 챔버의 온도는 (5～85)℃로 조절할 수 있어야 하며, 정밀도를 (±0.1)℃로 유지할 수 있는 것이어야 한다.

보기 공기에 의해 온도를 제어하는 경우, 공기 중의 수분에 의해 물방울이나 서리가 생기는 경우가 있으므로 충분히 습기를 제거한 공기를 사용하거나 질소 가스를 충전하여 사용한다.

3.2 몰드 : 몰드는 아스팔트의 양과 형상을 정확하게 하기 위하여 사용한다. 몰드의 지름은 아스팔트 시험편의 지름과 거의 같고 높이는 아스팔트 시험편 두께의 1～1.5배 정도로 되는 실리콘 고무를 사용한다.

4. 시험방법

4.1 아스팔트 시험편의 준비

4.1.1 아스팔트 시험편과 스핀들의 접착을 좋게 하기 위하여 시험판을 약 45℃로 예열하여 둔다.

4.1.2 가열시킨 아스팔트를 잘 혼합한 후, 표면을 깨끗이 한 시험판 위에 적당한 양을 놓는다. 이때 몰드를 이용하여 적당한 양을 나누어 두면 효과적이다.

4.1.3 아스팔트 시험편의 시험 두께에 대하여 +0.05 mm가 되도록 스핀들의 높이를 조절한다. 이때 주위에 남은 양은 가열한 스패튤러 등을 이용하여 제거한다.

4.1.4 표면을 매끈하게 정리한 후, 아스팔트 시험편이 정해진 두께가 되도록 스핀들의 높이를 조절한다. 그림 2는 동적 전단 유변 물성 측정기에서의 올바른 아스팔트 시험편의 형상을 나타낸 것이다.

4.2 시험 준비

4.2.1 아스팔트 시험편의 온도는 목표 온도에 대하여 ±0.1℃로 한다. 온도에 따라 아스팔트 시험편이 수축하거나 팽창하여 아스팔트 시험편의 지름 및 두께가 변하므로 아스팔트 시험편의 두께를 조절한 후의 온도 변화는 ±0.1℃ 이내로 한다.

4.2.2 시험은 아스팔트 시험편의 온도 평형을 위해 적어도 10분 동안 목표 온도에 대하여 ±0.1℃로

유지된 후에 실시한다.

4.3 시험 절차

4.3.1 동적 전단 유변 물성 측정 시험은 변형률 제어 방식과 응력 제어 방식으로 실시할 수 있다. 이 2가지 방식의 시험을 적정하게 시행하기 위하여 변형량 및 전단 응력의 범위를 설정할 필요가 있다.

4.3.2 변형률 제어 방식으로 측정하는 경우에는 복합전단계수의 값에 따라 변형률을 정해야 한다. 다음 식에 의해 계산된 값의 20 % 이내로 한다.

$$\gamma(\%) = 12.0/(G^*)^{0.29}$$

여기서, γ : 전단 변형률(%)

G^* : 복합전단계수(kPa)

4.3.3 변형률 제어 방식에서 목표 변형률 값은 표 1에 나타낸 바와 같이 재료에 따라 적절한 값을 선택한다.

표 1 목표 변형률 값

재 료	kPa	변형률(%)	
		목표값	범위
원아스팔트($G^*/\sin\delta$)	1.0 이상	12	9～15
롤링 박막 가열 시험 후 잔류시료($G^*/\sin\delta$)	2.2 이상	10	8～12
압력 노화 시험 후 잔류시료($G^*/\sin\delta$)	5000 이하	1	0.8～1.2

4.3.4 응력 제어 방식으로 측정하는 경우에는 복합전단계수의 값에 따라 응력의 크기를 정해야 한다. 다음 식에 의해 계산된 값의 20% 이내로 한다.

$$\tau = 0.12/(G^*)^{0.71}$$

여기서, τ : 전단 응력(kPa)

4.3.5 응력 제어 방식에서 목표 응력값은 표 2에 나타낸 바와 같이 재료에 따라 적절한 값을 선택한다.

표 2 목표 응력값

재 료	kPa	변형률(%)	
		목표값	범위
원아스팔트($G^*/\sin\delta$)	1.00 이상	0.120	0.090～0.150
롤링 박막 가열 시험 후 잔류시료($G^*/\sin\delta$)	2.20 이상	0.220	0.180～0.260
압력 노화 시험 후 잔류시료($G^*/\sin\delta$)	5000 이하	500	400～600

4.3.6 동적 전단 유변 물성 측정 시험에 사용된 변형률 및 응력값, 그리고 실제 시험 온도는 아스팔트의 강성(stiffness)과 밀접한 관계가 있다. 여러 온도에서 시험을 실시할 때 모든 시험은 4시간 이내에 완료해야 한다.

5. 결과의 정리

5.1 결과의 계산

5.1.1 최대 전단 응력 $\tau_{\max}$(MPa)과 최대 전단 변형률 $\gamma_{\max}$(°)에 대한 계산식은 다음과 같다(그림 3 참조).

$$\tau_{\max} = \frac{2T}{\pi r^3}$$

$$\gamma_{\max} = \frac{\theta r}{h}$$

여기서, T : 작용한 최대 토크(N · m)

r : 시험판의 반지름(12.5 mm 또는 4 mm)

θ : 회전각(°)

h : 아스팔트 시험편의 높이(1 mm 또는 2 mm)

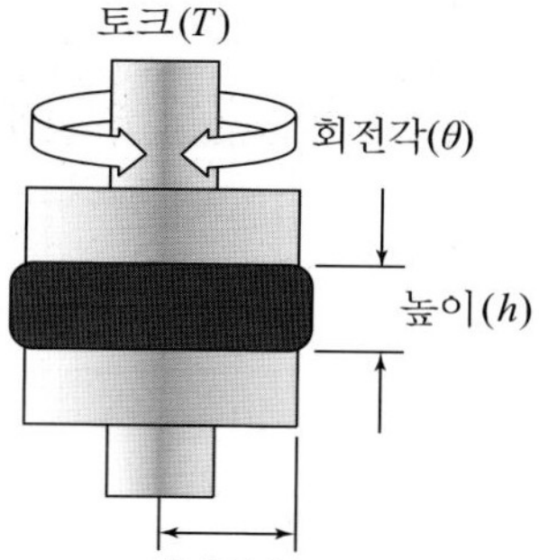

그림 3 최대 전단 응력과 최대 전단 변형률 계산을 위한 모식도

5.1.2 최대 전단 응력을 $\tau_{\max}$로, 최대 전단 변형률을 $\gamma_{\max}$로 하면 복합전단계수의 절대값 $|G^*|$는 다음 식과 같다.

$$|G^*| = \frac{\tau_{\max}}{\gamma_{\max}}$$

5.1.3 변형률과 응력 사이의 위상각은 δ(°)로서 산출된다.

5.2 결과의 보고

다음 사항에 대하여 보고한다.

a) 아스팔트 시료명

b) 시험 일시

c) 시험 기구명 및 시험 모드(응력 또는 변형률 제어 방식)

d) 시험에서 주어진 응력 또는 변형량

e) 측정 주파수

f) 시험 온도

g) 복합전단계수(G^*) 및 위상각(δ)

h) $G^*\sin\delta$ 및 $G^*/\sin\delta$(kPa)

역청 재료의 침입도 시험방법 Testing method for penetrating of bituminous materials (KS M 2252 : 2007)

1. 적용범위

이 규격은 반고체 및 고체 역청 재료의 침입도 시험방법에 대하여 규정한다.

2. 인용규격

다음에 나타내는 규격은 이 규격에 인용됨으로써 이 규격의 규정 일부를 구성한다. 이러한 인용규격은 그 최신판을 적용한다.

KS B 5314, 석유류 시험용 유리제 온도계

KS M 2670, 석유류 시험용 유리 기구

3. 시험방법의 개요

항온 수욕조에서 일정 온도로 유지된 시료에 규정된 침이 일정 시간 내에 진입하는 길이를 0.1 mm 단위로 측정한다.

4. 장치

그림 1에 나타낸 다음의 4.1～4.6으로 구성된다.

4.1 침입도계

4.1.1 침 : 그림 2에 나타낸 모양・치수의 스테인리스강제(STS440－C) 또는 동등 이상의 경도를 가진 침을 침 황동제의 자루 중심에 부착한 것으로 하고, 그 질량은 (2.5±0.02) g으로 한다. 또한, 침 표면 거칠기는 0.2～0.3μm로 연마되어야 한다.

4.1.2 낙하 장치 : 침을 침 낙하시키는 장치는 고정쇠를 누름에 따라 침을 침 지지장치 및 추와 함께 시료 속에 수직으로 진입시킬 수가 있고, 또한 낙하에 대한 마찰저항이 극히 작은 구조의 것

4.1.3 침 지지장치 : 그림 1에 나타낸 침을 지지하는 것으로 그 질량은 (47.5±0.02) g으로 한다.

4.1.4 추 : 그림 1에 나타낸 침 지지장치에 부착된 황동제 원형의 추이며 그 질량은 (50±0.05) g으로 한다.

4.1.5 다이얼 게이지 : 그림 1에 나타낸 것과 같은 진입거리 0.1 mm까지 측정할 수 있는 것으로 하고, 진입 확인장치(래크)는 40 mm 이상의 상하운동이 가능한 것.

4.1.6 시험대 및 지지대 : 지지대에는 상하운동이 가능한 시험대, 금속제 지주, 수준기 및 수평 조정 나사를 구비하고 지주에는 다이얼 게이지 지지대를 부착한 것으로 시험시에 시료 표면과 침 끝을 접촉시키는 데 필요한 미동 조정 기구가 구비된 것

4.2 시료용기 : 그림 3 a)에 나타낸 모양・치수의 금속제로 밑바닥이 평평한 원통형으로 한다. 침입도 200 이상인 시료에는 그림 3 b)에 나타낸 모양・치수의 용기를 사용한다.

4.3 유리용기 및 삼각 금속대 : 유리용기는 KS M 2670의 그림 117의 것으로 하고 삼각 금속대는 그림 4의 모양・치수의 황동제(도금 붙이)인 것

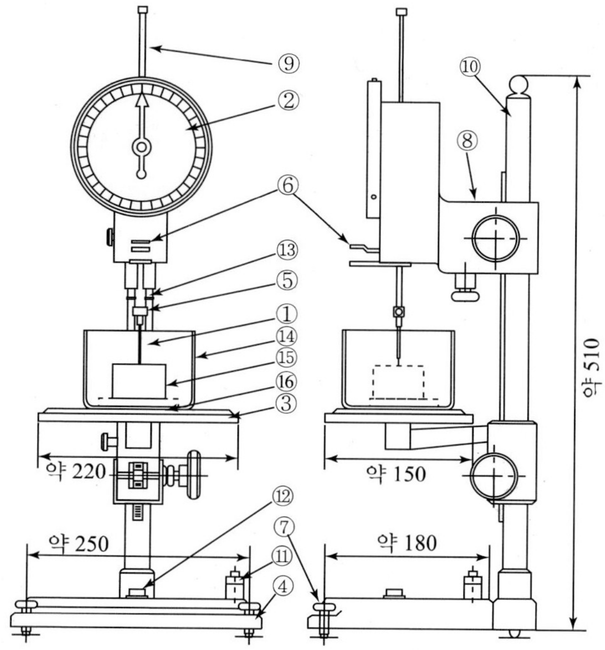

① 침	② 다이얼 게이지	③ 시험대	④ 지지대
⑤ 침 지지장치	⑥ 고정쇠	⑦ 수평 조정 나사	⑧ 다이얼 게이지 지지대
⑨ 침입도 측정영 래크	⑩ 지주	⑪ 추	⑫ 수준기
⑬ 미동 조정기구	⑭ 유리 용기	⑮ 시료 용기	⑯ 삼각 금속대

그림 1 침입도 시험기

4.4 항온 수욕조 : 시료용기 및 유리용기를 동시에 넣을 수 있는 항온 수욕조로서 (25±0.1)℃로 유지할 수 있는 것

4.5 초시계 : 정확도가 15분당 ±0.05% 이내이고 최소 눈금이 0.1초인 스톱워치나 전기식 타이머 등을 사용한다.

4.6 온도계 : KS B 5314의 온도계 번호 17(VIS)로 한다.

5. 시료의 준비

a) 시료는 부분적인 과열을 피하고, 연화점보다 90℃ 이상 높지 않도록 가열하여, 가능한 저온에서 시료 속에 기포가 들어가지 않도록 천천히 혼합하면서 녹인다.

b) 시료가 충분히 유동성을 가지고 균질하게 되면 시료용기에 시료를 넣는다. 시료량은 침의 예정 진입 깊이보다 10 mm 이상 깊은 양으로 한다.

c) 시료용기에 먼지가 들어가지 않도록 뚜껑을 하고 이것을 15～30℃의 실온에서 1～1.5시간 방치한다. 다음에 이것을 삼각대를 넣은 유리용기와 함께 (25±0.1)℃로 유지된 항온 수욕조의 지지대 위에 놓고 1～1.5시간 방치한다. 다만, 그림 3 b) 용기를 사용할 때는 방치 시간을 1.5～2시간으로 한다.

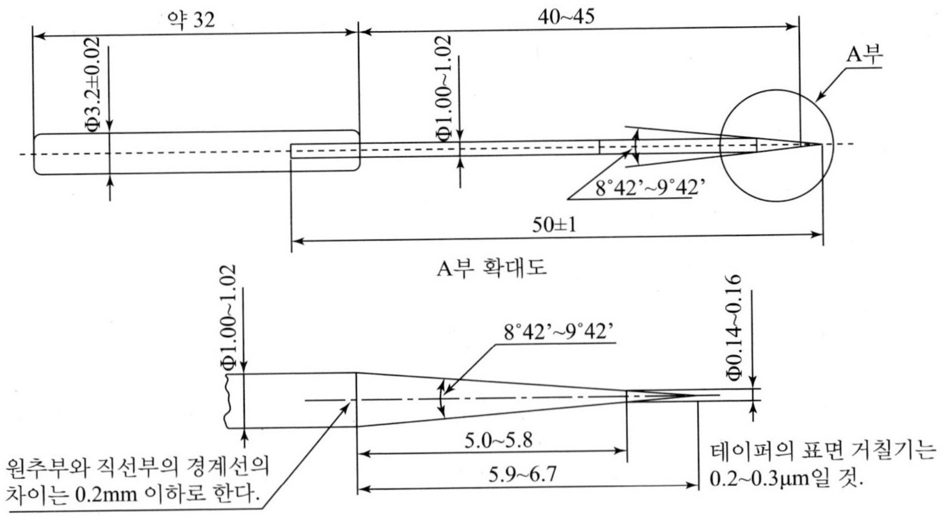

그림 2 침입도 시험용 침(단위 : mm)

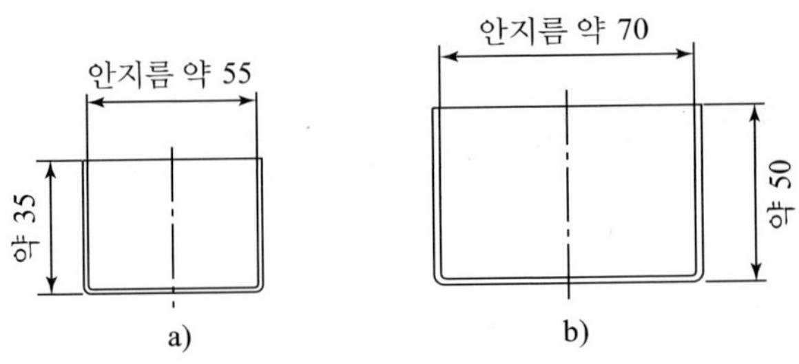

그림 3 시료용기(단위 : mm)

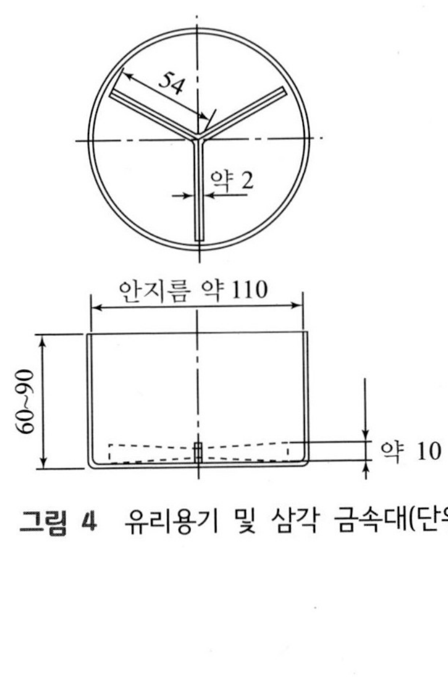

그림 4 유리용기 및 삼각 금속대(단위 : mm)

6. 시험절차

a) 침 지지장치, 추, 고정쇠 등에 물방울이나 이물질이 부착되었는지를 확인한다. 시험시마다 침을 삼염화에탄 등의 적당한 용제로 적신 거즈 등으로 세척하고, 건조한 거즈 등으로 침을 위에서 아래로 닦아 침 지지장치에 부착한다.

b) 항온 수욕조 속에서 유리용기의 삼각대 위에 시료용기를 옮겨서 항온 수욕조에 물을 채운 채 유리용기를 침입도계의 시험대 위에 놓는다. 광원을 적당히 조절하여 시료의 표면에 침끝의 그림자를 맞추고, 침 그림자의 끝이 접촉하도록 시험대의 높이를 조절하여 침의 끝을 시료의 표면에 접촉시킨다.

c) 다이얼 게이지의 피니언과 맞물리고 있는 래크를 침 지지장치의 상단에 살며시 대고 다이얼 게이지의 눈금을 0에 맞춘 다음 고정쇠를 눌러 무게에 의해서 침을 5초간[13] 시료 속에 진입시킨다. 다시 래크를 침 지지장치에 살며시 대어 다이얼 게이지의 눈금을 0.5단위까지 읽는다. 측정 중에 시료용기가 움직이는 경우는 측정을 다시 한다.

d) 측정은 동일 시료에 대해서 3회 실시하고, 각 측정위치는 시료용기의 내벽에서 항상 10 mm 이상, 2회 이후에는 전회 측정시의 진입위치에서 10 mm 이상 떨어진 점을 고른다.[14]
매회 측정 후 시료 및 유리용기를 항온 수욕조 속에 되돌려 넣어 유리용기의 물을 교환한다.

e) 측정값의 최대값과 최소값의 차이 및 평균값을 구하고 최대값과 최소값의 차이가 표 1에 규정하는 허용차 이내이면 평균값을 정수로 보고한다.

표 1 허용차

침입도 측정값의 평균값	침입도 측정값의 허용차
0 이상 50.0 미만	2.0
50.0 이상 150.0 미만	4.0
150.0 이상 250.0 미만	6.0
250 이상	8.0

7. 허용차

측정값의 최대값과 최소값의 차이는 평균값에 대해 표 1의 허용차를 넘어서는 안 된다.

8. 정밀도

정밀도는 다음과 같다. 다만 침입도가 300을 넘는 시료인 경우는 규정하지 않는다.

a) 반복성 동일한 시험실에서 동일인이 동일한 시험기로 시간을 달리하여 동일 시료를 2회 시험했을 때 시험 결과의 차이는 다음 허용차를 넘어서는 안 된다.

---

13) 진입시간을 정확히 하기 위해 시험개시 전에 초시계를 작동시켜 초침이 임의의 눈금을 가리킬 때 고정쇠를 눌러 침을 낙하시키고 정확히 측정시간 후에 고정쇠를 놓으면 된다.

14) 침입도가 200 이상인 시료를 시험할 때는 3개의 침을 준비하고 시험이 끝날 때까지 시료에서 침을 제거하면 안 된다.

허용차 = 0.02Am + 2

여기서, Am : 시험결과의 평균치

b) 재현성 서로 다른 시험실에서 서로 다른 사람이 다른 시험기로 동일 시료를 각각 1회씩 시험한 결과의 차이는 다음 허용차를 넘어서는 안 된다.

허용차 = 0.04Ap + 4

여기서, Ap : 시험결과의 평균치

9. 증발 후의 침입도비 시험방법

역청 재료의 증발량 시험방법에 의해서 얻어진 증발 후의 남은 시료 2개의 용기 중에 1개의 용기 속에 있는 시료는 용기에 넣은 채로 가능한 한 저온에서 재용융하고, 거품이 일지 않도록 주의해서 잘 혼합하여 균질하게 한다. 이것을 15～30℃의 실온에 1～1.5시간 방치한다. 나머지 1개의 용기 속에 있는 시료는 혼합하지 않은 상태로 상기와 같이 실온에 방치한다.

다음에 이것을 (25±0.1)℃로 유지한 항온 수욕조 속에 1～1.5시간 방치한 후 침입도를 시험하고, 다음 식에 의해 증발 후의 침입도비를 계산하고 정수로 보고한다.

$$P_r = \frac{P_b}{P_a} \times 100$$

여기서, P_r : 증발 후의 침입도비(%)

P_a : 혼합한 시료의 침입도

P_b : 혼합하지 않은 시료의 침입도

10. 침입도 지수 계산방법

침입도 지수(PI)는 다음 식에 따라 계산한다.

$$\mathrm{PI} = \frac{30}{1+50A} - 10$$

여기서, A : $\dfrac{\log 800 - \log P_{25}}{\text{연화점} - 25}$

P_{25} : 침입도(25 ℃)

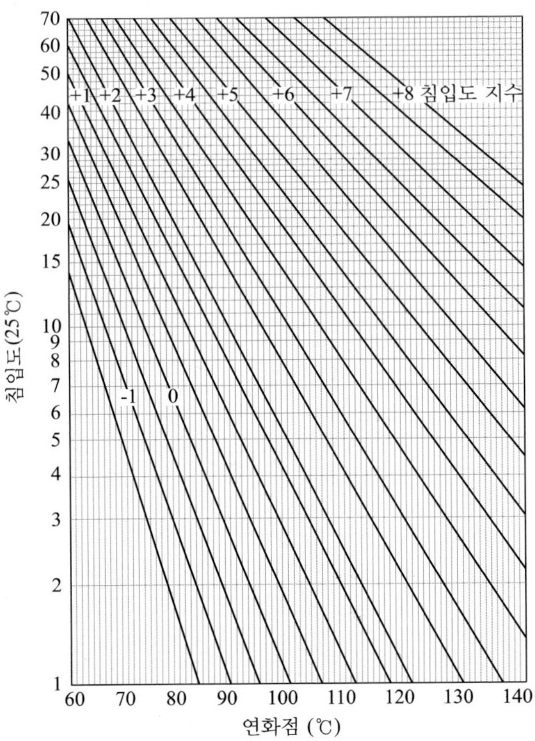

참고 그림 1 침입도 지수 조건표

아스팔트의 절대 점도 시험 방법 Testing method of test for absolute viscosity of asphalt (KS M 2247 : 2005)

1. 적용 범위

이 규격은 60℃에서 진공 모세관 점도계로 아스팔트(역청)의 절대 점도를 측정하는 방법에 대하여 규정한다. 이 방법은 점도의 범위가 4.2에서 2000 NS/m^2되는 물질에 대하여 적용한다.

[비고] 이 방법은 60℃에서 아스팔트 시멘트를 측정하는 데 기초를 두고 있으나 다른 온도에서의 측정도 가능하다.

2. 시험 방법의 개요

진공 및 온도가 정확히 조절되는 진공 장치에 의하여 일정한 양의 액이 모세관을 통하여 위로 유출되는 시간을 측정한다. 절대 점도는 유출 시간(초)에 점도계 보정 계수를 곱하여 구한다.

[비고] 전단 속도는 액이 관을 통하여 위로 올라감에 따라 감소하거나 또는 진공 상태가 다르거나 점도계의 크기가 다른 것을 사용하면 달라질 수도 있다. 그러므로 이 방법은 뉴턴(단일물)과 비뉴턴(복합물) 액체의 점도를 측정하는 데 적합하다.

3. 정의

이 규격에서 사용하는 주된 용어의 정의는 다음에 따른다.

3.1 뉴턴 액체의 절대 점도 또는 동점도 : 단위 평면에 작용하는 0.00001 N의 접선력을 액의 단위 거리로 나누면 단위 접선 속도가 되는데, 이러한 내부 마찰을 말한다.

3.2 뉴턴 액체: 전단 속도가 전단 응력에 비례하는 액체이며, 전단 속도에 대하여 전단 응력의 일정한 비율이 그 액체의 점도이다. 그 비율이 일정하지 않으면 그 액체는 비뉴턴 액체이다.

4. 장치

4.1 점도계 : 붕규산 유리로 만들어지고 풀림 처리된 모세관형으로 다음 규정에 적합하여야 한다.

a) 캐논형 진공 점도계 : 부속서 1의 1.에 규정된 것과 같다.

b) 아스팔트용 진공 점도계 : 부속서 1의 2.에 규정된 것과 같다.

c) 수정된 코퍼스 진공 점도계 : 부속서 1의 3.에 규정된 것과 같으며 상거래의 점도계라도 보정된 것이면 가능하다. 보정에 관한 사항은 부속서 1의 4.에 규정되어 있다.

4.2 온도계 : 온도 범위 58.6~61.4℃를 갖는 동점도용 온도계로서 정도 및 감도가 좋은 것이어야 한다.

[비고] 온도계는 실온까지 눈금을 나타내는 것으로 상부에 팽창구와 눈금이 있으며 수은주 상부까지 잠기는 것을 표준으로 한다.

4.3 중탕 : 액의 저장구나 모세관의 상부가 적어도 중탕 내의 액면 아래로 20 mm 되는 곳에 잠길 수 있으며, 점도계와 온도계를 눈으로 볼 수 있어야 하며, 점도계를 견고하게 지지할 수 있어야 한다. 교반 효과 및 열 손실과 입열 사이의 균형은 중탕 중간의 온도가 중탕 내 모든 위치에서 점도계와 점도계 사이 및 점도계의 길이에서 ±0.01℃ 이상 차이가 없어야 한다.

4.4 진공 장치 : 진공 장치는 (40±0.006) kPa로 유지할 수 있어야 하며, 기본 장치는 그림 1과 같다.

안지름 6.35 mm의 유리관이 사용되고, 모든 접합부는 새지 않도록 밀폐되어야 하며, 진공은 지시된 1 mm의 눈금을 가진 기압계에 의하여 유출되는가를 확인한다.

4.5 시계 : 초시계 또는 그 외의 시간 측정 기구는 0.1초 또는 그 이하로 세분된 눈금이 있어야 하며, 적어도 15분 동안 시험하였을 때 0.05% 이내의 정확성이 있어야 한다.

4.6 전기 시간 측정 기구에는 전기 회로로 된 것이 사용되어야 하고, 주파수는 0.01% 또는 그 이상의 정확도로 조절되는 것이 사용되어야 한다.

[비고] 대부분 일반 전력 체계(가정용 전기)로 공급되는 교류 전기 주파수는 간헐적이고 연속적으로 조절되지 않으므로 시간 측정 기구를 사용할 때 큰 오차를 일으킬 위험이 있다. 특히 짧은 시간을 측정할 때 더욱 심할 수 있다.

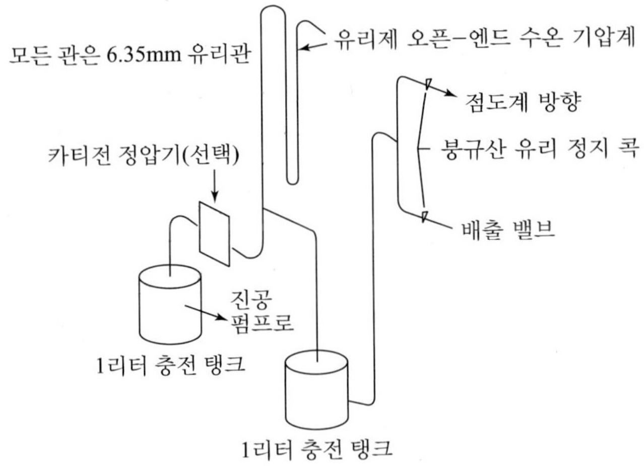

그림 1 진공 모세관 점도계에 관한 진공 장치(단위 : mm)

5. 시료 준비

a) 시료는 충분히 유동할 수 있도록 국부적인 과열을 피하면서 액의 온도가 균일하게 올라가도록 교반시키면서 가열한다.

b) 적당한 시료 용기에 시료를 최소한 20 mL 옮기고 때때로 저어 주면서 공기가 들어가지 않도록 주의하여 (135±5.5)℃까지 가열한다.

6. 조작

조작의 세부 절차는 점도계의 형에 따라서 조금 다르다. 측정을 위한 점도계의 선택은 부속서 1에 나타냈으며, 어떤 형의 점도계를 선택하든지 일반적인 조작 방법은 다음과 같다.

a) 중탕의 온도를 시험 온도 ±0.01℃로 유지한다. 온도계는 모두 보정하여 사용한다.

b) 유출 시간이 60초 이상 소요되는 점도계를 선택하고 깨끗이 씻어서 건조한 다음, (135±5.5)℃까지 예열한다.

c) 시료 채취선 E(그림 2～4)의 ±2 mm까지 준비된 시료를 부어서 채운다.

d) 기포가 있으면 이를 제거하기 위하여 (135±55)℃로 유지된 건조기나 중탕 내에서 (10±2)분 동안 담가둔다.

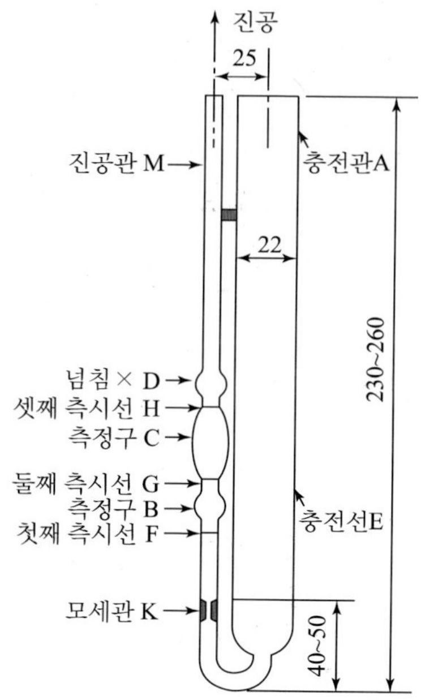

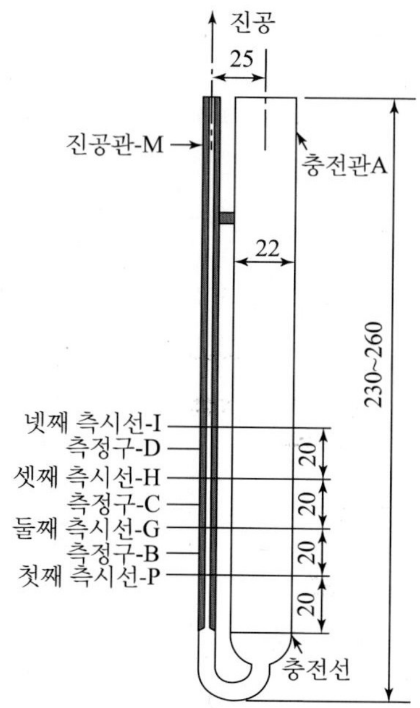

그림 2 (좌) 캐논형 진공 모세관 점도계(단위 : mm)

그림 3 (우) 아스팔트 협회 진공 모세관 점도계(단위 : mm)

e) 건조기 또는 중탕으로부터 점도계를 꺼내어 5분 이내에 홀더에 점도계를 꽂고 맨 위의 측정 표시선이 적어도 중탕액의 표면에서 20 mm 아래에 오도록 중탕 안에 점도계를 수직으로 설치한다.

f) 진공 장치는 (40±0.006) kPa의 진공 상태로 유지하고 점도계에 연결되는 선에 토글 밸브나 정지 콕이 잠겨진 상태로 진공 장치를 점도계에 연결한다.

g) 점도계를 (30±5)분 동안 중탕 안에 유지한 다음, 진공 장치로 연결된 선에 토글 밸브나 정지 콕을 열어서 점도계 내의 아스팔트를 흐르게 한다.

h) 측정 액면의 선단이 연속되는 측정구의 측시선을 통과하는 데 소요되는 유출 시간을 0.1초까지 측정한다. 2개의 측시선 사이로 60초를 초과하는 처음 유출 시간을 보고한다.

i) 시험이 완료되면 중탕에서 점도계를 꺼내고 아스팔트가 점도계에서 완전히 흘러내릴 때까지 (135±5.5)℃로 유지되어 있는 건조기 안에 거꾸로 놓아 둔 다음, 점도계를 시료와 완전히 혼합할 수 있는 용제로 몇 번 세척하고 완전히 휘발성 용제로 세척한다. 시험관을 2분 동안 또는 용제의 흔적이 없어질 때까지 모세관에 건조 공기를 서서히 불어넣어서 건조시킨다. 주기적으로 유기 침전물을 제거하기 위하여 시험관을 크롬산 혼액, 증류수, 아세톤 순으로 씻어서 건조한다.

7. 계산

h)에 의하여 측정한 시간에 측정 구간에 해당되는 보정 계수를 곱하여 다음 식에 의하여 절대 점도를 구한다.

절대 점도 $P = K \cdot t$

여기서, K : 보정 계수(P/S)

t : 유출 시간(s)

8. 보고

시험 결과는 반드시 점도와 진공 및 시험 온도를 함께 보고한다.

[보기] 절대 점도(60℃, 40 kPa 진공)

9. 정도

9.1 다음 기준(1.의 비고 참조)은 결과(95% 확률)의 정확성을 판단하는 데 사용된다.

a) 반복성 : 사람과 장치가 같을 때 2회의 시험 결과의 평균값이 7%를 넘지 않으면 모두 옳은 것으로 본다.

b) 재현성 : 두 시험실의 시험 결과의 평균값이 10%를 넘지 않으면 모두 옳은 것으로 본다.

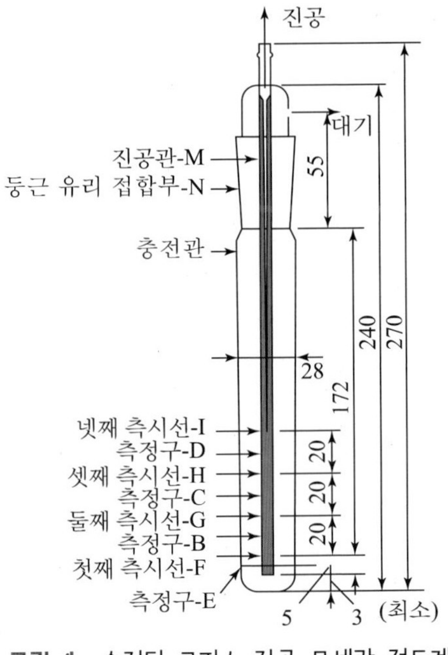

그림 4 수정된 코퍼스 진공 모세관 점도계(단위 : mm)

부속서 1

1. 캐논형 진공 모세관 점도계

1.1 적용 범위 : 캐논형 진공 모세관 점도계는 범위 0.0036에서 8000 NS/m^2까지 11개의 크기가 사용된다. 크기 1.0~1.4는 60℃에서 아스팔트 시멘트의 점도를 측정하는 데 가장 적당하다.

1.2 장치

a) 캐논형 진공 모세관 점도계의 모양 및 치수는 그림 2와 같다. 크기 번호, 보정 계수 K 및 캐논형 진공 모세관 점도계의 계열에 대한 점도 범위는 부속서 1 표 1에 주어져 있다.

b) 모든 점도계 크기에 대한 측정구 C의 체적은 거의 측정구 B의 3배이다. 부속서 1 표 1에 나타낸 점도 범위는 두 측정구에 대한 60초와 400초의 충전 시간과 일치한다.

c) 홀더는 지름 22 및 8 mm로 2개의 구멍이 있으며, 두 구멍 사이 중심 거리는 25 mm이다. 구멍과 구멍 사이, 그리고 8 mm 구멍과 고무마개 끝 사이를 가늘게 뚫는다.

2. 아스팔트 협회 진공 모세관 점도계

2.1 적용 범위 : 아스팔트 협회 진공 모세관 점도계는 범위 4.2에서 2000 NS/m^{2}까지 다섯 가지의 크기(부속서 1 표 2)가 사용된다. 크기 5.0에서 20은 60℃에서 아스팔트 시멘트의 점도를 측정하는 데 적당하다.

2.2 장치

a) 아스팔트 협회 진공 모세관 점도계의 모양 및 치수는 그림 3과 같다. 아스팔트 협회 진공 모세관 점도계에 대한 크기 번호, 모세관 반지름, 보정 계수 K 및 점도 범위는 부속서 1 표 2에 나타냈다.

b) 이 점도계는 측정구 B, C 및 D를 가지고 있고, 점도계까지 M이 있으며, 이는 정밀하게 구멍을 뚫은 유리 모세관이다. 측정구는 20 mm의 긴 모세관 부분이 있으며, 시측선 F, G, H 및 I로 나누어져 있다.

c) 홀더는 번호 11 고무마개로 지름이 각각 22 및 8 mm의 구멍 두 개를 뚫는다. 두 구멍 사이의 중심 거리는 25 mm로 하고, 구멍과 구멍 사이, 그리고 8 mm의 구멍과 고무마개 끝 사이를 가늘게 뚫는다. 중탕 덮개에 지름 51 mm 구멍을 뚫을 때 점도계에 장치한 마개를 놓을 수 있어야 한다. 이러한 홀더가 항상 유용하다.

3. 수정된 코퍼스 진공 모세관 점도계

3.1 적용 범위 : 수정된 코퍼스 진공 모세관 점도계는 점도 범위 4.2에서 20000 NS/m^{2}를 포함한 다섯 가지의 크기(부속서 1 표 3)가 사용된다. 크기 5에서 20은 60℃에서 아스팔트 시멘트의 점도를 측정하는 데 가장 적당하다.

3.2 장치

a) 수정된 코퍼스 진공 모세관 점도계의 치수 및 모양을 그림 4에 나타냈다. 수정된 코퍼스 진공 모세관 점도계에 대한 크기 번호, 모세관 반지름, 보정 계수 K 및 점도 범위는 부속서 1 표 3에 나타냈다.

b) 이 점도계는 분리 충전관 A와 정밀하게 구멍이 뚫린 유리 진공 모세관 M으로 구성되어 있다. 이 두 부분은 붕규산염으로 된 둥근 유리관으로 연결되어 있고, 연결관 N은 20/40 표준 테이퍼를 가지고 있다. 유리 모세관에 측정구 B, C 및 D는 20 mm의 긴 모세관으로 측시선 K, G, H 및 I로 분리되어 있다.

c) 점도계 홀더는 번호 11 고무마개로 중심에 28 mm의 구멍을 뚫어 만들고, 구멍과 그 끝 사이의 마개는 가늘게 벤다. 중탕 덮개에 지름 51 mm 구멍을 뚫을 때, 이 구멍은 점도계를 고정할 수 있어야 한다.

4. 점도계의 보정

4.1 적용 범위 : 이 부속서는 이 방법으로 사용되는 점도계의 보정, 보정물 및 보정 절차에 대하여 적용한다.

4.2 점도 표준액 : 부속서 1 표 4에 표시하는 점도 표준액을 사용한다.

4.3 보정

a) 점도 표준액 방법에 의한 진공 점도계의 보정은 다음과 같이 한다.

1) 부속서 1 표 4로부터 보정 온도에서 유출 시간 60초 이상의 표준액을 선택한다.
2) 깨끗하고 건조한 점도계에 충전선 E의 ±2 mm 이내로 시료를 부어 채운다(그림 2～4 참조).
3) 보정 온도가 ±0.01℃로 유지된 중탕 내에 점도 표준액이 채워진 점도계를 넣는다.
4) 진공 장치에 (40±0.006) kPa 진공을 유지하고, 점도계에 연결되는 선에 토글 밸브 또는 정지 콕이 닫혀 있는 상태로 점도계에 진공 장치를 연결한다.
5) 점도계가 중탕 속에서 (30±5)분 동안 유지한 후 진공계의 연결선상에 있는 정지 콕이나 토글 밸브를 열어서 점도계의 표준액이 흐르게 한다.
6) 초시계를 사용하여 시료의 메니스커스가 측시선 F와 G 사이를 통과하는 시간을 0.1초까지 측정하고, 또한 초시계를 사용하여 시료의 메니스커스가 측시선 G와 H 사이를 통과하는 시간을 0.1초까지 측정한다. 점도계가 부가적인 측시선을 갖고 있으면 같은 방법으로 각 연속의 측정구에 대한 유출 시간을 측정한다.
7) 각 측정구에 대한 보정 계수 K는 다음 식으로 산출한다. $L = V/t$, 여기에서 K = 40 kPa에서 측정구의 보정 계수(P/S), V = 보정 온도 P에서 점도 표준의 절대 점도, t = 유출 시간(s)
8) 동일 점도 표준액 또는 다른 점도 표준액을 사용하여 보정 절차를 반복한다. 각 구에 대한 평균 보정 계수 K를 기록한다.

[비고] 1. 각 구에 대한 보정 계수 K의 반복 측정값의 평균은 2% 이내에서 일치하여야 한다.
2. 구의 보정 계수는 온도와는 무관하다.

b) 표준 진공 점도계의 평균값에 대한 진공 점도계의 보정은 다음과 같다.

1) 페트럴레이텀, 아스팔트 등은 적어도 60초 이상의 유출 시간을 갖는 것을 선정하고, 구의 보정 계수를 알고 있는 표준 점도계를 선택한다.
2) 표준 점도계를 60℃의 중탕 내에서 보정되도록 점도계와 함께 장치하고, 6.의 절차에 의하여 아스팔트의 유출 시간을 측정한다.
3) 각 구에 대한 보정 계수 K를 다음과 같이 산출한다.

$$K_1 = \frac{t_2 \times K_2}{t_1}$$

여기서, K_1 : 보정된 점도계 구의 보정 계수
t_1 : 보정된 점도계 구의 유출 시간
K_2 : 표준 점도계 구의 상수
t_2 : 표준 점도계에 사용하는 구의 유출 시간

부속서 1 표 1 캐논형 진공 모세관 점도계에 대한 표준 점도계의 크기, 보정 계수 K 및 점도 범위

점도계의 크기 번호	보정 계수 K* 40 kPa 진공, P/S		점도 범위 (NS/m^2)
	구 B	구 C	
4	0.002	0.0006	0.0036～0.08
5	0.006	0.002	0.012～0.24

6	0.02	0.006	0.036~0.8
7	0.06	0.02	0.12~2.4
8	0.2	0.06	0.36~8
9	0.6	0.2	1.2~24
10	2.0	0.6	3.6~80
11	6.0	2.0	12~240
12	20.0	6.0	36~800
13	60.0	20.0	120~2400
14	200.0	60.0	360~8000

주* 정확한 보정 계수는 점도 표준액으로 보정되어야 한다.

부속서 1 표 2 아스팔트 협회 진공 모세관 점도계에 대한 표준 점도계의 크기, 모세관의 반지름, 보정 계수 K 및 점도 범위

점도계의 크기 번호	모세관 반지름 (mm)	보정 계수 K* 40 kPa 진공, P/S			점도 범위 (NS/m^2)
		구 B	구 C	구 D	
25	0.125	2	1	0.7	4.2~80
50	0.25	8	4	3	18~320
100	0.50	32	16	10	60~1280
200	1.0	128	64	40	240~5200
400	2.0	500	250	160	960~20000

주* 정확한 보정 계수는 점도 표준액으로 보정되어야 한다.

부속서 1 표 3 수정된 코퍼스 진동 모세관 점도계에 대한 표준 점도계의 크기, 모세관의 반지름, 보정 계수 K 및 점도 범위

점도계의 크기 번호	모세관 반지름 (mm)	보정 계수 K* 40 kPa 진공, P/S			점도 범위 (NS/m^2)
		구 B	구 C	구 D	
25	0.125	2	1	0.7	4.2~80
50	0.25	8	4	3	18~320
100	0.50	32	16	10	60~1280
200	1.0	128	64	40	240~5200
400	2.0	500	250	160	960~20000

주* 정확한 보정 계수는 점도계 표준액으로 측정되어야 한다.

부속서 1 표 4 점도 표준액

점 도	절대 점도(NS/m^2)		
	20℃	30℃	38℃
N30000	150	…	24
N190000	800	…	160
N30000	…	46	24

선회 다짐기를 이용한 아스팔트 혼합물의 다짐 방법 및 밀도 시험 방법
Test method for preparing and determining density of hot-mix asphalt mixture by means of the gyratory compactor (KS F 2377 : 2001)

1. 적용 범위

이 규격은 선회 다짐기(Gyratory Compactor : GC)를 사용하여 아스팔트 콘크리트 혼합물을 지름 100 mm, 150 mm의 크기로 축 방향 선회 다짐시켜, 공시체를 제작하는 다짐 절차와 공시체 다짐 밀도 측정 및 공극률 산출 방법에 대하여 규정한다.

이 시험 방법은 선회 다짐기를 이용하여 아스팔트 혼합물 배합 설계시 아스팔트 함량을 결정하기 위한 시험으로 적용된다.

2. 시험용 기구

2.1 선회 다짐기(Gyratory Compactor) GC는 그림 1과 같이 구성된 기계 장치이다.

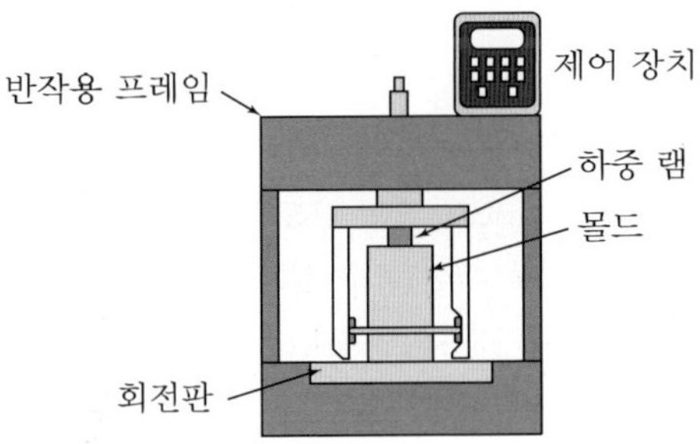

그림 1 선회 다짐기

2.1.1 하중램(Loading Ram) : 유압 또는 기계 시스템으로 하중을 적용시키는데 공시체에 600 kPa 이상의 다짐 압력을 전달할 수 있어야 하며, 압력을 유지하면서 100 mm와 150 mm 공시체를 교체하면서 다짐할 수 있어야 한다. 하중 램의 지름은 100 mm 또는 150 mm 몰드의 내부 지름과 일치하도록 되어 있다.

2.1.2 회전 모터 : 시험 장치 내에 고정되어 있어야 하며, 1분에 30회전의 일정한 속도로 회전판을 돌려줄 수 있어야 한다.

2.1.3 반작용 프레임(Reaction Frame) : 시편을 다질 때 하중 램이 밀리는 것을 방지해 주는 고정 프레임으로서, 600 kPa 이상의 하중에 충분히 견딜 수 있어야 한다.

2.1.4 회전판(Rotating Base) : 혼합물을 다지는 동안 몰드를 지지하며, 하중 프레임에 부착되어 있다. 또한 반작용 몰드 베어링과 함께 몰드의 위치가 그림 2와 같이 선회 다짐시 일정한 각도를 유지하면서 회전하도록 되어 있어야 한다.

2.1.5 압력 게이지 : 시편을 다지는 동안 압력 게이지는 하중 램의 위치를 조정하도록, 하중 시스템에 신호를 조절함으로써 다짐 중에 일정한 다짐 압력이 유지되도록 하여야 한다.

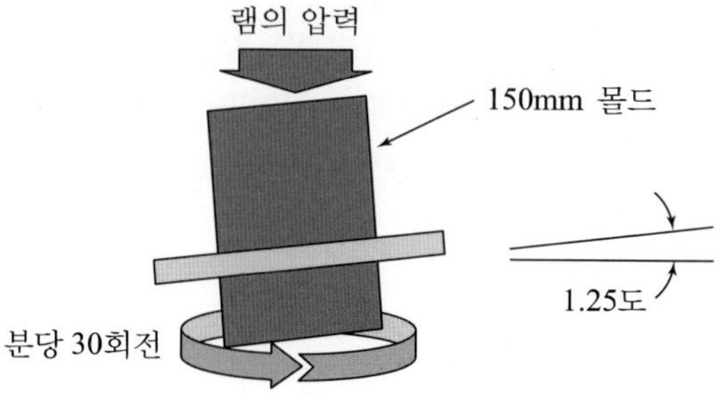

그림 2 선회 다짐 몰드의 형상 및 다짐 변수

2.1.6 높이 측정 게이지 : 다짐이 진행되는 동안 다짐 횟수에 따라 램 시편의 밀도를 쉽게 계산할 수 있도록, 램의 수직 변화 위치를 0.1 mm 단위로 높이를 측정한다.

2.2 건조기 및 열판 : 아스팔트 및 아스팔트 혼합물의 단기 노화 및 일정한 온도를 유지시킬 수 있도록 40～200℃ 범위에서 온도 조절이 가능하여야 하며, 허용 오차는 ±3℃이어야 한다.

2.3 공시체 몰드 : 로크웰 경도 48 이상의 스틸을 사용하여 최소 8.5 mm 두께로 만들어야 한다. 몰드 지름을 100 mm와 150 mm로 구분해서 시험할 수 있도록 각각 2개 이상 준비하여야 한다. 안지름이 100 mm 몰드의 경우 높이는 160 mm 이상이어야 하며, 150 mm 몰드의 경우 높이는 250 mm 이상으로 제작하여야 한다.

2.4 혼합용 기구 : 기계적인 혼합 방법을 추천한다. 소요 혼합 온도를 유지할 수 있고, 허용된 시간 동안에 잘 피복되고, 균질한 혼합물을 소요량만큼 생산할 수 있도록 용기는 5 L 용량이 필요하다.

2.5 기타 기구

2.5.1 용기 : 골재를 가열하기 위하여 밑면이 편편한 4 L 용량의 금속제 용기가 있어야 하며, 역청 재료를 가열할 수 있는 깡통, 비커 등이 있어야 한다.

2.5.2 저울 : 골재 및 아스팔트 혼합물의 무게를 계량하기 위한 20 kg 용량, 정밀도 1 g의 것과 다짐한 공시체의 무게를 계량하기 위한 5 kg 용량, 정밀도 0.1 g의 것이어야 한다.

2.5.3 스쿠프 : 혼합용 용기에 골재를 넣는데 필요하며, 밑이 편편한 것이 좋다.

2.5.4 장갑 : 뜨거운 기구를 만지기 위하여 용접공이 사용하는 장갑을 준비한다. 두꺼운 면장갑 2장을 겹쳐 끼고 작업할 수 있다.

2.5.5 스푼 및 스페출러 : 아스팔트 혼합물을 공시체 몰드 속에 넣는데 필요한 큰 스푼이나 다짐 전 공시체를 잘 펼 수 있도록 스페출러가 있어야 한다.

2.5.6 온도계 : 골재, 아스팔트 및 아스팔트 혼합물의 온도를 측정하기 위한 것으로서 비접촉식 온도계 또는 유리제 또는 금속제 온도계가 있으나, 혼합물 표면 온도를 빠르게 확인할 수 있는 비접촉식 온도계가 좋다.

온도 한계는 10～200℃이고, 정밀도는 ±2℃이어야 한다.

[비고] 비접촉식 온도계 사용시 유리제 또는 금속제 온도계를 사용하여 측정된 혼합물의 온도와, 비접촉식 온도계로 측정한 온도를 비교 후 보완하여 사용하는 것이 필요하다.

2.5.7 표시용 기구 : 공시체의 번호를 표시할 수 있도록 백색 수정액 또는 백색 크레용을 준비한다.

2.5.8 종이 원반 : 지름이 100 mm와 150 mm 크기의 종이 원반을 사용하여 공시체 바닥과 위쪽에 부착하여 사용한다.

2.5.9 윤활제 : 선회 다짐시 하중 램과 몰드 상판 또는 밑판의 마찰력을 감소시키기 위해 접촉면에 윤활제를 칠해 준다.

2.6 공시체 높이 : 변화량 기록 30 RPM의 속도로 선회 다짐시 매회 변화되는 공시체의 높이를 자동으로 기록할 수 있어야 하며, 부득이한 경우 시험자가 직접 읽으면서 기록할 수 있도록 수치화된 화면 정보가 가능하여야 한다.

3. 공시체

3.1 공시체 수 : 입도 조정된 골재와 아스팔트를 혼합한 매 배합마다 동일 조건으로 2개 이상의 공시체를 준비한다.

3.2 골재의 준비 : 골재는 KS F 2358에서 요구하는 아스팔트 콘크리트 혼합물용 골재 규격에 일치하는 것을 선정하여야 한다. 105±5℃의 조건에서 골재의 무게가 항량이 될 때까지 건조한 후, 굵은 골재는 20, 13, 5 mm 체, 잔 골재는 2.5 mm의 각 체를 사용하여 구분 건조시키는 것이 바람직하며 건식으로 체가름한다. 석분은 체가름하지 않고 그대로 사용한다.

3.3 입도의 결정 : 입도 분포를 만족하는 골재 배합비를 산출하기 위해 부속서(참고 1)에 나타낸 바와 같이 적어도 예비 입도 3가지를 준비하여야 하며, 골재 합성 입도는 통제점의 범위 내에 들어옴과 동시에 제한구역을 통과하지 않도록 선정한다.

3.4 혼합 온도 및 다짐 온도 결정 : 아스팔트의 혼합 및 다짐 온도는 세이볼트퓨롤도 85±10초 및 140±15초로 규정하여 시험하거나 또는 공급자가 정해 준 혼합 온도와 다짐 온도에 따른다.

3.5 혼합물의 준비

3.5.1 혼합물의 소요량 : 선회 다짐기에 의한 배합 설계는 아스팔트 혼합물의 체적 구성 비율에 의한 배합설계이므로, 공시체의 반지름이 150 mm인 경우에는 높이가 약 135 mm가 되도록 개략적으로 5500 g의 아스팔트 혼합물을 준비하여야 하며, 공시체 반지름이 100 mm인 몰드를 사용하여 배합 설계하는 경우에는 높이가 65.4 mm가 되도록 약 1200 g을 준비한다.

3.5.2 골재 가열 : 예비 입도 분포로 합성한 골재는 요구 혼합 온도보다 30℃ 높게 가열하여 완전하게 건조시킨다.

3.5.3 혼합 : 건조된 골재의 중앙 부위를 움푹 파고, 이미 혼합 온도로 가열되어 있는 아스팔트 바인더를 필요한 양만큼 계량하여 골재에 붓는다. 즉시 혼합을 시작한다. 혼합 온도에서 1시간 이상 경과된 아스팔트 바인더는 버리도록 한다.

골재와 아스팔트 바인더가 골고루 혼합될 수 있도록 가능한 빨리 그리고 완전하게 피막되도록 혼합한다. 기계 혼합하는 것이 좋다.

3.5.4 단기 산화 : 혼합물 준비를 완료한 후 얇고 편편한 팬에 m^2당 21～22 kg이 되도록 아스팔트 혼합물을 골고루 편다. 135℃ 온도에서 4시간 동안 단기 산화시킨다.

3.6 공시체의 다짐

3.6.1 몰드 가열 : 다짐하기 전 공시체 몰드와 상판 및 밑판을 오븐에 넣고 150℃로 45～60분간 가열한다.

3.6.2 다짐 온도가 단기 산화시킨 혼합물 온도(135℃)보다 높은 경우에는, 다짐 온도 조건에서 최대 30분간 더 가열시켜 소요 온도 조건을 맞춘다.

3.6.3 다짐 온도로 이미 가열된 몰드와 밑판을 꺼내어 선회 전 다짐기에 조립하고, 혼합물을 넣기 전

에 종이 원반을 바닥에 편편하게 고정시킨다.

3.6.4 몰드 속에 혼합물을 모두 붓는다. 이 때 몰드 밖으로 혼합물이 쏟아지지 않도록 주의를 해야 한다. 몰드에 혼합물을 모두 넣은 후 스페출러 등을 사용하여 혼합물 윗면을 편편하게 하고 그 위에 종이 원반을 놓는다.

3.6.5 아스팔트 혼합물이 담긴 몰드를 선회 전 다짐기 본체에 잘 고정시켜야 하며, 이 때 하중 램 아래에 몰드의 중심을 맞추어야 한다.

3.6.6 공시체의 압력이 600±18 kPa에 도달될 때까지 가압시킨다.

3.6.7 1.25±0.02° 각의 경사를 몰드 조립품에 적용하고, 이 각도를 유지하면서 선회 다짐을 시작한다.

[비고] 선회 다짐의 소요 횟수는 부속서(참고)에 따라 결정한다.

3.6.8 각 회전 후 공시체의 높이를 기록한다. 원하는 다짐 횟수까지 다짐을 하고, 역회전시켜 몰드가 수직이 되었을 때 선회 다짐 장치의 작동을 중지한다.

3.6.9 몰드 조립품에서 상판을 꺼내고 다짐기에서 몰드를 빼낸 후 몰드에서 공시체를 탈형시킨다.

[비고] 최종 밀도가 93%보다 낮은 공시체는 변형을 방지하기 위해, 공시체를 탈형하기 전 5~10분간 냉각시키는 것이 필요하다.

3.6.10 공시체 윗면과 밑면의 종이 원반을 공시체로부터 떼어낸 다음 시료 번호를 표시한다.

4. 밀도 측정

4.1 이론 최대 밀도 : KS F 2366에 따라 여분의 시료를 사용하여 혼합물의 최대 밀도(G_{mm})를 측정한다. 여분 시료는 다짐 시료와 동일한 기간 및 동일한 온도에서 처리한 혼합물 시료를 의미한다.

4.2 공시체 높이 : 탈형된 공시체의 높이를 0.05 mm까지 기록한다.

4.3 겉보기 비중 및 밀도 : 공시체의 질량과 크기를 실측하여 부피 밀도를 산출하고, 겉보기 비중 및 밀도를 KS F 2446의 측정 방법에 따라 측정한다.

4.4 밀도 계산

4.4.1 다음 등식을 사용하여 다짐 과정의 임의의 지점에서의 보정하지 않은 상대 밀도(C_{ux})를 측정한다.

$$C_{ux} = \frac{W_m}{V_{mx} G_{mm} G_w} \times 100$$

여기서, C_{ux} : 보정하지 않은 상대 밀도(최대 이론 밀도의 비율로 표현되며, 다짐하는 동안 임의의 지점에의 상대 밀도)

W_m : 공시체의 질량(g)

G_{mm} : 혼합물의 이론 최대 밀도

G_w : 물의 단위 질량(1 g/cm^3)

x : 선회 다짐 횟수

V_{mx} : 시험체의 체적(cm^3)[시험체의 지름(d)과 임의의 지점에서의 공시체 높이(hx)일 때 그 지점에서의 부피]

이 식은 다음과 같이 표현된다.

$$V_{mx} = \frac{\pi d^2 h_x}{4}$$

4.1.2 부피 밀도 시험 종료 후에 다음과 같이 다짐 비율을 측정한다.

$$C_x = \frac{G_{mb}\, h_m}{G_{mm}\, h_x} \times 100$$

여기서, C_x : 최대 이론 비중의 비율로 산출한 보정된 상대 밀도

G_{mb} : 탈형한 공시체의 겉보기 밀도

h_m : 탈형한 공시체의 높이(mm)

h_x : x회 선회 다짐시 공시체의 높이(mm)

5. 보고

5.1 시험명

5.2 시험 일자

5.3 공시체 식별

5.4 혼합물의 아스팔트 함량(0.1% 단위)

5.5 사용된 몰드의 평균 지름(d)(0.1 mm 단위)

5.6 공시체 질량(W_m)(g 단위)

5.7 공시체의 이론 최대 밀도(G_{mm})

5.8 공시체의 겉보기 밀도(G_{mb})

5.9 공시체의 공극률(%)

5.10 선회 다짐(h_x) 후 공시체 높이(0.1 mm 단위)

5.11 이론 최대 밀도의 비율로 산출한 상대 밀도(C_x)(0.1% 단위)

부속서 (참고) 선회 다짐기를 이용한 아스팔트 혼합물 배합 설계 절차 및 배합 설계 보기

1. 적용 범위

이 규격은 슈퍼페이브 배합 설계 방법으로 배합 설계시 SHRP 선회 다짐기(SGC)를 이용하여 아스팔트 함량을 결정하기 위한 다짐 절차와 배합 설계 사례에 대하여 기술한 것으로, 규정의 일부는 아니다.

[비고] 배합 설계 사례는 선회 다짐기를 이용한 슈퍼페이브 제1 단계 혼합물 배합 설계 방법을 쉽게 설명하기 위한 참고 자료이다.

2. 실험 기구

공시체 제작용 기구 및 공시체 몰드를 본체 규격에 정의된 장비와 몰드 규격에 따른다.

3. 배합 설계 절차

3.1 재료의 선택

3.1.1 아스팔트 평가 : 바인더로 사용하게 될 아스팔트는 슈퍼페이브 배합 설계시 AASHTO MS1－93의 바인더 규격에 따른 공용성 등급(PG : Performance Grade)에 맞는 재료를 적용한다.

[비고] 현재 국내의 경우, 바인더 선정 규격 및 시험 장비 규격이 아직 마련되어 있지 않으므로, 이 규격이 제정되기 전까지는 현재 적용하고 있는 KS F 2349의 역청 재료 규정에 적합한 것을 적용할 수 있다.

3.1.2 골재 평가 : 슈퍼패이브 혼합물 배합 설계 방법에서는 골재 선정 시험시 굵은 골재의 입형, 잔골재의 입형, 세장 편평률, 점토 함유율, 비중, LA 마모 시험, 흡수율 등을 평가하여 적정 재료를 적용한다.

슈퍼패이브 배합 설계에서는 이들 골재 특성에 대하여 요구되는 표준 규정이 마련되어 있으며, 교통 하중 및 포장 구조 내의 위치에 따라 다르게 적용하여야 한다.

[비고] 국내에서는 이들 규정에 맞도록 시험하기 위한 시험 방법이 마련되어 있지 않으므로, 이들 규격이 제정되기 전까지는 KS F 2349의 골재 규정에 만족되는 골재를 적용할 수 있다.

3.2 골재의 합성 입도 : 슈퍼패이브 배합 설계에서는 허용 입도를 결정하기 위해서 0.45승(power)을 한 밀리미터(mm) 크기 체의 산술 눈금을 도표로 사용한다. 슈퍼패이브에서는 골재 최대 치수에 따라 5개의 혼합물 형태를 부속서 표 1과 같이 정의하고 있으며, 골재의 공칭 치수별 5가지 슈퍼패이브 혼합물에 대한 입도의 제한 구역 범위와 통제점은 부속서 표 2～표 6에 나타내었고, 반듯이 이들 조건을 만족하도록 골재의 합성 입도를 선정한다.

부속서 표 1 슈퍼패이브 혼합물 명칭

슈퍼패이브 명칭	골재 최대 치수(mm)	최대 크기(mm)
37.5 mm	37.5	50
25 mm	25	37.5
19 mm	19	25
12.5 mm	12.5	19
9.5 mm	9.5	12.5

[비고] 일반적으로 제한 구역의 하부를 통과하고, 통제점의 아래쪽에 가깝게 골재를 사용하는 혼합물이 양호한 골재의 구조를 갖는다고 알려져 있다.

부속서 표 2 공칭 크기 37.5 mm

체 크기(mm)	통제점		제한 구역 범위	
	하한	상한	하한	상한
50	100.0	100.0	-	-
37.5	90.0	100.0	-	-
25	-	90.0	-	-
19	-	-	-	-
12.5	-	-	-	-
9.5	-	-	-	-
4.75	-	-	34.7	34.7
2.36	15.0	41.0	23.3	27.3

1.18	-	-	15.5	21.5
0.60	-	-	11.7	15.7
0.30	-	-	10	10
0.15	-	-	-	-
0.075	0.0	6.0	-	-

부속서 표 3 공칭 치수 25 mm

체 크기(mm)	통제점		제한 구역 범위	
	하한	상한	하한	상한
37.5	100.0	100.0	-	-
25	90.0	100.0	-	-
19	-	90.0	-	-
12.5	-	-	-	-
9.5	-	-	-	-
4.75	-	-	39.5	39.5
2.36	19.0	45.0	26.8	30.8
1.18	-	-	18.1	24.1
0.60	-	-	13.6	17.6
0.30	-	-	11.4	11.4
0.15	-	-	-	-
0.075	1.0	7.0	-	-

부속서 표 4 공칭 치수 19 mm

체 크기(mm)	통제점		제한 구역 범위	
	하한	상한	하한	상한
25	100.0	100.0	-	-
19	90.0	100.0	-	-
12.5	-	90.0	-	-
9.5	-	-	-	-
4.75	-	-	-	-
2.36	23.0	49.0	34.6	34.6
1.18	-	-	22.3	28.3
0.60	-	-	16.7	20.7
0.30	-	-	13.7	13.7
0.15	-	-	-	-
0.075	2.0	8.0	-	-

부속서 표 5 공칭 치수 12.5 mm

체 크기(mm)	통제점		제한 구역 범위	
	하한	상한	하한	상한
19	100.0	100.0	-	-
12.5	90.0	100.0	-	-
9.5	-	90.0	-	-
4.75	-	-	-	-
2.36	28.0	58.0	39.4	39.1
1.18	-	-	25.6	31.6
0.60	-	-	19.1	23.1
0.30	-	-	15.5	15.5
0.15	-	-	-	-
0.075	2.0	10.0	-	-

부속서 표 6 공칭 치수 9.5 mm

체 크기(mm)	통제점		제한 구역 범위	
	하한	상한	하한	상한
12.5	100.0	100.0	-	-
9.5	90.0	100.0	-	-
4.75	-	90.0	-	-
2.36	32.0	67.0	47.2	47.2
1.18	-	-	31.6	37.6
0.60	-	-	23.5	27.5
0.30	-	-	18.7	18.7
0.15	-	-	-	-
0.075	2.0	10.0	-	-

3.3 예비 혼합 : 세 가지 입도가 최고의 인자 구조를 가지도록 평가되어 있으므로, 이 입도 중 한 가지 입도를 제한 구역 위로 지나도록 하고, 나머지 두 입도를 제한 구역 밑으로 지나도록 조정하여 예비 혼합을 한다. 이 세 가지 입도를 그리면 부속서 그림 1과 같다.

3.4 최적 아스팔트 함량의 결정 : 최적 아스팔트 함량을 구하는 방식은 6.의 배합 설계 보기에 표기된 방법에 따른다.

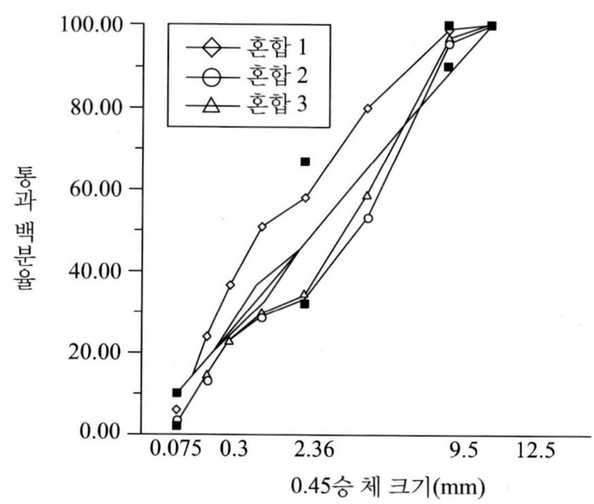

부속서 그림 1 세 종류의 예비 입도

4. 혼합 및 다짐

본체 규격에 규정된 절차에 따라 혼합한 후 SGC 다짐 장비를 사용하여 다짐한다. 다짐절차는 부속서 표 9에 나타낸 슈퍼패이브 선회 다짐도에 따라 초기 선회 다짐 횟수(N초기), 설계 선회 다짐 횟수(N설계), 최대 다짐 횟수(N최대)를 조정하여 다짐을 실시한다.

5. 시험 결과 분석

슈퍼패이브 선회 다짐 시험 결과는 필요한 선회 다짐 횟수에 대하여 겉보기 비중(bulk sp. gr.), 수정 겉보기 비중(corrected bulk sp. gr.) 및 이론 최대 비중에 대한 백분율(% G_{max})을 계산하여 공극률(%), VMA(%)를 분석하여 골재 구조의 선정 및 설계 아스팔트 바인더 함량을 선정한다.

6. 배합 설계 보기

슈퍼패이브 제1단계 혼합물 설계 방법을 쉽게 설명하기 위해서 설계 예제를 마련하였다. 재료의 선정부터 시작하여 이론적인 계산, 실제 다짐 시험, 수분 민감도로 끝나는 매우 긴 절차이기 때문에, 이 설계법에 익숙하지 않은 실무자는 본 예제로부터 전체의 절차를 이해하고, 단계별로 반복 숙지해 나감으로써 익숙해질 수 있을 것이다.

6.1 재료의 선택

광주－동광주 현장은 설계 등가 축하중 통과 횟수(ESALs)가 27,000,000으로 결정되었다. 이 현장의 교통 수준(traffic level) 범위는 10,000,000～30,000,000 ESALs이다. 교통 수준은 다짐에 필요한 설계 다짐 횟수, 골재의 물리적 특성 및 혼합물 체적 비율 구성과 같은 설계 조건을 결정하는데 사용된다. 교통 수준은 또한 필요한 혼합물 설계의 단계를 결정하는데 사용된다.

ESALs가 18,000,000 이상일 경우, 슈퍼패이브 제3단계 설계 방법이 필요하다. 따라서 제1 단계 시험으로부터 혼합물의 체적 구성 비율 특성을 결정한 후, 제3단계 시험으로부터는 성능 시험(performance testing) 및 분석을 실시하여야 한다.

이 예제의 혼합물은 중간층에 사용되는 혼합물이다(참고 : 현재 국내에서는 중간층을 사용하지 않고 있으나, 미국에서는 중간층을 두고 있다. 설계할 혼합물이 기층 또는 표층이든 설계 절차는 동일하므로, 이 예제의 설계 절차를 따르면 된다.).

바인더 선정 기후 조건은 슈퍼패이브 기상 데이터베이스에 저장된 기상 자료로부터 결정된다. 이 현장은 광주시 부근에 있으며, 이 근처에는 2개의 기상 관측소가 있다. 부속서 표 7은 현장의 기상 자료 및 현장 기상 자료에 해당하는 바인더의 등급이다.

고저 신뢰도 등급의 바인더를 모두 보였다. 신뢰도란 설계 온도가 바인더 등급에 표시된 설계 포장 온도를 넘지 않을 확률을 퍼센트로 나타낸 것이다. 이 예제에서 설계자는 98%의 고신뢰도를 선정하였다. 따라서 PG 58－22가 필요하며, 평균 설계 대기 온도는 35℃이다. 사용할 바인더가 PG 58－22로 정해졌기 때문에 PG 58－22 바인더를 선정하고, 이 바인더에 대한 시험을 실시하여 시방 기준과 일치하는가를 확인한다. 시험 결과를 부속서 표 8에 요약하였다.

부속서 표 7 현장의 기상 조건 및 바인더 등급				
기상대명	포장의 최저 온도 (℃)	포장의 최대 온도 (℃)	바인더 등급	설계 대기 온도 (℃)
저신뢰도(50%)				
광주 지방 기상청 목포 기상대	−18 −16	51 51	PG 52−22 PG 52−16	32 31
포장 현장	−17	51	PG 52−22	32
고신뢰도(98%)				
광주 지방 기상청 목포 기상대	−21 −19	55 54	PG 58−22 PG 58−22	36 34
포장 현장	−20	55	PG 58−22	35

부속서 표 8 시험 결과			
시험의 종류	시험 조건	시험 결과	설계 기준
산화 전 원바인더(origianl binder)			
인화점 회전 점도 회전 점도 DSR	없 음 135℃ 175℃ 58℃에서 G∗sinδ	304℃ 0.575 Pa.s 0.142 Pa.s 1.42 kPa	최소 230℃ 최대 3 Pa.s 없음 최소 1 kPa
RTFO−산화 바인더			
질량 감소 DSR	없 음 58℃에서 G∗sinδ	0.14% 2.41 kPa	최대 1% 최소 2.2 kPa
PAV−산화 바인더			
DSR BBR BBR	16℃에서 G∗sinδ −24℃에서 강성 −24℃에서 m−수치	1543 kPa 172 MPa 0.321	최대 5000 kPa 최대 300 MPa 최소 0.3

각 입도에 대한 계산은 다음과 같다.

제 1 예비 입도 $G_{se} = 2.699 + 0.8 \times (2.768 - 2.699) = 2.754$

제 2 예비 입도 $G_{se} = 2.697 + 0.8 \times (2.769 - 2.697) = 2.755$

제 3 예비 입도 $G_{se} = 2.701 + 0.8 \times (2.767 - 2.701) = 2.754$

골재 속으로 흡수된 아스팔트 바인더의 체적은 다음 식을 사용하여 추정한다.

$$V_{ba} = \frac{P_s \times (1 - V - a)}{\left(\frac{P_b}{G_b} + \frac{P_s}{G_{se}}\right)} \times \left(\frac{1}{G_{sb}} - \frac{1}{G_{se}}\right)$$

여기서, V_{ba} : 흡수된 바인더의 체적(cm^3)

P_b : 바인더 비율(0.05로 가정)

P_s : 골재의 비율(0.95로 가정)

G_b : 바인더의 비중(1.02로 가정)

V_a : 공극의 체적 (0.04로 가정, cm^3)

- 제 1 예비 입도 $V_{ba} = \dfrac{0.95 \times (1-0.04)}{\left(\dfrac{0.05}{1.02} + \dfrac{0.95}{2.754}\right)} \times \left(\dfrac{1}{2.699} - \dfrac{1}{2.754}\right) = 0.0171\ \text{cm}^3$
- 제 2 예비 입도 $V_{ba} = \dfrac{0.95 \times (1-0.04)}{\left(\dfrac{0.05}{1.02} + \dfrac{0.95}{2.755}\right)} \times \left(\dfrac{1}{2.697} - \dfrac{1}{2.755}\right) = 0.0181\ \text{cm}^3$
- 제 3 예비 입도 $V_{ba} = \dfrac{0.95 \times (1-0.04)}{\left(\dfrac{0.05}{1.02} + \dfrac{0.95}{2.754}\right)} \times \left(\dfrac{1}{2.701} - \dfrac{1}{2.754}\right) = 0.0165\ \text{cm}^3$

유효(V_{be}) 바인더의 체적은 다음의 공식으로 계산한다.

$$V_{be} = 0.081 - 0.02931 \times [\ln(S_n)]$$

여기서, S_n : 골재 최대 치수(인치)

제 1, 2, 3 예비 입도의 유효 바인더 체적

$$V_{be} = 0.081 - 0.02931 \times [\ln(0.75)] = 0.089\ \text{cm}^3$$

마지막으로, 초기 시행 아스팔트비(P_{bi})를 다음 식으로 계산한다.

$$P_{bi} = \frac{G_b \times (V_{be} + V_{ba})}{G_b \times (V_{be} + V_{Ba)} + W_s} \times 100$$

여기서, P_{bi}i : 초기 시행 아스팔트비(%, 혼합물의 무게에 대하여)

W_s : 골재의 무게(g)

$$W_s = \frac{P_s \times (1 - V_a)}{\left(\dfrac{P_b}{G_b} + \dfrac{P_s}{G_{se}}\right)}$$

- 제 1 예비 입도 $W_s = \dfrac{0.95 \times (1-0.04)}{\left(\dfrac{0.05}{1.02} + \dfrac{0.95}{2.754}\right)} = 2.315$
- 제 2 예비 입도 $W_s = \dfrac{0.95 \times (1-0.04)}{\left(\dfrac{0.05}{1.02} + \dfrac{0.95}{2.755}\right)} = 2.316$

$$P_{bi} = \frac{1.02 \times (0.089 + 0.0181)}{\{1.02 \times (0.089 + 0.0171)\} + 2.316} \times 100 = 4.49\%$$

- 제 3 예비 입도 $W_s = \dfrac{0.95 \times (1-0.04)}{\left(\dfrac{0.05}{1.02} + \dfrac{0.95}{2.754}\right)} = 2.315$

$$P_{bi} = \frac{1.02 \times (0.089 + 0.0165)}{\{1.02 \times (0.089 + 0.0171)\} + 2.315} \times 100 = 4.46\%$$

다음 단계는 각 예비 혼합 입도에 대하여 최소 2개의 시료를 SGC를 사용하여 다진다. 또한 2개의 시료를 혼합물의 이론 최대 비중(G_{max})을 결정하기 위하여 준비한다. 다짐에 필요한 골재의 무게는 4500 g, 이론 최대 비중(G_{max})의 결정에 필요한 골재의 무게는 2000 g 정도이면 충분하다.

시료를 165~172℃의 혼합 온도로 이미 선택된 PG 58-22 아스팔트로 혼합한다. 혼합한 아스팔트 혼합물을 편편한 팬에 펼쳐 놓고 135℃의 오븐에서 4시간 동안 단기 산화를 실시한다. 다음 단계는 시료를 다짐 온도(151~157℃)로 올리기 위해서 약 30분 정도 오븐에서 가열한다. 마지막으로 시료를 오븐에서 꺼내어 다짐용 시료는 다짐을 실시하고, 비중 결정용 시료는 공기 중에서 식히면서 골재와 아스팔트를 분리한다.

[참고] 현재 국내에서는 아스팔트 혼합물의 이론 최대 비중을 계산으로 구하고 있으나, ASTM, 미국 교통국에서는 rice method라고 불리는 시험을 이용하여 이론 최대 비중을 구하고 있다.
다짐에 사용되는 선회 다짐 횟수는 포장이 실시될 현장의 고온 설계 온도(the design high air temperature) 및 교통량을 기초로 결정한다.

부속서 표 9는 선회 다짐 횟수에 대한 설계 기준이다.

부속서 표 9 선회 다짐 횟수 설계 기준

설계 ESALs (백만)	평균 설계 고온 온도											
	< 39℃			39~40℃			41~42℃			43~44℃		
	N_{ini}	N_{des}	N_{max}	N_{ini}	N_{des}	N_{max}	N_{ini}	N_{des}	N_{max}	N_{ini}	N_{des}	N_{max}
<0.3	7	68	104	7	74	114	7	78	121	7	82	127
0.3~1	7	76	117	7	83	129	7	88	138	8	93	146
1~3	7	86	134	8	95	150	8	100	158	8	105	167
3~10	8	96	152	8	106	169	8	113	181	9	119	192
10~30	8	109	174	9	121	195	9	128	208	9	135	220
30~100	9	126	204	9	139	228	9	146	240	10	153	253
>100	9	142	233	10	158	262	10	165	275	10	172	288

부속서 표 9에서 초기 선회 다짐 횟수, 설계 선회 다짐 횟수 및 최대 선회 다짐 횟수를 결정한다.

$N_{초기}$ = 8회

$N_{설계}$ = 109회

$N_{최대}$ = 174회

부속서 표 9의 다짐 횟수를 구하기 위하여 사용된 방정식은 다음과 같다.

$\text{Log}10(N_{초기}) = 0.45 \times \text{Log}_{10}(N_{설계})$

$$\text{Log10}(N_{최대}) = 1.10 \times \text{Log}_{10}(N_{설계})$$

다짐 도중에 시료의 높이 변화 데이터를 수집하면서 각 시료는 최대 선회 다짐 횟수로 다진다. 부속서 표 10에 있는 제1 예비 입도를 참조하고, SGC 다짐 데이터 수집은 다음과 같이 실시한다.

다짐 도중에 시료의 높이는 지속적으로 관찰된다. 혼합물의 중량, 몰드의 지름(150 mm) 및 모든 선회 다짐 횟수에서 측정된 시료의 높이에 대한 정보를 이용하여 원하는 선회 다짐 횟수에서 부속서 표 10의 G_{mb}(추정)를 추정할 수 있다. G_{mb}(추정)는 시료의 중량을 시료의 체적으로 나누어 구할 수 있다. 이 때 시료의 체적은 알고 있는 지름과 측정된 높이를 사용한 것으로 몰드의 매끈한 부분의 체적을 나타내고 있다.

부속서 표 10 제1 예비 입도에 대한 다짐 결과

	G_{max}(측정) = 2.563								
다짐 횟수	높이 (mm)	G_{mb} (추정)	G_{mb} (보정)	% G_{max}	높이 (mm)	G_{mb} (추정)	G_{mb} (보정)	% G_{max}	% G_{max}
5	129.0	2.136	2.182	85.2	130.3	2.154	2.209	86.2	85.7
8	127.0	2.170	2.217	86.5	128.1	2.191	2.247	87.6	87.1
10	125.7	2.192	2.240	87.3	126.7	2.215	2.272	88.6	88.0
15	123.5	2.230	2.279	88.9	124.7	2.250	2.308	90.1	89.5
20	122.2	2.254	2.303	89.9	123.4	2.275	2.333	91.0	90.4
30	120.1	2.294	2.344	91.4	121.5	2.309	2.368	92.4	91.9
40	119.0	2.315	2.365	92.3	120.2	2.334	2.394	93.4	92.8
50	118.0	2.334	2.385	93.0	119.3	2.353	2.413	94.2	93.6
60	117.2	2.351	2.402	93.7	118.5	2.369	2.430	94.8	94.3
80	116.0	2.376	2.428	94.7	117.3	2.393	2.455	95.8	95.2
100	115.2	2.392	2.444	95.4	116.4	2.411	2.473	96.5	95.9
109	114.9	2.398	2.450	95.6	116.1	2.417	2.479	96.7	96.2
125	114.4	2.409	2.461	96.0	115.6	2.427	2.489	97.1	96.6
150	113.7	2.424	2.477	96.6	115.0	2.440	2.503	97.7	97.2
174	113.1	2.436	2.489	97.1	114.5	2.451	2.514	98.1	97.6
G_{mb}(측정값)	–	2.489	–	–	–	2.514	–	–	–

다짐이 완료되면 시료를 몰드에서 추출하고 냉각시킨다. 추출된 시료는 겉보기 비중[G_{mb}(측정)] 시험으로 측정한다. 또한 각 혼합물에 대하여 AASHTO T 209를 참조하여 G_{max}을 측정한다. 부속서 표 9에 G_{mb}(측정) 및 G_{max}(측정) 결과를 나타냈다.

$N_{최대}$에서 추정한 겉보기 비중[G_{mb}(추정)]과 측정한 겉보기 비중[G_{mb}(측정)]은 다른 수치를 보인다. G_{mb}(추정)은 2.436, G_{mb}(측정)은 2.489인데, G_{mb}의 수치가 다른 이유는 G_{mb}(추정)에 사용한 시료의 체적은 매끈한 몰드의 내부로 가정하였기 때문이나, 이는 실제와는 다르다. 실제 시료의 체적은 시료의 주위에 있는 표면공극 때문에 약간 작다. 따라서 시료의 추정된 겉보기 비중은 N최대에서 측정한 겉보기 비중과 추정된 겉보기 비중의 비인 계수를 곱하여 각 선회 다짐 횟수에서 보정하여야 한다.

부속서 표 10에서 계수는 2.489 / 2.436 =1.022이다. 보정된 G_{mb}는 부속서 표 10의 G_{mb}(보정)란에 기록하였다. 이 단계에서 G_{mb}(추정)란의 수치는 보정 계수 1.022를 곱하여 G_{mb}(보정)를 구한다.

굵은 골재를 많이 함유하면 할수록, 또는 아스팔트비가 낮은 혼합물(mixtures lean in asphalt binder)은 $N_{최대}$에서 추정한 겉보기 비중과 측정한 겉보기 비중 간에는 점점 더 큰 차이가 발생한다. 한편 잔 골재를 많이 함유하면 할수록, 또는 아스팔트비가 높으면 높을수록 오차는 점점 더 작아진다. 이 유는 높은 아스팔트비로 제조된 아스팔트 혼합물은 매끈한 표면 가정이 잘 맞기 때문이다.

마지막 단계는 각 시료에 대한 $\%G_{max}$을 보고하는 것이다. $\%G_{max}$은 보정한 겉보기 비중[G_{mb}(보정)]을 측정된 G_{max}으로 나누어 계산한다. 두 시료의 평균 $\%G_{max}$을 보고하고, 평균 $\%G_{max}$은 각 입도의 혼합물을 비교하는데 사용한다.

세 종류의 예비 시도 혼합물에 대한 SGC 시험 데이터 결과를 부속서 표 11～표 13에 요약 정리하였다. 이들 표에서 가장 중요한 사항은 $N_{초기}$, $N_{설계}$ 및 $N_{최대}$에서 $\%G_{max}$을 비교하는 것이다. 부속서 그림 2～그림 4는 이들 표를 다짐 그래프로 작성한 것이다. 그림의 Y축은 $\%G_{max}$이고, X축은 선회 다짐 횟수를 대수(Log)로 나타낸 것이다.

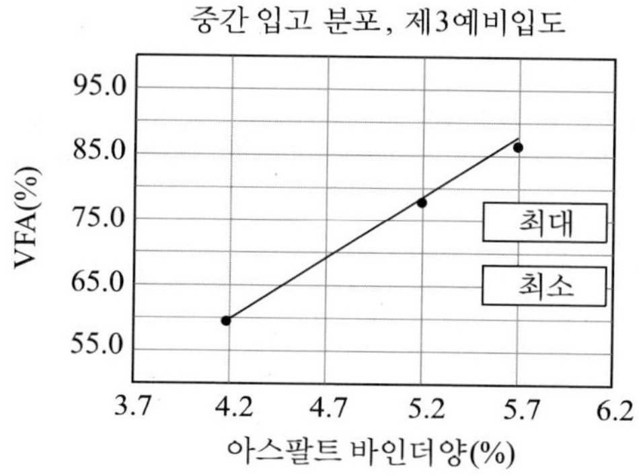

부속서 그림 12 VFA 대 아스팔트 바인더 비

부속서 표 24 아스팔트 바인더 비 4.7%에서 설계 혼합물 특성

혼합물 특성	결과	설계 기준
공극률(%)	4.0%	4.0%
골재 간극률(%)	13.2%	최소 13.0%
VFA(%)	70.0%	65～75%
분진비	0.88	0.6～1.2
$N_{초기}=8$에서 $\%G_{max}$	87.1%	89% 이하
$N_{최대}=174$에서 $\%G_{max}$	97.5%	98% 이하

선회 다짐기를 이용한 아스팔트 혼합물의 다짐 방법 및 밀도 산출 방법 해설 (KS F 2377 : 2001)

이 해설은 본체에 규정된 사항 및 이와 관련된 내용을 설명하는 것으로서, 규격의 일부는 아니다.

1. 개요

1.1 제정의 취지

현재 아스팔트 콘크리트 혼합물의 배합 설계 방법으로는 마샬 설계를 이용하고 있으나, 이 수치는 경험에 의한 기준값으로서 아스콘 포장에 대한 저항 등을 균열 저항(crack resistance), 차바퀴 패임에 대한 저항 등을 만족시키는 매개 변수와 명확하게 연관시키기 어려운 점이 있어 미국 아스팔트협회, 영국규격, SHRP(Strategic Highway Research Program, 전략적도로연구계획) 등 외국 규격에서 볼 수 있듯이, 최초 아스팔트 콘크리트 혼합물 배합 설계에서는 마샬 시험을 통한 배합 설계보다는 현장 다짐 방법을 고려한 선회 다짐기(GC : gyratory compactor)의 다짐 방법을 적용시켜 아스팔트 혼합물의 공극률에 의한 배합설계 방법을 채택하고 있다. 따라서 본 연구에서는 국내 아스팔트 콘크리트 혼합물의 내구성을 높이기 위한 선회 다짐기를 이용한 혼합물의 저항 다짐 방법 및 밀도 산출 방법을 제시함으로써, 향후 이 시험을 통해 최적 조건을 아스팔트 콘크리트 혼합물을 제조하게 하는데 목적이 있다.

2. 주요 제정 내용

2.1 규격의 명칭

HMA (hot－mix asphalt)의 경우, 한국산업규격에 명시되어 있는 아스팔트 혼합물에 대한 시험 방법은 KS F 2337(마샬 시험기를 이용한 역청 포장 혼합물의 소성 흐름에 대한 저항력 시험 방법)에 규정하고 있으나, 마샬 시험 방법은 포장도로의 내유동성을 높일 수 있는 배합 설계 방법으로는 미흡한 시험 방법이다. 따라서 소성 변형에 대한 저항성 및 내균열성이 우수한 혼합물을 제조하기 위한 배합 설계 방법이 새롭게 시도되어야 할 필요성이 대두되고 있다. SHRP에서 1995년 합리적인 배합 설계 방법인 슈퍼패이브 배합 설계 방법을 제안하였다.

슈퍼패이브 배합 설계 절차에서는 실내에서 공시체 다짐시 현장 도로 포설용 장비의 선회 다짐 원리를 그대로 모사한, 슈퍼패이브 선회 다짐기(SGC : superpave gyratory compactor)의 다짐 원리를 적용하여 배합 설계하도록 표준을 정하였으므로, 본 규격의 명칭 또한 이 원리를 적용하여 선회 다짐기를 이용한 아스팔트 혼합물의 다짐 방법 및 밀도 산출 방법(standard method for preparing and determining the density of hot-mix asphalt specimens by means of the gyratory compactor)으로 표기하였다.

2.2 적용 범위

이 시험 방법은 과거의 아스팔트 배합 설계와는 다른 새로운 기법으로서, 다양한 교통량과 축하중 그리고 환경 조건에 대하여 합리적으로 설계할 수 있는 방법이며, 여러 가지 시험과 그 결과값을 소성 변형, 온도 균열, 그리고 피로 균열의 예측에 이용할 수 있는 시험 방법으로 적용된다. 슈퍼패이브 배합 설계에서는 다짐시 언제나 선회 다짐 방법을 기초적인 시험 방법으로 적용하고 있으나, 본 규격은 슈퍼패이브의 전반적인 부분을 다루는 것이 아니고, 마샬 시험의 충격식 다짐

방법을 개선하고자 하는데 그 목적이 있다. 따라서 본 규격에서는 도로 포장의 롤러 다짐 원리를 모사하여 실내에서 선회 다짐기를 이용한 다짐 방법 및 밀도 산출 방법에 국한하여 적용한다.

2.3 시험용 기구

선회 다짐기(SGC)는 교통 하중에 의해 발생하는 아스팔트 혼합물의 현장 밀도를 실내에서 재현하기 위해 제작된 기구이다. 선회 다짐 시험기는 현장에서 얻어지는 골재 입자의 배열과 유사하게 다진다. 슈퍼패이브 선회 다짐기는 현존하던 선회 다짐기를 바탕으로 개발되었고, 다른 선회 다짐기와 유사성이 많지만 슈퍼패이브 선회 다짐기는 다짐용으로만 사용된다.

슈퍼패이브 선회 다짐기에 의해 다져진 다짐 결과를 조절하는 요소에는 3가지가 있다. 이러한 요소에는 수직 압력, 선회각, 선회 다짐 횟수가 있다. 슈퍼패이브 방법에서 수직 압력은 600 kPa(87 psi)이고, 선회각은 1.25°, 선회 속도는 분당 30회전에 맞추어진다. 선회 수는 교통량에 유사하도록 다양하게 분포된다. 슈퍼패이브 선회 다짐기는 지름 150 mm(6인치), 또는 지름 100 mm(4인치)인 시료를 다질 수 있다. 일반적으로 슈퍼패이브 배합 설계시 공시체 지름이 150 mm를 사용하지만, 골재 최대 입자 지름 25 mm인 골재 조건에서는 공시체 지름이 100 mm로 다지는 것이 필요하며, 특히 마샬 공시체 크기가 100 mm임을 고려하여 선회 다짐 방법으로 제작한 공시체와 상호 시험 결과의 호환성이 있도록, 본 규격에서는 100 mm 공시체를 적용하도록 하였다.

3. 공시체 제작 방법

3.1 공시체 수 : 슈퍼패이브 선회 다짐시 예비 입도 3종류를 시험하도록 되어 있으며, 각 조합에 대하여 적어도 2개 이상의 공시체를 준비하여야 한다.

3.2 골재의 준비 : 골재는 반드시 105～110℃ 범위에서 완전 건조 후 계량하여 배합 설계하여야 하며, 필요에 따라 각각의 골재를 체가름하여 준비한 것을 사용할 수도 있다.

3.3 입도의 결정 : 슈퍼패이브 배합 설계 방법에서 SGC 다짐 절차에 따르면, 적어도 예비 입도를 3개 조건으로 준비하여 시험하도록 되어 있으며, 부속서에 따라 준비한다.

3.4 혼합 및 다짐 온도 결정 : 아스팔트의 동점도를 이용하여 혼합 및 양생 온도를 결정하도록 하였으며, 마샬 시험 규격 KS F 2337의 혼합 및 다짐 온도 산출 방식에 따르면 가능하다. 참고적으로 AASHTO TP4 또는 SHRP M－002에 따르면 혼합 온도 범위는 0.17±0.02 Pa・s의 동점도일 때 시험하도록 규정하고 있으며, 온도 범위는 0.28±0.03 Pa・s의 동점도일 때 시험하도록 규정하고 있다. 여기서는 아스팔트 제조 업체에서 제시한 혼합 온도 및 다짐 온도를 적용하여 시험하여도 가능하도록 제정하였다.

3.5 혼합물의 준비

a) 혼합물의 소요량은 아스팔트 혼합물 제조 전 아스팔트량 및 골재의 적정 소요량을 준비하도록 하기 위해 필요한 수치이다. 선회 다짐기를 이용한 배합 설계시 몰드의 크기에 따라 혼합물 준비하는 양이 달라진다. 즉, 지름이 150 mm인 몰드는 최종 공시체의 높이가 115 mm이므로 다짐 부피가 약 2030 cm^3이므로 공시체 비중을 2.5라고 가정할 때 손실량까지 감안하여 공시체 1개당 약 5500 g을 준비하도록 하였다. 지름이 100 mm인 몰드를 사용할 경우에는 몰드의 최종 높이가 64.5 mm이므로 동일한 방법으로 산출하여 2000 g을 준비하도록 하였다.

b) 아스팔트와 골재의 피막률 및 부착 강도를 높이기 위해서 반드시 골재를 완전 건조시키는 것이

필요하며, 이를 위해 혼합 온도보다 골재의 온도를 약 30℃ 이상 높게 가열하여 피막률을 높임과 동시에 완전 혼합이 되도록 하였다.

c) 골재와 아스팔트를 혼합할 때 손 비빔으로 시험할 경우, 혼합 시간 및 혼합 온도가 매 배치마다 다르게 적용될 우려가 커 데이터의 재현성이 떨어지며, 특히 국부적으로 가열되어 열판과 가까운 혼합 용기의 바닥 부분에서 아스팔트가 집중적으로 빠르게 산화될 우려가 있다. 따라서 골재와 아스팔트의 바인더가 빠르게 혼합되면서 혼합 시간 및 혼합 온도를 비교적 정확하게 제어할 수 있도록 기계 혼합을 하는 것을 요구했다.

d) 아스팔트 혼합물 제조 공장에서 아스팔트 혼합물을 제조하는 순간부터 아스팔트의 산화 및 골재 자체 공극으로 흡수가 진행된다. 특히 믹서기에서 혼합물이 배출될 이후에도 포설 현장까지 이동되는 등 실제 현장에서 발생되는 산화 조건을 실내 배합 조건에서 가능한 근접하게 모사하기 위해 온도 135℃에서 4시간 동안 단기 산화시킨 후 다짐하도록 하였다. 이는 아스팔트가 산화되는 동안, 또 다른 쪽에서 관찰할 때 골재 표면에 자연스럽게 흡수되어 표면 결합력을 높이고자 하는 목적도 있다.

3.6 공시체의 다짐

a) 적용된 아스팔트의 동점도에 해당되는 온도가 단기 산화된 온도(135℃)보다 높은 경우에는 최대 30분 정도 추가로 산화시킴으로써 가능한 현장 조건을 고려해서 다짐하도록 하였다.

b) 공시체 다짐시 시험체의 압력은 반드시 600±18 kPa 조건에서 시험하여야 하며, 이 조건은 아스팔트 콘크리트 포설 현장의 타이어 롤러의 다짐압에 근거를 두고 설정된 값이다. 또한 선회 다짐 각도는 1.25°를 유지하면서 분당 30회전의 속도로 전압하도록 하였다.

c) 선회 다짐 횟수는 포장하는 현장도로의 차량 통행량 및 기후 조건에 따라 해설 표 1과 같이 다르게 다짐하도록 규정하고 있다. 세부적인 시험 절차 및 다짐 조건은 부속서에 별도로 명기하였다. 최근 asphalt pavements section 400(quality contral / quality assurance, QC / AC, hot－mix asphalt, pavement)에 따르면, 아스팔트 혼합물의 배합 기준은 해설 표 2와 같이 일부 변경해서 적용하고 있다.

해설 표 1 슈퍼패이브 선회 다짐기의 선회 다짐 횟수 선정

설계 ESALs (백만 대)	설계 평균 고온											
	39℃ 이하			39～40℃			41～42℃			43～44℃		
	Ni	Nd	Nm	Ni	Nd	Nm	Ni	Nd	Nm	Ni	Nd	Nm
<0.3	7	68	104	7	74	114	7	78	121	7	82	127
<1	7	76	117	7	83	129	7	88	138	8	93	146
<3	7	86	134	8	95	150	8	100	158	8	105	167
<10	8	96	152	8	106	169	8	113	181	9	119	192
<30	8	109	174	9	195	195	9	125	208	9	135	220
<100	9	126	204	9	228	228	9	146	240	10	153	253
>100	9	143	233	10	262	262	10	165	275	10	172	288

해설 표 2 개선된 선회 다짐기의 다짐 횟수

설계 ESALs (백만 대)	선회 다짐 횟수				
	$N_{초기}$	$N_{설계}$	$N_{최대}$	Max% G_{mm} @$N_{초기}$	Max% G_{mm} @$N_{최대}$
< 0.3	6	50	75	91.5	98.0
0.3 < 3	7	75	115	90.5	98.0
3 < 10	8	100	160	89.0	98.0
10 < 30	8	100	160	89.0	98.0
< 30	9	125	205	89.0	98.0

d) 선회 : 다짐되는 동안 회전수에 따라 공시체의 높이가 계속 변화되므로 회전수에 따른 공시체의 높이를 측정할 수 있어야 한다. 선회 다짐기의 램 압력이 600 kPa이 될 때까지는 다짐이 진행되면 안 되며, 수직으로 압력이 작용되다가 600 kPa에 도달된 때를 "제로(0)"회전으로 정한다. 선회 다짐시 해설 표 1 ~ 표 2의 다짐 횟수에 도달되었다면 다짐기를 멈추고 1.25 기울어져 있는 램 상태를 수직 상태로 되돌리는 작업을 수행한다.

e) 다짐 : 공시체 몰드를 장비로부터 꺼내어 즉시 탈형한다. 아스팔트 함량이 과다(6% 이상)한 경우 또는 다짐 횟수가 설계 다짐 수보다 적게 다짐한 경우, 그리고 최종 밀도가 93%보다 낮은 경우에는 5 ~ 10분간 실내에 방치시켜 냉각시킨 후 탈형한다. 좀더 빠르게 배합 설계 다짐을 진행하고자 한다면 다짐 몰드를 여러 개 준비하는 것이 필요하다.

4. 밀도 측정

4.1 이론 최대 밀도는 KS F 2366의 시험 방법에 따라 여분의 시료를 가지고 시험하여 산출하도록 하였으며 시료의 양은 2000 g 이상 준비하는 것이 필요하다. 시험하기 전 잔골재 및 미립분이 뭉쳐 있는 작은 덩어리는 5 mm 이하로 잘게 파쇄하는 것이 필요하며, 특히 합성 입도 분포가 적정하게 되도록 굵은 골재 함량과 잔골재 함량 그리고 미분의 함량이 적정하게 혼합될 수 있도록 세심한 샘플 방법이 요구된다.

4.2 겉보기 밀도는 $N_{최대}$로 다짐한 공시체를 탈형하여 공기 중 질량과 수중 질량 그리고 표건 질량을 측정하여 산출하며, 부피 밀도는 탈형한 공시체의 공기 중 질량과 지름 그리고 높이를 실측하여 계산하여 구한다. 각 회전수에 해당되는 공시체의 밀도는 해설 표 3과 같이 겉보기 밀도와 부피 밀도의 비율로 보정 · 수정한다.

본 규격이 적정하게 활용되기 위해서는 향후 슈퍼페이브 배합 설계에서 요구하는 바인더(아스팔트) 규격, 골재 규격의 제정이 시급하게 이루어져야 할 것이다.

해설 표 3 다짐 공시체의 보정 밀도 산출 (보기)				
공시체 No.	1		공시체 질량(g)	4 869
이론 최대 밀도	2.563 g / cm3			
회전 수	높이(mm)	부피 밀도 (g/cm^3)	보정 진밀도 (g/cm^3)	이론 최대 밀도 비율(%)
8(Nini)	127.0	2.170	2.218	86.9
50	118.0	2.334	2.385	93.1
100	115.2	2.391	2.444	95.4
109(Ndes)	114.9	2.398	2.451	95.6
150	113.6	2.425	2.478	96.7
174	113.1	2.436	2.489	97.1
실측 겉보기 밀도	–	2.489	–	–

[비고] 1. 보정 계수 산출

$$\text{보정 계수} = \frac{N_{max}\text{시 공시체의 겉보기 밀도}}{N_{max\text{시}}\text{ 공시체의 부피 밀도}}$$, 즉 2.489/2.436 = 1.022

2. 보정 진밀도는 부피 밀도에 보정 계수를 곱하여 산출한다.

다져진 아스팔트 포장 혼합물의 겉보기 비중 및 밀도시험방법(표면건조 포화상태의 공시체를 사용한 경우) Standard test method of test for bulk specific gravity and density of compacted bituminous mixtures using saturated surface dry specimens (KS F 2446 : 2000)

1. 적용 범위

이 규격은 표면 건조 포화 상태의 공시체를 사용하는 다져진 역청 혼합물의 겉보기 비중 및 밀도를 결정하는 시험 방법에 대하여 규정한다.

2. 인용 규격

다음에 나타내는 규격은 이 규격에 인용됨으로써 이 규격의 규정 일부를 구성한다. 이러한 인용 규격은 그 최신판을 적용한다.

KS F 2350 역청 포장 혼합물의 시료 채취 방법

KS F 2353 다져진 역청 혼합물의 겉보기 비중 및 밀도 시험 방법(파라핀으로 피복한 공시체)

3. 시험 기구

3.1 저울 : 용량 5 kg 이상, 감도 0.5 g의 저울이어야 한다.

3.2 철제 바구니 : 지름 20 cm, 높이 20 cm인 5 mm 체눈의 바구니이어야 한다.

3.3 수조 : 수조는 일정한 수위를 유지할 수 있는 오버플로 배출구가 있어야 하고, 저울에 매달려 있는 동안 시료를 물속에 담가 둘 수 있는 것이어야 한다.

3.4 현조 장치 : 접시저울 중앙에 철제 바구니를 매달 수 있는 장치이어야 한다.

4 시료

4.1 시료는 시험실에서 제작하거나 현장에서 채취한 것으로 질량은 250g 이상 5kg 이하로 하며, KS F 2350에 따라 채취한다.

4.2 공시체의 크기 : 원통형 시료의 지름 또는 시료의 측면 길이는 골재 최대 크기의 4배 이상이어야 하고, 그 두께는 골재 크기의 1.5배 이상이어야 한다.

4.3 포장 시료는 코어 채취기, 다이아몬드 톱이나 금강사 톱 또는 기타 적당한 것으로 채취하여야 한다.

4.4 몰드나 포장으로부터 시료를 옮기거나 옮긴 후에 비틀림, 휨 및 균열이 일어나지 않도록 주의하여야 한다.

4.5 공시체에는 택 코트, 실 코트, 입상 재료, 흙, 종이 등의 이물질이 부착되지 않아야 하며, 가능하면 시료는 만족할 만한 방법에 따라 다른 포장층과 분리되어야 한다.

5 시험 방법

5.1 완전히 건조되었다고 판단된 시료, 즉 시험실에서 제작한 건조 공시체는 5.3에 따라 시험해야 하지만, 그 밖의 시료는 수분 또는 솔벤트를 함유하고 있는 것으로 가정하여 5.2에 따라 시험한다.

5.2 수분과 솔벤트를 함유한 시료

a) 수중에서의 시료 질량 : 25℃의 수조에 3~5분 동안 담근 후, 수중 질량 C를 측정한다. 만약 시료와 수조의 온도차가 2℃를 초과하면 시료를 수조에 10~15분간 담가 두어야 한다. 물의 온도를 측정했을 때, 25±1℃보다 차이가 크면 6.2에 따라 겉보기 비중을 보정하고, 25±3℃보다 차이가 크면 6.3에 따라 겉보기 비중을 보정해야 한다.

b) 공기 중에서 표면 건조 포화 시료의 질량 : 가능한 한 신속하게 젖은 수건으로 표면을 닦아서 건조시킨 후 공기 중에서 그 질량 B를 측정한다. 이때, 공시체로부터 흘러나오는 물은 표면 건조 포화 시료의 질량에 포함된다.

c) 완전히 건조한 시료의 공기 중 질량 : 시료를 110±5℃에서 질량의 변화가 발생하지 않을 때까지 완전히 건조시킨 후, 냉각시켜 공기 중에서 질량 A를 측정한다[15]. 시료의 질량이 변하지 않을 때까지 시료를 건조시키기 위하여 다른 방법을 이용할 수도 있다.

5.3 시험실에서 제작한 시료(완전히 건조한 것)

a) 완전히 건조한 시료의 공기 중 질량 : 실내 온도에서 1시간 이상 방치한 후 질량 A를 측정한다.

b) 수중에서의 시료 질량 : 5.2 a)의 방법과 동일하게 한다.

c) 공기 중에서 표면 건조한 포화 시료의 질량 : 5.2 b)의 방법과 동일하게 한다.

---

15) 110±5℃의 온도에서 시료를 건조시키는 것은 시료의 성상을 변화시키기 때문에, 이 방법으로 시험 후에 시료를 다시 다른 시험에 사용하는 것은 피한다.

6. 계산

6.1 공시체의 겉보기 비중은 다음 식에 따라 계산한다.

$$\text{겉보기 비중} = \frac{A}{B-C}$$

여기서, A : 공기 중에서 건조한 시료의 질량(g)
B : 공기 중에서 표면 건조한 포화 시료의 질량(g)
C : 수중에서의 시료 질량(g)

6.2 물의 온도가 25℃에서 3℃ 이하로 차이가 날 경우는, 다음 식에 의해 25℃에서의 시료의 겉보기 비중을 계산할 수 있다.

25℃에서의 겉보기 비중 = K × 다른 온도에서 측정한 시료의 겉보기 비중

여기서, K : 보정 계수(표 1)

표 1 물의 상대 밀도 및 온도에 대한 보정 계수

온도(℃)	물의 상대 밀도	보정 계수 K	온도(℃)	물의 상대 밀도	보정 계수 K
10	0.999728	1.002661	21	0.998022	1.000950
11	0.999634	1.002567	22	0.997801	1.000728
12	0.999526	1.002458	23	0.997569	1.000495
13	0.999406	1.002338	24	0.997327	1.000253
14	0.999273	1.002204	25	0.997075	1.000000
15	0.999129	1.002060	26	0.996814	0.999738
16	0.998972	1.001903	27	0.996544	0.999467
17	0.998804	1.001734	28	0.996264	0.999187
18	0.998625	1.001555	29	0.995976	0.999898
19	0.998435	1.001364	30	0.995678	0.998599
20	0.998234	1.001162			

6.3 물의 온도가 25℃에서 3℃ 넘게 벗어날 때에는, 다음 식으로 보정하여 25℃에서의 겉보기 비중을 계산하도록 한다.

$$\text{25℃에서의 겉보기 비중} = \frac{A}{(B-C)(1+K_S \cdot \Delta T)} \cdot K$$

여기서, ΔT : 25℃ − 수조의 온도
K_S : : 6×10^{-5} mL/mL/℃(역청 콘크리트의 부피 열 팽창 평균 계수)

6.4 체적당 함수량은 다음 식에 따라 계산하며, 체적당 함수량이 2%를 초과하면 KS F 2353에 따라 다시 시험하도록 한다.

$$\text{체적당 함수량(\%)} = \frac{B-A}{B-C} \times 100$$

여기서, A : 공기 중에서 건조한 시료의 질량(g)
B : 공기 중에서 표면 건조한 포화 시료의 질량(g)
C : 수중에서의 시료 질량(g)

7. 보고

7.1 혼합물의 종류

7.2 겉보기 비중 및 밀도

7.3 시료의 크기

다져진 아스팔트 포장 혼합물의 겉보기 비중 및 밀도시험방법(표면건조 포화상태의 공시체를 사용된 경우) 해설 (KS F 2446 : 2000)

이 해설은 규격의 본체에 규정한 사항 및 이와 관련된 사항을 설명하는 것으로서, 규격의 일부는 아니다.

1. 개정의 취지

아스팔트 혼합물 공시체의 밀도 측정은 시험실에서 다짐한 공시체의 경우, 다짐한 공시체의 공극률, 포화도 등의 계산, 혼합물의 최적 아스팔트 함량을 결정하기 위한 자료, 그리고 포장 시공의 다짐 관리 기준의 설정을 위하여 실시하며, 현장의 포장체에서 채취한 코어 공시체의 경우, 현장 밀도와 다짐도의 측정, 사용 중인 도로 포장체의 밀도와 압밀도를 측정하기 위하여 실시한다.

아스팔트 혼합물의 겉보기 비중 및 밀도를 측정하기 위한 KS 규격에는 현재 KS F 2353[다져진 역청 혼합물의 겉보기 비중 및 밀도 시험 방법(표면 건조 포화 상태의 공시체)]과 이 규격(KS F 2466)의 2개의 규격이 정해져 있으며, 이 규격은 1977년에 제정된 후로 1990년 개정되었고, 1995년에는 최종 확인된 규격이다. KS F 2353의 시험 방법은 공시체의 표면이 거칠거나 공극이 많은 경우에 파라핀으로 피복하여 공시체의 겉보기 비중을 측정하는 방법이고, 이 규격은 비교적 공시체가 매끈하거나 공극이 치밀한 경우에 적용하는 방법이다.

그러나 정확하게 어떤 경우에 어떠한 공시체를 적용해야 하는지, 그 판단 기준을 체적당 함수량으로 제시하고 있는 ASTM D 2726과 달리 KS F 2353과 이 규격에서는 그 상관 관계가 명시되어 있지 않아 시험자에게 많은 혼동을 주고 있으며, 혼합물의 온도에 따른 열 팽창의 보정에 대하여도 이해 전달이 명확하지 않다고 할 수 있다.

따라서 이번 개정을 통하여 공극률을 비롯한 골재 간극률 및 포화도 계산의 명확성을 위하여, 관련 외국 규격 ASTM D 2726, AASHTO T 166 등을 비교 검토하고, 관련 규격과의 부합화 및 국내 여건 등을 고려하여 좀더 합리적이고 타당한 규격으로 개정하고자 한다.

2. 개정의 기본 방향

이 규격과 KS F 2353은 모두 다져진 역청 혼합물의 겉보기 비중 및 밀도 측정을 위한 동일한 목적을 가지고 있는 시험 방법으로서, 공시체의 상태에 따라, 즉 공시체의 상태가 거칠거나 공극이 많은 것은 KS F 2353을 적용하고, 공시체가 비교적 매끄럽고 조밀한 상태의 것은 이 규격에 따라 시험하도록 하고 있다.

그러나 기존의 규격은 적용상의 구분 기준이 명확하지 못하여 시험자에게 다소 혼동을 주고 있으며,

관련 외국 규격과 비교시 시험 방법 중 수분과 솔벤트를 함유한 시료에 대한 시험 방법을 현실에 적합하도록 합리적인 내용으로 개정하고자 한다.
또한, 물의 온도가 25℃보다 많이 차이날 경우 혼합물의 열팽창에 대한 보정을 하도록 명시하고 있으나, 이에 대한 이해 전달이 다소 부족하여 이를 시험자가 이해할 수 있도록 개정하고자 한다.

3. 주요 개정 방향

3.1 적용 범위 및 인용 규격

이 시험 방법은 기존에는 이 규격과 KS F 2353의 구분 기준을 시험자의 육안 판단에 의존하도록 하고 있었으나, 이것을 체적당 함수량이 2%를 초과할 경우와 초과하지 않을 경우로 구분하여, 2% 초과시에는 KS F 2353에 따라 공시체를 파라핀으로 피복하여 겉보기 비중을 측정하도록 기준을 정함으로써 "다만, 조밀한 상태이거나 흡수력이 없이 다져진 혼합물에만 적용한다."라는 문구를 삭제하였다.

앞서 설명한 바와 같이 KS F 2353과 이 규격의 관계는 관련 외국 규격인 ASTM D 1188과 ASTM D 2726의 관계와 마찬가지로 상호 보완적인 규격이며, 이번의 개정 내용 중 추가된 체적당 함수비가 2%를 초과하면 KS F 2353에 따라 재시험하도록 하는 유기적인 관계를 가지도록 개정하였으므로, 이에 대하여 인용 규격에 시료의 채취 방법인 KS F 2350(역청 포장 혼합물의 시료 채취 방법)과 함께 KS F 2353을 추가하여 정하고자 하였다.

3.2 시험 기구

시험 기구는 KS F 2353과 부합화를 고려하여, 시험 방법에 소요되는 장비가 동일하므로 같게 적용하였는데, 기존 규격에 없는 철제 바구니와 현조 장치를 추가함으로써, 적용되는 시험 장비에 대하여 세부적으로 정하고자 하였다.

3.3 시료

시료는 KS F 2353과 마찬가지로 시험실에서 제작하거나, 현장에서 채취한 코어 공시체를 그 대상으로 하여 시험하도록 하고 있으며, 시료 채취는 KS F 2350에 따라 실시하고, 공시체의 질량은 250 g 이상 5 kg 이하인 것으로 하는 내용을 추가로 정하였다.

또한, 이물질이 부착되지 않아야 한다는 내용을 더욱 세부적으로 정하였는데, 즉 이물질인 택 코드, 실코드, 입상 재료, 흙, 종이 등이 부착되지 않아야 함을 명시하였다.

3.4 시험 방법

기존 시험 방법의 경우 관련 외국 규격인 ASTM D 2726에서와 달리 수분을 함유한 시료, 수분과 솔벤트를 함유한 시료, 완전히 건조한 시료의 세 가지로 구분하여 시험 방법을 정하고 있었으나, 이번 개정에서는 관련 외국 규격과의 부합화 및 국내 여건을 고려하여 현장 코어 공시체 채취시 수분과 솔벤트가 함유된 공시체와 시험실에서 제작한 시료인 완전히 건조한 공시체의 두 가지로 구분하여 시험 방법을 정하였다.

수분과 솔벤트가 함유된 공시체의 시험 순서는 시료의 특성상 첫 번째로 수중에서의 시료 질량을 측정하고, 그 다음에 공기 중에서의 표면 건조 포화 시료의 질량을 측정한 후 마지막으로 완전히 건조한 시료의 공기 중 질량을 측정하도록 하였다. 이는 공시체 내부에 수분이 함유되었기 때문에 완전히 건조한, 즉 시험실에서 제작한 공시체와 달리 우선적으로 시료의 수중 질량을 측정하는 것이 합리적이라고 할 수 있다. 그러나, 마지막으로 완전히 건조한 시료의 공기 중 질량을 측정하기 위하여 온도 110±5℃에서 질량의 변화가 없을 때까지 완전히 건조시키는 것은 공시체의 성상을 변화시키기 때문에, 겉보기 비중 및 밀도 측정 후 다른 시험에 적용하기가 어려운 단점이 있다.

또한 표면 건조 포화 상태의 공시체 질량을 측정할 경우에는, 측정시 공시체로부터 흘러나오는 물을 표면 건조 포화 상태의 공시체 질량에 포함시켜야 한다는 내용을 기존 규격에서는 정하고 있지 않기 때문에, 겉보기 비중 계산시 시험자의 시험 오차가 발생할 소지가 있다. 따라서 이에 대한 단서 조항을 추가하여 오차를 줄일 수 있도록 하였다.

완전히 건조한 공시체에 대한 시험 방법은, 시험실에서 제작한 시료로 구분하여 대상 공시체를 명확히 정하고자 하였으며, 시험 순서는 첫 번째로 시료의 공기 중 질량을 먼저 측정하고, 그 다음에 수중에서의 시료 질량, 끝으로 공기 중 표면 건조 포화 시료의 질량을 측정하도록 하였다.

3.5 계산

시료의 겉보기 비중에 대한 보정 계산시 물의 온도가 25℃가 아닌 다른 온도에서 측정한 시료의 겉보기 비중의 경우, 본체 표 1의 K값을 이용하여 25℃에서의 겉보기 비중으로 보정하도록 정하고 있으며, 25℃에서 3℃ 이상 벗어날 경우 역청 콘크리트의 부피 열 팽창 계수를 적용하도록 하고 있다. 그러나 25℃에서 3℃ 이상 벗어날 경우 25℃에서의 겉보기 비중으로 보정시 "보정 $=\Delta T \times K_S \times (B-C)$ "라는 공식만을 명기하고 있는데, 이에 대하여 별다른 설명이 없어서 시험자가 보정값을 적용하기에 다소 난해한 부분이 있으므로, 이에 대하여 시험자가 명확한 이해를 가지고 시험할 수 있도록 개정하고자 하였다. 위의 공식은 역청 콘크리트의 열 챙창 계수($K_S = 6 \times 10^{-5}$ mL/mL/℃)를 이용하여 팽창하거나 수축된 공시체와 같은 부피의 물의 질량을 보정한 것인데, 이에 대한 식을 아래 식과 같이 변경함으로써, 시험자의 이해를 돕고자 하였다. 아래 식은 본체 6.2에서 정하는 보정 계수 K와 역청 콘크리트의 부피 열팽창 평균 계수 Ks간의 상관관계를 보여 주고 있으며, 이를 통해 25℃에서 3℃ 이상 차이가 날 경우 25℃에서의 겉보기 비중값을 구할 수 있도록 하였다.

$$25℃\text{에서의 겉보기 비중} = \frac{A}{(B-C)(1+K_S \cdot \Delta T)} \cdot K$$

그리고 앞서 설명한 바와 같이 다져진 역청 혼합물의 상태에 따라 KS F 2353 또는 이 규격을 적용하여야 하는데, 그에 대한 판단 기준으로써 체적당 함수량(%)을 계산하여 그 값이 2%를 초과할 경우, KS F 2353에 따라 파라핀으로 피복을 실시하여 겉보기 비중을 다시 시험하도록 하고, 2%를 초과하지 않을 경우에는 이 규격에 따라 겉보기 비중값을 구하도록 그 기준을 정하였는데 이에 대한 계산 공식을 추가 적용할 필요가 있어, 다음 식에 의해 공시체의 상태에 따른 적용상의 판단 기준을 명확히 하고자 하였다.

$$\text{체적당 함수량(\%)} = \frac{B-A}{B-C} \times 100$$

여기서, A : 공기 중에서 건조한 시료의 질량(g)
B : 공기 중에서 표면 건조한 포화 시료의 질량(g)
C : 수중에서의 시료 질량(g)

4. KS 개정 검토 중에 특히 문제가 된 사항

다져진 역청 혼합물의 겉보기 비중 및 밀도 측정시 공시체의 상태에 따라 KS F 2353과 이 규격 중 적용 기준을 현장 코어 공시체는 KS F 2353에 따라, 시험실에서 제작한 공시체의 경우는 이 규격에 따라 시험하도록 하자는 의견이 있었으나, ASTM D 2726에서와 같이 체적당 공시체의 함수량을 구하는 공식에 따라 계산한 후, 그 값이 2% 이상일 경우에는 KS F 2353에 따라 재시험하도록 하고, 2% 이하일 경우에는 이 규격에 따라 구한값을 역청 혼합물의 겉보기 비중값으로 보고해야 합리적이라는 의견이 있었다.

또한, 시험실에서 제작한 공시체 외의 시료에 대하여는 본체 5.2에 따라 시험하도록 하였으나, 수분과 솔벤트가 함유되어 있기 때문에 완전히 건조한 공시체와는 달리 그 시험 순서를 다르게 하는데, 첫 번째로 수중에서의 공시체 질량, 두 번째로 공기 중에서 표면 건조 포화 시료의 질량, 끝으로 완전히 건조한 시료의 공기 중 질량을 측정하게 된다. 그러나 마지막 건조 공시체의 공기 중 질량을 측정하기 위하여 시료를 110±5℃에서 질량의 변화가 발생하지 않을 때까지 건조하여 질량을 측정하기 때문에, 공시체의 성상을 변화시켜 이후에 다른 시험에 적용하기에는 부적합하므로 온도를 낮게 적용해야 한다는 의견이 있었다. 그러나 수분과 솔벤트가 함유된 시료에 대하여는 이 규격에 따라 시험시 겉보기 비중 및 밀도 시험 외 다른 시험에 적용하지 않는 것으로 하고, 시험실에서 제작한 공시체에 대하여만 마샬 안정도 등 다른 시험에 적용하도록 하는 것이 타당하다는 의견도 있었다.

마샬 시험기를 사용한 아스팔트 혼합물의 마샬 안정도 및 흐름값 시험방법
Testing method for marshall stability and flow of asphalt mixtures using marshall apparatus (KS F 2337 : 2012)

1. 적용범위

이 표준은 마샬 시험기를 사용하여, 측면에 하중을 작용시킨 아스팔트 포장용 혼합물의 원주형 공시체의 소성 흐름에 대한 저항력 측정 방법에 대하여 규정한다. 이 방법은 아스팔트와 최대 치수 25 mm의 골재를 혼합한 가열 혼합물에 적용한다. 단, 기층용 혼합물의 경우 25 mm를 넘는 골재는 같은 질량만큼 (25 ~ 13) mm의 굵은 골재로 치환하여 공시체를 제작할 수 있도록 한다.

2. 시험용 기구

2.1 형틀 : 지름 101.6 mm, 높이 76.2 mm인 원통형 형틀로, 그림 1과 같이 밑판 및 칼라와 3개의 형틀이 있어야 한다.

2.2 공시체 추출기 : 형틀로부터 다져진 공시체를 추출하기 위하여 지름 100 mm 이상인 디스크를 사용하여 공시체를 추출한다. 공시체를 추출할 때, 프루빙링 어댑터 칼라에서 하중을 전달하는 데 알맞은 철봉이 있어야 한다.

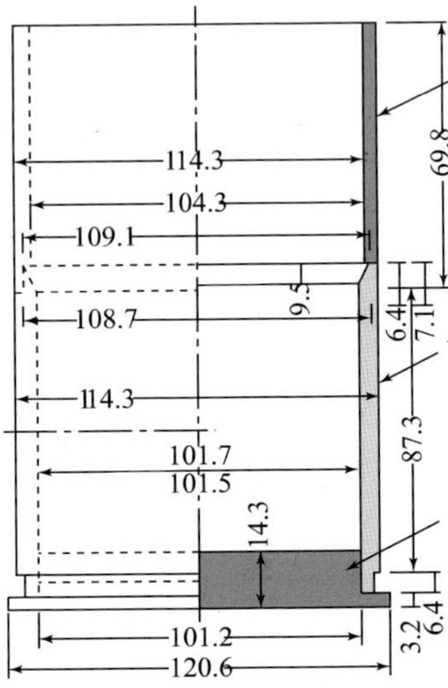

그림 1 다짐용 형틀(단위 : mm)

2.3 다짐용 해머 : 다짐용 해머는 그림 2와 같이 평평하고, 원형인 다짐면과 457.2 mm의 자유낙하 높이에서 4536 g의 질량을 가지고 있어야 한다. 다짐용 해머는 2개가 있어야 한다.

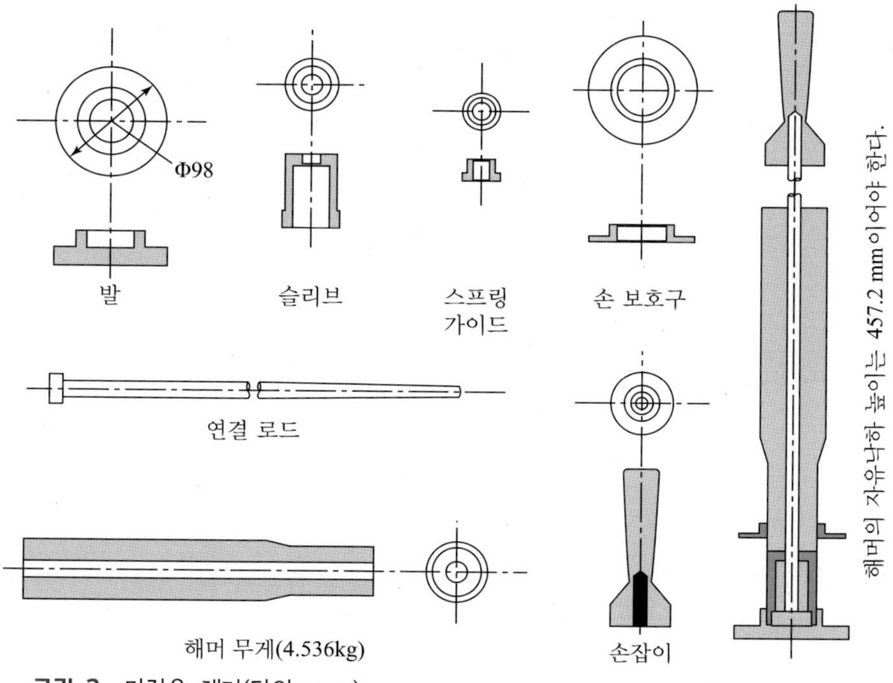

그림 2 다짐용 해머(단위 : mm)

2.4 다짐 받침대 : 다짐 받침대는 304.8 mm × 304.8 mm × 25.4 mm의 철판을 씌운 203.2 mm × 203.2 mm × 457.2 mm의 나무 말뚝으로 되어야 한다. 나무 말뚝은 참나무, 소나무 또는 밀도가 0.67 g/cm^{3}에서 0.77 g/cm^{3}인 단단한 나무로 되어 있어야 한다. 나무 말뚝은 콘크리트 슬래브에 4개의 모난 브래킷으로 연결하여 보호하여야 한다. 조립된 받침대는 말뚝이 수직으로 되고, 캡이 수평으로 되도록 설치하여야 한다.

2.5 공시체 형틀 홀더 : 공시체 형틀 홀더는 공시체를 다지는 동안 공시체 형틀을 제자리에 유지하기 위하여 반원형 밑판과 원형 상부판으로 이루어져야 한다. 상부 단면은 공시체 형틀의 칼라 위에 꼭 맞는 플랜지로 되어야 하고, 한쪽은 지렛대점과 다른 쪽은 신장 스프링으로 밑판에 꼭 부착되어야 한다. 2개의 구멍이 밑판에 마련되어 있어 다짐 받침대 위에 설치할 수 있어야 한다. 공시체 형틀 홀더는 공시체의 중심이 말뚝의 중심에 오도록 지지대 캡 위에 설치하여야 한다.

2.6 재하 헤드 : 재하 헤드는 그림 3과 같이 상부 및 하부 원주형, 궁형(활 모양)으로 안쪽 곡률 반지름이 정확히 50.8 mm가 되도록 기계로 다듬은 시험용 헤드로 이루어져야 한다. 상부 궁형은 하부 궁형 위에 설치하는데, 하부에는 위쪽으로 연장된 2개의 가이드 로드가 있어야 한다. 상부 궁형에는 가이드 슬리브가 가이드 로드 위에서 2개의 궁형을 물림 없이 상하 활동이 되도록 제 위치에 둘 수 있어야 한다.

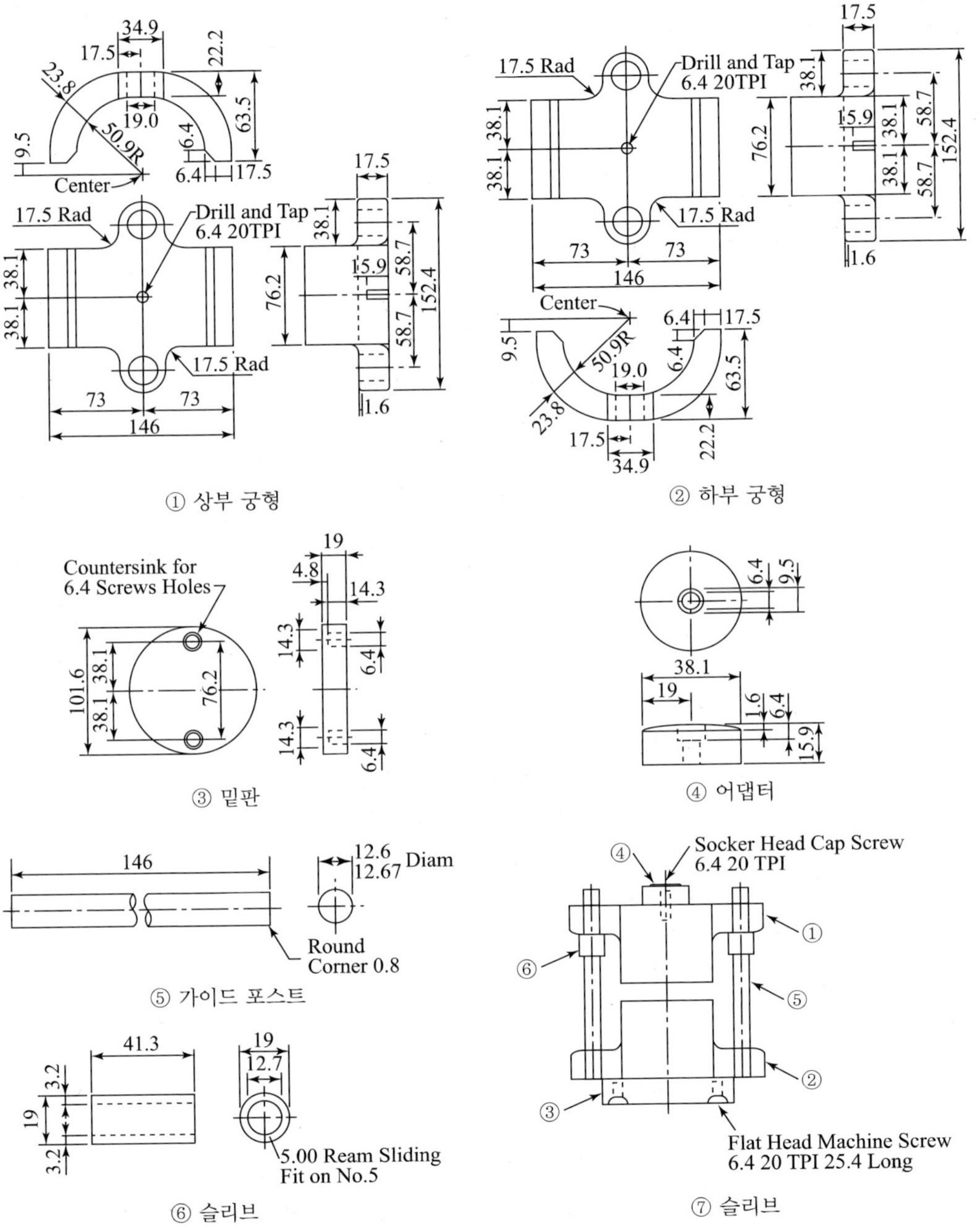

그림 3 재하 헤드(단위 : mm)

2.7 재하 잭 : 재하 잭은 그림 4와 같이 프레임 속에 설치된 스크루 잭으로 구성되어야 하고, 분당 50.8 mm의 균일한 수직 운동을 할 수 있어야 한다.[16] 전기 모터를 부설하여도 좋다.

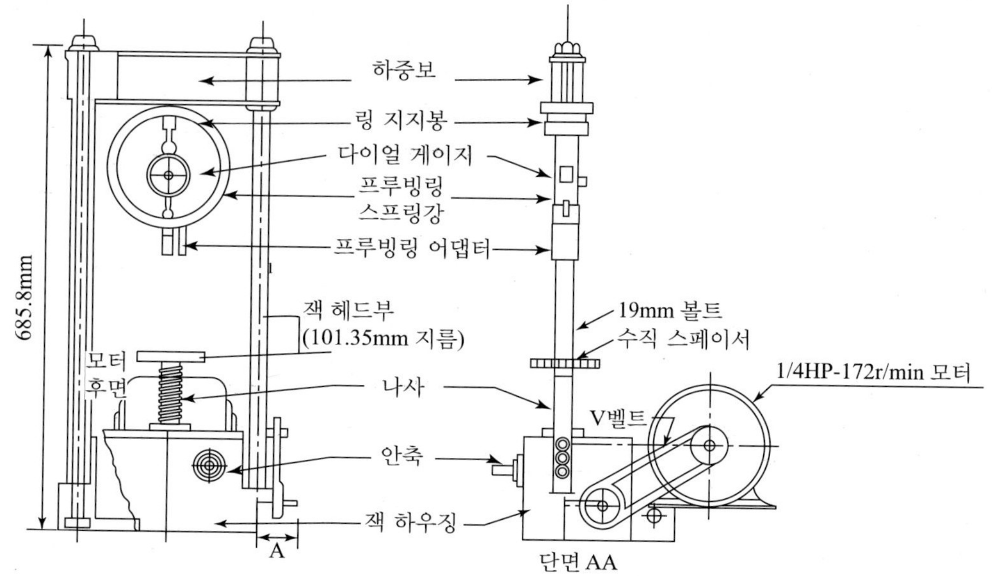

그림 4 마샬 안정도 시험기

2.8 프루빙링 : 프루빙링은 용량이 22300 N이고, 정밀도가 4500 N까지는 45 N, 4500～22300 N까지는 110 N이어야 하고, 마이크로 다이얼 게이지가 장치되어야 한다.[17] 마이크로 다이얼 게이지에는 0.01 mm 단위로 눈금이 새겨져 있어야 한다.

윗부분 및 아랫부분 프루빙링 접속 기구는 프루빙링을 시험 프레임에 고정시켜서 하중을 재하 헤드에 전달할 수 있어야 한다.

2.9 흐름 측정기 : 흐름 측정[18]은 가이드 슬리브와 게이지로 이루어져야 한다. 게이지의 활동 핀은 가벼운 마찰 저항으로도 가이드 슬리브의 안쪽으로 활동할 수 있어야 한다. 가이드 슬리브는 재하 헤드의 가이드 로드 위로 자유로이 활동할 수 있어야 한다. 흐름 측정 게이지는 각 공시체가 재하 헤드 궁형의 사이에 삽입되어 있을 때, 재하 헤드 위에 놓고 0으로 조절한다. 흐름 측정기의 눈금은 0.01 mm 단위로 새겨져 있어야 한다.

2.10 건조기 또는 가열판 : 건조기 또는 가열판은 골재, 아스팔트 재료, 공시체 형틀, 다짐용 해머 및 기타 기구를 필요한 혼합 및 성형 온도로 가열하기 위하여 준비되어 있어야 한다. 가열 기구는 소요 온도를 3℃ 이내로 유지하도록 온도를 조절할 수 있어야 한다. 적절한 단열 조절판 및 모

16) 재하 잭 대신에 하중을 가하는 동안 운동 속도가 분당 50.8 mm로 유지되는 기계적인 것이나 또는 수압 시험기를 사용해도 좋다.

17) 프루빙링 1조 대신에 용량과 정밀도가 위의 조건에 맞는 적절한 하중 측정 기구를 사용해도 좋다.

18) 흐름 측정기(flowmeter) 대신에 0.01 mm 단위로 눈금이 새겨져 있는 마이크로미터 다이얼 게이지를 흐름 측정에 사용해도 좋다.

래 중탕을 가열판 위에 사용하여 국부적인 과열을 최소로 하여야 한다.

2.11 혼합용 기구 : 기계적인 혼합 방법을 추천한다. 어떤 종류의 기계 믹서라도 소요 혼합 온도를 유지할 수 있고, 허용된 시간 동안에 잘 피복되며, 균질한 혼합물을 소요량만큼 생산할 수 있고, 모든 배치를 다시 만들 수 있는 것이라면 사용해도 좋다. 충분한 용량의 금속제 판이나 그릇 또는 삽 비빔을 사용해도 좋다.

2.12 수조 : 수조는 150 mm 이상 깊어야 하고, (60±1)℃ 또는 (37.8±1)℃로 온도를 조절하여 유지할 수 있어야 한다. 수조에는 공시체를 수조의 밑면 위 50 mm의 높이로 유지하기 위한 선반이나 유공판이 있어야 한다.

2.13 공기조 : 액상 아스팔트 혼합에 사용하며, 자동 온도 조절 장치로서 (25±1.0)℃의 공기 온도를 유지할 수 있어야 한다.

2.14 기타 기구

2.14.1 용기 : 골재를 가열하기 위하여 밑면이 편편한 금속제 판 또는 다른 적절한 용기가 있어야 하며, 아스팔트 재료를 가열하기 위하여 깡통, 비커, 주전자 또는 냄비 등이 있어야 한다.

2.14.2 온도계 : 골재, 아스팔트 재료 및 아스팔트 혼합물의 온도를 측정하기 위한 것으로, 유리 온도계 또는 금속으로 된 다이얼형이 좋다. 온도 한계는 10～204℃이고, 정밀도는 2℃이어야 한다.

2.14.3 수조 온도계 : 수조용으로 온도 한계가 20～70℃이고, 정밀도가 0.2℃이어야 한다.

2.14.4 공기조 온도계 : 공기조용으로 온도 한계가 20～70℃이고, 정밀도가 0.2℃이어야 한다.

2.14.5 저울 : 배치 혼합물용으로 용량 5 kg, 감도 1.0 g의 것과 성형 공시체의 질량을 측정하는 데 필요한 용량 2 kg, 감도 0.1 g의 것이어야 한다.

2.14.6 장갑 : 뜨거운 기구를 만지기 위하여 석면 장갑이 필요하며, 수조에서 공시체를 꺼낼 때는 고무 장갑이 필요하다.

2.14.7 공시체 표기용 도구 : 공시체의 시료번호 및 시료명 등을 육안으로 인식하기 쉽게 표기할 수 있는 크레용, 페인트마커 등을 사용한다.

2.14.8 혼합용 공구 : 혼합하는 데 필요한 강제 흙손이나 스패튤러가 있어야 한다.

2.14.9 스쿠프 : 배치에 골재를 넣는 데 필요하며, 밑이 편편한 것이어야 한다.

2.14.10 스푼 : 공시체 형틀 속에 혼합물을 넣는 데 필요하며, 큰 것이 좋다.

3. 공시체

3.1 공시체의 수 : 조정된 골재와 아스팔트를 혼합한 매 배합마다 3개 이상의 공시체를 준비한다.

3.2 골재의 준비 : 골재를 (110±5)℃에서 항량이 될 때까지 건조시켜, 필요한 크기별로 체가름하여 분리한다.

골재는 KS F 2357(아스팔트 혼합물용 골재)의 굵은골재 및 잔골재 입도의 골재번호에 해당하는 입도범위로 나누어 준비한다.

3.3 혼합 및 다짐 온도의 결정 : 아스팔트는 점성이 (170±20) cSt 및 (280±30) cSt가 되도록 각각 혼합 온도 및 다짐 온도를 규정하여야 한다.

3.4 혼합물의 준비

다져진 공시체의 높이가 약 63.5 mm가 될 수 있도록 각각의 팬 속에 소요량을 준비한다(약 1200 g). 이 팬을 가열판이나 건조기에 넣고 아스팔트 경우에는 3.3에서 규정한 혼합 온도보다 약 28℃ 높은 온도까지 가열하고, 액상 아스팔트인 경우는 규정한 혼합 온도보다 14℃ 높은 온도까지 가열한다.

가열된 골재를 혼합 용기 속에 넣고 충분한 마른 비빔을 한다. 혼합된 건조 골재 속에 분화구를 만들고, 아스팔트 재료의 온도는 3.3에서 규정한 혼합 온도의 한계 내에 있어야 한다. 골재와 아스팔트 재료를 충분히 피복될 때까지 빨리 혼합한다.

피복된 혼합물은 다짐하기 전 건조기에 넣어 135℃의 온도 또는 3.3에서 규정한 다짐 온도의 한계 내에서 1시간 동안 양생하여 준비한 후 다짐하도록 한다.

3.5 공시체의 다짐

3.5.1 조립된 공시체 형틀과 다짐용 해머 표면을 깨끗이 한 후, 이들을 끓는물 속이나 가열판 위에서 90~150℃의 온도로 가열한다. 형틀 밑면에 혼합물을 넣기 전에 크기가 맞도록 거름종이를 잘라 넣는다. 형틀 속에 전 배치를 넣고 가열한 스패튤러나 흙손으로 혼합물의 표면을 밋밋하게 고른다. 다지기 직전의 혼합물의 온도는 3.3에서 규정한 다짐 온도의 한계 내에 들어야 한다.

3.5.2 칼라를 다시 붙이고, 형틀 홀더 안에서 다짐 기초대 위에 조립된 형틀을 올려놓는다. 별도의 규정이 없는 한 다짐 해머를 450 mm 높이에서 자유낙하시켜 50회 또는 75회 타격한다. 다짐기는 분당 60회에서 70회 타격이 이루어져야 한다.

다짐용 해머의 축은 다짐 기간 중 조립된 형틀의 밑판에 수직이 되도록 유지시킨다. 밑판과 칼라를 제거하고 뒤집어서 형틀을 재조립한다. 뒤집어진 공시체의 표면에 동일한 수로 타격을 하여 다진다. 다짐을 끝낸 후 밑판을 제거하고, 시료 추출기를 공시체의 끝부위에 올려놓는다. 조립된 형틀에 연장용 칼라 속으로 공시체를 밋밋하고 편편한 면에 주의하여 놓고 실온에서 12시간 둔다.[19] 공시체를 달아 계측하고 시험한다.

4. 시험방법

4.1 공시체[20]를 30분 동안 수조 속에 침수시켜, 가열 아스팔트 공시체 온도가 (60±1) ℃로 유지되도록 한다. 재하 헤드는 20~40℃를 유지해야 한다.

시험하기 전에 가이드 로드와 테스트 헤드의 내면을 충분히 깨끗이 하고, 가이드 로드에 기름칠을 하여 상부 재하 헤드가 이 위에서 자유롭게 미끄러질 수 있도록 하여야 한다.

수조에서 공시체를 꺼내어 재하 헤드의 하부 궁형 안에 놓는다. 공시체 위에 재하 헤드의 상부 궁형을 놓는다. 이 일조를 시험기 위의 제자리에 넣는다. 흐름미터를 한쪽 가이드 로드 위의 제위치에 놓고, 슬리브가 재하 헤드의 상부 궁형에 대하여 단단히 접촉되었을 때 눈금을 0에 조절한다. 흐름미터 슬리브는 시험 하중을 가하는 동안 재하 헤드의 상부 궁형에 단단히 붙여둔다.

---

19) 일반적으로 공시체는 3.5.2에서 규정한 대로 식혀야 한다. 더 빨리 식히고자 할 때는 탁상 선풍기를 사용해도 좋다. 다짐 완료 직후에 형틀로부터 공시체를 들어낼 때 원주형을 유지하기 위한 충분한 부착력이 부족한 혼합물에 대해서는 원주형을 유지하기에 충분한 부착력이 생길 때까지 공기 중에서 형틀에 넣어둔 채로 식혀도 좋다.

20) 공시체 두께가 63.5 mm와 다를 때에는 표 1에 있는 해당 계수를 찾아 곱하여 하중을 수정하여야 한다.

표 1 안정도 보정 계수

공시체의 두께(mm)	보정 계수	공시체의 두께(mm)	보정 계수
25.4	5.56	52.3	1.39
26.9	5.00	53.9	1.32
28.5	4.55	55.5	1.25
30.1	4.17	57.1	1.19
31.7	3.85	58.7	1.14
33.3	3.57	60.3	1.09
34.9	3.33	61.9	1.04
36.5	3.03	63.5	1.00
38.1	2.78	65.1	0.96
39.6	2.50	66.7	0.93
41.2	2.27	68.3	0.89
42.8	2.08	69.9	0.86
44.4	1.92	71.4	0.83
46.0	1.79	73.0	0.81
47.6	1.67	74.6	0.78
49.2	1.56	76.2	0.76
50.8	1.47		

[비고] 공시체의 두께에 따른 보정 계수를 곱한 안정도는 두께 63.5 mm의 공시체에 대하여 수정한 안정도이다.

4.2 재하 잭 혹은 분당 50.8 mm의 비율로 움직이는 시험기 두부를 가진 시험기로 공시체에 일정한 비율로 하중을 가하되, 최대 하중에 도달되어 다이얼에서 하중이 감소될 때까지 한다. 시험기에 나타난 최대 하중이나 마이크로미터 다이얼 게이지의 최대값에서 환산한 최대 하중을 기록한다. 표시된 흐름값을 기록하거나 흐름값을 측정하기 위하여 마이크로미터 다이얼 게이지를 사용하였을 때에는 0.01 mm 단위로 측정한 결과를 기록한다. 수조에서 공시체를 꺼내어 최대 하중을 측정할 때까지 시험에 소요된 시간은 30초 이내이어야 한다.

5. 기록

시험한 각 공시체에 대하여 다음 사항을 기록하여야 한다.

a) 공시체(시험실 성형 공시체 또는 코어 공시체)
b) 평균 최대 하중(최소한 3개의 공시체)
c) 평균 흐름값
d) 혼합 정도
e) 다짐 온도
f) 시험 온도

부속서 표 11 제2 예비 입도에 대한 다짐 결과

다짐 횟수	높이 (mm)	G_{mb} (추정)	G_{mb} (보정)	% G_{max}	높이 (mm)	G_{mb} (추정)	G_{mb} (보정)	% G_{max}	% G_{max}
	G_{max}(측정) = 2.565								
5	131.7	2.090	2.158	84.2	132.3	2.098	2.159	84.2	84.2
8	129.5	2.127	2.196	85.6	130.1	2.134	2.196	85.6	85.6
10	128.0	2.151	2.221	86.6	128.7	2.158	2.221	86.6	86.6
15	125.8	2.188	2.260	88.1	126.5	2.195	2.259	88.1	88.1
20	124.3	2.215	2.287	89.2	124.9	2.223	2.288	89.2	89.2
30	122.2	2.253	2.327	90.7	122.7	2.262	2.328	90.8	90.7
40	120.7	2.281	2.356	91.8	121.2	2.290	2.357	91.9	91.9
50	119.6	2.302	2.377	92.7	120.1	2.311	2.379	92.8	92.7
60	118.7	2.320	2.396	93.4	119.2	2.329	2.397	93.5	93.4
80	117.3	2.347	2.424	94.5	117.8	2.357	2.426	94.6	94.5
100	116.3	2.368	2.445	95.3	116.8	2.377	2.447	95.4	95.4
109	115.9	2.375	2.453	95.6	116.4	2.385	2.455	95.7	95.7
125	115.3	2.388	2.466	96.1	115.8	2.398	2.468	96.2	96.2
150	114.6	2.403	2.482	96.7	115.1	2.412	2.483	96.8	96.8
174	113.9	2.417	2.496	97.3	114.4	2.427	2.498	97.4	97.4
G_{mb}(측정값)	–	2.496	–	–	–	2.498	–	–	–

부속서 표 11 제2 예비 입도에 대한 다짐 결과

다짐 횟수	높이 (mm)	G_{mb} (추정)	G_{mb} (보정)	% G_{max}	높이 (mm)	G_{mb} (추정)	G_{mb} (보정)	% G_{max}	% G_{max}
	G_{max}(측정) = 2.568								
5	130.9	2.116	2.169	84.4	129.5	2.136	2.188	85.2	84.8
8	127.2	2.153	2.207	85.9	127.3	2.172	2.225	86.6	86.3
10	127.2	2.178	2.232	86.9	125.9	2.196	2.249	87.6	87.3
15	125.1	2.214	2.269	88.3	124.1	2.229	2.283	89.0	88.7
20	123.7	2.239	2.295	89.3	122.8	2.253	2.308	89.9	89.6
30	121.8	2.274	2.331	90.7	121.0	2.286	2.342	91.2	91.0
40	120.5	2.298	2.355	91.7	119.7	2.310	2.366	92.2	91.9
50	119.6	2.317	2.375	92.5	118.7	2.330	2.387	93.0	92.7
60	118.8	2.332	2.390	93.1	118.1	2.342	2.399	93.5	93.3
80	117.6	2.355	2.414	94.0	116.9	2.365	2.423	94.4	94.2
100	116.7	2.373	2.432	94.7	116.1	2.393	2.441	95.1	94.9
109	116.4	2.379	2.438	95.0	115.8	2.389	2.447	95.3	95.2
125	115.9	2.390	2.449	95.4	115.2	2.400	2.458	95.7	95.6
150	115.3	2.402	2.462	95.8	114.6	2.413	2.472	96.3	96.1
174	114.8	2.413	2.473	96.3	114.1	2.424	2.483	96.7	96.5
G_{mb}(측정값)	–	2.473	–	–	–	2.483	–	–	–

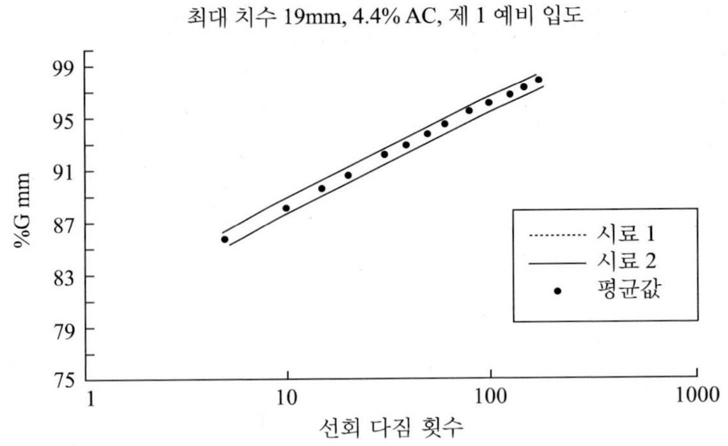

부속서 그림 2 제1 예비 입도에 대한 다짐 곡선

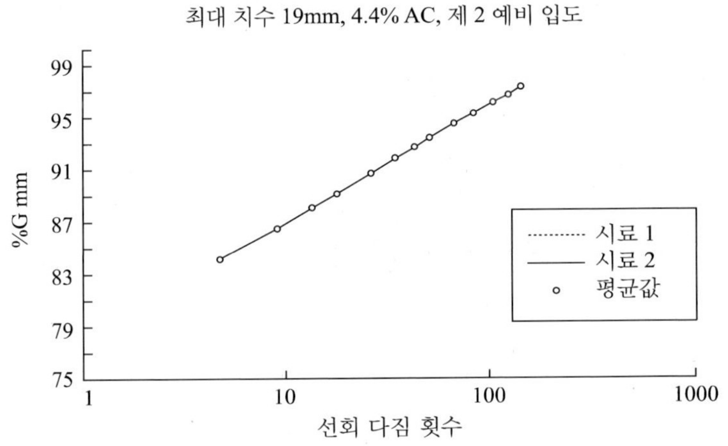

부속서 그림 3 제2예비 입도에 대한 다짐 곡선

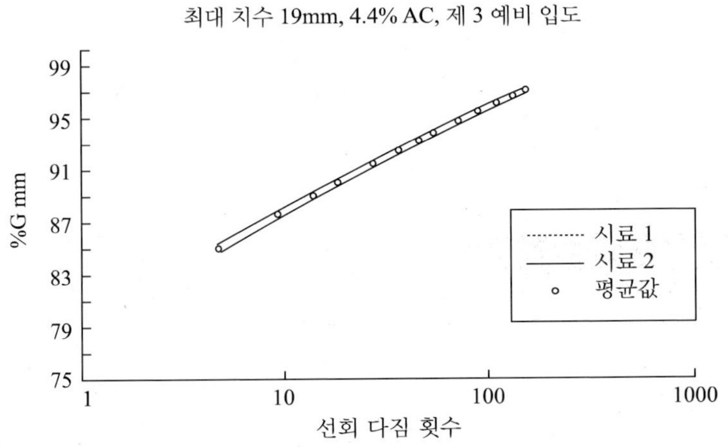

부속서 그림 4 제3 예비 입도에 대한 다짐 곡선

부속서 표 13 예비 입도에 대한 $N_{초기}$, $N_{설계}$ 및 $N_{최대}$에서의 $\%G_{max}$

예비 입도 번호	$\%G_{max}$		
	$N_{초기}$	$N_{설계}$	$N_{최대}$
1	87.1	96.2	97.6
2	85.6	95.7	97.4
3	86.3	95.2	96.5

각 예비 입도에 대하여 $N_{초기}$(8회전), $N_{설계}$(109회전) 및 $N_{최대}$(174회전)에서의 평균 $\%G_{max}$을 결정한다. 부속서 표 13은 제 1 예비 입도, 제 2 예비 입도 및 제 3 예비 입도에 대한 평균 $\%G_{max}$을 요약 정리한 것이다.

공극률과 골재 간극률(VMA)은 $N_{설계}$에서 결정한다.

공극률은 다음과 같이 계산한다.

$$공극률(\%) = 100 - \%G_{max} \ @ \ N_{설계}$$

- 제 1 예비 입도 : 공극률(%) = 100 − 96.2 = 3.8%
- 제 2 예비 입도 : 공극률(%) = 100 − 95.7 = 4.3%
- 제 3 예비 입도 : 공극률(%) = 100 − 95.2 = 4.8%

골재 간극률(VMA)은 다음과 같이 계산한다.

$$\mathrm{VMA}(\%) = 100 - \left(\frac{\%\mathrm{G}_{max} @ N_{설계} \times G_{max} \times P_s}{\mathrm{G}_{sb}}\right)$$

- 제 1 예비 입도 : $\mathrm{VMA}(\%) = 100 - \left(\frac{96.2\% \times 2.563 \times 0.956}{2.699}\right) = 12.7\%$
- 제 2 예비 입도 : $\mathrm{VMA}(\%) = 100 - \left(\frac{95.7\% \times 2.565 \times 0.956}{2.697}\right) = 13.0\%$
- 제 3 예비 입도 : $\mathrm{VMA}(\%) = 100 - \left(\frac{95.2\% \times 2.568 \times 0.956}{2.701}\right) = 13.5\%$

부속서 표 14는 예비 입도에 대한 다짐 결과를 요약한 것이다. 슈퍼패이브 제1 단계 혼합물 설계의 중심 개념은 각 예비 입도에 대하여 정확한 아스팔트 바인더량을 사용함으로써, 각 혼합물이 $N_{설계}$에서 $\%G_{max}$이 96% 또는 공극률이 4%가 정확하게 되도록 하는 것이다. 그러나 이것은 이론적으로만 가능하고, 예제의 예비 입도 혼합물에서는 모두 공극률이 4%에 맞지 않는 것으로 나타났다. 각 예비 입도로 제작된 혼합물은 $N_{설계}$에서 서로 다른 공극률이 발생하였기 때문에 다른 체적 구성비와

부속서 표 14 예비 혼합 입도에 대한 다짐 결과 요약

입 도	%AC	$\%G_{max}$ @N=8	$\%G_{max}$ @N=174	$\%G_{max}$ @N=109	공극률	VMA
제1 입도	4.4%	87.1%	97.6%	96.2%	3.8%	12.7%
제2 입도	4.4%	85.6%	97.4%	95.7%	4.3%	13.0%
제3 입도	4.4%	86.3%	96.5%	95.2%	4.8%	13.5%

다짐 특성을 비교할 수 없다. 예를 들어, 제1 예비 입도는 $N_{설계}$에서 많은 양의 아스팔트를 함유하고 있어 공극률이 3.8%로 되었다.

또한, 제 1 예비 입도의 VMA는 매우 낮기 때문에 설계자는 다음과 같은 의문을 가져야 한다. "설계에서 공극률이 4%가 되기 위해서 제 1 예비 입도 혼합물의 아스팔트량을 적게 사용하였더라면, VMA 및 기타 요구되는 특성이 적절한 수준으로 향상될 수 있지 않은가?"

이 질문에 대한 대답은 슈퍼페이브 제 1 단계 혼합물 설계에 있어서 매우 중요한 단계이다. 예비 혼합물의 공극률을 4%에 맞추기 위해 추정 아스팔트 바인더 비를 다음의 경험식으로 계산한다.

$$P_{b,추정} : P_{bi} - [0.4 \times (4 - V_a)]$$

여기서, $P_{b,추정}$, 추정 : 추정 아스팔트 바인더 비

P_{bi} : 최초 예비 아스팔트 바인더 비

V_a : $N_{설계}$에서의 공극률(%)

- 제 1 예비 입도 : $P_{b,추정} = 4.4 - [0.4 \times (4 - 3.8)] = 4.3\%$
- 제 2 예비 입도 : $P_{b,추정} = 4.4 - [0.4 \times (4 - 4.3)] = 4.5\%$
- 제 3 예비 입도 : $P_{b,추정} = 4.4 - [0.4 \times (4 - 4.8)] = 4.7\%$

체적 구성비(VMA 및 VFA)와 혼합물 다짐 특성을 추정 아스팔트 바인더 비를 사용하여 다음의 식으로 추정한다. 이 단계는 위의 질문 "설계에서 정확한 아스팔트량을 사용하여 공극비가 4%로 되었다면 예비 혼합물의 특성은 어떻게 되었을까?"에 대한 해답이다. 따라서 이번 단계에서는 예비 혼합물 간의 VMA와 VFA 및 기타 혼합물의 다짐 특성을 공극률 4%를 기준으로 재계산하여 비교한다.

[VMA 계산]

$$VMA_{추정} = VMA_{초기} + C \times (4 - V_a)$$

여기서, $VMA_{추정}$: 예비 아스팔트 바인더 비로부터 계산된 VMA

C : 상수(0.1 또는 0.2) (V_a가 4% 이하일 경우 $C = 0.1$, V_a가 4% 이상일 경우 $C = 0.2$)

- 제 1 혼합 입도 : $VMA_{추정} = 12.7 + [0.1 \times (4.0 - 3.8)] = 12.7\%$
- 제 2 혼합 입도 : $VMA_{추정} = 13.0 + [0.2 \times (4.0 - 4.3)] = 13.0\%$
- 제 3 혼합 입도 : $VMA_{추정} = 13.5 + [0.2 \times (4.0 - 4.8)] = 13.3\%$

[VFA 계산]

$$VFA_{추정} = 100 \times \frac{(VMA_{추정} - 4.0)}{VMA_{추정}}$$

- 제 1 예비 입도 : $VFA_{추정} = 100 \times (12.7 - 4.0) / 12.7 = 68.5\%$
- 제 2 예비 입도 : $VFA_{추정} = 100 \times (13.0 - 4.0) / 13.0 = 69.2\%$
- 제 3 예비 입도 : $VFA_{추정} = 100 \times (13.4 - 4.0) / 13.4 = 70.1\%$

[$N_{초기}$에서 $\%G_{max}$ 계산]

$$\%G_{max,추정}@N_{초기} = \%G_{max,예비}\ @N_{초기} - (4.0 - V_a)$$

- 제 1 예비 입도 : $\%G_{max,추정}@N_{초기} = 87.1 - (4.0 - 3.8)] = 86.9\%$
- 제 2 예비 입도 : $\%G_{max,추정}@N_{초기} = 85.6 - (4.0 - 4.3)] = 85.9\%$
- 제 3 예비 입도 : $\%G_{max,추정}@N_{초기} = 86.3 - (4.0 - 4.8)] = 87.1\%$

[$N_{초기}$에서 $\%G_{max}$ 계산]

$$\% G_{\max,추정}\ @N_{초기} = \% G_{\max,예비}\ @N_{초기} - (4.0 - V_a)$$

- 제 1 예비 입도 : $\% G_{\max,추정} @N_{초기} = 97.6 - (4.0 - 3.8) = 97.4\%$
- 제 2 예비 입도 : $\% G_{\max,추정} @N_{초기} = 97.4 - (4.0 - 4.3) = 97.7\%$
- 제 3 예비 입도 : $\% G_{\max,추정} @N_{초기} = 96.5 - (4.0 - 4.8) = 97.3\%$

부속서 표 15～표 16은 $N_{설계}$에서 공극률이 4.0%가 반드시 되도록 맞춘 아스팔트 바인더 비에서, 예비 혼합물에 대한 추정 체적 구성 비율 및 혼합물의 다짐 특성을 정리하였다.

부속서 표 15 $N_{설계}$에서 추정 혼합물의 체적 구성 비율 특성

혼합 입도	예비 아스팔트비 (%)	추정 아스팔트비 (%)	공극률 (%)	VMA (%)	VFA (%)
제 1 예비 입도	4.4	4.3	4.0	12.7	68.5
제 2 예비 입도	4.4	4.5	4.0	13.0	69.2
제 3 예비 입도	4.4	4.7	4.0	13.3	70.1

부속서 표 16 추정 혼합물의 다짐 특성

혼합 입도	예비 아스팔트비 (%)	추정 아스팔트비 (%)	N＝8에서 $\% G_{\max}$	N＝174에서 $\% G_{\max}$
제1 예비 입도	4.4	4.3	86.9	97.4
제2 예비 입도	4.4	4.5	85.9	97.7
제3 예비 입도	4.4	4.7	87.1	97.3

추정된 혼합물의 특성을 혼합물 설계 기준과 비교하였다. 설계 교통량 및 골재 최대 치수에 대한 체적 구성 비율 및 다짐 설계 기준은 다음과 같다.

- 공극률 : 4%
- VMA : 13.0%(골재 최대 치수 19.0 mm 입도 분포에서)
- VFA : 65～75%(10～30 × 10^7 ESALs에서)
- $N_{초기}$의 $G_{\max}$: 89% 이하
- $N_{최대}$의 $G_{\max}$: 98% 이하

마지막으로 혼합물의 세립 분진비(dust proportion)에 대하여 측정한다. 분진비에 대한 설계 기준은 모든 교통량에 대하여 일정하다. 분진비는 0.075 mm체(물로 골재를 씻으면서 체가름하는 방법 사용)를 통과하는 골재의 중량을 유효 아스팔트비로 나눈 결과(%로 표시)이다.

유효 아스팔트비는 다음과 같이 계산한다.

$$P_{be,추정}\ :\ -(P_s \times G_b) \times \left(\frac{G_{se} - G_{sb}}{G_{se} \times G_{sb}} \right) + P_{b,추정}$$

- 제 1 예비 입도의 유효 아스팔트비

$$P_{be,추정} : -(95.7\times1.02)\times\left(\frac{2.754-2.699}{2.754\times2.699}\right)+4.3=3.6\%$$

- 제 2 예비 입도의 유효 아스팔트비

$$P_{be,추정} : -(95.5\times1.02)\times\left(\frac{2.755-2.697}{2.755\times2.697}\right)+4.5=3.7\%$$

- 제 3 예비 입도의 유효 아스팔트비

$$P_{be,추정} : -(95.3\times1.02)\times\left(\frac{2.754-2.701}{2.754\times2.701}\right)+4.7=4.0\%$$

분진비는 다음과 같이 계산한다.

$$DP=\frac{P_{0.075}}{P_{be,추정값}}$$

- 제1 예비 입도의 유효 아스팔트비 $DP=\frac{3.1}{3.6}=0.86$
- 제2 예비 입도의 유효 아스팔트비 $DP=\frac{2.9}{3.7}=0.78$
- 제3 예비 입도의 유효 아스팔트비 $DP=\frac{3.5}{4.0}=0.88$

분진비는 0.6과 1.2 사이에 있어야 한다. 부속서 표 17은 계산 결과를 요약한 것이다.

추정된 모든 혼합물의 특성을 분석한 후, 설계자는 예비 입도 혼합물의 수치를 설계 기준과 비교하여 하나 또는 하나 이상의 입도가 설계 기준에 맞는지를 결정한다. 예비로 시도된 입도가 모두 설계 기준에 맞지 않을 경우, 다른 입도 분포를 선정하여 지금까지의 계산과 시험을 처음부터 실시한다. 분석 결과 제 1 예비 입도는 최소 VMA 설계 기준에 불합격하여 부적당하다. 제 2 예비 입도는 적당하지만 VMA가 최소 기준에 걸리고 있으나, 제 3 예비 입도는 VMA, VFA, 분진비 및 다짐 설계 기준 모두가 합당하다. 이 분석 결과로부터 제 3 예비 입도를 설계 골재 구조로 선정하도록 한다.

부속서 표 17 예비 시도 입도의 분진비 계산 결과

혼합 입도	분 진 비	설계 기준
제 1 예비 입도	0.86	0.6～1.2
제 2 예비 입도	0.78	
제 3 예비 입도	0.88	

6.2 설계 아스팔트비의 결정

설계 골재 구조가 선정되면(본 예제의 경우, 제 3 예비 입도로 결정되었다.) 시료는 여러 아스팔트 바인더 비로 다진다. 설계 아스팔트 바인더 비를 결정하기 위해서 혼합물의 특성을 평가한다.

적어도 2개의 시료를 각 아스팔트 바인더 비로 다진다. 이 때 시험을 실시할 아스팔트 바인더 비는 다음의 기준으로 선정한다(5개씩 2조 준비 = 총 10개의 시료).

- 추정 아스팔트 바인더 비
- 추정 아스팔트 바인더 비 ± 0.5%
- 추정 아스팔트 바인더 비 ± 1.0%

제 3 예비 입도의 경우, 혼합물 설계에 대한 바인더 비는 4.2%, 4.7%, 5.2% 및 5.7%이다. 슈퍼패이브 제1 단계 분석에는 적어도 네 종류의 아스팔트 바인더 비를 사용하도록 하고 있다. 이론 최대 비중을 결정하기 위해 최소 두 개의 시료를 준비한다. 시료는 "설계 골재 구조 선정"에서 서술한 것과 같은 방법으로 준비하고 시험한다. 부속서 표 18~표 21은 각 아스팔트 바인더 비에 대한 시험 결과를 표로 나타낸 것이다. 부속서 그림 5~그림 8은 다짐 곡선을 나타낸 것이며, 부속서 그림 9는 각 아스팔트 바인더 비에 대한 평균 다짐 곡선을 나타낸 것이다.

부속서 표 18 아스팔트 바인더 비 4.2%에 대한 다짐 결과(제3 예비 입도)

G_{max}(측정) = 2.582									
다짐 횟수	높이 (mm)	G_{mb} (추정)	G_{mb} (보정)	% G_{max}	높이 (mm)	G_{mb} (추정)	G_{mb} (보정)	% G_{max}	% G_{max}
5	131.3	2.116	2.167	83.9	131.0	2.136	2.186	84.7	84.3
8	129.0	2.153	2.205	85.4	128.8	2.172	2.223	86.1	85.7
10	127.5	2.178	2.230	86.4	127.4	2.196	2.248	87.1	86.7
15	125.4	2.214	2.267	87.8	125.5	2.229	2.281	88.4	88.1
20	124.0	2.239	2.293	88.8	124.2	2.253	2.306	89.3	89.1
30	122.1	2.274	2.329	90.2	122.4	2.286	2.340	90.6	90.4
40	120.9	2.298	2.353	91.1	121.1	2.310	2.364	91.6	91.4
50	119.9	2.317	2.373	91.9	120.1	2.330	2.385	92.4	92.1
60	119.1	2.332	2.388	92.5	119.4	2.342	2.397	92.9	92.7
80	117.9	2.355	2.412	93.4	118.3	2.365	2.421	93.8	93.6
100	117.0	2.373	2.430	94.1	117.4	2.383	2.439	94.5	94.3
109	116.7	2.379	2.436	94.4	117.1	2.389	2.445	94.7	94.6
125	116.2	2.390	2.447	94.8	116.6	2.400	2.456	95.1	95.0
150	115.6	2.402	2.460	95.2	115.9	2.413	2.470	95.7	95.5
174	115.1	2.413	2.471	95.7	115.4	2.424	2.481	96.1	95.9
G_{mb}(측정값)	–	2.471	–	–	–	2.481	–	–	–

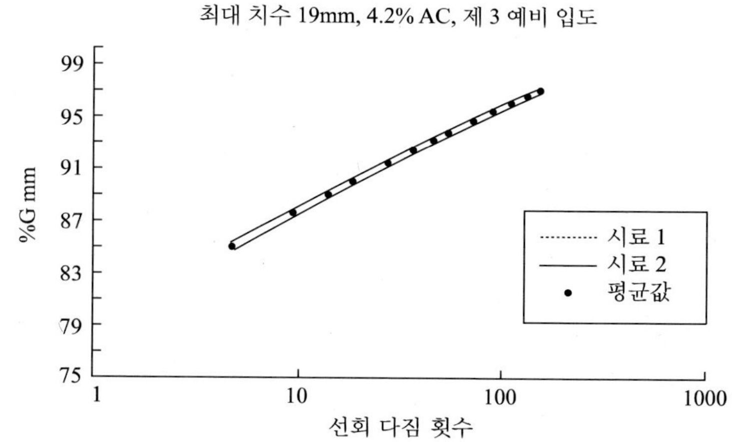

부속서 그림 5 아스팔트 바인더 비 4.2%에 대한 다짐 곡선(제3 예비 입도)

부속서 표 19 아스팔트 바인더 비 4.7%에 대한 다짐 결과(제3 예비 입도)

G_{max}(측정) = 2.562

다짐 횟수	높이 (mm)	G_{mb} (추정)	G_{mb} (보정)	$\%G_{max}$	높이 (mm)	G_{mb} (추정)	G_{mb} (보정)	$\%G_{max}$	$\%G_{max}$
5	130.4	2.152	2.199	85.8	130.8	2.142	2.189	85.5	85.7
8	128.2	2.188	2.236	87.2	128.8	2.176	2.224	86.9	87.1
10	126.8	2.212	2.360	88.2	127.4	2.199	2.248	87.8	88.0
15	124.8	2.247	2.396	89.6	125.5	2.233	2.283	89.1	89.4
20	123.5	2.271	2.320	90.6	124.1	2.258	2.308	90.1	90.3
30	121.5	2.308	2.358	92.1	122.1	2.294	2.345	91.5	91.8
40	120.3	2.332	2.382	93.0	120.8	2.319	2.370	92.6	92.8
50	119.3	2.351	2.402	93.7	119.9	2.337	2.389	93.3	93.5
60	118.5	2.368	2.419	94.4	119.0	2.355	2.407	94.0	94.2
80	117.2	2.393	2.445	95.4	117.9	2.377	2.4302	94.9	95.1
100	116.4	2.409	2.461	96.1	117.0	2.395	2.448	95.6	95.8
109	116.1	2.415	2.467	96.4	116.7	2.400	2.453	95.8	96.1
125	115.6	2.426	2.478	96.8	116.2	2.410	2.463	96.2	96.5
150	115.0	2.440	2.493	97.3	115.5	2.425	2.479	96.8	97.0
174	114.5	2.450	2.503	97.7	115.0	2.436	2.490	97.2	97.5
G_{mb}(측정값)	–	2.503	–	–	–	2.490	–	–	–

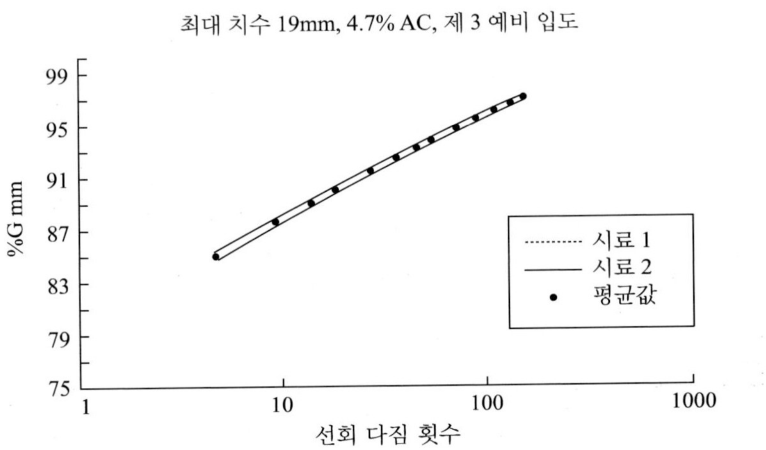

부속서 그림 6 아스팔트 바인더 비 4.7%에 대한 다짐 곡선(제3 예비 입도)

부속서 표 20 아스팔트 바인더 비 5.2%에 대한 다짐 결과

G_{max}(측정) = 2.562									
다짐 횟수	시료 1				시료 2				평균
	높이 (mm)	G_{mb} (추정)	G_{mb} (보정)	$\%G_{max}$	높이 (mm)	G_{mb} (추정)	G_{mb} (보정)	$\%G_{max}$	$\%G_{max}$
5	132.0	2.148	2.187	86.0	132.6	2.142	2.183	85.8	85.9
8	129.8	2.185	2.224	87.5	130.4	2.179	2.221	87.4	87.4
10	128.3	2.209	2.249	88.5	128.9	2.204	2.246	88.4	88.4
15	126.2	2.246	2.287	90.0	126.7	2.241	2.284	89.8	89.9
20	124.8	2.272	2.314	91.0	125.2	2.268	2.311	90.9	91.0
30	122.8	2.309	2.351	92.5	123.2	2.305	2.349	92.4	92.4
40	121.4	2.335	2.378	93.5	121.7	2.333	2.378	93.5	93.5
50	120.3	2.356	2.399	94.4	120.7	2.353	2.398	94.3	94.3
60	119.5	2.373	2.416	95.1	119.9	2.369	2.414	95.0	95.0
80	118.2	2.398	2.442	96.14	118.6	2.395	2.441	96.0	96.0
100	117.3	2.417	2.461	96.8	117.7	2.414	2.460	96.7	96.8
109	117.0	2.424	2.468	97.1	117.4	2.420	2.466	97.0	97.1
125	116.4	2.436	2.481	97.6	116.8	2.431	2.478	97.4	97.5
150	115.8	2.449	2.494	98.0	116.1	2.447	2.494	98.1	98.1
174	115.3	2.459	2.504	98.5	115.6	2.457	2.504	98.5	98.5

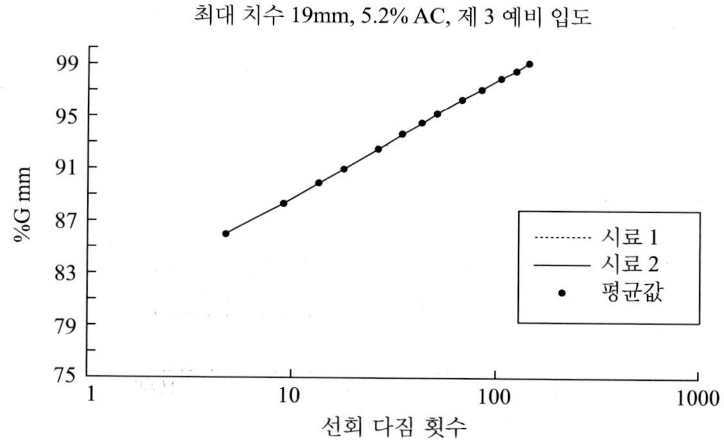

부속서 그림 7 아스팔트 바인더 비 5.2%에 대한 다짐 곡선(제3 예비 입도)

부속서 표 21 아스팔트 바인더 비 5.7%에 대한 다짐 결과(제3 예비 입도)

G_{max}(측정) = 2.562

다짐 횟수	시료 1				시료 2				평균
	높이 (mm)	G_{mb} (추정)	G_{mb} (보정)	% G_{max}	높이 (mm)	G_{mb} (추정)	G_{mb} (보정)	% G_{max}	% G_{max}
5	130.4	2.170	2.204	87.4	131.5	2.172	2.201	87.2	87.3
8	128.6	2.201	2.236	88.7	129.4	2.207	2.236	88.6	88.6
10	127.4	2.222	2.257	89.5	128.0	2.230	2.260	89.6	89.5
15	125.4	2.256	2.292	90.8	126.2	2.262	2.292	90.8	90.8
20	124.0	2.282	2.318	91.9	124.9	2.286	2.316	91.8	91.8
30	122.4	2.313	2.349	93.1	123.1	2.319	2.350	93.1	93.1
40	120.5	2.349	2.386	94.6	121.3	2.353	2.384	94.5	94.5
50	119.4	2.371	2.408	95.5	120.2	2.375	2.407	95.4	95.4
60	118.9	2.381	2.419	95.9	119.5	2.390	2.422	96.0	95.9
80	117.6	2.406	2.444	96.9	118.2	2.415	2.447	97.0	96.9
100	116.7	2.426	2.464	97.7	117.2	2.437	2.469	97.8	97.8
109	116.2	2.453	2.474	98.1	116.7	2.446	2.479	98.2	98.2
125	115.4	2.452	2.491	98.7	115.9	2.463	2.496	98.9	98.8
150	114.9	2.463	2.502	99.2	115.5	2.472	2.505	99.3	99.2
174	114.3	2.476	2.515	99.7	114.9	2.485	2.518	99.8	99.8
G_{mb}(측정값)	–	2.515	–	–	–	2.518	–	–	–

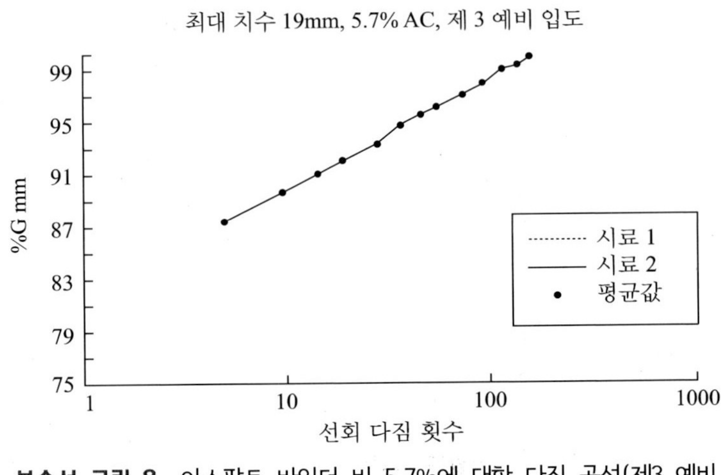

부속서 그림 8 아스팔트 바인더 비 5.7%에 대한 다짐 곡선(제3 예비 입도)

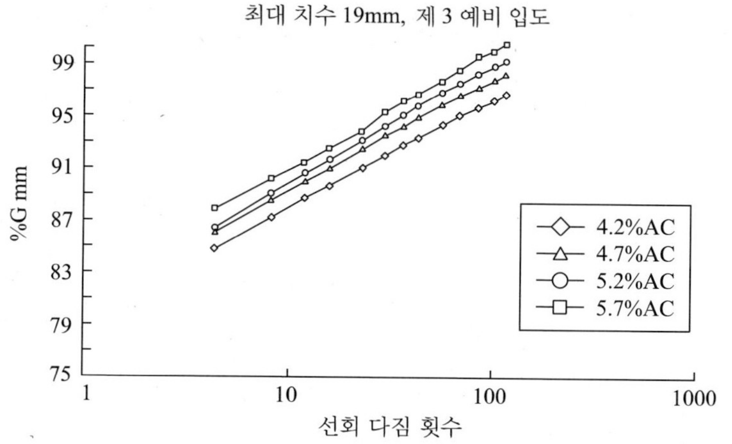

부속서 그림 9 제 3 예비 입도에 대한 평균 다짐 곡선

부속서 표 22 제3 예비 입도의 다짐 특성 요약

AC량(%)	% G_{max}@N = 8	% G_{max}@N = 174	% G_{max}@N = 1.9
4.2	85.8	95.9	94.5
4.7	87.1	97.5	96.1
5.2	87.4	98.5	97.0
5.7	88.6	99.8	98.1

부속서 표 23 N설계에서 혼합물의 체적 구성 비율

AC량(%)	공극률(%)	VMA(%)	VFA(%)	밀도(kg/m^3)
4.2	5.5	13.4	59.3	2441
4.7	3.9	13.2	70.1	2461
5.2	3.0	13.4	77.9	2467
5.7	1.9	13.6	86.2	2476

혼합물의 특성은 $N_{초기}$(8회전), $N_{설계}$(109회전) 및 $N_{최대}$(174회전)에서의 다짐 결과를 이용하여 각각의 아스팔트 바인더 비에서 선정된 혼합물에 대하여 평가한다. 부속서 표 22와 표 23은 혼합물의 다짐 결과와 아스팔트 바인더 비 변화에 따른 체적 구성 비율 특성을 요약한 것이다.

체적 구성 비율 특성은 각각의 아스팔트 바인더 비에서 설계 선회 다짐 횟수($N_{설계}$)에서 계산되었다. 이 계산 결과를 이용하여 설계자는 아스팔트 바인더 비에 대하여 공극률, 골재 간극률 및 VFA를 그래프로 작성할 수 있다.

설계 아스팔트 바인더 비는 공극률 4.0%에서 설정되었다. 이 예제에서 설계 아스팔트 바인더 비는 4.7%이다. 이 수치는 $N_{설계}$ = 109회전에서 공극률 4.0%에 해당한다.

다음 단계는 다른 혼합물의 특성을 설계 아스팔트 바인더 비에서 설계 기준에 합격 여부를 검토하기 위하여 검토한다. 골재 최대 치수 19.0 mm의 혼합물에 대한 설계 수치를 부속서 표 24에 나타냈다.

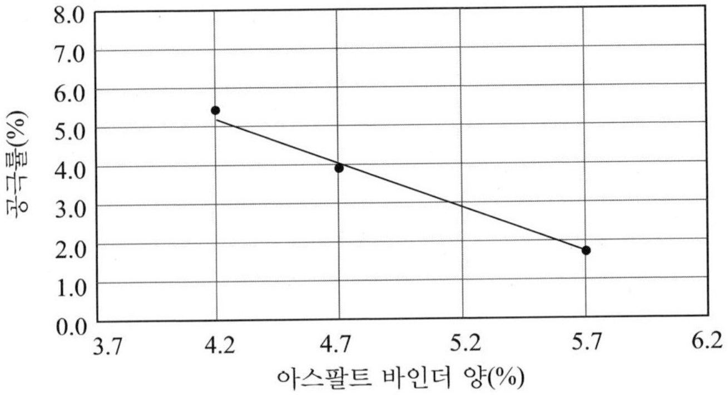

부속서 그림 10 공극률 대 아스팔트 바인더 비

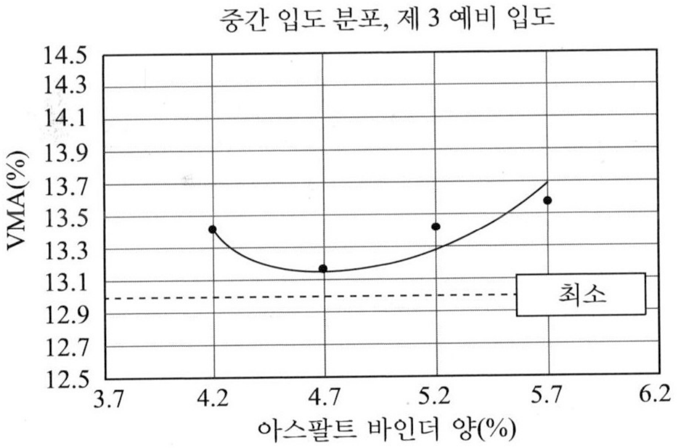

부속서 그림 11 골재 간극률 대 아스팔트 바인더

목구조용 실대재의 휨 시험 방법 Method of static bending test for full sized structural lumber (KS F 2150 : 2004) (2014 확인)

1. 적용 범위 및 시험 목적

직사각형 단면을 가진 목구조 용재의 휨시험으로, 실제 크기의 구조용재에 대한 휨강도 및 휨 탄성계수를 측정할 수 있는 정적 휨 시험 방법이다.

2. 용어 정의

① 지간 거리(span) : 수평 부재에서 양 지점 사이의 거리(그림 1의 l)

② 전단 지간 거리(shear span) : 휨 하중이 대칭으로 작용하는 수평 부재에서 한쪽 지점과 가장 가까운 하중점 사이의 거리(그림 1의 a)

③ 하중 지간 거리(load span) : 하중점 사이의 거리(그림 1의 b)

④ 부재의 춤(depth of member) : 수평 부재의 길이 방향에 대하여 수직인 횡단면에서 하중이 가해지는 방향과 평행한 변의 치수(그림 1의 d)

⑤ 지간 거리 대 춤의 비(span to depth ratio) : 수평 부재의 지간 거리를 부재의 폭으로 나눈 값

⑥ 목구조용 실대재(full sized structural lumber) : 강도와 강성이 요구되는 용도에 사용되며 횡단면의 치수가 가로, 세로 각각 38 mm 이상인 실제 사용되는 치수의 목재 부재

⑦ 비례 한도 하중 및 비례 한도 변형(load and deformation at proportional limit) : 구조 용재에 대한 강도 시험에서 얻을 수 있는 하중－변형 선도에서 초기의 직선 구간이 끝나는 지점에서의 하중 및 변형

3. 시험 기구

① 시험기의 프레임(frame) : 시험편의 처짐이 자유롭게 일어날 수 있으면서 시험편을 튼튼하게 지지할 수 있는 구조일 것

② 하중 전달 매체(loading head) : 시험편에 응력 집중이 발생되지 않고 하중을 효과적으로 전달할 수 있을 것

③ 하중 측정 장치(force measuring device) : 요구되는 정밀도로 하중을 정확하게 측정할 수 있을 것

④ 회전 지점 받침판(reaction bearing plate) : 지점 부위에서 시험편에 대한 피해가 발생하지 않도록 시험편은 금속 받침판에 의하여 지지되어야 한다. 금속판의 치수는 시험편의 치수나 형태에 따라서 변할 수 있다(그림 1의 B).

⑤ 이동 지점 받침판(reaction bearing roller) : 시험편이 처짐에 의하여 길이가 자유롭게 줄어들거나 또는 회전할 수 있도록, 받침판은 롤러와 뾰족한 칼날형 받침 또는 흔들리게 칼날형 받침에 의하여 지지되어야 한다(그림 1의 A).

⑥ 하중점 : 총하중은 지점으로부터 동일한 거리만큼 떨어진 두 지점에 같은 크기로 작용하며, 두 하중점은 일반적으로 양쪽 지점으로부터 지간 거리의 1/3씩 떨어진 지점으로 한다.

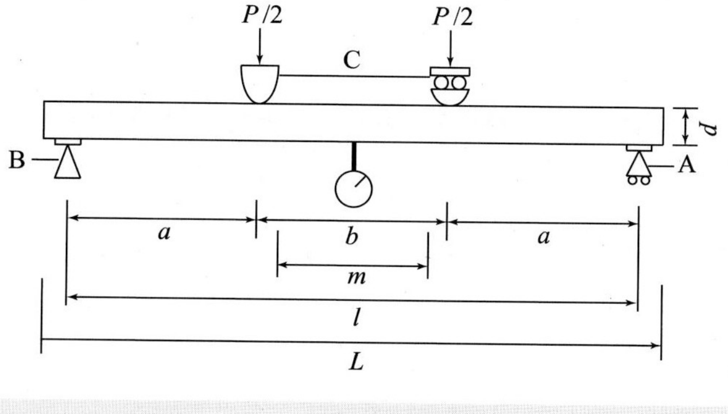

A : 이동 지점 받침판
B : 회전 지점 받침판
C : 하중 받침 블록
L : 부재의 길이(mm)
P : 하중(N)
l : 지간 거리(mm)
a : 전단 지간 거리(mm) = 일반적으로 1/3
d : 부재의 춤(mm)
b : 하중 지간 거리(mm)
m : $b-2d$ = 중간 지간 거리(mm)

그림 1 실대재 휨 시험(2점 하중)

⑦ 처짐 측정 방지 : 탄성 계수의 계산을 위하여 시험편의 중앙에서 중립축의 양쪽 지점에 대한 처짐 또는 전단력이 작용하지 않는 부위의 양쪽 횡단면에 대한 처짐이 측정되어야 하며, 처짐 측정 장치는 지간 거리가 900 mm를 초과하는 경우에는 0.2 mm 단위까지 측정이 가능하여야 하고 그 이하의 지간 거리에 대하여는 0.02 mm 단위까지 측정이 가능하여야 하며, 중간 지간 거리 m에 대하여 처짐을 측정하는 경우에는 0.01 mm 단위까지 측정이 가능하여야 한다.

4. 시험 공시체 준비

① 시험 공시체는 직사각형 단면을 가지는 구조 용재로 한다.

② 시험 실시 전에 시험편의 함수율, 질량 및 치수를 정확하게 측정하여야 한다. 시험편의 질량과 치수(길이와 횡단면 치수)는 유효 숫자 세 자리로 측정하여야 한다. 횡단면 치수의 측정은 시험편의 길이를 따라서 여러 지점에서 실시되어 시험편 횡단면의 대표 치수 측정 또는 불균일 단면의 경우에는 그 모양에 대한 자세한 측정이 가능하여야 한다. 시험편의 함수율, 밀도 및 비중의 측정은 KS F 2198, KS F 2199에 따른다.

③ 시험편 검사 : 시험편에 존재하는 옹이, 갈라짐, 섬유 주행 경사, 수지구, 나이테 나비 및 나이테의 방향, 굽음, 뒤틀림 등의 결점과 부분적인 강화 등의 인위적인 가공에 대하여 시험 전에 자세한 검사가 이루어져야 하며 이들에 대한 기록을 남겨야 한다. 시험편의 제조 과정에서 이루어지는 접합부, 적층, 철물 보강 등 제조 과정 중에 생긴 특성을 기록하여야 한다. 이러한 결점이나 보강 부위에 대한 특성 파악이 쉽도록 이들이 존재하는 부위에 대하여 그림 또는 사진으로 자료를 남겨야 한다.

④ 시험편의 길이 : 시험편의 지간 거리는 시험편 춤의 15배 이상(즉, $l \geq 15h$)이어야 하며 시험편의 전체 길이는 지간 거리에 시험편 춤의 2배를 더한 길이 이상($L \geq l + 2h = 17h$)이어야 한다.

⑤ 조습 처리 : 시험 재료는 시험 시의 환경 하에서 일정한 무게에 도달할 때까지 조습 처리하여야 한다. 일정한 무게란 6시간 간격으로 연속적으로 2번 측정한 결과의 차이가 0.1% 미만일 때를 의미한다. 시험은 온도 20±3°C, 상대 습도 (65±5)%의 표준 환경 조건에서 수행되어야 하며 이 기준과 다른 조건에서 시험한 것은 반드시 그 조건을 기록하여야 한다.

5. 시험 방법

① 시험편의 설치 시험편의 치수, 지간 거리, 하중점의 위치 등이 결정된 후에 시험편을 제작하고 시험편을 그림 1과 같이 시험 장치의 지점 받침판과 하중 받침 블록에 좌우 대칭으로 설치한다. 시험편에 대한 측방 지지를 하여야 하며, 처짐 측정 장치를 설치하고 지점의 받침판과 하중 받침 블록이 시험편과 완전히 밀착되었는지 확인하여야 한다.

② 하중재하속도 : 하중재하는 일정한 속도에서 가해져야 하며, 시험 시작 후 10분 정도에 최대 하중까지 도달할 수 있도록 하중을 가하는 속도를 조정하여야 하며 최대 하중 도달 시간이 6분 이내이거나 또는 20분 이상 되어서는 안 된다.

③ 하중－변형도 : 하중과 변형의 관계를 나타내는 하중－변형도를 이용하여 비례 한도 하중 및 변형(그림 2), 최대 하중 등의 값을 도출해야 한다. 하중재하는 시험편이 완전히 파괴될 때까지 지속되어야 하고, 중간 지간 거리 m에 대한 중앙부 처짐의 측정을 위한 장치가 부착된 경우에는 이에 적합한 하중－변형도가 기록되어야 한다.

④ 파괴 형태 : 파괴 시의 형태, 위치, 파괴 순서 등이 상세히 기록되어야 하며, 시험 끝난 후 파괴 부위는 더 세밀한 관찰을 위하여 보존해야 한다.

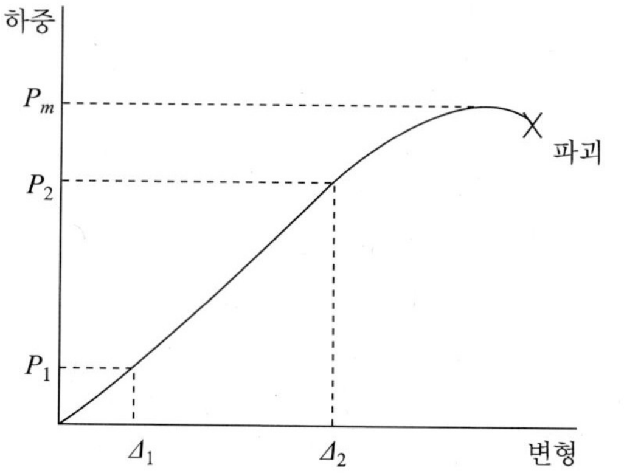

P_2-P_1 : 직선 구간 내에서 하중의 증가분으로서 휨 탄성 계수(MOE) 계산의 편의를 위하여 비례 한도 하중(P_e)으로 사용한다.

$\Delta_2-\Delta_1$: 직선 구간 내에서 하중 증가(P_2-P_1)에 따른 변형의 증가분으로서 휨 탄성 계수(MOE) 계산 시에는 계산의 편의를 위하여 비례 한도 변형(Δ_e)으로 사용한다.

그림 2 하중 - 변형도

6. 휨 탄성계수와 휨강도 계산

6.1 휨 탄성 계수(MOE)

휨 탄성 계수(MOE)는 다음 식(1)에 준하여 계산한다.

$$\text{MOE(N/mm}^2) = \frac{P_e l^3}{4.7\Delta_e bh^3} \tag{1}$$

여기서, P_e : 비례 한도 하중(N)

l : 지간 거리(mm)

b : 시험편의 나비(mm)

h : 시험편의 춤(mm)

Δ_e : 비례 한도 변형(mm)

6.2 휨 강도(MOR)

휨 강도(MOR)는 다음 식(2)에 준하여 계산한다.

$$\text{MOE(N/mm}^2) = \frac{P_m l}{bh^2} \tag{2}$$

여기서, P_m : 최대 하중(N)

l : 지간 거리(mm)

b : 시험편의 나비(mm)

h : 시험편의 춤(mm)

침엽수 구조 용재의 육안 등급 구분 방법 Visual grading for softwood structural lumber (KS F 2151 : 1999) (2014 확인)

1. 적용 범위

침엽수 제재목의 육안등급을 구분하기 위한 시험방법이다.

2. 용어 정의

① 육안 등급 구분(visual grading) : 구조용재의 결점의 크기 및 분산 정도에 따라서 등급을 구분하는 방법

② 기계 등급 구분(machine stress rating) : 등급 구분 기계에 의하여 휨 탄성 계수를 측정하여 등급을 구분하는 방법

③ 구조 등급 또는 응력 등급(structural grade, stress grade) : 기계적 성질과 연관된 결점의 크기 및 분포에 근거한 품질 구분으로 구조 설계를 위한 등급별 허용 성질은 강도의 최소값과 강성의 평균값으로 나타낸다.

④ 강도비(strength ratio) : 허용되는 옹이, 섬유 주행 경사와 같은 결점을 고려한 등급별 강도의 무결점재 강도에 대한 비율

3. 등급 구분 방법

① 육안 등급 구분은 제재목의 모든 재면과 끝면을 조사하여 전체 길이에 걸쳐 재면에 나타나는 옹이와 그 밖의 특성의 크기, 성질 및 위치에 의하여 평가를 진행하며, 규정되는 응력 등급은 아래의 내용을 포함한다.

a) 종류 및 등급 : 치수 및 용도에 따른 종류 및 결점에 따른 등급

b) 허용 결점 : 등급별로 허용되는 결점의 종류, 크기 및 위치

c) 허용 성질 : KS F 2152에 준하여 결정되는 성질로, 결점의 종류, 크기 및 분포에 의하여 계산되는 강도비에 따른 등급별 허용 성질.

② 강도비의 계산

a) 옹이(휨 강도)(knot) : 옹이 측정을 단순하게 하기 위하여 넓은 재면 위에 있는 모든 옹이는 제재목 가장자리 부근의 옹이(가장자리 옹이)나 중앙부에 있는 옹이(중앙부 옹이)로 취급하며, 강도비를 사용하여 옹이에 위한 휨 강도 감소 정도를 예측 할 수 있다.

b) 옹이(압축 강도) : 휨과 조합 하중은 발생하지 않는다는 가정하에서, 압축 부재에서 옹이에 따른 강도비는 최대 옹이로 횡단면이 줄어든 부재의 하중 지지 성능에 대한 무결점재의 하중 지지 성능의 비로써 산출한다.

c) 섬유 주행 경사(slopes of grain) : 휨 부재와 종압축 부재의 섬유 주행 경사에 의한 강도비는 실험적으로 계산한다.

d) 갈라짐(fiber separation) : 균열(shake), 터짐(check) 및 금(split)과 관련된 강도비는 휨 부재에서 수평 전단 응력에만 영향하는 것으로 가정하며, 강도비는 옹이의 경우와 같이 임계 단면적이 균열, 금 및 터짐의 양에 의해 감소한다는 가정 하에서 유도된다.

e) 인장 강도(tensile strength) : 제재목의 인장 강도는 실험 결과로부터 얻어진 인장 강도와 휨 강도 사이의 관계로부터 구한다.

f) 횡 압축 강도(compressive strength perpendicular-to-grain) : 제재목의 횡 압축 강도는 강도를 감소시키는 결점에 의해 거의 영향을 받지 않으므로, 이에 대한 강도비는 모든 등급에서 100%로 가정한다.

g) 탄성 계수(modulus of elasticity) : 제재목의 탄성 계수는 실험적으로 구한 탄성 계수와 휨 강도와의 관계로부터 구할 수 있다 . 이 규격에서 전체 지간 거리에 걸쳐서 좁은 재면에 작용하는 휨 하중에 대한 휨 탄성 계수와 강도비 사이의 관계는 실험적으로 구한 것이다.

③ 강도비

a) 섬유 주행 경사 : 여러 가지 섬유 주행 경사에 대한 휨 강도 및 종압축 강도에 대한 강도비는 <표 1>과 같다.

b) 옹이 : 옹이의 크기와 위치 그리고 재면의 나비 등의 조합에 대한 강도비는 <표 2>, <표 3> 및 <표 4>와 같다.

c) 갈라짐 : <표 5>는 구조 용재의 두께별 균열, 터짐 및 금의 크기에 대한 강도비이다. 경골 목조 건축에서 사용되는 1 종 구조재 중에서 두께 38 mm의 규격재에서는 금의 경우 강도비는 <표 6>과 같다.

d) 탄성 계수 : <표 7>은 침엽수 구조 용재의 허용 탄성 계수를 나타내고 있다.

e) 종인장 강도비 침엽수 구조 용재의 종인장 강도비는 상응하는 휨 강도비의 55%로 한다.

표 1 섬유 주행 경사에 대한 강도비

섬유 주행 경사	최대 강도비(%)	
	휨 또는 종 인장	종압축
1/6	40	56
1/8	53	66
1/10	61	74
1/12	69	82
1/14	74	87
1/15	76	100
1/16	80	–
1/18	85	–
1/20	100	–

표 7 탄성 계수의 품질 인자

휨 강도비(%)	탄성 계수의 품질 인자(%)
≥ 55	100
45 ~ 54	90
≤ 44	80

표 2 휨 부재의 좁은 재면에서의 옹이에 의한 강도비

옹이 크기 (mm)	좁은 재면의 실제 나비(mm)에서 백분율(%) 강도비																									
	25	38	51	64	76	89	102	114	127	140	152	178	190	203	229	241	254	279	292	305	330	343	356	381	394	406
6	85	89	91	93	94	95	95	96	96	96	97	97	97	97	97	97	97	97	98	98	98	98	98	98	98	98
13	67	76	81	84	86	88	90	91	91	92	93	93	93	94	94	94	94	94	95	95	95	95	95	95	95	95
19	48	62	70	75	79	82	84	85	87	88	89	89	90	90	91	91	91	91	92	92	92	92	92	93	93	93
25	4	49	60	68	72	75	78	80	82	84	85	86	86	87	87	88	88	88	89	89	89	90	90	90	90	90
32			49	58	64	69	72	75	78	79	81	82	83	83	84	84	85	85	86	86	87	87	87	87	88	88
38			27	49	57	62	67	70	73	75	77	78	79	80	81	81	82	82	83	83	84	84	84	85	85	85
44			15	32	49	56	61	65	68	71	73	75	75	76	77	78	78	79	80	80	81	81	82	82	83	83
51				22	35	49	55	60	64	67	69	71	72	73	74	75	75	76	77	77	78	79	79	80	80	80
57					26	37	50	55	59	62	65	67	68	69	71	71	72	73	74	75	75	76	76	77	77	78
64					18	30	39	50	54	58	61	63	64	66	67	68	69	70	71	72	73	73	74	75	75	75
70						23	32	40	50	54	57	60	61	62	64	65	66	67	68	69	70	70	71	72	72	73
76							26	34	41	50	53	56	57	59	61	62	63	64	65	66	67	68	68	69	70	70
83									36	45	49	52	54	55	57	59	60	61	62	63	64	65	66	67	67	68
89										37	46	48	50	52	54	55	56	58	59	60	62	62	63	64	65	65
95												45	46	48	51	52	53	55	56	57	59	60	60	61	62	63
102														45	48	49	50	52	53	54	56	57	58	59	60	60
108																46	47	49	50	51	53	54	55	56	57	58
114																		46	47	49	50	51	52	54	55	55
121																				46	48	49	50	51	52	53
127																					45	46	47	49	49	50

[비고] 표에 나타나지 않는 옹이 크기와 목재의 나비에 대한 비율은 선형 보간법으로 구한다.

표 3 휨 부재의 넓은 재면에서의 중앙 옹이와 압축 부재에서의 옹이에 의한 강도비

옹이 크기 (mm)	넓은 재면의 실제 나비(mm)에 대한 백분율(%) 강도비																									
	25	38	51	64	76	89	102	114	127	140	152	178	190	203	229	241	254	279	292	305	330	343	356	381	394	406
6	94	95	95	96	96	96	97	97	97	97	98	98	98	98	98	98	98	98	98	98	98	99	99	99	99	99
13	86	88	90	91	91	92	93	94	94	95	95	95	96	96	96	96	96	96	97	97	97	97	97	97	97	97
19	79	82	84	85	87	88	89	91	91	92	92	93	93	94	94	94	94	95	95	95	95	95	95	95	96	96
25	72	75	78	80	82	84	85	87	88	89	90	90	91	92	92	92	92	93	93	93	93	93	94	94	94	94
32	64	69	72	75	78	79	81	84	85	86	87	88	89	90	90	90	90	91	91	91	91	91	92	92	93	93
38	57	62	67	70	73	75	78	81	82	83	85	85	86	87	88	88	89	89	89	89	90	90	90	91	91	91
44	49	56	61	65	68	71	74	77	79	80	82	83	84	85	86	86	87	87	87	87	88	88	89	89	90	90
51	35	49	55	60	64	67	70	74	76	77	79	80	81	83	84	84	85	85	85	86	86	86	87	88	88	89
57	26	37	50	55	59	62	66	71	72	73	77	78	79	81	82	82	83	83	83	84	84	84	85	86	87	87
64	18	30	39	50	54	58	62	67	69	71	74	75	77	79	80	80	81	81	81	82	82	83	84	84	85	86
70		23	32	40	50	54	58	64	66	68	71	73	74	76	77	78	79	79	79	80	80	81	82	83	84	84
76			26	34	41	50	54	61	63	65	69	70	72	74	75	76	77	77	78	78	79	79	80	81	82	83
83				29	36	45	51	57	60	62	66	68	69	72	73	74	75	75	76	76	77	77	78	80	80	81
89				23	31	37	47	54	57	59	64	65	67	70	71	72	73	73	74	75	75	75	77	78	79	80
95					26	32	38	51	54	56	61	63	65	68	69	70	71	71	72	73	73	74	75	76	77	78
102					21	28	34	47	50	53	58	60	62	66	67	68	69	69	70	71	71	72	73	75	76	77
108						23	30	40	46	50	56	58	60	63	65	66	67	68	68	69	70	70	72	73	74	75
114						19	26	36	41	48	53	55	58	61	63	64	65	66	66	67	68	68	70	72	73	74
121							21	33	37	41	50	53	55	59	61	62	63	64	64	65	66	67	68	70	71	73
127							17	29	34	38	48	50	53	57	59	60	61	62	62	64	64	65	67	68	70	71
133								25	30	35	45	48	50	55	57	58	59	60	61	62	62	63	65	67	68	70
140								22	27	32	39	41	48	52	54	56	57	58	59	60	61	61	63	65	67	68
146									24	29	37	38	46	50	52	54	55	56	57	58	59	59	62	64	65	67
152										26	34	35	40	48	50	52	53	54	55	56	57	58	60	62	64	65
165										19	28	32	35	41	46	48	49	50	51	53	53	54	587	59	61	62
178										13	23	27	30	37	40	42	45	46	47	49	50	51	53	56	58	59
190											17	22	25	32	35	38	40	41	42	45	46	47	50	52	55	57
203													20	28	31	34	36	37	39	41	42	43	47	49	52	54
216													15	23	26	30	32	33	35	37	38	39	41	46	49	51

[비고] 표에 나타나지 않는 옹이 크기와 목재의 나비에 대한 비율은 선형 보간법으로 구한다.

표 4 휨 부재의 넓은 재면에서의 측면 옹이에 의한 강도비

옹이 크기 (mm)	넓은 재면의 실제 나비(mm)에서 백분율(%) 강도비																											
	51	64	76	89	102	114	127	140	152	178	190	203	229	241	254	279	292	305	330	343	356	381	394	406	457	508	559	610
6	83	86	88	89	91	91	92	93	94	94	94	95	95	96	96	96	97	97	97	97	97	97	97	97	97	97	97	97
13	65	71	75	78	80	82	84	85	86	88	89	90	90	91	91	92	92	93	93	93	93	93	93	94	94	94	94	95
19	49	57	62	67	70	73	75	77	79	82	83	84	86	86	87	88	89	89	89	89	90	90	90	90	91	91	92	92
25	27	38	51	57	61	65	68	70	73	76	77	79	81	82	83	84	85	85	85	86	86	86	87	87	88	88	89	89
32	16	27	36	47	52	57	60	63	66	71	72	74	76	77	78	80	81	82	82	82	83	83	83	84	84	85	86	86
38		17	26	34	40	49	53	57	60	64	67	69	72	73	74	76	77	78	78	79	79	80	80	80	81	82	83	84
44			19	26	33	38	47	50	54	60	62	64	67	69	70	72	74	75	75	75	76	77	77	77	78	79	80	81
51				19	20	32	37	45	49	55	57	59	63	65	66	69	70	71	72	72	73	73	74	74	75	77	78	78
57					15	26	31	36	40	50	52	55	59	61	62	65	66	68	68	69	69	70	71	71	73	74	75	76
64						21	26	31	35	45	48	51	55	57	59	62	63	65	65	66	66	67	68	68	70	71	72	73
70						16	21	26	30	38	41	46	51	53	55	59	60	61	62	63	63	64	65	65	67	68	70	71
76							17	21	26	33	37	40	47	50	52	55	57	58	59	60	60	61	62	62	64	66	67	68
83								17	22	29	32	36	41	46	48	52	54	55	56	57	57	58	59	60	62	63	65	66
89									18	26	29	32	39	41	43	49	52	52	53	54	54	56	56	56	59	61	62	63
95										23	26	29	35	37	40	46	48	49	50	51	52	53	54	54	56	58	60	61
102											22	26	32	34	37	41	45	47	48	48	49	50	51	52	54	56	58	59
108												22	28	31	34	38	40	42	44	45	46	48	48	49	51	54	55	57
114												20	26	28	31	35	37	39	41	42	43	45	46	47	49	51	53	54
121													23	26	28	33	35	37	39	40	41	42	43	44	47	49	51	52
127															25	30	32	34	36	37	38	40	40	41	44	47	49	50

[비고] 표에 나타나지 않는 옹이 크기와 목재의 나비에 대한 비율은 선형 보간법으로 구한다.

표 5 갈라짐의 크기에 따른 휨 부재에서 수평 전단에 대한 의한 강도비

갈라짐 (mm)	부재의 실제 끝면 두께(mm)에서 백분율(%) 강도비																					
	25	38	51	64	76	89	102	114	127	140	152	178	190	203	229	241	254	279	292	305	356	406
6	85	89	91	93	94	95	95	96	96	96	97	97	97	98	98	98	98	98	98	98	99	99
13	67	76	81	84	86	88	90	91	91	92	93	94	94	95	95	95	96	96	96	96	97	97
19	50	62	70	75	79	82	84	85	87	87	89	90	91	92	92	93	93	94	94	94	95	96
25		50	60	68	72	75	78	80	82	84	85	87	88	89	90	90	91	92	92	92	93	94
32			50	58	64	69	72	75	78	79	81	84	85	86	87	88	88	89	90	90	92	93
38				50	57	62	67	70	73	75	78	81	82	83	85	85	86	87	88	88	90	91
44					50	56	61	65	68	71	74	77	79	80	82	83	84	85	86	86	88	90
51						50	55	60	64	67	70	74	75	77	79	80	81	83	84	84	86	88
57							50	55	59	62	66	70	72	74	77	78	79	81	82	82	85	87
64								50	54	58	62	67	69	71	74	75	77	79	80	80	83	85
70									50	54	58	64	66	68	71	73	74	76	77	78	81	84
76										50	54	60	63	65	69	70	72	74	75	76	80	82
83											51	57	60	62	66	68	69	72	73	74	78	81
89											50	54	57	59	64	65	67	70	71	72	76	79
95												51	54	56	61	63	65	68	69	70	74	78
102												50	51	53	58	60	62	66	67	68	73	76
108													50	51	56	58	60	63	65	66	71	74
114														50	53	55	58	61	63	64	69	73
121															51	53	55	59	61	62	68	71
127															50	51	53	57	59	60	66	70
133																50	51	55	57	58	64	68
140																	50	53	55	56	62	67
146																		51	52	54	61	65
152																		50	50	52	59	64
165																				50	55	61
178																					52	58
190																					50	53
203																						52

[비고] 표에 나타나지 않는 균열, 터짐, 금의 크기와 목재의 나비에 대한 비율은 선형 보간법으로 구한다.

표 6 1종 구조재 중 휨 부재로 사용되는 구조 용재에서 관통 갈라짐의 크기에 따른 수평 전단의 강도비

갈라짐 (mm)	넓은 재면의 실제 나비(mm)에서 백분율(%) 강도비																						
	51	64	76	89	102	114	127	140	152	178	190	203	229	241	254	279	292	305	330	343	356	381	406
6	96	97	97	98	98	98	98	98	99	99	99	99	99	99	99	99	99	99	99	99	99	99	99
13	92	93	94	95	96	96	97	97	97	97	98	98	98	98	98	98	99	99	99	99	99	99	99
19	88	90	92	93	94	94	95	95	96	96	97	97	97	97	98	98	98	98	98	98	98	98	98
25	83	87	89	90	92	93	93	94	94	95	96	96	96	96	97	97	97	97	97	98	98	98	98
32	79	83	86	88	90	91	92	92	93	94	94	95	95	96	96	96	96	97	97	97	97	97	97
38	75	80	83	86	88	89	90	91	92	93	93	94	94	95	95	95	96	96	96	96	96	97	97
44	71	77	81	83	85	87	88	89	90	92	92	93	94	94	94	95	95	95	96	96	96	96	96
51	67	73	78	81	83	85	87	88	89	90	91	92	93	93	93	94	94	94	95	95	95	96	96
57	63	70	75	79	81	83	85	86	88	89	90	91	92	92	93	93	93	94	94	94	95	95	95
64	58	67	72	76	79	81	83	85	86	88	89	90	91	91	92	92	93	93	94	94	94	94	95
70	54	63	69	74	77	80	82	83	85	87	88	89	90	90	91	92	92	92	93	93	93	94	94
76	52	60	67	71	75	78	80	82	83	86	87	88	89	89	90	91	91	92	92	93	93	93	94
83	50	57	64	69	73	76	79	80	82	85	86	86	88	89	89	90	91	91	92	92	92	93	93
89		53	61	67	71	74	77	79	81	83	84	85	87	88	88	89	90	90	91	91	92	92	93
95		51	58	64	69	72	75	77	79	82	83	84	86	87	88	89	89	90	90	91	91	92	92
102		50	56	62	67	70	73	76	78	81	82	83	85	86	87	88	88	89	90	90	90	91	92
108			53	60	65	69	72	74	76	80	81	82	84	85	86	87	88	88	89	90	90	91	91
114			51	57	63	67	70	73	75	79	80	81	83	84	85	86	87	88	88	89	89	90	91
121			50	55	60	65	68	71	74	77	79	80	82	83	84	86	86	87	88	88	89	89	90
127				52	58	63	67	70	72	76	78	79	81	82	83	85	86	86	87	88	88	89	90
133				51	56	61	65	68	71	75	77	78	81	82	83	84	85	85	87	87	88	88	89
140				50	54	59	63	67	69	74	76	77	80	81	82	83	84	85	86	86	87	88	89
146					52	57	62	65	68	73	74	76	79	80	81	83	83	84	85	85	86	87	88
152					50	56	60	64	67	71	73	75	78	79	80	82	83	83	85	85	86	87	88
165						52	57	61	64	69	71	73	76	77	78	80	81	82	83	84	85	86	86
178						50	53	58	61	67	69	71	74	75	77	79	80	81	82	83	83	84	85
190							50	55	58	64	67	69	72	74	75	77	78	79	81	81	82	83	84
203								52	56	62	64	67	70	72	73	76	77	78	79	80	81	82	83
216								50	53	60	62	65	69	70	72	74	75	76	78	79	80	81	82
229									50	57	60	63	67	68	70	73	74	75	77	78	79	80	81

[비고] 표에 나타나지 않는 금의 크기와 목재의 나비에 대한 비율은 선형 보간법으로 구한다.

4. 측정 방법

① 썩음 : 구조 용재에 썩음이 있어서는 안 된다. 특별한 경우 죽은옹이와 초기 단계의 썩음이 부분적으로 존재하는 구조 용재의 경우는 경골 목조 건축에 사용되는 일부 낮은 등급에 한하여 허용한다.

② 응력 등급의 결정 : 응력 등급은 모든 재면과 끝면에 대하여 옹이, 둥근모, 갈라짐(금, 터짐, 균열), 평균 나이테 나비, 섬유 주행 경사, 굽음, 썩음 그리고 비틀림, 수심의 크기와 위치, 형태 등을 조사 후 결정한다.

③ 옹이측정방법:

a) 옹이 지름 : 그림 1과 같이 재면의 섬유 방향의 모서리에 평행하게 옹이 둘레를 지나는 2개의 접선 사이의 거리(옹이가 1개 또는 2개 모서리에 접하는 경우에는 그 모서리와 접선 사이의 거리)로 측정한다.

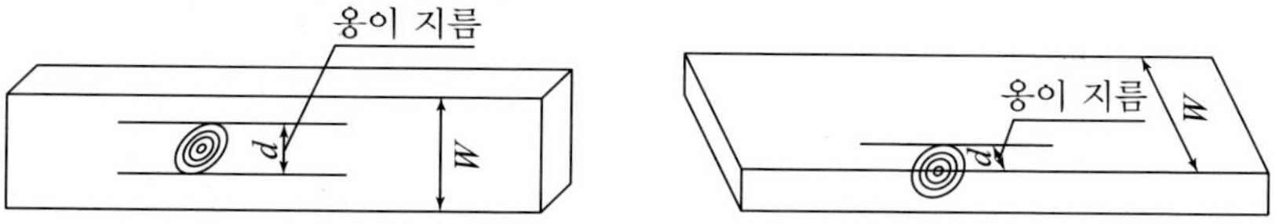

그림 1 옹이 지름의 측정

b) 긴 옹이 : a)에서 측정한 지름이 짧은 지름의 2.5배 이상인 옹이를 긴 옹이라 한다(그림 2).

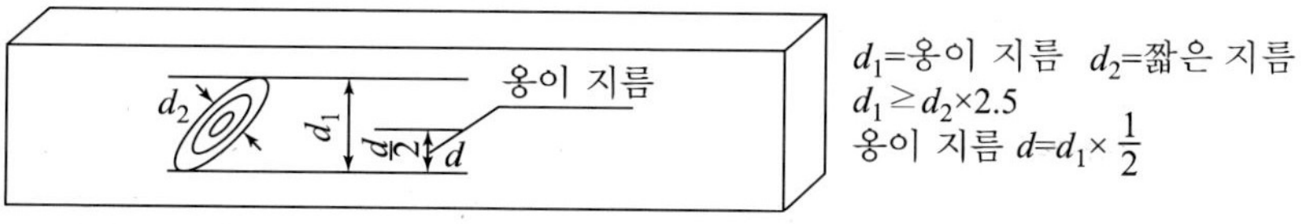

그림 2 지름이 짧은 지름의 2.5배 이상인 옹이 지름의 측정

c) 여러 면에 접한 옹이 : 연속한 인접 2재면 또는 3재면에 위치한 옹이의 경우에는 <그림 3> 및 <그림 4>와 같이 옹이의 횡단면 부분에서 옹이 지름을 측정한다.

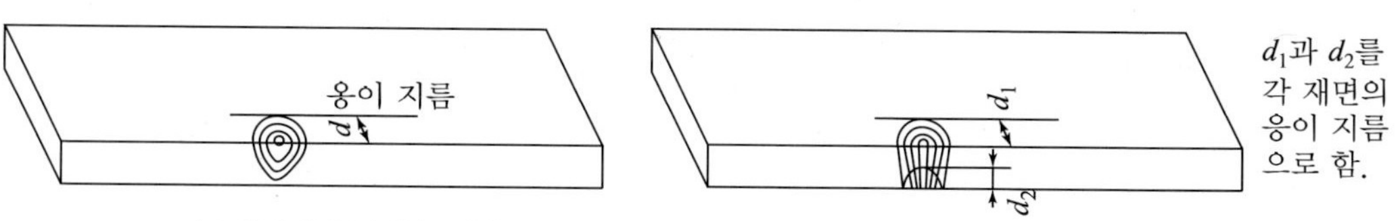

a) 2재면에 존재하는 경우

b) 3재면에 존재하는 경우

그림 3 연속되는 2재면 또는 3재면에 존재하는 옹이 지름의 측정

[보기] 그림 3 b)의 경우에 표면의 옹이 지름은 d_1이 되고 뒷면의 옹이 지름은 d_2가 된다.

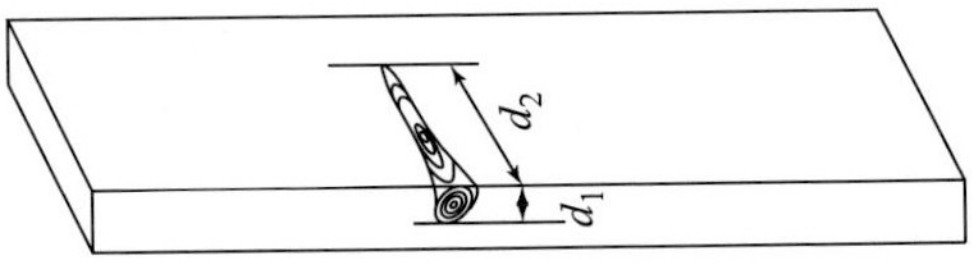

$d_2 > d_1$면 d_1이 옹이 지름

a) 옹이의 중심이 2재면에 존재하는 경우

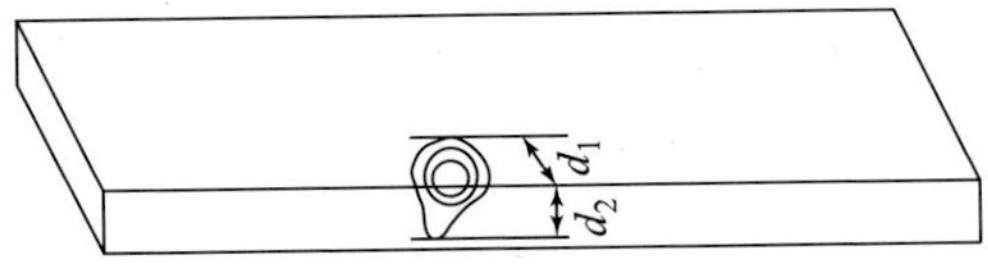

d_1과 d_2 중 적은 값이 옹이 지름

b) 옹이의 중심이 2재면 모두에 없는 경우

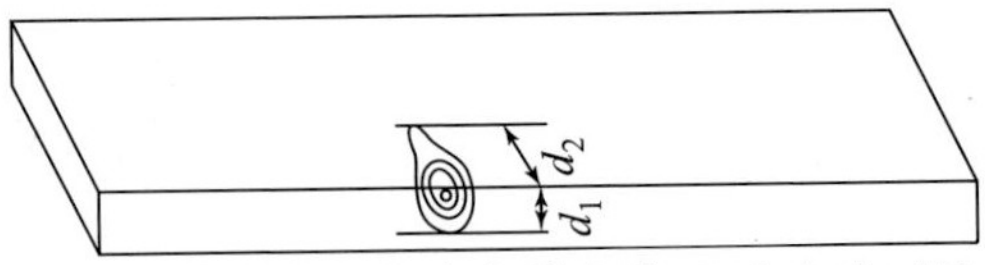

d_1에 옹이의 중심이 있으면, d_1이 옹이 지름

c) 옹이의 중심이 1재면에 존재하는 경우

그림 4 인접한 2재면에 존재하는 옹이 지름의 측정

d) 옹이의 위치 : 옹이의 중심이 있는 지점에 따라서 옹이의 위치를 결정한다. <그림 5>와 같이 옹이의 위치는 옹이 중심의 위치에 따라 넓은 재면 옹이와 좁은 재면 옹이로 구분한다.

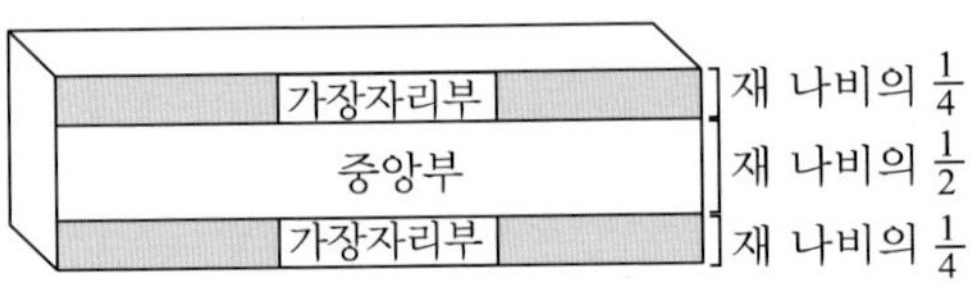

a) 재의 가장자리부

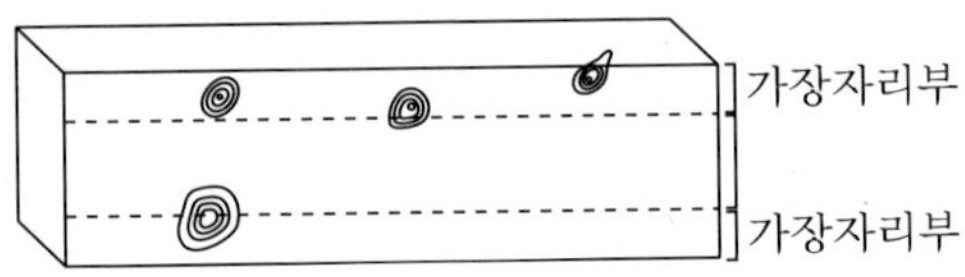

b) 가장자리 옹이의 위치

그림 5 중앙 옹이의 가장자리의 옹이

e) 옹이 지름비 : 옹이 지름에 대한 옹이가 있는 재면의 나비의 백분율로 하며, 1종 구조재와 2종 구조재는 넓은 재면에 존재하는 옹이를 대상으로 측정하여 최대값을 사용하며, 3종 구조재는 모든 재면에 있는 옹이를 대상으로 측정하여 그 최대값을 옹이 지름비로 한다.

f) 모인 옹이 지름비 : 옹이가 일정한 구간에 2개 이상 모여 있으면 목재의 강도에 미치는 영향이 크기 때문에 <그림 6>과 같이 재면의 길이 150 mm 사이에 2개 이상의 옹이가 있는 경우에 모인 옹이로 보며, 모인 옹이 지름비는 모든 옹이의 지름비의 합으로 구한다. 모든 옹이의 측정 방법은 <그림 7>에 따른다.

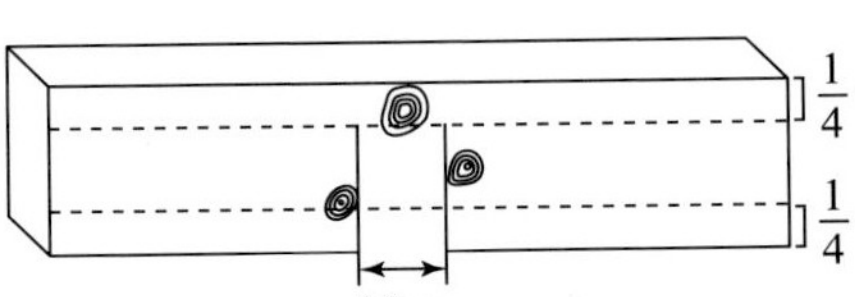

a) 가장자리부

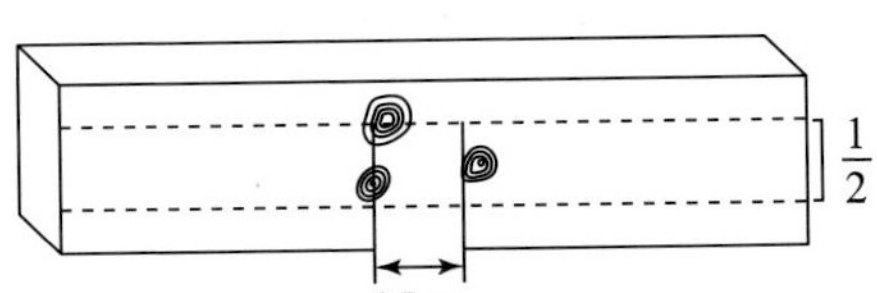

b) 중앙부

그림 6 2중 구조재의 모인 옹이

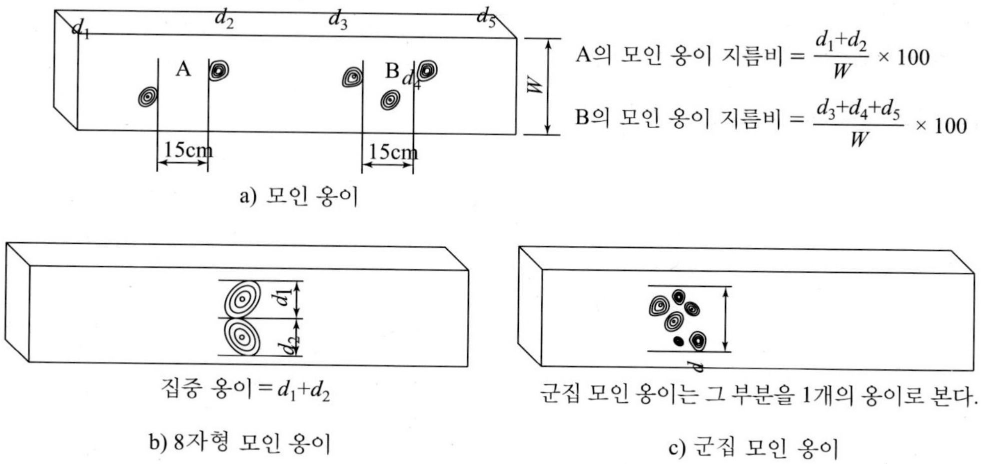

그림 7 모인 옹이 지름비

④ 둥근모 : 톱질이나 대패질 후 모서리에 남아 있는 수피부를 둥근모 라하며, 모든 재면 중에서 가장 큰 둥근 모에 대하여 해당 재면의 나비에 대한 둥근 모의 나비의 비로 측정한다.

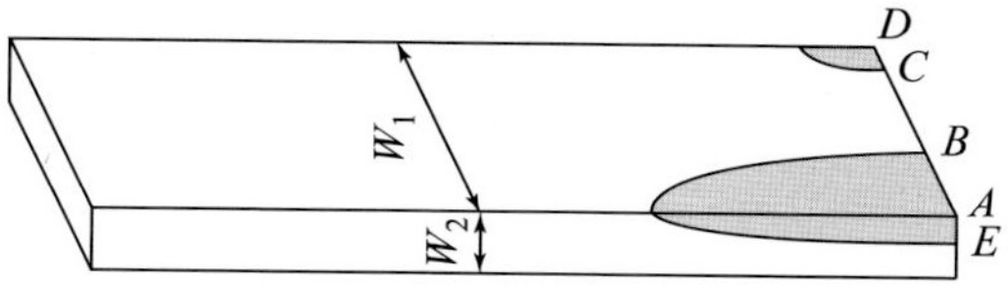

$$\frac{AB+CD}{W_1} > \frac{AE}{W_2} \text{ 이면, 둥근 모(\%)} = \frac{(AB)+(CD)}{W_1} \times 100$$

그림 8 둥근 모의 측정

⑤ 갈라짐 : 수평 전단 응력에 미치는 영향이 다르기 때문에, 끝면과 끝면 이외의 재면에 대하여 구분하여 측정한다.

a) 금(split) : 금의 길이는 양재면의 끝면으로부터 측정된 갈라짐의 평균 길이이며, 양 끝면에 있는 것은 양 끝면에서 가장 긴 것의 길이로 한다.

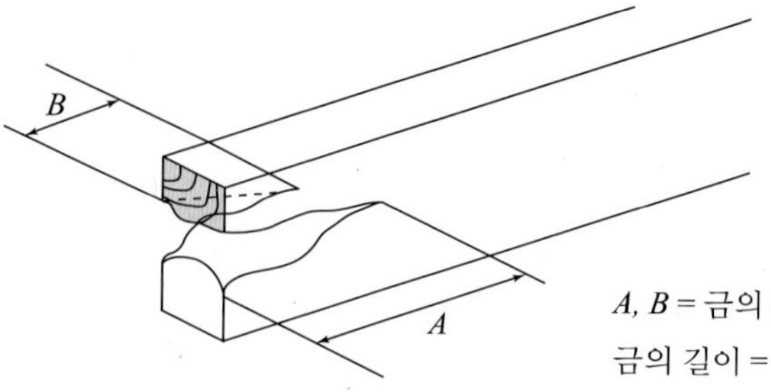

A, B = 금의 길이

금의 길이 = $\frac{A+B}{2}$

그림 9 금의 측정

b) 터짐(check) : 양 재면의 터짐 길이의 평균으로 한다. 동일 재면에 2개 이상의 터짐이 있는 경우에는 가장 긴 것의 길이를 측정한다.

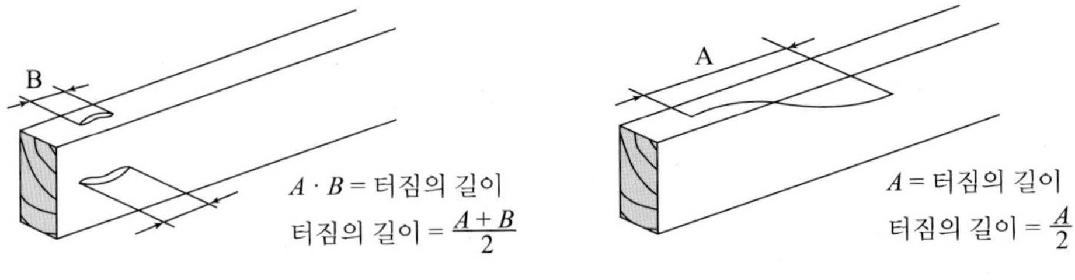

① 터짐은 인접 재면 및 반대쪽 재면을 측정한다.
② 동일 재면에 2개 이상 있는 경우 가장 긴 것을 원칙으로 하며, 두 재면에 연속적으로 2개 있는 것은 1개로 간주한다.

그림 10 갈라짐의 측정

c) 균열(shake) : 입목 상태에서 강풍에 의한 나무 사이의 심한 흔들림이나 급격한 온도 변화에 의한 내부 수축으로 인하여 균열이 발생하며, 나이테를 따라서 동심원상으로 터짐이 발생하는 것으로 끝면에서 측정한다. 좁은 재면의 나비에 대한 균열의 길이의 비로 균열을 측정한다. 같은 끝면에 2개 이상의 균열이 있는 경우와 양 끝면에 균열이 있는 경우에는, 각 끝면에 있는 것 중에서 가장 긴 것들의 합으로 측정한다.

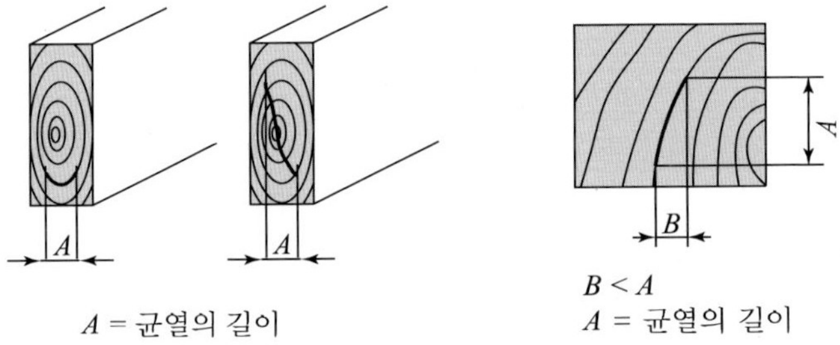

a) 직사각형 단면의 제재 b) 정사각형 단면의 제재

그림 11 균열의 측정

⑥ 평균 나이테 나비: 부재의 한 쪽 끝면에서 완전한 형태를 가진 나이테들의 나비의 평균값으로 구하는데, 나이테 나비의 측정 방법은 KS F 2202에 따른다.

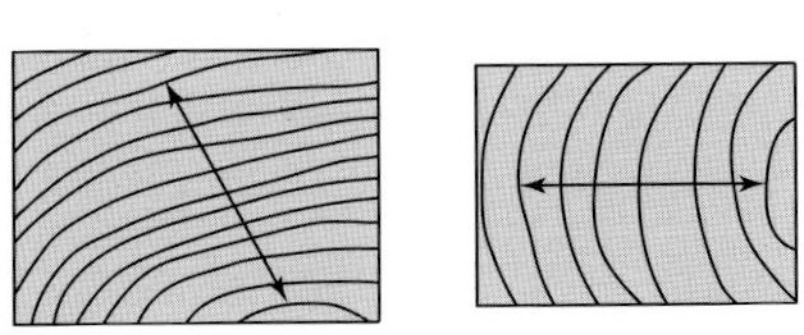

그림 12 평균 나이테 나비의 측정

⑦ 섬유 주행 경사 측정방법 및 측정위치

▶ 구조용 제재목에서 섬유 주행 경사는 부재의 길이 방향에 대한 섬유 방향의 경사각으로 측정하며, 그 각도는 수직 거리 1에 대한 수평 거리의 비로 표현한다.

▶ 구조 용재 내에서 가장 경사 나뭇결이 심한 위치에서 각도를 측정하여야 한다. 수평거리는 전체적인 경사 나뭇결의 경사를 대표할 수 있는 충분한 거리를 잡아야 하며, 이 구간 내에서 옹이 등에 의한 국부적인 나뭇결의 경사는 무시한다.

⑧ 측면 굽음 : 좁은 재면이 측면에서 길이 방향으로 굽은 모양을 나타내며, 굽은 부위의 최대 높이를 부재의 길이로 나눈 백분율로 측정한다.

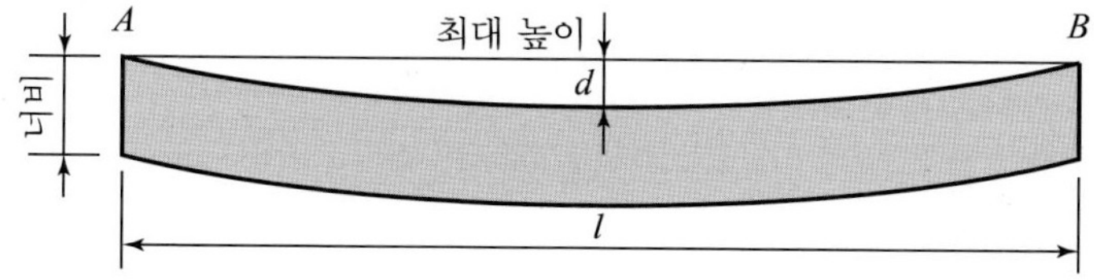

$$굽음(\%) = \frac{d}{l} \times 100$$

그림 13 측면 굽음의 측정

⑨ 썩음 : 부패균에 의하여 목재 조직이 파괴된 상태로 부패의 초기 상태를 보이는 것도 포함하며, 썩음의 상태, 목재 내부로의 침투 정도, 점유 면적, 위치 등에 따라서 아래와 같이 구분한다.

a) 경미한 것 : 썩음이 진행된 부분의 면적이 작기 때문에 강도에 영향이 없는 수준을 의미한다.

b) 현저하지 않은 것 : 점유 면적이 크지 않기 때문에 강도에 미치는 영향이 적은 수준을 의미한다.

⑩ 비틀림 : 비틀림의 판정 기준은 <표 8>과 같다. 구조 용재의 세 모서리를 동일 평면 위에 위치시킨 상태에서 네 번째 모서리가 이 평면으로부터 떨어진 직선거리로 측정한다.

⑪ 수심 : 이 기준은 초기 생장이 빠른 침엽수립에 한하여 기준을 적용한다. 침엽수 구조 용재에서 나비가 190 mm 미만인 경우에는 수심 중심으로부터 반지름 50 mm 이내의 나이테가 없어야 하며, 구조 용재의 나비가 190 mm 이상인 경우에는 넓은 재면의 모서리로부터 나비의 1/3 이내의 부분에 수심의 중심으로부터 반지름 50 mm 이내의 나이테가 없어야 한다.

표 8 비틀림의 판정 기준(단위 : mm) *

기준 \ 나비	89	140	184	235	286
경미한 것	11	15	19	23	28
현저하지 않은 것	15	19	24	31	37
사용상 지장이 없는 것	19	24	35	44	56

주 *) 구조 용재의 길이 2.4 m를 기준으로 한 비틀림이며,. 길이가 다른 경우의 비틀림은 직선 비례식에 의하여 구한다.

목재의 밀도 및 비중 측정 방법 Determination of density and specific gravity of wood (KS F 2198 : 2001) (2006 확인)

1. 적용 범위

목재의 모든 경우의 밀도 와 미중을 측정하는 방법이다.

2. 용어 정의

a) 생재 밀도 : 목재의 전건 질량 대 섬유 포화점 이상의 함수율에서의 목재의 부피의 비
b) 기건 밀도 : 목재의 전건 질량 대 기건 상태(평형 함수율 12% 상태)에서의 목재의 부피의 비
c) 전건 밀도 : 목재의 전건 질량 대 전건 상태에서의 목재의 부피의 비
d) 비중 : 목재의 밀도 대 4℃에서의 순수한 물의 밀도(1 g/cm^3 또는 1000 kg/m^3)의 비로서 생재 비중, 기건 비중 및 전건 비중은 각각 생재 밀도, 기건 밀도 및 전건 밀도를 순수한 물의 밀도로 나누어 준 값이다.

3. 측정의 원리

정해진 함수율 상태에서 시험편의 부피를 측정하고 시험편을 완전히 건조시킨 후 전건 질량을 측정하여 전건 질량을 부피로 나누어줌으로써 목재의 단위 부피당 질량을 계산한다.

4. 시험 장치

① 길이 측정 도구 : 0.1 mm 이상의 정밀도로 측정할 수 있어야 한다.
② 저울 : 0.01 g의 정밀도로 질량을 측정할 수 있어야 한다.
③ 함수율 측정 장비 : KS F 2199에 따른다.

5. 시험편 한 변의 길이가 20 mm인 정사각형 횡단면에 섬유 방향 길이가 25±5 mm인 직육면체 형태의 시험편을 사용한다. 만약 나이테 나비가 4 mm 이상이면 시험편의 횡단면이 5개 이상의 나이테를 포함하도록 횡단면 치수를 조정한다.

6. 밀도 측정 시험 방법

① 기건 밀도 측정 방법 : 공시체의 질량을 0.01 g의 정밀도를 측정하고 횡단면의 양변과 섬유 방향의 길이를 0.1 mm 단위로 측정하여 부피를 계산하며 다른 측정 방법을 이용하여 10 mm^{3}의 정밀도로 부피를 측정할 수 있다면 그 방법을 이용할 수 있다.
② 전건 밀도 측정 방법 : 변형이나 갈라짐을 최소화하기 위하여 점진적으로 건조시켜 최종적으로 103±2℃로 유지되는 건조기 내에서 항량[21]에 도달하도록 하고 데시케이터 내에서 냉각시킨 후 0.01 g의 정밀도로 질량을 측정하고 함수율 변화가 0.1%를 넘지 않도록 빠른 시간 내에 기건 밀

21) 항량이란 6시간마다 질량을 측정하여 연속 두 번 같거나 또는 질량 변화율이 0.5% 이하인 것을 말한다.

도 측정방법에 준하여 부피를 측정한다.

③ 생재 밀도 측정 방법 : 공시체의 치수 변화가 일어나지 않을 때까지 시험편을 상온에서 증류수에 담근 후 공시체의 부피를 기건 밀도 측정 방법에 따라서 측정하고 전건 밀도 측정방법에 따라 전건 질량을 측정한다.

7. 비중 측정 방법 시험 방법

① 기건 비중 측정 방법은 기건 밀도 측정 방법에 따라서 측정한 기건 밀도를 순수한 물의 밀도로 나누어준다.

② 전건 비중 측정 방법 : 전건 밀도 측정 방법에 따라서 측정한 전건 밀도를 순수한 물의 밀도로 나누어준다.

③ 생재 비중 측정 방법 : 생재 밀도 측정 방법에 따라서 측정한 생재 밀도를 순수한 물의 밀도로 나누어준다.

8. 기건 밀도 계산

① 시험편의 기건 밀도 ρ_w는 식 (1)에 의하여 계산하고 10 kg/m^3(또는 0.01 g/cm^3)의 근사값으로 표시한다.

$$\rho_w = m_0 \times a_w \times b_w \times l_w = \frac{m_0}{V_w} \tag{1}$$

여기서, m_0 : 시험편의 전건 질량(kg 또는 g)

a_w, b_w, l_w : 기건 상태에서 시험편의 가로, 세로 및 길이(m 또는 cm)

V_w : 기건 상태에서 시험편의 부피(m^3 또는 cm^3)

② 필요시 함수율 7～17% 조건에 대하여 유효한 식 (2)를 가지고 밀도 ρ_w를 함수율 12%로 조정할 수 있다.

$$\rho_{12} = \rho_w \left[1 - \frac{(1-K)(W_{12})}{100}\right] \tag{2}$$

여기서, K : 함수율 1% 변화에 따른 부피 수축 계수로서 K값은 국가 표준에 규정되거나 관련 규격으로부터 결정하거나 또는 다음 식을 이용할 수 있다.

$K = 0.85 \times 10^{-3} \rho_w$ (ρ_w의 단위 : kg/m^3)

$K = 0.85\,\rho_w$ (ρ_w의 단위 : g/cm^3)

W : 밀도 측정시의 함수율(%)

9. 전건 밀도

전건 상태에서의 시험편의 밀도 ρ_0는 식 (3)에 의하여 계산하고 결과는 10 kg/m^3(또는 0.01 g/cm^3)의 근사값으로 표시한다.

$$\rho_0 = \frac{m_0}{a_0 \times b_0 \times l_0} = m_0 \tag{3}$$

여기서, m_0 : 시험편의 전건 질량(kg 또는 g)

a_0, b_0, l_0 : 전건 상태에서 시험편의 가로, 세로 및 길이(m 또는 cm)

V_0 : 시험편의 전건 부피(m^3 또는 cm^3)

10. 생재 밀도

시험편의 생재 밀도는 ρ_g는 식 (4)에 의하여 계산하고 결과는 10 kg/m^3(또는 0.01 g/cm^3)의 근사값으로 표시한다.

목재의 함수율 측정 방법 Determination of moisture content of wood (KS F 2199 : 2001) (2006 확인)

1. 적용 범위 및 측정 원리

공시체를 103±2℃로 유지되는 건조기 내에서 항량22)에 도달할 때까지 건조시킨 후 질량 감소분을 측정하고, 이 질량 감소분을 시험편의 건조 후 질량으로 나누어 백분율로 계산한다.

2. 시험 장치

① 저울 : 0.01 g의 질량을 측정할 수 있어야 하며, 플라스크를 사용하는 경우에는 0.005 g의 질량을 측정할 수 있어야 한다.

② 건조기 : 건조기의 온도가 103±2℃로 유지될 수 있어야 한다.

③ 플라스크 : 유리로 만들어진 목이 있으며 공시체의 보유 수분을 유지할 수 있도록 마개가 달려 있어야 한다.

④ 데시케이터 : 공기를 완전히 건조시킬 수 있도록 흡수재 사용해야 한다.

3. 공시체는 한 변의 길이가 20 mm 이상인 사각형 횡단면에 섬유 방향 길이가 25±5 mm인 직육면체의 시험편을 만들고, 준비된 시험편은 KS F 2201에 따라서 함유 수분이 변하지 않는 조건에서 보관한다.

4. 시험 방법

① 시험편의 질량을 0.01 g 까지 측정한다.

② 항량에 도달할 때까지 103±2℃의 온도로 공시체를 건조시킨다.

③ 측정 오차를 초과하는 양의 휘발성 유기 화합물(수지, 검 등)을 함유하는 수종(樹種)의 시험편은 진공 건조시킨다.

④ 데시케이터 안에서 시험편을 냉각시킨 후 함수율의 증가가 0.1%를 넘지 않도록 빠른 시간 내에

---

22) 항량 : 6시간마다 질량을 측정하여 연속 두 번 같거나 또는 질량 변화율이 0.5% 이하인 것을 말한다.

무게를 측정하며, 측정의 정밀도는 시험편 질량의 0.5% 이내이어야 한다.

⑤ 만일 시험편 질량의 0.1% 이내의 정밀도로 함수율을 측정할 필요가 있다면(특별한 시험인 경우) 플라스크 내에 시험편을 넣고, 위의 ①, ② 및 ③의 과정을 거쳐서 시험편을 건조하고 시험편을 담고 있는 플라스크의 질량을 0.005 g까지 측정한다.

5. 함수율 계산

① 각각의 공시체의 함수율 MC(질량 백분율)를 식(1)에 의하여 1%의 정밀도로 계산한다.

$$MC = \frac{m_1 - m_2}{m_2} \times 100 \tag{1}$$

여기서, m_1 : 시험편의 건조 전 질량(g)

m_2 : 시험편의 건조 후 질량(g)

② 만일 플라스크를 사용하여 0.1%의 정밀도로 함수율을 측정하려면 식(2)를 사용한다.

$$MC = \frac{m_1 - m_2}{m_2 - m_3} \times 100 \tag{2}$$

여기서, m_1 : 건조 전의 시험편을 담고 있는 플라스크의 질량(g)

m_2 : 건조 후의 시험편을 담고 있는 플라스크의 질량(g)

m_3 : 플라스크의 질량(g)

③ 각각의 시험편에 대하여 얻어진 결과들에 대한 산술 평균값을 계산하고, 이 값을 시험편의 평균 함수율로 한다..

목재의 압축 시험 방법 Method of compression test for wood (KS F 2206 : 2004) (2014 확인)

1. 적용 범위

목재의 압축(섬유 방향, 섬유 직각 방향 및 부분 압축) 시험 방법에 대하여 규정하고 있다.

2. 정의

① 섬유 방향 압축(compression parallel to grain) : 섬유 방향에 압축 하중이 평행하게 작용하는 상태

② 섬유 직각 방향 압축(compression perpendicular to grain) : 섬유 방향에 압축 하중이 수직하게 작용하는 상태

③ 부분 압축(partial compression) : 섬유 방향에 수직하게 시험편 길이의 일부분에만 압축 하중이 작용하는 상태

3. 측정의 원리

목재의 섬유 방향에 평행(섬유 방향 압축) 또는 수직(섬유 직각 방향 압축, 부분 압축)한 하중을 가

하여 하중과 변형의 관계로부터 비례 한도와 탄성 계수를 계산하며, 필요시 최대 하중을 이용하여 압축 강도를 측정한다.

4. 시험 장치

① 강도 시험기 : 최대 용량 20000 N 이상의 설비로서 일정한 하중 속도를 유지할 수 있으며 1%의 정확도로 하중을 측정할 수 있고, 변형은 0.01 mm의 정확도로 측정할 수 있어야 한다.

② 하중 블록 : 시험편의 상하면에 대는 장치로서, 시험편이 정확한 직육면체를 유지하지 못하더라도 시험편의 양 횡단면의 모양에 따라서 움직임으로써, 시험편의 양 횡단면에 밀착되어 하중을 단면에 균일하게 전달할 수 있어야 한다. 부분 압축의 경우에는 시험편의 밑면이 편편한 바닥에 밀착되어야 하고, 윗면에는 나비가 50 mm이고, 길이가 시험편의 나비보다 10 mm 이상 큰 하중 블록을 사용하여야 하며, 이 하중 블록의 모서리는 2 mm의 곡률 반지름으로 둥글게 가공되어야 한다.

③ 길이 측정 도구 : 치수를 0.01 mm까지 측정할 수 있어야 한다.

④ 함수율 측정 장치 : KS F 2199에 따른다.

5. 섬유 방향 압축 시험

① 크기 및 형태 : 횡단면이 한 변의 길이가 20 mm인 정사각형이며, 섬유 방향의 길이가 30～60 mm인 직육면체의 형태로 제작되어야 한다.

② 시험편의 수는 시험의 목적을 만족할 수 있는 숫자로 하되, 최소한 10개 이상 되어야 한다.

6. 측정 방법

① 시험편의 횡단면 치수 측정 시험편의 길이 방향의 중앙부에서 횡단면의 치수를 0.01mm 이내의 정밀도로 측정한다.

② 압축 시험 : 하중 블록 사이에 시험편의 횡단면이 상하로 향하도록 위치시키고, 시험편이 1.5～2분 이내에 파괴되도록 균일한 속도로 압축 하중을 가하여 시험을 실시하며, 시험 중에 하중과 변형을 각각 1% 및 0.01 mm의 정확도로 기록하여야 한다.

③ 함수율 측정 : 압축 시험이 완료된 후 압축 시험편으로부터 함수율 시험편을 채취하여 KS F 2202에 의하여 함수율을 측정한다. 전체 시험편을 대상으로 함수율을 측정하여야 하지만, 평균 함수율을 구하고자 하는 경우에는 시험편의 일부만을 사용할 수도 있다. 이 때 시험편의 수는 시험의 목적을 만족시킬 수 있는 숫자로 하되 최소한 10개 이상이 되어야 한다.

7. 압축강도 계산

① 하중－변형 선도 :목재에 대한 압축 시험에서 그림 1과 같은 하중과 변형 사이의 관계를 나타내는 하중－변형 선도를 구할 수 있다.

② 섬유 방향 압축 강도 : 최대 하중으로부터 압축 강도(ρ_{cmax})를 식(1)에 의하여 계산한다.

$$\rho_{cmax} = \frac{P_{max}}{A} \ (\mathrm{N/mm^2}) \tag{1}$$

여기서, P_{max} : 최대 하중(N)

A : 단면적(mm^2)

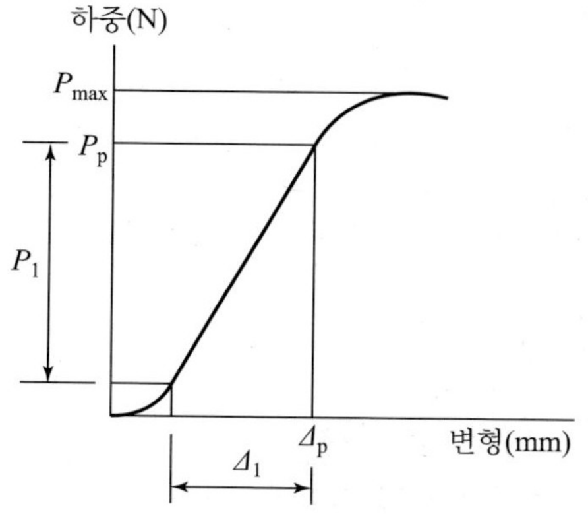

그림 1 압축 시험의 하중 - 변형 선도

③ 섬유 방향 압축 비례 한도 응력 : 비례 한도 내에서의 하중과 변형의 관계로부터 식(2)에 의하여 비례 한도 응력(σ_{cp})을 계산한다.

$$\sigma_{cp} = \frac{P_p}{A} \ (\text{N/mm}^2) \tag{2}$$

여기서, P_p : 비례 한도 하중(N)

④ 섬유 방향 압축 탄성 계수 : 비례 한도 내에서의 하중과 변형의 관계로부터 식(3)에 의하여 탄성 계수(E_c)를 계산한다.

$$E_c = \frac{P_1 l}{\Delta_1 A} \ (\text{N/mm}^2) \tag{3}$$

여기서, P_1 : 비례 한도 내에서 상한 하중과 하한 하중의 차이(N)

l : 표점 거리(mm)

Δ_1 : P_1에 대한 압축 변형(mm)

8. 섬유 직각 방향 압축 시험

① 시험편의 크기 및 형태 : 횡단면이 한 변의 길이가 20 mm인 정사각형이며, 섬유 방향의 길이가 30~60 mm인 직육면체의 형태로 제작되어야 한다. 나이테 간격이 4 mm 이상인 목재를 시험할 경우에는, 하나의 시험편에 5개 이상의 나이테가 포함될 수 있도록 시험편의 횡단면 치수를 증가시킬 수 있다.

② 시험편의 수 : 시험편의 수는 시험의 목적을 만족할 수 있는 숫자로 하되 최소한 10개 이상이 되어야 한다.

9. 섬유 직각 방향 압축 시험 방법

① 시험편의 치수 측정 : 길이와 길이의 중앙부에서 섬유 방향에 수직한 나비를 0.01 mm 이내로 측정한다.

② 압축 시험 : 하중 블록 사이에 시험편의 방사 단면이 위로 향하도록 위치시키고, 시험편이 1.5±0.5분 사이에 비례 한도에 도달하도록 균일한 속도로 압축 하중을 가하며, 시험 중에 하중과

변형을 각각 1% 및 0.01 mm의 정확도가 확보되어야 한다.

③ 함수율 측정 : 시험편으로부터 함수율 시험편을 채취하여 KS F 2199에 의하여, 함수율을 측정한다.

④ 섬유 직각 방향 압축 시험 계산

- ▶ 하중－변형 선도 : 목재에 대한 섬유 직각 방향 압축 시험에서는 그림 1에서 비례 한도까지의 그래프와 같이, 하중과 변형 사이의 관계를 나타내는 하중－변형 선도를 구할 수 있다.
- ▶ 섬유 직각 방향 압축 비례 한도 응력 : 비례 한도 내에서의 하중의 변형의 관계로부터 식(4)에 의하여 비례 한도 응력($\sigma_{c\perp p}$)을 계산한다.

$$\sigma_{c\perp p} = \frac{P_{\rm p}}{A}\ ({\rm N/mm^2}) \tag{4}$$

여기서, $P_{\rm p}$: 비례 한도 하중(N)

- ▶ 섬유 직각 방향 압축 탄성 계수 : 비례 한도 내에서의 하중과 변형의 관계로부터 식(5)에 의하여 탄성 계수($\sigma_{c\perp}$)를 계산한다.

$$\sigma_{c\perp} = \frac{P_1 l}{\Delta_1 A}\ ({\rm N/mm^2}) \tag{5}$$

여기서, P_1 : 비례 한도 내에서 상한 하중과 하한 하중의 차이(N)

l : 표점 거리(mm)

Δ_1 : P_1에 대한 압축 변형(mm)

10. 부분 압축 시험

① 크기 및 형태 : 횡단면의 높이가 50 mm이고 임의의 나비를 갖는 직사각형이며, 섬유 방향의 길이가 150mm인 직육면체의 형태로 제작되어야 한다.

② 시험편의 수 : 시험편의 수는 시험 목적을 만족할 수 있는 숫자로 하되, 최소한 10개 이상이 되어야 한다.

③ 시험편의 치수 측정 : 시험편의 길이 중앙부에서 섬유 방향에 수직한 나비를 0.01 mm까지 측정한다.

④ 압축 시험 : 그림 2와 같이 편편한 바닥에 시험편의 방사 단면이 위로 향하도록 위치시키고 시험편의 윗면 중앙 부분에 하중 블록을 올려놓은 후, 시험편이 비례 한도에 도달하는데 2분 이상이 걸리도록 균일한 속도로 압축 하중을 가하며, 시험 중에 하중과 변형을 각각 1% 및 0.01 mm까지 측정한다. 접선 방향이 위로 오도록 하여 시험을 실시하는 경우에는, 목재의 수피 방향에서 수심 방향으로 하중을 가하여야 한다. 부분 압축 시험은 2.5mm의 변형이 발생할 때까지 실시되어야 한다.

⑤ 함수율 측정 : 부분 압축 시험이 완료된 후 필요한 경우에는, 압축 시험편으로부터 함수율 시험편을 채취하여 KS F 2199에 의하여 함수율을 측정한다.

⑥ 하중－변형 선도 계산 : 목재에 대한 부분 압축 시험에서는 그림 3과 같이 하중과 변형 사이의 관계를 나타내는 하중－변형 선도를 구할 수 있다.

⑦ 부분 압축 비례 한도 응력 : 비례 한도 내에서의 하중과 변형의 관계로부터 식(6)에 의하여 비례 한도 응력($\sigma_{\rm pc}$)을 계산한다.

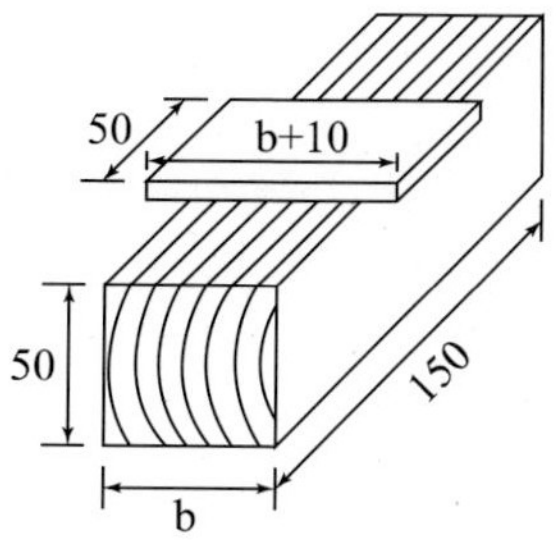

그림 2 부분 압축 시험(단위 : mm)

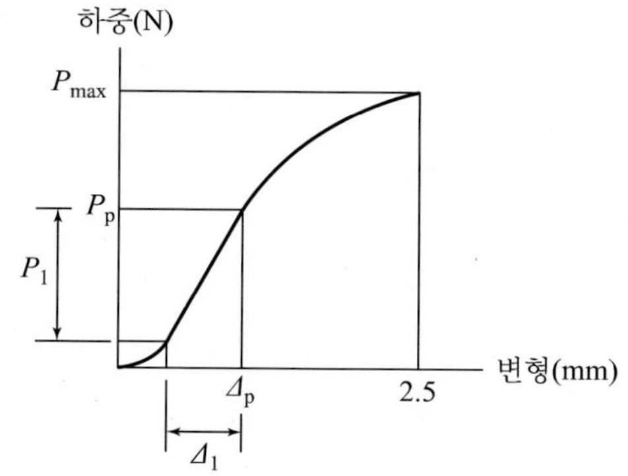

그림 3 부분 압축 시험의 하중 - 변형 선도

$$\sigma_{pc} = \frac{P_p}{A} \ (\text{N/mm}^2) \tag{6}$$

여기서, P_p : 비례 한도 하중(N)

⑧ 부분 압축 탄성 계수 : 비례 한도 내에서의 하중과 변형의 관계로부터 식(7)에 의하여 탄성 계수(E_{pc})를 계산한다.

$$E_{pc} = \frac{P_1 l}{\Delta_1 A} \ (\text{N/mm}^2) \tag{7}$$

여기서, P_1 : 비례 한도 내에서 상한 하중과 하한 하중의 차이(N)

l : 표점 거리(mm)

Δ_1 : P_1에 대한 압축 변형(mm)

목재의 인장 시험 방법 Method of tension test for wood (KS F 2207 : 2004) (2014 확인)

1. 적용 범위

목재의 인장(섬유 방향 및 섬유 직각 방향) 시험 방법이다.

2. 용어 정의

① 섬유 방향 인장(tension parallel to grain) : 섬유 방향에 평행하게 인장 하중이 작용하는 상태

② 섬유 직각 방향 인장(tension perpendicular to grain) : 섬유 방향에 수직하게 인장 하중이 작용하는 상태

3. 측정 원리

목재의 섬유 방향에 평행(섬유 방향 인장) 또는 수직(섬유 직각 방향 인장)한 인장 하중을 가하여 하

중과 변형의 관계로부터 비례 한도와 탄성 계수를 계산하고, 필요시 최대 하중으로부터 인장 강도를 구한다.

4. 시험 장치

① 강도 시험기 : 최대 용량 20000 N 이상의 설비로서 일정한 하중 속도를 유지할 수 있으며 1%의 정확도로 하중을 측정할 수 있고, 변형은 0.01 mm의 정확도로 측정할 수 있어야 한다.
② 길이 측정 도구 : 치수를 0.01 mm까지 측정할 수 있어야 한다.
③ 함수율 측정 장치 KS F 2199에 준한다.

5. 섬유 방향 인장 시험

① 시험편의 치수 및 형태 시험편의 수 : 그림 1과 같은 시험편을 사용하고 목재의 섬유 방향이 시험편의 표점부의 길이 방향에 평행하여야 한다. 표점부는 직사각형의 단면을 가지고 있어야 하며, 중앙부의 방사 단면과 접선 단면의 치수는 각각 10～20 mm 및 5～10 mm가 되어야 한다. 시험편의 중앙부에서 표점 거리는 50～100 mm가 되어야 하며 시험편의 파괴가 표점 거리 내에서 발생하고, 시험편의 특정 부위 또는 하중 전달부에 응력 집중이 발생하지 않도록 시험편을 제작하여야 한다. 필요한 경우에는 시험편의 양 끝 물림 부위에 덧댐목을 사용할 수 있다. 시험편의 수는 시험의 목적을 만족할 수 있는 숫자로 하되 최소한 10개 이상으로 한다.
② 시험편의 표점부의 횡단면 치수 측정 : 시험편의 길이 방향의 중앙부에서 표점부의 횡단면 치수를 0.01 mm 이내의 정밀도로 측정한다.
③ 인장 시험 : 표점부에서 20～25 mm 떨어진 곳의 시험편 끝부분에 시험기의 물림쇠를 설치하고, 시험편이 1.5～2분 이내에 파괴되도록 균일한 속도로 인장 하중을 가하며, 시험 중에 하중과 변형을 각각 1% 및 0.01 mm까지 기록한다.
④ 함수율 측정 : 인장 시험이 완료된 후 인장 시험편의 표점부로부터 함수율 시험편을 채취하여 KS F 2199에 의하여 함수율을 측정한다.
⑤ 하중－변형 계산 : 선도 목재에 대한 인장 시험에서 그림 2와 같은 하중과 변형 사이의 관계를 나타내는 하중－변형 선도를 구한다.

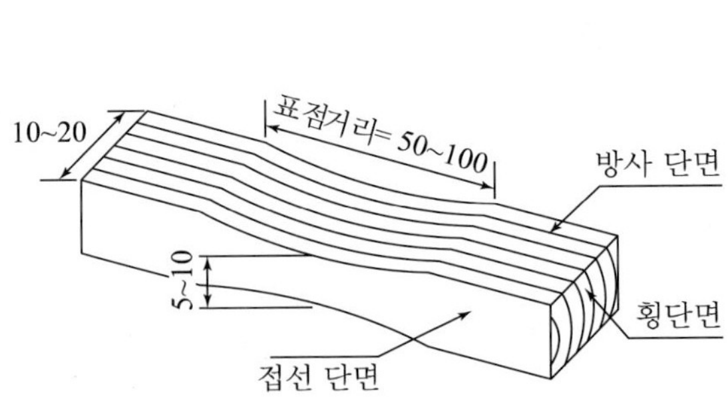

그림 1 섬유 방향 인장 시험편

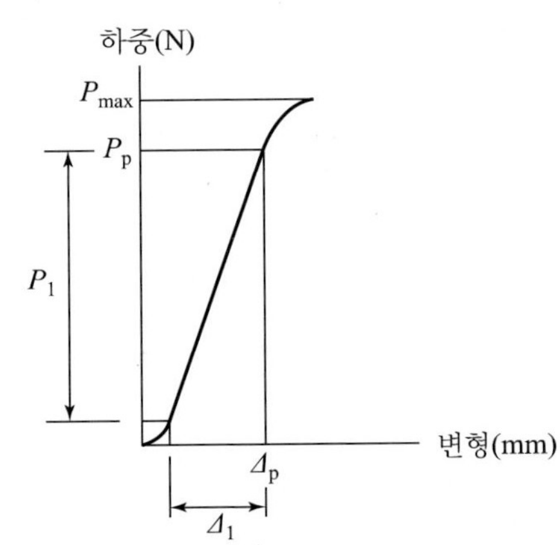

그림 2 인장 시험의 하중 - 변형 선도

⑥ 섬유 방향 인장 강도 : 최대 하중으로부터 인장 강도($\sigma_{\mathrm{t\,max}}$)를 식(1)에 의하여 계산한다.

$$\sigma_{\mathrm{t\,max}} = \frac{P_{\max}}{A} \text{ (N/mm}^2\text{)} \tag{1}$$

여기서, $P_{\max}$: 비례 한도 하중(N)

A : 단면적(mm^2)

⑦ 섬유 방향 인장 비례 한도 응력 : 비례 한도 내에서의 하중과 변형의 관계로부터 식(2)에 의하여 비례 한도 응력(σ_{tp})을 계산한다.

$$\sigma_{\mathrm{tp}} = \frac{P_{\mathrm{p}}}{A} \text{ (N/mm}^2\text{)} \tag{2}$$

여기서, P_{p} : 비례 한도 하중(N)

$$E_{\mathrm{t}} = \frac{P_1 l}{\Delta_1 A} \text{ (N/mm}^2\text{)} \tag{3}$$

여기서, P_1 : 비례 한도 내에서 상한 하중과 하한 하중의 차이(N)

l : 표점 거리(mm)

Δ_1 : P_1에 대한 인장 변형(mm)

6. 섬유 직각 방향 인장 시험

① 시험편의 크기, 형태 및 시험편 수 : 그림 3과 같은 모양의 목재 섬유 방향이 시험편의 표점부의 길이 방향에 수직하여야 한다. 표점부는 직사각형 또는 정사각형 단면을 가지고 있어야 하며, 중앙부에서 한 면의 치수는 10～25 mm, 다른 면은 20～50 mm가 되어야 한다. 시험편의 중앙 표점부가 사각 기둥의 형태를 가지고 있는 경우에는 그 길이가 5 mm 이상 되어야 하며, 그렇지 않은 경우에는 표점부의 양 끝 사이의 곡률 반지름이 12 mm 이상 되어야 한다. 시험편의 파괴가 표점 거리 내에서 발생하고 시험편의 특정 부위 또는 하중 전달부에 응력집중이 발생하지 않도록 시험편을 제작하여야 한다. 필요한 경우에는 시험편의 양 끝 물림 부위에 덧댐목을 사용할 수 있다. 시험편의 수는 시험의 목적을 만족할 수 있는 숫자로 하되 최소한 10개 이상으로 한다.

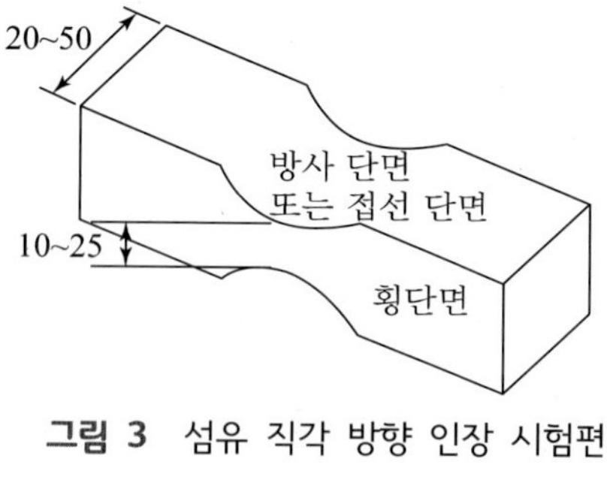

그림 3 섬유 직각 방향 인장 시험편(단위 : mm)

② 시험편의 치수 측정 : 길이와 길이의 중앙부에서 횡단면 치수를 0.01 mm까지 측정한다.

③ 섬유 직각 방향 인장 시험 : 표점부에서 10～15 mm 떨어진 곳의 시험편 끝부분에 시험기의 물림쇠를 설치하고 시험편이 1.5～2분 이내에 파괴되도록 균일한 속도로 인장 하중을 가하여 시험

을 실시하며, 시험 중에 하중을 1%까지 정확도로 기록한다.

④ 함수율 측정 : 인장 시험이 완료된 후 인장 시험편의 표점부로부터 함수율 시험편을 채취하여 KS F 2199에 의하여 함수율을 측정한다. 전체 시험편을 대상으로 함수율을 측정하여야 하지만 평균 함수율을 구하고자 하는 경우에는 시험편의 일부만을 사용할 수도 있다.

⑤ 섬유 직각 방향 인장 강도 계산 : 최대 하중으로부터 섬유 직각 방향 인장 강도($\sigma_{t\perp max}$)를 식(4)에 의하여 계산한다.

$$\sigma_{t\perp max} = \frac{P_{max}}{A} \ (N/mm^2) \qquad (4)$$

여기서, P_{max} : 최대 하중(N)

A : 단면적(mm^2)

목재의 휨 시험 방법 Method of bending test for wood (KS F 2208 : 2004) (2014 확인)

1. 적용 범위

목재의 휨 시험 방법이다.

2. 용어 정의

a) 휨(bending) : 길이 방향이 목재의 섬유 방향과 평행이고, 시험편은 양 끝에 지지를 받으며 하중이 시험편의 지점 사이에서 길이 방향에 수직으로 작용하는 상태

3. 측정의 원리

휨 하중을 시험편의 중앙에 가하여 하중과 변형의 관계로부터 비례 한도 응력과 탄성 계수(MOE)를 계산하고, 최대 하중으로부터 휨 강도 또는 파괴 계수(MOR)를 계산한다.

4. 시험 장치

① 강도 시험기 : 최대 용량 20000 N 이상의 설비로서 일정한 하중 속도를 유지할 수 있으며 1%의 정확도로 하중을 측정할 수 있고, 변형은 0.01 mm까지 측정할 수 있어야 한다.

② 하중 블록과 지점 : 하중 블록은 시험편에 휨 하중을 올바로 가할 수 있어야 하고, 지점은 휨 하중이 작용하는 동안 시험편을 확실하게 지지할 수 있어야 하며, 하중 블록과 지점이 시험편과 접촉하는 부위는 30 mm의 곡률 반지름을 가져야 한다.

③ 길이 측정 도구 : 치수를 0.01 mm까지 측정할 수 있어야 한다.

④ 함수율 측정 장치 : KS F 2199에 따른다.

5. 시험편의 크기, 형태 및 시험편의 수

시험편은 횡단면이 한 변의 길이가 20～30 mm인 정사각형이며 섬유 방향의 길이가 300～380 mm

인 직육면체의 형태로서, 지점 사이의 길이와 시험편의 높이의 비가 12~16이 되도록 한다. 시험편의 수는 시험의 목적을 만족할 수 있는 숫자로 하되 최소한 10개 이상으로 한다.

6. 시험 방법

① 시험편의 횡단면 치수 측정 : 시험편의 길이 방향의 중앙부에서 횡단면의 치수를 0.01 mm 이내의 정밀도로 측정한다.

② 휨 시험 : 시험편의 중앙에서 접선 단면에 수직으로(하중 방향은 시험편의 방사 방향) 하중을 가한다. 시험편이 1~2분 이내에 파괴되도록 균일한 속도로 휨 하중을 가하여 시험을 실시하며, 시험 중에 하중과 변형을 각각 1% 및 0.01 mm까지 기록하여야 한다.

③ 함수율 측정 : 휨 시험이 완료된 후 필요한 경우에는 파괴된 부위 근처에서 20~30 mm 길이의 함수율 시험편을 채취하여 KS F 2199에 의하여 함수율을 측정한다. 전체 시험편을 대상으로 함수율을 측정하여야 하지만, 평균 함수율을 구하고자 하는 경우에는 시험편의 일부만을 사용할 수도 있다.

7. 계산

7.1 하중-변형 선도 목재에 대한 휨 시험에서 그림 1과 같은 하중과 변형 사이의 관계를 나타내는 하중-변형선도를 구할 수 있다.

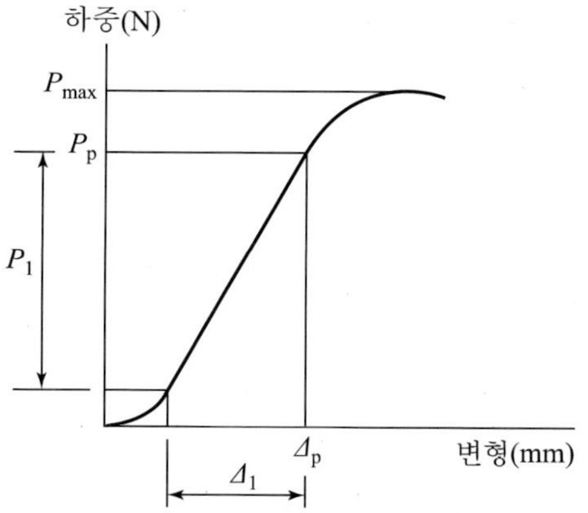

그림 1 휨 시험의 하중-변형 선도

7.2 휨 강도 : 최대 하중으로부터 휨 강도(σ_{bmax}) 또는 파괴 계수(MOR)를 식(1)에 의하여 계산한다.

$$\mathrm{MOR} = \sigma_{b\max} = \frac{3P_{\max}\, l}{2bh^2}\ (\mathrm{N/mm^2}) \tag{1}$$

여기서, P_{max} : 최대 하중(N)

l : 지간 거리(mm)

b : 시험편의 폭(mm)

h : 시험편의 깊이(mm)

7.3 휨 탄성 계수 : 비례 한도 내에서의 하중과 변형의 관계로부터 식(2)에 의하여 탄성 계수(MOE)

를 계산한다.

$$\text{MOR} = \frac{P_1 l^3}{4bh^3 \Delta_1} \ (\text{N/mm}^2) \qquad (2)$$

여기서, P_1 : 비례 한도 내에서 상한 하중과 하한 하중의 차이(N)

Δ_1 : P_1일 때의 지간 거리 중앙의 처짐의 차이(mm)

7.4 휨 비례 한도 응력 : 비례 한도 하중으로부터 휨 비례 한도(σ_{bpro})를 식(3)에 의하여 계산한다.

$$\sigma_{\text{bpro}} = \frac{3P_p l}{2bh^2} \ (\text{N/mm}^2) \qquad (3)$$

여기서, P_p : 비례 한도 하중(N)

목재의 전단 시험 방법 Method of shear test for wood (KS F 2209 : 2004) (2014 확인)

1. 적용 범위

목재의 섬유 방향 전단 시험 방법이다.

2. 용어 정의 및 측정의 원리

① 섬유 방향 전단(shear parallel to grain) : 목재의 섬유 방향에 평행하게 인접된 면이 서로 미끄러지도록 전단 하중을 받는 상태

② 목재의 섬유 방향에 평행한 전단 하중을 가하여 최대 하중으로부터 전단 강도를 구한다.

3. 시험 장치

① 강도 시험기: 최대 용량 20000 N 이상의 설비로서 일정한 하중 속도를 유지할 수 있으며, 1%의 정확도로 하중을 측정할 수 있고, 변형은 0.01 mm 까지 측정하여야 한다.

② 하중 블록 시험편의 전단면에 최대 전단 응력이 발생할 수 있도록 하여야 한다.

③ 길이 측정 도구: 치수를 0.01 mm까지 측정할 수 있어야 한다.

④ 함수율 측정 장치 KS F 2199에 따른다.

4. 시험편

① 크기 및 모양 및 치수는 그림 1과 같으며, 시험편의 두께 · 나비 및 높이는 각각 20～50 mm, 20～50 mm 및 30～60 mm로 한다.

② 결점 : 시험편의 전단면에 옹이 등의 결점이 없는 것으로 한다.

③ 시험편의 수 : 시험의 목적을 만족할 수 있는 숫자로 하되, 최소한 10개 이상으로 한다.

5. 시험 방법

① 시험편의 치수 측정 : 시험편의 두께 t 및 예상 전단면에서 전단면의 길이를 0.01 mm 까지 측정한다.

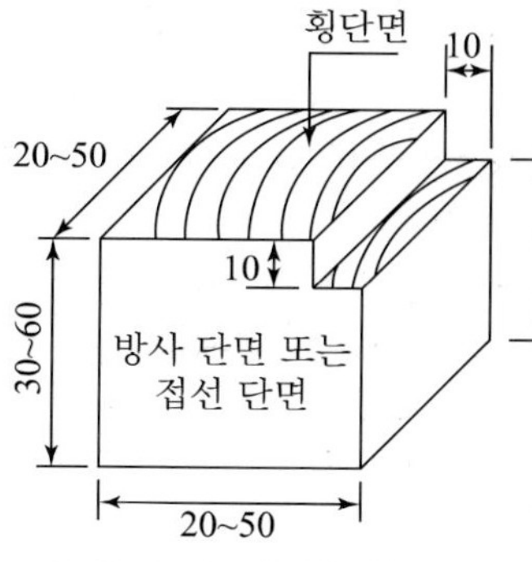

그림 1 전단 시험편

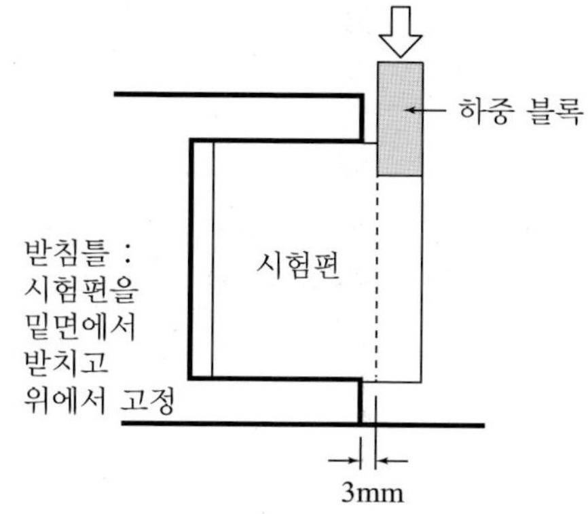

그림 2 전단 시험

② 전단 시험 : 그림 2와 같은 방법으로 시험편의 파괴에 1.5～2분의 시간이 소요되도록 균일한 속도로 압축 하중을 가하여 시험을 실시하며, 시험 중에 하중을 1%의 정확도로 기록한다.

③ 함수율 측정 : 시험이 완료된 후 시험편의 파괴 부위 근처에서 함수율 시험편을 채취하여 KS F 2199에 의하여 함수율을 측정한다. 이 측정은 전체 시험편을 대상으로 실시되어야 하지만, 평균값을 구하고자 하는 경우에는 시험편의 일부만을 사용할 수도 있다.

6. 섬유 방향 전단 강도 계산

시험편의 최대 하중으로부터 전단 강도($\tau_{\max}$)를 식(1)에 의하여 계산한다.

$$\tau_{\max} = \frac{P_{\max}}{A} \ (\text{N/mm}^2) \tag{1}$$

여기서, $P_{\max}$: 최대 하중(N)

A : 전단 면적(mm^2)

목재의 충격 휨 시험 방법 Method of impact bending test for wood (KS F 2211 : 2004) (2014 확인)

1. 적용 범위

목재의 충격 휨 시험 방법이다.

2. 용어 정의

① 충격 휨(impact bending) : 시험편에 휨 하중을 정적 하중이 아닌 빠른 시간 내에 작용하는 충격 하중으로 작용시키는 상태

② 충격 에너지(impact energy) : 어떤 물체가 빠른 속도로 움직이다가 고정된 물체에 부딪혔을 경우에 움직이던 물체의 운동 에너지가 고정된 물체에 전달되는 양

③ J (Joule) : 에너지 및 일의 단위로서 1 J은 1 N(1/9.8 kgf)의 무게가 1 m를 이동하는데 필요한 일 또는 에너지

3. 측정 원리

일정한 크기를 갖는 하중을 적당한 높이에서 자유 낙하시켜서 목재 시험편의 섬유 방향에 수직으로 부딪히게 함으로써, 충격 휨 하중을 가하여 목재가 충격 휨 에너지를 흡수하는 능력을 측정한다.

4. 시험 장치

① 충격 휨 시험기 : 시험편의 충격 파괴에 필요한 에너지 또는 일의 양보다 3～5배 더 큰 에너지 용량을 가지고 있어야 하며, 충격을 전달하는 추의 충격면과 시험편 지지대는 15 mm의 곡률 반지름을 가지고 있어야 한다. 시험편 지지대의 높이는 20 mm 이상이어야 하며, 지지대 사이의 거리는 240±1 mm가 되어야 한다.
② 길이 측정 도구 : 시험편의 치수를 0.01 mm까지 측정할 수 있어야 한다.
③ 함수율 측정 장치 : KS F 2199에 따른다.

5. 시험편의 크기, 형태 및 갯수

시험편은 횡단면이 한 변의 길이가 20 mm인 정사각형이며, 섬유 방향의 길이가 300 mm인 직육면체의 형태로 제작되어야 하고, 섬유 방향의 노출 표면은 방사 단면 및 접선 단면이 되어야 한다.
시험편의 수는 시험의 목적을 만족할 수 있는 숫자로 하되, 최소한 10개 이상이 되어야 한다.

6. 시험 방법

① 충격 하중의 방향 목재의 방사 단면에서 접선 방향으로 충격 하중을 작용시키며(접선 방향 휨), 방사 방향 휨의 경우에는 접선 단면에서 방사 방향으로(나무의 수피에서 수심 방향으로) 충격 하중을 작용시킬 수 있다.
② 시험편의 횡단면 치수 측정 : 시험편의 길이 방향의 중앙부에서 횡단면의 치수를 0.01mm 이내의 정밀도로 측정한다.
③ 충격 휨 시험 : 지지대 위에 좌우 대칭이 되도록 시험편을 놓고 단 한 번의 충격 하중을 가하여 시험편을 파괴시키고, 이 때 시험편에 의하여 흡수된 일의 양을 측정한다. 시험이 완료된 후 시험편의 파괴 형태를 관찰하여 기록한다.
④ 함수율 측정 : 시험이 완료된 후 시험편의 파괴 부위 근처에서 함수율 시험편을 채취하여 KS F 2199에 의하여 함수율을 측정한다. 이 측정은 전체 시험편을 대상으로 실시되어야 하지만, 평균값을 구하고자 하는 경우에는 시험편의 일부만을 사용할 수도 있다.

7. 충격 휨 흡수 에너지 계산

충격 휨 시험의 결과로부터 식(1)에 의하여 충격 휨 흡수 에너지(A_{ib})를 계산한다.

$$A_{ib} = \frac{1000Q}{bh} \ (\mathrm{kJ/m^2}) \qquad (1)$$

여기서, Q : 충격 에너지(J)

b : 시험편의 방사 단면 치수(mm)
h : 시험편의 접선 단면 치수(mm)

목재의 경도 시험 방법 Method of hardness test for wood (KS F 2212 : 2004) (2014 확인)

1. 적용 범위 및 측정 원리

목재의 경도를 알아보기 위한 방법으로 일정한 지름의 쇠구슬을 목재의 표면에 정해진 깊이만큼 압입하기 위하여 필요한 하중의 크기를 측정한다.

2. A형 경도 시험

2.1 시험 장치

① 강도 시험기 : 일정한 속도로 하중을 가할 수 있으며, 하중과 변형의 크기를 각각 1% 및 0.01 mm의 정확도로 측정할 수 있어야 한다.

② 압입 장치 : 반지름 5.64±0.01 mm의 쇠구슬을 목재 표면에 압입할 수 있어야 한다.

③ 함수율 측정 장치 : KS F 2199에 따른다.

2.2 시험편의 크기, 형태 및 개수 : 시험편은 횡단면이 한 변의 길이가 50 mm인 정사각형이며, 섬유 방향의 길이가 50 mm 이상인 직육면체의 형태로 제작되어야 하며, 섬유 방향의 노출 표면은 방사 단면 및 접선 단면이 되어야 한다. 시험편의 갯수는 시험의 목적을 만족할 수 있는 숫자로 하되, 최소한 10개 이상이 되어야 한다.

2.3 경도 시험 시험방법 : 목재의 방사 단면, 접선 단면 및 횡단면에서 중앙 위치에 쇠구슬을 압입시킨다. 하중은 매분 3～6 mm의 속도로 쇠구슬의 반지름인 5.64 mm 깊이까지 압입시키며, 중간에 시험편이 파괴되는 경우에는 2.82 mm의 깊이에서 하중을 측정한다.

2.4 함수율 측정 : 시험이 완료된 후 시험편의 압입 지점에서 함수율 시험편을 채취하여, KS F 2199에 의하여 함수율을 측정한다. 이 측정은 전체 시험편을 대상으로 실시되어야 하지만, 평균값을 구하고자 하는 경우에는 시험편의 일부만을 사용할 수도 있다.

2.5 경도 계산 : 경도 시험의 결과로부터 식(1)에 의하여 경도(H_c)를 계산한다. 여기에서 경도는 압입부의 투영 면적이 1 cm^{2}가 되는 경우의 하중의 크기를 나타낸다. 시험편의 평균 경도는 시험 결과의 산술 평균으로 구한다.

$$H_c = KP\ (\mathrm{N}) \tag{1}$$

여기서, P : 경도 시험에서 정해진 깊이까지 쇠구슬을 압입하는데 필요한 하중의 크기(N)
K : 실험 상수로서 압입 깊이가 5.64 mm 및 2.82 mm인 경우 각각 1 및 0.75를 적용한다.

3. B형 경도 시험

3.1 시험 장치

① 강도 시험기 : 일정한 속도로 하중을 가할 수 있으며, 하중과 변형의 크기를 각각 1% 및 0.01 mm의 정확도로 측정할 수 있어야 한다.

② 압입 장치 : 반지름 10 mm의 쇠구슬을 목재 표면에 압입할 수 있어야 한다.

③ 함수율 측정 장치 : KS F 2199에 따른다.

3.2 시험편 크기, 형태 및 개수

시험편은 그림 1과 같이 한 변의 길이가 40 mm인 정육면체의 형태로 제작되어야 하지만, 경우에 따라서는 그림 2와 같이 한 변의 길이가 30 mm인 정사각형에 두께가 15 mm 이상인 직육면체의 형태로 제작될 수 있으며, 시험편의 갯수는 시험의 목적을 만족할 수 있는 숫자로 하되, 최소한 10개 이상이 되어야 한다.

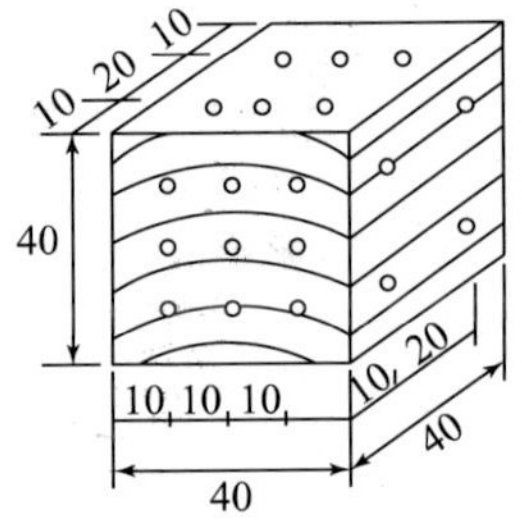

(○ 표시는 쇠구슬의 압입 위치를 나타냄)

그림 1 경도 시험용 시험편(정육면체) (단위 : mm)

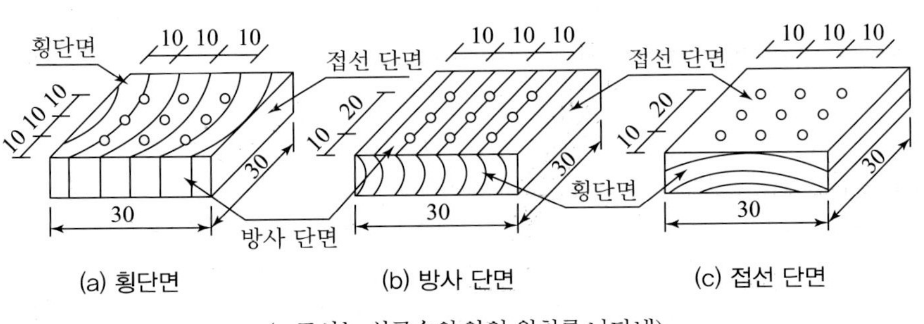

(○ 표시는 쇠구슬의 압입 위치를 나타냄)

그림 2 경도 시험용 시험편(직육면체) (단위 : mm)

3.3 경도 시험 방법 : 목재의 방사 단면, 접선 단면 및 횡단면에서 그림 1 및 2에 표시된 위치에 쇠구슬을 압입시킨다. 하중은 매분 약 0.5 mm의 속도로 $1/\pi$ mm(약 0.32 mm)의 깊이까지 쇠구슬을 압입시키고 이때의 하중을 측정한다. 경도 시험은 각각의 시험편에 대하여 3군데 이상에서 실시하여야 한다.

3.4 함수율 측정 : 시험이 완료된 후 시험편의 압입 지점에서 함수율 시험편을 채취하여 KS F 2199에 의하여 함수율을 측정한다. 이 측정은 전체 시험편을 대상으로 실시되어야 하지만, 평균값을

구하고자 하는 경우에는 시험편의 일부만을 사용할 수도 있다. 이때 시험편의 수는 시험의 목적을 만족시킬 수 있는 숫자로 하되 최소한 10개 이상이 되어야 한다.

3.5 경도 계산 : 경도 시험의 결과로부터 식(2)에 의하여 경도(H_c)를 계산한다.

$$H_c = \frac{P}{10} \ (\mathrm{N/mm^2}) \qquad (2)$$

여기서, P : 압입 깊이가 $1/\pi$ mm인 때의 하중(N)

침엽수 구조용재 Softwood structural lumber (KS F 3020 : 2013)

1. 적용범위

이 표준은 설계값이 필요한 구조용으로 사용되는 침엽수 구조용재에 대하여 규정한다.

2. 용어 정의

① 호칭 치수: 건조 및 대패 가공이 되지 않은 목재의 치수 또는 일반적으로 불리는 목재 치수
② 실제(마감) 치수: 건조 및 대패 마감된 후의 실제적인 최종 치수
③ 육안 등급 구조재 : 육안으로 구조재의 표면을 관찰하여 결점의 크기 및 분산 정도에 따라서 등급을 구분한 것
④ 기계 등급 구조재 : 기계에 의하여 휨 탄성계수를 측정함으로써 등급을 구분한 것

3. 침엽수 구조용재의 종류

3.1 육안 등급 구조재 : 육안에 의한 등급 구분 구조재는 다음과 같이 세분할 수 있다.
① 1종 구조재(규격재) : 두께는 38 mm 이상, 114 mm 미만이고 너비는 38 mm 이상인 것
② 2종 구조재(보재) : 두께와 너비가 114 mm 이상이고, 두께와 너비의 치수 차이가 52 mm 이상인 것
③ 3종 구조재(기둥재) : 두께와 너비가 114 mm 이상이고, 두께와 너비의 치수 차이가 52 mm 미만인 것

3.2 기계 등급 구조재 : 기계에 의하여 등급을 구분한 구조재로 휨 탄성계수 측정치로서 등급을 나타낸다.

4. 품질

4.1 육안 등급 구조재의 품질 기준
① 1종 구조재(규격재) : 등급별 품질 기준은 표 1에 따른다.
② 2종 구조재(보재) : 등급별 품질 기준은 표 2에 따른다.
③ 3종 구조재(기둥재) : 등급별 품질 기준은 표 3에 따른다.

표 1 침엽수 1종 구조재(규격재)의 등급별 품질 기준

결점 구분		등급		
		1등급	2등급	3등급
옹이 지름비	옹이	20% 이하일 것	40% 이하일 것	60% 이하일 것
	모인 옹이	상기 기준의 1.5배 이하일 것		
둥근 모		10% 이하일 것	20% 이하일 것	30% 이하일 것
갈라짐	할열	너비 이하일 것	너비의 1.5배 이하일 것	너비의 2배 이하일 것
	분할	너비 이하일 것	너비의 1.5배 이하일 것	너비의 2배 이하일 것
	윤할	두께의 1/2 이하일 것	두께의 1/2 이하일 것	현저하지 않을 것
평균 나이테 간격(라디에타소나무 및 남부옐로파인[a] 제외)		6 mm 이하일 것	8 mm 이하일 것	10 mm 이하일 것
섬유 주행 경사		1 : 12 이하일 것	1 : 8 이하일 것	1 : 6 이하일 것
굽음		0.2% 이하일 것	0.5% 이하일 것	0.5% 이하일 것
부후(썩음)		없을 것	경미할 것	경미할 것
비틀림		경미할 것	현저하지 않은 것	사용에 지장이 없을 것
수심(라디에타소나무 및 남부옐로파인[a]에 한함)	너비 190 mm 미만	수심의 중심으로부터 반경 50 mm 이내의 나이테가 없을 것		
	너비 190 mm 이상	표면의 모서리로부터 너비의 1/3 이내의 부분에 수심의 중심으로부터 반경 50 mm 이내의 나이테가 없을 것		
함수율		19% 이하일 것		
방부 · 방충 처리[b]		방부 · 방충 처리 시험에 합격할 것		

[a] 해설 3. i) 참조
[b] 방부 · 방충 처리 여부는 인수 · 인도 당사자 사이의 협정에 따른다.

표 2 침엽수 2종 구조재(규격재)의 등급별 품질 기준

결점 구분			등급		
			1등급	2등급	3등급
옹이 지름비	옹이		20% 이하일 것	40% 이하일 것	60% 이하일 것
	넓은 재면	가장자리	20% 이하일 것	30% 이하일 것	40% 이하일 것
		중앙부	30% 이하일 것	50% 이하일 것	70% 이하일 것
	모인 옹이		상기 기준의 1.5배 이하일 것		
둥근 모			10% 이하일 것	20% 이하일 것	30% 이하일 것
갈라짐	할열		너비 이하일 것	너비의 1.5배 이하일 것	너비의 2배 이하일 것

	분할	너비 이하일 것	너비의 1.5배 이하일 것	너비의 2배 이하일 것
	윤할	두께의 1/2 이하일 것	두께의 1/2 이하일 것	현저하지 않을 것
평균 나이테 간격(라디에타소나무 및 남부옐로파인[a] 제외)		6 mm 이하일 것	8 mm 이하일 것	10 mm 이하일 것
섬유 주행 경사		1 : 12 이하일 것	1 : 8 이하일 것	1 : 6 이하일 것
굽음		0.2% 이하일 것	0.5% 이하일 것	0.5% 이하일 것
부후(썩음)		없을 것	경미할 것	경미할 것
비틀림		경미할 것	현저하지 않은 것	사용에 지장이 없을 것
수심(라디에타소나무 및 남부옐로파인[a]에 한함)	너비 190 mm 미만	수심의 중심으로부터 반경 50 mm 이내의 나이테가 없을 것		
	너비 190 mm 이상	표면의 모서리로부터 너비의 1/3 이내의 부분에 수심의 중심으로부터 반경 50 mm 이내의 나이테가 없을 것		
방부·방충 처리[b]		방부·방충 처리 시험에 합격할 것		

[a] 해설 3. i) 참조
[b] 방부·방충 처리 여부는 인수·인도 당사자 사이의 협정에 따른다.

표 3 침엽수 3종 구조재(규격재)의 등급별 품질 기준

결점 구분		등급		
		1등급	2등급	3등급
옹이 지름비	옹이	20% 이하일 것	40% 이하일 것	60% 이하일 것
	모인 옹이	상기 기준의 1.5배 이하일 것		
둥근 모		10% 이하일 것	20% 이하일 것	30% 이하일 것
갈라짐	할열	너비 이하일 것	너비의 1.5배 이하일 것	너비의 2배 이하일 것
	분할	너비 이하일 것	너비의 1.5배 이하일 것	너비의 2배 이하일 것
	윤할	두께의 1/2 이하일 것	두께의 1/2 이하일 것	현저하지 않을 것
평균 나이테 간격(라디에타소나무 및 남부옐로파인[a] 제외)		6 mm 이하일 것	8 mm 이하일 것	10 mm 이하일 것
섬유 주행 경사		1 : 12 이하일 것	1 : 8 이하일 것	1 : 6 이하일 것
굽음		0.2% 이하일 것	0.5% 이하일 것	0.5% 이하일 것
부후(썩음)		없을 것	경미할 것	경미할 것
비틀림		경미할 것	현저하지 않은 것	사용에 지장이 없을 것
수심(라디에타소나무 및 남	너비 190 mm 미만	수심의 중심으로부터 반경 50 mm 이내의 나이테가 없을 것		

부옐로파인[a]에 한함)	너비 190 mm 이상	표면의 모서리로부터 너비의 1/3 이내의 부분에 수심의 중심으로부터 반경 50 mm 이내의 나이테가 없을 것
방부 · 방충 처리[b]		방부 · 방충 처리 시험에 합격할 것

[a] 해설 3. i) 참조
[b] 방부 · 방충 처리 여부는 인수 · 인도 당사자 사이의 협정에 따른다.

4.2 기계 등급 구조재의 품질기준

침엽수 기계 등급 구조재는 휨 탄성계수를 측정하는 기계 장치에 의하여 등급 구분을 실시하며 등급별 품질 기준은 표 4와 같다.

표 4 침엽수 기계 등급 구조재의 품질 기준

구분		기 준									
휨 탄성계수 (1000 MPa)		등급 표시	E6	E7	E8	E9	E10	E11	E12	E13	E14
		탄성 계수	6 이상 7 미만	7 이상 8 미만	8 이상 9 미만	9 이상 10 미만	10 이상 11 미만	11 이상 12 미만	12 이상 13 미만	13 이상 14 미만	14 이상 15 미만
둥근 모		30% 이하일 것									
할열		부재 너비의 2배 이하일 것									
분할		부재 너비의 2배 이하일 것									
윤할		두께의 1/2 이하일 것									
부후		경미할 것									
굽음		현저하지 않을 것									
비틀림		사용에 지장이 없을 것									
함수율		19% 이하일 것									
수심(라디에타소나무 및 남부옐로파인[a]에 한함)	너비 190 mm 미만	수심의 중심으로부터 반경 50 mm 이내의 나이테가 없을 것									
	너비 190 mm 이상	표면의 모서리로부터 너비의 1/3 이내의 부분에 수심의 중심으로부터 반경 50 mm 이내의 나이테가 없을 것									
방부 · 방충 처리[b]		방부 · 방충 처리 시험에 합격할 것									

[a] 해설 3. i) 참조
[b] 방부 · 방충 처리 여부는 인수 · 인도 당사자 사이의 협정에 따른다.

4.3 건조 정도에 의한 구분

침엽수 구조용재의 건조 정도에 의한 구분은 표 5에 따른다.

표 5 침엽수구조용재의 함수율 구분

구 분		기호	함수율
건조재[a]	건조재 15	KD15[b]	15% 이하
	건조재 19	KD19[c]	19% 이하
생재		G_d	19% 초과

[a] 구조용재는 반드시 인공 열기 건조 방법에 의하여 건조되어야 한다.
[b] KD15는 함수율 15%로 인공 건조(kiln dry)된 구조용재를 의미한다.
[c] KD19는 함수율 19%로 인공 건조(kiln dry)된 구조용재를 의미한다.
[d] G는 인공건조 과정을 거치지 않고 함수율이 19%를 초과하는 구조용재를 의미한다.

5. 치수 및 허용차

5.1 치수의 측정방법

5.1.1 두께 및 너비 : 구조용재의 두께는 최소 횡단면에 있어서 빠진 변을 보완한 네모꼴의 짧은 변으로 하고 너비는 그 네모꼴의 긴 변으로 한다. 횡단면이 정사각형인 부재는 1변을 두께 및 너비로 한다.

5.1.2 길이 : 구조용재의 길이는 양 횡단면을 연결하는 최단 직선의 길이로 한다. 다만, 여척은 길이 측정에서 제외한다.

5.2 표준 치수

5.2.1 표준 치수 : 침엽수 구조용재의 표준 치수는 표 6과 같다.

5.2.2 치수의 단위 : 구조용재의 치수 단위는 mm로 하고, 이 표준에서 건조 치수는 건조 및 대패 가공이 된 후의 실제 치수를 나타내고 생재 치수는 건조되지 않고 대패가공만 된 치수를 의미한다.

표 6 침엽수 구조용재의 표준 치수(단위 : mm)

재종 구분	두 께			너 비		
	호칭 치수	마감 치수		호칭 치수	마감 치수	
		건조[a]	생재[a]		건조[a]	생재[a]
1종 구조재 (규격재)	(40) 50 75 100	(35) 38, (45) 64, (65) 89, (90)	(37) 40, (47) 65, (69) 90, (94)	50 75 100 125 150 200 250 300	38, (45) 64, (65) 89, (90) 114, (115) 140 184, (180) 235, (230) 286, (280)	40, (47) 65, (69) 90, (94) 117, (119) 143, (144) 190, (194) 241, (244) 292, (294)
2종 구조재 (보재)	125	–	117, (119)	200 250 300	– – –	190, (194) 241, (244) 292, (294)

	150	−	143, (144)	250 300	− −	241, (244) 292, (294
	200	−	190, (194)	300	−	292, (294)
3종 구조재 (기둥재)	125	−	117, (119)	125 150	− −	117, (119) 143, (144)
	150	−	143, (144)	150 200	− −	143, (144) 190, (194)
	200	−	190, (194)	200 250	− −	190, (194) 241, (244)
	250	−	241, (244)	250 300	− −	241, (244) 292, (294)
	300	−	292, (294)	300	−	292, (294)

[비고] 괄호 속의 값은 뉴질랜드의 구조용재 치수이다.
[a] 건조재 및 생재의 구분은 5.3 참조

5.2.3 치수의 허용차 : 침엽수 구조용재 치수의 허용차는 표 7과 같다.

표 7 침엽수 구조용재의 치수 허용차

구분		두께 및 너비		길이	
		+	−	+	−
건조재		2	1	제한하지 않는다.	0
생재	두께 90 mm 이하	2	0	제한하지 않는다.	0
	두께 90 mm 초과	3	0	제한하지 않는다.	0

6. 결점의 측정 시험

구조재의 결점 측정은 표 8에 따른다.

7. 방부 · 방충 처리 성능 시험

침엽수 구조용재의 방부 · 방충 처리 성능 시험은 KS M 1701의 부속서에 따른다.

8. 함수율 시험

침엽수 구조용재의 함수율 측정은 KS F 2199에 따른다.

표 8 침엽수 구조용재의 결점 측정방법

항목		측정방법
옹이	지름	1 옹이의 지름은 옹이가 있는 재면에서 부재의 길이 방향에 평행하게 옹이의 양끝에 그은 접선 사이의 거리로 한다. 2 위의 방법으로 측정한 옹이의 지름이 그 옹이의 짧은 지름의 2.5배 이상인 경우에는 측정치의 1/2을 지름으로 한다. 3 인접한 2개 또는 3개의 재면에 연속하여 걸쳐 있는 옹이는 옹이의 횡단면을 대상으로 지름을 측정한다.
	위치	옹이의 중심이 있는 위치에서 지름을 측정한다.
	지름비	1 지름비는 옹이가 있는 재면에서 부재의 너비에 대한 옹이 지름의 백분율로 한다. 2 부재의 4면에 존재하는 옹이들에 대한 지름비 중에서 최대치를 그 부재에 대한 지름비로 한다.
	모인 옹이	모인 옹이의 지름비는 부재의 길이 중 150 mm 이내에 집중되어 있는 옹이들의 지름의 합계를 그 부재의 너비로 나눈 백분율로 한다.
부재의 가장자리		부재의 측면으로부터 부재 너비의 1/4 거리까지를 의미한다.
둥근 모		둥근 모가 존재하는 재면에서 부재의 너비에 대한 둥근 모의 폭의 비를 백분율로 나타낸다.
갈라짐	할열	양 표면에 대하여 부재의 끝면으로부터 측정한 길이의 평균치로 한다. 부재의 양 끝면에 할열이 존재하는 경우에는 그 중에서 가장 긴 길이로 측정한다.
	분할	관통 분할의 경우에는 양 표면에서 측정한 길이의 평균치로 한다. 2개 이상의 갈램이 존재하는 경우에는 가장 긴 갈램의 길이를 측정한다.
	윤할	부재의 두께에 대한 윤할의 깊이의 비로 한다. 한 끝면에 2개 이상의 윤할이 있는 경우에는 가장 큰 윤할에 대하여 측정하고 양 끝면에 윤할이 있는 경우에는 각 끝면의 가장 큰 윤할에 대한 측정치의 합으로 한다.
평균 나이테 너비		횡단면에서의 평균 나이테 너비는 나이테에 대하여 수직선을 그은 다음 동일 직선상에서 나이테 너비가 완전한 것 전체의 평균치로 한다.
섬유주행경사		부재의 길이 방향으로 300 mm에 대한 섬유주행경사의 높이를 측정하여 300 mm에 대한 비로 한다.
굽음		부재의 양 끝면을 연결한 직선으로부터 굽은 면의 최대 굽음 깊이를 측정하여 부재의 길이에 대한 백분율로 구한다.
수심(라디에타 소나무에 한함.)		수심은 투명 비닐판에 반경 50 mm에서 100 mm까지 5 mm 단위로 반원을 그린 측정 기구를 만들어서 목재의 횡단면에 대고 측정한다.

9. 휨 성능 시험

그림 1의 방법으로 휨 탄성계수를 측정한다. 비례한도 내에서 하중을 가하고 비례한도에서의 하중과 변형을 측정한 후 휨 탄성계수를 다음 식에 의하여 계산한다.

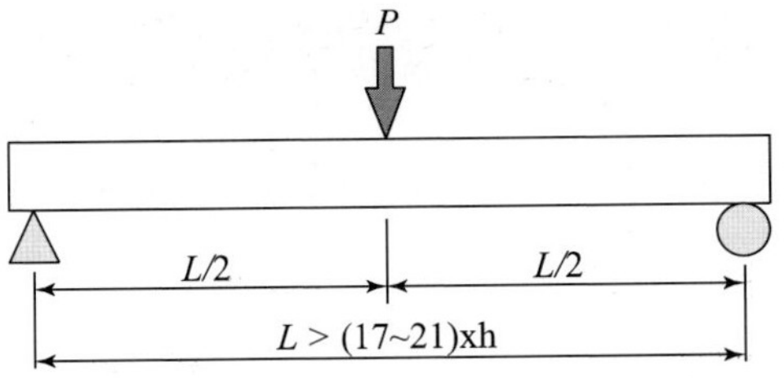

그림 1 구조용재에 대한 휨 탄성계수 측정방법

$$휨\ 탄성계수(MPa) = \frac{P_e L^3}{4\Delta_e bh^3}$$

여기서, L : 경간(mm)

b : 부재의 너비(mm)

h : 부재의 두께(mm)

P_e : 비례한도 하중(N)

Δ_e : 비례한도 변형(mm)

10. 결점의 검사

검사 로트의 크기에 따라 표 9에 규정한 본수를 1검사 로트에서 무작위로 추출하며 재시험할 경우에는 시료의 수를 2배로 한다.

표 9 결점 검사를 위한 시료의 추출 본수

1검사 로트의 구조용재 본수[a]	시료의 추출 본수
1000 이하	10
1001 이상 2000 이하	20
2001 이상 3000 이하	30
3001 이상 4000 이하	40
4001 이상 5000 이하	50

[a] 1로트당 부재의 수가 5000본을 넘는 경우에는 로트를 분할한다.

11. 방부 및 방충 처리 성능 검사

검사 로트의 크기에 따라 표 10에 규정한 본수를 1검사 로트에서 무작위로 추출하며 재시험할 경우에는 시료의 수를 2배로 한다. 표 10과 같이 추출한 각 시료의 길이 중앙부로부터 길이 5 mm 이상의 시험편 1개씩을 채취한다.

표 10 침엽수 구조용재의 방부 처리 및 방충 처리 성능 검사를 위한 시료의 추출 본수

1검사 로트의 구조용재 본수[a]	시료의 추출 본수
1000 이하	2
1001 이상 2000 이하	3
2001 이상 3000 이하	4
3001 이상 4000 이하	5
4001 이상 5000 이하	6

[a] 1로트당 부재의 수가 5000본을 넘는 경우에는 로트를 분할하여 샘플링한다.

12. 휨 성능 검사

침엽수 구조용재의 휨 성능 검사를 위하여 1로트당 5본의 시료를 무작위로 추출한다. 1로트당 부재의 수가 5000본을 넘는 경우에는 로트를 분할하여 추출하며 재시험할 경우에는 시료의 수를 2배로 한다.

13. 함수율 검사

침엽수 구조용재의 함수율 검사를 위하여 1로트당 5본의 시료를 무작위로 추출한다. 1로트당 부재의 수가 5000본을 넘는 경우에는 로트를 분할하여 추출하며 재시험할 경우에는 시료의 수를 2배로 한다. 각 시료로부터 양 끝면에서 300 mm 이상 떨어진 부위에서 함수율 측정용 시험편을 2개씩 채취한다. 함수율 측정을 휨 성능 시험과 동시에 실시하는 경우에는 휨 시험이 끝난 후 동일한 시료로부터 즉시 함수율 측정용 시험편을 채취한다.

14. 검사 결과의 판정

1로트로부터 채취된 시료 중에서 90% 이상이 기준에 적합한 경우에는 그 로트를 합격으로 판정하고 70% 미만이 기준에 적합한 경우에는 그 로트를 불합격으로 판정한다. 기준에 적합한 수가 70% 이상 90% 미만인 경우에는 필요한 시료를 채취하여 재시험을 실시하고 그 결과 기준에 적합한 수가 90% 이상인 경우에는 합격으로 판정하고 90% 미만인 경우에는 불합격으로 판정한다.

이형준
- 서울대학교 토목공학과 학사, 석사, 공학박사
- 현재 한밭대학교 건설환경공학과 교수

김형기
- KAIST 대학원 건설및환경공학과 공학박사
- 현재 조선대학교 건축학부 건축공학전공 교수

강수태
- KAIST 건설및환경공학과 공학박사
- 현재 대구대학교 건설시스템공학과 교수

홍기남
- 토호쿠대학 토목공학과 공학박사
- 현재 충북대학교 토목공학부 교수

김용주
- 미국 아이오와 주 교통국 아이오와 대학교 공공정책센터 엔지니어 및 책임연구원
- 현재 한국건설기술연구원 수석연구원

이재준
- North Carolina State University 토목공학과 공학박사
- 현재 전북대학교 토목공학과 교수

실험과 함께하는 **건설재료학** | 부록 |
Materials for Civil and Construction Engineers

정가 42,000원

발 행 2022년 3월 10일 초판 2쇄
저 자 Michael S. Mamlouk · John P. Zaniewski
역 자 이형준 · 김형기 · 강수태 · 홍기남 · 김용주 · 이재준
발행인 정우용
발행처 도서출판 **동화기술**
경기도 파주시 광인사길 201(문발동, 파주출판도시)
Tel (031)955-4211~6 donghwapub@nate.com
Fax (031)955-4217 www.donghwapub.co.kr
(등록) 1977년 12월 19일/9-16호

Printed in Korea
ISBN 978-89-425-9090-2
978-89-425-9088-9(세트)